공조냉동기계기사
2016년도 시행

2016년 3월 6일 시행	3
2016년 5월 8일 시행	34
2016년 8월 21일 시행	64

공조냉동기계기사
2015년도 시행

2015년 3월 8일 시행	3
2015년 5월 31일 시행	30
2015년 8월 16일 시행	57

공조냉동기계기사
2014년도 시행

2014년 3월 2일 시행	3
2014년 5월 25일 시행	31
2014년 8월 17일 시행	59

공조냉동기계기사

핵심요약

1과목 기계열역학
2과목 냉동공학
3과목 공기조화
4과목 전기제어공학
5과목 배관일반

제 1 장 기계열역학
제 2 장 냉동공학
제 3 장 공기조화
제 4 장 전기제어공학
제 5 장 배관일반

제 1 장 기계열역학

01 기계열역학

1 열역학의 정의

열역학이란 어떤 물질에서 일과 열의 상호관계를 연구하는 학문으로 열을 기계적 일로 변환하여 가장 경제적인 방법으로 우리 생활에서 이용하고자 하는 소망에서 연구되기 시작하였다. 응용분야로는 열기관, 내연기관, 외연기관, 가스터빈, 공기압축기, 송풍기, 냉동기 등이 해당한다.

2 계와 동작물질

1. 계(system)

계란 연구 대상이 되는 일정량의 물질이나 공간의 어떤 구역을 말하며 계의 경계(boundary)밖에 있는 모든 것을 주위(surrounding)라 하여 구분한다.
① 밀폐계(closed system) : 계를 경계로 열과 일은 교류되나 질량 변화는 없다.
② 개방계(open system) : 계를 경계로 열과 일 뿐만 아니라 질량도 교류되는 형태로 유동계라 한다.
③ 고립계(isolated system) : 계를 경계로 열과 일 뿐만 아니라 동작물질(질량)의 교류가 전혀 없는 계

2. 동작물질(작업물질)

동작물질이란 에너지를 저장 또는 이동 운반시키는 물질을 말하며 증기터빈의 증기, 내연기관의 공기와 연료의 혼합물, 냉동기의 냉매 등을 말한다.

3. 과정과 사이클

(1) 과정(process)

계 내의 유체가 한 형태에서 다른 상태로 변화하면서의 경로(path)를 과정이라고 한다.
① 가역 과정(reversible process) : 경로의 모든 점에서 역학적, 열적, 화학적 등의 모든 평형이 유지되며 계를 경계로 주위에 어떤 변화도 남기지 않는 과정을 말한다.
② 비가역 과정(irreversible process) : 계가 경계를 통해 이동할 때 손실을 수반하는 형태로 평형이 유지되지 않는 과정을 말한다.
③ 준정적 과정(quasi-static process) : 과정간의 상태 변화가 대단히 작아서 평형을 근사적으로 유지하는 경우를 말한다.
④ 등(정)적 과정 : 과정간에 체적 또는 비체적이 일정한 과정
⑤ 등(정)압 과정 : 과정간에 압력이 일정한 과정
⑥ 등(정)온 과정 : 과정간에 온도가 일정한 과정
⑦ 단열과정 : 과정간에 열 출입이 없는 과정
⑧ 정상 유동과정 : 과정간에 계의 각 점에서 시간에 따라 성질이 변화하지 않는 과정

(2) 사이클(cycle)

어떤 임의의 계가 어떤 과정을 지나 최초의 상태로 돌아오는 과정을 사이클이라고 하며 모든 성질의 값은 최초 성질과 같아야 한다.

4. 온도(temperature)

(1) 섭씨(Celsius)

표준 대기압(1atm) 상태에서 물의 빙점을 0°C, 비등점을 100°C로 하고 100등분한 것을 1°C로 한 온도

(2) 화씨(Fahrenheit)

표준 대기압(1atm) 상태에서 물의 빙점을 32°F, 비등점을 212°F로 하고 180등분한 것을 1°F로 한 온도

(3) 섭씨와 화씨의 관계

① $x°C = \frac{5}{9}(y°F - 32)$

② $y°F = \frac{9}{5}x°C + 32$

(4) 절대온도(absolute temperature)

−273.15°C를 기준으로 한 온도

① $K = x°C + 273.15$
② $R = y°F + 459.67$

5. 열량(quantity of heat)

① 1kcal : 표준대기압(1atm) 상태에서 순수한 1kg을 14.5°C에서 15.5°C까지 가열하는 데 필요한 열량
② 1Btu(British thermal unit) : 1atm 상태에서 순수한 물 1lb를 60°F에서 61°F까지 가열하는 데 필요한 열량
③ 1chu(centigrade heat unit) : 1atm 상태에서 순수한 물 1lb를 14.5°C에서 15.5°C까지 1°C 높이는 데 필요한 열량

6. 비열(specific heat)

어떤 물질의 온도를 1°C 올리는데 필요한 단위 질량당의 열량을 의미한다.

(1) 비열식

$G(kg)$의 물질의 온도를 dt만큼 올리는 데 요하는 열량을 Q라 할 때

$$Q = G \cdot c \cdot dt$$

7. 비체적, 비중량, 밀도

(1) 밀도(density)

단위 체적당 물질의 질량(mass)을 의미한다.

$$\rho = \frac{m}{V} \ [kg \cdot s^2/m^4]$$

(2) 비중량(specific weight)

단위 체적당 물질의 중량을 의미한다.

$$r = \frac{G}{V} = \frac{1}{v} \ [kgf/m^3]$$

(3) 비체적(specific volume)

단위 질량당 물질이 차지하는 체적을 의미한다.

$$v = \frac{V}{G} \ [m^3/kg]$$

(4) 비중(specific gravity)

4°C 물의 비중량에 대한 어떤 물질의 비중량과의 비

$$s = \frac{\gamma}{\gamma_w} = \frac{\rho}{\rho_w}$$

8. 압력(pressure)

단위 면적당 수직으로 작용하는 힘을 의미한다.

(1) 표준 대기압(atm)

$$\begin{aligned} 1 atm &= 1.0332 \, kgf/cm^2 = 760 mmHg \\ &= 10.332 \, mAq = 14.7 PSI \\ &= 1.01325 \, bar = 101325 N/m^2 = 101325 Pa \end{aligned}$$

(2) 공학기압(at)

$$\begin{aligned} 1 at &= 1 \, kgf/cm^2 = 735.6 mmHg \\ &= 10 \, mAq = 14.2 PSI \end{aligned}$$

(3) 절대압력

① 절대압력(absolute pressure) : 완전 진공 상태를 기준으로 한 압력

> **참고**
> 절대압력 = 대기압 + 게이지(계기)압 = 대기압 − 진공

② 계기압(gauge pressure) : 대기압을 기준으로 측정한 압력
③ 진공압(vacuum pressure) : 진공의 정도를 나타내는 값으로 대기압을 기준으로 한다.

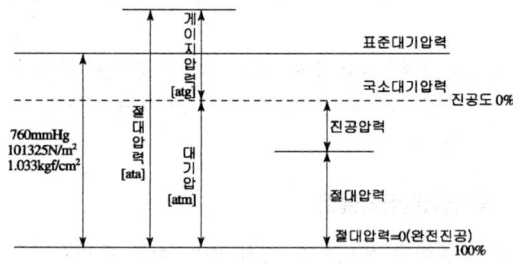

○ 절대압력과 대기압력

9. 단위계

(1) 힘의 단위

① $1[dyne] = 1[g] \times 1[cm/s^2]$
② $1[N] = 1[kg] \times 1[m/s^2]$

> **참고**
> 1 kgf = 9.8 N

(2) 일의 단위

① $1[erg] = 1[dyne] \times 1[cm]$
② $1[J] = 1[N] \times 1[m]$
③ $1[W] = 1[J/s]$

10. 동력(power)

단위 시간당 일의 비율

① 1hp(영국마력) = 76kgf·m/s = 0.746kW
    = 641.6kcal/h
② 1ps(국제마력) = 75kgf·m/s = 0.735kW
    = 632.3kcal/h
③ 1kW = 102kgf·m/s = 1.36PS = 860kcal/h

02 열역학 법칙

① 열역학 제0법칙
(the zeroth law of thermodynamic)

온도가 서로 다른 물체를 접촉시키면 높은 온도를 지닌 물체의 온도는 내려가고 낮은 온도의 물체 온도는 올라가서 결국 두 물체는 열평형 상태가 된다. 이와 같은 상태를 열역학 제0법칙이라 한다.

② 열역학 제1법칙
(the first law of thermodynamic)

열과 일은 에너지의 한 형태로 일은 열로 열은 일로 변환이 가능하다. "밀폐계가 임의의 사이클을 이룰 때 열전달의 총화는 이루어진 일의 총화와 같다."

1. 관계식

① $\oint \delta w = J \oint \delta Q$

$\therefore {}_1Q_2 = A_1w_2,\ {}_1w_2 = J_1Q_2$

$A = \dfrac{1}{427}$ [kcal/kgf·m]

$J = 427$ [kgf·m/kcal]

② $\delta Q = dE + A\delta w$

E = 내부에너지 + 운동에너지 + 위치에너지
   = $U + AKE + APE$

${}_1Q_2 = U_2 - U_1 + \dfrac{m}{2}(V_2^2 - V_1^2)$
$\quad + mg(Z_2 - Z_1) + {}_1W_2$
$\quad = U_2 - U_1 + \dfrac{G}{2g}(V_2^2 - V_1^2)$
$\quad + G(Z_2 - Z_1) + {}_1W_2$

운동에너지와 위치에너지의 변화를 0으로 하면

$\therefore {}_1Q_2 = U_2 - U_1 + A_1W_2$

2. 엔탈피(enthalpy)

열역학상의 상태량을 나타내는 양으로 어떤 상태의 유체 1kg이 가지는 열에너지이며 유체가 가지는 내부 에너지와 유동일(flow work)의 합과 같다.

• 엔탈피(H) = $U + APV$ [kcal]
• 비엔탈피(h) = $u + Apv$ [kcal/kg]

3. 에너지식

(1) 밀폐계(준평형 과정)

$dq = du + Adw$ …… 일반 에너지식

적분하면,

$\displaystyle\int_1^2 dq = \int_1^2 du + A\int_1^2 dw$

${}_1w_2 = \displaystyle\int_1^2 pdV = P(V_2 - V_1)$

(2) 개방계(정상유동)

① 1에서의 에너지(input)

$E_1 = \left(u_1 + Ap_1v_1 + A\dfrac{w_1^2}{2g} + AZ_1\right)G$

② 2에서의 에너지(output)

$E_2 = \left(u_2 + Ap_2v_2 + A\dfrac{w_2^2}{2g} + AZ_2\right)G$

③ $E_1 + Q - Aw = E_2$

4. P-V 선도

(1) 절대일

${}_1w_2 = \displaystyle\int_1^2 pdv$

(2) 공업일

$$W_t = -\int_1^2 v\,dp$$

❸ 완전가스

1. 완전가스 상태 방정식

(1) Boyle 법칙

온도가 일정한 상태에서 가스의 압력과 체적은 반비례한다.

$$P_1V_1 = P_2V_2 = C$$

(2) Charles 법칙

압력이 일정할 때 가스의 체적과 온도는 비례한다.

$$\frac{V_1}{T_1} = \frac{V_2}{T_2} = C$$

(3) Boyle-Charles 법칙

기체의 압력과 체적은 온도에 비례한다.

$$\frac{P_1V_1}{T_1} = \frac{P_2V_2}{T_2} = C$$

(4) 이상기체 상태 방정식

$$Pv = RT, \quad PV = GRT$$

$$R = \frac{Ru}{M} = \frac{848}{M}\,[\text{kgf}\cdot\text{m/kg}\cdot\text{K}]$$

$$= \frac{8.3143}{M}\,[\text{kJ/kg}\cdot\text{K}]$$

여기서, Ru : 일반기체 상수
M : 분자량

2. 완전가스의 비열

(1) 정적비열(C_v)

체적이 일정한 상태에서 온도에 대한 내부에너지 변화율

$$C_v = \frac{du}{dT}\,[\text{kcal/kg}\cdot\text{°C, kJ/kg}\cdot\text{K}]$$

(2) 정압비열(C_p)

압력이 일정한 상태에서 온도에 대한 엔탈피 변화율

$$C_p = \frac{dh}{dT}\,[\text{kcal/kg}\cdot\text{°C, kJ/kg}\cdot\text{K}]$$

(3) 비열비(k)

$$k = \frac{C_p}{C_v} > 1$$

$$C_p - C_v = AR$$

$$C_v = \frac{AR}{k-1}, \quad C_p = \frac{kAR}{k-1}$$

3. 완전가스의 상태변화

(1) 등적변화(Isochoric change)

용기 내에 들어있는 물질을 가열할 때 체적변화가 없는 과정

① $P.v.T$ 관계

$$dv = 0, \quad \frac{P_1}{T_1} = \frac{P_2}{T_2} = C$$

② 일량

- $_1w_2 = \int_1^2 P\,dv = P(v_2 - v_1) = 0$
- $w_t = -\int_1^2 v\,dp = -v(P_2 - P_1)$

③ 내부에너지 변화

$$du = C_v dT = \frac{AR}{k-1}(T_2 - T_1)$$

④ 엔탈피 변화

$$dh = C_p dT = \frac{kAR}{k-1}(T_2 - T_1)$$

⑤ 가열량

$$dQ = dU = GC_v(T_2 - T_1)$$

(2) 등압변화(Isobaric change)

용기 내에 열을 가할 때 용기 내 압력은 일정하고 체적만 변화하는 과정

① $P.v.T$ 관계

$$dp = 0, \quad \frac{v_1}{T_1} = \frac{v_2}{T_2} = C$$

② 일량

- $_1w_2 = \int_1^2 P\,dv = P(v_2 - v_1) = R(T_2 - T_1)$
- $w_t = -\int_1^2 v\,dP = 0$

③ 내부에너지 변화

$$du = C_v dT = C_v(T_2 - T_1)$$
$$= \frac{AR}{k-1}(T_2 - T_1)$$

④ 엔탈피 변화
$$dh = C_p dT = C_p(T_2 - T_1)$$
$$= \frac{kAR}{k-1}(T_2 - T_1) = \frac{k}{k-1}AP(v_2 - v_1)$$

⑤ 가열량
$$dq = du + APdv$$

(3) 등온변화(Isothermal change)

용기 내에 열을 가한 후 온도를 일정하게 유지하면서 변화하는 과정

① P. v.T 관계
$$dT = 0, \quad P_1v_1 = P_2v_2 = C$$

② 일량
- 절대일
$$_1w_2 = \int_1^2 Pdv = RT\ln\frac{v_2}{v_1} = RT\ln\frac{P_1}{P_2}$$

- 공업일
$$w_t = -\int_1^2 vdp = -RT\ln\frac{v_1}{v_2} = -RT\ln\frac{P_2}{P_1}$$

③ 내부에너지 변화
$$du = C_v dT = 0 \, (dT = 0)$$

④ 엔탈피 변화
$$dh = C_p dT = 0 \, (dT = 0)$$

⑤ 가열량
$$dq = du + Apdv = Aw \, (du = 0)$$
$$= ART\int_1^2 \frac{dv}{v} = ART\ln\frac{v_2}{v_1}$$
$$= ART\ln\frac{P_1}{P_2}$$

(4) 단열변화(adiabatic change)

외부와의 열출입을 완전히 차단한 상태에서 팽창 또는 압축하는 과정

① P. v.T 관계
$$dq = 0, \quad dq = du + Apdv = dh - Avdp = 0$$
$$P_1v_1^k = P_2v_2^k = C$$

> **참고**
> $$\frac{T_2}{T_1} = \left(\frac{v_1}{v_2}\right)^{k-1} = \left(\frac{P_2}{P_1}\right)^{\frac{k-1}{k}}$$

② 일량
- 절대일
$$_1w_2 = \int_1^2 Pdv = \frac{1}{k-1}(P_1v_1 - P_2v_2)$$
$$= \frac{R}{k-1}(T_1 - T_2) = \frac{R_1T_1}{k-1}\left(1 - \frac{T_2}{T_1}\right)$$

- 공업일
$$Aw_t = -\int_1^2 dh = -\int_1^2 C_p dT$$
$$w_t = \frac{k}{k-1}R(T_1 - T_2) = k_1w_2$$

③ 내부에너지 변화
$$du = C_v dT = C_v(T_2 - T_1) = -A_1w_2$$

④ 엔탈피 변화
$$dh = C_p dT = C_p(T_2 - T_1)$$
$$= -kA_1w_2 = -Aw_t$$

⑤ 가열량
$$dq = 0$$

(5) 폴리트로픽 변화(Polytropic change)

실제 가스의 변화과정
$$Pv^n = C$$
($k = n$이라 놓으면 폴리트로픽 변화가 된다.)

여기서, n : 폴리트로픽 지수

① P. v.T 관계
$$\frac{T_2}{T_1} = \left(\frac{v_1}{v_2}\right)^{n-1} = \left(\frac{P_2}{P_1}\right)^{\frac{n-1}{n}}$$

② 일량
$$_1w_2 = \frac{1}{n-1}(P_1v_1 - P_2v_2)$$
$$= \frac{R}{n-1}(T_1 - T_2)$$
$$= \frac{RT_1}{n-1}\left(1 - \frac{T_2}{T_1}\right)$$

③ 내부에너지 변화
$$du = C_v dT = C_v(T_2 - T_1)$$

④ 엔탈피 변화
$$dh = C_p dT = C_p(T_2 - T_1)$$

⑤ 가열량
$$dq = du + Apdv$$

$$= C_v(T_2-T_1) + A\frac{R}{n-1}(T_1-T_2)$$
$$= \frac{n-k}{n-1}C_v(T_2-T_1) = C_n(T_2-T_1)$$

여기에서 C_n을 폴리트로픽 비열이라 하며 $C_n = \frac{n-k}{n-1}C_v$을 의미한다.

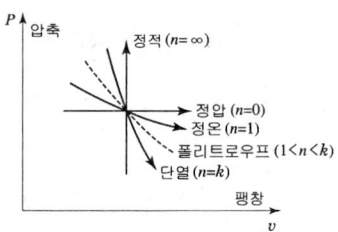

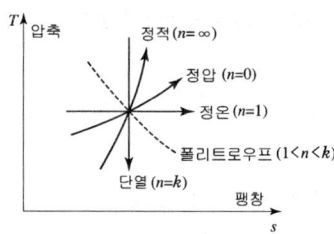

4 열역학 제2법칙

1. 정 의

열역학 제1법칙은 에너지 변환의 양적 관계를 명시한 것에 비해 제2법칙은 실현 가능성을 밝혀 주는 법칙으로 일은 열로 전환이 쉬우나 열은 일로 전환되는데 제한이 따른다. 즉 비가역 과정을 의미한다. (고온의 열이 저온으로 이동하는데 일로 전환시키기 위해서는 특수한 장치가 필요하며 효율은 낮다.)

> **참고** 제2종 영구기관
> 열역학 제2법칙을 위배하며 열원으로부터 받은 열량 전부를 일로 변환시키는 100% 효율을 가진 기관을 말한다.

2. 열효율 및 성능계수

(1) **열기관의 열효율**(thermal efficiency)

$$\eta_H = \frac{Q_1-Q_2}{Q_1} = \frac{T_1-T_2}{T_1}$$

$$= 1 - \frac{Q_2}{Q_1} = 1 - \frac{T_2}{T_1} = \frac{Aw}{Q_1}$$

여기서, Q_1, Q_2 : 입열량, 출열량
T_1, T_2 : 고온, 저온

(2) **성능계수**(coefficient of performance)

① 냉동시
$$COP_R = \frac{Q_2}{Q_1-Q_2} = \frac{Q_2}{Aw} = \frac{T_2}{T_1-T_2}$$

② 난방시
$$COP_H = \frac{Q_1}{Q_1-Q_2} = \frac{Q_1}{Aw} = \frac{T_1}{T_1-T_2}$$

3. 카르노 사이클(Carnot cycle)

고·저 두 열원 사이에 작동하는 가역 사이클로 이론적으로 효율이 가장 좋으며 두 개의 등온 과정과 두 개의 단열 과정으로 이루어진다.

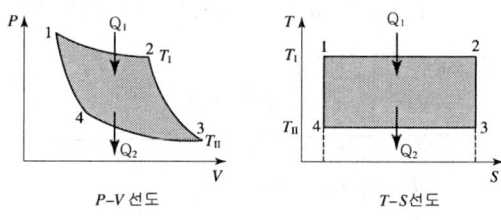

P-V선도   T-S선도

(1) 과정
- 1~2 : 등온 팽창($T_I = T_1 = T_2$)
- 2~3 : 단열 팽창
- 3~4 : 등온 압축($T_{II} = T_3 = T_4$)
- 4~1 : 단열 압축

(2) 카르노 사이클 효율
- $Q_1 - Q_2 = Aw$
- $\eta_c = \frac{Q_1-Q_2}{Q_1} = \frac{Aw}{Q_1} = 1 - \frac{Q_2}{Q_1} = 1 - \frac{T_{II}}{T_I}$

4. 엔트로피(entropy)

열에너지를 이용하여 기계적 일을 하는 과정으로 열의 이용 가치를 나타내는 종량적 성질을 엔트로피(s : kcal/kg·K)라 한다.

(1) 클라우시우스(Clausius)의 적분

$$\int \frac{dQ}{T} \leq 0$$

① 가역 사이클 $\oint \frac{dQ}{T} = 0$

② 비가역 사이클 $\oint \frac{dQ}{T} < 0$

(2) 엔트로피 계산식

① 엔트로피

- $\Delta s = G \cdot c \cdot \ln \frac{T_2}{T_1}$ [kcal/K]

- $\Delta s = \frac{dq}{T}$ [kcal/kgK]

② 완전가스의 과정별 엔트로피

$$s_2 - s_1 = C_v \cdot \ln \frac{T_2}{T_1} + AR \ln \frac{v_2}{v_1}$$

$$= C_p \cdot \ln \frac{T_2}{T_1} + AR \ln \frac{P_1}{P_2}$$

$$= C_p \cdot \ln \frac{v_2}{v_1} + C_v \cdot \ln \frac{P_2}{P_1}$$

- 정적과정

$$s_2 - s_1 = C_v \cdot \ln \frac{T_2}{T_1}$$

- 정압과정

$$s_2 - s_1 = C_p \cdot \ln \frac{T_2}{T_1}$$

- 등온과정

$$s_2 - s_1 = AR \ln \frac{v_2}{v_1}$$

- 단열과정

$$s_2 - s_1 = \frac{dq}{T}, \quad dq = 0$$

이므로 $\Delta s = s_2 - s_1 = 0$

- 폴리트로픽 과정

$$s_2 - s_1 = C_n \ln \frac{T_2}{T_1} = \frac{n-k}{n-1} C_v \ln \frac{T_2}{T_1}$$

5. 열역학 제3법칙

온도를 낮추는 것은 어렵고 완전히 절대 영도(0K)에 도달하는 것은 불가능하다. 즉 온도가 절대온도 0K에 접근하면 엔트로피도 0에 접근하게 되지만 T_L이 절대영도가 될 수 없으므로 열기관의 효율은 100%가 될 수 없다.

$$\eta = 1 - \frac{T_L}{T_H}$$

03 증기 사이클

1 증 기

1. 증기의 일반성질(단, 1atm)

(a)	(b)	(c)	(d)	(e)
물(액체)	포화수	습증기	건포화증기	과열증기
100°C 이하	100°C	100°C	100°C	100°C 이상
$x=0$	$x=0$	$0<x<1$	$x=1$	$x=1$

(a) : 포화온도 이하의 압축액
(b) : 포화온도에 도달한 압축액(증발이 시작되기 직전의 압축액)
(c) : 액체와 증기가 공존하는 상태
(d) : 액체가 모두 증기가 된 상태
(e) : 건포화증기를 다시 가열하면 포화온도 이상의 증기가 되는데 이를 과열증기라 한다.

> **참고**
>
> - 과열도(degree of superheat) : 과열증기온도 − 포화온도
> - 건도(quality) : 전체 질량에 대한 증기 질량의 비를 건도(x)라 한다.
> - 현열(sensible heat : 감열) : 어떤 물질이 상태 변화 없이 온도변화에 소요되는 열량(a~b 구간)
> $$Q_s = G \cdot C \cdot dt \text{ [kcal]}$$
>   여기서, G : 질량[kg]
> C : 비열[kcal/kg·°C]
> dt : 온도차[°C]
> - 잠열(latent heat) : 어떤 물질이 온도 변화없이 상태 변화에 소요되는 열량(b~d 구간)
> $$Q_L = G \cdot r \text{ [kcal]}$$
>   여기서, G : 질량[kg]
> r : 잠열[kcal/kg]

2 증기의 열적 상태량

① 포화수

- 엔탈피(h') $= h_0 + \int_{273}^{T_s} CdT$

- 엔트로피$(s') = s_0 + \int_{273}^{T_S} \frac{CdT}{T} = s_0 + \ln\frac{T_S}{273}$

② 포화증기(수증기)
- 엔탈피$(hx) = h' + x(h'' - h') = h' + xr$
- 엔트로피$(s_x) = s' + x(s'' - s') = s' + x\frac{r}{T_S}$

③ 과열증기
- 엔탈피$(h) = h'' + \int_{T_S}^{T} C_p dT$
- 엔트로피
$(s) = s'' + \int_{T_S}^{T} C_p \frac{dT}{T} = s'' + C_p \ln\frac{T}{T_S}$

3. 증기의 상태변화

(1) 등적변화
$$v_1 = v_2 = C$$
$$v_1 = v_1' + x_1(v_1'' - v_1')$$
$$v_2 = v_2' + x_2(v_2'' - v_2')$$
$$x_2 = x_1 \frac{v_1'' - v_1'}{v_2'' - v_2'} + \frac{v_1' - v_2'}{v_2'' - v_2'}$$
$$dq = du + Apdv \, (dv = 0)$$

(2) 등압변화
$$P_1 = P_2 = C$$
$$dq = \int_1^2 du + A\int_1^2 Pdv = u_2 - u_1 + AP(v_2 - v_1)$$
$$= h_2 - h_1$$
$$_1w_2 = \int_1^2 Pdv = P(v_2 - v_1)$$
$$wt = -\int_1^2 vdP = 0$$

(3) 등온변화
$$T_1 = T_2 = C$$
$$dq = \int_1^2 du + A\int_1^2 pdv = \int_1^2 Tds = T(s_2 - s_1)$$
$$_1w_2 = \int_1^2 pdv = \frac{1}{A}[_1q_2 - (u_2 - u_1)]$$
$$w_t = -\int_1^2 vdp = \frac{1}{A}[_1q_2 - (h_2 - h_1)]$$
$$= _1w_2 + P_1v_1 - P_2v_2$$

(4) 단열변화
$$q_1 = q_2 = C, \, dq = 0, \, s_1 = s_2 = C, \, ds = 0$$
$$s_1 = s_1' + x_1(s_1'' - s_1') = s_1' + x_1\frac{r_1}{T_1}$$
$$s_2 = s_2' + x_2(s_2'' - s_2') = s_2' + x_2\frac{r_2}{T_2}$$
$$A_1w_2 = du$$
$$w_t = h_2 - h_1 = dh$$

(5) 등엔탈피 변화(throttling : 교축)
증기가 오리피스 등의 작은 단면을 통과할 때 외부에 대하여 일을 하지 않고 압력 강하만 일어나는 과정을 말하며 이때 엔탈피$(h_2 = h_1)$는 일정하다.
$$h_1 = h_1' + x_1r_1 = h_2$$
$$x_1 = (h_2 - h_1')/r_1$$

2 증기 원동소 사이클

1. 랭킨 사이클(Rankine cycle)

급수 펌프로 가압된 고압의 물이 보일러로 공급, 연소장치에 의해 가열되면 과열 증기가 되어 노즐을 통해 터빈에 가해지면서 일을 발생하게 된다. 일을 한 습증기는 복수기(condenser)에 의해 냉각되어 펌프에 의해 순환과정을 반복하게 된다.

① 보일러에서 가해진 열량
$$q_1 = h_2 - h_1 \, (P_1 = P_2)$$

② 터빈에서 일한 열량
$$Aw_T = h_2 - h_3 \, (s_2 = s_3)$$

③ 복수기에서 방출한 열량
$$q_2 = h_3 - h_4 \, (P_3 = P_4)$$

④ 펌프에서 일한 열량
$$Aw_P = h_1 - h_4 = Av'(P_1 - P_4)$$

⑤ 사이클 열효율(η_R)
$$\eta_R = 1 - \frac{q_2}{q_1} = \frac{Aw_T - Aw_P}{q_1}$$
$$= \frac{(h_2 - h_3) - (h_1 - h_4)}{h_2 - h_1}$$

펌프일은 터빈일에 비하여 대단히 적기 때문에 펌프일을 무시하면

$$\eta_R \fallingdotseq \frac{h_2 - h_3}{h_2 - h_4}$$

2. 재열 사이클

랭킨 사이클에서 터빈 입구에서의 증기 온도와 압력이 높을수록 또는 복수기(condenser) 압력이 낮을수록 효율이 증가하지만 습증기에 의해 터빈부식 및 효율이 낮아지는 문제점이 발생하기 때문에 재열기를 설치하여 이러한 결점을 보완한 사이클이다.

① 보일러에서 가해진 열량
$$q_1 = h_2 - h_1 \ (P_1 = P_2)$$
② 재열기에서 가해진 열량
$$q_1' = h_4 - h_3 \ (P_3 = P_4)$$
③ 터빈에서 발생한 열량
- 고압터빈 : $Aw_{T1} = h_2 - h_3$
- 저압터빈 : $Aw_{T2} = h_4 - h_5$

④ 복수기에서 방출한 열량
$$q_2 = h_5 - h_6$$
⑤ 펌프에서 일한 열량
$$Aw_P = h_1 - h_6 = Av'(P_1 - P_6)$$
⑥ 사이클 효율
$$\eta_{Reh} = 1 - \frac{q_2}{q_1 + q_1'}$$
$$= \frac{(h_2 - h_3) + (h_4 - h_5) - (h_1 - h_6)}{(h_2 - h_1) + (h_4 - h_3)}$$

펌프일을 무시하면 $(h_1 = h_6)$

$$\eta_{Reh} = \frac{(h_2 - h_3) + (h_4 - h_5)}{(h_2 - h_6) + (h_4 - h_3)}$$

3. 재생 사이클

터빈 내에서의 팽창 도중 증기의 일부를 추출하여 저온의 급수를 예열하므로 보일러 효율 상승을 도모한 사이클

4. 재생-재열 사이클

팽창 중 일부 증기를 취출하여 급수를 예열하는 재생 사이클과 마찰 손실을 방지하고 효율 상승을 도모한 재열 사이클이 조합되어 있는 사이클을 의미한다.

04 가스 사이클과 노즐

① 내연기관

1. 오토 사이클(Otto cycle)

가솔린(전기점화)기관의 이상 사이클로 동작 유체의 열 공급 및 방열은 일정 체적하에서 이루어지는 등적 사이클이다.

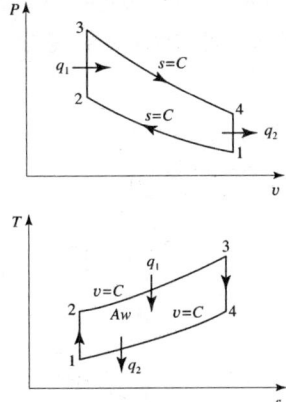

(1) 공급열량
$$q_1 = C_v(T_3 - T_2)$$

(2) 방출열량
$$q_2 = C_v(T_4 - T_1)$$

(3) 일량
$$Aw = q_1 - q_2$$
$$= [C_v(T_3 - T_2) - C_v(T_4 - T_1)]$$

(4) 이론 효율
$$\eta_o = 1 - \frac{q_2}{q_1} = 1 - \frac{T_4 - T_1}{T_3 - T_2}$$
$$= 1 - \left(\frac{v_2}{v_1}\right)^{k-1}$$
$$= 1 - \left(\frac{1}{\varepsilon}\right)^{k-1}$$

여기에서 $\varepsilon = \frac{v_1}{v_2}$ 을 압축비라 한다.

(5) 평균 유효 압력

$$P_m = \frac{w}{v_1 - v_2} = \frac{\eta_o \cdot q_1}{Av_1\left(1 - \frac{v_2}{v_1}\right)}$$

$$= \frac{P_1 q_1}{ART_1} \cdot \frac{\varepsilon}{\varepsilon - 1}\left(1 - \left(\frac{1}{\varepsilon}\right)^{k-1}\right)$$

2. 디이젤 사이클(Diesel cycle)

디이젤 사이클은 2개의 등엔트로피(단열)과정과 1개의 등압과정 1개의 등적과정으로 구성되어 있으며 등압과정에서 연소가 일어나므로 등압 사이클이라고도 한다.

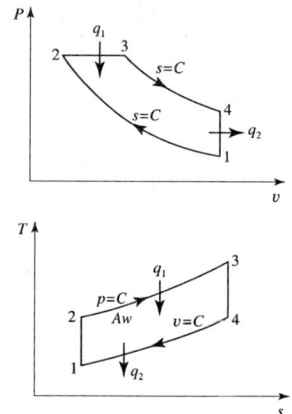

(1) 공급열량

$$q_1 = C_p(T_3 - T_2)$$

(2) 방출열량

$$q_2 = C_v(T_4 - T_1)$$

(3) 일량

$$Aw = q_1 - q_2$$
$$= [C_p(T_3 - T_2) - C_v(T_4 - T_1)]$$

(4) 이론 효율

$$\eta_d = 1 - \frac{q_2}{q_1} = 1 - \frac{C_v(T_4 - T_1)}{C_p(T_3 - T_2)}$$

$$= 1 - \frac{1}{\varepsilon^{k-1}} \frac{\alpha^k - 1}{k(\alpha - 1)}$$

$$\left(압축비(\varepsilon) = \frac{v_1}{v_2},\ 체절비(\alpha) = \frac{v_3}{v_2}\right)$$

(5) 평균 유효 압력

$$P_m = \frac{w}{v_1 - v_2} = \frac{\eta_d \cdot q_1}{Av_1\left(1 - \frac{v_2}{v_1}\right)}$$

$$= \frac{P_1 q_1}{ART_1} \cdot \frac{\varepsilon}{\varepsilon - 1}\eta_d$$

3. 사바테 사이클(Sabathe cycle)

가열과정이 등적과 등압 두 부분으로 구성된 복합사이클이다.

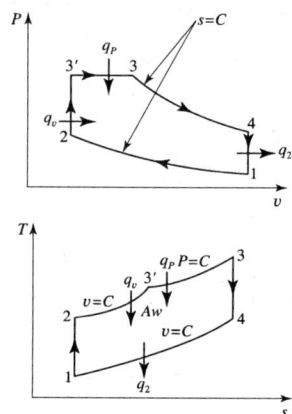

(1) 공급열량

$$q_1 = q_v + q_p$$
$$= C_v(T_3' - T_2) + C_p(T_3 - T_3')$$

(2) 방출열량

$$q_2 = C_v(T_4 - T_1)$$

(3) 일량

$$Aw = q_1 - q_2$$

(4) 열효율

$$\eta_s = 1 - \left(\frac{1}{\varepsilon}\right)^{k-1} \frac{\rho\alpha^k - 1}{(\rho - 1) + k\rho(\alpha - 1)}$$

$$\left(체절비(\alpha) = \frac{v_3}{v_3'},\ 폭발비(\rho) = \frac{P_3'}{P_2}\right)$$

(5) 평균 유효 압력

$$P_m = \frac{\eta_s q_1}{A(v_1 - v_2)}$$

> **참고**   각 사이클의 비교
> - 가열량 및 압축비가 일정할 경우 : $\eta_o > \eta_s > \eta_d$
> - 가열량 및 최대 압력을 일정하게 할 경우
>   : $\eta_o < \eta_s < \eta_d$

2 가스 터빈 사이클

1. 브레이톤 사이클(Brayton cycle)

브레이톤 사이클은 두 개의 단열과정과 두 개의 등압과정으로 이루어진 사이클로 가스 터빈의 이상적 사이클이다.

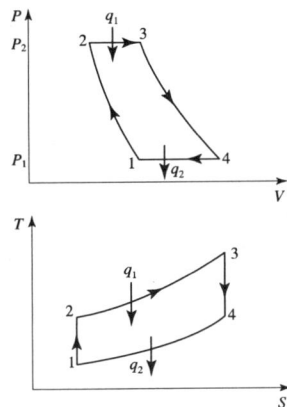

(1) 공급열량
$$q_1 = C_p(T_3 - T_2)$$

(2) 방출열량
$$q_2 = C_p(T_4 - T_1)$$

(3) 일량
$$Aw = q_1 - q_2$$
$$= [C_p(T_3 - T_2) - C_p(T_4 - T_1)]$$

(4) 열효율
$$\eta_b = 1 - \frac{q_2}{q_1} = 1 - \frac{T_4 - T_1}{T_3 - T_2} = 1 - \left(\frac{1}{r}\right)^{\frac{k-1}{k}}$$
$$\left(\text{압력비}(r) = \frac{P_2}{P_1}\right)$$

2. 에릭슨 사이클(Ericsson cycle)

브레이톤 사이클의 단열압축, 단열팽창 과정을 등온압축, 등온팽창으로 바꾸어 놓은 사이클로 실현 곤란한 사이클이다.

3. 스터링 사이클(Stirling cycle)

공기 표준 동력 사이클은 stirling 사이클이며 두 개의 정적과정과 두 개의 등온과정으로 구성되어 있으며 체적변화를 최소로 유지할 수 있다. 또 역 스터어링 사이클은 He을 냉매로 하는 극저온용의 기체 냉동기 기준 사이클이 된다.

4. 아트킨슨 사이클(Atkinson cycle)

오토 사이클의 배기로 운전되는 가스 터빈의 이상 사이클로서 정적가스 터빈 사이클이라고도 한다.

5. 르누아 사이클(Lenoir cycle)

르누아 사이클은 동작 물질의 압축과정이 없으며 정적하에서 급열되어 압력이 상승한 후 기체가 팽창하면서 일을 하고 정압하에서 방출한다.

3 흐름의 일반 에너지식

1. 연속 방정식

관로에서 단면 1에서 단면 2로 흐르는 유체의 흐름은 단면에 대하여 직각이고 이 단면을 거쳐 나가는 흐름은 연속적이며 그때의 유량은
$$G = \frac{F_1 V_1}{v_1} = \frac{F_2 V_2}{v_2} \text{ [kg/s]}$$

여기서, F : 면적(m^2)
          V : 속도(m/s)
          v : 비체적(m^3/kg)

2. 정상류 일반 에너지식

$$G\left(h_1 + \frac{AV_1^2}{2g} + AZ_1\right)$$
$$- G\left(h_2 + \frac{AV_2^2}{2g} + AZ_2\right) + Q - AW_t = 0$$
$$q = (h_2 - h_1) + \frac{A}{2g}(V_2^2 - V_1^2)$$
$$+ A(Z_2 - Z_1) + Aw_t \text{ [kcal/kg]}$$

3. 단열 정상류 일반 에너지식 ($q=0$, $Z_1=Z_2$)

$$h_1-h_2=\frac{A}{2g}(V_2^2-V_1^2)+Aw_t$$

$V_1 \ll V_2$ 이면 $V_1=0$ 이고 $w_t=0$ 라 하면

$$\frac{A}{2g}V_2^2=h_1-h_2$$

$$V_2=\sqrt{\frac{2g}{A}(h_1-h_2)}=91.48\sqrt{h_1-h_2}$$

4 노즐(nozzle)

1. 유체의 흐름

(1) **정상류**(steady flow)

관로에서 유체의 유동 및 유속이 시간에 관계없이 일정한 유동

(2) **비정상류**(non steady flow)

관로에서 유체의 유동이 시간에 따라 변하는 유동

(3) **층류**

① 층류(laminar flow) : 유체 입자가 층과 층 사이에 혼합없이 흐르는 흐름을 말한다.
② 난류(turbulent flow) : 유체 입자들의 불규칙적인 흐름을 말한다.
③ 레이놀드수(Reynold's number) : 층류와 난류를 구분하는 척도

$$Re=\frac{\rho Vd}{\mu}=\frac{Vd}{v}$$

> **참고**
> • 층류 : $Re<2100$ • 난류 : $Re>4000$

2. 노즐에서의 유동

① 유량

$$(G)=\frac{F_2}{V_2}\sqrt{2g\frac{k}{k-1}P_1v_1\left(1-\left(\frac{P_2}{P_1}\right)^{\frac{k-1}{k}}\right)}$$

P_c=임계 압력이며, $P_2=P_c$이면

$$G_{max}=F_2\sqrt{\frac{k}{k+1}2g\left(\frac{2}{k+1}\right)^{\frac{2}{k-1}}\frac{P_1}{v_1}}$$

$$=F_2\sqrt{gk\frac{P_c}{v_c}}$$

여기서, k : 비열비
F : 단면적
V : 비체적

② 임계 압력비

$$\left(\frac{P_2}{P_1}\right)=\left(\frac{2}{k+1}\right)^{\frac{k}{k-1}}\ (P_2=P_c)$$

③ 분출속도

$$h_1-h_2=\frac{A(V_2^2-V_1^2)}{2g}=C_p(T_1-T_2)$$

$$=\frac{k}{k-1}AP_1v_1\left(1-\frac{T_2}{T_1}\right)$$

• 가역 단열변화의 경우

$$\frac{T_2}{T_1}=\left(\frac{P_2}{P_1}\right)^{\frac{k-1}{k}}$$

$$\frac{A(V_2^2-V_1^2)}{2g}=\frac{k}{k-1}AP_1v_1\left(1-\left(\frac{P_2}{P_1}\right)^{\frac{k-1}{k}}\right)$$

$V_1=0$ 으로 보면

$$V_2=\sqrt{2g\frac{k}{k-1}P_1v_1\left(1-\left(\frac{2}{k+1}\right)\right)}$$

$$=\sqrt{2g\frac{k}{k+1}P_1v_1}$$

> **참고**
> $$V_{max}=\sqrt{2g\frac{k}{k-1}P_1v_1\left[1-\left(\frac{2}{k+1}\right)\right]}$$
> $$=\sqrt{2g\frac{k}{k+1}P_1v_1}=\sqrt{gkP_2v_2}=\sqrt{gkRT_2}$$

제 2 장 냉동공학

01 냉동이론

❶ 냉동(refrigeration)

물질(고체, 액체, 기체)이 상태 변화를 하기 위해서는 주위(고온)로부터 열을 공급받아야만 가능하다. 이때 주위는 열을 잃어 온도가 낮아지게 되는데 이러한 효과를 냉동이라 한다.

❷ 냉동법

1. 자연 냉동법(natural refrigeration)

상태 변화에 따른 흡열작용을 이용한 냉동방법

(1) 고체의 융해열을 이용한 방법

0°C의 얼음 1kg당 79.68kcal/kg의 열 흡수

(2) 고체의 승화열을 이용한 방법

−78.5°C의 dry ice는 137kcal/kg의 열 흡수

(3) 액체의 증발열을 이용한 방법

−196°C의 액화질소가 증발할 때 48kcal/kg의 열 흡수(−20°C까지 열을 흡수하면 90kcal/kg)

(4) 기한제를 이용하는 방법

서로 다른 물질을 혼합하여 더 낮은 온도를 얻는 방법

2. 기계 냉동법(mechanical refrigeration)

전력, 증기, 연료 등의 에너지를 이용하여 냉동을 연속적으로 행하는 방법

(1) 증기 압축식 냉동법(steam compression refrigeration)

압축, 응축, 팽창, 증발과정을 반복하여 냉매인 액화가스의 증발 잠열에 의해 피냉각 물질로부터 열을 흡수하는 방법으로 현재 가장 많이 사용된다.

(2) 흡수식 냉동법(absorption refrigeration)

기계적 일(압축일)을 사용하지 않고 재생기, 응축기, 팽창밸브, 증발기, 흡수기, 펌프로 구성된 형태로 냉매와 흡수제를 사용한다.

(3) 증기 분사 냉동법(steam jet refrigeration)

steam ejector를 이용하여 증기를 분사하면 부압이 형성되어 증발현상에 의해 물은 증발열을 빼앗겨 냉각된다.

(4) 공기 압축식 냉동법

공기를 압축한 후 팽창시키면 공기가 냉각되는 것을 이용하는 것으로 항공기와 같이 자연적으로 공기를 압축할 수 있는 경우에 사용된다.

(5) 전자 냉동법

서로 상이한 금속을 링모양으로 접촉시키고 이곳에 전류를 흐르게 하면 한쪽 접합점은 열을 흡수하고, 다른 접합점은 열을 방출하는 특성(펠티에 효과 : Peltier effect)을 이용한 냉동법이다.

❸ 냉동 기초

1. 온도(temperature)

(1) 섭씨(Celsius)

표준 대기압(1atm) 상태에서 물의 빙점을 0°C, 비등점을 100°C로 하여 100등분한 것을 1°C로 한 온도

(2) 화씨(Fahrenheit)

표준 대기압(1atm) 상태에서 물의 빙점을 32°F, 비등점을 212°F로 하여 180등분한 것을 1°F로 한 온도

(3) 섭씨와 화씨와의 관계

- $x°C = \dfrac{5}{9}(y°F - 32)$
- $y°F = \dfrac{9}{5}x°C + 32$

(4) 절대온도

−273.15°C를 기준으로 한 온도

- K = x°C + 273.15
- R = y°F + 459.67

(5) 건구온도(dry bulb temperature ; DB)

보통 온도계로 측정한 공기의 온도를 건구온도라 한다.

(6) 습구온도(wet bulb temperature ; WB)

젖은 헝겊으로 온도계 감온부를 싼 상태에서 측정한 온도로 습구온도가 높으면 대기 중 수분함유량이 많으므로 증발이 곤란하여 불쾌지수가 증가한다.

(7) 노점온도(dewpoint temperature ; DT)

대부분의 공기는 습공기로써 압력이 일정한 상태에서 습공기가 냉각될 때 또는 공기온도가 일정한 상태에서 포화증기압 이상이 되었을 때 이슬이 생성되는 온도를 말한다.

2. 습도(humidity)

(1) 절대습도(absolute humidity)

건조공기 1kg 속에 존재하는 수증기 중량

$$x = 0.622 \frac{P_w}{P - P_w}$$

여기서, x : 절대습도(kg/kg′)
P : 대기압($P_a + P_w$)(mmHg)
P_w : 습공기 수증기 분압(mmHg)

(2) 상대습도(relative humidity)

대기중에 최대 수분을 포함할 수 있는 공기를 포화공기라 하며 포화공기가 가지는 수분양에 대한 같은 온도에서 습공기가 가지는 수분양과의 비로 공기를 가열하면 상대습도는 낮아지고 냉각하면 높아진다.

$$\phi = \frac{P_w}{P_s} \times 100$$

여기서, ϕ : 상대 습도(%)
P_s : 포화 습공기 수증기 분압(mmHg)

(3) 포화도(degree of saturation)

비교습도라 하며 포화 습공기 절대습도(x_s)에 대한 동일온도의 습공기 절대습도(x)와의 비

$$y = \frac{x}{x_s} \times 100 = \phi \frac{P - P_s}{P - P_w}$$

> **참고** 건조공기 · 습공기
> - 건조공기(dry air) : 공기 중에 수분을 전혀 포함하지 않은 공기
>   - 기체상수 (R) = 29.27 kgf·m/kg·K
>   - 비중량 (γ_0) = 1.293 kg/m³ (0°C일 때)
>   (γ_{20}) = 1.2 kg/m³ (20°C일 때)
> - 습공기(moist air) : 건조공기(P_a)와 수증기(P_w)가 혼합되어 있는 공기
>   - 습공기 (P) = $P_a + P_w$

3. 열량(quantity of heat)

(1) 1kcal

표준대기압(1atm)상태에서 순수한 1kg을 14.5°C에서 15.5°C까지 1°C 높이는 데 필요한 열량

(2) 1Btu(British thermal unit)

1atm 상태에서 순수한 물 1lb를 60°F에서 61°F까지 1°F를 높이는 데 필요한 열량

(3) 1chu(centigrade heat unit)

1atm 상태에서 순수한 물 1lb를 14.5°C에서 15.5°C까지 1°C 높이는 데 필요한 열량

4. 비열(specific heat)

어떤 물질 1kg을 1°C 높이는 데 필요한 열량(kcal)을 의미한다.

(1) 비열식

G kg 물질의 온도를 dt 만큼 높이는 데 필요하는 열량을 Q로 할 때

$$Q = G \cdot c \cdot dt$$

(2) 비열비(ratio of specific heat)

① 정적비열(C_v) : 체적이 일정한 기체의 경우 온도에 대한 내부에너지 변화율

② 정압비열(C_p) : 압력이 일정한 기체의 경우 온도에 대한 엔탈피 변화율
③ 비열비(k) : 정적비열에 대한 정압 비열의 비

$$k = \frac{C_p}{C_v} > 1$$

5. 비체적, 비중량, 밀도

(1) 비체적(specific volume)

단위 중량(질량)당 물질이 차지하는 체적을 의미한다.

$$v = \frac{V}{G} \ [\mathrm{m^3/kgf}]$$

(2) 비중량(specific weight)

단위 체적당 물질의 중량을 의미한다.

$$r = \frac{G}{V} = \frac{1}{v} \ [\mathrm{kgf/m^3}]$$

(3) 밀도(density)

단위 체적당 물질의 질량(mass)을 의미한다.

$$\rho = \frac{m}{V} \ [\mathrm{kg/m^3, \ kgf \cdot s^2/m^4}]$$

(4) 비중(specific gravity)

4℃ 물의 비중량에 대한 어떤 물질의 비중량과의 비

$$s = \frac{\gamma}{\gamma_w} = \frac{\rho}{\rho_w}$$

5. 압력(pressure)

단위 면적당 수직으로 작용하는 힘을 의미한다.

(1) 표준 대기압(atm)

$$1\,\mathrm{atm} = 1.0332\,\mathrm{kgf/cm^2} = 760\,\mathrm{mmHg}$$
$$= 10.332\,\mathrm{mAq} = 14.7\,\mathrm{PSI}$$
$$= 1.01325\,\mathrm{bar} = 101325\,\mathrm{N/m^2} = 101325\,\mathrm{Pa}$$

(2) 공학기압(at)

$$1\,\mathrm{at} = 1\,\mathrm{kgf/cm^2} = 735.6\,\mathrm{mmHg}$$
$$= 10\,\mathrm{mAq} = 14.2\,\mathrm{PSI}$$

(3) 절대압력

① 절대압력(absolute pressure) : 완전 진공 상태를 기준으로 한 압력

절대압력 = 대기압 + 게이지(계기)압
= 대기압 - 진공압

② 계기압(gauge pressure) : 대기압을 기준으로 측정한 압력
③ 진공압(vacuum pressure) : 진공의 정도를 나타내는 값으로 대기압을 기준으로 한다.

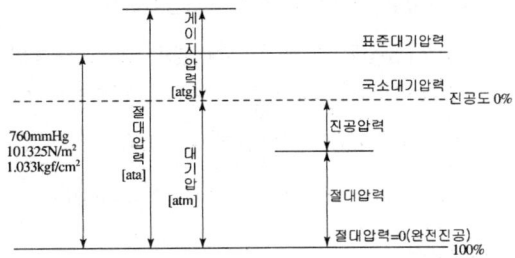

6. 동력(power)

단위 시간당 일의 비율

① 1HP(영국마력) = 76 kgf · m/s
= 0.746 kW = 641.6 kcal/h
② 1PS(국제마력) = 75 kgf · m/s = 0.735 kW
= 632.3 kcal/h
③ 1 kW = 102 kgf · m/s = 1.36 PS = 860 kcal/h

7. 현열과 잠열

(1) 현열(sensible heat : 감열)

어떤 물질이 상태 변화 없이 온도 변화에 소요되는 열량을 의미한다.

$$Q_S = G \cdot c \cdot dt\,[\mathrm{kcal}]$$

여기서, G : 질량(kg)
c : 비열(kcal/kg·℃)
dt : 온도차(℃)

(2) 잠열(latent heat)

어떤 물질이 온도 변화 없이 상태 변화에 소요되는 열량을 의미한다.

$$Q_L = G \cdot \gamma\,[\mathrm{kcal}]$$

여기서, G : 질량(kg)
γ : 잠열(kcal/kg)
얼음의 잠열 : 79.68(kcal/kg)

8. 냉동능력

단위 시간당 냉각하는 열량[kcal/h]으로(refrigeration ton)RT를 사용한다.

① 1RT란 0°C 물 1ton을 24시간 동안 0°C 얼음으로 만드는 능력을 의미한다.

$$1RT = \frac{1000 \times 79.68}{24} = 3320 kcal/h$$

② 1(RT)us란 32°F 물 2000lb을 24시간 동안 32°F의 얼음으로 만드는 능력을 의미한다.

$$1(RT)us = \frac{2000 \times 144}{24}$$
$$= 12000 \, Btu/h = 3024 kcal/h$$

9. 제빙능력

제빙 공장에서 1일 생산하는 제빙량을 ton으로 나낸 것으로 25°C 원료수 1ton을 24시간 동안 −9°C의 얼음으로 만드는데 제거해야 할 열량(열손실 20% 고려)

1제빙톤 = 1.65RT

$$결빙시간 = \frac{0.56 \times t^2}{-(t_b)}$$

여기서, t : 얼음의 두께(cm)
t_b : 브라인 온도(°C)

10. 성적 계수(coefficient of performance ; cop)

냉동기 성능을 나타내는 척도로 cop가 클수록 성능은 좋다.

$$cop = \frac{냉동능력}{압축기 소요동력}$$
$$= \frac{q_2}{q_1 - q_2} = \frac{q_2}{A \cdot w}$$

여기서, q_1 : 응축기 방열량
q_2 : 증발기 흡수열량
$A \cdot w$: 압축일의 열당량

참고

- 체적 효율 (η_v) = $\frac{실제 피스톤 압출량}{이론 피스톤 압출량}$
- 압축 효율 (η_c) = $\frac{이론 소요 동력(이론 동력)}{실제 소요 동력(지시 동력)}$
- 기계 효율 (η_m) = $\frac{실제 소요 동력(지시 동력)}{운전 소요 동력(축동력)}$

11. 전 열

열은 에너지의 일종이며 고온체의 열이 저온체로 이동하는 것을 전열이라 한다.

(1) 전도(conduction)

고체 내부에서 열 이동을 의미한다. 열은 열전도율이 클수록, 열이 접촉하는 벽면적이 넓을수록, 온도차가 클수록 증가하며 벽두께에 반비례한다.

$$Q = \lambda \frac{A \cdot \Delta t}{l}$$

여기서, Q : 전열량(kcal/h)
A : 벽면적(m²)
λ : 열전도율(kcal/m·h·°C)
$\Delta t (t_1 - t_2)$: 온도차(°C)
l : 벽두께(m)

(2) 대류(convection)

유체 내부에 온도차가 생기면 고온부 유체밀도는 작아지며 저온부 밀도는 증가하기 때문에 유체가 순환되면서 열이 이동되는 현상을 의미한다.

(3) 열전달

유체와 고체간의 열이동

$$Q = \alpha \cdot A \cdot \Delta t$$

여기서, Q : 전열량(kcal/h)
α : 열전달률(kcal/m²·h·°C)
A : 면적(m²)
Δt : 온도차(°C)

(4) 복사(radiation)

서로 다른 온도를 갖는 물체가 중간 매질없이 열선에 의해 열에너지가 이동하는 현상으로 이때 에너지의 일부는 표면에서 반사되고 일부는 저온 물체에 흡수되어 온도를 상승시킨다.

$$Q_r = \varepsilon \cdot \sigma \cdot A \cdot T_s^4$$

여기서, Q : 복사열량(kcal/h)
ε : 복사율
σ : 스테판볼츠만 정수 $(5.67 \times 10^{-8} W/m^2 K^4)$
T_s : 표면절대온도(K)

(5) 열통과

고체벽을 경계로 온도가 서로 다른 유체가 존재할 때 고온의 유체에서 벽체를 통하여 저온의 유체로 열이 이동되는 현상을 말한다.

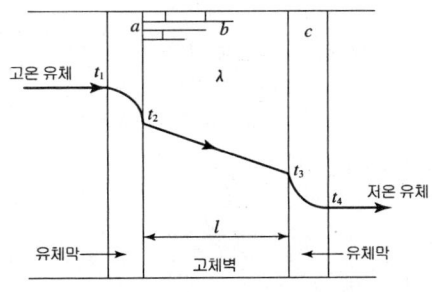

> **참고**　전체저항
>
> $R = R_a + R_b + R_b' + \cdots\cdots R_b{}^n + R_c$
>
> $= \dfrac{1}{\alpha_a} + \dfrac{l}{\lambda} + \cdots\cdots + \dfrac{1}{\alpha_c}$
>
> 따라서 $K = \dfrac{1}{R} = \dfrac{1}{\dfrac{1}{\alpha_a} + \dfrac{l}{\lambda} + \cdots\cdots + \dfrac{1}{\alpha_c}}$

① a구간(고온 유체와 접하는 벽과의 열전달)

$$Q_a = \alpha_a \cdot A \cdot \Delta t = \dfrac{A}{R_a} \Delta t$$

여기서, α_a : 열전달률(kcal/m²·h·°C)
　　　　 A : 유체와 접촉하는 벽면적(m²)
　　　　 $\Delta t(t_1 - t_2)$: 고온 유체의 온도와 이 유체가 접촉하는 벽면과의 온도차(°C)
　　　　 $R_a\left(\dfrac{1}{\alpha_a}\right)$: 전달저항(m²·h·°C/kcal)

② b구간(벽체에서의 열전도)

$$Q_b = \lambda \cdot \dfrac{A \cdot \Delta t}{l} = \dfrac{A}{R_b} \Delta t$$

여기서, λ : 열전도율(kcal/m·h·°C)
　　　　 A : 유체와 접촉하는 벽면적(m²)
　　　　 $\Delta t(t_2 - t_3)$: 온도차(°C)
　　　　 l : 벽두께(m)
　　　　 $R_b\left(\dfrac{l}{\lambda}\right)$: 벽에서의 전달저항 (m²·h·°C/kcal)

③ c구간(저온 유체와 접하는 벽과의 열전달)

$$Q_c = \alpha_c \cdot A \cdot \Delta t = \dfrac{A}{R_c} \Delta t$$

여기서, $\Delta t(t_3 - t_4)$: 저온 유체와 접하는 벽면에서의 온도와 저온 유체와의 온도 차

④ a, b, c 구간에서의 열통과 열량

$$Q = K \cdot A \cdot \Delta t$$

여기서, Q : 통과열량(kcal/h)
　　　　 K : 열통과율(kcal/m²·h·°C)
　　　　 A : 면적(m²)
　　　　 $\Delta t(t_1 - t_4)$: 온도차(°C)

12. 열교환기

고온의 유체와 저온 유체의 열교환

(1) 종류

① 병류형(parallel flow) : 두 유체의 유동방향이 일치하면서 열교환

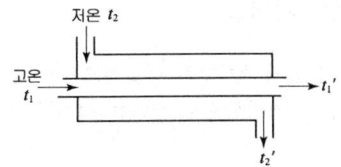

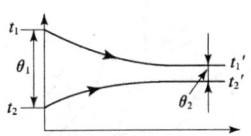

② 향류형(counter flow) : 두 유체의 유동방향이 반대로 유동하면서 열교환

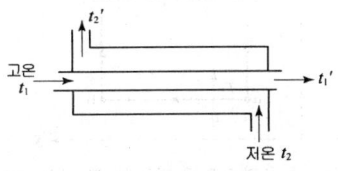

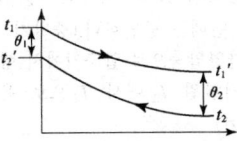

③ 직교형(cross flow) : 두 유체가 서로 직교상태에서 열 교환

(2) 대수 평균 온도차(logarithmic mean temperature difference)

$$\text{LMTD} = \frac{\theta_1 - \theta_2}{\ln \frac{\theta_1}{\theta_2}}$$

① 병류
- $\theta_1 = t_1 - t_2$
- $\theta_2 = t_1' - t_2'$

② 향류
- $\theta_1 = t_1 - t_2'$
- $\theta_2 = t_1' - t_2$

02 냉동사이클

1 역카르노 사이클

두 개의 등온선과 두 개의 단열선으로 구성되어 카르노 사이클의 역방향으로 행하는 사이클이 냉동 사이클이다.

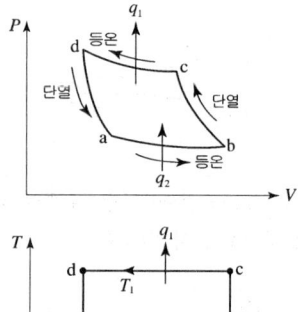

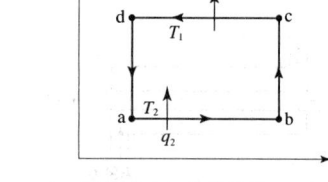

① a→b : 등온과정으로 저열원 T_2에서 $q_2$kcal 열을 흡수, 냉매는 증발한다.(증발기)
② b→c : 단열압축으로 압축기에서 행한 일이 열로 바뀌어 저열원 T_2에서 T_1으로 온도가 상승한다.(압축기)
③ c→d : 등온과정으로 T_1에서 $q_1$kcal의 열을 방출하고 냉매는 응축된다.(응축기)
④ d→a : 단열팽창으로 고열원 T_1에서 저열원 T_2로 온도는 낮아지나 엔탈피는 변하지 않는다.(팽창밸브)

① $q_1 = q_2 + A \cdot w$

여기서, q_1 : 응축 부하
q_2 : 증발 부하
$A \cdot w$: 압축일의 열당량

② 성적계수 $(COP) = \dfrac{q_2}{Aw}$

$= \dfrac{q_2}{q_1 - q_2}$

$= \dfrac{T_2}{T_1 - T_2}$

여기서, T_1 : 고압(응축기)측 절대온도
T_2 : 저압(증발기)측 절대온도

2 기계적 냉동장치의 구성

1. 압축기(compressor)

증발기에서 주변으로부터 열량을 흡수한 저온·저압의 냉매 가스를 흡입하여 압축하므로 상온에서 쉽게 응축할 수 있도록 하는 장치

2. 응축기(condenser)

압축기로부터 압축된 고온·고압의 가스가 공기 또는 물에 의해 열량을 잃게 하여 액화시키는 장치

3. 팽창밸브(expansion valve)

고온·고압의 액 냉매를 단열팽창시켜 저온·저압의 냉매액을 증발기부하 변동에 따라 공급하는 장치

4. 증발기(evaporator)

팽창밸브를 통과한 저온·저압의 냉매액이 피냉각 물질로부터 열량을 흡수하여 냉동효과를 얻는 장치로 이때 냉매액은 점차 냉매가스로 변한다. (냉매와 피냉각 물질과의 열교환에 의해 냉동목적을 달성하는 장치)

- 냉매 순환 과정 : 압축기 → 응축기 → 팽창밸브 → 증발기
- 고압 과정 : 압축기 토출측 → 팽창밸브 이전
- 저압 과정 : 팽창밸브 이후 → 압축기 흡입측

3 몰리에르 선도(Mollier diagram)

냉동기 내에서 순환하는 냉매의 상태 변화를 압력

(P)선과 엔탈피(i)선을 기준으로 그린 선도를 의미하며 P-i 선도라고도 한다.

1. P-i 선도 구성

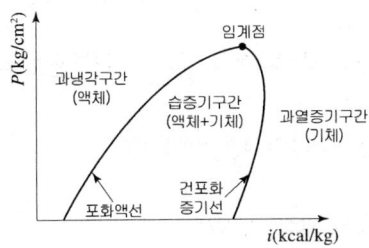

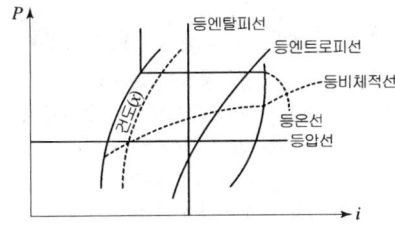

① 포화액선 : 과냉각 구간과 습증기 구간을 구분하는 선으로 포화액선 좌측은 액체상태로 과냉각을 의미하며 우측은 액과 기체가 혼합되어 있는 습증기 구간이다.
② 건포화증기선 : 압력에 따라 100% 증기로 변한 상태선으로 건포화증기선 좌측으로 습증기 구간이며 우측은 과열 증기 구간이다.
③ 등압선 : 등압선은 수평선으로 표시되며 냉동사이클을 도시할 때 응축기와 증발기에 해당된다.
④ 등온선 : 포화액선 이전에는 등엔탈피선과 일치하며 습증기 구간에서는 등압선과 일치한다.
⑤ 등엔탈피선 : 등엔탈피선은 수직으로 표시되며 냉동사이클에서 팽창밸브에 해당된다.
⑥ 등비체적선 : 습증기 구간에서 경사가 완만하지만 과열증기 구간은 경사가 증가한다.
⑦ 등건조도선 : 습증기 구간에 존재하며 포화액선에서 $x=0$이며 건포화 증기선에서 $x=1$이다.(건조도(x) : 일정량 중에서 증기가 차지하는 비율을 의미한다.)
⑧ 등엔트로피선 : 일반적으로 등건조도선과 등비체적선 사이에 그려지며 냉동사이클에서 압축기에 해당된다.

2. 기준(표준) 냉동 사이클

① 응축온도 : 30℃
② 팽창밸브 직전 온도 : 25℃
③ 과냉각도(30-25) : 5℃
④ 증발온도 : -15℃

> **참고**
> 팽창밸브 이후 -15℃액이 피냉각 물체로부터 열을 흡수하여 -15℃의 건포화 증기가 되어 압축기로 흡입된다.

4 냉동장치에 따른 계산

1. 1단 냉동사이클

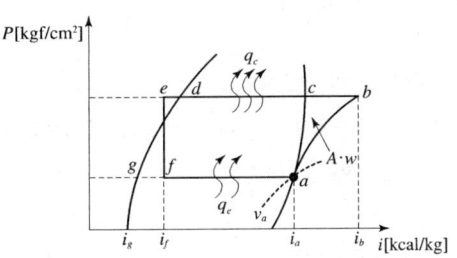

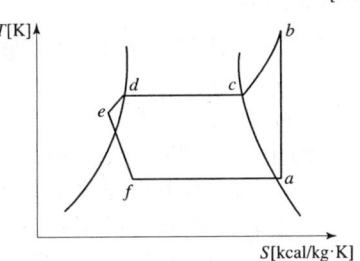

(1) 냉동효과(q_e)

냉매 1kg이 증발기에서 흡수하는 열량

$$q_e = i_a - i_f = q_c - A \cdot w \; [\text{kcal/kg}]$$

(2) 압축일의 열당량($A \cdot w$)

증발한 냉매 1kg을 응축 압력까지 압축하는데 소요되는 열량

$$A \cdot w = i_b - i_a = q_c - q_e \; [\text{kcal/kg}]$$

(3) 응축기 방열량(q_c)

응축기에서 냉매 1kg당 제거하는 열량

$$q_c = i_b - i_e = q_e + A \cdot w \text{ [kcal/kg]}$$

(4) 이론 성적계수(COP)

$$COP = \frac{q_e}{A \cdot w} = \frac{q_e}{q_c - q_e} = \frac{i_a - i_f}{i_b - i_a}$$

(5) 증발잠열(q_r)

$$q_r = i_a - i_g \text{ [kcal/kg]}$$

(6) 플래시가스 열량(q_f)

$$q_f = i_f - i_g \text{ [kcal/kg]}$$

> **참고** flash gas
> 냉매액이 팽창밸브를 통과하면서 액의 일부가 가스로 바뀌어 증발잠열을 활용할 수 없으며 냉동능력 감소의 원인이 된다.

(7) f지점에서의 건조도(x)

잠열 전구간에 대한 플래시가스가 차지하는 비율

$$x = \frac{q_f}{q_r} = \frac{i_f - i_g}{i_a - i_g}$$

(8) 냉매 순환량(G)

증발기에서 단위시간당 순환하는 냉매량

$$G = \frac{Q_e}{q_e} = \frac{V}{v_a} \eta_v \text{ [kg/h]}$$

여기서, Q_e : 냉동능력(kcal/h)
q_e : 냉매 1kg당 냉동능력(kcal/kg)
V : 피스톤 압출량(m³/h)
v_a : 흡입가스 비체적(m³/kg)
η_v : 체적 효율
  $= \dfrac{\text{실제 피스톤 압출량}}{\text{이론 피스톤 압출량}}$

> **참고**
> 1RT당 냉매 순환량 $G = \dfrac{3320}{q_e}$

(9) 냉동톤(RT)

$$xRT = \frac{Q_e}{3320} = \frac{G \cdot q_e}{3320} = \frac{V \cdot q_e}{3320 v_a} \eta_v$$

> **참고**
> • 왕복식
> $$RT = \frac{V}{C}$$ 여기서, C : 냉매가스 상수
> V : 피스톤 압출량(m³/h)
> • 흡수식
> $$RT = \frac{\text{1시간 동안 발생기 입열량 (kcal/h)}}{6640}$$
> • 원심식
> $$RT = \frac{\text{전동기 정격 출력 (kW)}}{1.2}$$

(10) 압축기 일량(ps, kW)

① $x\text{ps} = \dfrac{G \times A \cdot w}{632 \times \eta_c \times \eta_m} = \dfrac{Q_e}{632 \times COP \times \eta_c \times \eta_m}$

여기서, G : 냉매 순환량(kg/h)
$A \cdot w$: 압축일의 열당량(kcal/kg)
Q_e : 냉동능력(kcal/h)
COP : 성적계수
η_c : 압축 효율
η_m : 기계 효율

② $x\text{kW} = \dfrac{G \times A \cdot w}{860 \times \eta_c \times \eta_m}$
$= \dfrac{Q_e}{860 \times COP \times \eta_c \times \eta_m}$

(11) 압축비 $(P) = \dfrac{P_2}{P_1}$

2. 2단 압축 냉동사이클

한대의 압축기로 저온을 얻는 경우 압축비 상승으로 실린더 과열, 체적효율 감소, 냉동능력 저하 등의 우려가 있기 때문에 2대 이상의 압축기를 사용한다.
(NH_3 : 압축비 6 이상일 때, Freon : 압축비 9 이상일 때)

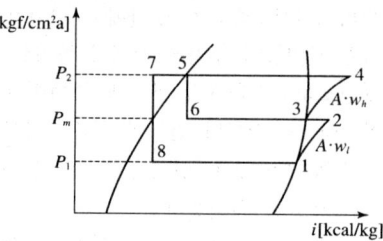

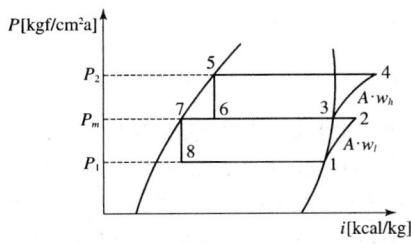

ㅇ 2단 압축 1단 팽창

① 중간압력(P_m) = $\sqrt{P_1 \times P_2}$

② 냉동 효과(q_e) = $i_1 - i_8$ [kcal/kg]

③ 저단측 냉매 순환량(G_l)

$$G_l = \frac{Q_e}{q_e} = \frac{Q_e}{(i_1 - i_8)} \text{ [kg/h]}$$

여기서, Q_e : 냉동 능력(kcal/h)

④ 중간 냉각기 냉매 순환량(G_m)

$$G_m = \frac{G_L[(i_2 - i_3) + (i_6 - i_7)]}{(i_3 - i_6)} \text{ [kg/h]}$$

⑤ 고단 압축기 냉매 순환량(G_h)

$$G_h = G_l + G_m = G_l \frac{i_2 - i_7}{i_3 - i_6} \text{ [kg/h]}$$

⑥ 압축일의 열당량($A \cdot w$)
- $A \cdot w_l = G_l(i_2 - i_1)$
- $A \cdot w_h = G_h(i_4 - i_3)$
- $A \cdot w = A \cdot w_l + A \cdot w_h$
  $= G_l(i_2 - i_1) + G_h(i_4 - i_3)$

⑦ 성적계수(COP)

$$COP = \frac{Q_e}{A \cdot w} = \frac{G_l \cdot q_e}{A \cdot w_l + A \cdot w_h}$$

> **참고** 중간 냉각기(inter cooler)
> - 고단($A \cdot w_h$) 압축기 과열을 방지한다.
> - 고압액을 과냉각시켜 성적 계수를 향상시킨다.
> - 냉매액을 분리시켜 액압축을 방지한다.

3. 2원 냉동장치

2개의 냉동사이클을 캐스케이드 콘덴서로 조합하여 고온측 증발기로 저온측 응축기 내의 냉매를 냉각시켜 초저온을 얻기 위한 냉동장치

> **참고** 캐스케이드 콘덴서(cascade condenser)
> 저온측 응축기와 고온측 증발기를 조합한 형태로 저온측 응축열을 상당 제거하므로 저온측 증발기에서 -70℃ 이하의 초저온을 얻을 수 있다.

사용냉매 ┌ • 고온측 냉매 : R-12, R-22
         └ • 저온측 냉매 : R-13, R-14, R-503,
                         메탄, 에탄, 프로판

> **참고**
> R-22는 -70℃~-100℃의 초저온을 얻었을 때 고온측 냉매로 사용되며 -70℃의 초저온을 얻을 때는 저온측 냉매로도 사용된다.

03 냉매(Refrigerant)

1 냉매의 정의

냉동장치를 순환하면서 현열 또는 잠열형태로 열을 흡수 및 방출하면서 피냉각물로부터 열을 제거하는 유체를 말한다.(열운반 매체)

① 1차 냉매 : 잠열 형태로 열을 운반하는 유체
② 2차 냉매 : 현열 상태로 열을 운반하는 유체

2 냉매의 구비조건

1. 물리적 조건

① 대기압 이상의 압력에서 증발하고 저압에서도 쉽게 액화할 수 있을 것
② 응고점이 낮을 것
③ 증발잠열이 크고 비열이 작을 것
  - NH_3(R-717) : 313.5kcal/kg
  - R-12 : 39.2kcal/kg
  - R-22 : 52.2kcal/kg
④ 임계온도가 높아 상온에서 쉽게 액화할 수 있을 것
⑤ 윤활유 또는 수분등과 작용하여 냉동작용에 영향을 미치는 일이 없을 것
⑥ 인화성 및 폭발성이 없을 것
⑦ 전기적인 절연내력이 커서 절연물을 침식시키

지 말 것
⑧ 패킹 재료를 침식시키지 말 것
- NH_3 : 인조고무를 침식시키므로 천연고무, 석면(아스베스토) 사용
- Freon : 천연고무를 침식시키므로 인조고무 사용

⑨ 점도가 적고 전열작용이 양호하며 표면장력이 적을 것
⑩ Turbo 냉동기의 경우 냉매가스의 비중이 클 것
- 터보 냉동기는 속도에너지를 압력에너지로 바꾸어 주기 때문에 가스의 무게가 무거울수록 큰 압력이 발생하므로 동일 조건에서는 NH_3보다 Freon 냉매가 유리하다.

⑪ 누설 발견이 용이할 것
⑫ 금속을 부식시키는 성질이 없을 것

2. 생물학적 특성

① 인체에 해가 없고 누설시 냉장품 손상이 없을 것
② 악취가 없을 것

3. 경제적 특성

① 가격이 저렴할 것
② 동일 냉동능력에 대해 소요동력이 적을 것
③ 자동운전이 쉬울 것

3 냉매의 특성

1. NH_3(R-717)

① 수분과 잘 용해한다.(800~900배)
② 독성(25ppm), 가연성, 폭발성이 있다.
③ 전열이 양호하며 oil과 용해하지 않는다.
④ 동 및 동합금을 부식시킨다.
⑤ 증발잠열이 냉매 중 가장 크기 때문에 냉동능력이 크고, 동일 냉동능력에 대해 냉매 순환량이 적다.
⑥ 비열비 $\left(k = \dfrac{C_p}{C_v} = 1.313\right)$가 커서 토출가스 온도가 높아 water jacket을 설치한다.(윤활유 탄화 및 열화 우려가 있다.)
⑦ 패킹재료는 천연고무, 아스베스토스를 사용한다.
⑧ 전기적 절연내력이 작으며, 유분리기를 반드시 설치한다.

2. Freon

① 비독성이며 악취가 없고 불연성이다.
② 수분과 분리되므로 장치내에 dryer를 설치
③ 전기적인 절연 내력이 크다.(밀폐형 냉동기 사용)
④ 800°C의 고열에 접촉시키면 맹독성 가스인 포스겐($COCl_2$)을 발생시킨다.
⑤ 마그네슘(Mg) 및 마그네슘을 2% 이상 함유하고 있는 Al 합금을 부식시킨다.
⑥ 허용최고 토출가스 온도가 낮아 윤활유 탄화의 우려가 거의 없다.
⑦ 전열이 불량하므로 Fin을 부착한다.
⑧ 오일과 용해성이 크다.
(R-11 > R-12 > R-21 > R-113)

3. 공비 혼합 냉매

서로 다른 두 가지 냉매를 일정 비율로 혼합하면 전혀 성질이 다른 독립된 냉매가 되는데 이러한 냉매를 공기혼합냉매라 한다.

① R-500
  냉매 : R-12+R-152 ($CCl_2F_2 + C_2H_4F_2$)
② R-501
  냉매 : R-12+R-22 ($CCl_2F_2 + CHClF_2$)
③ R-502
  냉매 : R-115+R-22 ($C_2ClF_5 + CHClF_2$)
④ R-503
  냉매 : R-23+R-13 ($CHF_3 + CClF_3$)
⑤ R-504
  냉매 : R-32+R-115 ($CH_2F_2 + C_2ClF_5$)

4 냉동장치에서 발생할 수 있는 각종 현상

1. 에멀션 현상(emulsion : 유탁액 현상)

암모니아 냉동장치에서 냉매 중에 수분이 혼입될 경우 수산화 암모늄(NH_4OH)을 형성하여 윤활유를 미립화시키고 우유빛으로 변질되는 현상

2. 코퍼플레이팅 현상(copper plating : 동부착 현상)

프레온 냉동장치에서 수분이 혼입되면 프레온과 반

응하여 불화수소(HF) 또는 염화수소(HCl) 등의 산에 의해 동이 녹아 고열이 발생하는 압축기의 실린더 및 밸브 등에 융착되는 현상을 말한다.

3. 오일 포밍 현상(oil foaming)

압축기 실린더내 윤활유에 용해되어 있던 냉매가 압축기 기동시 분리되면서 유면에 거품이 일어나는 현상(오일 히터를 설치하여 방지)

4. 오일 해머(oil hammer) 현상

오일 포밍 현상에 의해 피스톤 상부로 오일이 유입되어 압축기 압축과정에서 이상음이 발생하는 현상

5 브라인(brine)

2차 냉매로써 증발기에서 1차 냉매의 잠열이 2차 냉매인 브라인과 열교환되어 현열로 피냉각 물질을 냉각시키는 물질(냉매 누설시 냉장품 소손을 방지)

1. 브라인 종류

(1) 무기질브라인

① 염화칼슘($CaCl_2$) : 제빙용, 냉장용 등에 가장 많이 사용, 공정점 $-55°C$
② 염화나트륨(NaCl) : 식료품 저장용에 사용, 공정점 $-21.2°C$
③ 염화 마그네슘($MgCl_2$) : 염화칼슘 대용으로 사용, 공정점 $-33.6°C$

(2) 유기질브라인

① 에틸렌 글리콜 : 점성이 크고, 단맛, 제상용 브라인으로 사용
② 프로필렌글리콜 : 무색, 무독성, 분무식 식품 동결
③ 에틸알콜 : 물보다 가벼우며 초저온 동결에 사용, 마취성이 있다.

2. 브라인의 구비조건

① 부식성이 없을 것
② 열용량이 클 것(열운반 능력은 비열이 클수록 증가한다.)
③ 점성이 작을 것
④ 열전도율이 좋을 것
⑤ 응고점이 낮을 것
⑥ 가격이 경제적이며 구입이 용이할 것
⑦ 불활성이며 냉장품 소손이 없을 것

6 냉매 누설 식별

1. NH_3(R-717)

① 냄새로 누설발견
② 예상 누설개소에 유황초를 태웠을 때 흰색연기 발생시 누설
③ 물에 젖은 붉은 리트머스 시험지가 청색으로 변질되면 누설
④ 물에 젖은 페놀프탈레인이 홍색으로 변질되면 누설
⑤ 브라인을 시료에 담아 네슬러시약을 떨어 뜨렸을 때 소량 누설시 황색, 다량 누설시 자색으로 변색시 누설

2. 프레온

(1) 비눗물로 검사
(2) 헬라이드 토치 불꽃 색으로 검사

① 청색 : 누설이 없을 때
② 녹색 : 소량 누설시
③ 자색 : 다량 누설시
④ 꺼진다 : 누설이 극심할 때

(3) 전자 누설탐지기를 사용하여 검사

04 압 축 기

1 압축기 종류

1. 압축 방법에 의한 종류

(1) 체적식

① 왕복식(reciprocating compressor) : 크랭크축에 연결되어 있는 피스톤의 왕복운동에 의해 압축되는 형식
② 회전식(rotary compressor) : 실린더내 회전자

의 회전에 의해 압축하는 형식
③ 스크류식(screw compressor) : 2개의 스크류가 서로 맞물려 회전하면서 압축하는 형식

(2) 원심식(centrifugal compressor)
터보(turbo)압축기라고도 하며 임펠러(impeller)의 고속회전에 의해 압축하는 형식

2. 구조에 의한 분류

① 개방식(open type) : 압축기와 전동기가 분리된 구조(전동기 직결식, 벨트구동식)
② 밀폐식(hermetic type) : 완전 밀폐된 용기내 압축기와 전동기가 동일축에 연결된 구조로 소형 프레온 냉동장치에 이용되는 방식
③ 반밀폐식(semi-hermetic type) : 압축기와 전동기가 하나의 용기내에 존재하나 분해 조립이 가능한 구조

3. 왕복식 압축기

(1) 특징
① 동적밸런스를 고려하여 4, 6, 8, 10기통 등 짝수로 배열하며 진동이 크다.
② 가볍고 설치면적이 적다.(소형, 경량)
③ 부품의 공동화로 생산성이 높고 가격을 절감시킬 수 있다.
④ 고속운전으로 체적효율이 좋지 못하다.
⑤ 윤활유 소모량이 많다.

(2) 용량제어의 목적
① 경제적 운전을 도모한다.
② 무부하 및 경부하운전이 가능하다.
③ 일정한 증발 온도를 유지한다.
④ 기계적 수명 연장

(3) 용량제어 방법
① 회전수 가감법
② 클리어런스 증대법(포켓 클리어런스)
③ 바이패스법
④ 언로더 장치에 의한 방법(일부 실린더를 쉬게 하는 방법)

(4) 피스톤 압출량
$$Q = \frac{\pi D^2}{4} L \cdot N \cdot Z \cdot 60 \, (m^3/h)$$
여기서, D : 실린더 지름(m)
L : 피스톤 행정(m)
N : 분당회전수(rpm)
Z : 기통수

> **참고** 안전두(safety head)
> 압축기 실린더 상부를 스프링으로 지지하여 이상 고압에 의한 압축기 파손을 방지한다.(작동압 : 정상고압+3kg/cm²)

4. 스크류 압축기

① 흡입 및 토출 밸브가 없으며 고장이 적다.
② 고속회전하므로 소음이 크다.
③ 설치면적이 적고 중·대용량에 적합하다.
④ 운전 유지비가 많이 들고 고장시 고도의 기술 필요
⑤ 체적효율 증대를 위해 오일이 공급되므로 대형 유분리기가 필요

5. 회전식(rotary) 압축기

① 부품수가 적어 구조가 간단하다.
② 연속 압축으로 고진공을 얻을 수 있어 진공펌프로도 많이 사용한다.
③ 진동 및 소음이 적다.
④ 가공시 고정밀성을 요한다.
⑤ 흡입밸브는 없으며, 토출측에 체크밸브가 설치된다.

냉매압출량
$$Q = \frac{\pi}{4}(D^2 - d^2)t \cdot N \cdot 60 \, (m^3/h)$$
여기서, D : 실린더 안지름(m)
d : 회전 피스톤의 바깥지름(m)
t : 피스톤의 두께(m)

6. 원심(turbo) 압축기

① 임펠러(impeller)의 고속회전에 의해 냉매가 압축하는 방식이다.
② 동적 밸런스가 용이하고 진동이 적은 반면 소

음이 크다.
③ 마찰부분이 없어 고장이 적고 보수가 용이하다.
④ 연속압축으로 기체의 맥동이 없다.(단, 가스량이 한계치 이하가 되면 맥동이 발생한다.)

2 흡수식 냉동기

증발기에서 증발한 냉매가스는 흡수기에서 적당히 냉각된 진용액에 흡수되어 펌프에 의해 열교환기를 거쳐 발생기로 운반된다. 발생기는 전열 또는 증기, 가스버너 등에 의해 희용액을 가열하여 냉매를 분리하고 분리된 냉매가스를 응축기로 공급하여 응축 방열한다.

(1) 이론 흡수식 냉동사이클

$$Q_1 + Q_3 = Q_2 + Q_4$$

여기서, Q_1 : 응축기에서 버려지는 열량
Q_2 : 증발기에서 흡수한 열량
Q_3 : 흡수기에서 버려지는 열량
Q_4 : 발생기에서 얻는 열량

(2) 냉매/흡수제

냉 매	흡 수 제
암모니아(NH_3)	물(H_2O)
물(H_2O)	리듐브로마이드(LiBr)
염화메틸	사염화에탄
톨루엔	파라핀유

3 냉동기유

1. 윤활의 목적
① 마찰로 인한 동력 손실 방지
② 기계 수명 연장
③ 마찰부 열흡수(냉각)
④ 기계 효율 증대
⑤ 패킹재 보호 및 소음 방지
⑥ 가스 누설 방지

2. 윤활유의 구비조건
① 인화점이 높을 것
② 응고점이 낮을 것
③ 절연내력이 크고 불순물이 적을 것
④ 냉매와 화학적으로 안정할 것
⑤ 점도가 적당할 것

3. 윤활방법
① 비말 급유식 : 크랭크 축에 부착되어 있는 balance weight나 오일디퍼를 이용하는 방법으로 소형 냉동기에 이용된다.
② 강제 급유식 : 오일펌프 방식으로 중·대형에 이용된다.

> **참고**
> • 유압이 상승하는 원인
>   - 유압 조정밸브의 불량(조정밸브가 닫혀진 경우)
>   - 오일의 과충전
>   - 유 순환 회로가 막혔을 때
>   - 유온이 너무 낮다.(점도 증가)
> • 유압이 낮아지는 원인
>   - 유량부족
>   - 오일 중에 냉매 혼입(유의 점도 저하)
>   - 유압 조정밸브의 불량(조정밸브가 열린 상태)
>   - 유여과기가 막혔을 때

05 응 축 기

1 응축기의 종류

1. 입형 응축기
① 대형 암모니아 냉동장치에 주로 사용
② 설치면적이 적다.
③ 운전 중 냉각관 청소가 용이하고 과부하 처리는 용이하지만 과냉각이 잘 안 된다.
④ 냉각수 소비량이 크다.($20l/min·RT$)
⑤ 열통과율($750kcal/m^2·h·℃$)
⑥ 튜브내 스월이 부착되어 냉각수를 선회시켜 흐르게 한다.
⑦ 냉각관 부식이 크다.

2. 횡형 응축기
① 프레온 및 암모니아 냉동장치의 소형에서 대형까지 다양하게 사용

② 입·출구에 각각의 수실이 있다.
③ 쉘 내에 냉매, 튜브 내에 냉각수가 역류되어 흐른다.(대향류형)
④ 수액기 역할을 하기 때문에 별도의 수액기를 필요로 하지 않는다.
⑤ 열통과율(900kcal/m²·h·℃)
⑥ 냉각수량(12l/min·RT)

3. 7통로식

① 1개의 쉘 내에 7개의 튜브가 있다.
② 암모니아 냉동장치에 사용
③ 능력에 따라 적당한 대수를 조절할 수 있고 호환성이 있다.
④ 설치면적이 적어도 된다.
⑤ 열통과율(1000kcal/m²·h·℃)이 가장 크다.

4. 2중관식 응축기

① 프레온 및 암모니아 냉동장치에 사용된다.
② 전열이 양호하며 과냉각이 양호하다.
③ 부식발견이 어렵고 청소가 곤란하다.
④ 열통과율(900kcal/m²·h·℃)

5. 쉘 엔드 코일 응축기

① 소용량 프레온 냉동장치에 주로 사용
② 소형 경량화할 수 있으며 제작 및 설비비가 적다.
③ 열통과율(500kcal/m²·h·℃)

6. 대기식 응축기

① 암모니아 중·대형 냉동장치에 사용
② 응축 냉매액은 냉각관 중간부를 통해 수액기로 공급된다.
③ 수질이 나쁜 곳에서도 사용 가능(지하수 사용 가능)
④ 열통과율(600kcal/m²·h·℃)

7. 증발식 응축기

① 주로 암모니아 냉동장치에 사용된다.
② 냉각수 증발잠열에 의해 냉매가 응축된다.
③ 냉각수량이 가장 적게 든다. (8l/min·RT)
④ 별도의 냉각탑(cooling tower)을 사용하는 경우보다 설비비가 적으나 냉매배관이 길어지며 다량의 냉매를 충전해야 하는 결점이 있다.
⑤ 외기습구온도 영향을 받으며 압력손실이 크다. (압력강하가 크다.)
⑥ 열통과율(200~280kcal/m²·h·℃)

8. 공냉식 응축기

① 관 내 냉매와 관 외부에 공기가 접촉하여 응축한다.
② 주로 소형 프레온 냉동장치에 사용한다.
③ 열통과율(20~25kcal/m²·h·℃)
④ 자연 대류식과 강제 대류식으로 구분한다.

9. 냉각탑(cooling tower)

(1) 역할

응축기에서 열을 흡수하여 높아진 냉각수를 물의 증발잠열을 이용하여 냉각 후 다시 사용할 수 있도록 재생하는 기능

(2) 특징

① 냉각수량 절감(냉각수 회수율 : 95%)
② 외기습구온도의 영향이 크다.(습구온도가 낮을수록 증발능력은 증가한다.)

(3) 냉각탑 능력 산정

$$Q_c = G \cdot c \cdot \Delta t$$

여기서, Q_c : 냉각탑 능력(kcal/h)
G : 냉각수량(l/h)
c : 비열(kcal/kg·℃)
Δt : 쿨링 레인지

> **참고**
>
> • 쿨링 레인지=냉각수 입구온도−냉각수 출구온도
> • 쿨링 어프로치=냉각수 출구온도−입구공기의 습구온도
> • 엘리미네이터(eliminator) : 냉각탑 상부에 위치하며 냉각수가 대기로 비산되는 것을 방지한다.
> • 보급수량 결정
>   ① 냉각을 위해 소비되는 증발수량
>   ② 엘리미네이터(eliminator)로부터 비산되어 손실되는 손실수량
>   ③ 물 탱크 내 불순물의 농도를 한계치 이하로 유지하기 위한 블로우수량

2 응축부하

냉매가 압축기와 증발기에서 흡수한 열량을 공기 또는 물을 이용해 단위 시간당 제거하는 열량

$$Q_c = Q_e + A \cdot w$$
$$= G(i_b - i_e)$$
$$= G_w C(t_{w2} - t_{w1})$$
$$= K \cdot F \cdot \Delta t_m \text{ (kcal/h)}$$

여기서, Q_e : 냉동능력(kcal/h)
G : 냉매 순환량(kg/h)
G_w : 냉각수 순환량(kg/h)
K : 열통과율(kcal/m²·h·℃)
F : 전열면적(m²)
$A \cdot w$: 압축기 일의 열당량(kcal/h)
$i_b - i_e$: 응축기 입·출구 냉매엔탈피차(kcal/kg)
$t_{w2} - t_{w1}$: 냉각수 입·출구 온도차(℃)
C : 물의 비열(kcal/kg·℃)
Δt_m : 냉매와 냉각수 평균온도차(℃)

> **참고**
>
> - 산술평균 온도차(Δt_m)는 냉매와 냉각수 평균온도차를 의미하며 냉각수 입구측 온도가 낮기 때문에 열교환량은 출구측보다 많아 냉각수 평균온도와 냉매온도의 차로 구할 수 있다.
>
> $$\Delta t_m = t_c - \frac{t_{w2} + t_{w1}}{2}$$
>
> - 대수 평균 온도차
>
> $$\text{LMTD} = \frac{\Delta_1 - \Delta_2}{\ln \frac{\Delta_1}{\Delta_2}}$$
>
> 여기서, $\Delta_1 = t_c - t_{w1}$
> $\Delta_2 = t_c - t_{w2}$

06 팽창밸브

1 팽창밸브 종류

1. 수동식 팽창밸브(manual expansion valve)
   ① 부하변동에 따라 수동 조작에 의해 냉매량을 공급할 수 있다.
   ② 암모니아 냉동장치에 주로 사용된다.
   ③ 바이패스용으로 이용된다.
   ④ 미세한 침변(needle valve)으로 되어 있다.

2. 정압식 팽창밸브
   (constant pressure expansion valve)
   ① 벨로즈에 의해 증발압력을 항상 일정하게 유지시킨다.
   ② 소용량 프레온 냉동장치에 적합하여 부하변동에 따라 유량제어가 곤란하다.
   ③ 냉수 및 브라인 동결 방지용으로 사용된다.

3. 모세관(capillary tube)식
   ① 모세관을 이용하여 팽창작용을 행한다.
   ② 가정용 냉동기 및 창문형 에어컨 등 소형 냉동기에 사용된다.
   ③ 유량조절밸브가 없어 냉매 충전량이 정확해야 한다.
   ④ 건조기와 스트레이너가 반드시 필요하다.
   ⑤ 취급에 신중을 기하고 모세관 규격은 장치에 알맞은 것을 사용한다.

> **참고**
>
> 굵기가 가늘수록, 길이가 길수록 압력강하가 크다.

4. 온도식 자동 팽창밸브
   (thermostatic expansion valve ; TEV)
   ① 냉동부하변동에 따라 냉매량이 자동조절되는 구조이다.
   ② 흡입증기 과열도를 일정하게 유지
   ③ 증발기 출구에 감온통이 부착되어 있으며, 증발기 출구온도 상승시 유량을 증가시킨다.
   ④ 소·중형의 건식증발기를 사용하는 곳에 이용

(1) 감온통의 설치방법
   ① 증발기 출구측, 압축기 흡입관 수평부에 설치한다.
   ② 흡입관 지름이 $20A\left(\frac{7''}{8}\right)$ 이하인 경우 흡입관 상부에 설치하고, $20A\left(\frac{7''}{8}\right)$ 초과하는 경우 흡입관 수평에서 45° 아래로 부착한다.
   ③ 감온통 접촉부의 먼지, 오일, 녹 부분은 제거하여 전열을 좋게 한다.
   ④ 흡입관에 트랩이 있는 경우 트랩을 피해서 설

치한다.
⑤ 감온통이 공기의 영향이 있을 때는 방열재로 피복한다.
⑥ 흡입관이 입상관인 경우 감온통 부착 위치를 지나 액트랩을 만들어 준다.

(2) 감온통 내 충전 냉매방식

① 가스 충전식(gas charge) : 충전 냉매가 장치 내 냉매와 동일한 경우로 감온통은 밸브의 온도보다 낮은 부분에 장착한다.
② 액 충전식(liquid charge) : 충전 냉매는 장치 내 냉매와 동일하며, 과열도에 민감하므로 압축기 가동시 부하가 장시간 걸린다.
③ 크로스 충전식(cross charge) : 장치내 냉매와 다른 냉매액 또는 가스가 충전되어 있는 경우로 가동시 리퀴드백을 방지할 수 있으며 저온 냉동장치에 적합하다.

> **참고**
> • 균압관 : 응축기와 수액기를 연결하는 관으로 양측의 압력을 균일하게 하여 냉매의 순환을 원활하게 하기 위해 설치한다.
> • 냉매분배기(distributor) : 팽창밸브와 증발기 입구 사이에 설치하여 증발기로의 냉매공급을 균등히 하고 압력 강하의 영향을 최소화한다.
> [종류] 벤튜리형, 압력강하형, 원심형

5. 파일럿 온도식 자동 팽창밸브
   (pilot thermostatic expansion valve)

① 대용량 만액식 증발기에 사용된다.
   (100~250RT)
② TEV의 개도량에 비례하여 주 팽창밸브가 열린다.

6. 저압측 플로트 밸브(low side float valve)

① 증발기 내 냉매 액면을 검출하여 팽창밸브가 개도되는 방식으로 증발기 냉매액을 일정하게 유지한다.
② 만액식 증발기의 팽창밸브로 사용된다.
③ NH_3와 프레온에 관계없이 사용된다.

7. 고압측 플로트 밸브(high side float valve)

① 고압측 냉매 액면에 의해 작동된다.
② 고압측 수액기 액면이 높아지면 플로트가 상승하면서 밸브가 열려 증발기로 냉매액을 공급한다.
③ 만액식 증발기에 적당하다.
④ 플로트실 상부에 불응축가스가 존재할 염려가 있으며 부하변동이 적은 터보냉동기에 사용된다.

07 증발기

1 냉매 상태에 따른 분류

1. 건식 증발기(dry evaporator)

① 냉매액을 증발기 상부에서 하부로 공급하며 공기 냉각용으로 많이 사용된다.
② 증발기 내 냉매액은 25%, 냉매가스는 75% 존재한다.
③ 증발기 내 냉매액이 적어 전열이 불량하며 액분리기를 필요로 하지 않는다.
④ 주로 프레온 냉동장치에 사용된다.

2. 반만액식 증발기(semi flooded type)

① 냉매액을 증발기 하부에서 상부로 공급하며 전열은 건식에 비해 양호하다.
② 증발기 내 냉매액은 50%, 냉매가스는 50% 존재한다.

3. 만액식 증발기(flooded type)

① 냉매액은 증발기 하부에서 상부로 공급, 액체 냉각용 증발기로 많이 사용된다.
② 증발기 내 냉매액은 75%, 냉매가스는 25% 존재한다.
③ 냉각관이 냉매에 잠겨 있어 전열이 양호하며 오일 체류 염려가 있어 유분리 장치가 필요하다.
④ 브라인 냉각용으로 많이 사용되며 냉매량이 많이 든다.
⑤ liquid back을 방지하기 위해 액분리기를 설치한다.

4. 액순환식 증발기(liquid pump type evaporator)

① 증발기에 액펌프를 사용, 증발하는 냉매량의 4~6배 정도액을 강제 순환시키기 때문에 타 증발기에 비해 전열이 양호하다.
② 냉매액을 강제 순환시키기 때문에 증발기에 오일이 고일 염려가 없다.
③ 설비가 복잡하며 대용량에서 적용

2 액냉각용 증발기

1. 만액식 쉘엔 튜브식 증발기
   (flood shell & tube type evaporator)

Shell 내에 냉매가 흐르고 tube 내 브라인이 흐른다.

2. 건식 쉘엔 튜브식 증발기

Shell 내에 브라인이 흐르고 tube 내 냉매가 흐른다.

3. 쉘엔 코일식 증발기(shell & coil evaporator)

코일 내에 냉매가 흐르고 쉘 내에 브라인이 흐르는 구조로 음료수 냉각용으로 사용

4. 탱크형 증발기(herring bone type cooler)

NH_3 제빙장치의 브라인 냉각용 증발기로 상부 가스 헤더와 하부 액헤더로 구성

5. 보데로 증발기(baudelot evaporator)

식품 공업에서 물, 우유 등을 냉각하는 데 사용

3 공기 냉각용 증발기

1. 핀튜브식 증발기(fin tube type evaporator)

소형 냉장고, 에어콘, show case 등에 사용된다.

2. 판형 증발기(plate type evaporator)

가정용 냉장고, show case 등에 사용된다.

3. 관코일 증발기(grid coil type evaporator)

냉장고, show case 등의 천장, 바닥, 벽, 선반 등에 널리 사용된다.

4. 캐스케이드 증발기(cascade evaporator)

공기 동결용 선반으로 사용

5. 멀티 피드 멀티 석션 증발기
   (multi-feed multi-suction evaporator)

캐스케이드 증발기와 비슷한 구조이며 주로 NH_3 냉매를 사용하는 공기 동결 선반으로 이용된다.

4 냉동부하

$$Q_e = Q_c - A \cdot w$$
$$= G \cdot c \cdot dt$$
$$= K \cdot F \cdot \Delta t_m$$

여기서, Q_c : 응축부하(kcal/h)
$A \cdot w$: 압축일의 열당량(kcal/h)
G : 브라인 유량(kg/h)
c : 브라인 비열(kcal/kg·°C)
dt : 브라인 입·출구 온도($t_1 - t_2$)
K : 열통과율(kcal/m²·h·°C)
Δt_m : 브라인 평균온도와 냉매 증발온도와의 차 $\left(\dfrac{t_1 + t_2}{2} - t_e\right)$

08 부속기기

1 유분리기(oil separator)

응축기와 증발기에 오일이 유입될 경우 전열을 방해하여 냉동장치에 악영향을 초래하므로 압축기에서 토출되는 냉매가스와 윤활유를 분리시키는 장치이다.

1. 설치위치

압축기와 응축기 사이에 설치

2. 유분리기를 설치하는 경우

① 암모니아 냉동장치는 반드시 설치
② 프레온 냉동장치는 다음의 조건하에서 설치
   ㉠ 만액식(반만액식) 증발기를 사용할 경우
   ㉡ 증발온도가 낮은 저온장치인 경우
   ㉢ 토출배관이 길어지는 경우

㉣ 토출가스에 다량의 오일이 장치 내로 유출 되는 경우

2 수액기(liquid receiver)

응축기에서 응축 액화된 냉매 액을 팽창밸브로 보내기 전에 일시 저장하는 고압용기이다.

1. 설치위치

응축기 하부에 설치하며 응축기 상부와 수액기 상부에 균압관을 설치한다.

2. 수액기의 크기

① 암모니아 : 냉매 충전량의 1/2을 회수할 수 있는 크기
② 프레온 : 냉매충전량의 전량을 회수할 수 있는 크기

> **참고**
> • 수액기는 3/4 이상 만액시키지 말 것
> • 직경이 다른 두 대의 수액기를 병렬로 설치할 경우에는 수액기 상단을 일치시킬 것

3 투시경(sight glass)

1. 설치 위치

응축기 → 수액기 → 사이드글라스 → 드라이어 → 전자밸브 → 팽창밸브

2. 역 할

(1) 수분 혼입 확인

중앙에 있는 수분지시기의 색깔 변화로 확인
① 녹색 : 건조(Dry)
② 황색 : 수분다량 혼입(Wet)

(2) 냉매량 확인

기포발생 유무로 확인

4 여과기(filter or strainer)

냉동장치 중에 혼입된 이물질 또는 금속 부스러기를 제거하는 장치

1. 냉동장치의 여과기 설치위치

① 압축기 흡입측
② 팽창밸브 직전(고압 액관)
③ 오일펌프 출구, 크랭크케이스 저유통
④ 드라이어 내부

2. 규 격

① 액관 필터 : 80~100mesh
② 가스관 필터 : 40mesh

5 드라이어(dryer, 제습기)

프레온 냉동장치의 냉매에 혼입된 수분을 제거하기 위한 부속장치

[제습제의 종류]

① 실리카겔 : 소형 냉동장치에 사용
② 활성알루미나 : 대형 냉동장치에 사용
③ 소바비이드
④ 몰리큘러시브

6 액분리기(accumulator)

암모니아 만액식 증발기 또는 부하 변동이 심한 냉동장치에서 압축기로 흡입되는 냉매가스 중의 냉매액을 분리시켜 액압축을 방지하며 압축기를 보호하는 장치이다.

[설치위치]

증발기와 압축기 사이의 흡입배관에 설치하며 증발기보다 높은 위치에 설치

7 열교환기(heat exchanger)

1. 고온 · 고압의 냉매액을 과냉각시킨다.

① 플래쉬가스 발생량이 감소
② 냉동효과를 증대

2. 저온 · 저압의 흡입가스를 과열한다.

① 액압축을 방지
② 압축기소요동력 감소
③ 성적계수를 향상

8 자동제어기기

1. 증발압력 조정밸브
   (evaporator pressure regulator valve ; EPR)
   ① 증발압력이 일정압력 이하가 되는 것을 방지
   ② 설치 위치 : 증발기와 압축기 사이의 흡입관에 설치
   ③ 용도 : 냉수나 브라인 냉각시 동결방지용

2. 흡입 압력 조정 밸브
   (suction pressure regulator valve ; SPR)
   ① 흡입압력이 일정압력 이상이 되었을 때 과부하에 의한 압축기용 전동기 소손을 방지하기 위하여 설치
   ② 설치 위치 : 증발기와 압축기 사이의 흡입관에 설치
   ③ 설치하는 경우
      ㉠ 흡입 압력이 변동이 심한 경우
      ㉡ 압축기가 높은 흡입압력으로 기동할 경우
      ㉢ 저전압에서 높은 흡입압력으로 기동할 경우

3. 전자밸브(solenoid valve)
   ① 전기적인 조작에 의하여 밸브가 자동적으로 개폐되며 냉매와 브라인의 흐름제어에 사용된다.
   ② 리퀴드백(liquid back)을 방지하여 냉동장치를 보호한다.
   ③ 전자밸브는 불연속제어에 속하여 2위치제어(ON-OFF 제어)이다.

4. 절수밸브
   (water regulating valve, 압력자동 급수밸브)
   ① 수냉식 응축기의 부하변동에 대하여 냉각수량을 제어하는 장치
   ② 응축압력을 항상 일정하게 유지하고 냉각수를 절약하기 위해서 설치

5. 온도조절기(thermostat ; TC)
   ① 온도변화를 검출하여 전기적인 접점을 ON/OFF 시키는 스위치
   ② 종류 : 바이메탈식, 감온통식, 전기 저항식

9 안전장치

1. 고압 차단 압력 스위치
   (high pressure cut out switch ; HPS)
   ① 고압이 일정 압력 이상이 되면 압축기용 전동기 전원을 차단하여 고압으로 인한 냉동장치의 파손을 방지한다.
   ② 작동압력 : 고압+4kgf/cm^2
   ③ 설치 위치는 압축기 토출밸브 직후와 스톱밸브 사이에 설치한다.

2. 저압 차단 압력 스위치
   (low pressure cut out switch ; LPS)
   ① 저압이 일정 압력 이하가 되면 전기적 접점이 떨어져 압축기용 전동기 전원을 차단하여 압축기를 정지시킨다.
   ② 설치 위치는 압축기 흡입관상에 설치한다.

3. 유압 보호 스위치(oil protection switch ; OPS)

   압축기에서 유압이 일정압력 이하가 되어 일정시간(60~90초) 이내에 정상압력에 도달하지 못하면 전동기 전원을 차단하여 압축기를 정지시킨다.

제 3 장 공기조화

01 공기조화 일반

1 공기조화(air conditioning)

1. 정 의

일정한 공간 내의 매연, 먼지, 유해가스 등을 제거하고 온·습도, 기류 등을 조절하여 사용목적에 적합한 상태를 유지하는 것을 말한다.

2. 사용목적에 따른 분류

① 쾌적용 공조(comfort air conditioning) : 재실자에 대한 쾌적한 환경을 만들어 주기 위한 것으로 사무실, 주택, 극장, 백화점 등에 이용된다.
② 산업용 공조(industrial air conditioning) : 각종 산업현장이나 생산 공정에서 물품의 환경 조성을 위한 것으로 공장, 연구소, 전산실, 창고, 특정실 등에 이용된다.

> **참고** 공조기 배열 순서
> 필터 → 코일(냉각 및 가열) → 가습기 → 송풍기

3. 실내 온·습도 조건

구 분	여름(건구온도, 상대습도)		겨울(건구온도, 상대습도)	
	기준	적용한계 범위	기준	적용한계 범위
일반건물 (사무실, 주택 등)	26°C 50%	25~27°C 50~60%	22°C 50%	20~22°C 35~50%
영업용 건물 (은행, 백화점등)	26°C 50%	26~27°C 50~60%	21°C 50%	20~22°C 35~50%
공업용 건물 (공장 등)	28°C 50%	27~29°C 50~60%	20°C 50%	18~20°C 35~50%

4. 유효온도(effective temperature : 감각온도)

실내에서 느끼는 쾌감의 척도로 사용되며 실내공기의 온도, 습도, 기류가 인체에 미치는 종합적인 영향을 나타낸다. 어떤 실내에서 재실자가 느끼는 체감이 실내온도와 벽면온도가 같고 정지상태의 포화공기 속에서의 온도로 나타낸다.

> **참고** 불쾌지수(uncomfort index)
> UI=0.72(건구온도+습구온도)+40.6

5. 공기 조화 구성

① 열원장치 : 보일러, 냉동기
② 공기조화기(air handling unit : AHU) : 공기여과기, 공기 냉각기, 공기 가열기, 가습기, 송풍기
③ 열운반장치 : 공조실에서 실내까지 열을 운반하는 장치로 덕트, 팬
④ 자동제어장치 : 실내조건을 일정하게 유지하며 장치를 경제적으로 운전하기 위한 각종장치

> **참고** 외기 도입량
> $$Q \geq \frac{M}{C-C_a} \cdots (m^3/h)$$
> M : 실내에서 발생되는 CO_2량(m^3/h)
> C : 실내 유지를 위한 CO_2함유량(%)
> C_a : 외기 도입 공기 중 CO_2함유량(%)

2 공기의 상태

1. 공 기

(1) 건조공기(dry air)

공기 중에 수분이 전혀 포함되지 않은 상태의 공기

비중량(γ_a) ┌ 0°C일 때 : $1.293 kg/m^3$
　　　　　　　　　(비체적 : $0.773 m^3/kg$)
　　　　　　　└ 20°C일 때 : $1.2 kg/m^3$
　　　　　　　　　(비체적 : $0.83 m^3/kg$)

(2) 습공기(moist air)

건조 공기에 수분이 포함되어 있는 공기

- 습공기 전압 $(P) = P_a + P_w$

  여기서, $\begin{cases} P_a : \text{건조 공기 분압(mmHg)} \\ P_w : \text{수증기 분압(mmHg)} \end{cases}$

2. 온도(temperature)

① 건구온도(dry bulb temperature ; DB) : 보통 온도계로 지시하는 온도

② 습구온도(wet bulb temperature ; WB) : 온도계 감온부를 젖은 헝겊으로 감싸고 측정한 온도(증발잠열에 의한 온도)

③ 노점온도(dewpoint temperature ; DT) : 습공기 수증기 분압이 일정한 상태에서 수분의 증감없이 냉각할 때 수증기가 응축하기 시작하여 이슬이 맺는 온도

3. 습도(humidity)

① 절대습도(specific humidity) : 건조공기 1kg에 대한 수증기 중량 비, 가습이나 감습이 없는 경우 가열 또는 냉각만으로는 변하지 않는다.

② 상대습도(relative humidity) : 습공기 수증기 분압(P_w)과 동일온도의 포화 습공기 수증기 분압(P_S)과의 비

$$\phi = \frac{P_w}{P_S}$$

③ 포화도(비교습도) : 습공기 절대습도(x)와 포화 습공기 절대습도(x_s)와의 비

$$r = \frac{x}{x_s}$$

4. 공기의 엔탈피(enthalphy)

(1) 건공기 엔탈피

$$i_a = C_p \cdot t = 0.24t$$

여기서, C_p : 건조공기의 정압비열 (kcal/kg·℃)

(2) 수증기 엔탈피

$$i_w = \gamma + C_x t = 597.5 + 0.44t$$

여기서, $\begin{cases} \gamma : 0℃\text{의 수증기 증발잠열(kcal/kg)} \\ C_x : \text{수증기 정압비열(kcal/kg·℃)} \end{cases}$

(3) 습공기 엔탈피

$$i = i_a + i_w = 0.24t + (597.5 + 0.44t)x$$

5. 현열비(sensible heat factor ; SHF)

전열량($q_s + q_L$)에 대한 현열량(q_s)비로 실내 송출 공기 상태를 나타낸다.

$$SHF = \frac{q_s}{q_s + q_L}$$

6. 열평형과 물질평형

단열 덕트속에 G(kg/h)의 공기를 통과 시키면서 열량 q와 수분 L을 가한다.

(1) 열평형(energy balance)

$$Gi_1 + q + Li_L = Gi_2$$

(2) 물질평형(mass balance)

$$Gx_1 + L = Gx_2$$

> **참고** 열수분비(u)
>
> 절대 습도 변화에 대한 전열량의 변화량과의 비
>
> $$u = \frac{di}{dx} = \frac{i_2 - i_1}{x_2 - x_1} = \frac{q}{L} + i_L$$

3 공기 선도

임의의 상태점에서 공기의 성질은 공기 선도를 통해 알 수 있으며 $i-x$선도, $t-x$선도, $t-i$선도(공기 세정기, 냉각탑에 이용) 등이 있다.

1. 가열·냉각

절대 습도가 일정한 상태에서의 변화

$$Q_s = G \cdot C_p \cdot dt = G(i_2 - i_1)$$

여기서, $\begin{cases} G : \text{공기량(kg/h)} \\ C_p : \text{정압 비열(0.24kcal/kg·℃)} \end{cases}$

2. 혼 합

서로 다른 상태의 공기가 혼합되었을 때 온도, 습도 엔탈피는 다음과 같이 구할 수 있다.

- $t_3 = \dfrac{G_1 t_1 + G_2 t_2}{G_3}$

- $i_3 = \dfrac{G_1 i_1 + G_2 i_2}{G_3}$

- $x_3 = \dfrac{G_1 x_1 + G_2 x_2}{G_3}$

혼합 후의 공기량 $(G_3) = G_1 + G_2$

> **참고**
>
> - 서로 다른 물리량을 가지고 있는 공기가 혼합되었을 때의 온도와 바이패스 팩터(bypass factor), 컨택트 팩터(contact factor)를 알아보자.
>
>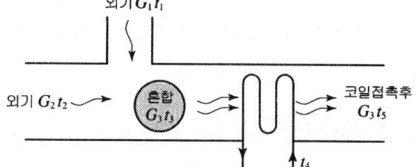
>
> ① 혼합온도
>
> $G_3 t_3 = G_1 t_1 + G_2 t_2 \qquad t_3 = \dfrac{G_1 t_1 + G_2 t_2}{G_3}$
>
> ② B·F : 코일을 접촉하지 않고 통과한 공기 비율 (t_3 가 t_4 와 열교환되지 않고 t_3 로 되는 과정)
>
> $B \cdot F = \dfrac{t_5 - t_4}{t_3 - t_4} = \dfrac{i_5 - i_4}{i_3 - i_4}$
>
> ③ C·F : 코일을 접촉한 공기비율 (t_3 가 t_4 와 열교환되어 t_4 로 되는 과정)
>
> $C \cdot F = 1 - B \cdot F = 1 - \dfrac{t_5 - t_4}{t_3 - t_4}$

3. 가 습

① 가습량 $(L) = G(x_2 - x_1)$

$\qquad\qquad = \dfrac{Q}{v}(x_2 - x_1)$ (kg/h)

② 가열량 $(q_L) = G(i_2 - i_1)$

$\qquad\qquad = 597.3 \times \gamma \times Q(x_2 - x_1)$

$\qquad\qquad = 717 Q(x_2 - x_1)$ (kcal/h)

여기서, G : 공기량(kg/h)
Q : 공기량(m^3/h)
v : 비체적(m^3/kg)
γ : 공기 비중량(1.2kg/m^3)

> **참고 가습방법**
>
> ① 장치 내 순환수 분무가습(세정)
> ② 온수분무가습
> ③ 증기가습 : 가습 효율이 가장 좋다.(100%)

4. 가열·가습

① 전열량 $(Q) = Q_s + Q_L = G(i_2 - i_1)$

$\qquad\qquad = G[(i_3 - i_1) + (i_2 - i_3)]$ (kcal/h)

② 가습량 $(L) = G(x_2 - x_1)$

③ $SHF = \dfrac{Q_s}{Q} = \dfrac{Q_s}{Q_s + Q_L}$

여기서, Q_s : 현열량(kcal/h)
Q_L : 잠열량(kcal/h)
x_1, x_2 : 절대습도(kg/kg′)
G : 공기량(kg/h)

5. 장치 내 실제 변화

(1) 혼합가열

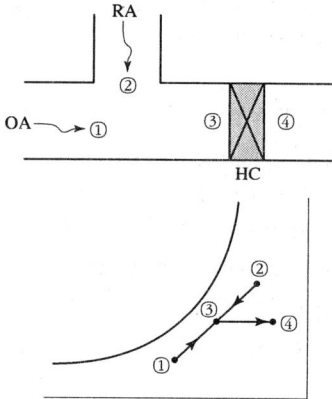

(2) 혼합냉각

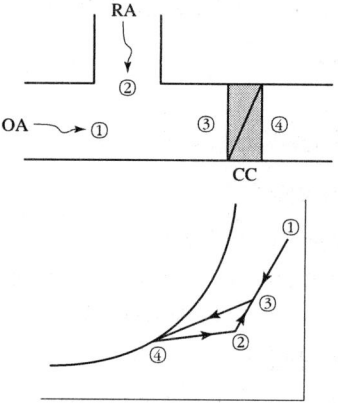

(3) 혼합 → 가습 → 가열

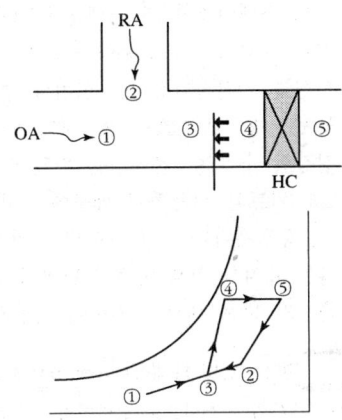

(4) 혼합 → 예열 → 세정 → 재열

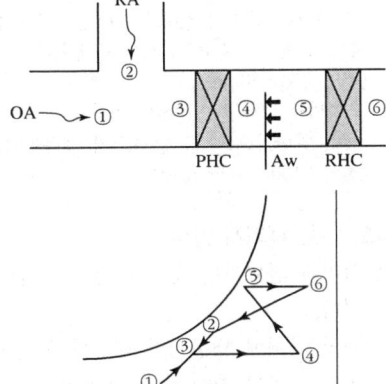

(5) 외기 예열 → 혼합 → 세정 → 재열

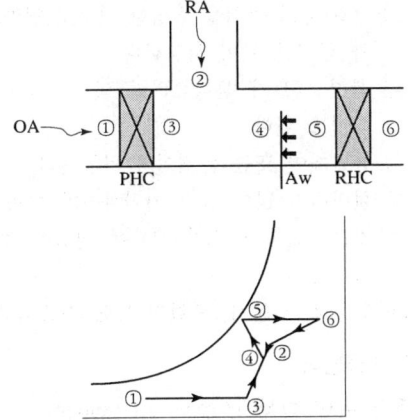

(6) 외기 예냉 → 혼합 → 냉각

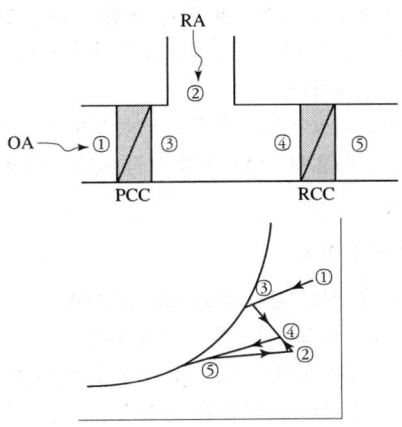

02 공기조화 방식

1 공기조화 설비

공기조화 설비는 열원장치, 열운반장치, 공기조화기, 자동제어 장치로 구성된다. 보일러 또는 냉동기에서 발생된 작동유체를 공조기에서 열교환하여 일상생활에 적합한 상태의 실내조건을 만들어주는 장치로 크게 중앙식과 개별식으로 분류한다.

2 공조방식의 분류

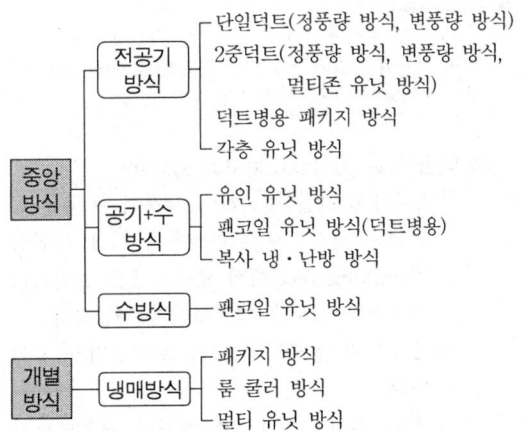

제3장 공기조화 • 49

1. 중앙식

- 대형 건물에 적합하며 외기 냉방이 가능하다.
- 열원기기가 중앙 기계실에 집중되어 있어 시설관리가 편리하다.
- 덕트가 대형이므로 덕트 스페이스가 크다.
- 송풍량이 많아 실내 오염은 적으나 동력이 많이 든다.

(1) 전공기 방식

① 단일 덕트 방식(single duct system)
   ㉠ 덕트스페이스가 비교적 크다.
   ㉡ 온도제어에 있어서 정풍량 방식(CAV)은 곤란하나 변풍량 방식(VAV)은 개별제어가 가능하지만 혼합 에너지 손실이 크다.
   ㉢ 공조장치가 기계실에 집중되어 있어 운전, 보수, 관리가 편리하다.
   ㉣ 대기(외기)운전이 가능하며, 고성능 공기정화장치가 설치되어야 한다.
   ㉤ 송풍동력이 커서 에너지 소비가 크다.
   ㉥ 공조기 선정이 자유로우며, 공조기 용량이 커야 한다.
   ㉦ 부하변동에 따른 적응이 어렵다.
   ㉧ 실내부하가 작아지면 송풍량이 줄어들어 실내 오염도가 높을 수 있다.
   ㉨ 소규모 건물 또는 단일구획 등의 극장, 강당, 체육관, 실험실, 연구실 등에 널리 이용된다.

참고 **변풍량 방식(variable air volume)**
VAV 유닛에 의해 각실 온도 조절이 가능하며 송풍동력이 절감되는 효과가 있지만 정풍량 방식(constant air volume)에 비해 설비비가 많이 든다.

② 이중 덕트 방식(double duct system)
   ㉠ 2개의 duct를 설비하여 냉풍과 온풍을 공급하는 방식으로 부하변동에 따라 혼합상자(mixing box)에서 냉·온풍을 혼합하여 공급하기 때문에 개별제어가 가능하다.
   ㉡ 공조기가 집중되어 있어 보수관리가 용이하다.
   ㉢ 동시 냉·난방이 가능하지만 혼합에너지 손실이 크다.
   ㉣ 대기(외기)운전이 가능하며 온도의 제어성이 좋다.
   ㉤ 덕트 스페이스가 크기 때문에 고속덕트 방식이 양호하나 운전동력 소모가 크다.
   ㉥ 고성능 공기정화장치를 설치할 수 있다.
   ㉦ VAV 방식은 CAV 방식보다 송풍동력을 점감할 수 있어 운전비를 줄일 수 있다.
   ㉧ 2중 덕트를 사용하기 때문에 설비비가 크며, 습도제어는 평균 제어밖에 할 수 없다.
   ㉨ 실온 유지를 위해 하절기 난방이 필요하다.
   ㉩ 존수가 많은 대규모 건물에 적합하다.

참고 **멀티존 유닛 방식(multizone unit system)**
2중 덕트 방식의 축소형으로 설비비가 저렴하며, 덕트 공간을 천장 속에 확보하기 곤란한 경우 적합하고 몇 개의 방이 모여 있는 블록에 적용된다.
- 저속덕트와 고속덕트의 차이
  ① 저속덕트 : 풍속이 15m/s 이하를 저속덕트라 하며 일반적으로 8~15m/s가 채용된다.
     (전압 : 50~70mmAq)
  ② 고속덕트 : 풍속이 15m/s 이상을 고속덕트라 하며, 일반적으로 20~25m/s가 채용된다.
     (전압 : 150~200mmAq)

③ 덕트 병용 패키지 방식
   ㉠ 설비가 간단하며 운전에 전문 기술이 필요 없다.
   ㉡ 유닛 자체에 냉동기가 내장된 형식이다.
   ㉢ 온도 편차가 크고 습도 조절이 곤란하다.
   ㉣ 수명이 짧아 보수비용이 크다.

④ 각층 유닛 방식
   ㉠ 단일 덕트 방식을 변형한 것으로 열매로 물과 공기를 같이 사용한다.
   ㉡ 환기 덕트가 불필요하며 덕트 스페이스가 적어도 된다.
   ㉢ 층별제어 또는 존제어가 가능하다.
   ㉣ 설비비가 많이 들고 기기관리가 어렵다.
   ㉤ 소음·진동이 크기 때문에 방음에 주의를 요한다.
   ㉥ 방송국, 신문사, 백화점 등에 적용된다.

(2) 공기+물방식

① 유인 유닛 방식(induction unit system)
   ㉠ 노즐이 유닛 내부에 내장되어 있어 노즐에

서 취출되는 1차 공기의 유인작용에 의해 실내 공기와 혼합되어 가열(냉각) 코일을 통해 실내로 공급하는 방식이다.
ⓒ 각실 제어가 용이하며 덕트 스페이스가 적다.
ⓒ 물과 공기를 같이 사용하기 때문에 중앙 공조기를 소형으로 할 수 있다.
ⓔ 공기보다 열용량이 큰 물을 사용하기 때문에 전공기 방식에 비해 열반송 동력이 적다.
ⓜ 조명이나 일사량이 많은 곳에 효과적이며 쾌감도가 높다.
ⓗ 냉·난방 전환이 어려우며 설비비가 많이 든다.
ⓢ 송풍량이 적어 외기 냉방 효과가 적다.
ⓞ 사무실, 호텔 등에 적용된다.

참고 유인비

1차 공기와 합계공기와의 비로 보통 유인비 $K = 3 \sim 4$ 정도이고 더블 코일의 경우 $6 \sim 7$ 정도이다.

$$유인비\ (K) = \frac{합계\ 공기}{1차\ 공기}$$

② 팬 코일 유닛 방식(덕트 병용)
ⓐ 중앙기계실로부터 냉·온수를 각 실에 설치되어 있는 유닛에 공급하고 공조기로부터 적정 온도·습도의 공기를 공급하는 방식
ⓑ 전공기식에 비해 덕트 면적이 작으며 각실 온도제어가 가능하다.
ⓒ 유닛 증설이 용이하기 때문에 사무실 구조 변경에 따라 유용하게 대처할 수 있다.
ⓓ 실내 공기의 청정도가 낮다.
ⓔ 수배관으로 인한 동파 및 누수 우려가 있다.
ⓕ 중·소규모 건물, 호텔, 아파트에 적용된다.

③ 복사 냉·난방 방식(panel air system)
ⓐ 건물의 바닥, 천장, 벽 등에 파이프 코일을 설치하여 여름에는 냉수 겨울에는 온수를 공급하여 냉·난방하는 방식이다.
ⓑ 천장이 높은 방의 경우 온도구배를 줄일 수 있다.
ⓒ 조명이나 일사가 많은 방에 효과적이다.
ⓓ 복사열을 이용하기 때문에 쾌감도가 좋다.
ⓔ 실내에 유닛이 없으므로 공간 활용 면적이 넓다.

ⓗ 실내 수배관이 설치되므로 결로의 우려가 있다.
ⓢ 설치비가 고가이며 중간기 냉동기의 운전이 필요하다.
ⓞ 고장 발견이 곤란하며 보수가 어렵다.

(3) 수방식

① 팬 코일 유닛 방식(fan coil unit system)
ⓐ 공기 조화실이 따로 없으며 기계실에서 냉·온수만을 유닛에 공급하여 냉·난방하는 방식
ⓑ 개별제어가 가능하며 풍량을 조절할 수 있다.
ⓒ 외기 송풍량을 크게 할 수 없다.
ⓓ 고밀도 필터 사용이 어렵다.
ⓔ 물만을 사용하기 때문에 공기 청정도가 떨어지며 습도 조절이 곤란하다.

참고

호텔, 객실, 병원, 아파트 등에 적용된다.

2. 개별방식

- 설치가 간단하며 개별제어가 가능하다.
- 이동 및 보관이 쉬우며 작동이 편리하다.
- 대량 생산하므로 설치비와 운전비가 싸다.
- 대용량인 경우 공조기 수의 증가로 설비비가 많을 수 있고 실내공기의 청정도가 나쁘며 소음이 크다.

(1) 패키지 공조기(packaged air conditioner)
① 케이스 내에 냉동기, 코일, 에어필터, 송풍기, 자동제어장치를 일체화시킨 형태이다.
② 설치가 간단하여 운전 및 유지 관리가 쉽다.
③ 기계실이 불필요하며 설치면적도 작다.
④ 부분 냉방이 용이하나 소음이 크다.

(2) 룸 쿨러(room cooler)
① 창 설치형으로 실내측에 증발기가 설치되어 공기를 냉각시키며 실외측에 압축기, 응축기, 축류팬이 있어 외기에 의해 냉매가 응축된다.
② 설치가 간단하며 운전 및 유지관리가 쉽다.
③ 냉방면적이 적다.

3 열펌프(heat pump)

냉동기는 증발기에서 부하로부터 열을 흡수하여 냉방을 행하지만 열펌프는 응축기의 응축열을 난방에 이용하는 형태로 저열원에서 열을 흡수하여 고온의 장소에 열을 공급하는 장치이다.

1. 특 징
① 1개의 냉동기로 냉·난방이 가능하다.
② 설치가 쉽고 운전이 간단하다.
③ 별도의 난방기기가 불필요하기 때문에 설비비가 경감된다.
④ 냉·난방을 동시에 요하는 건물에 더욱 유용하며 공해가 없다.
⑤ 외기 냉방이 어렵고 습도 제어가 곤란하다.

2. 성적계수
① 난방시 $COP_h = \dfrac{Q_c}{A \cdot w} = \dfrac{Q_c}{Q_c - Q_e}$

② 냉방시 $COP_r = \dfrac{Q_e}{A \cdot w} = \dfrac{Q_e}{Q_c - Q_e}$

여기서, Q_c : 응축부하
Q_e : 증발부하
$A \cdot w$: 압축열

03 공조부하

1 냉방부하

1. 냉방부하의 분류

구 분	부하 발생 요인		부하 형태	
			현열	잠열
실내 취득 열량	벽체로부터의 취득 열량		○	
	유리로부터의 취득 열량	일사에 의한 것	○	
		전도 대류에 의한 것	○	
	극간풍에 의한 열량		○	○
	인체 발생 부하		○	○
	기구 발생 부하		○	○
기기로부터의 취득 열량	송풍기에 의한 취득 열량		○	
	덕트로부터의 취득 열량		○	
재열부하	재열기 가열량		○	
외기부하	외기 도입으로 인한 취득열량		○	○

2. 벽체로부터의 취득열량(q_w)

외기와 접하는 벽 또는 지붕으로부터의 취득열량

$$q_w = K \cdot A \cdot \Delta t_e \text{ (kcal/h)}$$

여기서, K : 열관류율(kcal/m²·h·℃)
A : 벽의 면적(m²)
Δt_e : 상당 외기온도차(℃)

> **참고** 보정 상당외기온도차($\Delta t_e'$)
>
> 실내의 설계온도를 다른 조건으로 할 경우
> $$\Delta t_e' = \Delta t_e + (t_0' - t_0) - (t_i' - t_i)$$
> 여기서, Δt_e : 상당 외기온도차
> t_0', t_0 : 실제 외기온도, 설계 외기온도
> t_i', t_i : 실제 실내온도, 설계 실내온도

3. 유리로부터 취득열량

(1) 복사열량

$$q_{gr} = K_s \cdot I_{gr} \cdot A_g \text{ (kcal/h)}$$

여기서, K_s : 차폐계수
I_{gr} : 유리를 통과하는 일사량 (kcal/m²·h)
A_g : 유리면적(m²)

(2) 전도열량

$$q_{gt} = K_g \cdot A_g (t_0 - t_r) \text{ (kcal/h)}$$

여기서, K_g : 유리의 열관류율(kcal/m²·h·℃)
A_g : 유리면적(m²)
$t_0 - t_r$: 실외와 실내 온도차(℃)

4. 틈새 바람에 의한 취득 부하

$$q_i = q_s + q_l \text{ (kcal/h)}$$

$$q_s = 0.24 G(t_0 - t_r) = 0.29 Q(t_0 - t_r)$$

$$q_l = G\gamma(x_0 - x_r) = 717 Q(x_0 - x_r)$$

여기서, q_s : 틈새바람에 의한 현열부하(kcal/h)
q_l : 틈새바람에 의한 잠열부하(kcal/h)
G : 틈새바람의 중량유량(kg/h)
Q : 틈새바람의 체적유량(m³/h)
$t_0 - t_r$: 실외 온도와 실내 온도차(℃)
$x_0 - x_r$: 절대습도차(kg/kg′)
γ : 증발잠열(597.3kcal/kg)

(1) 침입 외기량을 구하는 방법

① 환기 회수법

환기량 $(Q) = n \cdot V$ (m³/h)

여기서, n : 시간당 환기 횟수(회/h)
V : 실의 체적(m³)

② 창문 틈새 길이법(Crack법)

$Q = l \cdot Q_i$ (m³/h)

여기서, l : 틈새길이(m)
Q_i : 침입 외기량(m³/m·h)

③ 창면적에 의한 방법

$Q = A \cdot Q_i$

여기서, A : 창이나 문의 총면적(m²)
Q_i : 침입 외기량(m³/m²·h)

④ 사용 빈도수에 의한 출입문의 침입 외기량

5. 인체 발생 열량

$q_h = q_s + q_l$ (kcal/h)

$q_s = n \cdot H_S$

$q_l = n \cdot H_L$

여기서, q_s : 인체발생 현열량(kcal/h)
q_l : 인체발생 잠열량(kcal/h)
H_S, H_L : 1인당 인체발생 현열량, 잠열량(kcal/h·인)
n : 인원수(인)

6. 기기발생 부하

(1) 조명기기 발생부하

① 백열등

$q_E = 0.86 \times f \times w$ (kcal/h)

여기서, q_E : 조명기기 발생열량(kcal/h)
f : 조명 점등률
w : 조명기기의 총 와트

② 형광등

$q_E = 0.86 \times 1.2 \times f \times w$ (kcal/h)

(2) 전동기 및 기계로부터 발생되는 열량

$q_E = 860 \times p \times f_e \times f_o \times \dfrac{1}{\eta}$ (kcal/h)

여기서, p : 전동기 정격출력(kW)
f_e : 부하율
f_o : 전동기 가동률
η : 전동기 효율

7. 기기(장치 내) 취득열량

(1) 송풍기에 의한 취득열량

송풍시 공기가 압축되기 때문에 일부 에너지는 열로 변환되어 급기온도를 상승시킨다.

(2) 덕트로부터의 취득열량

급기덕트에서의 열취득 및 시공오차로 인한 누설 등을 고려한다.

8. 재열부하

송풍계통에 가열기를 설치하여 송풍공기의 과냉을 방지한다.

$q_R = 0.24G(t_2 - t_1) = 0.29Q(t_2 - t_1)$

여기서, G : 송풍 공기중량(kg/h)
Q : 송풍 공기풍량(m³/h)
$t_2 - t_1$: 재열기 출구와 입구 온도차(°C)

9. 외기 부하

실내 환기에 필요한 공기를 외부로부터 송입하여 실내 조건에 적합한 공기를 만들기 위해(냉각, 감습) 필요한 열량을 말한다.

$q = q_s + q_l$
$= 0.24G(t_o - t_r) + 597.3G(x_o - x_r)$
$= 0.29Q(t_o - t_r) + 717Q(x_o - x_r)$

2 난방부하

(1) 전열에 의한 부하

벽, 지붕, 천장, 유리창 등에서의 열손실

$Q = K \cdot A \cdot \Delta t \cdot Z$

여기서, Z : 방위계수(방향에 따른 계수)
※ 따뜻한 방향일수록 계수값이 적어진다.

(2) 극간풍(틈새바람)에 의한 손실

(3) 외기에 의한 손실

(4) 장치(덕트)에 의한 손실

04 공기조화기기

1 중앙식 공조기의 구성

① 에어필터(air filter) AF
② 공기 예열기(preheater) PH
③ 공기 예냉기(precooler) PC
④ 공기 냉각 감습기 AC
　(air cooler or dehumidifier)
⑤ 공기 가습기(air humidifier) AH
⑥ 공기 재열기(reheater) RH
⑦ 송풍기(fan) F

> **참고**
> - 에어와셔(AW ; air washer) : 공기 중 먼지 등을 제거하며 냉각 또는 가습이 가능
> - 공기 가습기 : 물분무(WS ; water spray), 에어와셔(AW), 증기분무(SS ; steam spray)

2 에어 필터(air filter)

공기중에 포함되어 있는 매연, 분진 등의 오염물질을 제거하는 장치

1. 에어필터의 종류

(1) 충돌 점착식(viscous impingement type)

비교적 거친 여과기로 철망, 스크린, 섬유류 순으로 구성되어 있으며 여과재에 기름 또는 그리스 등의 점착물을 입혀 공기 통과시 오염물질이 점착되는 방식

(2) 건성 여과식(dry filtration type)

셀룰로스, 석면 또는 유리섬유 등의 건식 필터를 여과재로 하는 방식

(3) 전기식(electrostatic type)

먼지를 대전시켜 양극판에 집진하는 방식으로 먼지 제거 효율이 가장 높기 때문에 병원, 정밀 기계실, 고급 빌딩에 사용된다.

(4) 활성탄

활성탄을 사용하여 유해가스나 냄새 등을 제거한다.

2. 에어필터 여과효율

$$\eta_f = \frac{C_1 - C_2}{C_1} \times 100$$

$$= \left(1 - \frac{C_2}{C_1}\right) \times 100(\%)$$

여기서, C_1 : 필터 입구측 오염도(mg/m³)
　　　　C_2 : 필터 출구측 오염도(mg/m³)

3. 효율 측정 방법

① 중량법 : 필터에서 집진되는 먼지의 중량을 측정하여 효율을 계산, 비교적 큰 입자를 대상으로 한다.

② 변색도법(비색법) : 필터 상류 및 하류의 분진을 각각 여과지로 채집하여 광전관으로 측정하는 방법으로 비교적 작은 입자를 대상으로 한다.

③ 계수법(DOP법 ; di-octyl-phthalate) : 광산란식 입자 계수기를 사용하여 필터상류 및 하류 미립자에 의한 산란광에 의해 입경과 개수로 농도를 측정하는 방식으로 고성능 필터를 측정하는 데 적합하다.

> **참고** 　고성능 필터(HEPA ; high efficiency particulate air filter)
> $0.3\,\mu m$인 입자의 먼지 제거효율이 99.9%의 성능을 가지고 있어 병원 수술실, 방사성 물질 취급소, 클린룸 등 미립자를 여과하는 데 사용된다.
> - 공업용 클린룸(industrial clean room) : 정밀 측정실, 필름 공업, 반도체 산업등에 적용한다.
> - 바이오 클린룸(bio clean room) : 수술실, 제약공장, 유전공학 등에 적용한다.
> - class : 클린룸의 등급을 나타내는 방법으로 미연방규격에 의하면 $1ft^3$의 공기체적 내에 있는 $0.5\,\mu m$ 크기의 입자 수로 나타낸다.

3 공기 냉각 및 가열 코일

1. 코일 설계시 주의 사항

① 대향류로 하고 대수 평균 온도차(LMTD)는 크게 한다.

② 코일을 통과하는 수 온도차는 5°C 전·후로 하며 온도차가 너무 크면 수량은 감소되지만, 수속이 낮아져 코일의 열수가 많아진다.

③ 코일을 통과하는 공기 풍속은 2~3m/s가 가장

경제적이다.
④ 코일 내 물의 유속은 1m/s 전·후로 한다.
⑤ 코일 입·출구 물의 온도상승은 5℃ 전·후로 한다.
⑥ 냉각용 코일 열수는 보통 4~8열이 사용되나 LMTD가 아주 작은 경우 8열 이상이 될 수도 있다.

2. 코일 설계

① 냉수 코일 전열량
$$Q = G_w C(t_{w2} - t_{w1})$$
$$= Ga(i_1 - i_2)$$
$$= K \cdot A \cdot LMTD \cdot C_w \text{ (kcal/h)}$$

여기서, G_w : 냉수량(kg/h)
C : 물의 비열(kcal/kg·℃)
$t_{w2} - t_{w1}$: 냉수 출구와 입구 온도차(℃)
Ga : 풍량(kg/h)
$i_1 - i_2$: 공기 입·출구 엔탈피차(kcal/kg)
K : 코일의 열관류율(kcal/m²·h·℃)
A : 코일 전면적(m²)
$LMTD$: 대수평균 온도차(℃)
C_w : 습면계수

② 코일 열수(N)
$$N = \frac{Q}{K \cdot A \cdot LMTD \cdot C_w}$$

③ 관내 유속(V_w)
$$V_w = \frac{G_w}{a \cdot \gamma \cdot n \cdot 3600} \text{ (m/s)}$$

여기서, G_w : 순환수량(kg/h)
γ : 순환수의 비중량(kg/m³)
n : 냉각관 튜브수
a : 냉수관내 단면적(m²)

4 가습 장치(humidifier)

1. 가습 방식

① 수분무식 : 물을 공기중에 직접 분무하는 방식으로 원심식, 초음파식, 분무식이 있다.
② 증기 발생식 : 무균의 청정실이나 습도 제어가 요구되는 경우에 적당하며 전열식, 전극식, 적외선식이 있다.
③ 증기 공급식 : 증기를 쉽게 얻을 수 있는 경우에 적당하며 과열 증기식, 분무식이 있다.
④ 증발식 : 높은 습도를 요구하는 경우 적당하며 회전식, 모세관식, 적하식이 있다.

2. 에어 와셔(air washer ; A·W)

통과 공기 중에 냉·온수를 분무하여 공기중의 먼지 등을 세정하고 냉각·감습 또는 가열·가습을 하여 온·습도 조절을 목적으로 하는 장치다.

(1) 구조

① 루버(louver) : 세정기 내 공기 흡입구로서 공기 흐름을 균일하게 한다.
② 분무노즐(spray nozzle) : 분무수를 미립화하여 공기와의 접촉을 촉진시킨다.
③ 플러딩 노즐(flooding nozzle) : 엘리미네이터에 부착된 먼지를 세정한다.
④ 일리미네이터(eliminator) : 통과 공기 중의 물방울을 제거하여 급기와 함께 혼입되는 것을 방지한다.

(2) 수공기비
$$\text{수공기비} = \frac{\text{수량(L)}}{\text{공기량(G)}} = \frac{\text{(kg/h)}}{\text{(kg/h)}}$$

(3) 에어와셔 단면적
$$A = \frac{Q}{3600 \cdot V} = \frac{G}{4300 \cdot V}$$

※ 풍속 $V = 2.0 \sim 3.0$ m/s를 취한다.

(4) 단열 포화율 (y_s) = $C \cdot F$
$$C \cdot F = \frac{t_1 - t_2}{t_1 - t_1'}$$

5 감습 장치

1. 감습 방법

① 냉각 감습 장치 : 냉각 코일 또는 공기 세정기 사용
② 압축 감습 장치 : 공기를 압축하여 수분을 응축 제거하는 방법
③ 흡수식 감습 장치 : 염화 리듐, 트리에틸렌 글리콜 등의 액체 흡수제를 사용

④ 흡착식 감습 장치 : 실리카겔, 활성 알루미나 등의 고체 흡착제를 사용

6 송풍기(fan)

기체 수송을 목적으로 하는 것을 송풍기, 기체 압축을 목적으로 하는 것을 압축기라 한다.

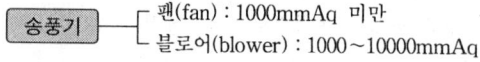

1. 송풍기의 분류

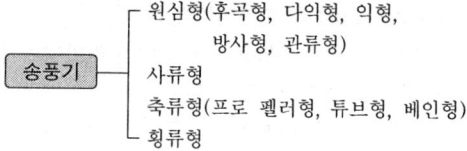

2. 원심형

① 후곡형 : 블레이드(blade)의 끝이 회전 방향의 뒤쪽으로 굽은 형태로 고속회진에 직합하며 터보형 송풍기(turbo fan)에 적용된다.
② 다익형 : 날개 끝이 회전 방향으로 굽은 형태로 회전수가 적고 송풍량이 적어 저속 덕트용 송풍기(siroco fan)에 적용된다.
③ 익형 : 후곡형과 다익형을 개량한 것으로 박판을 접어 유선형 날개를 형성한 것과 S자 모양의 리미트로드 팬이 있다. 고속회전이 가능하며 소음이 적다.
④ 방사형 : 자기 청소 특성이 있어 분진 누적이 심한 공장 등에 적합하다.
⑤ 관류형(tubular fan) : 원심력에 의해 빠져나간 기류는 축방으로 안내되어 나가는 형식으로 송풍량이 적은 옥상 환기팬으로 사용된다.

3. 사류형

축류형과 비슷하나 국소 통풍용으로 이용된다.

4. 축류형

브레이드가 기체를 축방으로 송풍하는 방식으로 낮은 풍압으로 많은 풍량을 송풍할 때 적합하다.

5. 송풍기의 크기

① 원심 송풍기의 크기
$$No(\#) = \frac{\text{회전 날개 지름(mm)}}{150(\text{mm})}$$
② 축류 송풍기의 크기
$$No(\#) = \frac{\text{회전 날개 지름(mm)}}{100(\text{mm})}$$

6. 송풍기 소요 동력

$$L = \frac{P \cdot Q}{102 \times \eta_f \times 60} \text{ (kW)}$$
$$= \frac{P \cdot Q}{75 \times \eta_f \times 60} \text{ (PS)}$$

여기서, P : 송풍기 전압(mmAq)
Q : 송풍 유량(m³/min)
η_f : 송풍기 전압효율

> **참고**
> • 전압 $(P) = P_v + P_s$
> $$P_v = \frac{v^2}{2g}\gamma = \frac{v^2}{16.33}$$
> 여기서, P_v : 동압(mmAq)
> P_s : 정압(mmAq)
> v : 풍속(m/s)

7. 송풍기의 법칙

송풍기의 운전조건이나 치수가 달라 졌을 때 성능을 예측할 수 있다.

① 회전수가 $N_1 \to N_2$로 변할 때
$$Q_2 = Q_1 \frac{N_2}{N_1},\ P_2 = P_1\left(\frac{N_2}{N_1}\right)^2,\ L_2 = L_1\left(\frac{N_2}{N_1}\right)^3$$
② 임펠러 지름이 $D_1 \to D_2$로 변할 때
$$Q_2 = Q_1\left(\frac{D_2}{D_1}\right)^3,\ P_2 = P_1\left(\frac{D_2}{D_1}\right)^2,\ L_2 = L_1\left(\frac{D_2}{D_1}\right)^5$$

> **참고** 풍량 제어 방법
> ① 토출 댐퍼에 의한 제어
> ② 흡입 댐퍼에 의한 제어
> ③ 흡입 베인에 의한 제어
> ④ 회전수에 의한 제어
> ⑤ 가변 피치 제어

7 펌프(pump)

1. 펌프의 종류

- 회전식 펌프
  - 원심펌프 ─ 터빈 펌프(turbine pump) / 볼류트 펌프(volute pump)
  - 사류펌프
  - 축류펌프
  - 기어펌프
  - 베인펌프
- 왕복식 펌프
  - 피스톤 펌프(piston pump)
  - 플런저 펌프(plunger pump)
- 특수 펌프
  - 마찰 펌프(friction pump)
  - 제트 펌프(jet pump)
  - 기포 펌프(air lift pump)

2. 펌프의 특징

(1) 원심펌프

임펠러의 고속회전에 의한 원심력으로 유체를 축방향에서 흡입하여 축 수직방향으로 이송하는 펌프

3. 펌프의 양정

(1) 전양정(total head)

실양정과 총손실 수두를 합친 양을 말한다.

$$전양정\ (H) = h_a + h_p + h_v + h_f\ [\text{mAq}]$$

$$h_a = h_s + h_d$$

여기서,
- h_a : 실양정
- h_p : 압력수두 $\left(\dfrac{P_2 - P_1}{\gamma}\right)$
- h_v : 속도수두 $\left(\dfrac{v_2^2 - v_1^2}{2g}\right)$
- h_f : 배관 마찰 손실 수두
- h_s : 흡입 실양정
- h_d : 토출 실양정

참고 유효 흡입 양정(net positive suction head ; NPSH)

이론적으로 흡입양정은 1at 상태에서 10m이나 흡입관, 임펠러 등의 손실 및 액의 비중, 포화 증기압 등에 따라 달라진다.

$$NPSH = \dfrac{P_a}{\gamma} - \left(\dfrac{P_v}{\gamma} \pm h_a + h_f\right)$$

여기서,
- P_a : 대기압(kgf/m^2)
- γ : 유체의 비중량(kg/m^3)
- h_f : 흡입관 마찰 손실 수두(mAq)
- P_v : 포화 증기압(kgf/m^2)
- h_a : 흡입 양정(mAq)

4. 펌프 동력과 효율

(1) 수동력

$$L_w = \dfrac{\gamma \cdot Q \cdot H}{102 \times 60}\ (\text{kW})$$

$$= \dfrac{\gamma \cdot Q \cdot H}{75 \times 60}\ (\text{PS})$$

여기서,
- γ : 액의 비중량(kg/m^3)
- Q : 송출유량(m^3/min)
- H : 전양정(m)

(2) 축동력

$$L = \dfrac{L_w}{\eta}$$

여기서, η : 펌프효율

5. 원심펌프의 상사법칙

$$\dfrac{Q_2}{Q_1} = \left(\dfrac{N_2}{N_1}\right)\left(\dfrac{D_2}{D_1}\right)^3$$

$$\dfrac{H_2}{H_1} = \left(\dfrac{N_2}{N_1}\right)^2\left(\dfrac{D_2}{D_1}\right)^2$$

$$\dfrac{L_2}{L_1} = \left(\dfrac{N_2}{N_1}\right)^3\left(\dfrac{D_2}{D_1}\right)^5$$

여기서,
- Q_1, Q_2 : 유량
- H_1, H_2 : 양정
- L_1, L_2 : 동력
- N_1, N_2 : 회전수(rpm)
- D_1, D_2 : 임펠러 바깥지름

6. 비교 회전도(specific speed)

임펠러의 모양을 표현하는 척도로 사용

$$비속도\ (n_s) = n\,\dfrac{Q^{\frac{1}{2}}}{H^{\frac{3}{4}}}$$

여기서,
- n : 회전수(rpm)
- Q : 송출유량(m^3/min)
- H : 전양정(m)

7. 펌프에서의 현상

(1) 공동현상(cavitation)

액체가 이동하면서 정압이 어느 한계 이하로 내려가면 기포가 발생하고 정압이 올라가면 기포는 붕괴되는데 이러한 현상을 캐비테이션이라 한다.

캐비테이션은 수력 기계나 선박용 프로펠러 등에서 발생되며 성능저하, 소음, 진동이 발생한다.

> **참고** 방지책
> ① 펌프 설치 위치를 낮게 한다.
> ② 펌프를 저속운전한다.
> ③ 흡입 관경을 크게 하며 굴곡부를 적게 한다.
> ④ 흡입 펌프인 경우 양흡입으로 고친다.

(2) 서징 현상(surging)

터보형 펌프, 압축기, 송풍기를 저유량 영역에서 사용할 때 유량이나 압력이 주기적으로 심하게 변동하고, 안전 운전이 불가능한 현상으로 심하면 유체 기계나 관로계의 파손이 일어난다.

제 4 장 전기제어공학

01 전기 기초 이론

1 직류회로

1. 전류(Current)

(1) 전류

① 1초 동안에 1(C)의 전기량이 통과할 때 1A(Ampere)라 한다.

② 전류 $I = \dfrac{Q}{t}$ (A)

여기서, Q : 전기량(C)
t : 시간(sec)

(2) 전기량

① 전하가 가지고 있는 전기의 양이다.
② 전기량 $Q = I \cdot t$ (C)
③ 시간 t초 동안의 전기량, 변화량

$$dq = \int_{t_1}^{t_2} i \, dt \text{ (C)}$$

> **참고**
> 대전현상에 의하여 전기가 발생하며 대전현상은 자유전자가 이동하여 전자의 수가 많아졌거나 적어졌을 때 전기가 발생하는 상태를 말한다.

2. 전압(Electric voltage, 전위차)

① 도체에 1(C)의 전하가 이동하여 1(J)의 일을 하였을 때 1[V](Volt)라 한다.

② 전압 $V = \dfrac{W}{Q}$ [V]

여기서, W : 일(J)
Q : 전기량(C)

3. 저항(resistance)과 컨덕턴스(conductance)

① 전자의 흐름을 방해하는 성질을 저항이라 한다.
② 도체의 길이가 길수록 단면적이 작을수록 저항은 커진다.

③ 도체의 온도가 상승할수록 저항은 커진다.
④ 컨덕턴스는 전류가 잘 흐르는 정도를 말하며 저항의 역수이다.

$$\text{저항 } R = \rho \dfrac{l}{A} \, (\Omega)$$
$$= R_0(1 + \alpha \Delta t)(\Omega)$$
$$= \dfrac{1}{G} \, (\Omega)$$

여기서, ρ : 고유저항($\Omega \cdot$m)
l : 길이(m)
A : 단면적(m²)
R_0 : 온도변화 전의 저항(Ω)
α : 온도계수
Δt : 온도차(°C)
G : 컨덕턴스(℧ : 모호)

4. 옴의 법칙

① 전류는 전압에 비례하고 저항에 반비례한다.
② 전압 $V = IR$ (V)
③ 전류 $I = \dfrac{V}{R} = VG$ (A)
④ 저항 $R = \dfrac{V}{I}$ (Ω)

5. 저항의 접속

(1) 저항의 직렬접속

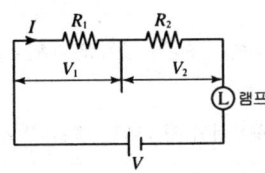

① 전류가 일정 : $I = I_1 = I_2$
② 전압 : $V = V_1 + V_2$
③ 합성저항(등가저항) : $R = R_1 + R_2$
④ 각 저항에 걸리는 전압
$V_1 = I_1 R_1, \; V_2 = I_2 R_2$

제 4 장 전기제어공학 • 59

(2) 저항의 병렬접속

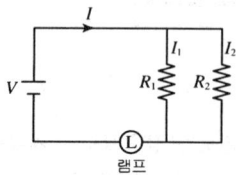

① 전압이 일정 : $V = V_1 = V_2$
② 전류 : $I = I_1 + I_2$
③ 합성저항(등가저항) : $R = \dfrac{R_1 R_2}{R_1 + R_2}$
④ 각 저항에 걸리는 전류

$$I_1 = \dfrac{R_2}{R_1 + R_2} I, \ I_2 = \dfrac{R_1}{R_1 + R_2} I$$

(4) 저항의 △접속과 Y접속

① △접속을 Y접속으로 등가 변환하는 경우

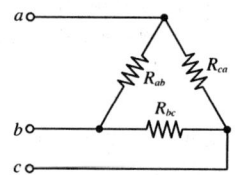

㉠ $R_a = \dfrac{R_{ab} R_{ca}}{R_{ab} + R_{bc} + R_{ca}}$ (Ω)

㉡ $R_b = \dfrac{R_{ab} R_{bc}}{R_{ab} + R_{bc} + R_{ca}}$ (Ω)

㉢ $R_c = \dfrac{R_{bc} R_{ca}}{R_{ab} + R_{bc} + R_{ca}}$ (Ω)

> **참고**
> $R_{ab} = R_{bc} = R_{ca} = R_\triangle$ 인 경우 $R_a = R_b = R_c = \dfrac{1}{3} R_\triangle$ 이다.
> 따라서, 평형부하인 경우에는 $R_Y = \dfrac{1}{3} R_\triangle$ 이다.

② Y접속을 △접속으로 등가 변환하는 경우

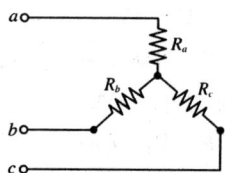

㉠ $R_{ab} = \dfrac{R_a R_b + R_b R_c + R_c R_a}{R_c}$ (Ω)

㉡ $R_{bc} = \dfrac{R_a R_b + R_b R_c + R_c R_a}{R_a}$ (Ω)

㉢ $R_{ca} = \dfrac{R_a R_b + R_b R_c + R_c R_a}{R_b}$ (Ω)

> **참고**
> $R_a = R_b = R_c = R_Y$ 인 경우 $R_{ab} = R_{bc} = R_{ca} = 3R_Y$ 이다. 따라서, 평형부하인 경우에는 $R_\triangle = 3R_Y$ 이다.

2 키르히호프 법칙(Kirchhoff's law)

1. 키르히호프 제1법칙 : 전류 평형의 법칙

① 회로망 중의 한 점에 흘러 들어오는 전류의 총합과 흘러 나가는 전류의 총합은 같다.
② $I_1 + I_2 + I_3 = I_4 + I_5$

2. 키르히호프 제2법칙 : 전압 평형의 법칙

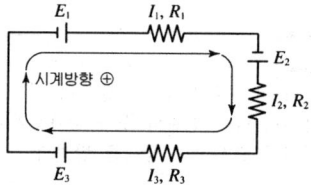

① 폐회로에서 기전력의 합과 전압강하의 합은 같다.
② $\Sigma E = \Sigma IR$ 에서
$E_1 + E_2 - E_3 = I_1 R_1 + I_2 R_2 + I_3 R_3$

3 배율기, 분류기, 휘스톤브리지

1. 배율기

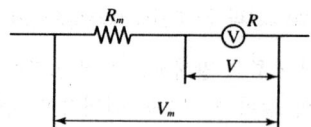

전압계의 측정범위를 넓히기 위해 직렬로 연결

$$\frac{V_m}{V} = 1 + \frac{R_m}{R}$$

여기서, V_m : 측정전압(V)
V : 전압계 전압(V)
R_m : 배율기 저항(Ω)
R : 전압계 저항(Ω)

2. 분류기

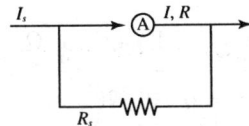

전류계의 측정범위를 넓히기 위해 병렬로 연결

$$\frac{I_s}{I} = 1 + \frac{R}{R_s}$$

여기서, I_s : 측정전류(A)
I : 전류계 전류(A)
R_s : 분류기 저항(Ω)
R : 전류계 저항(Ω)

3. 휘스톤브리지(wheatstone bridge)

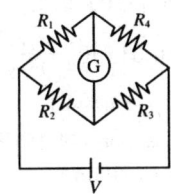

① 검류계의 G가 평형이 되어 전류가 흐르지 않을 때 미지의 저항을 측정한다.
② $R_1 R_3 = R_2 R_4$

4 전력과 열량

1. 전력

$$P = \frac{W}{t} = IV = I^2 R = \frac{V^2}{R} \text{ (W)}$$

여기서, W : 일량(J)
t : 시간(sec)
I : 전류(A)
V : 전압(V)
R : 저항(Ω)

2. 전력량

$$W = Pt = IVt = I^2 Rt = \frac{V^2}{R} t \text{ (J, kWh)}$$

3. 줄의 법칙

도선에 전류가 흐르게 되면 저항에 의해 열이 발생

발생열량 $H = GC\varDelta T$
$= 0.24 IVt$
$= 0.24 I^2 Rt$
$= 0.24 \frac{V^2}{R} t \text{(cal)}$

여기서, G : 질량(g)
C : 비열(cal/g°C)
$\varDelta t$: 온도차(°C)

4. 펠티에 효과(Peltier effect) : 전자냉동기의 원리

두 종류의 금속의 접합부에 전류를 흘리면 전류의 방향에 따라 흡열과 발열현상이 나타난다.

5. 제벡 효과(Seebeck effect)

열전쌍, 열전온도계에 응용

① 종류가 다른 2종의 금속선을 접속하여 폐회로를 만들어서 두 개의 접합점을 다른 온도로 유지할 때 이 회로에 전류가 흐르는 현상이다.
② 열전쌍의 종류 : 구리-콘스탄탄, 철-콘스탄탄, 크로멜-알루멜, 백금-백금로듐

02 정전기와 자기회로

1 정전기

1. 쿨롱의 법칙(coulomb's law)

① 두 전하 사이에 작용하는 힘은 두 전하의 전기량 곱에 비례하고 두 전하 사이 거리의 제곱에 반비례한다.

② 정전력 $F = 9 \times 10^9 \frac{Q_1 Q_2}{r^2 \varepsilon_s}$ (N)

여기서, ε_s : 비유전율
Q_1, Q_2 : 전기량(C)
r : 두 전하 사이의 거리(m)

2. 전기력선

① 전기력선은 양전하의 표면에서 나와서 음전하의 표면에서 끝난다.
② 전기력선은 등전위면에 직교하고 서로 교차하거나 소멸되지 않는다.
③ 전기력선은 전위가 높은 곳에서 낮은 곳으로 향한다.
④ 전기력선은 도체 표면에 수직으로 출입하며 도체 내부에는 존재하지 않는다.
⑤ 임의의 점에서 전기력선의 밀도는 그 점의 전계의 세기와 크기가 같고 전기력선의 방향은 그 점의 전계의 방향과 같다.

3. 콘덴서(축전기 : condenser)

① 정전유도를 이용하여 많은 전기량을 축적하기 위하여 만든 장치이다.
② 평행판 콘덴서의 정전용량은 도체 면적에 비례하고 도체간의 거리에 반비례하며 절연체의 종류에 따라 다르다.
③ 정전용량 $C = \varepsilon \dfrac{S}{d}$ [F]

여기서, S : 극판면적(m^2)
d : 극판간격(m)
ε : 유전율

④ 전기량 $Q = CV$ [C]

4. 콘덴서의 직렬 접속

① 전기량이 일정 : $Q = Q_1 = Q_2$
② 합성전압 : $V = V_1 + V_2$
③ 합성정전용량 : $C = \dfrac{C_1 C_2}{C_1 + C_2}$

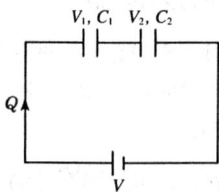

5. 콘덴서의 병렬 접속

① 전압이 일정 : $V = V_1 = V_2$
② 전기량 : $Q = Q_1 + Q_2$
③ 합성 정전용량 : $C = C_1 + C_2$

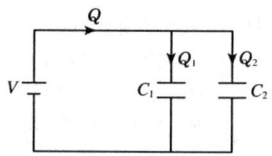

6. 정전에너지

$$W = \dfrac{1}{2}QV = \dfrac{1}{2}CV^2 = \dfrac{1}{2}\dfrac{Q^2}{C} \text{ [J]}$$

여기서, Q : 전기량(C)
V : 전압(V)
C : 정전용량(F)

❷ 자기회로

1. 쿨롱의 법칙(coulomb's law)

① 두 자극 사이에 작용하는 힘은 두 자극의 자기량 곱에 비례하고 두 자극 사이의 거리 제곱에 반비례한다.
② 같은 종류의 자극 간에는 척력이 작용하고 다른 종류의 자극 간에는 인력이 작용한다.
③ 자기력 $F = 6.33 \times 10^4 \dfrac{m_1 m_2}{r^2 \mu s}$ [N]

여기서, μ_s : 비투자율
m_1, m_2 : 자기량(Wb)
r : 거리(m)

2. 암페어의 오른나사 법칙

① 전류에 의한 자기장의 방향을 결정하는 법칙
② 전류의 방향은 오른나사의 진행방향, 자기장의 방향은 오른나사의 회전방향

3. 전류에 의한 자기장의 세기

① 무한장 직선 전류에 의한 자기장의 세기

$$H = \dfrac{NI}{l} = \dfrac{NI}{2\pi r} \text{ [AT/m]}$$

여기서, N : 코일의 권수
I : 전류(A)
r : 거리(m)

② 환상 솔레노이드의 자기장의 세기

$$H = \frac{NI}{l} = \frac{NI}{2\pi a} \text{ [AT/m]}$$

여기서, N : 코일의 권수
I : 전류(A)
l : 평균길이(m)
a : 평균반경(m)

③ 원형 코일 중심 축상 x(m) 되는 점의 자기장 세기

$$H = \frac{a^2 NI}{2(a^2 + x^2)^{3/2}} \text{ [AT/m]}$$

여기서, N : 코일의 권수
I : 전류(A)
a : 평균반경(m)

4. 플레밍의 왼손법칙

① 전자기력의 방향을 결정하는 법칙으로서 전동기 원리를 해석하는 데 적용
② 직선 도체에 작용하는 힘

$$F = BIl \sin\theta \text{ [N]}$$

여기서, B : 자속밀도($B = \frac{\phi}{A}$ Wb/m²)
ϕ : 자속(Wb), A : 단면적(m²)
I : 전류(A)
l : 도체의 길이(m)

5. 전자 유도

① 코일과 자석 사이의 상대적인 운동으로 유도기전력이 발생하여 전류가 흐르는 현상이다.
② 렌쯔의 법칙 : 유도기전력의 방향은 자속 변화를 방해하려는 방향으로 발생하며 유도기전력의 방향을 결정하는 법칙이다.
③ 플레밍의 오른손법칙 : 자기장 속에서 도선이 운동할 때 생기는 유도기전력의 방향을 결정하는 법칙으로서 발전기의 원리를 해석하는 데 적용한다.
④ 페러데이의 법칙 : 유도기전력의 크기는 코일 속을 지나는 자속의 시간적 변화율에 비례하고 코일의 감은 횟수에 비례한다.

6. 자기유도와 상호유도

(1) 자기유도

① 코일에 흐르는 전류의 변화에 의해서 그 코일 자체에 유도기전력이 발생하고 유도전류가 흐르는 현상이다.
② 유도기전력 $e = -L\frac{\Delta I}{\Delta t} = -N\frac{\Delta \phi}{\Delta t}$ [V]
③ 자기유도계수(인덕턴스) $L = \frac{N\phi}{I}$

여기서, L : 자기유도계수(H)
ΔI : 전류변화(A)
Δt : 시간변화(sec)
$\Delta \phi$: 자속변화(Wb)

(2) 상호유도

① 한쪽 코일의 전류의 세기를 변화시키면 다른 코일에 유도기전력이 발생하는 현상이다.
② 유도기전력 $e = -M\frac{\Delta I}{\Delta t}$ [V]

여기서, M : 상호유도계수(H)
ΔI : 전류변화(A)
Δt : 시간변화(sec)

(3) 결합계수

① 두 코일이 자기적으로 결합된 상태를 나타내는 계수로서 두 코일 간의 누설자속이 없는 경우에는 $K = 1$이 된다.
② 두 코일의 모양, 크기, 상대적인 위치에 따라 결정된다.
③ 결합계수 $k = \frac{M}{\sqrt{L_1 L_2}}$ $(0 \leq k \leq 1)$

여기서, M : 상호유도계수(H)
L_1, L_2 : 1, 2차측 자기유도계수(H)

7. 인덕턴스(inductance)의 직렬연결

(1) 가동 접속

1, 2차 코일의 자속의 방향이 정방향이 되는 회로
합성 인덕턴스 $L = L_1 + L_2 + 2M$

(2) 차동 접속

1, 2차 코일의 자속의 방향이 역방향이 되는 회로
합성 인덕턴스 $L = L_1 + L_2 - 2M$

8. 자기에너지

$$W = \frac{1}{2}LI^2 [J]$$

여기서, L : 자기인덕턴스(H)
I : 전류(A)

03 교류회로

1 교류회로 이론

1. 교류(Alternating Current ; AC)
시간의 변화에 따라 전류의 크기와 방향이 주기적으로 변화는 전류를 말한다.

2. 주파수와 주기

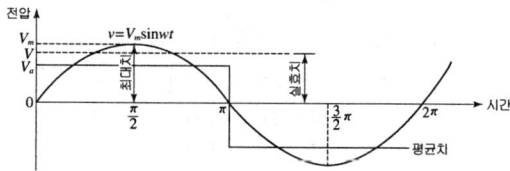

(1) 주기(period) $T = \frac{1}{f}$ [sec]

(2) 주파수(frequency) $f = \frac{1}{T}$ [Hz]

(3) 각속도 $\omega = 2\pi f = \frac{2\pi}{T}$ [rad/sec]

(4) 회전수 $N = \frac{120f}{P}$ [rpm]

여기서, f : 주파수(Hz)
P : 극수

3. 위상차

(1) 초위상(Initial phase)

시간 $t=0$에 있어서의 위상

(2) 위상차

주파수는 같고 위상이 다른 두 정현파의 시간적인 차

① 위상 $\theta = \omega t$

② $v_1 = V_m \sin(\omega t + \theta_1)$, $v_2 = V_m \sin(\omega t + \theta_2)$

㉠ $\theta_1 > \theta_2$인 경우 : v_1은 v_2보다 위상이 앞선다.

㉡ $\theta_1 = \theta_2$인 경우 : v_1은 v_2는 동상이다.

㉢ $\theta_1 < \theta_2$인 경우 : v_1은 v_2보다 위상이 뒤진다.

2 정현파 교류의 크기

1. 최대값(Maximum valve)

① 교류의 순시값 중에서 $\frac{\pi}{2}$, $\frac{3}{2}\pi$일 때의 값

② 최대값 : $I_m(A)$, $V_m(V)$

2. 순시값(Instantaneous valve)

① 교류가 순간 순간 임의적으로 변하는 값

② 순시전류 $i = I_m \sin \omega t$ [A]

순시전압 $v = V_m \sin \omega t$ [V]

3. 실효값(Effective valve)

① 어떤 저항에 순시전류인 교류를 흘릴 때 그 교류와 동일한 열작용을 나타내는 직류값으로 표시하는 것을 말한다.

② 실효값 $I = \sqrt{\frac{1}{T}\int_0^T i^2 dt} = \sqrt{\frac{1}{T}\int_0^T I_m^2 \sin^2 \omega t \, dt}$

실효전류 $I = \frac{I_m}{\sqrt{2}} = 0.707 I_m$ [A]

실효전압 $V = \frac{V_m}{\sqrt{2}} = 0.707 V_m$ [V]

4. 평균값(mean valve)

① 반파의 평균치로 표시

② 평균값 $I_a = \frac{1}{\frac{T}{2}}\int_0^{\frac{T}{2}} i \, dt = \frac{1}{\frac{T}{2}}\int_0^{\frac{T}{2}} I_m \sin \omega t \, dt$

평균전류 $I_a = \frac{2}{\pi} I_m = 0.637 I_m$ [A]

평균전압 $V_a = \frac{2}{\pi} V_m = 0.637 V_m$ [V]

> **참고** 최대값과 실효값 및 평균값의 관계
> - 전류 : $I_m = \sqrt{2} I = \frac{\pi}{2} I_a$ [A]
> - 전압 : $V_m = \sqrt{2} V = \frac{\pi}{2} V_a$ [V]

5. 파고율, 파형률, 왜형률

① 파고율 $= \dfrac{\text{최대값}}{\text{실효값}} = \sqrt{2} = 1.414$

② 파형률 $= \dfrac{\text{실효값}}{\text{평균값}} = \dfrac{\pi}{2\sqrt{2}} = 1.11$

③ 왜형률(일그러짐률) $= \dfrac{\text{전고조파의 실효값}}{\text{기본파의 실효값}}$

참고 파형의 종류와 실효값, 평균값, 파형률, 파고율의 관계

명 칭	구형파	구형반파	정현파	정현반파	삼각파
실효값	V_m	$\dfrac{V_m}{\sqrt{2}}$	$\dfrac{V_m}{\sqrt{2}}$	$\dfrac{V_m}{2}$	$\dfrac{V_m}{\sqrt{3}}$
평균값	V_m	$\dfrac{V_m}{2}$	$\dfrac{2V_m}{\pi}$	$\dfrac{V_m}{\pi}$	$\dfrac{V_m}{2}$
파형률	1	1.414	1.11	1.571	1.155
파고율	1	1.414	1.414	2	1.732

3 교류회로의 기본회로

1. 단독회로

(1) R(저항)회로

① 전류 $I_R = \dfrac{V}{R}$ [A]

② 전류와 전압은 동상이다.

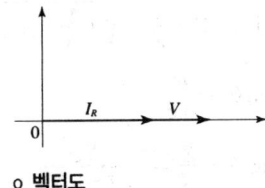

○ 벡터도

(2) L회로(인덕턴스)

① 전류 $I_L = \dfrac{V}{X_L} = \dfrac{V}{\omega L}$ [A]

② 유도성 리액턴스 $X_L = \omega L = 2\pi f L$ [Ω]

여기서, ω : 각속도(rad/sec)
L : 인덕턴스(H)
f : 주파수(Hz)

○ 벡터도

③ 전류는 전압보다 $\dfrac{\pi}{2}(90°)$ 만큼 뒤진다.

(3) C회로(캐피시던스)

① 전류 $I_L = \dfrac{V}{X_C} = \omega CV$ [A]

② 용량성 리액턴스 $X_C = \dfrac{1}{\omega C} = \dfrac{1}{2\pi f C}$ [Ω]

여기서, ω : 각속도(rad/sec)
C : 캐피시턴스(F)
f : 주파수(Hz)

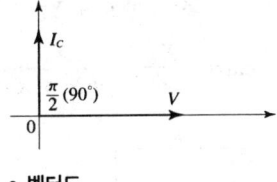

○ 벡터도

③ 전류는 전압보다 $\dfrac{\pi}{2}(90°)$ 만큼 앞선다.

2. 직렬회로

(1) R-L 직렬회로

① 전류 $I = \dfrac{V}{Z} = \dfrac{V}{\sqrt{R^2 + X_L^2}}$ [A]

② 임피던스 $Z = \sqrt{R^2 + X_L^2} = \sqrt{R^2 + (\omega L)^2}$ [Ω]

③ 전압이 전류보다 θ 만큼 위상이 앞선 회로

위상 $\tan\theta = \dfrac{X_L}{R}$

④ 역률 $\cos\theta = \dfrac{R}{Z} = \dfrac{R}{\sqrt{R^2 + X_L^2}}$

무효율 $\sin\theta = \dfrac{X_L}{Z} = \dfrac{X_L}{\sqrt{R^2 + X_L^2}}$

○ 임피던스 삼각도

(2) R-C직렬회로

① 전류 $I = \dfrac{V}{Z} = \dfrac{V}{\sqrt{R^2 + X_C^2}}$ (A)

② 임피던스

$$Z = \sqrt{R^2 + X_C^2} = \sqrt{R^2 + \left(\dfrac{1}{\omega C}\right)^2} \;(\Omega)$$

③ 전류가 전압보다 θ 만큼 위상이 앞선 회로

위상 $\tan\theta = \dfrac{X_C}{R}$

④ 역률 $\cos\theta = \dfrac{R}{Z} = \dfrac{R}{\sqrt{R^2 + X_C^2}}$

무효율 $\sin\theta = \dfrac{X_C}{Z} = \dfrac{X_C}{\sqrt{R^2 + X_C^2}}$

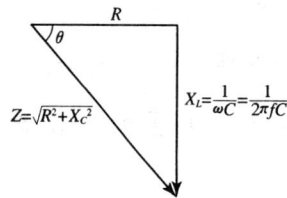

o 임피던스 삼각도

(3) R-L-C직렬회로

① R-L-C 직렬회로의 3가지 경우

㉠ $\omega L > \dfrac{1}{\omega C}$: 유도성 회로 - 위상이 전류는 전압보다 뒤진 회로(지상)

㉡ $\omega L < \dfrac{1}{\omega C}$: 용량성 회로 - 위상이 전류는 전압보다 앞선 회로(진상)

㉢ $\omega L = \dfrac{1}{\omega C}$: 직렬공진회로 - 위상이 동상 이며 전류가 최대인 회로

공진주파수 $f = \dfrac{1}{2\pi\sqrt{LC}}$ (Hz)

유도성 회로인 경우 : $\omega L > \dfrac{1}{\omega C}$

② 전류 $I = \dfrac{V}{Z} = \dfrac{V}{\sqrt{R^2 + (X_L - X_C)^2}}$ (A)

③ 임피던스

$$Z = \sqrt{R^2 + (X_L - X_C)^2}$$
$$= \sqrt{R^2 + \left(\omega L - \dfrac{1}{\omega C}\right)^2} \;(\Omega)$$

④ 위상 $\tan\theta = \dfrac{X_L - X_C}{R}$

⑤ 역률 $\cos\theta = \dfrac{R}{Z} = \dfrac{R}{\sqrt{R^2 + (X_L - X_C)^2}}$

무효율 $\sin\theta = \dfrac{X_L - X_C}{Z}$

3. 병렬회로

(1) R-L 병렬회로

① 전류 $I = YV = \dfrac{V}{Z} = V\sqrt{\left(\dfrac{1}{R}\right)^2 + \left(\dfrac{1}{X_L}\right)^2}$ (A)

② 어드미턴스 $Y = \dfrac{1}{Z} = \sqrt{\left(\dfrac{1}{R}\right)^2 + \left(\dfrac{1}{X_L}\right)^2}$ (℧)

③ 위상 $\tan\theta = \dfrac{R}{X_L}$

④ 역률 $\cos\theta = \dfrac{Z}{R} = \dfrac{X_L}{\sqrt{R^2 + X_L^2}}$

무효율 $\sin\theta = \dfrac{Z}{X_L} = \dfrac{R}{\sqrt{R^2 + X_L^2}}$

(2) R-C 병렬회로

① 전체전류

$$I = YV = \dfrac{V}{Z} = V\sqrt{\left(\dfrac{1}{R}\right)^2 + \left(\dfrac{1}{X_C}\right)^2} \;(A)$$

② 어드미턴스 $Y = \dfrac{1}{Z} = \sqrt{\left(\dfrac{1}{R}\right)^2 + \left(\dfrac{1}{X_C}\right)^2}$ (℧)

③ 위상 $\tan\theta = \dfrac{R}{X_C}$

④ 역률 $\cos\theta = \dfrac{Z}{R} = \dfrac{X_C}{\sqrt{R^2 + X_C^2}}$

무효율 $\sin\theta = \dfrac{Z}{X_C} = \dfrac{R}{\sqrt{R^2 + X_C^2}}$

(3) R-L-C 병렬회로

① R-L-C 병렬회로의 3가지 경우

㉠ $\dfrac{1}{\omega L} > \omega C$: 유도성 회로 - 위상이 전류는 전압보다 뒤진 회로(지상)

㉡ $\dfrac{1}{\omega L} < \omega C$: 용량성 회로 - 위상이 전류는 전압보다 앞선 회로(진상)

㉢ $\dfrac{1}{\omega L} = \omega C$: 병렬공진회로 - 위상이 동상 이며 전류가 최소인 회로

유도성 회로인 경우 : $\frac{1}{\omega L} > \omega C$

② 전체전류

$$I = YV = \frac{V}{Z}$$
$$= V\sqrt{\left(\frac{1}{R}\right)^2 + \left(\frac{1}{X_C} - \frac{1}{X_L}\right)^2} \text{ (A)}$$

③ 어드미턴스

$$Y = \frac{1}{Z} = \sqrt{\left(\frac{1}{R}\right)^2 + \left(\frac{1}{X_C} - \frac{1}{X_L}\right)^2} \text{ (℧)}$$

④ 위상 $\tan\theta = R\left(\frac{1}{X_C} - \frac{1}{X_L}\right)$

⑤ 역률 $\cos\theta = \frac{G}{Y}$, 무효율 $\sin\theta = \frac{B}{Y}$

> **참고   어드미턴스**
>
> $Y = \frac{1}{Z} = G + jB$ (℧)
>
> - 어드미턴스(admittance)는 임피던스의 역수이다.
> - 벡터 어드미턴스는 실수부 G를 콘덕턴스(conductance), 허수부 B를 서셉턴스(susceptance)로 표시한다.

4 교류전력

1. 피상전력(Apparent power)

$$P_a = IV \text{ (VA)}$$

2. 유효전력(Effective power)

$$P = IV\cos\theta \text{ (W)}$$

3. 무효전력(Wattless power)

$$P_r = IV\sin\theta \text{ (Var)}$$

4. 전부하 전류

① 단상 : $I = \frac{P}{V \times \eta \times \cos\theta}$ (A)

② 삼상 : $I = \frac{P}{\sqrt{3} \times V \times \eta \times \cos\theta}$ (A)

여기서, P : 용량(W)
V : 전압(V)
η : 효율
$\cos\theta$: 역률

> **참고**
>
> - 역률 $\cos\theta = \frac{\text{유효전력}}{\text{피상전력}}$
> - 역률 개선책 : 진상콘덴서를 병렬로 접속
> - 무효율 $\sin\theta = \frac{\text{무효전력}}{\text{피상전력}}$

5 과도현상

- 정상상태 : 전기회로에 전원을 인가한 후에 시간이 경과되면서 전류나 전압이 일정한 값에 도달하는 상태
- 과도상태 : 초기상태에서 처음 전압을 회로에 인가한 후에 정상상태가 될 때까지의 상태

1. R-L 직렬회로

① 미분방정식의 일반해 : 초기조건 시간 $t=0$, 전류 $i=0$

$$\text{전류 } i(t) = \frac{E}{R}\left(1 - e^{-\frac{R}{L}t}\right) \text{ (A)}$$

② 정상항 : $t=\infty$로 놓은 경우 정상상태로 되었을 때의 값이다.

$$\text{전류 } i_s = \frac{E}{R} \text{ (A)}$$

③ 과도항 : 시간 t에 따라 변화하며 $t=\infty$일 때는 0으로 되는 값이다.

$$\text{전류 } i_t = -\frac{E}{R} e^{-\frac{R}{L}t} \text{ (A)}$$

④ 시정수가 클수록 과도상태는 오랫동안 지속된다.

$$\text{시정수 } \tau = \frac{L}{R} \text{ (sec)}$$

2. R-C 직렬회로

① 미분방정식의 일반해 : 초기조건 시간 $t=0$, 전하 $q=0$, 전류 $i=0$

$$\text{전하 } q(t) = CE\left(1 - e^{-\frac{1}{RC}t}\right) \text{ (C)}$$

$$\text{전류 } i(t) = \frac{E}{R} e^{-\frac{1}{RC}t} \text{ (A)}$$

② 정상항 : $t=\infty$로 놓은 경우 정상상태로 되었을 때의 값이다.

$$\text{전하 } q_s = CE \text{ (C)}$$

③ 과도항 : 시간 t에 따라 변화하며 $t=\infty$일 때는 0으로 되는 값이다.

전하 $q_t = -CEe^{-\frac{1}{RC}t}$ (C)

④ 시정수가 클수록 과도상태는 오랫동안 지속된다.

시정수 $\tau = RC$ (sec)

6 2단자망

1. 정저항회로

① 임피던스의 허수부가 어떠한 주파수에 대해서도 항상 0이 되고, 임피던스의 실수부는 주파수에 관계없이 항상 일정한 저항값을 갖는 회로

② 저항 $R^2 = Z_1 \cdot Z_2$에서 $R = \sqrt{\dfrac{L}{C}}$ (Ω)

2. 역회로

① 입력 임피던스 $Z_1(j\omega L)$, $Z_2\left(\dfrac{1}{j\omega C}\right)$라 할 때 $Z_1 \cdot Z_2 = K^2$ (K는 상수)의 관계가 성립할 때 역회로라고 한다.

② 상수 $K^2 = Z_1 \cdot Z_2$에서 $K = \sqrt{\dfrac{L}{C}}$

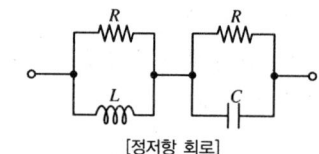

[정저항 회로]

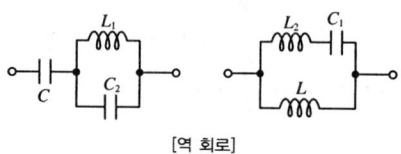

[역 회로]

04 전기기기

1 직류발전기

1. 직류발전기의 구조

① 전기자(armature) : 자속을 끊어서 기전력을 유도하는 장치

② 계자(field) : 주자속을 만들어 주는 장치

③ 정류자(commutator) : 교류를 직류로 변환하는 장치

④ 브러시(brush) : 정류자면에 접촉해서 전기자 권선과 외부회로를 연결하는 장치

[브러시의 구비조건]
㉠ 기계적강도가 클 것
㉡ 내열성, 내마모성이 클 것
㉢ 접촉저항이 클 것
㉣ 전기저항, 마찰저항이 작을 것

2. 유도기전력과 규약효율

(1) 발전기의 유도기전력

① 유도기전력 $E = \dfrac{Pz}{60a}\phi N$ (V)

여기서, ϕ : 자속(Wb)
N : 회전수(rpm)
a : 전기자 도체수
z : 병렬수
P : 극수

② 유도기전력 $E = V + I_a R_a$ (V)

여기서, V : 단자전압(V)
I_a : 전기자 전류(A)
R_a : 전기자 저항(Ω)

(2) 발전기의 규약효율

$$\eta = \dfrac{출력}{출력 + 손실} \times 100 (\%)$$

3. 전기자 반작용

① 전기자 전류에 의한 자속이 계자 자속에 영향을 미쳐서 공극의 자속분포를 변화시키는 현상이다.

② 전기자 반작용의 영향
㉠ 주자속이 감소 : 발전기는 유도기전력이 감소, 전동기는 토크가 감소
㉡ 중성축이 이동 : 발전기는 회전방향과 같은 방향으로 이동, 전동기는 회전방향과 반대 방향으로 이동
㉢ 높은 전압이 발생하여 불꽃이 발생되며 정류가 불량하게 된다.

③ 전기자 반작용의 방지방법
  ㉠ 보상권선을 설치(가장 유효한 방법)
  ㉡ 보극을 설치

4. 정류를 양호하게 하는 방법

① 전압을 정류 : 보극을 설치
② 저항을 정류 : 접촉저항을 크게 하기 위해 탄소질 브러시를 사용
③ 리액턴스 전압을 작게 한다.
④ 정류주기를 길게 한다.
⑤ 코일의 자기인덕턴스를 작게 한다.

5. 직류발전기의 분류

(1) 타여자발전기

자속을 만드는 여자전류를 다른 직류전원에서 얻는 방식
① 특징 : 전압강하가 작으며 광범위하고 세밀하게 전압을 조정할 수 있다.
② 용도 : 대형직류기, 교류발전기의 여자기

(2) 자여자발전기

여자전류를 자체의 유도기전력으로 흘려주는 방식
① 직권발전기 : 계자 권선과 전기자 권선이 직렬로 접속되어 있는 방식
  ㉠ 특징 : 부하 변화에 따라 단자전압의 변동이 심하다.
  ㉡ 용도 : 승압기
② 분권발전기 : 계자 권선과 전기자 권선이 병렬로 접속되어 있는 방식
  ㉠ 특징 : 전압변동률이 작고 어느 범위 내에서 전압 조정을 할 수 있다.
  ㉡ 용도 : 전기 화학용, 전지 충전용, 동기기 여자용
③ 복권발전기
  ㉠ 가동복권발전기 : 직권 계자 권선과 분권 계자 권선이 같은 방향으로 여자되는 방식
  ㉡ 차동복권발전기 : 직권 계자 권선과 분권 계자 권선이 반대 방향으로 여자되는 방식

2 직류전동기

1. 토크, 역기전력, 출력

(1) 토크

① $T = \dfrac{Pz}{2\pi a} I_a \psi \,(\text{N} \cdot \text{m})$

여기서, I_a : 전기자 전류(A)
  P : 극수
  z : 전기자 도체수
  a : 병렬수
  ψ : 자속(Wb)
  P_m : 출력(W)
  ω : 각속도 $\left[\omega = \dfrac{2\pi N}{60}\,(\text{rad/sec})\right]$
    여기서, N : 회전수(rpm)

② $T = \dfrac{P_m}{\omega} = \dfrac{60 \times E_c I_a}{2\pi N} \,(\text{N} \cdot \text{m})$

(2) 역기전력과 출력

① 역기전력 : $E_c = V - I_a R_a \,(\text{V})$

여기서, V : 단자전압(V)
  I_a : 전기자 전류(A)
  R_a : 전기자 저항(Ω)

② 출력 : $P_m = E_c I_a \,(\text{W})$

여기서, E_c : 역기전력(V)
  I_a : 전기자 전류(A)

(3) 속도변동률

$\varepsilon = \dfrac{N_o - N_n}{N_n} \times 100\,(\%)$

여기서, N_o : 무부하 속도(rpm)
  N_n : 정격 속도(rpm)

(4) 규약효율

$\eta = \dfrac{\text{입력} - \text{손실}}{\text{입력}} \times 100\,(\%)$

2. 직류전동기의 종류 및 특성, 용도

(1) 타여자 전동기

① 특징 : 부하 변화에 의한 속도의 감소가 매우 작은 정속도 전동기이다. 세밀하고 광범위한 속도제어를 할 수 있다.

② 용도 : 대형압연기, 엘리베이터
(2) 분권 전동기
  ① 특성 : 계자조정에 의해 광범위 속도제어를 할 수 있으며 정속도 전동기이다. 토크는 부하전류에 비례하고 기동토크는 크지 않다.
  ② 용도 : 공작기계, 펌프, 제철용압연기, 권상기, 제지기
(3) 직권 전동기
  ① 특성 : 가변속도 전동기로서 기동 토크가 상당히 크다. 기동이 빈번하고 토크 변동이 큰 곳에 사용된다.
  ② 용도 : 전차, 기중기
(4) 복권 전동기
  ① 가동 복권 전동기와 차동 복권 전동기가 있다.
  ② 용도 : 크레인, 엘리베이터, 공작기계, 공기압축기

4. 직류전동기의 속도제어법
(1) 속도제어법
  ① 계자제어법 : 저항기로 계자전류를 변화하여 자속을 변화시키는 방법으로서 정출력 가변속도 방식이다.
  ② 직렬저항법 : 전자권선과 직렬로 접속한 직렬저항을 가감하여 속도를 제어하는 방법으로서 정토크 가변 속도 방식이다.
  ③ 전압제어법 : 직류 가변 전압 전원장치를 설치하여 단자전압을 가감하여 속도를 제어하는 방법으로서 광범위 속도제어 방식이다.
    ㉠ 워드 레오너드 방식 : 광범위 속도 조정이 가능하며 SCR(위상제어)을 이용하여 속도를 제어하는 방식
    ㉡ 일그너 방식 : 직류전동기 대신 유도전동기를 사용하는 방식
(2) 전동기의 속도제어
  ① 분권전동기 : 계자제어법, 전압제어법, 직렬저항제어법
  ② 직권전동기 : 계자제어법, 저항제어법, 전압제어법(직병렬제어법-엘리베이터, 전차운전에 적용)
  ③ 복권전동기 : 계자제어법

(3) 역전
전기자 권선과 계자권선 중 하나만을 반대로 연결하면 된다. 일반적으로 전기자 권선의 연결을 반대로 한다.

5. 제동법
  ① 발전제동 : 운동에너지를 전기에너지로 변화시켜 열에너지로 소비시키는 방식
  ② 역전제동(plugging) : 운전 중인 전동기의 전기자 전류를 반대로 전환하면 반대 방향의 토크가 발생되어 제동하게 되는 방식이다.
  ③ 회생제동 : 전동기가 가진 운동에너지를 전기에너지로 바꾸어 이것을 다시 전원에 되돌려서 제동하는 방식이다.

3 유도전동기

1. 속도와 슬립
(1) 동기 속도

$$N_s = \frac{120f}{P} \text{ (rpm)}$$

여기서, P : 극수
f : 주파수(Hz)

(2) 슬립
① $s = \frac{N_s - N}{N_s} \times 100(\%) = \frac{f_2}{f_1} \times 100(\%)$

여기서, f_1 : 전기자 주파수(Hz)
f_2 : 회전자 주파수(Hz)

② 슬립의 범위 : $0 < s < 1$
($s=0$일 때 동기속도로 회전, $s=1$일 때 정지 또는 기동상태)

(3) 실제속도

$$N = (1-s)N_s = \frac{120f}{P}(1-s) \text{ (rpm)}$$

(4) 역회전
유도전동기의 3선 중 임의의 2선을 반대로 바꾸어 접속

2. 전력, 토크, 효율

(1) 1차 입력

$$P = \sqrt{3}\,V_l I_l = 3 V_p I_p \,(\text{W})$$

여기서, V_l, V_p : 선간전압, 상전압
I_l, I_p : 선전류, 상전류

(2) 2차 출력과 동손의 관계

① $P = P_2 - P_{c2} = P_2 - sP_2 = (1-s)P_2 \,(\text{W})$

② $P_{c2} = sP_2$

여기서, P_2 : 2차 입력(회전자 입력)(W)
P_{c2} : 2차 동손(W)
s : 슬립

(3) 토크

$$T = \frac{P}{\omega} = \frac{P_2}{2\pi N_s} \,(\text{N}\cdot\text{m})$$

여기서, P_2 : 2차 입력(W)
P : 2차 출력(W)
ω : 각속도(rad/sec)
N_s : 동기속도(rps)

(4) 전부하 슬립(발생 슬립)

$$s_2 = s_1 \times \left(\frac{V_1}{V_2}\right)^2$$

여기서, s_2 : 발생전압에서의 전부하 슬립
s_1 : 정격전압에서의 전부하 슬립
V_1, V_2 : 정격전압, 발생전압

(5) 효율

① $\eta = \dfrac{\text{입력} - \text{손실}}{\text{입력}} \times 100(\%)$

② $\eta = \dfrac{P}{\sqrt{3} \times V_l \times I_l \times \cos\theta_1} \times 100(\%)$

여기서, P : 3상 유도전동기 출력(W)
V_l, I_l : 선간전압, 선전류
$\cos\theta_1$: 역률

3. 유도전동기의 종류

① 농형 유도전동기 : 회전자가 구리 또는 알루미늄 막대를 단락고리로 단락한 것을 비뚤어진 홈 속에 넣은 구조이다.

② 권선형 유도전동기 : 회전자가 반개형으로 고정자가 만드는 자극과 같은 수의 자극이 되도록 3상 파권 Y결선을 한다.

4. 유도전동기의 기동법

(1) 농형유도전동기의 기동법

① 전전압기동법 : 출력이 3.7kW(5HP) 이하의 소형에 사용

② Y-△기동법 : 5~15 kW 이하에 사용, 기동전류와 기동토크가 $\dfrac{1}{3}$ 로 감소

③ 기동보상기법 : 15kW 이상의 전동기에 사용, 탭 전압은 정격전압의 50%, 65%, 80%를 표준

④ 리액터기동법 : 전전압기동법에서 기동전류가 큰 경우 1차측에 직렬로 리액터를 접속하고 기동 완료 후에 리액터를 개폐기로 단락시키는 방법

(2) 권선형유도전동기의 기동법

① 2차 저항 제어법 : 비례추이의 원리를 이용.

> **참고** 3상 유도전동기에서 2차 저항을 증가하면
> ① 최대 토크는 변하지 않고 기동 역률은 증가한다.
> ② 최대 토크일 때의 슬립은 커지고, 전부하 효율과 속도가 저하된다.
> ③ 기동전류는 감소하나 기동토오크는 증가한다.

5. 유도전동기의 속도제어법

(1) 농형 유도전동기의 속도제어법

주파수 변환법, 극수 변환법, 종속법

(2) 권선형 유도전동기의 속도제어법

저항제어법(슬립제어), 2차 여자법, 종속법

4 변압기

1. 변압기의 이론

(1) 1차측, 2차측 유도기전력

① $E_1 = \sqrt{2}\,\pi f N_1 \psi_m = 4.44 f N_1 \psi_m \,(\text{V})$

여기서, E_1, E_2 : 1차측, 2차측 유도기전력
f : 주파수(Hz)
N_1, N_2 : 1차, 2차 권수
ψ_m : 최대 자속(Wb)

② $E_2 = \sqrt{2}\,\pi f N_2 \psi_m = 4.44 f N_2 \psi_m \,(\text{V})$

(2) 권선비(주파수와는 무관)

$$a = \frac{N_1}{N_2} = \frac{E_1}{E_2} = \frac{I_2}{I_1} = \sqrt{\frac{Z_1}{Z_2}}$$

여기서, N_1, N_2 : 1차, 2차 권수
E_1, E_2 : 1차, 2차 유도기전력(V)
I_1, I_2 : 1차, 2차 전류(A)
Z_1, Z_2 : 1차, 2차 임피던스(Ω)

(3) 전압변동률

$$\varepsilon = \frac{V_{2o} - V_{2n}}{V_{2n}} \times 100(\%)$$

여기서, V_{2o} : 2차 무부하 전압(V)
V_{2n} : 2차 정격 전압(V)

(4) 임피던스 전압강하율

$$Z = \frac{V_s}{V_{1n}} \times 100\% = \frac{I_{1n}}{I_s} \times 100\%$$

여기서, V_s : 임피던스 전압(V)
V_{1n} : 1차 정격전압(V)
I_s : 단락전류(A)
I_{1n} : 1차 정격전류(A)

(5) 변압기 효율

① 규약효율

$$\eta = \frac{입력 - 손실}{입력} \times 100(\%)$$

$$= \frac{출력}{출력 + 손실} \times 100(\%)$$

② 전부하효율

$$\eta = \frac{V_{2n}I_{2n}\cos\theta_2}{V_{2n}I_{2n}\cos\theta_2 + P_i + P_c} \times 100(\%)$$

여기서, V_{2n} : 2차 정격전압(V)
I_{2n} : 2차 정격전류(A)
$\cos\theta_2$: 2차 역률
P_i : 철손(W)
P_c : 동손(W)

③ 최대효율 : 전부하 효율에서 변압기의 최대효율은 철손과 동손이 같아지는 경우이다. 따라서, 철손과 동손의 비는 $m = \sqrt{\frac{P_i}{P_c}}$ 이다.

$$\eta = \frac{\frac{1}{m}V_{2n}I_{2n}\cos\theta_2}{\frac{1}{m}V_{2n}I_{2n}\cos\theta_2 + 2P_i} \times 100(\%)$$

2 변압기의 결선법

(1) Y-Y결선

① 전압이 비교적 낮고 전류가 많이 흐르는 선로에 적당하다.
② 제3고조파 전압이 발생하여 통신선에 유도장애를 일으킨다.
③ 중성점을 접지할 수 있다.
④ V-V결선으로 변경이 불가능하다.
⑤ 선전류와 상전류는 같으므로 선전압은 상전압의 $\sqrt{3}$ 배이다.

(2) △-△결선

① 3대의 단상변압기를 결선하여 사용할 때 1대가 고장 났을 경우에 V-V결선으로 변경이 가능하다.
② 고조파 전류가 발생하지 않으며 중성점을 접지할 수 없다.
③ 선간전압과 상전압이 같으므로 선전류는 상전류의 $\sqrt{3}$ 배이다.

(3) △-Y, Y-△결선

① Y결선의 중성점을 접지할 수 있다.
② △결선이 사용되므로 제3고조파에 의한 유도장애를 방지할 수 있다.

(4) V-V결선

△-△결선으로 한 3대의 단상 변압기 중 1대를 제거한 결선법

① 이용률

$$a = \frac{V결선의 출력}{2대의 정격용량}$$

$$= \frac{\sqrt{3}EI}{2EI} = 0.866 = 86.6\%$$

② 출력의 비

$$\beta = \frac{V결선의 출력}{△결선의 출력}$$

$$= \frac{\sqrt{3}EI}{3EI} = 0.577 = 57.7\%$$

(5) 2대의 단상변압기를 사용해서 3상을 2상으로 변환하는 결선 방법
① 스콧 결선(scott connection, T결선)
② 메이어 결선(meyer connection)
③ 우드브리지 결선(wood bridge connection)

05 시퀀스 제어(Sequence Control)

❶ 시퀀스 제어(Sequence Control, 개루프 제어)

1. 시퀀스 제어 정의

미리 정해진 순서에 따라 각 단계를 순차적으로 제어

2. 시퀀스 제어의 종류

(1) 명령처리에 따른 분류
① 시간제어
  ㉠ 시간의 경과에 따라 공정의 각 단계를 순차적으로 제어하며 검출기를 사용하지 않는 제어하는 방식
  ㉡ 용도 : 가정용 세탁기, 교통 신호기, 네온사인의 점등과 소등제어용
② 순서제어
  ㉠ 검출기를 사용하여 공정의 제어 여부를 확인한 후에 제어의 각 단계를 순차적으로 제어하는 방식
  ㉡ 용도 : 컨베이어 장치, 공작기계, 자동 조립기계
③ 조건제어
  ㉠ 입력 조건에 상응하는 여러 가지의 조건 또는 위험방지를 고려하여 제어를 실행하는 방식
  ㉡ 용도 : 불량품처리 제어, 엘리베이터 제어

(2) 제어장치에 따른 분류
① 유접점제어 : 릴레이 또는 마그네트 등의 소자를 사용
② 무접점제어 : 트랜지스터, 다이오드 등의 반도체 소자를 사용

③ PLC(Program Logic Controller) : 논리연산이 주된 기능이며 수치연산 기능, 데이터처리 기능, 프로그램제어기능을 조합하여 공정을 제어하는 방식

3. 시퀀스 제어의 논리회로

(1) AND 회로 : 직렬회로
① 2개의 입력신호가 동시에 작동될 때에만 출력신호가 "1"이 되는 논리회로
② 논리식 : $X = A \cdot B$
③ 논리표

입력		출력
A	B	X
0	0	0
1	0	0
0	1	0
1	1	1

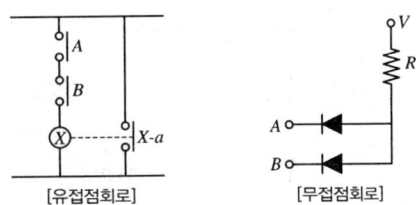

[유접점회로]   [무접점회로]

④ 논리기호

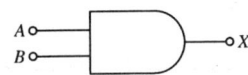

(2) OR 회로 : 병렬회로
① 2개의 입력신호 중에 1개만 작동되어도 출력신호가 "1"이 되는 논리회로
② 논리식 : $X = A + B$
③ 논리표

입력		출력
A	B	X
0	0	0
1	0	1
0	1	1
1	1	1

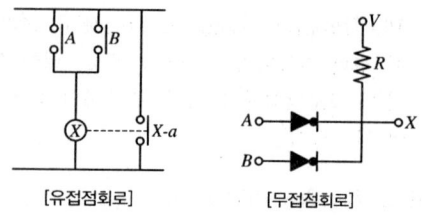

[유접점회로]　　　　　[무접점회로]

④ 논리기호

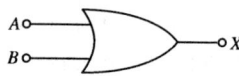

(3) NOT 회로 : 부정회로

① 출력신호는 입력신호의 반대로 작동되는 회로
② 논리식 : $X=\overline{A}$
③ 논리표

입력	출력
A	X
0	1
1	0

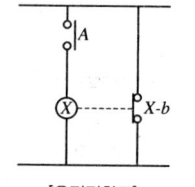　　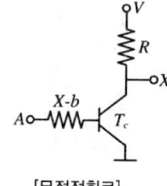

[유접점회로]　　　　[무접점회로]

④ 논리기호

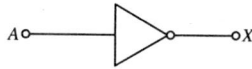

(4) NAND 회로

① AND회로와 NOT회로를 조합시킨 회로로서 AND회로를 반전시킨 논리회로
② 논리식 : $X=\overline{A \cdot B}=\overline{A}+\overline{B}$
③ 논리표

입력		출력
A	B	X
0	0	1
1	0	1
0	1	1
1	1	0

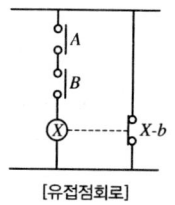

[유접점회로]

④ 논리기호

(5) NOR 회로

① OR회로와 NOT회로를 조합시킨 회로로서 OR회로를 반전시킨 논리회로
② 논리식 : $X=\overline{A+B}=\overline{A} \cdot \overline{B}$
③ 논리표

입력		출력
A	B	X
0	0	1
1	0	0
0	1	0
1	1	0

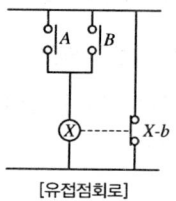

[유접점회로]

④ 논리기호

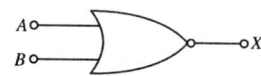

(6) 배타적 OR 회로(Exclusive OR 회로)

① 입력신호가 서로 다를 때 출력이 "1"이 되는 논리회로
② 논리식 : $X=A \cdot \overline{B}+\overline{A} \cdot B=A \oplus B$
③ 논리표

입력		출력
A	B	X
0	0	0
1	0	1
0	1	1
1	1	0

④ 논리기호

(7) 자기유지회로

계전기가 여자된 후에도 동작기능이 계속해서 유지되는 회로

(8) 플리커회로

입력신호를 단속신호로 변환하는 회로(경보용 부저)

(9) 인터록회로

2대 이상의 기기를 운전하는 경우 기기의 동작순서나 기기를 보호하기 위한 회로

5. 유접점시퀀스의 제어기기

번호	제어기기	종류
1	조작용 기기	누름버튼스위치, 유지형스위치, 로터리스위치, 캠스위치, 키스위치, 나이프스위치, 푸트스위치
2	검출용 기기	마이크로스위치, 리밋스위치, 근접스위치, 광전센서, 광파이버센서, 로터리 엔코더, 온도센서, 압력센서
3	신호처리 기기	릴레이, 타이머, 카운터
4	구동용 기기	전자접속기, 전자개폐기, SSR(Soild State Relay)
5	표시·경보 기기	표시등, 발광다이오드, 벨, 부저
6	제어대상 기기	전동기, 솔레노이드, 전자클러치, 전자브레이크, 실린더

> **참고 논리연산**
> ① $A \cdot A = A$, $A + A = A$
> ② $A \cdot \overline{A} = 0$, $A + \overline{A} = 1$
> ③ $A \cdot 1 = A$, $A + 1 = 1$
> ④ $A \cdot 0 = 0$, $A + 0 = A$
> ⑤ $(A + \overline{B}) \cdot B = A \cdot B$, $(A \cdot \overline{B}) + B = A + B$

06 피드백 제어(Feedback Control)

1 피드백 제어

1. 피드백 제어(폐루프 제어, Closed-loop control)

제어계의 출력값이 목표값과 비교하여 일치하지 않을 경우에는 다시 출력값을 입력으로 피드백시켜 오차를 수정하도록 귀환경로를 갖는 제어방식이다.

2. 피드백 제어의 특징

① 입력과 출력을 비교하는 장치가 있어야 한다.
② 정확성이 증가한다.

③ 계의 특성변화에 대한 입력 대 출력비의 감도가 감소한다.
④ 감대폭이 증가한다.
⑤ 발진을 일으키고 불안정한 상태로 되어가는 경향이 있다.
⑥ 구조가 복잡하고 설치비가 비싸다.

3. 피드백 제어의 기본 구성

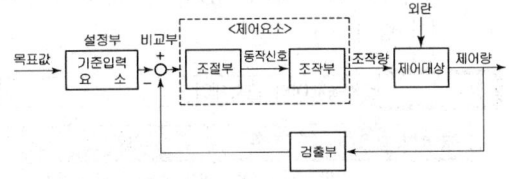

4. 피드백 제어의 분류

(1) 목표값의 시간적 성질에 의한 분류

① 정치제어 : 목표값이 시간에 따라서 일정한 자동제어
② 추치제어 : 목표값이 시간에 따라서 변하는 자동제어
  ㉠ 추종제어 : 목표값이 임의로 변화되는 경우의 제어로서 대공포의 포신제어, 자동 아날로그 선반에 사용한다.
  ㉡ 프로그램제어 : 목표값의 변화량이 미리 정해진 프로그램에 의하여 상태량을 제어하는 것으로 열처리 노의 온도제어, 무인열차 운전에 사용한다.
  ㉢ 비율제어 : 목표값이 다른 양과 일정한 비율관계를 갖는 상태량을 제어하는 것으로 보일러 자동 연소장치에 사용한다.

(2) 제어량에 따른 분류

목표값의 시간적 성질	제어량에 따른 분류	상태량
정치제어	프로세스제어 (process control)	온도, 압력, 유량, 액면, 농도, 습도 등의 공업 공정의 상태량을 제어
	자동조정 (automatic regulation)	전압, 전류, 회전수(속도), 주파수, 토크 등의 상태량을 제어
추치제어	서보기구	물체의 위치, 방위, 각도 등의 상태량을 제어하는 것으로 미사일 추적장치, 레이더, 선박의 방향 제어

(3) 제어동작에 따른 분류

① ON-OFF제어(2위치제어) : 사이클링(cycling) 과 오프셋(off set)이 발생
② 비례제어(P제어) : 잔류편차(정상오차)가 발생
③ 비례적분제어(PI제어) : 잔류편차를 제거하여 정상특성을 개선
④ 비례미분제어(PD제어) : 응답 속응성을 개선
⑤ 비례적분미분 제어((PID제어) : 가장 안정된 제어 방식

참고 · 불연속제어와 연속제어

제어 방법	종 류
불연속제어	2위치제어(ON-OFF제어), 다위치제어, 샘플값제어
연속제어	비례제어, 적분제어, 미분제어, 비례적분제어, 비례미분제어, 비례적분미분제어

5. 라플라스 변환(Laplace transform)

(1) 라플라스 변환의 정의

① $0 < t < \infty$로 정의된 시간 함수 $f(t)$를 s의 함수 $F(s)$로 표시한다.
② $F(s)$는 $f(t)$의 라플라스 변환

$$F(s) = \int_0^\infty f(t)e^{-st}dt$$

(라플라스 연산자 : $s = \sigma + j\omega$)

(2) 주요 함수의 라플라스 변환

① 단위함수 : $u(t)$

$$f(s) = \int_0^\infty u(t)e^{-st}dt = \int_0^\infty 1 \cdot e^{-st}dt = \frac{1}{s}$$

② 지수함수 : e^{at}

$$f(s) = \int_0^\infty e^{at}e^{-st}dt$$
$$= \int_0^\infty e^{-(s-a)t}dt = \frac{1}{s-a}$$

③ 램프함수 : $f(t) = t$

$$f(s) = \int_0^\infty f(t)e^{-st}dt = \int_0^\infty te^{-st}dt = \frac{1}{s^2}$$

$f(t) = At^n$ (A는 실수)

$$f(s) = \int_0^\infty f(t)e^{-st}dt$$

$$= \int_0^\infty At^n e^{-st}dt = \frac{An!}{s^{n+1}}$$

④ 정현파함수 : $f(t) = \sin \omega t$

$$f(s) = \int_0^\infty f(t)e^{-st}dt$$
$$= \int_0^\infty \sin \omega t e^{-st}dt = \frac{\omega}{s^2 + \omega^2}$$

⑤ 여현파함수 : $f(t) = \cos \omega t$

$$f(s) = \int_0^\infty f(t)e^{-st}dt$$
$$= \int_0^\infty \cos \omega t e^{-st}dt = \frac{s}{s^2 + \omega^2}$$

⑥ 임펄스함수 : $f(t) = u(t) - u(t-T)$

$$f(s) = \int_0^\infty f(t)e^{-st}dt$$
$$= \int_0^\infty \{u(t) - u(t-T)\}e^{-st}dt$$
$$= \frac{1}{s}(1 - e^{-Ts})$$

6. 전달함수(Transfer function)

- 모든 초기값을 0으로 했을 때 출력신호의 라플라스 변환과 입력신호의 라플라스 변환의 비를 전달함수라 한다.
- 전달함수 : $G(s) = \dfrac{Y(s)}{X(s)}$

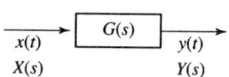

$X(s) = x(t)$의 라플라스 변환
$Y(s) = y(t)$의 라플라스 변환

(1) 비례요소 : 스프링, 전위차계

$y(t) = Kx(t)$일 때 전달함수

$$G(s) = \frac{Y(s)}{X(s)} = K \; (K : 비례상수)$$

(2) 미분요소 : 인덕턴스회로, C-R회로

① $y(t) = K\dfrac{dx(t)}{dt}$일 때 전달함수

$$G(s) = \frac{Y(s)}{X(s)} = Ks$$

② 인덕턴스회로의 전달함수

$$G(s) = \frac{V(s)}{I(s)} = Ls$$

(3) 적분요소 : 콘덴서회로, R-C회로

① $y(t) = K \int x(t)dt$일 때 전달함수

$$G(s) = \frac{Y(s)}{X(s)} = \frac{K}{s}$$

② 콘덴서회로의 전달함수

$$G(s) = \frac{V(s)}{I(s)} = \frac{1}{Cs}$$

(4) 1차지연요소 : R-L 직렬회로

R-L 직렬회로의 전달함수

$$G(s) = \frac{K}{1+Ts} \left(T = \frac{L}{R}, K = \frac{1}{R} \right)$$

(5) 2차지연요소 : R-L-C 직렬회로

R-L-C 직렬회로의 전달함수

$$G(s) = \frac{1}{LCs^2 + RCs + 1}$$

참고

1. 블록선도의 전달함수

$$C(s) = R(s)G_1(s) - C(s)H(s)G_1(s)$$

$$G(s) = \frac{C(s)}{R(s)} = \frac{G_1(s)}{1+H(s)G_1(s)}$$

2. 신호흐름선도의 전달함수

$$C = Rabcd - Cce + Cbcf$$

$$G(s) = \frac{C}{R} = \frac{abcd}{1+ce-bcf}$$

7. 안정도 판별법

(1) 루우드 판별법(Routh's criterion)

- 특성방정식 : $as^3 + bs^2 + cs + d = 0$
- 안정 조건 : 특성방정식의 근이 s평면의 좌반부에 있어야 한다.

① 특성방정식의 모든 계수의 부호가 같아야 한다.($a = b = c = d$는 같은 부호)

② 모든 차수의 항이 존재해야 한다.

③ 루우드수열에서 제1열의 요소가 같은 부호를 가지고 있어야 한다.

(2) 홀비쯔(Hurwitz) 판별법

- 특성방정식 : $as^3 + bs^2 + cs + d = 0$ (a, b, c, d는 양의 값)
- 정방행렬의 값이 $D_1, D_2 > 0$이면 이 시스템은 안정하다.

① $D_1 = [\,b\,] > 0$

② $D_2 = \begin{bmatrix} b & d \\ a & c \end{bmatrix} = bc - ad > 0$

참고 제어계의 성능평가의 척도

① 속응도(speed of response) : 시간영역(정정시간, 상승시간, 최대 초과시간)과 주파수영역(공진주파수, 대역폭)을 고려하여 성능을 평가한다.

② 상대적 안정도(relative stability) : 이득여유와 위상여유가 클수록 상대적 안정도는 크다.

③ 제어 정도(control accuracy) : 목표값이나 외란 등의 입력신호가 가해졌을 때 동작신호에 대한 피드백 제어계의 정상 응답특성을 고려하여 성능을 평가한다.

④ 오버슈트(over shoot) : 응답 중에 발생하는 입력과 출력 사이의 최대 편차량을 말하며 안정성의 척도를 판단하는 양이다.

⑤ 감쇠비 = $\dfrac{\text{제2오버슈트}}{\text{최대오버슈트}}$

07 자동제어기기

1 자동제어의 요소

1. 기계적 요소

스프링, 다이어프램, 벨로즈, 노즐 플래퍼, 파이프, 드로틀, 대시포트, 파일럿 밸브, 피스톤, 분사관, 열전대

2. 전기적 요소

회전증폭기, 자기증폭기, 차동변압기, 직류서보전동기, 교류서보전동기, 셀신(동기발전기의 일종)

2 증폭기기

1. 전기계

① 진공관(전자관)
② 반도체 증폭 소자 : 트랜지스터, 사이리스터
③ 자기증폭기(전력증폭기)
④ 회전증폭기 : 앰플리다인(전력증폭기), 로토트롤(파워증폭기)

2. 기계계

① 공기식 : 노즐 플래퍼(변위 → 공기압), 벨로즈(압력 → 변위)
② 유압식 : 파일럿 밸브(변위 → 유량)

3 조절기의 종류 및 특성

1. 불연속 조절기

2위치동작(ON-OFF 동작) 조절기 : 냉동기의 전자밸브, 전기로의 온도제어에 적용

2. 연속 조절기

(1) 비례동작(P동작)

사이클링현상을 방지, 잔류편차가 발생
• P동작의 전달함수
$$G(s) = K_p \ (K_p : 비례감도)$$

(2) 비례적분동작(PI동작) : 지상보상요소

잔류편차를 제거, 정상 특성을 개선
• PI동작의 전달함수
$$G(s) = K_p\left(1 + \frac{1}{T_I s}\right) \ (T_I : 적분시간)$$

(3) 비례미분동작(PD동작) : 진상보상요소

정상편차는 존재, 응답 속응성을 개선
• PD동작의 전달함수
$$G(s) = K_p(1 + T_D s) \ (T_D : 미분시간)$$

(4) 비례적분미분동작(PID동작) : 지상보상, 진상보상 요소

정상편차와 속응성을 개선
• PID동작의 전달함수
$$G(s) = K_p\left(1 + \frac{1}{T_I s} + T_D s\right)$$

4 조작기기의 분류 및 특징

1. 공기식

(1) 특 징

① 출력이 작으며 장거리에는 신호전달이 늦다.
② 위험성이 없으며 비교적 보수가 용이하다.
③ 비례적분미분동작을 만들기 쉽다.

(2) 종 류

다이어프램 밸브, 밸브 포지셔너, 파워 실린더

2. 유압식

(1) 특 징

① 조작력이 크고 응답이 빠르다.
② 오일 누설로 인한 화재의 위험성이 있다.
③ 고압의 유압에 의해 작동하므로 저속이고 큰 출력을 얻을 수 있다.
④ 비례적분미분동작을 만들기 어렵다.

(2) 종 류

조작실린더, 안내밸브

3. 전기식

(1) 특 징

① 복잡한 신호를 취급하는 데 용이하다.
② 적응성이 대단히 넓고 특성의 변경이 쉽다.
③ 장거리 전송이 가능하고 신호전달이 빠르다.
④ 보수에 기술을 요한다.

(2) 종 류

전자밸브, 전동밸브, 직류서보전동기

5 검출기기 및 변환요소

1. 검출기의 종류

(1) 자동조정용 검출기

① 속도검출기 : 스피더, 회전계 발전기, 속도 검출법

② 전압검출기 : 전자관, 트랜지스터 증폭기, 자기 증폭기

(2) 서보기구용 검출기

전위차계, 차동변압기, 싱크로, 마이크로신

(3) 공정(프로세스)제어용 검출기

① 압력 검출 : 벨로즈, 다이어프램, 부르동관
② 유량 검출 : 차압식 유량계(오리피스, 벤튜리, 노즐, 피토관), 면적식 유량계, 부피 유량계, 전자 유량계
③ 온도 검출
  ㉠ 열팽창식 온도계(유리온도계, 바이메탈온도계, 압력식온도계)
  ㉡ 전기식 온도계(열전온도계, 저항온도계)
  ㉢ 방사식 온도계(방사고온계, 광온도계, 광전관고온계)
④ 액위 검출 : 차압식 액면계, 플로트식 액면계

2. 변환요소

① 압력을 변위로 변환 : 벨로즈, 스프링, 다이어프램
② 변위를 압력으로 변환 : 노즐 플래퍼, 스프링, 유압 분사관
③ 변위를 전압으로 변환 : 차동변압기, 전위차계, 포텐셔미터
④ 변위를 임피던스로 변환 : 가변저항스프링, 가변 저항기, 용량형 변환기
⑤ 전압을 변위로 변환 : 전자석, 전자코일
⑥ 온도를 임피던스로 변환 : 측온 저항(열선, 서미스터, 백금, 니켈)
⑦ 온도를 전압으로 변환 : 열전대

6 반도체 소자

1. 정류 다이오드(Rectifier diode)

[정류용 다이오드 부호]

① P형 반도체와 N형 반도체를 접한 구조이다.
② 다이오드는 한쪽 방향(순방향)으로만 전류를 통과시키는 기능을 가지고 있다.
③ 교류를 직류로 변환시키는 정류기능과 역전류 차단기능이 있다.

2. 제너 다이오드(Zener diode, 정전압 다이오드)

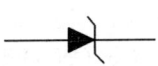

[제너 다이오드 부호]

① 역방향 전압이 낮을 때에는 아주 작은 전류가 흐르지만 어느 특성전압(제너전압)에서는 전류가 급격히 많이 흘러서 전압이 일정하게 된다.
② 전압레벨 검출이나 정전압 조정회로에 이용된다.

3. 트랜지스터(Transistor)

[트랜지스터 부호]

① PNP형 트랜지스터와 NPN형 트랜지스터가 있다.
② 이미터, 컬렉터, 베이스의 3개의 전극을 갖는다.
③ 트랜지스터의 기본 증폭회로
  • 이미터 접지회로 : 전압증폭에 사용
  • 컬렉트 접지회로 : 임피던스변환기에 사용
  • 베이스 접지회로 : 고주파 증폭기에 사용

4. 실리콘제어정류소자(SCR, 사이리스터)

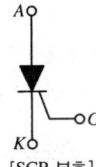

[SCR 부호]

(1) 특 징

① 반도체가 PNPN의 순서로 접합되어 있다.
② 순방향 대전류 스위칭소자로서 부하전류를 단락시키거나 개방시킬 수 있는 스위치이다.
③ 게이트 전류의 조정으로 방전개시 전압을 조절할 수 있다.
④ 고전압, 대전류 제어가 용이하다.

(2) 응용분야

① 위상을 제어하여 교류전력제어용으로 사용
② 개폐횟수가 많은 곳, 불꽃이 발생해서는 안 되는 곳의 스위치로 사용
③ 게이트에 펄스를 가하여 펄스의 위상을 변화시켜 정류기 작용을 하는 데 사용
④ 직류 또는 교류를 ON, OFF해서 전압을 변화시키는 데 사용

(3) 용 도

직·교류 전력제어용, 고속스위칭, 전동기, 전열기, 온도조절기

5. 트라이액(Triac)

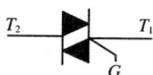

[트라이액의 부호]

① PNPNP형의 5층 구조로 되어 있으며 2개의 SCR을 역병렬로 조합하고 게이트를 만든 것으로 3극 쌍방향 사이리스터이다.
② 용도 : 쌍방향 교류전류 스위치, 위상제어, ON-OFF제어

6. 다이액(Diac, SSS)

[다이액 부호]

① NPNPN형의 5층 구조로 되어 있으며 4층 다이오드 2개를 역병렬로 접속하여 만든 것이다.
② 용도 : 트리거(trigger)회로, 과전압 보호회로

7. 서미스터(Thermistor, 온도보상용)

① 온도 상승에 따라 저항값이 작아지는 특성을 이용한다.
② 재료 : 망간, 니켈, 코발트, 철, 바나듐 등의 산화물

8. 바리스터(Varistor)

① 인가전압이 높을 때 저항값은 작아지고 인가전압이 낮을 때 저항값이 크게 된다.

② 사용목적 : 충전전압 제한, 피크전압 억제, 아크를 흡수하여 제거, 간섭 방지

9. 연산증폭기(Operation amplifie)

① 연산 증폭기는 아날로그 신호처리로 사용되며 반전 입력단자(−)와 비반전 입력단자(+)와 1개의 출력단자로 구성되어 있다.
② 특징
　㉠ 전압 증폭도 및 증폭 주파수 대역이 매우 크다.
　㉡ 입력 임피던스는 매우 크고 출력 임피던스가 매우 작다.
　㉢ 입력과 출력의 위상차는 항상 180°가 된다.
③ 응용 : 반전 증폭기, 비반전 증폭기, 미분기, 가산 적분기, 반파 정류회로

7 전력변환회로

1. 정류회로(순변환장치)

교류전력을 직류전력으로 변환하는 장치

① 다이오드를 사용하는 경우 : 출력전압이 (+)의 반사이클 동안만 전류가 흐른다.
② 사이리스터를 사용하는 경우 : 제어각 α만큼 지연된 시간부터 전류가 흐른다.

2. 인버터회로(역변환장치)

• 직류전력을 교류전력으로 변환하는 장치
• VVVF(가변전압 가변주파수)제어는 유도전동기에 인가되는 전압과 주파수를 동시에 변환시켜 직류전동기와 동등한 제어성능을 얻을 수 있는 방식이다.

3. 교류전력조정회로

• 교류전압을 크기가 다른 교류전압으로 변환하는 장치
• 2개의 사이리스터를 역병렬로 접속하거나 1개의 트라이액을 설치하여 위상제어를 한다.

4. 초퍼회로

• 일정한 직류전압을 다른 직류전압으로 변환하는 장치

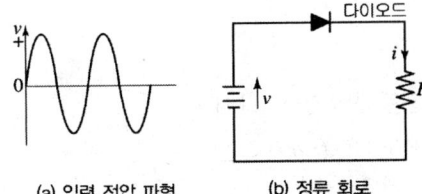

(a) 입력 전압 파형   (b) 정류 회로

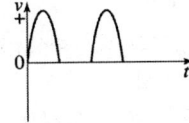

(c) 출력 전압 파형

◆ 다이오드 정류회로

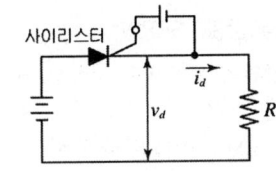

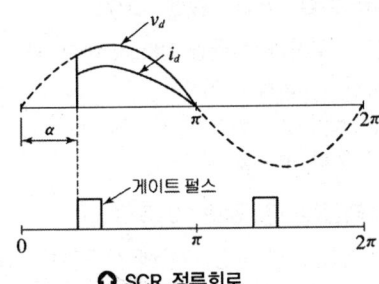

◆ SCR 정류회로

제 5 장 배관일반

01 배관재료

1 강관(Steel pipe)

1. 강관의 특징
   ① 연관이나 주철관에 비해 가볍고 인장강도가 크다.
   ② 내충격성 및 굴요성이 크다.
   ③ 관의 접합 작업이 용이하다.
   ④ 가격이 저렴하고 부식이 되기 쉽다.

2. 강관의 종류

(1) 배관용 탄소강관(가스관) : SPP
   ① 사용온도 : 350℃ 이하, 사용압력 : 10kg/cm² 이하
   ② 용도 : 증기, 물, 기름, 가스 등의 배관
   ③ 종류 : 백관(아연도금처리), 흑관

(2) 압력 배관용 탄소강관 : SPPS
   ① 사용온도 : 350℃ 이하, 사용압력 : 10~100 kg/cm²
   ② 용도 : 보일러 증기관, 수도관, 유압관
   ③ 관의 호칭 방법 : 호칭지름과 두께(스케줄번호)로 표시
   ④ 스케줄 번호 $Sch.No = 10 \times \dfrac{P}{\sigma}$
   여기서, P : 사용압력(kgf/cm²)
   σ : 허용응력(kgf/mm²)
   $\sigma = \dfrac{인장강도}{안전율}$

(3) 고압배관용 탄소강관 : SPPH
   ① 사용온도 : 350℃ 이하, 사용압력 : 100kg/cm² 이상
   ② 용도 : 암모니아관, 내연기관의 연료분사관, 화학공업용 고압관

(4) 고온배관용 탄소강관 : SPHT
   ① 사용온도 : 350~450℃
   ② 용도 : 과열증기관

(5) 배관용 합금강관 : SPA
   ① 고온에서 높은 강도와 내산화성 및 내식성이 요구되는 배관에 적합
   ② 용도 : 석유정제용 고온, 고압배관

(6) 저온배관용 탄소강관 : SPLT
   ① 0℃(빙점) 이하의 저온에 사용
   ② 용도 : LPG 탱크용, 냉동기용 저온배관

(7) 수도용 아연도금 강관 : SPPW
   ① 배관용 탄소강관의 백관보다 내식성, 내구성을 증가시킨 강관
   ② 용도 : 정수두 100m 이하의 급수관

(8) 배관용 아크용접 탄소강 강관 : SPW
   ① 사용압력 : 도시가스 배관 10kg/cm² 이하, 수도용 배관 15kg/cm² 이하
   ② 용도 : 사용압력이 낮은 증기, 물, 기름, 가스 및 공기 등의 수송용 배관

(9) 배관용 스테인레스강 강관 : STSXT
   ① 내식용, 내열용 및 고온 배관에 사용되며 저온(-100℃)배관에도 사용
   ② 용도 : 내식성이 요구되는 화학공업배관

(10) 보일러 열교환기용 탄소강 강관 : STH
   ① 관의 내외부에서 열전달을 목적으로 사용
   ② 용도 : 보일러의 수관, 연관, 과열기, 예열기 등의 열교환기, 석유화학공업용

(11) 특수강관
   ① 모르타르 라이닝 강관 : 강관의 부식을 방지하기 위해 관의 내면에는 시멘트 모르타르를 부착하고, 외면에는 아스팔트 피막을 입힌 강관이다.

② 플라스틱 라이닝 강관 : 탄소강관의 내외면에 폴리에틸렌의 등의 합성수지를 라이닝한 강관이며 내식성과 내약품성이 우수하다.

2 주철관(Cast iron pipe)

1. 주철관의 특징

① 강관에 비해 내식성, 내마모성, 내구성이 우수하다.
② 압축강도가 크고 인장강도는 작다.
③ 충격에 약하다.
④ 용도 : 급수관, 배수관, 통기관, 지하 매설관
⑤ 호칭지름 : 관의 내경으로 표시

2. 주철관의 종류

(1) 수도용 원심력 금형 주철관
  ① 금형에 선철을 부어 원심력을 이용하여 관을 주조한 것
  ② 종류 : 보통압관(A), 고압관(B)

(2) 수도용 원심력 사형 주철관
  ① 모래형의 주형을 회전시키면서 용융 선철을 부어 원심력을 이용하여 만든 주철관
  ② 특징
    ㉠ 수직관에 비해 재질과 두께가 균일하다.
    ㉡ 강도가 높고 두께가 얇다.
  ③ 종류
    ㉠ 저압관(LA) : 최대사용정수두 45m
    ㉡ 보통압관(A) : 최대사용정수두 75m(시험수압 $17.5kgf/cm^2$)
    ㉢ 고압관(B) : 최대사용정수두 100m(시험수압 $23kgf/cm^2$)

(3) 수도용 수직형 주철관
  ① 선철 또는 강을 배합한 것을 사용하여 주형을 수직으로 세워 놓고 주조한 것
  ② 종류 : 저압관(LA), 보통압관(A)

(4) 배수용 주철관
  ① 건축물 내에서 배출되는 오수, 잡수 배관용으로 사용
  ② 내압이 작용하지 않으므로 급수용 주철관보다 두께가 얇다.

(5) 수도용 원심력 덕타일 주철관(구상 흑연 주철관)
  ① 양질의 선철에 강을 배합하여 용해하고 회전하는 주형에 주입한 다음 원심력을 이용하여 주조한 후에 풀림 처리한 주철관
  ② 특징
    ㉠ 수명이 길고 내식성, 내열성, 내마모성이 우수하다.
    ㉡ 고압에 견디는 강도와 인성을 갖고 있다.
    ㉢ 변형에 대한 가요성, 충격에 대한 연성을 가지고 있다.
    ㉣ 가공성이 우수하다.

(6) 원심력 모르타르 라이닝 주철관
  주철관 내부에 시멘트 모르타르를 라이닝한 주철관

> **참고**   주철의 재질에 따라 분류
> ① 보통주철관 : 강도가 낮은 주철관
>   (인장강도 $15 \sim 20 kgf/cm^2$)
> ② 고급주철관 : 강도가 높은 주철관
>   (인장강도 $25 kgf/cm^2$ 이상)
> ③ 구상흑연주철관 : 균열 방지와 강도와 연성을 보강한 주철관

3 동관(Copper tube)

1. 동관의 특징

① 내식성이 우수하다.
  ㉠ 산성(암모니아, 초산, 진한 황산)에는 약하다.
  ㉡ 알칼리성(가성소다, 가성칼리)에는 강하다.
  ㉢ 담수에는 강하나 연수에는 부식된다.
② 연성 및 전성이 풍부하다.
  ㉠ 가요성, 가공성, 굴요성이 우수하다.
  ㉡ 동파, 진동, 열변형에 강하다.
③ 무게가 가볍고 마찰손실이 적다.
④ 용도 : 열교환기, 급탕·급수관, 급유관, 기름가열기, 냉매배관
⑤ 호칭치수 : 내경×두께×길이로 표시
⑥ 바깥지름 = 호칭지름(inch) + 1/8(inch)

2. 동관의 종류

(1) 인탈산동관(DCuP)

① 고온에서 수소 취화 현상이 발생하지 않으므로 수소용접 가공에 적당
② 용도 : 수도용 급수관, 급탕관, 공조기기의 열교환기용

(2) 터프피치동관(TCuP)

① 열 및 전기전도성이 우수
② 내식성이 좋아 전기재료에 적합

(3) 무산소동관(TCuO)

① 열 및 전기전도율과 전연성이 우수
② 용접성, 내식성이 우수하여 전기 및 화학공업용에 적합

(4) 황동관

① 굴요성, 가공성이 우수
② 도금성이 좋고 강도가 크므로 열교환기용, 위생관, 구조재료에 사용

> **참고**   동관의 두께에 따른 분류
>
> 두께가 두꺼울수록 고압에 사용한다.
> ① K(Heavy wall) : 의료 및 고압배관에 사용
> ② L(Medium wall) : 의료, 급배수, 급탕, 냉난방, 가스배관에 사용
> ③ M(Light wall) : 의료, 급배수, 급탕, 냉난방, 가스배관에 사용

4 스테인레스(Stainless)강관

1. 스테인레스강관의 특징

① 내식성이 우수하여 부식성이 있는 유체를 이송할 경우에 사용된다.
② 강관에 비해 기계적 성질이 우수하며 두께가 얇다.
③ 운반 및 시공이 용이하며 위생적이다.

2. 스테인레스강 종류

① 배관용 스테인레스강(STSxxxTP) : 내식용, 저온용, 고온용에 사용
② 보일러 열교환기용 스테인레스강(STSxxxTB) : 보일러 열교환기에 사용
③ 일반배관용 스테인레스강(STSxxxTPD) : 급탕, 급수, 배수, 냉온수배관에 사용

5 연관(Lead Pipe, 납관)

1. 연관의 특징

① 전연성이 풍부하여 가공이 용이하다.
② 내식성이 우수하다.
  • 산성에는 강하고 해수, 천연수에 안전하다.
  • 초산, 진한 염산, 증류수에 침식된다.
③ 무겁고 강도가 작다.
④ 용도 : 수도관, 배수관
⑤ 호칭지름 : 관의 내경으로 표시

2. 연관의 종류

수도용, 배수용, 일반공업용

6 비금속관

1. 석면 시멘트관(이터닛관, Eternit pipe)

(1) 특 징

① 석면과 시멘트를 1 : 5 비율로 혼합하여 만든 관이다.
② 재질이 치밀하고 강도가 크다.
③ 내식성 및 내알칼리성이 우수하다.
④ 비교적 고압에 견딘다.($250 \sim 300 kgf/cm^2$)

(2) 용 도

수도관, 배수관, 가스관, 공업용수관

2. 원심력 철근 콘크리트관(흄관 : Hume pipe)

7 합성수지관

1. 경질 염화 비닐관(PVC ; Poly Vinyl Chloride)

(1) 특 징

① 주원료인 염화비닐을 압축 가공하여 만든 관이다.
② 내식성, 내산성, 내알칼리성이 크다.
③ 가격이 저렴하고 마찰손실이 적다.
④ 굴곡접합, 용접 등의 배관시공이 용이하다.

⑤ 저온 및 고온에서의 강도와 충격에 약하다.
⑥ 열팽창률이 심하다.(강의 7~8배)
⑦ 가볍고 강인하며 마찰손실이 적다.

(2) 용 도

수도관, 도시 가스배관, 약품관, 전선관

2. 폴리에틸렌관(PE : Poly Ethylene)

(1) 특 징

① 가볍고 유연성이 좋다.
② 내열성 및 보온성이 염화비닐관보다 우수하다.
③ 내충격성, 내한성(−60℃)이 우수하여 한랭지 배관에 적합하다.
④ 화력에 약하고 인장강도가 작다.

02 배관이음

1 강관이음

1. 나사이음

(1) 특 징

① 물, 증기, 기름, 공기 등의 저압용 배관에 사용한다.
② 충격, 진동, 부식, 균열이 생길 우려가 있는 곳에는 사용을 피하는 것이 좋다.
③ 소구경 접합(50A 이하)에 용이하다.

(2) 사용목적에 따른 분류

① 관의 방향을 바꿀 때 : 엘보, 벤드
② 관을 도중에 분기할 때 : 티이(T), 와이(Y), 크로스(+)
③ 동경관을 직선 연결할 때 : 소켓, 유니온, 플랜지, 니플
④ 이경관을 연결할 때 : 이경엘보, 이경소켓, 이경티, 부싱, 레듀셔
⑤ 관 끝을 막을 때 : 캡, 플러그
⑥ 관을 자주 분해하거나 교체가 필요할 때 : 유니언, 플랜지

2. 용접이음

① 제품의 성능과 수명이 향상된다.
② 재료가 절약되고 작업 공정이 단축된다.
③ 강도가 크고 중량이 가벼워진다.
④ 기밀성이 우수하며 이음효율이 높다.
⑤ 품질 검사가 곤란하다.
⑥ 잔류응력이 존재하므로 균열과 수축이 발생할 우려가 있다.

3. 플랜지 이음

① 볼트나 너트로 플랜지를 접속하여 관을 연결하는 이음이다.
② 관을 자주 분해 또는 점검, 결합을 필요로 하는 곳에 사용한다.
③ 이음부의 누설을 방지하기 위하여 플랜지 사이에 가스켓을 삽입한다.
④ 대구경(65A 이상) 접합에 용이하다.

4. 강관용 배관공구

① 파이프 커터(pipe cutter) : 파이프 절단용 공구
② 쇠톱(hack saw) : 파이프 절단용 공구
③ 파이프 바이스(pipe vice) : 절단, 나사절삭, 조립시에 파이프를 고정하는 공구
④ 파이프 리머(pipe reamer) : 파이프 내면에 발생하는 거스러미를 제거하는 공구
⑤ 파이프 렌치(pipe wrench) : 이음쇠를 조이고 분해할 때 사용하는 공구
⑥ 동력 나사절삭기
  ㉠ 나사절삭, 관 절단, 리머(거스러미 제거)작업
  ㉡ 관경이 20A 이하는 14산, 25A 이상은 11산으로 절삭
⑦ 파이프 벤딩 머신 : 강관의 열간 벤딩온도는 800~900℃

2 주철관 이음

1. 소켓접합(Socket joint)

① 한쪽은 삽입구(Spigot)와 다른 한쪽은 수구(Socket)로 제조되어 있는 관을 사용하여 납과 얀을 넣어 접합하는 방식이다.

② 얀(누수방지)과 납(얀의 이탈방지)의 깊이
- 급수관 : 얀깊이(1/3), 납깊이(2/3)
- 배수관 : 얀깊이(2/3), 납깊이(1/3)

2. 플랜지 접합(Flange joint)

① 주철관의 끝부분에 플랜지를 서로 맞추어 틈새에 패킹을 끼우고 볼트, 너트로 조이는 방식이다.
② 고압배관이나 펌프 등의 장치 주위의 이음에 사용한다.
③ 패킹재료는 고무, 석면, 마, 납판이 사용된다.

3. 미케니컬 조인트(Mechanical joint)

① 이음부에 고무링을 박아 넣고 압윤으로 눌러 체결하는 방식이다.
② 수중작업이 용이하다.
③ 외압에 잘 견디며 가요성이 풍부하다.
④ 150mm 이하의 수도관에 사용한다.

4. 빅토릭 접합(Victoric joint)

① U자형의 고무링과 주철제 칼라로 눌러 접합하는 방식이다.
② 파이프 내의 수압이 고무링을 바깥쪽으로 밀어 수밀을 유지하는 구조이다.

5. 타이톤 접합(Tyton joint)

① 원형의 고무링만으로 접합하는 방식이다.
② 소켓 안쪽의 홈은 고무링을 고정시키도록 되어 있다.

3 동관접합

1. 납땜접합

① 분류
  ㉠ 경납땜 : 경납(황동, 은, 동경납)을 사용
  ㉡ 연납땜 : 연납(플라스턴, 60%Pb+40%Sn)을 사용
② 동관의 납땜접합시 관과 이음쇠의 틈새는 0.1mm가 적당하며 삽입부의 길이는 관경의 1.5배 정도이다.
③ 동관의 납땜접합시 익스팬더를 사용하여 관 끝부분을 확관하고 확관부의 길이는 10mm가 적당하다.

2. 압축접합(Flare joint)

① 관끝부분을 나팔모양으로 넓혀서 플레어너트와 볼트로 고정시키는 방법이다.
② 관경이 20mm 이하의 관 또는 점검보수 및 관 분해가 필요한 곳에 채택한다.

3. 용접접합

동관과 동관을 수소용접에 의하여 접합하는 방식

4. 플랜지 이음

플랜지를 경납땜으로 이음하는 방식

5. 동관용 배관공구

① 플레어 툴 셋 : 플레어 이음용 공구
② 익스팬더 : 동관을 소켓 모양으로 확관하는 데 사용하는 공구
③ 사이징 투울 : 동관의 끝부분을 원형으로 정형하는 데 사용하는 공구
④ 튜브커터 : 동관 절단용 공구
⑤ 리이머 : 동관 절단 후에 생기는 거스러미를 제거하는 공구
⑥ 튜브벤더 : 동관을 90°, 180°로 벤딩하는 데 사용하는 공구
- 동관의 열간 벤딩 온도 : 600~700℃

4 연관접합

1. 플라스턴 접합(Plastann joint)

용융점이 낮은 플라스턴(Sn 40%, Pb 60%, 232℃)을 녹여 접합하는 방식
[종류]
① 직선접합 : 관 입구를 넓혀서 다른 관을 끼워 접합하는 방식
② 맞대기접합 : 관 절단면을 맞대기 용접하는 방식
③ 수전소켓접합 : 급수전, 지수전, 계량기의 소켓을 연관에 끼워 가열하면서 접합하는 방식
④ 지관접합 : 주관에 "T"자형 또는 "Y"자형으로

지관을 맞대고 토치램프로 가열하여 접합하는 방식

⑤ 맨더린접합 : 관 끝을 90°로 구부려 급수전 소켓을 접합하는 방식

2. 살붙이 납땜접합(Over cast joint, Round joint)

① 이음 부분에 납을 둥글게 녹여 붙여 접합하는 방식
② 내압성이 우수하여 수도관 이음에 널리 사용

3. 연관용 배관공구

① 봄볼(bome ball) : 분기관 접합시 주관에 구멍을 뚫을 때 사용하는 공구
② 드레서(dresser) : 연관 표면의 산화물을 제거하는 데 사용하는 공구
③ 턴핀(turn pin) : 접합부의 관 끝을 원뿔 모양으로 넓히는 데 사용하는 공구
④ 벤드 벤(bend ben) : 연관을 굽히거나 펼 때 사용하는 공구
⑤ 맬릿(mallet) : 접합부 주위를 오무리거나 턴핀을 때려 박을 때 사용하는 해머
⑥ 토치램프(torch lamp) : 연관을 국부 가열하는 데 사용하는 공구
   • 연관의 열간 벤딩온도 : 100℃

5 염화비닐관 접합

1. 냉간 접합

가열 없이 접착제를 발라 접합하는 방식

① TS 조인트(taper sized joint) : 테이퍼로 된 TS이음관에 접착제를 바른 후 관을 삽입하여 접합하는 방식
② 고무링 이음법 : 고무링의 탄성으로 누설을 방지할 수 있으며 접합제를 사용하지 않는 방식

2. 열간 접합

열가소성, 복원성, 융착성을 이용하여 접합하는 방식

① 슬리브 이음 : 파이프 끝면을 30°로 모따기를 하여 접착재를 바른 후에 삽입 한 후 가열 접합하는 방식

② 용접 이음 : 핫제트용접(hot jet welding)을 이용하여 접합하는 방식

3. 기계적 접합

① 플랜지 접합 : 지름이 큰 파이프를 접합할 때 사용하며 파이프 끝을 나팔모양으로 만들어 접합하는 방식
② 테이퍼코어 접합 : 플랜지 접합의 강도를 보완하기 위한 접합 방식
③ 테이퍼조인트 접합 : 염화비닐관에 금속관을 접합할 경우 포금(청동합금)제의 테이퍼 조인트를 사용하여 접합하는 방식

6 폴리에틸렌관 접합

1. 용착슬리브 접합

관 외면과 이음부 내면을 동시에 가열하여 접합하는 방식

2. 인서트 접합(Insert joint)

가열에 의해 연화한 금속 삽입물을 끼우고 물로 냉각하여 2개 이상의 클램프로 체결하는 방식

3. 테이퍼 접합

포금제 테이퍼 조인트를 사용하여 접합하는 방식

7 석면시멘트관(이터닛관) 접합

1. 기볼트 접합(Gibault joint)

1개의 슬리브를 2개의 고무링에 끼우고 2개의 플랜지를 설치하여 볼트로 조여서 접합하는 방식

2. 칼라 접합(Collar joint)

주철제 칼라를 사용하여 고무링을 끼워 접합하는 방식

3. 심플렉스 이음

주철제 칼라(에타니트 칼라)를 사용하며 모르타르 대신에 고무링을 사용하여 연결하는 방식

8 철근콘크리트(흄관) 접합

1. 칼라 접합(Collar joint)

양끝을 붙인 외주에 철근콘크리트로 만든 칼라를 끼우고 사이에 콤프로 채워 굳히는 접합하는 방식

2. 모르타르 접합

모르타르를 반죽하여 접합부에 발라 접합하는 방식

9 신축 이음(Expansion joint)

- 온수나 증기가 관내를 통과할 때 온도변화에 따른 관의 팽창과 수축이 발생하여 기기의 파손을 초래하므로 신축을 흡수하기 위해 설치한다.
- 펌프 및 압축기 가동시 유체의 급격한 압력과 유속 변화에 따른 장치의 파손을 방지하기 위해 설치한다.
- 동관은 20m, 강관은 30m마다 1개소씩 설치한다.
- 팽창길이

$$\lambda = l \times a \times \Delta t \text{ (mm)}$$

여기서, l : 배관길이(mm)
a : 선팽창계수(mm/mm°C)
Δt : 온도차(°C)

1. 루프형(Loop type, 신축곡관)

관을 구부려 관 자체의 가요성을 이용

① 고압에 잘 견디고 고장이 적어 고압증기의 옥외배관에 많이 사용한다.
② 신축 흡수시 응력발생을 수반하는 결점이 있다.
③ 곡률반경은 직경의 6배 이상으로 한다.

2. 슬리브형(Sleeve type)

슬리브 파이프에 의해 신축을 흡수

① 슬리브와 본체 사이에 패킹을 넣어 온수 또는 증기가 누설하는 것을 방지한다.
② 압력이 $8kg/cm^2$ 이하의 물, 증기, 기름, 가스 등의 저압배관에 사용한다.
③ 루프형에 비해 설치장소가 작다.
④ 배관에 곡선부분이 있으면 비틀림이 발생하여 파손의 원인이 된다.
⑤ 장시간 사용시 패킹이 마모되어 유체가 누설하는 원인이 된다.

3. 벨로즈형(Bellows type)

파형주름관에 의해 신축을 흡수

① 설치장소가 작고 응력이 발생하지 않는다.
② 부식이 우려될 경우에는 벨로즈를 스테인리스, 청동제품을 사용한다.

4. 스위블형(Swivel type)

2개 이상의 엘보로 사용하여 이음부의 나사회전을 이용

① 증기 또는 온수난방용 배관에 사용한다.
② 굴곡부에 압력강하가 발생하며 신축량이 큰 배관에서는 나사가 헐거워져 누설 우려가 있다.
③ 설비비가 저렴하고 쉽게 조립이 가능하다.
④ 직관길이 30m에 대하여 1.5m의 회전관이 필요하다.

> **참고** 신축량이 큰 순서
> 루프형 > 슬리브형 > 벨로즈형 > 스위블형

5. 볼 조인트(Ball joint)

볼이음쇠와 오프셋 배관을 이용하여 신축을 흡수

① 고온수배관에 많이 사용한다.
② 증기, 물, 기름 등의 $30kgf/cm^2$에서 220°C까지 사용되고 있다.

03 밸브 및 배관 부속장치

1 밸브(Valve)

1. 밸브의 구비조건

① 유체의 통과저항이 작을 것
② 밸브의 개폐가 확실하고 누설이 없을 것
③ 마모 및 파손에 강할 것
④ 고온에서 변형이 없을 것
⑤ 관성력이 작을 것

2. 밸브의 종류

(1) 슬루스 밸브(Sluice valve, Gate valve)
① 파이프의 횡단면과 평행하게 개폐하는 밸브이다.
② 유체의 흐름에 따른 마찰저항이 적어서 유체 흐름차단용으로 사용한다.
③ 밸브를 자주 개폐할 필요가 없는 곳에 사용되며 수평관과 난방용 배관에 적합하다.

(2) 스톱 밸브(Stop valve)
① 글로브 밸브(glove valve) : 유체의 흐름방향과 평행하게 밸브가 개폐
  • 유량 조절용으로 사용된다.
  • 유체의 흐름에 따른 마찰저항이 크다.
② 앵글 밸브(angle valve) : 유체의 흐름방향을 직각으로 바꿀 때 사용
③ 니들 밸브(needle valve) : 세밀한 유량을 제어할 경우에 사용

(3) 콕(Cock)
① 원뿔에 구멍을 뚫은 구조로 되어 있는 밸브이다.
② 콕을 90° 회전시키면 통로가 완전히 개폐되므로 개폐가 빠르다.
③ 유체의 저항이 적으며 고압 대용량에는 부적합하다.
④ 종류
  ㉠ 접속방식에 따른 분류 : 메인콕, 글랜드콕
  ㉡ 유체의 흐름방향에 따른 분류 : 2방콕, 3방콕, 4방콕
  ㉢ 용도에 따른 분류 : 피이콕, 핸들콕, 미터콕

(4) 체크 밸브(Check vavle, 역지밸브)
① 유체를 한쪽 방향으로만 흐르게 하는 역지밸브이다.
② 종류
  ㉠ 스윙식 : 수직, 수평배관에 사용
  ㉡ 리프트형 : 수평배관에 사용
  ㉢ 풋 밸브(foot valve) : 펌프 흡입관 하부에 사용

(5) 감압밸브
① 고압관과 저압관 사이에 설치한다.
② 저압측의 압력을 일정하게 유지하는 밸브이다.

(6) 안전밸브
① 냉동기의 압축기, 응축기 및 수액기 또는 보일러 압력용기 등의 고압 유체를 취급하는 배관에 설치한다.
② 종류 : 중추식, 레버식, 스프링식

2 부속장치

1. 스트레이너(Strainer)
배관 내에 유입된 이물질을 제거하기 위하여 설치
① 설치 위치 : 펌프나 밸브의 입구측에 부착
② 이음 방식 : 50A 이하는 나사이음, 65A 이상은 플랜지 이음
③ 종류 : Y형, U형, V형

2. 배수트랩
① 하수관 속에서 발생한 가스가 배수관을 통하여 실내로 역류하는 것을 방지하기 위하여 설치한다.
② 종류
  ㉠ 관 트랩 : S트랩, P트랩, U트랩
  ㉡ 박스 트랩 : 벨 트랩, 드럼 트랩, 그리스 트랩, 가솔린 트랩

3 배관지지

1. 배관지지의 조건
① 관과 관 내에 흐르는 유체를 포함한 중량을 지지할 수 있는 충분한 강도를 가질 것
② 외부 조건에 따른 충격과 진동에 대하여 견딜 수 있는 구조일 것
③ 열에 의한 배관의 신축을 흡수할 수 있을 것
④ 배관 구배를 자유롭게 조정할 수 있을 것
⑤ 배관길이가 길 경우 처짐이 발생하므로 지지간격이 적당할 것

2. 분 류

(1) 행거(Hanger)
배관의 하중을 위에서 걸어 당겨 지지하는 것
① 리지드 행거(rigid hanger) : 수직방향의 변위가 없는 곳에 사용

② 콘스탄트 행거(constant hanger) : 배관의 상하이동을 허용하면서 관을 지지
③ 스프링 행거(spring hanger) : 스프링의 장력을 이용하여 관을 지지

(2) 서포트(Support)

배관의 하중을 아래에서 위로 받쳐서 지지하는 것
① 리지드 서포트(rigid support) : 강성이 큰 빔으로 만든 배관지지대
② 스프링 서포트(spring support) : 스프링의 장력을 이용하여 배관을 지지
③ 롤러 서포트(roller support) : 롤러로 배관을 지지
④ 파이프 슈(pipe shoe) : 파이프로 직접 접속하여 수평부와 곡관부를 지지

(3) 리스트레인트(Restraint)

열팽창에 의한 배관의 좌우, 상하이동을 구속하고 제한하는 것
① 앵커(anchor) : 이동 및 회전을 방지하기 위하여 지지점 위치에 완전히 고정하는 것
② 스토퍼(stopper) : 배관의 일정방향 이동과 회전만 구속하고 다른 방향은 자유롭게 이동하는 것
③ 가이드(guide) : 배관의 축방향 이동은 허용하고 관의 회전이나 축과 직각방향을 구속하는 데 사용

(4) 브레이스(Brace)

압축기나 펌프에서 발생하는 배관계의 진동을 억제하는 데 사용

04 보온재, 패킹, 도료

1 보온재

- 보온재 조건 : 상온(20℃)에서 열전도율이 0.1 kcal/mh℃인 것
- 안전사용온도에 의해 구분
  - 보냉재(100℃ 이하)
  - 보온재(100~800℃)
  - 단열재(850~1200℃)
  - 내화단열재(1300℃ 이상)
- 종류 : 유기질 보온재, 무기질 보온재, 금속질 보온재
- 보온층의 경제적 두께 산정은 시공비와 열손실에 상응하는 방산열량과 관계가 있으며 방산열량은 외기온도, 보온재의 열전도율, 표면열전달률, 관내온도 등을 고려하여 계산한다.

1. 보온재의 구비조건

① 보온능력이 크고 열전도율이 작을 것
② 비중이 작고 어느 정도 기계적 강도가 가질 것
③ 흡습성 및 흡수성이 없으며 불연성일 것
④ 사용온도에서 장시간 사용해도 변질이 없어야 하며 내용연수가 길 것
⑤ 구입이 용이하고 시공이 쉬울 것

2. 유기질 보온재(안전사용온도 : 100~150℃)

(1) 펠트(Felt) : 안전사용온도 100℃
① 양모, 우모를 이용하여 펠트모양으로 제조한 것
② 곡면 시공이 용이하며 아스팔트로 방습가공한 것은 -60℃까지 사용 가능

(2) 콜크(Cork) : 안전사용온도 130℃
① 콜크를 적당한 크기로 분쇄한 것을 금형에 넣어 압축 가열하여 만든 것
② 액체 또는 기체의 침투력을 방지하는 효과가 있어서 보냉효과가 우수
③ 냉수, 냉매배관의 보냉용에 사용

(3) 기포성 수지(Plastic foam)
① 고무 또는 합성수지를 발포제로 가하여 다공질로 제조한 것.
② 플라스틱폼 분류
  ㉠ 폴리스틸렌(스티로폼, 안전사용온도 70℃) : 경량 및 흡수성이 적으며 열전도율이 작다.
  ㉡ 폴리우레탄폼(안전사용온도 130℃) : 열전도율이 가장 적으며 강도가 크고 경량이며 투습률이 적다.
  ㉢ 염화비닐폼(안전사용온도 60℃)

3. 무기질 보온재

(1) 저온용(안전사용온도 : 200~600℃)

① 탄산마그네슘 보온재 : 안전사용온도 250℃
  ㉠ 염기성 탄산마그네슘이 85%와 석면 15%를 배합하여 물에 갠 것
  ㉡ 파이프, 탱크의 보냉용으로 사용

② 석면 : 안전사용온도 350~550℃
  ㉠ 아스베스토스를 주원료로 하여 판이나 원통모양으로 성형하여 만든 것
  ㉡ 400℃ 이하의 파이프, 탱크, 노벽의 보온재로 적합
  ㉢ 사용 중에 부서지거나 뭉그러지지 않아 진동이 심한 곳에 사용

③ 암면 : 안전사용온도 600℃
  ㉠ 현무암, 안산암 등에 석회를 섞어 용해시켜 섬유화한 것
  ㉡ 석면에 비해 섬유가 거칠고 굳어서 부서지기 쉽다.

④ 규조토 : 안전사용온도 500℃
  ㉠ 규조토에 4~7%의 석면섬유 또는 3~6%의 마여물을 혼입하여 물에 이긴 것
  ㉡ 단열효과가 떨어지므로 두껍게 시공
  ㉢ 파이프, 탱크, 노벽의 보온재로 적합

⑤ 유리섬유(glass wool) : 안전사용온도 300℃
  ㉠ 용융유리를 압축공기 또는 원심력을 이용하여 섬유화 시킨 것
  ㉡ 흡음율이 높고 및 흡습성이 크기 때문에 방수처리를 해야 한다.
  ㉢ 냉장고의 보냉, 보온재, 일반건축물의 벽체와 덕트에 많이 사용

(2) 고온용(안전사용온도 : 600~800℃)

① 펄라이트(pearlite) : 안전사용온도 650℃
  ㉠ 진주암, 흑석을 소성, 팽창시켜 다공질로하여 접착제와 석면 등의 무기질 섬유를 배합하여 성형한 것.
  ㉡ 흡습성, 열전도율이 적고 내열도가 높다.

② 규산칼슘 보온재 : 안전사용온도 650℃
  ㉠ 규산에 석회 및 석면 섬유를 섞어서 성형하고 다시 수증기로 처리하여 만든 것.
  ㉡ 기계적 강도가 크고 내산성, 내열성, 내수성이 크다.

③ 세라믹 화이버(ceramic fiber) : 안전사용온도 1100℃
  ㉠ 용융석영을 방사하여 만든 실리카 물이나 고석회질의 규산유리로 만든 것
  ㉡ 융점이 높고 내약품성이 우수하여 고온용 단열재로 사용된다.

4. 금속질 보온재

(1) 알루미늄박(안전사용온도 : 500℃)

금속의 복사열에 대한 반사특성을 이용한 것.

2 패킹재(Packing, Gasket)

1. 플랜지 패킹(Flange packing)

(1) 고무 패킹

① 탄성이 우수하며 흡수성은 없다.
② 산, 알칼리에는 강하고 기름에는 약하다.
③ 100℃ 이상의 고온에는 사용할 수 없다.
④ 급수, 배수, 공기 밀폐용으로 사용한다.

(2) 네오프렌(Neoprene, 합성고무)

물, 공기, 기름, 냉매배관에 사용하며 증기배관에는 사용하지 않는다.

(3) 석면조인트 패킹

① 광물질로서 섬유가 미세하고 강인하다.
② 증기, 온수, 고온의 오일배관에 적합하며 450℃까지 사용 가능하다.

(4) 합성수지(테프론) 패킹

기름에 침식되지 않으며 내산, 내알칼리성이 크다.

(5) 오일시링 패킹

① 한지를 일정한 두께로 겹쳐 내유 가공한 것
② 펌프나 기어박스에 사용한다.

(6) 금속 패킹 : 구리, 납 등의 연질 금속을 사용

탄성이 적어 관의 팽창, 수축, 진동이 발생할 경우 누설이 되는 경우가 있다.

2. 나사용 패킹

(1) 페인트 : 광명단을 혼합하여 사용
  고온의 오일배관을 제외한 모든 배관에 사용한다.

(2) 일산화연 : 페인트에 소량의 일산화연을 혼합하여 냉배배관용으로 사용된다.

(3) 액상 합성수지
  화학약품 및 내유성이 크므로 증기, 기름, 약품배관에 사용한다.

3. 그랜드패킹

① 석면 각형 패킹 : 석면을 각형으로 짜서 흑연과 윤활유를 혼합한 것
② 석면 야안 패킹 : 석면사를 꼬아서 만든 것
③ 아마존 패킹 : 면포와 내열 고무 콤파운드를 가공 성형한 것
④ 몰드 패킹 : 석면, 흑연, 수지 등을 배합하여 가공 성형한 것

3 페인트(Paint : 도료)

1. 광명단 도료

① 연단을 아마인유와 혼합
② 밀착력이 강하고 풍화에 견디며 페인트 밑칠용으로 사용

2. 합성수지 도료

① 프탈산계(pthalic) : 상온에서 자연 건조성 재료로 사용
② 요소 멜라민계(melamine) : 내열, 내수, 내수성이 우수하여 베이킹 도료로 사용
③ 염화 비닐계 : 내약품성, 내유성, 내산성이 우수하여 금속의 방식 재료에 적합

3. 산화철 도료

① 산화 제2철을 보일유나 아마인유를 혼합
② 방청효과는 떨어지나 도막이 부드럽고 값이 싸다.

4. 알루미늄 도료(은분)

① 알루미늄 분말에 유성 바니시(oil varnish)를 혼합
② 내열성이 우수하고 열을 잘 반사시키므로 증기관, 방열기에 사용한다.

5. 타르 및 아스팔트

① 관의 벽면과 물 사이에 내식성의 도막을 만들어 물과 접촉을 방지한다.
② 노출시 온도변화에 따른 균열이 발생할 우려가 있다.

05 배관제도

1 배관도시 기호

1. 치수기입법

(1) 치수표시
  단위는 mm를 사용하며 치수선에 숫자만 기입

(2) 높이표시

① EL(Elevation line) : 배관의 높이를 관의 중심을 기준으로 표시한 것.
  ㉠ BOP법(bottom of pipe) : 관외경의 아랫면까지의 높이를 기준으로 표시
  ㉡ TOP법(top of pipe) : 관외경의 윗면까지의 높이를 기준으로 표시
② GL(Ground line) : 지표면을 기준으로 하여 높이를 표시한 것.
③ FL(Floor line) : 1층의 바닥면을 기준으로 하여 높이를 표시한 것.

2. 배관도면 표시법

(1) 관의 표시

  ─────────
  - - - - - - - - -
  ─ ·· ─ ·· ─ ·· ─

① 온수 및 증기의 송기관 : 실선으로 표시

② 온수 및 증기의 복귀관 : 점선으로 표시
③ 급수관 : 일점 쇄선으로 표시

(2) 유체의 종류에 따른 도시기호

유체의 종류	기호	색상	유체의 종류	기호	색상
공기	A	백색	수증기	S	암적색
가스	G	황색	물	W	청색
유류	O	암황적색			

(3) 유체의 흐름방향은 화살표 방향으로 표시

(4) 배관의 표시방법

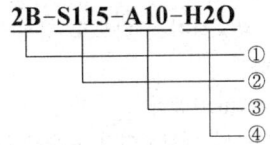

① 관의 호칭지름
② 유체의 종류 및 상태
③ 배관계의 시방 : 관의 종류, 두께, 압력구분
④ 관 외면에 실시하는 설비, 재료 : 보온, 보냉재료

(5) 관의 이음방식에 따른 도시기호

이음의 종류	접속방법	도시기호
관 이음	나사형 (일반)	
	유니언	
	플랜지형	
	용접형	
	납땜형	
	턱걸이형	
신축이음	루프형	
	슬리브형	
	벨로스형	
	스위블형	

명칭	나사이음	플랜지이음	턱걸이이음	용접이음	납땜이음
엘보					
가는 엘보					
오는 엘보					
티 (T)					
크로스 (+)					

명칭	도시기호
부싱(bushing)	
디스트리뷰터	
레듀서	
플렉시블튜브 (고무관)	

3. 관 끝부분 도시기호

관 끝부분의 종류	도시기호
나사박음식 캡, 나사박음식 플러그	
용접식 캡	
체크 조인트	
핀치 오프	

4. 계측기기의 도시기호

명칭	도시기호	명칭	도시기호
압력계	P	온도계	T
유량계	F	액면계	LG
조절계	C	가스계량기 (가스미터)	GM

제 5 장 배관일반 • 93

5. 밸브의 도시기호

명칭	도시기호	명칭		도시기호
일반밸브		조작밸브	일반	
글로브밸브			전자밸브	
슬루스밸브 (게이트밸브)			전동밸브	
앵글밸브		안전밸브	스프링식	
체크밸브			추식	
버터플라이밸브		다이어프램밸브		
감압밸브		일반콕		
공기빼기밸브		볼밸브		

06 난방설비

1 온수난방 배관설비

1. 온수난방의 분류

(1) 회로방식에 따른 분류
① 개방회로 : 물의 순환경로가 대기 중의 수조에 개방되어 있는 회로
   ㉠ 밀폐식에 비하여 배관의 부식, 관경, 펌프동력이 크다.
   ㉡ 냉각탑의 냉각수 배관이나 축열방식에 사용한다.
② 밀폐회로 : 물의 순환경로가 대기 중에 개방되어 있지 않는 회로

(2) 제어방식에 따른 분류
① 정유량방식 : 부하가 변동시에 유량은 일정하고 수온을 변화시키는 회로
   ㉠ 3방밸브를 사용하고 에너지 절약에 불리하다.
   ㉡ 부분 부하시 펌프동력이 크다.
② 변유량방식 : 부하변동에 따라 유량이 변하는 회로
   ㉠ 2방밸브를 사용하고 에너지가 절약된다.
   ㉡ 부분 부하시 펌프의 동력을 절감시킬 수 있다.

(3) 환수방식에 따른 분류
① 직접환수(direct return)방식
   ㉠ 배관설비가 간단하고 각각의 방열기 용량이 다를 때 사용한다.
   ㉡ 유량 분배가 균등하지 못하므로 유량제어 밸브가 필요하다.
② 역환수(reverse return)방식
   ㉠ 공급관과 환수관의 배관길이가 같으므로 유량분배가 균등하다.
   ㉡ 배관이 복잡하고 설비비가 비싸다.

(4) 배관 개수에 따른 분류
① 1관식
   ㉠ 1개의 배관으로 공급관과 환수관이 겸용으로 사용하는 방식
   ㉡ 실온의 개별제어가 곤란하며 소규모 온수난방에 채택한다.
② 2관식 : 각각의 공급관과 환수관을 갖는 방식
③ 3관식
   ㉠ 공급관이 2개(온수관, 냉수관)이고 환수관이 1개를 갖는 방식
   ㉡ 배관설비가 복잡하고 개별제어가 가능하다.
   ㉢ 환수관이 1개이므로 냉수와 온수의 혼합열손실이 발생한다.
④ 4관식
   ㉠ 공급관(냉수관, 온수관) 2개, 환수관(냉수관, 온수관) 2개를 갖는 방식
   ㉡ 배관설비가 가장 복잡하며 혼합열손실이 발생하지 않는다.

참고 온수난방의 분류

분류	종류
온수 온도	저온수방식(개방식) : 100℃ 이하(65~85℃) 고온수방식(밀폐식) : 100℃ 이상(100~150℃)
온수 순환방식	중력식 : 온도차에 따른 자연순환 방식 강제식 : 순환펌프를 사용하여 강제적으로 순환하는 방식
배관방식	단관식 : 공급관과 환수관이 동일 복관식 : 공급관, 환수관이 각각 다른 배관
온수 공급방식	상향공급식 : 공급주관을 최하층에 배관 하향공급식 : 공급주관을 최상층에 배관

2. 온수관의 관경 결정

(1) 온수보일러의 온수량

$$L = \frac{H_b}{60 \times (t_2 - t_1)} (l/\min)$$

여기서, H_b : 보일러용량(kcal/h)
t_1 : 입구수온(℃)
t_2 : 출구수온(℃)

(2) 온수방열기의 온수량

$$L = \frac{EDR \times 450}{60 \times (t_1 - t_2)} (l/\min)$$

여기서, EDR : 상당방열면적(m²)
t_1 : 입구수온(℃)
t_2 : 출구수온(℃)

(3) 관경 결정

$$d = \sqrt{\frac{4Q}{\pi V}} \text{ (mm)}$$

여기서, Q : 유량(m³/sec)
V : 수속(m/sec)

3. 온수난방 배관 시공

(1) 배관의 구배

① 배관 내에 공기가 체류하지 않도록 하는 것이 원칙이며 배관의 구배는 일반적으로 1/250 이상으로 한다.

② 구배
㉠ 공기빼기밸브, 팽창탱크 : 상향구배
㉡ 배수밸브 : 하향구배

③ 단관 중력순환식 : 온수주관은 하향구배
④ 복관 중력순환식
  ㉠ 상향공급식 : 공급관은 상향구배, 환수관은 하향구배
  ㉡ 하향공급식 : 공급관, 환수관 모두 하향구배
⑤ 강제 순환식 : 배관의 구배를 자유롭게 선정

(2) 배관시공

① 편심 레듀서 : 온수관의 수평배관에서 관경을 바꿀 때 사용한다.
② 지관 접속 : 지관이 주관 아래로 분기될 때 45° 이상 상향구배를 한다.
③ 배관의 분류 및 합류 : 신축을 흡수하기 위하여 티(T)를 사용하지 않고 엘보를 사용한다.
④ 공기빼기밸브(air vent) 설치 : 온수난방에서 배관에 공기가 차게 되면 물의 순환을 방해하므로 공기가 모이는 곳에 설치해야 한다.
⑤ 방열기마다 반드시 수동식 에어벤트를 부착한다.
⑥ 배수밸브 설치 : 장시간 사용하지 않을 경우 드레인을 처리하기 위하여 배관의 최하단부에 설치한다.
⑦ 슬리브(sleeve) : 바닥이나 벽을 관통할 경우 신축을 흡수하고 교체수리를 편리하게 하기 위하여 보호관을 설치한다.

(3) 온수난방기기의 설치

① 팽창탱크
  ㉠ 설치 목적 : 물의 온도변화에 따른 체적팽창을 흡수하고 장치 내의 압력을 흡수하여 장치의 파열을 방지하며 수축시에는 장치 내의 압력을 일정하게 유지함으로써 공기가 침입하는 것을 방지한다.
  ㉡ 팽창탱크의 부속배관 : 급수관, 안전관, 통기관, 배수관, 오버플로관, 팽창관(밸브를 설치하지 않는 것이 원칙)
    • 안전관 구경 $d = 15 + \sqrt{20H}$ (mm)
      여기서, H는 보일러 전열면적
    • 팽창관 구경 $d = 15 + \sqrt{10H}$ (mm)

ⓒ 종류
- 개방식 팽창탱크 : 100℃ 이하의 저온수 난방에서 채택
- 밀폐식 팽창탱크 : 100℃ 이상의 고온수 난방에서 채택

② 온수보일러
㉠ deep tube : 온수출구관에 공기, 증기의 혼입을 방지하기 위하여 설치
㉡ 온도계 : 보일러 출입구 배관에 설치

③ 펌프 주위 배관
㉠ 흡입관 수평부에 1/50~1/100의 선상향구배를 한다.
㉡ 펌프의 흡입측에 스트레이너를 설치하고 토출측에 체크밸브를 설치한다.
㉢ 흡입과 토출측에 압력계를 설치한다.

(4) 공기가열기 주위 배관
① 공기의 흐름방향과 코일 내에 흐르는 온수의 흐름방향은 대향류로 한다.
② 온수의 유량을 조절하기 위하여 자동 3방밸브를 설치한다.
③ 공기빼기밸브 및 드레인밸브를 설치한다.

2 증기난방 배관설비

1. 증기난방의 분류

분 류	종 류
증기 압력	저압식 : 사용증기압력 0.1~0.35kgf/cm² 고압식 : 사용증기압력 1kgf/cm² 이상
응축수 환수	중력식 : 응축수를 중력에 의하여 환수하는 방식 강제식 : 응축수펌프를 사용하여 강제적으로 순환하는 방식 진공식 : 진공펌프를 사용하여 순환하는 방식
배관 방식	단관식 : 공급관과 환수관이 동일 복관식 : 공급관, 환수관이 각각 다른 배관
증기 공급 방식	상향공급식 : 공급주관이 최하층 방열기보다 낮은 곳에 설치 하향공급식 : 공급주관을 최상층 천장에 설치
환수관 배치 방식	건식 환수관식 : 환수관이 보일러 수면보다 높은 곳에 설치 습식 환수관식 : 환수관이 보일러 수면보다 낮은 곳에 설치

2. 증기 배관의 관경결정

관내의 유속, 관의 마찰계수, 관의 길이, 유량, 열손실, 시공비 등에 의해 결정된다.

① 상당방열 면적
$$A = \frac{H_L}{650} \text{ (m}^2\text{)}$$
여기서, H_L : 손실열량(kcal/h)

② 증기량
$$G = \frac{650 \times A}{539} \text{ (kg/h)}$$

③ 마찰저항 손실
$$\Delta P = \lambda \frac{l}{d} \times \frac{V^2}{2g} \times \gamma \text{ (kgf/cm}^2\text{)}$$
여기서, λ : 관마찰계수
l : 배관의 길이(m)
d : 관경(m)
V : 유속(m/sec)
γ : 비중량(kg/m³)
g : 중력가속도(m/s²)

④ 증기의 유속
㉠ 단관식 : 입상관은 3~9m/sec, 역구배 수평관은 1.5~6.5m/sec 정도
㉡ 복관식 : 15~25m/sec 정도

⑤ 압력강하
$$R = \frac{100 \Delta P}{L + L'} \text{ (kgf/cm}^2\text{/100m)}$$
여기서, ΔP : 증기관 내의 허용전압력강하 (kgf/cm²)
L : 보일러에서 가장 먼 방열기까지의 거리(m)
L' : 관의 저항과 국부저항상당길이의 합(m)

2. 증기난방 배관의 시공

(1) 배관의 구배
① 단관식 중력 환수식
㉠ 증기주관 : 순구배
㉡ 수평주관 : 순류관은 1/100~1/200, 역류관은 1/50~1/100의 구배
② 복관식 중력 환수식 : 건식 환수관은 증기주관 1/200의 순구배

③ 진공 환수관의 증기주관 : 1/200~1/300의 하향구배

> **참고**   증기난방의 표준구배
> - 증기관 : 순구배 1/100~1/200
> - 환수관 : 순구배 1/200~1/300
>   역구배 1/50~1/100

(2) 배관시공

① 수평배관에서 이경관을 접속하는 경우에는 편심 레듀서를 사용한다.
② 증기주관에서 상향수직관을 분기할 경우에 열팽창에 의한 신축을 흡수하기 위하여 스위블이음을 한다.
③ 암거 내에 배관이 통과할 경우 나관 표면에 모르타르를 입힌 후에 아스팔트로 방수처리 한다.
④ 공기를 배출하기 위하여 에어벤트나 에어리턴을 설치한다.

(3) 증기난방 기기 배관

① 증기보일러 주위배관
     ㉠ 하트포드(hartford) 접속법 : 증기관과 환수관 사이에 균형관을 접속하여 환수관 누설로 인하여 보일러 수위가 파괴되는 것을 방지한다.
     ㉡ 보일러의 증기 취출관은 60cm 이상 입상시켜 루프 배관으로 한다.

② 리프트 피팅(lift fitting)
     ㉠ 진공환수식에서 환수관보다 높은 위치에 진공펌프를 설치할 때, 방열기 보다 환수관이 높을 때 사용하는 방법이다.
     ㉡ 리프트관은 환수관보다 1치수 작은 것을 사용하며 1단 흡상높이는 1.5m이다.

③ 방열기 주위배관
     ㉠ 방열기 설치위치는 열손실이 많은 곳에 설치하며 벽면과 50~60mm 정도 이격시켜야 한다.
     ㉡ 열팽창을 흡수하기 위하여 스위블이음을 설치한다.
     ㉢ 방열기 상부에 공기빼기 밸브를 설치하여 공기를 배출시킨다.
     ㉣ 방열기 밸브는 응축수가 고이지 않도록 슬루스밸브나 앵글밸브를 설치한다.
     ㉤ 이중 서비스 밸브 설치 : 응축수의 동결을 방지하기 위하여 방열기 밸브와 열동트랩을 조합한 밸브이다.
     ㉥ 방열기 출구측에 증기트랩을 설치한다.

④ 증기트랩 : 증기관 내에 있는 응축수와 공기를 증기와 분리하는 장치로서 증기의 열손실, 수격작용, 관부식을 방지한다.
     ㉠ 열동식 트랩(실로폰 트랩) : 벨로즈의 신축에 의해 작동하며 $1kgf/cm^2$ 이상의 고압배관이나, 방열기 출구, 관말 트랩에 사용한다.
     ㉡ 플로트 트랩(다량트랩) : 플로트의 부력에 의해 작동하며 $4kgf/cm^2$ 이하의 공기가열기, 열교환기 등 다량의 응축수를 처리할 때 사용한다.
     ㉢ 버킷 트랩 : 버킷의 부력에 의해 작동하며 응축수를 간헐적으로 배출하는 데 사용하며 고압, 중압의 환수관에 적합하다.
     ㉣ 충동 트랩(임펄스 트랩) : 실린더 속의 온도변화에 의해 밸브가 작동되며 저압, 중압, 고압에 사용하며 증기가 약간 새는 결점이 있다.

⑤ 관말트랩 : 열동식 트랩을 사용하여 응축수와 공기를 환수관으로 배출
     ㉠ 트랩에 이물질이 혼입하는 것을 방지하기 위하여 배니밸브를 설치한다.
     ㉡ 증기 주관에서 트랩에 이르는 냉각레그는 보온피복을 하지 않는다.
     ㉢ 트랩을 점검, 수리, 교환시 편리하게 하기 위하여 바이패스배관을 한다.

⑥ 감압밸브 : 고압측을 감압하여 저압측을 일정하게 유지하기 위하여 사용하며 입구에는 스트레이너, 출구에는 안전밸브를 설치하고 바이패스배관으로 한다.

⑦ 증기헤더 : 보일러에서 발생한 증기를 한 곳에 모아 각실로 열원을 균등하게 공급하기 위하여 설치
     ㉠ 증기헤더의 크기는 주증기관의 관경보다 2배 이상 크기로 한다.
     ㉡ 각각의 배관마다 압력계를 설치한다.
     ㉢ 증기헤드 하부에는 드레인밸브를 설치한다.

3 복사난방

1. 패널의 분류

① 바닥패널 : 바닥을 가열면으로 한 것이며 가열면의 온도는 30℃ 이하이다.
② 천정패널 : 천정을 가열면으로 한 것이며 가열면의 온도는 50℃ 정도이다.
③ 벽패널 : 천정패널의 보조로서 사용되며 창틀 부근에 설치한다.

2. 평균복사온도(MRT)

인체에 대한 쾌감상태를 나타내는 기준온도

$$MRT = \frac{\Sigma(t_p A_p + t_u A_u)}{\Sigma(A_p + A_u)} \;(℃)$$

여기서, A_p : 패널의 표면적(m^2)
A_u : 비가열면의 표면적(m^2)
t_p : 패널의 표면온도(℃)
t_u : 비가열면의 표면온도(℃)

3. 복사난방의 배공시공

① 배관의 재료는 강관(15~32A), 동관(9~20mm) 코일을 사용하며 동관이 열전도 및 내식성이 우수하지만 콘크리트 작업시 손상을 받을 수 있다.
② 관경은 바닥패널보다 천정패널이 가늘다.
③ 코일의 피치는 열손실이 많은 부분에는 좁게 설치해야 한다.
④ 하나의 코일길이는 50m 이내가 되도록 한다.
⑤ 콘크리트 가열면에서 천정패널이나 바닥패널을 통과하는 온수의 입출구온도차는 6~8℃ 정도이다.
⑥ 파이프의 매립깊이는 관외경의 1.5배 이상으로 한다.
⑦ 패널배면에는 단열재를 사용하여 배면에서의 열손실을 줄인다.

07 급수설비, 급탕설비

1 급수 설비

1. 급수방식

(1) 수도직결방식

수도본관에서 인입관을 직접 따내어 각 건물에 급수하는 방식

① 특징
  ㉠ 소규모 건물에 이용된다.
  ㉡ 급수오염이 적으며 정전시에도 급수가 가능하다.

② 수도본관의 최소 소요압력

$$P \geq \frac{H}{10} + P_2 + P_3 (kgf/cm^2)$$

여기서, H : 수도본관에서 최고층 급수기구까지의 높이(m)
P_2 : 관내의 마찰손실수두에 대한 압력(kgf/cm^2)
P_3 : 기구별 최소 소요압력(kgf/cm^2)

③ 기구별 최소 소요압력

기구명	최소 소요압력(kgf/cm²)
세정밸브	0.7
보통밸브	0.3
자동밸브	0.7
샤워	0.7
순간 온수기(대)	0.5
순간 온수기(중)	0.4
순간 온수기(소)	0.1
살수전	2.0

(2) 고가(옥상)탱크방식

고가탱크로부터 하향급수관에 의해 각층에 공급하는 방식

① 특징
  ㉠ 대규모 급수설비에 적합하다.
  ㉡ 저수량을 충분히 확보할 수 있으므로 단수가 되지 않는다.
  ㉢ 항상 일정한 수압으로 급수가 가능하다.
  ㉣ 옥상탱크의 설치면적 및 하중을 고려하여

건축물 구조를 강화해야 한다.
② 급수경로 : 수도본관 → 수수탱크 → 양수관 → 옥상탱크 → 수직하향관 → 수전

(3) 압력탱크방식

압축공기로 물에 압력을 가하여 각 수전에 공급하는 방식

① 특징
  ㉠ 압력탱크의 제작으로 제작비 및 시설비가 고가이며 취급이 어렵다.
  ㉡ 정전이나 펌프고장시 급수가 중단된다.
  ㉢ 국부적으로 고압을 필요로 할 때 적합하다.
  ㉣ 조작상 최고, 최저의 압력차가 크므로 급수압이 일정하지 않다.

② 압력탱크의 크기
  ㉠ 최저 필요압력
  $P_L = P_1 + P_2 + P_3 (kgf/cm^2)$
  여기서, P_1 : 최고층 수전의 높이에 해당하는 압력(kgf/cm^2)
  P_2 : 기구별 최저 필요압력(kgf/cm^2)
  P_3 : 관내의 마찰손실 수압(kgf/cm^2)

  ㉡ 허용 최고압력
  $P_H = P_L + (0.7 \sim 1.4)(kgf/cm^2)$

  ㉢ 압력탱크의 용적
  $V_O = \dfrac{V_P}{V_H - V_L}(l)$
  여기서, V_P : 유효저수량 $V_P = Q_h \times \dfrac{1}{3}(l)$
  Q_h : 시간당 최대사용량(l/h)
  V_H : 압력탱크 내의 최고 압력일 때의 수량의 비율(%)
  V_L : 압력탱크 내의 최저 압력일 때의 수량의 비율(%)

2. 급수량 산정

(1) 계획수량은 1인 1일 평균 사용수량을 표준으로 한다.
(2) 도시의 평균 사용수량 : $200 \sim 400(l/day \cdot c)$
(3) 급수량의 산정방법
  ① 건물의 사용인원에 대한 급수량 산정
  $Q_d = N \times q(l/day)$
  ② 건물면적에 의한 급수량 산정
  $Q_d = k \times A \times n \times q(l/day)$
  ③ 사용기구에 의한 급수량 산정
  $Q_d = p \times f \times q'(l/day)$
  여기서, N : 인원수(c)
  q : 1인 1일당 급수량$(l/day \cdot c)$
  k : 건물 연면적에 대한 유효면적의 비율
  n : 유효면적당의 인원수(c/m^2)
  A : 건물면적(m^2)
  p : 동시사용률
  f : 위생기구수
  q' : 위생기구 1개당 1일 급수량(l/day)

(4) 건물의 시간 평균 급수량
1일의 총급수량을 건물의 사용시간으로 나눈값
$Q_h = \dfrac{Q_d}{T}(l/h)$
여기서, Q_d : 1일 총급수량(l/day)
T : 사용시간(h)

(5) 시간 최대 급수량
1일 중에 가장 많이 사용하는 1시간의 수량
$Q_m = Q_h \times (1.5 \sim 2.0)(l/h)$

(6) 순간 최대 급수량
1일 중에 건물의 급수량이 순간적으로 많이 사용되는 수량
$Q_p = \dfrac{(3 \sim 4)Q_h}{60}(l/min)$

3. 급수배관의 설계

(1) 관경 결정법
① 기구 연결관의 관경 결정법
  ㉠ 유출량을 유지하는데 필요한 수압
    • 플래시밸브의 경우에는 $0.7kgf/cm^2$
    • 보통 수전의 경우에는 $0.3kgf/cm^2$
  ㉡ 유출량 : $13 \sim 18 l/min$
  ㉢ 급수관의 관경은 15mm, 플래시밸브의 관경은 25mm

② 균등표에 의한 관경 결정법 : 분기관, 지관 등의 급수관 관경 결정에 사용
③ 마찰손실선도에 의한 관경 결정법
  ㉠ 허용 마찰손실수두를 계산

  $$R = \frac{H_1 + H_2}{L_1 + L_2} \times 1000 \, (\text{mmAq/m})$$

  여기서, H_1 : 고가탱크에서 각층 기구까지의 수직높이(m)
  H_2 : 각층 급수기구의 최저 필요압력에 상응하는 수두(m)
  L_1 : 고가탱크에서 최원거리에 있는 급수기구까지의 거리(m)
  L_2 : 국부저항의 상당길이(m)

  ㉡ 관경을 결정 : $d = \sqrt{\frac{4Q}{\pi V}} \, (\text{m})$

  여기서, d : 관경(m)
  V : 유속(m/sec)
  Q : 유량(m³/sec)

  ㉢ 관내 유속의 기준
  • 펌프 흡입관 : 0.5~1.0m/sec
  • 펌프 토출관 : 1.5~2.0m/sec
  • 급수 주관 : 1.0~1.5m/sec

4. 급수배관 시공

(1) 배관의 구배
① 상향 급수 공급방식에서 수평주관은 선상향 구배로 하고 환수관은 선하향 구배로 한다.
② 굴곡부를 가능한 적게 하고 최소거리로 시공한다.
③ 배관 내에 공기가 정체되지 않도록 한다.

(2) 밸브의 설치
① 공기빼기 밸브 : 배관의 최상부 또는 공기가 정체할 우려가 있는 곳에 설치
② 배수밸브 및 게이트밸브 : 수직주관의 하단부에 설치

(3) 슬리브(sleeve)
바닥이나 벽을 관통할 경우 신축을 흡수하고 교체수리를 편리하게 하기 위하여 보호관을 설치

(4) 수격작용(water hammering)
① 밸브를 급속히 개폐하면 관내의 급격한 압력변동에 의해 소음과 진동이 발생
② 방지방법
  ㉠ 유속을 2m/sec 이하가 되도록 한다.
  ㉡ 관경을 크게 한다.
  ㉢ 밸브의 개폐를 천천히 한다.
  ㉣ 급수전 가까이 공기실(air chamber)을 설치한다.

(5) 수압시험 : 배관공사 완료 후에 접합부의 누설 및 내압강도 검사
① 공공수도 직결관 : 17.5kgf/cm²
② 탱크 및 급수관 : 10.5kgf/cm²

2 급탕설비

1. 급탕방식

(1) 개별식 급탕방식
① 순간 급탕식 : 순간온수기를 사용하여 가스, 전기로 직접 가열시켜 급탕을 얻는 방식이다.
② 저탕형 급탕식 : 소형보일러를 사용하여 온수를 가열하고, 가열한 온수를 저탕조에 저장하였다가 보급하는 방식이다.
③ 기수혼합 급탕식 : 저탕조에 1~4kgf/cm² 정도의 증기를 직접 불어넣어 가열하는 방식이다.
  ㉠ 공장이나 병원에 주로 사용한다.
  ㉡ 소음을 방지하기 위하여 스팀사일런스(steam silence : S형, F형)를 설치한다.

(2) 중앙식 급탕방식
① 직접 가열식 : 80~85℃의 온수를 저탕조에 모아두고 저탕조 상부에 수직으로 세워진 급탕주관에서 각 지관을 통하여 각 층의 수전으로 급탕을 공급하는 방식
② 간접 가열식 : 저탕조 내에 가열코일이 설치되어 있어서 보일러에서 고온수, 증기를 공급하여 저탕조의 물을 간접적으로 가열하는 방식

(3) 급탕방식 분류
  ① 배관방식에 따른 분류
    ㉠ 단관식 : 온수를 급탕전까지 공급하는 배관만 설치되어 있는 방식
    ㉡ 복관식 : 회로배관이 형성되어 온수가 순환하는 방식
  ② 복관식에 따른 분류
    상향급탕배관, 하향급탕배관, 상하향급탕배관이 있다.
  ③ 온수순환방식
    ㉠ 중력순환식 : 급탕관과 반탕관의 온도차에 의해 순환하는 방식
    ㉡ 강제순환식 : 순환펌프를 이용한 방식

2. 급탕량 산정

(1) **급탕량 표준** : 20~40(l/day·c)

(2) **급탕온도** : 일반적으로 70~80℃
  ① 세면용, 목욕용, 설거지용 : 40~50℃
  ② 가열장치 : 60℃
  ③ 식기소독 : 70~80℃

(3) **급탕량 산정**
  ① 거주인원수에 의한 산출방법
    ㉠ 1인 최대급탕량
      $Q_d = N \times q_d (l/\text{day})$
    ㉡ 1시간당 최대 급탕량
      $Q_h = Q_d \times q_h = q \times n \times a (l/h)$
  ② 가열코일의 능력
    $H = Q_d \times e \times (t_h - t_e)$
    $ = N \times q_d \times e \times (t_h - t_e)(\text{kcal/h})$

    여기서, N : 인원수(c)
    q_d : 1인 1일당 급탕량(l/day·c)
    q_h : 1일 1시간당 최대치 비율
    e : 1일 사용량에 대한 가열능력의 비율
    t_h : 급탕온도(℃)
    t_e : 물의 온도(℃)
    q : 기구 1개 1회당 급탕량(l)
    n : 기구 1시간당 사용횟수(회/h)
    a : 기구 동시사용률

3. 급탕배관 시공

① 배관구배 : 중력순환식 배관구배는 1/150, 강제순환식 배관구배는 1/200
② 공기빼기 : 공기가 정체할 우려가 있는 곳 또는 굴곡배관에 게이트밸브 설치
③ 관경결정은 급수관과 동일하며 복귀관은 급탕관보다 1치수 작은 것을 사용
  (관경결정시 유속은 1~1.5m/sec를 기준)
④ 순환펌프의 순환수두 결정
  • 중력순환식의 순환수두
    $H = 1000(\rho_1 - \rho_2)h$ (mmAq)

    여기서, h : 가열기에서 기구까지의 높이(m)
    ρ_1 : 환탕관 내의 밀도(kgf/l)
    ρ_2 : 급탕관 내의 밀도(kgf/l)

  • 강제순환식의 펌프 전양정
    $H = 0.01 \left(\dfrac{L}{2} + l \right)$ (m)

    여기서, L : 급탕관의 전 길이(m)
    l : 복귀관의 전 길이(m)

⑤ 팽창탱크는 최고층의 급탕전보다 5m 이상 높게 설치한다.
  (팽창관은 25A 이상의 관을 사용하고 밸브를 설치해서는 안 된다.)
⑥ 보온피복 : 저탕조, 천정내 배관, 매설배관, 옥외 노출배관에 실시
⑦ 보온피복의 두께 : 저탕조는 규조토 50mm로 하고 배관은 다음 표와 같다.

구경(mm)	두께(mm)
40 이하	20
50~90	25
100~150	30
200 이상	35

⑧ 수압시험 : 사용하는 최고압력의 2배 이상으로 10분 이상 유지

08 냉동설비, 가스설비

1 냉동설비

1. 냉매배관 구성

① 토출가스배관 : 압축기와 응축기 사이의 배관
② 액관
　㉠ 고압배관 : 응축기와 팽창밸브 사이의 배관
　㉡ 저압배관 : 팽창밸브와 증발기 사이의 배관
③ 흡입가스배관 : 증발기와 압축기 사이의 배관

2. 프레온 냉동장치의 배관시공

① 배관재료 : 이음매 없는 동관을 사용(마그네슘을 2% 함유한 알루미늄관 부식)
② 패킹재료 : 인조고무를 사용(천연고무를 부식)
③ 흡입배관
　㉠ 흡입관의 구배는 1/200의 하향구배로 한다.
　㉡ 흡입관의 입상이 긴 경우에는 10m마다 트랩을 설치한다.
　㉢ 압축기 가까이에 트랩을 설치하면 액해머나 오일해머링이 발생할 우려가 있으므로 피해야 한다.
　㉣ 압축기가 증발기 하부에 설치될 경우에는 흡입배관에 역루프를 설치하여 증발기 상부보다 150mm 이상 입상시킨다.
④ 토출배관
　㉠ 토출관이 합류할 경우 T이음을 하지 않고 Y이음을 채택한다.
　㉡ 토출관의 입상이 2.5m 이상, 10m 이하의 입상배관일 경우 입상이 시작되는 곳에 트랩을 설치한다.
　㉢ 토출관의 입상배관이 10m 이상일 경우 10m마다 중간트랩을 설치한다.
⑤ 액관
　㉠ 액관에는 드라이어, 필터, 전자밸브가 설치되어 있으므로 관경 축소, 배관 입상으로 인하여 배관내의 압력강하가 크게 된다.(액관의 마찰손실압력은 $0.2kgf/cm^2$ 이하, 유속은 0.5~1.5m/sec)
　㉡ 액관의 입상이 길어지거나 압력강하가 크게 되면 플래시가스가 발생하게 되어 냉동능력이 감소하게 된다.
　㉢ 액관은 가능한 짧게 한다.

> **참고** 플래쉬가스 방지 방법
> ① 급격한 입상은 피하고 액관, 밸브류를 크게 한다.
> ② 액관을 방열시공 한다.
> ③ 열교환기를 설치하여 냉매액의 과냉각도를 크게 한다.
> ④ 응축설계 온도를 높게 한다.
> ⑤ 액펌프 방식을 채택한다.

3. 암모니아 냉동장치의 배관시공

① 배관재료 : 강관(SPPS)을 사용(동관 부식)
② 패킹재료 : 천연고무, 아스베스토스를 사용(인조고무를 부식)
③ 흡입배관은 하향구배(1/100)로 하고 U트랩을 설치하지 않는다.
④ 토출배관은 순구배(1/100)로 하여 응축된 액이 압축기로 역류하지 않도록 한다.
⑤ 토출관이 합류할 경우에는 Y이음을 채택한다.
⑥ 액관에서 응축기와 수액기는 1/150, 수액기와 팽창밸브는 1/100의 하향구배로 한다.
⑦ 액관의 U트랩부에 오일드레인 밸브를 설치하여 배유시킨다.

2 가스설비

1. 도시가스 공급설비

(1) 공급방식

① 저압 공급방식 : 가스압력이 $1kgf/cm^2$ 미만의 압력으로 공급하는 방식
② 중압 공급방식 : 가스압력이 $1~10kgf/cm^2$ 미만으로 공급하는 방식
③ 고압 공급방식 : 가스압력이 $10kgf/cm^2$ 이상의 압력으로 공급하는 방식

(2) 배관시공에 관한 사항

① 배관의 재료 및 표시
　㉠ 배관의 재료 : 가스의 압력, 온도, 지역적 특성을 고려

ⓒ 배관 외부에 가스 사용명과 최고사용압력 및 가스흐름 방향을 표시
　　ⓒ 지상배관 : 황색으로 표시, 매설배관 : 적색 또는 황색으로 표시
　　ⓔ 매설배관 : 폴리에틸렌 피복강관을 사용
　　ⓜ 배관을 도로에 매설할 경우 : 매설깊이는 120cm 이상
② 배관 경로 결정
　　㉠ 가급적 배관길이를 짧게 할 것.
　　㉡ 굴곡부를 가능한 적게 할 것.
　　㉢ 가능한 옥외에 설치하며 은폐하거나 매설을 피할 것.
③ 가스관 관경 결정은 최대가스 소비량, 허용 압력손실, 유속 및 배관의 길이, 가스의 종류 등을 고려해야 한다.
④ 저압배관의 유량

$$Q = K\sqrt{\frac{D^5 H}{SL}} \, (m^3/h)$$

여기서, D : 파이프 내경(cm)
　　　　H : 허용압력손실(kgf/cm²abs)
　　　　S : 가스비중
　　　　L : 파이프 길이(m)
　　　　P_1 : 초압(kgf/cm²abs)
　　　　P_2 : 중압(kgf/cm²abs)

• 중·고압배관의 유량

$$Q = K\sqrt{\frac{D^5(P_1^2 - P_2^2)}{SL}} \, (m^3/h)$$

⑤ 본관(main pipe) : 도시가스 제조사업소의 부지경계에서 정압기까지 이르는 배관
⑥ 공급관(supply pipe) : 정압기에서 가스 사용자가 소유하거나 점유하고 있는 토지의 경계에 이르는 배관
⑦ 내관(inner pipe) : 가스 사용자가 소유하거나 점유하고 있는 토지의 경계에서 연소기까지 이르는 배관

⑧ 긴급차단밸브 : 고압가스가 급격하게 분출되는 경우나 긴급사태에 있어서 가스의 흐름을 정지시키기 위한 밸브
⑨ 가스미터(가스계량기) 설치시 유의 사항
　　㉠ 직사광선을 피하고 진동이 없는 곳에 설치할 것.
　　㉡ 직사광선 및 빗물을 받을 우려가 있는 곳은 격납상자 내에 설치할 것.
　　㉢ 검침 및 보수, 관리가 용이한 장소에 설치한다.
　　㉣ 화기와 2m 이상, 저압전선과 15cm 이상, 전기개폐기와 60cm 이상의 우회 거리가 유지될 수 있을 것.
　　㉤ 온도의 변화가 적고 습기나 부식성 가스의 영향이 없는 곳에 설치한다.
　　㉥ 설치높이는 1.6m 이상 2m 이내에 밴드 등으로 고정시킨다.
⑩ 정압기(governer) : 고압에서 중압으로, 중압에서 저압으로 감압하여 사용기구에 맞는 적당한 압력으로 공급하기 위하여 사용한다.

> **참고**　　LP가스의 조정기
>
> ① 연소기에 공급하는 가스의 압력을 감압하여 일정한 압력을 유지하여 정상적인 연소가 되도록 하는 기기이다.
> ② 조정기 설치시 유의사항
> 　　㉠ 통풍이 잘 되는 실외에 설치할 것
> 　　㉡ 직사광선을 피하며 빗물이 스며들지 않는 곳에 설치할 것
> 　　㉢ 화기로부터 2m 이상 떨어져 있거나 차단장치를 설치할 것
> 　　㉣ 가스용기나 배관에 직접 접속하며 무리하게 조이지 않는다.
> 　　㉤ 접속구에 이물질이 없도록 하며 동결되지 않도록 주의한다.
> 　　㉥ 조정기 설치 후 비눗물로 누설검사를 한다.

2020

1과목 기계열역학
2과목 냉동공학
3과목 공기조화
4과목 전기제어공학
5과목 배관일반

2020년 6월 21일 시행
2020년 8월 22일 시행
2020년 9월 26일 시행

기출문제

공조냉동기계기사 2020년 6월 21일 시행

제 1 과목 기계열역학

Q 001 다음 중 가장 큰 에너지는?

① 100kW 출력의 엔진이 10시간 동안 한 일
② 발열량 10000kJ/kg의 연료를 100kg 연소시켜 나오는 열량
③ 대기압하에서 10℃의 물 10m³를 90℃로 가열하는데 필요한 열량(단, 물의 비열은 4.2kJ/(kg·K)이다.)
④ 시속 100km로 주행하는 총 질량 2000kg인 자동차의 운동에너지

해설 에너지(일 또는 열량)

① 일 $W = 100\dfrac{kJ}{s} \times (10h \times \dfrac{3600s}{1h}) = 3,600,000 kJ$

② 발열량 $Q = 10000\dfrac{kJ}{kg} \times 100kg = 1,000,000 kJ$

③ 물 1L는 1kg이므로 10m³는 10000kg이고, 온도를 절대온도로 환산하면
초기온도 $t_1 = 273 + 10℃ = 283K$, 최종온도 $t_2 = 273 + 90℃ = 363K$ 이다.
열량 $Q = mC(t_2 - t_1)$에서 $Q = 10000kg \times 4.2\dfrac{kJ}{kg \cdot K} \times (363 - 283)K = 3,360,000 kJ$

④ 운동에너지 $E = \dfrac{1}{2}mv^2$ 에서
$E = \dfrac{1}{2} \times 2000kg \times \left(\dfrac{100 \times 10^3 m}{3600s}\right)^2 = 771,605 kg \cdot m^2/s^2 = 771,605 N \cdot m = 771.6 kJ$

Q 002 실린더 내의 공기가 100kPa, 20℃ 상태에서 300kPa이 될 때까지 가역단열 과정으로 압축된다. 이 과정에서 실린더 내의 계에서 엔트로피의 변화(kJ/(kg·K))는? (단, 공기의 비열비(k)는 1.4이다.)

① −1.35
② 0
③ 1.35
④ 13.5

해설
- 가역단열 과정은 열의 출입이 없으므로 열량 변화 $\delta q = 0$이다.
- 엔트로피 변화 $\int_1^2 ds = \int_1^2 \dfrac{\delta q}{T} = \int_1^2 \dfrac{0}{T}$ 이므로 $s_2 - s_1 = 0$

∴ 가역단열과정은 $s_2 - s_1 = 0$이므로 등엔트로피 과정이다.

답 001. ① 002. ②

003
용기 안에 있는 유체의 초기 내부에너지는 700kJ이다. 냉각과정 동안 250kJ의 열을 잃고, 용기 내에 설치된 회전날개로 유체에 100kJ의 일을 한다. 최종상태의 유체의 내부에너지(kJ)는 얼마인가?

① 350
② 450
③ 550
④ 650

해설
- 열을 잃으면 $-Q$이고, 일을 받으면 $-W$가 된다.
- 열역학 제1법칙 에너지방정식의 열량변화 $\delta Q = dU + \delta W$에서 내부에너지 변화
$U_2 - U_1 = \delta Q - \delta W$
∴ 최종 상태의 내부에너지 $U_2 = U_1 + (\delta Q - \delta W)$에서
$U_2 = 700\text{kJ} + \{(-250) - (-100)\}\text{kJ} = 550\text{kJ}$

004
열역학적 관점에서 다음 장치들에 대한 설명으로 옳은 것은?

① 노즐은 유체를 서서히 낮은 압력으로 팽창하여 속도를 감소시키는 기구이다.
② 디퓨저는 저속의 유체를 가속하는 기구이며 그 결과 유체의 압력이 증가한다.
③ 터빈은 작동유체의 압력을 이용하여 열을 생성하는 회전식 기계이다.
④ 압축기의 목적은 외부에서 유입된 동력을 이용하여 유체의 압력을 높이는 것이다.

해설
- 노즐 : 고압의 유체를 분출시킬 때 단면적을 작게 하여 압력에너지를 운동에너지로 변환하는 것을 이용한 기구이다.
- 디퓨져 : 유체가 가진 운동에너지를 압력에너지로 변환하기 위해 단면적을 차츰 넓게 한 기구로서 노즐의 역작용을 한다.
- 터빈 : 작동유체의 흐름으로부터 에너지를 추출하여 유용한 일로 변환하는 회전식 기계이다.

005
랭킨사이클에서 보일러 입구 엔탈피 192.5kJ/kg, 터빈 입구 엔탈피 3002.5kJ/kg, 응축기 입구 엔탈피 2361.8kJ/kg일 때 열효율(%)은? (단, 펌프의 동력은 무시한다.)

① 20.3
② 22.8
③ 25.7
④ 29.5

답 003. ③ 004. ④ 005. ②

해설 랭킨사이클의 열효율
- 보일러 입구(펌프 출구) 엔탈피 $h_2 = 192.5\text{kJ/kg}$
- 보일러 출구(터빈 입구) 엔탈피 $h_3 = 3002.5\text{kJ/kg}$
- 응축기 입구(터빈 출구) 엔탈피 $h_4 = 2361.8\text{kJ/kg}$

∴ 펌프 동력을 무시하면 이론 열효율 $\eta_R = \dfrac{h_3 - h_4}{h_3 - h_2} \times 100\%$ 에서

$$\eta_R = \dfrac{(3002.5 - 2361.8)\text{kJ/kg}}{(3002.5 - 192.5)\text{kJ/kg}} \times 100\% = 22.8\%$$

Q 006 준평형 정적과정을 거치는 시스템에 대한 열전달량은? (단, 운동에너지와 위치에너지의 변화는 무시한다.)

① 0이다.
② 이루어진 일량과 같다.
③ 엔탈피 변화량과 같다.
④ 내부에너지 변화량과 같다.

해설 정적과정이므로 체적변화 $dV = 0$이므로 열역학 제1법칙 에너지방정식의 열전달량 $\delta Q = dU + PdV$에서 $PdV = 0$이므로 열전달량(δQ)은 내부에너지 변화량(dU)과 같다.

Q 007 초기 압력 100kPa, 초기 체적 0.1m³인 기체를 버너로 가열하여 기체 체적이 정압과정으로 0.5m³이 되었다면 이 과정 동안 시스템이 외부에 한 일(kJ)은?

① 10   ② 20
③ 30   ④ 40

해설 [조건] 초기 압력 $P_1 = 100\text{kPa} = 100\text{kN/m}^2$, 초기 체적 $V_1 = 0.1\text{m}^3$,
최종 체적 $V_2 = 0.5\text{m}^3$

정압과정에서 일 $W_{12} = P(V_2 - V_1)$에서 $W_{12} = 100\dfrac{\text{kN}}{\text{m}^2} \times (0.5 - 0.1)\text{m}^3 = 40\text{kJ}$

Q 008 열역학 제2법칙에 대한 설명으로 틀린 것은?

① 효율이 100%인 열기관은 얻을 수 없다.
② 제2종의 영구 기관은 작동 물질의 종류에 따라 가능하다.
③ 열은 스스로 저온의 물질에서 고온의 물질로 이동하지 않는다.
④ 열기관에서 작동 물질이 일을 하게 하려면 그 보다 더 저온인 물질이 필요하다.

답 006. ④ 007. ④ 008. ②

해설 열역학 제2법칙
- 열과 일 사이에 열 이동의 방향성을 제시한 법칙으로서 열과 일은 경로에 따라 변한다. 따라서, 열은 고온에서 저온으로 이동한다는 자연현상의 방향성을 나타낸 법칙이다.
- 어떤 열기관에서도 100%의 열효율을 가지는 기관은 얻을 수 없다. 즉 제2종 영구 기관은 실현될 수 없다.

009 공기 10kg이 압력 200kPa, 체적 5m³인 상태에서 압력 400kPa, 온도 300℃인 상태로 변한 경우 최종 체적(m³)은 얼마인가? (단, 공기의 기체상수는 0.287kJ/kg·K이다.)

① 10.7
② 8.3
③ 6.8
④ 4.1

해설 [조건] 초기 압력 $P_1 = 200$kPa, 초기 체적 $V_1 = 5$m³, 공기량 $m = 10$kg, 공기의 기체상수 $R = 0.287$kJ/kg·K, 최종 압력 $P_2 = 400$kPa, 최종 온도 $T_2 = 300℃ = 573$K

- 이상기체상태방정식 $PV = mRT$에서

$$\text{초기 온도 } T_1 = \frac{P_1 V_1}{mR} = \frac{200\frac{\text{kN}}{\text{m}^2} \times 5\text{m}^3}{10\text{kg} \times 0.287\frac{\text{kJ}}{\text{kg}\cdot\text{K}}} = 348.43\text{K}$$

- 보일과 샤를의 법칙 $\frac{P_1 V_1}{T_1} = \frac{P_2 V_2}{T_2}$를 적용하면

$$\text{최종 체적 } V_2 = \frac{T_2}{T_1} \times \frac{P_1}{P_2} \times V_1 = \frac{573\text{K}}{348.43\text{K}} \times \frac{200\text{kPa}}{400\text{kPa}} \times 5\text{m}^3 = 4.11\text{m}^3$$

010 그림과 같은 공기표준 브레이튼(Brayton) 사이클에서 작동유체 1kg당 터빈 일(kJ/kg)은? (단, $T_1 = 300$K, $T_2 = 475.1$K, $T_3 = 1100$K, $T_4 = 694.5$K이고, 공기의 정압비열과 정적비열은 각각 1.0035kJ/(kg·K), 0.7165kJ/(kg·K)이다.)

① 290
② 407
③ 448
④ 627

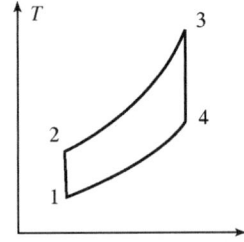

해설 터빈 일 $w_T = C_p(T_3 - T_4)$에서

$$w_T = 1.0035\frac{\text{kJ}}{\text{kg}\cdot\text{K}} \times (1100 - 694.5)\text{K} = 406.9\text{kJ/kg}$$

답 009. ④ 010. ②

Q 011

보일러에 온도 40℃, 엔탈피 167kJ/kg인 물이 공급되어 온도 350℃, 엔탈피 3115kJ/kg인 수증기가 발생한다. 입구와 출구에서의 유속은 각각 5m/s, 50m/s 이고, 공급되는 물의 양이 2000kg/h일 때, 보일러에 공급해야 할 열량(kW)은? (단, 위치에너지 변화는 무시한다.)

① 631 ② 832
③ 1237 ④ 1638

해설

[조건] 보일러 입구 엔탈피 $h_1 = 167\text{kJ/kg} = 167 \times 10^3 \text{J/kg}$, 입구 유속 $v_1 = 5\text{m/s}$,
보일러 출구 엔탈피 $h_2 = 3115\text{kJ/kg} = 3115 \times 10^3 \text{J/kg}$, 출구 유속 $v_2 = 50\text{m/s}$,
물의 양 $m = 2000\text{kg/h}$

- 에너지방정식 $mh_1 + \dfrac{mv_1^2}{2} + mgz_1 + Q = mh_2 + \dfrac{mv_2^2}{2} + mgz_2$ 에서 위치에너지 $z_1 = z_2$ 일 때 에너지방정식을 간단하게 하면 다음과 같다.

$$mh_1 + \frac{mv_1^2}{2} + Q = mh_2 + \frac{mv_2^2}{2}$$

∴ 열량 $Q = m(h_2 - h_1) + \dfrac{1}{2}m(v_2^2 - v_1^2)$ 에서

$$Q = \left(2000\frac{\text{kg}}{\text{h}} \times \frac{1\text{h}}{3600\text{s}}\right) \times (3115 \times 10^3 - 167 \times 10^3)\frac{\text{J}}{\text{kg}}$$
$$+ \frac{1}{2} \times \left(2000\frac{\text{kg}}{\text{h}} \times \frac{1\text{h}}{3600\text{s}}\right) \times (50^2 - 5^2)\frac{\text{m}^2}{\text{s}^2}$$
$$= 1,638,465\text{J/s} = 1638\text{kW}$$

Q 012

피스톤-실린더 장치에 들어있는 100kPa, 27℃의 공기가 600kPa까지 가역단열 과정으로 압축된다. 비열비가 1.4로 일정하다면 이 과정 동안에 공기가 받은 일 (kJ/kg)은? (단, 공기의 기체상수는 0.287kJ/(kg·K)이다.)

① 263.6 ② 171.8
③ 143.5 ④ 116.9

해설

[조건] 초기 온도 $T_1 = 27℃ = 300\text{K}$, 초기 압력 $P_1 = 100\text{kPa}$, 최종 압력 $P_2 = 600\text{kPa}$,
비열비 $k = 1.4$, 공기의 기체상수 $R = 0.287\text{kJ/kg}\cdot\text{K}$

단열과정에서의 절대일 $w_{12} = \dfrac{1}{k-1}RT_1\left\{1 - \left(\dfrac{P_2}{P_1}\right)^{\frac{k-1}{k}}\right\}$ 에서

$$w_{12} = \frac{1}{1.4-1} \times 0.287\frac{\text{kJ}}{\text{kg}\cdot\text{K}} \times 300\text{K} \times \left\{1 - \left(\frac{600\text{kPa}}{100\text{kPa}}\right)^{\frac{1.4-1}{1.4}}\right\} = -143.9\text{kJ/kg}$$

여기서, - 값은 압축일을 표시함.

답 011. ④ 012. ③

013

이상기체 1kg을 300K, 100kPa에서 500K까지 "$PV^n=$일정"의 과정($n=1.2$)을 따라 변화시켰다. 이 기체의 엔트로피 변화량(kJ/K)은? (단, 기체의 비열비는 1.3, 기체상수는 0.287kJ/(kg·K)이다.)

① -0.244
② -0.287
③ -0.344
④ -0.373

해설 [조건] 질량 $m=1$kg, 초기 온도 $T_1=300$K, 최종 온도 $T_2=500$K, 폴리트로픽지수 $n=1.2$, 비열비 $k=1.3$, 기체상수 $R=0.287$kJ/kg·K

- 정적비열 $C_v = \dfrac{1}{k-1}R$에서 $C_v = \dfrac{1}{1.3-1}\times 0.287$kJ/kg·K $= 0.9567$kJ/kg·K

- 엔트로피 변화량 $S_2 - S_1 = \dfrac{n-k}{n-1}mC_v\ln\dfrac{T_2}{T_1}$에서

$$S_2 - S_1 = \dfrac{1.2-1.3}{1.2-1}\times 1\text{kg}\times 0.9567\dfrac{\text{kJ}}{\text{kg·K}}\times \ln\dfrac{500\text{K}}{300\text{K}} = -0.244\text{kJ/K}$$

014

300L 체적의 진공인 탱크가 25℃, 6MPa의 공기를 공급하는 관에 연결된다. 밸브를 열어 탱크 안의 공기 압력이 5MPa이 될 때까지 공기를 채우고 밸브를 닫았다. 이 과정이 단열이고 운동에너지와 위치에너지의 변화를 무시한다면 탱크 안의 공기의 온도(℃)는 얼마가 되는가? (단, 공기의 비열비는 1.4이다.)

① 1.5
② 25.0
③ 84.4
④ 144.2

해설 [조건] 초기 온도 $T_1 = 25℃ = 298$K, 초기 압력 $P_1 = 6$MPa, 최종 압력 $P_2 = 5$MPa, 비열비 $k=1.4$

- 기체상수 $R = C_p - C_v$
- 내부에너지 $u_2 - u_1 = C_v(T_2 - T_1) = RT_1$에서 기체상수를 대입하면 내부에너지 $u_2 - u_1 = C_v(T_2 - T_1) = (C_p - C_v)T_1$이다.

∴ $C_vT_2 = C_pT_1$에서 최종온도 $T_2 = \dfrac{C_p}{C_v}T_1 = kT_1$이므로

$T_2 = 1.4\times 298$K $= 417.2$K $= 144.2$℃

015

1kW의 전기히터를 이용하여 101kPa, 15℃의 공기로 차 있는 100m³의 공간을 난방하려고 한다. 이 공간은 견고하고 밀폐되어 있으며 단열되어 있다. 히터를 10분 동안 작동시킨 경우, 이 공간의 최종온도(℃)는? (단, 공기의 정적비열은 0.718kJ/kg·K이고, 기체상수는 0.287kJ/kg·K이다.)

① 18.1
② 21.8
③ 25.3
④ 29.4

답 013. ① 014. ④ 015. ②

[해설] [조건] 체적 $V=100\text{m}^3$, 압력 $P=101\text{kPa}=101\text{kN/m}^2$, 초기 온도 $t_1=15℃=288\text{K}$, 기체상수 $R=0.287\text{kJ/kg}\cdot\text{K}$, 정적비열 $C_v=0.718\text{kJ/kg}\cdot\text{K}$, 전력 $L=1\text{kW}=1\text{kJ/s}$, 시간 $T=10\text{min}=600\text{s}$

- 이상기체상태방정식 $PV=mRT$에서

$$\text{공기의 양 } m=\frac{PV}{RT}=\frac{101\frac{\text{kN}}{\text{m}^2}\times 100\text{m}^3}{0.287\frac{\text{kJ}}{\text{kg}\cdot\text{K}}\times 288\text{K}}=122.2\text{kg}$$

- 체적이 일정하고 단열된 용기에서 전기히터를 작동시켜 발생한 열량

$$Q_{12}=mC_v(t_2-t_1)=L\times T$$

- 최종온도 $t_2=t_1+\dfrac{L\times T}{mC_v}$이므로

$$t_2=288\text{K}+\frac{1\frac{\text{kJ}}{\text{s}}\times 600\text{s}}{122.2\text{kg}\times 0.718\frac{\text{kJ}}{\text{kg}\cdot\text{K}}}=294.8\text{K}=21.8℃$$

Q 016 다음은 시스템(계)과 경계에 대한 설명이다. 옳은 내용을 모두 고른 것은?

가. 검사하기 위하여 선택한 물질의 양이나 공간 내의 영역을 시스템(계)이라 한다.
나. 밀폐계는 일정한 양의 체적으로 구성된다.
다. 고립계의 경계를 통한 에너지 출입은 불가능하다.
라. 경계는 두께가 없으므로 체적을 차지하지 않는다.

① 가, 다
② 나, 라
③ 가, 다, 라
④ 가, 나, 다, 라

[해설]
- 계(system) : 일정량의 물질과 한정된 공간 내의 영역을 말한다.
- 주위(surroundings) : 계의 외부를 말한다.
- 경계(boundary) : 계와 주위를 한정시키는 칸막이로서 두께가 없으므로 체적을 차지하지 않는다.

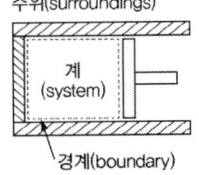

- 밀폐계(closed system) : 계의 경계를 통하여 동작물질의 이동이 없는 계로서 시스템 내의 질량은 변하지 않고 에너지(열 또는 일)는 경계를 통하여 이동할 수 있는 비유동계이다.
- 개방계(open system) : 계의 경계를 통하여 동작물질의 이동이 있는 계로서 시스템 내의 질량은 물론 에너지(열 또는 일)도 경계를 통하여 이동할 수 있는 유동계이다.
- 고립계(isolated system) : 계와 주위 사이에 어떠한 상호작용도 이루어지지 않으며 계의 경계를 통하여 동작물질이나 에너지의 전달이 전혀 없는 시스템이다.
- 단열계(adiabatic system) : 계의 경계를 통하여 열의 출입이 전혀 없는 계로서 일의 형태로 에너지 전달이 가능한 시스템이다.

답 016. ③

Q 017

단열된 가스터빈의 입구 측에서 압력 2MPa, 온도 1200K인 가스가 유입되어 출구 측에서 압력 100kPa, 온도 600K로 유출된다. 5MW의 출력을 얻기 위해 가스의 질량유량(kg/s)은 얼마이어야 하는가? (단, 터빈의 효율은 100%이고, 가스의 정압비열은 1.12kJ/(kg·K)이다.)

① 6.44 ② 7.44
③ 8.44 ④ 9.44

[해설]
[조건] 정압비열 $C_p = 1.12$ kJ/kg·K, 입구 온도 $T_1 = 1200$K, 출구 온도 $T_2 = 600$K, 출력 $P = 5$MW $= 5 \times 10^6$W, 효율 $\eta = 100\% = 1$

- 공급열량 $q_1 = dh = C_p(T_2 - T_1)$에서

$$q_1 = 1.12 \frac{kJ}{kg \cdot K} \times (1200 - 600)K = 672 kJ/kg = 672 \times 10^3 J/kg$$

- 터빈의 효율 $\eta = \dfrac{P}{Q_1} = \dfrac{P}{mq_1}$에서

질량 유량 $m = \dfrac{W}{q_1 \eta} = \dfrac{5 \times 10^6 \frac{J}{s}}{(672 \times 10^3)\frac{J}{kg} \times 1} = 7.44$ kg/s

Q 018

펌프를 사용하여 150kPa, 26℃의 물을 가역단열과정으로 650kPa까지 변화시킨 경우 펌프의 일(kJ/kg)은? (단, 26℃의 포화액의 비체적은 0.001m³/kg이다.)

① 0.4 ② 0.5
③ 0.6 ④ 0.7

[해설]
[조건] 입구 압력 $P_1 = 150$kPa $= 150$kN/m², 출구 압력 $P_2 = 650$kPa $= 650$kN/m², 비체적 $v = 0.001$m³/kg

펌프는 가열단열과정 및 정적과정이므로 펌프의 일 $w_p = v(P_2 - P_1)$에서

$w_p = 0.001 \dfrac{m^3}{kg} \times (650 - 150) \dfrac{kN}{m^2} = 0.5$ kJ/kg

Q 019

압력 100kPa, 온도 300℃ 상태의 수증기(엔탈피 3051.15kJ/kg, 엔트로피 7.1228kJ/kg·K)가 증기터빈으로 들어가서 100kPa 상태로 나온다. 터빈의 출력일이 370kJ/kg일 때 터빈의 효율(%)은?

수증기의 포화 상태표 (압력 100kPa / 온도 99.62℃)			
엔탈피(kJ/kg)		엔트로피(kJ/kg·K)	
포화액체	포화증기	포화액체	포화증기
417.44	2675.46	1.3025	7.3593

① 15.6 ② 33.2
③ 66.8 ④ 79.8

답 017. ② 018. ② 019. ④

해설
- 증기터빈의 과정은 가역단열팽창과정이므로 등엔트로피 과정이다. 따라서, 팽창 전·후의 엔트로피는 변화가 없다.
수증기 압력 100kPa에 해당하는 수증기 표를 이용하여 터빈 출구에서 건도를 구한다.

건도 $x = \dfrac{s-s_f}{s_g-s_f}$ 에서 $x = \dfrac{(7.1228-1.3025)\text{kJ/kg}\cdot\text{K}}{(7.3593-1.3025)\text{kJ/kg}\cdot\text{K}} = 0.961$

- 터빈 출구에서의 엔탈피를 구한다.
$h_o = h_f + x(h_g - h_f)$ 에서 $h_o = 417.44 + 0.961 \times (2675.46 - 417.44) = 2587.4\text{kJ/kg}$

- 터빈에서의 입력 일(엔탈피 변화) $\Delta h = (h_i - h_o)$ 에서
$\Delta h = (3051.15 - 2587.4)\text{kJ/kg} = 463.75\text{kJ/kg}$

∴ 터빈의 효율 $\eta = \dfrac{\text{출력일}}{\text{입력일}} \times 100\%$ 에서 $\eta = \dfrac{370\text{kJ/kg}}{463.75\text{kJ/kg}} \times 100\% = 79.78\%$

Q 020
이상적인 냉동사이클에서 응축기 온도가 30℃, 증발기 온도가 −10℃일 때 성적계수는?

① 4.6　　　　　　　　　　② 5.2
③ 6.6　　　　　　　　　　④ 7.5

해설
[조건] 응축기 온도 $T_H = 30℃ = 303\text{K}$, 증발기 온도 $T_L = -10℃ = 263\text{K}$

성적계수 $COP = \dfrac{T_L}{T_H - T_L}$ 에서 $COP = \dfrac{T_L}{T_H - T_L} = \dfrac{263\text{K}}{(303-263)\text{K}} = 6.58$

제 2 과목　냉동공학

Q 021
스크류 압축기의 운전 중 로터에 오일을 분사시켜 주는 목적으로 가장 거리가 먼 것은?

① 높은 압축비를 허용하면서 토출온도 유지
② 압축효율 증대로 전력소비 증가
③ 로터의 마모를 줄여 장기간 성능유지
④ 높은 압축비에서도 체적효율 유지

해설 스크류 압축기의 운전 중에 로터에 오일을 분사시켜 주는 목적
- 오일에 의한 냉각으로 높은 압축비를 허용하면서 토출가스의 온도를 유지한다.
- 압축효율이 증대하므로 전력소비가 감소한다.
- 로터의 마모를 줄여 장시간 성능을 유지한다.
- 높은 압축비에서도 체적효율을 유지한다.
- 토출가스의 소음을 적게 할 수 있다.

답 020. ③　021. ②

Q 022
그림은 냉동사이클을 압력-엔탈피선도에 나타낸 것이다. 이 그림에 대한 설명으로 옳은 것은?

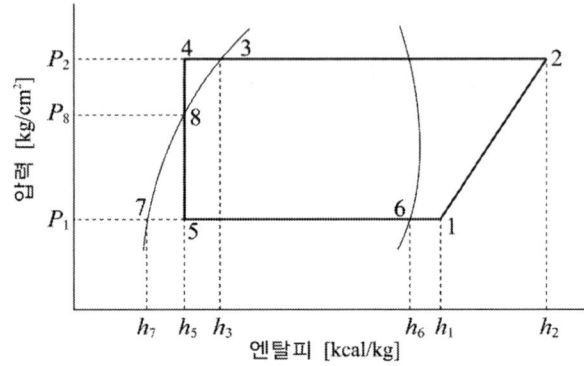

① 팽창밸브 출구의 냉매 건조도는 $[(h_5-h_7)/(h_6-h_7)]$로 계산한다.
② 증발기 출구에서의 냉매 과열도는 엔탈피차 (h_1-h_6)로 계산한다.
③ 응축기 출구에서의 냉매 과냉각도는 엔탈피차 (h_3-h_5)로 계산한다.
④ 냉매순환량은 [냉동능력$/(h_6-h_5)$]로 계산한다.

해설
② 증발기 출구에서의 냉매 과열도는 압축기 흡입가스 온도와 증발온도의 차로 계산한다.
③ 응축기 출구에서의 냉매 과냉각도는 응축온도와 팽창밸브 직전 온도의 차로 계산한다.
④ 냉매순환량은 [냉동능력$/(h_1-h_5)$]로 계산한다.

Q 023
최근 에너지를 효율적으로 사용하자는 측면에서 빙축열시스템이 보급되고 있다. 빙축열시스템의 분류에 대한 조합으로 적절하지 않은 것은?

① 정적 제빙형 — 관외착빙형
② 정적 제빙형 — 빙박리형
③ 동적 제빙형 — 리키드 아이스형
④ 동적 제빙형 — 과냉각 아이스형

해설 빙축열시스템의 분류
- 정적 제빙형 : 관외착빙형(완전 동결형, 직접 접촉식), 관내착빙형, 캡슐형(아이스렌즈형, 아이스볼형)
- 동적 제빙형 : 빙박리형, 액체식 빙생성형(리키드 아이스형, 과냉각 아이스형)

답 022. ① 023. ②

Q 024 냉동장치의 운전에 관한 설명으로 옳은 것은?

① 압축기에 액백(liquid back)현상이 일어나면 토출가스 온도가 내려가고 구동 전동기의 전류계 지시 값이 변동한다.
② 수액기 내에 냉매액을 충만시키면 증발기에서 열부하 감소에 대응하기 쉽다.
③ 냉매 충전량이 부족하면 증발압력이 높게 되어 냉동능력이 저하한다.
④ 냉동부하에 비해 과대한 용량의 압축기를 사용하면 저압이 높게 되고, 장치의 성적계수는 상승한다.

해설
② 수액기 내에 냉매액을 충만시키면 고압이 상승하게 되어 증발기에서의 냉동능력이 저하한다.
③ 냉매 충전량이 부족하면 증발압력이 낮아져 냉동능력이 저하한다.
④ 냉동부하에 비해 과대한 용량의 압축기를 사용하면 고압이 상승하게 되고, 성적계수는 저하한다.

Q 025 다음의 역카르노 사이클에서 등온팽창과정을 나타내는 것은?

① A
② B
③ C
④ D

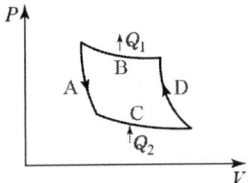

해설 역카르노사이클

구간	과정해석	냉동장치 구성
D	단열압축과정	압축기
B	등온압축과정	응축기
A	단열팽창과정	팽창밸브
C	등온팽창과정	증발기

Q 026 증기압축 냉동사이클에서 압축기의 압축일은 5HP이고, 응축기의 용량은 13.8kW이다. 이때 냉동사이클의 냉동능력(RT)은?

① 1.8
② 2.6
③ 3.1
④ 3.5

해설 [조건] 압축기의 압축일 $L = 5HP = 5 \times 641 kcal/h$,
응축기의 용량 $Q_c = 13.8 kW = 13.8 \times 860 kcal/h$

- 냉동능력 $Q_e = Q_c - L$에서 $Q_e = (13.8 \times 860 kcal/h) - (5 \times 641 kcal/h) = 8663 kcal/h$
- 냉동톤 1RT는 3320kcal/h이므로 냉동능력 $Q_e = \dfrac{8663 kcal/h}{3320 kcal/h} = 2.61 RT$

답 024. ① 025. ③ 026. ②

Q 027
다음과 같은 카르노사이클에 대한 설명으로 옳은 것은?

① 면적 1-2-3'-4'는 흡열 Q_1을 나타낸다.
② 면적 4-3-3'-4'는 유효열량을 나타낸다.
③ 면적 1-2-3-4는 방열 Q_2를 나타낸다.
④ Q_1, Q_2는 면적과는 무관하다.

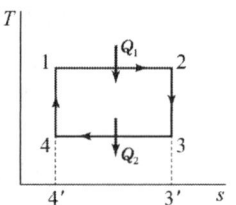

해설 카르노사이클
- 흡열(Q_1) : 면적 1-2-3'-4'
- 방열(Q_2) : 면적 4-3-3'-4'
- 유효열량($Q_1 - Q_2$) : 면적 1-2-3-4

Q 028
비열이 3.86kJ/kg·K인 액 920kg을 1시간 동안 25℃에서 5℃로 냉각시키는데 소요되는 냉각열량은 몇 냉동톤(RT)인가? (단, 1RT는 3.5kW이다.)

① 3.2 ② 5.6
③ 7.8 ④ 8.3

해설 [조건] 비열 $C = 3.86$kJ/kg·K, 질량 $m = 920$kg/h, 온도차 $\Delta t = (25-5) = 20℃ = 20$K, 냉동톤 1RT = 3.5kW

- 냉각열량(냉동능력) $Q_e = mC\Delta t$에서
$$Q_e = \left(920\frac{\text{kg}}{\text{h}} \times \frac{1\text{h}}{3600\text{s}}\right) \times 3.86\frac{\text{kJ}}{\text{kg·K}} \times 20\text{K} = 19.73\text{kW(kJ/s)}$$

- 냉동톤 $Q_e = \dfrac{19.73\text{kW}}{3.5\text{kW}} = 5.64$RT

Q 029
1분간에 25℃의 물 100L를 0℃의 물로 냉각시키기 위하여 최소 몇 냉동톤의 냉동기가 필요한가?

① 45.2RT ② 4.52RT
③ 452RT ④ 42.5RT

해설 [조건] 체적유량 $Q = 100$L/min $= 0.1$m³/min, 물의 비열 $C = 1$kcal/kg·℃, 온도차 $\Delta t = (25-0)℃ = 25℃$

- 물의 밀도 ρ는 1000kg/m³이므로
 질량유량 $m = \rho Q = 1000\dfrac{\text{kg}}{\text{m}^3} \times 0.1\dfrac{\text{m}^3}{\text{min}} = 100$kg/min

- 냉각열량 $Q_e = mC\Delta t$에서
$$Q_e = \left(100\frac{\text{kg}}{\text{min}} \times \frac{60\text{min}}{1\text{h}}\right) \times 1\frac{\text{kcal}}{\text{kg·℃}} \times 25℃ = 150000\text{kcal/h}$$

- 1냉동톤은 3320kcal/h이므로
 냉동톤 $Q_e = \dfrac{150000\text{kcal/h}}{3320\text{kcal/h}} = 45.18$RT

답 027. ① 028. ② 029. ①

Q.030 흡수식 냉동기에 사용하는 흡수제의 구비조건으로 틀린 것은?

① 농도 변화에 의한 증기압의 변화가 클 것
② 용액의 증기압이 낮을 것
③ 점도가 높지 않을 것
④ 부식성이 없을 것

해설
- 농도 변화에 대한 증기압의 변화가 적을 것
- 용액의 증기압이 낮을 것
- 점도가 높지 않을 것
- 부식성이 없을 것
- 재생에 많은 열을 필요로 하지 않을 것
- 냉매와 비점 차이가 클 것

Q.031 쉘 앤 튜브 응축기에서 냉각수 입구 및 출구 온도가 각각 16℃와 22℃, 냉매의 응축온도를 25℃라 할 때, 이 응축기의 냉매와 냉각수와의 대수평균온도차(℃)는?

① 3.5
② 5.5
③ 6.8
④ 9.2

해설 [조건] 냉각수 입구온도 $t_{w1}=16℃$, 냉각수 출구온도 $t_{w2}=22℃$, 냉매의 응축온도 $t_c=25℃$

- 온도차 $\triangle 1 = t_c - t_{w1} = (25-16)℃ = 9℃$, $\triangle 2 = t_c - t_{w2} = (25-22)℃ = 3℃$
- 대수평균온도차 $\triangle t_m = \dfrac{\triangle 1 - \triangle 2}{\ln\dfrac{\triangle 1}{\triangle 2}}$ 에서 $\triangle t_m = \dfrac{(9-3)℃}{\ln\dfrac{9℃}{3℃}} = 5.46℃$

Q.032 실제 냉동사이클에서 압축과정 동안 냉매 변환 중 스크류 냉동기는 어떤 압축과정에 가장 가까운가?

① 단열 압축
② 등온 압축
③ 등적 압축
④ 과열 압축

해설

장치명	과정	냉매의 상태 변화
압축기	압축과정	엔트로피 일정(단열), 압력 상승, 온도 상승, 비체적 저하(압축), 엔탈피 상승
응축기	응축과정	엔트로피 감소, 압력 일정(등압), 온도 저하, 비체적 저하, 엔탈피 저하
팽창밸브	팽창과정	엔탈피 일정(단열), 압력 저하, 온도저하, 비체적 상승(팽창)
증발기	증발과정	압력 일정(등압), 온도 일정(등온), 엔탈피 상승

∴ 스크류 냉동기는 스크류 압축기를 사용한 냉동기로서 스크류 압축기로 냉매를 압축하면 엔트로피가 일정하고 비체적이 작아지는 단열 압축과정에 가깝다.

답 030. ① 031. ② 032. ①

Q 033 암모니아 냉동기의 배관재료로서 적절하지 않은 것은?
① 배관용 탄소강 강관
② 동합금관
③ 압력배관용 탄소강 강관
④ 스테인리스 강관

해설 암모니아 냉매의 특징
• 암모니아 수는 철 및 강을 부식시키지 않는다.
• 암모니아 증기가 수분을 함유하면 아연, 주석, 동 및 동합금을 부식시킨다.
∴ 암모니아 냉매를 사용하는 냉동기의 배관재료는 철 및 강 재료를 사용해야 한다. 따라서, 암모니아 냉동기의 배관재료로 배관용 탄소강 강관, 압력배관용 탄소강 강관, 스테인리스 강관을 사용한다.

Q 034 냉동기유의 구비조건으로 틀린 것은?
① 응고점이 높아 저온에서도 유동성이 있을 것
② 냉매나 수분, 공기 등이 쉽게 용해되지 않을 것
③ 쉽게 산화하거나 열화하지 않을 것
④ 적당한 점도를 가질 것

해설 냉동기유의 구비조건
• 응고점이 낮고, 인화점이 높아야 한다.
• 냉매와 잘 반응하지 않아야 한다.
• 수분 및 산분을 포함하지 않아야 한다.
• 점도가 적당할 것
• 항유화성이 있고 유막을 잘 형성할 수 있을 것

Q 035 그림과 같은 냉동 사이클로 작동하는 압축기가 있다. 이 압축기의 체적효율이 0.65, 압축효율이 0.8, 기계효율이 0.9라고 한다면 실제 성적계수는?
① 3.89
② 2.81
③ 1.82
④ 1.42

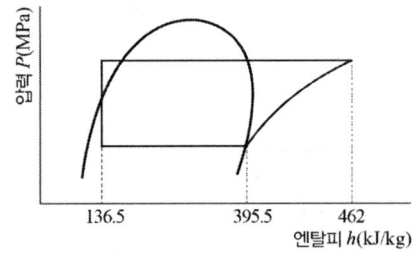

해설 [조건] 압축일량 $AW = (462 - 395.5)\text{kJ/kg} = 66.5\text{kJ/kg}$,
냉동효과 $q_e = (395.5 - 136.5)\text{kJ/kg} = 259\text{kJ/kg}$,
압축효율 $\eta_c = 0.8$, 기계효율 $\eta_m = 0.9$

• 이론 성적계수 $COP_1 = \dfrac{q_e}{AW} = \dfrac{259\text{kJ/kg}}{66.5\text{kJ/kg}} = 3.9$

• 실제 성적계수 $COP_2 = COP_1 \times \eta_c \times \eta_m = 3.9 \times 0.8 \times 0.9 = 2.81$

답 033. ② 034. ① 035. ②

Q 036 증발기의 종류에 대한 설명으로 옳은 것은?

① 대형 냉동기에서는 주로 직접 팽창식 증발기를 사용한다.
② 직접 팽창식 증발기는 2차 냉매를 냉각시켜 물체를 냉동, 냉각시키는 방식이다.
③ 만액식 증발기는 팽창밸브에서 교축팽창 된 냉매를 직접 증발기로 공급하는 방식이다.
④ 간접 팽창식 증발기는 제빙, 양조 등의 산업용 냉동기에 주로 사용된다.

해설 증발기의 팽창방식에 따른 분류
- 직접 팽창식 증발기 : 냉동실에 설치한 증발기의 냉각관 내에 냉매(1차 냉매)를 직접 흐르게 하여 냉매의 증발잠열을 이용하여 피냉각물체로부터 열을 흡수하여 냉동목적을 달성하는 증발기로서 주로 공기냉각용 증발기로 사용된다.
- 간접 팽창식 증발기 : 브라인 쿨러 내에는 냉매액, 냉각관 내에는 브라인을 흐르게 하고 냉매 액의 증발열로 브라인(물 또는 염화칼슘)을 냉각하여 브라인(2차 냉매)의 현열을 이용하여 피냉각물체로부터 열을 흡수하여 냉동목적을 달성하는 증발기로서 주로 제빙, 양조 및 냉방용 등의 산업용 냉동기에 사용된다.

Q 037 2단 압축 1단 팽창식과 2단 압축 2단 팽창식의 비교 설명으로 옳은 것은? (단, 동일운전 조건으로 가정한다.)

① 2단 팽창식의 경우에는 두 가지의 냉매를 사용한다.
② 2단 팽창식의 경우가 성적계수가 약간 높다.
③ 2단 팽창식은 중간냉각기를 필요로 하지 않는다.
④ 1단 팽창식의 팽창밸브는 1개가 좋다.

해설 2단 압축 냉동장치
- 단단압축 냉동장치에서 −30℃의 증발온도를 얻으려면 압축비가 상승하여 냉동기 성능이 저하되므로 2단 압축 및 다단 압축 냉동장치를 사용한다.
- 2단 압축 2단 팽창식이 2단 압축 1단 팽창식보다 성적계수가 높지만 운전이 불리하다.
- 2단 압축 1단 팽창식과 2단 압축 2단 팽창식 모두 중간냉각기를 설치해야 한다.
- 2단 압축 냉동장치의 팽창밸브는 주팽창밸브와 보조팽창밸브를 설치한다.

Q 038 운전 중인 냉동장치의 저압측 진공게이지가 50cmHg을 나타내고 있다. 이때의 진공도는?

① 65.8%
② 40.8%
③ 26.5%
④ 3.4%

해설
- 표준대기압 $1atm = 76cmHg = 10.33mH_2O = 1.0332 kgf/cm^2 = 0.1MPa$
- 진공도 $x = \dfrac{50cmHg}{76cmHg} \times 100\% = 65.79\%$

답 036. ④ 037. ② 038. ①

Q 039. 안전밸브의 시험방법에서 약간의 기포가 발생할 때의 압력을 무엇이라고 하는가?

① 분출 전개압력　　② 분출 개시압력
③ 분출 정지압력　　④ 분출 종료압력

해설 안전밸브의 분출시험압력
- 분출개시압력 : 입구 측의 압력이 증가하여 출구 측에서 미량(약간의 기포가 발생)의 유출이 지속적으로 검지될 때의 입구 측의 압력을 말한다.
- 분출압력 또는 토출압력 : 안전밸브 입구 측의 압력이 증가하여 안전밸브가 완전히 개방되며 내부의 유체를 분출할 때 입구 측에서의 압력을 말한다. 즉 리프트가 최대로 될 때 입구측에서의 압력을 말한다.
- 분출정지압력 : 입구 측의 압력이 감소하여 밸브의 몸체가 밸브시트와 재접촉할 때, 즉 리프트가 "0"이 되었을 때 입구 측의 압력을 말한다.

Q 040. 응축압력의 이상 고압에 대한 원인으로 가장 거리가 먼 것은?

① 응축기의 냉각관 오염　　② 불응축가스 혼입
③ 응축부하 증대　　　　　④ 냉매 부족

해설 냉동장치 내에 냉매가 부족할 경우 증발압력이 이상 저압으로 나타나는 원인이 된다.

제 3 과목　공기조화

Q 041. 단일덕트 방식에 대한 설명으로 틀린 것은?

① 중앙기계실에 설치한 공기조화기에서 조화한 공기를 주 덕트를 통해 각 실로 분배한다.
② 단일덕트 일정 풍량 방식은 개별제어에 적합하다.
③ 단일덕트 방식에서는 큰 덕트 스페이스를 필요로 한다.
④ 단일덕트 일정 풍량 방식에서는 재열을 필요로 할 때도 있다.

해설 단일덕트 방식의 종류
- 정풍량 방식 : 송풍량을 일정하게 하고 송풍온도를 조절하여 공급하는 방식으로서 각 실의 실온을 개별적으로 제어할 수 없으며 각 실마다 부하변동이 다른 경우 온·습도의 불균형이 발생한다.
- 변풍량 방식 : 각 실에 온도조절기를 설치하여 실내 온도에 의해 댐퍼가 자동적으로 개폐되어 송풍량을 조절하는 방식으로서 실 별 또는 존 별로 변풍량 유닛을 설치하기 때문에 개별제어 및 존 제어가 가능하다.

 039. ② 040. ④ 041. ②

Q 042
내벽 열전달율 4.7W/m²·K, 외벽 열전달율 5.8W/m²·K, 열전도율 2.9W/m·℃, 벽두께 25cm, 외기온도 −10℃, 실내온도 20℃일 때 열관류율(W/m²·K)은?

① 1.8
② 2.1
③ 3.6
④ 5.2

해설 [조건] 내벽의 열전달율 $\alpha_i = 4.7\text{W/m}^2 \cdot \text{K}$, 외벽의 열전달율 $\alpha_o = 5.8\text{W/m}^2 \cdot \text{K}$,
벽체의 열전도율 $\lambda = 2.9\text{W/m} \cdot \text{K}$, 벽두께 $l = 25\text{cm} = 0.25\text{m}$

열관류율 $K = \dfrac{1}{\dfrac{1}{\alpha_o} + \dfrac{l}{\lambda} + \dfrac{1}{\alpha_i}}$ 에서 $K = \dfrac{1}{\dfrac{1}{5.8} + \dfrac{0.25}{2.9} + \dfrac{1}{4.7}} = 2.12\text{W/m}^2 \cdot \text{K}$

Q 043
변풍량 유닛의 종류별 특징에 대한 설명으로 틀린 것은?

① 바이패스형은 덕트 내의 정압변동이 거의 없고 발생 소음이 작다.
② 유인형은 실내 발생열을 온열원으로 이용 가능하다.
③ 교축형은 압력손실이 작고 동력절감이 가능하다.
④ 바이패스형은 압력손실이 작지만 송풍기 동력 절감이 어렵다.

해설 변풍량 유닛의 종류
• **교축형** : 유닛을 통과하는 풍량이 실내부하의 변동에 따라 변하기 때문에 덕트 내의 정압이 변화하는 형태로서 댐퍼형과 벤튜리형이 있다.
  - 송풍기의 운전동력이 절약되고 덕트 내의 정압제어가 필요하다.
  - 유닛의 저항이 커서 압력손실이 크다.
• **바이패스형** : 실내의 부하변동에 따라 바이패스되는 풍량을 변화시킴으로써 실내로 토출되는 풍량을 조절하는 방식이다.
  - 부하가 변동하여도 덕트 내의 정압변동이 거의 없고 소음발생이 작다.
  - 송풍기 동력 절감이 어렵다.
• **유인형** : 공조기에서 1차 공기를 공급하고 유닛에서 2차 공기를 유인하여 서로 혼합시켜 실내로 송풍하는 방식이다.
  - 1차 공기를 고속으로 공급하므로 덕트 치수를 작게 할 수 있다.
  - 높은 정압의 송풍기가 필요하므로 송풍기 동력이 증가하고 소음이 발생한다.

Q 044
냉방부하의 종류에 따라 연관되는 열의 종류로 틀린 것은?

① 인체의 발생열 - 현열, 잠열
② 극간풍에 의한 열량 - 현열, 잠열
③ 조명부하 - 현열, 잠열
④ 외기 도입량 - 현열, 잠열

해설 냉방부하 중 조명부하는 현열로만 구성되어 있으며 1kW당 형광등은 1000kcal/h, 백열등은 860kcal/h이다.

답 042. ② 043. ③ 044. ③

Q 045. 습공기의 습도에 대한 설명으로 틀린 것은?

① 절대습도는 건공기 중에 포함된 수증기량을 나타낸다.
② 수증기 분압은 절대습도에 반비례 관계가 있다.
③ 상대습도는 습공기의 수증기 분압과 포화공기의 수증기 분압과의 비로 나타낸다.
④ 비교습도는 습공기의 절대습도와 포화공기의 절대습도와의 비로 나타낸다.

해설

절대습도 $x = 0.622 \times \dfrac{P_w}{P-P_w} = 0.622 \times \dfrac{\phi P_s}{P-\phi P_s}$ [kg/kg′]

여기서, P_w는 수증기 분압(mmHg), P는 대기압(mmHg), ϕ는 상대습도(%), P_s는 포화수증기 분압(mmHg)이다.

∴ 수증기 분압이 높아지면 절대습도가 커진다. 따라서, 절대습도와 수증기 분압은 비례관계이다.

Q 046. 공기의 온도에 따른 밀도 특성을 이용한 방식으로 실내보다 낮은 온도의 신선 공기를 해당구역에 공급함으로써 오염물질을 대류효과에 의해 실내 상부에 설치된 배기구를 통해 배출시켜 환기 목적을 달성하는 방식은?

① 기계식 환기법 ② 전반 환기법
③ 치환 환기법 ④ 국소 환기법

해설 환기법

- 치환환기 : 외부의 신선한 공기를 낮은 영역에서 저온·저속으로 실내에 공급하여 실내에서 발생하는 열과 오염물질을 대류효과에 의해 상부의 배기구를 통해 배출하는 환기방식이다.
- 전반환기 : 실내의 거의 모든 부분에서 오염가스가 발생되는 경우 실 전체의 기류분포를 계획하여 실내에서 발생하는 오염물질을 완전히 희석하고 확산시킨 다음에 배기를 행하는 환기방식이다.
- 국부환기 : 주방이나 공장 등의 오염원 근처에 후드를 설치하여 주위로 확산되기 전에 배기를 행하는 환기방식이다.

답 045. ② 046. ③

Q 047

아래 그림에 나타낸 장치를 표의 조건으로 냉방운전을 할 때 A실에 필요한 송풍량(m^3/h)은? (단, A실의 냉방부하는 현열부하 8.8kW, 잠열부하 2.8kW이고, 공기의 정압비열은 1.01kJ/kg·K, 밀도는 1.2kg/m^3이며, 덕트에서의 열손실은 무시한다.)

지점	온도(DB), ℃	습도(RH), %
A	26	50
B	17	-
C	16	85

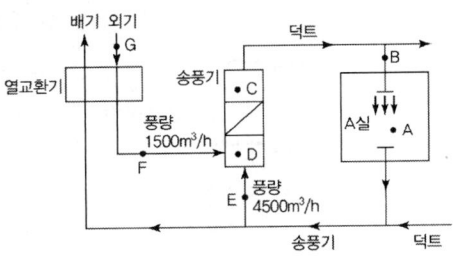

① 924
② 1847
③ 2904
④ 3831

해설

[조건] 현열부하 $q_s = 8.8\text{kW} = 8.8\text{kJ/s}$, 공기의 정압비열 $C_p = 1.01\text{kJ/kg·K}$, 밀도 $\rho = 1.2\text{kg/m}^3$, A실의 온도 $t_A = 26℃ = 299\text{K}$, B의 급기온도 $t_B = 17℃ = 290\text{K}$

현열부하 $q = (\rho Q)C(t_A - t_B)$에서

풍량 $Q = \dfrac{q}{\rho C(t_A - t_B)} = \dfrac{8.8\dfrac{\text{kJ}}{\text{s}}}{1.2\dfrac{\text{kg}}{\text{m}^3} \times 1.01\dfrac{\text{kJ}}{\text{kg·K}} \times (299-290)\text{K}} = 0.8067\text{m}^3/\text{s}$

$= 0.8067\dfrac{\text{m}^3}{\text{s}} \times \dfrac{3600\text{s}}{1\text{h}} = 2904.12\text{m}^3/\text{h}$

Q 048

다음 중 증기난방 장치의 구성으로 가장 거리가 먼 것은?

① 트랩
② 감압밸브
③ 응축수탱크
④ 팽창탱크

해설 팽창탱크 설치목적
- 물의 온도변화에 따른 체적팽창을 흡수하여 장치 내의 압력을 흡수하고 장치의 파손을 방지한다.
- 수축 시에는 장치 내의 압력을 일정하게 유지함으로써 공기가 침입하는 것을 방지한다.
- 팽창된 물의 배출을 억제하여 장치의 열손실을 방지한다.

∴ 팽창탱크는 온수난방용 장치이다.

답 047. ③ 048. ④

Q 049. 환기에 따른 공기조화부하의 절감 대책으로 틀린 것은?

① 예냉, 예열 시 외기도입을 차단한다.
② 열 발생원이 집중되어 있는 경우 국소배기를 채용한다.
③ 전열교환기를 채용한다.
④ 실내 정화를 위해 환기횟수를 증가시킨다.

해설 실내공기의 정화를 위해 환기횟수를 증가시키면 환기부하가 증가되어 공기조화의 부하를 절감시킬 수 없다.

참고 환기부하
- 현열부하 $q_s = 0.288 Q \Delta t = 0.288 n V \Delta t$ [kcal/h]
- 잠열부하 $q_L = 720 Q \Delta x = 720 n V \Delta x$ [kcal/h]

여기서, Q는 환기량(m³/h), Δt는 실내·외온도차(℃), n은 환기횟수(회/h), V는 실의 용적(m³), Δx는 실내·외절대습도차(kg/kg)

Q 050. 온수난방에 대한 설명으로 틀린 것은?

① 저온수 난방에서 공급수의 온도는 100℃ 이하이다.
② 사람이 상주하는 주택에서는 복사난방을 주로 한다.
③ 고온수 난방의 경우 밀폐식 팽창탱크를 사용한다.
④ 2관식 역환수 방식에서는 펌프에 가까운 방열기일수록 온수 순환량이 많아진다.

해설 역환수 방식(리버스 리턴 방식)
온수 공급관과 환수관의 배관 길이가 같기 때문에 각 방열기마다 온수의 유량과 온수온도를 균등하게 유지할 수 있는 배관방식이다.

Q 051. 방열기에서 상당방열면적(EDR)은 아래의 식으로 나타낸다. 이 중 Q_o는 무엇을 뜻하는가? (단, 사용단위로 Q는 W, Q_o는 W/m²이다.)

$$EDR(\text{m}^2) = \frac{Q}{Q_o}$$

① 증발량
② 응축수량
③ 방열기의 전방열량
④ 방열기의 표준방열량

답 049. ④ 050. ④ 051. ④

해설
상당 방열면적 $EDR = \dfrac{Q}{Q_o}[\text{m}^2]$

여기서, Q는 방열기의 전방열량, Q_o는 표준방열량이다.
- 증기난방의 표준방열량 $Q_o = 756\text{W/m}^2$
- 온수난방의 표준방열량 $Q_o = 523\text{W/m}^2$

Q 052 공조기 냉수코일 설계 기준으로 틀린 것은?

① 공기류와 수류의 방향은 역류가 되도록 한다.
② 대수평균온도차는 가능한 한 작게 한다.
③ 코일을 통과하는 공기의 전면풍속은 2~3m/s로 한다.
④ 코일의 설치는 관이 수평으로 놓이게 한다.

해설 냉수코일 설계
- 코일을 통과하는 전면풍속은 2~3m/sec가 경제적이다.
- 물의 온도 상승은 일반적으로 5℃ 전후로 한다.
- 물의 입·출구 온도차는 5℃ 전후로 한다.
- 코일을 통과하는 물의 속도는 1m/s 전후로 한다.
- 공기와 물의 흐름은 대향류로 하고 대수평균온도차는 가능한 크게 한다.

Q 053 공기세정기의 구성품인 엘리미네이터의 주된 기능은?

① 미립화 된 물과 공기와의 접촉 촉진
② 균일한 공기 흐름 유도
③ 공기 내부의 먼지 제거
④ 공기 중의 물방울 제거

해설 공기세정기의 구조
- 루버 : 공기세정기의 입구공기를 정류하여 기류의 분포를 고르게 하는 장치이다.
- 분무노즐 : 물을 직접 분무하여 가습을 하는 장치이다.
- 플러딩 노즐 : 엘리미네이터에 부착된 이물질을 제거하는 장치이다.
- 엘리미네이터 : 실내로 결로수가 비산되는 것을 방지(공기 중의 물방울을 제거)하기 위한 장치이다.

Q 054 다음 중 열수분비(μ)와 현열비(SHF)와의 관계식으로 옳은 것은? (단, q_S는 현열량, q_L는 잠열량, L은 가습량이다.)

① $\mu = SHF \times \dfrac{q_S}{L}$ ② $\mu = \dfrac{1}{SHF} \times \dfrac{q_L}{L}$

③ $\mu = SHF \times \dfrac{q_L}{L}$ ④ $\mu = \dfrac{1}{SHF} \times \dfrac{q_S}{L}$

답 052. ② 053. ④ 054. ④

해설 열수분비(μ)
- 수분량(절대습도)의 변화에 따른 전열량의 비이다.
- 열수분비 $\mu = \dfrac{h_2 - h_1}{x_2 - x_1} = \dfrac{\frac{q_S + Lh_L}{G}}{\frac{L}{G}} = \dfrac{q_S}{L} + h_L$

여기서, $h_2 - h_1$은 전열량, $x_2 - x_1$은 절대습도의 변화, G는 공기량, L은 가습량, h_L은 수분의 엔탈피이다.

- 잠열 $q_L = L \times h_L$
- 현열비 $SHF = \dfrac{q_S}{q_S + q_L}$, 전열량 $q_S + q_L = \dfrac{q_S}{SHF}$

∴ 열수분비 $\mu = \dfrac{\frac{q_S + Lh_L}{G}}{\frac{L}{G}}$ 에서

$\mu = \dfrac{\frac{q_S + Lh_L}{G} \times \frac{G}{L}}{\frac{L}{G} \times \frac{G}{L}} = (q_s + Lh_L) \times \dfrac{1}{L} = (q_s + q_L) \times \dfrac{1}{L} = \dfrac{q_S}{SHF} \times \dfrac{1}{L} = \dfrac{1}{SHF} \times \dfrac{q_S}{L}$

055 대류 및 복사에 의한 열전달률에 의해 기온과 평균복사온도를 가중평균한 값으로 복사난방 공간의 열환경을 평가하기 위한 지표를 나타내는 것은?

① 작용온도(Operative Temperature)
② 건구온도(Dry bulb Temperature)
③ 카타냉각력(Kata Cooling Power)
④ 불쾌지수(Discomfort Index)

해설 작용온도(Operative Temperature, OT)
- 복사난방의 열환경을 평가하기 위한 지표로 사용되며 효과온도라 한다.
- 작용온도 $OT = \dfrac{MRT + t_r}{2} = \dfrac{t_w + t_r}{2}$ [℃]

여기서, MRT는 평균복사온도(℃), t_r은 실내온도(℃), t_w는 벽체온도(℃)이다.

056 A, B 두 방의 열손실은 각각 4kW이다. 높이 600mm인 주철제 5세주 방열기를 사용하여 실내온도를 모두 18.5℃로 유지시키고자 한다. A실은 102℃의 증기를 사용하며, B실은 평균 80℃의 온수를 사용할 때 두 방 전체에 필요한 총 방열기의 절수는? (단, 표준방열량을 적용하며, 방열기 1절(節)의 상당 방열면적은 0.23m²이다.)

① 23개
② 34개
③ 42개
④ 56개

답 055. ① 056. ④

해설

① 상당 방열면적 $EDR = \dfrac{Q}{Q_o}[\text{m}^2]$

여기서, Q_o는 표준방열량이다.

- A실 : 증기난방이므로 $EDR = \dfrac{Q}{650\text{kcal/m}^2 \cdot \text{h}}$ 에서

$$EDR = \dfrac{4 \times 860\text{kcal/h}}{650\text{kcal/m}^2 \cdot \text{h}} = 5.29\text{m}^2$$

- B실 : 온수난방이므로 $EDR = \dfrac{Q}{450\text{kcal/m}^2 \cdot \text{h}}$ 에서

$$EDR = \dfrac{4 \times 860\text{kcal/h}}{450\text{kcal/m}^2 \cdot \text{h}} = 7.64\text{m}^2$$

② 방열기의 절수 $n = \dfrac{EDR}{A}[\text{개}]$

- A실 : $n_1 = \dfrac{5.29\text{m}^2}{0.23\text{m}^2} = 23$개
- B실 : $n_2 = \dfrac{7.64\text{m}^2}{0.23\text{m}^2} ≒ 33$개

∴ 총 방열기의 절수 $n = n_1 + n_2 = 23$개 $+ 33$개 $= 56$개

057 실내를 항상 급기용 송풍기를 이용하여 정압(+)상태로 유지할 수 있어서 오염된 공기의 침입을 방지하고, 연소용 공기가 필요한 보일러실, 반도체 무균실, 소규모 변전실, 창고 등에 적용하기에 적합한 환기법은?

① 제1종 환기
② 제2종 환기
③ 제3종 환기
④ 제4종 환기

해설 환기방법

- 제1종 환기법(압입 흡출 병용식) : 강제급기(급기용 송풍기)와 강제배기(배기용 송풍기)로 환기시키는 방식으로서 실내를 정압(+) 또는 부압(−)으로 유지할 수 있으며 일반공조실 및 기계실 환기에 적합하다.
- 제2종 환기법(압입식) : 강제급기(급기용 송풍기)와 자연배기로 환기시키는 방식으로서 실내를 정압(+)으로 유지할 수 있으며 클린룸, 수술실, 반도체 제조공장 등의 환기에 적합하다.
- 제3종 환기법(흡출식) : 자연급기와 강제배기(급기용 배풍기)로 환기시키는 방식으로서 실내를 부압(−)으로 유지할 수 있으며 주방이나 욕실 등에 적합하다.
- 제4종 환기법 : 자연급기와 자연배기로 환기시키는 방법이다.

058 전공기방식에 대한 설명으로 틀린 것은?

① 송풍량이 충분하여 실내오염이 적다.
② 환기용 팬을 설치하면 외기냉방이 가능하다.
③ 실내에 노출되는 기기가 없어 마감이 깨끗하다.
④ 천장의 여유 공간이 작을 때 적합하다.

답 057. ② 058. ④

> **[해설]** 전공기방식은 급기덕트를 통하여 실내에 공기를 공급하는 방식으로서 천장에 큰 덕트 스페이스를 요구한다. 따라서, 천장에는 급기덕트를 설치할 여유 공간이 커야 한다.

Q 059. 건구온도 30℃, 습구온도 27℃일 때 불쾌지수(DI)는 얼마인가?

① 57
② 62
③ 77
④ 82

> **[해설]** 불쾌지수 $DI = 0.72 \times (t + t') + 40.6$에서 $DI = 0.72 \times (30℃ + 27℃) + 40.6 = 81.64$

Q 060. 송풍기의 법칙에 따라 송풍기 날개 직경이 D1일 때, 소요동력이 L1인 송풍기를 직경 D2로 크게 했을 때 소요동력 L2를 구하는 공식으로 옳은 것은? (단, 회전속도는 일정하다.)

① $L2 = L1\left(\dfrac{D1}{D2}\right)^5$

② $L2 = L1\left(\dfrac{D1}{D2}\right)^4$

③ $L2 = L1\left(\dfrac{D2}{D1}\right)^4$

④ $L2 = L1\left(\dfrac{D2}{D1}\right)^5$

> **[해설]** 송풍기의 상사법칙
> - 풍량 $Q2 = \left(\dfrac{D2}{D1}\right)^3 Q1$
> - 정압 $P2 = \left(\dfrac{D2}{D1}\right)^2 P1$
> - 소요동력 $L2 = \left(\dfrac{D2}{D1}\right)^5 L1$

제 4 과목 전기제어공학

Q 061. 다음 신호흐름도에서 $\dfrac{C(s)}{R(s)}$는?

① $\dfrac{abcd}{1 + ce + bcf}$

② $\dfrac{abcd}{1 - ce + bcf}$

③ $\dfrac{abcd}{1 + ce - bcf}$

④ $\dfrac{abcd}{1 - ce - bcf}$

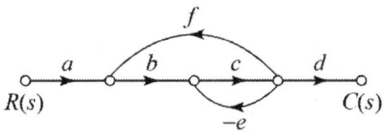

답 059. ④ 060. ④ 061. ③

해설 신호흐름도의 전달함수

$C(s) = abcdR(s) - ceC(s) + bcfC(s)$

$C(s) + ceC(s) - bcfC(s) = abcdR(s)$

$(1 + ce - bcf)C(s) = abcdR(s)$

∴ 전달함수 $\dfrac{C(s)}{R(s)} = \dfrac{abcd}{1+ce-bcf}$

Q 062 코일에 흐르고 있는 전류가 5배로 되면 축적되는 에너지는 몇 배가 되는가?

① 10
② 15
③ 20
④ 25

해설
- 자기에너지(코일에 축적되는 에너지) $W = \dfrac{1}{2}LI^2[\text{J}]$

  여기서, L은 인덕턴스(H), I는 전류(A)이다.
- 코일에 축적되는 에너지는 전류의 제곱에 비례하므로 $W \propto I^2$이다.

  에너지 $W \propto (5배)^2 = 25배$

Q 063 역률 0.85, 선전류 50A, 유효전력 28kW인 평형 3상 △부하의 전압(V)은 약 얼마인가?

① 300
② 380
③ 476
④ 660

해설 [조건] 역률 $\cos\theta = 0.85$, 선전류 $I_l = 50\text{A}$, 유효전력 $P = 28\text{kW} = 28000\text{W}$

- △결선에서 선간전압과 상전압은 같다.($V_l = V_p$)
- 유효전력 $P = I_l V_l \cos\theta$에서

  선간전압(상전압) $V_l = \dfrac{P}{\sqrt{3}\,I_l\cos\theta} = \dfrac{28000\text{W}}{\sqrt{3}\times 50\text{A}\times 0.85} = 380.4\text{A}$

Q 064 탄성식 압력계에 해당되는 것은?

① 경사관식
② 압전기식
③ 환상평형식
④ 벨로즈식

해설 압력계의 분류
- 탄성식 압력계 : 부르돈관식, 벨로즈식, 다이어프램식
- 액주식 압력계 : U자관식, 단관식, 경사관식

답 062. ④ 063. ② 064. ④

065. 맥동률이 가장 큰 정류회로는?

① 3상 전파 ② 3상 반파
③ 단상 전파 ④ 단상 반파

해설 정류회로의 맥동주파수와 맥동률

정류회로	맥동주파수	맥동률
단상 반파	60Hz	121%
단상 전파	120Hz	48%
3상 반파	180Hz	17%
3상 전파	360Hz	4%

066. 다음 블록선도의 전달함수는?

① $G_1(s)G_2(s) + G_2(s) + 1$
② $G_1(s)G_2(s) + 1$
③ $G_1(s)G_2(s) + G_2(s)$
④ $G_1(s)G_2(s) + G_1(s) + 1$

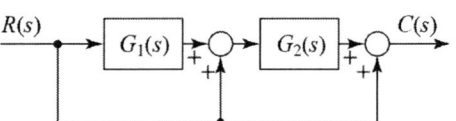

해설 블록선도의 전달함수

$C(s) = G_1(s)G_2(s)R(s) + G_2(s)R(s) + R(s)$
$C(s) = (G_1(s)G_2(s) + G_2(s) + 1)R(s)$

∴ 전달함수 $\dfrac{C(s)}{R(s)} = G_1(s)G_2(s) + G_2(s) + 1$

067. 다음 중 간략화한 논리식이 다른 것은?

① $(A+B) \cdot (A+\overline{B})$ ② $A \cdot (A+B)$
③ $A+(\overline{A} \cdot B)$ ④ $(A \cdot B)+(A \cdot \overline{B})$

해설
① $(A+B) \cdot (A+\overline{B}) = AA + A\overline{B} + AB + B\overline{B} = A + A \cdot (\overline{B}+B) + 0 = A + A \cdot 1 = A$
② $A \cdot (A+B) = AA + AB = A + AB = A \cdot (1+B) = A \cdot 1 = A$
③ $A+(\overline{A} \cdot B) = (A+\overline{A}) \cdot (A+B) = 1 \cdot (A+B) = A+B$
④ $(A \cdot B)+(A \cdot \overline{B}) = A \cdot (B+\overline{B}) = A \cdot 1 = A$

068. 논리식 $L = \overline{x} \cdot \overline{y} + \overline{x} \cdot y$를 간단히 한 식은?

① $L = x$ ② $L = \overline{x}$
③ $L = y$ ④ $L = \overline{y}$

해설 논리식을 간단히 하면 $L = \overline{x} \cdot \overline{y} + \overline{x} \cdot y = \overline{x} \cdot (\overline{y}+y) = \overline{x} \cdot 1 = \overline{x}$

답 065. ④ 066. ① 067. ③ 068. ②

Q 069 물체의 위치, 방향 및 자세 등의 기계적 변위를 제어량으로 하여 목표값의 임의의 변화에 추종하도록 구성된 제어계는?

① 프로그램제어   ② 프로세스제어
③ 서보 기구   ④ 자동 조정

해설 제어량에 따른 분류
- 프로세스제어 : 온도, 압력, 유량, 액면, 농도, 습도 등의 공업 공정의 상태량을 제어
- 자동조정 : 전압, 전류, 회전수(속도), 주파수, 토크 등의 상태량을 제어
- 서보기구 : 물체의 위치, 방위, 각도 등의 기계적 변위를 제어

Q 070 단자전압 V_{ab}는 몇 V인가?

① 3
② 7
③ 10
④ 13

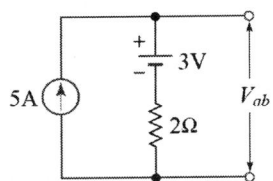

해설 키르히호프의 제2법칙
폐회로에서 기전력의 합과 전압강하의 합은 같다. 따라서, $V_{ab} - V = IR$이다.
$V_{ab} - 3V = 5A \times 2\Omega$
∴ 단자전압 $V_{ab} = 13V$

Q 071 전자석의 흡인력은 자속밀도 $B[\text{Wb/m}^2]$와 어떤 관계에 있는가?

① B에 비례   ② $B^{1.5}$에 비례
③ B^2에 비례   ④ B^3에 비례

해설 흡인력 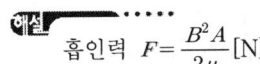 [N]
여기서, μ는 투자율, $B[\text{Wb/m}^2]$는 자속밀도, $A[\text{m}^2]$는 단면적이다.
∴ 흡인력(F)은 자속밀도(B)의 제곱에 비례한다.

Q 072 피드백 제어의 특징에 대한 설명으로 틀린 것은?

① 외란에 대한 영향을 줄일 수 있다.
② 목표값과 출력을 비교한다.
③ 조절부와 조작부로 구성된 제어요소를 가지고 있다.
④ 입력과 출력의 비를 나타내는 전체 이득이 증가한다.

해설 계의 특성변화에 대한 입력과 출력의 비를 나타내는 전체 이득(감도)이 감소한다.

답 069. ③ 070. ④ 071. ③ 072. ④

073

다음 회로와 같이 외전압계법을 통해 측정한 전력(W)은? (단, R_i : 전류계의 내부저항, R_e : 전압계의 내부저항이다.)

① $P = VI - \dfrac{V^2}{R_e}$

② $P = VI - \dfrac{V^2}{R_i}$

③ $P = VI - 2R_e I$

④ $P = VI - 2R_i I$

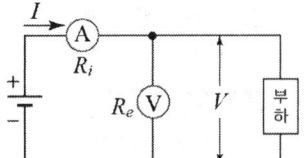

해설 외전압계법을 통한 측정한 전력(P)
- 부하저항을 모르는 경우 전류계와 전압계를 접속하여 저전압, 대전류를 측정한다.
- 전압계의 손실전력 : $\dfrac{V^2}{R_e}$[W]
- 측정 전력 : $P = VI - \dfrac{V^2}{R_e}$[W]

074

목표값 이외의 외부 입력으로 제어량을 변화시키며 인위적으로 제어할 수 없는 요소는?

① 제어동작신호 ② 조작량
③ 외란   ④ 오차

해설 외란 : 외부로부터 제어대상에 작용하여 제어계의 상태를 교란시키는 것으로서 인위적으로 제어할 수 없는 요소이다.

075

2전력계법으로 3상 전력을 측정할 때 전력계의 지시가 $W_1 = 200W$, $W_2 = 200W$ 이다. 부하전력(W)은?

① 200   ② 400
③ $200\sqrt{3}$ ④ $400\sqrt{3}$

해설 2전력계법
부하전력 $P = W_1 + W_2$에서 $P = 200W + 200W = 400W$

076

$R = 10\Omega$, $L = 10mH$에 가변콘덴서 C를 직렬로 구성시킨 회로에 교류주파수 1000Hz를 가하여 직렬공진을 시켰다면 가변콘덴서는 약 몇 μF인가?

① 2.533   ② 12.675
③ 25.35   ④ 126.75

답 073. ① 074. ③ 075. ② 076. ①

해설
- 직렬공진 조건 : 유도성 리액턴스(X_L)=용량성 리액턴스(X_C)
- 유도성 리액턴스 $X_L = 2\pi fL$에서 $X_L = 2\pi \times 1000\text{Hz} \times (10 \times 10^{-3}\text{H}) = 62.83\Omega$
- 용량성 리액턴스 $X_C = \dfrac{1}{2\pi fC}$에서 $X_C = \dfrac{1}{2\pi \times 1000\text{Hz} \times C}$

∴ $X_L = X_C$에서 $\dfrac{1}{2\pi \times 1000\text{Hz} \times C} = 62.83\Omega$

정전용량 $C = \dfrac{1}{2\pi \times 1000\text{Hz} \times 62.83\Omega} = 2.533 \times 10^{-6}\text{F} = 2.533\mu\text{F}$

077
스위치 S의 개폐에 관계없이 전류 I가 항상 30A라면 R_3와 R_4는 각각 몇 Ω인가?

① $R_3 = 1$, $R_4 = 3$
② $R_3 = 2$, $R_4 = 1$
③ $R_3 = 3$, $R_4 = 2$
④ $R_3 = 4$, $R_4 = 4$

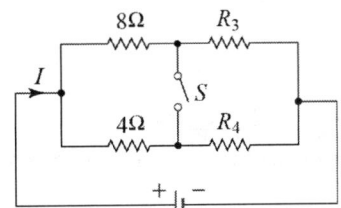

해설
휘스톤브리지회로를 적용하면 저항 $8\Omega \times R_4 = 4\Omega \times R_3$이다.
∴ $2R_4 = R_3$이므로 저항 R_4가 1Ω이면 R_3는 2Ω이다.

078
아래 R-L-C 직렬회로의 합성 임피던스(Ω)는?

① 1
② 5
③ 7
④ 15

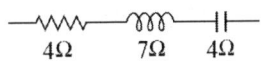

해설
합성 임피던스 $Z = \sqrt{R^2 + (X_L - X_C)^2}$에서
$Z = \sqrt{(4\Omega)^2 + (7\Omega - 4\Omega)^2} = 5\Omega$

079
변압기의 효율이 가장 좋을 때의 조건은?

① 철손 $= \dfrac{2}{3} \times$ 동손
② 철손 $= 2 \times$ 동손
③ 철손 $= \dfrac{1}{2} \times$ 동손
④ 철손 $=$ 동손

해설
변압기의 전부하효율에서 철손(P_i)과 동손(P_c)이 같을 때 변압기의 효율이 가장 좋다.

답 077. ② 078. ② 079. ④

Q 080. 입력 신호가 모두 "1"일 때만 출력이 생성되는 논리회로는?

① AND 회로
② OR 회로
③ NOR 회로
④ NOT 회로

해설 논리회로
- AND 회로 : 여러 개의 입력신호가 모두 "1"일 때만 출력이 생성되는 회로이다.
- OR 회로 : 여러 개의 입력신호 중 하나 또는 그 이상의 신호가 "1"일 때만 출력이 생성되는 회로이다.
- NOR 회로 : OR회로의 부정회로에서 여러 개의 입력신호 중 하나 또는 그 이상의 신호가 "0"일 때만 출력이 생성되는 회로이다.
- NOT 회로 : 입력신호가 "0"일 때만 출력이 생성되는 회로이다.

제 5 과목   배관일반

Q 081. 펌프 흡입측 수평배관에서 관경을 바꿀 때 편심 레듀서를 사용하는 목적은?

① 유속을 빠르게 하기 위하여
② 펌프 압력을 높이기 위하여
③ 역류 발생을 방지하기 위하여
④ 공기가 고이는 것을 방지하기 위하여

해설 펌프 흡입측 수평배관을 축소할 때에는 편심 레듀서를 사용하여 공기가 고이는 것을 방지한다.

Q 082. 다음 중 배관의 중심이동이나 구부러짐 등의 변위를 흡수하기 위한 이음이 아닌 것은?

① 슬리브형 이음
② 플렉시블 이음
③ 루프형 이음
④ 플라스탄 이음

해설 신축이음의 종류 : 루프형 이음, 슬리브형 이음, 벨로즈형 이음, 스위블형 이음, 플렉시블 이음

참고 플라스탄 이음 : 연관의 이음방법으로서 용융점이 낮은 플라스탄(Sn 40%, Pb 60%, 용융점 232℃)을 녹여 접합하는 방식이다.

답 080. ① 081. ④ 082. ④

Q 083. 온수배관 시공 시 유의사항으로 틀린 것은?

① 일반적으로 팽창관에는 밸브를 설치하지 않는다.
② 배관의 최저부에는 배수 밸브를 설치한다.
③ 공기밸브는 순환펌프의 흡입측에 부착한다.
④ 수평관은 팽창탱크를 향하여 올림구배로 배관한다.

해설
- 온수배관에 공기가 체류하게 되면 물의 순환이 불량하게 되므로 공기가 체류할 우려가 있는 배관의 상부나 굴곡(산형, ㄷ자형) 배관의 상부에 설치한다.
- 순환펌프의 토출측에는 공기가 고일 우려가 있으므로 공기를 대기로 배출할 수 있도록 공기밸브를 설치한다.

Q 084. 다음 중 밸브몸통 내에 밸브대를 축으로 하여 원판형태의 디스크가 회전함에 따라 개폐하는 밸브는 무엇인가?

① 버터플라이 밸브   ② 슬루스밸브
③ 앵글밸브   ④ 볼밸브

해설
- 슬루스밸브 : 밸브대를 회전시키면 디스크가 상하로 직선운동을 하여 밸브를 개폐하는 밸브이다.
- 앵글밸브 : 밸브의 입구와 출구의 각이 90°로 되어 있으며 글로브밸브의 일종이다.
- 볼밸브 : 밸브의 핸들을 90°로 회전시켜 밸브를 개폐하는 밸브이다.

Q 085. 강관의 나사이음 시 관을 절단한 후 관 단면의 안쪽에 생기는 거스러미를 제거할 때 사용하는 공구는?

① 파이프 바이스   ② 파이프 리머
③ 파이프 렌치   ④ 파이프 커터

해설
- 파이프 바이스 : 관을 절단하거나 관과 이음쇠를 조립할 때 관을 고정하는데 사용하는 공구이다.
- 파이프 리머 : 관을 절단한 후 관 단면의 안쪽에 생기는 거스러미를 제거할 때 사용하는 공구이다.
- 파이프 렌치 : 관 접합부의 이음쇠 및 부속류를 풀고 조일 때 사용하는 공구이다.
- 파이프 커터 : 관을 절단할 때 사용하는 공구이다.

Q 086. 옥상탱크에서 오버플로관을 설치하는 가장 적합한 위치는?

① 배수관보다 하위에 설치한다.
② 양수관보다 상위에 설치한다.
③ 급수관과 수평위치에 설치한다.
④ 양수관과 동일 수평위치에 설치한다.

답 083. ③ 084. ① 085. ② 086. ②

> **[해설]** 오버플로관은 양수관보다 상위에 설치하고 양수관 직경의 2배 이상으로 한다.

Q 087. 하트포드(Hart ford) 배관법에 관한 설명으로 틀린 것은?

① 보일러 내의 안전 저수면 보다 높은 위치에 환수관을 접속한다.
② 저압증기 난방에서 보일러 주변의 배관에 사용한다.
③ 하트포드 배관법은 보일러 내의 수면이 안전수위 이하로 유지하기 위해 사용된다.
④ 하트포드 배관 접속 시 환수주관에 침적된 찌꺼기의 보일러 유입을 방지할 수 있다.

> **[해설]** 하트포드 배관법 : 저압증기 난방에서 환수주관을 보일러를 직접 연결하지 않고 증기관과 환수관 사이에 균형관을 접속하여 환수관에서 보일러 수가 유출될 경우 보일러 내의 수면이 안전수위 이하가 되는 것을 방지하기 위해 사용된다.

Q 088. 급수·급탕설비에서 탱크류에 대한 누수의 유무를 조사하기 위한 시험방법으로 가장 적절한 것은?

① 수압시험   ② 만수시험
③ 통수시험   ④ 잔류염소의 측정

> **[해설]** 만수시험 : 탱크에 물을 가득 채우고 24시간 경과 후에 탱크의 변형 및 누수상태를 검사하여 결함상태 및 이상유무를 검사한다.

Q 089. 중앙식 급탕법에 대한 설명으로 틀린 것은?

① 탱크 속에 직접 증기를 분사하여 물을 가열하는 기수 혼합식의 경우 소음이 많아 증기관에 소음기(silencer)를 설치한다.
② 열원으로 비교적 가격이 저렴한 석탄, 중유 등을 사용하므로 연료비가 적게 든다.
③ 급탕설비를 다른 설비 기계류와 동일한 장소에 설치하므로 관리가 용이하다.
④ 저탕 탱크속에 가열 코일을 설치하고, 여기에 증기보일러를 통해 증기를 공급하여 탱크 안의 물을 직접 가열하는 방식을 직접 가열식 중앙 급탕법이라 한다.

> **[해설]** 중앙식 급탕법의 분류
> • 직접 가열식 : 보일러 내부에 냉수를 넣고 직접 열을 가하여 온수를 만들어 급탕하는 방식이다.
> • 간접 가열식 : 저탕 탱크 속에 가열코일을 설치하고, 여기에 증기보일러를 통해 증기를 공급하여 탱크 안의 물을 간접적으로 가열하는 방식이다.

답 087. ③ 088. ② 089. ④

Q 090 공기조화 설비에서 에어워셔의 플러딩 노즐이 하는 역할은?

① 공기 중에 포함된 수분을 제거한다.
② 입구공기의 난류를 정류로 만든다.
③ 엘리미네이터에 부착된 먼지를 제거한다.
④ 출구에 섞여 나가는 비산수를 제거한다.

해설 에어워셔의 구조
- 루버 : 입구공기의 난류를 층류로 정류한다.
- 분무노즐 : 물을 직접 분무하여 가습한다.
- 플러딩 노즐 : 엘리미네이터에 부착된 먼지를 제거한다.
- 엘리미네이터 : 출구에 섞여 나가는 비산수를 제거한다.

Q 091 다음 공조용 배관 중 배관 샤프트 내에서 단열시공을 하지 않는 배관은?

① 온수관
② 냉수관
③ 증기관
④ 냉각수관

해설 냉각수관은 응축기와 냉각탑 사이에 설치하는 배관으로서 단열시공을 하지 않는다.

Q 092 급수온도 5℃, 급탕온도 60℃, 가열전 급탕설비의 전수량은 2m³, 급수와 급탕의 압력차는 50kPa일 때, 절대압력 300kPa의 정수두가 걸리는 위치에 설치하는 밀폐식의 용량(m³)은? (단, 팽창탱크의 초기 봉입 절대압력은 300kPa이고, 5℃일 때 밀도는 1000kg/m³, 60℃일 때 밀도는 983.1kg/m³이다.)

① 0.83
② 0.57
③ 0.24
④ 0.17

해설 [조건] 가열 전의 밀도 $\rho_1 = 1000\,kg/m^3$, 가열 후의 밀도 $\rho_2 = 983.1\,kg/m^3$, 급탕설비의 전수량 $\Delta v = 2\,m^3$, 초기 봉입 절대압력 $P_o = 300\,kPa$, 팽창탱크 정수두에서 가압력 $P_a = 300\,kPa$, 팽창탱크의 최고사용압력 $P_m = (300+50)\,kPa = 350\,kPa$

- 관 내 물의 팽창량 $\Delta V = 1000v\left(\dfrac{1}{\rho_1} - \dfrac{1}{\rho_2}\right)$에서

$$\Delta V = 1000 \times 2\,m^3 \times \left(\dfrac{1}{983.1\,kg/m^3} - \dfrac{1}{1000\,kg/m^3}\right) = 0.0344\,m^3$$

- 밀폐식 팽창탱크의 $V_t = \dfrac{\Delta V}{P_a\left(\dfrac{1}{P_o} - \dfrac{1}{P_m}\right)}$에서

$$V_t = \dfrac{0.0344\,m^3}{300\,kPa \times \left(\dfrac{1}{300\,kPa} - \dfrac{1}{350\,kPa}\right)} = 0.241\,m^3$$

답 090. ③ 091. ④ 092. ③

Q.093 배관재료에 대한 설명으로 틀린 것은?

① 배관용 탄소강 강관은 1MPa 이상, 10MPa 이하 증기관에 적합하다.
② 주철관은 용도에 따라 수도용, 배수용, 가스용, 광산용으로 구분한다.
③ 연관은 화학 공업용으로 사용되는 1종관과 일반용으로 쓰이는 2종관, 가스용으로 사용되는 3종관이 있다.
④ 동관은 관 두께에 따라 K형, L형, M형으로 구분한다.

해설 배관용 탄소강 강관(SPP)
- 사용압력이 낮은 증기, 물, 가스, 공기 등에 사용되며 일명 가스관이라고 한다.
- 사용온도는 350℃ 이하, 사용압력 0.1MPa(10kg/cm^2) 이하이다.

Q.094 다음 중 증기난방용 방열기를 열손실이 가장 많은 창문 쪽의 벽면에 설치할 때 벽면과의 거리로 가장 적절한 것은?

① 5~6cm
② 10~11cm
③ 19~20cm
④ 25~26cm

해설 방열기는 자연대류에 의해 열을 전달하므로 외기와 접하는 창밑에 설치하며 벽면과 5~6cm 이격하여 설치한다.

Q.095 저·중압의 공기 가열기, 열교환기 등 다량의 응축수를 처리하는데 사용되며, 작동원리에 따라 다량트랩, 부자형 트랩으로 구분하는 트랩은?

① 바이메탈 트랩
② 벨로즈 트랩
③ 플로트 트랩
④ 벨 트랩

해설 플로트 트랩
응축수를 자동으로 환수관에 배출하며 구조상 공기를 함께 배출할 수 없으므로 열동식 트랩을 같이 설치해야 한다. 또한, 저·중압(4kgf/cm^2 이하)의 공기가열기나 열교환기 등 다량의 응축수를 처리하는데 사용되며 작동원리에 따라 다량트랩과 부자형 트랩이 있다.

참고 증기 트랩의 종류
- 기계식 트랩 : 증기와 응축수의 밀도차를 이용하여 부력에 의해 응축수를 배출하는 트랩으로서 버킷 트랩, 플로트 트랩이 있다.
- 온도조절식 트랩 : 증기와 응축수의 온도 차이를 이용하여 응축수를 배출하는 트랩으로서 벨로즈 트랩, 다이어프램 트랩, 바이메탈 트랩이 있다.
- 열역학적 트랩 : 증기와 응축수의 속도 차이를 이용하여 응축수를 배출하는 트랩으로서 오리피스 트랩, 디스크 트랩이 있다.

답 093. ① 094. ① 095. ③

Q 096 냉동장치에서 압축기의 표시방법으로 틀린 것은?

① ⬭ : 밀폐형 일반　　② ◯ : 로터리형

③ ⏢ : 원심형　　④ ⬯ : 왕복동형

해설 압축기의 표시방법(한국산업표준 KS B 0063 : 냉동용 그림기호)

압축기의 종류	그림 기호
밀폐형 일반	⬭
로터리형	◯
스크루형 또는 원심형	⏢
왕복동형	⬯ 또는 ⏢

Q 097 공조배관설비에서 수격작용의 방지방법으로 틀린 것은?

① 관 내의 유속을 낮게 한다.
② 밸브는 펌프 흡입구 가까이 설치하고 제어한다.
③ 펌프에 플라이휠(fly wheel)을 설치한다.
④ 서지탱크를 설치한다.

해설 수격작용의 방지방법
 • 관 지름을 크게 하여 관 내의 유속을 낮게 한다.
 • 밸브를 펌프 송출구 가까이 설치하고 밸브를 천천히 조작한다.
 • 펌프에 플라이휠을 설치한다.
 • 수격방지기나 워터해머 흡수기를 설치한다.
 • 수전류 가까이 공기실(서지탱크)을 설치한다.

Q 098 압축공기 배관설비에 대한 설명으로 틀린 것은?

① 분리기는 윤활유를 공기나 가스에서 분리시켜 제거하는 장치로서 보통 중각냉각기와 후부냉각기 사이에 설치한다.
② 위험성 가스가 체류되어 있는 압축기실은 밀폐시킨다.
③ 맥동을 완화하기 위하여 공기탱크를 장치한다.
④ 가스관, 냉각수관 및 공기탱크 등에 안전밸브를 설치한다.

해설 위험성 가스 즉 가연성 가스가 압축기실에 체류할 경우 점화원에 의해 폭발의 위험이 있다. 따라서, 압축기실에 위험성 가스가 체류할 경우 폭발의 우려가 있으므로 밀폐시키지 말고 환기를 할 수 있는 환기설비를 설치해야 한다.

답 096. ③　097. ②　098. ②

Q 099. 프레온 냉동기에서 압축기로부터 응축기에 이르는 배관의 설치 시 유의사항으로 틀린 것은?

① 배관이 합류할 때는 T자형보다 Y자형으로 하는 것이 좋다.
② 압축기로부터 올라온 토출관이 응축기에 연결되는 수평부분은 응축기 쪽으로 하향구배로 배관한다.
③ 2대의 압축기가 아래쪽에 있고 1대의 응축기가 위쪽에 있는 경우 토출가스 헤더는 압축기 위에 배관하여 토출가스관에 연결한다.
④ 압축기와 응축기가 각각 2대이고 압축기가 응축기의 하부에 설치된 경우 압축기의 크랭크 케이스 균압관은 수평으로 배관한다.

해설 프레온 냉동기의 토출관 시공
2대의 압축기가 아래쪽에 있고 1대의 응축기가 위쪽에 있는 경우 토출가스 헤더는 압축기 아래에 배관하여 토출가스관에 연결한다.

Q 100. 수도 직결식 급수방식에서 건물 내에 급수를 할 경우 수도 본관에서의 최저 필요압력을 구하기 위한 필요 요소가 아닌 것은?

① 수도 본관에서 최고 높이에 해당하는 수전까지의 관 재질에 따른 저항
② 수도 본관에서 최고 높이에 해당하는 수전이나 기구별 소요압력
③ 수도 본관에서 최고 높이에 해당하는 수전까지의 관내 마찰손실수두
④ 수도 본관에서 최고 높이에 해당하는 수전까지의 상당압력

해설 수도 본관에서의 최저 필요압력 $P = P_1 + P_2 + P_3$ [MPa]
- P_1 : 관내 마찰손실수두에 상당하는 압력(MPa)
- P_2 : 기구별 소요압력(MPa)
- P_3 : 수도 본관에서 최고 높이에 해당하는 수전까지의 수직 높이에 상당하는 압력(MPa)

답 099. ③ 100. ①

기출문제
공조냉동기계기사
2020년 8월 22일 시행

제 1 과목 기계열역학

Q.001 어떤 습증기의 엔트로피가 6.78kJ/(kg·K)라고 할 때 이 습증기의 엔탈피는 약 몇 kJ/kg인가? (단, 이 기체의 포화액 및 포화증기의 엔탈피와 엔트로피는 다음과 같다.)

	포화액	포화증기
엔탈피(kJ/kg)	384	2666
엔트로피(kJ/(kg·K))	1.25	7.62

① 2365
② 2402
③ 2473
④ 2511

해설
- 건도 $x = \dfrac{s - s_f}{s_g - s_f}$ 에서 $x = \dfrac{(6.78 - 1.25)\text{kJ/kg·K}}{(7.62 - 1.25)\text{kJ/kg·K}} = 0.868$
- 습증기의 엔탈피 $h = h_f + x(h_g - h_f)$ 에서
  $h = 384\text{kJ/kg} + 0.868 \times (2666 - 384)\text{kJ/kg} = 2364.8\text{kJ/kg}$

Q.002 압력(P)-부피(V) 선도에서 이상기체가 그림과 같은 사이클로 작동한다고 할 때 한 사이클 동안 행한 일은 어떻게 나타나는가?

① $\dfrac{(P_2 + P_1)(V_2 + V_1)}{2}$

② $\dfrac{(P_2 - P_1)(V_2 + V_1)}{2}$

③ $\dfrac{(P_2 + P_1)(V_2 - V_1)}{2}$

④ $\dfrac{(P_2 - P_1)(V_2 - V_1)}{2}$

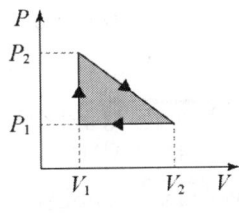

해설 압력(P)-부피(V) 선도에서 삼각형의 면적이 팽창일이다.
팽창일 $W_{12} = \dfrac{1}{2}(P_2 - P_1)(V_2 - V_1)$

답 001. ① 002. ④

Q 003. 다음 중 스테판-볼츠만의 법칙과 관련이 있는 열전달은?

① 대류 ② 복사
③ 전도 ④ 응축

해설 스테판-볼츠만의 법칙
- 완전 흑체의 복사에너지는 단위시간에 흑체의 표면적과 절대온도의 4승에 비례한다.
- 복사 열전달량 $Q = \sigma A T^4$ [W]
  여기서, σ는 스테판-볼쯔만 상수(5.67×10^{-8} W/m² · K⁴), A는 표면적(m²), T는 절대온도(K)이다.

Q 004. 이상기체 2kg이 압력 98kPa, 온도 25℃ 상태에서 체적이 0.5m³였다면 이 이상기체의 기체상수는 약 몇 J/(kg·K)인가?

① 79 ② 82
③ 97 ④ 102

해설 [조건] 질량 $m = 2$kg, 압력 $P = 98$kPa $= 98 \times 10^3$N/m², 온도 $T = 25$℃ $= 298$K, 체적 $V = 0.5$m³

이상기체상태방정식 $PV = mRT$에서

기체상수 $R = \dfrac{PV}{mT} = \dfrac{(98 \times 10^3)\dfrac{\text{N}}{\text{m}^2} \times 0.5\text{m}^3}{2\text{kg} \times 298\text{K}} = 82.2$J/kg·K(N·m/kg·K)

Q 005. 냉매가 갖추어야 할 요건으로 틀린 것은?

① 증발온도에서 높은 잠열을 가져야 한다.
② 열전도율이 커야 한다.
③ 표면장력이 커야 한다.
④ 불활성이고 안전하며 비가연성이어야 한다.

해설 냉매는 냉동장치의 작동유체로서 유동저항이 작아야 하므로 점도 및 표면장력이 작아야 한다.

참고 냉매의 구비조건
- 증발잠열이 크고 응고온도가 낮을 것
- 열전달률이 양호할 것
- 점도 및 표면장력이 작고 유동저항이 작을 것
- 불활성이고 부식성이 없을 것
- 냉매증기의 전기저항이 클 것
- 응축압력이 가급적 낮고, 저온에서 증발압력이 대기압 이상일 것

답 003. ② 004. ② 005. ③

Q 006 어떤 유체의 밀도가 741kg/m³이다. 이 유체의 비체적은 약 몇 m³/kg인가?

① 0.78×10^{-3}　　② 1.35×10^{-3}
③ 2.35×10^{-3}　　④ 2.98×10^{-3}

해설 [조건] 밀도 $\rho = 741\text{kg/m}^3$

밀도는 비체적의 역수로서 비체적 $v = \dfrac{1}{\rho} = \dfrac{1}{741\dfrac{\text{kg}}{\text{m}^3}} = 1.35 \times 10^{-3} \text{m}^3/\text{kg}$

참고 밀도 $\rho = \dfrac{1}{v} = \dfrac{m}{V} [\text{kg/m}^3]$

여기서, v는 비체적(m³/kg), m은 질량(kg), V는 체적(m³)이다.

Q 007 이상적인 랭킨사이클에서 터빈 입구 온도가 350℃이고, 75kPa과 3MPa의 압력 범위에서 작동한다. 펌프 입구와 출구, 터빈 입구와 출구, 터빈 입구와 출구에서 엔탈피는 각각 384.4kJ/kg, 387.5kJ/kg, 3116kJ/kg, 2403kJ/kg이다. 펌프 일을 고려한 사이클의 열효율과 펌프일을 무시한 사이클의 열효율 차이는 몇 %인가?

① 0.0011　　② 0.092
③ 0.11　　④ 0.18

해설 [조건] 펌프 입구 엔탈피 $h_1 = 384.4$kJ/kg, 펌프 출구 엔탈피 $h_2 = 387.5$kJ/kg, 터빈 입구 엔탈피 $h_3 = 3116$kJ/kg, 터빈 출구 엔탈피 $h_4 = 2403$kJ/kg

- 펌프 일을 고려한 사이클의 열효율 $\eta_1 = \dfrac{(h_3 - h_4) - (h_2 - h_1)}{h_3 - h_2}$에서

$\eta_1 = \dfrac{(3116 - 2403)\text{kJ/kg} - (387.5 - 384.4)\text{kJ/kg}}{(3116 - 387.5)\text{kJ/kg}} = 0.26018 = 26.018\%$

- 펌프 일을 무시한 사이클의 열효율 $\eta_2 = \dfrac{h_3 - h_4}{h_3 - h_2}$에서

$\eta_2 = \dfrac{(3116 - 2403)\text{kJ/kg}}{(3116 - 387.5)\text{kJ/kg}} = 0.26132 = 26.132\%$

∴ 열효율 차 $\eta_2 - \eta_1 = (26.132 - 26.018)\% = 0.114\%$

Q 008 전류 25A, 전압 13V를 가하여 축전지를 충전하고 있다. 충전하는 동안 축전지로부터 15W의 열손실이 있다. 축전지의 내부에너지 변화율은 약 몇 W인가?

① 310　　② 340
③ 370　　④ 420

해설 [조건] 전류 $I = 25$A, 전압 $V = 13$V, 열손실 $Q = 15$W

- 전력(일) $P = IV$에서 $P = 25\text{A} \times 13\text{V} = 325$W
- 내부에너지 변화율 $dU = P - Q$에서
$dU = (325 - 15)\text{W} = 310$W

답 006. ②　007. ③　008. ①

009

고온열원(T_1)과 저온열원(T_2) 사이에서 작동하는 역카르노 사이클에 대한 열펌프(heat pump)의 성능계수는?

① $\dfrac{T_1 - T_2}{T_1}$ ② $\dfrac{T_2}{T_1 - T_2}$

③ $\dfrac{T_1}{T_1 - T_2}$ ④ $\dfrac{T_1 - T_2}{T_2}$

해설
- 열펌프의 성능계수 $COP_1 = \dfrac{T_1}{T_1 - T_2}$
- 냉동기의 성능계수 $COP_2 = \dfrac{T_2}{T_1 - T_2} = COP_1 + 1$

여기서, T_1은 고온열원(K), T_2는 저온열원(K)이다.

010

압력이 0.2MPa, 온도가 20℃의 공기를 압력이 2MPa로 될 때까지 가역단열 압축했을 때 온도는 몇 ℃인가? (단, 공기는 비열비가 1.4인 이상기체로 간주한다.)

① 225.7 ② 273.7
③ 292.7 ④ 358.7

해설
[조건] 초기 압력 $P_1 = 2\text{MPa}$, 초기 온도 $T_2 = 20℃ = 293\text{K}$, 최종 압력 $P_2 = 2\text{MPa}$, 비열비 $k = 1.4$

가역단열 압축 시 최종 온도 $T_2 = \left(\dfrac{P_2}{P_1}\right)^{\frac{k-1}{k}} \times T_1$ 에서

$T_2 = \left(\dfrac{2\text{MPa}}{0.2\text{MPa}}\right)^{\frac{1.4-1}{1.4}} \times 293\text{K} = 565.7\text{K} = 292.7℃$

011

어떤 물질에서 기체상수(R)가 0.189kJ/(kg·K), 임계온도가 305K, 임계압력이 7380kPa이다. 이 기체의 압축성 인자(compressibility factor, Z)가 다음과 같은 관계식을 나타낸다고 할 때 이 물질의 20℃, 1000kPa 상태에서의 비체적(v)은 약 몇 m³/kg인가? (단, P는 압력, T는 절대온도, P_r은 환산압력, T_r은 환산온도를 나타낸다.)

$$Z = \dfrac{Pv}{RT} = 1 - 0.8\dfrac{P_r}{T_r}$$

① 0.011 ② 0.0303
③ 0.0491 ④ 0.0554

답 009. ③ 010. ③ 011. ③

해설

- 환산온도 $T_r = \dfrac{T}{T_c}$ 에서 $T_r = \dfrac{(273+20℃)}{305K} = 0.9607$

- 환산압력 $P_r = \dfrac{P}{P_c}$ 에서 $P_r = \dfrac{P}{P_c} = \dfrac{1000kPa}{7380kPa} = 0.1355$

- 압축계수 $Z = 1 - 0.8 \times \dfrac{P_r}{T_r}$ 에서 $Z = 1 - 0.8 \times \dfrac{0.1355}{0.9607} = 0.8872$

- 비체적 $v = \dfrac{ZRT}{P}$ 에서 $v = \dfrac{0.8872 \times 0.189 \dfrac{kJ}{kg \cdot K} \times (273+20℃)K}{1000kPa} = 0.0491 m^3/kg$

012
단열된 노즐에 유체가 10m/s의 속도로 들어와서 200m/s의 속도로 가속되어 나간다. 출구에서의 엔탈피가 2770kJ/kg일 때 입구에서의 엔탈피는 약 몇 kJ/kg 인가?

① 4370
② 4210
③ 2850
④ 2790

해설

[조건] 입구 속도 $V_1 = 10m/s$, 출구 속도 $V_2 = 200m/s$, 출구 엔탈피 $h_2 = 2770 \times 10^3 J/kg$

노즐에서 에너지방정식 $h_1 + \dfrac{V_1^2}{2} = h_2 + \dfrac{V_2^2}{2}$ 에서

입구엔탈피 $h_1 = h_2 + \left(\dfrac{V_2^2}{2} - \dfrac{V_1^2}{2} \right) = (2770 \times 10^3) + \left(\dfrac{200^2}{2} - \dfrac{10^2}{2} \right)$

$= 2789950 J/kg = 2790 kJ/kg$

013
100℃의 구리 10kg을 20℃의 물 2kg이 들어있는 단열 용기에 넣었다. 물과 구리 사이의 열전달을 통한 평형 온도는 약 몇 ℃인가? (단, 구리 비열은 0.45kJ/(kg·K), 물 비열은 4.2kJ/(kg·K)이다.)

① 48
② 54
③ 60
④ 68

해설

[조건] 구리 질량 $m_1 = 10kg$, 물 질량 $m_2 = 2kg$, 구리 온도 $T_1 = 100℃ = 373K$, 물 온도 $T_2 = 20℃ = 293K$, 구리 비열 $C_1 = 0.45 kJ/kg \cdot K$, 물 비열 $C_2 = 4.2 kJ/kg \cdot K$

혼합 평균온도 $T_3 = \dfrac{m_1 C_1 T_1 + m_2 C_2 T_2}{m_1 C_1 + m_2 C_2}$ 에서

$T_3 = \dfrac{10kg \times 0.45 \dfrac{kJ}{kg \cdot K} \times 373K + 2kg \times 4.2 \dfrac{kJ}{kg \cdot K} \times 293K}{10kg \times 0.45 \dfrac{kJ}{kg \cdot K} + 2kg \times 4.2 \dfrac{kJ}{kg \cdot K}} = 320.9K = 47.9℃$

답 012. ④ 013. ①

Q 014. 이상적인 교축과정(throttling process)을 해석하는데 있어서 다음 설명 중 옳지 않은 것은?

① 엔트로피는 증가한다.
② 엔탈피의 변화가 없다고 본다.
③ 정압과정으로 간주한다.
④ 냉동기의 팽창밸브의 이론적인 해석에 적용될 수 있다.

해설 교축과정
- 비가역 단열팽창과정이므로 엔트로피가 증가한다.
- 주위와의 열전달이 없는 단열과정이므로 엔탈피 변화가 없다.
- 노즐이나 오리피스와 같이 급격히 좁아진 단면적을 통과할 때 외부와 열량이나 일량의 교환이 없이 액체가 기체로 변한다. 즉 냉동기의 팽창밸브의 이론적인 해석에 적용하고 있다.

Q 015. 이상기체로 작동하는 어떤 기관의 압축비가 17이다. 압축 전의 압력 및 온도는 112kPa, 25℃이고 압축 후의 압력은 4350kPa이었다. 압축 후의 온도는 약 몇 ℃인가?

① 53.7
② 180.2
③ 236.4
④ 407.8

해설
[조건] 압축비 $\dfrac{V_1}{V_2}=17$, 압축 전의 압력 $P_1=112\text{kPa}$, 압축 후의 압력 $P_2=4350\text{kPa}$, 압축 전의 온도 $T_1=25℃=298\text{K}$

- 압축 전의 체적 $V_1=17V_2$
- 보일과 샤를의 법칙 $\dfrac{P_1V_1}{T_1}=\dfrac{P_2V_2}{T_2}$ 에서

압축 후의 온도 $T_2=\dfrac{P_2}{P_1}\times\dfrac{V_2}{V_1}\times T_1=\dfrac{4350\text{kPa}}{112\text{kPa}}\times\dfrac{V_2}{17V_2}\times 298\text{K}=680.8\text{K}=407.8℃$

Q 016. 다음은 오토(Otto) 사이클의 온도-엔트로피(T-S) 선도이다. 이 사이클의 열효율을 온도를 이용하여 나타낼 때 옳은 것은? (단, 공기의 비열은 일정한 것으로 본다.)

① $1-\dfrac{T_c-T_d}{T_b-T_a}$
② $1-\dfrac{T_b-T_a}{T_c-T_d}$
③ $1-\dfrac{T_a-T_d}{T_b-T_c}$
④ $1-\dfrac{T_b-T_c}{T_a-T_d}$

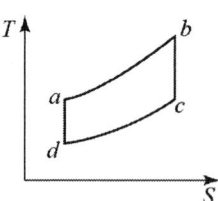

답 014. ③ 015. ④ 016. ①

해설 오토 사이클(Otto cycle)
- 가솔린 기관 또는 전기점화 내연기관의 기본이 되는 사이클이다.
- 2개의 단열과정과 2개의 정적과정으로 구성되어 있으며 동작유체의 열 공급과 방출이 정적과정에서 이루어지기 때문에 정적 사이클이라 한다.

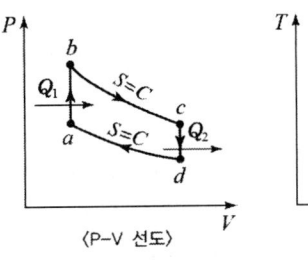 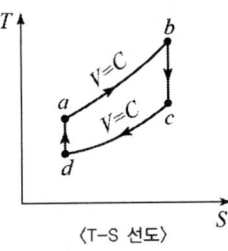

⟨P-V 선도⟩   ⟨T-S 선도⟩

∴ 이론 열효율 $\eta_o = \dfrac{\text{유효일량}}{\text{시스템에 공급한 열량}} = \dfrac{Q_1 - Q_2}{Q_1} = 1 - \dfrac{Q_2}{Q_1}$

$\eta_o = \dfrac{Q_1 - Q_2}{Q_1} = 1 - \dfrac{Q_2}{Q_1}$ 에서

$\eta_o = 1 - \dfrac{mC_v(T_c - T_d)}{mC_v(T_b - T_a)} = 1 - \dfrac{T_c - T_d}{T_b - T_a}$

Q 017 클라우지우스(Clausius)의 부등식을 옳게 나타낸 것은? (단, T는 절대온도, Q는 시스템으로 공급된 전체열량을 나타낸다.)

① $\oint T\delta Q \leq 0$ ② $\oint T\delta Q \geq 0$

③ $\oint \dfrac{\delta Q}{T} \leq 0$ ④ $\oint \dfrac{\delta Q}{T} \geq 0$

해설 클라우지우스의 적분
- 가역사이클의 경우 $\oint \dfrac{\delta Q}{T} = 0$
- 비가역사이클의 경우 $\oint \dfrac{\delta Q}{T} < 0$

Q 018 다음 중 강도성 상태량(intensive property)이 아닌 것은?

① 온도 ② 내부에너지
③ 밀도 ④ 압력

해설 열역학적 상태량
- 강도성 상태량 : 물질의 질량에 관계없는 상태량으로서 압력, 온도, 밀도, 비체적 등이 있다.
- 용량성 상태량 : 물질의 질량에 비례하는 크기를 갖는 상태량으로서 체적, 질량, 내부에너지, 엔탈피, 엔트로피 등이 있다.

답 017. ③ 018. ②

019

기체가 0.3MPa로 일정한 압력 하에 8m³에서 4m³까지 마찰 없이 압축되면서 동시에 500kJ의 열을 외부로 방출하였다면, 내부에너지의 변화는 몇 kJ인가?

① 700
② 1700
③ 1200
④ 1400

[해설]

[조건] 압력 $P = 0.3\text{MPa} = 300\text{kN/m}^2$, 초기 체적 $V_1 = 8\text{m}^3$, 최종 체적 $V_2 = 4\text{m}^3$, 열량 $\delta Q = -500\text{kJ}$

- 열역학에서 열량(Q)과 일(W)에 대한 관습
  - 열량을 외부로 방출하면 $-Q$이고, 외부에서 열량을 흡수하면 $+Q$가 된다.
  - 일을 외부에 가하면 $+W$이고, 외부에서 일을 받으면 $-W$가 된다.

- 등압과정에서의 일량 $\delta W = PdV$에서 $\delta W = 300\dfrac{\text{kN}}{\text{m}^2} \times (4-8)\text{m}^3 = -1200\text{kJ}$

∴ 열역학 제1법칙 에너지방정식의 열량변화 $\delta Q = dU + \delta W$에서
내부에너지 변화 $dU = \delta Q - \delta W = (-500\text{kJ}) - (-1200\text{kJ}) = 700\text{kJ}$

020

카르노사이클로 작동하는 열기관이 1000℃의 열원과 300K의 대기 사이에서 작동한다. 이 열기관이 사이클 당 100kJ의 일을 할 경우 사이클 당 1000℃의 열원으로부터 받은 열량은 약 몇 kJ인가?

① 70.0
② 76.4
③ 130.8
④ 142.9

[해설]

[조건] 고열원의 온도 $T_H = 1000℃ = 1273\text{K}$, 저열원의 온도 $T_L = 300\text{K}$, 일 $W = 100\text{kJ}$

열효율 $\eta = \dfrac{W}{Q_H} = \dfrac{T_H - T_L}{T_H}$에서

고열원으로부터 받은 열량 $Q_H = \dfrac{W}{\dfrac{T_H - T_L}{T_H}} = \dfrac{100\text{kJ}}{\dfrac{(1273-300)\text{K}}{1273\text{K}}} = 130.8\text{kJ}$

답 019. ① 020. ③

제 2 과목 냉동공학

021 냉동능력이 15RT인 냉동장치가 있다. 흡입증기 포화온도가 −10℃이며, 건조포화증기 흡입압축으로 운전된다. 이때 응축온도가 45℃이라면 이 냉동장치의 응축부하(kW)는 얼마인가? (단, 1RT는 3.8kW이다.)

① 74.1
② 58.7
③ 49.8
④ 36.2

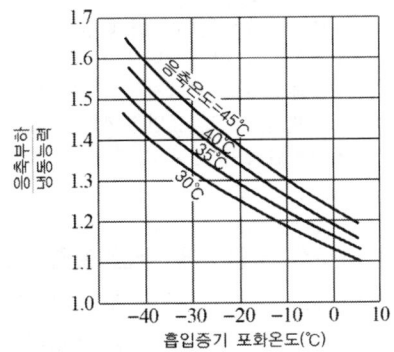

해설
- 응축부하/냉동능력의 값은 흡입증기 포화온도 −10℃의 수직선과 응축온도 45℃ 곡선이 만나는 점이므로 약 1.3이다.
- 냉능력 $Q_e = 15\text{RT} \times 3.8\dfrac{\text{kW}}{\text{RT}} = 57\text{kW}$

∴ $\dfrac{응축부하}{냉동능력} = 1.3$ 이므로

응축부하 $Q_c = 1.3 \times Q_e = 1.3 \times 57\text{kW} = 74.1\text{kW}$

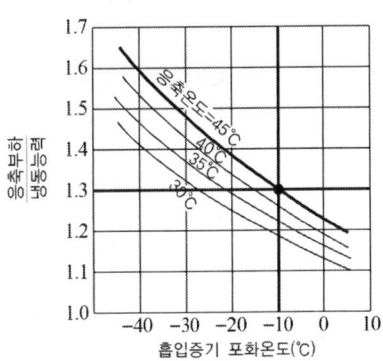

022 다음 중 터보압축기의 용량(능력)제어 방법이 아닌 것은?

① 회전속도에 의한 제어
② 흡입 댐퍼에 의한 제어
③ 부스터에 의한 제어
④ 흡입 가이드 베인에 의한 제어

해설 터보압축기의 용량제어 방법
- 회전속도 가감법
- 흡입 및 토출 댐퍼 조정법
- 가이드 베인 제어법
- 냉각수량 조절법
- 바이패스법

답 021. ① 022. ③

Q 023. 냉매의 구비조건으로 옳은 것은?

① 표면장력이 작을 것
② 임계온도가 낮을 것
③ 증발잠열이 작을 것
④ 비체적이 클 것

해설 냉매의 구비조건
- 응축압력이 가급적 낮고, 저온에서 증발압력이 대기압 이상일 것
- 임계온도가 높을 것
- 증발잠열이 크고, 액체의 비열이 작을 것
- 비열비가 작을 것
- 냉매증기의 전기저항이 클 것
- 비체적, 점도, 표면장력이 작을 것
- 열전달률이 양호할 것

Q 024. 증기 압축식 열펌프에 관한 설명으로 틀린 것은?

① 하나의 장치로 난방 및 냉방으로 사용할 수 있다.
② 일반적으로 성적계수가 1보다 작다.
③ 난방을 위한 별도의 보일러 설치가 필요 없어 대기오염이 적다.
④ 증발온도가 높고 응축온도가 낮을수록 성적계수가 커진다.

해설 증기 압축식 열펌프
- 증기 압축식 냉동기에 4방 밸브를 설치하여 하나의 장치로 난방과 냉방을 동시에 할 수 있는 시스템이다.
- 열펌프의 성적계수 $COP = \dfrac{T_H}{T_H - T_L}$
  여기서, $T_H(K)$는 고온부의 온도(응축온도), $T_L(K)$는 저온부의 온도(증발온도)이다.
  ∴ 열펌프의 성적계수는 항상 1보다 크다.

Q 025. 프레온 냉동장치의 배관공사 중에 수분이 장치내에 잔류했을 경우 이 수분에 의한 장치에 나타나는 현상으로 틀린 것은?

① 프레온 냉매는 수분의 용해도가 적으므로 냉동장치 내의 온도가 0℃ 이하이면 수분은 빙결한다.
② 수분은 냉동장치 내에서 철재 재료 등을 부식시킨다.
③ 증발기의 전열기능을 저하시키고, 흡입관 내 냉매흐름을 방해한다.
④ 프레온 냉매와 수분이 서로 화합반응하여 알칼리를 생성시킨다.

해설 프레온 냉매는 수분과 분리되므로 장치내에 수분이 혼입되면 냉매액이 팽창밸브를 통과하면서 수분이 동결되어 오리피스가 막히게 되어 냉매의 순환이 불량하게 되고, 냉동기의 성능이 저하된다.

답 023. ① 024. ② 025. ④

Q 026
0℃와 100℃ 사이에서 작용하는 카르노 사이클 기관(㉮)과 400℃와 500℃ 사이에서 작용하는 카르노 사이클 기관(㉯)이 있다. ㉮기관 열효율은 ㉯기관 열효율의 약 몇 배가 되는가?

① 1.2배
② 2배
③ 2.5배
④ 4배

해설

카르노사이클의 열효율 $\eta = \dfrac{T_H - T_L}{T_H}$

- ㉮ 기관(0℃와 100℃ 사이)의 열효율

$$\eta_㉮ = \dfrac{(273+100℃) - (273+0℃)}{273+100℃} = 0.268$$

- ㉯ 기관(400℃와 500℃ 사이)의 열효율

$$\eta_㉯ = \dfrac{(273+500℃) - (273+400℃)}{273+500℃} = 0.129$$

$$\therefore \dfrac{\eta_㉮}{\eta_㉯} = \dfrac{0.268}{0.129} = 2.1배$$

Q 027
팽창밸브 중 과열도를 검출하여 냉매유량을 제어하는 것은?

① 정압식 자동팽창밸브
② 수동팽창밸브
③ 온도식 자동팽창밸브
④ 모세관

해설 팽창밸브의 종류

- 수동식 팽창밸브 : 미세한 유량을 조절하기 위해 니들밸브로 되어 있으며 부하변동에 따라 냉매공급량을 수동으로 조절한다.
- 모세관 : 냉매의 유량조절 목적보다는 응축기와 증발기 사이의 압축비를 일정하게 유지시켜 주며 증발기 부하가 작은 가정용 냉장고, 소형 에어컨, 쇼케이스 등에 사용한다.
- 정압식 자동팽창밸브 : 증발압력에 의해 작동되며 부하변동이 작은 냉동설비나 소규모 냉동설비에 사용된다.
- 온도식 자동팽창밸브 : 증발기 출구의 과열도에 의해 작동되며 부하변동에 따른 유량제어가 가능하다.

Q 028
다음 중 가연성이 있어 조건이 나쁘면 인화, 폭발위험이 가장 큰 냉매는?

① R-717
② R-744
③ R-718
④ R-502

해설 냉매의 특성

- R-717 : 암모니아(NH_3) 냉매로서 가연성, 폭발성, 독성가스이다.
- R-744 : 이산화탄소(CO_2) 냉매로서 무색, 무취의 불연성가스이다.
- R-718 : 물로서 0℃ 이하에 사용하기에는 부적합하다.
- R-502 : 프레온 냉매 중 공비혼합 냉매(R-22 + R-115)로서 무색, 무취, 무독성 가스이다.

답 026. ② 027. ③ 028. ①

Q 029 흡수식 냉동사이클 선도에 대한 설명으로 틀린 것은?

① 듀링선도는 수용액의 농도, 온도, 압력 관계를 나타낸다.
② 증발잠열 등 흡수식 냉동기 설계상 필요한 열량은 엔탈피-농도 선도를 통해 구할 수 있다.
③ 듀링선도에서는 각 열교환기내의 열교환량을 표현할 수 없다.
④ 엔탈피-농도 선도는 수평축에 비엔탈피, 수직축에 농도를 잡고 포화용액의 등온, 등압선과 발생증기의 등압선을 그은 것이다.

해설
- 듀링선도는 리튬브로마이드 수용액의 농도, 압력, 온도의 관계를 나타내는 선도이다.
- 엔탈피-농도 선도는 수평축에 농도, 수직축에 비엔탈피를 잡고 포화용액의 등온, 등압선과 발생증기의 등압선을 그은 것이다.

Q 030 저온용 단열재의 조건으로 틀린 것은?

① 내구성이 있을 것
② 흡습성이 클 것
③ 팽창계수가 작을 것
④ 열전도율이 작을 것

해설 저온용 단열재는 팽창계수 및 열전도율이 작고 흡습성 및 흡수성이 없어야 한다.

Q 031 다음 안전장치에 대한 설명으로 틀린 것은?

① 가용전은 응축기, 수액기 등의 압력용기에 안전장치로 설치된다.
② 파열판은 얇은 금속판으로 용기의 구멍을 막고 있는 구조이며 안전밸브로 사용된다.
③ 안전밸브는 고압측의 각 부분에 설치하여 일정 이상 고압이 되면 밸브가 열려 저압부로 보내거나 외부로 방출하도록 한다.
④ 고압차단스위치는 조정설정압력보다 벨로즈에 가해진 압력이 낮아졌을 때 압축기를 정지시키는 안전장치이다.

해설 고압차단스위치의 작동
- 작동압력 $P =$ 고압 $+ 4 \text{kgf/cm}^2$
- 고압(벨로즈에 가해진 압력)이 설정압력보다 높게 되면 압축기용 전동기 전원을 차단하여 압축기를 정지시켜 고압으로 인한 압축기 소손을 방지한다.

Q 032 흡수식 냉동기의 특징에 대한 설명으로 틀린 것은?

① 부분 부하에 대한 대응성이 좋다.
② 압축식, 터보식 냉동기에 비해 소음과 진동이 적다.
③ 초기 운전시 정격 성능을 발휘할 때까지의 도달속도가 느리다.
④ 용량 제어 범위가 비교적 작아 큰 용량장치가 요구되는 장소에 설치 시 보조기기 설비가 요구된다.

답 029. ④ 030. ② 031. ④ 032. ④

해설 흡수식 냉동기의 특징
- 도시가스를 연료로 사용하므로 운전경비가 적게 소요된다.
- 열용량이 크기 때문에 부분 부하에 대한 대응이 쉽다.
- 압축기가 없으므로 소음 및 진동이 작다.
- 냉매가 물이므로 초기 운전 시 정격 성능을 발휘할 때까지의 도달 속도가 느리다.
- 용량 제어 범위가 넓어 폭넓은 용량제어가 가능하다.

Q 033 다음의 p-h선도상에서 냉동능력이 1냉동톤인 소형 냉장고의 실제 소요동력 (kW)은? (단, 1냉동톤은 3.8kW이며, 압축효율은 0.75, 기계효율은 0.9이다.)

① 1.47
② 1.81
③ 2.73
④ 3.27

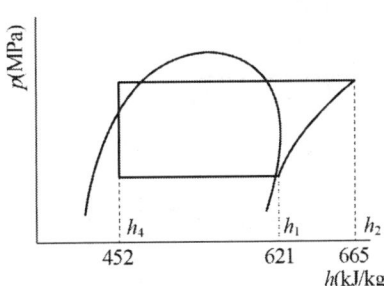

해설 [조건] 냉동능력 1RT = 3.8kW = 3.8kJ/s, 압축효율 $\eta_c = 0.75$, 기계효율 $\eta_m = 0.9$, 증발기 출구 엔탈피(압축기 흡입) 엔탈피 $h_1 = 621$kJ/kg, 압축기 토출 엔탈피 $h_2 = 665$kJ/kg, 증발기 입구 엔탈피 $h_4 = 452$kJ/kg

- 냉매순환량 $m = \dfrac{Q_e}{q_e} = \dfrac{Q_e}{h_1 - h_4}$ 에서 $m = \dfrac{3.8\,\dfrac{\text{kJ}}{\text{s}}}{(621-452)\dfrac{\text{kJ}}{\text{kg}}} = 0.0225\text{kg/s}$

- 실제 소요동력 $L = \dfrac{m \times (h_2 - h_1)}{\eta_c \times \eta_m}$ 에서

$L = \dfrac{0.0225\,\dfrac{\text{kg}}{\text{s}} \times (665-621)\dfrac{\text{kJ}}{\text{kg}}}{0.75 \times 0.9} = 1.47\text{kW(kJ/s)}$

Q 034 냉동장치의 윤활 목적으로 틀린 것은?

① 마모방지
② 부식방지
③ 냉매 누설방지
④ 동력손실 증대

해설 윤활유의 목적
- 유막이 형성되어 냉매의 누설 및 마모를 방지한다.
- 냉각작용으로 마찰열을 제거하여 기계효율을 증대한다.
- 방청작용으로 부식을 방지한다.
- 진동, 소음, 충격을 흡수한다.

답 033. ① 034. ④

Q 035

2단압축 1단팽창 냉동장치에서 고단 압축기의 냉매순환량을 G_2, 저단 압축기의 냉매순환량을 G_1이라고 할 때 G_2/G_1은 얼마인가?

저단 압축기 흡입증기 엔탈피(h_1)	610.4kJ/kg
저단 압축기 토출증기 엔탈피(h_2)	652.3kJ/kg
고단 압축기 흡입증기 엔탈피(h_3)	622.2kJ/kg
중간 냉각기용 팽창밸브 직전 냉매 엔탈피(h_4)	462.6kJ/kg
증발기용 팽창밸브 직전 냉매 엔탈피(h_5)	427.1kJ/kg

① 0.8 ② 1.4
③ 2.5 ④ 3.1

해설 고단측 냉매순환량

$$G_2 = G_1 \times \frac{h_2 - h_5}{h_3 - h_4}$$ 에서

$$\frac{G_2}{G_1} = \frac{(652.3 - 427.1)\text{kJ/kg}}{(622.2 - 462.6)\text{kJ/kg}} = 1.41$$

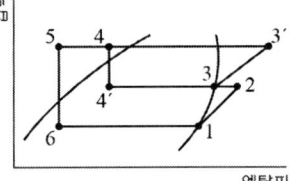

Q 036

공기열원 수가열 열펌프 장치를 가열열원(시운전)할 때 압축기 토출밸브 부근에서 토출가스 온도를 측정하였더니 일반적인 온도보다 지나치게 높게 나타났다. 이러한 현상의 원인으로 가장 거리가 먼 것은?

① 냉매 분해가 일어났다.
② 팽창밸브가 지나치게 교축 되었다.
③ 공기측 열교환기(증발기)에서 눈에 띄게 착상이 일어났다.
④ 가열측 순환 온수의 유량이 설계 값 보다 많다.

해설 열펌프 장치에서 토출가스 온도가 지나치게 높게 나타나는 것은 압축비가 상승하는 원인에 있다.
• 냉매 분해가 일어날 경우
• 불응축가스가 발생할 경우
• 팽창밸브를 너무 조여 교축하였을 경우
• 증발기에 착상이 심한 경우

Q 037

두께 30cm의 벽돌로 된 벽이 있다. 내면온도 21℃, 외면온도가 35℃일 때 이 벽을 통해 흐르는 열량(W/m²)은? (단, 벽돌의 열전도율은 0.793W/m·K이다.)

① 32 ② 37
③ 40 ④ 43

답 035. ② 036. ④ 037. ②

해설 [조건] 내면온도 $t_i = 21℃ = 294K$, 외면온도 $t_o = 35℃ = 308K$,
열전도율 $\lambda = 0.793 W/m \cdot K$, 벽 두께 $l = 30cm = 0.3m$

단위면적당 열전도열량 $q = \dfrac{\lambda}{l}(t_o - t_i)$에서

$$q = \dfrac{0.793 \dfrac{W}{m \cdot K}}{0.3m} \times (308-294)K = 37 W/m^2$$

038. 온도식 팽창밸브는 어떤 요인에 의해 작동되는가?

① 증발온도　　② 과냉각도
③ 과열도　　　④ 액화온도

해설 온도식 팽창밸브는 증발기 출구의 과열도에 의해 냉매량을 조절한다. 과열도가 크면 밸브가 열려 냉매의 유량을 증가시키고, 과열도가 작으면 밸브가 닫혀 냉매 유량을 감소시킨다.

039. 프레온 냉매를 사용하는 냉동장치에 공기가 침입하면 어떤 현상이 일어나는가?

① 고압 압력이 높아지므로 냉매 순환량이 많아지고 냉동능력도 증가한다.
② 냉동톤당 소요동력이 증가한다.
③ 고압 압력은 공기의 분압만큼 낮아진다.
④ 배출가스의 온도가 상승하므로 응축기의 열통과율이 높아지고 냉동능력도 증가한다.

해설 냉동장치에 공기가 침입하면 일어나는 현상
- 응축기 내에 불응축가스가 발생하므로 고압 압력이 높아진다.
- 냉매 순환량이 감소하고 냉동능력이 감소한다.
- 압축기 소요동력이 증가한다.
- 압축비 상승으로 배출가스의 온도가 상승한다.
- 냉동기의 성적계수가 낮아진다.

040. 냉동부하가 25RT인 브라인 쿨러가 있다. 열전달 계수가 1.53kW/m² · K이고, 브라인 입구온도가 −5℃, 출구온도가 −10℃, 냉매의 증발온도가 −15℃일 때 전열면적(m²)은 얼마인가? (단, 1RT는 3.8kW이고, 산술평균 온도차를 이용한다.)

① 16.7　　② 12.1
③ 8.3　　　④ 6.5

답 038. ③　039. ②　040. ③

해설
[조건] 냉동부하 $Q_e = 25\text{RT} = 25 \times 3.8\text{kW} = 95\text{kW}$, 열전달 계수 $K = 1.53\text{kW/m}^2 \cdot \text{K}$,
브라인의 입구온도 $t_1 = -5℃ = 268\text{K}$, 브라인의 출구온도 $t_2 = -10℃ = 263\text{K}$,
증발온도 $t_e = -15℃ = 258\text{K}$

- 산술평균 온도차 $\Delta t_m = \dfrac{t_1 + t_2}{2} - t_e$ 에서 $\Delta t_m = \dfrac{(268+263)\text{K}}{2} - 258\text{K} = 7.5\text{K}$

- 냉동능력 $Q_e = KA\Delta t_m$ 에서 전열면적 $A = \dfrac{Q_e}{K\Delta t_m} = \dfrac{95\text{kW}}{1.53\dfrac{\text{kW}}{\text{m}^2 \cdot \text{K}} \times 7.5\text{K}} = 8.28\text{m}^2$

제 3 과목 공기조화

Q 041 인체의 발열에 관한 설명으로 틀린 것은?

① 증발 : 인체 피부에서의 수분이 증발하며 그 증발열로 체내 열을 방출한다.
② 대류 : 인체 표면과 주위공기와의 사이에 열의 이동으로 인위적으로 조절이 가능하며 주위공기의 온도와 기류에 영향을 받는다.
③ 복사 : 실내온도와 관계없이 유리창과 벽면 등의 표면온도와 인체 표면과의 온도차에 따라 실제 느끼지 못하는 사이 방출되는 열이다.
④ 전도 : 겨울철 유리창 근처에서 추위를 느끼는 것은 전도에 의한 열 방출이다.

해설 인체의 대류
겨울철 유리창 근처에서 추위를 느끼는 것은 인체표면의 열이 틈새바람에 열을 빼앗겼기 때문이다. 즉 공기의 열과 인체의 표면 사이에서 열전달이 이루어졌으므로 대류열이 작용하였다.

Q 042 냉방시 실내부하에 속하지 않는 것은?

① 외기의 도입으로 인한 취득열량
② 극간풍에 의한 취득열량
③ 벽체로부터의 취득열량
④ 유리로부터의 취득열량

해설
- 실내부하 : 유리 및 벽체로부터 취득열량, 극간풍(틈새바람)에 의한 취득열량, 사무기기나 인체를 통해 실내에서 발생하는 열량
- 외기부하 : 외기의 도입으로 인한 취득열량
- 장치부하 : 송풍기 및 급기덕트로부터 취득열량

답 041. ④ 042. ①

Q 043 송풍기의 크기는 송풍기의 번호(No, #)로 표시하는데, 원심송풍기의 송풍기 번호를 구하는 식으로 옳은 것은?

① $No(\#) = \dfrac{회전날개의\ 지름(mm)}{100mm}$ ② $No(\#) = \dfrac{회전날개의\ 지름(mm)}{150mm}$

③ $No(\#) = \dfrac{회전날개의\ 지름(mm)}{200mm}$ ④ $No(\#) = \dfrac{회전날개의\ 지름(mm)}{250mm}$

해설 송풍기 번호
- 원심송풍기 : $No(\#) = \dfrac{회전날개의\ 지름(mm)}{150mm}$
- 축류송풍기 : $No(\#) = \dfrac{회전날개의\ 지름(mm)}{100mm}$

Q 044 아래 습공기 선도에 나타낸 과정과 일치하는 장치도는?

①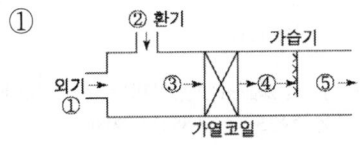

②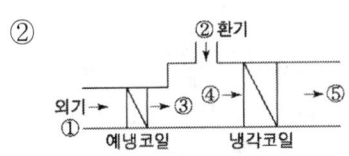

③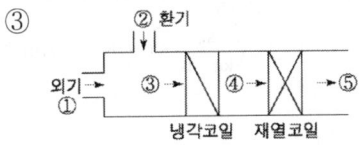

④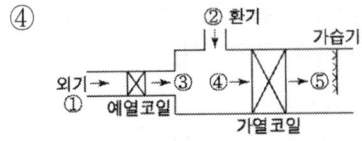

해설 습공기 선도에서 나타난 장치도
- ① – ③ : 냉각감습과정으로서 외기공기가 예냉코일을 통과하면 건구온도가 낮아지고 상대습도가 높아진다.
- ② : 실내 환기공기의 상태점
- ④ : 예냉코일을 통과한 공기와 실내 환기공기를 혼합한 공기의 상태점
- ④ – ⑤ : 냉각감습과정으로서 혼합공기가 냉각코일을 통과하면 건구온도가 낮아지고 상대습도가 높아진다.

답 043. ② 044. ②

Q 045
인위적으로 실내 또는 일정한 공간의 공기를 사용 목적에 적합하도록 공기조화 하는데 있어서 고려하지 않아도 되는 것은?

① 온도
② 습도
③ 색도
④ 기류

해설 공기조화의 4대 요소 : 온도, 습도, 기류, 청정도

Q 046
크기 1000×500mm의 직관 덕트에 35℃의 온풍 18000m³/h이 흐르고 있다. 이 덕트가 −10℃의 실외부분을 지날 때 길이 20m당 덕트 표면으로부터의 열손실 (kW)은? (단, 덕트는 암면 25mm로 보온되어 있고, 이때 1000m당 온도차 1℃에 대한 온도강하는 0.9℃이다. 공기의 밀도는 1.2kg/m³, 정압비열은 1.01kJ/kg·K 이다.)

① 3.0
② 3.8
③ 4.9
④ 6.0

해설 [조건] 송풍량 $Q=18000\text{m}^3/\text{h}$, 밀도 $\rho=1.2\text{kg/m}^3$, 정압비열 $C_p=1.01\text{kJ/kg}\cdot\text{K}$,
실외온도 $t_1=-10℃=263\text{K}$, 온풍온도 $t_2=35℃=308\text{K}$

• 송풍량 $m=\rho Q$에서
$$m=1.2\frac{\text{kg}}{\text{m}^3}\times 18000\frac{\text{m}^3}{\text{h}}=21600\text{m}^3/\text{h}=21600\frac{\text{kg}}{\text{h}}\times\frac{1\text{h}}{3600\text{s}}=6\text{kg/s}$$

• 덕트길이 1000m당 온도차 1℃에 대한 온도강하는 0.9℃에서
덕트길이 20m에 대한 온도강하 $\triangle t=\frac{20\text{m}}{1000\text{m}}\times(308-263)\text{K}\times 0.9=0.81\text{K}$

∴ 열손실 $q_r=mC_p\triangle t$에서 $q_r=6\frac{\text{kg}}{\text{s}}\times 1.01\frac{\text{kJ}}{\text{kg}\cdot\text{K}}\times 0.81\text{K}=4.91\text{kW}(\text{kJ/s})$

Q 047
동일한 덕트 장치에서 송풍기의 날개의 직경이 d_1, 전동기 출력이 L_1인 송풍기를 직경 d_2로 교환했을 때 동력의 변화로 옳은 것은? (단, 회전수는 일정하다.)

① $L_2=(\frac{d_2}{d_1})^2 L_1$
② $L_2=(\frac{d_2}{d_1})^3 L_1$
③ $L_2=(\frac{d_2}{d_1})^4 L_1$
④ $L_2=(\frac{d_2}{d_1})^5 L_1$

해설 송풍기의 상사법칙(회전수가 일정)

• 풍량 $Q_2=(\frac{d_2}{d_1})^3 Q_1$

• 정압 $P_2=(\frac{d_2}{d_1})^2 P_1$

• 동력 $L_2=(\frac{d_2}{d_1})^5 L_1$

답 045. ③ 046. ③ 047. ④

Q 048 다음의 취출과 관련한 용어 설명 중 틀린 것은?

① 그릴(grill)은 취출구의 전면에 설치하는 면격자이다.
② 아스펙트(aspect)비는 짧은 변을 긴 변으로 나눈 값이다.
③ 셔터(shutter)는 취출구의 후부에 설치하는 풍량조절용 또는 개폐용의 기구이다.
④ 드래프트(draft)는 인체에 닿아 불쾌감을 주는 기류이다.

해설 아스펙트비는 장변과 단변의 비로서 장변(긴 변)에 단변(짧은 변)으로 나눈 값이다.

Q 049 온수난방에 대한 설명으로 틀린 것은?

① 온수의 체적팽창을 고려하여 팽창탱크를 설치한다.
② 보일러가 정지하여도 실내온도의 급격한 강하가 적다.
③ 밀폐식일 경우 배관의 부식이 많아 수명이 짧다.
④ 방열기에 공급되는 온수 온도와 유량 조절이 용이하다.

해설 온수난방의 밀폐식일 경우 특징
- 배관의 부식이 비교적 적어 수명이 길다.
- 배관경이 작아지고 방열기도 작게 할 수 있다.
- 밀폐식 팽창탱크를 사용한다.
- 배관 내의 온수 온도는 100℃ 이상이다.

Q 050 증기 난방배관에서 증기트랩을 사용하는 이유로 옳은 것은?

① 관내의 공기를 배출하기 위하여
② 배관의 신축을 흡수하기 위하여
③ 관내의 압력을 조절하기 위하여
④ 증기관에 발생된 응축수를 제거하기 위하여

해설 증기트랩은 증기관 내에 발생된 응축수와 공기를 증기와 분리하여 응축수를 환수관으로 배출시키는 장치이다.

Q 051 보일러에서 화염이 없어지면 화염검출기가 이를 감지하여 연료공급을 즉시 정지시키는 형태의 제어는?

① 시퀀스 제어　　② 피드백 제어
③ 인터록 제어　　④ 수면제어

답 048. ② 049. ③ 050. ④ 051. ③

해설 인터록 제어
- 2개 이상의 회로에서 한 개의 회로만 동작을 시키고 나머지 회로는 동작이 될 수 없도록 기기 및 조작자의 안전을 위하여 기기의 동작을 금지하기 위한 제어회로이다.
- 보일러에서 실화 또는 불착화 시 화염검출기가 감지하여 연료공급을 차단하는 전자밸브에 신호를 보내 즉시 연료공급을 정지시키는 제어이다.
- 보일러에서 저수위 시 저수위경보기가 감지하여 연료공급을 차단하는 전자밸브에 신호를 보내 즉시 연료공급을 정지시키는 제어이다.
- 보일러에서 증기압력 이상 상승 시 증기압력제한기가 감지하여 연료공급을 차단하는 전자밸브에 신호를 보내 즉시 연료공급을 정지시키는 제어이다.

Q 052 중앙식 난방법의 하나로서 각 건물마다 보일러 시설 없이 일정 장소에서 여러 건물에 증기 또는 고온수 등을 보내서 난방하는 방식은?
① 복사난방 ② 지역난방
③ 개별난방 ④ 온풍난방

해설 지역난방은 광범위한 지역에 열공급 배관을 설치하여 열병합발전소에서 각 건물마다 보일러 시설없이 증기 또는 고온수 등을 축열조에 보내서 난방용 열원과 열교환시켜 난방 및 급탕을 하는 방식이다.

Q 053 보일러의 출력에는 상용출력과 정격출력이 있다. 다음 중 이들의 관계가 적당한 것은?
① 상용출력=난방부하+급탕부하+배관부하
② 정격출력=난방부하+배관 열손실부하
③ 상용출력=배관 열손실부하+보일러 예열부하
④ 정격출력=난방부하+급탕부하+배관부하+예열부하+온수부하

해설 보일러 출력
- 정미출력 : 난방부하+급탕부하
- 상용출력 : 난방부하+급탕부하+배관부하=정미출력×1.05~1.10
- 정격출력 : 난방부하+급탕부하+배관부하+예열부하

Q 054 수관식 보일러의 특징에 관한 설명으로 틀린 것은?
① 관(드럼)의 직경이 적어서 고온·고압용에 적당하다.
② 전열면적이 커서 증기발생시간이 빠르다.
③ 구조가 단순하여 청소나 검사 수리가 용이하다.
④ 보유수량이 적어 부하 변동시 압력변화가 크다.

답 052. ② 053. ① 054. ③

해설 수관식 보일러의 특징
- 드럼의 직경이 작아 고온·고압의 대용량 보일러에 적당하다.
- 전열면적이 작아 증기 발생시간이 빠르고 효율이 높다.
- 보유수량이 적어 부하변동에 따른 압력변화가 크다.
- 구조가 복잡하여 청소와 보수가 어렵고 가격이 비싸다.
- 스케일로 인해 수관이 과열되기 쉬우므로 수 관리를 철저히 하여야 한다.

Q.055
6인용 입원실이 100실인 병원의 입원실 전체 환기를 위한 최소 신선 공기량 (m^3/h)은? (단, 외기 중 CO_2함유량은 0.0003m^3/m^3이고 실내 CO_2의 허용농도는 0.1%, 재실자의 CO_2발생량은 개인당 0.015m^3/h이다.)

① 6857　　　② 8857
③ 10857　　④ 12857

해설 [조건] 인원 $n = 6인 \times 100실 = 600인$, 실내 CO_2의 허용농도 $C_a = 0.1\% = 0.001$, 외기 CO_2량 $C_o = 0.003m^3/m^3$, 실내 CO_2발생량 $X = 600인 \times 0.015m^3/h = 9m^3/h$

CO_2 발생에 따른 환기량 $Q = \dfrac{X}{C_a - C_o}$ 에서

$Q = \dfrac{9m^3/h}{0.001 - 0.0003} = 12857.1 m^3/h$

Q.056
다음 공기조화 방식 중 냉매방식인 것은?

① 유인유닛 방식　　② 멀티 존 방식
③ 팬코일 유닛방식　④ 패키지유닛 방식

해설 공기조화 방식
- 전공기 방식 : 단일덕트 방식, 2중덕트 방식, 각층유닛 방식, 멀티 존 유닛방식, 저온공조 방식
- 공기+수방식 : 유인유닛 방식, 복사냉난방 방식, 덕트병용 팬코일 유닛방식
- 전수방식 : 팬코일 유닛방식
- 개별방식(냉매방식) : 패키지유닛 방식, 룸 쿨러 방식

Q.057
전열교환기에 관한 설명으로 틀린 것은?

① 공기조화기기의 용량설계에 영향을 주지 않음
② 열교환기 설치로 설비비와 요구 공간 증가
③ 회전식과 고정식이 있음
④ 배기와 환기의 열교환으로 현열과 잠열을 교환

055. ④　056. ④　057. ①

해설 전열교환기 방식
- 공기조화설비에서 실내에서 배기되는 배기와 환기용 외기를 열교환하는 에너지 절약기법이다.
- 열을 회수하는 시스템이므로 공기조화기기의 용량을 줄일 수 있다.
- 열교환기 설치로 설비비 및 설치공간이 증가하나 외기의 최대부하를 감소시키므로 외기 도입량이 많은 곳에 효과가 크다.
- 운전시간이 긴 시설에서 외기부하를 감소시키므로 효과적이다.
- 현열과 잠열을 모두 교환하며 고효율 열교환기로서 회전식과 고정식이 있다.

Q 058. 복사 난방방식의 특징에 대한 설명으로 틀린 것은?

① 외기 온도의 갑작스러운 변화에 대응이 용이함
② 실내 상하 온도분포가 균일하며 난방효과가 이상적임
③ 실내 공기온도가 낮아도 되므로 열손실이 적음
④ 바닥에 난방기기가 필요 없어 바닥면의 이용도가 높음

해설 복사 난방방식의 특징
- 건물의 축열을 이용하기 때문에 외기 온도변화에 따른 실내온도 조절이 어렵다.
- 실내 상·하온도차가 적어 온도분포가 균등하고 열손실이 적다.
- 천정고가 높은 곳이나 외기가 침입하는 곳에 적합하다.
- 온수를 열매로 사용하기 때문에 열용량이 크고 예열시간이 길다.
- 바닥에 난방기기를 설치하지 않으므로 바닥면의 이용도가 높다.
- 매설배관으로 시공해야 하기 때문에 시공비가 비싸고 누설발견과 보수가 어렵다.

Q 059. 송풍기의 풍량조절법이 아닌 것은?

① 토출댐퍼에 의한 제어
② 흡입댐퍼에 의한 제어
③ 토출베인에 의한 제어
④ 흡입베인에 의한 제어

해설 송풍기의 풍량조절법
- 회전수에 의한 제어
- 가변피치에 의한 제어
- 흡입베인에 의한 제어
- 흡입댐퍼에 의한 제어
- 토출댐퍼에 의한 제어

Q 060. 유효 온도차(상당 외기온도차)에 대한 설명으로 틀린 것은?

① 태양 일사량을 고려한 온도차이다.
② 계절, 시각 및 방위에 따라 변화한다.
③ 실내온도와는 무관하다.
④ 냉방부하 시에 적용된다.

해설 유효 온도차(상당 외기온도차)
- 태양의 일사량과 외기온도를 고려한 온도차이다.
- 계절, 방위 및 시각 등에 따라 값이 변한다.
- 냉방부하 시 벽체의 전도부하를 산출할 때 적용된다.

답 058. ① 059. ③ 060. ③

제 4 과목 전기제어공학

Q 061 그림과 같은 회로에서 전달함수 $G(s) = \dfrac{I(s)}{V(s)}$를 구하면?

① $R + Ls + Cs$
② $\dfrac{1}{R + Ls + Cs}$
③ $R + Ls + \dfrac{1}{Cs}$
④ $\dfrac{1}{R + Ls + \dfrac{1}{Cs}}$

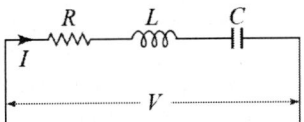

해설 R-L-C 직렬회로의 전달함수
$v(t) = Ri(t) + L\dfrac{di(t)}{dt} + \dfrac{1}{C}\displaystyle\int_0^t i(t)dt$ 를 라플라스 변환하면
$V(s) = RI(s) + LsI(s) + \dfrac{1}{Cs}I(s)$ 에서 $V(s) = \left(R + Ls + \dfrac{1}{Cs}\right)I(s)$
∴ 전달함수 $\dfrac{I(s)}{V(s)} = \dfrac{1}{R + Ls + \dfrac{1}{Cs}}$

Q 062 논리식 $A + BC$와 등가인 논리식은?

① $AB + AC$
② $(A+B)(A+C)$
③ $(A+B)C$
④ $(A+C)B$

해설 $(A+B)(A+C) = AA + AC + AB + BC = A + AC + AB + BC$
$= A(1+C) + AB + BC = A + AB + BC = A(1+B) + BC$
$= A + BC$

Q 063 입력 A, B, C에 따라 Y를 출력하는 다음의 회로는 무접점 논리회로 중 어떤 회로인가?

① OR 회로
② NOR 회로
③ AND 회로
④ NAND 회로

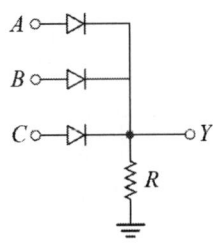

해설 OR 회로
- 여러 개의 입력신호 중 하나 또는 그 이상의 신호가 ON 되었을 때 출력이 "1"이 나오는 회로이다.
- 그림에서 다이오드방향이 출력(Y)방향으로 진행되고 있으므로 OR 회로이다.
- 논리식 $Y = A + B + C$

답 061. ④ 062. ② 063. ①

Q 064. 승강기나 에스컬레이터 등의 옥내 전선의 절연저항을 측정하는데 가장 적당한 측정기기는?

① 메거
② 휘트스톤 브리지
③ 켈빈 더블 브리지
④ 코올라우시 브리지

해설
- 메거 : 절연저항을 측정하는 계측기이다.
- 휘트스톤 브리지 : 검류계의 전류가 0이 되도록 평형시키는 영위법을 이용하여 측정소자의 저항을 측정하는 브리지이다.
- 켈빈 더블 브리지 : 1Ω 이하의 저저항 측정에 사용되는 일종의 브리지 회로이다.
- 코올라우시 브리지 : 축전지의 내부저항을 측정하는 계측기이다.

Q 065. $e(t) = 200\sin\omega t [V]$, $i(t) = 4\sin(\omega t - \frac{\pi}{3})[A]$일 때 유효전력(W)은?

① 100
② 200
③ 300
④ 400

해설
- 순시전압 $e(t) = E_m \sin(\omega t + \theta_1)$, 최대전압 $E_m = \sqrt{2}E$에서
  실효전압 $E = \dfrac{E_m}{\sqrt{2}} = \dfrac{200}{\sqrt{2}}[V]$
- 순시전류 $i(t) = I_m \sin(\omega t - \theta_2)$, 최대전류 $I_m = \sqrt{2}I$에서
  실효전류 $I = \dfrac{I_m}{\sqrt{2}} = \dfrac{4}{\sqrt{2}}[A]$
- 전압과 전류의 위상차 $\theta = \theta_1 - \theta_2$에서 $\theta = 0 - \left(-\dfrac{\pi}{3}\right) = \dfrac{\pi}{3}$이다.
  $rad = \dfrac{\pi}{180} \times \theta$에서 $\theta = rad \times \dfrac{180}{\pi} = \dfrac{\pi}{3} \times \dfrac{180}{\pi} = 60°$
- ∴ 유효전력 $P = IV\cos\theta$에서 $P = \dfrac{4}{\sqrt{2}} \times \dfrac{200}{\sqrt{2}} \times \cos 60° = 200W$

Q 066. 전력(W)에 관한 설명으로 틀린 것은?

① 단위는 J/s이다.
② 열량을 적분하면 전력이다.
③ 단위 시간에 대한 전기 에너지이다.
④ 공률(일률)과 같은 단위를 갖는다.

답 064. ① 065. ② 066. ②

해설
- 전력 : 단위 시간에 대한 전기 에너지이다.

  전력 $P = \dfrac{W}{t} = IV = I^2R = \dfrac{V^2}{R}$ [W, J/s]

- 전력량 : 전기가 일정시간 동안 하는 일의 양이고 전력을 시간에 대해 적분한 값이다.

  전력량 $W = Pt = IVt = I^2Rt = \dfrac{V^2}{R}t$ [Wh]

- 줄의 법칙에서 발생열량 $H = 0.24IVt = 0.24I^2Rt$ [cal]

  여기서, I는 전류(A), V는 전압(V), R은 저항(Ω), t는 시간(s)이다.

Q.067 환상 솔레노이드 철심에 200회의 코일을 감고 2A의 전류를 흘릴 때 발생하는 기자력은 몇 AT인가?

① 50   ② 100
③ 200   ④ 400

해설 [조건] 코일의 권수 $N = 200$회, 전류 $I = 2A$

기자력 $H = NI$에서 $H = 200$회 $\times 2A = 400$AT

Q.068 제어편차가 검출될 때 편차가 변화하는 속도에 비례하여 조작량을 가감하도록 하는 제어로써 오차가 커지는 것을 미연에 방지하는 제어동작은?

① ON/OFF 제어 동작   ② 미분 제어 동작
③ 적분 제어 동작   ④ 비례 제어 동작

해설
- 미분 제어 동작 : 제어 오차가 검출될 때 오차가 변화하는 속도에 비례하여 조작량을 가감하여 제어한다.
- 2위치 제어 동작 : ON/OFF 동작이라고도 하며, 편차의 정부(+, -)에 따라 조작부를 전폐 또는 전개하는 것이다.
- 비례 제어 동작 : 설정값과 제어량의 편차 크기에 비례하여 조작부를 제어한다.
- 적분 제어 동작 : 편차의 적분치에 비례한 조작신호를 낸다.

Q.069 10μF의 콘덴서에 200V의 전압을 인가하였을 때 콘덴서에 축적되는 전하량은 몇 C인가?

① 2×10^{-3} ② 2×10^{-4}
③ 2×10^{-5} ④ 2×10^{-6}

해설 [조건] 정전용량 $C = 10\mu F = 10 \times 10^{-6}F$, 전압 $V = 200V$

전하량 $Q = CV$에서 $Q = (10 \times 10^{-6}F) \times 200V = 2 \times 10^{-3}C = 2mC$

답 067. ④ 068. ② 069. ①

Q 070

3상 유도전동기의 출력이 10kW, 슬립이 4.8%일 때의 2차 동손은 약 몇 kW인가?

① 0.24
② 0.36
③ 0.5
④ 0.8

해설 [조건] 유도전동기 출력 $P_o = 10\text{kW}$, 슬립 $s = 4.8\% = 0.048$

2차 동손 $P_{c2} = \dfrac{s}{1-s} \times P_o$ 에서 $P_{c2} = \dfrac{0.048}{1-0.048} \times 10\text{kW} = 0.5\text{kW}$

Q 071

유도전동기에 인가되는 전압과 주파수의 비를 일정하게 제어하여 유도전동기의 속도를 정격속도 이하로 제어하는 방식은?

① CVCF 제어방식
② VVVF 제어방식
③ 교류 궤환 제어방식
④ 교류 2단 속도 제어방식

해설 VVVF 제어방식 : 가변전압 가변주파수 제어장치로서 유도전동기에 인가되는 전압과 주파수를 동시에 변환시켜 직류전동기와 동등한 제어성능을 얻을 수 있는 제어방식이다.

Q 072

회전각을 전압으로 변환시키는데 사용되는 위치 변환기는?

① 속도계
② 증폭기
③ 변조기
④ 전위차계

해설 변위를 전압으로 변환시키는 변환기 : 차동변압기, 전위차계, 포텐셔미터

Q 073

그림의 신호흐름선도에서 전달함수 $\dfrac{C(s)}{R(s)}$ 는?

① $-\dfrac{8}{9}$
② $-\dfrac{13}{19}$
③ $-\dfrac{48}{53}$
④ $-\dfrac{105}{77}$

해설 출력 $C(s) = (1 \times 2 \times 4 \times 6)R(s) + (2 \times 11)C(s) + (4 \times 8)C(s)$

$C(s) - 22C(s) - 32C(s) = 48R(s)$

$-53C(s) = 48R(s)$

∴ 전달함수 $\dfrac{C(s)}{R(s)} = -\dfrac{48}{53}$

답 070. ③ 071. ② 072. ④ 073. ③

Q074 폐루프 제어시스템의 구성에서 조절부와 조작부를 합쳐서 무엇이라고 하는가?
① 보상요소 ② 제어요소
③ 기준입력요소 ④ 귀환요소

해설 제어요소 : 동작신호를 조작량으로 변환시키는 요소로서 조절부와 조작부로 구성되어 있다.

Q075 그림과 같은 회로에 흐르는 전류 I(A)는?
① 0.3
② 0.6
③ 0.9
④ 1.2

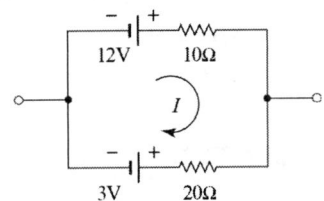

해설 키르히호프의 제2법칙 : 폐회로에서 기전력의 합과 전압강하의 합은 같다.
$12V + (-3V) = (10\Omega + 20\Omega)I$
$\therefore$ 전류 $I = \dfrac{9V}{30\Omega} = 0.3A$

Q076 그림과 같은 단위 피드백 제어시스템의 전달함수 $\dfrac{C(s)}{R(s)}$ 는?
① $\dfrac{1}{1+G(s)}$
② $\dfrac{G(s)}{1+G(s)}$
③ $\dfrac{1}{1-G(s)}$
④ $\dfrac{G(s)}{1-G(s)}$

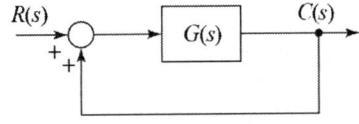

해설 출력 $C(s) = G(s)R(s) + G(s)C(s)$ 에서 $C(s) - G(s)C(s) = G(s)R(s)$
$\{1 - G(s)\}C(s) = G(s)R(s)$
$\therefore$ 전달함수 $\dfrac{C(s)}{R(s)} = \dfrac{G(s)}{1-G(s)}$

Q077 선간전압 220V의 3상 교류전원에 화물용 승강기를 접속하고 전력과 전류를 측정하였더니 2.77kW, 10A이었다. 이 화물용 승강기 모터의 역률은 약 얼마인가?
① 0.6 ② 0.7
③ 0.8 ④ 0.9

답 074. ② 075. ① 076. ④ 077. ③

[해설] [조건] 선간전압 $V=200\text{V}$, 전류 $I=10\text{A}$, 전력 $P=2.77\text{kW}=2.77\times 10^3\text{W}$
3상 교류전원의 전력 $P=\sqrt{3}IV\cos\theta$ 에서
역률 $\cos\theta=\dfrac{P}{\sqrt{3}IV}=\dfrac{2.77\times 10^3\text{W}}{\sqrt{3}\times 10\text{A}\times 200\text{V}}=0.8$

Q 078. 그림의 논리회로에서 A, B, C, D를 입력, Y를 출력이라고 할 때 출력 식은?

① $A+B+C+D$
② $(A+B)(C+D)$
③ $AB+CD$
④ $ABCD$

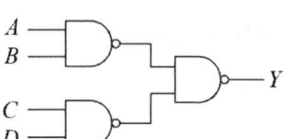

[해설] [조건] NAND회로의 논리식 $Y=\overline{A\cdot B}$, 드모르간의 법칙 $Y=\overline{A\cdot B}=\overline{A}+\overline{B}$
출력 $Y=\overline{\overline{A\cdot B}\cdot\overline{C\cdot D}}=\overline{\overline{A\cdot B}}\cdot\overline{\overline{C\cdot D}}=A\cdot B+C\cdot D$

Q 079. 그림과 같은 RL 직렬회로에서 공급전압의 크기가 10V일 때 $|V_R|=8\text{V}$ 이면 V_L의 크기는 몇 V인가?

① 2
② 4
③ 6
④ 8

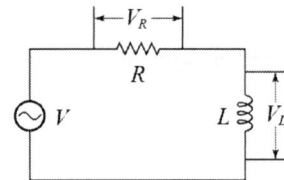

[해설] RL 직렬회로의 공급전압 $V=\sqrt{V_R^2+V_L^2}$ 에서
코일의 전압 $V_L=\sqrt{V^2-V_R^2}=\sqrt{(10V)^2-(8V)^2}=6\text{V}$

Q 080. 전기자 철심을 규소 강판으로 성층하는 주된 이유는?

① 정류자면의 손상이 적다.
② 가동하기 쉽다.
③ 철손을 적게 할 수 있다.
④ 기계손을 적게 할 수 있다.

[해설] 전기자(armature) 철심
철손을 줄이기 위하여 철심을 히스테리시스손이 적은 규소 강판을 사용하고 와류손(맴돌이 전류손)을 적게 하기 위하여 성층으로 한다.

답 078. ③ 079. ③ 080. ③

제 5 과목　배관일반

081 팬코일 유닛방식의 배관방식 중 공급관이 2개이고 환수관이 1개인 방식은?

① 1관식　　　　　　　② 2관식
③ 3관식　　　　　　　④ 4관식

해설 팬코일 유닛방식의 배관방식
- 1관식 : 공급관과 환수관이 1개의 배관으로 되어 있는 방식
- 2관식 : 공급관 1개와 환수관 1개를 갖는 방식
- 3관식 : 공급관 2개(온수관, 냉수관)와 환수관 1개를 갖는 방식
- 4관식 : 공급관(냉수관, 온수관) 2개와 환수관(냉수관, 온수관) 2개를 갖는 방식

082 냉매 액관 중에 플래시 가스 발생의 방지대책으로 틀린 것은?

① 온도가 높은 곳을 통과하는 액관은 방열시공을 한다.
② 액관, 드라이어 등의 구경을 충분히 선정하여 통과저항을 적게 한다.
③ 액펌프를 사용하여 압력강하를 보상할 수 있는 충분한 압력을 준다.
④ 열교환기를 사용하여 액관에 들어가는 냉매의 과냉각도를 없앤다.

해설 플래시 가스의 발생을 방지하기 위해 열교환기를 설치한다. 이때 냉매액과 냉매증기를 충분히 열교환시켜 액관에 들어가는 냉매액의 과냉각도를 크게 한다.

083 공랭식 응축기 배관 시 유의사항으로 틀린 것은?

① 소형 냉동기에 사용하며 핀이 있는 파이프 속에 냉매를 통하여 바람 이송 냉각설계로 되어 있다.
② 냉방기가 응축기 아래 설치되는 경우 배관 높이가 10m 이상일 때는 5m마다 오일 트랩을 설치해야 한다.
③ 냉방기가 응축기 위에 위치하고, 압축기가 냉방기에 내장되었을 경우에는 오일 트랩이 필요 없다.
④ 수랭식에 비해 능력은 낮지만, 냉각수를 사용하지 않아 동결의 염려가 없다.

해설 냉방기가 응축기 아래 설치되는 경우 배관 높이가 10m 이상일 때는 10m마다 오일 트랩을 설치해야 한다.

답 081. ③　082. ④　083. ②

Q 084 배수 배관 시공 시 청소구의 설치위치로 가장 적절하지 않은 곳은?

① 배수 수평주관과 배수수평 분기관의 분지점
② 길이가 긴 수평 배수관 중간
③ 배수 수직관의 제일 윗부분 또는 근처
④ 배수관이 45° 이상의 각도로 방향을 전환하는 곳

해설 청소구 설치위치
- 배수 수평 주관과 배수 수평 분기관의 분기점에 설치
- 배수관이 45° 이상의 각도로 방향을 전환하는 곳에 설치
- 길이가 긴 수평 배수관 중간에 설치하되 관경이 100A 이하일 때 20m 이내 마다 설치
- 배수 수직관의 제일 밑부분에 설치

Q 085 급탕배관에 관한 설명으로 틀린 것은?

① 단관식의 경우 급수관경보다 큰 관을 사용해야 한다.
② 하향식 공급 방식에서는 급탕관 및 복귀관은 모두 선하향 구배로 한다.
③ 보통 급탕관은 수명이 짧으므로 장래에 수리, 교체가 용이하도록 노출 배관하는 것이 좋다.
④ 연관은 열에 강하고 부식도 잘되지 않으므로 급탕배관에 적합하다.

해설 급탕배관은 열전도도가 우수한 동관을 사용하며 연관은 내식성이 우수하므로 수도관, 배수관, 공업용 배관으로 사용한다.

Q 086 냉매 배관 시 유의사항으로 틀린 것은?

① 냉동장치내의 배관은 절대기밀을 유지할 것
② 배관도중에 고저의 변화를 될수록 피할 것
③ 기기간의 배관은 가능한 한 짧게 할 것
④ 만곡부는 될 수 있는 한 적고 또한 곡률반경은 작게 할 것

해설 냉매 배관 시 만곡부는 될 수 있는 한 적게 하고 또한 곡률반경은 마찰저항을 작게 하기 위해 크게 할 것

Q 087 염화비닐관의 설명으로 틀린 것은?

① 열팽창률이 크다.
② 관내 마찰손실이 적다.
③ 산, 알칼리 등에 대해 내식성이 적다.
④ 고온 또는 저온의 장소에 부적당하다.

해설 염화비닐관은 산, 알칼리 등에 대해 내식성이 우수하다.

답 084. ③ 085. ④ 086. ④ 087. ③

Q 088 급수펌프에서 발생하는 캐비테이션 현상의 방지법으로 틀린 것은?

① 펌프설치 위치를 낮춘다.
② 입형펌프를 사용한다.
③ 흡입손실수두를 줄인다.
④ 회전수를 올려 흡입속도를 증가시킨다.

해설 캐비테이션 방지방법
- 펌프의 설치 높이를 낮추어 흡입손실수두를 줄인다.
- 펌프의 회전수를 작게 하여 흡입속도를 낮춘다.
- 단흡입 펌프를 양흡입 펌프로 바꾼다.
- 흡입관경을 크게 하고 흡입관의 굽힘부를 작게 한다.

Q 089 가스배관의 설치 시 유의사항으로 틀린 것은?

① 특별한 경우를 제외한 배관의 최고사용압력은 중압이하일 것
② 배관은 하천(하천을 횡단하는 경우는 제외) 또는 하수구 등 암거내에 설치할 것
③ 지반이 약한 곳에 설치되는 배관은 지반침하에 의해 배관이 손상되지 않도록 필요한 조치 후 배관을 설치할 것
④ 본관 및 공급관은 건축물의 내부 또는 기초 밑에 설치하지 아니할 것

해설 가스배관은 하천(하천을 횡단하는 경우는 제외한다) 또는 하수구 등 암거 내에 설치하지 않는다.

Q 090 밀폐식 온수난방 배관에 대한 설명으로 틀린 것은?

① 팽창탱크를 사용한다.
② 배관의 부식이 비교적 적어 수명이 길다.
③ 배관경이 적어지고 방열기도 적게 할 수 있다.
④ 배관 내의 온수 온도는 70℃ 이하이다.

해설 밀폐식 온수난방의 온수 온도는 100℃ 이상으로서 일반적으로 100~150℃의 온수를 사용한다.

Q 091 동관 이음 중 경납땜 이음에 사용되는 것으로 가장 거리가 먼 것은?

① 황동납　　② 은납
③ 양은납　　④ 규소납

해설 경납땜의 종류 : 은납, 황동납, 양은납, 인동납, 알루미늄납

답 088. ④　089. ②　090. ④　091. ④

Q 092 온수난방 배관에서 리버스 리턴(reverse return)방식을 채택하는 주된 이유는?

① 온수의 유량 분배를 균일하게 하기 위하여
② 배관의 길이를 짧게 하기 위하여
③ 배관의 신축을 흡수하기 위하여
④ 온수가 식지 않도록 하기 위하여

해설 리버스 리턴(역귀환)방식
공급관과 환수관의 왕복배관 길이가 같기 때문에 각 방열기마다 온수의 유량 분배를 균일하게 분배하여 각 실의 온도를 균일하게 한다.

Q 093 하향급수 배관방식에서 수평주관의 설치위치로 가장 적절한 것은?

① 지하층의 천장 또는 1층의 바닥
② 중간층의 바닥 또는 천장
③ 최상층의 바닥 또는 천장
④ 최상층의 천장 또는 옥상

해설
• 상향급수 배관방식 : 건물의 최하층(지하층의 천장 또는 1층의 바닥)에 수평주관을 설치하고 수직관을 연결하여 상층부로 올라가면서 급수하는 방식이다.
• 하향급수 배관방식 : 건물의 최상층(천장 또는 옥상)에 수평주관을 설치하고 하향수직관을 통해 급수하는 방식이다.

Q 094 냉매 배관에서 압축기 흡입관의 시공 시 유의사항으로 틀린 것은?

① 압축기가 증발기보다 밑에 있는 경우 흡입관은 작은 트랩을 통과한 후 증발기 상부보다 높은 위치까지 올려 압축기로 가게 한다.
② 흡입관의 수직상승 입상부가 매우 길 때는 냉동기유의 회수를 쉽게 하기 위하여 약 20m마다 중간에 트랩을 설치한다.
③ 각각의 증발기에서 흡입 주관으로 들어가는 관은 주관 상부로부터 들어가도록 접속한다.
④ 2대 이상의 증발기가 있어도 부하의 변동이 그다지 크지 않은 경우는 1개의 입상관으로 충분하다.

해설 흡입관의 수직상승 입상부가 매우 길 때는 냉동기유의 회수를 쉽게 하기 위하여 약 10m마다 중간에 트랩을 설치한다.

답 092. ① 093. ④ 094. ②

Q 095 난방 배관 시공을 위해 벽, 바닥 등에 관통 배관 시공을 할 때, 슬리브(sleeve)를 사용하는 이유로 가장 거리가 먼 것은?

① 열팽창에 따른 배관 신축에 적용하기 위해
② 관 교체 시 편리하게 하기 위해
③ 고장 시 수리를 편리하게 하기 위해
④ 유체의 압력을 증가시키기 위해

해설 슬리브(sleeve)는 배관이 바닥 또는 벽을 관통할 때 신축흡수 및 수리를 용이하게 하기 위하여 설치한다.

Q 096 급수방식 중 압력탱크 방식에 대한 설명으로 틀린 것은?

① 국부적으로 고압을 필요로 하는데 적합하다.
② 탱크의 설치위치에 제한을 받지 않는다.
③ 항상 일정한 수압으로 급수할 수 있다.
④ 높은 곳에 탱크를 설치할 필요가 없으므로 건축물의 구조를 강화할 필요가 없다.

해설 압력탱크 방식은 조작상 압력차가 크므로 급수압의 변동이 크다.

Q 097 냉동설비 배관에서 액분리기와 압축기 사이에 냉매배관을 할 때 구배로 옳은 것은?

① 1/100 정도의 압축기 측 상향 구배로 한다.
② 1/100 정도의 압축기 측 하향 구배로 한다.
③ 1/200 정도의 압축기 측 상향 구배로 한다.
④ 1/200 정도의 압축기 측 하향 구배로 한다.

해설 흡입관(액분리기와 압축기 사이의 냉매배관)은 압축기를 향하여 1/200 정도의 하향 구배로 한다.

Q 098 길이 30m의 강관의 온도변화가 120℃일 때 강관에 대한 열팽창량은? (단, 강관의 열팽창계수는 11.9×10^{-6} mm/mm·℃이다.)

① 42.8mm
② 42.8cm
③ 42.8m
④ 4.28mm

해설 [조건] 관의 길이 $l = 30$m, 온도변화 $\Delta t = 120$℃,
열팽창계수 $\alpha = 11.9 \times 10^{-6}$ mm/mm·℃
관의 신축량 $l = 1000L \times \alpha \times \Delta t$에서
$l = 1000 \times 30\text{m} \times (11.9 \times 10^{-6} \text{mm/mm·℃}) \times 120℃ = 42.84\text{mm}$

답 095. ④ 096. ③ 097. ④ 098. ①

099 증기나 응축수가 트랩이나 감압밸브 등의 기기에 들어가기 전 고형물을 제거하여 고장을 방지하기 위해 설치하는 장치는?

① 스트레이너 ② 레듀서
③ 신축이음 ④ 유니언

해설
- 스트레이너 : 장치나 밸브류의 입구측에 부착하여 배관 중에 혼입한 토사나 이물질을 제거하기 위하여 설치한다.
- 레듀서 : 관경이 다른 배관을 직선으로 연결할 때 사용하는 배관 이음쇠이다.
- 신축이음 : 온수나 증기가 관내를 통과할 때 온도변화에 따른 관의 팽창을 흡수하기 위하여 설치한다.
- 유니언 : 배관의 분해, 수리 및 교체가 필요할 때 직경이 같은 관을 직선으로 연결할 때 사용하는 배관 이음쇠이다.

100 부하변동에 따라 밸브의 개도를 조절함으로써 만액식 증발기의 액면을 일정하게 유지하는 역할을 하는 것은?

① 에어벤트 ② 온도식 자동팽창밸브
③ 감압밸브 ④ 플로트밸브

해설
플로트밸브(float valve)
- 고압측 플로트밸브 : 응축기의 부하변동에 대응하여 밸브의 개도를 조절하는 것으로 터보냉동기의 팽창밸브로 사용된다.
- 저압측 플로트밸브 : 증발기의 부하변동에 따라 밸브의 개도를 조절하는 것으로 만액식 증발기 내의 액면을 일정하게 유지시켜 준다.

답 099. ① 100. ④

기출문제

공조냉동기계기사 2020년 9월 26일 시행

제 1 과목　기계열역학

Q 001　이상적인 디젤기관의 압축비가 16일 때 압축 전의 공기 온도가 90℃라면 압축 후의 공기 온도(℃)는 얼마인가? (단, 공기의 비열비는 1.4이다.)

① 1101.9　　② 718.7
③ 808.2　　④ 827.4

[해설]
[조건] 압축비 $\varepsilon = \dfrac{V_1}{V_2} = 16$, 압축 전의 온도 $T_1 = 90℃ = 363\text{K}$, 비열비 $k = 1.4$

단열 압축과정에서 온도와 체적과의 관계 $\dfrac{T_2}{T_1} = \left(\dfrac{V_1}{V_2}\right)^{k-1}$ 이므로

압축 후의 온도 $T_2 = T_1 \times \left(\dfrac{V_1}{V_2}\right)^{k-1}$ 에서 $T_2 = 363\text{K} \times 16^{1.4-1} = 1100.4\text{K} = 827.4℃$

Q 002　풍선에 공기 2kg이 들어 있다. 일정 압력 500kPa하에서 가열 팽창하여 체적이 1.2배가 되었다. 공기의 초기온도가 20℃일 때 최종온도(℃)는 얼마인가?

① 32.4　　② 53.7
③ 78.6　　④ 92.3

[해설]
[조건] 초기온도 $T_1 = 20℃ = 293\text{K}$, 최종체적 $V_2 = 1.2V_1$

일정 압력하에서 가열팽창하므로 등압과정이다.

따라서, 체적과 온도의 관계는 $\dfrac{V_1}{T_1} = \dfrac{V_2}{T_2}$ 이다.

최종온도 $T_2 = T_1 \times \dfrac{V_2}{V_1}$ 에서 $T_2 = 293\text{K} \times \dfrac{1.2V_1}{V_1} = 351.6\text{K} = 78.6℃$

Q 003　자동차 엔진을 수리한 후 실린더 블록과 헤드 사이에 수리 전과 비교하여 더 두꺼운 개스킷을 넣었다면 압축비와 열효율은 어떻게 되겠는가?

① 압축비는 감소하고, 열효율도 감소한다.
② 압축비는 감소하고, 열효율은 증가한다.
③ 압축비는 증가하고, 열효율은 감소한다.
④ 압축비는 증가하고, 열효율도 증가한다.

답 001. ④　002. ③　003. ①

해설
- 실린더 블록과 헤드 사이에 더 두꺼운 개스킷을 삽입하면 처음의 실린더 부피(V_1)보다 수리 후 실린더 부피(V_2)가 증가하게 된다.
  ∴ 실린더 부피가 $V_1 < V_2$이므로 압축비 $\left(\varepsilon = \dfrac{V_1}{V_2}\right)$는 감소한다.
- 디젤기관의 열효율은 압축비(ε), 비열비(k), 단절비(σ)의 함수로서 압축비와 비열비가 작을수록, 단절비가 클수록 감소한다.

Q 004
밀폐계에서 기체의 압력이 100kPa으로 일정하게 유지되면서 체적이 1m³에서 2m³으로 증가되었을 때 옳은 설명은?

① 밀폐계의 에너지 변화는 없다.
② 외부로 행한 일은 100kJ이다.
③ 기체가 이상기체라면 온도가 일정하다.
④ 기체가 받은 열은 100kJ이다.

해설
압력이 일정하게 유지되므로 외부로 행한 일은 100kJ이다.
∴ 일 $W = PdV = 100\dfrac{kN}{m^2} \times (2-1)m^3 = 100kJ$

Q 005
엔트로피(s) 변화 등과 같은 직접 측정할 수 없는 양들을 압력(P), 비체적(v), 온도(T)와 같은 측정 가능한 상태량으로 나타내는 Maxwell 관계식과 관련하여 다음 중 틀린 것은?

① $\left(\dfrac{\partial T}{\partial P}\right)_s = \left(\dfrac{\partial v}{\partial s}\right)_P$
② $\left(\dfrac{\partial T}{\partial v}\right)_s = -\left(\dfrac{\partial P}{\partial s}\right)_v$
③ $\left(\dfrac{\partial v}{\partial T}\right)_P = \left(\dfrac{\partial s}{\partial P}\right)_T$
④ $\left(\dfrac{\partial P}{\partial v}\right)_T = \left(\dfrac{\partial s}{\partial T}\right)_v$

해설
맥스웰 관계식을 쉽게 기억하기 위하여 그림과 같은 마름모의 모서리에 T, v, s, P를 표기한다. 그림에서 T와 v, P와 s를 연결하는 직선은 2중선으로 하고 T, v, s, P 앞에는 편미분기호를 붙인다. 한 변의 양단에 있는 양의 비는 이것에 대응하는 변의 비와 같다. 단, 2중선의 양단의 비를 취할 때에는 어느 한쪽 변에 음($-$)의 기호를 붙이면 된다.

- $\left(\dfrac{\partial T}{\partial P}\right)_s = \left(\dfrac{\partial v}{\partial s}\right)_P$
- $\left(\dfrac{\partial T}{\partial v}\right)_s = -\left(\dfrac{\partial P}{\partial s}\right)_v$
- $\left(\dfrac{\partial v}{\partial T}\right)_P = -\left(\dfrac{\partial s}{\partial P}\right)_T$
- $\left(\dfrac{\partial P}{\partial T}\right)_v = \left(\dfrac{\partial s}{\partial v}\right)_T$

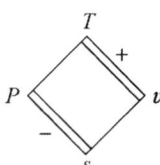

답 004. ② 005. ④

Q 006 어떤 가스의 비내부에너지 u(kJ/kg), 온도 t(℃), 압력(kPa), 비체적 v(m³/kg) 사이에는 아래의 관계식이 성립한다면, 이 가스의 정압비열(kJ/kg·℃)은 얼마인가?

$$u = 0.28t + 532$$
$$Pv = 0.560(t + 380)$$

① 0.84　　　② 0.68
③ 0.50　　　④ 0.28

해설
- 엔탈피 $h = u + Pv$에서
  $h = (0.28t + 532) + \{0.560(t + 380)\} = 0.28t + 532 + 744.8 = 0.84t + 744.8$
- 엔탈피 $dh = C_p dt$에서
  정압비열 $C_p = \dfrac{dh}{dt} = \dfrac{d}{dt}(0.84t + 744.8) = 0.84\text{kJ/kg·℃}$

Q 007 최고온도 1300K와 최저온도 300K 사이에서 작동하는 공기표준 Brayton 사이클의 열효율(%)은? (단, 압력비는 9, 공기의 비열비는 1.4이다.)

① 30.4　　　② 36.5
③ 42.1　　　④ 46.6

해설
[조건] 압력비(압축비) $\varepsilon = 9$, 비열비 $k = 1.4$

브레이튼(Brayton) 사이클의 열효율 $\eta = 1 - \left(\dfrac{1}{\varepsilon}\right)^{\frac{k-1}{k}}$에서

$\eta = 1 - \left(\dfrac{1}{9}\right)^{\frac{1.4-1}{1.4}} = 0.466 = 46.6\%$

Q 008 그림과 같이 A, B 두 종류의 기체가 한 용기 안에서 박막으로 분리되어 있다. A의 체적은 0.1m³, 질량은 2kg이고, B의 체적은 0.4m³, 밀도는 1kg/m³이다. 박막이 파열되고 난 후에 평형에 도달하였을 때 기체 혼합물의 밀도(kg/m³)는 얼마인가?

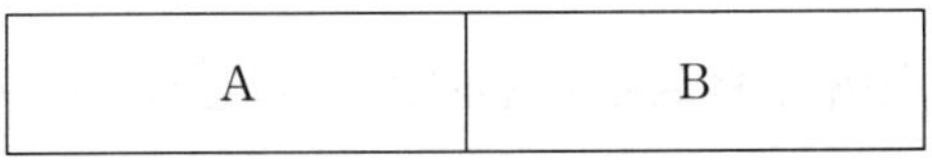

A	B

① 4.8　　　② 6.0
③ 7.2　　　④ 8.4

답 006. ①　007. ④　008. ①

해설

[조건]
- 밀도 $\rho = \dfrac{m}{V}$에서 A 유체의 밀도 $\rho_A = \dfrac{2\text{kg}}{0.1\text{m}^3} = 20\text{kg/m}^3$
- 혼합 기체의 체적 $V = V_A + V_B$, 혼합 기체의 밀도 $\rho = \rho_A \dfrac{V_A}{V} + \rho_B \dfrac{V_B}{V}$에서

$$\rho = 20\dfrac{\text{kg}}{\text{m}^3} \times \dfrac{0.1\text{m}^3}{(0.1+0.4)\text{m}^3} + 1\dfrac{\text{kg}}{\text{m}^3} \times \dfrac{0.4\text{m}^3}{(0.1+0.4)\text{m}^3} = 4.8\text{kg/m}^3$$

009 냉매로서 갖추어야 될 요구 조건으로 적합하지 않은 것은?

① 불활성이고 안정하며 비가연성이어야 한다.
② 비체적이 커야 한다.
③ 증발온도에서 높은 잠열을 가져야 한다.
④ 열전도율이 커야 한다.

해설 냉매의 구비조건
- 불활성이고 안정하며 비가연성이어야 한다.
- 비체적, 점도, 표면장력이 작아야 한다.
- 증발잠열이 크고, 액체의 비열이 작아야 한다.
- 열전달률이 커야 한다.
- 응축압력은 가급적 낮고, 저온에서 증발압력이 대기압 이상이어야 한다.
- 임계온도가 높아야 한다.
- 비열비가 작아야 한다.

010 내부에너지가 30kJ인 물체에 열을 가하여 내부에너지가 50kJ이 되는 동안에 외부에 대하여 10kJ의 일을 하였다. 이 물체에 가해진 열량(kJ)은?

① 10   ② 20
③ 30   ④ 60

해설 [조건] 내부에너지 $U_1 = 30\text{kJ}$, $U_2 = 50\text{kJ}$, 일 $W = 10\text{kJ}$

열량 $Q = dU + W$에서 $Q = (50-30)\text{kJ} + 10\text{kJ} = 30\text{kJ}$

011 비가역 단열변화에 있어서 엔트로피 변화량은 어떻게 되는가?

① 증가한다.
② 감소한다.
③ 변화량은 없다.
④ 증가할 수도 감소할 수도 있다.

답 009. ② 010. ③ 011. ①

해설 단열변화에서 엔트로피 변화량
- 가역 변화 $S_2 - S_1 = \int_1^2 \frac{\delta Q}{T} = 0$
- 비가역 변화 $S_2 - S_1 = \int_1^2 \frac{\delta Q}{T} > 0$

따라서, 비가역 단열변화에 있어서 엔트로피 변화량은 증가한다.

Q 012
고온 열원의 온도가 700℃이고, 저온 열원의 온도가 50℃인 카르노 열기관의 열효율(%)은?

① 33.4 ② 50.1
③ 66.8 ④ 78.9

해설 [조건] 고온 열원의 온도 $T_H = 700℃ = 973K$, 저온 열원의 온도 $T_L = 50℃ = 323K$

열효율 $\eta = \dfrac{T_H - T_L}{T_H}$ 에서 $\eta = \dfrac{(973 - 323)\text{K}}{973\text{K}} = 0.668 = 66.8\%$

Q 013
원형 실린더를 마찰 없는 피스톤이 덮고 있다. 피스톤에 비선형 스프링이 연결되고 실린더 내의 기체가 팽창하면서 스프링이 압축된다. 스프링의 압축 길이가 X m일 때 피스톤에는 $kX^{1.5}$ N의 힘이 걸린다. 스프링의 압축 길이가 0m에서 0.1m로 변하는 동안에 피스톤이 하는 일이 Wa이고, 0.1m에서 0.2m로 변하는 동안에 하는 일이 Wb라면 Wa/Wb는 얼마인가?

① 0.083 ② 0.158
③ 0.214 ④ 0.333

해설 [조건] X는 압축 길이(m), $F = kX^{-1.5}$는 피스톤에 걸리는 힘(N), k는 스프링 상수

피스톤이 하는 일 $\delta W = FdX = kX^{1.5}dX$ [J]

- 피스톤이 하는 일 $Wa = \int_{X_1}^{X_2} kX^{1.5}dX = \int_0^{0.1} kX^{1.5}dX$ 에서

  $Wa = \left[\dfrac{1}{2.5}kX^{2.5}\right]_0^{0.1} = \dfrac{1}{2.5} \times k \times 0.1^{2.5} = 1.2649 \times 10^{-3}k$

- 피스톤이 하는 일 $Wb = \int_{X_1}^{X_2} kX^{1.5}dX = \int_{0.1}^{0.2} kX^{1.5}dX$ 에서

  $Wb = \left[\dfrac{1}{2.5}kX^{2.5}\right]_{0.1}^{0.2} = \dfrac{1}{2.5} \times k \times 0.2^{2.5} - \dfrac{1}{2.5} \times k \times 0.1^{2.5}$
  $= 5.8905 \times 10^{-3}k$

∴ $\dfrac{Wa}{Wb} = \dfrac{1.2649 \times 10^{-3}k}{5.8905 \times 10^{-3}k} = 0.2147$

답 012. ③ 013. ③

Q 014

어떤 이상기체 1kg이 압력 100kPa, 온도 30℃의 상태에서 체적 0.8m³을 점유한다면 기체상수(kJ/kg·K)는 얼마인가?

① 0.251
② 0.264
③ 0.275
④ 0.293

[해설] [조건] 질량 $m=1\text{kg}$, 압력 $P=100\text{kPa}=100\text{kN/m}^2$, 온도 $T=30℃=303\text{K}$, 체적 $V=0.8\text{m}^3$

이상기체상태방정식 $PV=mRT$에서

기체상수 $R=\dfrac{PV}{mT}=\dfrac{100\dfrac{\text{kN}}{\text{m}^2}\times 0.8\text{m}^3}{1\text{kg}\times 303\text{K}}=0.264\text{kJ/kg}\cdot\text{K}$

Q 015

처음 압력이 500kPa이고, 체적이 2m³인 기체가 "$PV=$일정"인 과정으로 압력이 100kPa까지 팽창할 때 밀폐계가 하는 일(kJ)을 나타내는 계산식으로 옳은 것은?

① $1000\ln\dfrac{2}{5}$
② $1000\ln\dfrac{5}{2}$
③ $1000\ln 5$
④ $1000\ln\dfrac{1}{5}$

[해설] [조건] 처음 압력 $P_1=500\text{kPa}$, 처음 체적 $V_1=2\text{m}^3$, 최종 압력 $P_2=100\text{kPa}$

팽창일 $W_{12}=P_1V_1\ln\dfrac{P_1}{P_2}$에서 $W_{12}=500\times 2\times\ln\dfrac{500}{100}=1000\ln 5$

Q 016

다음 중 경로함수(path function)는?

① 엔탈피
② 엔트로피
③ 내부에너지
④ 일

[해설] 경로함수와 점함수
- 경로함수 : 일, 열
- 점함수 : 온도, 압력, 체적, 엔트로피
  ∴ 열역학적 과정에서 일과 열은 처음 상태와 최종 상태 사이의 경로에 따라서 결정되므로 경로함수이다.

답 014. ② 015. ③ 016. ④

Q 017

이상적인 가역과정에서 열량 $\triangle Q$가 전달될 때, 온도 T가 일정하면 엔트로피 변화 $\triangle S$를 구하는 계산식으로 옳은 것은?

① $\triangle S = 1 - \dfrac{\triangle Q}{T}$
② $\triangle S = 1 - \dfrac{T}{\triangle Q}$
③ $\triangle S = \dfrac{\triangle Q}{T}$
④ $\triangle S = 1 - \dfrac{T}{\triangle Q}$

해설
엔트로피 변화량 $dS = \dfrac{dQ}{T}$ 또는 $\triangle S = \dfrac{\triangle Q}{T}$ [kJ/kg·K]

Q 018

성능계수가 3.2인 냉동기가 시간당 20MJ의 열을 흡수한다면 이 냉동기의 소비동력(kW)은?

① 2.25
② 1.74
③ 2.85
④ 1.45

해설
[조건] 성능계수 $COP = 3.2$, 냉동능력 $Q_e = 20\text{MJ/h} = \dfrac{20 \times 10^6}{3600}\text{W(J/s)}$

성능계수 $COP = \dfrac{Q_e}{L}$ 에서

냉동기의 소비동력 $L = \dfrac{\dfrac{20 \times 10^6}{3600}\text{W}}{3.2} = 1736\text{W} = 1.74\text{kW}$

Q 019

랭킨사이클에서 25℃, 0.01MPa 압력의 물 1kg을 5MPa 압력의 보일러로 공급한다. 이때 펌프가 가역단열과정으로 작용한다고 가정할 경우 펌프가 한 일(kJ)은? (단, 물의 비체적은 $0.001\text{m}^3/\text{kg}$이다.)

① 2.58
② 4.99
③ 20.12
④ 40.24

해설
[조건] 질량 $m = 1\text{kg}$, 입구 압력 $P_1 = 0.01\text{MPa} = 10\text{kN/m}^2$,
출구 압력 $P_2 = 5\text{MPa} = 5000\text{kN/m}^2$, 비체적 $v = 0.001\text{m}^3/\text{kg}$

펌프는 가역단열과정 및 정적과정이므로 펌프의 일 $W_p = mv(P_2 - P_1)$ 에서

$W_p = 1\text{kg} \times 0.001\dfrac{\text{m}^3}{\text{kg}} \times (5000 - 10)\dfrac{\text{kN}}{\text{m}^2} = 4.99\text{kJ}$

답 017. ③ 018. ② 019. ②

Q020. 랭킨사이클의 각 점에서의 엔탈피가 아래와 같을 때 사이클의 이론 열효율(%)은?

- 보일러 입구 : 58.6kJ/kg
- 보일러 출구 : 810.3kJ/kg
- 응축기 입구 : 614.2kJ/kg
- 응축기 출구 : 57.4kJ/kg

① 32　　② 30
③ 28　　④ 26

해설 [조건] 보일러 입구(펌프 출구) 엔탈피 $h_2 = 58.6$ kJ/kg, 보일러 출구(터빈 입구) 엔탈피 $h_3 = 810.3$ kJ/kg, 응축기 입구(터빈 출구) 엔탈피 $h_4 = 614.2$ kJ/kg

펌프 동력을 무시하면 이론 열효율 $\eta_R = \dfrac{h_3 - h_4}{h_3 - h_2} \times 100\%$ 에서

$$\eta_R = \dfrac{(810.3 - 614.2)\text{kJ/kg}}{(810.3 - 58.6)\text{kJ/kg}} \times 100\% = 26.1\%$$

제 2 과목　냉동공학

Q021. 열의 종류에 대한 설명으로 옳은 것은?

① 고체에서 기체가 될 때에 필요한 열을 증발열이라 한다.
② 온도의 변화를 일으켜 온도계에 나타나는 열을 잠열이라 한다.
③ 기체에서 액체로 될 때 제거해야 하는 열은 응축열 또는 감열이라 한다.
④ 고체에서 액체로 될 때 필요한 열은 융해열이며 이를 잠열이라 한다.

해설 ① 고체에서 기체가 될 때에 필요한 열을 승화열이라 한다.
② 온도의 변화를 일으켜 온도계에 나타나는 열을 현열(감열)이라 한다.
③ 기체에서 액체로 될 때 제거해야 하는 열은 응축열 또는 잠열이라 한다.

Q022. 응축압력 및 증발압력이 일정할 때 압축기의 흡입증기 과열도가 크게 된 경우 나타나는 현상으로 옳은 것은?

① 냉매순환량이 증대한다.
② 증발기의 냉동능력은 증대한다.
③ 압축기의 토출가스 온도가 상승한다.
④ 압축기의 체적효율은 변하지 않는다.

해설 흡입증기의 과열도가 크게 되면 압축기 흡입가스의 온도가 높아져 압축 후의 토출가스 온도가 상승한다. 또한, 냉매순환량이 작아 증발기의 냉동능력이 감소한다.

020. ④　021. ④　022. ③

Q 023 중간냉각이 완전한 2단압축 1단팽창 사이클로 운전되는 R134a 냉동기가 있다. 냉동능력은 10kW이며, 사이클의 중간압, 저압부의 압력은 각각 350kPa, 120kPa이다. 전체 냉매순환량을 $\dot{m}$, 증발기에서 증발하는 냉매의 양을 $\dot{m}_e$라 할 때, 중간냉각시키기 위해 바이패스되는 냉매의 양 $\dot{m}-\dot{m}_e$(kg/h)은 얼마인가? (단, 제1압축기의 입구 과열도는 0이며, 각 엔탈피는 아래 표를 참고한다.)

압력 (kPa)	포화액체 엔탈피 (kJ/kg)	포화증기 엔탈피 (kJ/kg)
120	160.42	379.11
350	195.12	395.04

지점별 엔탈피(kJ/kg)	
h_2	227.23
h_4	401.08
h_7	482.41
h_8	234.29

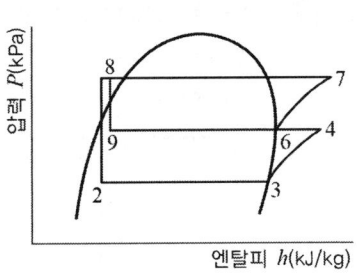

① 5.8
② 11.1
③ 15.7
④ 19.3

해설 [조건] 냉동능력 $Q_e = 10\text{kW} = 10\text{kJ/s}$, 저압부의 건조포화증기 엔탈피 $h_3 = 379.11\text{kJ/kg}$, 중간압의 건조포화증기 엔탈피 $h_6 = 395.04\text{kJ/kg}$

- 증발기에서 증발하는 냉매의 양 $\dot{m}_e = \dfrac{Q_e}{q_e} = \dfrac{Q_e}{h_3 - h_2}$ 에서

$$\dot{m}_e = \frac{10\dfrac{\text{kJ}}{\text{s}} \times \dfrac{3600\text{s}}{1\text{h}}}{(379.11-227.23)\dfrac{\text{kJ}}{\text{kg}}} = 237\text{kg/h}$$

- 중간냉각시키기 위해 바이패스되는 냉매의 양

$$\dot{m} - \dot{m}_e = \dot{m}_e \times \frac{(h_4 - h_6) + (h_8 - h_2)}{h_6 - h_8}$$ 에서

$$\dot{m} - \dot{m}_e = 237\text{kg/h} \times \frac{(401.08-395.04)\text{kJ/kg} + (234.29-227.23)\text{kJ/kg}}{(395.04-234.29)\text{kJ/kg}} = 19.3\text{kg/h}$$

Q 024 진공압력이 60mmHg일 경우 절대압력(kPa)은? (단, 대기압은 101.3kPa이고 수은의 비중은 13.6이다.)

① 53.8
② 93.2
③ 106.6
④ 196.4

답 023. ④ 024. ②

해설 수은주 $h=60\text{mmHg}=0.06\text{mHg}$, 대기압 $P=101.3\text{kPa}$, 수은의 비중 $s=13.6$

- 비중 $s=\dfrac{\rho}{\rho_w}$에서 수은의 밀도 $\rho=s\rho_w=13.6\times1000\text{kg/m}^3=13600\text{kg/m}^3$
- 진공압력 $P_v=\rho gh$에서 $P_v=13600\dfrac{\text{kg}}{\text{m}^3}\times9.8\dfrac{\text{m}}{\text{s}^2}\times0.06\text{m}=7996.8\text{Pa(N/m}^2)=8\text{kPa}$
- ∴ 절대압력 $P_a=P-P_v$에서 $P_a=(101.3-8)\text{kPa}=93.3\text{kPa}$

Q 025 다음 중 대기 중의 오존층을 가장 많이 파괴시키는 물질은?

① 질소　　　　　　　　② 수소
③ 염소　　　　　　　　④ 산소

해설 대기 중으로 방출되는 CFC 냉매는 화학적으로 안정되어 분해되지 않고 성층권에 도달하며 태양의 자외선에 의해 화학구조가 분해된다. CFC 냉매는 염소를 함유하고 있어 염소와 오존이 반응하면 일산화염을 생성시키고 촉매반응에 의해 염소는 다시 분리되어 다른 오존과 반응하며 염소원자가 불활성화되어 오존층을 파괴시킨다.

Q 026 물(H_2O)-리튬브로마이드(LiBr) 흡수식 냉동기에 대한 설명으로 틀린 것은?

① 특수 처리한 순수한 물을 냉매로 사용한다.
② 4~15℃ 정도의 냉수를 얻는 기기로 일반적으로 냉수온도는 출구온도 7℃ 정도를 얻도록 설계한다.
③ LiBr 수용액은 성질이 소금물과 유사하여 농도가 진하고 온도가 낮을수록 냉매증기를 잘 흡수한다.
④ LiBr의 농도가 진할수록 점도가 높아져 열전도율이 높아진다.

해설 리튬브로마이드(LiBr)의 농도가 진할수록 급격히 점도가 높아져 열전도율이 낮아지고 결정이 발생하게 된다.

Q 027 흡수식 냉동기에서 냉동시스템을 구성하는 기기들 중 냉각수가 필요한 기기의 구성으로 옳은 것은?

① 재생기와 증발기　　　　② 흡수기와 응축기
③ 재생기와 응축기　　　　④ 증발기와 흡수식

해설 흡수식 냉동기의 구성
- 냉매의 흐름 : 증발기 → 흡수기 → 열교환기 → 발생기(재생기) → 응축기 → 증발기
- 리튬브로마이드의 흐름 : 흡수기 → 열교환기 → 발생기(재생기) → 흡수기
- 냉각수의 흐름 : 냉각탑 → 흡수기 → 응축기 → 냉각탑

답 025. ③　026. ④　027. ②

Q 028 2중 효용 흡수식 냉동기에 대한 설명으로 틀린 것은?

① 단중 효용 흡수식 냉동기에 비해 증기 소비량이 적다.
② 2개의 재생기를 갖고 있다.
③ 2개의 증발기를 갖고 있다.
④ 증기 대신 가스연소를 사용하기도 한다.

해설 흡수식 냉동기의 재생기 수에 따른 분류

종류	단중 효용 흡수식 냉동기	이중 효용 흡수식 냉동기
재생기	1개	2개
열교환기	1개	2개

∴ 2중 효용 흡수식 냉동기는 흡수기, 용액펌프, 고온·저온 열교환기, 고온·저온 재생기, 응축기, 증발기로 구성되어 있다. 이때 2개의 재생기와 1개의 증발기를 갖고 있다.

Q 029 다음 그림과 같이 수냉식과 공냉식 응축기의 작용을 혼합한 형태의 응축기는?

① 증발식 응축기
② 셸코일 응축기
③ 공냉식 응축기
④ 7통로식 응축기

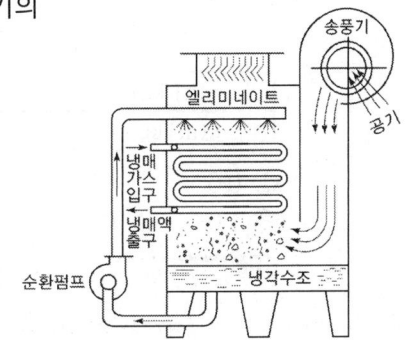

해설 증발식 응축기
- 수냉식 응축기와 공냉식 응축기의 작용을 혼합한 응축기이다.
- 응축기 냉각관 코일 상부에 분무노즐을 설치하여 냉각수를 분사시키고 송풍기로 외기공기를 도입하여 물의 증발잠열에 의해 냉매가 응축되며 응축기와 냉각탑으로 조합된 구조이다.

Q 030 다음 중 흡수식 냉동기의 구성요소가 아닌 것은?

① 증발기 ② 응축기
③ 재생기 ④ 압축기

해설 흡수식 냉동기는 압축기가 없으며 흡수기, 용액펌프, 열교환기, 재생기, 응축기, 증발기로 구성되어 있다.

답 028. ③ 029. ① 030. ④

Q 031. 축열장치의 종류로 가장 거리가 먼 것은?

① 수축열 방식
② 빙축열 방식
③ 잠열축열 방식
④ 공기축열 방식

해설 축열장치의 종류
- 수축열 방식 : 열용량이 큰 물을 축열재료로 이용하는 방식이다.
- 빙축열 방식 : 냉열을 얼음에 저장하여 작은 체적에 효율적으로 냉열을 저장하는 방식이다.
- 잠열축열 방식 : 물질의 융해 및 응고 시상변화에 따른 잠열을 이용하는 방식이다.

Q 032. 어떤 냉동사이클에서 냉동효과를 γ(kJ/kg), 흡입건조 포화증기의 비체적을 v(m³/kg)로 표시하면 NH_3와 R-22에 대한 값은 다음과 같다. 사용 압축기의 피스톤 압출량은 NH_3와 R-22의 경우 동일하며, 체적효율도 75%로 동일하다. 이 경우 NH_3와 R-22 압축기의 냉동능력을 각각 R_N, R_F(RT)로 표시한다면 R_N/R_F는?

	NH_3	R-22
γ(kJ/kg)	1126.37	168.90
v(m³/kg)	0.509	0.077

① 0.6
② 0.7
③ 1.0
④ 1.5

해설 [조건] 암모니아(NH_3)와 프레온(R-22) 냉매의 피스톤 압출량 $V=1m^3/h$로 동일하다.

- 냉매순환량 $m = \dfrac{V}{v} \times \eta_v$ [kg/h]
- 냉동능력 $R = m \times \gamma = \left(\dfrac{V}{v} \times \eta_v\right) \times \gamma$ [kJ/h]

$$\therefore \frac{R_N}{R_F} = \frac{\left(\dfrac{1m^3/h}{0.509m^3/kg} \times 0.75\right) \times 1126.37 kJ/kg}{\left(\dfrac{1m^3/h}{0.077m^3/kg} \times 0.75\right) \times 168.90 kJ/kg} = 1$$

Q 033. 두께가 0.1cm인 관으로 구성된 응축기에서 냉각수 입구온도 15℃, 출구온도 21℃, 응축온도를 24℃라고 할 때, 이 응축기의 냉매와 냉각수의 대수평균온도차(℃)는?

① 9.5
② 6.5
③ 5.5
④ 3.5

답 031. ④ 032. ③ 033. ③

해설

[조건] 냉각수 입구온도 $t_{w1}=15℃$, 냉각수 출구온도 $t_{w2}=21℃$,
       냉매의 응축온도 $t_c=24℃$

- 온도차 $\triangle 1=t_c-t_{w1}=(24-15)℃=9℃$, $\triangle 2=t_c-t_{w2}=(24-21)℃=3℃$

- 대수평균온도차 $\triangle t_m=\dfrac{\triangle 1-\triangle 2}{\ln\dfrac{\triangle 1}{\triangle 2}}$ 에서 $\triangle t_m=\dfrac{(9-3)℃}{\ln\dfrac{9℃}{3℃}}=5.46℃$

034
냉각수 입구온도 25℃, 냉각수량 900kg/min인 응축기의 냉각 면적이 80m², 그 열통과율이 1.6kW/m²·K이고, 응축온도와 냉각 수온의 평균 온도차가 6.5℃이면 냉각수 출구온도(℃)는? (단, 냉각수의 비열은 4.2kJ/kg·K이다.)

① 28.4　　　　　　② 32.6
③ 29.6　　　　　　④ 38.2

해설

[조건] 냉각수 입구온도 $t_{w1}=25℃=298K$, 응축온도와 냉각 수온의 평균 온도차
$\triangle t_m=6.5℃=6.5K$, 냉각수량 $m=900\text{kg/min}=15\text{kg/s}$, 냉각 면적 $A=80\text{m}^2$,
냉각수 비열 $C=4.2\text{kJ/kg·K}$, 열통과율 $K=1.6\text{kW/m}^2·\text{K}=1.6\text{kJ/s·m}^2·\text{K}$

- 응축기 방열량 $Q_c=mC\triangle t=KA\triangle t_m$ 에서

  냉각 수온의 온도차 $\triangle t=\dfrac{KA\triangle t_m}{mC}=\dfrac{1.6\dfrac{\text{kJ}}{\text{s·m}^2\text{·K}}\times 80\text{m}^2\times 6.5\text{K}}{15\dfrac{\text{kg}}{\text{s}}\times 4.2\dfrac{\text{kJ}}{\text{kg·K}}}=13.21\text{K}$

- 냉각 수온의 온도차 $\triangle t=t_{w2}-t_{w1}$ 에서
  냉각수 출구온도 $t_{w2}=\triangle t+t_{w1}=13.21K+298K=311.21K=38.21℃$

035
응축기에 관한 설명으로 틀린 것은?

① 응축기의 역할은 저온, 저압의 냉매증기를 냉각하여 액화시키는 것이다.
② 응축기의 용량은 응축기에서 방출하는 열량에 의해 결정된다.
③ 응축기의 열부하는 냉동기의 냉동능력과 압축기 소요일의 열당량을 합한 값과 같다.
④ 응축기내에서의 냉매상태는 과열영역, 포화영역, 액체영역 등으로 구분할 수 있다.

해설 응축기의 역할
압축기에서 토출된 고온·고압의 냉매증기를 공기 또는 물과 열교환시켜 냉매를 응축액화시키는 장치로서 과열도 제거, 실제 응축, 과냉각 과정이 이루어진다.

답 034. ④　035. ①

036 이원 냉동사이클에 대한 설명으로 옳은 것은?

① −100℃ 정도의 저온을 얻고자 할 때 사용되며, 보통 저온측에는 임계점이 높은 냉매를, 고온측에는 임계점이 낮은 냉매를 사용한다.
② 저온부 냉동사이클의 응축기 방열량을 고온부 냉동사이클의 증발기가 흡열하도록 되어 있다.
③ 일반적으로 저온측에 사용하는 냉매로는 R-12, R-22, 프로판이 적절하다.
④ 일반적으로 고온측에 사용하는 냉매로는 R-13, R-14가 적절하다.

[해설] 이원 냉동사이클
- 서로 다른 2가지의 냉매를 사용하여 저온측과 고온측의 독립된 냉동사이클로 분리하여 초저온(−70℃)을 얻기 위하여 채택하는 냉동사이클이다.
- 저온측에 사용하는 냉매 : 비등점이 낮은 냉매로서 R-13, R-14, 메탄(R-50), 에틸렌, 프로판(R-290) 등이 사용된다.
- 고온측에 사용하는 냉매 : 비등점이 높고, 응축압력이 낮은 냉매로서 R-11, R-12, R-22 등이 사용된다.
- 캐스케이드 콘덴서 설치 : 저온부의 응축기 방열량을 고온부의 증발기 흡열하도록 되어 있는 열교환기이다.

037 실린더 지름 200mm, 행정 200mm, 회전수 400rpm, 기통수 3기통인 냉동기의 냉동능력이 5.72RT이다. 이때 냉동효과(kJ/kg)는? (단, 체적효율은 0.75, 압축기 흡입시의 비체적은 0.5m³/kg이고, 1RT는 3.8kW이다.)

① 115.3
② 110.8
③ 89.4
④ 68.8

[해설] [조건] 실린더 지름 $d = 200\text{mm} = 0.2\text{m}$, 행정 $L = 200\text{mm} = 0.2\text{m}$, 기통수 $z = 3$, 회전수 $N = 200\text{rpm} = 200\text{rev/min}$, 흡입가스 비체적 $v_a = 0.5\text{m}^3/\text{kg}$, 냉동능력 $Q_e = 5.72\text{RT} = 5.72 \times 3.8\text{kW} = 21.736\text{kW(kJ/s)}$, 체적효율 $\eta_v = 0.75$

- 피스톤 압출량 $V = \frac{\pi}{4} \times d^2 \times L \times N \times z$ 에서

$$V = \frac{\pi}{4} \times (0.2\text{m})^2 \times 0.2\text{m} \times (400\frac{\text{rev}}{\text{min}} \times \frac{1\text{min}}{60\text{s}}) \times 3 = 0.1257\text{m}^3/\text{s}$$

- 냉매순환량 $m = \frac{V}{v_a} \times \eta_v$ 에서 $m = \frac{0.1257\frac{\text{m}^3}{\text{s}}}{0.5\frac{\text{m}^3}{\text{kg}}} \times 0.75 = 0.18855\text{kg/s}$

- 냉동능력 $Q_e = m \times q_e$ 에서 냉동효과 $q_e = \frac{Q_e}{m} = \frac{21.736\frac{\text{kJ}}{\text{s}}}{0.18855\frac{\text{kg}}{\text{s}}} = 115.3\text{kJ/kg}$

답 036. ② 037. ①

Q 038 증기압축식 냉동장치 내에 순환하는 냉매의 부족으로 인해 나타나는 현상이 아닌 것은?

① 증발압력 감소　　② 토출온도 증가
③ 과냉도 감소　　④ 과열도 증가

해설 냉매량이 부족하면 냉동장치에 일어나는 현상
- 흡입압력(증발압력)이 감소한다.
- 압축기 흡입가스의 과열도가 증가한다.
- 압축 후의 토출가스 온도가 증가한다.
- 냉동능력이 감소하고 압축기 소요동력 증가한다.

Q 039 두께가 200mm인 두꺼운 평판의 한 면(T_0)은 600K, 다른 면(T_1)은 300K로 유지될 때 단위 면적당 평판을 통한 열전달량(W/m^2)은? (단, 열전도율은 온도에 따라 $\lambda(T) = \lambda_o(1+\beta t_m)$로 주어지며, λ_o는 0.029W/m·K, β는 3.6×10^{-3}K^{-1}이고, t_m은 양 면간의 평균온도이다.)

① 114　　② 105
③ 97　　④ 83

해설 [조건] 두께 $l = 200\text{mm} = 0.2\text{m}$, 평판의 면 온도 $T_0 = 600\text{K}$, $T_1 = 300\text{K}$

- 평판 양 면간의 평균온도 $t_m = \dfrac{T_0 + T_1}{2}$에서 $t_m = \dfrac{(600+300)\text{K}}{2} = 450\text{K}$
- 열전도율 $\lambda(T) = \lambda_o(1+\beta t_m)$에서

$$\lambda = 0.029\dfrac{\text{W}}{\text{m·K}} \times (1 + 3.6 \times 10^{-3}\dfrac{1}{K} \times 450\text{K}) = 0.07598\text{W/m·K}$$

∴ 열전달량 $q = \dfrac{\lambda}{l}\Delta T$에서 $q = \dfrac{0.07598\dfrac{\text{W}}{\text{m·K}}}{0.2\text{m}} \times (600-300)\text{K} = 113.97\text{W/m}^2$

Q 040 냉동장치에서 증발온도를 일정하게 하고 응축온도를 높일 때 나타나는 현상으로 옳은 것은?

① 성적계수 증가　　② 압축일량 감소
③ 토출가스온도 감소　　④ 체적효율 감소

해설 증발온도를 일정하게 하고 응축온도를 높일 때 냉동장치에 나타나는 현상
- 압축비 상승으로 압축 후의 토출가스온도가 상승한다.
- 압축일량이 증가하여 압축기 소요동력이 증가한다.
- 압축기의 체적효율이 감소한다.
- 냉동능력이 감소하여 성적계수가 감소한다.

답 038. ③　039. ①　040. ④

제 3 과목　공기조화

Q 041 겨울철 창면을 따라 발생하는 콜드 드래프트(cold draft)의 원인으로 틀린 것은?

① 인체 주위의 기류속도가 클 때
② 주위 공기의 습도가 높을 때
③ 주위 벽면의 온도가 낮을 때
④ 창문의 틈새를 통한 극간풍이 많을 때

해설 콜드 드래프트의 발생원인
- 인체 주위의 공기온도가 너무 낮을 때
- 인체 주위의 기류속도가 너무 빠를 때
- 주위 공기의 습도가 낮을 때
- 주위 벽면의 온도가 낮을 때
- 창문 틈새를 통한 극간풍이 많을 때

Q 042 냉각탑에 관한 설명으로 틀린 것은?

① 어프로치는 냉각탑 출구수온과 입구공기 건구온도 차
② 레인지는 냉각수의 입구와 출구의 온도차
③ 어프로치를 적게 할수록 설비비 증가
④ 어프로치는 일반 공조용에서 5℃ 정도로 설정

해설 냉각탑에서 어프로치는 냉각탑 출구수온과 외기 습구온도의 차이다.

Q 043 공기조화기에 관한 설명으로 옳은 것은?

① 유닛 히터는 가열코일과 팬, 케이싱으로 구성된다.
② 유인 유닛은 팬만을 냉장하고 있다.
③ 공기 세정기를 사용하는 경우에는 엘리미네이터를 사용하지 않아도 좋다.
④ 팬 코일 유닛은 팬과 코일, 냉동기로 구성된다.

해설
- 유인 유닛에는 냉온수코일과 노즐이 설치되어 있다.
- 공기 세정기에는 루버, 분무노즐, 플러딩노즐, 엘리미네이터가 설치되어 있다.
- 팬 코일 유닛은 공기여과기, 팬, 냉온수코일이 설치되어 있다.

Q 044 증기난방 방식에서 환수주관을 보일러 수면보다 높은 위치에 배관하는 환수배관방식은?

① 습식 환수방식　② 강제 환수방식
③ 건식 환수방식　④ 중력 환수방식

답 041. ② 042. ① 043. ① 044. ③

해설 환수관의 배관방법에 따른 분류
- 건식 환수방식 : 환수주관을 보일러 수면보다 높은 위치에 배관하는 방식이다.
- 습식 환수방식 : 환수주관을 보일러 수면보다 낮은 위치에 배관하는 방식이다.

참고 응축수 환수방식에 따른 분류
- 중력 환수방식 : 응축수를 중력에 의하여 환수하는 방식이다.
- 기계 환수방식 : 응축수를 응축수 탱크에 모아 펌프를 사용하여 강제적으로 환수하는 방식이다.
- 진공 환수방식 : 환수관 말단에 진공펌프를 설치하여 응축수와 배관 내의 공기를 흡인하여 강제적으로 환수하는 방식이다.

Q 045
덕트 내의 풍속이 8m/s이고 정압이 200Pa일 때, 전압(Pa)은 얼마인가? (단, 공기밀도는 1.2kg/m^3이다.)

① 197.3Pa ② 218.4Pa
③ 238.4Pa ④ 255.3Pa

해설
[조건] 풍속 $v = 8\text{m/s}$, 정압 $P_s = 200\text{Pa}$, 공기밀도 $\rho = 1.2\text{kg/m}^3$

- 동압 $P_v = \dfrac{v^2}{2}\rho$에서 $P_v = \dfrac{(8\text{m/s})^2}{2} \times 1.2\text{kg/m}^3 = 38.4\text{Pa}(\text{N/m}^2)$
- 전압 $P_t = P_s + P_v$에서 $P_t = (200 + 38.4)\text{Pa} = 238.4\text{Pa}$

Q 046
덕트의 굴곡부 등에서 덕트 내에 흐르는 기류를 안정시키기 위한 목적으로 사용하는 기구는?

① 스플릿 댐퍼 ② 가이드 베인
③ 릴리프 댐퍼 ④ 버터플라이 댐퍼

해설
- 스플릿 댐퍼 : 분기 덕트에 설치하여 풍량분배 및 풍량제어용으로 사용된다.
- 가이드 베인 : 덕트의 굴곡부에서 곡률반경이 덕트 장변의 1.5배 이내일 때에는 굴곡부 내측에 가이드 베인을 설치하여 덕트 내에 흐르는 기류를 안정시킨다.
- 버터플라이 댐퍼 : 주로 소형덕트에서 개폐용으로 사용되며 풍량 조절용으로도 사용된다.

Q 047
공조기의 풍량이 45000kg/h, 코일 통과 풍속을 2.4m/s로 할 때 냉수코일의 전면적(m^2)은? (단, 공기의 밀도는 1.2kg/m^3이다.)

① 3.2 ② 4.3
③ 5.2 ④ 10.4

답 045. ③ 046. ② 047. ②

해설
[조건] 풍량 $m = 45000 \text{kg/h}$, 풍속 $v = 2.4 \text{m/s}$, 공기의 밀도 $\rho = 1.2 \text{kg/m}^3$

• 풍량 $Q = \dfrac{m}{\rho}$ 에서 $Q = \dfrac{45000 \dfrac{\text{kg}}{\text{h}} \times \dfrac{1\text{h}}{3600\text{s}}}{1.2 \dfrac{\text{kg}}{\text{m}^3}} = 10.42 \text{m}^3/\text{s}$

• 연속방정식 $Q = Av$ 에서 전면적 $A = \dfrac{Q}{v} = \dfrac{10.42 \dfrac{\text{m}^3}{\text{s}}}{2.4 \dfrac{\text{m}}{\text{s}}} = 4.34 \text{m}^2$

048
장방형 덕트(장변 a, 단변 b)를 원형덕트로 바꿀 때 사용하는 계산식은 아래와 같다. 이 식으로 환산된 장방형 덕트와 원형덕트의 관계는?

$$D_e = 1.3 \left[\dfrac{(a \times b)^5}{(a+b)^2} \right]^{1/8}$$

① 두 덕트의 풍량과 단위 길이당 마찰손실이 같다.
② 두 덕트의 풍량과 풍속이 같다.
③ 두 덕트의 풍속과 단위 길이당 마찰손실이 같다.
④ 두 덕트의 풍량과 풍속 및 단위 길이당 마찰손실이 모두 같다.

해설
원형덕트의 상당직경(D_e)은 장방형 덕트와 동일한 풍량과 동일한 단위 길이당 마찰손실을 갖는다. 장방형 덕트에서 환산된 상당직경을 덕트의 마찰손실수두 선도에 표시하면 가로축의 마찰손실수두와 세로축의 풍량이 교차된다. 이 교차점을 통하여 원형덕트와 장방형덕트의 풍량과 단위 길이당 마찰손실이 같다는 것을 알 수 있다.

049
9m×6m×3m의 강의실에 10명의 학생이 있다. 1인당 CO_2 토출량이 15L/h이면, 실내 CO_2 양을 0.1%로 유지시키는데 필요한 환기량(m^3/h)은? (단, 외기의 CO_2 양은 0.04%로 한다.)

① 80
② 120
③ 180
④ 250

해설
[조건] 인원 $n = 10$명, 1인당 CO_2 토출량 $X = 15\text{L/h} = 0.015 \text{m}^3/\text{h}$,
실내의 CO_2 양 $C_a = 0.1\% = 0.001$, 외기 CO_2 양 $C_o = 0.04\% = 0.0004$

환기량 $Q = \dfrac{nX}{C_a - C_o}$ 에서 $Q = \dfrac{10\text{명} \times 0.015 \text{m}^3/\text{h}}{0.001 - 0.0004} = 250 \text{m}^3/\text{h}$

답 048. ① 049. ④

Q 050 난방용 보일러의 요구조건이 아닌 것은?
① 일상취급 및 보수관리가 용이할 것
② 건물로의 반출입이 용이할 것
③ 높이 및 설치면적이 적을 것
④ 전열효율이 낮을 것

해설 난방용 보일러는 전열효율 즉 열효율이 높은 것을 선택하여야 한다.

Q 051 온수난방에 대한 설명으로 틀린 것은?
① 증기난방에 비하여 연료소비량이 적다.
② 난방부하에 따라 온도 조절을 용이하게 할 수 있다.
③ 축열용량이 크므로 운전을 정지해도 금방 식지 않는다.
④ 예열시간이 짧아 예열부하가 작다.

해설 온수난방은 열매가 물이므로 열용량이 크다. 따라서, 온수난방은 예열시간이 길어 예열부하가 크다.

Q 052 온풍난방에 관한 설명으로 틀린 것은?
① 송풍 동력이 크며, 설계가 나쁘면 실내로 소음이 전달되기 쉽다.
② 실온과 함께 실내습도, 실내기류를 제어할 수 있다.
③ 실내 층고가 높을 경우에는 상하의 온도차가 크다.
④ 예열부하가 크므로 예열시간이 길다.

해설 온풍난방은 열매가 공기이므로 열용량이 작아 예열부하가 거의 없으므로 예열시간이 짧다. 즉 기동시간이 아주 짧다.

Q 053 일사를 받는 외벽으로부터의 침입열량(q)을 구하는 계산식으로 옳은 것은? (단, K는 열관류율, A는 면적, $\triangle t$는 상당외기 온도차이다.)

① $q = K \times A \times \triangle t$
② $q = \dfrac{0.86 \times A}{\triangle t}$
③ $q = 0.24 \times A \times \dfrac{\triangle t}{K}$
④ $q = \dfrac{0.29 \times K}{(A \times \triangle t)}$

해설 외벽의 전도열량(침입열량)
$q = K \times A \times \triangle t$ [W]
단, K는 열관류율(W/m^2·K), A는 면적(m^2), $\triangle t$는 상당외기 온도차(K)이다.

답 050. ④ 051. ④ 052. ④ 053. ①

Q 054
건구온도(t_1) 5℃, 상대습도 80%인 습공기를 공기 가열기를 사용하여 건구온도(t_2) 43℃가 되는 가열공기 950m³/h을 얻으려고 한다. 이때 가열에 필요한 열량(kW)은?

① 2.14
② 4.65
③ 8.97
④ 11.02

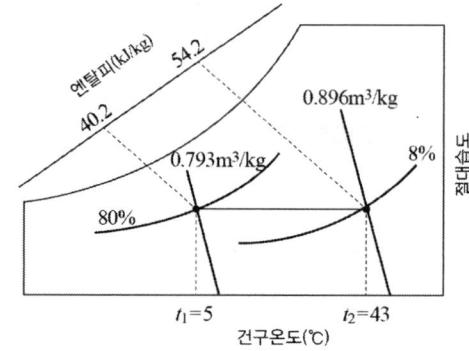

해설

[조건] 공기량 $Q = 950\text{m}^3/\text{h} = 950\dfrac{\text{m}^3}{\text{h}} \times \dfrac{1\text{h}}{3600\text{s}} = 0.264\text{m}^3/\text{s}$, 초기 비체적 $v = 0.793\text{m}^3/\text{kg}$,

초기 엔탈피 $h_1 = 40.2\text{kJ/kg}$, 최종 엔탈피 $h_2 = 54.2\text{kJ/kg}$

가열에 필요한 열량 $q = \dfrac{Q}{v}(h_2 - h_1)$에서

$q = \dfrac{0.264\dfrac{\text{m}^3}{\text{s}}}{0.793\dfrac{\text{m}^3}{\text{kg}}} \times (54.2 - 40.2)\dfrac{\text{kJ}}{\text{kg}} = 4.66\text{kW}(\text{kJ/s})$

Q 055
공기조화설비 중 수분이 공기에 포함되어 실내로 급기되는 것을 방지하기 위해 설치하는 것은?

① 에어와셔
② 에어필터
③ 엘리미네이터
④ 벤틸레이터

해설 엘리미네이터는 공기조화설비에서 실내로 결로수(공기 중에 수분이 포함)가 비산되는 것을 방지하기 위해 설치한다.

Q 056
팬 코일 유닛방식에 대한 설명으로 틀린 것은?

① 일반적으로 사무실, 호텔, 병원 및 점포 등에 사용한다.
② 배관방식에 따라 2관식, 4관식으로 분류한다.
③ 중앙기계실에서 냉수 또는 온수를 공급하여 각 실에 설치한 팬 코일 유닛에 의해 공조하는 방식이다.
④ 팬 코일 유닛방식에서의 열부하 분담은 내부 존 팬 코일 유닛방식과 외부 존 터미널방식이 있다.

해설 팬코일 유닛방식에서 열부하 분담은 외부(패리미터) 존 팬 코일 유닛방식과 내부 존 터미널방식이 있다.

답 054. ② 055. ③ 056. ④

Q 057 다음 중 직접 난방방식이 아닌 것은?

① 온풍 난방 ② 고온수 난방
③ 저압증기 난방 ④ 복사 난방

해설
- 직접 난방방식 : 온수 또는 증기를 직접 실내에 설치한 방열장치에 공급하여 난방하는 방식으로서 전도와 대류에 의해 열이 전달되며 온수 난방, 증기 난방, 복사 난방이 있다.
- 간접 난방방식 : 온수를 공조기에 공급하여 공기를 가열하고 송풍기로 덕트를 통하여 실내로 공급하여 난방하는 방식으로서 온풍 난방, 덕트 난방방식이 있다.

Q 058 공조기에서 냉·온풍을 혼합댐퍼에 의해 일정한 비율로 혼합한 후 각 존 또는 각 실로 보내는 공조방식은?

① 단일덕트 재열 방식 ② 멀티존 유닛 방식
③ 단일덕트 방식 ④ 유인 유닛 방식

해설
- 멀티존 유닛 방식 : 냉·온풍을 공조기의 혼합 댐퍼에서 혼합비율을 제어하여 각 존 또는 각 실에 급기를 공급하는 방식이다.
- 단일덕트 방식 : 중앙기계실에 설치한 공조기에서 조화한 냉·온풍을 주덕트를 통해 각 실로 공급하는 방식이다. 또한, 주덕트의 말단에 재열기를 설치한 공조방식을 단일덕트 재열 방식이라 한다.
- 유인 유닛 방식 : 중앙공조기에서 공급하는 고압의 1차 공기를 유닛의 노즐에서 공기를 불어냄으로써 실내공기를 유인하여 혼합한 후 실내에 취출하는 방식이다. 또한, 2차 공기는 냉온수 코일을 통과하여 냉각과 가열된다.

Q 059 다음 원심송풍기의 풍량제어 방법 중 동일한 송풍량 기준 소요동력이 가장 적은 것은?

① 흡입구 베인 제어 ② 스크롤 댐퍼 제어
③ 토출측 댐퍼 제어 ④ 회전수 제어

해설 송풍기의 풍량제어 방법 중 소요동력이 적은 순서
회전수 제어(주파수 제어) < 가변 피치 제어 < 흡입 베인 제어 < 토출 댐퍼 제어

Q 060 동일한 송풍기에서 회전수를 2배로 했을 경우 풍량, 정압, 소요동력의 변화에 대한 설명으로 옳은 것은?

① 풍량 1배, 정압 2배, 소요동력 2배
② 풍량 1배, 정압 2배, 소요동력 4배
③ 풍량 2배, 정압 4배, 소요동력 4배
④ 풍량 2배, 정압 4배, 소요동력 8배

답 057. ① 058. ② 059. ④ 060. ④

해설 송풍기의 상사법칙
- 풍량 $Q_2 = \left(\dfrac{N_2}{N_1}\right)Q_1 = \left(\dfrac{2N_1}{N_1}\right)Q_1 = 2Q_1$
- 정압 $P_{s1} = \left(\dfrac{N_2}{N_1}\right)^2 P_{s1} = \left(\dfrac{2N_1}{N_1}\right)^2 P_{s1} = 4P_{s1}$
- 소요동력 $L_2 = \left(\dfrac{N_2}{N_1}\right)^3 L_1 = \left(\dfrac{2N_1}{N_1}\right)^3 L_1 = 8L_1$

제 4 과목 전기제어공학

061. 아래 접점회로의 논리식으로 옳은 것은?

① $X \cdot Y \cdot Z$
② $(X+Y) \cdot Z$
③ $(X \cdot Z) + Y$
④ $X + Y + Z$

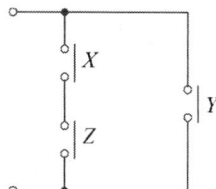

해설 AND 회로의 논리식 : $X \cdot Z$
∴ AND 회로와 OR 회로의 조합된 회로의 논리식 : $(X \cdot Z) + Y$

062. 두 대 이상의 변압기를 병렬 운전하고자 할 때 이상적인 조건으로 틀린 것은?

① 각 변압기의 극성이 같을 것
② 각 변압기의 손실비가 같을 것
③ 정격용량에 비례해서 전류를 분담할 것
④ 변압기 상호간 순환전류가 흐르지 않을 것

해설 변압기를 병렬 운전하고자 할 때 이상적인 조건
- 각 변압기의 극성이 같을 것
- 각 변압기의 권수비가 같을 것
- 정격용량에 비례해서 전류를 분담할 것
- 무부하에서 순환전류가 흐르지 않을 것
- 각 변압기의 부하전류가 같은 위상이 될 것
- 각 변압기의 1, 2차 정격전압이 같을 것
- 각 변압기의 백분율 임피던스 강하가 같을 것

답 061. ③ 062. ②

Q 063. 다음의 신호흐름선도에서 전달함수 $\frac{C(s)}{R(s)}$ 는?

① $-\frac{6}{41}$

② $\frac{6}{41}$

③ $-\frac{6}{43}$

④ $\frac{6}{43}$

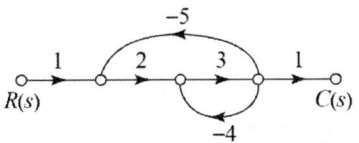

해설 출력 $C(s) = (1 \times 2 \times 3 \times 1)R(s) + (-5 \times 2 \times 3)C(s) + (-4 \times 3)C(s)$
$C(s) + 30C(s) + 12C(s) = 6R(s)$
$43C(s) = 6R(s)$

∴ 전달함수 $\frac{C(s)}{R(s)} = \frac{6}{43}$

Q 064. 입력에 대한 출력의 오차가 발생하는 제어시스템에서 오차가 변화하는 속도에 비례하여 조작량을 가변하는 제어방식은?

① 미분 제어
② 정치 제어
③ on-off 제어
④ 시퀀스 제어

해설
- 미분 제어 : 제어 오차가 검출될 때 오차가 변화하는 속도에 비례하여 조작량을 가감하여 제어하는 방식이다.
- 정치 제어 : 목표값이 시간에 따라 일정한 제어로서 자동냉난방기, 연속식 압연기, 터빈의 속도제어, 정전압장치에 적용된다.
- on-off 제어 : 제어량이 설정값에서 벗어나면 조작부를 닫아 운전을 정지시키고 반대로 조작부를 열어 운전을 기동하는 동작으로서 사이클링(cycling) 현상과 정상(잔류)편차(off-set)가 발생한다.
- 시퀀스 제어(개루프 제어) : 미리 정해진 순서에 따라 제어의 각 단계를 순차적으로 제어하는 것으로 명령처리 기능에 따라 시한 제어, 순서 제어, 조건 제어로 분류된다.

Q 065. 시퀀스 제어에 관한 설명으로 틀린 것은?

① 조합논리회로가 사용된다.
② 시간지연요소가 사용된다.
③ 제어용 계전기가 사용된다.
④ 폐회로 제어계로 사용된다.

해설
- 시퀀스 제어 : 미리 정해진 순서에 따라 제어의 각 단계를 순차적으로 제어하는 방식으로서 개루프 제어라 한다.
- 피드백 제어 : 제어계의 출력값이 목표값과 비교하여 일치하지 않을 경우 다시 출력값을 입력으로 피드백시켜 오차를 수정하도록 귀환경로를 갖는 폐회로 제어계이다.

답 063. ④ 064. ① 065. ④

066. 피드백 제어에 관한 설명으로 틀린 것은?

① 정확성이 증가한다.
② 대역폭이 증가한다.
③ 입력과 출력의 비를 나타내는 전체이득이 증가한다.
④ 개루프 제어에 비해 구조가 비교적 복잡하고 설치비가 많이 든다.

해설 피드백 제어의 특징
- 입력과 출력을 비교하는 장치가 반드시 있어야 한다.
- 정확성이 증가한다.
- 대역폭이 증가한다.
- 계의 특성변화에 대한 입력 대 출력비의 전체이득이 감소한다.
- 구조가 복잡하고 설치비가 비싸다.

067. 어떤 코일에 흐르는 전류가 0.01초 사이에 20A에서 10A로 변할 때 20V의 기전력이 발생한다고 하면 자기 인덕턴스(mH)는?

① 10　　　　② 20
③ 30　　　　④ 50

해설 [조건] 전류변화 $di = (20-10)\text{A} = 10\text{A}$, 시간변화 $dt = 0.01\text{s}$, 유도기전력 $e = 20\text{V}$

유도기전력 $e = L\dfrac{di}{dt}$ 에서

자기인덕턴스 $L = e\dfrac{dt}{di} = 20\text{V} \times \dfrac{0.01\text{s}}{10\text{A}} = 0.02\text{H} = 20\text{mH}$

(보조단위 밀리(m)는 10^{-3}을 의미한다.)

068. 절연의 종류를 최고 허용온도가 낮은 것부터 높은 순서로 나열한 것은?

① A종 < Y종 < E종 < B종
② Y종 < A종 < E종 < B종
③ E종 < Y종 < B종 < A종
④ B종 < A종 < E종 < Y종

해설 각종 절연의 최고 허용온도

절연의 종류	최고 허용온도
Y종	90℃
A종	105℃
E종	120℃
B종	130℃
F종	155℃
H종	180℃
C종	180℃ 초과

답 066. ③　067. ②　068. ②

Q 069. 다음 중 전류계에 대한 설명으로 틀린 것은?

① 전류계의 내부저항이 전압계의 내부저항보다 작다.
② 전류계를 회로에 병렬접속하면 계기가 손상될 수 있다.
③ 직류용 계기에는 (+), (−)의 단자가 구별되어 있다.
④ 전류계의 측정 범위를 확장하기 위해 직렬로 접속한 저항을 분류기라고 한다.

해설 전류와 전압 측정
- 분류기 : 전류의 측정 범위를 확장하기 위하여 전류계에 병렬로 접속한다.
- 배율기 : 전압의 측정 범위를 확장하기 위하여 전압계에 직렬로 접속한다.

Q 070. 100V에서 500W를 소비하는 저항이 있다. 저항에 100V의 전원을 200V로 바꾸어 접속하면 소비되는 전력(W)은?

① 250
② 500
③ 1000
④ 2000

해설 [조건] 전압 $V=100V$, 전력 $P=500W$

전력 $P=IV=\dfrac{V^2}{R}$에서 저항 $R=\dfrac{V^2}{P}=\dfrac{(100V)^2}{500W}=20\,\Omega$

200V의 전압을 접속하면 소비전력 $P=\dfrac{(200V)^2}{20\,\Omega}=2000W$

Q 071. 코일에 단상 200V의 전압을 가하면 10A의 전류가 흐르고 1.6kW의 전력을 소비한다. 코일과 병렬로 콘덴서를 접속하여 회로의 합성역률을 100%로 하기 위한 용량 리액턴스(Ω)은 약 얼마인가?

① 11.1
② 22.2
③ 33.3
④ 44.4

해설 [조건] 전압 $V=200V$, 전류 $I=10A$, 유효전력 $P=1.6kW=1600W$
- 피상전력 $P_a=IV$에서 $P_a=10A\times 200V=2000VA$
- 무효전력 $P_r=\sqrt{P_a^2-P^2}$에서 $P_r=\sqrt{2000^2-1600^2}=1200Var$
- 역률이 100%가 되기 위해서는 1200Var의 콘덴서가 필요하므로

진상 무효전력 $P_r=\dfrac{V^2}{X_c}$에서 용량 리액턴스 $X_c=\dfrac{V^2}{P_r}=\dfrac{(200V)^2}{1200Var}=33.3\,\Omega$

Q 072. 기계적 제어의 요소로서 변위를 공기압으로 변환하는 요소는?

① 벨로즈
② 트랜지스터
③ 다이아프램
④ 노즐 플래퍼

답 069. ④ 070. ④ 071. ③ 072. ④

해설 변환기
- 압력을 변위로 변환하는 요소 : 벨로즈, 다이아프램
- 변위를 압력으로 변환하는 요소 : 노즐 플래퍼
- 광을 임피던스로 변환하는 요소 : 광전관, 광전도 셀, 광전도 트랜지스터

073
다음 회로에서 $E=100V$, $R=4\Omega$, $X_L=5\Omega$, $X_C=2\Omega$일 때 이 회로에 흐르는 전류(A)는?

① 10
② 15
③ 20
④ 25

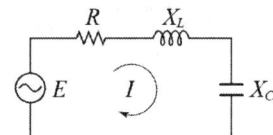

해설
- 임피던스 $Z=\sqrt{R^2+(X_L-X_C)^2}$ 에서 $Z=\sqrt{(4\Omega)^2+(5\Omega-2\Omega)^2}=5\Omega$
- 전류 $I=\dfrac{E}{Z}$ 에서 $I=\dfrac{100V}{5\Omega}=20A$

074
다음 블록선도의 전달함수 $\dfrac{C(s)}{R(s)}$ 는?

① $\dfrac{G(s)}{1-G(s)H(s)}$
② $\dfrac{G(s)}{1+G(s)H(s)}$
③ $\dfrac{H(s)}{1-G(s)H(s)}$
④ $\dfrac{H(s)}{1+G(s)H(s)}$

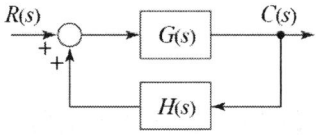

해설
출력 $C(s)=R(s)G(s)+C(s)G(s)H(s)$
$C(s)-C(s)G(s)H(s)=R(s)G(s)$
$\{1-G(s)H(s)\}C(s)=R(s)G(s)$
∴ 전달함수 $\dfrac{C(s)}{R(s)}=\dfrac{G(s)}{1-G(s)H(s)}$

075
전압을 V, 전류를 I, 저항을 R 그리고 도체의 비저항을 ρ라 할 때 옴의 법칙을 나타낸 식은?

① $V=\dfrac{R}{I}$
② $V=\dfrac{I}{R}$
③ $V=IR$
④ $V=IR\rho$

답 073. ③ 074. ① 075. ③

해설 옴의 법칙
- 전압 $V = IR[\text{V}]$
- 전류 $I = \dfrac{V}{R}[\text{A}]$
- 저항 $R = \dfrac{V}{I}[\Omega]$

076
전동기를 전원에 접속한 상태에서 중력부하를 하강시킬 때 속도가 빨라지는 경우 전동기의 유기기전력이 전원전압보다 높아져서 발전기로 동작하고 발생전력을 전원으로 되돌려 줌과 동시에 속도를 감속하는 제동법은?

① 회생제동　　　　　② 역전제동
③ 발전제동　　　　　④ 유도제동

해설 3상 유도전동기의 제동방법
- 발전제동 : 운전 중의 전동기를 전원에서 분리하여 발전기로 작용시켜 회전체의 운동에너지를 전기에너지로 바꾸어 이것을 저항 중에서 열에너지로 소비시켜 제동하는 방식이다.
- 역전제동 : 운전 중인 전동기의 전기자 접속을 반대로 하여 회전방향과 반대로 토크를 발생시켜 급정지 또는 역전시키는 방식이다.
- 회생제동 : 전동기가 가진 운동에너지를 전기에너지로 바꾸어 이것을 다시 전원으로 되돌려 제동하는 방식이다.

077
전기기기 및 전로의 누전여부를 알아보기 위해 사용되는 계측기는?

① 메거　　　　　② 전압계
③ 전류계　　　　④ 검전기

해설 메거 : 전기기기 및 전로에서 누전 시 절연저항을 측정하여 누전여부를 판단하기 위해 사용하는 계측기이다.

078
평형 3상 전원에서 각 상간 전압의 위상차(rad)는?

① $\dfrac{\pi}{2}$　　　　　② $\dfrac{\pi}{3}$
③ $\dfrac{\pi}{6}$　　　　　④ $\dfrac{2\pi}{3}$

해설 평형 3상 전원의 각 상간 전압의 위상은 120° 차가 발생한다.
∴ 위상차 $rad = \dfrac{\pi}{180°} \times \theta = \dfrac{\pi}{180°} \times 120° = \dfrac{2\pi}{3}$

답 076. ① 077. ① 078. ④

Q 079 영구자석의 재료로 요구되는 사항은?

① 잔류자기 및 보자력이 큰 것
② 잔류자기가 크고 보자력이 작은 것
③ 잔류자기는 작고 보자력이 큰 것
④ 잔류자기 및 보자력이 작은 것

해설 영구자석
오랫동안 자기적 성질을 가지는 자석으로서 외부 전류 없이 자계를 유지하는 강자성 물질이다. 따라서, 잔류자기와 보자력 모두 커야 한다.

참고 영구자석의 종류
페라이트 자석, 알니코 자석, 네오디뮴 자석, 플라스틱 자석

Q 080 다음 회로도를 보고 진리표를 채우고자 한다. 빈칸에 알맞은 값은?

A	B	X_1	X_2	X_3
1	1	1	0	(ⓐ)
1	0	0	1	(ⓑ)
0	1	0	0	(ⓒ)
0	0	0	0	(ⓓ)

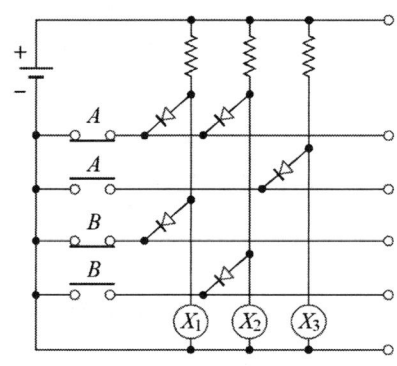

① ⓐ 1, ⓑ 1, ⓒ 0, ⓓ 0
② ⓐ 0, ⓑ 0, ⓒ 1, ⓓ 1
③ ⓐ 0, ⓑ 1, ⓒ 0, ⓓ 1
④ ⓐ 1, ⓑ 0, ⓒ 1, ⓓ 0

해설
• AND 논리회로

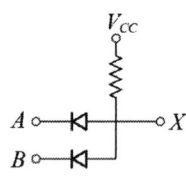

• 논리식(회로도에서 닫혀 있는 접점은 논리식의 입력을 A 또는 B로 하고, 열려 있는 접점은 논리식의 입력을 $\overline{A}$ 또는 $\overline{B}$로 표현한다.)
 - $X_1 = A \cdot B$
 - $X_2 = A \cdot \overline{B}$
 - $X_3 = \overline{A}$

답 079. ① 080. ②

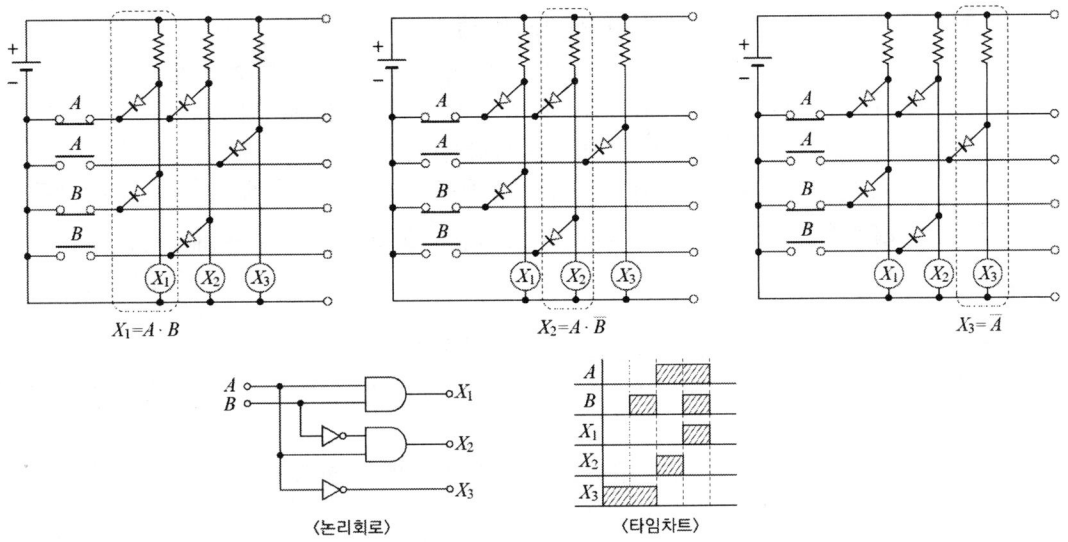

∴ 출력신호 X_3는 입력신호 A의 NOT(논리부정) 회로이므로 출력신호는 입력신호의 반대로 작동된다. 따라서, A의 입력신호가 1, 1, 0, 0이면 출력신호 X_3는 ⓐ 0, ⓑ 0, ⓒ 1, ⓓ 1의 값을 갖는다.

제 5 과목 배관일반

Q 081. 급수배관의 수격현상 방지방법으로 가장 거리가 먼 것은?

① 펌프에 플라이휠을 설치한다.
② 관경을 작게 하고 유속을 매우 빠르게 한다.
③ 에어챔버를 설치한다.
④ 완폐형 체크밸브를 설치한다.

해설 수격작용을 방지하기 위하여 관경을 크게 하고 관 내의 유속을 느리게 해야 한다.

Q 082. 경질염화비닐관의 TS식 이음에서 작용하는 3가지 접착효과로 가장 거리가 먼 것은?

① 유동삽입   ② 일출접착
③ 소성삽입   ④ 변형삽입

해설 TS식 이음(Taper sized joint)에 작용하는 접착효과로 유동삽입, 변형삽입, 일출삽입(접착)이 있다.

답 081. ② 082. ③

Q 083 펌프 주위 배관시공에 관한 사항으로 틀린 것은?

① 풋 밸브 등 모든 관의 이음은 수밀, 기밀을 유지할 수 있도록 한다.
② 흡입관의 길이는 가능한 한 짧게 배관하여 저항이 적도록 한다.
③ 흡입관의 수평배관은 펌프를 향하여 하향구배로 한다.
④ 양정이 높을 경우 펌프 토출구와 게이트밸브 사이에 체크밸브를 설치한다.

해설 펌프 흡입관의 수평배관은 펌프를 향해 위로 올라가도록 상향구배로 시공한다.

Q 084 무기질 단열재에 관한 설명으로 틀린 것은?

① 암면은 단열성이 우수하고 아스팔트 가공된 보냉용의 경우 흡수성이 양호하다.
② 유리섬유는 가볍고 유연하여 작업성이 매우 좋으며 칼이나 가위 등으로 쉽게 절단된다.
③ 탄산마그네슘 보온재는 열전도율이 낮으며 300~320℃에서 열분해한다.
④ 규조토 보온재는 비교적 단열효과가 낮으므로 어느 정도 두껍게 시공하는 것이 좋다.

해설 암면은 안산암, 현무암에 석회석을 섞어 용융하여 섬유모양으로 만든 것으로 아스팔트로 가공된 보냉용의 경우 흡수성이 적다.

Q 085 다음 중 기수혼합식(증기분류식) 급탕설비에서 소음을 방지하는 기구는?

① 가열코일 ② 사일렌서
③ 순환펌프 ④ 서머스탯

해설 기수혼합식 급탕설비는 저탕조 내에 0.1~0.4MPa 정도의 증기를 직접 불어넣어 가열하는 방식이므로 소음을 방지하기 위하여 S형과 F형의 스팀 사일렌서를 설치한다.

Q 086 증기난방법에 관한 설명으로 틀린 것은?

① 저압식은 증기의 사용압력이 0.1MPa 미만인 경우이며 주로 10~35kPa인 증기를 사용한다.
② 단관 중력 환수식의 경우 증기와 응축수가 역류하지 않도록 선단 하향구배로 한다.
③ 환수주관을 보일러 수면보다 높은 위치에 배관한 것은 습식환수관식이다.
④ 증기의 순환이 가장 빠르며 방열기, 보일러 등의 설치위치에 제한을 받지 않고 대규모 난방용으로 주로 채택되는 방식은 진공환수식이다.

답 083. ③ 084. ① 085. ② 086. ③

해설 환수관의 배관방법에 따른 분류
- 건식환수관식 : 환수주관을 보일러 수면보다 높은 위치에 배관하는 방식이다.
- 습식환수관식 : 환수주관을 보일러 수면보다 낮은 위치에 배관하는 방식이다.

Q 087 같은 지름의 관을 직선으로 연결할 때 사용하는 배관 이음쇠가 아닌 것은?
① 소켓 ② 유니언
③ 벤드 ④ 플랜지

해설 배관 이음쇠의 사용목적에 따른 분류
- 관의 방향을 바꿀 때 : 엘보, 벤드
- 관을 도중에서 분기할 때 : 티이(T), 와이(Y), 크로스(+)
- 관경이 같은 관을 직선으로 연결할 때 : 소켓, 니플, 유니언, 플랜지
- 관경이 다른 관을 직선으로 연결할 때 : 이경엘보, 이경소켓, 이경티, 부싱, 레듀서
- 관 끝을 막을 때 : 캡, 플러그
- 관의 분해, 수리 및 교체가 필요할 때 : 유니언, 플랜지

Q 088 기계 수송 설비에서 압축공기 배관의 부속장치가 아닌 것은?
① 후부냉각기 ② 공기여과기
③ 안전밸브 ④ 공기빼기밸브

해설 압축공기 배관의 부속장치에는 분리기 및 후부냉각기, 공기탱크, 공기여과기, 공기 흡입관, 안전밸브가 있다.

참고 공기빼기밸브
급탕배관 및 온수배관에 공기가 체류하게 되면 물의 순환이 불량하게 되므로 공기가 체류할 우려가 있는 배관의 상부나 굴곡(산형, ㄷ자형) 배관의 상부에 설치한다.

Q 089 가스수요의 시간적 변화에 따라 일정한 가스량을 안정하게 공급하고 저장을 할 수 있는 가스홀더의 종류가 아닌 것은?
① 무수(無水)식 ② 유수(有水)식
③ 주수(柱水)식 ④ 구(球)형

해설 가스홀더의 종류에는 유수식, 무수식, 구형의 고압홀더가 있다.

Q 090 제조소 및 공급소 밖의 도시가스 배관을 시가지 외의 도로 노면 밑에 매설하는 경우에는 노면으로부터 배관의 외면까지 최소 몇 m 이상을 유지해야 하는가?
① 1.0 ② 1.2
③ 1.5 ④ 2.0

답 087. ③ 088. ④ 089. ③ 090. ②

해설 도시가스 배관의 도로 매설기준
- 시가지 외의 도로 노면 밑에 매설하는 경우에는 노면으로부터 배관 외면까지의 깊이를 1.2m 이상으로 한다.
- 시가지의 도로 노면 밑에 매설하는 경우에는 노면으로부터 배관 외면까지의 깊이를 1.5m 이상으로 한다. 다만, 방호구조물 안에 설치하는 경우에는 노면으로부터 그 방호구조물 외면까지의 깊이를 1.2m 이상으로 할 수 있다.

Q 091. 다음 도시기호의 이음은?

① 나사식 이음
② 용접식 이음
③ 소켓식 이음
④ 플랜지식 이음

해설 관 이음의 도시기호

관 이음	도시기호
나사식 이음	─┼─
용접식 이음	─●─
소켓식(턱걸이식) 이음	─⊃─
플랜지식 이음	─┤├─

Q 092. 패킹재의 선정 시 고려사항으로 관내 유체의 화학적 성질이 아닌 것은?

① 점도
② 부식성
③ 휘발성
④ 용해능력

해설 패킹재 선택 시 고려해야 할 사항
- 관내 유체의 물리적 성질 : 온도, 압력, 점도, 밀도
- 관내 유체의 화학적 성질 : 화학성분, 부식성, 휘발성, 용해능력, 인화성
- 기계적 성질 : 교체가 용이, 진동의 유무, 내·외압의 정도

Q 093. 도시가스 배관 시 배관이 움직이지 않도록 관 지름 13mm 이상 33mm 미만의 경우 몇 m 마다 고정장치를 설치해야 하는가?

① 1m
② 2m
③ 3m
④ 4m

해설 도시가스 배관의 고정장치 설치
- 관 지름이 13mm 미만 : 1m
- 관 지름이 13mm 이상 33mm 미만 : 2m
- 관 지름이 33mm 이상 : 3m

답 091. ③ 092. ① 093. ②

Q 094. 급수관의 평균유속이 2m/s이고 유량이 100L/s로 흐르고 있다. 관 내의 마찰손실을 무시할 때 안지름(mm)은 얼마인가?

① 173　　　　　　　　　② 227
③ 247　　　　　　　　　④ 252

해설 [조건] 평균유속 $v=2\text{m/s}$, 유량 $Q=100\text{L/s}=0.1\text{m}^3/\text{s}$

유량 $Q=\left(\dfrac{\pi}{4}\times d^2\right)\times v$에서 안지름 $d=\sqrt{\dfrac{4Q}{\pi V}}=\sqrt{\dfrac{4\times 0.1\dfrac{\text{m}^3}{\text{s}}}{\pi\times 2\dfrac{\text{m}}{\text{s}}}}=0.252\text{m}=252\text{mm}$

Q 095. 밸브의 역할로 가장 거리가 먼 것은?

① 유체의 밀도 조절　　　② 유체의 방향 전환
③ 유체의 유량 조절　　　④ 유체의 흐름 단속

해설 밸브의 일반적인 역할
- 유체의 방향 전환 : 앵글밸브
- 유체의 유량 조절 : 스톱밸브(글로브밸브)
- 유체의 흐름 단속 : 게이트밸브(슬루스밸브)

Q 096. 온수배관 시공 시 유의사항으로 틀린 것은?

① 배관재료는 내열성을 고려한다.
② 온수배관에는 공기가 고이지 않도록 구배를 준다.
③ 온수 보일러의 릴리프 관에는 게이트밸브를 설치한다.
④ 배관의 신축을 고려한다.

해설 릴리프밸브는 온수보일러에 설치하는 압력방출장치로서 릴리프 관에는 밸브를 설치하지 않아야 한다. 따라서, 릴리프밸브로부터의 배출관은 배수가 용이하도록 설계되어야 한다.

Q 097. 배관용 패킹재료 선정 시 고려해야 할 사항으로 가장 거리가 먼 것은?

① 유체의 압력　　　　　② 재료의 부식성
③ 진동의 유무　　　　　④ 시트면의 형상

해설 패킹재료 선정 시 고려해야 할 사항
- 유체의 온도, 압력, 점도, 밀도 등을 고려해야 한다.
- 재료의 부식성, 휘발성, 인화성 등을 고려해야 한다.
- 교체의 용이성, 진동의 유무, 내·외압에 견디는 정도를 고려해야 한다.

답 094. ④　095. ①　096. ③　097. ④

Q 098 냉동배관 시 플렉시블 조인트의 설치에 관한 설명으로 틀린 것은?

① 가급적 압축기 가까이에 설치한다.
② 압축기의 진동방향에 대하여 직각으로 설치한다.
③ 압축기가 가동할 때 무리한 힘이 가해지지 않도록 설치한다.
④ 기계·구조물 등에 접촉되도록 견고하게 설치한다.

해설 플렉시블 조인트는 압축기에서 발생한 진동을 흡수하기 위한 이음으로서 기계나 구조물에 설치하지 않고 배관에 수평으로 설치한다.

Q 099 온수난방 배관에서 역귀환방식을 채택하는 주된 목적으로 가장 적합한 것은?

① 배관의 신축을 흡수하기 위하여
② 온수가 식지 않게 하기 위하여
③ 온수의 유량분배를 균일하게 하기 위하여
④ 배관길이를 짧게 하기 위하여

해설 역귀환(리버스리턴)방식
온수 공급관과 환수관의 왕복배관 길이가 같기 때문에 유량분배를 균일하게 하여 각 실의 온도를 균일하게 한다.

Q 100 급탕배관 시공에 관한 설명으로 틀린 것은?

① 배관의 굽힘 부분에는 벨로즈 이음을 한다.
② 하향식 급탕주관의 최상부에는 공기빼기장치를 설치한다.
③ 팽창관의 관경은 겨울철 동결을 고려하여 25A 이상으로 한다.
④ 단관식 급탕배관 방식에는 상향배관, 하향배관 방식이 있다.

해설 급탕배관 시공 시 배관의 팽창과 수축을 흡수하기 위하기 굽힘 부분에는 스위블 이음을 한다.

답 098. ④ 099. ③ 100. ①

2019

1과목 기계열역학
2과목 냉동공학
3과목 공기조화
4과목 전기제어공학
5과목 배관일반

2019년 3월 3일 시행
2019년 4월 27일 시행
2019년 8월 4일 시행

기출문제 공조냉동기계기사 2019년 3월 3일 시행

제 1 과목   기계열역학

Q 001 어느 내연기관에서 피스톤의 흡기과정으로 실린더 속에 0.2kg의 기체가 들어왔다. 이것을 압축할 때 15kJ의 일이 필요하였고, 10kJ의 열을 방출하였다고 한다면, 이 기체 1kg당 내부에너지의 증가량은?

① 10kJ/kg   ② 25kJ/kg
③ 35kJ/kg   ④ 50kJ/kg

해설 [조건] 질량 $m=0.2$kg, 일량 $\delta W=-15$kJ, 열량 $\delta Q=-10$kJ

- 열역학에서 열량(Q)과 일(W)에 대한 관습
  - 열량을 외부로 방출하면 $-Q$이고, 외부에서 열량을 흡수하면 $+Q$가 된다.
  - 일을 외부에 가하면 $+W$이고, 외부에서 일을 받으면 $-W$가 된다.

- 단위질량당 일량 $\delta w = \dfrac{\delta W}{m} = \dfrac{-15\text{kJ}}{0.2\text{kg}} = -75\text{kJ}$

  단위질량당 열량 $\delta q = \dfrac{\delta Q}{m} = \dfrac{-10\text{kJ}}{0.2\text{kg}} = -50\text{kJ}$

- 열역학 제1법칙 에너지방정식의 열량변화 $\delta q = du + \delta w$에서
  내부에너지 변화 $du = \delta q - \delta w = (-50\text{kJ/kg}) - (-75\text{kJ/kg}) = 25\text{kJ/kg}$

∴ 내부에너지 변화량은 $+25$kJ/kg 증가하였다.

Q 002 그림과 같은 단열된 용기 안에 25℃의 물이 0.8m³ 들어있다. 이 용기 안에 100℃, 50kg의 쇳덩어리를 넣은 후 열적 평형이 이루어 졌을 때 최종 온도는 약 몇 ℃인가? (단, 물의 비열은 4.18kJ/(kg·K), 철의 비열은 0.45kJ/(kg·K)이다.)

① 25.5
② 27.4
③ 29.2
④ 31.4

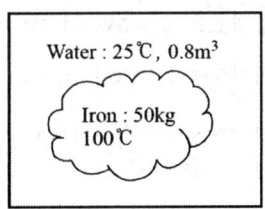

해설 [조건] 물의 양 $Q_1=0.8$m³, 물의 비열 $C_1=4.18$kJ/(kg·K), 물의 온도 $t_1=25$℃ = 298K, 쇳덩어리의 양 $m_2=50$kg, 철의 비열 $C_2=0.45$kJ/(kg·K), 철의 온도 $t_2=100$℃ = 373K, 물의 밀도 $\rho=1000$kg/m³

- 물의 양 $m_1 = \rho Q_1 = 1000\dfrac{\text{kg}}{\text{m}^3} \times 0.8\text{m}^3 = 800$kg

답 001. ② 002. ①

- 열역학 0법칙에서 물이 얻은 열량과 쇳덩어리가 잃은 열량은 같다.($q_1 = q_2$)
  - 물이 얻은 열량 $q_1 = m_1 C_1 (t_3 - t_1)$
  - 쇳덩어리가 잃은 열량 $q_2 = m_2 C_2 (t_2 - t_3)$

∴ 열적 평형상태에서 평균온도 $t_3 = \dfrac{m_1 C_1 t_1 + m_2 C_2 t_2}{m_1 C_1 + m_2 C_2}$ 이므로

$$t_3 = \dfrac{800\text{kg} \times 4.18 \dfrac{\text{kJ}}{\text{kg}\cdot\text{K}} \times 298\text{K} + 50\text{kg} \times 0.45 \dfrac{\text{kJ}}{\text{kg}\cdot\text{K}} \times 373\text{K}}{800\text{kg} \times 4.18 \dfrac{\text{kJ}}{\text{kg}\cdot\text{K}} + 50\text{kg} \times 0.45 \dfrac{\text{kJ}}{\text{kg}\cdot\text{K}}} = 298.5\text{K} = 25.5°\text{C}$$

Q 003

체적이 일정하고 단열된 용기 내에 80℃, 320kPa의 헬륨 2kg이 들어 있다. 용기 내에 있는 회전날개가 20W의 동력으로 30분 동안 회전한다고 할 때 용기 내의 최종 온도는 약 몇 ℃인가? (단, 헬륨의 정적비열은 3.12kJ/(kg·K)이다.)

① 81.9℃ ② 83.3℃
③ 84.9℃ ④ 85.8℃

[해설] [조건] 질량 $m = 2\text{kg}$, 정적비열 $C_v = 3.12\text{kJ/(kg·K)}$, 초기온도 $t_1 = 80°\text{C} = 353\text{K}$, 동력 $L = 20\text{W} = 20\text{J/s} = 0.02\text{kJ/s}$, 시간 $T = 30\text{min} = 1800\text{s}$

- 체적이 일정하고 단열된 용기에서 발생한 열은 모두 회전날개의 동력으로 변하므로 열량 변화 $Q_{12} = mC_v(t_2 - t_1) = L \times T$ 이다.

- 최종온도 $t_2 = t_1 + \dfrac{L \times T}{mC_v}$ 이므로 $t_2 = 353\text{K} + \dfrac{0.02\dfrac{\text{kJ}}{\text{s}} \times 1800\text{s}}{2\text{kg} \times 3.12\dfrac{\text{kJ}}{\text{kg}\cdot\text{K}}} = 358.8\text{K} = 85.8°\text{C}$

Q 004

이상적인 오토사이클에서 열효율을 55%로 하려면 압축비를 약 얼마로 하면 되겠는가? (단, 기체의 비열비는 1.4이다.)

① 5.9 ② 6.8
③ 7.4 ④ 8.5

[해설] [조건] 열효율 $\eta_o = 55\% = 0.55$, 비열비 $k = 1.4$

오토사이클에서 열효율 $\eta_o = 1 - \left(\dfrac{1}{\varepsilon}\right)^{k-1}$ 에서

압축비 $\varepsilon = \dfrac{1}{(1-\eta)^{\frac{1}{k-1}}}$ 이므로 $\varepsilon = \dfrac{1}{(1-0.55)^{\frac{1}{1.4-1}}} = 7.36$

003. ④ 004. ③

005
유리창을 통해 실내에서 실외로 열전달이 일어난다. 이때 열전달량은 약 몇 W인가? (단, 대류열전달계수는 50W/(m²·K), 유리창 표면온도는 25℃, 외기온도는 10℃, 유리창 면적은 2m²이다.)

① 150
② 500
③ 1500
④ 5000

해설 [조건] 대류열전달계수 $\alpha = 50\text{W}/(\text{m}^2 \cdot \text{K})$, 표면온도 $t_s = 25℃ = 298\text{K}$, 외기온도 $t_o = 10℃ = 283\text{K}$, 유리창 면적 $A = 2\text{m}^2$

열전달량 $q = \alpha A(t_s - t_o)$에서 $q = 50 \dfrac{\text{W}}{\text{m}^2 \cdot \text{K}} \times 2\text{m}^2 \times (298-283)\text{K} = 1500\text{W}$

006
열역학 제2법칙에 관해서는 여러 가지 표현으로 나타낼 수 있는데, 다음 중 열역학 제2법칙과 관계되는 설명으로 볼 수 없는 것은?

① 열을 일로 변환하는 것은 불가능하다.
② 열효율이 100%인 열기관을 만들 수 없다.
③ 열은 저온 물체로부터 고온 물체로 자연적으로 전달되지 않는다.
④ 입력되는 일 없이 작동하는 냉동기를 만들 수 없다.

해설 열역학 제2법칙은 일은 열로 쉽게 변환시킬 수 있으나 열을 일로 쉽게 변환시킬 수 없다는 것을 명시한 법칙으로서 열역학 제1법칙의 방향성을 제시한 법칙이다.

007
시간당 380000kg의 물을 공급하여 수증기를 생산하는 보일러가 있다. 이 보일러에 공급하는 물의 엔탈피는 830kJ/kg이고, 생산되는 수증기의 엔탈피는 3230kJ/kg이라고 할 때, 발열량이 32000kJ/kg인 석탄을 시간당 34000kg씩 보일러에 공급한다면 이 보일러의 효율은 약 몇 %인가?

① 66.9%
② 71.5%
③ 77.3%
④ 83.8%

해설 [조건] 수량 $m = 380000\text{kg/h}$, 급수 엔탈피 $h_1 = 830\text{kJ/kg}$, 수증기 엔탈피 $h_2 = 3230\text{kJ/kg}$, 발열량 $H = 32000\text{kJ/kg}$, 석탄소모량 $m_f = 34000\text{kg/h}$

보일러 효율 $\eta = \dfrac{m(h_2 - h_1)}{m_f \times H} \times 100\%$에서

$$\eta = \dfrac{380000 \dfrac{\text{kg}}{\text{h}} \times (3230-830)\dfrac{\text{kJ}}{\text{kg}}}{34000 \dfrac{\text{kg}}{\text{h}} \times 32000 \dfrac{\text{kJ}}{\text{kg}}} \times 100\% = 83.82\%$$

답 005. ③ 006. ① 007. ④

Q 008 실린더에 밀폐된 8kg의 공기가 그림과 같이 P_1 =800kPa, 체적 V_1 =0.27m³에서 P_2 =350kPa, 체적 V_2 =0.80m³으로 직선 변화하였다. 이 과정에서 공기가 한 일은 약 몇 kJ인가?

① 305
② 334
③ 362
④ 390

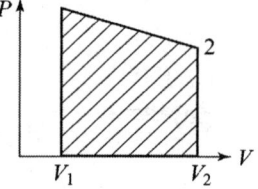

해설 일 $W = P_2(V_2 - V_1) + \frac{1}{2}(P_1 - P_2)(V_2 - V_1)$에서

$W = 350 \times (0.8 - 0.27) + \frac{1}{2}(800 - 350)(0.8 - 0.27) = 304.75 \text{kJ}$

Q 009 계의 엔트로피 변화에 대한 열역학적 관계식 중 옳은 것은? (단, T는 온도, S는 엔트로피, U는 내부에너지, V는 체적, P는 압력, H는 엔탈피를 나타낸다.)

① $TdS = dU - PdV$
② $TdS = dH - PdV$
③ $TdS = dU - VdP$
④ $TdS = dH - VdP$

해설 열역학 제1법칙의 에너지보존법칙에서 열량 변화 $\delta Q = dU + PdV = dH - VdP$이므로 엔트로피 변화 $dS = \frac{\delta Q}{T}$에서 $TdS = dU + PdV = dH - VdP$이다.

Q 010 터빈, 압축기, 노즐과 같은 정상 유동 장치의 해석에 유용한 몰리에(Mollier) 선도를 옳게 설명한 것은?

① 가로축에 엔트로피, 세로축에 엔탈피를 나타내는 선도이다.
② 가로축에 엔탈피, 세로축에 온도를 나타내는 선도이다.
③ 가로축에 엔트로피, 세로축에 밀도를 나타내는 선도이다.
④ 가로축에 비체적, 세로축에 압력을 나타내는 선도이다.

해설 정상 유동 장치의 몰리에 선도(h-s 선도)
가로축에 엔트로피, 세로축에 엔탈피를 직각 좌표축으로 나타내고 압력, 온도, 비체적을 등고선으로 나타낸 선도이다.

답 008. ① 009. ④ 010. ①

011
그림과 같은 Rankine 사이클로 작동하는 터빈에서 발생하는 일은 약 몇 kJ/kg인가? (단, h는 엔탈피, s는 엔트로피를 나타내며, $h_1 = 191.8 \text{kJ/kg}$, $h_2 = 193.8 \text{kJ/kg}$, $h_3 = 2799.5 \text{kJ/kg}$, $h_4 = 2007.5 \text{kJ/kg}$이다.)

① 2.0kJ/kg
② 792.0kJ/kg
③ 2605.7kJ/kg
④ 1815.7kJ/kg

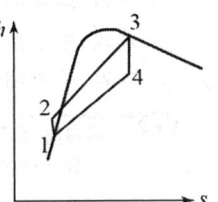

해설 [조건] 펌프 입구엔탈피 $h_1 = 191.8 \text{kJ/kg}$, 펌프 출구엔탈피 $h_2 = 193.8 \text{kJ/kg}$, 터빈 입구엔탈피 $h_3 = 2799.5 \text{kJ/kg}$, 터빈 출구엔탈피 $h_4 = 2007.5 \text{kJ/kg}$
- 터빈에서 발생하는 일 $w_T = h_3 - h_4 = (2799.5 - 2007.5) \text{kJ/kg} = 792 \text{kJ/kg}$
- 펌프에서 발생하는 일 $w_P = h_2 - h_1 = (193.8 - 191.8) \text{kJ/kg} = 2 \text{kJ/kg}$

012
다음 중 강도성 상태량(Intensive property)이 아닌 것은?

① 온도 ② 압력
③ 체적 ④ 밀도

해설 열역학적 상태량
- 강도성 상태량: 온도, 압력, 비체적, 밀도
- 종량성 상태량: 질량, 체적, 내부에너지, 엔탈피, 엔트로피

013
이상기체 1kg이 초기에 압력 2kPa, 부피 0.1m³를 차지하고 있다. 가역등온과정에 따라 부피가 0.3m³로 변화했을 때 기체가 한 일은 약 몇 J인가?

① 9540 ② 2200
③ 954   ④ 220

해설 [조건] 질량 $m = 1 \text{kg}$, 초기 압력 $P_1 = 2 \text{kPa} = 2000 \text{N/m}^2$, 초기 부피 $V_1 = 0.1 \text{m}^3$, 최종 부피 $V_2 = 0.3 \text{m}^3$

가역등온과정의 팽창일 $W_{12} = P_1 V_1 \ln \dfrac{V_2}{V_1}$ 에서

$$W_{12} = 2000 \frac{\text{N}}{\text{m}^2} \times 0.1 \text{m}^3 \times \ln \frac{0.3 \text{m}^3}{0.1 \text{m}^3} = 219.7 \text{J}$$

답 011. ② 012. ③ 013. ④

Q 014. 밀폐계가 가역정압 변화를 할 때 계가 받은 열량은?

① 계의 엔탈피 변화량과 같다.
② 계의 내부에너지 변화량과 같다.
③ 계의 엔트로피 변화량과 같다.
④ 계가 주위에 대해 한 일과 같다.

해설 밀폐계의 정압 변화와 정적 변화에서 열량
- 정압 변화에서 열량 $q_{12} = dh = C_p dt$ [kJ/kg]
- 정적 변화에서 열량 $q_{12} = du = C_v dt$ [kJ/kg]

단, dh는 엔탈피 변화량, du는 내부에너지 변화량, dt는 온도 변화량, C_p는 정압비열, C_v는 정적비열이다.

∴ 밀폐계가 가역정압 변화를 할 때 계가 받은 열량은 계의 엔탈피 변화량과 같다.

Q 015. 어떤 기체 동력장치가 이상적인 브레이턴 사이클로 다음과 같이 작동할 때 이 사이클의 열효율은 약 몇 %인가? (단, 온도(T) - 엔트로피(s) 선도에서 $T_1 = 30℃$, $T_2 = 200℃$, $T_3 = 1060℃$, $T_4 = 160℃$이다.)

① 81%
② 85%
③ 89%
④ 92%

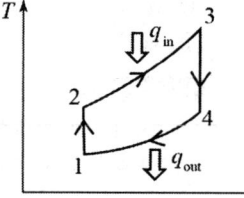

해설 [조건] 압축기 입구온도 $T_1 = 30℃ = 303K$, 압축기 출구온도 $T_2 = 200℃ = 473K$, 터빈 입구온도 $T_3 = 1060℃ = 1333K$, 터빈 출구온도 $T_4 = 160℃ = 433K$

브레이턴 사이클의 열효율 $\eta_b = \dfrac{유효일량}{시스템에 공급한 열량} = 1 - \dfrac{q_{out}}{q_{in}}$ 에서

$$\eta_b = 1 - \dfrac{(433-303)K}{(1333-473)K} = 0.849 = 84.9\%$$

Q 016. 600kPa, 300K 상태의 이상기체 1kmol이 엔탈피가 등온과정을 거쳐 압력이 200kPa로 변했다. 이 과정 동안의 엔트로피 변화량은 약 몇 kJ/K인가? (단, 일반기체상수($\overline{R}$)은 8.31451kJ/(kmol·K)이다.)

① 0.782
② 6.31
③ 9.13
④ 18.6

답 014. ① 015. ② 016. ③

해설 [조건] 몰수 $n = 1\text{kmol}$, 일반기체상수 $\overline{R} = 8.31451\text{kJ/kmol}\cdot\text{K}$, 초기압력 $P_1 = 600\text{kPa}$, 최종압력 $P_2 = 200\text{kPa}$

- 몰수 $n = \dfrac{m}{M}$ (단, m은 질량(kg)이고, M은 분자량이다.)

- 기체상수 $R = \dfrac{\overline{R}}{M}$ 에서 $R = \dfrac{\overline{R}}{\frac{m}{n}} = \dfrac{n \times \overline{R}}{m} = \dfrac{1\text{kmol} \times 8.31451 \frac{\text{kJ}}{\text{kmol}\cdot\text{K}}}{m}$

- 등온과정에서 엔트로피 변화량 $S_2 - S_1 = mR\ln\dfrac{P_1}{P_2}$ 에서

$$S_2 - S_1 = m \times \dfrac{1\text{kmol} \times 8.31451 \frac{\text{kJ}}{\text{kmol}\cdot\text{K}}}{m} \ln\dfrac{600\text{kPa}}{200\text{kPa}} = 9.134\text{kJ/K}$$

Q 017

다음 중 기체상수(gas constant, $R[\text{kJ}/(\text{kg}\cdot\text{K})]$) 값이 가장 큰 기체는?

① 산소(O_2) ② 수소(H_2)
③ 일산화탄소(CO) ④ 이산화탄소(CO_2)

해설 기체상수 $R = \dfrac{8.314}{M}$ [kJ/kg·K]
(단, M은 기체의 분자량이다.)

- 산소(분자량 32) : $R = \dfrac{8.314}{32} = 0.26\text{kJ/kg}\cdot\text{K}$
- 수소(분자량 2) : $R = \dfrac{8.314}{2} = 4.16\text{kJ/kg}\cdot\text{K}$
- 일산화탄소(분자량 28) : $R = \dfrac{8.314}{28} = 0.3\text{kJ/kg}\cdot\text{K}$
- 이산화탄소(분자량 44) : $R = \dfrac{8.314}{44} = 0.19\text{kJ/kg}\cdot\text{K}$

Q 018

이상기체에 대한 다음 관계식 중 잘못된 것은? (단, C_V는 정적비열, C_P는 정압비열, u는 내부에너지, T는 온도, V는 부피, h는 엔탈피, R은 기체상수, k는 비열비이다.)

① $C_V = \left(\dfrac{\partial u}{\partial T}\right)_V$ ② $C_P = \left(\dfrac{\partial h}{\partial T}\right)_V$

③ $C_P - C_V = R$ ④ $C_P = \dfrac{kR}{k-1}$

해설 정압비열 $C_P = \left(\dfrac{\partial h}{\partial T}\right)_P$

답 017. ② 018. ②

Q 019
압력 2MPa, 300℃의 공기 0.3kg이 폴리트로픽 과정으로 팽창하여, 압력이 0.5MPa로 변화하였다. 이때 공기가 한 일은 약 몇 kJ인가? (단, 공기는 기체상수가 0.287kJ/(kg·K)인 이상기체이고, 폴리트로픽 지수는 1.3이다.)

① 416
② 157
③ 573
④ 45

[조건] 폴리트로픽 지수 $n=1.3$, 질량 $m=0.3$kg, 최초압력 $P_1=2$MPa, 최초온도 $T_1=300℃=573$K, 최종압력 $P_2=0.5$MPa, 공기의 기체상수 $R=0.287$kJ/(kg·K)

폴리트로픽 과정의 팽창일 $W_{12}=\dfrac{1}{n-1}(P_1V_1-P_2V_2)=\dfrac{1}{n-1}mRT_1\left\{1-\left(\dfrac{P_2}{P_1}\right)^{\frac{n-1}{n}}\right\}$ 에서

$W_{12}=\dfrac{1}{1.3-1}\times 0.3\text{kg}\times 0.287\dfrac{\text{kJ}}{\text{kg·K}}\times 573\text{K}\left\{1-\left(\dfrac{0.5\text{MPa}}{2\text{MPa}}\right)^{\frac{1.3-1}{1.3}}\right\}=45\text{kJ}$

Q 020
공기 1kg이 압력 50kPa, 부피 3m³인 상태에서 압력 900kPa, 부피 0.5m³인 상태로 변화할 때 내부에너지가 160kJ 증가하였다. 이때 엔탈피는 약 몇 kJ이 증가하였는가?

① 30
② 185
③ 235
④ 460

[조건] 초기압력 $P_1=50$kPa$=50$kN/m², 최종압력 $P_2=900$kPa$=900$kN/m², 초기부피 $V_1=3$m³, 최종부피 $V_2=0.5$m³, 내부에너지 증가량 $dU=160$kJ

엔탈피 $dH=dU+d(PV)$에서 $dH=160\text{kJ}+\left(900\dfrac{\text{kN}}{\text{m}^2}\times 0.5\text{m}^3-50\dfrac{\text{kN}}{\text{m}^2}\times 3\text{m}^3\right)=460\text{kJ}$

제 2 과목 냉동공학

Q 021
제빙능력은 원료수 온도 및 브라인 온도 등 조건에 따라 다르다. 다음 중 제빙에 필요한 냉동능력을 구하는 데 필요한 항목으로 가장 거리가 먼 것은?

① 온도 t_w℃인 제빙용 원수를 0℃까지 냉각하는 데 필요한 열량
② 물의 동결 잠열에 대한 열량(79.68kcal/kg)
③ 제빙장치 내의 발생열과 제빙용 원수의 수질 상태
④ 브라인 온도 t_1℃ 부근까지 얼음을 냉각하는 데 필요한 열량

019. ④ 020. ④ 021. ③

해설 제빙실의 부하 계산
- 제빙에 필요한 냉동능력
  - 제빙용 원수를 0℃까지 냉각하는데 필요한 열량
  - 물의 동결잠열에 대한 열량
  - 얼음을 브라인의 온도까지 냉각하는 데 필요한 열량
- 제빙실 냉장부하의 외부 침입 열량
- 제빙장치(교반기 등)에서 발생하는 열량

Q 022 냉동 장치에서 흡입압력 조정밸브는 어떤 경우를 방지하기 위해 설치하는가?
① 흡입압력이 설정 압력 이상으로 상승하는 경우
② 흡입압력이 일정한 경우
③ 고압 측 압력이 높은 경우
④ 수액기의 액면이 높은 경우

해설 흡입압력 조정밸브
- 증발기와 압축기 사이의 흡입관에 설치한다.
- 흡입압력이 설정 압력 이상으로 상승하는 경우 과부하에 의한 압축기용 전동기의 소손을 방지하기 위해 설치하는 자동제어용 밸브이다.

Q 023 다음 중 증발기 출구와 압축기 흡입관 사이에 설치하는 저압 측 부속장치는?
① 액분리기　　　　　　　　② 수액기
③ 건조기　　　　　　　　　④ 유분리기

해설 냉동기 부속장치의 설치 위치
- 액분리기 : 증발기 출구와 압축기 흡입관 사이
- 수액기 : 응축기 출구와 팽창밸브 직전 사이
- 건조기(드라이어) : 응축기 또는 수액기 출구와 팽창밸브 직전 사이
- 유분리기 : 압축기 토출관과 응축기 입구 사이

Q 024 25℃ 원수 1ton을 1일 동안에 −9℃의 얼음으로 만드는 데 필요한 냉동능력(RT)은? (단, 열 손실은 없으며, 동결잠열 80kcal/kg, 원수 비열 1kcal/kg·℃, 얼음의 비열 0.5kcal/kg·℃이며, 1RT는 3320kcal/h로 한다.)
① 1.37　　　　　　　　　　② 1.88
③ 2.38　　　　　　　　　　④ 2.88

답 022. ①　023. ①　024. ①

해설 [조건] 원수량 $m = 1\text{ton/day} = 1000\text{kg/day}$, 동결잠열 $\gamma = 80\text{kcal/kg}$, 원수 비열 $C_w = 1\text{kcal/kg} \cdot \text{°C}$, 얼음의 비열 $C_i = 0.5\text{kcal/kg} \cdot \text{°C}$, 원수 온도 $t_1 = 25\text{°C}$, 얼음의 온도 $t_2 = -9\text{°C}$

냉동능력 $Q_e = Q_{S1} + Q_{L2} + Q_{S3}$ [kcal/h]

- 25℃ 물을 0℃ 물로 냉각하는데 필요한 열량 $Q_{S1} = mC_w(t_1 - t_o)$에서
$$Q_{S1} = \left(1000\frac{\text{kg}}{\text{day}} \times \frac{1\text{day}}{24\text{h}}\right) \times 1\frac{\text{kcal}}{\text{kg} \cdot \text{°C}} \times (25-0)\text{°C} = 1041.7\text{kcal/h}$$

- 0℃ 물을 0℃ 얼음으로 냉각하는데 필요한 열량 $Q_{L2} = m\gamma$
$$Q_{L2} = \left(1000\frac{\text{kg}}{\text{day}} \times \frac{1\text{day}}{24\text{h}}\right) \times 80\frac{\text{kcal}}{\text{kg}} = 3333.3\text{kcal/h}$$

- 0℃ 얼음을 -9℃ 얼음으로 냉각하는데 필요한 열량 $Q_{S3} = mC_i(t_o - t_2)$에서
$$Q_{S3} = \left(1000\frac{\text{kg}}{1\text{day}} \times \frac{1\text{day}}{24\text{h}}\right) \times 0.5\frac{\text{kcal}}{\text{kg} \cdot \text{°C}} \times \{0-(-9)\}\text{°C} = 187.5\text{kcal/h}$$

∴ 냉동능력 $Q_e = (1041.7 + 3333.3 + 187.5)\text{kcal/h} = 4562.5\text{kcal/h}$에서

냉동톤 $Q_e = \dfrac{4562.5\text{kcal/h}}{3320\text{kcal/h}} = 1.37\text{RT}$

Q. 025 다음의 냉매 중 지구온난화지수(GWP)가 가장 낮은 것은?

① R1234yf
② R23
③ R12
④ R744

해설
- 지구온난화지수란 탄산가스를 1.0으로 하여 동일질량, 동일기간에 있어서의 온실가스에 의한 지구 온도 상승의 영향 정도를 상대적으로 비교한 수치이다.
- R744 냉매는 이산화탄소 냉매로서 지구온난화지수가 1.0으로서 친환경 냉매이다.

참고 무기질 냉매는 R700으로 표기하며 7은 무기질 냉매를 표기한 것이고, 00은 냉매의 분자량으로 표기된다. 따라서, 이산화탄소의 분자량은 44이므로 냉매 번호는 R744이다.

Q. 026 제상방식에 대한 설명으로 틀린 것은?

① 살수방식은 저온의 냉장창고용 유니트 쿨러 등에서 많이 사용된다.
② 부동액 살포방식은 공기 중의 수분이 부동액에 흡수되므로 일정한 농도 관리가 필요하다.
③ 핫가스 제상방식은 응축기 출구의 고온의 액냉매를 이용한다.
④ 전기히터방식은 냉각관 배열의 일부에 핀튜브 형태의 전기히터를 삽입하여 착상부를 가열한다.

해설 핫가스 제상방식은 유분리기와 응축기 사이의 고온의 가스를 증발기에 유입시켜 제상하는 방식이다.

답 025. ④ 026. ③

Q 027 다음 중 불응축 가스를 제거하는 가스 퍼저(gas purger)의 설치 위치로 가장 적당한 것은?

① 수액기 상부
② 압축기 흡입부
③ 유분리기 상부
④ 액분리기 상부

해설 불응축 가스를 제거하는 가스 퍼저 장치는 응축기 상부 또는 수액기 상부에 설치하여 암모니아 냉매는 물탱크로, 프레온 냉매는 대기 중에 방출한다.

Q 028 암모니아와 프레온 냉매의 비교 설명으로 틀린 것은? (단, 동일 조건을 기준으로 한다.)

① 암모니아가 R-13보다 비등점이 높다.
② R-22는 암모니아보다 냉동 효과(kcal/kg)가 크고 안전하다.
③ R-13은 R-22에 비하여 저온용으로 적합하다.
④ 암모니아는 R-22에 비하여 유분리가 용이하다.

해설 암모니아와 프레온 냉매의 비교
① 암모니아 비등점은 −33.3℃, R-13의 비등점은 −81.5℃이므로 암모니아가 R-13보다 비등점이 높다.
② 표준냉동사이클에서 R-22의 냉동 효과는 40.15kcal/kg, 암모니아의 냉동 효과는 269.03kcal/kg이므로 R-22는 암모니아보다 냉동 효과가 작다.
③ R-13의 비등점은 −81.5℃, R-22의 비등점은 −40.8℃이므로 R-13은 R-22에 비하여 저온용으로 적합하다.
④ 암모니아는 오일과 분리되고, R-22(프레온)는 오일과 용해되므로 암모니아는 R-22에 비하여 유분리가 용이하다.

Q 029 냉동기, 열기관, 발전소, 화학플랜트 등에서의 뜨거운 배수를 주위의 공기와 직접 열교환시켜 냉각시키는 방식의 냉각탑은?

① 밀폐식 냉각탑
② 증발식 냉각탑
③ 원심식 냉각탑
④ 개방식 냉각탑

해설 냉각탑의 종류
• 개방식 냉각탑 : 냉각수를 주위의 공기와 직접 열교환시켜 냉각수를 냉각시키는 방식이다.
• 밀폐식 냉각탑 : 냉각탑 내에 냉각수 배관을 설치하고 코일 표면에 물을 살포하여 냉각수를 냉각시키는 방식이다.

답 027. ① 028. ② 029. ④

Q 030

염화나트륨 브라인을 사용한 식품냉장용 냉동 장치에서 브라인의 순환량이 220L/min이며, 냉각관 입구의 브라인 온도가 −5℃, 출구의 브라인 온도가 −9℃라면 이 브라인 쿨러의 냉동능력(kcal/h)은? (단, 브라인의 비열은 0.75kcal/kg·℃, 비중은 1.15이다.)

① 759
② 45540
③ 60720
④ 148005

해설

[조건] 브라인의 순환량 $Q = 220\text{L/min} = 0.22\text{m}^3/\text{min}$, 브라인의 비열 $C = 0.75$ kcal/kg·℃, 브라인의 입구온도 $t_1 = -5℃$, 브라인의 출구온도 $t_2 = -9℃$, 브라인의 비중 $s = 1.15$

- 브라인 순환량 $m = s\rho Q$에서
$$m = 1.15 \times 1000 \frac{\text{kg}}{\text{m}^3} \times \left(0.22 \frac{\text{m}^3}{\text{min}} \times \frac{60\text{min}}{1\text{h}}\right) = 15180 \text{kg/h}$$

- 냉동능력 $Q_e = mC(t_1 - t_2)$에서
$$Q_e = 15180 \frac{\text{kg}}{\text{h}} \times 0.75 \frac{\text{kcal}}{\text{kg}\cdot℃} \times \{(-5)-(-9)\}℃ = 45540 \text{kcal/h}$$

Q 031

냉동 장치의 냉동부하가 3냉동톤이며, 압축기의 소요동력이 20kW일 때 응축기에 사용되는 냉각수량(L/h)은? (단, 냉각수 입구온도는 15℃이고, 출구온도는 25℃이다.)

① 2716
② 2547
③ 1530
④ 600

해설

[조건] 냉동부하 $Q_e = 3\text{RT} = 3 \times 3320 \text{kcal/h}$, 압축기 소요동력 $L = 20\text{kW} = 20 \times 860$ kcal/h, 냉각수 입구온도 $t_{w1} = 15℃$, 냉각수 출구온도 $t_{w2} = 25℃$

- 응축부하 $Q_c = Q_e + L$에서 $Q_c = (3 \times 3320 \text{kcal/h}) + (20 \times 860 \text{kcal/h}) = 27160 \text{kcal/h}$
- 응축부하 $Q_c = mC(t_{w2} - t_{w1})$이므로

응축기 냉각수량 $m = \dfrac{Q_c}{C(t_{w2} - t_{w1})}$에서 $m = \dfrac{27160 \dfrac{\text{kcal}}{\text{h}}}{1 \dfrac{\text{kcal}}{\text{kg}\cdot℃} \times (25-15)℃} = 2716 \text{kg/h}$

∴ 응축기 냉각수량 $m = \rho Q$이므로 $Q = \dfrac{m}{\rho}$에서 $Q = \dfrac{2716 \dfrac{\text{kg}}{\text{h}}}{1000 \dfrac{\text{kg}}{\text{m}^3}} = 2.716 \text{m}^3/\text{h}$

$1\text{m}^3 = 1\text{m}^3 \times \left(\dfrac{100\text{cm}}{1\text{m}}\right)^3 = 10^6 \text{cm}^3$, $1\text{L} = 1000\text{cm}^3$이고 $1\text{m}^3 = 1000\text{L}$이므로

$Q = 2.716 \dfrac{\text{m}^3}{\text{h}} \times 1000 \dfrac{\text{L}}{\text{m}^3} = 2716 \text{L/h}$

답 030. ② 031. ①

Q 032

전열면적이 20m²인 수냉식 응축기의 용량이 200kW이다. 냉각수의 유량은 5kg/s이고, 응축기 입구에서 냉각수 온도는 20℃이다. 열관류율이 800W/m²·K일 때, 응축기 내부 냉매의 온도(℃)는 얼마인가? (단, 온도차는 산술평균온도차를 이용하고, 물의 비열은 4.18kJ/kg·K이며, 응축기 내부 냉매의 온도는 일정하다고 가정한다.)

① 36.5 ② 37.3
③ 38.1 ④ 38.9

해설

[조건] 전열면적 $A=20\text{m}^2$, 응축기 용량 $Q_c=200\text{kW}=200\times10^3\text{W}=200\text{kJ/s}$, 냉각수 유량 $m=5\text{kg/s}$, 냉각수 입구온도 $t_{w1}=20℃=293\text{K}$, 열관류율 $K=800$ W/m²·K, 물의 비열 $C=4.18\text{kJ/kg·K}$

- 응축기 용량 $Q_c=mC(t_{w2}-t_{w1})$이므로

  냉각수 출구온도 $t_{w2}=t_{w1}+\dfrac{Q_c}{mC}$에서

  $$t_{w2}=293\text{K}+\dfrac{200\dfrac{\text{kJ}}{\text{s}}}{5\dfrac{\text{kg}}{\text{s}}\times4.18\dfrac{\text{kJ}}{\text{kg·K}}}=302.6\text{K}=29.6℃$$

- 응축기 용량 $Q_c=KA\Delta t_m$이므로

  산술평균온도차 $\Delta t_m=\dfrac{Q_c}{KA}$에서 $\Delta t_m=\dfrac{200\times10^3\text{kW}}{800\dfrac{\text{W}}{\text{m}^2·\text{K}}\times20\text{m}^2}=12.5\text{K}=12.5℃$

∴ 산술평균온도차 $\Delta t_m = t_c - \dfrac{t_{w1}+t_{w2}}{2}$이므로

냉매온도 $t_c = \Delta t_m + \dfrac{t_{w1}+t_{w2}}{2}$에서 $t_c = 12.5℃ + \dfrac{20℃+29.6℃}{2} = 37.3℃$

Q 033

다음 응축기 중 동일조건하에 열관류율이 가장 낮은 응축기는 무엇인가?

① 셸튜브식 응축기 ② 증발식 응축기
③ 공랭식 응축기   ④ 2중관식 응축기

해설 응축기의 열관류율

응축기의 종류		열관류율(kcal/m²·h·℃)
셸튜브식 응축기	입형	750
	횡형	600~900
증발식 응축기		300
공랭식 응축기		20
2중관식 응축기		900

답 032. ② 033. ③

Q 034

냉동기에서 동일한 냉동 효과를 구현하기 위해 압축기가 작동하고 있다. 이 압축기의 클리어런스(극간)가 커질 때 나타나는 현상으로 틀린 것은?

① 윤활유가 열화된다.
② 체적효율이 저하한다.
③ 냉동능력이 감소한다.
④ 압축기의 소요동력이 감소한다.

해설 압축기의 클리어런스가 커질 경우 나타나는 현상
- 토출 가스 온도가 상승하여 압축기가 과열된다.
- 실린더 과열로 윤활유가 열화되거나 탄화된다.
- 체적효율이 저하되고 압축기 소요동력이 증가한다.
- 냉동능력이 감소하여 냉동기 성적계수가 저하한다.

Q 035

다음과 같은 냉동사이클 중 성적계수가 가장 큰 사이클은 어느 것인가?

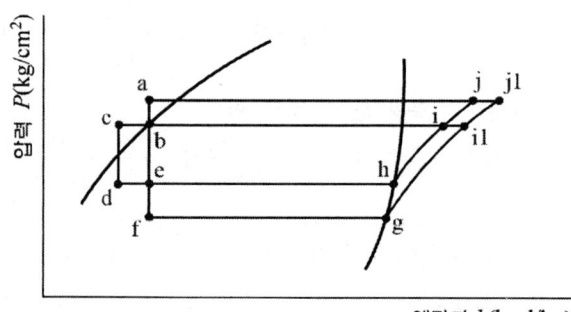

① b - e - h - i - b
② c - d - h - i - c
③ b - f - g - i1 - b
④ a - e - h - j - a

해설 냉동사이클의 성능

냉동사이클	b-e-h-i-b	c-d-h-i-c	b-f-g-i1-b	a-e-h-j-a
압축일량(AW)	h-i 구간	h-i 구간	g-i1 구간	h-j 구간
	소(小)	소(小)	대(大)	대(大)
냉동 효과(qe)	e-h 구간	d-h 구간	f-g 구간	e-h 구간
	중(中)	대(大)	소(小)	중(中)

∴ 성적계수 $COP = \dfrac{q_e}{AW}$ 이므로 냉동 효과가 클수록, 압축일량이 작을수록 크다.
따라서, 성적계수는 c-d-h-i-c 냉동사이클이 가장 크다.

답 034. ④ 035. ②

Q 036 대기압에서 암모니아액 1kg을 증발시킨 열량은 0℃ 얼음 몇 kg을 융해시킨 것과 유사한가?

① 2.1
② 3.1
③ 4.1
④ 5.1

해설 얼음의 융해잠열 $\gamma = 79.68\,kcal/kg$이고 대기압에서 암모니아 1kg의 증발잠열 $\gamma_{NH_3} ≒ 327\,kcal$이므로 $\dfrac{327\,kcal}{79.68\,kcal/kg} = 4.1\,kg$이 된다.

Q 037 축열시스템 방식에 대한 설명으로 틀린 것은?

① 수축열 방식 : 열용량이 큰 물을 축열 재료로 이용하는 방식
② 빙축열 방식 : 냉열을 얼음에 저장하여 작은 체적에 효율적으로 냉열을 저장하는 방식
③ 잠열축열 방식 : 물질의 융해 및 응고 시 상변화에 따른 잠열을 이용하는 방식
④ 토양축열 방식 : 심해의 해수온도 및 해양의 축열성을 이용하는 방식

해설 토양축열 방식은 땅속의 토양을 축열재로 이용하는 방식이다.

Q 038 압축기 토출압력 상승 원인이 아닌 것은?

① 응축온도가 낮을 때
② 냉각수 온도가 높을 때
③ 냉각수 양이 부족할 때
④ 공기가 장치 내에 혼입되었을 때

해설 압축기 토출압력의 상승 원인은 응축기 내에 불응축가스가 발생하였기 때문이다. 불응축가스의 발생원인은 다음과 같다.
- 유분리기의 기능 불량으로 인하여 오일이 응축기에 혼입되었을 때
- 냉매와 오일 보충 시 작업자의 부주의에 의해 공기가 장치 내에 혼입되었을 때
- 냉각수 순환펌프의 불량으로 인하여 냉각수 양이 부족하거나 냉각수의 온도가 높을 때
- 냉각수 배관 내에 스케일이 발생하였거나 전열 핀이 오염되었을 때

답 036. ③ 037. ④ 038. ①

Q 039 단위에 대한 설명으로 틀린 것은?

① 토리첼리의 실험결과 수은주의 높이가 68cm일 때, 실험장소에서의 대기압은 1.2atm이다.
② 비체적이 0.5m³/kg인 암모니아 증기 1m³의 질량은 2.0kg이다.
③ 압력 760mmHg는 1.01bar이다.
④ 작업대 위에 놓여진 밑면적이 2.4m²인 가공물의 무게가 24kgf라면 작업대의 가해지는 압력은 98Pa이다.

해설

① 토리첼리의 실험결과 수은주의 높이가 68cm일 때, 실험장소에서의 대기압은 0.89atm이다.

표준대기압 1atm = 76cmHg에서 대기압 $P = \dfrac{68\text{cmHg}}{76\text{cmHg}} \times 1\text{atm} = 0.89\text{atm}$

② 비체적이 0.5m³/kg인 암모니아 증기 1m³의 질량은 2.0kg이다.

질량 $m = \dfrac{체적}{비체적} = \dfrac{1\text{m}^3}{0.5\dfrac{\text{kg}}{\text{m}^3}} = 2\text{kg}$

③ 압력 760mmHg는 1.01bar이다.

표준대기압 1atm = 760mmHg = 1.01325bar 이므로 760mmHg ≒ 1.01bar 이다.

④ 작업대 위에 놓여진 밑면적이 2.4m²인 가공물의 무게가 24kgf라면 작업대의 가해지는 압력은 98Pa이다.

압력 $P = \dfrac{무게}{밑면적}$ 에서 $P = \dfrac{24\text{kgf}}{2.4\text{m}^2} = 10\text{kgf/m}^2$ 이고 무게 1kgf = 9.8N이므로

압력 $P = 10\dfrac{\text{kgf}}{\text{m}^2} \times 9.8\dfrac{\text{N}}{\text{kgf}} = 98\text{N/m}^2 = 98\text{Pa}$

Q 040 냉동 장치의 운전 시 유의사항으로 틀린 것은?

① 펌프다운 시 저압 측 압력은 대기압 정도로 한다.
② 압축기 가동 전에 냉각수 펌프를 기동시킨다.
③ 장시간 정지시키는 경우에는 재가동을 위하여 배관 및 기기에 압력을 걸어둔 상태로 둔다.
④ 장시간 정지 후 시동 시에는 누설 여부를 점검한 후에 기동시킨다.

해설 냉동 장치를 장시간 정지시키는 경우 조치사항

- 펌프다운(저압 측의 냉매를 전부 수액기로 회수) 시 저압측 및 압축기 내에는 대기압(계기압력으로 0.01MPa) 정도의 가스 압력을 남겨두도록 한다.
- 밸브는 모두 그랜드를 견고하게 조여 두고 스톱 밸브도 닫아둔다. 단, 액봉이 발생되는 일이 없어야 한다.
- 냉각수는 드레인 밸브 또는 플러그로부터 완전히 배출하여 내부에서 녹이 발생하는 것을 방지한다.
- 냉매계통 전체의 누설을 조사하고 누설이 발생하는 곳을 발견한 경우에는 수리해 둔다.

답 039. ① 040. ③

제 3 과목 공기조화

Q 041 다음 중 난방설비의 난방부하를 계산하는 방법 중 현열만을 고려하는 경우는?
① 환기 부하　　　　　　② 외기 부하
③ 전도에 의한 열 손실　　④ 침입 외기에 의한 난방 손실

해설 난방부하를 계산하는 방법
- 전도에 의한 열 손실 부하 $q = KA \triangle t R$ [kcal/h]
  단, K는 열통과율(kcal/m²·h·℃), A는 전열면적(m²), $\triangle t$는 실내·외온도차(℃), R은 방위계수이다.
- 난방부하 계산 시 실내에서 발생하는 부하(조명기구, 재실자 및 실내기구에서 발생하는 부하)는 산출하지 않는 것이 원칙이다.
- 외기 부하는 현열과 잠열 모두 고려하여 계산한다.
∴ 난방부하 계산 시 전도에 의한 열 손실 부하는 현열만 고려하여 계산한다.

Q 042 다음 중 냉방부하의 종류에 해당되지 않는 것은?
① 일사에 의해 실내로 들어오는 열
② 벽이나 지붕을 통해 실내로 들어오는 열
③ 조명이나 인체와 같이 실내에서 발생하는 열
④ 침입 외기를 가습하기 위한 열

해설 냉방부하의 종류

구분		부하의 발생 요인	열의 종류
실내부하	태양의 복사열	벽체, 지붕 등을 통과하는 복사열	현열
		유리를 통과하는 복사열	현열
	온도차에 의한 현열	벽체, 지붕 등을 통과하는 전도열	현열
		유리로부터 전도 및 대류열	현열
		바닥, 천장, 벽 사이를 통과하는 전도열	현열
	침입 외기열	창문, 문틈 등의 틈새바람에 의한 열	현열, 잠열
	실내발생열	인체에서 발생하는 열	현열, 잠열
		조명기구에서 발생하는 열	현열
		실내기구(비등기 등)에서 발생하는 열	현열, 잠열
	기기의 열	송풍기에서 발생하는 열	현열
		덕트에서 통과하는 열	현열, 잠열
외기부하		실내공기의 청정도를 개선하기 위하여 외기를 도입하는 열	현열, 잠열
재열부하		재열기기의 가열량	현열

답 041. ③ 042. ④

Q 043. 송풍 덕트 내의 정압제어가 필요 없고, 발생 소음이 적은 변풍량 유닛은?

① 유인형　　　　② 슬롯형
③ 바이패스형　　④ 노즐형

해설 변풍량 유닛
- 교축형 : 유닛을 통과하는 풍량이 실내부하의 변동에 따라 변하기 때문에 덕트 내의 정압이 변화하는 형태로서 댐퍼형과 벤튜리형이 있다.
  - 송풍기의 운전동력이 절약되고 덕트 설계 및 시공이 간단하다.
  - 덕트 내의 정압제어가 필요하다.
  - 유닛의 저항이 커서 송풍기의 정압이 높아지고 덕트에서 누설되기 쉽다.
- 바이패스형 : 실내의 부하변동에 따라 바이패스되는 풍량을 변화시킴으로써 실내로 토출되는 풍량을 조절하는 방식이다.
  - 부하가 변동하여도 덕트 내의 정압변동이 없으므로 소음 발생이 적다.
  - 송풍기 동력이 절약되지 않는다.
- 유인형 : 공조기에서 1차 공기를 공급하고 유닛에서 2차 공기를 유인하여 서로 혼합시켜 실내로 송풍하는 방식이다.
  - 1차 공기를 고속으로 공급하므로 덕트 치수를 작게 할 수 있다.
  - 높은 정압의 송풍기가 필요하므로 송풍기 동력이 증가하고 소음이 발생한다.

Q 044. 증기난방에 대한 설명으로 틀린 것은?

① 건식 환수시스템에서 환수관에는 증기가 유입되지 않도록 증기관과 환수관 사이에 증기 트랩을 설치한다.
② 중력식 환수시스템에서 환수관은 선하향 구배를 취해야 한다.
③ 증기난방은 극장같이 천장고가 높은 실내에 적합하다.
④ 진공식 환수시스템에서 관경을 가늘게 할 수 있고 리프트 피팅을 사용하여 환수관 도중에서 입상시킬 수 있다.

해설 극장과 같이 천장고가 높은 곳이나 개방된 실내에서도 난방효과가 있는 난방방식은 복사난방이다.

Q 045. 정방실에 35kW의 모터에 의해 구동되는 정방기가 12대 있을 때 전력에 의한 취득 열량(kW)은? (단, 전동기와 이것에 의해 구동되는 기계가 같은 방에 있으며, 전동기의 가동률은 0.74이고, 전동기 효율은 0.87, 전동기 부하율은 0.92이다.)

① 483　　　　② 420
③ 357　　　　④ 329

해설 [조건] 전동기 출력 $P=35$kW, 전동기의 대수 $n=12$대, 가동률 $f_1=0.74$, 부하율 $f_2=0.92$, 전동기 효율 $\eta=0.87$

전동기로부터 발생되는 열량 $q = P \times f_1 \times f_2 \times \dfrac{1}{\eta} \times n$에서

$q = 35\text{kW} \times 0.74 \times 0.92 \times \dfrac{1}{0.87} \times 12\text{대} = 328.7\text{kW}$

답 043. ③　044. ③　045. ④

Q 046. 다음 중 보온, 보냉, 방로의 목적으로 덕트 전체를 단열해야 하는 것은?

① 급기 덕트 ② 배기 덕트
③ 외기 덕트 ④ 배연 덕트

해설 급기 덕트는 공조기에서 조화된 공기를 실내로 공급하는 덕트로서 주위와의 열전달로 인하여 열 손실이 발생할 수 있으므로 보온 및 보냉, 결로를 방지하기 위하여 단열재로 피복 마감 처리해야 한다.

Q 047. 덕트의 소음 방지대책에 해당되지 않는 것은?

① 덕트의 도중에 흡음재를 부착한다.
② 송풍기 출구 부근에 플래넘 챔버를 장치한다.
③ 댐퍼 입·출구에 흡음재를 부착한다.
④ 덕트를 여러 개로 분기시킨다.

해설 덕트를 여러 개로 분기시키면 분기덕트에서 공기의 마찰저항이 크게 되어 소음이 발생한다.

Q 048. 취출구에서 수평으로 취출된 공기가 일정 거리만큼 진행된 뒤 기류 중심선과 취출구 중심과의 수직거리를 무엇이라고 하는가?

① 강하도 ② 도달거리
③ 취출온도차 ④ 셔터

해설
- 강하도 : 수평으로 취출된 공기가 어떤 거리를 진행했을 때 기류 중심선과 취출구의 중심과의 거리를 말한다.
- 벽 취출구의 도달거리 : 취출구에서 취출 공기가 0.25m/sec의 풍속이 되는 위치까지의 거리를 말한다.

Q 049. 증기설비에 사용하는 증기 트랩 중 기계식 트랩의 종류로 바르게 조합한 것은?

① 버킷 트랩, 플로트 트랩 ② 버킷 트랩, 벨로즈 트랩
③ 바이메탈 트랩, 열동식 트랩 ④ 플로트 트랩, 열동식 트랩

해설 증기 트랩의 종류
- 기계식 트랩 : 증기와 응축수의 밀도차를 이용하여 부력에 의해 응축수를 배출하는 트랩으로서 버킷 트랩, 플로트 트랩이 있다.
- 온도조절식 트랩 : 증기와 응축수의 온도 차이를 이용하여 응축수를 배출하는 트랩으로서 벨로즈 트랩, 다이어프램 트랩, 바이메탈 트랩이 있다.
- 열역학적 트랩 : 증기와 응축수의 속도 차이를 이용하여 응축수를 배출하는 트랩으로서 오리피스 트랩, 디스크 트랩이 있다.

답 046. ① 047. ④ 048. ① 049. ①

Q 050 공기조화 방식에서 변풍량 단일덕트 방식의 특징에 대한 설명으로 틀린 것은?
① 송풍기의 풍량 제어가 가능하므로 부분 부하 시 반송에너지 소비량을 경감시킬 수 있다.
② 동시사용률을 고려하여 기기용량을 결정할 수 있으므로 설비용량이 커질 수 있다.
③ 변풍량 유닛을 실별 또는 존별로 배치함으로써 개별제어 및 존 제어가 가능하다.
④ 부하변동에 따라 실내온도를 유지할 수 있으므로 열원설비용 에너지 낭비가 적다.

해설 변풍량 방식은 각 실에 온도조절기를 설치하여 실내 온도에 의해 댐퍼가 자동적으로 개폐되어 송풍량을 조절하는 방식으로서 동시부하율을 고려하여 기기용량을 결정하게 되므로 설비용량을 작게 할 수 있다.

Q 051 다음 중 공기조화설비의 계획 시 조닝을 하는 목적으로 가장 거리가 먼 것은?
① 효과적인 실내환경의 유지
② 설비비의 경감
③ 운전 가동면에서의 에너지 절약
④ 부하 특성에 대한 대처

해설 조닝(zoning)을 하는 목적
공기조화장치를 효율적으로 관리하기 위하여 건축물 내를 몇 개의 구역으로 나누어 각 구역에 별개의 공조 덕트시스템 또는 냉·온수 배관시스템을 구성하여 에너지 절약 및 부하특성에 대처하기 위해 계획하는 것으로 설비비가 증대한다.

Q 052 다음 중 축류 취출구의 종류가 아닌 것은?
① 펑커루버형 취출구
② 그릴형 취출구
③ 라인형 취출구
④ 팬형 취출구

해설 복류 취출구 : 아네모스탯형 취출구, 팬형 취출구

답 050. ② 051. ② 052. ④

Q 053

건물의 콘크리트 벽체의 실내 측에 단열재를 부착하여 실내 측 표면에 결로가 생기지 않도록 하려 한다. 외기온도가 0℃, 실내온도가 20℃, 실내공기의 노점온도가 12℃, 콘크리트 두께가 100mm일 때, 결로를 막기 위한 단열재의 최소 두께(mm)는? (단, 콘크리트와 단열재의 접촉부분의 열저항은 무시한다.)

열전도도	콘크리트	1.63W/m·K
	단열재	0.17W/m·K
대류 열전달계수	외기	23.3W/m·K
	실내공기	9.3W/m·K

① 11.7
② 10.7
③ 9.7
④ 8.7

해설

[조건] 외기온도 $t_o = 0℃ = 273K$, 실내온도 $t_i = 20℃ = 293K$, 실내공기의 노점온도 $t_d = 12℃ = 285K$, 콘크리트 두께 $L1 = 100mm = 0.1m$, 콘크리트 열전도도 $\lambda 1 = 1.63W/m·K$, 단열재 열전도도 $\lambda 2 = 0.17W/m·K$, 외기공기의 열전달계수 $\alpha_o = 23.3W/m^2·K$, 실내공기의 열전달계수 $\alpha_i = 9.3W/m^2·K$

- 결로는 열전달 열량과 열통과 열량이 같을 때 발생하지 않으므로 관계식은 다음과 같다.

$K(t_i - t_o) = \alpha_i(t_i - t_d)$ 이므로 열통과율 $K = \dfrac{\alpha_i(t_i - t_d)}{t_i - t_o}$ 에서

$$K = \dfrac{9.3 \dfrac{W}{m^2·K} \times (293-285)K}{(293-273)K} = 3.72 W/m^2$$

- 열통과율 $\dfrac{1}{K} = \dfrac{1}{\alpha_o} + \dfrac{L1}{\lambda 1} + \dfrac{L2}{\lambda 2} + \dfrac{1}{\alpha_i}$ 이므로 단열재 두께

$L2 = \lambda 2 \left(\dfrac{1}{K} - \dfrac{1}{\alpha_o} - \dfrac{L1}{\lambda 1} - \dfrac{1}{\alpha_i} \right)$ 에서

$L2 = 0.17 \times \left(\dfrac{1}{3.72} - \dfrac{1}{23.3} - \dfrac{0.1}{1.63} - \dfrac{1}{9.3} \right) = 9.69 \times 10^{-3} m = 9.69 mm$

Q 054

공기조화방식 중 전공기 방식이 아닌 것은?

① 변풍량 단일덕트 방식
② 이중 덕트 방식
③ 정풍량 단일덕트 방식
④ 팬 코일 유닛 방식(덕트병용)

해설 공기조화방식의 분류

- 전공기 방식 : 단일덕트 방식, 2중 덕트 방식, 각층 유닛 방식, 멀티 존 유닛 방식
- 공기-수 방식 : 유인 유닛 방식, 복사 냉난방 방식, 덕트병용 팬 코일 유닛 방식
- 전수 방식 : 팬 코일 유닛 방식
- 냉매 방식 : 패키지 유닛 방식

답 053. ③ 054. ④

Q055. 외기의 건구온도 32℃와 환기의 건구온도 24℃인 공기를 1 : 3(외기 : 환기)의 비율로 혼합하였다. 이 혼합공기의 온도는?

① 26℃② 28℃
③ 29℃④ 30℃

해설 [조건] 외기의 건구온도 $t_1 = 32℃$, 환기의 건구온도 $t_2 = 24℃$, 외기와 환기의 비율 1 : 3

혼합공기의 온도 $t_3 = \dfrac{m_1 t_1 + m_2 t_2}{m_1 + m_2}$ 에서

$$t_3 = \dfrac{1 \times 32℃ + 3 \times 24℃}{1+3} = 26℃$$

Q056. 부하계산 시 고려되는 지중온도에 대한 설명으로 틀린 것은?

① 지중온도는 지하실 또는 지중배관 등의 열 손실을 구하기 위하여 주로 이용된다.
② 지중온도는 외기온도 및 일사의 영향에 의해 1일 또는 연간을 통하여 주기적으로 변한다.
③ 지중온도는 지표면의 상태변화, 지중의 수분에 따라 변화하나, 토질의 종류에 따라서는 큰 차이가 없다.
④ 연간변화에 있어 불역층 이하의 지중온도는 1m 증가함에 따라 0.03~0.05℃씩 상승한다.

해설 지중온도란 토양의 온도로서 수감부를 여러 가지 깊이의 지중에 묻어 놓고 측정한 온도이다. 따라서, 토질의 종류 및 수분의 상태에 따라 차이가 있고, 지면에 가까울수록 지표면의 영향을 받는 비율이 높다.

Q057. 이중 덕트 방식에 설치하는 혼합상자의 구비조건으로 틀린 것은?

① 냉풍·온풍 덕트내의 정압변동에 의해 송풍량이 예민하게 변화할 것
② 혼합비율 변동에 따른 송풍량의 변동이 완만할 것
③ 냉풍·온풍 댐퍼의 공기누설이 적을 것
④ 자동제어 신뢰도가 높고 소음 발생이 적을 것

해설 이중 덕트 방식의 특징
- 냉풍과 온풍을 각각의 급기 덕트를 통하여 각 실 또는 각 층에 설치된 혼합상자에 공급하고, 혼합상자에서 냉풍과 온풍을 혼합한 후 실내의 부하변동에 따라 급기를 송풍하여 실온을 제어하는 방식이다.
- 개별제어를 할 수 있는 이점은 있지만, 일반적으로 설비비 및 운전비가 많아진다.
- 냉풍과 온풍을 혼합상자에서 혼합하므로 에너지손실이 가장 큰 공조 방식이다.
- 냉풍·온풍 덕트 내의 정압 변동에 의해 송풍량이 예민하게 변화하면 송풍기의 정압변동으로 인하여 열반송 동력이 증가되는 원인이 된다.

답 055. ① 056. ③ 057. ①

Q 058 보일러의 부속장치인 과열기가 하는 역할은?

① 연료연소에 쓰이는 공기를 예열시킨다.
② 포화액을 습증기로 만든다.
③ 습증기를 건포화 증기로 만든다.
④ 포화 증기를 과열증기로 만든다.

해설 폐열회수장치
- 절탄기 : 배기가스의 여열을 이용하여 보일러 급수를 예열하는 장치이다.
- 과열기 : 연소가스를 이용하여 포화 증기를 과열증기로 만드는 장치이다.
- 재열기 : 터빈의 고압 또는 중압 배기를 배기가스로 재가열하는 장치이다.

Q 059 공조기 내에 엘리미네이터를 설치하는 이유로 가장 적절한 것은?

① 풍량을 줄여 풍속을 낮추기 위해서
② 공조기 내의 기류의 분포를 고르게 하기 위해
③ 결로수가 비산되는 것을 방지하기 위해
④ 먼지 및 이물질을 효율적으로 제거하기 위해

해설 공기세정기의 구조
- 루버 : 공기세정기의 입구공기를 정류하여 기류의 분포를 고르게 하는 장치이다.
- 분무노즐 : 물을 직접 분무하여 가습을 하는 장치이다.
- 플러딩 노즐 : 엘리미네이터에 부착된 이물질을 제거하는 장치이다.
- 엘리미네이터 : 실내로 결로수가 비산되는 것을 방지하기 위한 장치이다.

Q 060 저온공조방식에 관한 내용으로 가장 거리가 먼 것은?

① 배관지름의 감소
② 팬 동력 감소로 인한 운전비 절감
③ 낮은 습도의 공기 공급으로 인한 쾌적성 향상
④ 저온공기 공급으로 인한 급기 풍량 증가

해설 저온공조방식은 통상적으로 사용하는 종래의 급기 방식보다 낮은 온도의 공기를 공급함으로써 일반 공조방식보다 적은 양의 급기를 공급하여 실내환경을 만족시키는 방식이다. 따라서, 저온공기의 공급으로 인하여 급기풍량이 감소한다.

답 058. ④ 059. ③ 060. ④

제 4 과목 전기제어공학

Q 061
서보기구의 특징에 관한 설명으로 틀린 것은?
① 원격제어의 경우가 많다.
② 제어량이 기계적 변위이다.
③ 추치제어에 해당하는 제어장치가 많다.
④ 신호는 아날로그에 비해 디지털인 경우가 많다.

해설 서보기구는 물체의 위치, 방위, 자세 등의 기계적 변위를 제어량으로 하고 목표값이 임의의 변화에 추종하도록 구성된 제어장치로서 공작기계, 로봇, 비행기 및 선박의 방향제어장치, 추적용 레이더, 자동평형기록계에 응용되고 있다. 따라서, 서보기구의 제어대상에 입출력되는 모든 신호는 연속적인 물리량으로 표시되는 아날로그 신호가 많다.

Q 062
다음은 직류전동기의 토크 특성을 나타내는 그래프이다. (A), (B), (C), (D)에 알맞은 것은?

① (A) : 직권전동기, (B) : 가동복권전동기,
   (C) : 분권전동기, (D) : 차동복권전동기
② (A) : 분권전동기, (B) : 직권전동기,
   (C) : 가동복권전동기, (D) : 차동복권전동기
③ (A) : 직권전동기, (B) : 분권전동기,
   (C) : 가동복권전동기, (D) : 차동복권전동기
④ (A) : 분권전동기, (B) : 가동복권전동기,
   (C) : 직권전동기, (D) : 차동복권전동기

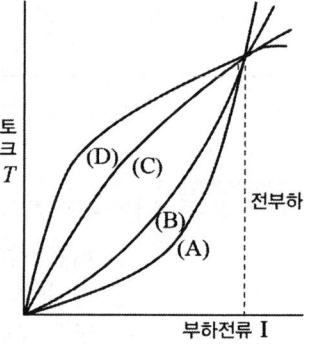

해설 직류전동기의 토크 특성
- (A) : 직권전동기
- (B) : 가동복권전동기
- (C) : 분권전동기
- (D) : 차동복권전동기

Q 063
4000Ω의 저항기 양단에 100V의 전압을 인가할 경우 흐르는 전류의 크기(mA)는?
① 4   ② 15
③ 25   ④ 40

답 061. ④ 062. ① 063. ③

해설 [조건] 저항 $R=4000\,\Omega$, 전압 $V=100\,\text{V}$

전류 $I=\dfrac{V}{R}$ 에서 $I=\dfrac{100\text{V}}{4000\,\Omega}=0.025\text{A}=25\text{mA}$

(보조단위 밀리 m(milli)은 10^{-3}이다.)

Q 064
공기 중 자계의 세기가 100A/m의 점에 놓아 둔 자극에 작용하는 힘은 8×10^{-3}N이다. 이 자극의 세기는 몇 Wb인가?

① 8×10
② 8×10^5
③ 8×10^{-1}
④ 8×10^{-5}

해설 [조건] 자계의 세기 $H=100\text{A/m}$, 힘 $F=8\times10^{-3}\text{N}$

자극에 작용하는 힘 $F=mH$이므로

자극의 세기 $m=\dfrac{F}{H}$ 에서 $m=\dfrac{8\times10^{-3}\text{N}}{100\text{A/m}}=\dfrac{8\times10^{-3}\text{N}}{10^2\text{A/m}}=8\times10^{-5}\text{Wb}$

Q 065
온도를 전압으로 변환시키는 것은?

① 광전관
② 열전대
③ 포토다이오드
④ 광전다이오드

해설 변환요소
- 광을 임피던스로 변환하는 요소 : 광전관, 광전도 셀, 광전도 트랜지스터
- 온도를 전압으로 변환하는 요소 : 열전대
- 광을 전압으로 변환하는 요소 : 광전지, 광전다이오드

Q 066
신호흐름선도와 등가인 블록선도를 그리려고 한다. 이때 $G(s)$로 알맞은 것은?

① s
② $\dfrac{1}{s+1}$
③ 1
④ $s(s+1)$

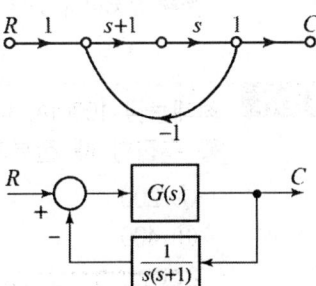

해설
- 신호흐름선도의 전달함수(C/R)

$C=s(s+1)R-s(s+1)C$

$C+s(s+1)C=s(s+1)R$

$\{1+s(s+1)\}C=s(s+1)R$

$\dfrac{C}{R}=\dfrac{s(s+1)}{1+s(s+1)}$

답 064. ④ 065. ② 066. ③

- 블록선도의 전달함수(C/R)

$$C = RG(s) - \frac{G(s)}{s(s+1)}C$$

$$C + \frac{G(s)}{s(s+1)}C = RG(s)$$

$$\left\{1 + \frac{G(s)}{s(s+1)}\right\}C = RG(s)$$

$$\frac{C}{R} = \frac{G(s)}{1 + \frac{G(s)}{s(s+1)}}$$

∴ 신호흐름선도와 블록선도의 전달함수가 등가인 경우

$$\frac{s(s+1)}{1+s(s+1)} = \frac{G(s)}{1+\frac{G(s)}{s(s+1)}} \text{에서 } s(s+1) = a \text{라고 두면 } \frac{a}{1+a} = \frac{G(s)}{1+\frac{G(s)}{a}} \text{이다.}$$

$$\frac{G(s)}{1+\frac{G(s)}{a}} \text{를 간단히 정리하면 } \frac{G(s)}{\frac{a}{a}+\frac{G(s)}{a}} = \frac{G(s)}{\frac{a+G(s)}{a}} = \frac{aG(s)}{G(s)+a} \text{이다.}$$

$$\frac{a}{1+a} = \frac{aG(s)}{G(s)+a} \text{ 이므로 } G(s) = 1$$

Q 067. 정상 편차를 개선하고 응답속도를 빠르게 하며 오버슈트를 감소시키는 동작은?

① K
② $K(1+sT)$
③ $K\left(1+\dfrac{1}{sT}\right)$
④ $K\left(1+sT+\dfrac{1}{sT}\right)$

[해설]
- PID(비례적분미분)제어 동작은 오버슈트를 감소시키고, 정정 시간을 적게 하는 효과가 있으며 잔류편차를 제거하는 작용을 하는 제어동작이다.
- PID제어 동작의 전달함수 $G(s) = K_P\left(1+sT_D+\dfrac{1}{sT_I}\right)$
  단, K_P는 비례감도, T_D는 미분시간, T_I는 적분시간이다.

[참고] 문제에서 K는 비례감도이고, T는 미분시간과 적분시간을 나타낸다.

Q 068. 최대눈금 100mA, 내부저항 1.5Ω인 전류계에 0.3Ω의 분류기를 접속하여 전류를 측정할 때 전류계의 지시가 50mA라면 실제 전류는 몇 mA인가?

① 200
② 300
③ 400
④ 600

[해설]
[조건] 전류계의 전류 $I = 50\text{mA}$, 전류계의 저항 $R = 1.5\Omega$, 분류계의 저항 $R_s = 0.3\Omega$

분류기의 배율 $\dfrac{I_s}{I} = \dfrac{R+R_s}{R_s}$ 이므로

실제 전류 $I_s = \left(\dfrac{R+R_s}{R_s}\right)I$에서 $I_s = \left(\dfrac{1.5\Omega + 0.3\Omega}{0.3\Omega}\right) \times 50\text{mA} = 300\text{mA}$

답 067. ④ 068. ②

069 그림과 같은 RLC 병렬공진회로에 관한 설명으로 틀린 것은?

① 공진 조건은 $\omega C = \dfrac{1}{\omega L}$ 이다.
② 공진 시 공진 전류는 최소가 된다.
③ R이 작을수록 선택도 Q가 높다.
④ 공진 시 입력 어드미턴스는 매우 작아진다.

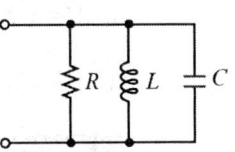

해설 RLC 병렬공진회로의 선택도(전류 확대비)

$$Q = \dfrac{I_C}{I_R} = \dfrac{\omega CV}{\dfrac{V}{R}} = R\omega C, \quad Q = \dfrac{I_L}{I_R} = \dfrac{\dfrac{V}{\omega L}}{\dfrac{V}{R}} = \dfrac{R}{\omega L}$$

저항(R)값이 클수록 선택도(Q)가 높다.

070 SCR에 관한 설명으로 틀린 것은?

① PNPN 소자이다.
② 스위칭 소자이다.
③ 양방향성 사이리스터이다.
④ 직류나 교류의 전력제어용으로 사용된다.

해설 SCR(실리콘제어정류소자)
PNPN 소자의 4층 구조로 되어 있으며 애노드(A), 캐소드(K), 게이트(G)의 3단자 단방향 사이리스터이다.

071 병렬 운전 시 균압 모선을 설치해야 되는 직류발전기로만 구성된 것은?

① 직권발전기, 분권발전기
② 분권발전기, 복권발전기
③ 직권발전기, 복권발전기
④ 분권발전기, 동기발전기

해설
• 직류발전기의 병렬 운전을 안정하게 하기 위하여 균압 모선을 설치한다. 따라서, 균압 모선이 있으면 두 발전기의 직권계자가 병렬로 접속되므로 항상 부하전류에 비례하는 전류로 분류되어 기전력도 동시에 변화하여 안정된 병렬 운전을 할 수 있다.
• 직류발전기 중 직권발전기, 복권발전기를 병렬 운전할 경우 안정된 운전을 위하여 균압 모선을 설치해야 한다.

답 069. ③ 070. ③ 071. ③

Q 072. 정현파 교류의 실효값(V)과 최대값(V_m)의 관계식으로 옳은 것은?

① $V = \sqrt{2}\, V_m$
② $V = \dfrac{1}{\sqrt{2}} V_m$
③ $V = \sqrt{3}\, V_m$
④ $V = \dfrac{1}{\sqrt{3}} V_m$

해설 최대값(V_m), 실효값(V), 평균값(V_a)과의 관계
- 실효값 $V = \dfrac{1}{\sqrt{2}} V_m$
- 평균값 $V_a = \dfrac{2}{\pi} V_m$

Q 073. 비례적분제어 동작의 특징으로 옳은 것은?

① 간헐현상이 있다.
② 잔류편차가 많이 생긴다.
③ 응답의 안정성이 낮은 편이다.
④ 응답의 진동시간이 매우 길다.

해설 비례적분제어(PI 제어) 동작은 잔류 편차가 없으나 간헐현상이 발생한다.

Q 074. 목표값을 직접 사용하기 곤란할 때, 주 되먹임 요소와 비교하여 사용하는 것은?

① 제어요소
② 비교 장치
③ 되먹임 요소
④ 기준입력요소

해설 기준입력요소
제어계를 소정대로 동작시키기 위하여 직접 폐루프에 주어지는 입력요소로서 되먹임 요소와 비교하여 사용한다.

Q 075. 피드백 제어계에서 목표치를 기준입력신호로 바꾸는 역할을 하는 요소는?

① 비교부
② 조절부
③ 조작부
④ 설정부

해설 피드백 제어계의 용어
- 비교부 : 기준 입력과 주 피드백 신호를 비교하는 피드백 제어계에만 있는 요소이다.
- 조절부 : 제어요소가 동작하는 데 필요한 신호를 만들어 조작부에 보내는 요소이다.
- 조작부 : 조절부로부터 받은 신호를 조작량으로 바꾸어 제어대상에 보내는 요소이다.
- 설정부(기준입력요소) : 목표값에 비례하는 기준 입력 신호를 발생하는 요소이다.

답 072. ② 073. ① 074. ④ 075. ④

Q 076 특성방정식이 $s^3+2s^2+Ks+5=0$인 제어계가 안정하기 위한 K 값은?

① $K>0$　　② $K<0$
③ $K>\dfrac{5}{2}$　　④ $K<\dfrac{5}{2}$

해설 특성방정식의 안정도를 판별하기 위하여 홀비쯔 행렬식을 이용한다.
- 특성방정식 $a_0s^3+a_1s^2+a_2s+a_3=0$
  - 제어계가 안정하기 위해서는 $a_0>0$, 행렬식 $D_1>0$, $D_2>0$이어야 한다.
  - 행렬식 $D_1=a_1$, $D_2=\begin{vmatrix}a_1&a_3\\a_0&a_2\end{vmatrix}=a_1a_2-a_0a_3$
- 특성방정식 $s^3+2s^2+Ks+5=0$
  $a_0=3>0$, $D_1=2>0$, $D_2=\begin{vmatrix}2&5\\1&K\end{vmatrix}=2K-5>0$

  행렬식 $D_2=2K-5>0$이므로 $K>\dfrac{5}{2}$

Q 077 세라믹 콘덴서 소자의 표면에 103^K라고 적혀 있을 때 이 콘덴서의 용량은 몇 μF인가?

① 0.01　　② 0.1
③ 103　　④ 10^3

해설 콘덴서의 용량 표시에서 3개의 숫자 중 앞의 두 자는 정수, 세 번째 숫자는 10의 배수이고, 단위는 pF이다.

$$\boxed{103^K}$$

- 정수 10pF, 배수 10^3이므로
  $10pF\times 10^3=10000\times 10^{-12}F=10\times 10^{-9}F=0.01\times 10^{-6}F=0.01\mu F$
- K는 허용오차로서 ±10% 이내이다.

참고 보조단위

인자	접두어	기호	인자	접두어	기호
10^2	헥토(hecto)	h	10^{-2}	센티(centi)	c
10^3	킬로(kilo)	k	10^{-3}	밀리(milli)	m
10^6	메가(mega)	M	10^{-6}	마이크로(micro)	μ
10^9	기가(giga)	G	10^{-9}	나노(nano)	n
10^{12}	테라(tera)	T	10^{-12}	피코(pico)	p

답 076. ③　077. ①

Q 078. PLC(Programmable Logic Controller)의 출력부에 설치하는 것이 아닌 것은?

① 전자개폐기 ② 열동계전기
③ 시그널램프 ④ 솔레노이드밸브

해설 PLC의 출력부
- 표시 및 경보 출력 : 시그널램프, 파일럿램프, 부저
- 구동출력 : 전자개폐기, 솔레노이드밸브(전자밸브), 전자클러치, 전자브레이크

Q 079. 적분 시간이 2초, 비례감도가 5mA/mV인 PI 조절계의 전달함수는?

① $\dfrac{1+2s}{5s}$ ② $\dfrac{1+5s}{2s}$

③ $\dfrac{1+2s}{0.4s}$ ④ $\dfrac{1+0.4s}{2s}$

해설 [조건] 적분 시간 $T_I = 2\text{sec}$, 비례감도 $K_P = 5\text{mA/mV}$

PI 조절계의 전달함수 $G(s) = K_P\left(1 + \dfrac{1}{sT_I}\right)$에서

$$G(s) = 5 \times \left(1 + \dfrac{1}{2s}\right) = 5 \times \left(\dfrac{2s}{2s} + \dfrac{1}{2s}\right) = 5 \times \left(\dfrac{2s+1}{2s}\right) = \dfrac{10s+5}{2s}$$

분자와 분모에 $\dfrac{1}{5}$을 곱하면 $G(s) = \dfrac{10s \times \dfrac{1}{5} + 5 \times \dfrac{1}{5}}{2s \times \dfrac{1}{5}} = \dfrac{2s+1}{0.4s}$

Q 080. 다음 설명에 알맞은 전기 관련 법칙은?

> 도선에서 두 점 사이 전류의 크기는 그 두 점 사이의 전위차에 비례하고, 전기저항에 반비례한다.

① 옴의 법칙   ② 렌츠의 법칙
③ 플레밍의 법칙 ④ 전압분배의 법칙

해설 옴의 법칙
- 저항에 흐르는 전류의 크기는 저항에 인가한 전압에 비례하고, 전기저항에 반비례한다.
- 전류 $I = \dfrac{V}{R}$ [A]
  단, I는 전류(A), V는 전압(V), R은 저항(Ω)이다.

답 078. ② 079. ③ 080. ①

제 5 과목 배관일반

Q 081 증기난방 배관 시공법에 대한 설명으로 틀린 것은?
① 증기주관에서 지관을 분기하는 경우 관의 팽창을 고려하여 스위블 이음법으로 한다.
② 진공환수식 배관의 증기주관은 1/100~1/200 선상향 구배로 한다.
③ 주형방열기는 일반적으로 벽에서 50~60mm 정도 떨어지게 설치한다.
④ 보일러 주변의 배관 방법에서는 증기관과 환수관 사이에 밸런스관을 달고, 하트포드(hartford) 접속법을 사용한다.

해설 진공환수식 배관의 증기주관은 1/100~1/200 선하향 구배로 하고 도중에 수직 상향부가 필요할 때에는 트랩 장치를 한다.

Q 082 급탕 배관의 단락현상(sort circuit)을 방지할 수 있는 배관 방식은?
① 리버스 리턴 배관 방식   ② 다이렉트 리턴 배관 방식
③ 단관식 배관 방식   ④ 상향식 배관 방식

해설 리버스 리턴 배관 방식
급탕관과 반탕관의 배관 길이를 같게 하여 각 순환경로의 마찰손실수두를 가능한 같게 한다. 따라서, 가열장치 가까이에 위치한 급탕계통의 단락(短洛) 현상이 생기지 않도록 하여 전 급탕계통에 탕의 순환을 촉진시킨다.

Q 083 다음 중 온수온도 90℃의 온수난방 배관의 보온재로 사용하기에 가장 부적합한 것은?
① 규산칼슘   ② 펄라이트
③ 암면   ④ 폴리스틸렌

해설 폴리스틸렌은 기포성수지로서 안전사용 최고온도가 72℃로서 온수온도 90℃의 온수난방 배관의 보온재로 사용하기에는 부적합하다.

Q 084 간접 가열식 급탕법에 관한 설명으로 틀린 것은?
① 대규모 급탕설비에 부적당하다.
② 순환증기는 높이에 관계없이 저압으로 사용 가능하다.
③ 저탕탱크와 가열용 코일이 설치되어 있다.
④ 난방용 증기보일러가 있는 곳에 설치하면 설비비를 절약하고 관리가 편하다.

답 081.② 082.① 083.④ 084.①

해설 간접 가열식 급탕법의 특징
- 보일러에서 발생한 온수 또는 증기를 저탕탱크 내의 가열용 코일에 순환시켜 물을 가열한 후 급탕을 공급한다.
- 대규모 급탕설비에 적합하다.
- 증기난방을 할 때에는 별도의 급탕용 보일러가 필요없다.
- 보일러 내에 스케일이 잘 끼지 않으며 전열 효율이 높다.
- 보일러 내의 압력은 건물 높이와는 무관하므로 저압 보일러로도 가능하다.

085
증발량 5000kg/h인 보일러의 증기 엔탈피가 640kcal/kg이고, 급수 엔탈피가 15kcal/kg일 때, 보일러의 상당 증발량(kg/h)은?

① 278　　　　　　　　② 4800
③ 5797　　　　　　　 ④ 3125000

해설 [조건] 실제 증발량 $G_s = 5000\text{kg/h}$, 증기 엔탈피 $h_2 = 640\text{kcal/kg}$,
급수 엔탈피 $h_1 = 15\text{kcal/kg}$

상당 증발량 $G_e = \dfrac{G_s(h_2 - h_1)}{539}$ 에서

$$G_e = \dfrac{5000\dfrac{\text{kg}}{\text{h}} \times (640-15)\dfrac{\text{kcal}}{\text{kg}}}{539\dfrac{\text{kcal}}{\text{kg}}} = 5797.8\text{kg/h}$$

086
증기난방 설비의 특징에 대한 설명으로 틀린 것은?

① 증발열을 이용하므로 열의 운반능력이 크다.
② 예열시간이 온수난방에 비해 짧고 증기순환이 빠르다.
③ 방열면적을 온수난방보다 적게 할 수 있다.
④ 실내 상하온도차가 작다.

해설 증기난방은 열매가 증기이므로 열용량이 작아 실내온도의 상승이 빠르고 실내 상하온도차가 크다.

087
벤더에 의한 관 굽힘 시 주름이 생겼다. 주된 원인은?

① 재료에 결함이 있다.
② 굽힘형의 홈이 관지름보다 작다.
③ 클램프 또는 관에 기름이 묻어 있다.
④ 압력형이 조정이 세고 저항이 크다.

해설 벤더 사용 시 굽힘형의 홈이 관지름보다 작을 경우 주름이 발생하고 관이 파손되는 원인이 된다.

답 085. ③　086. ④　087. ②

Q 088 냉동 장치의 배관설치에 관한 내용으로 틀린 것은?
① 토출 가스의 합류 부분 배관은 T 이음으로 한다.
② 압축기와 응축기의 수평배관은 하향 구배로 한다.
③ 토출 가스 배관에는 역류방지 밸브를 설치한다.
④ 토출 관의 입상이 10m 이상일 경우 10m마다 중간 트랩을 설치한다.

해설 냉동 장치의 배관에서 토출 배관이 합류되는 곳에는 "T" 이음을 하지 않고 "Y" 이음으로 한다.

Q 089 가스 배관재료 중 내약품성 및 전기절연성이 우수하며 사용온도가 80℃ 이하인 관은?
① 주철관
② 강관
③ 동관
④ 폴리에틸렌관

해설 폴리에틸렌관의 특징
• 내약품성 및 전기절연성이 우수하다.
• 약 90℃에서 연화되지만, 저온에 강하고 -60℃에서도 취화되지 않는다.
• 재질이 부드럽기 때문에 외부손상을 받기 쉽고 인장강도가 적다.

Q 090 도시가스배관 설비기준에서 배관을 시가지의 도로 노면 밑에 매설하는 경우에는 노면으로부터 배관의 외면까지 얼마 이상을 유지해야 하는가? (단, 방호구조물 안에 설치하는 경우는 제외한다.)
① 0.8m
② 1m
③ 1.5m
④ 2m

해설 도시가스 배관의 설치
시가지의 도로 노면 밑에 매설하는 경우에는 노면으로부터 배관 외면까지의 깊이를 1.5m 이상으로 한다. 다만, 방호구조물 안에 설치하는 경우에는 노면으로부터 그 방호구조물 외면까지의 깊이를 1.2m 이상으로 할 수 있다.

Q 091 급탕설비의 설계 및 시공에 관한 설명으로 틀린 것은?
① 중앙식 급탕 방식은 개별식 급탕 방식보다 시공비가 많이 든다.
② 온수의 순환이 잘되고 공기가 고이는 것을 방지하기 위해 배관에 구배를 둔다.
③ 게이트 밸브는 공기 고임을 만들기 때문에 글로브 밸브를 사용한다.
④ 순환방식은 순환 펌프에 의한 강제순환식과 온수의 비중량 차이에 의한 중력식이 있다.

답 088. ① 089. ④ 090. ③ 091. ③

해설 급탕설비 시공 시 배관 도중에는 게이트 밸브를 설치한다. 게이트 밸브는 물이 밸브를 통과할 때 압력손실을 줄이고 억제하고 싶은 경우나 유량조절을 할 필요가 없고 단순히 유체의 단속을 목적으로 할 경우에 사용한다.
- 글로브 밸브 : 유체가 밸브의 아래로부터 유입하여 밸브시트의 사이를 통해 흐르게 되므로 유체의 저항이 크고 유량조절이 용이하다.
- 게이트 밸브 : 유체의 흐름을 단속하려 할 때 디스크가 유로를 차단하므로 디스크를 전개 또는 전폐로 사용하므로 유체의 저항이 작다.

092. 냉매 배관 재료 중 암모니아를 냉매로 사용하는 냉동설비에 가장 적합한 것은?

① 동, 동합금
② 아연, 주석
③ 철, 강
④ 크롬, 니켈 합금

해설 암모니아 냉매의 특징
- 암모니아 수는 철 및 강을 부식시키지 않는다.
- 암모니아 증기가 수분을 함유하면 아연, 주석, 동 및 동합금을 부식시킨다.
∴ 암모니아 냉매를 사용하는 냉동기와 배관의 재료는 철이나 강을 사용한다.

093. 다음 중 "접속해 있을 때"를 나타내는 관의 도시기호는?

① 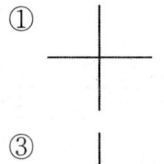   ②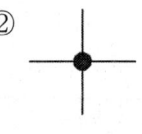

③ 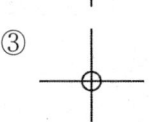   ④

해설 관의 접속상태
- ①과 ④ : 관과 관이 접속하지 않을 때
- ② : 관과 관이 접속해 있을 때

094. 증기 및 물 배관 등에서 찌꺼기를 제거하기 위하여 설치하는 부속품은?

① 유니온 ② P 트랩
③ 부싱   ④ 스트레이너

해설
- 스트레이너 : 증기 및 물 배관 등에서 유체에 혼입된 토사나 찌꺼기를 제거하기 위하여 설치한다.
- P 트랩(배수 트랩) : 하수관 및 옥내 배수관에서 발생한 유해가스나 악취 및 벌레가 위생기구를 통하여 실내로 역류하는 것을 방지하기 위하여 설치한다.
- 유니언 : 관을 분해하거나 교체가 필요할 때 사용하는 관 이음쇠이다.
- 부싱 : 관경이 다른 관을 직선으로 연결할 때 사용하는 관 이음쇠이다.

답 092. ③ 093. ② 094. ④

Q 095 공조 배관 설계 시 유속을 빠르게 했을 경우의 현상으로 틀린 것은?
① 관경이 작아진다. ② 운전비가 감소한다.
③ 소음이 발생된다. ④ 마찰손실이 증대한다.

해설 공조 배관 설계 시 유속을 빠르게 했을 경우의 현상
- 동일 유량일 경우 관경이 작아진다.
- 펌프의 회전속도가 빨라지므로 운전비가 증가한다.
- 유속이 빠르므로 소음과 진동이 발생한다.
- 마찰손실이 증대한다.

Q 096 관의 두께별 분류에서 가장 두꺼워 고압 배관으로 사용할 수 있는 동관의 종류는?
① K형 동관 ② S형 동관
③ L형 동관 ④ N형 동관

해설 동관의 두께에 따른 분류
- K형(가장 두껍다) : 의료 및 고압 배관에 사용한다.
- L형(두껍다) : 의료, 급배수, 급탕, 냉난방, 가스 배관에 사용한다.
- M형(보통으로 두껍다) : 의료, 급배수, 급탕, 냉난방, 가스 배관에 사용한다.

Q 097 동관 이음 방법에 해당하지 않는 것은?
① 타이튼 이음 ② 납땜 이음
③ 압축 이음 ④ 플랜지 이음

해설
- 주철관 이음 방법 : 타이튼 이음, 소켓 이음, 미캐니컬 이음, 빅토릭 이음
- 동관 이음 방법 : 납땜 이음, 압축 이음(플레어 이음), 플랜지 이음

Q 098 배수관의 관경 선정 방법에 관한 설명으로 틀린 것은?
① 기구배수관의 관경은 배수 트랩의 구경 이상으로 하고 최소 30mm 정도로 한다.
② 수직, 수평관 모두 배수가 흐르는 방향으로 관경이 축소되어서는 안 된다.
③ 배수수직관은 어느 층에서나 최하부의 가장 큰 배수부하를 담당하는 부분과 동일한 관경으로 한다.
④ 땅속에 매설되는 배수관 최소 구경은 30mm 정도로 한다.

해설 배수관의 관경
- 배수관의 최소 관경은 30mm 이상으로 하여야 한다.
- 지중에 매설되거나 지하의 바닥 밑에 설치되는 경우 50mm 이상으로 한다.

답 095. ② 096. ① 097. ① 098. ④

Q 099 고가수조식 급수방식의 장점이 아닌 것은?

① 급수압력이 일정하다.
② 단수 시에도 일정량의 급수가 가능하다.
③ 급수 공급계통에서 물의 오염 가능성이 없다.
④ 대규모 급수에 적합하다.

해설 고가수조식 급수방식의 특징
- 사무실, 호텔, 병원 등의 대규모 급수 수요에 적합하다.
- 옥상의 고가탱크에 저수량을 언제나 확보할 수 있으므로 단수 시에도 일정량을 급수를 계속할 수 있다.
- 사용자의 수도꼭지에서 항상 일정한 수압으로 급수할 수 있다.
- 수압 과대로 인한 밸브류 등 배관 부속품의 피해가 적다.
- 급수를 저수조와 옥상탱크에 저장하여 사용하므로 다른 방식에 비해 수질의 오염 가능성이 크다.

Q 100 냉매 배관 시공 시 주의사항으로 틀린 것은?

① 배관 길이는 되도록 짧게 한다.
② 온도변화에 의한 신축을 고려한다.
③ 곡률 반지름은 가능한 작게 한다.
④ 수평 배관은 냉매흐름 방향으로 하향 구배한다.

해설 냉매 배관 시공 시 마찰손실을 줄이기 위하여 곡률 반지름은 가능한 크게 한다.

답 099. ③ 100. ③

기출문제

공조냉동기계기사 2019년 4월 27일 시행

제 1 과목 기계열역학

Q 001 어떤 시스템에서 공기가 초기에 290K에서 330K로 변화하였고, 이때 압력은 200kPa에서 600kPa로 변화하였다. 이때 단위 질량당 엔트로피 변화는 약 몇 kJ/(kg·K)인가? (단, 공기는 정압비열이 1.006kJ/(kg·K)이고, 기체상수가 0.287kJ/(kg·K)인 이상기체로 간주한다.)

① 0.445
② −0.445
③ 0.185
④ −0.185

해설 [조건] 초기온도 $T_1 = 290K$, 최종온도 $T_2 = 330K$, 초기압력 $P_1 = 200kPa$, 최종압력 $P_2 = 600kPa$, 정압비열 $C_p = 1.006kJ/(kg·K)$, 기체상수 $R = 0.287kJ/(kg·K)$

엔트로피 변화량 $ds = C_p \ln \dfrac{T_2}{T_1} + R \ln \dfrac{P_1}{P_2}$ 에서

$ds = 1.006 \dfrac{kJ}{kg·K} \ln \dfrac{330K}{290K} + 0.287 \dfrac{kJ}{kg·K} \ln \dfrac{200kPa}{600kPa} = -0.185 kJ/kg·K$

Q 002 체적이 500cm³인 풍선에 압력 0.1MPa, 온도 288K의 공기가 가득 채워져 있다. 압력이 일정한 상태에서 풍선 속 공기 온도가 300K로 상승했을 때 공기에 가해진 열량은 약 얼마인가? (단, 공기는 정압비열이 1.005kJ/(kg·K), 기체상수가 0.287kJ/(kg·K)인 이상기체로 간주한다.)

① 7.3J
② 7.3kJ
③ 14.6J
④ 14.6kJ

해설 [조건] 초기체적 $V_1 = 500cm^3 = 5 \times 10^{-4} m^3$, 초기압력 $P_1 = 0.1MPa = 0.1 \times 10^6 N/m^2$, 초기온도 $T_1 = 288K$, 최종온도 $T_2 = 300K$, 정압비열 $C_p = 1.005kJ/(kg·K) = 1005J/(kg·K)$, 기체상수 $R = 0.287kJ/(kg·K) = 287N·m/(kg·K)$

- 이상기체 상태방정식 $P_1 V_1 = m R_1 T_1$ 이므로

질량 $m = \dfrac{P_1 V_1}{RT_1}$ 에서 $m = \dfrac{\left(0.1 \times 10^6 \dfrac{N}{m^2}\right) \times (5 \times 10^{-4} m^3)}{287 \dfrac{N·m}{kg·K} \times 288K} = 6.05 \times 10^{-4} kg$

- 등압과정에서 열량 $Q = m C_p (T_2 - T_1)$ 에서

$Q = (6.05 \times 10^{-4} kg) \times 1005 \dfrac{J}{kg·K} \times (300 - 288)K = 7.3J$

답 001. ④ 002. ①

003
어떤 사이클이 다음 온도(T)-엔트로피(s) 선도와 같을 때 작동 유체에 주어진 열량은 약 몇 kJ/kg인가?

① 4
② 400
③ 800
④ 1600

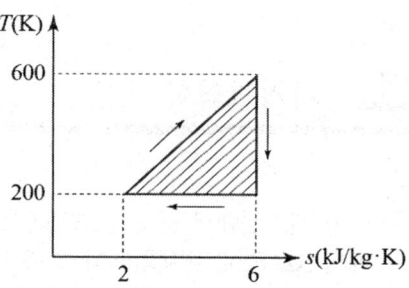

해설 온도(T)-엔트로피(s) 선도에서 빗금친 부분의 면적을 구하면 작동 유체에 주어진 열량이 된다.

열량 $\delta q = \dfrac{1}{2} \times (600-200)\text{K} \times (6-2)\dfrac{\text{kJ}}{\text{kg}\cdot\text{K}} = 800\text{kJ/kg}$

004
효율이 40%인 열기관에서 유효하게 발생되는 동력이 110kW라면 주위로 방출되는 총열량은 약 몇 kW인가?

① 375
② 165
③ 135
④ 85

해설 [조건] 효율 $\eta = 40\% = 0.4$, 동력 $L = 110\text{kW}$

- 효율 $\eta = \dfrac{L}{Q_H}$ 이므로 열기관에 공급하는 열량

  $Q_H = \dfrac{L}{\eta}$ 에서 $Q_H = \dfrac{110\text{kW}}{0.4} = 275\text{kW}$

- 효율 $\eta = \dfrac{Q_H - Q_L}{Q_H} = 1 - \dfrac{Q_L}{Q_H}$ 이므로 주위로 방출되는 열량

  $Q_L = (1-\eta)Q_H$ 에서 $Q_L = (1-0.4) \times 275\text{kW} = 165\text{kW}$

005
500W의 전열기로 4kg의 물을 20℃에서 90℃까지 가열하는 데 몇 분이 소요되는가? (단, 전열기에서 열은 전부 온도 상승에 사용되고 물의 비열은 4180J/(kg·K)이다.)

① 16
② 27
③ 39
④ 45

답 003. ③ 004. ② 005. ③

해설 [조건] 전열기의 용량 $L=500W=500J/s$, 질량 $m=4kg$, 초기온도 $t_1=20℃=293K$, 최종온도 $t_2=90℃=363K$, 비열 $C=4180J/(kg\cdot K)$

전열기 용량 $L\times T=mC(t_2-t_1)$이므로 가열시간 $T=\dfrac{mC(t_2-t_1)}{L}$에서

$$T=\dfrac{4kg\times 4180\dfrac{J}{kg\cdot K}\times(363-293)K}{500\dfrac{J}{s}}=2340.8s=39\min$$

006
카르노 사이클로 작동되는 열기관이 고온체에서 100kJ의 열을 받고 있다. 이 기관의 열효율이 30%라면 방출되는 열량은 약 몇 kJ인가?

① 30　　　　② 50
③ 60　　　　④ 70

해설 [조건] 고온체의 공급 열량 $Q_H=100kJ$, 열효율 $\eta=30\%=0.3$

열효율 $\eta=\dfrac{Q_H-Q_L}{Q_H}=1-\dfrac{Q_L}{Q_H}$ 이므로

주위로 방출되는 열량 $Q_L=(1-\eta)Q_H$에서

$Q_L=(1-0.3)\times 100kJ=70kJ$

007
100℃와 50℃ 사이에서 작동하는 냉동기로 가능한 최대성능계수(COP)는 약 얼마인가?

① 7.46　　　　② 2.54
③ 4.25　　　　④ 6.46

해설 [조건] 고온 $T_H=100℃=373K$, 저온 $T_L=50℃=323K$

냉동기 성능계수 $COP=\dfrac{T_L}{T_H-T_L}$에서

$$COP=\dfrac{323K}{373K-323K}=6.46$$

008
압력이 0.2MPa이고, 초기온도가 120℃인 1kg의 공기를 압축비 18로 가역 단열 압축하는 경우 최종온도는 약 몇 ℃인가? (단, 공기는 비열비가 1.4인 이상기체이다.)

① 676℃　　　　② 776℃
③ 876℃　　　　④ 976℃

답 006.④ 007.④ 008.④

해설

[조건] 공기압축 사이클에서 압축비 $\epsilon = \dfrac{V_1}{V_2} = 18$, 초기온도 $T_1 = 120°C = 393K$,

비열비 $k = 1.4$

단열 압축과정에서 온도와 체적과의 관계 $\dfrac{T_2}{T_1} = \left(\dfrac{V_1}{V_2}\right)^{k-1}$ 이므로

최종온도 $T_2 = T_1 \times \left(\dfrac{V_1}{V_2}\right)^{k-1}$ 에서 $T_2 = 393K \times 18^{1.4-1} = 1248.8K ≒ 975.8K$

Q 009
수증기가 정상과정으로 40m/s의 속도로 노즐에 유입되어 275m/s로 빠져나간다. 유입되는 수증기의 엔탈피는 3300kJ/kg, 노즐로부터 발생되는 열 손실은 5.9kJ/kg일 때 노즐 출구에서의 수증기 엔탈피는 약 몇 kJ/kg인가?

① 3257
② 3024
③ 2795
④ 2612

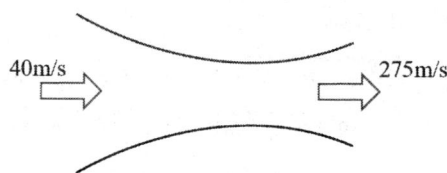

해설

[조건] 입구속도 $u_1 = 40\text{m/s}$, 출구속도 $u_2 = 275\text{m/s}$, 입구엔탈피 $h_1 = 3300\text{kJ/kg} = 3300 \times 10^3 \text{J/kg}$, 열 손실 $q = 5.9\text{kJ/kg} = 5.9 \times 10^3 \text{J/kg}$

교축(노즐) 과정에서 에너지방정식 $h_1 + \dfrac{u_1^2}{2} = h_2 + \dfrac{u_2^2}{2} + q$ 이므로

출구엔탈피 $h_2 = \left(h_1 + \dfrac{u_1^2}{2}\right) - \left(\dfrac{u_2^2}{2} + q\right)$ 에서

$h_2 = \left\{3300 \times 10^3 \dfrac{\text{J}}{\text{kg}} + \dfrac{(40\text{m/s})^2}{2}\right\} - \left\{\dfrac{(275\text{m/s})^2}{2} + 5.9 \times 10^3 \dfrac{\text{J}}{\text{kg}}\right\}$

$= 3257087.5\text{J/kg} ≒ 3257.1\text{kJ/kg}$

Q 010
용기에 부착된 압력계에 읽힌 계기압력이 150kPa이고 국소대기압이 100kPa일 때 용기 안의 절대압력은?

① 250kPa
② 150kPa
③ 100kPa
④ 50kPa

해설

[조건] 계기압력 $P_g = 150\text{kPa}$, 국소대기압 $P = 100\text{kPa}$

절대압력 $P_a = P + P_g$ 에서 $P_a = 100\text{kPa} + 150\text{kPa} = 250\text{kPa}$

답 009. ① 010. ①

Q 011 R-12를 작동 유체로 사용하는 이상적인 증기압축 냉동 사이클이 있다. 여기서 증발기 출구 엔탈피는 229kJ/kg, 팽창밸브 출구 엔탈피는 81kJ/kg, 응축기 입구 엔탈피는 255kJ/kg일 때 이 냉동기의 성적계수는 약 얼마인가?

① 4.1 ② 4.9
③ 5.7 ④ 6.8

해설 [조건] 증발기 출구(압축기 흡입) 엔탈피 $h_1 = 229$kJ/kg, 팽창밸브 출구(증발기 입구) 엔탈피 $h_4 = 81$kJ/kg, 응축기 입구(압축기 토출) 엔탈피 $h_2 = 255$kJ/kg

냉동기 성적계수 $COP = \dfrac{q_e}{AW} = \dfrac{h_1 - h_4}{h_2 - h_1}$ (단, q_e는 냉동 효과, AW는 압축일량이다.)

$\therefore COP = \dfrac{(229-81)\text{kJ/kg}}{(255-229)\text{kJ/kg}} = 5.69$

Q 012 어떤 시스템에서 유체는 외부로부터 19kJ의 일을 받으면서 167kJ의 열을 흡수하였다. 이때 내부에너지의 변화는 어떻게 되는가?

① 148kJ 상승한다. ② 186kJ 상승한다.
③ 148kJ 감소한다. ④ 186kJ 감소한다.

해설 [조건] 일 $W = -19$kJ, 열량 $Q = 167$kJ
- 열역학에서 열량과 일에 대한 관습
  - 열량을 외부에 방출하면 $(-Q)$이고, 외부에서 열량을 흡수하면 $(+Q)$가 된다.
  - 일(W)을 외부에 가하면 $(+W)$이고, 외부에서 일을 받으면 $(-W)$가 된다.
- 열량 $\delta Q = dU + \delta W$이므로
  내부에너지 변화량 $dU = \delta Q - \delta W$에서 $dU = 167\text{kJ} - (-19\text{kJ}) = 186$kJ

∴ 이 시스템의 내부에너지는 186kJ 상승하였다.

Q 013 그림과 같이 실린더 내의 공기가 상태 1에서 상태 2로 변화할 때 공기가 한 일은? (단, P는 압력, V는 부피를 나타낸다.)

① 30kJ
② 60kJ
③ 3000kJ
④ 6000kJ

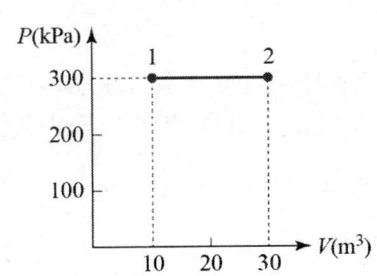

답 011. ③ 012. ② 013. ④

해설 [조건] 압력 $P = 300\text{kPa} = 300\text{kN/m}^2$, 초기체적 $V_1 = 10\text{m}^3$, 최종체적 $V_2 = 30\text{m}^3$
정압과정에서 팽창일 $W = PdV$에서
$W = 300\dfrac{\text{kN}}{\text{m}^2} \times (30-10)\text{m}^3 = 6000\text{kN}\cdot\text{m} = 6000\text{kJ}$

Q 014
보일러에 물(온도 20℃, 엔탈피 84kJ/kg)이 유입되어 600kPa의 포화 증기(온도 159℃, 엔탈피 2757kJ/kg) 상태로 유출된다. 물의 질량 유량이 300kg/h이라면 보일러에 공급된 열량은 약 몇 kW인가?

① 121　　　　　　　　② 140
③ 223　　　　　　　　④ 345

해설 [조건] 물의 엔탈피 $h_1 = 84\text{kJ/kg}$, 수증기의 엔탈피 $h_2 = 2757\text{kJ/kg}$,
질량 유량 $m = 300\text{kg/h}$
열량 $q = m(h_2 - h_1)$에서
$q = \left(300\dfrac{\text{kg}}{\text{h}} \times \dfrac{1\text{h}}{3600\text{s}}\right) \times (2757-84)\dfrac{\text{kJ}}{\text{kg}} = 222.75\text{kJ/s} = 222.75\text{kW}$

Q 015
압력이 100kPa이며 온도가 25℃인 방의 크기가 240m³이다. 이 방에 들어있는 공기의 질량은 약 몇 kg인가? (단, 공기는 이상기체로 가정하며, 공기의 기체상수는 0.287kJ/(kg·K)이다.)

① 0.00357　　　　　　② 0.28
③ 3.57　　　　　　　　④ 280

해설 [조건] 압력 $P = 100\text{kPa}$, 체적 $V = 240\text{m}^3$, 온도 $T = 25℃ = 298\text{K}$,
기체상수 $R = 0.287\text{kJ/(kg}\cdot\text{K)}$
이상기체 상태방정식 $PV = mRT$이므로
공기량 $m = \dfrac{PV}{RT}$에서 $m = \dfrac{100\text{kPa} \times 240\text{m}^3}{0.287\dfrac{\text{kJ}}{\text{kg}\cdot\text{K}} \times 298\text{K}} = 280.6\text{kg}$

Q 016
클라우지우스(Clausius) 부등식을 옳게 표현한 것은? (단, T는 절대온도, Q는 시스템으로 공급된 전체 열량을 표시한다.)

① $\oint \dfrac{\delta Q}{T} \geq 0$　　　　② $\oint \dfrac{\delta Q}{T} \leq 0$
③ $\oint T\delta Q \geq 0$　　　　④ $\oint T\delta Q \leq 0$

답 014. ③ 015. ④ 016. ②

해설 클라우지우스 적분
- 클라우지우스의 적분 값은 가역 사이클에서 항상 "0"이 되고 비가역 사이클에서 항상 "0"보다 작다.
- 가역 사이클 : 열기관에서 작동 유체가 고열원으로부터 받은 열량(Q_1)은 (+)이고, 방출 열량(Q_2)은 (−)이므로 $\frac{Q_1}{T_1} - \left(\frac{-Q_2}{T_2}\right) = 0$, $\frac{Q_1}{T_1} + \frac{Q_2}{T_2} = 0$이다.

  ∴ $\sum \frac{\delta Q}{T} = 0$ 또는 $\oint \frac{\delta Q}{T} = 0$

- 비가역 사이클 : 열기관에서 작동 유체가 고온(T_1) 및 고열원으로부터 열량(Q_1)을 받아서 저온(T_2) 및 저열원으로 열(Q_2)을 방출한다.

  ∴ $\frac{Q_1}{T_1} - \frac{Q_2}{T_2} < 0$ 또는 $\oint \frac{\delta Q}{T} < 0$

Q 017

Van der Waals 상태방정식은 다음과 같이 나타낸다. 이 식에서 $\frac{a}{v^2}$, b는 각각 무엇을 의미하는 것인가? (단, P는 압력, v는 비체적, R은 기체상수, T는 온도를 나타낸다.)

$$\left(P + \frac{a}{v^2}\right) \times (v - b) = RT$$

① 분자 간의 작용 인력, 분자 내부에너지
② 분자 간의 작용 인력, 기체 분자들이 차지하는 체적
③ 분자 자체의 질량, 분자 내부에너지
④ 분자 자체의 질량, 기체 분자들이 차지하는 체적

해설 반데발스(van der Waals)의 상태방정식

$\left(P + \frac{a}{v^2}\right)(v - b) = RT$

- 이상기체는 분자 상호 간의 인력을 무시하고 분자의 크기가 없는 것으로 가정한 가상기체이지만 증기와 같은 실제기체는 분자 상호 간의 인력도 있고 분자의 크기도 있으므로 이들의 영향을 고려하여 상태방정식을 구할 필요가 있다.
- $\frac{a}{v^2}$ 항 : 분자 간의 인력 때문에 용기의 벽에 작용하는 압력의 감소를 나타낸다.
- b항 : 단위질량의 분자 자신의 크기를 배제한 체적으로 기체 분자들이 차지하는 체적이다.

답 017. ②

018

가역 과정으로 실린더 안의 공기를 50kPa, 10℃ 상태에서 300kPa까지 압력(P)과 체적(V)의 관계가 다음과 같은 과정으로 압축할 때 단위 질량당 방출되는 열량은 약 몇 kJ/kg인가? (단, 기체상수는 0.287kJ/(kg·K)이고, 정적비열은 0.7kJ/(kg·K)이다.)

$$PV^{1.3} = 일정$$

① 17.2　　　　　　　② 37.2
③ 57.2　　　　　　　④ 77.2

[해설]
[조건] 초기온도 $T_1 = 10℃ = 283K$, 초기압력 $P_1 = 50kPa$, 최종압력 $P_2 = 300kPa$, 기체상수 $R = 0.287kJ/(kg·K)$, 정적비열 $C_v = 0.7kJ/(kg·K)$, 비열비 $k = 1.3$

- 가역 과정이므로 단열 압축과정이다. 따라서, 온도와 압력과의 관계는 다음과 같다.

$$\frac{T_2}{T_1} = \left(\frac{P_2}{P_1}\right)^{\frac{k-1}{k}} 이므로$$

최종온도 $T_2 = T_1 \times \left(\frac{P_2}{P_1}\right)^{\frac{k-1}{k}}$ 에서

$$T_2 = 283K \times \left(\frac{300kPa}{50kPa}\right)^{\frac{1.3-1}{1.3}} = 427.9K$$

- 내부에너지 변화 $du = C_v(T_2 - T_1)$에서

$$du = 0.7\frac{kJ}{kg·K} \times (427.9 - 283)K = 101.43kJ/kg$$

- 일량 $w = \frac{RT_1}{k-1}\left\{1 - \left(\frac{P_2}{P_1}\right)^{\frac{k-1}{k}}\right\}$ 에서

$$w = \frac{0.287\frac{kJ}{kg·K} \times 283K}{1.3-1}\left\{1 - \left(\frac{300kPa}{50kPa}\right)^{\frac{1.3-1}{1.3}}\right\} = -138.64kJ/kg$$

∴ 열전달량 $q = du + w$ 에서

$q = 101.43kJ/kg + (-138.64kJ/kg) = -37.21kJ/kg$

(여기서, $-$ 부호는 열을 방출한다는 의미이다.)

019

등엔트로피 효율이 80%인 소형 공기터빈의 출력이 270kJ/kg이다. 입구온도는 600K이며, 출구압력은 100kPa이다. 공기의 정압비열은 1.004kJ/(kg·K), 비열비는 1.4일 때, 입구압력(kPa)은 약 몇 kPa인가? (단, 공기는 이상기체로 간주한다.)

① 1984　　　　　　　② 1842
③ 1773　　　　　　　④ 1621

답 018. ②　019. ③

해설 [조건] 등엔트로피 효율 $\eta = 80\% = 0.8$, 출력 $L = 270\text{kJ/kg}$, 입구온도 $T_1 = 600\text{K}$, 출구압력 $P_2 = 100\text{kPa}$, 정압비열 $C_p = 1.004\text{kJ/(kg·K)}$, 비열비 $k = 1.4$

- 등엔트로피 효율 $\eta = \dfrac{L}{C_p(T_1 - T_2)}$ 이므로

  터빈의 출구온도 $T_2 = T_1 - \dfrac{L}{\eta C_p}$ 에서

  $$T_2 = 600\text{K} - \dfrac{270\dfrac{\text{kJ}}{\text{kg}}}{0.8 \times 1.004 \dfrac{\text{kJ}}{\text{kg·K}}} = 263.845\text{K}$$

- 단열과정에서 온도와 압력과의 관계 $\dfrac{T_1}{T_2} = \left(\dfrac{P_1}{P_2}\right)^{\frac{k-1}{k}}$ 이므로

  터빈의 입구압력 $P_1 = P_2 \times \left(\dfrac{T_1}{T_2}\right)^{\frac{k}{k-1}}$ 에서

  $$P_1 = 100\text{kPa} \times \left(\dfrac{600\text{K}}{263.845\text{K}}\right)^{\frac{1.4}{1.4-1}} = 1773.4\text{kPa}$$

020 화씨온도가 86°F일 때 섭씨온도는 몇 ℃인가?

① 30   ② 45
③ 60   ④ 75

해설 섭씨온도(t_C)와 화씨온도(t_F)와의 관계

섭씨온도 $t_C = \dfrac{5}{9}(t_F - 32)$ 에서 $t_C = \dfrac{5}{9}(86°F - 32) = 30℃$

제 2 과목 냉동공학

021 냉각탑의 성능이 좋아지기 위한 조건으로 적절한 것은?

① 쿨링레인지가 작을수록, 쿨링어프로치가 작을수록
② 쿨링레인지가 작을수록, 쿨링어프로치가 클수록
③ 쿨링레인지가 클수록, 쿨링어프로치가 작을수록
④ 쿨링레인지가 클수록, 쿨링어프로치가 클수록

해설
- 쿨링레인지 = 냉각탑 입구수온 - 냉각탑 출구수온
- 쿨링어프로치 = 냉각탑 출구수온 - 외기습구온도

∴ 냉각탑의 성능은 쿨링레인지가 클수록, 쿨링어프로치가 작을수록 좋아진다.

답 020. ① 021. ③

Q 022

다음 중 절연내력이 크고 절연물질을 침식시키지 않기 때문에 밀폐형 압축기에 사용하기에 적합한 냉매는?

① 프레온계 냉매 ② H_2O
③ 공기 ④ NH_3

해설 프레온계 냉매의 특징
- 전기절연성이 양호하므로 밀폐형 압축기를 사용하기에 적합하다.
- 비열비가 작아 압축기를 공랭식으로 할 수 있다.
- 화학적으로 안정되고 독성이 없다.
- 누설이 되어도 식품 등을 손상시키지 않는다.

Q 023

어떤 냉동기의 증발기 내 압력이 245kPa이며, 이 압력에서의 포화온도, 포화액 엔탈피 및 건포화 증기 엔탈피, 정압비열은 [조건]과 같다. 증발기 입구 측 냉매의 엔탈피가 455kJ/kg이고, 증발기 출구 측 냉매온도가 −10℃의 과열증기일 경우 증발기에서 냉매가 취득한 열량(kJ/kg)은?

[조건]
- 포화온도 : −20℃
- 포화액 엔탈피 : 396kJ/kg
- 건조포화 증기 엔탈피 : 615.6kJ/kg
- 정압비열 : 0.67kJ/kg·K

① 167.3 ② 152.3
③ 148.3 ④ 112.3

해설 [조건] 포화온도 $t = -20℃ = 253K$, 과열증기온도 $t_s = -10℃ = 263K$, 증발기 입구 엔탈피 $h_4 = 455 \text{kJ/kg}$, 건조포화 증기 엔탈피 $h_g = 615.6 \text{kJ/kg}$, 정압비열 $C_p = 0.67 \text{kJ/kg·K}$

- −10℃ 과열증기의 엔탈피 $h_s = h_g + C_p dT$ 에서
$$h_s = 615.6 \frac{\text{kJ}}{\text{kg·K}} + 0.67 \frac{\text{kJ}}{\text{kg·K}} \times (263-253)\text{K} = 622.3 \text{kJ/kg}$$

- 냉매가 취득한 열량(냉동 효과) $q_e = (h_g - h_4) + (h_s - h_g)$ 에서
$$q_e = (615.6 - 455)\frac{\text{kJ}}{\text{kg}} + (622.3 - 615.6)\frac{\text{kJ}}{\text{kg}} = 167.3 \text{kJ/kg}$$

Q 024

냉동능력이 1RT인 냉동 장치가 1kW의 압축동력을 필요로 할 때, 응축기에서의 방열량(kW)은?

① 2 ② 3.3
③ 4.8 ④ 6

답 022. ① 023. ① 024. ③

해설 [조건] 냉동능력 $Q_e = 1RT = 3320\text{kcal/h} = 3.86\text{kW}$, 압축동력 $L = 1\text{kW}$
응축기 방열량 $Q_c = Q_e + L$에서 $Q_c = 3.86\text{kW} + 1\text{kW} = 4.86\text{kW}$

Q. 025
냉동사이클에서 응축온도 상승에 따른 시스템의 영향으로 가장 거리가 먼 것은? (단, 증발온도는 일정하다.)

① COP 감소
② 압축비 증가
③ 압축기 토출 가스 온도 상승
④ 압축기 흡입 가스 압력 상승

해설 응축온도가 상승하면 냉동시스템에 미치는 영향
 • 압축비 증가로 인하여 압축기 토출 가스 온도가 상승한다.
 • 플래시 가스 발생량이 증가되어 냉동능력이 감소한다.
 • 냉동기 성적계수(COP)가 감소한다.

Q. 026
어떤 냉장고의 방열벽 면적이 500m^2, 열통과율이 $0.311\text{W/m}^2\cdot\text{℃}$일 때, 이 벽을 통하여 냉장고 내로 침입하는 열량(kW)은? (단, 이때의 외기온도는 32℃이며, 냉장고 내부온도는 −15℃이다.)

① 12.6
② 10.4
③ 9.1
④ 7.3

해설 [조건] 방열벽 면적 $A = 500\text{m}^2$, 열통과율 $K = 0.311\text{W/m}^2\cdot\text{K}$, 외기온도 $t_o = 32℃ = 305\text{K}$, 냉장고 내부온도 $t_r = -15℃ = 258\text{K}$

열량 $q = KA(t_o - t_r)$에서
$q = 0.311\dfrac{\text{W}}{\text{m}^2\cdot\text{K}} \times 500\text{m}^2 \times (305 - 258)\text{K} = 7308.5\text{W} ≒ 7.3\text{kW}$

Q. 027
2차 유체로 사용되는 브라인의 구비 조건으로 틀린 것은?

① 비등점이 높고, 응고점이 낮을 것
② 점도가 낮을 것
③ 부식성이 없을 것
④ 열전달률이 작을 것

해설 브라인은 현열을 이용하여 피냉각 물질을 냉각시키는 2차 냉매로서 열전달률이 커야 한다.

답 025.④ 026.④ 027.④

Q 028
냉매 배관 내에 플래시 가스(flash gas)가 발생했을 때 나타나는 현상으로 틀린 것은?

① 팽창밸브의 능력 부족 현상 발생
② 냉매부족과 같은 현상 발생
③ 액관 중의 기포 발생
④ 팽창밸브에서의 냉매 순환량 증가

해설
- 플래시 가스의 발생원인
  - 액관이 현저하게 입상(수직)관일 경우
  - 배관의 관경이 가늘고 긴 경우
  - 액관의 부속장치(여과기, 드라이어, 전자밸브)가 막힌 경우
  - 액관을 보냉하지 않았을 경우
- 플래시 가스 발생 시 냉동기에 나타나는 현상
  - 팽창밸브에서 냉매 순환량이 감소
  - 팽창밸브의 능력부족 현상이 발생
  - 액관이 막혀 있으므로 기포가 발생

Q 029
단면이 1m²인 단열재를 통하여 0.3kW의 열이 흐르고 있다. 이 단열재의 두께는 2.5cm이고 열전도계수가 0.2W/m·℃일 때 양면 사이의 온도차(℃)는?

① 54.5
② 42.5
③ 37.5
④ 32.5

해설
[조건] 단면적 $A = 1m^2$, 전도열량 $q = 0.3kW = 300W$, 단열재 두께 $l = 2.5cm = 0.025m$, 열전도계수 $\lambda = 0.2 W/m \cdot ℃$

전도열량 $q = \dfrac{\lambda}{l} A \Delta t$ 이므로 온도차 $\Delta t = \dfrac{ql}{\lambda A}$ 에서

$\Delta t = \dfrac{300W \times 0.025m}{0.2 \dfrac{W}{m \cdot ℃} \times 1m^2} = 37.5℃$

Q 030
여러 대의 증발기를 사용할 경우 증발관 내의 압력이 가장 높은 증발기의 출구에 설치하여 압력을 일정 값 이하로 억제하는 장치를 무엇이라고 하는가?

① 전자밸브
② 압력개폐기
③ 증발압력조정밸브
④ 온도조절밸브

해설 증발압력조정밸브(EPR)
- 증발기와 압축기 사이의 흡입관에 설치하여 증발압력이 일정값 이하가 되는 것을 방지한다.
- 압축기는 1대를 사용하고 증발온도가 다른 증발기를 여러 대 사용할 경우에는 고온 측 증발기에 증발압력조정밸브를 설치하고, 저온 측 증발기에는 체크밸브를 설치한다.

답 028. ④ 029. ③ 030. ③

Q 031

다음 그림은 2단 압축 암모니아 사이클을 나타낸 것이다. 냉동능력이 2RT인 경우 저단압축기의 냉매순환량(kg/h)은?
(단, 1RT는 3.8kW이다.)

① 10.1
② 22.9
③ 32.5
④ 43.2

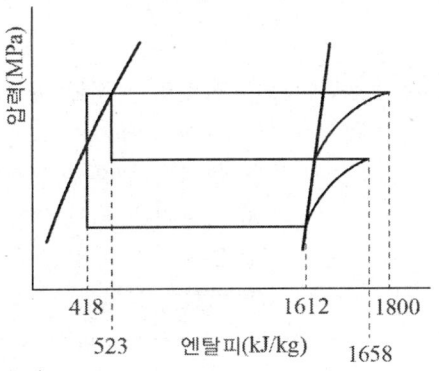

해설 [조건] 냉동능력 $Q_e = 2\text{RT} = 2 \times 3.8\text{kW} = 7.6\text{kJ/s}$

저단 압축기의 냉매순환량 $m_L = \dfrac{Q_e}{q_e} = \dfrac{Q_e}{h_1 - h_9}$ 에서

$$m_L = \dfrac{7.6\dfrac{\text{kJ}}{\text{s}} \times \dfrac{3600\text{s}}{1\text{h}}}{(1612 - 418)\dfrac{\text{kJ}}{\text{kg}}} = 22.9\text{kg/h}$$

Q 032

다음 팽창밸브 중 인버터 구동 가변 용량형 공기조화장치나 증발온도가 낮은 냉동 장치에서 팽창밸브의 냉매유량 조절 특성 향상과 유량 제어 범위 확대 등을 목적으로 사용하는 것은?

① 전자식 팽창밸브
② 모세관
③ 플로트 팽창밸브
④ 정압식 팽창밸브

해설 전자식 팽창밸브
- 인버터 구동 가변 용량형 공기조화장치나 멀티형 공기조화장치에서 팽창밸브의 냉매 유량 제어 특성 향상과 유량 제어 범위의 확대 등을 목적으로 사용한다.
- 냉매 통과 유로 단면적을 구성하는 니들과 오리피스, 니들을 움직이는 스테핑 모터를 주요 구성품으로 하고 있으며 이들 회전자와 고정자 및 니들의 고정 위치를 고정하는 나사부로 구성되어 있다.
- 증발기 입구 냉매관 벽과 증발기 출구 냉매관 벽에 서미스터 등의 온도 센서를 부착하고 이들 두 센서의 검출 온도차에 의해 냉매 과열도를 구하여 증발기에 유입되는 냉매량을 제어한다.

Q 033

식품의 평균 초온이 0℃일 때 이것을 동결하여 온도중심점을 −15℃까지 내리는 데 걸리는 시간을 나타내는 것은?

① 유효동결시간
② 유효냉각시간
③ 공칭동결시간
④ 시간상수

답 031. ② 032. ① 033. ③

해설 공칭동결시간이란 평균 초온이 0℃인 식품을 동결하여 온도중심점을 −15℃까지 내리는 데 소요되는 시간이다.

Q 034 냉동 장치를 운전할 때 다음 중 가장 먼저 실시하여야 하는 것은?

① 응축기 냉각수 펌프를 기동한다.
② 증발기 팬을 기동한다.
③ 압축기를 기동한다.
④ 압축기의 유압을 조정한다.

해설 냉동기를 운전하기 전에 실시해야 할 사항
- 압축기 유면 및 냉매량을 확인한다.
- 응축기, 유냉각기의 냉각수 입·출밸브를 연다.
- 냉각수 펌프를 운전하여 응축기 및 실린더 자켓의 통수를 확인한다.

Q 035 다음 중 냉매를 사용하지 않는 냉동 장치는?

① 열전 냉동 장치   ② 흡수식 냉동 장치
③ 교축팽창식 냉동 장치 ④ 증기압축식 냉동 장치

해설 열전(전자) 냉동 장치는 반도체소자를 이용하여 냉동목적을 달성하는 장치로써 두 금속을 이용하여 전류를 통전하면 한쪽은 고온부, 한쪽은 저온부가 되어 열을 방출하고 흡수한다.

Q 036 축동력 10kW, 냉매순환량 33kg/min인 냉동기에서 증발기 입구 엔탈피가 406kJ/kg, 증발기 출구 엔탈피가 615kJ/kg, 응축기 입구 엔탈피가 632kJ/kg이다. ㉠ 실제 성능계수와 ㉡ 이론 성능계수는 각각 얼마인가?

① ㉠ 8.5, ㉡ 12.3   ② ㉠ 8.5, ㉡ 9.5
③ ㉠ 11.5, ㉡ 9.5   ④ ㉠ 11.5, ㉡ 12.3

해설 [조건] 축동력 $L=10$kW, 냉매순환량 $m=33$kg/min $=0.55$kg/s, 증발기 입구 엔탈피 $h_4=406$kJ/kg, 증발기 출구 엔탈피 $h_1=615$kJ/kg, 응축기 입구 엔탈피 $h_2=632$kJ/kg

냉동능력 $Q_e = m(h_1 - h_4)$에서 $Q_e = 0.55\dfrac{\text{kg}}{\text{s}} \times (615-406)\dfrac{\text{kJ}}{\text{kg}} = 114.95$kW

㉠ 실제 성능계수 $COP_1 = \dfrac{Q_e}{L}$에서 $COP_1 = \dfrac{114.95\text{kW}}{10\text{kW}} ≒ 11.5$

㉡ 이론 성능계수 $COP_2 = \dfrac{h_1 - h_4}{h_2 - h_1}$에서 $COP_1 = \dfrac{(615-406)\text{kJ/kg}}{(632-615)\text{kJ/kg}} ≒ 12.3$

답 034. ① 035. ① 036. ④

Q 037 암모니아용 압축기의 실린더에 있는 워터재킷의 주된 설치 목적은?
① 밸브 및 스프링의 수명을 연장하기 위해서
② 압축효율의 상승을 도모하기 위해서
③ 암모니아는 토출온도가 낮기 때문에 이를 방지하기 위해서
④ 암모니아의 응고를 방지하기 위해서

해설 암모니아 냉매는 비열비가 커서 압축 후 토출 가스 온도가 높다. 토출 가스의 열전달로 인하여 실린더가 과열되고 윤활유가 열화되거나 탄화되어 압축기의 성능이 저하된다. 따라서, 암모니아용 압축기는 워터재킷을 설치하여 실린더를 냉각시키고 압축효율 및 기계효율을 상승시킨다.

Q 038 스크류 압축기의 특징에 대한 설명으로 틀린 것은?
① 소형 경량으로 설치면적이 작다.
② 밸브와 피스톤이 없어 장시간의 연속운전이 불가능하다.
③ 암수 회전자의 회전에 의해 체적을 줄여 가면서 압축한다.
④ 왕복동식과 달리 흡입밸브와 토출밸브를 사용하지 않는다.

해설 스크류 압축기의 특징
• 소형 경량으로 설치면적이 작다.
• 밸브와 피스톤이 없어 장시간 연속운전이 가능하다.
• 부품 수가 적고 수명이 길다.
• 오일 및 액햄머가 적다.
• 오일펌프를 별도로 설치해야 한다.
• 진동이 적은 반면에 소음이 크다.

Q 039 고온부의 절대온도를 T_1, 저온부의 절대온도를 T_2, 고온부로 방출하는 열량을 Q_1, 저온부로부터 흡수하는 열량을 Q_2라고 할 때, 이 냉동기의 이론 성적계수(COP)를 구하는 식은?

① $\dfrac{Q_1}{Q_1 - Q_2}$
② $\dfrac{Q_2}{Q_1 - Q_2}$
③ $\dfrac{T_1}{T_1 - T_2}$
④ $\dfrac{T_1 - T_2}{T_1}$

해설 냉동기의 이론 성적계수(COP)
$$COP = \dfrac{T_2}{T_1 - T_2} = \dfrac{Q_2}{Q_1 - Q_2}$$

답 037. ② 038. ② 039. ②

Q 040. 2단 압축 냉동 장치 내 중간 냉각기 설치에 대한 설명으로 옳은 것은?

① 냉동 효과를 증대시킬 수 있다.
② 증발기에 공급되는 냉매액을 과열시킨다.
③ 저압 압축기 흡입 가스 중의 액을 분리시킨다.
④ 압축비가 증가되어 압축효율이 저하된다.

해설 중간 냉각기의 역할
- 저압 압축기 토출 가스의 과열도를 제거하여 과열압축을 방지한다.
- 고압 압축기의 흡입 가스 중 액을 분리시켜 습(액)압축을 방지한다.
- 고압측 액 냉매를 과냉각시켜 플래시 가스 발생량이 감소되고 냉동 효과와 성적계수를 증대시킨다.

제 3 과목 공기조화

Q 041. 난방부하 계산 시 일반적으로 무시할 수 있는 부하의 종류가 아닌 것은?

① 틈새바람 부하
② 조명기구 발열 부하
③ 재실자 발생 부하
④ 일사 부하

해설 난방부하 계산 시 무시할 수 있는 부하
- 조명기구의 발열 부하
- 재실자의 발생 부하
- 실내기구(비등기 등)의 발생 부하
- 일사 부하

Q 042. 습공기의 상태변화를 나타내는 방법 중 하나인 열수분비의 정의로 옳은 것은?

① 절대습도 변화량에 대한 잠열량 변화량의 비율
② 절대습도 변화량에 대한 전열량 변화량의 비율
③ 상대습도 변화량에 대한 현열량 변화량의 비율
④ 상대습도 변화량에 대한 잠열량 변화량의 비율

해설 열수분비
- 절대습도의 변화량에 대한 전열량의 비율이다.
- 열수분비 $U = \dfrac{i_2 - i_1}{x_2 - x_1} = \dfrac{\frac{q_s + L i_L}{G}}{\frac{L}{G}} = \dfrac{q_s}{L} + i_L$

단, $i_1 \cdot i_2$는 입·출구 엔탈피(kcal/kg), $x_1 \cdot x_2$는 입·출구의 절대습도(kg/kg'), q_s는 가열량(kcal/h), L은 가습량(kg/h), i_L은 수분의 엔탈피(kcal/kg), G는 공기량(kg/h)이다.

답 040.① 041.① 042.②

Q 043 온수관의 온도가 80℃, 환수관의 온도가 60℃인 자연순환식 온수난방장치에서의 자연순환수두(mmAq)는? (단, 보일러에서 방열기까지의 높이는 5m, 60℃에서의 온수 밀도는 983.24kg/m³, 80℃에서의 온수 밀도는 971.84kg/m³이다.)

① 55
② 56
③ 57
④ 58

해설 [조건] 60℃의 온수 밀도 $\rho_1 = 983.24 \text{kg/m}^3$, 80℃의 온수 밀도 $\rho_2 = 971.84 \text{kg/m}^3$, 높이 $h = 5\text{m}$
자연순환수두 $H = (\rho_1 - \rho_2)h$에서
$$H = (983.24 - 971.84)\frac{\text{kg}}{\text{m}^3} \times 5\text{m} = 57\text{kg/m}^2 = 57\text{mmAq}$$

Q 044 온수난방 배관 방식에서 단관식과 비교한 복관식에 대한 설명으로 틀린 것은?

① 설비비가 많이 든다.
② 온도변화가 많다.
③ 온수 순환이 좋다.
④ 안정성이 높다.

해설 배관 방식에 의한 분류
- 단관식 : 온수 공급관과 환수관을 동일배관으로 설치하는 방식이다.
- 복관식 : 온수 공급관과 환수관을 각각 따로 배관하는 방식이다.
∴ 복관식은 공급주관에 공급되는 온수와 방열기에서 냉각된 온수는 환수관에서 섞이지 않으므로 온도변화가 적다.

Q 045 극간풍이 비교적 많고 재실 인원이 적은 실의 중앙 공조방식으로 가장 경제적인 방식은?

① 변풍량 2중 덕트 방식
② 팬코일 유닛 방식
③ 정풍량 2중 덕트 방식
④ 정풍량 단일 덕트 방식

해설 팬코일 유닛 방식은 전도와 대류에 의한 강제순환방식으로서 극간풍이 많고 재실 인원이 적은 실에 적합한 공조방식이다.

Q 046 덕트 설계 시 주의사항으로 틀린 것은?

① 장방형 덕트 단면의 종횡비는 가능한 한 6 : 1 이상으로 해야 한다.
② 덕트의 풍속은 15m/s 이하, 정압은 50mmAq 이하의 저속 덕트를 이용하여 소음을 줄인다.
③ 덕트의 분기점에는 댐퍼를 설치하여 압력 평행을 유지시킨다.
④ 재료는 아연도금강판, 알루미늄판 등을 이용하여 마찰저항 손실을 줄인다.

답 043. ③ 044. ② 045. ② 046. ①

해설 종횡비(아스펙트비)
• 장방형 덕트에서 장변과 단변의 비이다.
• 2:1을 표준으로 하고 가능한 한 4:1 이하로 하고 최대 8:1 이상이 되지 않도록 한다.

047
공장에 12kW의 전동기로 구동되는 기계 장치 25대를 설치하려고 한다. 전동기는 실내에 설치하고 기계 장치는 실외에 설치한다면 실내로 취득되는 열량(kW)은? (단, 전동기의 부하율은 0.78, 가동률은 0.9, 전동기 효율은 0.87이다.)

① 242.1　　　　② 210.6
③ 44.8　　　　④ 31.5

해설 [조건] 전동기 출력 $P=12\text{kW}$, 전동기의 대수 $n=25$대, 가동률 $f_1=0.9$, 부하율 $f_2=0.78$, 전동기 효율 $\eta=0.87$

전동기가 실내에 있고 기계 장치가 실외에 있는 경우

• 전동기를 운전하는데 발생하는 열량 $q_1 = P \times f_1 \times f_2 \times \dfrac{1}{\eta} \times n$에서

　$q_1 = 12\text{kW} \times 0.9 \times 0.78 \times \dfrac{1}{0.87} \times 25$대 $= 242.1\text{kW}$

• 기계 장치를 운전하는데 발생하는 열량 $q_2 = P \times f_1 \times f_2 \times n$에서

　$q_2 = 12\text{kW} \times 0.9 \times 0.78 \times 25$대 $= 210.6\text{kW}$

∴ 실내로 취득되는 열량 $q = q_1 - q_2$에서 $q = 242.1\text{kW} - 210.6\text{kW} = 31.5\text{kW}$

048
공기세정기에서 순환수 분무에 대한 설명으로 틀린 것은? (단, 출구 수온은 입구 공기의 습구온도와 같다.)

① 단열변화　　　　② 증발냉각
③ 습구온도 일정　　④ 상대습도 일정

해설 공기세정기의 순환수 분무가습 시 공기의 상태
• 단열변화이므로 엔탈피가 일정하다.
• 건구온도가 낮아지므로 증발냉각이 이루어진다.
• 출구 수온은 입구 공기의 습구온도와 같으므로 습구온도가 일정하다.
• 절대습도와 상대습도가 상승한다.

049
전압 기준 국부저항계수 ζ_T와 정압 기준 국부저항계수 ζ_S와의 관계를 바르게 나타낸 것은? (단, 덕트 상류 풍속은 v_1, 하류 풍속은 v_2이다.)

① $\zeta_T = \zeta_S - 1 + (\dfrac{v_2}{v_1})^2$　　② $\zeta_T = \zeta_S + 1 - (\dfrac{v_2}{v_1})^2$

③ $\zeta_T = \zeta_S - 1 - (\dfrac{v_2}{v_1})^2$　　④ $\zeta_T = \zeta_S + 1 + (\dfrac{v_2}{v_1})^2$

답 047. ④　048. ④　049. ②

해설
- 전압 기준의 국부저항(ζ_T)에 의한 압력손실
$$\Delta P_T = \zeta_T \frac{V_1^2}{2g}\gamma = \zeta_T \frac{V_2^2}{2g}\gamma \text{ [mmAq]}$$
- 정압 기준의 국부저항(ζ_S)에 의한 압력손실
$$\Delta P_S = \zeta_S \frac{V_1^2}{2g}\gamma = \zeta_S \frac{V_2^2}{2g}\gamma \text{ [mmAq]}$$
∴ 전압 기준의 국부저항에 의한 압력손실과 정압 기준의 국부저항에 의한 압력손실에서 $\zeta_T = \zeta_S + 1 - \left(\frac{v_2}{v_1}\right)^2$ 이다.

050 공기세정기에 대한 설명으로 틀린 것은?
① 세정기 단면의 종횡비를 크게 하면 성능이 떨어진다.
② 공기세정기의 수·공기비는 성능에 영향을 미친다.
③ 세정기 출구에는 분무된 물방울의 비산을 방지하기 위해 루버를 설치한다.
④ 스프레이 헤더의 수를 뱅크(bank)라 하고 1본을 1뱅크, 2본을 2뱅크라 한다.

해설 공기세정기는 입구에서부터 루버-분무 노즐-플러딩 노즐-엘리미네이터 순으로 설치되어 있다.
- 루버는 공기세정기 입구에 설치하여 입구공기를 정류한다.
- 엘리미네이터는 공기세정기 출구에 설치하여 분무된 물방울이 실내로 비산되는 것을 방지한다.

051 실내의 CO_2 농도기준이 1000ppm이고, 1인당 CO_2 발생량이 18L/h인 경우, 실내 1인당 필요한 환기량(m^3/h)은? (단, 외기 CO_2 농도는 300ppm이다.)
① 22.7   ② 23.7
③ 25.7   ④ 26.7

해설 [조건] 1인당 CO_2 발생량 $X = 18\text{L/h} = 0.018\text{m}^3/\text{h}$, 실내의 CO_2 농도기준 $C_a = 1000\text{ppm} = 0.001$, 외기 CO_2 농도 $C_o = 300\text{ppm} = 0.0003$

1인당 필요한 환기량 $Q = \dfrac{X}{C_a - C_o}$에서 $Q = \dfrac{0.018\text{m}^3/\text{h}}{0.001 - 0.0003} = 25.7\text{m}^3/\text{h}$

052 타원형 덕트(flat oval duct)와 같은 저항을 갖는 상당직경 D_e를 바르게 나타낸 것은? (단, A는 타원형 덕트 단면적, P는 타원형 덕트 둘레길이이다.)
① $D_e = \dfrac{1.55 P^{0.25}}{A^{0.625}}$ ② $D_e = \dfrac{1.55 A^{0.25}}{P^{0.625}}$
③ $D_e = \dfrac{1.55 P^{0.625}}{A^{0.25}}$ ④ $D_e = \dfrac{1.55 A^{0.625}}{P^{0.25}}$

답 050. ③ 051. ③ 052. ④

해설
- 타원형 덕트의 상당직경 $D_e = \dfrac{1.55 A^{0.625}}{P^{0.25}}$
- 장방형 덕트의 상당직경 $D_e = 1.3\left[\dfrac{(ab)^5}{(a+b)^2}\right]^{1/8}$
  단, a는 장변, b는 단변이다.

053
압력 1MPa, 건도 0.89인 습증기 100kg을 일정 압력의 조건에서 엔탈피가 3052kJ/kg인 300℃의 과열증기로 되는 데 필요한 열량(kJ)은? (단, 1MPa에서 포화액의 엔탈피는 759kJ/kg, 증발잠열은 2018kJ/kg이다.)

① 44208
② 49698
③ 229311
④ 103432

해설
[조건] 건도 $x = 0.89$, 습증기량 $m = 100$kg, 과열증기의 엔탈피 $h_s = 3052$kJ/kg, 포화액의 엔탈피 $h_f = 759$kJ/kg, 증발잠열 $h_{fg} = 2018$kJ/kg

- 습증기의 엔탈피 $h = h_f + x h_{fg}$ 에서 $h = 759\text{kJ/kg} + 0.89 \times 2018\text{kJ/kg} = 2555.02\text{kJ/kg}$
- 열량 $q = m(h_s - h)$ 에서 $q = 100\text{kg} \times (3052 - 2555.02)\dfrac{\text{kJ}}{\text{kg}} = 49698\text{kJ/kg}$

054
EDR(Equivalent Direct Radiation)에 관한 설명으로 틀린 것은?

① 증기의 표준방열량은 650kcal/m²·h이다.
② 온수의 표준방열량은 450kcal/m²·h이다.
③ 상당 방열면적을 의미한다.
④ 방열기의 표준방열량을 전방열량으로 나눈 값이다.

해설
상당방열면적 $EDR = \dfrac{H_r}{q_o}$ [m²]
단, H_r 은 방열기의 전 방열량(kcal/h), q_o는 표준방열량(kcal/m²·h)이다.

055
증기난방 방식에 대한 설명으로 틀린 것은?

① 환수 방식에 따라 중력환수식과 진공환수식, 기계환수식으로 구분한다.
② 배관 방법에 따라 단관식과 복관식이 있다.
③ 예열시간이 길지만 열량 조절이 용이하다.
④ 운전 시 증기 해머로 인한 소음을 일으키기 쉽다.

해설 증기난방 방식은 열매가 증기이므로 열용량이 작아 예열시간이 짧고 열량 조절이 어렵다.

답 053. ② 054. ④ 055. ③

Q 056 어떤 냉각기의 1열(列) 코일의 바이패스 팩터가 0.65라면 4열(列)의 바이패스 팩터는 약 얼마가 되는가?

① 0.18
② 1.82
③ 2.83
④ 4.84

해설 [조건] 1열의 바이패스 팩터 $BF_1 = 0.65$, 열수 $n = 4$열
4열의 바이패스 팩터 $BF_4 = BF_1^n$ 에서 $BF_n = 0.65^4 = 0.179$

Q 057 다음 냉방부하 요소 중 잠열을 고려하지 않아도 되는 것은?

① 인체에서의 발생열
② 커피포트에서의 발생열
③ 유리를 통과하는 복사열
④ 틈새바람에 의한 취득열

해설 냉방부하 요소 중 현열과 잠열을 모두 포함하는 열
- 인체에서 발생하는 열
- 실내기구(커피포트, 비등기 등)에서 발생하는 열
- 틈새바람에 의해 취득하는 열
- 외기에 의해 취득하는 열

Q 058 냉수 코일 설계 기준에 대한 설명으로 틀린 것은?

① 코일은 관이 수평으로 놓이게 설치한다.
② 관 내 유속은 1m/s 정도로 한다.
③ 공기 냉각용 코일의 열 수는 일반적으로 4~8열이 주로 사용된다.
④ 냉수 입·출구 온도차는 10℃ 이상으로 한다.

해설 냉수 코일 설계 시 냉수의 입·출구 온도차는 5℃ 전후로 한다.

Q 059 다음 용어에 대한 설명으로 틀린 것은?

① 자유면적 : 취출구 혹은 흡입구 구멍면적의 합계
② 도달거리 : 기류의 중심속도가 0.25m/s에 이르렀을 때, 취출구에서의 수평거리
③ 유인비 : 전공기량에 대한 취출공기량(1차 공기)의 비
④ 강하도 : 수평으로 취출된 기류가 일정 거리만큼 진행한 뒤 기류 중심선과 취출구 중심과의 수직거리

해설 유인비 = $\dfrac{1차\ 공기량 + 2차\ 공기량}{1차\ 공기량}$

답 056. ① 057. ③ 058. ④ 059. ③

Q060 덕트의 마찰저항을 증가시키는 요인 중 값이 커지면 마찰저항이 감소되는 것은?
① 덕트 재료의 마찰저항 계수　② 덕트 길이
③ 덕트 직경　　　　　　　　④ 풍속

해설
덕트의 마찰저항(압력손실) $H_L = \lambda \times \dfrac{l}{d} \times \dfrac{u^2}{2g}$ [m]
단, λ는 덕트 재료의 마찰저항 계수, l은 덕트의 길이(m), d는 덕트의 직경(m), u는 풍속(m/sec), g는 중력가속도(9.8m/sec²)이다.
∴ 덕트의 마찰저항은 덕트의 직경에 반비례하므로 덕트의 직경이 커지면 덕트의 마찰저항은 감소된다.

제 4 과목　전기제어공학

Q061 정격주파수 60Hz의 농형 유도전동기를 50Hz의 정격전압에서 사용할 때, 감소하는 것은?
① 토크　　② 온도
③ 역률　　④ 여자전류

해설 농형 유도전동기에 주파수를 낮게 하면
- 동기속도와 역률이 감소한다.
- 온도가 상승하고 기동전류와 최대 토크가 증가한다.

Q062 그림과 같은 피드백 회로의 종합 전달함수는?

① $\dfrac{1}{G_1} + \dfrac{1}{G_2}$
② $\dfrac{G_1}{1 - G_1 G_2}$
③ $\dfrac{G_1}{1 + G_1 G_2}$
④ $\dfrac{G_1 G_2}{1 - G_1 G_2}$

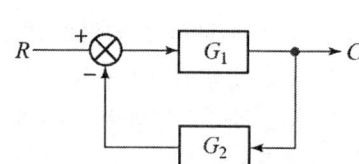

해설 출력 $C = G_1 R - G_1 G_2 C$
$C + G_1 G_2 C = G_1 R$
$(1 + G_1 G_2)C = G_1 R$
전달함수 $\dfrac{C}{R} = \dfrac{G_1}{1 + G_1 G_2}$

답 060. ③　061. ③　062. ③

Q 063 도체가 대전된 경우 도체의 성질과 전하 분포에 관한 설명으로 틀린 것은?
① 도체 내부의 전계는 ∞이다.
② 전하는 도체 표면에만 존재한다.
③ 도체는 등전위이고 표면은 등전위면이다.
④ 도체 표면상의 전계는 면에 대하여 수직이다.

해설 전하는 도체 표면에만 존재하고 도체 내부에는 존재하지 않으므로 도체 내부의 전계는 0이다.

Q 064 어떤 교류전압의 실효값이 100V일 때 최대값은 약 몇 V가 되는가?
① 100
② 141
③ 173
④ 200

해설 [조건] 실효값 $V=100V$

최대값(V_m), 실효값(V), 평균값(V_a)의 관계 $V_m = \sqrt{2}\,V = \dfrac{\pi}{2} V_a$ 에서

최대값 $V_m = \sqrt{2}\,V = \sqrt{2} \times 100V = 141.4V$

Q 065 PLC(Programmable Logic Controller)에서 CPU부의 구성과 거리가 먼 것은?
① 연산부
② 전원부
③ 데이터 메모리부
④ 프로그램 메모리부

해설 PLC 구성
• 중앙처리장치(CPU) : 연산부, 데이터 메모리부, 프로그램 메모리부
• 입·출력장치
• 기억장치
• 전원공급장치

Q 066 제어대상의 상태를 자동적으로 제어하며, 목표값이 제어 공정과 기타의 제한 조건에 순응하면서 가능한 가장 짧은 시간에 요구되는 최종상태까지 가도록 설계하는 제어는?
① 디지털제어
② 적응제어
③ 최적제어
④ 정치제어

해설 최적제어
• 제어대상의 상태를 자동적으로 어떤 필요한 최적 상태까지 이르도록 하는 제어이다.
• 제어상태 또는 제어결과를 주어진 제어 목적의 기준에 따라 평가하고 그 평가 결과를 가장 좋게 유지하면서 제어의 목적을 달성하는 제어이다.

답 063. ① 064. ② 065. ② 066. ③

067
90Ω의 저항 3개가 △결선으로 되어 있을 때, 상당(단상) 해석을 위한 등가 Y결선에 대한 각 상의 저항 크기는 몇 Ω인가?

① 10
② 30
③ 90
④ 120

해설
△접선을 Y결선으로 등가 변환하는 경우 각 상의 저항 $R_Y = \frac{1}{3}R_\triangle$ 에서
$R_Y = \frac{1}{3} \times 90\Omega = 30\Omega$

068
다음과 같은 회로에 전압계 3대와 저항 10Ω을 설치하여 $V_1 = 80V$, $V_2 = 20V$, $V_3 = 100V$ 의 실효치 전압을 계측하였다. 이때 순저항 부하에서 소모하는 유효전력은 몇 W인가?

① 160
② 320
③ 460
④ 640

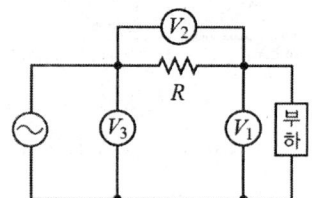

해설 유효전력(P)
$P = \frac{1}{2R}(V_3^2 - V_1^2 - V_2^2)$ 에서
$P = \frac{1}{2 \times 10\Omega}\{(100V)^2 - (80V)^2 - (20V)^2\} = 160W$

069
$G(j\omega) = e^{-j\omega 0.4}$일 때 $\omega = 2.5$에서의 위상각은 약 몇 도인가?

① −28.6
② −42.9
③ −57.3
④ −71.5

해설
- $G(j\omega) = e^{-j\omega L}$에서 $G(j\omega) = e^{-j\omega 0.4}$이므로 $L = 0.4$
- 각속도 $\omega = 2.5$이므로
  $\angle G(j\omega) = \tan^{-1}\left(\frac{-\sin\omega L}{\cos\omega L}\right) = -\omega L$에서 $\angle G(j\omega) = -2.5 \times 0.4 = -1\text{rad}$
  ∴ $\text{rad} = \frac{\pi}{180} \times \theta$에서 위상각 $\theta = \frac{180° \times \text{rad}}{\pi} = \frac{180° \times (-1\text{rad})}{\pi} = -57.3°$

070
여러 가지 전해액을 이용한 전기분해에서 동일량의 전기로 석출되는 물질의 양은 각각의 화학당량에 비례한다고 하는 법칙은?

① 줄의 법칙
② 렌츠의 법칙
③ 쿨롱의 법칙
④ 패러데이의 법칙

답 067. ② 068. ① 069. ③ 070. ④

해설 패러데이의 법칙
- 전기분해에 의해 석출되는 물질의 양은 전해액 속에 통과한 전기량에 비례한다.
- 전기화학 분해법칙으로서 전기량이 일정할 때 석출되는 물질의 양은 화학당량에 비례한다.

071 과도 응답의 소멸되는 정도를 나타내는 감쇠비(decay ratio)로 옳은 것은?

① $\dfrac{\text{제2 오버슈트}}{\text{최대 오버슈트}}$ ② $\dfrac{\text{제4 오버슈트}}{\text{최대 오버슈트}}$

③ $\dfrac{\text{최대 오버슈트}}{\text{제2 오버슈트}}$ ④ $\dfrac{\text{최대 오버슈트}}{\text{제4 오버슈트}}$

해설
- 오버슈트 : 응답 중에 발생하는 입력과 출력 사이의 최대 편차량이다.
- 감쇠비 : 과도응답이 소멸되는 속도를 양적으로 표현한 값이다.
- ∴ 감쇠비 = $\dfrac{\text{제2의 오버슈트}}{\text{최대 오버슈트}}$

072 유도전동기에서 슬립이 '0'이란 의미와 같은 것은?

① 유도제동기의 역할을 한다.
② 유도전동기가 정지상태이다.
③ 유도전동기가 전부하 운전상태이다.
④ 유도전동기가 동기속도로 회전한다.

해설 슬립의 범위 : $0 < s < 1$
- $s = 0$: 유도전동기가 동기속도로 회전한다.
- $s = 1$: 유도전동기가 정지 또는 기동상태이다.

073 제어장치가 제어대상에 가하는 제어신호로 제어장치의 출력인 동시에 제어대상의 입력인 신호는?

① 조작량   ② 제어량
③ 목표값   ④ 동작 신호

해설
- 목표값 : 제어계의 입력, 즉 제어량이 소정의 값을 만족하도록 외부에서 주어지는 값이다.
- 조작량 : 제어장치가 제어대상에 가하는 제어신호로 제어장치의 출력인 동시에 제어대상의 입력인 신호이다.
- 제어량 : 제어를 받는 제어계의 출력량으로 제어대상에 속하는 양이다.
- 동작 신호 : 기준입력과 주 궤환신호와의 차로서 제어동작을 발생하는 신호로 편차라고도 한다.

답 071. ① 072. ④ 073. ①

074

200V, 1kW 전열기에서 전열선의 길이를 $\frac{1}{2}$로 할 경우, 소비전력은 몇 kW인가?

① 1
② 2
③ 3
④ 4

해설

[조건] 전압 $V=200V$, 소비전력 $P_1=1kW=1000W$, 전열선의 길이 $l_2=\frac{1}{2}l_1$

- 소비전력 $P=IV=\frac{V^2}{R}$에서 저항 $R_1=\frac{V^2}{P}=\frac{(200V)^2}{1000W}=40\Omega$
- 저항 $R=\rho\frac{l}{A}$에서 저항은 전열선의 길이에 비례한다.
  단, ρ는 고유저항, l은 전열선의 길이, A는 전열선의 단면적이다.
  저항 $R_2 \propto lR_1$이므로 $R_2=\frac{1}{2}\times 40\Omega=20\Omega$
- ∴ 소비전력 $P_2=\frac{V^2}{R_2}$에서 $P_2=\frac{(200V)^2}{20\Omega}=2000W=2kW$

075

제어계의 분류에서 엘리베이터에 적용되는 제어방법은?

① 정치 제어
② 추종 제어
③ 비율 제어
④ 프로그램 제어

해설

- 정치 제어 : 목표값이 시간에 따라 일정한 제어로서 자동냉난방기, 연속식 압연기, 터빈의 속도제어, 정전압장치에 적용된다.
- 추종 제어 : 목표값의 임의의 변화에 정확히 추종하도록 하는 제어로서 서보기구가 있다.
- 비율 제어 : 목표값이 다른 양과 일정한 비율관계를 가지고 변화하는 경우의 제어로서 보일러 자동 연소장치에 적용된다.
- 프로그램 제어 : 목표값이 시간적으로 미리 정해진 대로 변화하고 제어량을 추종시키는 제어로서 열처리 노의 온도제어, 무인으로 운전되는 열차나 엘리베이터에 적용된다.

076

다음 설명은 어떤 자성체를 표현한 것인가?

> N극을 가까이 하면 N극으로, S극을 가까이 하면 S극으로 자화되는 물질로 구리, 금, 은 등이 있다.

① 강자성체
② 상자성체
③ 반자성체
④ 초강자성체

해설 자성체

- 강자성체 : 철, 니켈, 코발트
- 반자성체 : 금, 은 등의 금속, 산소를 제외한 대부분의 기체, 유기물질, 물, 유리
- 상자성체 : 산소, 공기

답 074. ② 075. ④ 076. ③

077. 단위 피드백 제어계통에서 입력과 출력이 같다면 전향전달함수 $G(s)$의 값은?

① 0
② 0.707
③ 1
④ ∞

해설
피드백 제어계통에서 전달함수 $\dfrac{C(s)}{R(s)} = \dfrac{G(s)}{1+G(s)}$
입력과 출력이 같으므로 전달함수는 "1"이 되어야 한다. 따라서, 전향전달함수 $G(s)$는 ∞이어야 한다.

078. 제어계의 과도응답특성을 해석하기 위해 사용하는 단위계단입력은?

① $\delta(t)$
② $u(t)$
③ $-3tu(t)$
④ $\sin(120\pi t)$

해설
- 단위계단입력은 기준입력이 정상상태에서 갑자기 변환한 후 변환된 상태를 일정하게 유지하는 입력으로서 수학적인 계단함수는 다음과 같다.
  단위계단 함수 $f(t) = u(t) = 1$
- 단위계단 입력신호에 대한 과도응답은 인디셜응답이다.

079. 추종제어에 속하지 않는 제어량은?

① 위치
② 방위
③ 자세
④ 유량

해설 제어량에 의한 분류
- 프로세스제어 : 온도, 압력, 유량, 액위, 농도
- 자동조정 : 전압, 전류, 주파수, 회전수, 속도, 토크
- 서보기구 : 위치, 각도, 방위, 자세

080. PI 동작의 전달함수는? (단, K_P는 비례감도이고, T_I는 적분 시간이다.)

① K_P
② $K_P s T_I$
③ $K_P(1+sT_I)$
④ $K_P\left(1+\dfrac{1}{sT_I}\right)$

해설
- PI 동작의 전달함수 : $G(s) = K_P\left(1+\dfrac{1}{T_I s}\right)$
- PD 동작의 전달함수 : $G(s) = K_P(1+T_D s)$
- PID 동작의 전달함수 : $G(s) = K_P\left(1+\dfrac{1}{T_I s}+T_D s\right)$
  단, K_P는 비례감도, K_I는 적분 시간, K_D는 미분 시간이다.

답 077.④ 078.② 079.④ 080.④

제 5 과목   배관일반

Q 081 냉동 장치의 배관공사가 완료된 후 방열공사의 시공 및 냉매를 충전하기 전에 전 계통에 걸쳐 실시하며, 진공 시험으로 최종적인 기밀 유무를 확인하기 전에 하는 시험은?

① 내압시험　　　　　　② 기밀시험
③ 누설시험　　　　　　④ 수압시험

해설 냉동 장치의 시험
- 내압시험 : 내압 강도를 확인하기 위해 실시하는 시험으로서 내압시험압력은 설계압력의 1.5배 이상으로 한다.
- 기밀시험 : 내압시험에 합격한 냉동 장치의 구성기기를 조립한 상태에서 기밀 유무를 확인하기 위해 실시하는 시험으로서 기밀시험압력은 설계압력 이상의 한다.
- 누설시험 : 냉동 장치의 배관공사가 완료된 후 방열공사의 시공 및 냉매를 충전을 하기 전 냉동 장치의 전 계통에 걸쳐 실시하며 최종적인 기밀 유무를 확인하기 전에 하는 시험이다.
- 진공시험 : 누설시험이 완료된 후 진공펌프를 사용하여 냉동 장치 내의 수분을 완전히 제거하고 최종적으로 기밀을 확인하는 시험으로서 냉동 장치 내를 진공압력 740~760mmHg로 유지한 후 24시간 방치한다.

Q 082 가스미터를 구조상 직접식(실측식)과 간접식(추정식)으로 분류된다. 다음 중 직접식 가스미터는?

① 습식　　　　　　　　② 터빈식
③ 벤튜리식　　　　　　④ 오리피스식

해설 가스미터의 분류
- 직접식(실측식) : 건식(막식-크로바식, 독립내기식, 회전자식-루츠식, 오벌식, 로터리식), 습식
- 간접식(추정식) : 터빈식, 벤튜리식, 오리피스식, 델타(delter)식

Q 083 전기가 정전되어도 계속하여 급수를 할 수 있으며 급수오염 가능성이 적은 급수방식은?

① 압력탱크 방식　　　　② 수도직결 방식
③ 부스터 방식　　　　　④ 고가탱크 방식

해설 수도직결 방식
수도본관으로부터 급수관을 직접 분기하여 건물 내의 필요한 곳에 수도본관의 수압으로 급수하는 방식으로서 급수의 오염이 적고 전기가 정전되어도 급수를 할 수 있다.

답 081. ③　082. ①　083. ②

Q 084 배관작업용 공구의 설명으로 틀린 것은?

① 파이프 리머(pipe reamer) : 관을 파이프커터 등으로 절단한 후 관 단면의 안쪽에 생긴 거스러미(burr)를 제거
② 플레어링 툴(flaring tools) : 동관을 압축 이음하기 위하여 관 끝을 나팔 모양으로 가공
③ 파이프 바이스(pipe vice) : 관을 절단하거나 나사 이음을 할 때 관이 움직이지 않도록 고정
④ 사이징 툴(sizing tools) : 동일지름의 관을 이음쇠 없이 납땜 이음을 할 때 한쪽 관 끝을 소켓 모양으로 가공

해설 사이징 툴(sizing tools)
동관의 끝부분을 원형으로 정형하는 데 사용하는 공구이다.

Q 085 LP가스 공급, 소비 설비의 압력손실 요인으로 틀린 것은?

① 배관의 입하에 의한 압력손실
② 엘보, 티 등에 의한 압력손실
③ 배관의 직관부에서 일어나는 압력손실
④ 가스미터, 콕크, 밸브 등에 의한 압력손실

해설 LP가스 공급, 소비 설비의 압력손실 요인
• 배관의 입상에 의한 압력손실
• 엘보, 티 등에 의한 압력손실
• 배관의 직관부에서 일어나는 압력손실
• 가스미터, 콕크, 밸브 등에 의한 압력손실

Q 086 통기관의 설치 목적으로 가장 거리가 먼 것은?

① 배수의 흐름을 원활하게 하여 배수관의 부식을 방지한다.
② 봉수가 사이펀 작용으로 파괴되는 것을 방지한다.
③ 배수계통 내에 신선한 공기를 유입하기 위해 환기시킨다.
④ 배수계통 내의 배수 및 공기의 흐름을 원활하게 한다.

해설 통기관의 설치 목적
• 배수의 흐름을 원활하게 한다.
• 배수 트랩의 봉수를 보호한다.
• 신선한 공기를 유통시켜 관내 청결을 유지한다.
• 배수관 내의 압력을 일정하게 유지한다.

답 084. ④ 085. ① 086. ①

Q 087 배관의 끝을 막을 때 사용하는 이음쇠는?

① 유니언 ② 니플
③ 플러그 ④ 소켓

해설 관 이음쇠의 분류
- 관의 방향을 바꿀 때 사용 : 엘보, 리턴벤드
- 관을 도중에 분기할 때 사용 : 티, 와이, 크로스
- 관경이 같은 관을 직선으로 연결할 때 사용 : 소켓, 니플
- 관경이 다른 관을 직선으로 연결할 때 사용 : 부싱, 레듀서
- 관 끝을 막을 때 사용 : 캡, 플러그
- 관을 분해하거나 교체가 필요할 때 사용 : 유니언, 플랜지

Q 088 아래 저압가스 배관의 직경(D)을 구하는 식에서 S가 의미하는 것은? (단, L은 관의 길이를 의미한다.)

$$D^5 = \frac{Q^2 \cdot S \cdot L}{K^2 \cdot H}$$

① 관의 내경 ② 공급 압력 차
③ 가스 유량 ④ 가스 비중

해설 저압가스 배관의 직경(D)

$D^5 = \dfrac{Q^2 \cdot S \cdot L}{K^2 \cdot H}$ [cm]

단, D는 관의 내경(cm), H는 허용압력손실(mmAq), S는 가스 비중, L은 관의 길이(m), K는 유량계수이다.

Q 089 다음 장치 중 일반적으로 보온, 보냉이 필요한 것은?

① 공조기용의 냉각수 배관
② 방열기 주변 배관
③ 환기용 덕트
④ 급탕 배관

해설 보온 및 보냉이 필요로 하지 않는 곳
- 냉동기 및 공조기의 냉각수 배관
- 방열기 주위 배관
- 환기용 덕트
- 관말 증기 트랩 장치에서 냉각관
- 증기난방설비의 환수관
- 난방하고 있는 실내에 노출된 배관(단, 하향 급기하는 증기주관은 보온한다.)

답 087. ③ 088. ④ 089. ④

Q 090 순동 이음쇠를 사용할 때에 비하여 동합금 주물 이음쇠를 사용할 때 고려할 사항으로 가장 거리가 먼 것은?

① 순동 이음쇠 사용에 비해 모세관 현상에 의한 용융 확산이 어렵다.
② 순동 이음쇠와 비교하여 용접재 부착력은 큰 차이가 없다.
③ 순동 이음쇠와 비교하여 냉벽 부분이 발생할 수 있다.
④ 순동 이음쇠 사용에 비해 열팽창의 불균일에 의한 부정적 틈새가 발생할 수 있다.

해설 동합금 주물 이음쇠와 용접재와의 부착력은 순동이음쇠와 비교하여 많은 차이가 있다.

Q 091 보온 시공 시 외피의 마무리재로서 옥외 노출부에 사용되는 재료로 사용하기에 가장 적당한 것은?

① 면포
② 비닐 테이프
③ 방수 마포
④ 아연 철판

해설 아연 철판
- 아연으로 도금처리된 철판으로서 내식성이 우수하다.
- 열의 반사특성을 이용하므로 보온능력이 우수하다.
- 보온 시공 시 옥외 노출부에 사용되는 외피의 마무리 재료로 사용하기에 적당하다.

Q 092 급수방식 중 급수량의 변화에 따라 펌프의 회전수를 제어하여 급수압을 일정하게 유지할 수 있는 회전수 제어시스템을 이용한 방식은?

① 고가수조방식
② 수도직결방식
③ 압력수조방식
④ 펌프직송방식

해설 급수방식
- 고가수조방식 : 수도 본관에서 급수를 저수조에 저장한 다음 급수 가압펌프로 옥상에 설치한 고가탱크로 송수하여 급수관을 통해 각 실의 수전에 급수하는 방식이다.
- 수도직결방식 : 수도 본관으로부터 급수관을 직접 분기하여 건물 내의 필요한 곳에 수도 본관의 수압으로 급수하는 방식이다.
- 압력수조방식 : 압력탱크 내에 물을 공급한 후 압축공기로 물에 압력을 가하여 각 실의 수전에 급수하는 방식이다.
- 펌프직송방식 : 수도 본관에서 급수를 저수조에 저장한 다음 급수 가압펌프로 각 실의 수전에 직송하는 방식으로서 펌프의 회전수를 제어하여 급수압력을 일정하게 유지한다.

답 090. ② 091. ④ 092. ④

Q 093 보일러 등 압력용기와 그 밖에 고압 유체를 취급하는 배관에 설치하여 관 또는 용기 내의 압력이 규정 한도에 달하면 내부에너지를 자동적으로 외부에 방출하여 항상 안전한 수준으로 압력을 유지하는 밸브는?

① 감압 밸브
② 온도 조절 밸브
③ 안전 밸브
④ 전자 밸브

해설
- 감압 밸브 : 보일러에서 발생된 고압의 증기를 감압시켜 2차 측(사용 측)의 증기압력(저압)을 일정하게 유지시켜 주는 밸브이다.
- 온도조절 밸브 : 열교환기 입구에 설치하여 탱크 내의 온도에 따라 밸브를 개폐하며, 열매의 유입량을 조절하여 탱크 내의 온도를 설정 범위로 유지시키는 밸브이다.
- 전자 밸브 : 보일러 운전 중 저수위, 증기압력 초과, 불착화 등 이상이 발생하였을 때 연료공급을 차단하여 보일러 사고를 미연에 방지하는 밸브이다.

Q 094 밀폐 배관계에서는 압력계획이 필요하다. 압력계획을 하는 이유로 틀린 것은?

① 운전 중 배관계 내에 대기압보다 낮은 개소가 있으면 접속부에서 공기를 흡입할 우려가 있기 때문에
② 운전 중 수온에 알맞은 최소압력 이상으로 유지하지 않으면 순환수 비등이나 플래시 현상 발생 우려가 있기 때문에
③ 펌프의 운전으로 배관계 각 부의 압력이 감소하므로 수격작용, 공기정체 등의 문제가 생기기 때문에
④ 수온의 변화에 의한 체적의 팽창·수축으로 배관 각부에 악영향을 미치기 때문에

해설 밀폐 배관계에서 펌프의 운전으로 배관계 각 부의 압력이 변동하므로 열원기기, 방열기기, 그 외 배관 각 부분의 내압상 지장을 일으킬 우려가 있기 때문에 압력계획을 한다.

Q 095 다음 중 난방 또는 급탕설비의 보온재료로 가장 부적합한 것은?

① 유리 섬유
② 발포폴리스티렌폼
③ 암면
④ 규산칼슘

해설 발포폴리스티렌폼은 기포성수지로서 안전사용 최고온도가 72℃로서 난방 또는 급탕설비의 보온재로 사용하기에는 부적합하다.

Q 096 배수의 성질에 따른 구분에서 수세식 변기의 대·소변에서 나오는 배수는?

① 오수
② 잡배수
③ 특수배수
④ 우수배수

답 093. ③ 094. ③ 095. ② 096. ①

해설: 배수의 성질에 따른 구분
- 오수 : 대·소변기에서 나오는 배수이다.
- 잡배수 : 대·소변기를 제외한 세면기, 싱크대, 욕조 등에서 나오는 배수이다.
- 특수배수 : 병원, 공장, 실험실 등에서 병원균과 화학약품이 함유되어 나오는 배수이다.
- 우수배수 : 옥상이나 부지 내에 내리는 빗물의 배수이다.

Q 097. 리버스 리턴 배관 방식에 대한 설명으로 틀린 것은?

① 각 기기 간의 배관 회로 길이가 거의 같다.
② 저항의 밸런싱을 취하기 쉽다.
③ 개방 회로 시스템(open loop system)에서 권장된다.
④ 환수관이 2중이므로 배관 설치 공간이 커지고 재료비가 많이 든다.

해설: 리버스 리턴 배관 방식은 공급관과 환수관의 배관 길이를 같게 하여 각 기기 간의 유량을 균등하게 분배시키는 방식으로서 밀폐 회로 시스템에서 권장된다.

Q 098. 패럴렐 슬라이드 밸브(parallel slide valve)에 대한 설명으로 틀린 것은?

① 평행한 두 개의 밸브 몸체 사이에 스프링이 삽입되어 있다.
② 밸브 몸체와 디스크 사이에 시트가 있어 밸브 측면의 마찰이 적다.
③ 쐐기 모양의 밸브로서 쐐기의 각도는 보통 6~8°이다.
④ 밸브 시트는 일반적으로 경질금속을 사용한다.

해설: 패럴렐 슬라이드 밸브의 특징
- 서로 평행한 두 개의 디스크 조합으로 밸브 몸체 사이에 스프링이 삽입되어 있다.
- 밸브 몸체와 디스크 사이에 시트가 있어 밸브 측면의 마찰이 적다.
- 밸브 디스크와 시트는 슬라이드하여 작동하므로 밸브 시트는 일반적으로 경질금속을 사용한다.
- 밸브대를 수직으로 설치하며 고온, 고압에 적합하다.
- 열팽창의 영향을 받지 않으므로 밸브의 개폐가 용이하다.

Q 099. 5세주형 700mm의 주철제 방열기를 설치하여 증기온도가 110℃, 실내 공기온도가 20℃이며 난방부하가 29kW일 때 방열기의 소요 쪽수는? (단, 방열계수는 8W/m²·℃, 1쪽당 방열면적은 0.28m²이다.)

① 144쪽
② 154쪽
③ 164쪽
④ 174쪽

답 097. ③ 098. ③ 099. ①

해설 [조건] 증기온도 $t_2 = 110℃$, 공기온도 $t_1 = 20℃$, 난방부하 $q_r = 29\text{kW} = 29000\text{W}$, 방열계수 $K = 8\text{W/m}^2 \cdot ℃$, 1쪽당 방열면적 $A = 0.28\text{m}^2$

방열기 방열량 $q_r = KA(t_2 - t_1)n$ 이므로

방열기 쪽수 $n = \dfrac{q_r}{KA\Delta t}$ 에서 $n = \dfrac{29000\text{W}}{8\dfrac{\text{W}}{\text{m}^2 \cdot ℃} \times 0.28\text{m}^2 \times (110-20)℃} = 143.8 ≒ 144$쪽

Q 100. 다음 중 열팽창에 의한 관의 신축으로 배관의 이동을 구속 또는 제한하는 장치가 아닌 것은?

① 앵커(anchor) ② 스토퍼(stopper)
③ 가이드(guide) ④ 인서트(insert)

해설 레스트레인트는 열팽창에 의한 배관의 이동을 구속 또는 제한하는 장치로서 앵커, 스토퍼, 가이드가 있다.
- 앵커는 배관의 이동 및 회전을 방지하기 위하여 지지점의 위치에 완전히 고정하는 장치이다.
- 스토퍼는 배관의 일정한 방향의 이동과 회전만 구속하고 다른 방향은 자유롭게 움직이도록 하는 데 사용된다.
- 가이드는 배관의 축 방향 이동은 허용하고 관의 회전이나 축과 직각 방향의 이동을 구속하는 데 사용되며, 배관의 곡관 부분과 신축이음 부분에 설치한다.

답 100. ④

기출문제
공조냉동기계기사 **2019년 8월 4일 시행**

제 1 과목 기계열역학

001 질량 4kg의 액체를 15℃에서 100℃까지 가열하기 위해 714kJ의 열을 공급하였다면 액체의 비열(kJ/kg·K)은 얼마인가?

① 1.1 ② 2.1
③ 3.1 ④ 4.1

해설 [조건] 질량 $m = 4$kg, 초기온도 $t_1 = 15℃ = 288$K, 최종온도 $t_2 = 100℃ = 373$K, 열량 $Q = 714$kJ

열량 $Q = mC(t_2 - t_1)$이므로

비열 $C = \dfrac{Q}{m(t_2 - t_1)}$에서 $C = \dfrac{714\text{kJ}}{4\text{kg} \times (373 - 288)\text{K}} = 2.1\text{kJ/kg} \cdot \text{K}$

002 800kPa, 350℃의 수증기를 200kPa로 교축한다. 이 과정에 대하여 운동 에너지의 변화를 무시할 수 있다고 할 때 이 수증기의 Joule-Thomson 계수(K/kPa)는 얼마인가? (단, 교축 후의 온도는 344℃이다.)

① 0.005 ② 0.01
③ 0.02 ④ 0.03

해설 [조건] 교축 전의 온도와 압력 $T_1 = 350℃ = 623$K, $P_1 = 800$kPa
교축 후의 온도와 압력 $T_2 = 344℃ = 617$K, $P_2 = 200$kPa

줄-톰슨계수 $\mu = \left(\dfrac{\partial T}{\partial P}\right)_{h = constant}$에서 $\mu = \left\{\dfrac{(623 - 617)\text{K}}{(800 - 200)\text{kPa}}\right\} = 0.01$K/kPa

003 이상적인 카르노 사이클 열기관에서 사이클당 585.5J의 일을 얻기 위하여 필요로 하는 열량이 1kJ이다. 저열원의 온도가 15℃라면 고열원의 온도(℃)는 얼마인가?

① 422 ② 595
③ 695 ④ 722

답 001. ② 002. ② 003. ①

해설 [조건] 일 $W = 585.5J$, 고열원의 열량 $Q_H = 1kJ = 1000J$, 저열원의 온도 $T_L = 15℃ = 288K$

카르노 사이클의 열효율 $\eta = \dfrac{W}{Q_H} = \dfrac{T_H - T_L}{T_H} = 1 - \dfrac{T_L}{T_H}$ 이므로

고열원의 온도 $T_H = \dfrac{T_L}{1 - \dfrac{W}{Q_H}}$ 에서 $T_H = \dfrac{288K}{1 - \dfrac{585.5J}{1000J}} = 694.8K = 421.8℃$

Q 004
배기량(displacement volume)이 1200cc, 극간체적(clearance volume)이 200cc인 가솔린 기관의 압축비는 얼마인가?

① 5 ② 6
③ 7 ④ 8

해설 [조건] 배기량 $V_s = 1200cc$, 극간체적 $V_c = 200cc$

압축비 $\epsilon = \dfrac{V_c + V_s}{V_c}$ 에서 $a = \dfrac{200cc + 1200cc}{200cc} = 7$

Q 005
열역학적 상태량은 일반적으로 강도성 상태량과 용량성 상태량으로 분류할 수 있다. 강도성 상태량에 속하지 않는 것은?

① 압력 ② 온도
③ 밀도 ④ 체적

해설 열역학적 상태량
- 강도성 상태량 : 물질의 질량에 관계없는 상태량으로서 압력, 온도, 밀도, 비체적 등이 있다.
- 용량성 상태량 : 물질의 질량에 비례하는 크기를 갖는 상태량으로서 체적, 질량, 내부에너지, 엔탈피, 엔트로피 등이 있다.

Q 006
국소 대기압력이 0.099MPa일 때 용기 내 기체의 게이지 압력이 1MPa이었다. 기체의 절대압력(MPa)은 얼마인가?

① 0.901 ② 1.099
③ 1.135 ④ 1.275

해설 [조건] 국소 대기압력 $P = 0.099MPa$, 게이지 압력 $P_g = 1MPa$

절대압력 $P_a = P + P_g$ 에서 $P_a = (0.099 + 1)MPa = 1.099MPa$

답 004. ③ 005. ④ 006. ②

007 표준대기압 상태에서 물 1kg이 100℃로부터 전부 증기로 변하는 데 필요한 열량이 0.652kJ이다. 이 증발과정에서의 엔트로피 증가량(J/K)은 얼마인가?

① 1.75 ② 2.75
③ 3.75 ④ 4.00

해설 [조건] 열량 변화량 $\delta Q = 0.652\text{kJ} = 652\text{J}$, 온도 $T = 100℃ = 373\text{K}$

엔트로피 변화량 $dS = \dfrac{\delta Q}{T}$ 에서 $dS = \dfrac{652\text{J}}{373\text{K}} = 1.748\text{J/K}$

---

008 다음 냉동 사이클에서 열역학 제1법칙과 제2법칙을 모두 만족하는 Q_1, Q_2, W는?

① $Q_1 = 20\text{kJ}$, $Q_2 = 20\text{kJ}$, $W = 20\text{kJ}$
② $Q_1 = 20\text{kJ}$, $Q_2 = 30\text{kJ}$, $W = 20\text{kJ}$
③ $Q_1 = 20\text{kJ}$, $Q_2 = 20\text{kJ}$, $W = 10\text{kJ}$
④ $Q_1 = 20\text{kJ}$, $Q_2 = 15\text{kJ}$, $W = 5\text{kJ}$

해설
- 열량 $Q_1 = Q_3\left(1 - \dfrac{T_3}{T_1 + T_2}\right)$ 에서 $Q_1 = 30\text{kJ} \times \left(1 - \dfrac{240\text{K}}{320\text{K} + 370\text{K}}\right) ≒ 20\text{kJ}$
- 열량 $Q_2 = Q_3 \times \dfrac{T_1 + T_3}{T_2}$ 에서 $Q_2 = 20\text{kJ} \times \dfrac{320\text{K} + 240\text{K}}{370\text{K}} ≒ 30\text{kJ}$
- 일량 $W = (Q_1 + Q_2) - Q_3$ 에서 $W = (20 + 30)\text{kJ} - 30\text{kJ} = 20\text{kJ}$

---

009 체적이 1m³인 용기에 물이 5kg 들어 있으며 그 압력을 측정해보니 500kPa이었다. 이 용기에 있는 물 중에 증기량(kg)은 얼마인가? (단, 500kPa에서 포화 액체와 포화 증기의 비체적은 각각 0.001093m³/kg, 0.37489m³/kg이다.)

① 0.005 ② 0.94
③ 1.87   ④ 2.66

해설 [조건] 체적 $V = 1\text{m}^3$, 질량 $m = 5\text{kg}$, 포화 액체의 비체적 $v_f = 0.001093\text{m}^3/\text{kg}$, 포화 증기의 비체적 $v_g = 0.37489\text{m}^3/\text{kg}$

- 물의 비체적 $v = \dfrac{V}{m}$ 에서 $v = \dfrac{1\text{m}^3}{5\text{kg}} = 0.2\text{m}^3/\text{kg}$
- 건도 $x = \dfrac{v - v_f}{v_g - v_f}$ 에서 $x = \dfrac{(0.2 - 0.001093)\text{m}^3/\text{kg}}{(0.37489 - 0.001093)\text{m}^3/\text{kg}} = 0.532$
- ∴ 수증기의 질량 $m_s = m \times x$ 에서 $m_s = 5\text{kg} \times 0.532 = 2.66\text{kg}$

답 007. ① 008. ② 009. ④

Q 010 압축비가 18인 오토사이클의 효율(%)은? (단, 기체의 비열비는 1.41이다.)

① 65.7 ② 69.4
③ 71.3 ④ 74.6

[해설] [조건] 압축비 $\epsilon = 18$, 비열비 $k = 1.41$

오토사이클의 효율 $\eta_o = 1 - \left(\dfrac{1}{\epsilon}\right)^{k-1}$ 에서 $\eta_o = 1 - \left(\dfrac{1}{18}\right)^{1.41-1} = 0.694 = 69.4\%$

Q 011 5kg의 산소가 정압하에서 체적이 0.2m³에서 0.6m³로 증가했다. 이 때의 엔트로피의 변화량(kJ/K)은 얼마인가? (단, 산소는 이상기체이며, 정압비열은 0.92kJ/kg·K 이다.)

① 1.857 ② 2.746
③ 5.054 ④ 6.507

[해설] [조건] 질량 $m = 5\text{kg}$, 초기체적 $V_1 = 0.2\text{m}^3$, 최종체적 $V_2 = 0.6\text{m}^3$, 정압비열 $C_p = 0.92\text{kJ/kg}\cdot\text{K}$

- 정압과정에서 온도와 체적과의 관계 $\dfrac{T_2}{T_1} = \dfrac{V_2}{V_1}$

- 엔트로피 변화량

$$dS = \int_{T_1}^{T_2} \dfrac{\delta Q}{T} = \int_{T_1}^{T_2} \dfrac{mC_p dT}{T} = mC_p \int_{T_1}^{T_2} \dfrac{dT}{T} = mC_p \ln\dfrac{T_2}{T_1} = mC_p \ln\dfrac{V_2}{V_1}$$ 에서

$$S_2 - S_1 = mC_p \ln\dfrac{V_2}{V_1} = 5\text{kg} \times 0.92\dfrac{\text{kJ}}{\text{kg}\cdot\text{K}} \times \ln\dfrac{0.6\text{m}^3}{0.2\text{m}^3} = 5.054\text{kJ/K}$$

Q 012 최고온도(T_H)와 최저온도(T_L)가 모두 동일한 이상적인 가역사이클 중 효율이 다른 하나는? (단, 사이클 작동에 사용되는 가스(기체)는 모두 동일하다.)

① 카르노 사이클   ② 브레이튼 사이클
③ 스털링 사이클   ④ 에릭슨 사이클

[해설] 최고온도 T_H와 최저온도 T_L이 주어진 가역 사이클의 효율

- 카르노 사이클 : 2개의 단열과정과 2개의 등온과정으로 이루어진 사이클이다.

$$\eta_c = \dfrac{T_H - T_L}{T_H} = 1 - \dfrac{T_L}{T_H}$$

- 브레이튼 사이클 : 2개의 단열과정과 2개의 등압과정으로 이루어진 사이클이다.

$$\eta_b = 1 - \dfrac{T_4 - T_1}{T_3 - T_2}$$ 에서 $T_1 = T_L$, $T_3 = T_H$ 이므로 $\eta_b = 1 - \dfrac{T_4 - T_L}{T_H - T_2}$

단, T_1은 압축기 흡입온도(열교환기 출구온도=최저온도), T_2는 압축기 토출온도(연소기 입구온도), T_3은 터빈 입구온도(연소기 출구온도=최고온도), T_4은 터빈 출구온도(열교환기 입구온도)이다.

답 010. ② 011. ③ 012. ②

- 스털링 사이클 : 2개의 등온과정과 2개의 등적과정으로 이루어진 사이클이다.

$$\eta_{st} = 1 - \frac{mC_v(T_4-T_1)+mRT_1\ln\frac{P_2}{P_1}}{mC_v(T_3-T_2)+mRT_3\ln\frac{P_3}{P_4}}$$ 에서 $T_1 = T_2 = T_L$, $T_3 = T_4 = T_H$ 이므로

$$\eta_{st} = 1 - \frac{mC_v(T_H-T_L)+mRT_L\ln\frac{P_2}{P_1}}{mC_v(T_H-T_L)+mRT_H\ln\frac{P_3}{P_4}}$$

- 에릭슨 사이클 : 2개의 등온과정과 2개의 등압과정으로 이루어진 사이클이다.

$$\eta_{st} = 1 - \frac{mC_p(T_4-T_1)+mRT_1\ln\frac{P_2}{P_1}}{mC_p(T_3-T_2)+mRT_3\ln\frac{P_3}{P_4}}$$ 에서 $T_1 = T_2 = T_L$, $T_3 = T_4 = T_H$ 이므로

$$\eta_{st} = 1 - \frac{mC_v(T_H-T_L)+mRT_L\ln\frac{P_2}{P_1}}{mC_v(T_H-T_L)+mRT_H\ln\frac{P_3}{P_4}}$$

∴ 카르노 사이클, 스털링 사이클, 에릭슨 사이클은 최고온도와 최저온도만으로 가역 사이클의 효율을 계산할 수 있으나 브레이튼 사이클은 최고온도와 최저 온도만으로는 가역 사이클의 효율을 계산할 수 없다.

Q 013
냉동기 팽창밸브 장치에서 교축과정을 일반적으로 어떤 과정이라고 하는가? (단, 이때 일반적으로 운동에너지 차이를 무시한다.)

① 정압과정 ② 등엔탈피 과정
③ 등엔트로피 과정 ④ 등온과정

해설 팽창밸브 장치에서 교축과정
냉매액이 팽창밸브를 통과하면 단열팽창(등엔탈피) 과정이 이루어지며 압력과 온도가 낮아지고 비체적이 증가한다.

Q 014
그림과 같이 다수의 추를 올려놓은 피스톤이 끼워져 있는 실린더에 들어있는 가스를 계로 생각한다. 초기 압력이 300kPa이고, 초기 체적은 0.05m³이다. 피스톤을 고정하여 체적을 일정하게 유지하면서 압력이 200kPa로 떨어질 때까지 계에서 열을 제거한다. 이때 계가 외부에 한 일(kJ)은 얼마인가?

① 0
② 5
③ 10
④ 15

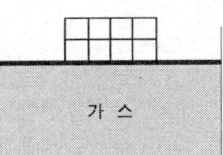

답 013. ② 014. ①

해설 피스톤을 고정하여 체적을 일정하게 유지하므로 체적 변화량 $\triangle V=0$이다.
따라서, 외부에 한 일 $W_{12}=P\triangle V$에서 $\triangle V=0$이므로 $W_{12}=0$이 된다.

015
공기 표준 브레이튼(Brayton) 사이클 기관에서 최고 압력이 500kPa, 최저 압력은 100kPa이다. 비열비(k)가 1.4일 때, 이 사이클의 열효율(%)은?

① 3.9 ② 18.9
③ 36.9 ④ 26.9

해설 [조건] 최고 압력 $P_H=500$kPa, 최저 압력 $P_L=100$kPa, 비열비 $k=1.4$

- 압축비 $\epsilon=\dfrac{P_H}{P_L}$에서 $\epsilon=\dfrac{500\text{kPa}}{100\text{kPa}}=5$

- 브레이튼 사이클의 열효율 $\eta=1-\left(\dfrac{1}{5}\right)^{\frac{1.4-1}{1.4}}=0.369=36.9\%$

016
증기가 디퓨저를 통하여 0.1MPa, 150℃, 200m/s의 속도로 유입되어 출구에서 50m/s의 속도로 빠져나간다. 이때 외부로 방열된 열량이 500J/kg일 때 출구 엔탈피(kJ/kg)는 얼마인가? (단, 입구의 0.1MPa, 150℃ 상태에서 엔탈피는 2776.4kJ/kg이다.)

① 2751.3 ② 2778.2
③ 2794.7 ④ 2812.4

해설 [조건] 입구 엔탈피 $h_1=2776.4$kJ/kg$=2776.4\times 10^3$J/kg, 입구 속도 $u_1=200$m/s,
출구 속도 $u_2=50$m/s, 외부로 방열된 열량 $q=500$J/kg

디퓨져의 에너지방정식 $h_1+\dfrac{u_1^2}{2}=h_2+\dfrac{u_2^2}{2}+q$이므로

출구 엔탈피 $h_2=\left(h_1+\dfrac{u_1^2}{2}\right)-\left(\dfrac{u_2^2}{2}+q\right)$에서

$h_2=\left\{2776.4\times 10^3\dfrac{\text{J}}{\text{kg}}+\dfrac{(200\text{m/s})^2}{2}\right\}-\left\{\dfrac{(50\text{m/s})^2}{2}+500\dfrac{\text{J}}{\text{kg}}\right\}=2794650\text{J/kg}=2794.65\text{kJ/kg}$

017
두께 10mm, 열전도율 15W/m·℃인 금속판 두 면의 온도가 각각 70℃와 50℃일 때 전열면 1m²당 1분 동안에 전달되는 열량(kJ)은 얼마인가?

① 1800 ② 14000
③ 92000 ④ 162000

답 015. ③ 016. ③ 017. ①

[조건] 두께 $l = 10\text{mm} = 0.01\text{m}$, 열전도율 $\lambda = 15\text{W/m} \cdot ℃ = 15\text{J/s} \cdot \text{m} \cdot ℃$, 온도 $t_1 = 70℃$, $t_2 = 50℃$

열전도열량 $q'' = \dfrac{\lambda}{l}(t_1 - t_2)$ 에서

$$q'' = \dfrac{15\dfrac{\text{J}}{\text{s}\cdot\text{m}\cdot℃} \times \dfrac{60s}{1\text{min}}}{0.01\text{m}} \times (70-50)℃ = 1800000\text{J/m}^2 \cdot \text{min} = 1800\text{kJ/m}^2 \cdot \text{min}$$

018
공기 3kg이 300K에서 650K까지 온도가 올라갈 때 엔트로피 변화량(J/K)은 얼마인가? (단, 이때 압력은 100kPa에서 550kPa로 상승하고, 공기의 정압비열은 1.005kJ/kg·K, 기체상수는 0.287kJ/kg·K이다.)

① 712　　　　　　　　② 863
③ 924　　　　　　　　④ 966

[조건] 질량 $m = 3\text{kg}$, 초기온도 $T_1 = 300\text{K}$, 최종온도 $T_2 = 650\text{K}$, 초기압력 $P_1 = 100\text{kPa}$, 최종압력 $P_2 = 550\text{kPa}$, 정압비열 $C_p = 1.005\text{kJ/kg} \cdot \text{K}$, 기체상수 $R = 0.287\text{kJ/kg} \cdot \text{K}$

엔트로피 변화량 $dS = mC_p \ln\dfrac{T_2}{T_1} + mR\ln\dfrac{P_1}{P_2}$ 에서

$$dS = 3\text{kg} \times 1.005\dfrac{\text{kJ}}{\text{kg}\cdot\text{K}} \ln\dfrac{650\text{K}}{300\text{K}} + 3\text{kg} \times 0.287\dfrac{\text{kJ}}{\text{kg}\cdot\text{K}} \ln\dfrac{100\text{kPa}}{550\text{kPa}} = 0.8634\text{kJ/K} = 863.4\text{J/K}$$

019
냉동 효과가 70kW인 냉동기의 방열기 온도가 20℃, 흡열기 온도가 −10℃이다. 이 냉동기를 운전하는 데 필요한 압축기의 이론 동력(kW)은 얼마인가?

① 6.02　　　　　　　　② 6.98
③ 7.98　　　　　　　　④ 8.99

[조건] 냉동 효과 $q_e = 70\text{kW}$, 방열기(응축기) 온도 $T_H = 20℃ = 293\text{K}$, 흡열기(증발기) 온도 $T_L = -10℃ = 263\text{K}$

- 이상적 성적계수 $COP = \dfrac{T_L}{T_H - T_L}$ 에서 $COP = \dfrac{263\text{K}}{(293-263)\text{K}} = 8.77$

- 이론적 성적계수 $COP = \dfrac{q_e}{AW}$ 이므로

이론 동력 $AW = \dfrac{q_e}{COP}$ 에서 $AW = \dfrac{70\text{kW}}{8.77} = 7.98\text{kW}$

답 018. ② 019. ③

Q 020

체적이 0.5m³인 탱크에, 분자량이 24kg/kmol인 이상기체 10kg이 들어있다. 이 기체의 온도가 25℃일 때 압력(kPa)은 얼마인가? (단, 일반기체상수는 8.3143 kJ/kmol·K이다.)

① 126
② 845
③ 2066
④ 49578

해설
[조건] 체적 $V = 0.5\text{m}^3$, 분자량 $M = 24\text{kg/kmol}$, 질량 $m = 10\text{kg}$, 온도 $T = 25℃ = 298.15\text{K}$, 일반기체상수 $\overline{R} = 8.3143\text{kJ/kmol·K}$

- 기체상수 $R = \dfrac{\overline{R}}{M}$에서 $R = \dfrac{8.3143 \dfrac{\text{kJ}}{\text{kmol·K}}}{24 \dfrac{\text{kg}}{\text{kmol}}} = 0.34643\text{kJ/kg·K} = 0.34643\text{kN·m/kg·K}$

- 이상기체 상태방정식 $PV = mRT$이므로

  압력 $P = \dfrac{mRT}{V}$에서 $P = \dfrac{10\text{kg} \times 0.34643 \dfrac{\text{kN·m}^2}{\text{kg·K}} \times 298.15\text{K}}{0.5\text{m}^3} = 2065.8\text{kN/m}^2 = 2065.8\text{kPa}$

제 2 과목 냉동공학

Q 021

다음 중 일반적으로 냉방시스템에서 물을 냉매로 사용하는 냉동방식은?

① 터보식
② 흡수식
③ 전자식
④ 증기압축식

해설
- 터보식 : 프레온 냉매 중에서 비체적이 큰 냉매로서 R-11, R-123, R-113, R-114 등이 사용한다.
- 흡수식 : 냉매와 흡수제를 사용하며 냉매가 NH₃일 경우 흡수제는 물, 냉매가 물일 경우 리튬브로마이드를 사용한다.
- 전자식 : 냉매를 사용하지 않으며 반도체소자를 사용한다.
- 증기압축식 : 왕복동식, 회전식, 스크류식 압축기를 사용하여 증기를 압축하는 방식으로서 대표적으로 냉매는 프레온이나 암모니아를 사용한다.

Q 022

전열면적 40m², 냉각수량 300L/min, 열통과율 3140kJ/m²·h·℃인 수냉식 응축기를 사용하며, 응축부하가 439614kJ/h일 때 냉각수 입구온도가 23℃이라면 응축온도(℃)는 얼마인가? (단, 냉각수의 비열은 4.186kJ/kg·K이다.)

① 29.42℃
② 25.92℃
③ 20.35℃
④ 18.28℃

답 020. ③ 021. ② 022. ①

해설

[조건] 전열면적 $A=40\text{m}^2$, 냉각수량 $m=300\text{L/min}=0.3\text{m}^3/\text{min}$, 열통과율 $K=3140\text{kJ/m}^2\cdot\text{h}\cdot\text{℃}$, 응축부하 $Q_c=439614\text{kJ/h}$, 냉각수 입구온도 $t_{w1}=23\text{℃}=296\text{K}$, 냉각수 비열 $C=4.186\text{kJ/kg}\cdot\text{K}$

- 냉각수량 $m=\rho Q$에서 $m=1000\dfrac{\text{kg}}{\text{m}^3}\times\left(0.3\dfrac{\text{m}^3}{\text{min}}\times\dfrac{60\text{min}}{1\text{h}}\right)=18000\text{kg/h}$

- 응축부하 $Q_c=mC(t_{w2}-t_{w1})$이므로 냉각수 출구온도 $t_{w2}=t_{w1}+\dfrac{Q_c}{mC}$에서

$$t_{w2}=296\text{K}+\dfrac{439164\dfrac{\text{kJ}}{\text{h}}}{18000\dfrac{\text{kg}}{\text{h}}\times 4.186\dfrac{\text{kJ}}{\text{kg}\cdot\text{K}}}=301.83\text{K}=28.83\text{℃}$$

- 응축부하 $Q_c=KA\Delta t_m$이므로 산술평균온도차 $\Delta t_m=\dfrac{Q_c}{KA}$에서

$$\Delta t_m=\dfrac{439164\dfrac{\text{kJ}}{\text{h}}}{3140\dfrac{\text{kJ}}{\text{m}^2\cdot\text{h}\cdot\text{℃}}\times 40\text{m}^2}=3.5\text{℃}$$

∴ 산술평균온도차 $\Delta t_m=t_c-\dfrac{t_{w1}+t_{w2}}{2}$이므로

응축온도 $t_c=\Delta t_m+\dfrac{t_{w1}+t_{w2}}{2}$에서 $t_c=3.5\text{℃}+\dfrac{23\text{℃}+28.83\text{℃}}{2}=29.42\text{℃}$

023 스테판-볼츠만(Stefan-Boltzmann)의 법칙과 관계있는 열 이동 현상은?

① 열 전도 ② 열 대류
③ 열 복사 ④ 열 통과

해설 스테판-볼츠만의 법칙
- 완전 흑체의 복사에너지는 단위시간에 흑체의 표면적과 절대온도 4승에 비례한다.
- 복사 열전달량 $Q=\sigma AT^4$ [W]
  단, σ는 스테판-볼츠만 상수($5.67\times 10^{-8}\text{W/m}^2\cdot\text{K}^4$), A는 표면적(m^2), T는 절대온도(K)이다.

024 냉동 장치에서 일원 냉동사이클과 이원 냉동사이클을 구분 짓는 가장 큰 차이점은?

① 증발기의 대수 ② 압축기의 대수
③ 사용 냉매 개수 ④ 중간냉각기의 유무

해설 이원 냉동사이클
- 서로 다른 2가지의 냉매를 사용하여 저온 측과 고온 측의 독립된 냉동사이클로 분리하여 초저온(−70℃)을 얻기 위하여 채택하는 냉동사이클이다.
- 저온 측 냉매 : 비등점이 낮은 냉매로서 R-13, R-14, 메탄(R-50), 에틸렌, 프로판(R-290) 등이 사용된다.
- 고온 측 냉매 : 비등점이 높고, 응축압력이 낮은 냉매로서 R-11, R-12, R-22 등이 사용된다.

답 023. ③ 024. ③

Q 025.

물속에 지름 10cm, 길이 1m인 배관이 있다. 이때 표면온도가 114℃로 가열되고 있고, 주위 온도가 30℃라면 열전달률(kW)은? (단, 대류 열전달계수 1.6 kW/m²·K이며, 복사 열전달은 없는 것으로 가정한다.)

① 36.7 ② 42.2
③ 45.3 ④ 96.3

해설 [조건] 지름 $d=10\text{cm}=0.1\text{m}$, 길이 $L=1\text{m}$, 표면온도 $t_s=114℃=387\text{K}$, 주위 온도 $t_\infty=30℃=303\text{K}$, 대류 열전달계수 $h=1.6\text{kW/m}^2\cdot\text{K}$

대류 열전달 $q=hA(t_s-t_\infty)=h(\pi dL)(t_s-t_\infty)$에서

$q=1.6\dfrac{\text{kW}}{\text{m}^2\cdot\text{K}}\times(\pi\times0.1\text{m}\times1\text{m})\times(387-303)\text{K}=42.22\text{kW}$

Q 026.

다음 그림과 같은 2단압축 1단 팽창식 냉동 장치에서 고단 측의 냉매 순환량(kg/h)은? (단, 저단 측 냉매 순환량은 1000kg/h이며, 각 지점에서의 엔탈피는 아래 표와 같다.)

지점	엔탈피(kJ/kg)	지점	엔탈피(kJ/kg)
1	1641.2	4	1838.0
2	1796.1	5	535.9
3	1674.7	7	420.8

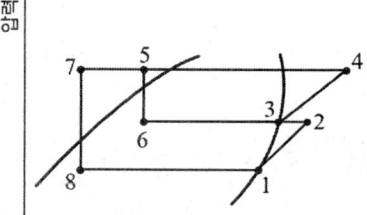

① 1058.2 ② 1207.7
③ 1488.5 ④ 1594.6

해설 고단 측 냉매순환량 $G_H=G_L\times\dfrac{h_2-h_7}{h_3-h_5}$에서

$G_H=1000\dfrac{\text{kg}}{\text{h}}\times\dfrac{(1796.1-420.8)\text{kJ/kg}}{(1674.7-535.9)\text{kJ/kg}}=1207.7\text{kg/h}$

Q 027.

불응축 가스가 냉동 장치에 미치는 영향으로 틀린 것은?

① 체적효율 상승 ② 응축압력 상승
③ 냉동능력 감소 ④ 소요동력 증대

해설 불응축 가스가 냉동 장치에 미치는 영향
- 응축압력이 상승하여 체적효율이 저하된다.
- 토출 가스 온도가 상승한다.
- 압축기 소요동력이 증대한다.
- 냉동능력이 감소한다.
- 냉동기의 성적계수가 감소한다.

답 025. ② 026. ② 027. ①

Q 028 다음 중 동일한 조건에서 열전도도가 가장 낮은 것은?

① 물
② 얼음
③ 공기
④ 콘크리트

해설 열전도도
- 물 : 0.6W/m·K
- 얼음 : 2.2W/m·K
- 공기 : 0.025W/m·K
- 콘크리트 : 1.7W/m·K

Q 029 냉동기에서 유압이 낮아지는 원인으로 옳은 것은?

① 유온이 낮은 경우
② 오일이 과충전된 경우
③ 오일에 냉매가 혼입된 경우
④ 유압조정밸브의 개도가 적은 경우

해설 유압이 낮아지는 원인
- 유온이 너무 높은 경우
- 오일의 유량이 부족하거나 오일펌프가 고장난 경우
- 크랭크케이스 내에 다량의 냉매가 혼입되어 있을 경우
- 유압조정밸브의 개도가 너무 열려 있을 경우
- 오일 중에 다량의 수분이 혼입되어 있을 경우
- 유 여과망이 막혀 있는 경우
- 극도의 진공압력으로 운전될 경우

Q 030 2단 압축 냉동 장치에 관한 설명으로 틀린 것은?

① 동일한 증발온도를 얻을 때 단단압축 냉동 장치 대비 압축비를 감소시킬 수 있다.
② 일반적으로 두 개의 냉매를 사용하여 −30℃ 이하의 증발온도를 얻기 위해 사용된다.
③ 중간 냉각기는 증발기에 공급하는 액을 과냉각 시키고 냉동 효과를 증대시킨다.
④ 중간 냉각기는 냉매증기와 냉매액을 분리시켜 고단 측 압축기 액백 현상을 방지한다.

해설
- 2단 압축 냉동 장치 : 단단압축 냉동 장치에서 −30℃의 증발온도를 얻으려면 압축비가 상승하여 냉동기 성능이 저하되므로 2단 압축 및 다단 압축 냉동 장치를 사용한다.
- 2원 냉동 장치 : 서로 다른 2개의 냉매를 사용하여 저온 측과 고온 측의 독립된 냉동 장치로 분리하여 초저온(−70℃)을 얻기 위하여 사용한다.

답 028. ③ 029. ③ 030. ②

Q 031
다음 그림은 단효용 흡수식 냉동기에서 일어나는 과정을 나타낸 것이다. 각 과정에 대한 설명으로 틀린 것은?

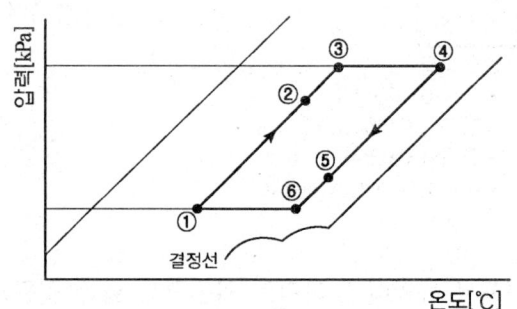

① ① → ② 과정 : 재생기에서 돌아오는 고온 농용액과 열교환에 의한 희용액의 온도증가
② ② → ③ 과정 : 재생기 내에서 비등점에 이르기까지의 가열
③ ③ → ④ 과정 : 재생기 내에서 가열에 의한 냉매 응축
④ ④ → ⑤ 과정 : 흡수기에서의 저온 희용액과 열교환에 의한 농용액의 온도감소

해설 ③ → ④ 과정 : 재생기 내에서 용액 응축

Q 032
냉동기유의 역할로 가장 거리가 먼 것은?
① 윤활 작용
② 냉각 작용
③ 탄화 작용
④ 밀봉 작용

해설 냉동기유의 역할
- 윤활 작용으로 실린더와 피스톤링의 마모를 방지한다.
- 냉각 작용으로 마찰열을 제거하여 기계효율을 증대시킨다.
- 밀봉 작용으로 냉매 가스의 누설을 방지한다.
- 방청 작용으로 부식을 방지한다.

Q 033
냉동능력이 5kW인 제빙장치에서 0℃의 물 20kg을 모두 0℃ 얼음으로 만드는 데 걸리는 시간(min)은 얼마인가? (단, 0℃ 얼음의 융해열 334kJ/kg이다.)
① 22.2
② 18.7
③ 13.4
④ 11.2

답 031. ③ 032. ③ 033. ①

해설
[조건] 냉동능력 $Q_e = 5kW = 5kJ/s$, 질량 $m = 20kg$, 융해열 $\gamma = 334kJ/kg$

냉동능력 $Q_e T = m\gamma$ 이므로

제빙시간 $T = \dfrac{m\gamma}{Q_e}$ 에서 $T = \dfrac{20kg \times 334\frac{kJ}{kg}}{5\frac{kJ}{s} \times \frac{60s}{1min}} = 22.27min$

Q 034
냉장고의 방열벽의 열통과율이 0.000117kW/m²·K일 때 방열벽의 두께(cm)는? (단, 각 값은 아래 표와 같으며, 방열재 이외의 열전도 저항은 무시하는 것으로 한다.)

외기와 외벽면과의 열전달률	0.023kW/m²·K
고내 공기와 내벽면과의 열전달률	0.0116kW/m²·K
방열벽의 열전도율	0.000046kW/m·K

① 35.6 ② 37.1
③ 38.7 ④ 41.8

해설
열통과율 $\dfrac{1}{K} = \dfrac{1}{\alpha_o} + \dfrac{l}{\lambda} + \dfrac{1}{\alpha_i}$ 이므로

방열벽의 두께 $l = \lambda \times \left(\dfrac{1}{K} - \dfrac{1}{\alpha_o} - \dfrac{1}{\alpha_i} \right)$ 에서

$l = 0.000046 \times \left(\dfrac{1}{0.000117} - \dfrac{1}{0.023} - \dfrac{1}{0.0116} \right) = 0.387m = 38.7cm$

Q 035
다음 카르노 사이클의 P-V 선도를 T-S 선도로 바르게 나타낸 것은?

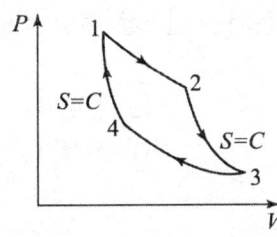

답 034. ③ 035. ④

해설 카르노 사이클은 2개의 등온과정과 2개의 단열과정으로 구성되어있는 이상적인 열기관 사이클이다.
- 1 → 2 과정 : 등온팽창($T_1 = T_2$)
- 2 → 3 과정 : 단열팽창($S_2 = S_3$)
- 3 → 4 과정 : 등온압축($T_3 = T_4$)
- 4 → 1 과정 : 단열압축($S_4 = S_1$)

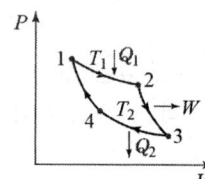 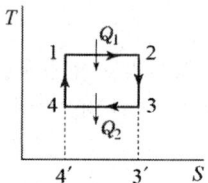

Q 036. 다음 중 흡수식 냉동기의 냉매 흐름 순서로 옳은 것은?

① 발생기 → 흡수기 → 응축기 → 증발기
② 발생기 → 흡수기 → 증발기 → 응축기
③ 흡수기 → 발생기 → 응축기 → 증발기
④ 응축기 → 흡수기 → 발생기 → 증발기

해설 흡수식 냉동기
- 냉매의 흐름 순서 : 증발기 → 흡수기 → 열교환기 → 발생기(재생기) → 응축기 → 증발기
- 리튬브로마이드의 흐름 순서 : 흡수기 → 열교환기 → 발생기(재생기) → 흡수기
- 냉각수의 흐름 순서 : 냉각탑 → 흡수기 → 응축기 → 냉각탑

Q 037. 다음 중 이중 효용 흡수식 냉동기는 단효용 흡수식 냉동기와 비교하여 어떤 장치가 복수 개로 설치되는가?

① 흡수기
② 증발기
③ 응축기
④ 재생기

해설 흡수식 냉동기의 종류

부속장치 종류	증발기 수	재생기 수	열교환기 수
단효용 흡수식 냉동기	1개	1개	1개
이중 효용 흡수식 냉동기	1개	2개	2개

답 036. ③ 037. ④

Q 038 다음 중 스크류 압축기의 구성요소가 아닌 것은?
① 스러스트 베어링
② 숫 로터
③ 암 로터
④ 크랭크축

해설 압축기의 구성요소
- 스크류 압축기 : 숫 로터, 암 로터, 스러스트 베어링, 구동축
- 왕복동식 압축기 : 피스톤, 실린더, 피스톤링, 크랭크축, 커넥팅로드, 축봉장치

Q 039 1대의 압축기로 −20℃, −10℃, 0℃, 5℃의 온도가 다른 저장실로 구성된 냉동장치에서 증발압력조정밸브(EPR)를 설치하지 않는 저장실은?
① −20℃의 저장실
② −10℃의 저장실
③ 0℃의 저장실
④ 5℃의 저장실

해설 증발압력조정밸브(EPR)
- 증발기와 압축기 사이의 흡입관에 설치하여 증발압력이 일정값 이하가 되는 것을 방지한다.
- 압축기는 1대를 사용하고 증발온도가 다른 증발기를 여러 대 사용할 경우에는 고온 측 증발기에 증발압력조정밸브를 설치하고 저온 측 증발기에는 체크밸브를 설치한다.
- ∴ 증발온도가 가장 낮은 −20℃의 저장실에는 증발압력조정밸브를 설치하지 않고 체크밸브를 설치한다.

Q 040 증발기의 착상이 냉동 장치에 미치는 영향에 대한 설명으로 틀린 것은?
① 냉동능력 저하에 따른 냉장(동) 실내 온도 상승
② 증발온도 및 증발압력의 상승
③ 냉동능력당 소요동력의 증대
④ 액압축 가능성의 증대

해설 증발기에 착상이 심할 경우 냉동기에 미치는 영향
- 전열이 불량하게 되어 냉동능력이 저하되고 냉동실의 온도가 상승한다.
- 증발온도 및 증발압력이 저하된다.
- 냉동능력당 소요동력이 증대한다.
- 증발기에서 냉매액이 완전히 증발하지 못하므로 액압축의 가능성이 증대한다.

답 038. ④ 039. ① 040. ②

제 3 과목 공기조화

Q 041
다음 송풍기의 풍량 제어방법 중 송풍량과 축동력의 관계를 고려하여 에너지절감 효과가 가장 좋은 제어방법은? (단, 모두 동일한 조건으로 운전된다.)

① 회전수 제어
② 흡입베인 제어
③ 취출댐퍼 제어
④ 흡입댐퍼 제어

해설 원심송풍기의 풍량 제어방법 중 풍량과 소요 동력과의 관계에서 회전수 제어가 가장 에너지절감 효과가 가장 좋다.

참고 소요동력 $L_2 = \left(\dfrac{N_2}{N_1}\right)^3 L_1$ [kW]

단, 변화 전의 회전수 N_1, 변화 후의 회전수 N_2, 변화 전의 소요동력 L_1, 변화 후의 소요동력 L_2이다.

Q 042
난방부하가 10kW인 온수난방 설비에서 방열기의 출·입구 온도차가 12℃이고, 실내·외 온도차가 18℃일 때 온수 순환량(kg/s)은 얼마인가? (단, 물의 비열은 4.2kJ/kg·℃이다.)

① 1.3
② 0.8
③ 0.5
④ 0.2

해설 [조건] 난방부하 $q = 10\text{kW} = 10\text{kJ/s}$, 방열기 출·입구 온도차 $\Delta t = 12℃$, 물의 비열 $C = 4.2\text{kJ/kg}\cdot℃$

난방부하 $q = mC\Delta t$ 이므로

온수 순환량 $m = \dfrac{q}{C\Delta t}$ 에서 $m = \dfrac{10\frac{\text{kJ}}{\text{s}}}{4.2\frac{\text{kJ}}{\text{kg}\cdot℃} \times 12℃} = 0.198\text{kg/s}$

Q 043
다음 중 고속덕트와 저속덕트를 구분하는 기준이 되는 풍속은?

① 15m/s
② 20m/s
③ 25m/s
④ 30m/s

해설 저속덕트와 고속덕트의 구분
- 저속덕트 : 풍속이 15m/sec 이하
- 고속덕트 : 풍속이 15m/sec 이상

답 041. ① 042. ④ 043. ①

044. 덕트의 부속품에 관한 설명으로 틀린 것은?

① 댐퍼는 통과풍량의 조정 또는 개폐에 사용되는 기구이다.
② 분기 덕트 내의 풍량 제어용으로 주로 익형 댐퍼를 사용한다.
③ 방화구획관통부에는 방화댐퍼 또는 방연댐퍼를 설치한다.
④ 가이드 베인은 곡부의 기류를 세분해서 와류의 크기를 적게 하는 것이 목적이다.

해설 스플릿 댐퍼는 분기 덕트에 설치하여 풍량분배 및 풍량 제어용으로 사용된다.

045. 어떤 단열된 공조기의 장치도가 다음 그림과 같을 때 수분비(U)를 구하는 식으로 옳은 것은? (단, h_1, h_2 : 입구 및 출구 엔탈피(kJ/kg), x_1, x_2 : 입구 및 출구 절대습도(kg/kg), q_s : 가열량(W), L : 가습량(kg/h), h_L : 가습수분(L)의 엔탈피(kJ/kg), G : 유량(kg/h)이다.)

① $U = \dfrac{q_s}{G} - h_L$

② $U = \dfrac{q_s}{L} - h_L$

③ $U = \dfrac{q_s}{L} + h_L$

④ $U = \dfrac{q_s}{G} + h_L$

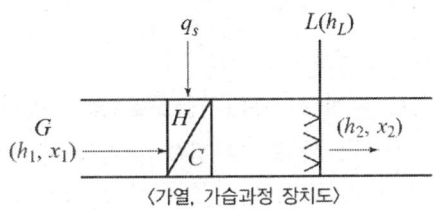
〈가열, 가습과정 장치도〉

해설 열수분비
- 절대습도의 변화량에 대한 전열량의 비율이다.
- 열수분비 $U = \dfrac{h_2 - h_1}{x_2 - x_1} = \dfrac{\dfrac{q_s + Lh_L}{G}}{\dfrac{L}{G}} = \dfrac{q_s}{L} + h_L$

참고 위의 조건에서 제시한 단위를 환산하여 열수분비를 계산하기

$U = \dfrac{q_s}{L} + h_L = \dfrac{q_s(\text{W})}{L(\text{kg/h})} + h_L(\text{kJ/kg}) = \dfrac{q_s(\text{J/s})}{L(\text{kg/h})} + h_L(\text{kJ/kg})$
$= \dfrac{3.6 q_s(\text{kJ/s})}{L(\text{kg/s})} + h_L(\text{kJ/kg})$

046. 난방설비에 관한 설명으로 옳은 것은?

① 증기난방은 실내 상·하 온도차가 적은 특징이 있다.
② 복사난방의 설비비는 온수나 증기난방에 비해 저렴하다.
③ 방열기의 트랩은 증기의 유량을 조절하는 역할을 한다.
④ 온풍난방은 신속한 난방 효과를 얻을 수 있는 특징이 있다.

답 044. ② 045. ③ 046. ④

해설 ① 증기난방은 열매온도(102℃)가 높기 때문에 실내 상·하 온도차가 크다.
② 복사난방은 바닥 또는 천장에 매설 배관으로 시공하기 때문에 설비비가 온수나 증기난방에 비해 비싸다.
③ 방열기의 트랩은 증기관 내의 응축수와 공기를 증기와 분리하여 응축수를 환수관으로 배출시키는 장치이다.

047 공조부하 중 재열부하에 관한 설명으로 틀린 것은?

① 냉방부하에 속한다.
② 냉각 코일의 용량산출 시 포함시킨다.
③ 부하 계산 시 현열, 잠열부하를 고려한다.
④ 냉각된 공기를 가열하는 데 소요되는 열량이다.

해설 재열부하
• 냉각 코일을 통과한 공기를 실내에 적합한 상대습도를 유지하고 실내공기의 과냉을 방지하기 위하여 재열 코일에서 재가열하여 실내로 취출한다.
• 냉각된 공기를 가열하므로 절대습도는 변하지 않고 온도만 높이는 데 소요되는 열량이므로 부하 계산 시 현열만 고려한다.

048 덕트 설계 시 주의사항으로 틀린 것은?

① 덕트의 분기지점에 댐퍼를 설치하여 압력 평행을 유지시킨다.
② 압력손실이 적은 덕트를 이용하고 확대 시와 축소 시에는 일정 각도 이내가 되도록 한다.
③ 종횡비(aspect ratio)는 가능한 크게 하여 덕트 내 저항을 최소화한다.
④ 덕트 굴곡부의 곡률반경은 가능한 크게 하며, 곡률이 매우 작을 경우 가이드 베인을 설치한다.

해설 종횡비(아스펙트비)
• 장방형 덕트에서 장변과 단변의 비이다.
• 2:1을 표준으로 하고 가능한 한 4:1 이하로 하고 최대 8:1 이상이 되지 않도록 한다.

049 아래의 특징에 해당하는 보일러는 무엇인가?

> 공조용으로 사용하기보다는 편리하게 고압의 증기를 발생하는 경우에 사용하며, 드럼이 없이 수관으로 되어 있다. 보유수량이 적어 가열시간이 짧고 부하변동에 대한 추종성이 좋다.

① 주철제 보일러
② 연관 보일러
③ 수관 보일러
④ 관류 보일러

답 047. ③ 048. ③ 049. ④

> **해설** 관류 보일러의 특징
> - 드럼이 없고 긴 관으로만 구성된 보일러이다.
> - 보유수량이 적어 가열시간이 짧고 고압의 증기를 얻기 쉽다.
> - 부하변동에 대한 추종성이 좋다.
> - 수관 내에 스케일이 발생하므로 급수처리장치가 필요하다.

Q 050 보일러의 능력을 나타내는 표시방법 중 가장 적은 값을 나타내는 출력은?

① 정격 출력 ② 과부하 출력
③ 정미 출력 ④ 상용 출력

> **해설** 보일러 출력
> - 정미 출력 = 난방부하 + 급탕부하
> - 상용 출력 = 난방부하 + 급탕부하 + 배관손실부하
> - 정격 출력 = 난방부하 + 급탕부하 + 배관손실부하 + 예열부하

Q 051 외기온도 5℃에서 실내온도 20℃로 유지되고 있는 방이 있다. 내벽 열전달계수 5.8W/m²·K, 외벽 열전달계수 17.5W/m²·K, 열전도율이 2.3W/m·K이고, 벽 두께가 10cm일 때, 이 벽체의 열저항(m²·K/W)은 얼마인가?

① 0.27 ② 0.55
③ 1.37 ④ 2.35

> **해설** [조건] 내벽 열전달계수 $\alpha_i = 5.8$W/m²·K, 외벽 열전달계수 $\alpha_o = 17.5$W/m²·K, 열전도율 $\lambda = 2.3$W/m·K, 벽 두께 $l = 10$cm $= 0.1$m
>
> 벽체의 열저항 $R = \dfrac{1}{\alpha_o} + \dfrac{l}{\lambda} + \dfrac{1}{\alpha_i}$ 에서
>
> $R = \dfrac{1}{17.5\frac{W}{m^2 \cdot K}} + \dfrac{0.1m}{2.3\frac{W}{m \cdot K}} + \dfrac{1}{5.8\frac{W}{m^2 \cdot K}} = 0.273 m^2 \cdot K/W$

Q 052 다음 가습 방법 중 물분무식이 아닌 것은?

① 원심식 ② 초음파식
③ 노즐분무식 ④ 적외선식

> **해설** 가습 방법
> - 물분무식 : 원심식, 초음파식, (노즐)분무식
> - 증발식 : 회전식, 모세관식, 적하식

답 050. ③ 051. ① 052. ④

Q053
다음 공기선도 상에서 난방풍량이 25000m³/h인 경우 가열 코일의 열량(kW)은? (단, 1은 외기, 2는 실내 상태점을 나타내며, 공기의 비중량은 1.2kg/m³이다.)

① 98.3
② 87.1
③ 73.2
④ 61.4

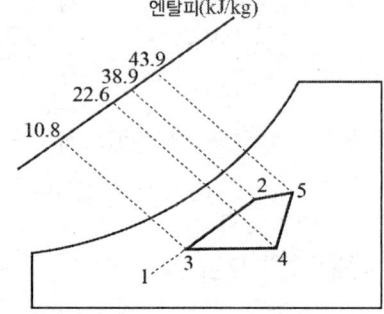

[해설]
[조건] 풍량 $Q = 25000 \text{m}^3/\text{h}$, 비중량 $\rho = 1.2 \text{kg/m}^3$
가열 코일의 열량 $q = m(h_4 - h_3) = \rho Q(h_4 - h_3)$에서
$q = 1.2 \dfrac{\text{kg}}{\text{m}^3} \times \left(25000 \dfrac{\text{m}^3}{\text{h}} \times \dfrac{1\text{h}}{3600\text{s}}\right) \times (22.6 - 10.8) \dfrac{\text{kJ}}{\text{kg}} = 98.3 \text{kJ/s} = 98.3 \text{kW}$

Q054
실내 난방을 온풍기로 하고 있다. 이때 실내 현열량 6.5kW, 송풍 공기온도 30℃, 외기온도 −10℃, 실내온도 20℃일 때, 온풍기의 풍량(m³/h)은 얼마인가? (단, 공기비열은 1.005kJ/kg·K, 밀도는 1.2kg/m³이다.)

① 1940.2
② 1882.1
③ 1324.1
④ 890.1

[해설]
[조건] 실내 현열량 $q_s = 6.5\text{kW} = 6.5\text{kJ/s}$, 공기의 비열 $C = 1.005\text{kJ/kg·K}$, 밀도 $\rho = 1.2\text{kg/m}^3$, 송풍 공기온도 $t_2 = 30℃ = 303\text{K}$, 실내온도 $t_1 = 20℃ = 293\text{K}$
실내 현열량 $q_s = mC(t_2 - t_1) = \rho QC(t_2 - t_1)$이므로
송풍량 $Q = \dfrac{q_s}{\rho C(t_2 - t_1)}$에서 $Q = \dfrac{6.5\dfrac{\text{kJ}}{\text{s}} \times \dfrac{3600\text{s}}{1\text{h}}}{1.2\dfrac{\text{kg}}{\text{m}^3} \times 1.005 \dfrac{\text{kJ}}{\text{kg·K}} \times (303 - 293)\text{K}} = 1940.299 \text{m}^3/\text{h}$

Q055
공기조화방식 중 중앙식의 수-공기 방식에 해당하는 것은?

① 유인유닛 방식
② 패키지유닛 방식
③ 단일덕트 정풍량 방식
④ 이중덕트 정풍량 방식

[해설] 공기조화방식
- 전공기 방식 : 단일덕트 방식, 이중덕트 방식, 각층 유닛 방식, 멀티존 유닛 방식
- 수-공기 방식 : 유인유닛 방식, 복사 냉난방 방식, 덕트병용 팬코일 유닛 방식
- 전수 방식 : 팬코일 유닛 방식
- 냉매 방식 : 패키지유닛 방식

답 053. ① 054. ① 055. ①

Q 056 유인유닛 방식에 관한 설명으로 틀린 것은?

① 각 실 제어를 쉽게 할 수 있다.
② 덕트 스페이스를 작게 할 수 있다.
③ 유닛에는 가동부분이 없어 수명이 길다.
④ 송풍량이 비교적 커 외기냉방 효과가 크다.

해설 유인유닛 방식의 특징
- 외기공기를 중앙공조기에서 가열과 냉각, 가습과 감습이 된 1차 공기를 고속덕트로 실내에 설치한 유닛에 공급하고 실내로부터 유인된 2차 공기와 혼합하여 유닛의 노즐에서 공기를 불어내어 실내로 취출하는 공조방식이다. 또한, 2차 공기는 냉온수 코일을 통과하여 냉각과 가열된다.
- 1차 공기를 고속덕트로 공급하므로 덕트 스페이스를 줄일 수 있다.
- 실내유닛에는 회전기기가 없으므로 시스템의 내용 연수가 길다.
- 송풍량이 적어 외기냉방 효과가 낮다.

Q 057 가로 20m, 세로 7m, 높이 4.3m인 방이 있다. 아래 표를 이용하여 용적기준으로 한 전체 필요 환기량(m^3/h)은?

실용적(m^3)	500 미만	500~1000	1000~1500	1500~2000	2000~2500
환기 횟수 n(회/h)	0.7	0.6	0.55	0.5	0.42

① 421
② 361
③ 331
④ 253

해설
- 실의 용적 $V = 20m \times 7m \times 4.3m = 602m^3$
- 환기 횟수법에 의한 필요 환기량 $Q = nV$에서
  $Q = 0.6\dfrac{회}{h} \times 602m^3 = 361.2m^3/h$

Q 058 공조기용 코일은 관 내 유속에 따라 배열방식을 구분하는데, 그 배열방식에 해당하지 않는 것은?

① 풀 서킷
② 더블 서킷
③ 하프 서킷
④ 탑다운 서킷

해설 코일의 배열방식에 따른 분류
- 풀 서킷 코일
- 더블 서킷 코일 : 유량이 많아 코일 내에 수속이 너무 빠를 때 사용한다.
- 하프 서킷 코일 : 유량이 적을 때 사용한다.

답 056. ④ 057. ② 058. ④

Q 059 보일러에서 급수내관을 설치하는 목적으로 가장 적합한 것은?

① 보일러 수 역류방지   ② 슬러지 생성방지
③ 부동팽창 방지   ④ 과열 방지

해설 급수내관
- 보일러 동 내부에 설치한 급수장치로서 긴 단관에 일정한 간격으로 여러 개의 구멍을 뚫어 급수를 넓게 분포시키고 보일러 수와 혼합을 좋게 하기 위하여 설치한다.
- 급수내관은 열응력을 적게 하여 부동팽창을 방지하고 급수를 예열한다.

Q 060 다음 중 온수난방과 관계없는 장치는 무엇인가?

① 트랩   ② 공기빼기밸브
③ 순환펌프   ④ 팽창탱크

해설 트랩은 방열기 또는 증기관 내의 응축수를 배출시켜 수격작용 및 배관의 부식을 방지하기 위해 설치하는 증기난방의 부속장치이다.

제 4 과목 전기제어공학

Q 061 60Hz, 4극, 슬립 6%인 유도전동기를 어느 공장에서 운전하고자 할 때 예상되는 회전수는 약 몇 rpm인가?

① 240   ② 720
③ 1690   ④ 1800

해설 주파수 $f=60\text{Hz}$, 극수 $P=4$극, 슬립 $s=6\%=0.06$
- 동기속도 $N_s = \dfrac{120f}{P}$에서 $N_s = \dfrac{120 \times 60\text{Hz}}{4\text{극}} = 1800\text{rpm}$
- 슬립 $s = \dfrac{N_s - N}{N_s}$ 이므로
  실제속도 $N = N_s - sN_s$에서 $N = 1800\text{rpm} - 0.06 \times 1800\text{rpm} = 1692\text{rpm}$

답 059. ③ 060. ① 061. ③

Q 062

변압기의 1차 및 2차의 전압, 권선수, 전류를 각각 E_1, N_1, I_1 및 E_2, N_2, I_2라고 할 때 성립하는 식으로 옳은 것은?

① $\dfrac{E_2}{E_1} = \dfrac{N_1}{N_2} = \dfrac{I_2}{I_1}$ ② $\dfrac{E_1}{E_2} = \dfrac{N_2}{N_1} = \dfrac{I_1}{I_2}$

③ $\dfrac{E_2}{E_1} = \dfrac{N_2}{N_1} = \dfrac{I_1}{I_2}$ ④ $\dfrac{E_1}{E_2} = \dfrac{N_1}{N_2} = \dfrac{I_1}{I_2}$

해설 변압기의 권선비

$$a = \frac{N_2}{N_1} = \frac{E_2}{E_1} = \frac{I_1}{I_2} = \sqrt{\frac{Z_2}{Z_1}}$$

단, $N_1 \cdot N_2$는 1차·2차 코일의 권수, $E_1 \cdot E_2$는 1차·2차 코일의 유도기전력(V), $I_1 \cdot I_2$는 1차·2차 코일의 전류(A), $Z_1 \cdot Z_2$는 1차·2차 코일의 임피던스(Ω)이다.

Q 063

다음 신호흐름선도와 등가인 블록선도는?

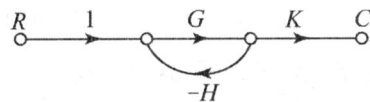

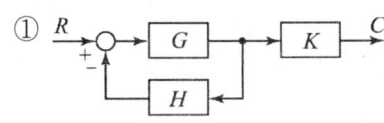
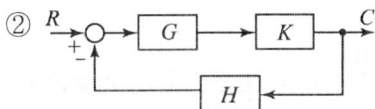
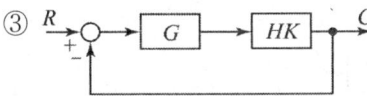
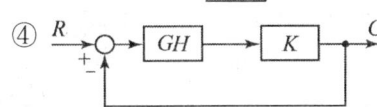

해설 신호흐름선도의 전달함수

출력 $C = GKR - GHC$, $C + GHC = GKR$, $C(1+GH) = GKR$

전달함수 $\dfrac{C}{R} = \dfrac{GK}{1+GH}$

① $C = RGK - GHC$, $C + GHC = RGK$, $(1+GH)C = RGK$

전달함수 $\dfrac{C}{R} = \dfrac{GK}{1+GH}$

② $C = GKR - GKHC$, $C + GKHC = GKR$, $(1+GKH)C = GKR$

전달함수 $\dfrac{C}{R} = \dfrac{GK}{1+GKH}$

③ $C = GHKR - GHKC$, $C + GHKC = GHKR$, $(1+GHK)C = GHKR$

전달함수 $\dfrac{C}{R} = \dfrac{GHK}{1+GHK}$

④ $C = GHKR - GHKC$, $C + GHKC = GHKR$, $(1+GHK)C = GHKR$

전달함수 $\dfrac{C}{R} = \dfrac{GHK}{1+GHK}$

답 062. ③ 063. ①

Q 064. 교류에서 역률에 관한 설명으로 틀린 것은?

① 역률은 $\sqrt{1-(무효율)^2}$ 로 계산할 수 있다.
② 역률을 이용하여 교류전력의 효율을 알 수 있다.
③ 역률이 클수록 유효전력보다 무효전력이 커진다.
④ 교류회로의 전압과 전율의 위상차에 코사인(cos)을 취한 값이다.

해설
- 유효전력 $P = IV\cos\theta$ [W]
- 무효전력 $P_r = IV\sin\theta$ [Var]
  단, I는 전류(A), V는 전압(V), $\cos\theta$는 역률, $\sin\theta$는 무효율이다.
  ∴ 유효전력은 역률($\cos\theta$)과 비례하므로 역률이 클수록 유효전력이 커진다.

Q 065. 어떤 전지에 5A의 전류가 10분간 흘렀다면 이 전지에서 나온 전기량은 몇 C인가?

① 1000 ② 2000
③ 3000 ④ 4000

해설 [조건] 전류 $I = 5A$, 시간 $t = 10\min = 600s$
전기량 $Q = I \times t$에서 $Q = 5A \times 600s = 3000C$

Q 066. 다음 블록선도의 전달함수는?

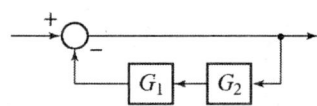

① $\dfrac{1}{G_2(G_1+1)}$ ② $\dfrac{1}{G_1(G_2+1)}$
③ $\dfrac{1}{G_1G_2(1+G_1G_2)}$ ④ $\dfrac{1}{1+G_1G_2}$

해설 블록선도의 전달함수
출력 $C = R - G_1G_2C$, $C + G_1G_2C = R$, $(1+G_1G_2)C = R$
전달함수 $\dfrac{C}{R} = \dfrac{1}{1+G_1G_2}$

Q 067. 사이클링(cycling)을 일으키는 제어는?

① I 제어 ② PI 제어
③ PID 제어 ④ ON-OFF 제어

답 064. ③ 065. ③ 066. ④ 067. ④

해설 ON-OFF 제어

제어량이 설정값에서 벗어나면 조작부를 닫아 운전을 정지시키고 반대로 조작부를 열어 운전을 기동하는 동작으로서 사이클링(cycling) 현상과 정상(잔류) 편차(off-set)가 발생한다.

068

그림과 같은 △결선회로를 등가 Y결선으로 변환할 때 R_c의 저항값(Ω)은?

① 1
② 3
③ 5
④ 7

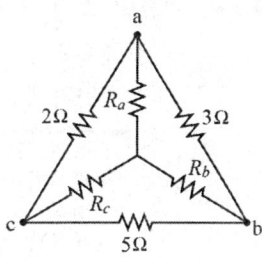

해설 △결선을 Y결선으로 변환하는 경우

- 저항 $R_a = \dfrac{R_{ab}R_{ac}}{R_{ab}+R_{bc}+R_{ca}}$ 에서 $R_a = \dfrac{3\Omega \times 2\Omega}{2\Omega+5\Omega+3\Omega} = 0.6\Omega$

- 저항 $R_b = \dfrac{R_{ab}R_{bc}}{R_{ab}+R_{bc}+R_{ca}}$ 에서 $R_b = \dfrac{3\Omega \times 5\Omega}{2\Omega+5\Omega+3\Omega} = 1.5\Omega$

- 저항 $R_c = \dfrac{R_{ca}R_{cb}}{R_{ab}+R_{bc}+R_{ca}}$ 에서 $R_c = \dfrac{2\Omega \times 5\Omega}{2\Omega+5\Omega+3\Omega} = 1\Omega$

069

그림과 같은 회로에서 부하전류 I_L은 몇 A인가?

① 1
② 2
③ 3
④ 4

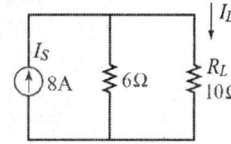

해설 [조건] 저항 $R_1 = 6\Omega$, $R_L = 10\Omega$, 전류 $I = 8A$

저항을 병렬로 접속할 경우

- 합성저항 $R = \dfrac{R_1 R_L}{R_1 + R_L}$

- 전체 전압 $V = IR$이고 병렬로 접속되어 있으므로 전압 $V = V_L$이므로

$I\dfrac{R_1 R_L}{R_1 + R_L} = I_L R_L$ 이다.

∴ R_L에 흐르는 전류 $I_L = \dfrac{R_1}{R_1 + R_L}I$이므로 $I_L = \dfrac{6\Omega}{6\Omega + 10\Omega} \times 8A = 3A$

070

온도를 임피던스로 변환시키는 요소는?

① 측온 저항체
② 광전지
③ 광전 다이오드
④ 전자석

답 068. ① 069. ③ 070. ①

해설 변환요소
- 온도를 임피던스로 변환 : 측온 저항체(서미스터), 정온식 감지선형 감지기
- 광을 전압으로 변환 : 광전지, 광전 다이오드
- 전압을 변위로 변환 : 전자석, 전자코일

071 전류의 측정 범위를 확대하기 위하여 사용되는 것은?
① 배율기
② 분류기
③ 전위차계
④ 계기용 변압기

해설 전류와 전압 측정
- 배율기 : 전압의 측정 범위를 확대하기 위하여 전압계에 직렬로 접속하여 사용한다.
- 분류기 : 전류의 측정 범위를 확대하기 위하여 전류계에 병렬로 접속하여 사용한다.

072 근궤적의 성질로 틀린 것은?
① 근궤적은 실수축을 기준으로 대칭이다.
② 근궤적은 개루프 전달함수의 극점으로부터 출발한다.
③ 근궤적의 가지 수는 특성방정식의 극점 수와 영점 수 중 큰 수와 같다.
④ 점근선은 허수축에서 교차한다.

해설 근궤적의 성질
- 점근선은 실수축상에서만 교차한다.
- 근궤적은 실수축을 기준으로 대칭이다.
- 근궤적은 개루프 전달함수의 극점에서 출발하여 영점에서 끝난다.
- 근궤적의 가지 수는 특성방정식의 차수와 같다.

073 특성방정식의 근이 복소평면의 좌반면에 있으면 이 계는?
① 불안정하다.
② 조건부 안정이다.
③ 반안정이다.
④ 안정이다.

해설 폐루프 시스템이 안정하려면 폐루프 특성방정식의 모든 근이 복소평면 좌반면에 위치해야 한다.

참고 Nyquist 선도
주파수 응답 전달함수 $G(j\omega)$를 복소수 평면상에 하나의 그래프로 표시한 선도로서 x축은 복소 전달함수의 실수부, y축은 허수부를 표시한 것이다.

답 071. ② 072. ④ 073. ④

074 100mH의 인덕턴스를 갖는 코일에 10A의 전류를 흘릴 때 축적되는 에너지(J)는?

① 0.5
② 1
③ 5
④ 10

해설 [조건] 인덕턴스 $H = 100mH = 100 \times 10^{-3}H$, 전류 $I = 10A$
자기에너지 $W = \frac{1}{2}LI^2$ 에서 $W = \frac{1}{2} \times (100 \times 10^{-3}H) \times (10A)^2 = 5J$

075 제어시스템의 구성에서 제어요소는 무엇으로 구성되는가?

① 검출부
② 검출부와 조절부
③ 검출부와 조작부
④ 조작부와 조절부

해설 제어요소란 동작 신호를 조작량으로 변환시키는 요소로서 조절부와 조작부로 구성되어 있다.

076 제어 동작에 대한 설명으로 틀린 것은?

① 비례 동작 : 편차의 제곱에 비례한 조작 신호를 출력한다.
② 적분 동작 : 편차의 적분 값에 비례한 조작 신호를 출력한다.
③ 미분 동작 : 조작 신호가 편차의 변화속도에 비례하는 동작을 한다.
④ 2위치 동작 : ON-OFF 동작이라고도 하며, 편차의 정부(+, −)에 따라 조작부를 전폐 또는 전개하는 것이다.

해설 비례 동작 : 설정값과 제어량의 편차 크기에 비례하여 조작부를 제어하는 동작이다.

077 일정 전압의 직류전원 V에 저항 R을 접속하니 정격전류 I가 흘렀다. 정격전류 I의 130%를 흘리기 위해 필요한 저항은 약 얼마인가?

① $0.6R$
② $0.77R$
③ $1.3R$
④ $3R$

해설
• 전압이 일정하므로 전류 $I = \frac{V}{R}$ 이다.
• 정격전류 $I_1 = 1.3I = 1.3\frac{V}{R}$ 이므로 저항 $R_1 = \frac{V}{I_1} = \frac{V}{1.3\frac{V}{R}} = 0.77R$

답 074. ③ 075. ④ 076. ① 077. ②

Q 078. 제어계에서 미분요소에 해당하는 것은?

① 한 지점을 가진 지렛대에 의하여 변위를 변환한다.
② 전기로에 열을 가하여도 처음에는 열이 올라가지 않는다.
③ 직렬 RC 회로에 전압을 가하여 C에 충전전압을 가한다.
④ 계단 전압에서 임펄스 전압을 얻는다.

해설
- 비례요소 : 전위차계, 지렛대
- 미분요소 : 인디셜 응답(계단 전압에서 임펄스 전압을 얻는다.), 인덕턴스 회로
- 적분요소 : 피스톤계, 수위계, 전기계, 열계(가열기)

Q 079. 피드백(feedback) 제어시스템의 피드백 효과로 틀린 것은?

① 정상상태 오차 개선
② 정확도 개선
③ 시스템 복잡화
④ 외부 조건의 변화에 대한 영향 증가

해설
피드백 제어시스템이란 제어계의 출력값이 목표값과 비교하여 일치하지 않을 경우에는 다시 출력값을 입력으로 피드백시켜 오차를 수정하도록 귀환경로를 갖는 폐회로 제어시스템이다.
- 정상상태의 오차를 개선한다.
- 정확도를 개선한다.
- 시스템이 복잡하고 비용이 비싸진다.
- 외부 조건의 변화에 대한 영향이 감소한다.

Q 080. 그림에서 3개의 입력단자 모두 1을 입력하면 출력단자 A와 B의 출력은?

① $A=0, B=0$
② $A=0, B=1$
③ $A=1, B=0$
④ $A=1, B=1$

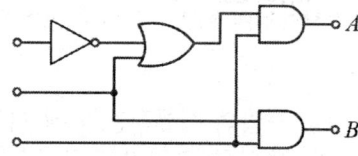

해설 논리표

입력			출력	
첫 번째 (X)	두 번째 (Y)	세 번째 (Z)	$(\overline{X}+Y)\cdot Z$ (A)	$Y\cdot Z$ (B)
1	1	1	1	1

$X=1, Y=1, Z=1$일 때
- $A = (\overline{X}+Y) \cdot Z = (0+1) \cdot 1 = 1$
- $B = Y \cdot Z = 1 \cdot 1 = 1$

답 078. ④ 079. ④ 080. ④

제 5 과목　배관일반

Q 081 지역난방의 특징에 관한 설명으로 틀린 것은?
① 대기 오염물질이 증가한다.
② 도시의 방재수준 향상이 가능하다.
③ 사용자에게는 화재에 대한 우려가 적다.
④ 대규모 열원기기를 이용한 에너지의 효율적 이용이 가능하다.

해설 지역난방 : 아파트나 빌딩에 개별적으로 보일러를 설치하지 않고 첨단 오염방지설비와 대형 보일러가 설치된 대규모 열 생산시설에서 생산된 난방용 열원(온수, 증기)을 열수송 및 분배망을 이용하여 대단위 지역에 일괄 공급하는 난방이다. 따라서, 지역난방은 대규모 열원기기를 이용하므로 에너지 이용효율이 높고, 공해발생이 감소하여 대기 오염물질이 감소한다.

Q 082 배수 통기 배관의 시공 시 유의사항으로 옳은 것은?
① 배수 입관의 최하단에는 트랩을 설치한다.
② 배수 트랩은 반드시 이중으로 한다.
③ 통기관은 기구의 오버플로우선 이하에서 통기 입관에 연결한다.
④ 냉장고의 배수는 간접배수로 한다.

해설 배수 통기 배관의 시공 시 유의사항
• 각 기구의 일수관은 기구 트랩의 배수 입구 쪽에 연결하되 배수관에 이중 트랩을 만들어서는 안 된다.
• 냉장고의 배수는 간접배수로 한다.
• 오버플로우관은 트랩의 유입구 측에 연결하여야 한다.
• 통기관은 기구의 오버플로우선 이상으로 입상시킨 다음 통기 수직관에 연결한다.

Q 083 냉매 배관 시 흡입관 시공에 대한 설명으로 틀린 것은?
① 압축기 가까이에 트랩을 설치하면 액이나 오일이 고여 액백 발생의 우려가 있으므로 피해야 한다.
② 흡입관의 입상이 매우 길 경우에는 중간에 트랩을 설치한다.
③ 각각의 증발기에서 흡입주관으로 들어가는 관은 주관의 하부에 접속한다.
④ 2대 이상의 증발기가 다른 위치에 있고 압축기가 그보다 밑에 있는 경우 증발기 출구의 관은 트랩을 만든 후 증발기 상부 이상으로 올리고 나서 압축기로 향하게 한다.

답 081.① 082.④ 083.③

해설 냉매 배관 시 흡입관 시공
각각의 증발기에서 흡입주관으로 들어가는 관은 주관의 상부에 접속한다. 증발기가 무부하로 되었을 때 주관 안의 기름과 냉매액이 증발기로 들어가는 것을 방지하기 위함이다.

084. 지름 20mm 이하의 동관을 이음할 때, 기계의 점검 보수, 기타 관을 분해하기 쉽게 하기 위해 이용하는 동관 이음 방법은?

① 슬리브 이음
② 플레어 이음
③ 사이징 이음
④ 플랜지 이음

해설 플레어 이음(압축 이음)
20mm 이하의 동관 끝부분을 나팔 모양으로 넓혀서 플레어 너트와 볼트로 조여 이음하는 방식으로서 동관을 분해하거나 점검 또는 보수가 필요할 때 사용하는 압축 이음이다.

085. 배수 및 통기배관에 대한 설명으로 틀린 것은?

① 루프 통기식은 여러 개의 기구군에 1개의 통기지관을 빼내어 통기주관에 연결하는 방식이다.
② 도피 통기관의 관경은 배수관의 1/4 이상이 되어야 하며 최소 40mm 이하가 되어서는 안 된다.
③ 루프 통기식 배관에 의해 통기할 수 있는 기구의 수는 8개 이내이다.
④ 한랭지의 배수관은 동결되지 않도록 피복을 한다.

해설 도피 통기관
• 루프 통기관의 통기능률을 향상시키기 위하여 배수횡지관 최하류와 통기수직관을 연결하는 통기관이다.
• 관경은 배수수평지관 관경의 1/2 이상 또는 40A 이상으로 한다.

086. 배관 용접 작업 중 다음과 같은 결함을 무엇이라고 하는가?

① 용입불량
② 언더컷
③ 오버랩
④ 피트

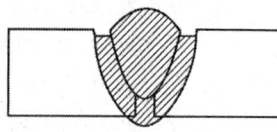

해설
• 언더컷 : 용접선을 따라 모재가 파여져 있어 용착금속이 채워지지 않고 홈이 남아 있는 결함이다.
• 오버랩 : 용착금속이 가장자리에서 모재에 융합하지 않고 겹쳐져 있는 결함이다.

답 084. ② 085. ② 086. ②

Q 087 다이헤드형 동력 나사절삭기에서 할 수 없는 작업은?
① 리밍 ② 나사절삭
③ 절단 ④ 벤딩

해설 다이헤드형 동력 나사절삭기의 작업
- 나사절삭
- 관 절단
- 거스러미 제거 작업(리밍 : 구멍의 내면을 리머로 다듬질하는 작업)

Q 088 부력에 의해 밸브를 개폐하여 간헐적으로 응축수를 배출하는 구조를 가진 증기 트랩은?
① 버킷 트랩 ② 열동식 트랩
③ 벨 트랩 ④ 충격식 트랩

해설
- 버킷 트랩 : 버킷의 부력에 의해 밸브를 개폐하여 간헐적으로 응축수를 배출하며 고압, 중압의 주증기관이나 대형탱크의 히팅 코일에 적합하며 별도의 에어 벤트가 필요하다.
- 열동식 트랩(벨로즈식 트랩) : 벨로즈의 신축에 의해 증기와 응축수를 분리하고 공기와 응축수를 함께 통과시키므로 1kgf/cm^2 이하 방열기나 관말 트랩, 진공 환수관식에 사용된다.
- 충격식 트랩(오리피스 트랩) : 응축수가 연속적으로 둘 또는 그 이상의 오리피스를 통과할 때 생성된 재증발 증기의 교축 효과를 이용한 것이다.
- 벨 트랩 : 주로 바닥면의 배수에 사용하는 배수 트랩이다.

Q 089 방열량이 3000kW인 방열기에 공급하여야 하는 온수량(m³/s)은 얼마인가? (단, 방열기 입구온도 80℃, 출구온도 70℃, 온수 평균온도에서 물의 비열은 4.2kJ/kg·K, 물의 밀도는 977.5kg/m³이다.)
① 0.002 ② 0.025
③ 0.073 ④ 0.098

해설 [조건] 방열량 $q = 3000\text{kW} = 3000\text{kJ/s}$, 입구온도 $t_1 = 80℃ = 353\text{K}$, 출구온도 $t_2 = 70℃ = 343\text{K}$, 물의 비열 $C = 4.2\text{kJ/kg·K}$, 물의 밀도 $\rho = 977.5\text{kg/m}^3$

방열량 $q = mC(t_1 - t_2) = \rho QC(t_1 - t_2)$이므로

온수량 $Q = \dfrac{q}{\rho C(t_1 - t_2)}$에서

$$Q = \dfrac{3000 \dfrac{\text{kJ}}{\text{s}}}{977.5 \dfrac{\text{kg}}{\text{m}^3} \times 4.2 \dfrac{\text{kJ}}{\text{kg·K}} \times (353 - 343)\text{K}} = 0.073 \text{m}^3/\text{s}$$

답 087. ④ 088. ① 089. ③

Q 090. 주철관의 이음 방법 중 고무링(고무개스킷 포함)을 사용하지 않는 방법은?

① 기계식 이음 ② 타이톤 이음
③ 소켓 이음 ④ 빅토릭 이음

해설 주철관의 이음 방법
- 소켓 이음 : 주철관의 허브 쪽에 스피고트(spigot)가 있는 쪽을 넣어 맞춘 다음 얀(yarn)을 단단히 꼬아 감고 정으로 박아 넣어 이음한다.
- 기계식 이음 : 고무링을 압윤으로 죄어 볼트로 체결하여 이음한다.
- 빅토릭 이음 : U자형의 고무링과 주철제 칼라로 눌러 이음한다.
- 타이톤 이음 : 원형의 고무링 하나로 이음한다.

Q 091. 온수난방 배관에서 에어포켓(air pocket)이 발생될 우려가 있는 곳에 설치하는 공기빼기 밸브(◇)의 설치 위치로 가장 적절한 것은?

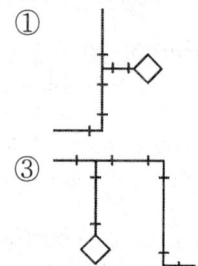

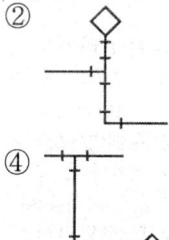

해설 온수 배관 중에 에어포켓이 발생될 우려가 있는 곳에는 공기빼기밸브(◇)를 설치해야 한다. 이때 공기빼기밸브를 설치할 때 위쪽 방향으로 향하게 하고 게이트밸브를 사용한다.

Q 092. 배관계통 중 펌프에서의 공동현상(cavitation)을 방지하기 위한 대책으로 틀린 것은?

① 펌프의 설치 위치를 낮춘다.
② 회전수를 줄인다.
③ 양 흡입을 단 흡입으로 바꾼다.
④ 굴곡부를 적게 하여 흡입관의 마찰손실수두를 작게 한다.

해설 공동현상을 방지하기 위한 대책
- 펌프의 설치 높이를 낮추어 흡입양정을 작게 한다.
- 펌프의 회전수를 줄인다.
- 2대 이상의 펌프를 사용한다.
- 단 흡입 펌프를 양 흡입 펌프로 바꾼다.
- 흡입관경을 크게 하고 흡입 배관의 굴곡부를 작게 한다.

답 090. ③ 091. ② 092. ③

Q 093. 저장 탱크 내부에 가열 코일을 설치하고 코일 속에 증기를 공급하여 물을 가열하는 급탕법은?

① 간접 가열식　　　② 기수 혼합식
③ 직접 가열식　　　④ 가스 순간 탕비식

해설 급탕 방식
- 직접 가열식 : 온수 보일러에서 가열된 온수(80~85℃)를 저탕조에 저장하여 급탕주관에서 각 지관을 통하여 각 층의 수전으로 급탕을 공급하는 방식이다.
- 간접 가열식 : 보일러에서 발생한 온수 또는 증기를 저장탱크 내부의 가열 코일에 순환시켜 물을 가열한 후 급탕을 공급하는 방식이다.

Q 094. 냉동 장치의 액분리기에서 분리된 액이 압축기로 흡입되지 않도록 하기 위한 액 회수 방법으로 틀린 것은?

① 고압 액관으로 보내는 방법
② 응축기로 재순환시키는 방법
③ 고압 수액기로 보내는 방법
④ 열교환기를 이용하여 증발시키는 방법

해설 액분리기에서 분리된 액 회수방법
- 증발기로 재순환시키는 방법
- 액회수장치를 이용하여 고압 측 수액기로 회수하는 방법
- 열교환기를 이용하여 액을 증발시켜 압축기로 회수하는 방법

Q 095. 저압 증기의 분기점을 2개 이상의 엘보로 연결하여 한 쪽이 팽창하면 비틀림이 일어나 팽창을 흡수하는 특징의 이음 방법은?

① 슬리브형　　　② 벨로즈형
③ 스위블형　　　④ 루프형

해설 스위블형 신축이음
2개 이상의 엘보를 사용하여 이음부의 나사회전을 이용하여 신축 및 팽창을 흡수하는 이음 방법으로서 증기 또는 온수난방용 방열기 배관에 사용된다.

Q 096. 유체 흐름의 방향을 바꾸어 주는 관 이음쇠는?

① 리턴벤드　　　② 리듀서
③ 니플　　　　　④ 유니온

답 093. ① 094. ② 095. ③ 096. ①

> **해설** 관 이음쇠의 사용목적에 따른 분류
> - 관의 방향을 바꿀 때 : 엘보, 리턴벤드
> - 관경이 같은 관을 직선으로 연결할 때 : 소켓, 니플
> - 관경이 다른 관을 직선으로 연결할 때 : 부싱, 리듀서
> - 관을 분해하거나 교체가 필요할 때 : 유니언, 플랜지
> ∴ 리턴벤드는 관의 방향을 바꿀 때 사용하는 관 이음쇠로서 유체 흐름 방향을 바꾸어 준다.

Q 097 고가(옥상) 탱크 급수방식의 특징에 대한 설명으로 틀린 것은?

① 저수 시간이 길어지면 수질이 나빠지기 쉽다.
② 대규모의 급수 수요에 쉽게 대응할 수 있다.
③ 단수 시에도 일정량의 급수를 계속할 수 있다.
④ 급수 공급 압력의 변화가 심하다.

> **해설** 고가(옥상) 탱크 급수방식의 특징
> - 사무실, 호텔, 병원 등의 대규모 급수 수요에 대응이 용이하다.
> - 옥상의 고가탱크에 저수량을 언제나 확보할 수 있으므로 단수 시에도 일정량의 급수를 계속할 수 있다.
> - 사용자의 수도꼭지에서 항상 일정한 수압으로 급수할 수 있다.
> - 수압 과대로 인한 밸브류 등 배관 부속품의 피해가 적다.
> - 급수를 저수조와 옥상탱크에 저장하여 사용하므로 다른 방식에 비해 수질의 오염 가능성이 크다.

Q 098 가스 배관에 관한 설명으로 틀린 것은?

① 특별한 경우를 제외한 옥내 배관은 매설 배관을 원칙으로 한다.
② 부득이하게 콘크리트 주요 구조부를 통과할 경우에는 슬리브를 사용한다.
③ 가스 배관에는 적당한 구배를 두어야 한다.
④ 열에 의한 신축, 진동 등의 영향을 고려하여 적절한 간격으로 지지하여야 한다.

> **해설** 가스 배관의 옥내 배관은 노출배관을 원칙으로 한다.

Q 099 급수관의 수리 시 물을 배제하기 위한 관의 최소 구배 기준은?

① 1/120 이상　　　　② 1/150 이상
③ 1/200 이상　　　　④ 1/250 이상

> **해설** 급수관은 상향 구배를 원칙으로 하며 구배는 1/250 이상으로 한다.

답 097. ④　098. ①　099. ④

Q 100 공장에서 제조 정제된 가스를 저장했다가 공급하기 위한 압력탱크로서 가스압력을 균일하게 하며, 급격한 수요변화에도 제조량과 소비량을 조절하기 위한 장치는?

① 정압기
② 압축기
③ 오리피스
④ 가스홀더

해설 가스홀더
- 가스수요의 시간적 변화에 따라 일정한 가스량을 안정하게 공급하고 가스를 저장할 수 있는 압력탱크이다.
- 가스홀더의 종류에는 유수식, 무수식, 구형의 고압홀더가 있다.

답 100. ④

2018

1과목 기계열역학
2과목 냉동공학
3과목 공기조화
4과목 전기제어공학
5과목 배관일반

2018년 3월 4일 시행
2018년 4월 28일 시행
2018년 8월 19일 시행

제 1 과목 기계열역학

001. 증기터빈 발전소에서 터빈 입구의 증기 엔탈피는 출구의 엔탈피보다 136kJ/kg 높고, 터빈에서의 열손실은 10kJ/kg이다. 증기속도는 터빈 입구에서 10m/s이고, 출구에서 110m/s일 때 이 터빈에서 발생시킬 수 있는 일은 약 몇 kJ/kg인가?

① 10 ② 90
③ 120 ④ 140

해설
터빈에서의 에너지방정식 $h_1 + \dfrac{v_1^2}{2} + gz_1 = q + h_2 + \dfrac{v_2^2}{2} + gz_2 + w_t$

위치에너지 $Z_1 = Z_2$일 때 에너지방정식을 간단하게 하면 다음과 같다.

$h_1 + \dfrac{v_1^2}{2} = q + h_2 + \dfrac{v_2^2}{2} + w_t$ 에서 터빈 일 $w_t = (h_1 - h_2) + \dfrac{1}{2}(v_1^2 - v_2^2) - q$ 이다.

∴ $w_t = (136 \times 10^3) + \dfrac{1}{2}(10^2 - 110^2) - (10 \times 10^3) = 120{,}000\,\text{J/kg} = 120\,\text{kJ}$

002. 압력 2MPa, 온도 300℃의 수증기가 20m/s 속도로 증기터빈으로 들어간다. 터빈 출구에서 수증기 압력이 100kPa, 속도는 100m/s이다. 가역단열과정으로 가정 시, 터빈을 통과하는 수증기 1kg당 출력일은 약 몇 kJ/kg인가? (단, 수증기표로부터 2MPa, 300℃에서 비엔탈피는 3023.5kJ/kg, 비엔트로피는 6.7663kJ/(kg·K)이고, 출구에서의 비엔탈피 및 비엔트로피는 아래 표와 같다.)

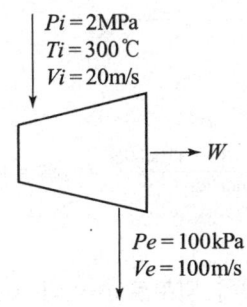

$Pi = 2\text{MPa}$
$Ti = 300℃$
$Vi = 20\text{m/s}$
$\rightarrow W$
$Pe = 100\text{kPa}$
$Ve = 100\text{m/s}$

출구	포화액	포화증기
비엔트로피[kJ/(kg·K)]	1.3025	7.3593
비엔탈피[kJ/kg]	417.44	2675.46

① 1534
② 564.3
③ 153.4
④ 764.5

답 001. ③ 002. ②

해설
- 증기터빈의 과정은 가역단열팽창 과정이므로 등엔트로피 과정이다. 따라서 팽창 전·후의 엔트로피는 변화가 없다.
  수증기 압력 100 kPa에 해당하는 수증기 표를 이용하여 터빈 출구에서 건도를 구한다.
  건도 $x = \dfrac{s - s_f}{s_g - s_f}$ 에서 $x = \dfrac{(6.7663 - 1.3025)\text{kJ/kg}\cdot\text{K}}{(7.3593 - 1.3005)\text{kJ/kg}\cdot\text{K}} = 0.9021$

- 터빈 출구에서의 엔탈피를 구한다.
  $h_o = h_f + x(h_g - h_f)$ 에서
  $h_o = 417.44\,\text{kJ/kg} + 0.9021 \times (2675.46 - 417.44)\,\text{kJ/kg} = 2454.4\,\text{kJ/kg}$

- 엔탈피 변화 $\Delta h = (h_i - h_o)$ 에서
  $\Delta h = (3023.5 - 2454.4)\,\text{kJ/kg} = 569.1\,\text{kJ/kg}$

- 운동에너지 변화 $\Delta ke = \dfrac{1}{2}(V_i^2 - V_o^2)$ 에서
  $\Delta ke = \dfrac{1}{2}(20^2 - 100^2) = -4800\,\text{J/kg} = -4.8\,\text{kJ/kg}$

- 위치에너지 변화 $\Delta pe = g(z_i - z_e)$ 는 무시한다.

- 에너지방정식을 적용하면 터빈의 출력 $w_t = \Delta h + \Delta ke + \Delta pe$ 에서
  $w_t = \{569.1 + (-4.8) + 0\}\,\text{kJ/kg} = 564.3\,\text{kJ/kg}$

Q 003
그림과 같이 온도(T)-엔트로피(S)로 표시된 이상적인 랭킨사이클에서 각 상태의 엔탈피(h)가 다음과 같다면, 이 사이클의 효율은 몇 %인가? (단, $h_1 = 30\,\text{kJ/kg}$, $h_2 = 31\,\text{kJ/kg}$, $h_3 = 274\,\text{kJ/kg}$, $h_4 = 668\,\text{kJ/kg}$, $h_5 = 764\,\text{kJ/kg}$, $h_6 = 478\,\text{kJ/kg}$ 이다.)

① 39
② 42
③ 53
④ 58

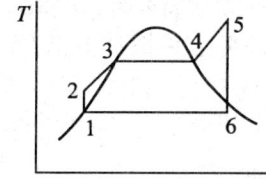

해설
이론 열효율 $\eta_R = \dfrac{\text{유효 일량}}{\text{시스템에 공급한 열량}}$ 에서
$\eta_R = \dfrac{(h_5 - h_6) - (h_2 - h_1)}{(h_5 - h_2)} = \dfrac{(764 - 478)\,\text{kJ/kg} - (31 - 30)\,\text{kJ/kg}}{(764 - 31)\,\text{kJ/kg}} = 0.389 = 38.9\%$

Q 004
어떤 기체가 5kJ의 열을 받고 0.18kN·m의 일을 외부로 하였다. 이때의 내부에너지의 변화량은?

① 3.24kJ
② 4.82kJ
③ 5.18kJ
④ 6.14kJ

답 003. ① 004. ②

해설
- 열역학 제1법칙의 에너지보존방정식에서 열량 $\delta Q = dU + \delta W$이다.
- 어떤 기체가 열을 받았으므로 +5kJ이고, 일을 외부로 하였으므로 +0.18kN·m(kJ)이다.
- ∴ 내부에너지 변화량 $dU = \delta Q - \delta W$에서 $dU = 5kJ - 0.18kJ = 4.82kJ$

Q 005
단위질량의 이상기체가 정적과정 하에서 온도가 T_1에서 T_2로 변하였고, 압력도 P_1에서 P_2로 변하였다면, 엔트로피 변화량 ΔS는? (단, C_v, C_p는 각각 정적비열과 정압비열이다.)

① $\Delta S = C_v \ln \dfrac{P_1}{P_2}$ 　　② $\Delta S = C_p \ln \dfrac{P_2}{P_1}$

③ $\Delta S = C_v \ln \dfrac{T_2}{T_1}$ 　　④ $\Delta S = C_p \ln \dfrac{T_1}{T_2}$

해설
- 정적과정에서 온도와 압력관계 $\dfrac{P_1}{T_1} = \dfrac{P_2}{T_2}$에서 $\dfrac{T_2}{T_1} = \dfrac{P_2}{P_1}$이다.
- 엔트로피 변화 $\int_1^2 dS = \int_1^2 \dfrac{\delta q}{T} = \int_1^2 \dfrac{C_v dT}{T} = C_v \int_1^2 \dfrac{dT}{T}$에서
$\Delta S = C_v \ln \dfrac{T_2}{T_1} = C_v \ln \dfrac{P_2}{P_1}$

Q 006
초기 압력 100kPa, 초기 체적 $0.1m^3$인 기체를 버너로 가열하여 기체 체적이 정압과정으로 $0.5m^3$이 되었다면 이 과정 동안 시스템이 외부에 한 일은 약 몇 kJ인가?

① 10　　② 20
③ 30　　④ 40

해설 정압과정일 때 시스템이 외부에 한 일 $W_{12} = P(V_2 - V_1)$에서
$W_{12} = 100kPa(N/m^2) \times (0.5 - 0.1)m^3 = 40kJ$

Q 007
엔트로피(s) 변화 등과 같은 직접 측정할 수 없는 양들을 압력(P), 비체적(v), 온도(T)와 같은 측정 가능한 상태량으로 나타내는 Maxwell 관계식과 관련하여 다음 중 틀린 것은?

① $\left(\dfrac{\partial T}{\partial P}\right)_s = \left(\dfrac{\partial v}{\partial s}\right)_P$ 　　② $\left(\dfrac{\partial T}{\partial v}\right)_s = -\left(\dfrac{\partial P}{\partial s}\right)_v$

③ $\left(\dfrac{\partial v}{\partial T}\right)_P = -\left(\dfrac{\partial s}{\partial P}\right)_T$ 　　④ $\left(\dfrac{\partial P}{\partial v}\right)_T = \left(\dfrac{\partial s}{\partial T}\right)_v$

답 005. ③　006. ④　007. ④

해설 맥스웰 관계식을 쉽게 기억하기 위하여 그림과 같은 마름모의 모서리에 T, v, s, P를 표기한다. 그림에서 T와 v, P와 s를 연결하는 직선은 2중선으로 하고 T, v, s, P 앞에는 편미분기호를 붙인다. 한 변의 양단에 있는 양의 비는 이것에 대응하는 변의 비와 같다. 단, 2중선의 양단의 비를 취할 때는 어느 한쪽 변에 음(−)의 기호를 붙이면 된다.

- $(\frac{\partial T}{\partial P})_s = (\frac{\partial v}{\partial s})_P$
- $(\frac{\partial T}{\partial v})_s = -(\frac{\partial P}{\partial s})_v$
- $(\frac{\partial v}{\partial T})_P = -(\frac{\partial s}{\partial P})_T$
- $(\frac{\partial P}{\partial T})_v = (\frac{\partial s}{\partial v})_T$

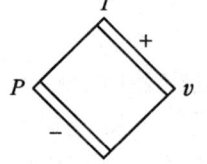

008 대기압이 100kPa일 때, 계기 압력이 5.23MPa인 증기의 절대 압력은 약 몇 MPa인가?

① 3.02　　② 4.12
③ 5.33　　④ 6.43

해설
- 보조 단위인 킬로 k는 10^3이고, 메가 M은 10^6이다. 킬로 k를 메가 M으로 바꾸면 $10^{-3}M$이다.
- 절대 압력 $P_a = P + P_g$에서
$P_a = 100\text{kPa} + 5.23\text{MPa} = 0.1\text{MPa} + 5.23\text{MPa} = 5.33\text{MPa}$

009 열역학적 변화와 관련하여 다음 설명 중 옳지 않은 것은?

① 단위 질량당 물질의 온도를 1℃ 올리는데 필요한 열량을 비열이라 한다.
② 정압과정으로 시스템에 전달된 열량은 엔트로피 변화량과 같다.
③ 내부 에너지는 시스템의 질량에 비례하므로 종량적(extensive) 상태량이다.
④ 어떤 고체가 액체로 변화할 때 융해(Melting)라고 하고, 어떤 고체가 기체로 바로 변화할 때 승화(Sublimation)라고 한다.

해설 정압과정에서 시스템에 전달된 열량(δQ)은 엔탈피 변화량(dH)과 같다.
따라서, 열량 $\delta Q = mC_p(t_2 - t_1) = dH$이다.

010 공기압축기에서 입구 공기의 온도와 압력은 각각 27℃, 100kPa이고, 체적유량은 0.01m³/s이다. 출구에서 압력이 400kPa이고, 이 압축기의 등엔트로피 효율이 0.8일 때, 압축기의 소요 동력은 약 몇 kW인가? (단, 공기의 정압비열과 기체상수는 각각 1kJ/(kg·K), 0.287kJ/(kg·K)이고, 비열비는 1.4이다.)

① 0.9　　② 1.7
③ 2.1　　④ 3.8

답 008. ③　009. ②　010. ③

해설

- 이상기체상태방정식 $\dfrac{P}{\rho} = RT$ 에서

  밀도 $\rho = \dfrac{P}{RT} = \dfrac{100\text{kPa}}{0.287\dfrac{\text{kJ}}{\text{kg}\cdot\text{K}} \times (273+27)\text{K}} = 1.161\,\text{kg/m}^3$

- 질량유량 $m = \rho Q$ 에서 $m = 1.161\dfrac{\text{kg}}{\text{m}^3} \times 0.01\dfrac{\text{m}^3}{\text{s}} = 0.01161\,\text{kg/s}$

- 기체상수 $R = C_p - C_v$ 에서

  정적비열 $C_v = C_p - R = (1 - 0.287)\,\text{kJ/(kg}\cdot\text{K)} = 0.713\,\text{kJ/(kg}\cdot\text{K)}$

- 비열비 $k = \dfrac{C_p}{C_v}$ 에서 $k = \dfrac{1\,\text{kJ/(kg}\cdot\text{K)}}{0.713\,\text{kJ/(kg}\cdot\text{K)}} = 1.4$

- 압축일 $W_t = \dfrac{k}{k-1}mRT_1\left\{1 - \left(\dfrac{P_2}{P_1}\right)^{\frac{k-1}{k}}\right\}$ 에서

  $W_t = \dfrac{1.4}{1.4-1} \times 0.01161\dfrac{\text{kg}}{\text{s}} \times 0.287\dfrac{\text{kJ}}{\text{kg}\cdot\text{K}} \times (273+27)\text{K} \times \left\{1 - \left(\dfrac{400\,\text{kPa}}{100\,\text{kPa}}\right)^{\frac{1.4-1}{1.4}}\right\} = -1.7\,\text{kW}$

  여기서, 음(-)의 부호는 압축일을 표시한다.

  ∴ 압축 시 소요동력 $L = \dfrac{W_t}{\eta}$ 에서 $L = \dfrac{1.7\,\text{kW}}{0.8} = 2.13\,\text{kW}$

Q 011 다음 중 강성적(강도성, intensive) 상태량이 아닌 것은?

① 압력 ② 온도
③ 엔탈피 ④ 비체적

해설
- 강성적 상태량 : 온도, 압력, 비체적, 밀도
- 종량적 상태량 : 질량, 체적, 내부에너지, 엔탈피, 엔트로피

Q 012 이상기체가 정압과정으로 dT 만큼 온도가 변하였을 때 1kg당 변화된 열량 Q 는? (단, C_v는 정적비열, C_p는 정압비열, k는 비열비를 나타낸다.)

① $Q = C_v dT$
② $Q = k^2 C_v dT$
③ $Q = C_p dT$
④ $Q = k C_p dT$

해설
정압과정에서 단위 질량당 열량 $q = dh = C_p dT = \dfrac{k}{k-1}RdT$
단, dh는 엔탈피 변화량, R은 기체상수이다.

답 011. ③ 012. ③

Q 013

랭킨 사이클에서 25℃, 0.01MPa 압력의 물 1kg을 5MPa 압력의 보일러로 공급한다. 이때 펌프가 가역단열과정으로 작용한다고 가정할 경우 펌프가 한 일은 약 몇 kJ인가? (단, 물의 비체적은 $0.001 m^3/kg$이다.)

① 2.58
② 4.99
③ 20.10
④ 40.20

해설 펌프가 한 일 $W_p = mv(P_2 - P_1)$에서

$$W_p = 1\text{kg} \times 0.001 \frac{m^3}{kg} \times (5-0.01) \times 10^6 \text{Pa} = 4990 \text{J} = 4.99 \text{kJ}$$

Q 014

520K의 고온 열원으로부터 18.4kJ 열량을 받고 273K의 저온 열원에 13kJ의 열량을 방출하는 열기관에 대하여 옳은 것은?

① Clausius 적분값은 -0.0122kJ/K이고, 가역과정이다.
② Clausius 적분값은 -0.0122kJ/K이고, 비가역과정이다.
③ Clausius 적분값은 $+0.0122$kJ/K이고, 가역과정이다.
④ Clausius 적분값은 $+0.0122$kJ/K이고, 비가역과정이다.

해설 클라시우스의 적분값은 가역 사이클에서 항상 "0"이 되고, 비가역 사이클에서 항상 "0"보다 작다.

- 가역과정일 경우 $\frac{Q_1}{T_1} + \frac{Q_2}{T_2} = 0$이므로 $\frac{18.4\text{kJ}}{520\text{K}} + \frac{13\text{kJ}}{273\text{K}} = 0.083\text{kJ/K} \neq 0$

  따라서, 이 열기관의 클라시우스의 적분값이 "0"이 아니므로 가역과정이 아니다.

- 비가역과정일 경우 $\frac{Q_1}{T_1} - \frac{Q_2}{T_2} < 0$이므로 $\frac{18.4\text{kJ}}{520\text{K}} - \frac{13\text{kJ}}{273\text{K}} = -0.0122\text{kJ/K} < 0$

  따라서, 이 열기관의 클라시우스의 적분값은 -0.0122kJ/K이고, 0보다 작으므로 비가역과정이다.

Q 015

이상적인 오토 사이클에서 단열압축되기 전 공기가 101.3kPa, 21℃이며, 압축비 7로 운전할 때 이 사이클의 효율은 약 몇 %인가? (단, 공기의 비열비는 1.4이다.)

① 62%
② 54%
③ 46%
④ 42%

해설 오토 사이클의 열효율

$$\eta = 1 - \left(\frac{1}{\epsilon}\right)^{k-1} \text{에서 } \eta = 1 - \left(\frac{1}{7}\right)^{1.4-1} = 0.5408 = 54.08\%$$

답 013. ② 014. ② 015. ②

Q 016 이상적인 복합 사이클(사바테 사이클)에서 압축비는 16, 최고압력비(압력상승비)는 2.3, 체절비는 1.6이고, 공기의 비열비는 1.4일 때 이 사이클의 효율은 약 몇 %인가?

① 55.52　　　　　　② 58.41
③ 61.54　　　　　　④ 64.88

해설 사바테 사이클의 열효율

$$\eta = 1 - \frac{1}{\epsilon^{k-1}} \times \frac{\alpha\sigma^k - 1}{(\alpha-1) + k\alpha(\sigma-1)}$$

여기서, ϵ는 압축비, k는 비열비, σ는 체절비, α는 최고압력비이다.

$$\eta = 1 - \frac{1}{16^{1.4-1}} \times \frac{2.3 \times 1.6^{1.4} - 1}{(2.3-1) + 1.4 \times 2.3 \times (1.6-1)} = 0.6488 = 64.88\%$$

Q 017 이상기체 공기가 안지름 0.1m인 관을 통하여 0.2m/s로 흐르고 있다. 공기의 온도는 20℃, 압력은 100kPa, 기체상수는 0.287kJ/(kg·K)라면 질량유량은 약 몇 kg/s인가?

① 0.0019　　　　　　② 0.0099
③ 0.0119　　　　　　④ 0.0199

해설
- 이상기체상태방정식 $\frac{P}{\rho} = RT$에서

밀도 $\rho = \frac{P}{RT} = \dfrac{100\text{kPa}}{0.287\dfrac{\text{kJ}}{\text{kg}\cdot\text{K}} \times (273+20)\text{K}} = 1.189\text{kg/m}^3$

- 질량유량 $m = \rho Q = \rho\left(\dfrac{\pi}{4} \times d^2 V\right)$에서

$m = 1.189\dfrac{\text{kg}}{\text{m}^3} \times \left\{\dfrac{\pi}{4} \times (0.1\text{m})^2 \times 0.2\dfrac{\text{m}}{\text{s}}\right\} = 1.9 \times 10^{-3}\text{kg/s} = 0.0019\text{kg/s}$

Q 018 저온실로부터 46.4kW의 열을 흡수할 때 10kW의 동력을 필요로 하는 냉동기가 있다면, 이 냉동기의 성능계수는?

① 4.64　　　　　　② 5.65
③ 7.49　　　　　　④ 8.82

해설 성능계수 $COP = \dfrac{Q_e}{L}$에서 $COP = \dfrac{46.4\text{kW}}{10\text{kW}} = 4.64$

답 016. ④　017. ①　018. ①

Q 019

온도가 각기 다른 액체 A(50℃), B(25℃), C(10℃)가 있다. A와 B를 동일질량으로 혼합하면 40℃로 되고, A와 C를 동일질량으로 혼합하면 30℃로 된다. B와 C를 동일질량으로 혼합할 때는 몇 ℃로 되겠는가?

① 16.0℃
② 18.4℃
③ 20.0℃
④ 22.5℃

[해설]

열역학 제0법칙(열평형의 법칙)에서 두 물질을 혼합했을 때 고온의 유체가 잃은 열량은 저온의 유체가 얻은 열량과 같다. ($Q_1 = Q_2$)

- 고온의 유체가 잃은 열량 $Q_1 = G_1 C_1 (t_1 - t_3)$
- 저온의 유체가 얻은 열량 $Q_2 = G_2 C_2 (t_3 - t_1)$

① A와 B 유체를 혼합했을 때 혼합온도가 $t_3 = 40℃$인 경우 비열
 $G_A C_A (50℃ - 40℃) = G_B C_B (40℃ - 25℃)$에서 질량 $G_A = G_B$이므로 $10 C_A = 15 C_B$이다. ∴ $C_A = 1.5 C_B$

② A와 C 유체를 혼합했을 때 혼합온도가 $t_3 = 30℃$인 경우 비열
 $G_A C_A (50℃ - 30℃) = G_C C_C (30℃ - 10℃)$에서 질량 $G_A = G_C$이므로 $20 C_A = 20 C_C$이고 $C_A = C_C$이다.
 ∴ A 유체의 비열 $C_A = 1.5 C_B$를 C 유체의 비열에 대입하면 $C_C = 1.5 C_B$

③ B와 C 유체를 혼합하면 $G_B C_B (25℃ - t_3) = G_C C_C (t_3 - 10℃)$이다.
 질량 $G_B = G_C$이고, C 유체의 비열 $C_C = 1.5 C_B$를 식에 대입하면
 $C_B (25℃ - t_3) = 1.5 C_B (t_3 - 10℃)$에서 $25℃ - t_3 = 1.5 t_3 - 15℃$이다.
 ∴ $2.5 t_3 = 40℃$에서 혼합온도 $t_3 = \dfrac{40℃}{2.5} = 16℃$

Q 020

다음 4가지 경우에서 ( ) 안의 물질이 보유한 엔트로피가 증가한 경우는?

ⓐ 컵에 있는 (물)이 증발하였다.
ⓑ 목욕탕의 (수증기)가 차가운 타일 벽에서 물로 응결되었다.
ⓒ 실린더 안의 (공기)가 가역 단열적으로 팽창되었다.
ⓓ 뜨거운 (커피)가 식어서 주위온도와 같게 되었다.

① ⓐ
② ⓑ
③ ⓒ
④ ⓓ

[해설]

엔트로피 변화량 $dS = \dfrac{\delta Q}{T}$에서 주위에서 열을 흡수하면 열량변화는 (+)이고 열을 방출하면 (-)가 된다. 따라서, 물질이 열을 흡수하면 엔트로피 변화량은 증가하게 된다.

ⓐ 컵에 있는 물이 주위에서 열을 흡수하여 증발하였으므로 엔트로피는 증가한다.
ⓑ 목욕탕의 수증기가 주위에 열을 방출하여 차가운 타일 벽에서 물로 응결되었으므로 엔트로피는 감소한다.

답 019. ① 020. ①

ⓒ 실린더 안의 공기가 가역 단열적으로 팽창되었다면 가역과정이고, 열의 전달이 없으므로 엔트로피 변화가 없다.
ⓓ 뜨거운 커피가 주위에 열을 방출하여 식어서 주위온도와 같게 되었으므로 엔트로피는 감소한다.

제 2 과목 냉동공학

Q 021 축열시스템 중 빙축열 방식이 수축열 방식에 비해 유리하다고 할 수 없는 것은?

① 축열조를 소형화할 수 있다.
② 낮은 온도를 이용할 수 있다.
③ 난방시의 축열대응에 적합하다.
④ 축열조의 설치장소가 자유롭다.

해설 빙축열 방식은 난방 시 축열대응에 부적합하고 냉방 시 축열대응에 적합하다.

Q 022 유량이 1800kg/h인 30℃ 물을 -10℃의 얼음으로 만드는 능력을 가진 냉동장치의 압축기 소요동력은 약 얼마인가? (단, 응축기의 냉각수 입구온도 30℃, 냉각수 출구온도 35℃, 냉각수 수량 50m³/h이고, 열손실은 무시하는 것으로 한다.)

① 30kW
② 40kW
③ 50kW
④ 60kW

해설 ① 냉동능력 $Q_e = Q_{S1} + Q_{L2} + Q_{S3}$ [kcal/h]

- 30℃ 물을 0℃ 물로 만드는 데 필요한 열량 $Q_{S1} = GC_w\Delta t$에서

$$Q_{S1} = 1800\frac{\text{kg}}{\text{h}} \times 1\frac{\text{kcal}}{\text{kg}\cdot\text{℃}} \times (30-0)\text{℃} = 54000\text{kcal/h}$$

- 0℃ 물을 0℃ 얼음으로 만드는 데 필요한 열량 $Q_{L2} = G\gamma$

$$Q_{L2} = 1800\frac{\text{kg}}{\text{h}} \times 79.68\frac{\text{kcal}}{\text{kg}} = 143424\text{kcal/h}$$

- 0℃ 얼음을 -10℃ 얼음으로 만드는 데 필요한 열량 $Q_{S3} = GC_i\Delta t$에서

$$Q_{S3} = 1800\frac{\text{kg}}{\text{h}} \times 0.5\frac{\text{kcal}}{\text{kg}\cdot\text{℃}} \times \{0-(-10)\}\text{℃} = 9000\text{kcal/h}$$

∴ 냉동능력 $Q_e = (54000 + 143424 + 9000)\text{kcal/h} = 206424\text{kcal/h}$

② 응축기 방열량

- 질량유량 $G = \rho Q$에서 $G = 1000\frac{\text{kg}}{\text{m}^3} \times 50\frac{\text{m}^3}{\text{h}} = 50000\text{kg/h}$

- 응축기 방열량 $Q_c = GC_w\Delta t$에서

$$Q_c = 50000\frac{\text{kg}}{\text{h}} \times 1\frac{\text{kcal}}{\text{kg}\cdot\text{℃}} \times (35-30)\text{℃} = 250000\text{kcal/h}$$

∴ 압축기 소요동력 $L = Q_c - Q_e$에서 $L = (250000 - 206424)\text{kcal/h} = 43576\text{kcal/h}$

이고, 1kW는 860kcal/h이므로 $L = \frac{43576\text{kcal/h}}{860\text{kcal/h}} = 50.7\text{kW}$

답 021. ③ 022. ③

Q 023 냉매의 구비조건에 대한 설명으로 틀린 것은?

① 동일한 냉동능력에 대하여 냉매가스의 용적이 작을 것
② 저온에 있어서도 대기압 이상의 압력에서 증발하고 비교적 저압에서 액화할 것
③ 점도가 크고 열전도율이 좋을 것
④ 증발열이 크며 액체의 비열이 작을 것

해설 냉매는 냉동기의 동작유체로서 점도는 작아야 한다. 점도가 작으면 냉동장치의 관이나 밸브를 통과할 때 마찰저항이 작아진다.

Q 024 냉매에 관한 설명으로 옳은 것은?

① 암모니아 냉매가스가 누설된 경우 비중이 공기보다 무거워 바닥에 정체한다.
② 암모니아의 증발잠열은 프레온계 냉매보다 작다.
③ 암모니아는 프레온계 냉매에 비하여 동일 운전 압력조건에서는 토출가스 온도가 높다.
④ 프레온계 냉매는 화학적으로 안정한 냉매이므로 장치내에 수분이 혼입되어도 운전상 지장이 없다.

해설
① 암모니아 냉매가스는 비중이 공기보다 가벼워 냉동장치에서 누설되는 경우 천장에 정체한다.
② 암모니아는 냉매 중에서 증발잠열이 가장 크다. 따라서, 암모니아의 증발잠열은 프레온계 냉매보다 크다.(증발잠열 : NH_3 - 313.5kcal/kg, R-22 : 51.9kcal/kg)
④ 프레온계 냉매는 수분과 분리되므로 장치 내에 수분이 혼입되면 냉매액이 팽창밸브를 통과하면서 수분이 동결되어 오리피스가 막히게 되며, 냉매의 순환이 불량하게 된다.

Q 025 흡수식 냉동기에서 냉매의 순환경로는?

① 흡수기 → 증발기 → 재생기 → 열교환기
② 증발기 → 흡수기 → 열교환기 → 재생기
③ 증발기 → 재생기 → 흡수기 → 열교환기
④ 증발기 → 열교환기 → 재생기 → 흡수기

해설
• 냉매의 순환경로 : 증발기 → 흡수기 → 열교환기 → 재생기 → 응축기 → 증발기
• 리튬브로마이드의 순환경로 : 흡수기 → 열교환기 → 재생기 → 흡수기
• 냉각수의 순환경로 : 냉각탑 → 흡수기 → 응축기 → 냉각탑

답 023. ③ 024. ③ 025. ②

Q 026. 고온가스 제상(hot gas defrost)방식에 대한 설명으로 틀린 것은?

① 압축기의 고온·고압가스를 이용한다.
② 소형 냉동장치에 사용하면 언제라도 정상운전을 할 수 있다.
③ 비교적 설비하기가 용이하다.
④ 제상 소요시간이 비교적 짧다.

해설 소형 냉동장치에 고온가스 제상방식으로 운전할 경우 반드시 수액기와 액분리기를 설치하여야 한다.

Q 027. 다음의 장치는 액-가스 열교환기가 설치되어 있는 1단 증기압축식 냉동장치를 나타낸 것이다. 이 냉동장치의 운전 시에 아래와 같은 현상이 발생하였다. 이 현상에 대한 원인으로 옳은 것은?

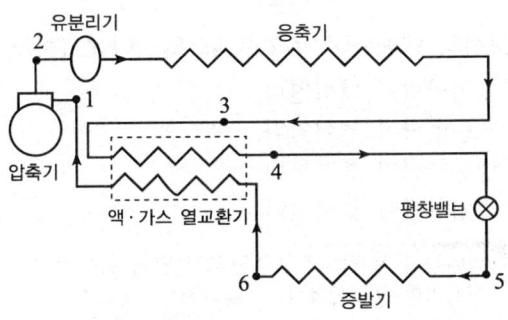

> 액-가스 열교환기에서 응축기 출구 냉매액과 증발기 출구 냉매증기가 서로 열교환할 때, 이 열교환기 내에서 증발기 출구 냉매 온도변화(T_1-T_6)는 18℃이고, 응축기 출구 냉매액의 온도변화(T_3-T_4)는 1℃이다.

① 증발기 출구(점 6)의 냉매상태는 습증기이다.
② 응축기 출구 냉매(점 3)의 냉매상태는 불응축 상태이다.
③ 응축기 내에 불응축 가스가 혼입되어 있다.
④ 액-가스 열교환기의 열손실이 상당히 많다.

해설 에너지보존법칙에 의하여 액-가스 열교환기의 열교환량은 같다.
문제를 계산하기 위하여 R22 냉매의 냉매액 정압비열 $C_{pf} ≒ 1.3 \text{kJ/kg} \cdot \text{K}$과 냉매증기 정압비열 $C_{pg} ≒ 0.84 \text{kJ/kg} \cdot \text{K}$를 적용한다.

(가정 1)
- 냉매액의 엔탈피는 $h_3 - h_4 = C_p(T_3 - T_4)$이고, 냉매증기의 엔탈피 $h_1 - h_6 = C_p(T_1 - T_6)$이다.
- 액-가스 열교환기의 열교환량 $h_1 - h_6 = h_3 - h_4$에서 $C_{pg}(T_1 - T_6) = C_{pf}(T_3 - T_4)$이므로 $18 C_{pg} = C_{pf}$이고, $18 \times 0.84 ≠ 1.3$이다.

답 026. ② 027. ②

∴ 열교환기에서 증발기 출구 냉매 온도변화에 필요한 현열량과 응축기 출구 냉매액의 온도변화에 필요한 현열량은 같지 않으므로 에너지보존법칙에 위배된다. 따라서, 응축기 출구 냉매(점 3)의 냉매상태는 냉매액 상태가 아니므로 (가정 1)은 조건에 만족하지 않는다.

(가정 2)
- 포화증기의 엔탈피는 $\Delta h = C_p \Delta T + \gamma$이고, 냉매증기의 엔탈피 $\Delta h = C_p \Delta T$이다. 단, γ는 냉매증기가 냉매액으로 상태가 변하는 응축잠열량이다.
- 액-가스 열교환기의 열교환량 $h_1 - h_6 = h_3 - h_4$에서 $C_p(T_1 - T_6) = C_p(T_3 - T_4) + \gamma$이므로 $18 C_p = C_p + \gamma$이고, $18 \times 0.84 = 1.3 + \gamma$이다.
∴ 에너지보존법칙을 적용하면 열교환기에서 증발기 출구 냉매 온도변화에 필요한 현열량은 응축기 출구 냉매액의 온도변화에 필요한 현열량과 냉매증기가 냉매액으로 상태가 변할 때 필요한 잠열량의 합과 같다. 따라서, 응축기 출구에는 냉매증기와 냉매액이 포함되어 있으므로 응축기 출구 냉매(점 3)의 냉매상태는 불응축 상태이다.

028 냉동장치의 냉매량이 부족할 때 일어나는 현상으로 옳은 것은?

① 흡입압력이 낮아진다.
② 토출압력이 높아진다.
③ 냉동능력이 증가한다.
④ 흡입압력이 높아진다.

해설 냉매량이 부족하면 냉동장치에 일어나는 현상
- 흡입압력(증발압력)이 낮아진다.
- 압축기 흡입가스가 과열되므로 토출가스 온도가 높아진다.
- 냉동능력이 감소하고 압축기 소요동력 증가한다.

029 증기 압축식 냉동사이클에서 증발온도를 일정하게 유지하고 응축온도를 상승시킬 경우에 나타나는 현상으로 틀린 것은?

① 성적계수 감소
② 토출가스 온도 상승
③ 소요동력 증대
④ 플래쉬가스 발생량 감소

해설 증발온도를 일정하게 유지하고, 응축온도를 상승시킬 경우
- 압축비 상승으로 토출가스 온도가 상승한다.
- 체적효율이 감소한다.
- 플래쉬가스 발생량이 증가한다.
- 냉동능력이 감소한다.
- 압축기 소요동력이 증대한다.
- 냉동기 성적계수가 감소한다.

답 028. ① 029. ④

030. 냉매액 강제순환식 증발기에 대한 설명으로 틀린 것은?

① 냉매액이 충분한 속도로 순환되므로 타 증발기에 비해 전열이 좋다.
② 일반적으로 설비가 복잡하며 대용량의 저온냉장실이나 급속 동결장치에 사용한다.
③ 강제 순환식이므로 증발기에 오일이 고일 염려가 적고 배관 저항에 의한 압력강하도 작다.
④ 냉매액에 의한 리퀴드백(liquid back)의 발생이 적으며 저압 수액기와 액 펌프의 위치에 제한이 없다.

해설 강제순환식 증발기와 저압 수액기 사이에는 액펌프를 설치하고 저압 수액기는 액펌프보다 높게 설치하되 펌프의 캐비테이션을 방지하기 위하여 1.2m 정도 낙차를 준다.

031. 그림과 같은 사이클을 난방용 히트펌프로 사용한다면 이론 성적계수를 구하는 식은 다음 중 어느 것인가?

① $cop = \dfrac{h_2 - h_1}{h_3 - h_2}$

② $cop = 1 + \dfrac{h_3 - h_1}{h_3 + h_2}$

③ $cop = \dfrac{h_2 + h_1}{h_3 + h_2}$

④ $cop = 1 + \dfrac{h_2 - h_1}{h_3 - h_2}$

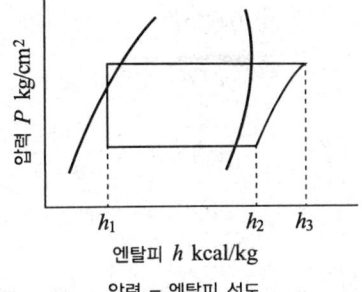

압력 - 엔탈피 선도

해설 이론 성적계수(cop)
- 히트펌프 $cop = \dfrac{h_3 - h_1}{h_2 - h_1} = 1 + \dfrac{h_2 - h_1}{h_3 - h_2}$
- 냉동기 $cop = \dfrac{h_2 - h_1}{h_3 - h_2}$

032. 암모니아 냉매의 누설검지 방법으로 적절하지 않은 것은?

① 냄새로 알 수 있다.
② 리트머스 시험지를 사용한다.
③ 페놀프탈레인 시험지를 사용한다.
④ 할로겐 누설검지기를 사용한다.

답 030. ④ 031. ④ 032. ④

해설 암모니아 냉매의 누설을 검지하는 방법
- 냄새로 알 수 있다.
- 적색 리트머스 시험지를 사용한다.
- 페놀프탈레인 시험지를 사용한다.
- 유황초를 사용한다.
- 네슬러 시약을 투입한다.

Q 033. 다음 조건을 이용하여 응축기 설계시 1RT(3320kcal/h)당 응축면적은? (단, 온도차는 산술평균온도차를 적용한다.)

[조 건]
- 방열계수 : 1.3
- 응축온도 : 35℃
- 냉각수 입구온도 : 28℃
- 냉각수 출구온도 : 32℃
- 열통과율 : 900kcal/m²·h·℃

① 1.25m²
② 0.96m²
③ 0.62m²
④ 0.45m²

해설 응축기 방열량 $Q_c = Q_e \times c = KA\triangle t_m$ 에서

응축면적 $A = \dfrac{Q_e \times c}{K\triangle t_m} = \dfrac{3320\dfrac{kcal}{h} \times 1.3}{900\dfrac{kcal}{m^2 \cdot h℃} \times \left(35 - \dfrac{28+32}{2}\right)℃} = 0.959m^2$

Q 034. 다음 중 빙축열시스템의 분류에 대한 조합으로 적당하지 않은 것은?

① 정적제빙형 - 관내착빙형
② 정적제빙형 - 캡슐형
③ 동적제빙형 - 관외착빙형
④ 동적제빙형 - 과냉각아이스형

해설 빙축열시스템의 분류
- 정적제빙형 : 관외착빙형(완전 동결형, 직접 접촉식), 관내착빙형, 캡슐형(아이스렌즈형, 아이스볼형)
- 동적제빙형 : 빙박리형, 액체식 빙생성형(직접식-리키드 아이스형, 과냉각 아이스형, 간접식-비수용 유체이용 직접, 열교환방식)

답 033. ② 034. ③

Q 035
산업용 식품동결 방법은 열을 빼앗는 방식에 따라 분류가 가능하다. 다음 중 위의 분류방식에 따른 식품동결 방법이 아닌 것은?

① 진공동결 ② 분사동결
③ 접촉동결 ④ 담금동결

해설
- 식품 냉각 : 송풍냉각, 빙온냉각, 진공냉각, CA저장
- 식품 동결 : 공기동결, 송풍동결, 접촉동결, 브라인 분사동결, 침지동결(담금동결), 액화가스동결

Q 036
2단 압축 1단 팽창 냉동시스템에서 게이지 압력계로 증발압력이 100kPa, 응축압력이 1100kPa일 때, 중간냉각기의 절대압력은 약 얼마인가?

① 331kPa ② 491kPa
③ 732kPa ④ 1010kPa

해설
- 절대압력 $P_a = P + P_g$ 에서
  증발압력의 절대압력 $P_L = (101.3 + 100)\text{kPa} = 201.3\text{kPa}$,
  응축압력의 절대압력 $P_H = (101.3 + 1100)\text{kPa} = 1201.3\text{kPa}$
- 중간냉각기의 절대압력 $P_m = \sqrt{P_L \times P_H}$ 에서
  $P_m = \sqrt{201.3\text{kPa} \times 1201.3\text{kPa}} = 491.8\text{ kPa}$

Q 037
방열벽 면적 1000m², 방열벽 열통과율 0.232W/m²·℃인 냉장실에 열통과율 29.03W/m²·℃, 전달면적 20m²인 증발기가 설치되어 있다. 이 냉장실에 열전달률 5.805W/m²·℃, 전열면적 500m², 온도 5℃인 식품을 보관한다면 실내온도는 몇 ℃로 변화되는가? (단, 증발온도는 -10℃로 하며, 외기온도는 30℃로 한다.)

① 3.7℃ ② 4.2℃
③ 5.8℃ ④ 6.2℃

해설
- 외기에서 방열벽으로 열통과되는 열량과 냉장실에서 식품에 열전달되는 열량
  $0.232 \dfrac{W}{\text{m}^2 \cdot ℃} \times 1000\text{m}^2 \times (30-t)℃ + 5.805 \dfrac{W}{\text{m}^2 \cdot ℃} \times 500\text{m}^2 \times (5-t)℃$
  $= 232 \times (30-t) + 2902.5 \times (5-t) = 6960 - 232t + 14512.5 - 2902.5t$
  $= 21472.5 - 3134.5t$
- 증발기에서 실내로 열통과되는 열량
  $29.03 \dfrac{W}{\text{m}^2 \cdot ℃} \times 20\text{m}^2 \times \{t-(-10)\}℃ = 580.6(t+10) = 580.6t + 5806$
- ∴ 외기에서 방열벽으로 열통과되는 열량과 냉장실에서 식품에 열전달되는 열량의 합과 증발기에서 실내로 열통과되는 열량은 같다.
  $21472.5 - 3134.5t = 580.6t + 5806$
  $3715.1t = 15666.5$ 에서 실내온도 $t = \dfrac{15666.5}{3715.1} = 4.22℃$

답 035. ① 036. ② 037. ②

Q 038. 다음 중 자연냉동법이 아닌 것은?

① 융해열을 이용하는 방법
② 승화열을 이용하는 방법
③ 기한제를 이용하는 방법
④ 증기분사를 하여 냉동하는 방법

[해설] 증기를 분사하여 냉동하는 방법은 증기분사식 냉동기로서 기계적인 냉동방법이다.

Q 039. 다음 중 암모니아 냉동 시스템에 사용되는 팽창장치로서 적절하지 않은 것은?

① 수동식 팽창밸브
② 모세관식 팽창장치
③ 저압 플로트 팽창밸브
④ 고압 플로트 팽창밸브

[해설] 모세관식 팽창장치는 증발기 부하가 작은 가정용 냉장고, 소형 에어컨, 쇼케이스 등 프레온 냉동 시스템에 사용한다.

Q 040. 착상이 냉동장치에 미치는 영향으로 가장 거리가 먼 것은?

① 냉장실내 온도가 상승한다.
② 증발온도 및 증발압력이 저하한다.
③ 냉동능력당 전력소비량이 감소한다.
④ 냉동능력당 소요동력이 증대한다.

[해설] 증발기에 착상이 되면 전열이 불량하게 되어 증발압력이 낮아지고 소요동력이 증대한다. 따라서, 냉동능력당 전력소비량이 증가한다.

제 3 과목   공기조화

Q 041. 온도가 30℃이고, 절대습도가 0.02kg/kg인 실외 공기와 온도가 20℃, 절대습도가 0.01kg/kg인 실내 공기를 1:2의 비율로 혼합하였다. 혼합된 공기의 건구온도와 절대습도는?

① 23.3℃, 0.013kg/kg
② 26.6℃, 0.025kg/kg
③ 26.6℃, 0.013kg/kg
④ 23.3℃, 0.025kg/kg

[해설]
- 혼합 건구온도 $t_3 = \dfrac{G_1 t_1 + G_2 t_2}{G_1 + G_2}$ 에서 $t_3 = \dfrac{1 \times 30 + 2 \times 20}{1 + 2} = 23.3℃$
- 혼합 절대습도 $x_3 = \dfrac{G_1 x_1 + G_2 x_2}{G_1 + G_2}$ 에서 $x_3 = \dfrac{1 \times 0.02 + 2 \times 0.01}{1 + 2} = 0.013 \text{kg/kg}$

답 038. ④ 039. ② 040. ③ 041. ①

Q 042 냉수코일 설계 시 유의사항으로 옳은 것은?

① 대향류로 하고 대수평균 온도차를 되도록 크게 한다.
② 병행류로 하고 대수평균 온도차를 되도록 작게 한다.
③ 코일통과 풍속을 5m/s 이상으로 취하는 것이 경제적이다.
④ 일반적으로 냉수 입·출구온도차는 10℃보다 크게 취하여 통과유량을 적게 하는 것이 좋다.

해설 냉수코일 설계 시 유의사항
- 물과 공기의 흐름은 대향류로 하고 대수평균 온도차를 되도록 크게 한다.
- 코일을 통과하는 풍속은 2~3m/sec가 경제적이다.
- 냉수 입·출구 온도차는 5℃ 전후로 한다.
- 코일을 통과하는 냉수의 속도는 1m/s 전후로 한다.

Q 043 건물의 지하실, 대규모 조리장 등에 적합한 기계환기법(강제급기＋강제배기)은?

① 제1종 환기   ② 제2종 환기
③ 제3종 환기   ④ 제4종 환기

해설 환기방법
- 제1종 환기는 강제급기(송풍기)와 강제배기(배풍기)로 환기시키는 방법으로 보일러실, 변전실, 지하실 등에 적합하다.
- 제2종 환기는 강제급기(송풍기)와 자연배기로 환기시키는 방법으로 클린룸, 수술실 등에 적합하다.
- 제3종 환기는 자연급기와 강제배기(배풍기)로 환기시키는 방법으로 주방, 화장실 등에 적합하다.
- 제4종 환기는 자연급기와 자연배기로 환기시키는 방법이다.

Q 044 다음 난방방식의 표준방열량에 대한 것으로 옳은 것은?

① 증기난방 : 0.523kW
② 온수난방 : 0.756kW
③ 복사난방 : 1.003kW
④ 온풍난방 : 표준방열량이 없다.

해설
- 증기난방 : 표준방열량이 650kcal/(m²·h)이고 1kcal=4.186kJ이므로
  표준방열량의 단위를 환산하면 $650\frac{kcal}{m^2 \cdot h} \times \frac{4.186kJ}{kcal} \times \frac{1h}{3600s} = 0.756 kW/m^2$
- 온수난방 : 표준방열량이 450kcal/(m²·h)이고 1kcal=4.186kJ이므로
  표준방열량의 단위를 환산하면 $450\frac{kcal}{m^2 \cdot h} \times \frac{4.186kJ}{kcal} \times \frac{1h}{3600s} = 0.523 kW/m^2$
- 복사난방 및 온풍난방 : 표준방열량이 없다.

답 042. ① 043. ① 044. ④

Q 045

냉·난방 시의 실내 현열부하를 q_s(W), 실내와 말단장치의 온도(℃)를 각각 t_r, t_d 라 할 때 송풍량 $Q(L/s)$를 구하는 식은?

① $Q = \dfrac{q_s}{0.24(t_r - t_d)}$ 　　② $Q = \dfrac{q_s}{1.2(t_r - t_d)}$

③ $Q = \dfrac{q_s}{1.85(t_r - t_d)}$ 　　④ $Q = \dfrac{q_s}{2501(t_r - t_d)}$

해설

- 송풍량 $G = \dfrac{q_s}{C(t_r - t_d)} = \dfrac{q_s}{1.01(t_r - t_d)}$ [kg/h]

- 송풍량 $Q = \dfrac{q_s}{\rho C(t_r - t_d)} = \dfrac{q_s}{1.2 \times 1.01(t_r - t_d)} = \dfrac{q_s}{1.212(t_r - t_d)}$ [m³/s]

단, 공기의 비열 $C = 1.004 \times 10^3$ J/(kg·℃), 공기의 밀도 $\rho = 1.2$ kg/m³이다.

송풍량 Q(m³/s)를 단위환산하면 다음과 같다.

$$Q = \dfrac{q_s \left(\dfrac{J}{s}\right)}{1.2 \dfrac{kg}{m^3} \times 1.004 \times 10^3 \dfrac{J}{kg \cdot ℃}(t_r - t_d)℃} = \dfrac{q_s \left(\dfrac{J}{s}\right)}{1.2048 \times 10^3 \dfrac{J}{m^3}(t_r - t_d)}$$

$$= \dfrac{q_s}{1.2048 \times 10^3(t_r - t_d)} \text{에서}$$

$1L = 1000 cm^3 = 1000 cm^3 \times \left(\dfrac{1m}{100cm}\right)^3 = \dfrac{1}{1000} m^3$이므로 $1m^3 = 10^3 L$이다.

$$Q = \dfrac{q_s(m^3)}{1.2048 \times 10^3 s(t_r - t_d)} = \dfrac{q_s(10^3 L)}{1.2048 \times 10^3 s(t_r - t_d)} = \dfrac{q_s}{1.2048(t_r - t_d)} \text{ [L/s]}$$

Q 046

에어와셔에 대한 설명으로 틀린 것은?

① 세정실(Spray chamber)은 엘리미네이터 뒤에 있어 공기를 세정한다.
② 분무노즐(Spray nozzle)은 스탠드파이프에 부착되어 스프레이 헤더에 연결된다.
③ 플러딩 노즐(Flooding nozzle)은 먼지를 세정한다.
④ 다공판 또는 루버(Louver)는 기류를 정류해서 세정실 내를 통과시키기 위한 것이다.

해설
에어와셔는 루버, 분무노즐, 플러딩 노즐, 엘리미네이터로 구성되어 있으며, 엘리미네이터는 분무노즐에서 분무된 수분이 실내로 비산되는 것을 방지하는 장치로서 세정실 뒤에 설치되어 있다.

답 045. ② 046. ①

Q 047 덕트 내 풍속을 측정하는 피토관을 이용하여 전압 23.8mmAq, 정압 10mmAq를 측정하였다. 이 경우 풍속은 약 얼마인가?

① 10m/s
② 15m/s
③ 20m/s
④ 25m/s

해설

- 동압 $P_v = P_t - P_s$ 에서
  $P_v = (23.8 - 10)\text{mmAq} = 13.8\text{mmAq} = 13.8\text{kgf/m}^2$

- 동압 $P_v = \dfrac{V^2}{2g} \times \gamma$ 에서

  풍속 $V = \sqrt{\dfrac{2gP_v}{\gamma}} = \sqrt{\dfrac{2 \times 9.8\dfrac{\text{m}}{\text{s}^2} \times 13.8\dfrac{\text{kgf}}{\text{m}^2}}{1.2\dfrac{\text{kgf}}{\text{m}^3}}} = 15.01\text{m/s}$

Q 048 어떤 방의 취득 현열량이 8360kJ/h로 되었다. 실내온도를 28℃로 유지하기 위하여 16℃의 공기를 취출하기로 계획한다면 실내로의 송풍량은? (단, 공기의 비중량은 1.2kg/m³, 정압비열은 1.004kJ/kg·℃이다.)

① 426.2m³/h
② 467.5m³/h
③ 578.7m³/h
④ 612.3m³/h

해설 취득 현열량 $q_s = GC_p\Delta t = \gamma Q C_p \Delta t$ 에서

송풍량 $Q = \dfrac{q_s}{\gamma C_p \Delta t} = \dfrac{8360\dfrac{\text{kJ}}{\text{h}}}{1.2\dfrac{\text{kg}}{\text{m}^3} \times 1.004\dfrac{\text{kJ}}{\text{kg}\cdot\text{℃}} \times (28-16)\text{℃}} = 578.2\text{m}^3/\text{h}$

Q 049 다음 조건의 외기와 재순환 공기를 혼합하려고 할 때 혼합공기의 건구온도는?

1) 외기 34℃ DB, 1000m³/h
2) 재순환공기 26℃ DB, 2000m³/h

① 31.3℃
② 28.6℃
③ 18.6℃
④ 10.3℃

해설 혼합공기의 온도

$t_3 = \dfrac{Q_1 t_1 + Q_2 t_2}{Q_1 + Q_2}$ 에서

$t_3 = \dfrac{1000\dfrac{\text{m}^3}{\text{h}} \times 34\text{℃} + 2000\dfrac{\text{m}^3}{\text{h}} \times 26\text{℃}}{1000\dfrac{\text{m}^3}{\text{h}} + 2000\dfrac{\text{m}^3}{\text{h}}} = 28.67\text{℃}$

답 047. ② 048. ③ 049. ②

Q 050 온풍난방의 특징에 관한 설명으로 틀린 것은?

① 예열부하가 거의 없으므로 기동시간이 아주 짧다.
② 취급이 간단하고 취급자격자를 필요로 하지 않는다.
③ 방열기기나 배관 등의 시설이 필요 없어 설비비가 싸다.
④ 취출온도의 차가 적어 온도분포가 고르다.

해설 온풍난방은 열매가 공기이므로 열용량이 작아 취출온도차 크고 실내의 온도분포가 균등하지 못하다.

Q 051 간이계산법에 의한 건평 150m²에 소요되는 보일러의 급탕부하는? (건물의 열손실은 90kJ/m²·h, 급탕량은 100kg/h, 급수 및 급탕 온도는 각각 30℃, 70℃이다.)

① 3500kJ/h
② 4000kJ/h
③ 13500kJ/h
④ 16800kJ/h

해설 급탕부하 $q = GC\Delta t$ 에서
$q = 100\dfrac{kg}{h} \times 4.2\dfrac{kJ}{kg\cdot℃} \times (70-30)℃ = 16800kJ/h$

Q 052 덕트 조립공법 중 원형덕트의 이음 방법이 아닌 것은?

① 드로우 밴드 이음(draw band joint)
② 비드 클림프 이음(beaded crimp joint)
③ 더블 심(double seam)
④ 스파이럴 심(spiral seam)

해설 더블 심은 장방형 덕트의 세로방향의 이음 방법이다.

Q 053 공기 냉각·가열 코일에 대한 설명으로 틀린 것은?

① 코일의 관 내에 물 또는 증기, 냉매 등의 열매를 통과시키고 외측에는 공기를 통과시켜서 열매와 공기 간의 열교환을 시킨다.
② 코일에 일반적으로 16mm 정도의 동관 또는 강관의 외측에 동, 강 또는 알루미늄제의 판을 붙인 구조로 되어 있다.
③ 에로핀 중 감아 붙인 핀이 주름진 것을 스무드 핀, 주름이 없는 평면상의 것을 링클핀이라고 한다.
④ 관의 외부에 얇게 리본모양의 금속판을 일정한 간격으로 감아 붙인 핀의 형상을 에로핀 형이라 한다.

답 050. ④ 051. ④ 052. ③ 053. ③

해설 에로핀 중 감아 붙인 핀이 주름진 것을 링클핀이고, 주름이 없는 평면상의 것을 스무드 핀이라고 한다.

Q 054 유인유닛 공조방식에 대한 설명으로 틀린 것은?

① 1차 공기를 고속덕트로 공급하므로 덕트 스페이스를 줄일 수 있다.
② 실내유닛에는 회전기기가 없으므로 시스템의 내용연수가 길다.
③ 실내부하를 주로 1차 공기로 처리하므로 중앙공조기는 커진다.
④ 송풍량이 적어 외기 냉방효과가 낮다.

해설 유인유닛방식에서 중앙공조기는 1차 공기만 처리한다. 따라서, 중앙공조기는 전공기방식에 비하여 작아진다.

Q 055 온풍난방에서 중력식 순환방식과 비교한 강제 순환방식의 특징에 관한 설명으로 틀린 것은?

① 기기 설치장소가 비교적 자유롭다.
② 급기 덕트가 작아서 은폐가 용이하다.
③ 공급되는 공기는 필터 등에 의하여 깨끗하게 처리될 수 있다.
④ 공기순환이 어렵고 쾌적성 확보가 곤란하다.

해설 온풍난방에서 강제 순환방식은 송풍기를 설치하여 각 실로 급기를 공급하는 방식으로서 송풍량이 많아 공기순환이 빠르고, 중력 순환식에 비해 쾌적성 확보가 쉽다.

Q 056 공조방식에서 가변풍량 덕트방식에 관한 설명으로 틀린 것은?

① 운전비 및 에너지의 절약이 가능하다.
② 공조해야 할 공간의 열부하 증감에 따라 송풍량을 조절할 수 있다.
③ 다른 난방방식과 동시에 이용할 수 없다.
④ 실내 칸막이 변경이나 부하의 증감에 대처하기 쉽다.

해설 가변풍량 덕트방식은 부하변동에 따라 송풍량을 조절하여 실온을 제어하는 방식으로서 다른 난방방식과 동시에 이용할 수 있다.

Q 057 특정한 곳에 열원을 두고 열수송 및 분배망을 이용하여 한정된 지역으로 열매를 공급하는 난방법은?

① 간접난방법　　② 지역난방법
③ 단독난방법　　④ 개별난방법

답 054. ③　055. ④　056. ③　057. ②

해설 지역난방법이란 아파트나 빌딩에 개별적으로 보일러를 설치하지 않고 첨단 오염방지 설비와 대형 보일러가 설치된 대규모 열 생산시설에서 생산된 난방용 열원(온수, 증기)을 열수송 및 분배망을 이용하여 대단위지역에 일괄 공급하는 난방법이다.

058 공조용 열원장치에서 히트펌프 방식에 대한 설명으로 틀린 것은?

① 히트펌프 방식은 냉방과 난방을 동시에 공급할 수 있다.
② 히트펌프 원리를 이용하여 지열시스템 구성이 가능하다.
③ 히트펌프방식 열원기기의 구동동력은 전기와 가스를 이용한다.
④ 히트펌프를 이용해 난방은 가능하나 급탕공급은 불가능하다.

해설 히트펌프 방식은 냉동기의 압축기로부터 토출된 고온·고압의 냉매증기는 응축기에서 액화된다. 이때 방출되는 응축열을 물 또는 공기와 열교환시켜 난방열로 채택하는 방식이다. 또한, 냉매의 응축열과 물을 열교환시켜 생산된 온수는 급탕으로 사용할 수 있다.

059 겨울철에 어떤 방을 난방하는데 있어서 이 방의 현열 손실이 12000kJ/h이고 잠열 손실이 4000kJ/h이며, 실온을 21℃, 습도를 50%로 유지하려 할 때 취출구의 온도차를 10℃로 하면 취출구 공기상태 점은?

① 21℃, 50%인 상태점을 지나는 현열비 0.75에 평행한 선과 건구온도 31℃ 인 선이 교차하는 점
② 21℃, 50%인 점을 지나고 현열비 0.33에 평행한 선과 건구온도 31℃인 선이 교차하는 점
③ 21℃, 50%인 점을 지나고 현열비 0.75에 평행한 선과 건구온도 11℃인 선이 교차하는 점
④ 21℃, 50%인 점과 31℃, 50%인 점을 잇는 선분을 4 : 3으로 내분하는 점

해설
- 현열비 $SHF = \dfrac{q_s}{q_s + q_L}$ 에서 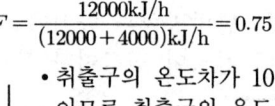 $SHF = \dfrac{12000\text{kJ/h}}{(12000+4000)\text{kJ/h}} = 0.75$

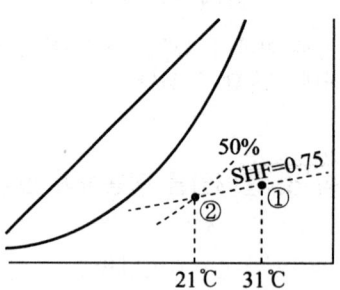

- 취출구의 온도차가 10℃이고 실온이 21℃ 이므로 취출구의 온도는 31℃가 된다.
- 습공기 선도에 도시하면 공기의 상태점은 ①에서 ②로 된다. 따라서, 취출구의 공기는 21℃, 50%인 상태점을 지나는 현열비 0.75에 평행한 선과 건구온도 31℃인 선이 교차하는 점에 있다.

답 058. ④ 059. ①

Q.060 관류보일러에 대한 설명으로 옳은 것은?

① 드럼과 여러 개의 수관으로 구성되어 있다.
② 관을 자유로이 배치할 수 있어 보일러 전체를 합리적인 구조로 할 수 있다.
③ 전열면적당 보유수량이 커 시동시간이 길다.
④ 고압 대용량에 부적합하다.

해설 관류보일러의 특징
- 관으로만 구성되어 있어 기수드럼이 필요하지 않으며 관을 자유로이 배치할 수 있기 때문에 전체를 콤팩트한 구조로 할 수 있다.
- 전열면적당 보유수량이 아주 적기 때문에 시동시간이 짧다.
- 고압 대용량 및 콤팩트한 소형용으로 사용된다.
- 부하변동에 의해 압력변동이 발생하기 때문에 급수량 및 연료량을 제어하기 위한 자동제어장치가 필요하다.

제 4 과목 전기제어공학

Q.061 회로에서 A와 B간의 합성저항은 약 몇 Ω인가? (단, 각 저항의 단위는 모두 Ω이다.)

① 2.66
② 3.2
③ 5.33
④ 6.4

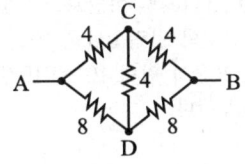

해설
- 휘트스톤브리지회로에서 직렬회로의 각 저항을 구한다.
  $R_1 = 4\Omega + 4\Omega = 8\Omega$, $R_2 = 8\Omega + 8\Omega = 16\Omega$
- 휘트스톤브리지회로에서 A와 B간의 합성저항은 병렬회로이다.
  합성저항 $R = \dfrac{R_1 \times R_2}{R_1 + R_2}$ 에서 $R = \dfrac{8\Omega \times 16\Omega}{8\Omega + 16\Omega} = 5.33\Omega$

Q.062 기계장치, 프로세스 및 시스템 등에서 제어되는 전체 또는 부분으로서 제어량을 발생시키는 장치는?

① 제어장치
② 제어대상
③ 조작장치
④ 검출장치

해설
- 제어장치 : 제어를 하기 위하여 제어대상에 부착시켜 놓은 장치이다.
- 제어대상 : 제어의 대상이 되는 것으로 기계장치, 프로세스, 시스템 등에서 제어되는 전체 또는 일부분을 말하며 제어량을 발생시키는 장치이다.

답 060.② 061.③ 062.②

Q 063
목표값이 미리 정해진 시간적 변화를 하는 경우 제어량을 변화시키는 제어는?

① 정치 제어
② 추종 제어
③ 비율 제어
④ 프로그램 제어

해설
- 정치 제어 : 목표값이 시간에 대하여 변화하지 않는 제어로 정전압장치나 일정속도제어 등에 해당하는 제어이다.
- 추종 제어 : 목표값이 임의의 변화에 정확히 추종하도록 하는 제어로서 서보기구가 있다.
- 비율 제어 : 목표치가 다른 양과 일정한 비율관계를 가지고 변화하는 경우 제어량을 변화시키는 제어로서 연료의 유량과 공기의 유량과의 관계 비율을 연소에 적합하게 유지하고자 하는 제어에 적용된다.
- 프로그램 제어 : 목표값이 미리 정해진 시간적 변화를 하는 경우 제어량을 변화시키는 제어로서 열처리 노의 온도제어, 무인열차 운전에 사용된다.

Q 064
입력이 $011_{(2)}$일 때, 출력은 3V인 컴퓨터 제어의 D/A 변환기에서 입력을 $101_{(2)}$로 하였을 때 출력은 몇 V 인가? (단, 3bit 디지털 입력이 $011_{(2)}$은 off, on, on을 뜻하고 입력과 출력은 비례한다.)

① 3
② 4
③ 5
④ 6

해설
- D/A(디지털/아날로그) 변환기에서 입력과 출력은 비례한다고 하였다.
- 2진수의 입력 011을 10진수로 변환하면 $1 \times 2^1 + 1 \times 2^0 = 3$이므로 출력은 3V이다.
∴ 2진수의 입력 101을 10진수로 변환하면 $1 \times 2^2 + 0 \times 2^1 + 1 \times 2^0 = 5$이므로 출력은 5V이다.

Q 065
토크가 증가하면 속도가 낮아져 대체적으로 일정한 출력이 발생하는 것을 이용해서 전차, 기중기 등에 주로 사용하는 직류전동기는?

① 직권전동기
② 분권전동기
③ 가동 복권전동기
④ 차동 복권전동기

해설
직권전동기는 토크가 증가하면 속도가 낮아져 일정한 출력이 발생하는 전동기이다. 따라서, 부하변동이 심하고, 기동 토크가 큰 것을 요구하는 전차, 기중기, 크레인 등에 사용된다.

Q 066
제어량을 원하는 상태로 하기 위한 입력신호는?

① 제어명령
② 작업명령
③ 명령처리
④ 신호처리

답 063. ④ 064. ③ 065. ① 066. ①

해설 제어명령이란 제어량을 원하는 상태로 하기 위한 입력신호이다. 여기서, 제어량이란 제어하는 물리량을 말한다.

Q 067 평행하게 왕복되는 두 도선에 흐르는 전류간의 전자력은? (단, 두 도선간의 거리는 r(m)라 한다.)

① r에 비례하며 흡인력이다.
② r^2에 비례하며 흡인력이다.
③ $\dfrac{1}{r}$에 비례하며 반발력이다.
④ $\dfrac{1}{r^2}$에 비례하며 반발력이다.

해설
- 평행하게 왕복되는 두 도선에 흐르는 전류는 반대 방향으로 흐르기 때문에 반발력이 작용한다.
- 평행한 두 도선 간의 전자력 $F = \dfrac{2I_1 I_2}{r} \times 10^{-7}$ [N]

∴ 평행하게 왕복되는 두 도선에 흐르는 전류간의 전자력은 $\dfrac{1}{r}$에 비례하며 반발력이 작용한다.

Q 068 피드백제어계에서 제어장치가 제어대상에 가하는 제어신호로 제어장치의 출력인 동시에 제어대상의 입력인 신호는?

① 목표값
② 조작량
③ 제어량
④ 동작신호

해설
- 목표값 : 제어계의 입력, 즉 제어량이 소정의 값을 만족하도록 외부에서 주어지는 값이다.
- 조작량 : 제어장치가 제어대상에 가하는 제어신호로 제어장치의 출력인 동시에 제어대상의 입력인 신호이다.
- 제어량 : 제어를 받는 제어계의 출력량으로 제어대상에 속하는 양이다.
- 동작신호 : 기준입력과 주 궤환신호와의 차로서 제어동작을 발생하는 신호로 편차라고도 한다.

Q 069 피드백제어의 장점으로 틀린 것은?

① 목표값에 정확히 도달할 수 있다.
② 제어계의 특성을 향상시킬 수 있다.
③ 외부 조건의 변화에 대한 영향을 줄일 수 있다.
④ 제어기 부품들의 성능이 나쁘면 큰 영향을 받는다.

해설 피드백제어는 제어계의 출력값이 목표값과 비교하여 일치하지 않을 경우에는 검출부로 다시 보내 출력값을 입력으로 피드백시켜 오차를 수정하도록 궤환경로를 갖는 제어이므로 제어기 부품들의 성능이 나쁘더라도 큰 영향을 받지 않는다.

답 067. ③ 068. ② 069. ④

Q 070. 다음과 같은 두 개의 교류전압이 있다. 두 개의 전압은 서로 어느 정도의 시간차를 가지고 있는가?

$$v_1 = 10\cos 10t, \ v_2 = 10\cos 5t$$

① 약 0.25초   ② 약 0.46초
③ 약 0.63초   ④ 약 0.72초

해설
교류전압 $v = V_m \cos \omega t = V_m \sin(\omega t + 90°)$ 이고,
각속도 $\omega = 2\pi f = \dfrac{2\pi}{T}$ 에서 주기 $T = \dfrac{2\pi}{\omega}$ 일 때

- $v_1 = 10\cos 10t = 10\sin(10t + 90°)$ 에서 주기 $T_1 = \dfrac{2\pi}{10}$
- $v_2 = 10\cos 5t = 10\sin(5t + 90°)$ 에서 주기 $T_2 = \dfrac{2\pi}{5}$

∴ 시간차 $T_2 - T_1 = \dfrac{2\pi}{5} - \dfrac{2\pi}{10} = 0.628$초

Q 071. 그림과 같은 계통의 전달 함수는?

① $\dfrac{G_1 G_2}{1 + G_1 G_2}$

② $\dfrac{G_1 G_2}{1 + G_1 + G_2 G_3}$

③ $\dfrac{G_1 G_2}{1 + G_2 + G_1 G_2 G_3}$

④ $\dfrac{G_1 G_2}{1 + G_1 G_2 + G_2 G_3}$

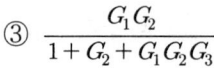

해설
전달 함수
$C = G_1 G_2 R - G_2 C - G_1 G_2 G_3 C$
$C + G_2 C + G_1 G_2 G_3 C = G_1 G_2 R$
$(1 + G_2 + G_1 G_2 G_3)C = G_1 G_2 R$

∴ 전달 함수 $G(s) = \dfrac{C}{R} = \dfrac{G_1 G_2}{1 + G_2 + G_1 G_2 G_3}$

Q 072. 평행판 간격을 처음의 2배로 증가시킬 경우 정전용량 값은?

① 1/2로 된다.   ② 2배로 된다.
③ 1/4로 된다.   ④ 4배로 된다.

070. ③ 071. ③ 072. ①

해설

평행판 콘덴서의 정전용량 $C = \epsilon \dfrac{A}{d}$ [F]

단, ϵ은 유전체의 유전율, A는 평행판의 면적(m^2), d는 평행판의 간격(m)이다.

∴ 정전용량(C)과 팽행판 간격(d)은 반비례하므로 평행판 간격을 처음의 2배로 증가시키면 정전용량은 1/2로 된다.

073 내부저항 r인 전류계의 측정범위를 n배로 확대하려면 전류계에 접속하는 분류기 저항(Ω)값은?

① nr　　　　　　　　② r/n
③ $(n-1)r$　　　　　　④ $r/(n-1)$

해설

전압 $V = IR$에서 $I_s \dfrac{r \cdot R_s}{r+R_s} = Ir$에서 분류기의 배율 $\dfrac{I_s}{I} = \dfrac{r+R_s}{R_s} = \dfrac{r}{R_s}+1$이다.

(단, I_s는 측정전류, I는 전류계 전류, R_s는 분류기 저항, R은 전류계 저항이다.)

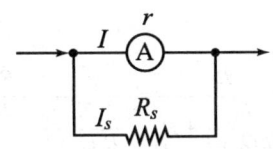

분류기의 배율 $n = \dfrac{r}{R_s}+1$에서 $n-1 = \dfrac{r}{R_s}$이고, 분류기 저항 $R_s = \dfrac{r}{n-1}$ [Ω]

074 그림과 같은 계전기 접점회로의 논리식은?

① $XZ+Y$
② $(X+Y)Z$
③ $(X+Z)Y$
④ $X+Y+Z$

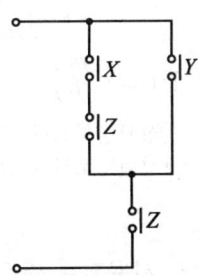

해설

• 직렬회로는 AND회로로서 논리식은 XZ이다.
• 병렬회로는 OR회로로서 논리식은 $XZ+Y$이다.
∴ 계전기의 논리식 $(XZ+Y)Z = X(Z \cdot Z)+YZ = XZ+YZ = (X+Y)Z$

답 073. ④　074. ②

Q 075
전달함수 $G(s) = \dfrac{s+b}{s+a}$를 갖는 회로가 진상보상회로의 특성을 갖기 위한 조건으로 옳은 것은?

① a > b
② a < b
③ a > 1
④ b > 1

해설 진상보상회로

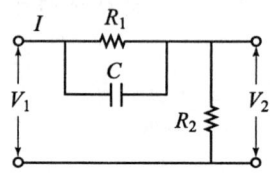

- 전압 $V_1 = \left(\dfrac{\dfrac{R_1}{Cs}}{R_1 + \dfrac{1}{Cs}} + R_2\right)I = \left(\dfrac{R_1}{R_1 Cs + 1} + R_2\right)I$, $V_2 = R_2 I$

- 전달함수

$$G(s) = \dfrac{V_2}{V_1} = \dfrac{R_2 I}{\left(\dfrac{R_1}{R_1 Cs + 1} + R_2\right)I} = \dfrac{R_2}{\dfrac{R_1}{R_1 Cs + 1} + R_2} = \dfrac{R_2}{\dfrac{R_1}{R_1 Cs + 1} + \dfrac{R_2(R_1 Cs + 1)}{R_1 Cs + 1}}$$

$$= \dfrac{R_2}{\dfrac{R_1 + R_1 R_2 Cs + R_2}{R_1 Cs + 1}} = \dfrac{R_2(R_1 Cs + 1)}{R_1 + R_1 R_2 Cs + R_2} = \dfrac{R_1 R_2 Cs + R_2}{R_1 + R_1 R_2 Cs + R_2}$$

$$= \dfrac{s + \dfrac{R_2}{R_1 R_2 C}}{s + \dfrac{R_1 + R_2}{R_1 R_2 C}} = \dfrac{s+b}{s+a}$$

여기서, $a = \dfrac{R_1 + R_2}{R_1 R_2 C}$, $b = \dfrac{R_2}{R_1 R_2 C}$이다.

∴ 진상보상회로란 출력 신호의 위상이 입력 신호의 위상보다 앞서도록 하는 보상회로로서 진상보상회로의 특성을 갖기 위한 조건은 $a > b$이다.

Q 076
예비전원으로 사용되는 축전지의 내부저항을 측정할 때 가장 적합한 브리지는?

① 캠벨 브리지
② 맥스웰 브리지
③ 휘트스톤 브리지
④ 콜라우시 브리지

해설
- 캠벨 브리지 : 표준 커패시턴스와 비교하여 상호 인덕턴스를 측정하는 브리지이다.
- 맥스웰 브리지 : 교류를 사용하여 미지의 인덕턴스를 측정하는 브리지이다.
- 휘트스톤 브리지 : 검류계의 전류가 0이 되도록 평형시키는 영위법을 이용하여 측정소자의 저항을 측정하는 브리지이다.
- 콜라우시 브리지 : 축전지의 내부저항이나 전해액의 도전율 측정에 사용되는 브리지이다.

답 075. ① 076. ④

Q 077 물 20ℓ를 15℃에서 60℃로 가열하려고 한다. 이때 필요한 열량은 몇 kcal 인가? (단, 가열 시 손실은 없는 것으로 한다.)

① 700
② 800
③ 900
④ 1000

해설 물 1ℓ는 1kg이고 가열량 $q = GC\Delta t$에서
$$q = 20\text{kg} \times 1\frac{\text{kcal}}{\text{kg}\cdot\text{℃}} \times (60-15)\text{℃} = 900\,\text{kcal}$$

Q 078 제어하려는 물리량을 무엇이라고 하는가?

① 제어
② 제어량
③ 물질량
④ 제어대상

해설
- 제어 : 대상물이 요구되는 어떤 상태에 부합되도록 필요한 조작을 가하는 것이다.
- 제어량 : 제어를 받는 제어계의 출력량으로 제어의 목적이 되는 물리량이다.
- 제어대상 : 제어하고자 하는 대상으로서 장치의 전체 또는 일부분을 말한다.

Q 079 전동기에 일정 부하를 걸어 운전 시 전동기 온도 변화로 옳은 것은?

①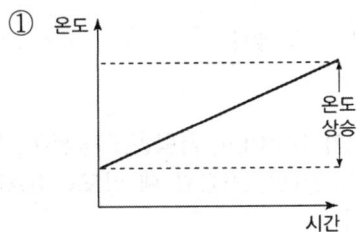
②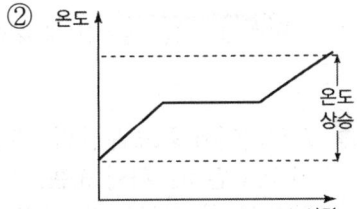
③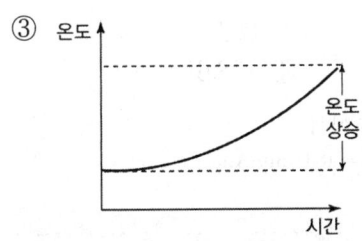
④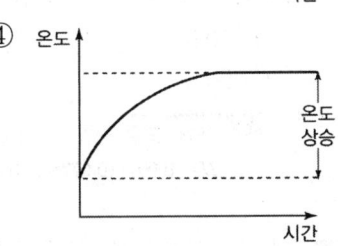

해설 일정 부하로 전동기를 운전하면 전동기의 내부손실(동손, 철손, 마찰손)이 모두 열로 되어 전동기의 온도는 급격히 상승하게 되고 그 후에 발열과 방열이 평형이 되면 일정온도로 된다. 일정 부하로 장시간 운전하여도 주위온도가 변하지 않는 한 전동기의 온도는 상승하지 않는다.(온도상승이란 주위 온도와 기기의 온도와의 차이다.)

답 077. ③ 078. ② 079. ④

Q 080. 서보드라이브에서 펄스로 지령하는 제어운전은?

① 위치제어운전 ② 속도제어운전
③ 토크제어운전 ④ 변위제어운전

해설 서보드라이브란 서보기구에 전력을 제공하는 전기 장치이며 서보기구는 물체의 위치·방위·자세 등의 제어량을 목표값의 변화에 따르도록 구성된 자동제어이다. 서보모터로 많이 사용되고 있는 스테프모터(펄스모터)의 운전은 펄스의 지령에 의해 각도 변위의 방향이 결정된다. 즉 펄스모터는 서보드라이버에서 지령하는 펄스에 의해 위치를 제어한다.

제 5 과목 배관일반

Q 081. 배관용 보온재의 구비조건에 관한 설명으로 틀린 것은?

① 내열성이 높을수록 좋다.
② 열전도율이 적을수록 좋다.
③ 비중이 작을수록 좋다.
④ 흡수성이 클수록 좋다.

해설 보온재는 흡수성 및 흡습성이 작을수록 좋다.

Q 082. 가열기에서 최고위 급탕 전까지 높이가 12m이고, 급탕온도가 85℃, 복귀탕의 온도가 70℃일 때, 자연 순환수두(mmAq)는? (단, 85℃일 때 밀도는 0.96876kg/L이고, 70℃일 때 밀도는 0.97781kg/L이다.)

① 70.5 ② 80.5
③ 90.5 ④ 108.6

해설 자연 순환수두 $H = 1000(\rho_1 - \rho_2)h$ 에서
$H = 1000 \times (0.97781 - 0.96876) \times 12 = 108.6 \text{mmAq}$

Q 083. 관경 100A인 강관을 수평주관으로 시공할 때 지지간격으로 가장 적절한 것은?

① 2m 이내 ② 4m 이내
③ 8m 이내 ④ 12m 이내

답 080. ① 081. ④ 082. ④ 083. ②

해설 수평주관이 강관일 경우 지지간격

배관경	지지간격	행거지름
20A 이하	1.8m 이내	9mm
25~40A	2m 이내	9mm
50~80A	3m 이내	9mm
90~150A	4m 이내	13mm
200A	5m 이내	16mm
250A	5m 이내	19mm
300A 이상	5m 이내	25mm

Q 084. 상수 및 급탕배관에서 상수 이외의 배관 또는 장치가 접속되는 것은 무엇이라고 하는가?

① 크로스 커넥션   ② 역압 커넥션
③ 사이펀 커넥션   ④ 에어갭 커넥션

해설 크로스 커넥션이란 급수배관에 상수 이외의 배관 또는 장치가 접속되는 이음을 말하며, 음용수 배관과 음용수 이외의 배관과 접속되는 경우 배출된 물이 역류하여 음용수가 오염될 수 있으므로 음용수 배관에는 크로스 커넥션을 피해야 한다.

Q 085. 보온재를 유기질과 무기질로 구분할 때, 다음 중 성질이 다른 하나는?

① 우모펠트   ② 규조토
③ 탄산마그네슘   ④ 슬래그 섬유

해설
• 유기질 보온재 : 펠트(우모, 양모), 코르크, 기포성 수지
• 무기질 보온재 : 탄산마그네슘, 규조토, 슬래그 섬유

Q 086. 도시가스의 공급설비 중 가스 홀더의 종류가 아닌 것은?

① 유수식   ② 중수식
③ 무수식   ④ 고압식

해설 가스 홀더의 종류
• 유수식 : 가스탱크를 물탱크 속에 엎어 놓은 방식이다.
• 무수식 : 저부의 가스실과 상부의 공기실이 자유피스톤에 의해 나누어지고 가스 출입에 따라 피스톤이 상하로 움직이는 방식이다.
• 고압식 : 가스를 압축하여 저장하는 방식이다.

답 084. ① 085. ① 086. ②

Q 087. 냉매 배관 시 주의사항으로 틀린 것은?

① 배관은 가능한 간단하게 한다.
② 배관은 굽힘을 적게 한다.
③ 배관에 큰 응력이 발생할 염려가 있는 곳에는 루프 배관을 한다.
④ 냉매의 열손실을 방지하기 위해 바닥에 매설한다.

해설 냉매 배관은 원칙적으로 노출배관으로 시공한다.

Q 088. 냉각 레그(cooling leg) 시공에 대한 설명으로 틀린 것은?

① 관경은 증기 주관보다 한 치수 크게 한다.
② 냉각 레그와 환수관 사이에는 트랩을 설치하여야 한다.
③ 응축수를 냉각하여 재증발을 방지하기 위한 배관이다.
④ 보온피복을 할 필요가 없다.

해설 냉각 레그의 관경은 증기 주관보다 한 치수 작게 한다.

Q 089. 기체 수송 설비에서 압축공기 배관의 부속장치가 아닌 것은?

① 후부냉각기
② 공기여과기
③ 안전밸브
④ 공기빼기밸브

해설
- 압축공기 배관의 부속장치 : 분리기 및 후부냉각기, 공기탱크, 공기여과기, 공기흡입관, 안전밸브
- 공기빼기밸브 : 급탕 및 온수배관에 공기가 체류하게 되면 물의 순환이 불량하게 되므로 공기가 체류할 우려가 있는 배관의 상부나 굴곡(산형, ㄷ자형) 배관의 상부에 설치한다.

Q 090. 가스설비에 관한 설명으로 틀린 것은?

① 일반적으로 사용되고 있는 가스유량 중 1시간당 최대값을 설계유량으로 한다.
② 가스미터는 설계유량을 통과시킬 수 있는 능력을 가진 것을 선정한다.
③ 배관 관경은 설계유량이 흐를 때 배관의 끝부분에서 필요한 압력이 확보될 수 있도록 한다.
④ 일반적으로 공급되고 있는 천연가스에는 일산화탄소가 많이 함유되어 있다.

해설 천연가스(NG)는 저급 탄화수소인 메탄, 에탄, 프로판, 부탄 등이 주성분이며 질소, 이산화탄소, 황화수소를 소량 함유되어 있다.

답 087. ④ 088. ① 089. ④ 090. ④

Q 091 증기트랩에 관한 설명으로 옳은 것은?
① 플로트 트랩은 응축수나 공기가 자동적으로 환수관에 배출되며, 저·고압에 쓰이고 형식에 따라 앵글형과 스트레이트형이 있다.
② 열동식 트랩은 고압, 중압의 증기관에 적합하며, 환수관을 트랩보다 위쪽에 배관할 수도 있고, 형식에 따라 상향식과 하향식이 있다.
③ 임펄스 증기 트랩은 실린더 속의 온도변화에 따라 연속적으로 밸브가 개폐하며, 작동 시 구조상 증기가 약간 새는 결점이 있다.
④ 버킷 트랩은 구조상 공기를 함께 배출하지 못하지만 다량의 응축수를 처리하는데 적합하며, 다량트랩이라고 한다.

해설
① 플로트 트랩은 응축수를 자동적으로 환수관에 배출되며, 구조상 공기를 함께 배출할 수 없으므로 열동식 트랩을 같이 설치한다. 또한 저압, 중압의 다량의 응축수를 처리하는 데 적합하고 작동원리에 따라 다량 트랩과 부자형 트랩이 있다.
② 열동식 트랩은 방열기의 환수관에 설치하여 증기와 드레인을 분리하여 환수시키고 공기도 배출시키는 트랩으로서 사용압력이 1kgf/cm² 이하의 방열기나 관말 트랩, 진공 환수식의 증기배관에 사용된다.
④ 버킷 트랩은 버킷의 부력에 의해 밸브를 개폐하여 간헐적으로 응축수를 배출하는 구조이므로 환수관을 트랩보다도 위쪽에 배관할 수 있으며 별도의 에어벤트가 필요하다.

Q 092 폴리에틸렌관의 이음방법이 아닌 것은?
① 콤포이음   ② 융착이음
③ 플랜지이음 ④ 테이퍼이음

해설 콤포이음 : 콘크리트관의 이음방법으로서 철근 콘크리트로 만든 칼라와 특수 모르타르의 일종인 콤포를 이용한 이음방법이다.

Q 093 동일 구경의 관을 직선 연결할 때 사용하는 관 이음재료가 아닌 것은?
① 소켓   ② 플러그
③ 유니온 ④ 플랜지

해설 관 끝을 막을 때 사용하는 관 이음재료 : 캡, 플러그

Q 094 열교환기 입구에 설치하여 탱크 내의 온도에 따라 밸브를 개폐하며, 열매의 유입량을 조절하여 탱크 내의 온도를 설정범위로 유지시키는 밸브는?
① 감압 밸브   ② 플랩 밸브
③ 바이패스 밸브 ④ 온도조절 밸브

답 091. ③ 092. ① 093. ② 094. ④

해설 온도조절 밸브는 열교환기 내의 온도를 감지하여 피가열 물질의 온도를 일정하게 유지시키기 위하여 공급되는 증기나 온수의 유입량을 자동적으로 조절하는 밸브이다.

095 급수배관 내에 공기실을 설치하는 주된 목적은?
① 공기밸브를 작게 하기 위하여
② 수압시험을 원활하기 위하여
③ 수격작용을 방지하기 위하여
④ 관내 흐름을 원활하게 하기 위하여

해설 수격작용을 방지하기 위하여 급수배관 내에 공기실을 설치한다.

096 다음 [보기]에서 설명하는 통기관 설비 방식과 특징으로 적합한 방식은?

[보 기]
㉠ 배수관의 청소구 위치로 인해서 수평관이 구부러지지 않게 시공한다.
㉡ 배수 수평 분기관이 수평주관의 수위에 잠기면 안 된다.
㉢ 배수관의 끝 부분은 항상 대기 중에 개방되도록 한다.
㉣ 이음쇠를 통해 배수에 선회력을 주어 관내 통기를 위한 공기 코어를 유지하도록 한다.

① 섹스티아(sextia) 방식
② 소벤트(sovent) 방식
③ 각개통기 방식
④ 신정통기 방식

해설 특수 통기 방식
- 섹스티아(sextia) 방식 : 배수 수직관에 선회력을 주어 공기 코어를 유지하도록 하여 통기관 역할을 하는 방식이다.
- 소벤트(sovent) 방식 : 각 층의 배수 수직관의 공기혼합 이음쇠와 배수 수평분기관 및 배수수직관의 기초 부분에 공기분리 이음쇠를 설치한 방식이다.

097 25mm 강관의 용접이음용 숏(short) 엘보의 곡률 반경(mm)은 얼마 정도로 하면 되는가?
① 25
② 37.5
③ 50
④ 62.5

답 095. ③ 096. ① 097. ①

해설 숏 엘보와 롱 엘보의 곡률반경(R)

Nominal pipe size		외경(mm)	롱 엘보	숏 엘보
A(mm)	B(inch)		곡률반경(mm)	곡률반경(mm)
25	1	34	38.1	25.4
32	$1\frac{1}{4}$	42.7	47.6	31.8
40	$1\frac{1}{2}$	48.6	57.2	38.1
50	2	60.5	76.2	50.8

- 25mm(1inch)의 숏 엘보 곡률반경 $R = B \times 25.4mm \times 1$에서
  $R = 1inch \times 25.4mm \times 1 = 25.4mm$
- 25mm(1inch)의 롱 엘보 곡률반경 $R = B \times 25.4mm \times 1.5$에서
  $R = 1inch \times 25.4mm \times 1.5 = 38.1mm$

098 다음 중 배수 설비와 관련된 용어는?

① 공기실(air chamber)　② 봉수(seal water)
③ 볼탭(ball tap)　　　　④ 드렌처(drencher)

해설 봉수라는 것은 배수트랩에 고여 있는 물을 말하며 배수트랩의 봉수깊이는 50~100mm가 적당하다. 트랩의 봉수깊이를 깊게 하면 봉수가 유실되지 않지만 자기 세정력이 떨어져 트랩 내에 오물이 쌓이기 쉽다.

099 도시가스 계량기($30m^3/h$ 미만)의 설치 시 바닥으로부터 설치 높이로 가장 적합한 것은? (단, 설치 높이의 제한을 두지 않는 특정장소는 제외한다.)

① 0.5m 이하　　　　② 0.7m 이상 1m 이내
③ 1.6m 이상 2m 이내　④ 2m 이상 2.5m 이내

해설 가스계량기($30m^3/h$ 미만) 및 입상관 밸브의 설치높이는 바닥으로부터 1.6m 이상 2m 이내의 높이에 수직, 수평으로 설치하고 밴드나 보호가대로 고정할 것

100 진공환수식 증기난방 배관에 관한 설명으로 틀린 것은?

① 배관 도중에 공기 빼기 밸브를 설치한다.
② 배관 기울기를 작게 할 수 있다.
③ 리프트 피팅에 의해 응축수를 상부로 배출할 수 있다.
④ 응축수의 유속이 빠르게 되므로 환수관을 가늘게 할 수가 있다.

해설 공기 빼기 밸브는 온수난방 배관에 설치하는 부속장치로서 온수배관에 공기가 체류하게 되면 물의 순환이 불량하게 되므로 공기가 체류할 우려가 있는 배관의 상부나 굴곡(산형, ㄷ자형) 배관의 상부에 설치한다.

답 098. ② 099. ③ 100. ①

2018년 4월 28일 시행

제 1 과목 기계열역학

001 이상기체에 대한 관계식 중 옳은 것은? (단, C_p, C_v는 정압 및 정적 비열, k는 비열비이고, R은 기체 상수이다.)

① $C_p = C_v - R$
② $C_v = \dfrac{k-1}{k}R$
③ $C_p = \dfrac{k}{k-1}R$
④ $R = \dfrac{C_p + C_v}{2}$

해설

비열비 $k = \dfrac{C_p}{C_v}$ 이고, 기체 상수 $R = C_p - C_v$ 이다.

- 정압비열 $C_p = kC_v$ 를 기체 상수 식에 대입하면
  $R = C_p - \dfrac{C_p}{k} = \dfrac{k}{k}C_p - \dfrac{1}{k}C_p = \dfrac{k-1}{k}C_p$ 이므로 정압비열 $C_p = \dfrac{k}{k-1}R$ 이다.

- 정적비열 $C_v = \dfrac{C_p}{k}$ 를 기체 상수 식에 대입하면
  $R = kC_v - C_v = kC_v - C_v = (k-1)C_v$ 이므로 정적비열 $C_v = \dfrac{1}{k-1}R$ 이다.

002 온도가 T_1인 고열원으로부터 온도가 T_2인 저열원으로 열전도, 대류, 복사 등에 의해 Q만큼 열전달이 이루어졌을 때 전체 엔트로피 변화량을 나타내는 식은?

① $\dfrac{T_1 - T_2}{Q(T_1 \times T_2)}$
② $\dfrac{Q(T_1 + T_2)}{T_1 \times T_2}$
③ $\dfrac{Q(T_1 - T_2)}{T_1 \times T_2}$
④ $\dfrac{T_1 + T_2}{Q(T_1 \times T_2)}$

해설

열전달에서 엔트로피 변화량 $dS = \int_1^2 \dfrac{\delta Q}{T}$ 에서

$dS = \dfrac{Q}{T_2} + \dfrac{-Q}{T_1} = \dfrac{Q \times T_1}{T_1 \times T_2} - \dfrac{Q \times T_2}{T_1 \times T_2} = \dfrac{Q(T_1 - T_2)}{T_1 \times T_2}$

003 1kg의 공기가 100℃를 유지하면서 가역등온 팽창하여 외부에 500kJ의 일을 하였다. 이때 엔트로피의 변화량은 약 몇 kJ/K인가?

① 1.895
② 1.665
③ 1.467
④ 1.340

답 001. ③ 002. ③ 003. ④

해설

- 가역등온과정의 팽창일 $W_{12} = mRT_1 \ln \dfrac{v_2}{v_1}$ 에서

$$R\ln\dfrac{v_2}{v_1} = \dfrac{W_{12}}{mT_1} = \dfrac{500\text{kJ}}{1\text{kg} \times (100+273)\text{K}} = 1.34\text{kJ/kg}\cdot\text{K}$$

- 엔트로피 변화량 $dS = mR\ln\dfrac{v_2}{v_1}$ 에서

$$dS = 1\text{kg} \times 1.34\dfrac{\text{kJ}}{\text{kg}\cdot\text{K}} = 1.34\text{kJ/K}$$

004
증기 압축 냉동 사이클로 운전하는 냉동기에서 압축기 입구, 응축기 입구, 증발기 입구의 엔탈피가 각각 387.2kJ/kg, 435.1kJ/kg, 241.8kJ/kg일 경우 성능계수는 약 얼마인가?

① 3.0 ② 4.0
③ 5.0 ④ 6.0

해설 압축기 입구 엔탈피 h_1, 압축기 출구(응축기 입구) 엔탈피 h_2, 증발기 입구 엔탈피 h_4일 때 냉동기 성능계수는 다음 식과 같다.

성능계수 $COP = \dfrac{h_1 - h_4}{h_2 - h_1} = \dfrac{(387.2 - 241.8)\text{kJ/kg}}{(435.1 - 387.2)\text{kJ/kg}} = 3.04$

005
습증기 상태에서 엔탈피 h를 구하는 식은? (단, h_f는 포화액의 엔탈피, h_g는 포화증기의 엔탈피, x는 건도이다.)

① $h = h_f + (xh_g - h_f)$ ② $h = h_f + x(h_g - h_f)$
③ $h = h_g + (xh_f - h_g)$ ④ $h = h_g + x(h_g - h_f)$

해설 P-h 선도

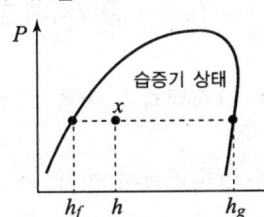

건조도 $x = \dfrac{h - h_f}{h_g - h_f}$ 에서 습증기의 엔탈피 $h = h_f + x(h_g - h_f)$ 이다.

006
다음의 열역학 상태량 중 종량적 상태량(extensive property)에 속하는 것은?

① 압력 ② 체적
③ 온도 ④ 밀도

해설
- 강도적 상태량 : 온도, 압력, 비체적, 밀도
- 종량적 상태량 : 질량, 체적, 내부에너지, 엔탈피, 엔트로피

답 004. ① 005. ② 006. ②

007

온도 150℃, 압력 0.5MPa의 공기 0.2kg이 압력이 일정한 과정에서 원래 체적의 2배로 늘어난다. 이 과정에서의 일은 약 몇 kJ인가? (단, 공기는 기체상수가 0.287kJ/(kg·K)인 이상기체로 가정한다.)

① 12.3kJ
② 16.5kJ
③ 20.5kJ
④ 24.3kJ

해설

- 온도와 체적과의 관계 $\dfrac{V_1}{T_1} = \dfrac{V_2}{T_2}$에서

  최종온도 $T_2 = T_1 \times \dfrac{V_2}{V_1} = (273+150)\text{K} \times \dfrac{2V_1}{V_1} = 846\text{K}$

- 등압과정에서 팽창일 $W_{12} = mR(T_2 - T_1)$에서

  $W_{12} = 0.2\text{kg} \times 0.287 \dfrac{\text{kJ}}{\text{kg} \cdot \text{K}} \times (846-423)\text{K} = 24.28\text{kJ}$

008

천제연 폭포의 높이가 55m이고 주위와 열교환을 무시한다면 폭포수가 낙하한 후 수면에 도달할 때까지 온도 상승은 약 몇 K인가? (단, 폭포수의 비열은 4.2kJ/(kg·K)이다.)

① 0.87
② 0.31
③ 0.13
④ 0.68

해설 위치에너지가 모두 열에너지로 변했기 때문에 다음 식을 적용하여 계산한다.

$mgh = mCdt$에서 온도 상승 $dt = \dfrac{mgh}{mC} = \dfrac{9.8\dfrac{\text{m}}{\text{s}^2} \times 55\text{m}}{4.2 \times 10^3 \dfrac{\text{J}}{\text{kg} \cdot \text{K}}} = 0.128\text{K}$

009

유체의 교축과정에서 Joule-Thomson 계수(μ_J)가 중요하게 고려되는데 이에 대한 설명으로 옳은 것은?

① 등엔탈피 과정에 대한 온도변화와 압력변화의 비를 나타내며 $\mu_J < 0$인 경우 온도 상승을 의미한다.
② 등엔탈피 과정에 대한 온도변화와 압력변화의 비를 나타내며 $\mu_J < 0$인 경우 온도 강하를 의미한다.
③ 정적 과정에 대한 온도변화와 압력변화의 비를 나타내며 $\mu_J < 0$인 경우 온도 상승을 의미한다.
④ 정적 과정에 대한 온도변화와 압력변화의 비를 나타내며 $\mu_J < 0$인 경우 온도 강하를 의미한다.

답 007. ④ 008. ③ 009. ①

해설 줄 톰슨 계수는 등엔탈피 과정에 대한 온도변화와 압력변화의 비를 나타낸다.
- $\mu_J = \left(\dfrac{\partial T}{\partial P}\right)_H < 0$: 줄 톰슨 계수가 0보다 작다는 것은 압력이 낮아지면 온도가 상승하게 된다.
- $\mu_J = \left(\dfrac{\partial T}{\partial P}\right)_H > 0$: 줄 톰슨 계수가 0보다 크다는 것은 압력이 낮아지면 온도가 강하하게 된다.

010
Brayton 사이클에서 압축기 소요일은 175kJ/kg, 공급열은 627kJ/kg, 터빈 발생일은 406kJ/kg로 작동될 때 열효율은 약 얼마인가?

① 0.28　　② 0.37
③ 0.42　　④ 0.48

해설
- 유효 일량 $w = w_T - w_C$에서 $w = (406 - 175)\text{kJ/kg} = 231\text{kJ/kg}$
- 열효율 $\eta_b = \dfrac{\text{유효 일량}}{\text{시스템에 공급한 열량}}$에서 $\eta_b = \dfrac{231\text{kJ/kg}}{627\text{kJ/kg}} = 0.368$

011
마찰이 없는 실린더 내에 온도 500K, 비엔트로피 3kJ/(kg·K)인 이상기체가 2kg 들어 있다. 이 기체의 비엔트로피가 10kJ/(kg·K)이 될 때까지 등온과정으로 가열한다면 가열량은 약 몇 kJ인가?

① 1400kJ　　② 2000kJ
③ 3500kJ　　④ 7000kJ

해설
- 비엔트로피 변화량 $s_2 - s_1 = R\ln\dfrac{P_1}{P_2}$에서
  $R\ln\dfrac{P_1}{P_2} = (10-3)\text{kJ/kg}\cdot\text{K} = 7\text{kJ/kg}\cdot\text{K}$
- 가열량 $Q_{12} = mRT_1\ln\dfrac{P_1}{P_2} = mT_1(s_2 - s_1)$에서
  $Q_{12} = 2\text{kg} \times 500\text{K} \times 7\dfrac{\text{kJ}}{\text{kg}\cdot\text{K}} = 7000\text{kJ}$

012
매시간 20kg의 연료를 소비하여 74kW의 동력을 생산하는 가솔린 기관의 열효율은 약 몇 %인가? (단, 가솔린의 저위발열량은 43470kJ/kg이다.)

① 18　　② 22
③ 31　　④ 43

해설 열효율 $\eta = \dfrac{\text{출력(동력)}}{\text{입력(공급열)}}$에서 $\eta = \dfrac{74\text{ kW(J/s)}}{\left(20\dfrac{\text{kg}}{\text{h}} \times \dfrac{1\text{h}}{3600\text{s}}\right) \times 43470\dfrac{\text{kJ}}{\text{kg}}} \times 100\% = 30.6\%$

답 010. ②　011. ④　012. ③

Q 013 다음 중 이상적인 증기 터빈의 사이클인 랭킨사이클을 옳게 나타낸 것은?

① 가역등온압축 → 정압가열 → 가역등온팽창 → 정압냉각
② 가역단열압축 → 정압가열 → 가역단열팽창 → 정압냉각
③ 가역등온압축 → 정적가열 → 가역등온팽창 → 정적냉각
④ 가역단열압축 → 정적가열 → 가역단열팽창 → 정적냉각

해설 랭킨사이클(Rankine Cycle)
- 급수펌프-보일러-터빈-응축기(복수기)로 구성되어 있으며 2개의 등압과정과 2개의 단열과정으로 이루어진다.
- 이상적인 랭킨사이클은 가역단열압축(급수펌프) → 정압가열(보일러) → 가역단열팽창(터빈) → 정압냉각(응축기)으로 구성되어 있다.

Q 014 피스톤-실린더 장치 내에 있는 공기가 $0.3m^3$에서 $0.1m^3$으로 압축되었다. 압축되는 동안 압력(P)과 체적(V) 사이에 $P=aV^{-2}$의 관계가 성립하며, 계수 $a=$ $6kPa·m^6$이다. 이 과정 동안 공기가 한 일은 약 얼마인가?

① $-53.3kJ$ ② $-1.1kJ$
③ $253kJ$ ④ $-40kJ$

해설
- 압력과 체적과의 관계식 $P=\dfrac{a}{V^2}$에서 압력 P_1, P_2를 구한다.

초기 압력 $P_1=\dfrac{6kPa·m^6}{(0.3m^3)^2}=66.7kPa$, 최종 압력 $P_2=\dfrac{6kPa·m^6}{(0.1m)^2}=600kPa$

- 공기가 한 일 $W_t=P_1V_1-P_2V_2$에서
$W_t=66.7kPa×0.3m^3-600kPa×0.1m^3=-39.99kJ$

Q 015 이상적인 카르노 사이클의 열기관이 500℃인 열원으로부터 500kJ을 받고, 25℃에 열을 방출한다. 이 사이클의 일(W)과 효율(η_{th})은 얼마인가?

① $W=307.2kJ$, $\eta_{th}=0.6143$ ② $W=207.2kJ$, $\eta_{th}=0.5748$
③ $W=250.3kJ$, $\eta_{th}=0.8316$ ④ $W=401.5kJ$, $\eta_{th}=0.6517$

해설
열효율 $\eta_{th}=\dfrac{W}{Q_H}=\dfrac{T_H-T_L}{T_H}$를 적용하여 계산한다.

- 열효율 $\eta_{th}=\dfrac{T_H-T_L}{T_H}=\dfrac{(273+500℃)K-(273+25℃)K}{(273+500℃)K}=0.6144$
- 일 $W=Q_H×\eta_{th}=500kJ×0.6144=307.2kJ$

답 013. ② 014. ④ 015. ①

Q 016

어떤 카르노 열기관이 100℃와 30℃ 사이에서 작동되며 100℃의 고온에서 100kJ의 열을 받아 40kJ의 유용한 일을 한다면 이 열기관에 대하여 가장 옳게 설명한 것은?

① 열역학 제1법칙에 위배된다.
② 열역학 제2법칙에 위배된다.
③ 열역학 제1법칙과 제2법칙에 모두 위배되지 않는다.
④ 열역학 제1법칙과 제2법칙에 모두 위배된다.

해설
- 카르노 열기관은 이상적인 열기관으로서 열효율 $\eta = \dfrac{T_H - T_L}{T_H} \times 100\%$ 에서

  $\eta = \dfrac{(273+100℃)K - (273+30℃)K}{(273+100℃)K} \times 100\% = 18.8\%$

- 열기관의 열효율 $\eta = \dfrac{W}{Q_H} \times 100\%$ 에서 $\eta = \dfrac{40kJ}{100kJ} \times 100\% = 40\%$

∴ 열역학 제2법칙의 Kelvin-Planck의 표현에서 어떤 열기관에서도 100%의 열효율을 가지는 기관(제2종 영구기관)은 실현될 수 없다고 명시되어 있고, 카르노 열기관의 열효율보다 높을 수 없다. 따라서, 이 열기관은 카르노 열기관보다 열효율이 높기 때문에 열역학 제2법칙에 위배된다.

Q 017

내부 에너지가 30kJ인 물체에 열을 가하여 내부 에너지가 50kJ이 되는 동안에 외부에 대하여 10kJ의 일을 하였다. 이 물체에 가해진 열량은?

① 10kJ　　② 20kJ
③ 30kJ　　④ 60kJ

해설 열역학 제1법칙의 에너지보존방정식에서
열량 $\delta Q = dU + \delta W = (50-30)kJ + 10kJ = 30kJ$

Q 018

그림과 같이 다수의 추를 올려놓은 피스톤이 장착된 실린더가 있는데, 실린더 내의 초기 압력은 300kPa, 초기 체적은 0.05m³이다. 이 실린더에 열을 가하면서 적절히 추를 제거하여 폴리트로픽 지수가 1.3인 폴리트로픽 변화가 일어나도록 하여 최종적으로 실린더 내의 체적이 0.2m³이 되었다면 가스가 한 일은 약 몇 kJ 인가?

① 17
② 18
③ 19
④ 20

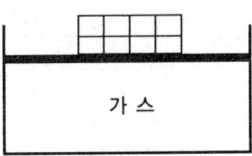

답 016. ② 017. ③ 018. ①

해설

- 폴리트로픽 과정에서 압력과 체적과의 관계 $\left(\dfrac{P_2}{P_1}\right)^{\frac{n-1}{n}} = \left(\dfrac{V_1}{V_2}\right)^{n-1}$ 에서

  최종 압력 $P_2 = P_1 \times \left(\dfrac{V_1}{V_2}\right)^n = 300\text{kPa} \times \left(\dfrac{0.05\text{m}^3}{0.2\text{m}^3}\right)^{1.3} = 49.48\text{kPa}$

- 폴리트로픽 과정에서 팽창일 $W_{12} = \dfrac{1}{n-1}(P_1 V_1 - P_2 V_2)$ 에서

  $W_{12} = \dfrac{1}{1.3-1} \times (300\text{kPa} \times 0.05\text{m}^3 - 49.48\text{kPa} \times 0.2\text{m}^3) = 17\text{kJ}$

Q 019
온도 20℃에서 계기압력 0.183MPa의 타이어가 고속주행으로 온도 80℃로 상승할 때 압력은 주행 전과 비교하여 약 몇 kPa 상승하는가? (단, 타이어의 체적은 변하지 않고, 타이어 내의 공기는 이상기체로 가정한다. 그리고 대기압은 101.3kPa이다.)

① 37kPa
② 58kPa
③ 286kPa
④ 445kPa

해설

- 체적이 일정할 때 온도와 압력과의 관계 $\dfrac{P_1}{T_1} = \dfrac{P_2}{T_2}$ 에서

  최종 압력 $P_2 = P_1 \times \dfrac{T_2}{T_1} = (101.3+183)\text{kPa} \times \dfrac{(273+80℃)\text{K}}{(273+20℃)\text{K}} = 342.5\text{kPa}$

- 압력 상승 $\Delta P = P_2 - P_1$ 에서 $\Delta P = \{342.5 - (101.3+183)\}\text{kPa} = 58.2\text{kPa}$

Q 020
랭킨 사이클의 열효율을 높이는 방법으로 틀린 것은?

① 복수기의 압력을 저하시킨다.
② 보일러의 압력을 상승시킨다.
③ 재열(reheat) 장치를 사용한다.
④ 터빈 출구 온도를 높인다.

해설 랭킨 사이클의 열효율을 높이는 방법
- 터빈 입구(보일러)의 압력과 온도를 상승시킨다.
- 터빈의 배압, 즉 복수기의 압력을 저하시킨다.
- 재열 및 재생 장치를 사용한다.

답 019. ② 020. ④

제 2 과목 냉동공학

Q 021. 1대의 압축기로 증발온도를 −30℃ 이하의 저온도로 만들 경우 일어나는 현상이 아닌 것은?

① 압축기 체적효율의 감소
② 압축기 토출 증기의 온도상승
③ 압축기의 단위흡입체적당 냉동효과 상승
④ 냉동능력당의 소요동력 증대

해설 1대의 압축기로 증발온도를 −30℃ 이하의 저온도를 만들 경우
- 압축비 상승으로 인하여 압축기 체적효율이 감소한다.
- 압축기의 압축일량 증가로 토출 증기의 온도가 상승한다.
- 플래시가스 발생량이 증가하게 되어 냉동효과가 감소한다.
- 압축기 소요동력이 증대하고 냉동능력이 감소한다.
- 냉동기 성적계수가 저하된다.

Q 022. 제빙장치에서 135kg용 빙관을 사용하는 냉동장치와 가장 거리가 먼 것은?

① 헤어 핀 코일
② 브라인 펌프
③ 공기교반장치
④ 브라인 아지테이터(agitator)

해설 빙관을 사용하는 제빙장치는 제빙탱크에 브라인 용액을 채우고 이 브라인을 냉동장치에 의해 −7~−12℃ 정도로 냉각한다. 이렇게 냉각된 브라인 속에 빙관을 넣어 두면 빙관 속의 원수는 브라인에 의해 냉각되어 점차 동결되어 얼음을 생산한다. 따라서, 빙관을 사용하는 냉동장치에는 브라인 펌프를 사용하지 않는다.

Q 023. 모세관 팽창밸브의 특징에 대한 설명으로 옳은 것은?

① 가정용 냉장고 등 소용량 냉동장치에 사용된다.
② 베이퍼록 현상이 발생할 수 있다.
③ 내부균압관이 설치되어 있다.
④ 증발부하에 따라 유량조절이 가능하다.

해설 모세관 팽창밸브의 특징
- 증발압력 및 온도 등의 변화에 대한 냉매량 조절이 불가능하므로 소용량 냉동장치(가정용 냉장고, 에어컨, 쇼케이스)에 사용된다.
- 냉동부하가 증가하면 증발기는 열을 많이 흡수하게 되므로 증발기 출구 냉매증기의 과열도가 높게 되어 압축기 흡입측에서 베이퍼록 현상이 발생한다.

답 021. ③ 022. ② 023. ①, ②

Q 024 증발기에서의 착상이 냉동장치에 미치는 영향에 대한 설명으로 옳은 것은?

① 압축비 및 성적계수 감소
② 냉각능력 저하에 따른 냉장실내 온도 강하
③ 증발온도 및 증발압력 강하
④ 냉동능력에 대한 소요동력 감소

해설 증발기에서 착상(적상)이 냉동장치에 미치는 영향
- 열전달이 불량하게 되어 증발온도 및 증발압력이 강하한다.
- 압축비가 상승하게 되어 냉동능력에 대한 소요동력이 증가한다.
- 냉각능력이 저하하게 되어 냉장실내 온도가 상승한다.
- 냉동기의 성적계수가 감소한다.

Q 025 냉동능력이 7kW인 냉동장치에서 수냉식 응축기의 냉각수 입·출구 온도차가 8℃인 경우, 냉각수의 유량(kg/h)은? (단, 압축기의 소요동력은 2kW이다.)

① 630
② 750
③ 860
④ 964

해설 응축기 방열량 $Q_c = Q_e + L = GC\Delta t$에서

냉각수 유량 $G = \dfrac{Q_e + L}{C\Delta t} = \dfrac{(7kW + 2kW) \times 860 \dfrac{kcal}{h}}{1 \dfrac{kcal}{kg \cdot ℃} \times 8℃} = 967.5 kg/h$

Q 026 다음 냉동에 관한 설명으로 옳은 것은?

① 팽창밸브에서 팽창 전후의 냉매 엔탈피 값은 변한다.
② 단열 압축은 외부와의 열의 출입이 없기 때문에 단열 압축 전후의 냉매 온도는 변한다.
③ 응축기 내에서 냉매가 버려야 하는 열은 현열이다.
④ 현열에는 응고열, 융해열, 응축열, 증발열, 승화열 등이 있다.

해설 ① 팽창밸브는 교축작용에 의해 냉매액을 단열팽창시키므로 팽창 전후의 냉매 엔탈피 값은 변하지 않으며 압력과 온도가 강하되고 비체적이 상승한다.
③ 응축기 내에서 냉매가 버려야 하는 열은 현열과 잠열이다. 즉 응축기 내에서 과열도를 제거하고 실제응축이 일어나며 과냉각이 이루어진다.
④ 현열은 상태가 변하지 않고 온도만 변하는 열이고, 잠열은 온도는 변하지 않고 상태가 변하는 열로서 응고열, 융해열, 응축열, 증발열, 승화열 등이 있다.

답 024. ③ 025. ④ 026. ②

Q 027 암모니아를 사용하는 2단압축 냉동기에 대한 설명으로 틀린 것은?

① 증발온도가 −30℃ 이하가 되면 일반적으로 2단압축 방식을 사용한다.
② 중간냉각기의 냉각방식에 따라 2단압축 1단팽창과 2단압축 2단팽창으로 구분한다.
③ 2단압축 1단팽창 냉동기에서 저단측 냉매와 고단측 냉매는 서로 같은 종류의 냉매를 사용한다.
④ 2단압축 2단팽창 냉동기에서 저단측 냉매와 고단측 냉매는 서로 다른 종류의 냉매를 사용한다.

해설 2단압축 냉동기는 2단압축 1단팽창 냉동기와 2단압축 2단팽창 냉동기로 구분되며 2단압축 냉동기의 저단측 냉매와 고단측 냉매는 서로 같은 종류의 냉매를 사용한다.

Q 028 P-h선도(압력-엔탈피)에서 나타내지 못하는 것은?

① 엔탈피　　　　　　② 습구온도
③ 건조도　　　　　　④ 비체적

해설 P-h선도는 건구온도, 엔탈피, 건조도, 비체적, 절대압력, 엔트로피로 구성되어 있다.

Q 029 냉동장치가 정상적으로 운전되고 있을 때에 관한 설명으로 틀린 것은?

① 팽창밸브 직후의 온도는 직전의 온도보다 낮다.
② 크랭크 케이스 내의 유온은 증발온도보다 높다.
③ 응축기의 냉각수 출구온도는 응축온도보다 높다.
④ 응축온도는 증발온도보다 높다.

해설 수냉식 응축기에서 응축온도가 가장 높고 냉각수 출구온도, 냉각수 입구온도 순으로 낮다.

Q 030 만액식 증발기를 사용하는 R134a용 냉동장치가 아래와 같다. 이 장치에서 압축기의 냉매 순환량이 0.2kg/s이며, 이론 냉동 사이클의 각 점에서의 엔탈피가 아래 표와 같을 때, 이론 성능 계수(COP)는? (단, 배관의 열손실은 무시한다.)

① 1.98
② 2.39
③ 2.87
④ 3.47

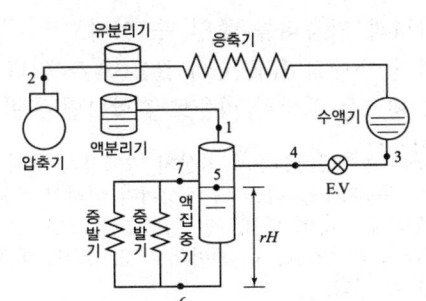

h_1 =393kJ/kg
h_2 =440kJ/kg
h_3 =230kJ/kg
h_4 =230kJ/kg
h_5 =185kJ/kg
h_6 =185kJ/kg
h_7 =385kJ/kg

답 027. ④ 028. ② 029. ③ 030. ④

해설
이론 성능 계수 $COP = \dfrac{h_1 - h_4}{h_2 - h_1}$ 에서
$COP = \dfrac{(393 - 230)\,kJ/kg}{(440 - 393)\,kJ/kg} = 3.47$

Q 031 냉동장치 내 공기가 혼입되었을 때, 나타나는 현상으로 옳은 것은?
① 응축기에서 소리난다.
② 응축온도가 떨어진다.
③ 토출온도가 높다.
④ 증발압력이 낮아진다.

해설 냉동장치 내 공기가 혼입되었을 때 냉동기에 나타나는 현상
- 응축기 내에서 불응축가스가 발생하게 되어 응축온도가 상승하게 된다.
- 응축압력이 상승하고 압축비가 상승하게 되어 토출가스 온도가 높아진다.
- 응축압력이 상승하므로 소요동력이 증가한다.

Q 032 빙축열 설비의 특징에 대한 설명으로 틀린 것은?
① 축열조의 크기를 소형화할 수 있다.
② 값싼 심야전력을 사용하므로 운전비용이 절감된다.
③ 자동화 설비에 의한 최적화 운전으로 시스템의 운전효율이 높다.
④ 제빙을 위한 냉동기 운전은 냉수취출을 위한 운전보다 증발온도가 높기 때문에 소비동력이 감소한다.

해설
- 빙축열 시스템은 심야시간에 냉동기를 운전하여 축열조에 얼음의 형태로 저장하였다가 주간에 얼음을 녹여 냉방에 이용하는 시스템이다.
- 수축열 시스템은 물의 현열을 이용하여 냉동기로 5.5℃의 물을 만들어 수축열조 하부에 저장하였다가 냉방에 이용하는 시스템이다.
∴ 빙축열 시스템은 얼음을 생성하기 위하여 냉동기의 증발온도를 영하의 온도로 운전해야 한다. 따라서, 수축열보다 증발온도가 낮고 소비동력이 증가한다.

Q 033 공비혼합물(azeotrope) 냉매의 특성에 관한 설명으로 틀린 것은?
① 서로 다른 할로카본 냉매들을 혼합하여 서로의 결점이 보완되는 냉매를 얻을 수 있다.
② 응축압력과 압축비를 줄일 수 있다.
③ 대표적인 냉매로 R407C와 R410A가 있다.
④ 각각의 냉매를 적당한 비율로 혼합하면 혼합물의 비등점이 일치할 수 있다.

해설
- 비공비 혼합냉매는 2개 이상의 냉매가 혼합되어 각각 개별적인 성격을 띠고 증발과 응축과정을 겪을 때 조성비가 변하고 온도구배를 나타내는 냉매로서 R400번대로 표시하며 대표적인 냉매로 R404A, R407C, R410A가 있다.
- 공비혼합물 냉매는 R500번대로 표시하며 대표적인 냉매로 R500, R501, R502, R503이 있다.

답 031. ③ 032. ④ 033. ③

Q 034
암모니아 냉동장치에서 피스톤 압출량 120m³/h의 압축기가 아래 선도와 같은 냉동사이클로 운전되고 있을 때 압축기의 소요동력(kW)은?

① 8.7
② 10.9
③ 12.8
④ 15.2

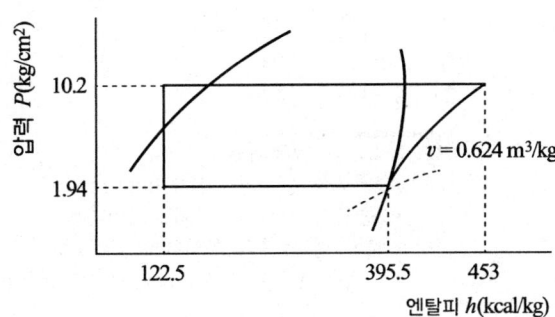

해설

압축기 소요동력 $L = G(h_2 - h_1) = \dfrac{V}{v}(h_2 - h_1)$에서

$$L = \dfrac{V}{v}(h_2 - h_1) = \dfrac{120\,\dfrac{m^3}{h}}{0.624\,\dfrac{m^3}{kg}} \times (453 - 395.5)\,\dfrac{kcal}{kg} = 11057.7\,kcal/h$$

1kW는 860kcal/h이므로 $L = \dfrac{11057.7\,kcal/h}{860\,kcal/h} = 12.86\,kW$

Q 035
다음 중 모세관의 압력강하가 가장 큰 경우는?

① 직경이 가늘고 길수록
② 직경이 가늘고 짧을수록
③ 직경이 굵고 짧을수록
④ 직경이 굵고 길수록

해설 모세관의 압력강하는 직경이 가늘고 길수록 크다.

Q 036
물을 냉매로 하고 LiBr을 흡수제로 하는 흡수식 냉동장치에서 장치의 성능을 향상시키기 위하여 열교환기를 설치하였다. 이 열교환기의 기능을 가장 잘 나타낸 것은?

① 발생기 출구 LiBr 수용액과 흡수기 출구 LiBr 수용액의 열 교환
② 응축기 입구 수증기와 증발기 출구 수증기의 열 교환
③ 발생기 출구 LiBr 수용액과 응축기 출구 물의 열 교환
④ 흡수기 출구 LiBr 수용액과 증발기 출구 수증기의 열 교환

해설 흡수식 냉동장치의 열교환기는 흡수기에서 발생기로 들어가는 LiBr 수용액과 발생기에서 흡수기로 들어가는 LiBr 수용액을 열교환시킨다. 즉 흡수기 출구 LiBr 수용액과 발생기 출구 LiBr 수용액을 열교환시킨다.

답 034. ③ 035. ① 036. ①

Q.037 다음 응축기 중 열통과율이 가장 작은 형식은? (단, 동일 조건 기준으로 한다.)

① 7통로식 응축기
② 입형 셸 튜브식 응축기
③ 공냉식 응축기
④ 2중관식 응축기

해설 응축기의 열통과율
- 7통로식 응축기 : 1000kcal/$m^2 \cdot h \cdot ℃$
- 2중관식 응축기 : 900kcal/$m^2 \cdot h \cdot ℃$
- 입형 셸 튜브식 응축기 : 750kcal/$m^2 \cdot h \cdot ℃$
- 공냉식 응축기 : 20~25kcal/$m^2 \cdot h \cdot ℃$

Q.038 흡수식 냉동기에서 재생기에 들어가는 희용액의 농도가 50%, 나오는 농용액의 농도가 65%일 때, 용액 순환비는? (단, 흡수기의 냉각열량은 730kcal/kg이다.)

① 2.5
② 3.7
③ 4.3
④ 5.2

해설 용액순환비 $a = \dfrac{x_8}{x_8 - x_1}$ 에서 $a = \dfrac{65\%}{(65-50)\%} = 4.33$

Q.039 냉매에 관한 설명으로 옳은 것은?

① 냉매표기 R+xyz 형태에서 xyz는 공비 혼합 냉매 경우 400번대, 비공비 혼합 냉매 경우 500번대로 표시한다.
② R502는 R22와 R113과의 공비혼합냉매이다.
③ 흡수식 냉동기는 냉매로 NH_3와 R-11이 일반적으로 사용된다.
④ R1234yf는 HFO계열의 냉매로서 지구온난화지수(GWP)가 매우 낮아 R134a의 대체 냉매로 활용 가능하다.

해설
① 냉매표기 R+xyz 형태에서 xyz는 공비 혼합 냉매의 경우 500번대, 비공비 혼합 냉매의 경우 400번대로 표시한다.
② R502는 R22와 R115와의 공비혼합냉매이다.
③ 흡수식 냉동기는 냉매로 NH_3와 물이 일반적으로 사용된다.

[참고] 친환경 냉매인 R1234yf는 HFO계열의 냉매로서 GWP(지구온난화지수)는 4이고, R134a의 GWP는 1430이다.

답 037. ③ 038. ③ 039. ④

Q 040 냉동기 중 공급 에너지원이 동일한 것끼리 짝지어진 것은?

① 흡수 냉동기, 압축기체 냉동기
② 증기분사 냉동기, 증기압축 냉동기
③ 압축기체 냉동기, 증기분사 냉동기
④ 증기분사 냉동기, 흡수 냉동기

해설
- 증기분사 냉동기는 냉매로 폐열증기(물)를 사용하여 증발기 내의 압력을 저하시켜 수분을 증발하고, 나머지 물은 증발열을 빼앗겨 냉각이 된 냉수를 사용한다.
- 흡수 냉동기는 냉매로 물을 사용하고, 흡수제로 리튬브로마이드를 사용하여 저온·저압에서 두 물질을 용해하고 열에너지를 이용하여 고온·고압에서 두 물질을 분리하여 냉방을 목적으로 채택하는 냉동기이다.
∴ 증기분사 냉동기와 흡수 냉동기의 냉매는 물을 사용한다.

제 3 과목 공기조화

Q 041 난방부하가 6500kcal/hr인 어떤 방에 대해 온수난방을 하고자 한다. 방열기의 상당방열면적(m^2)은?

① 6.7 ② 8.4
③ 10   ④ 14.4

해설 온수난방의 표준방열량은 450kcal/m^2·hr이므로 상당방열면적

$$EDR = \frac{난방부하}{450 kcal/m^2 \cdot hr} \text{ 에서 } EDR = \frac{6500 \frac{kcal}{hr}}{450 \frac{kcal}{m^2 \cdot hr}} = 14.44 m^2$$

Q 042 다음 중 감습(제습)장치의 방식이 아닌 것은?

① 흡수식   ② 감압식
③ 냉각식   ④ 압축식

해설 감습장치의 종류
- 냉각식 : 냉각코일을 이용하여 공기를 노점온도 이하로 냉각하여 제습하는 장치이다.
- 압축식 : 공기를 압축하여 여분의 수분을 응축시켜 제습하는 장치이다.
- 흡수식 : 염화리튬, 트리에틸렌글리콜의 액체 흡수제를 사용하여 제습하는 장치이다.
- 흡착식 : 실리카겔, 활성 알루미나, 애드솔의 고체 흡수제를 사용하여 제습하는 장치이다.

답 040. ④ 041. ④ 042. ②

Q 043

실내 설계온도 26℃인 사무실의 실내유효 현열부하는 20.42kW, 실내유효 잠열부하는 4.27kW이다. 냉각코일의 장치노점온도는 13.5℃, 바이패스팩터가 0.1일 때, 송풍량(L/s)은? (단, 공기의 밀도는 1.2kg/m³, 정압비열은 1.006kJ/kg·K이다.)

① 1350
② 1503
③ 12530
④ 13532

해설

- 바이패스팩터 $BF = \dfrac{t_4 - t_{ADP}}{t_3 - t_{ADP}}$ 에서

  취출공기온도 $t_4 = t_{ADP} + BF(t_3 - t_{ADP}) = 13.5℃ + 0.1 \times (26 - 13.5)℃ = 14.75℃$

- 송풍량 $Q = \dfrac{q_s}{\rho C \Delta t}$ 에서

$$Q = \dfrac{20.42 \dfrac{kJ}{s}}{1.2 \dfrac{kg}{m^3} \times 1.006 \dfrac{kJ}{kg \cdot K} \times \{(273+26) - (273+14.75)\}K} = 1.5036 m^3/s$$

∴ 1L는 1000cm³이므로 1m³는 1000L이다.

따라서, 송풍량 $Q = 1.5036 \times 10^3 L/s = 1503.6 L/s$

Q 044

유효온도(Effective Temperature)의 3요소는?

① 밀도, 온도, 비열
② 온도, 기류, 밀도
③ 온도, 습도, 비열
④ 온도, 습도, 기류

해설
유효온도(ET)란 온도, 습도, 기류의 3가지의 환경요소를 종합하여 인체에 미치는 영향을 고려한 쾌감온도이다.

Q 045

배출가스 또는 배기가스 등의 열을 열원으로 하는 보일러는?

① 관류보일러
② 폐열보일러
③ 입형보일러
④ 수관보일러

해설
- 관류보일러 : 드럼이 없고 관으로만 구성되어 있으며 급수가 긴 관을 통과하면서 예열, 증발, 과열되어 출구에서 과열증기가 배출되는 초고압용 보일러이다.
- 폐열보일러 : 보일러 이외의 소각로, 가열로, 용해로 등에서 발생하는 배기가스 여열을 이용한 보일러이다.
- 입형보일러 : 보일러 동체를 세우고 내부에 연소실과 연관으로 구성된 보일러이다.
- 수관보일러 : 다수의 수관과 드럼으로 구성된 보일러이다.

답 043. ② 044. ④ 045. ②

Q 046 공기조화설비의 구성에서 각종 설비별 기기로 바르게 짝지어진 것은?

① 열원설비 – 냉동기, 보일러, 히트펌프
② 열교환설비 – 열교환기, 가열기
③ 열매 수송설비 – 덕트, 배관, 오일펌프
④ 실내유니트 – 토출구, 유인유니트, 자동제어기기

해설 공기조화설비
- 열원설비 : 냉동기, 보일러, 히트펌프, 흡수식 냉온수기, 냉각탑
- 열수송설비 : 송풍기, 덕트, 펌프, 배관
- 공기조화기 : 공기여과기, 공기냉각기(냉각코일), 공기가열기(가열코일), 공기감습기, 공기가습기, 공기세정기
- 자동제어장치 : 온도조절기, 습도조절기

Q 047 덕트의 분기점에서 풍량을 조절하기 위하여 설치하는 댐퍼는?

① 방화 댐퍼
② 스플릿 댐퍼
③ 피봇 댐퍼
④ 터닝 베인

해설 스플릿 댐퍼는 덕트의 분기점에서 풍량을 조절하거나 풍량을 분배하기 위하여 설치한다.

Q 048 냉방부하 계산 결과 실내취득열량은 q_R, 송풍기 및 덕트 취득열량은 q_F, 외기부하는 q_O, 펌프 및 배관 취득열량은 q_P일 때, 공조기부하를 바르게 나타낸 것은?

① $q_R + q_O + q_P$
② $q_F + q_O + q_P$
③ $q_R + q_O + q_F$
④ $q_R + q_P + q_F$

해설
- 공조기부하(냉각코일용량)=실내취득열량+송풍기 및 덕트 취득열량+외기부하
- 냉동기부하=공조기부하+펌프 및 배관 취득열량

Q 049 다음 공조방식 중에서 전공기 방식에 속하지 않는 것은?

① 단일덕트 방식
② 이중덕트 방식
③ 팬코일 유닛 방식
④ 각층 유닛 방식

해설
- 전공기 방식 : 단일덕트 방식, 이중덕트 방식, 각층 유닛 방식, 멀티존 유닛 방식
- 전수 방식 : 팬코일 유닛 방식

답 046. ① 047. ② 048. ③ 049. ③

Q 050 온수보일러의 수두압을 측정하는 계기는?
① 수고계　　　　　② 수면계
③ 수량계　　　　　④ 수위 조절기

해설
- 수고계 : 수두압을 측정하는 계측기기
- 수면계 : 동체 내의 수위를 측정하는 계측기기
- 수량계 : 급수량을 측정하는 계측기기

Q 051 공기조화방식을 결정할 때에 고려할 요소로 가장 거리가 먼 것은?
① 건물의 종류　　　　② 건물의 안정성
③ 건물의 규모　　　　④ 건물의 사용목적

해설 공기조화방식을 결정할 때 건물의 종류, 건물의 규모, 건물의 사용목적, 건물의 배치, 건물의 특성을 고려하여야 한다.

Q 052 증기난방방식에서 환수주관을 보일러 수면보다 높은 위치에 배관하는 환수배관 방식은?
① 습식 환수방법　　　② 강제 환수방식
③ 건식 환수방식　　　④ 중력 환수방식

해설 환수배관방식
- 건식 환수방식 : 보일러 수면보다 높은 위치에 환수주관이 설치되어 있는 방식이다.
- 습식 환수방식 : 보일러 수면보다 낮은 위치에 환수주관이 설치되어 있는 방식이다.

Q 053 온수난방설비에 사용되는 팽창탱크에 대한 설명으로 틀린 것은?
① 밀폐식 팽창탱크의 상부 공기층은 난방장치의 압력변동을 완화하는 역할을 할 수 있다.
② 밀폐식 팽창탱크는 일반적으로 개방식에 비해 탱크 용적을 크게 설계해야 한다.
③ 개방식 탱크를 사용하는 경우는 장치내의 온수온도를 85℃ 이상으로 해야 한다.
④ 팽창탱크는 난방장치가 정지하여도 일정압 이상으로 유지하여 공기침입 방지 역할을 한다.

해설 보통 온수식은 100℃ 이하의 온수를 사용하고 개방식 팽창탱크를 설치하는 방식으로서 일반적으로 장치내의 온수온도는 65~85℃의 온수를 열매체로 사용한다.

답 050. ①　051. ②　052. ③　053. ③

Q 054 냉수 코일 설계상 유의사항으로 틀린 것은?

① 코일의 통과 풍속은 2~3m/s로 한다.
② 코일의 설치는 관이 수평으로 놓이게 한다.
③ 코일 내 냉수속도는 2.5m/s 이상으로 한다.
④ 코일의 출입구 수온 차이는 5~10℃ 전·후로 한다.

해설 냉수 코일 내의 냉수속도는 1m/s 전·후로 한다.

Q 055 가열로(加熱爐)의 벽 두께가 80mm이다. 벽의 안쪽과 바깥쪽의 온도차는 32℃, 벽의 면적은 60m², 벽의 열전도율은 40kcal/m·h·℃일 때, 시간당 방열량(kcal/hr)은?

① 7.6×10^5
② 8.9×10^5
③ 9.6×10^5
④ 10.2×10^5

해설 방열량 $q = \frac{\lambda}{l} A \Delta t$에서

$q = \frac{40 \frac{kcal}{m \cdot h \cdot ℃}}{0.08m} \times 60m^2 \times 32℃ = 960000 kcal/h = 9.6 \times 10^5 kcal/h$

Q 056 다음 중 온수난방과 가장 거리가 먼 것은?

① 팽창탱크
② 공기빼기밸브
③ 관말트랩
④ 순환펌프

해설 관말트랩이란 증기배관의 말단이나 수직관의 하부 또는 적당한 개소에 설치하여 배관 내에서 발생하는 응축수를 배출하는 증기트랩이다. 따라서, 관말트랩은 증기난방에 사용하는 부속장치이다.

Q 057 공기조화방식 중 혼합상자에서 적당한 비율로 냉풍과 온풍을 자동적으로 혼합하여 각 실에 공급하는 방식은?

① 중앙식
② 2중 덕트방식
③ 유인 유니트방식
④ 각층 유니트방식

답 054. ③ 055. ③ 056. ③ 057. ②

해설
- 2중 덕트방식 : 중앙 공조기에서 냉풍과 온풍을 만들어 2계통의 냉풍 및 온풍 덕트를 통하여 각 층 또는 각 실에 설치한 혼합체임버(혼합상자)에 공급하고, 부하변동에 따라 혼합체임버 내에서 냉풍과 온풍을 자동적으로 혼합하여 각 실에 공급하는 방식이다.
- 유인 유니트방식 : 중앙 공조기에서 공급하는 고압의 1차 공기를 각 실에 설치된 유닛의 노즐에서 공기를 불어냄으로써 실내공기를 유인하여 혼합한 후 실내에 취출하는 방식이다. 또한, 2차 공기는 냉온수 코일을 통과하여 냉각과 가열된다.
- 각층 유니트방식 : 중앙 기계실에 설치된 1차 공조기에서 외기를 공조처리(냉각, 가열, 감습, 가습)하여 고속덕트를 통하여 각 층마다 설치된 2차 공조기에 공급한다. 공조된 공기는 냉수 또는 온수와 열교환시킨 후 송풍 덕트를 통하여 실내로 취출하는 방식이다.

Q 058 다음의 공기조화 장치에서 냉각코일 부하를 올바르게 표현한 것은? (단, G_F는 외기량(kg/h)이며, G는 전풍량(kg/h)이다.)

① $G_F(h_1-h_3) + G_F(h_1-h_2) + G(h_2-h_5)$
② $G(h_1-h_2) - G_F(h_1-h_3) + G_F(h_2-h_5)$
③ $G_F(h_1-h_2) - G_F(h_1-h_3) + G(h_2-h_5)$
④ $G(h_1-h_2) + G_F(h_1-h_3) + G_F(h_2-h_5)$

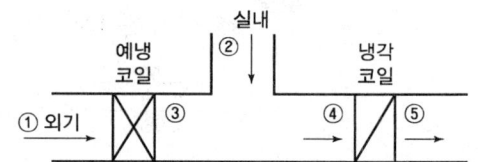

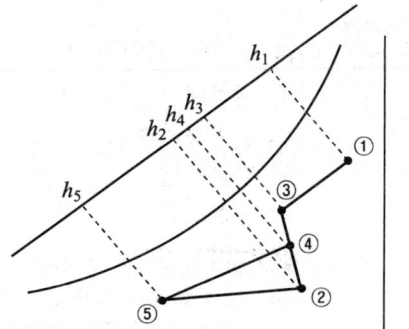

해설
- 예냉부하 $q_{PCC} = G_F(h_1 - h_3)$
- 외기부하 $q_{OA} = G(h_4 - h_2) = G_F(h_3 - h_2)$
- 실내부하 $q_R = G(h_2 - h_5)$
∴ 냉각코일 부하 $q_{CC} = G(h_4 - h_5) = q_{OA} + q_{CC}$에서
$q_{CC} = G_F(h_3 - h_2) + G(h_2 - h_5) = \{G_F(h_1-h_2) - G_F(h_1-h_3)\} + G(h_2-h_5)$

답 058. ③

Q 059 온풍난방의 특징에 대한 설명으로 틀린 것은?
① 예열시간이 짧아 간헐운전이 가능하다.
② 실내 상하의 온도차가 커서 쾌적성이 떨어진다.
③ 소음발생이 비교적 크다.
④ 방열기, 배관설치로 인해 설비비가 비싸다.

해설 온풍난방은 방열기나 배관 등의 시설이 필요 없으므로 설비비가 저렴하다.

Q 060 에어와셔를 통과하는 공기의 상태변화에 대한 설명으로 틀린 것은?
① 분무수의 온도가 입구공기의 노점온도보다 낮으면 냉각 감습된다.
② 순환수 분무하면 공기는 냉각가습되어 엔탈피가 감소한다.
③ 증기분무를 하면 공기는 가열 가습되고 엔탈피도 증가한다.
④ 분무수의 온도가 입구공기 노점온도보다 높고 습구온도보다 낮으면 냉각 가습된다.

해설 순환수 분무가습을 하면 공기는 단열가습이 되어 엔탈피가 변하지 않는다.

제 4 과목 전기제어공학

Q 061 그림과 같이 철심에 두 개의 코일 C_1, C_2를 감고 코일 C_1에 흐르는 전류 I에 ΔI만큼의 변화를 주었다. 이때 일어나는 현상에 대한 설명으로 옳지 않은 것은?

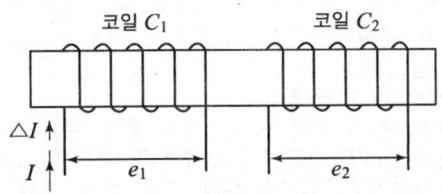

① 코일 C_2에서 발생하는 기전력 e_2는 렌츠의 법칙에 의하여 설명이 가능하다.
② 코일 C_1에서 발생하는 기전력 e_1은 자속의 시간 미분값과 코일의 감은 횟수의 곱에 비례한다.
③ 전류의 변화는 자속의 변화를 일으키며, 자속의 변화는 코일 C_1에 기전력 e_1을 발생시킨다.
④ 코일 C_2에서 발생하는 기전력 e_2와 전류 I의 시간 미분값의 관계를 설명해 주는 것이 자기인덕턴스이다.

답 059. ④ 060. ② 061. ④

해설
자기인덕턴스 $\left(L=N\dfrac{\Delta\phi}{\Delta I}\right)$는 코일의 감은 횟수($N$)와 자속의 변화($\Delta\phi$)에 비례하고, 전류의 변화($\Delta I$)에 반비례한다.

062 그림과 같은 제어에 해당하는 것은?

① 개방 제어
② 시퀀스 제어
③ 개루프 제어
④ 피드백 제어

해설
- 시퀀스 제어란 일정한 논리에 의해 미리 정해진 순서에 따라 제어의 각 단계가 순차적으로 진행되는 제어 방식으로서 개루프 제어라 한다.
- 피드백 제어란 제어계의 출력값이 입력값(목표값)과 비교하여 일치하지 않을 경우에는 다시 출력값을 입력으로 피드백시켜 오차를 수정하도록 궤환경로를 갖는 폐회로 제어라 한다.

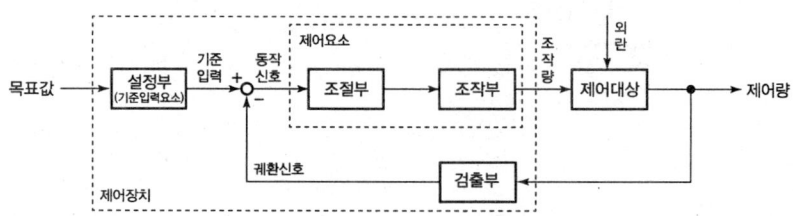

063 물체의 위치, 방위, 자세 등의 기계적 변위를 제어량으로 하여 목표값의 임의의 변화에 항상 추종되도록 구성된 제어장치는?

① 서보기구
② 자동조정
③ 정치 제어
④ 프로세스 제어

해설 제어량에 의한 분류
- 프로세스 제어 : 온도, 압력, 유량, 액위, 농도
- 자동조정 : 전압, 전류, 주파수, 회전수, 속도, 토크
- 서보기구 : 물체의 위치, 각도, 방위, 자세

064 다음 중 무인 엘리베이터의 자동제어로 가장 적합한 것은?

① 추종 제어
② 정치 제어
③ 프로그램 제어
④ 프로세스 제어

답 062. ④ 063. ① 064. ③

해설
- 추종 제어란 목표값이 시간에 따라 변하는 것으로 서보기구가 이에 속한다.
- 정치 제어란 목표값이 시간에 따라 변하지 않는 제어로서 자동조정, 프로세스 제어 등이 있다.
- 프로그램 제어란 목표값이 시간적으로 미리 정해진 대로 변화하고 제어량을 추종시키는 제어로서 열처리 노의 온도제어나 무인장치의 운전(엘리베이터)에 적용된다.

Q.065 다음의 논리식을 간단히 한 것은?

$$X = \overline{A}\overline{B}C + A\overline{B}\overline{C} + A\overline{B}C$$

① $\overline{B}(A+C)$
② $C(A+\overline{B})$
③ $\overline{C}(A+B)$
④ $\overline{A}(B+C)$

해설 카르노맵을 이용하여 논리식을 간단하게 한다.

A\BC	00	01	10	11
0		$\overline{A}\overline{B}C$		
1	$A\overline{B}\overline{C}$	$A\overline{B}C$		

(여기서, 0은 부정회로이므로 100은 $A\overline{B}\overline{C}$, 001은 $\overline{A}\overline{B}C$, 101은 $A\overline{B}C$이다.)

- 가로 행렬을 묶으면 $A\overline{B}\overline{C}+A\overline{B}C$이다.
  논리식을 간단하게 하면 $A\overline{B}\overline{C}+A\overline{B}C = A\overline{B}(\overline{C}+C) = A\overline{B}$
- 세로 행렬을 묶으면 $\overline{A}\overline{B}C+A\overline{B}C$이다.
  논리식을 간단하게 하면 $\overline{A}\overline{B}C+A\overline{B}C = \overline{B}C(\overline{A}+A) = \overline{B}C$

∴ $A\overline{B}+\overline{B}C = \overline{B}(A+C)$

Q.066 PLC프로그래밍에서 여러 개의 입력 신호 중 하나 또는 그 이상의 신호가 ON 되었을 때 출력이 나오는 회로는?

① OR회로
② AND회로
③ NOT회로
④ 자기유지회로

해설
- OR회로 : 여러 개의 입력신호 중 하나 또는 그 이상의 신호가 ON 되었을 때 출력이 나오는 회로이다.
- AND 회로 : 여러 개의 입력신호가 모두 ON 되었을 때 출력이 나오는 회로이다.
- NOT 회로 : 입력신호가 OFF 되었을 때 출력이 나오는 회로이다.

답 065.① 066.①

Q 067. 단상변압기 2대를 사용하여 3상 전압을 얻고자 하는 결선방법은?

① Y결선　　　　　② V결선
③ △결선　　　　　④ Y-△결선

해설 V결선이란 단상변압기 2대로 3상을 변압하는 결선방법으로서 △결선에서 한 변이 없는 모양의 결선방법이다.

Q 068. 직류기에서 전압정류의 역할을 하는 것은?

① 보극　　　　　　② 보상권선
③ 탄소브러시　　　④ 리액턴스 코일

해설
- 저항정류 : 탄소브러시를 사용한다.
- 전압정류 : 보극을 설치한다.

Q 069. 전동기 2차측에 기동저항기를 접속하고 비례추이를 이용하여 기동하는 전동기는?

① 단상 유도전동기　　② 2상 유도전동기
③ 권선형 유도전동기　④ 2중 농형 유도전동기

해설 권선형 유도전동기 기동법
- 회전측에 기동저항기를 접속하면 비례추이의 특성을 이용하여 기동한다.
- 기동저항기를 접속하면 기동전류를 감소시킬 수 있고 속도조정을 자유롭게 할 수 있다.

Q 070. 100[V], 40[W]의 전구에 0.4[A]의 전류가 흐른다면 이 전구의 저항은?

① 100[Ω]　　　　　② 150[Ω]
③ 200[Ω]　　　　　④ 250[Ω]

해설
전력 $P = IV = \dfrac{V^2}{R} = I^2 R \, [\text{W}]$

단, I는 전류(A), V는 전압(V), R은 저항(Ω)이다.

∴ 저항 $R = \dfrac{P}{I^2} = \dfrac{40\text{W}}{(0.4\text{A})^2} = 250\,\Omega$

Q 071. 공작기계의 물품 가공을 위하여 주로 펄스를 이용한 프로그램 제어를 하는 것은?

① 수치 제어　　　　② 속도 제어
③ PLC 제어　　　　④ 계산기 제어

답 067. ②　068. ①　069. ③　070. ④　071. ①

해설 수치 제어란 공작물에 대한 공구의 위치를 그에 대응하는 수치정보로 지령하는 제어이다. 따라서 도면을 보고 가공경로 및 가공조건 등을 프로그램으로 작성하여 입력하면 제어장치에서 처리하여 결과를 펄스신호로 출력하고, 이 펄스신호에 의해 서보모터가 구동된다. 서보모터에 결합되어 있는 볼 스크류가 회전함으로써 위치와 속도로 테이블이나 주축헤드를 이동시켜 자동으로 가공이 이루어진다.

072. 다음 중 절연저항을 측정하는데 사용되는 계측기는?

① 메거
② 저항계
③ 켈빈브리지
④ 휘스톤브리지

해설
- 메거 : 절연저항을 측정하는 계측기이다.
- 저항계 : 가동 코일형 계기를 이용하여 저항을 측정하는 계측기이다.
- 켈빈브리지 : 2개의 4단자 저항의 저항값을 비교하기 위한 브리지이다.
- 휘스톤브리지 : 검류계의 전류가 0이 되도록 평형시키는 영위법을 이용하여 측정 소자의 저항을 측정하는 브리지이다.

073. 검출용 스위치에 속하지 않는 것은?

① 광전스위치
② 액면스위치
③ 리미트스위치
④ 누름버튼스위치

해설 누름버튼스위치는 조작용 스위치이다.

074. 다음과 같은 회로에서 i_2가 0이 되기 위한 C의 값은? (단, L은 합성인덕턴스, M은 상호인덕턴스이다.)

① $\dfrac{1}{\omega L}$
② $\dfrac{1}{\omega^2 L}$
③ $\dfrac{1}{\omega M}$
④ $\dfrac{1}{\omega^2 M}$

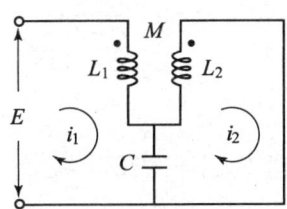

해설
- 2차 회로의 전압방정식은 $-j\omega M i_1 - \dfrac{1}{j\omega C}i_1 + \left(j\omega L_2 + \dfrac{1}{j\omega C}\right)i_2 = 0$
- i_2가 0이 되려면 i_1의 계수가 0이어야 한다.

$-j\omega M - \dfrac{1}{j\omega C} = 0$에서 $C = -\dfrac{1}{j^2\omega^2 M} = -\dfrac{1}{(-1)\omega^2 M} = \dfrac{1}{\omega^2 M}$

072. ① 073. ④ 074. ④

Q 075. 오차 발생시간과 오차의 크기로 둘러싸인 면적에 비례하여 동작하는 것은?

① P 동작
② I 동작
③ D 동작
④ PD 동작

해설
- P 동작(비례 동작) : 조절부의 전달특성이 비례적인 특성을 갖는 제어시스템으로 잔류편차가 발생한다.
- I 동작(적분 동작) : 편차의 크기와 편차가 발생하고 있는 시간에 둘러싸인 면적에 비례하여 조작부를 제어하는 것으로 잔류편차를 제거한다.
- D 동작(미분 동작) : 제어편차가 검출될 때 편차가 변화하는 속도에 비례하여 조작량을 가감하는 제어로서 오차가 커지는 것을 미연에 방지한다.
- PD 동작(비례미분 동작) : 제어결과에 빨리 도달하도록 미분동작을 부가한 동작으로 응답속응성을 개선한다.

Q 076. 개루프 전달함수 $G(s) = \dfrac{1}{s^2+2s+3}$ 인 단위궤환계에서 단위계단입력을 가하였을 때의 오프셋(off set)은?

① 0
② 0.25
③ 0.5
④ 0.75

해설
- 단위계단입력 $R(s) = \dfrac{1}{s}$ 이다.
- 오프셋(정상편차) $e_{ss} = \lim\limits_{s \to 0} sE(s) = \lim\limits_{s \to 0} s \cdot \dfrac{R(s)}{1+G(s)}$ 에서

$$e_{ss} = \lim_{s \to 0} s \cdot \dfrac{1}{1+\dfrac{1}{s^2+2s+3}} \cdot \dfrac{1}{s} = \lim_{s \to 0} \dfrac{1}{1+\dfrac{1}{s^2+2s+3}} = \lim_{s \to 0} \dfrac{1}{\dfrac{s^2+2s+3}{s^2+2s+3}+\dfrac{1}{s^2+2s+3}}$$

$$= \lim_{s \to 0} \dfrac{1}{\dfrac{s^2+2s+4}{s^2+2s+3}} = \lim_{s \to 0} \dfrac{1}{\dfrac{s(s+2)+4}{s(s+2)+3}} = \dfrac{1}{\dfrac{4}{3}} = 0.75$$

Q 077. 저항 8[Ω]과 유도리액턴스 6[Ω]이 직렬접속된 회로의 역률은?

① 0.6
② 0.8
③ 0.9
④ 1

해설 저항(R)-인덕턴스(L) 직렬회로의 역률

$\cos\theta = \dfrac{R}{Z} = \dfrac{R}{\sqrt{R^2+X_L^2}}$ 에서 $\cos\theta = \dfrac{8\Omega}{\sqrt{(8\Omega)^2+(6\Omega)^2}} = 0.8$

답 075. ② 076. ④ 077. ②

078 온도 보상용으로 사용되는 소자는?

① 서미스터
② 바리스터
③ 제너다이오드
④ 버랙터다이오드

해설 서미스터는 온도가 상승하면 저항값이 현저하게 작아지는 특성을 이용하여 트랜지스터 회로의 온도보상, 온도측정 및 제어, 통신기기 등의 온도보상용 자동제어에 사용된다.

079 다음과 같은 회로에서 a, b 양단자 간의 합성저항은? (단, 그림에서 저항의 단위는 [Ω]이다.)

① 1.0[Ω]
② 1.5[Ω]
③ 3.0[Ω]
④ 6.0[Ω]

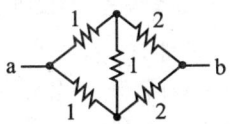

해설
- 직렬회로의 합성저항
$R_1 = (1+2)\Omega = 3\Omega$
$R_2 = (1+2)\Omega = 3\Omega$
- a, b 양단자 간의 합성저항은 병렬회로이므로
$R = \dfrac{R_1 \times R_2}{R_1 + R_2}$ 에서 $R = \dfrac{(3 \times 3)\Omega}{(3+3)\Omega} = 1.5\Omega$

080 온 오프(on-off) 동작에 관한 설명으로 옳은 것은?

① 응답속도는 빠르나 오프셋이 생긴다.
② 사이클링은 제거할 수 있으나 오프셋이 생긴다.
③ 간단한 단속적 제어동작이고 사이클링이 생긴다.
④ 오프셋은 없앨 수 있으나 응답시간이 늦어질 수 있다.

해설 온 오프 동작은 제어량이 설정값에 어긋나면 조작부를 개폐하여 운전을 정지시키거나 기동시키는 것으로 간단하고 단속적인 제어동작이다. 온 오프 동작은 사이클링과 오프셋을 일으키는 단점이 있다.

답 078. ① 079. ② 080. ③

제 5 과목 배관일반

Q 081 도시가스 배관 시 배관이 움직이지 않도록 관 지름 13~33mm 미만의 경우 몇 m 마다 고정 장치를 설치해야 하는가?

① 1m ② 2m
③ 3m ④ 4m

해설 도시가스 배관 고정 장치 설치 기준
- 관 지름 13mm 미만 : 1m 마다
- 관 지름 13~33mm 미만 : 2m 마다
- 관 지름 33mm 이상 : 3m 마다

Q 082 냉매배관에 사용되는 재료에 대한 설명으로 틀린 것은?

① 배관 선택 시 냉매의 종류에 따라 적절한 재료를 선택해야 한다.
② 동관은 가능한 이음매 있는 관을 사용한다.
③ 저압용 배관은 저온에서도 재료의 물리적 성질이 변하지 않는 것으로 사용한다.
④ 구부릴 수 있는 관은 내구성을 고려하여 충분한 강도가 있는 것을 사용한다.

해설 냉매배관 사용 시 동관, 동합금관, 알루미늄관 등은 가능한 이음매 없는 관을 사용한다.

Q 083 동관의 호칭경이 20A일 때 실제 외경은?

① 15.87mm ② 22.22mm
③ 28.57mm ④ 34.93mm

해설
- 호칭경이 20A일 경우 인치로 환산하면 3/4inch가 된다.
- 동관의 실제 외경＝호칭지름(inch)＋1/8(inch)에서
  실제 외경 $= \frac{3}{4}inch + \frac{1}{8}inch = \frac{7}{8}inch$ 이다.
∴ 1인치는 25.4mm이므로 $\frac{7}{8}inch \times 25.4mm = 22.225mm$

Q 084 팬코일 유닛방식의 배관방식에서 공급관이 2개이고 환수관이 1개인 방식으로 옳은 것은?

① 1관식 ② 2관식
③ 3관식 ④ 4관식

답 081. ② 082. ② 083. ② 084. ③

해설 팬코일 유닛방식의 분류
- 2관식 : 공급관이 1개이고 환수관이 1개인 방식이다.
- 3관식 : 공급관이 2개(온수관, 냉수관)이고, 환수관이 1개인 방식이다.
- 4관식 : 공급관(냉수관, 온수관)이 2개이고 환수관(냉수관, 온수관)이 2개인 방식이다.

085. 방열기 전체의 수저항이 배관의 마찰손실에 비해 큰 경우 채용하는 환수방식은?

① 개방류 방식 ② 재순환 방식
③ 역귀환 방식 ④ 직접귀환 방식

해설 직접귀환 방식은 방열기의 용량이 각각 다를 때 사용하는 방식으로서 배관(공급관과 환수관)의 마찰손실보다 방열기 전체의 수저항이 더 크다.

086. 증기와 응축수의 온도 차이를 이용하여 응축수를 배출하는 트랩은?

① 버킷 트랩(bucket trap)
② 디스크 트랩(disk trap)
③ 벨로즈 트랩(bellows trap)
④ 플로트 트랩(float trap)

해설 증기트랩의 종류
- 기계식 트랩 : 증기와 응축수의 밀도차에 의하여 부력에 의해 응축수를 배출하는 트랩으로서 버킷 트랩, 플로트 트랩이 있다.
- 온도조절식 트랩 : 증기와 응축수의 온도 차이를 이용하여 응축수를 배출하는 트랩으로서 벨로즈 트랩, 다이어프램 트랩, 바이메탈 트랩이 있다.
- 열역학적 트랩 : 증기와 응축수의 속도 차이를 이용하여 응축수를 배출하는 트랩으로서 오리피스 트랩, 디스크 트랩이 있다.

087. 배관의 분해, 수리 및 교체가 필요할 때 사용하는 관 이음재의 종류는?

① 부싱 ② 소켓
③ 엘보 ④ 유니언

해설 관 이음재의 사용목적에 따른 분류
- 배관의 방향을 바꿀 때 : 엘보, 벤드
- 배관을 도중에서 분기할 때 : 티이(T), 와이(Y), 크로스(+)
- 관경이 같은 배관을 직선으로 연결할 때 : 소켓, 니플
- 관경이 다른 배관을 직선으로 연결할 때 : 이경엘보, 이경소켓, 이경티, 부싱, 레듀서
- 배관 끝을 막을 때 : 캡, 플러그
- 배관의 분해, 수리 및 교체가 필요할 때 : 유니언, 플랜지

답 085. ④ 086. ③ 087. ④

088. 급수량 산정에 있어서 시간 평균예상 급수량(Qh)이 3000L/h였다면, 순간 최대 예상 급수량(Qp)은?

① 75~100L/min
② 150~200L/min
③ 225~250L/min
④ 275~300L/min

해설 순간 최대 예상 급수량 $Qp = \dfrac{Qh}{60} \times (3 \sim 4)$ 에서

$$Qp = \dfrac{3000\dfrac{L}{h}}{60\dfrac{\min}{h}} \times (3 \sim 4) = 150 \sim 200\text{L/min}$$

089. 증기난방법에 관한 설명으로 틀린 것은?

① 저압 증기난방에 사용하는 증기의 압력은 0.15~0.35kg/cm² 정도이다.
② 단관 중력 환수식의 경우 증기와 응축수가 역류하지 않도록 선단 하향 구배로 한다.
③ 환수주관을 보일러 수면보다 높은 위치에 배관하는 것은 습식환수관식이다.
④ 증기의 순환이 가장 빠르며 방열기, 보일러 등의 설치위치에 제한을 받지 않고 대규모 난방용으로 주로 채택되는 방식은 진공환수식이다.

해설 환수관의 배관방법에 따른 분류
• 건식환수관식 : 환수주관을 보일러 수면보다 높은 위치에 배관하는 방식이다.
• 습식환수관식 : 환수주관을 보일러 수면보다 낮은 위치에 배관하는 방식이다.

090. 배관의 자중이나 열팽창에 의한 힘 이외의 기계의 진동, 수격작용, 지진 등 다른 하중에 의해 발생하는 변위 또는 진동을 억제시키기 위한 장치는?

① 스프링 행거
② 브레이스
③ 앵커
④ 가이드

해설
• 행거는 배관의 하중을 위에서 걸어 당겨 지지하는 장치로서 리지드 행거, 콘스탄트 행거, 스프링 행거가 있다.
• 브레이스는 압축기나 펌프에서 발생하는 배관계의 진동을 억제하는 데 사용하는 장치이다.
• 앵커는 배관의 이동 및 회전을 방지하기 위하여 지지점의 위치에 완전히 고정하는 장치이다.
• 가이드는 배관의 축방향 이동은 허용하고 관의 회전이나 축과 직각방향의 이동을 구속하는 데 사용되며, 배관의 곡관 부분과 신축이음 부분에 설치한다.

답 088. ② 089. ③ 090. ②

Q 091 펌프를 운전할 때 공동현상(캐비테이션)의 발생 원인으로 가장 거리가 먼 것은?

① 토출양정이 높다.
② 유체의 온도가 높다.
③ 날개차의 원주속도가 크다.
④ 흡입관의 마찰저항이 크다.

해설 캐비테이션이란 흡입배관이 가늘고 흡입양정이 높거나 펌프의 회전수가 너무 빠를 경우 또는 액체의 온도가 높은 경우 임펠러 입구에서 국부적으로 고진공이 발생되어 물이 증발하고 기포가 발생하는 현상이다.

Q 092 급수방식 중 대규모의 급수 수요에 대응이 용이하고 단수 시에도 일정량의 급수를 계속할 수 있으며 거의 일정한 압력으로 항상 급수되는 방식은?

① 양수 펌프식
② 수도 직결식
③ 고가 탱크식
④ 압력 탱크식

해설 고가 탱크식의 특징
- 사무실, 호텔, 병원 등의 대규모 급수 수요에 대응이 용이하다.
- 옥상의 고가 탱크에 저수량을 언제나 확보할 수 있으므로 단수 시에도 일정량을 급수를 계속할 수 있다.
- 사용자의 수도꼭지에서 항상 일정한 수압으로 급수할 수 있다.
- 수압과대로 인한 밸브류 등 배관 부속품의 피해가 적다.
- 급수를 저수조와 옥상탱크에 저장하여 사용하므로 다른 방식에 비해 수질의 오염가능성이 크다.

Q 093 증기트랩의 종류를 대분류한 것으로 가장 거리가 먼 것은?

① 박스 트랩
② 기계적 트랩
③ 온도조절 트랩
④ 열역학적 트랩

해설 ① 증기트랩의 분류
- 기계적 트랩 : 버킷 트랩, 플로트 트랩
- 온도조절 트랩 : 벨로즈 트랩, 다이어프램 트랩, 바이메탈 트랩
- 열역학적 트랩 : 오리피스 트랩, 디스크 트랩

② 배수트랩의 분류
- 관 트랩 : S 트랩, P 트랩, U 트랩(하우스 트랩)
- 박스 트랩 : 드럼 트랩, 벨 트랩, 그리스 트랩, 가솔린 트랩

Q 094 열팽창에 의한 배관의 이동을 구속 또는 제한하기 위해 사용되는 관 지지장치는?

① 행거(hanger)
② 서포트(support)
③ 브레이스(brace)
④ 레스트레인트(restraint)

답 091. ① 092. ③ 093. ① 094. ④

해설
- 행거 : 배관의 하중을 위에서 걸어 당겨 지지하는 장치이다.
- 서포트 : 배관의 하중을 아래에서 위로 받쳐서 지지하는 장치이다.
- 브레이스 : 압축기나 펌프에서 발생하는 배관계의 진동을 억제하는 데 사용하는 장치이다.
- 레스트레인트 : 열팽창에 의한 배관의 이동을 구속 또는 제한하는 장치로서 앵커, 스토퍼, 가이드가 있다.

095 그림과 같은 입체도에 관한 설명으로 맞는 것은?

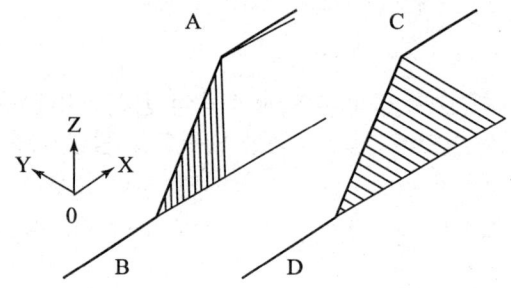

① 직선 A와 B, 직선 C와 D는 각각 동일한 수직평면에 있다.
② A와 B는 수직높이 차가 다르고, 직선 C와 D는 동일한 수평평면에 있다.
③ 직선 A와 B, 직선 C와 D는 각각 동일한 수평평면에 있다.
④ 직선 A와 B는 동일한 수평평면에, 직선 C와 D는 각각 동일한 수직평면에 있다.

해설
- 입체도에서 직선 A와 B는 45° 엘보를 사용하여 수직높이 차가 있는 입상배관으로 되어 있다. 좌표계를 보면 X, Y, Z 방향의 입상배관으로 되어 있는 것을 알 수 있다.
- 입체도에서 직선 C와 D는 45° 엘보를 사용하여 동일한 수평평면에 배관이 되어 있다. 좌표계를 보면 X, Y 방향의 수평배관으로 되어 있는 것을 알 수 있다.

096 급수배관 시공에 관한 설명으로 가장 거리가 먼 것은?

① 수리와 기타 필요시 관속의 물을 완전히 뺄 수 있도록 기울기를 주어야 한다.
② 공기가 모여 있는 곳이 없도록 하여야 하며, 공기가 모일 경우 공기빼기 밸브를 부착한다.
③ 급수관에서 상향 급수는 선단 하향 구배로 하고, 하향 급수에서는 선단 상향 구배로 한다.
④ 가능한 마찰손실이 작도록 배관하며 관의 축소는 편심 레듀서를 써서 공기의 고임을 피한다.

답 095. ② 096. ③

해설 급수관의 구배
- 급수관은 상향 구배를 원칙으로 하며 모든 기울기는 1/250을 표준으로 한다. 단, 옥상탱크식의 수평주관은 하향(내림) 구배로 한다.
- 급수관에서 상향 급수는 선단 상향 구배로 하고 하향 급수는 선단 하향 구배로 한다.

Q 097 베이퍼록 현상을 방지하기 위한 방법으로 틀린 것은?
① 실린더 라이너의 외부를 가열한다.
② 흡입배관을 크게 하고 단열 처리한다.
③ 펌프의 설치위치를 낮춘다.
④ 흡입관로를 깨끗이 청소한다.

해설 베이퍼록 현상 : 저비점의 액체를 이송할 때 펌프의 흡입측에서 액체가 기화되는 현상으로서 방지방법은 다음과 같다.
- 실린더 라이너의 외부를 냉각한다.
- 흡입배관을 크게 하고 펌프의 설치위치를 낮춘다.
- 흡입배관을 단열 처리한다.
- 흡입관로가 막히지 않도록 깨끗이 청소한다.

Q 098 저압 증기난방 장치에서 적용되는 하트포드 접속법(Hartford connection)과 관련된 용어로 가장 거리가 먼 것은?
① 보일러주변 배관   ② 균형관
③ 보일러수의 역류방지   ④ 리프트 피팅

해설
- 하트포드 접속법 : 보일러주변 배관의 환수주관을 보일러를 직접 연결하지 않고 증기주관과 환수주관 사이에 균형관을 접속하여 환수관에서 누설이 발생할 경우 보일러 수위가 파괴되는 것을 방지하기 위하여 설치한다.
- 리프트 피팅 : 진공환수식 증기난방에 설치하는 이음 방식으로서 환수주관보다 높은 위치에 진공펌프가 있거나, 방열기보다 높은 곳에 환수주관을 배관하는 경우 설치하며 리프트 피팅의 1단 흡상높이는 1.5m이다.

Q 099 배수 및 통기설비에서 배관시공법에 관한 주의사항으로 틀린 것은?
① 우수 수직관에 배수관을 연결해서는 안 된다.
② 오버플로우관은 트랩의 유입구측에 연결해야 한다.
③ 바닥 아래에서 빼내는 각 통기관에는 횡주부를 형성시키지 않는다.
④ 통기 수직관은 최하위의 배수 수평지관보다 높은 위치에서 연결해야 한다.

해설 통기 수직관은 최하위의 배수 수평지관보다 낮은 위치에서 배수관과 45° Y이음으로 연결하여야 한다.

답 097. ① 098. ④ 099. ④

Q 100 온수난방 배관에서 에어 포켓(air pocket)이 발생될 우려가 있는 곳에 설치하는 공기빼기밸브의 설치위치로 가장 적절한 것은?

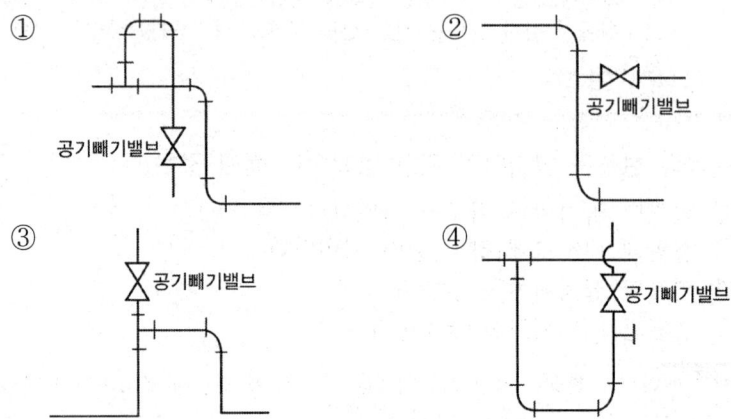

해설 공기빼기밸브는 온수난방 배관에 설치하는 부속장치로서 온수배관에 공기가 체류하게 되면 물의 순환이 불량하게 되므로, 공기가 체류할 우려가 있는 배관의 상부나 굴곡(산형, ㄷ자형) 배관의 상부에 설치한다.

100. ③

제 1 과목　기계열역학

001 이상기체가 등온 과정으로 부피가 2배로 팽창할 때 한 일이 W_1이다. 이 이상기체가 같은 초기조건 하에서 폴리트로픽 과정(지수=2)으로 부피가 2배로 팽창할 때 한 일은?

① $\dfrac{1}{2\ln 2} \times W_1$　　　　② $\dfrac{2}{\ln 2} \times W_1$

③ $\dfrac{\ln 2}{2} \times W_1$　　　　④ $2\ln 2 \times W_1$

해설

- 등온 과정일 때 팽창일 $W_1 = P_1 V_1 \ln \dfrac{V_2}{V_1}$에서 부피가 2배로 팽창하였다면 팽창일은 다음과 같다.

$W_1 = P_1 V_1 \ln \dfrac{V_2}{V_1} = P_1 V_1 \ln \dfrac{2V_1}{V_1} = P_1 V_1 \ln 2$이고,　$P_1 V_1 = \dfrac{1}{\ln 2} \times W_1$이다.

- 폴리트리픽 과정에서 압력과 체적과의 관계

$\left(\dfrac{P_2}{P_1}\right)^{\frac{n-1}{n}} = \left(\dfrac{v_1}{v_2}\right)^{n-1}$에서 $\left(\dfrac{P_2}{P_1}\right)^{\frac{2-1}{2}} = \left(\dfrac{V_1}{V_2}\right)^{2-1}$,　$\left(\dfrac{P_2}{P_1}\right)^{\frac{1}{2}} = \dfrac{V_1}{V_2}$,

$\dfrac{P_2}{P_1} = \left(\dfrac{V_1}{V_2}\right)^2 = \left(\dfrac{V_1}{2V_1}\right)^2 = \dfrac{1}{4}$이고, 최종압력 $P_2 = \dfrac{1}{4} P_1$

- 폴리트로픽 과정일 때 팽창일 $W_2 = \dfrac{1}{n-1}(P_1 V_1 - P_2 V_2)$에서 부피가 2배로 팽창하였다면 팽창일은 다음과 같다.

$W_2 = \dfrac{1}{n-1}(P_1 V_1 - P_2 V_2) = \dfrac{1}{2-1}(P_1 V_1 - P_2 V_2) = P_1 V_1 - P_2 V_2$

여기에, $P_1 V_1 = \dfrac{1}{\ln 2} \times W_1$,　$P_2 = \dfrac{1}{4} P_1$,　$V_2 = 2V_1$을 대입한다.

$W_2 = \dfrac{1}{\ln 2} \times W_1 - \dfrac{1}{4} P_1 \times 2V_1 = \dfrac{1}{\ln 2} \times W_1 - \dfrac{1}{2} P_1 V_1 = \dfrac{1}{\ln 2} \times W_1 - \dfrac{1}{2} \times \dfrac{1}{\ln 2} \times W_1$

$= \left(1 - \dfrac{1}{2}\right) \times \dfrac{1}{\ln 2} \times W_1 = \left(\dfrac{2}{2} - \dfrac{1}{2}\right) \times \dfrac{1}{\ln 2} \times W_1 = \dfrac{1}{2\ln 2} \times W_1$

답 001. ①

002
클라우지우스(Clausius) 적분 중 비가역 사이클에 대하여 옳은 식은? (단, Q는 시스템에 공급되는 열, T는 절대온도를 나타낸다.)

① $\oint \dfrac{dQ}{T} = 0$ ② $\oint \dfrac{dQ}{T} < 0$

③ $\oint \dfrac{dQ}{T} > 0$ ④ $\oint \dfrac{dQ}{T} \geqq 0$

해설
- 클라시우스의 적분값은 가역 사이클에서 항상 "0"이 되고 비가역 사이클에서 항상 "0"보다 작다.
- 가역 사이클의 클라시우스의 적분 : $\oint \dfrac{\delta Q}{T} = 0$
- 비가역 사이클의 클라시우스의 적분 : $\oint \dfrac{\delta Q}{T} < 0$

003
그림과 같이 카르노 사이클로 운전하는 기관 2개가 직렬로 연결되어 있는 시스템에서 두 열기관의 효율이 똑같다고 하면 중간 온도 T는 약 몇 K인가?

① 330K
② 400K
③ 500K
④ 660K

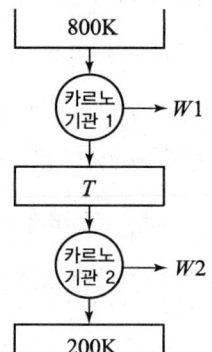

해설
카르노 사이클의 열효율 $\eta = \dfrac{W}{Q_H} = \dfrac{T_H - T_L}{T_H}$ 에서 카르노 기관 1과 2의 열효율은 같으므로 $\dfrac{800K - T}{800K} = \dfrac{T - 200K}{T}$ 이다.

$1 - \dfrac{T}{800K} = 1 - \dfrac{200K}{T}$ 에서 $T^2 = (800 \times 200)K$ 이고 온도 $T = \sqrt{(800 + 200)K} = 400K$

004
이상적인 디젤 기관의 압축비가 16일 때 압축전의 공기 온도가 90℃라면, 압축 후의 공기의 온도는 약 몇 ℃인가? (단, 공기의 비열비는 1.4이다.)

① 1101℃ ② 718℃
③ 808℃   ④ 828℃

답 002. ② 003. ② 004. ④

해설 압축후의 공기의 온도 $T_2 = T_1 \times \epsilon^{k-1}$에서
$T_2 = (273 + 90℃)K \times 16^{1.4-1} = 1100.4K$
절대온도 $T_K = 273 + T_C$이므로 섭씨온도로 환산하면 다음과 같다.
$T_C = T_K - 273 = 1100.4 - 273 = 827.4℃$

005 이상기체가 등온과정으로 체적이 감소할 때 엔탈피는 어떻게 되는가?

① 변하지 않는다.
② 체적에 비례하여 감소한다.
③ 체적에 비례하여 증가한다.
④ 체적의 제곱에 비례하여 감소한다.

해설 엔탈피 변화량 $dh = C_p dt = C_p(t_2 - t_1)$
엔탈피 변화량(dh)은 온도(dt)만의 함수이고 등온과정($t_1 = t_2$)이므로 엔탈피 변화량 $dh = 0$이다. 따라서, 엔탈피 $h_1 = h_2$이므로 변하지 않는다.

006 이상기체의 가역 폴리트로픽 과정은 다음과 같다. 이에 대한 설명으로 옳은 것은? (단, P는 압력, v는 비체적, C는 상수이다.)

$$Pv^n = C$$

① $n = 0$이면 등온과정
② $n = 1$이면 정적과정
③ $n = \infty$이면 정압과정
④ $n = k$(비열비)이면 단열과정

해설
• $n = 0$이면 $Pv^n = Pv^0 = P = C$이므로 정압과정이다.
• $n = 1$이면 $Pv^n = Pv^1 = T = C$이므로 등온과정이다.
• $n = k$이면 $Pv^n = Pv^k = C$이므로 단열과정이다.
• $n = \infty$이면 $Pv^n = P^{\frac{1}{n}}v = P^0 v = v = C$이므로 정적과정이다.

007 다음 중 이상적인 스로틀 과정에서 일정하게 유지되는 양은?

① 압력
② 엔탈피
③ 엔트로피
④ 온도

답 005. ① 006. ④ 007. ②

해설
- 스로틀 과정(throttle process)이란 유체가 노즐이나 오리피스와 같이 갑자기 유로가 좁아지는 곳을 통과하면 외부와 열량이나 일량의 교환 없이도 압력이 감소하는 교축 과정이 발생하는 현상이다.
- 액체일 경우 교축 과정이 발생하면 액체의 압력이 포화압력보다 낮아져 액체의 일부가 증발하고, 증발열에 필요한 열을 액체 자신으로부터 흡수하기 때문에 온도가 낮아진다.
- 이상기체일 경우 교축 작용이 발생하면 주위 벽면에서 열전달이 없고 공급된 일이나 한 일이 없으므로 교축 전후의 엔탈피 변화량은 일정하게 유지된다.

008
공기의 정압비열(C_p, kJ/(kg·℃)이 다음과 같다고 가정한다. 이때 공기 5kg을 0℃에서 100℃까지 일정한 압력하에서 가열하는데 필요한 열량은 약 몇 kJ인가? (단, 다음 식에서 t는 섭씨온도를 나타낸다.)

$$C_p = 1.0053 + 0.000079 \times t \, [\text{kJ}/(\text{kg} \cdot \text{℃})]$$

① 85.5 ② 100.9
③ 312.7 ④ 504.6

해설
열량 $Q = m \int_{t_1}^{t_2} C_p dt$ 에서

$Q = 5 \times \int_0^{100} (1.0053 + 0.000079 \times t) dt = 5 \times \left[1.0053t + \frac{1}{2} \times 0.000079 t^2 \right]_0^{100}$

$= 5 \times \left\{ \left(1.0053 \times 100 + \frac{1}{2} \times 0.000079 \times 100^2 \right) - \left(1.0053 \times 0 + \frac{1}{2} \times 0.000079 \times 0^2 \right) \right\}$

$= 504.63 \text{kJ}$

009
두 물체가 각각 제3의 물체와 온도가 같을 때는 두 물체도 역시 온도가 같다는 것을 말하는 법칙으로 온도측정의 기초가 되는 것은?

① 열역학 제0법칙 ② 열역학 제1법칙
③ 열역학 제2법칙 ④ 열역학 제3법칙

해설
- 열역학 제0법칙 : 온도가 서로 다른 물질을 혼합시키면 높은 온도의 물질은 온도가 내려가고, 낮은 온도의 물질은 온도가 올라가서 두 물질의 온도는 같게 되는 온도(열)평형의 법칙이다.
- 열역학 제1법칙 : 밀폐계가 임의의 사이클을 이룰 때 열이 전달되는 총합은 한 일의 총합과 같다. 즉 에너지보존법칙으로서 열과 일은 서로 전환이 가능하다.
- 열역학 제2법칙 : 열과 일 사이에 열 이동의 방향성을 제시한 법칙으로서 열과 일은 경로에 따라 변한다. 따라서, 열은 고온에서 저온으로 이동한다는 자연현상의 방향성을 나타낸 법칙이다.
- 열역학 제3법칙 : 어떤 방법으로도 어떤 계(시스템)를 절대온도 "0"도로 이르게 할 수 없으며, 모든 순수물질의 고체 엔트로피는 절대온도(T) 0도 부근에서는 T^3에 비례하여 0에 접근한다.

답 008. ④ 009. ①

Q 010

랭킨 사이클의 각각의 지점에서 엔탈피는 다음과 같다. 이 사이클의 효율은 약 몇 %인가? (단, 펌프일은 무시한다.)

① 32.4%
② 29.8%
③ 26.7%
④ 23.8%

- 보일러 입구 : 290.5kJ/kg
- 보일러 출구 : 3476.9kJ/kg
- 응축기 입구 : 2622.1kJ/kg
- 응축기 출구 : 286.3kJ/kg

해설 랭킨사이클

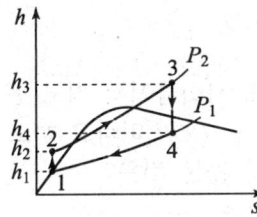

보일러 입구(펌프 출구) $h_2 = 290.5$kJ/kg
보일러 출구(터빈 입구) $h_3 = 3476.9$kJ/kg
응축기 입구(터빈 출구) $h_4 = 2622.1$kJ/kg
응축기 출구(펌프 입구) $h_1 = 286.3$kJ/kg

- 펌프 일을 무시하면 이론 열효율 $\eta_R = \dfrac{h_3 - h_4}{h_3 - h_1}$ 에서

$$\eta_R = \dfrac{(3476.9 - 2622.1)\text{kJ/kg}}{(3476.9 - 286.3)\text{kJ/kg}} = 0.2679 = 26.79\%$$

- 이론 열효율 $\eta_R = \dfrac{w}{q_1} = \dfrac{(h_3 - h_4) - (h_2 - h_1)}{h_3 - h_2}$ 에서

$$\eta_R = \dfrac{(3476.9 - 2622.1)\text{kJ/kg} - (290.5 - 286.3)\text{kJ/kg}}{(3476.9 - 290.5)\text{kJ/kg}} = 0.2669 = 26.69\%$$

Q 011

70kPa에서 어떤 기체의 체적이 12m³이었다. 이 기체를 800kPa까지 폴리트로픽 과정으로 압축했을 때 체적이 2m³으로 변화했다면, 이 기체의 폴리트로프 지수는 약 얼마인가?

① 1.21
② 2.08
③ 1.36
④ 1.43

해설 폴리트로픽 과정에서 압력과 체적과의 관계 $\left(\dfrac{P_2}{P_1}\right)^{\frac{n-1}{n}} = \left(\dfrac{V_1}{V_2}\right)^{n-1}$ 에서

$\left(\dfrac{P_2}{P_1}\right)^{\frac{n-1}{n} \times \frac{1}{n-1}} = \left(\dfrac{V_1}{V_2}\right)^{n-1 \times \frac{1}{n-1}}$, $\left(\dfrac{P_2}{P_1}\right)^{\frac{1}{n}} = \dfrac{V_1}{V_2}$, $\left(\dfrac{800\text{kPa}}{70\text{kPa}}\right)^{\frac{1}{n}} = \dfrac{12\text{m}^3}{2\text{m}^3}$,

$11.43^{\frac{1}{n}} = 6$에서 양변에 로그를 취하면 $\log 11.43^{\frac{1}{n}} = \log 6$이고, $\dfrac{1}{n}\log 11.43 = \log 6$이다.

$\dfrac{1}{n} = \dfrac{\log 6}{\log 11.43} = 0.7355$에서 폴리트로프 지수 $n = \dfrac{1}{0.7355} = 1.36$

답 010. ③ 011. ③

Q012 밀폐시스템에서 초기 상태가 300K, 0.5m³인 이상기체를 등온과정으로 150kPa에서 600kPa까지 천천히 압축하였다. 이 압축과정에 필요한 일은 약 몇 kJ인가?

① 104
② 208
③ 304
④ 612

해설

등온과정에서 압축일 $W_t = P_1 V_1 \ln \dfrac{P_2}{P_1}$ 에서

$W_t = 150 \dfrac{kN}{m^2} \times 0.5 m^3 \times \ln \dfrac{600 kPa}{150 kPa} = 103.97 kJ$

Q013 카르노 냉동기 사이클과 카르노 열펌프 사이클에서 최고 온도와 최소 온도가 서로 같다. 카르노 냉동기의 성적 계수는 COP_R이라고 하고, 카르노 열펌프의 성적 계수는 COP_{HP}라고 할 때 다음 중 옳은 것은?

① $COP_{HP} + COP_R = 1$
② $COP_{HP} + COP_R = 0$
③ $COP_R - COP_{HP} = 1$
④ $COP_{HP} - COP_R = 1$

해설

• 냉동기의 성적 계수 $COP_R = \dfrac{T_L}{T_H - T_L}$ 에서 고온 $T_H = \dfrac{T_L}{COP_R} + T_L$

• 열펌프의 성적 계수 $COP_{HP} = \dfrac{T_H}{T_H - T_L}$ 에서

$COP_{HP} = \dfrac{\dfrac{T_L}{COP_R} + T_L}{T_H - T_L} = \dfrac{T_L \left(\dfrac{1}{COP_R} + 1 \right)}{T_H - T_L} = COP_R \left(\dfrac{1}{COP_R} + 1 \right) = COP_R + 1$

∴ $COP_{HP} - COP_R = 1$

Q014 열과 일에 대한 설명 중 옳은 것은?

① 열역학적 과정에서 열과 일은 모두 경로에 무관한 상태로 나타낸다.
② 일과 열의 단위는 대표적으로 Watt(W)를 사용한다.
③ 열역학 제1법칙은 열과 일의 방향성을 제시한다.
④ 한 사이클 과정을 지나 원래 상태로 돌아왔을 때 시스템에 가해진 전체 열량은 시스템이 수행한 전체 일의 양과 같다.

해설

① 열역학적 과정에서 일은 처음 상태와 최종 상태 사이의 경로에 따라서 결정되므로 경로함수이다.
② 일과 열의 단위는 대표적으로 Joule(J)를 사용한다.
③ 열역학 제1법칙은 "밀폐계가 임의의 사이클을 이룰 때 열이 전달되는 총합은 한 일의 총합과 같다." 즉 에너지보존의 법칙이고, 열역학 제2법칙은 열과 일의 방향성을 제시한 법칙이다.

답 012. ① 013. ④ 014. ④

015
에어컨을 이용하여 실내의 열을 외부로 방출하려 한다. 실외 35℃, 실내 20℃인 조건에서 실내로부터 3kW의 열을 방출하려 할 때 필요한 에어컨의 최소 동력은 약 몇 kW인가?

① 0.154　　　　　　　② 1.54
③ 0.308　　　　　　　④ 3.08

해설
- 성능 계수 $COP = \dfrac{T_L}{T_H - T_L}$ 에서 $COP = \dfrac{(273+20℃)K}{(273+35℃)K - (273+20℃)K} = 19.53$
- 성능 계수 $COP = \dfrac{Q_e}{L}$ 에서 에어컨 소비 동력 $L = \dfrac{Q_e}{COP} = \dfrac{3kW}{19.53} = 0.1536 kW$

016
공기 표준 사이클로 운전하는 디젤 사이클 엔진에서 압축비는 18, 체절비(분사 단절비)는 2일 때 이 엔진의 효율은 약 몇 %인가? (단, 비열비는 1.4이다.)

① 63%　　　　　　　② 68%
③ 73%　　　　　　　④ 78%

해설
디젤 사이클의 열효율 $\eta_d = 1 - \dfrac{\sigma^k - 1}{k\epsilon^{k-1}(\sigma-1)}$ 에서

$\eta_d = 1 - \dfrac{2^{1.4} - 1}{1.4 \times 18^{1.4-1}(2-1)} = 0.632 = 63.2\%$

017
어떤 기체 1kg이 압력 50kPa, 체적 2.0m³의 상태에서 압력 1000kPa, 0.2m³의 상태로 변화하였다. 이 경우 내부에너지의 변화가 없다고 한다면, 엔탈피의 변화는 얼마나 되겠는가?

① 57kJ　　　　　　　② 79kJ
③ 91kJ　　　　　　　④ 100kJ

해설
엔탈피 변화 $dH = dU + dPV$ 에서 내부에너지 변화가 없으므로 $dU = 0$이다.
엔탈피 변화 $dH = 0 + dPV = \left(1000 \dfrac{kN}{m^2} \times 0.2m^3\right) - \left(50 \dfrac{kN}{m^2} \times 2m^3\right) = 100 kJ$

018
압력 250kPa, 체적 0.35m³의 공기가 일정 압력 하에서 팽창하여 체적이 0.5m³로 되었다. 이때 내부에너지의 증가가 93.9kJ이었다면, 팽창에 필요한 열량은 약 몇 kJ인가?

① 43.8　　　　　　　② 56.4
③ 131.4　　　　　　　④ 175.2

답 015. ①　016. ①　017. ④　018. ③

해설 에너지보존방정식에서 열량 변화 $\delta Q = dU + \delta W = dU + PdV$ 이므로
열량 변화 $\delta Q = dU + PdV = 93.9\text{kJ} + 250\dfrac{\text{kN}}{\text{m}^2} \times (0.5 - 0.35)\text{m}^3 = 131.4\text{kJ}$

Q 019
역카르노 사이클로 운전하는 이상적인 냉동사이클에서 응축기 온도가 40℃, 증발기 온도가 −10℃이면 성능 계수는?

① 4.26　　② 5.26
③ 3.56　　④ 6.56

해설 이상적인 냉동사이클의 성능 계수

$COP = \dfrac{T_L}{T_H - T_L}$ 에서

$COP = \dfrac{273 + (-10℃)K}{(273 + 40℃)K - \{273 + (-10℃)\}K} = 5.26$

Q 020
500℃의 고온부와 50℃의 저온부 사이에서 작동하는 Carnot 사이클 열기관의 열효율은 얼마인가?

① 10%　　② 42%
③ 58%　　④ 90%

해설 카르노 사이클 열기관의 열효율

$\eta = \dfrac{W}{Q_H} = \dfrac{T_H - T_L}{T_H}$ 에서

$\eta = \dfrac{(273 + 500℃)K - (273 + 50℃)K}{(273 + 500℃)K} = 0.582 = 58.2\%$

제 2 과목　냉동공학

Q 021
다음 중 밀착 포장된 식품을 냉각부동액 중에 집어넣어 동결시키는 방식은?

① 침지식 동결장치　　② 접촉식 동결장치
③ 진공 동결장치　　④ 유동층 동결장치

해설
- 침지식 동결장치 : 밀착 포장된 식품을 브라인(냉각부동액)을 넣은 탱크에 집어넣어 동결시키는 방식이다.
- 접촉식 동결장치 : 얇은 금속판에 브라인이나 냉매를 통하게 하여 금속판의 외면에 식품을 부착시켜 동결시키는 방식이다.

답 019. ②　020. ③　021. ①

Q 022. 흡수식 냉동기의 특징에 대한 설명으로 옳은 것은?

① 자동제어가 어렵고 운전경비가 많이 소요된다.
② 초기 운전 시 정격 성능을 발휘할 때까지의 도달 속도가 느리다.
③ 부분 부하에 대한 대응이 어렵다.
④ 증기 압축식보다 소음 및 진동이 크다.

해설 흡수식 냉동기의 특징
- 도시가스를 연료로 사용하므로 운전경비가 적게 소요된다.
- 냉매가 물이므로 초기 운전 시 정격 성능을 발휘할 때까지의 도달 속도가 느리다.
- 열용량이 크기 때문에 부분 부하에 대한 대응이 쉽다.
- 압축기가 없으므로 소음 및 진동이 작다.

Q 023. 피스톤 압출량이 48m³/h인 압축기를 사용하는 아래와 같은 냉동장치가 있다. 압축기 체적효율(η_v)이 0.75이고, 배관에서의 열손실을 무시하는 경우, 이 냉동장치의 냉동능력(RT)? (단, 1RT는 3320kcal/h이다.)

① 1.83
② 2.54
③ 2.71
④ 2.84

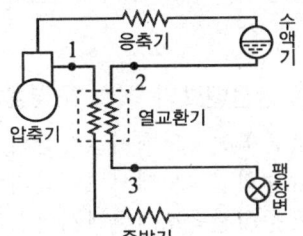

$h_1 = 135.5 (\text{kcal/kg})$
$v_1 = 0.12 (\text{m}^3/\text{kg})$
$h_2 = 105.5 (\text{kcal/kg})$
$h_3 = 104.0 (\text{kcal/kg})$

해설
- 냉매순환량 $G = \dfrac{V}{v_1} \times \eta_v$ 에서

$$G = \dfrac{48 \dfrac{\text{m}^3}{\text{h}}}{0.12 \dfrac{\text{m}^3}{\text{kg}}} \times 0.75 = 300 \text{kg/h}$$

- 열교환기의 열교환량 $h_1 - h_4 = h_2 - h_3$ 에서
  증발기 출구엔탈피 $h_4 = h_1 - (h_2 - h_3) = 135.5 \text{kcal/kg} - (105.5 - 104) \text{kcal/kg}$
  $= 134 \text{kcal/kg}$

- 냉동능력 $Q_e = G(h_4 - h_3)$ 에서
  $Q_e = 300 \dfrac{\text{kg}}{\text{h}} \times (134 - 104) \dfrac{\text{kcal}}{\text{kg}} = 9000 \text{kcal/h}$

∴ 1RT는 3320kcal/h이므로 냉동톤 $RT = \dfrac{9000 \text{kcal/h}}{3320 \text{kcal/h}} = 2.71 \text{RT}$

답 022. ② 023. ③

Q 024 다음 중 흡수식 냉동기의 용량제어 방법으로 적당하지 않은 것은?
① 흡수기 공급흡수제 조절
② 재생기 공급용액량 조절
③ 재생기 공급증기 조절
④ 응축수량 조절

해설 흡수식 냉동기의 용량제어 방법
- 재생기 공급용액량을 조절하는 방법
- 재생기의 공급 증기 또는 온수량을 조절하는 방법
- 응축수량을 조절하는 방법

Q 025 프레온 냉동장치에서 가용전에 관한 설명으로 틀린 것은?
① 가용전의 용융온도는 일반적으로 75℃ 이하로 되어 있다.
② 가용전은 Sn(주석), Cd(카드뮴), Bi(비스무트) 등의 합금이다.
③ 온도상승에 따른 이상 고압으로부터 응축기 파손을 방지한다.
④ 가용전의 구경은 안전밸브 최소구경의 1/2 이하이어야 한다.

해설 가용전의 구경은 안전밸브 최소구경의 1/2 이상이어야 한다.

Q 026 압축기에 부착하는 안전밸브의 최소 구경을 구하는 공식으로 옳은 것은?
① 냉매상수×(표준회전속도에서 1시간의 피스톤 압출량)$^{1/2}$
② 냉매상수×(표준회전속도에서 1시간의 피스톤 압출량)$^{1/3}$
③ 냉매상수×(표준회전속도에서 1시간의 피스톤 압출량)$^{1/4}$
④ 냉매상수×(표준회전속도에서 1시간의 피스톤 압출량)$^{1/5}$

해설 안전밸브 최소 구경을 구하는 공식
- 압축기에 부착하는 안전밸브 $d = c\sqrt{V}$ [mm]
- 압력용기에 부착하는 안전밸브 $d = c\sqrt{DL}$ [mm]
  단, d는 안전밸브의 최소 구경(mm), c는 냉매상수, V는 압축기 피스톤 압출량(m^3/h), D는 압력용기의 외경(mm), L은 압력용기의 길이(mm)이다.

Q 027 열통과율 900kcal/m^2·h·℃, 전열면적 5m^2인 아래 그림과 같은 대향류 열교환기에서의 열교환량(kcal/h)은? (단, t_1 : 27℃, t_2 : 13℃, t_{w1} : 5℃, t_{w2} : 10℃이다.)
① 26865
② 53730
③ 45000
④ 90245

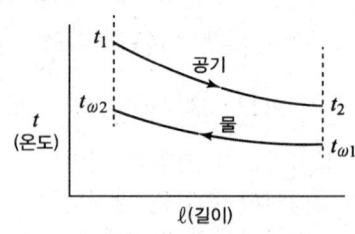

답 024. ① 025. ④ 026. ① 027. ②

해설
- 온도차 $\triangle 1 = t_1 - t_{w2} = (27-10)℃ = 17℃$, $\triangle 2 = t_2 - t_{w1} = (13-5)℃ = 8℃$ 에서

  대수평균온도차 $\triangle t_m = \dfrac{\triangle 1 - \triangle 2}{\ln\dfrac{\triangle 1}{\triangle 2}} = \dfrac{(17-8)℃}{\ln\dfrac{17℃}{8℃}} = 11.94℃$

- 열교환량 $q = KA\triangle t_m$ 에서 $q = 900\dfrac{\text{kcal}}{\text{m}^2 \cdot \text{h} \cdot ℃} \times 5\text{m}^2 \times 11.94℃ = 53730\text{kcal/h}$

028 증기압축식 냉동 시스템에서 냉매량 부족 시 나타나는 현상으로 틀린 것은?

① 토출압력의 감소
② 냉동능력의 감소
③ 흡입가스의 과열
④ 토출가스의 온도 감소

해설 냉동 시스템에서 냉매량이 부족하게 되면 증발압력이 낮아지고, 흡입가스가 과열되어 토출가스의 온도가 상승한다.

029 다음 중 독성이 거의 없고 금속에 대한 부식성이 적어 식품냉동에 사용되는 유기질 브라인은?

① 프로필렌글리콜
② 식염수
③ 염화칼슘
④ 염화마그네슘

해설
- 프로필렌글리콜은 금속에 대한 부식성이 적고 독성이 거의 없어 식품냉동에 사용된다.
- 무기질 브라인은 금속에 대한 부식성이 크고, 염화나트륨(식염수), 염화칼슘, 염화마그네슘이 있다.

030 다음 냉동장치에서 물의 증발열을 이용하지 않는 것은?

① 흡수식 냉동장치
② 흡착식 냉동장치
③ 증기분사식 냉동장치
④ 열전식 냉동장치

해설 열전식(전자) 냉동장치는 반도체소자를 이용하여 냉동목적을 달성하는 장치로서 두 금속을 이용하여 전류를 통전하면 한쪽은 고온부, 한쪽은 저온부가 되어 열을 방출하고 흡수한다.

031 프레온 냉매의 경우 흡입배관에 이중 입상관을 설치하는 목적으로 가장 적합한 것은?

① 오일의 회수를 용이하게 하기 위하여
② 흡입가스의 과열을 방지하기 위하여
③ 냉매액의 흡입을 방지하기 위하여
④ 흡입관에서의 압력강하를 줄이기 위하여

답 028. ④ 029. ① 030. ④ 031. ①

해설
- 용량제어장치가 설치되어 있는 경우 오일을 용이하게 회수하기 위하여 2중 입상관을 설치하고 오일트랩은 될 수 있는 대로 작게 한다.
- 2중 입상관이란 압축기가 최소부하(무부하) 시 가스가 가는 관만을 지나는 유속이 6~20m/s가 되도록 하고, 전 부하 시 가스가 2개의 입상관을 지났을 때 유속이 6m/s 이상이 되도록 한다.

032

내경이 20mm인 관 안으로 포화상태의 냉매가 흐르고 있으며 관은 단열재로 싸여있다. 관의 두께는 1mm이며, 관 재질의 열전도도는 50W/m·K이며, 단열재의 열전도도는 0.02W/m·K이다. 단열재의 내경과 외경은 각각 22mm와 42mm일 때, 단위길이당 열손실(W)은? (단, 이때 냉매의 온도는 60℃, 주변 공기의 온도는 0℃이며, 냉매측과 공기측의 평균 대류열전달계수는 각각 2000W/m²·K와 10W/m²·K이다. 관의 단열재 접촉부의 열저항은 무시한다.)

① 9.87　　　　　　② 10.15
③ 11.10　　　　　　④ 13.27

해설
- 원통의 열저항

$$R = \frac{1}{2\pi r_1 \alpha_i} + \frac{\ln\frac{r_2}{r_1}}{2\pi \lambda_1} + \frac{\ln\frac{r_3}{r_2}}{2\pi \lambda_2} + \frac{1}{2\pi r_3 \alpha_o}$$ 에서

$$R = \frac{1}{2\pi \times 0.01 \times 2000} + \frac{\ln\frac{0.011}{0.01}}{2\pi \times 50} + \frac{\ln\frac{0.021}{0.011}}{2\pi \times 0.02} + \frac{1}{2\pi \times 0.021 \times 10} = 5.912 \text{m·K/W}$$

- 단위길이당 열손실 $q = \frac{t_i - t_o}{R}$ 에서 $q = \frac{(273+60)\text{K} - (273+0)\text{K}}{5.912 \frac{\text{m·K}}{\text{W}}} = 10.15 \text{W/m}$

033

냉동장치에 사용하는 브라인 순환량이 200L/min이고, 비열이 0.7kcal/kg·℃이다. 브라인의 입·출구 온도는 각각 -6℃와 -10℃일 때, 브라인 쿨러의 냉동능력(kcal/h)은? (단, 브라인의 비중은 1.2이다.)

① 36880　　　　　　② 38860
③ 40320　　　　　　④ 43200

해설
- 1L는 1000cm³이므로

브라인 순환량 $Q = 200 L/\text{min} = 200 \frac{L}{\text{min}} \times \frac{1000 cm^3}{1L} \times \left(\frac{1m}{100cm}\right)^3 \times \left(\frac{60\text{min}}{1h}\right) = 12 \text{m}^3/\text{h}$

- 질량 유량 $G = s\rho_w Q$ 에서 $G = 1.2 \times 1000 \frac{\text{kg}}{\text{m}^3} \times 12 \frac{\text{m}^3}{\text{h}} = 14400 \text{kg/h}$

∴ 냉동능력 $Q_e = GC\Delta t$ 에서

$Q_e = 14400 \frac{\text{kg}}{\text{h}} \times 0.7 \frac{\text{kcal}}{\text{kg·℃}} \times \{(-6) - (-10)\}℃ = 40320 \text{kcal/h}$

답 032. ② 033. ③

Q 034 냉동기유가 갖추어야 할 조건으로 틀린 것은?
① 응고점이 낮고, 인화점이 높아야 한다.
② 냉매와 잘 반응하지 않아야 한다.
③ 산화가 되기 쉬운 성질을 가져야 한다.
④ 수분, 산분을 포함하지 않아야 한다.

해설 냉동기유는 쉽게 산화되지 않아야 한다.

Q 035 가역 카르노 사이클에서 고온부 40℃, 저온부 0℃로 운전될 때 열기관의 효율은?
① 7.825
② 6.825
③ 0.147
④ 0.128

해설 카르노 사이클의 열효율
$\eta = \dfrac{T_H - T_L}{T_H}$ 에서 $\eta = \dfrac{(273+40℃)K - (273+0℃)K}{(273+40℃)K} = 0.1278$

Q 036 냉동장치 운전 중 팽창밸브의 열림이 적을 때, 발생하는 현상이 아닌 것은?
① 증발압력은 저하한다.
② 냉매 순환량은 감소한다.
③ 액압축으로 압축기가 손상된다.
④ 체적효율은 저하한다.

해설 액압축이란 냉매량이 많아 증발기에서 완전히 증발하지 못하고, 냉매액이 남아 있는 상태에서 압축기로 흡입되어 압축하는 것을 말한다. 따라서, 팽창밸브의 열림이 클 때 냉매 순환량이 많아져 액압축이 발생되고, 액압축으로 인하여 압축기가 손상된다.

Q 037 냉동장치 내에 불응축 가스가 생성되는 원인으로 가장 거리가 먼 것은?
① 냉동장치의 압력이 대기압 이상으로 운전될 경우 저압측에서 공기가 침입한다.
② 장치를 분해, 조립하였을 경우에 공기가 잔류한다.
③ 압축기의 축봉장치 패킹 연결부분에 누설부분이 있으면 공기가 장치 내에 침입한다.
④ 냉매, 윤활유 등의 열분해로 인해 가스가 발생한다.

해설 냉동장치의 압력이 대기압 이하로 운전될 경우 저압측에서 공기가 침입할 우려가 있으며, 침입한 공기에 의해 불응축 가스가 생성된다.

답 034. ③ 035. ④ 036. ③ 037. ①

Q 038. 폐열을 회수하기 위한 히트파이프(heat pipe)의 구성요소가 아닌 것은?

① 단열부   ② 응축부
③ 증발부   ④ 팽창부

해설 히트 파이프(heat pipe)
- 작동유체, 용기, 위크로 구성되어 있다.
- 길이 방향으로 증발부(작동유체에 열을 전달), 응축부(용기 밖에 있는 흡열원으로 열을 방출), 단열부(열원과 흡열원이 떨어져 있는 경우 작동유체의 통로를 구성하여 열의 출입이 없는 구조)로 나누어진다.

Q 039. 40냉동톤의 냉동부하를 가지는 제빙공장이 있다. 이 제빙공장 냉동기의 압축기 출구 엔탈피가 457kcal/kg, 증발기 출구 엔탈피가 369kcal/kg, 증발기 입구 엔탈피가 128kcal/kg일 때, 냉매 순환량(kg/h)은? (단, 1RT는 3320kcal/h이다.)

① 551   ② 403
③ 290   ④ 25.9

해설 냉동톤 1RT는 3320kcal/h이고

냉매순환량 $G = \dfrac{Q_e}{q_e}$ 에서 $G = \dfrac{40 \times 3320 \dfrac{\text{kcal}}{\text{h}}}{(369-128)\dfrac{\text{kcal}}{\text{kg}}} = 551 \text{kg/h}$

Q 040. 암모니아 냉동장치에서 고압측 게이지 압력이 14kg/cm²·g, 저압측 게이지 압력이 3kg/cm²·g이고, 피스톤 압출량이 100m³/h, 흡입증기의 비체적이 0.5m³/kg이라 할 때, 이 장치에서의 압축비와 냉매순환량(kg/h)은 각각 얼마인가? (단, 압축기의 체적효율은 0.7로 한다.)

① 3.73, 70   ② 3.73, 140
③ 4.67, 70   ④ 4.67, 140

해설
- 압축비 $a = \dfrac{P_{Habs}}{P_{Labs}}$ 에서 $a = \dfrac{(14+1.0332)\,\text{kg/cm}^2}{(3+1.0332)\,\text{kg/cm}^2} = 3.73$

- 냉매순환량 $G = \dfrac{V}{v_a} \times \eta_v$ 에서 $G = \dfrac{100\dfrac{\text{m}^3}{\text{h}}}{0.5\dfrac{\text{m}^3}{\text{kg}}} \times 0.7 = 140 \text{kg/h}$

답 038. ④ 039. ① 040. ②

제 3 과목 공기조화

041 수증기 발생으로 인한 환기를 계획하고자 할 때, 필요 환기량 Q(m³/h)의 계산식으로 옳은 것은? (단, q_s : 발생 현열량(kJ/h), W : 수증기 발생량(kg/h), M : 먼지발생량(m³/h), t_i(℃) : 허용 실내온도, x_i(kg/kg) : 허용 실내절대습도, t_o(℃) : 도입 외기온도, x_o(kg/kg) : 도입 외기절대습도, K, K_o : 허용 실내 및 도입외기 가스농도, C, C_o : 허용 실내 및 도입외기 먼지농도이다.)

① $Q = \dfrac{q_s}{0.29(t_i - t_o)}$ ② $Q = \dfrac{W}{1.2(x_i - x_o)}$

③ $Q = \dfrac{100M}{K - K_o}$ ④ $Q = \dfrac{M}{C - C_o}$

해설 필요 환기량 계산식
- 실내 발생열으로 인한 환기량 $Q = \dfrac{q_s}{0.29(t_i - t_o)}$ [m³/h]
- 수증기 발생으로 인한 환기량 $Q = \dfrac{W}{1.2(x_i - x_o)}$ [m³/h]
- 먼지 제거에 따른 환기량 $Q = \dfrac{M}{C - C_o}$ [m³/h]

042 다음 중 온수난방용 기기가 아닌 것은?

① 방열기 ② 공기방출기
③ 순환펌프 ④ 증발탱크

해설 증발탱크란 고압증기 환수관과 저압증기 환수관 사이에 설치하는 탱크로서 고압증기의 응축수가 충분히 냉각되지 않은 상태에서 저압증기 환수관에 들어가면 응축수가 재증발하게 되어 환수능력이 저하되고 수격작용이 발생할 우려가 있으므로 장치의 소손을 방지하기 위하여 증기난방용 배관에 설치한다.

043 제주지방의 어느 한 건물에 대한 냉방기간 동안의 취득열량(GJ/기간)은? (단, 냉방도일 $CD_{24-24} = 162.4$(deg℃ · day), 건물 구조체 표면적 500m², 열관류율은 0.58W/m² · ℃, 환기에 의한 취득열량은 168W/℃이다.)

① 9.37 ② 6.43
③ 4.07 ④ 2.36

해설
- 냉방도일이란 일평균기온이 24℃ 이상인 날에 대하여 해당 일의 일평균기온과 24℃ 사이의 차를 적산한 값이다.
- 취득열량 $q = \left(0.58 \dfrac{\text{J}}{\text{s} \cdot \text{m}^2 \cdot \text{℃}} \times 500\text{m}^2 + 168 \dfrac{\text{J}}{\text{s} \cdot \text{℃}}\right) \times 162.4\text{℃} \times \dfrac{3600\text{s}}{1\text{h}} \times \dfrac{24\text{h}}{1\text{day}}$
$= 6.43 \times 10^9 \text{J/day} = 6.43 \text{GJ/day}$

답 041. ② 042. ④ 043. ②

Q 044. 공기의 감습장치에 관한 설명으로 틀린 것은?

① 화학적 감습법은 흡착과 흡수 기능을 이용하는 방법이다.
② 압축식 감습법은 감습만을 목적으로 사용하는 경우 재열이 필요하므로 비경제적이다.
③ 흡착식 감습법은 실리카겔 등을 사용하며, 흡습재의 재생이 가능하다.
④ 흡수식 감습법은 활성 알루미나를 이용하기 때문에 연속적이고 큰 용량의 것에는 적용하기 곤란하다.

해설 흡수식 감습법은 염화리튬, 트리에틸렌글리콜의 액체 흡수제를 사용하여 제습하는 방법으로서 대규모 용량에도 적용할 수 있다.

Q 045. 냉수코일의 설계상 유의사항으로 옳은 것은?

① 일반적으로 통과 풍속은 2~3m/s로 한다.
② 입구 냉수온도는 20℃ 이상으로 취급한다.
③ 관내의 물의 유속은 4m/s 전후로 한다.
④ 병류형으로 하는 것이 보통이다.

해설 냉수코일 설계
- 코일을 통과하는 풍속은 2~3m/sec가 경제적이다.
- 물의 온도 상승은 일반적으로 5℃ 전후로 한다.
- 물의 입·출구 온도차는 5℃ 전후로 한다.
- 코일을 통과하는 물의 속도는 1m/s 전후로 한다.
- 공기와 물의 흐름은 대향류로 하고 대수평균온도차를 크게 한다.

Q 046. 간접난방과 직접난방 방식에 대한 설명으로 틀린 것은?

① 간접난방은 중앙 공조기에 의해 공기를 가열해 실내로 공급하는 방식이다.
② 직접난방은 방열기에 의해서 실내공기를 가열하는 방식이다.
③ 직접난방은 방열체의 방열형식에 따라 대류난방과 복사난방으로 나눌 수 있다.
④ 온풍난방과 증기난방은 간접난방에 해당된다.

해설
- 직접난방 : 온수 또는 증기를 직접 실내에 설치한 방열장치에 공급하여 난방하는 방식으로서 전도와 대류에 의해 열이 전달되며 온수난방, 증기난방, 복사난방이 있다.
- 간접난방 : 온수를 공조기에 공급하여 공기를 가열하고 송풍기로 덕트를 통하여 실내로 공급하여 난방하는 방식으로서 온풍난방, 덕트난방 방식이 있다.

답 044. ④ 045. ① 046. ④

Q 047 다음 중 사용되는 공기선도가 아닌 것은? (단, h : 엔탈피, x : 절대습도, t : 온도, p : 압력이다.)

① h-x선도　　　　　② t-x선도
③ t-h선도　　　　　④ p-h선도

해설　p-h선도는 냉매의 상태를 도시한 선도로서 압력, 엔탈피, 온도, 비체적, 엔탈피, 엔트로피, 건조도로 구성되어 있다.

Q 048 어느 건물 서편의 유리 면적이 40m²이다. 안쪽에 크림색의 베네시언 블라인드를 설치한 유리면으로부터 오후 4시에 침입하는 열량(kW)은? (단, 외기는 33℃, 실내는 27℃, 유리는 1중이며, 유리의 열통과율(K)은 5.9W/m²·℃, 유리창의 복사량(I_{gr})은 608W/m², 차폐계수(K_s)는 0.56이다.)

① 15　　　　　② 13.6
③ 3.6　　　　　④ 1.4

해설
- 유리면을 통한 전도열량 $q_G = KA(t_o - t_r)$에서

$$q_G = 5.9 \frac{W}{m^2 \cdot ℃} \times 40m^2 \times (33-27)℃ = 1416W$$

- 유리면을 통한 복사열량 $q_{GR} = AI_{gr}K_s s$이고, 축열계수 s가 1인 경우

$$q_{GR} = 40m^2 \times 608 \frac{W}{m^2} \times 0.56 = 13619.2W$$

∴ 침입열량 $q = q_G + q_{GR}$에서 $q = (1416 + 13619.2)W = 15035.2W ≒ 15kW$

Q 049 열회수방식 중 공조설비의 에너지 절약기법으로 많이 이용되고 있으며, 외기 도입량이 많고 운전시간이 긴 시설에서 효과가 큰 것은?

① 잠열교환기 방식　　　　　② 현열교환기 방식
③ 비열교환기 방식　　　　　④ 전열교환기 방식

해설　전열교환기 방식
- 공조설비에서 실내에서 배기되는 배기와 환기용 외기를 열교환하는 에너지 절약기법이다.
- 설비비는 증가하나 외기의 최대부하를 감소시키므로 외기 도입량이 많은 곳에 효과가 크다.
- 운전 시간이 긴 시설에서 외기부하를 감소시키므로 효과적이다.

답 047. ④　048. ①　049. ④

050
에어와셔의 단열 가습시 포화효율은 어떻게 표시하는가? (단, 입구공기의 건구온도 t_1, 출구공기의 건구온도 t_2, 입구공기의 습구온도 t_{w1}, 출구공기의 습구온도 t_{w2}이다.)

① $\eta = \dfrac{(t_1-t_2)}{(t_2-t_{w2})}$ ② $\eta = \dfrac{(t_1-t_2)}{(t_1-t_{w1})}$

③ $\eta = \dfrac{(t_2-t_1)}{(t_{w2}-t_1)}$ ④ $\eta = \dfrac{(t_1-t_{w1})}{(t_2-t_1)}$

해설 단열 가습 시 습공기 선도

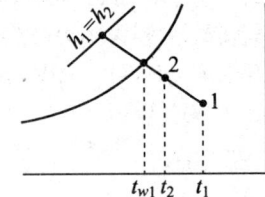

포화효율 $\eta = \dfrac{t_1-t_2}{t_1-t_{w1}}$

051
장방형 덕트(장변 a, 단변 b)를 원형덕트로 바꿀 때 사용하는 식은 아래와 같다. 이 식으로 환산된 장방형 덕트와 원형덕트의 관계는?

$$D_e = 1.3\left[\dfrac{(a \cdot b)^5}{(a+b)^2}\right]^{1/8}$$

① 두 덕트의 풍량과 단위 길이당 마찰손실이 같다.
② 두 덕트의 풍량과 풍속이 같다.
③ 두 덕트의 풍속과 단위 길이당 마찰손실이 같다.
④ 두 덕트의 풍량과 풍속 및 단위 길이당 마찰손실이 모두 같다.

해설 원형덕트의 상당직경(D_e)은 장방형 덕트와 동일한 풍량과 동일한 단위 길이당 마찰손실을 갖는다. 장방형 덕트에서 환산된 상당직경을 덕트의 마찰손실수두 선도에 표시하면 가로축의 마찰손실수두와 세로축의 풍량이 교차된다. 이 교차점을 통하여 원형덕트와 장방형 덕트의 풍량과 단위 길이당 마찰손실이 같다는 것을 알 수 있다.

052
보일러의 종류 중 수관보일러 분류에 속하지 않는 것은?

① 자연순환식 보일러   ② 강제순환식 보일러
③ 연관 보일러   ④ 관류 보일러

해설 원통형 보일러에는 연관 보일러, 노통 보일러, 노통연관 보일러가 있다.

답 050. ② 051. ① 052. ③

053. 보일러의 스케일 방지방법으로 틀린 것은?

① 슬러지는 적절한 분출로 제거한다.
② 스케일 방지 성분인 칼슘의 생성을 돕기 위해 경도가 높은 물을 보일러 수로 활용한다.
③ 경수연화장치를 이용하여 스케일 생성을 방지한다.
④ 인산염을 일정농도가 되도록 투입한다.

해설 보일러 수는 경도가 9.5도 이하인 연수를 사용한다. 스케일은 급수 중에 함유되어 있는 칼슘, 마그네슘이 전열면에 부착하여 굳어진 것으로 청관제를 투입하여 스케일 생성을 억제한다.

054. 다음 중 일반 공기 냉각용 냉수 코일에서 가장 많이 사용되는 코일의 열수로 가장 적정한 것은?

① 0.5~1
② 1.5~2
③ 4~8
④ 10~14

해설 일반 공기 냉각용 냉수 코일의 열수는 4~8열이 가장 많이 사용된다.

055. 다음 그림에서 상태 ①인 공기를 ②로 변화시켰을 때의 현열비를 바르게 나타낸 것은?

① $(i_3-i_1)/(i_2-i_1)$
② $(i_2-i_3)/(i_2-i_1)$
③ $(x_2-x_1)/(t_1-t_2)$
④ $(t_1-t_2)/(i_3-i_1)$

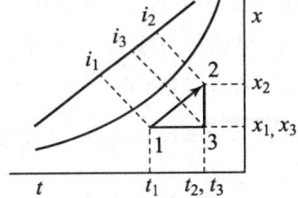

해설 현열비 $SHF = \dfrac{\text{현열량}}{\text{전열량}}$ 에서 $SHF = \dfrac{i_3-i_1}{i_2-i_1}$

056. 외부의 신선한 공기를 공급하여 실내에서 발생한 열과 오염물질을 대류효과 또는 급배기팬을 이용하여 외부로 배출시키는 환기방식은?

① 자연환기
② 전달환기
③ 치환환기
④ 국소환기

답 053. ② 054. ③ 055. ① 056. ③

> **해설**
> - 치환환기 : 외부의 신선한 공기를 낮은 영역에서 저온·저속으로 실내에 공급하여 실내에서 발생하는 열과 오염물질을 대류효과에 의해 상부의 배기구를 통해 배출하는 환기방식이다.
> - 전반환기 : 실내의 거의 모든 부분에서 오염가스가 발생되는 경우 실 전체의 기류분포를 계획하여 실내에서 발생하는 오염물질을 완전히 희석하고 확산시킨 다음에 배기를 행하는 환기방식이다.
> - 국부환기 : 주방이나 공장 등의 오염원 근처에 후드를 설치하여 주위로 확산되기 전에 배기를 행하는 환기방식이다.

057
송풍량 2000m³/min을 송풍기 전후의 전압차 20Pa로 송풍하기 위한 필요 전동기 출력(kW)은? (단, 송풍기의 전압효율은 80%, 전동효율은 V벨트로 0.95이며, 여유율은 0.2이다.)

① 1.05 ② 10.35
③ 14.04 ④ 25.32

> **해설**
> 송풍기 출력 $L = \dfrac{Q \times \Delta P}{\eta_t \times \eta_m} \times \alpha$ 에서
>
> $L = \dfrac{(2000\dfrac{m^3}{min} \times \dfrac{1\,min}{60\,sec}) \times 20Pa(N/m^2)}{0.8 \times 0.95} \times 1.2 = 1052.6 W(J/sec) = 1.05 kW$

058
다음 중 축류형 취출구에 해당되는 것은?

① 아네모스탯형 취출구 ② 펑커루버형 취출구
③ 팬형 취출구 ④ 다공판형 취출구

> **해설**
> - 축류형 취출구 : 노즐형 취출구, 펑커루버형 취출구, 베인격자형 취출구, 라인형 취출구, 다공판형 취출구
> - 복류형 취출구 : 팬형 취출구, 아네모스탯형 취출구

059
일사를 받는 외벽으로부터의 침입열량(q)을 구하는 식으로 옳은 것은? (단, k는 열관류율, A는 면적, $\triangle t$는 상당외기 온도차이다.)

① $q = k \times A \times \triangle t$ ② $q = 0.86 \times A / \triangle t$
③ $q = 0.24 \times A \times \triangle t / k$ ④ $q = 0.29 \times k / (A \times \triangle t)$

> **해설**
> 벽체의 전도열량(침입열량)
> $q = k \times A \times \triangle t$ [kcal/h]
> 단, k는 열관류율(kcal/m²·h·℃), A는 면적(m²), $\triangle t$는 상당외기 온도차(℃)이다.

답 057. ① 058. ②, ④ 059. ①

Q 060 중앙식 공조방식의 특징에 대한 설명으로 틀린 것은?
① 중앙집중식이므로 운전 및 유지관리가 용이하다.
② 리턴 팬을 설치하면 외기냉방이 가능하게 된다.
③ 대형건물보다는 소형건물에 적합한 방식이다.
④ 덕트가 대형이고, 개별식에 비해 설치공간이 크다.

해설 중앙식 공조방식의 특징
- 공조기와 열원장치가 중앙 기계실에 집중 배치되어 있어 운전, 유지관리가 용이하다.
- 리턴 팬을 설치하면 외기냉방이 가능하다.
- 소형건물보다는 대형건물에 적합한 방식이다.
- 공조기계실이 크고, 덕트가 대형이므로 개별식에 비해 설치 공간이 크다.
- 송풍량이 충분하므로 실내공기의 오염이 적다.

제 4 과목 전기제어공학

Q 061 어떤 코일에 흐르는 전류가 0.01초 사이에 일정하게 50[A]에서 10[A]로 변할 때 20[V]의 기전력이 발생할 경우 자기인덕턴스[mH]는?
① 5 ② 10
③ 20 ④ 40

해설 유도기전력 $e = L\dfrac{\Delta I}{\Delta t}$에서

자기인덕턴스 $L = \dfrac{e\Delta t}{\Delta I} = \dfrac{20V \times 0.01s}{(50-10)A} = 0.005\text{H} = 5\text{mH}$

Q 062 유도전동기에서 슬립이 "0"이라고 하는 것은?
① 유도전동기가 정지 상태인 것을 나타낸다.
② 유도전동기가 전부하 상태인 것을 나타낸다.
③ 유도전동기가 동기속도로 회전한다는 것이다.
④ 유도전동기가 제동기의 역할을 한다는 것이다.

해설 슬립의 범위 : $0 < s < 1$
- $s = 0$: 유도전동기가 동기속도로 회전한다.
- $s = 1$: 유도전동기가 정지 또는 기동상태이다.

답 060. ③ 061. ① 062. ③

Q 063. 저항 $R[\Omega]$에 전류 $I[A]$를 일정 시간 동안 흘렸을 때 도선에 발생하는 열량의 크기로 옳은 것은?

① 전류의 세기에 비례
② 전류의 세기에 반비례
③ 전류의 세기의 제곱에 비례
④ 전류의 세기의 제곱에 반비례

해설
- 줄의 법칙이란 도선에 전류가 흐르면 저항에 의해 열이 발생한다.
- 발생 열량 $H = 0.24IVt = 0.24I^2Rt = 0.24\dfrac{V^2}{R}t$ [cal]

  단, t는 시간(sec), I는 전류(A), V는 전압(V), R은 저항(Ω)이다.
- ∴ 발생 열량은 전류의 세기의 제곱에 비례한다.

Q 064. 자성을 갖고 있지 않은 철편에 코일을 감아서 여기에 흐르는 전류의 크기와 방향을 바꾸면 히스테리시스 곡선이 발생되는데, 이 곡선 표현에서 X축과 Y축을 옳게 나타낸 것은?

① X축 - 자화력, Y축 - 자속밀도
② X축 - 자속밀도, Y축 - 자화력
③ X축 - 자화세기, Y축 - 잔류자속
④ X축 - 잔류자속, Y축 - 자화세기

해설 히스테리시스 곡선이란 철심에 가해진 자계의 세기(자화력)에 주기적 변화에 따라 철심에 유도되는 자속밀도의 변화를 직각 좌표에 그린 곡선이다.

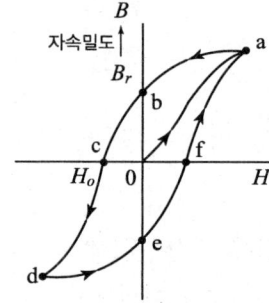

- X축 H : 자화력
- Y축 B : 자속밀도
- b점 : 잔류자기
- c점 : 보자력

Q 065. 방사성 위험물을 원격으로 조작하는 인공수(人工手, manipulator)에 사용되는 제어계는?

① 서보기구
② 자동조정
③ 시퀀스 제어
④ 프로세스 제어

해설 인공수란 사람의 손과 같은 역할을 할 수 있게 만든 기계장치로서 서보기구에 의해 제어된다.

답 063. ③ 064. ① 065. ①

Q 066

$G(j\omega) = \dfrac{1}{1+3(j\omega)+3(j\omega)^2}$ 일 때 이 요소의 인디셜 응답은?

① 진동 ② 비진동
③ 임계진동 ④ 선형진동

해설

① $G(j\omega) = \dfrac{1}{1+3(j\omega)+3(j\omega)^2}$ 의 전달함수

$$G(s) = \dfrac{1}{1+3s+3s^2} = \dfrac{1 \times \dfrac{1}{3}}{1 \times \dfrac{1}{3}+3s \times \dfrac{1}{3}+3s^2 \times \dfrac{1}{3}} = \dfrac{\dfrac{1}{3}}{s^2+s+\dfrac{1}{3}}$$

② 특성방정식 $s^2+s+\dfrac{1}{3} = s^2+2\delta\omega_n s+\omega_n^2$ 에서

고유주파수 $\omega_n = \sqrt{\dfrac{1}{3}}$, $2\delta\omega_n s = s$ 에서

제동비 $\delta = \dfrac{s}{2\omega_n s} = \dfrac{1}{2 \times \sqrt{\dfrac{1}{3}}} = 0.866$ 이다.

③ 특성방정식 $s^2+2\delta\omega_n s+\omega_n^2 = 0$
- $\delta = 1$: 임계제동(임계적)
- $\delta < 1$: 부족제동(진동적)
- $\delta > 1$: 과제동(비진동적)
- $\delta = 0$: 무제동(무한 진동)

∴ 제동비가 $\delta = 0.866$ 이므로 $\delta < 1$ 이기 때문에 부족제동이며, 진동적이다.

Q 067

공기식 조작기기에 관한 설명으로 옳은 것은?

① 큰 출력을 얻을 수 있다. ② PID 동작을 만들기 쉽다.
③ 속응성이 장거리에서는 빠르다. ④ 신호를 먼 곳까지 보낼 수 있다.

해설

① 공기식 조작기기의 특징
- PID 동작을 만들기 쉽다.
- 출력이 크지 않기 때문에 장거리 신호전송 시 신호전달이 늦다.
- 보수가 비교적 쉬우며 위험성이 없다.

② 유압식 조작기기의 특징
- 비례적분미분(PID) 동작을 만들기 어렵다.
- 조작력이 크기 때문에 속응성이 빠르다.
- 저속이지만 큰 출력을 얻을 수 있다.

③ 전기식 조작기기의 특징
- 비례적분미분(PID) 동작을 만들기 어렵다.
- 장거리 전송이 가능하고 늦음이 적다.
- 감속장치가 필요하고 출력이 작다.
- 복잡한 신호를 취급하는 데 용이하며 특성변경이 쉽다.

답 066. ① 067. ②

Q 068. 그림과 같은 피드백 제어계에서의 폐루프 종합 전달함수는?

① $\dfrac{1}{G_1(s)} + \dfrac{1}{G_2(s)}$

② $\dfrac{1}{G_1(s) + G_2(s)}$

③ $\dfrac{G_1(s)}{1 + G_1(s)G_2(s)}$

④ $\dfrac{G_1(s)G_2(s)}{1 + G_1(s)G_2(s)}$

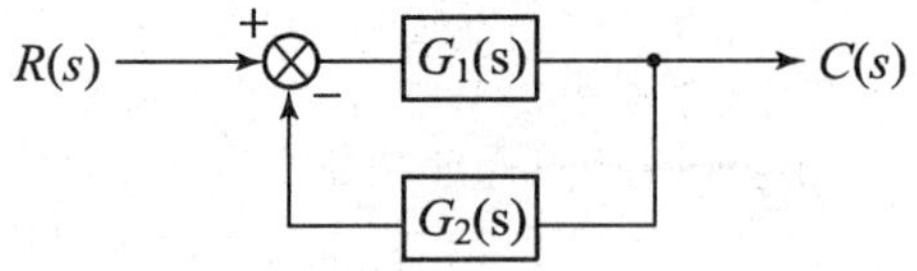

해설 출력 $C(s) = G_1(s)R(s) - G_1(s)G_2(s)C(s)$
$C(s) + G_1(s)G_2(s)C(s) = G_1(s)R(s)$
$\{1 + G_1(s)G_2(s)\}C(s) = G_1(s)R(s)$
전달함수 $\dfrac{C(s)}{R(s)} = \dfrac{G_1(s)}{1 + G_1(s)G_2(s)}$

Q 069. 목표값이 다른 양과 일정한 비율 관계를 가지고 변화하는 경우의 제어는?

① 추종 제어
② 비율 제어
③ 정치 제어
④ 프로그램 제어

해설
- 추종 제어 : 목표값이 임의로 변화되는 경우의 제어로서 대공포의 포신제어, 자동 아날로그 선반에 사용된다.
- 비율 제어 : 목표값이 다른 양과 일정한 비율관계를 가지고 변화하는 경우의 제어량을 변화시키는 제어로서 연료의 유량과 공기의 유량과의 관계 비율을 연소에 적합하게 유지하고자 하는 제어에 적용된다.
- 정치 제어 : 목표값이 시간에 대하여 변화하지 않고 일정한 제어로서 프로세스 제어와 자동조정이 있다.
- 프로그램 제어 : 목표값이 미리 정해진 시간적 변화를 하는 경우의 제어량을 변화시키는 제어로서 열차의 무인운전이나 열처리로의 온도제어에 적용된다.

Q 070. 변압기의 부하손(동손)에 관한 설명으로 옳은 것은?

① 동손은 온도 변화와 관계없다.
② 동손은 주파수에 의해 변화한다.
③ 동손은 부하 전류에 의해 변화한다.
④ 동손은 자속 밀도에 의해 변화한다.

답 068. ③ 069. ② 070. ③

해설
- 부하손이란 부하 전류가 흐르면 권선에서 발생하는 손실로서 주로 주울열에 의한 동손이다.
- 동손 $P_c = k(r_1 I_1^2 + r_2 I_2^2)$
  단, k는 1보다 큰 상수이고 r_1은 1차 저항, r_2는 2차 저항, I_1은 1차 전류, I_2는 2차 전류이다.
- ∴ 동손은 부하 전류에 의해 변화한다.

Q 071 다음 설명에 알맞은 전기 관련 법칙은?

> 회로 내의 임의의 폐회로에서 한 쪽 방향으로 일주하면서 취할 때 공급된 기전력의 대수합은 각 회로 소자에서 발생한 전압강하의 대수합과 같다.

① 옴의 법칙 ② 가우스 법칙
③ 쿨롱의 법칙 ④ 키르히호프의 법칙

해설
- 옴의 법칙 : 저항에 흐르는 전류의 크기는 저항에 인가한 전압에 비례하고, 전기저항에 반비례한다.
- 가우스 법칙 : 전계를 둘러싼 임의의 폐곡면을 관통하여 외부로 나가는 전속의 총합은 이 곡면의 내부에 있는 전하의 합과 같다.
- 쿨롱의 법칙 : 두 점전하 사이에 작용하는 정전기력의 크기는 두 전하의 곱에 비례하고 전하 사이의 거리의 제곱에 반비례한다.
- 키르히호프의 제1법칙 : 회로망 중의 한 점에 흘러 들어오는 전류의 총합과 흘러 나가는 전류의 총합은 같다.
- 키르히호프의 제2법칙 : 임의의 폐회로에서 기전력의 총합은 회로에서 발생하는 전압강하의 총합과 같다.

Q 072 R-L-C 직렬회로에서 전압(E)과 전류(I) 사이의 위상 관계에 관한 설명으로 옳지 않은 것은?

① $X_L = X_C$인 경우 I는 E와 동상이다.
② $X_L > X_C$인 경우 I는 E보다 θ만큼 뒤진다.
③ $X_L < X_C$인 경우 I는 E보다 θ만큼 앞선다.
④ $X_L < (X_C - R)$인 경우 I는 E보다 θ만큼 뒤진다.

해설
- $X_L = X_C$인 경우 : 직렬공진 회로로서 전류(I)와 전압(E)은 위상(θ)이 동상이다.
- $X_L > X_C$인 경우 : 전류(I)는 전압(E)보다 위상이 θ만큼 뒤지므로 지상회로(유도성 회로)이다.
- $X_L < X_C$인 경우 : 전류(I)는 전압(E)보다 위상이 θ만큼 앞서므로 진상회로(용량성 회로)이다.

답 071. ④ 072. ④

Q 073. 프로세스 제어용 검출기기는?

① 유량계   ② 전위차계
③ 속도검출기   ④ 전압검출기

해설 검출기기의 분류
- 프로세스 제어용 검출기기 : 온도계, 압력계, 유량계, 액면계, 습도계
- 자동조정용 검출기기 : 속도검출기, 전압검출기
- 서보기구용 검출기기 : 전위차계, 차동변압기, 싱크로, 마이크로신

Q 074. 그림과 같은 회로에서 전력계 W와 직류전압계 V의 지시가 각각 60[W], 150[V]일 때 부하전력은 얼마인가? (단, 전력계의 전류코일의 저항은 무시하고, 전압계의 저항은 1[kΩ]이다.)

① 27.5[W]
② 30.5[W]
③ 34.5[W]
④ 37.5[W]

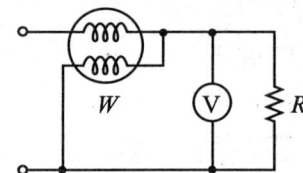

해설
- 전력 $P=IV$에서 전력계에 흐르는 전류 $I=\dfrac{P}{V}=\dfrac{60\text{W}}{150\text{V}}=0.4\text{A}$
- 전압 $V=I_V R$에서 전압계에 흐르는 전류 $I_V=\dfrac{V}{R}=\dfrac{150\text{V}}{1000\Omega}=0.15\text{A}$
- 전류 $I=I_V+I_R$에서 부하 저항에 흐르는 전류 $I_R=I-I_V=0.4\text{A}-0.15\text{A}=0.25\text{A}$
- ∴ 부하전력 $P_R=I_R V$에서 $P_R=0.25\text{A}\times 150\text{V}=37.5\text{W}$

Q 075. 다음의 논리식 중 다른 값을 나타내는 논리식은?

① $X(\overline{X}+Y)$ ② $X(X+Y)$
③ $XY+X\overline{Y}$ ④ $(X+Y)(X+\overline{Y})$

해설
① $X(\overline{X}+Y) = X\overline{X}+XY = 0+XY = XY$
② $X(X+Y) = XX+XY = X+XY = X(1+Y) = X$
③ $XY+X\overline{Y} = X(Y+\overline{Y}) = X$
④ $(X+Y)(X+\overline{Y}) = XX+X\overline{Y}+XY+Y\overline{Y} = X+X\overline{Y}+XY+0$
  $= X+X(\overline{Y}+Y) = X+X = X$

Q 076. 다음 중 불연속 제어에 속하는 것은?

① 비율 제어   ② 비례 제어
③ 미분 제어   ④ ON-OFF 제어

답 073. ① 074. ④ 075. ① 076. ④

해설 ON-OFF 제어란 제어량이 설정값에서 벗어나면 조작부를 닫아 운전을 정지시키고 반대로 조작부를 열어 운전을 기동하는 제어로서 불연속 제어이다.

Q 077 그림과 같은 R-L-C 회로의 전달함수는?

① $\dfrac{1}{LCs+RC+1}$

② $\dfrac{1}{LC+RCs+1}$

③ $\dfrac{1}{LCs^2+RCs+1}$

④ $\dfrac{1}{LCs+RCs^2+1}$

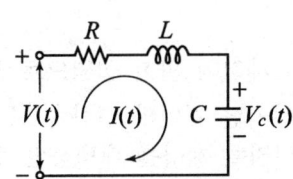

해설
- 입력신호의 전압방정식 $V(t)=RI(t)+L\dfrac{dI(t)}{dt}+\dfrac{1}{C}\int I(t)dt$ 을 라플라스 변환하면
  $V(s)=RI(s)+LsI(s)+\dfrac{1}{Cs}I(s)$ 이다.
- 출력신호의 전압방정식 $V_c=\dfrac{1}{C}\int I(t)dt$ 을 라플라스 변환하면 $V_c(s)=\dfrac{1}{Cs}I(s)$
  이고 전류 $I(s)=CsV_c(s)$ 이다.
- 입력신호의 라플라스에 출력신호의 전류 $I(s)=CsV_c(s)$ 을 대입하면
  $V(s)=RCsV_c(s)+LCs^2V_c(s)+V_c(s)=(RCs+LCs^2+1)V_c(s)$ 이다.
- ∴ 전달함수 $G(s)=\dfrac{V_c(s)}{V(s)}=\dfrac{1}{LCs^2+RCs+1}$

Q 078 자기회로에서 퍼미언스(permeance)에 대응하는 전기회로의 요소는?

① 도전율　　　　　　　② 컨덕턴스
③ 정전용량　　　　　　④ 엘라스턴스

해설
- 퍼미언스는 자기회로에서 자기 저항의 역수로서 자속이 통과하기 쉬움을 나타내고, 컨덕턴스는 전기회로에서 저항의 역수로서 전기가 얼마나 흐르기 쉬운가를 나타낸다.
- 도전율이란 저항률의 역수로서 도체에서 전류를 통하기 쉬운 정도를 나타낸다.
- 정전용량이란 콘덴서가 전하를 축적할 수 있는 능력을 나타내는 물리량이다.
- 엘라스턴스란 정전용량의 역수이다.

Q 079 제어계의 동작상태를 교란하는 외란의 영향을 제거할 수 있는 제어는?

① 순서 제어　　　　　　② 피드백 제어
③ 시퀀스 제어　　　　　④ 개루프 제어

답 077. ③　078. ②　079. ②

해설
- 시퀀스 제어(개루프 제어)란 미리 정해진 순서에 따라 제어의 각 단계를 순차적으로 제어하는 것으로 명령처리 기능에 따라 시한 제어, 순서 제어, 조건 제어로 분류된다.
- 피드백 제어란 제어계의 출력값이 입력값(목표값)과 비교하여 일치하지 않을 경우에는 다시 출력값을 입력으로 피드백시켜 오차를 수정하도록 궤환경로를 갖는 폐루프 제어로서 제어대상에서 외란의 영향을 제거할 수 있다.

Q 080 디지털 제어에 관한 설명으로 옳지 않은 것은?
① 디지털 제어의 연산속도는 샘플링계에서 결정된다.
② 디지털 제어를 채택하면 조정 개수 및 부품수가 아날로그 제어보다 줄어든다.
③ 디지털 제어는 아날로그 제어보다 부품편차 및 경년변화의 영향을 덜 받는다.
④ 정밀한 속도제어가 요구되는 경우 분해능이 떨어지더라도 디지털 제어를 채택하는 것이 바람직하다.

해설
디지털 제어는 잡음, 온도에 강하고 프로그램에 의해 동작되므로 수시로 변경할 수 있으며 정밀한 제어가 가능하다. 정밀한 속도제어를 요구하는데 프로그램에서 그 분해능(분해할 수 있는 능력)이 떨어진다면 디지털 제어를 채택하지 않는 것이 바람직하다.

제 5 과목 배관일반

Q 081 다음 중 안전밸브의 그림 기호로 옳은 것은?

① 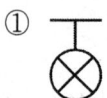 ②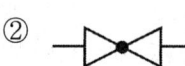

③ 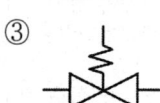 ④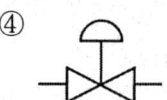

해설
② 게이트밸브
③ 스프링식 안전밸브
④ 다이어프램밸브

답 080.④ 081.③

Q 082 온수난방에서 개방식 팽창탱크에 관한 설명으로 틀린 것은?
① 공기빼기 배기관을 설치한다.
② 4℃의 물을 100℃로 높였을 때 팽창체적 비율이 4.3% 정도이므로 이를 고려하여 팽창탱크를 설치한다.
③ 팽창탱크에는 오버 플로우관을 설치한다.
④ 팽창관에는 반드시 밸브를 설치한다.

해설 팽창탱크에 설치되는 배관 중에서 통기관, 팽창관, 오버 플로우관에는 밸브를 설치하지 않는다.

Q 083 지역난방 열공급 관로 중 지중 매설방식과 비교한 공동구내 배관 시설의 장점이 아닌 것은?
① 부식 및 침수 우려가 적다.
② 유지보수가 용이하다.
③ 누수점검 및 확인이 쉽다.
④ 건설비용이 적고 시공이 용이하다.

해설 공동구내 배관 시설이란 지하 공동구내에 하수도, 전력, 가스, 전화 등의 공급부설 배관과 지역난방 배관을 동일한 공간 내에 설치하는 것을 말한다. 공동구내 배관 시설은 건설비용과 전용공간에 따른 사용료가 많고 시공이 어렵다.

Q 084 도시가스 배관 매설에 대한 설명으로 틀린 것은?
① 배관을 철도부지에 매설하는 경우 배관의 외면으로부터 궤도 중심까지 거리는 4m 이상 유지할 것
② 배관을 철도부지에 매설하는 경우 배관의 외면으로부터 철도부지 경계까지 거리는 0.6m 이상 유지할 것
③ 배관을 철도부지에 매설하는 경우 지표면으로부터 배관의 외면까지의 깊이는 1.2m 이상 유지할 것
④ 배관의 외면으로부터 도로의 경계까지 수평거리 1m 이상 유지할 것

해설 도시가스 배관을 철도부지에 매설하는 경우 배관의 외면으로부터 철도부지 경계까지는 1m 이상 유지할 것

Q 085 동력나사 절삭기의 종류 중 관의 절단, 나사절삭, 거스러미 제거 등의 작업을 연속적으로 할 수 있는 유형은?
① 리드형 ② 호브형
③ 오스터형 ④ 다이헤드형

답 082.④ 083.④ 084.② 085.④

> 다이헤드형 동력나사 절삭기는 관의 절단, 나사절삭, 거스러미 제거 등의 작업을 연속적으로 할 수 있으며, 관을 물린 척을 저속으로 회전시키면서 다이헤드를 관에 밀어 놓어 나사를 가공한다.

086. 배관을 지지장치에 완전하게 구속시켜 움직이지 못하도록 한 장치는?

① 리지드행거 ② 앵커
③ 스토퍼 ④ 브레이스

> - 리지드행거 : 빔에 턴버클을 연결하여 배관을 지지하는 장치로서 수직방향의 변위가 없는 곳에 사용한다.
> - 앵커 : 배관의 지지점에서 배관의 이동 및 회전을 방지하기 위하여 지지점 위치에 완전히 고정하는 장치이다.
> - 스토퍼 : 배관의 일정한 방향의 이동과 회전만 구속하고 다른 방향은 자유롭게 움직이도록 하는 데 사용된다.
> - 브레이스 : 압축기나 펌프에서 발생하는 배관계의 진동을 억제하는 데 사용하는 장치이다.

087. 도시가스의 공급 계통에 따른 공급 순서로 옳은 것은?

① 원료 → 압송 → 제조 → 저장 → 압력조정
② 원료 → 제조 → 압송 → 저장 → 압력조정
③ 원료 → 저장 → 압송 → 제조 → 압력조정
④ 원료 → 저장 → 제조 → 압송 → 압력조정

> 도시가스 공급 계통의 공급 순서
> 원료를 정제(탈황, 나프탈렌 제거, 탈수 등) → 제조(접촉분해법, 열분해법, 부분연소법, 수소화분해법, 대체천연가스법) → 압송 → 저장(가스홀더) → 압력조정(정압기) → 사용자

088. 증기배관의 수평 환수관에서 관경을 축소할 때 사용하는 이음쇠로 가장 적합한 것은?

① 소켓 ② 부싱
③ 플랜지 ④ 레듀서

> - 관경이 같은 관(동경관)을 직선으로 연결할 때 : 소켓, 유니언, 플랜지, 니플
> - 관경이 다른 관(이경관)을 연결할 때 : 이경엘보, 이경소켓, 이경티, 부싱, 레듀서
> ∴ 수평 환수관에서 관경을 축소할 때 관은 숫나사로 가공되어 있으므로 암나사로 가공되어 있는 이음쇠를 사용해야 하고 수평관이므로 레듀서를 사용해야 한다.

답 086.② 087.② 088.④

Q 089 원심력 철근 콘크리트관에 대한 설명으로 틀린 것은?

① 흄(hume)관이라고 한다.
② 보통관과 압력관으로 나뉜다.
③ A형 이음재 형상은 칼라이음쇠를 말한다.
④ B형 이음재 형상은 삽입이음쇠를 말한다.

해설
원심력 철근 콘크리트관 중 보통관의 경우 관 끝의 이음재 형상에 따라 A형, B형, C형, NC형으로 나눈다.
- A형 이음재 형상 : 칼라이음쇠
- B형 이음재 형상 : 소켓이음쇠
- C형 이음재 형상 : 삽입이음쇠

Q 090 증기보일러 배관에서 환수관의 일부가 파손된 경우 보일러 수의 유출로 안전수위 이하가 되어 보일러 수가 빈 상태로 되는 것을 방지하기 위해 하는 접속법은?

① 하트포드 접속법
② 리프트 접속법
③ 스위블 접속법
④ 슬리브 접속법

해설
- 하트포드 접속법 : 환수주관을 보일러를 직접 연결하지 않고 증기주관과 환수주관 사이에 균형관을 접속하여 환수관에서 보일러 수가 유출될 경우 보일러 수위가 파괴되는 것을 방지한다.
- 리프트 접속법 : 환수주관보다 높은 위치에 진공펌프가 있거나 방열기보다 높은 곳에 환수주관을 배관하는 경우 적용하는 접속방법이다.
- 스위블 접속법과 슬리브 접속법은 신축이음으로서 증기배관 시공시 수평주관으로부터 분기 입상시키는 경우 신축을 흡수하기 위해 스위블 접속법으로 시공한다.

Q 091 다음 냉매액관 중에 플래시가스 발생 원인이 아닌 것은?

① 열교환기를 사용하여 과냉각도가 클 때
② 관경이 매우 작거나 현저히 입상할 경우
③ 여과망이나 드라이어가 막혔을 때
④ 온도가 높은 장소를 통과 시

해설
플래시가스란 증발기가 아닌 곳에서 증발한 가스로서 플래시가스의 발생원인은 다음과 같다.
- 관경이 매우 작거나 현저히 입상할 경우
- 여과망이나 드라이어가 막혔을 때
- 온도가 높은 장소를 통과할 때
- 액관을 보냉하지 않았을 경우

답 089.④ 090.① 091.①

Q 092 냉동배관 재료로서 갖추어야 할 조건으로 틀린 것은?

① 저온에서 강도가 커야 한다.
② 가공성이 좋아야 한다.
③ 내식성이 작아야 한다.
④ 관내 마찰저항이 작아야 한다.

해설 냉동배관 재료는 냉매에 대해 부식성이 없어야 하므로 내식성이 커야 한다.

Q 093 5명 가족이 생활하는 아파트에서 급탕가열기를 설치하려고 할 때 필요한 가열기의 용량(kcal/h)은? (단, 1일 1인당 급탕량 90 ℓ/d, 1일 사용량에 대한 가열능력 비율 1/7, 탕의 온도 70℃, 급수온도 20℃이다.)

① 459
② 643
③ 2250
④ 3214

해설 가열기의 용량 $H = (N \times q_d) \times r \times (t_h - t_c)$ [kcal/h]
단, N은 급탕 대상인원(인), q_d는 1인 1일당 급탕량(ℓ/day·인), r은 1일 사용량에 대한 가열능력 비율, t_h는 급탕온도(℃), t_c는 급수온도(℃)이다.
∴ $H = (5 \times 90) \times \frac{1}{7} \times (70 - 20) = 3214.3$ kcal/h

Q 094 스케줄 번호에 의해 관의 두께를 나타내는 강관은?

① 배관용 탄소강관
② 수도용 아연도금강관
③ 압력배관용 탄소강관
④ 내식성 급수용 강관

해설 스케줄 번호에 의해 관의 두께를 나타내는 강관은 압력배관용 탄소강관(SPPS), 고압배관용 탄소강관(SPPH), 고온배관용 탄소강관(SPHT), 저온배관용 탄소강관(SPLT), 배관용 스테인리스 강관(STS×TP), 배관용 합금강관(SPA) 등이 있다.

Q 095 배관의 보온재를 선택할 때 고려해야 할 점이 아닌 것은?

① 불연성일 것
② 열전도율이 클 것
③ 물리적, 화학적 강도가 클 것
④ 흡수성이 적을 것

해설 보온재는 열을 차단하기 위한 재료로서 열전도율이 작아야 한다.

답 092. ③ 093. ④ 094. ③ 095. ②

Q 096 냉매 배관 중 토출관 배관 시공에 관한 설명으로 틀린 것은?

① 응축기가 압축기보다 2.5m 이상 높은 곳에 있을 때는 트랩을 설치한다.
② 수평관은 모두 끝내림 구배로 배관한다.
③ 수직관이 너무 높으면 3m마다 트랩을 설치한다.
④ 유분리기는 응축기보다 온도가 낮지 않는 곳에 설치한다.

해설 토출관의 입상배관(수직관)이 10m 이상일 경우 10m마다 중간트랩을 설치한다.

Q 097 고가 탱크식 급수방법에 대한 설명으로 틀린 것은?

① 고층건물이나 상수도 압력이 부족할 때 사용된다.
② 고가탱크의 용량은 양수펌프의 양수량과 상호 관계가 있다.
③ 건물내의 밸브나 각 기구에 일정한 압력으로 물을 공급한다.
④ 고가탱크에 펌프로 물을 압송하여 탱크내에 공기를 압축 가압하여 일정한 압력을 유지시킨다.

해설
- 고가 탱크식 급수방법 : 수도 본관에서 급수를 지하 저수조에 저장하였다가 이것을 양수펌프에 의해 건물의 옥상에 설치한 탱크로 양수한 후 그 수위를 이용하여 탱크에서 급수관에 의해 각층의 급수전으로 급수한다.
- 압력 탱크식 급수방법 : 수도 본관에서 급수를 지하 저수조에 저장하였다가 이것을 급수펌프로 압력탱크로 보내면 압력탱크에서 공기를 압축 가압하여 그 압력에 의해 각 층의 급수전으로 급수한다.

Q 098 다음 중 방열기나 팬코일 유니트에 가장 적합한 관 이음은?

① 스위블 이음　　② 루프 이음
③ 슬리브 이음　　④ 벨로즈 이음

해설 방열기나 팬코일 유니트의 환수관은 하향(끝내림) 구배를 주고 신축을 흡수하기 위하여 스위블 이음으로 시공한다.

Q 099 급탕배관의 신축방지를 위한 시공 시 틀린 것은?

① 배관의 굽힘 부분에는 스위블 이음으로 접합한다.
② 건물의 벽 관통부분 배관에는 슬리브를 끼운다.
③ 배관 직관부에는 팽창량을 흡수하기 위해 신축이음쇠를 사용한다.
④ 급탕밸브나 플랜지 등의 패킹은 고무, 가죽 등을 사용한다.

해설 급탕배관에서 급탕밸브나 플랜지 등의 패킹은 고무, 가죽 등을 사용하지 않고 내열성 재료를 선택하여 시공한다.

답 096. ③　097. ④　098. ①　099. ④

Q 100 배관설비 공사에서 파이프 래크의 폭에 관한 설명으로 틀린 것은?

① 파이프 래크의 실제 폭은 신규라인을 대비하여 계산된 폭보다 20% 정도 크게 한다.
② 파이프 래크상의 배관 밀도가 작아지는 부분에 대해서는 파이프 래크의 폭을 좁게 한다.
③ 고온배관에서는 열팽창에 의하여 과대한 구속을 받지 않도록 충분한 간격을 둔다.
④ 인접하는 파이프의 외측과 외측과의 최소 간격을 25mm로 하여 래크의 폭을 결정한다.

해설
- 파이프 래크의 폭은 인접하는 파이프의 외측과 외측과의 간격을 최소 75mm로 하여 래크의 폭을 결정한다.
- 파이프 래크의 폭은 인접하는 파이프와 플랜지의 외측과의 간격을 최소 25mm로 하여 래크의 폭을 결정한다.

답 100. ④

2017

1과목 기계열역학
2과목 냉동공학
3과목 공기조화
4과목 전기제어공학
5과목 배관일반

2017년 3월 5일 시행
2017년 5월 7일 시행
2017년 8월 26일 시행

2017년 3월 5일 시행

공조냉동기계기사

제 1 과목 기계열역학

Q 001 다음에 열거한 시스템의 상태량 중 종량적 상태량인 것은?

① 엔탈피 ② 온도
③ 압력 ④ 비체적

해설
- 종량적 상태량 : 질량, 체적, 내부에너지, 엔탈피, 엔트로피
- 강도적 상태량 : 온도, 압력, 비체적, 밀도

Q 002 300L 체적의 진공인 탱크가 25℃, 6MPa의 공기를 공급하는 관에 연결된다. 밸브를 열어 탱크 안의 공기 압력이 5MPa이 될 때까지 공기를 채우고 밸브를 닫았다. 이 과정이 단열이고 운동에너지와 위치에너지의 변화는 무시해도 좋을 경우에 탱크 안의 공기의 온도는 약 몇 ℃가 되는가? (단, 공기의 비열비는 1.4이다.)

① 1.5℃ ② 25.0℃
③ 84.4℃ ④ 144.3℃

해설 내부에너지 $u_2 - u_1 = C_v(T_2 - T_1) = RT_1$에서 기체상수 $R = C_p - C_v$를 대입하면
내부에너지 $u_2 - u_1 = C_v(T_2 - T_1) = (C_p - C_v)T_1$이다.
$C_v T_2 = C_p T_1$에서 최종온도 $T_2 = \frac{C_p}{C_v}T_1 = kT_1$이므로
$T_2 = 1.4 \times (273.15 + 25℃)K = 417.41K = 144.26℃$

Q 003 10℃에서 160℃까지 공기의 평균 정적비열은 0.7315kJ/(kg·K)이다. 이 온도 변화에서 공기 1kg의 내부에너지 변화는 약 몇 kJ인가?

① 101.1kJ ② 109.7kJ
③ 120.6kJ ④ 131.7kJ

해설 내부에너지 변화 $dU = mC_v dT$에서
$dU = 1\text{kg} \times 0.7315 \frac{\text{kJ}}{\text{kg}\cdot\text{K}} \times \{(273+160) - (273+10)\}K = 109.7\text{kJ}$

답 001. ① 002. ④ 003. ②

Q.004
오토 사이클로 작동되는 기관에서 실린더의 간극 체적이 행정 체적의 15%라고 하면 이론 열효율은 약 얼마인가? (단, 비열비 $k=1.4$이다.)

① 45.2% ② 50.6%
③ 55.7% ④ 61.4%

해설
- 오토 사이클의 압축비(체적비) $\epsilon = \dfrac{V_{max}}{V_{min}}$ 에서

$$\epsilon = \dfrac{행정\ 체적 + 간극\ 체적}{간극\ 체적} = \dfrac{100\% + 15\%}{15\%} = 7.67$$

- 오토 사이클의 열효율 $\eta_o = 1 - \left(\dfrac{1}{\epsilon}\right)^{k-1}$ 에서

$$\eta_o = 1 - \left(\dfrac{1}{7.67}\right)^{1.4-1} = 0.557 = 55.7\%$$

Q.005
열역학 제1법칙에 관한 설명으로 거리가 먼 것은?
① 열역학적계에 대한 에너지 보존법칙을 나타낸다.
② 외부에 어떠한 영향을 남기지 않고 계가 열원으로부터 받은 열을 모두 일로 바꾸는 것은 불가능하다.
③ 열은 에너지의 한 형태로서 일을 열로 변환하거나 열을 일로 변환하는 것이 가능하다.
④ 열을 일로 변환하거나 일을 열로 변환할 때, 에너지의 총량은 변하지 않고 일정하다.

해설
- 열역학 제1법칙 : 밀폐계가 임의의 사이클을 이룰 때 열이 전달되는 총합은 한 일의 총합과 같다. 즉 에너지보존법칙으로서 열과 일은 서로 전환이 가능하다.
- 열역학 제2법칙 : 비가역과정을 명시한 법칙으로서 외부에 어떠한 영향을 남기지 않고 계가 열원으로부터 받은 열을 모두 일로 바꾸는 것은 불가능하다.

Q.006
분자량이 M이고 질량이 $2V$인 이상기체 A가 압력 p, 온도 T(절대온도)일 때 부피가 V이다. 동일한 질량의 다른 이상기체 B가 압력 $2p$, 온도 $2T$(절대온도)일 때 부피가 $2V$이면 이 기체의 분자량은 얼마인가?

① $0.5M$ ② M
③ $2M$ ④ $4M$

해설
이상기체 상태방정식 $pV = \dfrac{W}{M}RT$ 을 적용하여 계산한다.

- 이상기체 A의 기체상수 $R = \dfrac{pVM}{WT}$ 에서 $R = \dfrac{pVM}{(2V)T} = \dfrac{pM}{2T}$

- 이상기체 B의 분자량 $M_b = \dfrac{WRT}{PV}$ 에서 $M_b = \dfrac{2V\left(\dfrac{pM}{2T}\right)(2T)}{2p(2V)} = \dfrac{2pVM}{4pV} = 0.5M$

답 004.③ 005.② 006.①

Q 007 온도 300K, 압력 100kPa 상태의 공기 0.2kg이 완전히 단열된 강제 용기 안에 있다. 패들(paddle)에 의하여 외부로부터 공기에 5kJ의 일이 행해질 때 최종 온도는 약 몇 K인가? (단, 공기의 정압비열과 정적비열은 각각 1.0035kJ/(kg·K), 0.7165kJ/(kg·K)이다.)

① 315　　　　　　　　② 275
③ 335　　　　　　　　④ 255

해설
- 비열비 $k = \dfrac{C_p}{C_v}$에서 $k = \dfrac{1.0035\text{kJ/kg·K}}{0.7165\text{kJ/kg·K}} = 1.4$
- 기체상수 $R = C_p - C_v$에서 $R = (1.0035 - 0.7165)\text{kJ/kg·K} = 0.287\text{kJ/kg·K}$
- 단열과정에서 팽창일 $W_{12} = \dfrac{mR}{k-1}(T_1 - T_2)$에서

  최종온도 $T_2 = T_1 + \dfrac{(k-1)W_{12}}{mR} = 300\text{K} + \dfrac{(1.4-1) \times 5\text{kJ}}{0.2\text{kg} \times 0.287\dfrac{\text{kJ}}{\text{kg·K}}} = 334.8\text{K}$

Q 008 단열된 가스터빈의 입구 측에서 가스가 압력 2MPa, 온도 1200K로 유입되어 출구 측에서 압력 100kPa, 온도 600K로 유출된다. 5MW의 출력을 얻기 위한 가스의 질량 유량은 약 몇 kg/s인가? (단, 터빈의 효율은 100%이고, 가스의 정압비열은 1.12kJ/(kg·K)이다.)

① 6.44　　　　　　　　② 7.44
③ 8.44　　　　　　　　④ 9.44

해설
- 공급열량 $q_1 = -dh = C_p(T_1 - T_2)$에서
  $q_1 = 1.12\dfrac{\text{kJ}}{\text{kg·K}} \times (1200 - 600)\text{K} = 672\text{kJ/kg} = 672 \times 10^3 \text{J/kg}$
- 터빈의 효율 $\eta = \dfrac{W}{Q_1} = \dfrac{W}{mq_1}$에서

  질량 유량 $m = \dfrac{W}{q_1\eta} = \dfrac{5 \times 10^6 \dfrac{\text{J}}{\text{s}}}{(672 \times 10^3)\dfrac{\text{kJ}}{\text{kg}} \times 1} = 7.44\text{kg/s}$

Q 009 다음 냉동 사이클에서 열역학 제1법칙과 제2법칙을 모두 만족하는 Q_1, Q_2, W는?

① $Q_1 = 20\text{kJ}$, $Q_2 = 20\text{kJ}$, $W = 20\text{kJ}$
② $Q_1 = 20\text{kJ}$, $Q_2 = 30\text{kJ}$, $W = 20\text{kJ}$
③ $Q_1 = 20\text{kJ}$, $Q_2 = 20\text{kJ}$, $W = 10\text{kJ}$
④ $Q_1 = 20\text{kJ}$, $Q_2 = 15\text{kJ}$, $W = 5\text{kJ}$

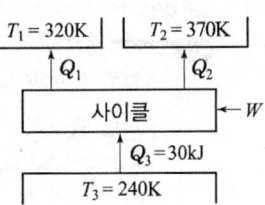

답 007. ③　008. ②　009. ②

해설
- 열량 $Q_1 = Q_3\left(1 - \dfrac{T_3}{T_1 + T_2}\right)$에서 $Q_1 = 30\text{kJ} \times \left(1 - \dfrac{240\text{K}}{320\text{K} + 370\text{K}}\right) = 20\text{kJ}$
- 열량 $Q_2 = Q_3 \times \dfrac{T_1 + T_3}{T_2}$에서 $Q_2 = 20\text{kJ} \times \dfrac{320\text{K} + 240\text{K}}{370\text{K}} = 30\text{kJ}$
- 일량 $W = (Q_1 + Q_2) - Q_3$에서 $W = (20 + 30)\text{kJ} - 30\text{kJ} = 20\text{kJ}$

010
4kg의 공기가 들어 있는 체적 0.4m³의 용기(A)와 체적이 0.2m³인 진공의 용기(B)를 밸브로 연결하였다. 두 용기의 온도가 같을 때 밸브를 열어 용기 A와 B의 압력이 평형에 도달했을 경우, 이 계의 엔트로피 증가량은 약 몇 J/K인가? (단, 공기의 기체상수는 0.287kJ/(kg·K)이다.)

① 712.8 ② 595.7
③ 465.5 ④ 348.2

해설
자유팽창에서 엔트로피 변화량 $dS = mR \ln \dfrac{V_2}{V_1}$에서

$dS = 4\text{kg} \times \left(0.287 \times 10^3 \dfrac{\text{J}}{\text{kg} \cdot \text{K}}\right) \ln \dfrac{(0.4 + 0.2)\text{m}^3}{0.4\text{m}^3} = 465.5 \text{J/K}$

011
증기 터빈의 입구 조건은 3MPa, 350℃이고 출구의 압력은 30kPa이다. 이때 정상 등엔트로피 과정으로 가정할 경우, 유체의 단위 질량당 터빈에서 발생되는 출력은 약 몇 kJ/kg인가? (단, 표에서 h는 단위질량당 엔탈피, s는 단위질량당 엔트로피이다.)

	h(kJ/kg)	s(kJ/(kg·K))
터빈입구	3115.3	6.7428

	엔트로피(kJ/(kg·K))		
	포화액 s_f	증발 s_{fg}	포화증기 s_g
터빈출구	0.9439	6.8247	7.7686

	엔트로피(kJ/K)		
	포화액 h_f	증발 h_{fg}	포화증기 h_g
터빈출구	289.2	2336.1	2625.3

① 679.2 ② 490.3
③ 841.1 ④ 970.4

해설
- 터빈 출구의 건조도 $x = \dfrac{s - s_f}{s_g - s_f}$에서 $x = \dfrac{(6.7428 - 0.9439)\text{kJ/kg} \cdot \text{K}}{(7.7686 - 0.9439)\text{kJ/kg} \cdot \text{K}} = 0.8497$
- 터빈 출구의 엔탈피 $h_2 = h_g + x h_{fg}$에서
  $h_2 = 289.2\text{kJ/kg} + 0.8497 \times 2336.1\text{kJ/kg} = 2274.184\text{kJ/kg}$
- 터빈 출력 $w_T = h_1 - h_2$에서 $w_T = (3115.3 - 2274.184)\text{kJ/kg} = 841.12\text{kJ/kg}$

답 010. ③ 011. ③

Q 012 피스톤-실린더 시스템에 100kPa의 압력을 갖는 1kg의 공기가 들어있다. 초기 체적은 0.5m³이고, 이 시스템에 온도가 일정한 상태에서 열을 가하여 부피가 1.0m³이 되었다. 이 과정 중 전달된 에너지는 약 몇 kJ인가?

① 30.7 ② 34.7
③ 44.8 ④ 50.0

해설 열량(외부에 전달된 에너지) $Q_{12} = P_1 V_1 \ln \frac{V_1}{V_2}$에서

$$Q_{12} = 100 \frac{\text{kN}}{\text{m}^2} \times 0.5\text{m}^3 \times \ln \frac{0.5\text{m}^3}{1\text{m}^3} = -34.7\text{kJ}$$

(- 부호는 공기가 외부에 전달된 에너지를 표시한 것이다.)

Q 013 다음 압력값 중에서 표준대기압(1atm)과 차이가 가장 큰 압력은?

① 1MPa ② 100kPa
③ 1bar ④ 100hPa

해설 표준대기압 1atm = 760mmHg = 101325Pa = 1.01325bar
- 1MPa = 10^6Pa
- 100kPa = 100×10^3Pa = 10^5Pa
- 1bar = 10^5Pa
- 100hPa = 100×10^2Pa = 10^4Pa

Q 014 Rankine 사이클에 대한 설명으로 틀린 것은?

① 응축기에서의 열방출 온도가 낮을수록 열효율이 좋다.
② 증기의 최고온도는 터빈 재료의 내열특성에 의하여 제한된다.
③ 팽창일에 비하여 압축일이 적은 편이다.
④ 터빈 출구에서 건도가 낮을수록 효율이 좋아진다.

해설 터빈 출구에서 건도가 낮으면 터빈 효율이 낮아지고 터빈 날개에서 부식이 발생된다.

Q 015 물 1kg이 포화온도 120℃에서 증발할 때, 증발잠열은 2203kJ이다. 증발하는 동안 물의 엔트로피 증가량은 약 몇 kJ/K인가?

① 4.3 ② 5.6
③ 6.5 ④ 7.4

해설 엔트로피 변화량 $dS = \frac{\delta Q}{T}$에서 $dS = \frac{2202\text{kJ}}{(273+120℃)\text{K}} = 5.61\text{kJ/K}$

답 012. ② 013. ① 014. ④ 015. ②

016
14.33W의 전등을 매일 7시간 사용하는 집이 있다. 1개월(30일) 동안 약 몇 kJ의 에너지를 사용하는가?

① 10830
② 15020
③ 17420
④ 22840

해설
에너지 $E = 14.33\dfrac{J}{s} \times 7h \times \dfrac{3600s}{1h} \times 30\text{day} = 10833480J = 10833kJ$

017
이상적인 증기-압축 냉동사이클에서 엔트로피가 감소하는 과정은?

① 증발과정
② 압축과정
③ 팽창과정
④ 응축과정

해설
증기-압축 냉동사이클 과정
- 압축과정 : 엔트로피 일정, 압력 상승, 온도 상승, 비체적 저하, 엔탈피 상승
- 응축과정 : 엔트로피 감소, 압력 일정, 온도 저하, 비체적 저하, 엔탈피 저하
- 팽창과정 : 엔탈피 일정, 압력 저하, 온도저하, 비체적 상승
- 증발과정 : 압력 일정, 온도 일정, 엔탈피 상승

018
1kg의 공기가 100℃를 유지하면서 등온 팽창하여 외부에 100kJ의 일을 하였다. 이때 엔트로피의 변화량은 약 몇 kJ/(kg·K)인가?

① 0.268
② 0.373
③ 1.00
④ 1.54

해설
등온과정의 경우 일량(δw)과 열량(δq)은 같다.
따라서, 엔트로피 변화량 $ds = \dfrac{\delta q}{T} = \dfrac{\delta w}{T}$ 이다.

엔트로피 변화량 $ds = \dfrac{100\dfrac{kJ}{kg}}{(273+100℃)K} = 0.268 kJ/kg \cdot K$

019
압력 5kPa, 체적이 0.3m³인 기체가 일정한 압력하에서 압축되어 0.2m³로 되었을 때 이 기체가 한 일은? (단, +는 외부로 기체가 일을 한 경우이고, −는 기체가 외부로부터 일을 받은 경우이다.)

① −1000J
② 1000J
③ −500J
④ 500J

해설
등압과정에서 일량 $W = PdV$에서 $W = (5 \times 10^3)\dfrac{N}{m^2} \times (0.2-0.3)m^3 = -500J$

답 016. ① 017. ④ 018. ① 019. ③

Q 020. 폴리트로픽 과정 $PV^n = C$에서 자주 $n = \infty$인 경우는 어떤 과정인가?

① 등온과정 ② 정적과정
③ 정압과정 ④ 단열과정

해설 $PV^n = C$
- $n = 0$이면 $PV^0 = P = C$: 정압과정
- $n = 1$이면 $PV = T = C$: 등온과정
- $n = k$이면 $PV^k = C$: 단열과정
- $n = \infty$이면 $PV^n = P^{\frac{1}{n}}V = P^{\frac{1}{\infty}}V = P^0 V = V = C$: 정적과정

제 2 과목 냉동공학

Q 021. 증발기에 관한 설명으로 틀린 것은?

① 냉매는 증발기 속에서 습증기가 건포화증기로 변한다.
② 건식 증발기는 유회수가 용이하다.
③ 만액식 증발기는 액백을 방지하기 위해 액분리기를 설치한다.
④ 액순환식 증발기는 액 펌프나 저압 수액기가 필요없으므로 소형 냉동기에 유리하다.

해설 액순환식 증발기는 액 펌프와 저압 수액기가 필요하며 대용량의 저온 냉동실이나 급속동결장치에 사용된다.

Q 022. 아래의 사이클이 적용된 냉동장치의 냉동 능력이 119kW일 때, 다음 설명 중 틀린 것은? (단, 압축기의 단열효율 η_c는 0.7, 기계효율 η_m은 0.85이며, 기계적 마찰손실 일은 열이 되어 냉매에 더해지는 것으로 가정한다.)

① 냉매 순환량은 0.7kg/s이다.
② 냉동장치의 실제 성능계수는 4.25이다.
③ 실제 압축기 토출 가스의 엔탈피는 약 497kJ/kg이다.
④ 실제 압축기 축 동력은 약 47.1kW이다.

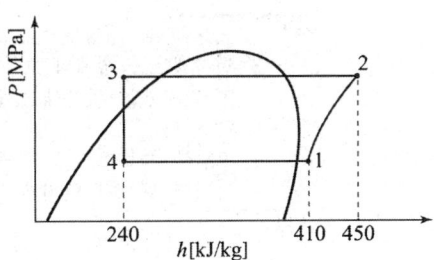

답 020. ② 021. ④ 022. ②

해설

① 냉매 순환량 $G = \dfrac{Q_e}{h_1 - h_4}$ 에서

$$G = \dfrac{119 \text{kJ/s}}{(410 - 240) \text{kJ/kg}} = 0.7 \text{kg/s}$$

② 실제 성능계수 $COP = \dfrac{Q_e}{L}$ 에서

$$COP = \dfrac{119 \text{kW}}{47.1 \text{kW}} = 2.53$$

③ 압축기 토출가스의 엔탈피 $h_2' = h_2 + \dfrac{h_2 - h_1}{\eta_m}$ 에서

$$h_2' = 450 \text{kJ/kg} + \dfrac{(450 - 410) \text{kJ/kg}}{0.85} = 497.1 \text{kJ/kg}$$

④ 실제 압축기 축동력 $L = \dfrac{G \times W}{\eta_c \times \eta_m}$ 에서

$$L = \dfrac{0.7 \dfrac{\text{kg}}{\text{s}} \times (450 - 410) \dfrac{\text{kJ}}{\text{kg}}}{0.7 \times 0.85} = 47.1 \text{kW}$$

Q 023. 냉동장치의 고압부에 대한 안전장치가 아닌 것은?

① 안전밸브 ② 고압스위치
③ 가용전 ④ 방폭문

해설 방폭문은 보일러 운전 중 미연소가스에 의해 노내폭발이 발생하였을 경우 폭발압력을 연소실 밖으로 안전하게 배출하는 보일러 안전장치로서 연소실 후부에 설치한다.

Q 024. 냉동기에 사용되는 팽창밸브에 관한 설명으로 옳은 것은?

① 온도 자동 팽창밸브는 응축기의 온도를 일정하게 유지·제어한다.
② 흡입압력 조정밸브는 압축기의 흡입압력이 설정치 이상이 되지 않도록 제어한다.
③ 전자밸브를 설치할 경우 흐름방향을 고려할 필요가 없다.
④ 고압측 플로트(float) 밸브는 냉매 액의 속도로 제어한다.

해설 ① 온도 자동 팽창밸브는 증발기의 온도를 일정하게 유지·제어한다.
③ 전자밸브는 냉매의 흐름을 제어하기 위하여 응축기와 팽창밸브 사이에 설치하며 전자밸브 앞쪽에는 필터가 내장되어 있으므로 설치 시 흐름방향을 고려해야 한다.
④ 고압측 플로트 밸브는 플로트 실의 액면이 높아지면 밸브가 열리고 액면이 낮아지면 밸브가 닫히게 되어 있으므로 냉매의 액면에 의해 제어된다.

답 023. ④ 024. ②

025 고온부의 절대온도를 T_1, 저온부의 절대온도를 T_2, 고온부로 방출하는 열량을 Q_1, 저온부로부터 흡수하는 열량을 Q_2라고 할 때, 이 냉동기의 이론 성적계수 (COP)를 구하는 식은?

① $\dfrac{Q_1}{Q_1 - Q_2}$ ② $\dfrac{Q_2}{Q_1 - Q_2}$

③ $\dfrac{T_1}{T_1 - T_2}$ ④ $\dfrac{T_1 - T_2}{T_1}$

해설 냉동기의 이론 성적계수

$$COP = \dfrac{Q_2}{Q_1 - Q_2} = \dfrac{T_2}{T_1 - T_2}$$

026 2단압축 1단팽창 냉동장치에서 각 점의 엔탈피는 다음의 P-h 선도와 같다고 할 때, 중간냉각기 냉매순환량은? (단, 냉동능력은 20RT이다.)

① 68.04kg/h
② 85.89kg/h
③ 222.82kg/h
④ 290.8kg/h

해설
• 저단측의 냉매순환량

$$G_L = \dfrac{Q_e}{q_e} = \dfrac{Q_e}{h_1 - h_9} \text{에서}$$

$$G_L = \dfrac{20\text{RT} \times 3320\text{kcal/h}}{(393 - 95)\text{kcal/kg}} = 222.82\text{kg/h}$$

• 중간냉각기의 냉매순환량

$$G_m = G_L \times \dfrac{(h_2 - h_3) + (h_7 - h_8)}{h_3 - h_7} \text{에서}$$

$$G_m = 222.82\text{kg/h} \times \dfrac{(437 - 398)\text{kcal/kg} + (136 - 95)\text{kcal/kg}}{(398 - 136)\text{kcal/kg}} = 68.04\text{kg/h}$$

027 증기 압축식 냉동기와 비교하여 흡수식 냉동기의 특징이 아닌 것은?

① 일반적으로 증기 압축식 냉동기보다 성능계수가 낮다.
② 압축기의 소비동력을 비교적 절감시킬 수 있다.
③ 초기 운전시 정격성능을 발휘할 때까지 도달속도가 느리다.
④ 냉각수 배관, 펌프, 냉각탑의 용량이 커져 보조기기 설비비가 증가한다.

해설 흡수식 냉동기는 압축기가 없으며 흡수기, 발생기(재생기), 응축기, 증발기로 구성되어 있다. 따라서, 압축기의 소비동력과는 무관하다.

답 025. ② 026. ① 027. ②

Q 028. 단위 시간당 전도에 의한 열량에 대한 설명으로 틀린 것은?

① 전도열량은 물체의 두께에 반비례한다.
② 전도열량은 물체의 온도 차에 비례한다.
③ 전도열량은 전열면적에 반비례한다.
④ 전도열량은 열전도율에 비례한다.

해설
전도열량 $Q = \dfrac{\lambda}{l} A \Delta t \, [\text{kcal/h}]$

여기서, $\lambda(\text{kcal/m} \cdot \text{h} \cdot \text{℃})$: 열전도율, $l(\text{m})$: 물체의 두께, $A(\text{m}^2)$: 전열면적, $\Delta t(\text{℃})$: 온도차

∴ 전도열량은 전열면적에 비례한다.

Q 029. 냉동능력이 99600kcal/h이고, 압축소요 동력이 35kW인 냉동기에서 응축기의 냉각수 입구온도가 20℃, 냉각수량이 360L/min이면 응축기 출구의 냉각수 온도는?

① 22℃ ② 24℃
③ 26℃ ④ 28℃

해설
응축기 방열량 $Q_c = GC(t_{w2} - t_{w1}) = Q_e + L$에서

출구 냉각수 온도 $t_{w2} = t_{w1} + \dfrac{Q_e + L}{GC} = 20℃ + \dfrac{99600\dfrac{\text{kcal}}{\text{h}} + 35 \times 860\dfrac{\text{kcal}}{\text{h}}}{360\dfrac{\text{kg}}{\text{min}} \times \dfrac{60\text{min}}{1\text{h}} \times 1\dfrac{\text{kcal}}{\text{kg} \cdot \text{℃}}} = 26℃$

Q 030. 냉동사이클에서 습압축으로 일어나는 현상과 가장 거리가 먼 것은?

① 응축잠열 감소 ② 냉동능력 감소
③ 압축기의 체적 효율 감소 ④ 성적계수 감소

해설
• 냉매액이 증발기에서 완전하게 증발하지 못하고 액이 남아 있는 상태에서 압축기로 흡입되어 압축이 되는 것을 습압축이라 한다.
• 습압축이 발생하면 압축기에서 액해머링이 발생되어 압축기의 체적효율이 감소, 냉동능력이 감소, 성적계수가 감소한다.

Q 031. 일반적인 냉매의 구비 조건으로 옳은 것은?

① 활성이며 부식성이 없을 것
② 전기저항이 적을 것
③ 점성이 크고 유동저항이 클 것
④ 열전달률이 양호할 것

답 028. ③ 029. ③ 030. ① 031. ④

해설 냉매의 구비조건
- 불활성이고 부식성이 없을 것
- 냉매증기의 전기저항이 클 것
- 점성이 작고 유동저항이 작을 것
- 열전달률이 양호할 것
- 증발잠열이 크고 응고온도가 낮을 것
- 응축압력이 가급적 낮고, 저온에서 증발압력이 대기압 이상일 것

Q 032 증기 압축식 냉동사이클에서 증발온도를 일정하게 유지시키고, 응축온도를 상승시킬 때 나타나는 현상이 아닌 것은?

① 소요동력 증가
② 성적계수 감소
③ 토출가스 온도 상승
④ 플래시가스 발생량 감소

해설 증발온도를 일정하게 유지시키고, 응축온도를 상승시킬 경우 냉동사이클에 나타나는 현상
- 응축압력 상승으로 압축 후의 토출가스 온도가 상승한다.
- 압축비가 상승하므로 압축기 소요동력이 증가한다.
- 플래시가스 발생량이 증가하므로 냉동능력이 감소한다.
- 냉동기의 성적계수가 감소한다.

Q 033 다음 중 터보압축기의 용량(능력)제어 방법이 아닌 것은?

① 회전속도에 의한 제어
② 흡입 댐퍼(damper)에 의한 제어
③ 부스터(booster)에 의한 제어
④ 흡입 가이드 베인(guide vane)에 의한 제어

해설 터보 압축기의 용량제어 방법
- 회전속도 가감법
- 흡입 및 토출 댐퍼 조정법
- 가이드베인 제어법
- 냉각수량 조절법
- 바이패스법

Q 034 나선상의 관에 냉매를 통과시키고, 그 나선관을 원형 또는 구형의 수조에 담그고, 물을 수조에 순환시켜서 냉각하는 방식의 응축기는?

① 대기식 응축기
② 이중관식 응축기
③ 지수식 응축기
④ 증발식 응축기

답 032. ④ 033. ③ 034. ③

해설
- **대기식 응축기** : 수평관을 리턴밴드로 직렬로 연결하여 그 속에 냉매 증기를 흐르게 하고, 냉각수를 최상단에 설치한 냉각수통으로부터 관의 전길이에 균일하게 흐르도록 한 응축기이다.
- **이중관식 응축기** : 2중관으로 형성된 열교환기로서 외부관의 상부에는 냉매 증기가 흘러 하부로 배출되고, 내부관의 하부에는 냉각수가 흘러 상부로 배출되는 응축기이다.
- **증발식 응축기** : 수냉식 응축기의 냉각탑과 공랭식 응축기를 하나로 조합한 것으로 냉각관 상부에 분무노즐을 설치하여 하부에서 펌핑된 냉각수를 분사시키고 상부에 설치된 송풍기로 외기공기를 유입시켜 물의 증발잠열을 이용한 응축기이다.

Q 035
0.08m^3의 물속에 700℃의 쇠뭉치 3kg을 넣었더니 쇠뭉치의 평균 온도가 18℃로 변하였다. 이때 물의 온도 상승량은? (단, 물의 밀도는 1000kg/m^3이고, 쇠의 비열은 606J/kg·℃이며, 물과 공기와의 열교환은 없다.)

① 2.8℃
② 3.7℃
③ 4.8℃
④ 5.7℃

해설
- 물의 양 $G_1 = \rho V = 1000\frac{\text{kg}}{\text{m}^3} \times 0.08\text{m}^3 = 80\text{kg}$
- 물이 얻은 열량 $Q_1 = G_1 C_1(t_3 - t_1)$에서

  $Q_1 = 80\text{kg} \times 4186\frac{\text{J}}{\text{kg}\cdot\text{℃}} \times \Delta t = 334880\Delta t$

- 쇠뭉치가 잃은 열량 $Q_2 = G_2 C_2(t_2 - t_3)$에서

  $Q_2 = 3\text{kg} \times 606\frac{\text{J}}{\text{kg}\cdot\text{℃}} \times (700-18)\text{℃} = 1239876\text{J}$

∴ 열역학 제0법칙을 적용하면 물이 얻은 열량(Q_1)과 쇠뭉치가 잃은 열량(Q_2)은 같다.

$334880\Delta t = 1239876$에서 물의 온도 상승량 $\Delta t = \dfrac{1239876}{334880} = 3.7$℃

Q 036
팽창밸브의 역할로 가장 거리가 먼 것은?

① 압력강하
② 온도강하
③ 냉매량 제어
④ 증발기에 오일 흡입 방지

해설 **팽창밸브의 기능**
- 냉매액이 오리피스 내를 통과하면서 단열팽창되므로 엔탈피가 일정하다.
- 냉매의 유속이 증가하여 압력이 강하한다.
- 보일과 샤를의 법칙에서 냉매의 온도는 강하되고, 비체적이 상승한다.
- 증발기의 부하변동에 따라 냉매량을 제어한다.

답 035. ② 036. ④

Q 037 증발식 응축기에 관한 설명으로 옳은 것은?

① 외기의 습구온도 영향을 많이 받는다.
② 외부공기가 깨끗한 곳에서는 엘리미네이터(eliminator)를 설치할 필요가 없다.
③ 공급수의 양은 물의 증발량과 엘리미네이터에서 배제하는 양을 가산한 양으로 충분하다.
④ 냉각작용은 물을 살포하는 것만으로 한다.

해설 증발식 응축기의 특징
- 외기의 습구온도에 영향을 많이 받는다.
- 수분의 비산을 방지하기 위하여 응축기 상부에 엘리미네이터를 설치한다.
- 공급수의 양은 물의 증발량, 비산수량, 냉각수의 농축을 방지하기 위하여 5% 정도를 가산한 양으로 보급한다.
- 냉각작용은 냉각관 상부에서 냉각수를 살포하고, 송풍기에 의해 공기를 냉각관 하부에서 유입하여 냉각관을 거쳐 상부로 배출한다.
- 배관의 길이가 길기 때문에 압력강하가 크다.
- 송풍기의 송풍량이 많을수록 외기의 습구온도가 낮을수록 응축압력이 낮다.

Q 038 냉동장치로 얼음 1ton을 만드는데 50kWh의 동력이 소비된다. 이 장치에 20℃의 물이 들어가서 −10℃의 얼음으로 나온다고 할 때, 이 냉동장치의 성적계수는? (단, 얼음의 융해 잠열은 80kcal/kg, 비열은 0.5kcal/kg·℃이다.)

① 1.12　　② 2.44
③ 3.42　　④ 4.67

해설 ① 냉동능력(Q_e)
- 20℃ 물을 0℃ 물로 만드는데 필요한 열량 $Q_1 = GC\Delta t$에서

$$Q_1 = 1000\text{kg} \times 1\frac{\text{kcal}}{\text{kg}\cdot\text{℃}} \times (20-0)\text{℃} = 20000\text{kcal}$$

- 0℃ 물을 0℃ 얼음으로 만드는데 필요한 열량 $Q_2 = G\gamma$에서

$$Q_1 = 1000\text{kg} \times 80\frac{\text{kcal}}{\text{kg}} = 80000\text{kcal}$$

- 0℃ 얼음을 −10℃ 얼음으로 만드는데 필요한 열량 $Q_3 = GC\Delta t$에서

$$Q_3 = 1000\text{kg} \times 0.5\frac{\text{kcal}}{\text{kg}\cdot\text{℃}} \times \{0-(-10)\}\text{℃} = 5000\text{kcal}$$

∴ 냉동능력 $Q_e = Q_1 + Q_2 + Q_3$에서 $Q_e = (20000+80000+5000)\text{kcal} = 105000\text{kcal}$이다.

1kcal = 4.186kJ이므로 단위를 환산하면

냉동능력 $Q_e = 105000\text{kcal} \times 4.186\frac{\text{kJ}}{\text{kcal}} = 439530\text{kJ}$

② 소요동력 $L = 50\text{kWh} = 50\text{k}\frac{\text{J}}{\text{s}}\text{h} = 50\text{k}\frac{\text{J}}{\text{s}} \times 3600\text{s} = 180000\text{kJ}$

③ 성적계수 $COP = \frac{Q_e}{L}$에서 $COP = \frac{439530\text{kJ}}{180000\text{kJ}} = 2.44$

답 037. ① 038. ②

Q 039. 냉동능력이 1RT인 냉동장치가 1kW의 압축동력을 필요로 할 때, 응축기에서의 방열량은?

① 2kcal/h
② 3321kcal/h
③ 4180kcal/h
④ 2460kcal/h

해설 응축기 방열량 $Q_c = Q_e + L$에서
$Q_c = (1RT \times 3320 kcal/h) + (1kW \times 860 kcal/h) = 4180 kcal/h$

Q 040. 안정적으로 작동되는 냉동 시스템에서 팽창밸브를 과도하게 닫았을 때 일어나는 현상이 아닌 것은?

① 흡입압력이 낮아지고 증발기 온도가 저하한다.
② 압축기의 흡입가스가 과열된다.
③ 냉동능력이 감소한다.
④ 압축기의 토출가스 온도가 낮아진다.

해설 팽창밸브를 과도하게 닫았을 때
- 냉매 공급량이 부족하게 되어 냉동능력이 감소한다.
- 흡입압력이 낮아지고 증발온도가 저하한다.
- 압축기의 흡입가스가 과열되므로 압축 후의 토출가스 온도가 높아진다.
- 압축기 소요동력이 증대한다.

제 3 과목 공기조화

Q 041. 다음 그림에 대한 설명으로 틀린 것은? (단, 하절기 공기조화 과정이다.)

① ③을 감습기에 통과시키면 엔탈피 변화 없이 감습된다.
② ④는 냉각기를 통해 엔탈피가 감소되며 ⑤로 변화된다.
③ 냉각기 출구 공기 ⑤를 취출하면 실내에서 취득열량을 얻어 ②에 이른다.
④ 실내공기 ①과 외기 ②를 혼합하면 ③이 된다.

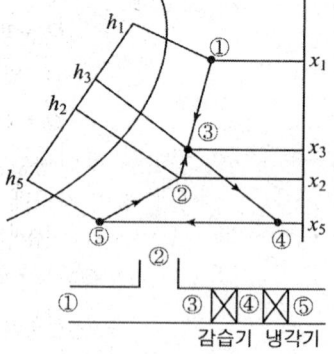

해설 외기 ①과 실내공기 ②를 혼합하면 ③이 된다.

답 039. ③ 040. ④ 041. ④

Q 042 다음은 어느 방식에 대한 설명인가?

- 각 실이나 존의 온도를 개별제어하기 쉽다.
- 일사량 변화가 심한 페리미터 존에 적합하다.
- 실내부하가 적어지면 송풍량이 적어지므로 실내 공기의 오염도가 높다.

① 정풍량 단일덕트방식 ② 변풍량 단일덕트방식
③ 패키지방식 ④ 유인유닛방식

해설 변풍량(VAV) 단일덕트방식은 송풍온도를 일정하게 유지하고 실내의 부하변동에 대하여 송풍량을 변화시켜 실온을 제어하는 방식으로서 각 실이나 존의 온도를 개별적으로 제어하기 쉽다.

Q 043 원형덕트에서 사각덕트로 환산시키는 식으로 옳은 것은? (단, a는 사각덕트의 장변길이, b는 단변길이, d는 원형덕트의 직경 또는 상당직경이다.)

① $d = 1.2 \cdot [\dfrac{(ab)^5}{(a+b)^2}]^8$ ② $d = 1.2 \cdot [\dfrac{(ab)^2}{(a+b)^5}]^8$

③ $d = 1.3 \cdot [\dfrac{(ab)^2}{(a+b)^5}]^{1/8}$ ④ $d = 1.3 \cdot [\dfrac{(ab)^5}{(a+b)^2}]^{1/8}$

해설 사각(장방형) 덕트의 상당직경
$$d = 1.3 \left\{ \dfrac{(ab)^5}{(a+b)^2} \right\}^{1/8}$$

Q 044 다음 중 흡수식 냉동기의 구성기기가 아닌 것은?

① 응축기 ② 흡수기
③ 발생기 ④ 압축기

해설 흡수식 냉동기는 흡수기, 용액펌프, 발생기, 응축기, 증발기로 구성되어 있으며 압축기가 없는 냉동기이다.

Q 045 냉난방 공기조화 설비에 관한 설명으로 틀린 것은?

① 조명기구에 의한 영향은 현열로서 냉방부하 계산 시 고려되어야 한다.
② 패키지 유닛 방식을 이용하면 중앙공조방식에 비해 공기조화용 기계실의 면적이 적게 요구된다.
③ 이중 덕트 방식은 개별제어를 할 수 있는 이점은 있지만 일반적으로 설비비 및 운전비가 많아진다.
④ 지역냉난방은 개별냉난방에 비해 일반적으로 공사비는 현저하게 감소한다.

답 042. ② 043. ④ 044. ④ 045. ④

해설 지역냉난방은 아파트나 빌딩에 개별적으로 보일러나 냉동기를 설치하지 않고 첨단 오염방지설비와 대형 열원장치(보일러, 냉동기)가 설치된 대규모 열 생산시설에서 생산된 냉난방용 열(온수, 냉수)을 대단위지역에 일괄 공급하는 냉난방방식으로서 개별냉난방에 비해 초기 공사비가 현저히 증가한다.

Q 046 단일덕트 재열방식의 특징에 관한 설명으로 옳은 것은?

① 부하 패턴이 다른 다수의 실 또는 존의 공조에 적합하다.
② 식당과 같이 잠열부하가 많은 곳의 공조에는 부적합하다.
③ 전수방식으로서 부하변동이 큰 실이나 존에서 에너지 절약형으로 사용된다.
④ 시스템의 유지·보수 면에서는 일반 단일덕트에 비해 우수하다.

해설 단일덕트 재열방식의 특징
- 부하 패턴이 다른 다수의 실 또는 존의 공조에 적합하다.
- 식당과 같이 잠열부하가 많은 곳의 공조에 적합하다.
- 전공기방식으로서 열회수방식을 사용하는 경우를 제외하면 에너지 절약형이라고 할 수 없다.
- 재열기가 설치되므로 시스템의 유지·보수 면에서는 일반 단일덕트에 비해 불리하다.

Q 047 유효온도(effective temperature)에 대한 설명으로 옳은 것은?

① 온도, 습도를 하나로 조합한 상태의 측정온도이다.
② 각기 다른 실내온도에서 습도에 따라 실내 환경을 평가하는 척도로 사용된다.
③ 인체가 느끼는 쾌적온도로서 바람이 없는 정지된 상태에서 상대습도가 100%인 포화상태의 공기 온도를 나타낸다.
④ 유효온도 선도는 복사영향을 무시하여 건구온도 대신에 글로브 온도계의 온도를 사용한다.

해설 유효온도(ET)란 온도, 습도, 기류의 3가지 환경요소를 종합하여 인체에 미치는 영향을 고려한 쾌적온도로서 기류가 0m/s에서 상대습도가 100%일 때 기준으로 한 온도이다.

Q 048 습공기 100kg이 있다. 이때 혼합되어 있는 수증기의 질량이 2kg이라면, 공기의 절대습도는?

① 0.0002kg/kg
② 0.02kg/kg
③ 0.2kg/kg
④ 0.98kg/kg

해설 절대습도 $x = \dfrac{2\text{kg}}{100\text{kg}} = 0.02\text{kg/kg}$

답 046. ① 047. ③ 048. ②

Q 049 크기 1000×500mm의 직관 덕트에 35℃의 온풍 18000m³/h이 흐르고 있다. 이 덕트가 -10℃의 실외 부분을 지날 때 길이 20m당 덕트 표면으로부터의 열손실은? (단, 덕트는 암면 25mm로 보온되어 있고, 이때 1000m당 온도차 1℃에 대한 온도강하는 0.9℃이다. 공기의 밀도는 1.2kg/m³, 정압비열은 1.01kJ/kg·K이다.)

① 3.0kW ② 3.8kW
③ 4.9kW ④ 6.0kW

해설
- 덕트길이 20m당 온도보정 $\Delta t' = \frac{20m}{1000m} \times \{35-(-10)\}℃ \times 0.9 = 0.81℃$
- 덕트 표면으로부터의 열손실 $q_r = GC_p\Delta t' = (\rho Q)C_p\Delta t'$에서
  $q_r = \left(1.2\frac{kg}{m^3} \times 18000\frac{m^3}{h} \times \frac{1h}{3600s}\right) \times 1.01\frac{kJ}{kg \cdot K} \times 0.81℃ = 4.91kW$

Q 050 습공기의 수증기 분압이 P_V, 동일온도의 포화 수증기압이 P_S일 때, 다음 설명 중 틀린 것은?

① $P_V < P_S$일 때 불포화습공기 ② $P_V = P_S$일 때 포화습공기
③ $\frac{P_S}{P_V} \times 100$은 상대습도 ④ $P_V = 0$일 때 건공기

해설
- 상대습도(ϕ)란 습공기의 수증기 분압(P_V)과 동일 온도에 있어서 포화공기의 수증기분압(P_S)과의 비이다.
- 상대습도 $\phi = \frac{P_V}{P_S} \times 100\%$

Q 051 덕트의 굴곡부 등에서 덕트 내에 흐르는 기류를 안정시키기 위한 목적으로 사용하는 기구는?

① 스플릿 댐퍼 ② 가이드 베인
③ 릴리프 댐퍼 ④ 버터플라이 댐퍼

해설 덕트의 굴곡부에서 곡률반경이 덕트 장변의 1.5배 이내일 때에는 굴곡부 내측에 가이드 베인을 설치하여 덕트 내에 흐르는 기류를 안정시킨다.

Q 052 실리카겔, 활성알루미나 등을 사용하여 감습을 하는 방식은?

① 냉각 감습 ② 압축 감습
③ 흡수식 감습 ④ 흡착식 감습

답 049. ③ 050. ③ 051. ② 052. ④

해설
- 냉각 감습 : 냉각코일을 이용하여 공기를 노점온도 이하로 냉각시켜 감습을 하는 방식
- 압축 감습 : 공기를 압축하여 여분의 수분을 응축시켜 감습하는 방식
- 흡수식 감습 : 염화리튬, 트리에틸렌글리콜 등의 액체 흡수제를 사용하여 감습하는 방식
- 흡착식 감습 : 실리카겔, 활성알루미나 등의 고체 흡수제를 사용하여 감습하는 방식

053 난방설비에서 온수헤더 또는 증기헤더를 사용하는 주된 이유로 가장 적합한 것은?

① 미관을 좋게 하기 위해서
② 온수 및 증기의 온도 차가 커지는 것을 방지하기 위해서
③ 워터 해머(water hammer)를 방지하기 위해서
④ 온수 및 증기를 각 계통별로 공급하기 위해서

해설 온수헤더 및 증기헤더는 보일러에서 발생한 온수 및 증기를 각 계통별(사용처)로 균등하게 공급하기 위하여 설치한다.

054 환기(ventilation)란 A에 있는 공기의 오염을 막기 위하여 B로부터 C를 공급하여, 실내의 D를 실외로 배출하고 실내의 오염공기를 교환 또는 희석시키는 것을 말한다. 여기서 A, B, C, D로 적절한 것은?

① A-일정 공간, B-실외, C-청정한 공기, D-오염된 공기
② A-실외, B-일정 공간, C-청정한 공기, D-오염된 공기
③ A-일정 공간, B-실외, C-오염된 공기, D-청정한 공기
④ A-실외, B-일정 공간, C-오염된 공기, D-청정한 공기

해설 환기(ventilation)란 (A-일정 공간 즉 실내)에 있는 공기의 오염을 막기 위하여 (B-실외)로부터 (C-청정한 공기)를 공급하여, 실내의 (D-오염된 공기)를 실외로 배출하고 실내의 오염공기를 교환 또는 희석시키는 것을 말한다.

055 다음과 같이 단열된 덕트 내에 공기가 통하고 이것에 열량 Q(kcal/h)와 수분 L (kg/h)을 가하여 열평형이 이루어졌을 때, 공기에 가해진 열량은? (단, 공기의 유량은 G(kg/h), 가열코일 입·출구의 엔탈피, 절대습도를 각각 h_1, h_2(kcal/kg), x_1, x_2(kg/kg)로 하고, 수분의 엔탈피를 h_L(kcal/kg)로 한다.)

① $G(h_2 - h_1) + Lh_L$
② $G(x_2 - x_1) + Lh_L$
③ $G(h_2 - h_1) - Lh_L$
④ $G(x_2 - x_1) - Lh_L$

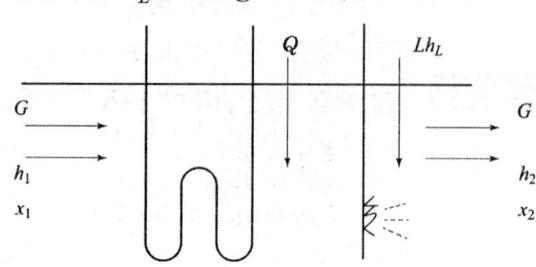

답 053. ④ 054. ① 055. ③

해설 에너지보존법칙을 적용하면 공조기로 들어오는 총열량과 공조기로부터 나가는 총 열량은 같다.
- 공조기로 들어오는 총열량 $q_i = Gh_1 + Q + Lh_L$ [kcal/h]
- 공조기로 나가는 총열량 $q_o = Gh_2$ [kcal/h]
- ∴ 열평형식 $q_i = q_o$에서 $Gh_1 + Q + Lh_L = Gh_2$이고
  공기에 가해진 열량 $Q = G(h_2 - h_1) - Lh_L$

056
공기열원 열펌프를 냉동사이클 또는 난방사이클로 전환하기 위하여 사용하는 밸브는?

① 체크 밸브　　　　② 글로브 밸브
③ 4방 밸브　　　　④ 릴리프 밸브

해설 공기열원 열펌프는 냉방 운전 시의 응축기는 난방 운전 시의 증발기가 되므로 냉매의 흐름방향을 전환하기 위하여 4방 밸브를 설치해야 한다.

057
국부저항 상류의 풍속을 V_1, 하류의 풍속을 V_2라 하고 전압기준 국부저항계수를 ξ_T, 정압기준 국부저항계수를 ξ_S라 할 때 두 저항계수의 관계식은?

① $\xi_T = \xi_S + 1 - (V_1/V_2)^2$　　② $\xi_T = \xi_S + 1 - (V_2/V_1)^2$
③ $\xi_T = \xi_S + 1 + (V_1/V_2)^2$　　④ $\xi_T = \xi_S + 1 + (V_2/V_1)^2$

해설
- 전압기준의 국부저항(ζ_T)에 의한 압력손실

$$\triangle P_T = \zeta_T \frac{V_1^2}{2g}\gamma = \zeta_T \frac{V_2^2}{2g}\gamma \text{ [mmAq]}$$

- 정압기준의 국부저항(ζ_S)에 의한 압력손실

$$\triangle P_S = \zeta_S \frac{V_1^2}{2g}\gamma = \zeta_S \frac{V_2^2}{2g}\gamma \text{ [mmAq]}$$

∴ 전압기준의 국부저항에 의한 압력손실과 정압기준의 국부저항에 의한 압력손실에서 $\zeta_T = \zeta_S + 1 - \left(\frac{V_2}{V_1}\right)^2$이다.

058
냉동 창고의 벽체가 두께 15cm, 열전도율 1.4kcal/m·h·℃인 콘크리트와 두께 5cm, 열전도율이 1.2kcal/m·h·℃의 모르타르로 구성되어 있다면, 벽체의 열통과율은? (단, 내벽측 표면 열전달률은 8kcal/m²·h·℃, 외벽측 표면 열전달률은 20kcal/m²·h·℃이다.)

① 0.026kcal/m²·h·℃　　② 0.323kcal/m²·h·℃
③ 3.088kcal/m²·h·℃　　④ 38.175kcal/m²·h·℃

답 056. ③ 057. ② 058. ③

해설) 열통과율 $K = \dfrac{1}{\dfrac{1}{\alpha_o} + \sum \dfrac{l}{\lambda} + \dfrac{1}{\alpha_i}}$ 에서

$K = \dfrac{1}{\dfrac{1}{20} + \dfrac{0.15}{1.4} + \dfrac{0.05}{1.2} + \dfrac{1}{8}} = 3.088\, \text{kcal/m}^2 \cdot \text{h} \cdot \text{℃}$

Q 059
공조설비를 구성하는 공기조화기는 공기여과기, 냉·온수코일, 가습기, 송풍기로 구성되어 있는데, 다음 중 이들 장치와 직접 연결되어 사용되는 설비가 아닌 것은?

① 공급덕트 ② 주증기관
③ 냉각수관 ④ 냉수관

해설) 냉각수관은 냉동기의 응축기와 냉각탑과 직접 연결되어 사용되는 설비이다.

Q 060
10℃의 냉풍을 급기하는 덕트가 건구온도 30℃, 상대습도 70%인 실내에 설치되어 있다. 이때 덕트의 표면에 결로가 발생하지 않도록 하려면 보온재의 두께는 최소 몇 mm 이상이어야 하는가? (단, 30℃, 70%의 노점온도 24℃, 보온재의 열전도율은 0.03kcal/m·h·℃, 내표면의 열전달율은 40kcal/m²·h·℃, 외표면의 열전달률은 8kcal/m²·h·℃, 보온재 이외의 열저항은 무시한다.)

① 5mm   ② 8mm
③ 16mm ④ 20mm

해설)
• 덕트표면에 결로가 발생하지 않는 조건 $K(t_r - t_o) = \alpha_o (t_r - t_{DP})$ 에서

열통과율 $K = \dfrac{t_r - t_{DP}}{t_r - t_o} \times \alpha_o = \dfrac{(30-24)℃}{(30-10)℃} \times 8 \dfrac{\text{kcal}}{\text{m}^2 \cdot \text{h℃}} = 2.4\, \text{kcal/m}^2 \cdot \text{h} \cdot ℃$

• 열통과율 $\dfrac{1}{K} = \dfrac{1}{\alpha_o} + \dfrac{l}{\lambda} + \dfrac{1}{\alpha_i}$ 에서

보온재의 두께 $l = \lambda \left(\dfrac{1}{K} - \dfrac{1}{\alpha_o} - \dfrac{1}{\alpha_i} \right) = 0.03 \times \left(\dfrac{1}{2.4} - \dfrac{1}{8} - \dfrac{1}{40} \right) = 8 \times 10^{-3}\, \text{m} = 8\, \text{mm}$

답) 059. ③ 060. ②

제 4 과목 전기제어공학

Q 061
그림과 같은 블록선도에서 $\dfrac{X_3}{X_1}$를 구하면?

① $G_1 + G_2$
② $G_1 - G_2$
③ $G_1 \cdot G_2$
④ $\dfrac{G_1}{G_2}$

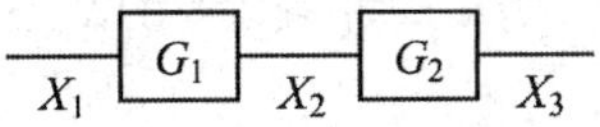

$X_1 \to \boxed{G_1} \to X_2 \to \boxed{G_2} \to X_3$

해설
$X_2 = G_1 X_1$에서 출력 $X_3 = G_2 X_2 = G_1 G_2 X_1$이고 전달함수 $\dfrac{X_3}{X_1} = G_1 \cdot G_2$이다.

Q 062
내부저항 90Ω, 최대지시값 100μA의 직류전류계로 최대지시값 1mA를 측정하기 위한 분류기 저항은 몇 Ω인가?

① 9   ② 10
③ 90 ④ 100

해설
분류기와 전류계는 병렬로 접속되므로 전압 $V_s = V$이므로 $I_s = \left(\dfrac{R+R_s}{R_s}\right)I$에서

$\dfrac{I_s}{I} = \dfrac{R+R_s}{R_s} = \dfrac{R}{R_s} + 1$이고 분류기 저항 $R_s = \dfrac{R}{\dfrac{I_s}{I} - 1} = \dfrac{90\Omega}{\dfrac{1\times 10^{-3}A}{100\times 10^{-6}A} - 1} = 10\,\Omega$

Q 063
100V용 전구 30W와 60W 두 개를 직렬로 연결하고 직류 100V 전원에 접속하였을 때 두 전구의 상태로 옳은 것은?

① 30W 전구가 더 밝다.
② 60W 전구가 더 밝다.
③ 두 전구의 밝기가 모두 같다.
④ 두 전구가 모두 켜지지 않는다.

해설
① 전력 $P = \dfrac{V^2}{R}$에서 전구 30W와 60W에 걸리는 저항을 구한다.
• 30W 전구의 저항 $R_{30} = \dfrac{V^2}{P} = \dfrac{(100V)^2}{30W} = 333.3\Omega$
• 60W 전구의 저항 $R_{60} = \dfrac{V^2}{P} = \dfrac{(100V)^2}{60W} = 166.7\Omega$

답 061. ③ 062. ② 063. ①

② 전구가 직렬로 연결되어 있으므로 합성저항과 회로에 흐르는 전체 전류를 구한다.
- 합성저항 $R = R_{30} + R_{60}$에서 $R = 333.3\Omega + 166.7\Omega = 500\Omega$
- 전체 전류 $I = \dfrac{V}{R}$에서 $I = \dfrac{100V}{500\Omega} = 0.2A$

③ 전구를 직렬로 연결하였을 때 각 전구에 소비되는 전력($P = IV = I^2R$)을 구한다.
- 30W 전구의 소비전력 $P_{30} = I^2 R_{30} = (0.2A)^2 \times 333.3\Omega = 13.33W$
- 60W 전구의 소비전력 $P_{60} = I^2 R_{60} = (0.2A)^2 \times 166.7\Omega = 6.67W$

∴ 30W 전구의 소비전력이 60W 전구의 소비전력보다 2배(13.33W/6.67W) 정도 크기 때문에 30W 전구가 더 밝다.

064 조절계의 조절요소에서 비례미분제어에 관한 기호는?

① P
② PI
③ PD
④ PID

해설
- P : 비례제어
- PI : 비례적분제어
- PD : 비례미분제어
- PID : 비례적분미분제어

065 $A = 6 + j8$, $B = 20 \angle 60°$ 일 때 A+B를 직각좌표형식으로 표현하면?

① $16 + j18$
② $26 + j28$
③ $16 + j25.32$
④ $23.32 + j18$

해설 직각좌표형식의 표현
- $A = 6 + j8$
- 극좌표 $B = 20 \angle 60°$를 직각좌표계로 표현하면
  $B = 20\cos60° + 20\sin60° = 10 + j17.32$
- $A + B = (6 + j8) + (10 + j17.32) = (6 + 10) + j(8 + 17.32) = 16 + j25.32$

066 보일러의 자동연소제어가 속하는 제어는?

① 비율제어
② 추치제어
③ 추종제어
④ 정치제어

해설 비율제어 : 목표치가 다른 양과 일정한 비율관계를 가지고 변화하는 경우 제어량을 변화시키는 제어로서 연료의 유량과 공기의 유량과의 관계 비율을 연소에 적합하게 유지하는 보일러 자동연소제어에 적용된다.

067 서보기구에서 주로 사용하는 제어량은?

① 전류
② 전압
③ 방향
④ 속도

답 064. ③ 065. ③ 066. ① 067. ③

해설 제어량에 의한 분류
- 프로세스제어 : 온도, 압력, 유량, 액위, 농도
- 자동조정 : 전압, 전류, 주파수, 회전수, 속도, 토크
- 서보기구 : 위치, 각도, 방위, 방향

Q 068
비례적분미분제어를 이용했을 때의 특징에 해당되지 않는 것은?

① 정정시간을 적게 한다.　　② 응답의 안정성이 작다.
③ 잔류편차를 최소화 시킨다.　④ 응답의 오버슈트를 감소시킨다.

해설 비례적분미분제어(PID 제어) : 비례적분제어에서 진동이 발생하는 것을 방지하기 위하여 미분동작을 조합시킨 제어로서 응답의 안정성이 가장 크다.

Q 069
유도전동기에 인간되는 전압과 주파수를 동시에 변환시켜 직류전동기와 동등한 제어 성능을 얻을 수 있는 제어방식은?

① VVVF방식　　　　② 교류 궤환제어방식
③ 교류 1단 속도제어방식　④ 교류 2단 속도제어방식

해설 VVVF방식은 가변전압 가변주파수 제어장치로서 유도전동기에 인가되는 전압과 주파수를 동시에 변환시켜 직류전동기와 동등한 제어성능을 얻을 수 있는 방식이다.

Q 070
단면적 $S(m^2)$를 통과하는 자속을 $\Phi(Wb)$라 하면 자속밀도 $B(Wb/m^2)$를 나타낸 식으로 옳은 것은?

① $B = S\Phi$　　　　② $B = \dfrac{\Phi}{S}$
③ $B = \dfrac{S}{\Phi}$　　　　④ $B = \dfrac{\Phi}{\mu S}$

해설 자속밀도란 단위면적(m^2)당 통과하는 자기력선속의 수(Wb)이다.
자속밀도 $B = \dfrac{\phi}{S} [Wb/m^2]$

Q 071
어떤 저항에 전압 100V, 전류 50A를 5분간 흘렸을 때 발생하는 열량은 약 몇 kcal인가?

① 90　　　　② 180
③ 360　　　④ 720

답 068. ②　069. ①　070. ②　071. ③

해설 열량 $Q = 0.24IVt$ 에서
$$Q = 0.24 \times 50A \times 100V \times \left(5\min \times \frac{60s}{1\min}\right) = 360000\text{cal} = 360\text{kcal}$$

Q 072
3상 유도전동기의 출력이 5kW, 전압 200V, 역률 80%, 효율이 90%일 때 유입되는 선전류는 약 몇 A인가?

① 14　　　　　　　　② 17
③ 20　　　　　　　　④ 25

해설 3상 유도전동기의 선전류 $I = \dfrac{P}{\sqrt{3}\,V \times \eta \times \cos\theta}$ 에서
$$I = \frac{5 \times 10^3\,W}{\sqrt{3} \times 200V \times 0.9 \times 0.8} = 20.05A$$

Q 073
탄성식 압력계에 해당되는 것은?

① 경사관식　　　　　　② 압전기식
③ 환상평형식　　　　　④ 벨로우즈식

해설 탄성식 압력계 : 브로돈관식, 다이어프램식, 벨로우즈식

Q 074
정현파 전압 $v = 220\sqrt{2}\sin(\omega t + 30°)V$ 보다 위상이 90° 뒤지고 최대값이 20A인 정현파 전류의 순시값은 몇 A인가?

① $20\sin(\omega t - 30°)$　　　　② $20\sin(\omega t - 60°)$
③ $20\sqrt{2}\sin(\omega t + 60°)$　　④ $20\sqrt{2}\sin(\omega t - 60°)$

해설
- 위상차 $\phi = 30° - 90° = -60°$
- 전류의 순시값 $i = I_m \sin(\omega t + \phi)$에서 $i = 20\sin(\omega t - 60°)$

Q 075
빛의 양(조도)에 의해서 동작되는 CdS를 이용한 센서에 해당하는 것은?

① 저항 변화형　　　　② 용량 변화형
③ 전압 변화형　　　　④ 인덕턴스 변화형

해설 CdS(황화카드뮴)은 광도전 셀의 대표적인 센서로서 빛의 세기에 따라서 전기적 저항이 변화되는 소자이다.

답 072. ③　073. ④　074. ②　075. ①

076. 전원전압을 안정하게 유지하기 위하여 사용되는 다이오드로 가장 옳은 것은?

① 제너 다이오드　　② 터널 다이오드
③ 보드형 다이오드　　④ 바렉터 다이오드

해설 제너 다이오드 : 역방향으로 전압을 가했을 때 항복전압 이상이 되면 역방향의 항복전류가 흘러 전압을 일정하게 유지하는 다이오드로서 정전압(전원 전압을 일정하게 유지) 조정회로에 사용된다.

077. 그림과 같은 펄스를 라플라스 변환하면 그 값은?

① $\dfrac{1}{T}(\dfrac{1-e^{Ts}}{s})$

② $\dfrac{1}{T}(\dfrac{1+e^{Ts}}{s})$

③ $\dfrac{1}{s}(1-e^{-Ts})$

④ $\dfrac{1}{s}(1+e^{Ts})$

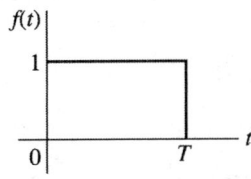

해설
① 단위계단함수
- $f(t) = u(t) = 1$
$$F(s) = \int_0^\infty u(t) \cdot e^{-st}dt = \int_0^\infty 1 \cdot e^{-st}dt = \left[-\dfrac{1}{s}e^{-st}\right]_0^\infty = -\dfrac{1}{s}(e^{-s\infty} - e^0) = \dfrac{1}{s}$$
- $f(t) = u(t-T)$: 구간 $0 \le t \le T$에서는 $f(t) = u(t) = 0$, 구간 $T \le t \le \infty$까지는 $f(t) = u(t) = 1$이다.
$$F(s) = \int_0^\infty u(t-T) \cdot e^{-st}dt = \int_0^T 0 \cdot e^{-st}dt + \int_T^\infty 1 \cdot e^{-st}dt$$
$$= \left[-\dfrac{1}{s}e^{-st}\right]_T^\infty = -\dfrac{1}{s}(e^{-s\infty} - e^{-Ts}) = \dfrac{1}{s}e^{-Ts}$$

② 그림의 펄스를 시간함수로 표현하면 $f(t) = u(t) - u(t-T)$이다. 시간함수를 라플라스변환하면 다음과 같다.
$$\mathcal{L}[u(t)] - \mathcal{L}[u(t-T)] = \dfrac{1}{s} - \dfrac{1}{s}e^{-Ts} = \dfrac{1}{s}(1-e^{-Ts})$$

078. 피드백 제어계의 제어장치에 속하지 않는 것은?

① 설정부　　② 조절부
③ 검출부　　④ 제어대상

답 076.① 077.③ 078.④

해설 피드백제어계의 제어장치에는 설정부(기준입력요소), 조작부, 조절부, 검출부로 구성되어 있다.

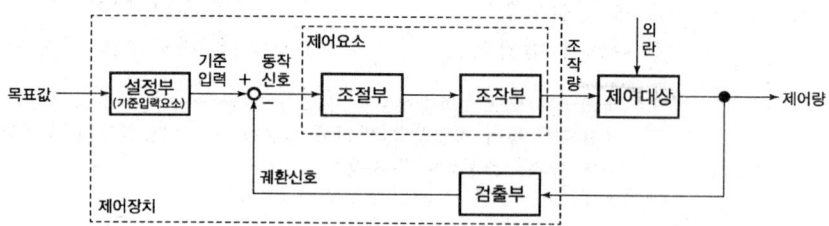

079 평행한 두 도체에 같은 방향의 전류를 흘렸을 때 두 도체 사이에 작용하는 힘은?

① 흡인력
② 반발력
③ $\dfrac{I}{2\pi r}$의 힘
④ 힘이 작용하지 않는다.

해설 평행한 두 도체 사이에 같은 방향의 전류를 흘리면 흡인력(서로 당기는 힘)이 작용하고, 서로 반대 방향의 전류를 흘리면 반발력(서로 미는 힘)이 작용한다.

080 논리식 $\overline{x} \cdot y + \overline{x} \cdot \overline{y}$를 간단히 표시한 것은?

① $\overline{x}$
② $\overline{y}$
③ 0
④ $x+y$

해설 논리식 : $\overline{x} \cdot y + \overline{x} \cdot \overline{y} = \overline{x} \cdot (y+\overline{y}) = \overline{x} \cdot 1 = \overline{x}$

제 5 과목　배관일반

081 급수배관 시공 시 수격작용의 방지 대책으로 틀린 것은?

① 플래시 밸브 또는 급속 개폐식 수전을 사용한다.
② 관 지름은 유속이 2.0~2.5m/s 이내가 되도록 설정한다.
③ 역류 방지를 위하여 체크 밸브를 설치하는 것이 좋다.
④ 급수관에서 분기할 때에는 T이음을 사용한다.

해설 수격작용을 방지하기 위하여 급격히 개폐되는 밸브의 사용을 제한하고 밸브의 개폐를 천천히 한다.

답 079. ① 080. ① 081. ①

Q 082 고무링과 가단 주철제의 칼라를 죄어서 이음하는 방법은?

① 플랜지 접합　　② 빅토릭 접합
③ 기계적 접합　　④ 동관 접합

해설 주철관의 이음
- 플랜지 접합 : 주철관 끝부분에 플랜지를 서로 맞추어 틈새에 패킹을 넣고 볼트와 너트로 이음하는 방법이다.
- 빅토릭 접합 : U자형의 고무링과 주철제 칼라로 눌러 이음하는 방법이다.
- 기계적 접합 : 이음부에 고무링을 박아 넣고 압륜으로 눌러 볼트로 체결하는 이음방법이다.

Q 083 공랭식 응축기 배관 시 틀린 것은?

① 소형 냉동기에 사용하며 핀이 있는 파이프 속에 냉매를 통하여 바람 이송 냉각설계로 되어 있다.
② 냉방기가 응축기 아래 설치되는 경우 배관 높이가 10m 이상일 때는 5m 마다 오일 트랩을 설치해야 한다.
③ 냉방기가 응축기 위에 위치하고, 압축기가 냉방기에 내장되었을 경우에는 오일 트랩이 필요없다.
④ 수랭식에 비해 능력은 낮지만, 냉각수를 사용하지 않아 동결의 염려가 없다.

해설 냉방기가 응축기 아래 설치되는 경우 배관 높이가 10m 이상일 때는 10m 마다 오일 트랩을 설치해야 한다.

Q 084 증기난방 배관 시 단관 중력 환수식 배관에서 증기와 응축수의 흐름 방향이 다른 역류관의 구배는 얼마로 하는가?

① 1/50~1/100　　② 1/100~1/200
③ 1/200~1/250　　④ 1/250~1/300

해설 단관 중력 환수식의 구배
- 순류(증기와 응축수의 흐름방향이 동일한 경우)관 : 1/100~1/200의 하향구배(내림구배)
- 역류(증기와 응축수의 흐름방향이 반대방향인 경우)관 : 1/50~1/100의 상향구배(올림구배)

Q 085 공동주택등 외의 건축물 등에 도시가스를 공급하는 경우 정압기에서 가스 사용자가 점유하고 있는 토지의 경계까지 이르는 배관을 무엇이라고 하는가?

① 내관　　② 공급관
③ 본관　　④ 중압관

답 082. ② 083. ② 084. ① 085. ②

해설 도시가스 배관명칭
- 내관 : 가스사용자가 소유하거나 점유하고 있는 토지의 경계에서 연소기까지 이르는 배관
- 공급관 : 정압기에서 가스사용자가 소유하거나 점유하고 있는 토지의 경계까지 이르는 배관
- 본관 : 도시가스제조사업소의 부지 경계에서 정압기까지 이르는 배관
- 사용자 공급관 : 가스사용자가 소유하거나 점유하고 있는 토지의 경계에서 가스사용자가 구분하여 소유하거나 점유하는 건축물의 외벽에 설치된 계량기의 전단밸브까지 이르는 배관

086. 냉동장치에서 압축기의 진동이 배관에 전달되는 것을 흡수하기 위하여 압축기 토출, 흡입배관 등에 설치해 주는 것은?

① 팽창밸브
② 안전밸브
③ 사이트 글라스
④ 플렉시블 튜브

해설
- 팽창밸브 : 응축기에서 응축된 고온·고압의 냉매액을 교축작용에 의하여 저온·저압의 상태로 단열팽창시켜 압력과 온도를 낮추고 동시에 증발기 부하에 따라 적정한 냉매량을 조절하여 공급하는 장치이다.
- 안전밸브 : 냉동장치에 이상 고압이 상승하면 냉동장치가 파손될 수 있으므로 장치를 보호하기 위하여 압축기 토출밸브와 스톱밸브 사이에 설치한다.
- 사이트 글라스 : 냉매 중에 수분혼입의 여부와 냉매량을 확인하기 위하여 냉동장치의 고압 액관에 설치한다.

087. 온수난방 배관 설치 시 주의 사항으로 틀린 것은?

① 온수 방열기마다 수동식 에어벤트를 설치한다.
② 수평 배관에서 관경을 바꿀 때는 편심 이음을 사용한다.
③ 팽창관에 스톱밸브를 부착하여 긴급상황 시 유체 흐름을 차단하도록 한다.
④ 수리나 난방 휴지 시 배수를 위한 드레인 밸브를 설치한다.

해설 팽창관에는 절대로 밸브를 설치해서는 안 된다.

088. 급수에 사용되는 물은 탄산칼슘의 함유량에 따라 연수와 경수로 구분된다. 경수 사용 시 발생될 수 있는 현상으로 틀린 것은?

① 보일러 용수로 사용 시 내면에 관석이 많이 발생한다.
② 전열효율이 저하하고 과열 원인이 된다.
③ 보일러의 수명이 단축된다.
④ 비누거품이 많이 발생한다.

답 086. ④ 087. ③ 088. ④

해설
- 경수 : 칼슘이나 마그네슘 등의 경도성분을 비교적 많이 함유한 물로서 비누거품이 잘 일어나지 않는다.
- 연수 : 칼슘이나 마그네슘 등의 경도성분을 제거한 물로서 비누거품이 많이 발생한다.

089. 관의 종류와 이음방법의 연결로 틀린 것은?
① 강관 - 나사이음
② 동관 - 압축이음
③ 주철관 - 칼라이음
④ 스테인리스강관 - 몰코이음

해설 주철관 이음 : 소켓 이음, 기계적 이음, 플랜지 이음, 빅토릭 이음, 타이톤 이음

090. 냉동설비배관에서 액분리기와 압축기 사이에 냉매배관을 할 때 구배로 옳은 것은?
① 1/100 정도의 압축기 측 상향 구배로 한다.
② 1/100 정도의 압축기 측 하향 구배로 한다.
③ 1/200 정도의 압축기 측 상향 구배로 한다.
④ 1/200 정도의 압축기 측 하향 구배로 한다.

해설 흡입관은 압축기를 향하여 1/200 정도의 하향 구배로 한다.

091. 밀폐식 온수난방 배관에 대한 설명으로 틀린 것은?
① 배관의 부식이 비교적 적어 수명이 길다.
② 배관경이 적어지고 방열기도 적게 할 수 있다.
③ 팽창탱크를 사용한다.
④ 배관 내의 온수 온도는 70℃ 이하이다.

해설 밀폐식 온수난방의 온수 온도는 100℃ 이상으로서 일반적으로 100~150℃의 온수를 사용한다.

092. 강관의 나사이음 시 관을 절단한 후 관 단면의 안쪽에 생기는 거스러미를 제거할 때 사용하는 공구는?
① 파이프 바이스   ② 파이프 리머
③ 파이프 렌치   ④ 파이프 커터

답 089. ③ 090. ④ 091. ④ 092. ②

해설
- 파이프 바이스 : 관을 절단하거나 관을 조립할 경우 관을 고정하는데 사용되는 공구이다.
- 파이프 렌치 : 관 접합부의 이음쇠와 관 부속류를 분해하거나 조일 때 사용되는 공구이다.
- 파이프 커터 : 관을 절단하는데 사용되는 공구이다.

Q 093 순동 이음쇠를 사용할 때에 비하여 동합금 주물 이음쇠를 사용할 때 고려할 사항으로 가장 거리가 먼 것은?

① 순동 이음쇠 사용에 비해 모세관 현상에 의한 용융 확산이 어렵다.
② 순동 이음쇠와 비교하여 용접재 부착력은 큰 차이가 없다.
③ 순동 이음쇠와 비교하여 냉벽 부분이 발생할 수 있다.
④ 순동 이음쇠 사용에 비해 열팽창의 불균일에 의한 부정적 틈새가 발생할 수 있다.

해설 동합금 주물 이음쇠와 용접재와의 부착력은 순동이음쇠와 비교하여 많은 차이가 있다.

Q 094 급수 펌프에 대한 배관 시공법 중 옳은 것은?

① 수평관에서 관경을 바꿀 경우 동심 리듀셔를 사용한다.
② 흡입관은 되도록 길게 하고 굴곡 부분이 되도록 많게 하여야 한다.
③ 풋 밸브는 동 수위면보다 흡입관경의 2배 이상 물 속에 들어가야 한다.
④ 토출 측은 진공계를, 흡입 측은 압력계를 설치한다.

해설
① 수평관에서 관경을 바꿀 경우 편심 리듀셔를 사용한다.
② 마찰저항을 작게 하기 위하여 흡입관은 되도록 짧게 하고 굴곡 부분은 되도록 적게 하여야 한다.
④ 토출 측에는 압력계를, 흡입 측에는 진공계를 설치한다.

Q 095 배관용 패킹재료 선정 시 고려해야 할 사항으로 가장 거리가 먼 것은?

① 유체의 압력   ② 재료의 부식성
③ 진동의 유무   ④ 시트면의 형상

해설 패킹재료를 선택 시 고려해야 할 사항
- 유체의 온도, 압력, 점도, 밀도 등을 고려해야 한다.
- 재료의 부식성, 휘발성, 인화성 등을 고려해야 한다.
- 교체의 용이성, 진동의 유무, 내·외압의 견디는 정도를 고려해야 한다.

답 093. ② 094. ③ 095. ④

Q 096 난방배관에 대한 설명으로 옳은 것은?
① 환수주관의 위치가 보일러 표준수위보다 위쪽에 배관되어 있으면 습식환수라고 한다.
② 진공환수식 증기난방에서 하트포드접속법을 활용하면 응축수를 1.5m까지 흡상할 수 있다.
③ 온수난방의 경우 증기난방보다 운전 중 침입 공기에 의한 배관의 부식 우려가 크다.
④ 증기배관 도중에 글로브 밸브를 설치하는 경우에는 밸브축이 옆을 향하도록 설치하여야 한다.

해설
① 환수주관의 위치가 보일러 표준수위보다 위쪽에 배관되어 있으면 건식환수라고 한다.
② 진공환수식 증기난방에서 리프트피팅이음을 활용하면 응축수를 1.5m까지 흡상할 수 있다.
③ 증기난방의 경우 운전 중에 공기가 침입하면 증기와 침입공기의 온도차가 커서 부식의 우려가 크다. 따라서, 온수난방의 경우 증기난방보다 운전 중 침입 공기에 의한 배관의 부식 우려가 작다.

Q 097 배관의 이음에 관한 설명으로 틀린 것은?
① 동관의 압축 이음(flare joint)은 지름이 작은 관에서 분해·결합이 필요한 경우에 주로 적용하는 이음방식이다.
② 주철관의 타이톤 이음은 고무링을 압륜으로 죄어 볼트로 체결하는 이음방식이다.
③ 스테인리스 강관의 프레스 이음은 고무링이 들어 있는 이음쇠에 관을 넣고 압축공구로 눌러 이음하는 방식이다.
④ 경질염화비닐관의 TS이음은 접착제를 발라 이음관에 삽입하여 이음하는 방식이다.

해설 주철관 이음
- 기계적 이음(mechanical joint) : 이음부에 고무링을 박아 넣고 압륜으로 눌러 볼트로 체결하는 이음방식이다.
- 타이톤 이음(tyton joint) : 소켓 안쪽에 홈이 있어 원형의 고무링을 고정시켜 접합하는 이음방식이다.

Q 098 급탕배관의 신축을 흡수하기 위한 시공방법으로 틀린 것은?
① 건물의 벽 관통부분 배관에는 슬리브를 끼운다.
② 배관의 굽힘 부분에는 벨로즈 이음으로 접합한다.
③ 복식 신축관 이음쇠는 신축구간의 중간에 설치한다.
④ 동관을 지지할 때에는 석면, 고무 등의 보호재를 사용하여 고정시킨다.

답 096. ④ 097. ② 098. ②

해설 급탕배관에서 굽힘 부분에는 팽창과 수축을 흡수하기 위하기 2개 이상의 엘보로 연결한 스위블 이음으로 접합한다.

Q 099 배수의 성질에 의한 구분에서 수세식 변기의 대·소변에서 나오는 배수는?

① 오수
② 잡배수
③ 특수배수
④ 우수배수

해설 배수의 종류
- 오수 : 대·소변기에서 나오는 배수이다.
- 잡배수 : 대·소변기를 제외한 세면기, 싱크대, 욕조 등에서 나오는 배수이다.
- 특수배수 : 병원, 공장, 실험실 등에서 병원균과 화학약품이 함유되어 나오는 배수이다.
- 우수배수 : 옥상이나 부지 내에 내리는 빗물의 배수이다.

Q 100 개방식 팽창탱크 장치 내 전수량이 20000L이며 수온을 20℃에서 80℃로 상승시킬 경우, 물의 팽창수량은? (단, 비중량은 20℃일 때 0.99823kg/L, 80℃일 때 0.97183kg/L이다.)

① 54.3L
② 400L
③ 544L
④ 5430L

해설 팽창수량 $\triangle v = \left(\dfrac{1}{\rho_2} - \dfrac{1}{\rho_1}\right)V$ 에서

$\triangle v = \left(\dfrac{1}{0.97183\text{kg/L}} - \dfrac{1}{0.99823\text{kg/L}}\right) \times 20000\text{L} = 544.3\text{L}$

답 099. ① 100. ③

기출문제

공조냉동기계기사 2017년 5월 7일 시행

제 1 과목 기계열역학

Q 001 저열원 20℃와 고열원 700℃ 사이에서 작동하는 카르노 열기관의 열효율은 약 몇 %인가?

① 30.1% ② 69.9%
③ 52.9% ④ 74.1%

해설 카르노 열기관의 열효율 $\eta = \dfrac{T_H - T_L}{T_H}$ 에서

$$\eta = \dfrac{(273+700℃)K - (273+20℃)K}{(273+700℃)K} = 0.699 = 69.9\%$$

Q 002 다음 중 비가역 과정으로 볼 수 없는 것은?

① 마찰 현상
② 낮은 압력으로의 자유 팽창
③ 등온 열전달
④ 상이한 조성물질의 혼합

해설 비가역 과정
- 유체가 관로를 흐를 때 유체가 관의 내면과 접촉하여 마찰을 수반하는 경우
- 자유팽창
- 고온의 물체와 저온의 물체를 접촉시키면 열 이동하는 열전달 과정
- 기체를 혼합하는 과정
- 교축과정

Q 003 압력이 $10^6 N/m^2$, 체적이 $1m^3$인 공기가 압력이 일정한 상태에서 400kJ의 일을 하였다. 변화 후의 체적은 약 몇 m^3인가?

① 1.4 ② 1.0
③ 0.6 ④ 0.4

해설 등압과정에서 일 $W = P(V_2 - V_1)$에서

변화 후의 체적 $V_2 = V_1 + \dfrac{W}{P} = 1m^3 + \dfrac{400 \times 10^3 N \cdot m}{10^6 \dfrac{N}{m^2}} = 1.4 m^3$

답 001. ② 002. ③ 003. ①

Q.004

그림의 랭킨 사이클(온도(T)-엔트로피(s)선도)에서 각각의 지점에서 엔탈피는 표와 같을 때 이 사이클의 효율은 약 몇 %인가?

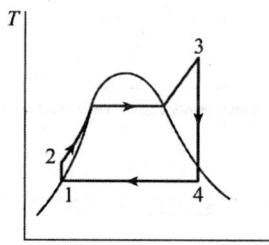

	엔탈피(kJ/kg)
1지점	185
2지점	210
3지점	3100
4지점	2100

① 33.7%
② 28.4%
③ 25.2%
④ 22.9%

랭킨사이클의 효율 $\eta = \dfrac{(h_3-h_4)-(h_2-h_1)}{h_3-h_2}$ 에서

$\eta = \dfrac{(3100-2100)\text{kJ/kg}-(210-185)\text{kJ/kg}}{(3100-210)\text{kJ/kg}} = 0.337 = 33.7\%$

Q.005

그림과 같이 상태 1, 2 사이에서 계가 1 → A → 2 → B → 1과 같은 사이클을 이루고 있을 때, 열역학 제1법칙에 가장 적합한 표현은? (단, 여기서 Q는 열량, W는 계가 하는 일, U는 내부에너지를 나타낸다.)

① $dU = \delta Q + \delta W$
② $\Delta U = Q - W$
③ $\oint \delta Q = \oint \delta W$
④ $\oint \delta Q = \oint \delta U$

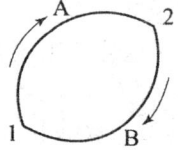

열역학 제1법칙은 밀폐계가 임의의 사이클을 이룰 때 전달되는 열량의 총합은 행하여진 일량의 총합과 같다.
$\oint \delta Q = \oint \delta W$

Q.006

100kPa, 25℃ 상태의 공기가 있다. 이 공기의 엔탈피가 298.615kJ/kg이라면 내부에너지는 약 몇 kJ/kg인가? (단, 공기는 분자량 28.97인 이상기체로 가정한다.)

① 213.05kJ/kg
② 241.07kJ/kg
③ 298.15kJ/kg
④ 383.72kJ/kg

답 004. ① 005. ③ 006. ①

해설
- 기체상수 $R = \dfrac{\overline{R}}{M}$ 에서 $R = \dfrac{8.314}{28.97} = 0.287\text{kJ/kg}\cdot\text{K}$
- 이상기체 상태방정식 $PV = RT$ 에서

  비체적 $v = \dfrac{RT}{P} = \dfrac{0.287\dfrac{\text{kN}\cdot\text{m}}{\text{kg}\cdot\text{K}} \times (273.15+25\text{℃})\text{K}}{100\dfrac{\text{kN}}{\text{m}^2}} = 0.8557\text{m}^3/\text{kg}$

- 엔탈피 $h = u + Pv$ 에서

  내부에너지 $u = h - Pv = 298.615\text{kJ/kg} - 100\dfrac{\text{kN}}{\text{m}^2} \times 0.8557\dfrac{\text{m}^3}{\text{kg}} = 213.045\text{kJ/kg}$

007
압력이 일정할 때 공기 5kg을 0℃에서 100℃까지 가열하는데 필요한 열량은 약 몇 kJ인가? (단, 비열(C_p)은 온도 T(℃)에 관계한 함수로 $C_p(\text{kJ}/(\text{kg}\cdot\text{℃})) = 1.01 + 0.000079 \times T$이다.)

① 365
② 436
③ 480
④ 507

해설
열량 $Q_{12} = \displaystyle\int_{T_1}^{T_2} GC_p dT$ 에서

$Q_{12} = \displaystyle\int_0^{100} 5 \times (1.01 + 0.000079T) dT = 5\int_0^{100} (1.01 + 0.000079T) dT$

$= 5 \times \left[1.01T + 0.000079 \times \dfrac{1}{2} \times T^2 \right]_0^{100} = 5 \times \left(1.01 \times 100 + 0.000079 \times \dfrac{1}{2} \times 100^2 \right)$

$= 507\text{kJ}$

008
열교환기를 흐름 배열(flow arrangement)에 따라 분류할 때 그림과 같은 형식은?

① 평행류
② 대항류
③ 병행류
④ 직교류

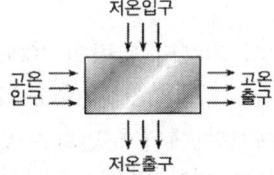

해설 열교환기의 흐름배열에 따른 분류
- 평행류: 고온의 유체와 저온의 유체가 열교환기 내에서 흐름방향이 같은 방향으로 흐르는 열교환기이다.
- 대항류: 고온의 유체와 저온의 유체가 열교환기 내에서 흐름방향이 반대 방향으로 흐르는 열교환기이다.
- 직교류: 고온의 유체와 저온의 유체가 열교환기 내에서 흐름방향이 서로 직교하며 흐르는 열교환기이다.

답 007. ④ 008. ④

Q 009
온도 15℃, 압력 100kPa 상태의 체적이 일정한 용기 안에 어떤 이상 기체 5kg이 들어있다. 이 기체가 50℃가 될 때까지 가열되는 동안의 엔트로피 증가량은 약 몇 kJ/K인가? (단, 이 기체의 정압비열과 정적비열은 각각 1.001kJ/(kg·K), 0.717kJ/(kg·K)이다.)

① 0.411
② 0.486
③ 0.575
④ 0.732

해설
정적과정에서 엔트로피 증가량 $S_2 - S_1 = mC_v \ln \dfrac{T_2}{T_1}$ 에서

$S_2 - S_1 = 5\text{kg} \times 0.7171 \dfrac{\text{kJ}}{\text{kg·K}} \ln \dfrac{(273+50℃)\text{K}}{(273+15℃)\text{K}} = 0.411 \text{kJ/K}$

Q 010
다음 온도에 관한 설명 중 틀린 것은?

① 온도는 뜨겁거나 차가운 정도를 나타낸다.
② 열역학 제0법칙은 온도 측정과 관계된 법칙이다.
③ 섭씨온도는 표준 기압하에서 물의 어는 점과 끓는 점을 각각 0과 100으로 부여한 온도척도이다.
④ 화씨 온도 F와 절대온도 K 사이에는 K=F+273.15의 관계가 성립한다.

해설
- 화씨 온도는 표준 기압하에서 물의 어는 점과 끓는 점을 각각 32와 212로 부여한 온도척도이다.
- 화씨 온도의 절대온도는 랭킨온도로서 $R = 460 + ℉$이다.
- 섭씨 온도와 화씨 온도와 관계식은 $℃ = \dfrac{5}{9}(℉ - 32)$이다.
- 절대온도(켈빈온도) $K = 273.15 + ℃ = 273.15 + \dfrac{5}{9}(℉ + 32)$이다.

Q 011
밀폐계에서 기체의 압력이 100kPa으로 일정하게 유지되면서 체적이 1m³에서 2m³으로 증가 되었을 때 옳은 설명은?

① 밀폐계의 에너지 변화는 없다.
② 외부로 행한 일은 100kJ이다.
③ 기체가 이상기체라면 온도가 일정하다.
④ 기체가 받은 열은 100kJ이다.

해설 압력이 일정하게 유지되므로 외부로 행한 일 $W = PdV$에서
$W = 100 \dfrac{\text{kN}}{\text{m}^2} \times (2-1)\text{m}^3 = 100 \text{kJ}$이다.

009. ① 010. ④ 011. ②

Q012 출력 10000kW의 터빈 플랜트의 시간당 연료소비량이 5000kg/h이다. 이 플랜트의 열효율은 약 몇 %인가? (단, 연료의 발열량은 33440kJ/kg이다.)

① 25.4% ② 21.5%
③ 10.9% ④ 40.8%

해설) 열효율 $\eta = \dfrac{출력}{입력} \times 100\% = \dfrac{W}{G_f \times H} \times 100\%$ 에서

$$\eta = \dfrac{10000\dfrac{kJ}{s}}{5000\dfrac{kg}{h} \times \dfrac{1h}{3600s} \times 33440\dfrac{kJ}{kg}} \times 100\% = 21.5\%$$

Q013 역 Carnot cycle로 300K와 240K 사이에서 작동하고 있는 냉동기가 있다. 이 냉동기의 성능계수는?

① 3   ② 4
③ 5   ④ 6

해설) 성능계수 $COP = \dfrac{T_L}{T_H - T_L}$ 에서

$COP = \dfrac{240K}{300K - 240K} = 4$

Q014 보일러 입구의 압력이 9800kN/m²이고, 응축기의 압력이 4900N/m²일 때 펌프가 수행한 일은 약 몇 kJ/kg인가? (단, 물의 비체적은 0.001m³/kg이다.)

① 9.79   ② 15.17
③ 87.25   ④ 180.52

해설) 펌프 일 $w_p = vdP$ 에서

$w_p = 0.001\dfrac{m^3}{kg} \times (9800 - 4.9)\dfrac{kN}{m^2} = 9.795 kJ/kg$

Q015 오토(Otto) 사이클에 관한 일반적인 설명 중 틀린 것은?

① 불꽃 점화 기관의 공기 표준 사이클이다.
② 연소과정을 정적 가열과정으로 간주한다.
③ 압축비가 클수록 효율이 높다.
④ 효율은 작업기체의 종류와 무관하다.

답) 012. ② 013. ② 014. ① 015. ④

해설 오토 사이클(Otto cycle)
- 가솔린 기관 또는 전기점화 내연기관의 기본이 되는 사이클이다.
- 2개의 단열과정과 2개의 정적과정으로 구성되어 있으며 작업유체의 열 공급과 방출이 정적과정에서 이루어지기 때문에 정적 사이클이라 한다.
- 연소과정은 정적 가열과정이다.
- 열효율은 압축비와 비열비의 함수로 계산되며 압축비 또는 비열비가 클수록 열효율은 높게 된다.
- 작업기체가 가지는 비열비에 따라 열효율이 변화되므로 열효율은 작업기체의 종류에 따라 다르다.

Q 016 열역학 제2법칙과 관련된 설명으로 옳지 않은 것은?

① 열효율이 100%인 열기관은 없다.
② 저온 물체에서 고온 물체로 열은 자연적으로 전달되지 않는다.
③ 폐쇄계와 그 주변계가 열교환이 일어날 경우 폐쇄계와 주변계 각각의 엔트로피는 모두 상승한다.
④ 동일한 온도 범위에서 작동되는 가역 열기관은 비가역 열기관보다 열효율이 높다.

해설 폐쇄계와 그 주변계가 열교환이 일어날 경우 열전달의 방향에 따라 엔트로피는 감소할 수 있으며 비가역 시스템의 경우 시스템과 주위계를 합한 전체 시스템의 엔트로피는 증가한다.

Q 017 10kg의 증기가 온도 50℃, 압력 38kPa, 체적 7.5m³일 때 총 내부에너지는 6700kJ이다. 이와 같은 상태의 증기가 가지고 있는 엔탈피는 약 몇 kJ인가?

① 606　　② 1794
③ 3305　　④ 6985

해설 엔탈피 $H = U + PV$에서 $H = 6700\text{kJ} + 38\dfrac{\text{kN}}{\text{m}^2} \times 7.5\text{m}^3 = 6985\text{kJ}$

Q 018 다음 중 정확하게 표기된 SI 기본단위(7가지)의 개수가 가장 많은 것은? (단, SI 유도단위 및 그 외 단위는 제외한다.)

① A, Cd, ℃, kg, m, Mol, N, s
② cd, J, K, kg, m, Mol, Pa, s
③ A, J, ℃, kg, km, mol, S, W
④ K, kg, km, mol, N, Pa, S, W

해설 ① A, kg, m, s - 4개　② cd, K, kg, m, s - 5개
③ A, kg, mol - 3개　④ K, kg, mol - 3개

답 016. ③　017. ④　018. ②

참고

① 기본단위

기본량	길이	질량	온도	시간	전류	물질량	광도
단위	m	kg	K	sec	A	mol	cd
명칭	미터	킬로그램	켈빈	초	암페어	몰	칸델라

② 유도단위
- 뉴턴 $N = kg \cdot m/s^2$
- 줄 $J = N \cdot m = kg \cdot m^2/s^2$
- 파스칼 $Pa = N/m^2 = kg/m \cdot s^2$
- 와트 $W = J/s = N \cdot m/s = kg \cdot m^2/s^3$

019 어느 증기터빈에서 0.4kg/s로 증기가 공급되어 260kW의 출력을 낸다. 입구의 증기 엔탈피 및 속도는 각각 3000kJ/kg, 720m/s, 출구의 증기 엔탈피 및 속도는 각각 2500kJ/kg, 120m/s이면, 이 터빈의 열손실은 약 몇 kW가 되는가?

① 15.9 ② 40.8
③ 20.0 ④ 104

해설

터빈의 에너지방정식 $Q + m\left(h_1 + \dfrac{V_1^2}{2} + gz_1\right) = m\left(h_2 + \dfrac{V_2^2}{2} + gz_2\right) + W_t$

위치에너지 $z_1 = z_2$일 때 $Q + m\left(h_1 + \dfrac{V_1^2}{2}\right) = m\left(h_2 + \dfrac{V_2^2}{2}\right) + W_t$에서

$Q + 0.4 \times \left(3000 \times 10^3 + \dfrac{720^2}{2}\right) = 0.4 \times \left(2500 \times 10^3 + \dfrac{120^2}{2}\right) + 260 \times 10^3$

$Q + 1303680 = 1262880$

터빈의 열손실 $Q = 1262880 - 1303680 = -40800W = -40.8kW$

(부(−)의 값은 열손실을 의미한다.)

020 8℃의 이상기체를 가역단열 압축하여 그 체적을 1/5로 하였을 때 기체의 온도는 약 몇 ℃인가? (단, 이 기체의 비열비는 1.4이다.)

① −125℃ ② 294℃
③ 222℃   ④ 262℃

해설

단열과정에서 온도와 체적과의 관계 $\dfrac{T_2}{T_1} = \left(\dfrac{V_1}{V_2}\right)^{k-1}$에서

변화 후의 체적 $V_2 = \dfrac{1}{5}V_1$일 때

최종온도 $T_2 = \left(\dfrac{V_1}{V_2}\right)^{k-1} T_1 = \left(\dfrac{V_1}{\frac{1}{5}V_1}\right)^{1.4-1} \times (273 + 8℃)K = 534.9K = 261.9℃$

답 019. ② 020. ④

제 2 과목   냉동공학

Q 021 증기압축식 냉동장치에 관한 설명으로 옳은 것은?

① 증발식 응축기에서는 대기의 습구온도가 저하하면 고압압력은 통상의 운전 압력보다 높게 된다.
② 압축기의 흡입압력이 낮게 되면 토출압력도 낮게 되어 냉동능력이 증대한다.
③ 언로더 부착 압축기를 사용하면 급격하게 부하가 증가하여도 액백(liquid back)현상을 막을 수 있다.
④ 액배관에 플래쉬 가스가 발생하면 냉매 순환량이 감소되어 증발기의 냉동능력이 저하된다.

해설 ① 증발식 응축기에서는 대기의 습구온도가 저하하면 고압압력은 통상의 운전 압력보다 낮게 된다.
② 압축기의 흡입압력이 낮게 되면 압축비가 상승하게 되어 냉동능력이 감소한다.
③ 언로더 부착 압축기를 사용하면 부하에 따라 압축기의 용량을 제어할 수 있다.

Q 022 열전달에 관한 설명으로 틀린 것은?

① 전도란 물체 사이의 온도차에 의한 열의 이동현상이다.
② 대류란 유체의 순환에 의한 열의 이동현상이다.
③ 대류 열전달계수의 단위는 열통과율의 단위와 같다.
④ 열전도율의 단위는 $W/m^2 \cdot K$이다.

해설 열전도열량 $Q = \dfrac{\lambda}{l} A \Delta t$ [W]

여기서, $\lambda(W/m \cdot K)$: 열전도율, $l(m)$: 두께, $A(m^2)$: 전열면적, $\Delta t(K)$: 온도차

Q 023 방열벽의 열통과율(K)이 $0.2 kcal/m^2 \cdot h \cdot ℃$이며, 외기와 벽면과의 열전달율($\alpha_1$)은 $20 kcal/m^2 \cdot h \cdot ℃$, 실내공기와 벽면과의 열전달율($\alpha_2$)이 $5 kcal/m^2 \cdot h \cdot ℃$, 방열층의 열전도율($\lambda$)이 $0.03 kcal/m \cdot h \cdot ℃$라 할 때, 방열벽의 두께는 얼마가 되는가?

① 142.5mm ② 146.5mm
③ 155.5mm ④ 164.5mm

해설 열통과율 $\dfrac{1}{K} = \dfrac{1}{\alpha_1} + \dfrac{l}{\lambda} + \dfrac{1}{\alpha_2}$에서

방열벽의 두께 $l = \lambda \left(\dfrac{1}{K} - \dfrac{1}{\alpha_1} - \dfrac{1}{\alpha_2} \right) = 0.03 \times \left(\dfrac{1}{0.2} - \dfrac{1}{20} - \dfrac{1}{5} \right) = 0.1425 m = 142.5 mm$

답 021. ④ 022. ④ 023. ①

024 프레온 냉매를 사용하는 냉동장치에 공기가 침입하면 어떤 현상이 일어나는가?

① 고압 압력이 높아지므로 냉매 순환량이 많아지고 냉동능력도 증가한다.
② 냉동톤당 소요동력이 증가한다.
③ 고압 압력은 공기의 분압만큼 낮아진다.
④ 배출가스의 온도가 상승하므로 응축기의 열통과율이 높아지고 냉동능력도 증가한다.

해설 냉동장치에 공기가 침입하면 일어나는 현상
• 응축기 내에 불응축가스가 발생하므로 고압 압력이 높아진다.
• 냉매 순환량이 감소하고 냉동능력이 감소한다.
• 압축기 소요동력이 증가한다.
• 압축비 상승으로 배출가스의 온도가 상승한다.
• 냉동기의 성적계수가 낮아진다.

025 2단 냉동사이클에서 응축압력을 Pc, 증발압력을 Pe라 할 때, 이론적인 최적의 중간압력으로 가장 적당한 것은?

① $Pc \times Pe$
② $(Pc \times Pe)^{\frac{1}{2}}$
③ $(Pc \times Pe)^{\frac{1}{3}}$
④ $(Pc \times Pe)^{\frac{1}{4}}$

해설 2단 냉동사이클의 압축비 $\dfrac{Pc}{Pm} = \dfrac{Pm}{Pe}$에서 $Pm^2 = Pc \times Pe$이므로
중간압력 $P_m = (Pc \times Pe)^{\frac{1}{2}}$이다.

026 −15℃의 R134a 냉매 포화액의 엔탈피는 180.1kJ/kg, 같은 온도에서 포화증기의 엔탈피는 389.6kJ/kg이다. 증기압축식 냉동시스템에서 팽창밸브 직전의 액의 엔탈피가 237.5kJ/kg이라면 팽창밸브를 통과한 후 냉매의 건도는?

① 0.27 ② 0.32
③ 0.56 ④ 0.72

해설 건도 $x = \dfrac{h_4 - h_f}{h_g - h_f}$에서  $x = \dfrac{(237.5 - 180.1)\text{kJ/kg}}{(389.6 - 180.1)\text{kJ/kg}} = 0.274$

027 밀도가 1200kg/m³, 비열이 0.705kcal/kg·℃인 염화칼슘 브라인을 사용하는 냉각기의 브라인 입구온도가 −10℃, 출구온도가 −4℃ 되도록 냉각기를 설계하고자 한다. 냉동부하가 36000kcal/h라면 브라인의 유량은 얼마이어야 하는가?

① 118L/min ② 120L/min
③ 136L/min ④ 150L/min

답 024. ② 025. ② 026. ① 027. ①

해설
- 냉동부하 $Q_e = GC\Delta t$ 에서

  브라인의 유량 $G = \dfrac{Q_e}{C\Delta t} = \dfrac{36000\dfrac{\text{kcal}}{\text{h}}}{0.705\dfrac{\text{kcal}}{\text{kg}\cdot\text{℃}} \times \{-4-(-10)\}\text{℃}} = 8510.64\text{kg/h}$

- 체적유량 $Q = \dfrac{G}{\rho}$ 에서 $Q = \dfrac{8510.64\dfrac{\text{kg}}{\text{h}}}{1200\dfrac{\text{kg}}{\text{m}^3}} = 7.0922\text{m}^3/\text{h}$

  1L = 1000cm³ 이므로 단위를 환산하면 다음과 같다.

  $Q = 7.0922\dfrac{\text{m}^3}{\text{h}} \times \left(\dfrac{100\text{cm}}{1\text{m}}\right)^3 \times \dfrac{1\text{h}}{60\text{min}} = 118203\text{cm}^3/\text{min} = 118.2\text{L/min}$

Q 028 냉매의 구비 조건에 대한 설명으로 틀린 것은?

① 증기의 비체적이 작을 것
② 임계온도가 충분히 높을 것
③ 점도와 표면장력이 크고 전열성능이 좋을 것
④ 부식성이 적을 것

해설 냉매는 냉동작용을 하기 위한 동작유체로서 점도와 표면장력이 작아야 한다.

Q 029 공랭식 냉동장치에서 응축압력이 과다하게 높은 경우가 아닌 것은?

① 순환공기 온도가 높을 때
② 응축기가 불결한 상태일 때
③ 장치 내 불응축가스가 존재할 때
④ 공기 순환량이 충분할 때

해설 공랭식 냉동장치의 응축기에 공기의 순환량이 충분하면 열전달이 양호하게 되므로 응축이 잘 되고 응축압력이 낮아진다.

Q 030 냉동장치에서 디스트리뷰터(distributor)의 역할로서 옳은 것은?

① 냉매의 분배
② 흡입가스의 과열방지
③ 증발온도의 저하방지
④ 플래쉬가스의 발생방지

해설 디스트리뷰터란 팽창밸브에서 냉매를 여러 계통의 증발관으로 보낼 경우 냉매를 균등하게 분배하기 위한 부속장치이다.

답 028. ③ 029. ④ 030. ①

Q 031 암모니아 냉동기에서 압축기의 흡입 포화온도 −20℃, 응축온도 30℃, 팽창밸브의 직전온도가 25℃, 피스톤 압출량이 288m³/h일 때, 냉동능력은? (단, 압축기의 체적효율 0.8, 흡입냉매의 엔탈피 396kcal/kg, 냉매흡입 비체적 0.62m³/kg, 팽창밸브 직전 냉매의 엔탈피 128kcal/kg이다.)

① 25RT ② 30RT
③ 35RT ④ 40RT

해설

- 냉매순환량 $G = \dfrac{V}{v_a} \times \eta_v$ 에서 $G = \dfrac{288\dfrac{m^3}{h}}{0.62\dfrac{m^3}{kg}} \times 0.8 = 371.61 \text{kg/h}$

- 냉동능력 $Q_e = G \times q_e$ 에서 $Q_e = 371.61\dfrac{kg}{h} \times (396-128)\dfrac{kcal}{kg} = 99591.48 \text{kcal/h}$
  냉동능력 1RT = 3320kcal/h이므로 단위를 환산하면 다음과 같다.
  $Q_e = \dfrac{99591.48 \text{kcal/h}}{3320 \text{kcal/h}} = 30\text{RT}$

Q 032 냉매 액가스 열교환기의 사용에 대한 설명으로 틀린 것은?

① 액가스 열교환기는 보통 암모니아 장치에는 사용하지 않는다.
② 프레온 냉동장치에서 액압축 방지 및 액관 중의 플래쉬 가스 발생을 방지하는데 도움이 된다.
③ 증발기로 들어가는 저온의 냉매 증기와 압축기에서 응축기에 이르는 고온의 냉매액을 열교환시키는 방법을 이용한다.
④ 습압축을 방지하여 냉동효과와 성적계수를 향상시킬 수 있다.

해설 냉매 액가스 열교환기는 팽창밸브 직전의 고온의 냉매액과 압축기로 흡입되는 저온의 냉매증기를 열교환시킨다.

Q 033 다음 압축기 중 압축방식에 의한 분류에 속하지 않는 것은?

① 왕복동식 압축기 ② 흡수식 압축기
③ 회전식 압축기   ④ 스크류식 압축기

해설
- 용적형 압축기에는 왕복동식, 회전식, 스크류식, 스크롤식이 있다.
- 흡수식 냉동기는 압축기가 없으며 흡수기, 발생기(재생기), 응축기, 증발기로 구성되어 있다.

답 031. ② 032. ③ 033. ②

Q 034

다음은 h-x(엔탈피-농도)선도에 흡수식 냉동기의 사이클을 나타낸 것이다. 그림에서 흡수사이클을 나타내는 것으로 옳은 것은?

① a - b - g - h - a
② a - c - f - h - a
③ b - c - f - g - b
④ b - d - e - g - b

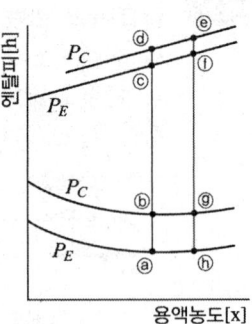

해설
- h→a는 증발압력으로서 냉매를 흡수하는 과정이고 b→g는 응축압력으로서 냉매를 재생하는 과정을 나타내고 있다.
- 흡수사이클은 a-b-g-h-a이다.

Q 035

다음 선도와 같이 응축온도만 변화하였을 때 각 사이클의 특성 비교로 틀린 것은?
(단, 사이클A : (A - B - C - D - A), 사이클B : (A - B′ - C′ - D′ - A), 사이클C : (A - B″ - C″ - D″ - A)이다.)

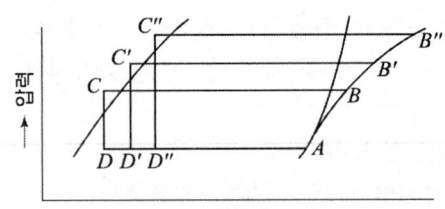

(응축온도만 변했을 경우)

① 압축비 : 사이클C > 사이클B > 사이클A
② 압축일량 : 사이클C > 사이클B > 사이클A
③ 냉동효과 : 사이클C > 사이클B > 사이클A
④ 성적계수 : 사이클C < 사이클B < 사이클A

해설 증발온도가 일정하고 응축온도가 변화할 경우

사이클	사이클A	사이클B	사이클C
압축비	소	중	대
압축일량	소	중	대
냉동효과	대	중	소
성적계수	대	중	소

답 034. ① 035. ③

Q 036 냉동기의 압축기 윤활목적으로 틀린 것은?

① 마찰을 감소시켜 마모를 적게 한다.
② 패킹재를 보호한다.
③ 열을 발생시킨다.
④ 피스톤, 스터핑박스 등에서 냉매누출을 방지한다.

해설 압축기 윤활의 목적
- 냉각작용으로 마찰열을 제거하여 마모를 적게 하고 패킹재를 보호한다.
- 유막을 형성하여 냉매누출을 방지한다.
- 방청작용으로 부식을 방지한다.
- 진동, 소음, 충격을 흡수한다.

Q 037 증기 압축식 냉동장치의 운전 중에 액백(Liquid back)이 발생되고 있을 때 나타나는 현상으로 옳은 것은?

① 소요동력이 감소한다.   ② 토출관이 뜨거워진다.
③ 압축기에 서리가 생긴다.   ④ 냉동능력이 증가한다.

해설 냉매순환량이 많아 증발기에서 냉매액이 완전하게 증발하지 못하여 압축기 흡입가스 중에 액이 존재하는 경우 액백이 발생하며 압축기 흡입관에 서리가 발생한다.

Q 038 액분리기에 관한 설명으로 옳은 것은?

① 증발기 입구에 설치한다.
② 액압축을 방지하며 압축기를 보호한다.
③ 냉각할 때 침입한 공기와 냉매를 혼합시킨다.
④ 증발기에 공급되는 냉매액을 냉각시킨다.

해설 액분리기(accumulator)란 증발기와 압축기 사이의 흡입관에 설치하여 압축기로 흡입되는 냉매가스 중의 냉매액을 분리시켜 액압축을 방지하는 압축기 보호장치이다.

Q 039 1단 압축 1단 팽창 이론 냉동사이클에서 압축기의 압축과정은?

① 등엔탈피변화   ② 정적변화
③ 등엔트로피변화   ④ 등온변화

해설 1단 압축 1단 팽창 냉동사이클
- 압축과정 : 단열압축(등엔트로피변화), 온도상승, 압력상승, 비체적감소, 엔탈피상승
- 응축과정 : 압력일정, 온도저하, 비체적감소, 엔탈피감소, 엔트로피감소
- 팽창과정 : 단열팽창(등엔탈피변화), 압력강하, 온도강하, 비체적상승
- 증발과정 : 온도일정, 압력일정, 비체적상승, 엔탈피상승

답 036. ③ 037. ③ 038. ② 039. ③

Q 040 실제 냉동사이클에서 냉매가 증발기에서 나온 후, 압축기의 흡입 전 흡입가스 변화는?

① 압력은 감소하고 엔탈피는 증가한다.
② 압력과 엔탈피는 감소한다.
③ 압력은 증가하고 엔탈피는 감소한다.
④ 압력과 엔탈피는 증가한다.

해설 증발기 출구에서 압축기 입구에 이르는 배관을 흡입배관이라 하며 압축기 흡입가스가 흡입배관을 통과하면서 마찰로 인하여 압력손실이 발생되므로 압력이 감소하고, 흡입배관의 길이가 지나치게 길거나 완전하게 단열되지 않으면 외부로부터 열을 받아 엔탈피가 증가한다.

제 3 과목 공기조화

Q 041 20명의 인원이 각각 1개비의 담배를 동시에 피울 경우 필요한 실내 환기량은? (단, 담배 1개비당 발생하는 배연량은 0.54g/h, 1m³/h의 환기 가능한 허용 담배 연소량은 0.017g/h이다.)

① 235m³/h
② 347m³/h
③ 527m³/h
④ 635m³/h

해설 환기량 $Q = \dfrac{20명 \times 0.54 \dfrac{g}{h}}{0.017 \dfrac{g}{h \cdot (m^3/h)}} = 635.3 \, m^3/h$

Q 042 보일러 출력표시에 대한 설명으로 틀린 것은?

① 정격출력 : 연속 운전이 가능한 보일러의 능력으로 난방부하, 급탕부하, 배관부하, 예열부하의 합이다.
② 정미출력 : 난방부하, 급탕부하, 예열부하의 합이다.
③ 상용출력 : 정격출력에서 예열부하를 뺀 값이다.
④ 과부하출력 : 운전초기에 과부하가 발생했을 때는 정격 출력의 10~20% 정도 증가해서 운전할 때의 출력으로 한다.

해설 정미출력 : 난방부하와 급탕부하의 합이다.

답 040. ① 041. ④ 042. ②

Q 043 다음 공조방식 중 개별식에 속하는 것은 어느 것인가?

① 팬 코일 유닛 방식　　② 단일 덕트 방식
③ 2중 덕트 방식　　　　④ 패키지 유닛 방식

해설 중앙방식
- 전공기방식 : 단일 덕트 방식, 2중 덕트 방식, 멀티 존 유닛 방식, 각층 유닛 방식
- 공기-수방식 : 유인 유닛 방식, 복사냉난방방식
- 전수방식 : 팬 코일 유닛 방식

Q 044 습공기의 가습 방법으로 가장 거리가 먼 것은?

① 순환수를 분무하는 방법　　② 온수를 분무하는 방법
③ 수증기를 분무하는 방법　　④ 외부공기를 가열하는 방법

해설 가습 방법
- 공기세정기에 의한 순환수 분무 가습
- 소량의 물 또는 온수 분무 가습
- 수증기 분무 가습
- 가습팬에 의한 수증기 증발 가습

Q 045 동일한 송풍기에서 회전수를 2배로 했을 경우 풍량, 정압, 소요동력의 변화에 대한 설명으로 옳은 것은?

① 풍량 1배, 정압 2배, 소요동력 2배
② 풍량 1배, 정압 2배, 소요동력 4배
③ 풍량 2배, 정압 4배, 소요동력 4배
④ 풍량 2배, 정압 4배, 소요동력 8배

해설 송풍기의 상사법칙
- 풍량 $Q_2 = \left(\dfrac{N_2}{N_1}\right)Q_1 = \left(\dfrac{2N_1}{N_1}\right)Q_1 = 2Q_1$
- 정압 $P_{s1} = \left(\dfrac{N_2}{N_1}\right)^2 P_{s1} = \left(\dfrac{2N_1}{N_1}\right)^2 P_{s1} = 4P_{s1}$
- 소요동력 $L_2 = \left(\dfrac{N_2}{N_1}\right)^3 L_1 = \left(\dfrac{2N_1}{N_1}\right)^3 L_1 = 8L_1$

Q 046 건물의 외벽 크기가 10m×2.5m이며, 벽 두께가 250mm인 벽체의 양 표면 온도가 각각 −15℃, 26℃일 때, 이 벽체를 통한 단위 시간당의 손실열량은? (단, 벽의 열전도율은 0.05kcal/m·h·℃이다.)

① 20.5kcal/h　　② 205kcal/h
③ 102.5kcal/h　　④ 240kcal/h

답 043. ④　044. ④　045. ④　046. ②

해설

전도에 의한 손실열량 $Q = \frac{\lambda}{l} A \Delta t$ 에서

$$Q = \frac{0.05 \frac{\text{kcal}}{\text{m} \cdot \text{h} \cdot \text{℃}}}{0.25\text{m}} \times (10\text{m} \times 2.5\text{m}) \times \{26 - (-15)\}\text{℃} = 205\text{kcal/h}$$

Q 047 흡수식 냉동기에 관한 설명으로 틀린 것은?

① 비교적 소용량보다는 대용량에 적합하다.
② 발생기에는 증기에 의한 가열이 이루어진다.
③ 냉매는 브롬화리튬(LiBr), 흡수제는 물(H_2O)의 조합으로 이루어진다.
④ 흡수기에서는 냉각수를 사용하여 냉각시킨다.

해설 흡수식 냉동기에서 냉매가 물(H_2O)일 때 흡수제는 브롬화리튬(LiBr)을 사용한다.

Q 048 장방형 덕트(긴 변 a, 짧은 변 b)의 원형 덕트 지름 환산식으로 옳은 것은?

① $de = 1.3 \left[\frac{(ab)^2}{a+b}\right]^{1/8}$
② $de = 1.3 \left[\frac{(ab)^5}{a+b}\right]^{1/6}$
③ $de = 1.3 \left[\frac{(ab)^5}{(a+b)^2}\right]^{1/8}$
④ $de = 1.3 \left[\frac{(ab)^2}{(a+b)}\right]^{1/6}$

해설 장방형 덕트의 상당직경

$$de = 1.3 \left\{\frac{(ab)^5}{(a+b)^2}\right\}^{1/8}$$

Q 049 온수난방설계 시 달시-바이스바하(Darcy-Weibach)의 수식을 적용한다. 이 식에서 마찰저항계수와 관련이 있는 인자는?

① 누셀수(Nu)와 상대조도
② 프란틀수(Pr)와 절대조도
③ 레이놀즈수(Re)와 상대조도
④ 그라쇼프수(Gr)와 절대조도

해설 달시-바이스바하(Darcy-Weibach)의 방정식의 손실수두 $h_L = f \frac{L}{d} \frac{V^2}{2g}$ [m]
(f : 관 마찰저항계수, L : 관의 길이, d : 관의 지름, $V^2/2g$: 속도수두)
∴ 관 마찰저항계수는 레이놀즈수(Re)와 상대조도의 함수이다.

Q 050 공기 중의 수증기가 응축하기 시작할 때의 온도 즉, 공기가 포화상태로 될 때의 온도를 무엇이라고 하는가?

① 건구온도
② 노점온도
③ 습구온도
④ 상당외기온도

답 047. ③ 048. ③ 049. ③ 050. ②

해설
- 건구온도 : 기온을 측정할 때 온도계의 감열부가 건조한 상태에서 측정한 온도이다.
- 습구온도 : 온도계의 감열부를 가재로 감싼 다음 감열부가 물을 빨아 올려 젖은 상태에서 물의 증발잠열을 이용하여 측정한 온도이다.
- 노점온도 : 습공기 중의 수증기가 응축하기 시작할 때의 온도이다.
- 상당외기온도 : 일사가 가지는 효과를 외기온도로 환산하고 평가하여 그것을 외기온도에 가산한 온도이다.

상당외기온도 $t_s = t_o + \dfrac{\alpha}{\alpha_o} I$ ($t_o(\text{℃})$: 외기온도, α : 수열면의 흡수율,

$\alpha_o(\text{kcal/m}^2 \cdot \text{℃})$: 열전달율, $I(\text{kcal/m}^2 \cdot \text{h})$: 일사량)

Q 051
공기 중의 수분이 벽이나 천장, 바닥 등에 닿았을 때 응축되어 이슬이 맺히는 경우가 있다. 이와 같은 수분의 응축 결로를 방지하는 방법으로 적절하지 않은 것은?

① 다습한 외기를 도입하지 않도록 한다.
② 벽체인 경우 단열재를 부착한다.
③ 유리창인 경우 2중유리를 사용한다.
④ 공기와 접촉하는 벽면의 온도를 노점온도 이하로 낮춘다.

해설 결로를 방지하기 위하여 공기와 접촉하는 벽면의 온도를 노점온도 이상으로 유지한다.

Q 052
에너지 절약의 효과 및 사무자동화(OA)에 의한 건물에서 내부발생열의 증가와 부하변동에 대한 제어성이 우수하기 때문에 대규모 사무실 건물에 적합한 공기조화 방식은?

① 정풍량(CAV) 단일덕트 방식   ② 유인유닛 방식
③ 룸 쿨러 방식   ④ 가변풍량(VAV) 단일덕트 방식

해설 가변풍량(VAV) 단일덕트 방식은 송풍온도를 일정하게 유지하고 실내의 부하변동에 대하여 송풍량을 변화시켜 실온을 제어하는 방식으로서 각 실 또는 각 존별로 개별제어하기 때문에 에너지절약 효과가 크다.

Q 053
바닥취출 공조방식의 특징으로 틀린 것은?

① 천장 덕트를 최소화 하여 건축 층고를 줄일 수 있다.
② 개개인에 맞추어 풍량 및 풍속 조절이 어려워 쾌적성이 저해된다.
③ 가압식의 경우 급기거리가 18m 이하로 제한된다.
④ 취출온도와 실내온도 차이가 10℃ 이상이면 드래프트 현상을 유발할 수 있다.

답 051. ④ 052. ④ 053. ②

해설 바닥취출 공조방식은 바닥 취출구의 풍량을 개개인에 맞추어 조절할 수 있으므로 쾌적한 실내환경을 조성하며 재실자의 개인적인 취향에 맞는 최적의 온도와 습도를 제공한다.

Q 054 실내의 냉방 현열부하가 5000kcal/h, 잠열부하가 800kcal/h인 방을 실온 26℃로 냉각하는 경우 송풍량은? (단, 취출온도는 15℃이며, 건공기의 정압비열은 0.24kcal/kg·℃, 공기의 비중량은 1.2kg/m³이다.)

① 1578m³/h ② 878m³/h
③ 678m³/h   ④ 578m³/h

해설 송풍량 $Q = \dfrac{q_s}{\gamma C_p \Delta t}$ 에서

$$Q = \dfrac{5000 \dfrac{kcal}{h}}{1.2 \dfrac{kg}{m^3} \times 0.24 \dfrac{kcal}{kg \cdot ℃} \times (26-15)℃} = 1578.3 m^3/h$$

Q 055 실내를 항상 급기용 송풍기를 이용하여 정압(+)상태로 유지할 수 있어서 오염된 공기의 침입을 방지하고, 연소용 공기가 필요한 보일러실, 반도체 무균실, 소규모 변전실, 창고 등에 적합한 환기법은?

① 제1종 환기   ② 제2종 환기
③ 제3종 환기   ④ 제4종 환기

해설
- 제1종 환기 : 송풍기를 이용하여 실내에 공기를 공급하고 배풍기를 이용하여 실내의 공기를 배기하는 방식으로서 실내를 정압(+) 또는 부압(-)상태로 유지한다.
- 제2종 환기 : 송풍기를 이용하여 실내에 공기를 공급하고 배기구나 건축물의 틈새를 통하여 자연적으로 배기하는 방식으로서 실내를 정압(+)상태로 유지하며 클린룸, 수술실, 반도체 제조공장 등에 적합하다.
- 제3종 환기 : 급기구나 건축물의 틈새를 통하여 자연적으로 실내에 공기를 공급하고 배풍기를 이용하여 실내의 공기를 강제적으로 배기하는 방식으로서 실내를 부압(-)상태로 유지한다.
- 제4종 환기 : 급기구나 건축물의 틈새를 통하여 자연적으로 실내에 공기를 공급하고 배기구나 건축물의 틈새를 통하여 자연적으로 실내의 공기를 배기하는 방식이다.

Q 056 단일덕트 재열방식의 특징으로 틀린 것은?

① 냉각기에 재열부하가 추가된다.
② 송풍 공기량이 증가한다.
③ 실별 제어가 가능하다.
④ 현열비가 큰 장소에 적합하다.

답 054. ① 055. ② 056. ④

해설 단일덕트 재열방식은 식당과 같은 잠열부하가 많고 현열비가 적은 장소에 적합하다.

057 가변풍량 공조방식의 특징으로 틀린 것은?
① 다른 방식에 비하여 에너지 절약 효과가 높다.
② 실내공기의 청정화를 위하여 대풍량이 요구될 때 적합하다.
③ 각 실의 실온을 개별적으로 제어할 때 적합하다.
④ 동시사용률을 고려하여 기기용량을 결정할 수 있어 정풍량 방식에 비하여 기기의 용량을 적게 할 수 있다.

해설 가변풍량 공조방식은 최소 풍량으로 양호한 공기분포를 얻을 수 있으며 정풍량 공조방식보다 송풍량을 작게 할 수 있다.

058 습공기의 성질에 대한 설명으로 틀린 것은?
① 상대습도란 어떤 공기의 절대습도와 동일온도의 포화습공기의 절대습도의 비를 말한다.
② 절대습도는 습공기에 포함된 수증기의 중량을 건공기 1kg에 대하여 나타낸 것이다.
③ 포화공기란 습공기 중의 절대습도, 건구온도 등이 변화하면서 수증기가 포화상태에 이른 공기를 말한다.
④ 무입공기란 포화수증기 이상의 수분을 함유하여 공기중에 미세한 물방울을 함유하는 공기를 말한다.

해설
• 상대습도란 습공기의 수증기 분압과 동일 온도에 있어서 포화공기의 수증기분 압과의 비이다.
• 포화도란 습공기의 절대습도와 동일 온도에 있어서 포화공기의 절대습도와의 비이다.

059 공기조화설비는 공기조화기, 열원장치 등 4대 주요장치로 구성되어 있다. 4대 주요장치의 하나인 공기조화기에 해당되는 것이 아닌 것은?
① 에어필터   ② 공기냉각기
③ 공기가열기   ④ 왕복동 압축기

해설 공기조화설비 중 열원장치에는 냉동기, 보일러, 히트펌프 등이 있으며 왕복동 압축기는 냉동기의 4대 주요장치이다.

답 057. ② 058. ① 059. ④

Q 060. 다음 습공기 선도의 공기조화과정을 나타낸 장치도는? (단, ①=외기, ②=환기, HC=가열기, CC=냉각기이다.)

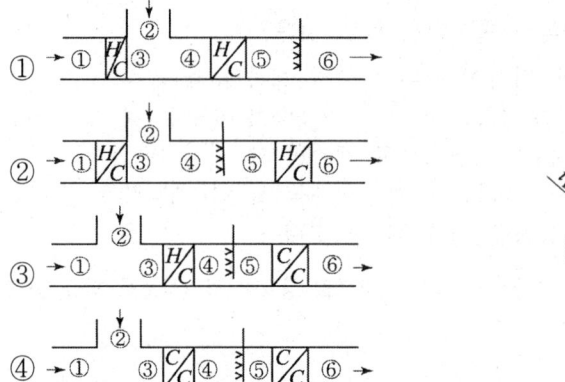
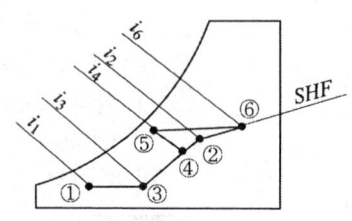

해설
- 외기공기 ①을 가열기(HC)에 통과시키면 온도만 상승하고 절대습도는 변화가 없는 ③의 공기가 된다.
- 실내공기 ②와 가열기를 통과한 ③의 공기와 혼합하면 ④의 공기가 된다.
- 혼합공기 ④를 단열가습시키면 엔탈피는 변화가 없고 건구온도가 낮아지며 절대습도가 상승한 ⑤의 공기가 된다.
- 가습된 ⑤의 공기가 가열기(HC)를 통과하면 온도만 상승하고 절대습도는 변화가 없는 ⑥의 공기가 되어 실내로 공급된다.

제 4 과목 전기제어공학

Q 061. 논리식 중 동일한 값을 나타내지 않는 것은?

① $X(X+Y)$
② $XY+X\overline{Y}$
③ $X(\overline{X}+Y)$
④ $(X+Y)(X+\overline{Y})$

해설
- $X \cdot \overline{X}=0$, $X \cdot 0=0$
- $X+\overline{X}=1$, $X+1=1$
- $X \cdot X=X$, $X+X=X$
- $X \cdot 1=X$, $X+0=X$

① $X(X+Y)=XX+XY=X+XY=X(1+Y)=X \cdot 1=X$
② $XY+X\overline{Y}=X(Y+\overline{Y})=X \cdot 1=X$
③ $X(\overline{X}+Y)=X\overline{X}+XY=0+XY=XY$
④ $(X+Y)(X+\overline{Y})=XX+X\overline{Y}+XY+Y\overline{Y}$
$=X+X\overline{Y}+XY+0=X+X(\overline{Y}+Y)=X+X \cdot 1$
$=X+X=X$

답 060. ② 061. ③

Q 062 광전형 센서에 대한 설명으로 틀린 것은?

① 전압 변화형 센서이다.
② 포토 다이오드, 포토 TR 등이 있다.
③ 반도체의 pn접합 기전력을 이용한다.
④ 초전 효과(pyroelectric effect)를 이용한다.

해설 초전효과
- 초전효과란 강유전체가 적외선을 받으면 열에너지를 흡수하여 자발분극의 변화를 일으키고 그 변화량에 비례하여 전하가 유도되는 것이다.
- 적외선 센서 중 열형은 초전효과의 동작원리를 이용한 것으로 초전센서, 서모파일이 대표적이다.

Q 063 3상 권선형 유도전동기 2차측에 외부저항을 접속하여 2차 저항값을 증가시키면 나타나는 특성으로 옳은 것은?

① 슬립 감소
② 속도 증가
③ 기동토크 증가
④ 최대토크 증가

해설 3상 권선형 유도전동기의 2차 회로에 저항기를 접속시키면 비례추이의 원리에 의해 다음과 같은 현상이 일어난다.
- 최대 토크는 변하지 않고 기동역률이 증가한다.
- 기동토크는 증가하고, 기동전류는 감소한다.
- 최대토크를 발생하는 슬립은 증가한다.

Q 064 R, L, C가 서로 직렬로 연결되어 있는 회로에서 양단의 전압과 전류가 동상이 되는 조건은?

① $\omega = LC$
② $\omega = L^2C$
③ $\omega = \dfrac{1}{LC}$
④ $\omega = \dfrac{1}{\sqrt{LC}}$

해설 R-L-C 직렬회로에서 전압과 전류가 동상이 되는 조건은 $X_L = X_C$이다.
(R: 저항, L: 인덕턴스, C: 캐피시턴스, X_L: 유도성 리액턴스, X_C: 용량성 리액턴스)
$X_L = X_C$에서 $\omega L = \dfrac{1}{\omega C}$이므로 $\omega^2 = \dfrac{1}{LC}$이고, 각속도 $\omega = \dfrac{1}{\sqrt{LC}}$이다.

Q 065 콘덴서의 정전용량을 높이는 방법으로 틀린 것은?

① 극판의 면적을 넓게 한다.
② 극판 간의 간격을 작게 한다.
③ 극판 간의 절연파괴 전압을 작게 한다.
④ 극판 사이의 유전체를 비유전율이 큰 것으로 사용한다.

답 062. ④ 063. ③ 064. ④ 065. ③

해설
① 정전용량 $C = \epsilon \dfrac{A}{d}$ [F]
(ϵ : 유전체의 유전율, $A(m^2)$: 극판의 면적, $d(m)$: 극판의 간격)
② 정전용량을 높이는 방법
- 극판의 면적(A)을 넓게 한다.
- 극판 간의 간격(d)을 작게 한다.
- 극판 사이의 유전체를 비유전율(ϵ_s)이 큰 것으로 사용한다.

Q. 066 그림과 같은 계전기 접점회로의 논리식은?

① $xz + \overline{y}\,\overline{x}$
② $xy + z\overline{x}$
③ $(x + \overline{y})(z + \overline{x})$
④ $(x + z)(\overline{y} + \overline{x})$

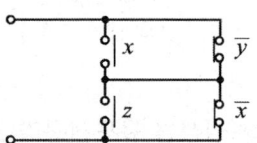

해설
- 병렬로 연결된 회로는 OR 회로이므로 논리식 $A = x + \overline{y}$, $B = z + \overline{x}$
- 직렬로 연결된 회로는 AND 회로이므로 논리식 $A \cdot B = (x + \overline{y})(z + \overline{x})$

Q. 067 계측기 선정 시 고려사항이 아닌 것은?

① 신뢰도
② 정확도
③ 미려도
④ 신속도

해설 미려도란 아름다운 정도를 나타내는 것으로 외관을 나타낸다. 따라서, 계측기 선정 시 미려도보다는 신뢰도, 정확도, 신속도 등을 고려해야 한다.

Q. 068 $\dfrac{3}{2}\pi(\text{rad})$ 단위를 각도(°) 단위로 표시하면 얼마인가?

① 120°
② 240°
③ 270°
④ 360°

해설 라디안 $\text{rad} = \dfrac{\pi}{180°} \times \theta$에서 각도 $\theta = \dfrac{180°}{\pi} \times \text{rad} = \dfrac{180°}{\pi} \times \dfrac{3}{2}\pi = 270°$

Q. 069 궤환제어계에 속하지 않는 신호로서 외부에서 제어량이 그 값에 맞도록 제어계에 주어지는 신호를 무엇이라 하는가?

① 목표값
② 기준 입력
③ 동작 신호
④ 궤환 신호

답 066. ③ 067. ③ 068. ③ 069. ①

- **목표값** : 제어계에서 제어량이 그 값에 맞도록 외부에서 주어지는 값이다.
- **동작신호** : 기준 입력과 궤환 신호와의 차로서 제어동작을 일으키는 신호이다.

070 타력제어와 비교한 자력제어의 특징 중 틀린 것은?
① 저비용　　　　　　② 구조 간단
③ 확실한 동작　　　　④ 빠른 조작 속도

해설 자력제어는 작동에 필요한 에너지를 제어대상으로부터 직접 받아서 제어하는 방식으로 타력제어에 비해 조작속도가 느리다.

071 그림 (a)의 직렬로 연결된 저항회로에서 입력전압 V_1과 출력전압 V_o의 관계를 그림 (b)의 신호흐름선도로 나타낼 때 A에 들어갈 전달함수는?

① $\dfrac{R_3}{R_1+R_2}$

② $\dfrac{R_1}{R_2+R_3}$

③ $\dfrac{R_3}{R_1+R_2}$

④ $\dfrac{R_3}{R_1+R_2+R_3}$

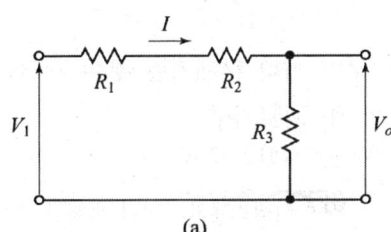

(a)

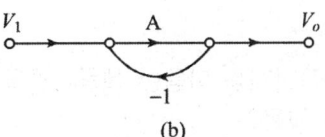

(b)

해설
- 그림(a)의 직렬로 연결된 저항회로에서 입력전압 $V_1 = I(R_1+R_2+R_3)$, 출력전압 $V_o = IR_3$이다.
- 그림(b)의 신호흐름선도에서 출력 $V_o = AV_1 - AV_o$이고 $(1+A)V_o = AV_1$이다. 그림(a)의 입력전압 V_1과 출력전압 V_o를 대입하여 A를 구한다.

∴ $(1+A)IR_3 = AI(R_1+R_2+R_3)$
$R_3 + AR_3 = AR_1 + AR_2 + AR_3$
$R_3 = AR_1 + AR_2 = A(R_1+R_2)$
$A = \dfrac{R_3}{R_1+R_2}$

070. ④　071. ①

Q 072. 다음 (a), (b) 두 개의 블록선도가 등가가 되기 위한 K는?

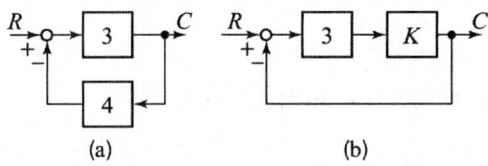

① 0
② 0.1
③ 0.2
④ 0.3

해설
- 그림(a)의 출력 $C=3R-(3\times4)C$, $13C=3R$에서 입력 $R=\dfrac{13}{3}C$이다.
- 그림(b)의 출력 $C=3KR-3KC$에서 두 개의 블록선도가 등가가 되기 위하여 입력 $R=\dfrac{13}{3}C$를 대입하면 $C=3K\times\dfrac{13}{3}C-3KC=10KC$이므로 $K=\dfrac{C}{10C}=0.1$이다.

Q 073. 무인 커피 판매기는 무슨 제어인가?

① 서보기구
② 자동조정
③ 시퀀스제어
④ 프로세스제어

해설 시퀀스제어 : 미리 정해진 순서에 따라 제어의 각 단계가 순차적으로 진행되는 제어 방식으로서 커피 자동 판매기, 세탁기 등에 적용된다.

Q 074. 공작기계를 이용한 제품가공을 위해 프로그램을 이용하는 제어와 가장 관계 깊은 것은?

① 속도 제어
② 수치 제어
③ 공정 제어
④ 최적 제어

해설 수치 제어란 공작기계에 컴퓨터 등의 제어장치를 사용하여 공작물에 대한 공구의 위치를 기억시켜 놓은 명령으로 공작기계를 제어하거나 자동으로 조작하는 데 이용된다.

Q 075. 전압, 전류, 주파수 등의 양을 주로 제어하는 것으로 응답속도가 빨라야 하는 것이 특징이며, 정전압장치나 발전기 및 조속기의 제어 등에 활용하는 제어방법은?

① 서보기구
② 비율제어
③ 자동조정
④ 프로세스제어

답 072. ② 073. ③ 074. ② 075. ③

해설 제어량에 의한 분류
- 자동조정 : 전압, 전류, 주파수, 회전수, 토크 등의 상태량을 제어
- 프로세스제어 : 온도, 압력, 유량, 액위, 농도 등의 상태량을 제어
- 서보기구 : 물체의 위치, 각도, 방위 등의 기계적 변위를 제어

076
단상변압기 3대를 △결선하여 3상 전원을 공급하다가 1대의 고장으로 인하여 고장난 변압기를 제거하고 V결선으로 바꾸어 전력을 공급할 경우 출력은 당초 전력의 약 몇 %까지 가능하겠는가?

① 46.7 ② 57.7
③ 66.7 ④ 86.7

해설 V-V결선이란 △-△결선으로 3상 변압을 하는 경우 변압기 1대가 고장났을 때 남은 2대의 변압기를 이용하여 3상 변압을 계속하는 결선방식이다.

용량비 $\beta = \dfrac{V결선의\ 출력}{\triangle결선의\ 출력} = \dfrac{\sqrt{3}\,V_2 I_2}{3 V_2 I_2} = 0.577 = 57.7\%$

077
도체를 늘려서 길이가 4배인 도선을 만들었다면 도체의 전기저항은 처음의 몇 배인가?

① $\dfrac{1}{4}$ ② $\dfrac{1}{16}$
③ 4 ④ 16

해설
- 초기의 전기저항 $R_1 = \rho \dfrac{l}{A}$ 에서 도체의 길이(l)를 4배로 늘리면 도체의 단면적 (A)은 $\dfrac{1}{4}$이 된다.
- 도체의 전기저항 $R_2 = \rho \dfrac{4l}{\frac{1}{4}A} = 16 R_1$

078
$L = 4H$인 인덕턴스에 $i = -30^{-3t}$ A의 전류가 흐를 때 인덕턴스에 발생하는 단자전압은 몇 V인가?

① $90e^{-3t}$ ② $120e^{-3t}$
③ $180e^{-3t}$ ④ $360e^{-3t}$

해설 단자전압 $e = L\dfrac{di}{dt}$ 에서

$e = 4 \times \dfrac{d}{dt}(-30 e^{-3t}) = 4 \times \{-30 \times (-3 e^{-3t})\} = 360 e^{-3t}$

답 076. ② 077. ④ 078. ④

Q 079 출력의 변동을 조정하는 동시에 목표값에 정확히 추종하도록 설계한 제어계는?
① 타력 제어
② 추치 제어
③ 안정 제어
④ 프로세서 제어

해설 추치 제어 : 임의로 변화하는 목표값에 정확히 추종하도록 설계한 제어로서 서보기구 등이 있다.

Q 080 제어기기의 변환요소에서 온도를 전압으로 변환시키는 요소는?
① 열전대
② 광전지
③ 벨로우즈
④ 가변 저항기

해설
• 온도를 전압으로 변환시키는 요소 : 열전대
• 압력을 변위로 변환시키는 요소 : 벨로우즈, 스프링, 다이어프램
• 변위를 임피던스로 변환시키는 요소 : 가변저항스프링, 가변 저항기, 용량형 변환기

제 5 과목 배관일반

Q 081 관의 부식 방지 방법으로 틀린 것은?
① 전기 절연을 시킨다.
② 아연도금을 한다.
③ 열처리를 한다.
④ 습기의 접촉을 없게 한다.

해설 열처리란 금속재료의 기계적, 물리적 성능을 향상시키는 기술로서 금속재료에 강도, 경도, 인성 등을 부여한다.

Q 082 급탕 배관에서 설치되는 팽창관의 설치위치로 적당한 것은?
① 순환펌프와 가열장치 사이
② 가열장치와 고가탱크 사이
③ 급탕관과 환수관 사이
④ 반탕관과 순환펌프 사이

해설 팽창관은 보일러, 저탕조 등 배관계에 있는 온수의 체적팽창을 도피시키는 관으로서 가열장치와 고가탱크 사이에 설치한다.

Q 083 기수 혼합식 급탕설비에서 소음을 줄이기 위해 사용되는 기구는?
① 서모스탯
② 사일렌서
③ 순환펌프
④ 감압밸브

답 079. ② 080. ① 081. ③ 082. ② 083. ②

해설 기수 혼합식 급탕설비에서 소음을 줄이기 위하여 S형과 F형의 증기 사일렌서(steam silencer)를 설치한다.

Q 084. 다음 중 소형, 경량으로 설치면적이 적고 효율이 좋으므로 가장 많이 사용되고 있는 냉각탑의 종류는?

① 대기식 냉각탑　　② 대향류식 냉각탑
③ 직교류식 냉각탑　④ 밀폐식 냉각탑

해설 대향류식 냉각탑은 냉각수와 공기의 흐름방향이 반대로 흐르기 때문에 타 냉각탑보다 가장 전열이 양호하며 소형, 경량으로 설치면적이 적고 효율이 좋다.

Q 085. 도시가스 입상배관의 관 지름이 20mm일 때 움직이지 않도록 몇 m 마다 고정장치를 부착해야 하는가?

① 1m　　② 2m
③ 3m　　④ 4m

해설 도시가스 입상배관의 고정 장치 설치
- 배관의 호칭지름이 13mm 미만 : 1m마다 설치
- 배관의 호칭지름이 13mm 이상 33mm 미만 : 2m마다 설치
- 배관의 호칭지름이 33mm 이상 : 3m마다 설치

Q 086. 공장에서 제조 정제된 가스를 저장했다가 공급하기 위한 압력탱크로 가스압력을 균일하게 하며, 급격한 수요변화에도 제조량과 소비량을 조절하기 위한 장치는?

① 정압기　　② 압축기
③ 오리피스　④ 가스홀더

해설 가스홀더 : 제조 정제된 가스를 저장하는 압력용기로서 가스의 품질(성분, 열량, 연소성 등)과 가스압력을 일정하게 유지하고 급격한 수요변화에도 가스공급량을 확보하고 조절하는 장치이다.

Q 087. 배관 도시기호 치수기입법 중 높이 표시에 관한 설명으로 틀린 것은?

① EL : 배관의 높이를 관의 중심을 기준으로 표시
② GL : 포장된 지표면을 기준으로 하여 배관장치의 높이를 표시
③ FL : 1층의 바닥면을 기준으료 표시
④ TOP : 지름이 다른 관의 높이를 나타낼 때 관외경의 아랫면까지를 기준으로 표시

답 084. ② 085. ② 086. ④ 087. ④

TOP : 관 외경의 윗면까지의 높이를 기준으로 표시

Q 088 급수배관에 관한 설명으로 옳은 것은?

① 수평배관은 필요한 경우 관내의 물을 배제하기 위하여 1/100~1/150의 구배를 준다.
② 상향식 급수배관의 경우 수평주관은 내림구배, 수평분기관은 올림구배로 한다.
③ 배관이 벽이나 바닥을 관통하는 곳에는 후일 수리시 교체가 쉽도록 슬리브(sleeve)를 설치한다.
④ 급수관과 배수관을 수평으로 매설하는 경우 급수관을 배수관의 아래쪽이 되도록 매설한다.

① 급수관은 상향구배를 원칙으로 하며 모든 기울기는 1/250을 표준으로 하고 배관 내의 물을 완전하게 배수하기 위하여 수직주관의 하단부에 배수밸브를 설치한다.
② 상향식 급수배관의 수평배관은 진행방향에 따라 올림구배로 한다.
④ 급수관과 배수관을 수평으로 매설하는 경우 양 배관의 수평간격은 500mm 이상으로 하고 급수관은 배수관 위에 매설한다.

Q 089
호칭지름 20A인 강관을 2개의 45° 엘보를 사용해서 그림과 같이 연결하고자 한다. 밑면과 높이가 똑같이 150mm라면 빗면 연결부분의 관의 실제요소길이(ℓ)는? (단, 45° 엘보 나사부의 길이는 15mm, 이음쇠의 중심선에서 단면까지 거리는 25mm로 한다.)

① 178mm
② 180mm
③ 192mm
④ 212mm

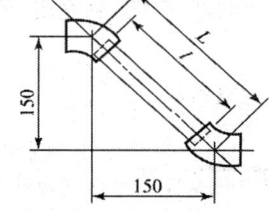

실제 배관길이
$l = \sqrt{L_1^2 + L_2^2} - 2(a-b)$ 에서
$l = \sqrt{(150mm)^2 + (150mm)^2} - 2 \times (25-15)mm = 192.1mm$

Q 090
저압가스배관에서 관 내경이 25mm에서 압력손실이 320mmAq이라면, 관 내경이 50mm로 2배로 되었을 때 압력손실은 얼마인가?

① 160mmAq
② 800mmAq
③ 32mmAq
④ 10mmAq

088. ③ 089. ③ 090. ④

해설
- 저압가스 배관의 가스유량 $Q = K\sqrt{\dfrac{D^5 H}{SL}}$ [m³/h]
  (D(cm) : 파이프 내경, H(kgf/m² 또는 mmAq) : 허용압력손실, S : 가스비중, L(m) : 파이프길이, K : 유량계수)
- 유량이 일정하므로 $Q_1 = Q_2$이고, $K\sqrt{\dfrac{D_1^5 H_1}{SL}} = K\sqrt{\dfrac{D_2^5 H_2}{SL}}$ 이다.
- $\sqrt{D_1^5 H_1} = \sqrt{D_1^5 H_1}$ 에서 양변에 제곱을 취하면 $D_1^5 H_1 = D_2^5 H_2$ 이고
  변화 후의 압력손실 $H_2 = \left(\dfrac{D_1}{D_2}\right)^5 H_1 = \left(\dfrac{2.5\text{cm}}{5\text{cm}}\right)^5 \times 320\text{mmAq} = 10\text{mmAq}$

Q 091. 증기배관의 트랩장치에 관한 설명이 옳은 것은?
① 저압증기에서는 보통 버킷형 트랩을 사용한다.
② 냉각레그(cooling leg)는 트랩의 입구 쪽에 설치한다.
③ 트랩의 출구쪽에는 스트레이너를 설치한다.
④ 플로트형 트랩은 상·하 구분없이 수직으로 설치한다.

해설
① 저압증기에서는 보통 벨로즈 트랩이 사용되며 벨로즈 트랩은 사용압력이 1kgf/cm² 이하의 방열기나 관말 트랩, 진공 환수식의 증기배관에 사용된다.
③ 트랩의 입구쪽에는 스트레이너를 설치한다.
④ 플로트형 트랩은 플로트가 상·하로 자유롭게 움직일 수 있도록 해야 하고 몸체에 각인된 화살표와 유체의 흐름방향과 일치해야 하며 상·하를 반대로 설치하게 되면 플로트가 올바른 위치에 올 수 없으므로 증기가 새어 나가는 현상이 발생한다.

Q 092. 냉동배관 재료 구비조건으로 틀린 것은?
① 가공성이 양호할 것
② 내식성이 좋을 것
③ 냉매와 윤활유가 혼합될 때, 화학적 작용으로 인한 냉매의 성질이 변하지 않을 것
④ 저온에서 기계적 강도 및 압력손실이 적을 것

해설 냉동배관 재료는 저온에서 기계적 강도가 커야 한다.

Q 093. 보온재의 구비조건으로 틀린 것은?
① 열전도율이 적을 것
② 균열 신축이 적을 것
③ 내식성 및 내열성이 있을 것
④ 비중이 크고 흡습성이 클 것

해설 보온재는 비중이 작고 흡수성 및 흡습성이 작아야 한다.

답 091. ② 092. ④ 093. ④

Q 094 급탕배관의 관경을 결정할 때 고려해야 할 요소로 가장 거리가 먼 것은?
① 1m 마다의 마찰손실
② 순환수량
③ 관내유속
④ 펌프의 양정

해설 급탕배관의 관경 결정 시 관내유속, 관마찰 손실수두, 급탕량(순환수량)을 고려해야 한다.

Q 095 증기난방 배관설비의 응축수 환수방법 중 증기의 순환이 가장 빠른 방법은?
① 진공 환수식
② 기계 환수식
③ 자연 환수식
④ 중력 환수식

해설 진공 환수식
- 환수주관의 말단이나 보일러 앞에 진공펌프를 설치하여 응축수를 환수시키는 방식이다.
- 응축수의 환수속도가 빠르며 다른 방식에 비해 환수관의 지름을 작게 할 수 있다.

Q 096 가스배관 경로 선정 시 고려하여야 할 내용으로 적당하지 않은 것은?
① 최단거리로 할 것
② 구부러지거나 오르내림을 적게 할 것
③ 가능한 은폐매설을 할 것
④ 가능한 옥외에 설치할 것

해설 가스배관을 건물 내에 설치할 경우 가능한 외부에 노출시켜 시공하며 동관이나 스테인리스관 등 이음매없는 관은 매몰하여 설치할 수 있다.

Q 097 부력에 의해 밸브를 개폐하여 간헐적으로 응축수를 배출하는 구조를 가진 증기 트랩은?
① 열동식 트랩
② 버킷 트랩
③ 플로트 트랩
④ 충격식 트랩

해설
- **열동식 트랩** : 금속제의 벨로즈 속에 휘발성 액체가 봉입되어 있어 주위에 증기가 인입하면 휘발성 액체는 증발하여 벨로즈가 수축되어 밸브가 열려 응축수나 공기가 배출되는 구조이다.
- **플로트 트랩** : 플로트와 레버에 의해서 작동되며 응축수가 트랩에 들어오는 즉시 부력에 의해 플로트가 떠오르며 동시에 밸브가 열려 응축수가 배출되는 구조이다.
- **충격식 트랩** : 응축수가 연속적으로 둘 또는 그 이상의 오리피스를 통과할 때 생성된 재증발 증기의 교축효과를 이용한 것으로 오리피스 트랩이다.

답 094. ④ 095. ① 096. ③ 097. ②

Q 098 통기관에 관한 설명으로 틀린 것은?
① 각개통기관의 관경은 그것이 접속되는 배수관 관경의 1/2이상으로 한다.
② 통기방식에는 신정통기, 각개통기, 회로통기 방식이 있다.
③ 통기관은 트랩내의 봉수를 보호하고 관내 청결을 유지한다.
④ 배수입관에서 통기입관의 접속은 90° T 이음으로 한다.

해설 배수입관에서 통기입관의 접속은 90° Y 이음으로 한다.

Q 099 배관에 사용되는 강관은 1℃ 변화함에 따라 1m당 몇 mm만큼 팽창하는가? (단, 관의 열팽창 계수는 0.00012m/m · ℃이다.)
① 0.012
② 0.12
③ 0.022
④ 0.22

해설 관의 팽창량 $l = 1000L \times \alpha \times \Delta t$ 에서
$l = 1000 \times 1\text{m} \times 0.00012 \dfrac{\text{m}}{\text{m} \cdot ℃} \times 1℃ = 0.12\text{mm}$

Q 100 다음 신축이음 중 주로 증기 및 온수 난방용 배관에 사용되는 것은?
① 루프형 신축이음
② 슬리브형 신축이음
③ 스위블형 신축이음
④ 벨로즈형 신축이음

해설 증기 및 온수 난방용 배관은 증기 및 온수의 온도변화에 따른 신축을 고려하기 위하여 2개 이상의 엘보를 사용한 스위블형 신축이음으로 한다.

답 098. ④ 099. ② 100. ③

2017년 8월 26일 시행

제 1 과목 기계열역학

001 1kg의 기체로 구성되는 밀폐계가 50kJ의 열을 받아 15kJ의 일을 했을 때 내부에너지 변화량은 얼마인가? (단, 운동에너지의 변화는 무시한다.)

① 65kJ ② 35kJ
③ 26kJ ④ 15kJ

해설 열량 $\delta Q = dU + \delta W$ 에서
내부에너지 변화량 $dU = \delta Q - \delta W = 50kJ - 15kJ = 35kJ$

002 초기에 온도 T, 압력 P 상태의 기체(질량 m)가 들어있는 견고한 용기에 같은 기체를 추가로 주입하여 최종적으로 질량 3m, 온도 $2T$ 상태가 되었다. 이 때 최종 상태에서의 압력은? (단, 기체는 이상기체이고, 온도는 절대온도를 나타낸다.)

① $6P$ ② $3P$
③ $2P$ ④ $\dfrac{3P}{2}$

해설 이상기체 상태방정식 $PV = mRT$ 를 적용하여 계산한다.
- 초기 상태의 체적과 최종 상태의 체적은 같으므로 체적 $V = \dfrac{mRT}{P}$ 이다.
- 최종 상태에서의 압력 $P_2 = \dfrac{m_2 RT_2}{V} = \dfrac{(3m)R(2T)}{\dfrac{mRT}{P}} = 6P$

003 어떤 물질 1kg이 20℃에서 30℃로 되기 위해 필요한 열량은 약 몇 kJ인가? (단, 비열(C, kJ/(kg·K))은 온도에 대한 함수로서 $C = 3.594 + 0.0372 T$이며, 여기서 온도(T)의 단위는 K이다.)

① 4 ② 24
③ 45 ④ 147

답 001. ② 002. ① 003. ④

해설

열량 $Q_{12} = \int_{T_1}^{T_2} GCdT$ 에서

$$Q_{12} = \int_{(273+20)}^{(273+30)} 1 \times (3.594 + 0.0372T)dT = \int_{293}^{303} (3.594 + 0.0372T)dT$$

$$= \left[3.594T + 0.0372 \times \frac{1}{2} \times T^2\right]_{293}^{303}$$

$$= (3.594 \times 303 + 0.0372 \times \frac{1}{2} \times 303^2) - (3.594 \times 293 + 0.0372 \times \frac{1}{2} \times 293^2)$$

$$= 146.8 kJ$$

Q 004 가스터빈으로 구동되는 동력 발전소의 출력이 10MW이고 열효율이 25%라고 한다. 연료의 발열량이 45000kJ/kg이라면 시간당 공급해야 할 연료량은 약 몇 kg/h인가?

① 3200
② 6400
③ 8320
④ 12800

해설

열효율 $\eta = \dfrac{\text{출력}}{\text{입력}} \times 100\% = \dfrac{W}{G_f \times H} \times 100\%$ 에서

연료량 $G_f = \dfrac{W}{H \times \eta} \times 100\% = \dfrac{10 \times 10^3 \dfrac{kJ}{s}}{45000 \dfrac{kJ}{kg} \times 25\%} \times 100\% = 0.889 kg/s = 3200.4 kg/h$

Q 005 어느 발명가가 바닷물로부터 매시간 1800kJ의 열량을 받아 0.5kW 출력의 열기관을 만들었다고 주장한다면, 이 사실은 열역학 제 몇 법칙에 위반되겠는가?

① 제 0법칙
② 제 1법칙
③ 제 2법칙
④ 제 3법칙

해설

열효율 $\eta = \dfrac{W}{Q} \times 100\%$ 에서 $\eta = \dfrac{0.5 \dfrac{kJ}{s}}{1800 \dfrac{kJ}{h} \times \dfrac{1h}{3600s}} \times 100\% = 100\%$

∴ 열역학 제 2법칙은 어떤 열기관에서도 100%의 열효율을 가지는 기관(제2종 영구기관)은 실현될 수 없다고 표현한다. 따라서, 발명가가 만든 열기관의 효율이 100%이므로 열역학 제 2법칙에 위반된다.

답 004. ① 005. ③

006. 다음 중 강도성 상태량(intensive property)에 속하는 것은?

① 온도
② 체적
③ 질량
④ 내부에너지

해설
- 강도성 상태량 : 온도, 압력, 비체적, 밀도
- 종량성 상태량 : 질량, 체적, 내부에너지, 엔탈피, 엔트로피

007. 다음 중 냉매의 구비조건으로 틀린 것은?

① 증발 압력이 대기압보다 낮을 것
② 응축 압력이 높지 않을 것
③ 비열비가 작을 것
④ 증발열이 클 것

해설 냉매의 구비조건
- 응축압력이 가급적 낮고, 저온에서 증발압력이 대기압 이상일 것
- 비열비가 작을 것
- 증발잠열이 크고 응고온도가 낮을 것
- 불활성이고 부식성이 없을 것
- 냉매증기의 전기저항이 클 것
- 점성이 작고 유동저항이 작을 것
- 열전달률이 양호할 것

008. 다음 그림과 같이 다수의 추를 올려놓은 피스톤이 설치된 실린더 안에 가스가 들어 있다. 이 때 가스의 최초압력이 300kPa이고, 초기 체적은 0.05m³이다. 여기에 열을 가하여 피스톤을 상승시킴과 동시에 피스톤 추를 덜어내어 가스의 온도를 일정하게 유지하여 실린더 내부의 체적을 증가시킬 경우 이 과정에서 가스가 한 일은 약 몇 kJ인가? (단, 이상기체 모델로 간주하고, 상승 후의 체적은 0.2m³이다.)

① 10.79kJ
② 15.79kJ
③ 20.79kJ
④ 25.79kJ

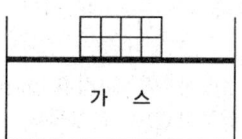

해설
등온과정에서 팽창일 $W_{12} = P_1 V_1 \ln \dfrac{V_2}{V_1}$ 에서

$W_{12} = 300 \dfrac{kN}{m^2} \times 0.05 m^3 \times \ln \dfrac{0.2 m^3}{0.05 m^3} = 20.79 kJ$

답 006. ① 007. ① 008. ③

Q 009
체적이 0.1m³인 용기 안에 압력 1MPa, 온도 250℃의 공기가 들어 있다. 정적과정을 거쳐 압력이 0.35MPa로 될 때 이 용기에서 일어난 열전달 과정으로 옳은 것은? (단, 공기의 기체상수는 0.287kJ/(kg·K), 정압비열은 1.0035kJ/(kg·K), 정적비열은 0.7165kJ/(kg·K)이다.)

① 약 162kJ의 열이 용기에서 나간다.
② 약 162kJ의 열이 용기로 들어간다.
③ 약 227kJ의 열이 용기에서 나간다.
④ 약 227kJ의 열이 용기로 들어간다.

해설

- 비열비 $k = \dfrac{C_p}{C_v}$ 에서 $k = \dfrac{1.0035 \dfrac{kJ}{kg \cdot K}}{0.7165 \dfrac{kJ}{kg \cdot K}} = 1.4$

- 정적과정에서 열량 $Q_{12} = \dfrac{1}{k-1} V(P_2 - P_1)$ 에서

$$Q_{12} = \dfrac{1}{1.4-1} \times 0.1 m^3 \times (0.35-1) \times 10^3 \dfrac{kN}{m^2} = -162.5 kJ$$

∴ 열량이 −162.5kJ이므로 −값을 가진다. 즉 열이 용기에서 빠져 나가는 것을 의미한다.(열을 외부로 방출하면 (−Q)이고, 외부에서 열을 흡수하면 (+Q)가 된다.)

Q 010
출력 15kW의 디젤 기관에서 마찰 손실이 그 출력의 15%일 때 그 마찰 손실에 의해서 시간당 발생하는 열량은 약 몇 kJ인가?

① 2.25   ② 25
③ 810   ④ 8100

해설 마찰 손실에 의한 열량

$$Q = 15 \dfrac{kJ}{s} \times \dfrac{3600s}{1h} \times 0.15 = 8100 kJ$$

Q 011
3kg의 공기가 들어있는 실린더가 있다. 이 공기가 200kPa, 10℃인 상태에서 600kPa이 될 때까지 압축할 때 공기가 한 일은 약 몇 kJ인가? (단, 이 과정은 폴리트로프 변화로서 폴리트로프 지수는 1.3이다. 또한 공기의 기체상수는 0.287kJ/(kg·K)이다.)

① −285   ② −235
③ 13   ④ 125

답 009. ① 010. ④ 011. ②

해설 폴리트로프 과정의 압축일

$$W_t = \frac{1}{n-1}mRT_1\left\{1-\left(\frac{P_2}{P_1}\right)^{\frac{n-1}{n}}\right\}에서$$

$$W_{12} = \frac{1}{1.3-1}\times 3\text{kg}\times 0.287\frac{\text{kJ}}{\text{kg}\cdot\text{K}}\times(273+10\text{℃})\text{K}\times\left\{1-\left(\frac{600\text{kPa}}{200\text{kPa}}\right)^{\frac{1.3-1}{1.3}}\right\}=-234.4\text{kJ}$$

012
체적이 0.5m³, 온도가 80℃인 밀폐 압력용기 속에 이상기체가 들어 있다. 이 기체의 분자량이 24이고, 질량이 10kg이라면 용기속의 압력은 약 몇 kPa인가?

① 1845.4 ② 2446.9
③ 3169.2 ④ 3885.7

해설
- 기체상수 $R=\frac{\overline{R}}{M}$에서

$R=\frac{8.314}{24}=0.34642\text{kJ/kg}\cdot\text{K}$

- 이상기체 상태방정식 $PV=mRT$에서

압력 $P=\frac{mRT}{V}=\dfrac{10\text{kg}\times 0.34642\frac{\text{kJ}}{\text{kg}\cdot\text{K}}\times(273.15+80\text{℃})\text{K}}{0.5\text{m}^3}=2446.8\text{ kPa}$

013
이론적인 카르노 열기관의 효율(η)을 구하는 식으로 옳은 것은? (단, 고열원의 절대온도는 T_H, 저열원의 절대온도는 T_L이다.)

① $\eta = 1 - \dfrac{T_H}{T_L}$ ② $\eta = 1 + \dfrac{T_L}{T_H}$

③ $\eta = 1 - \dfrac{T_L}{T_H}$ ④ $\eta = 1 + \dfrac{T_H}{T_L}$

해설 카르노 열기관의 효율

$$\eta = \frac{W}{Q_H}=\frac{Q_H-Q_L}{Q_H}=\frac{T_H-T_L}{T_H}=1-\frac{T_L}{T_H}$$

여기서, W는 일(출력), Q_H는 고열원의 열량, Q_L는 저열원의 열량이다.

014
물 2L를 1kW의 전열기를 사용하여 20℃로부터 100℃까지 가열하는데 소요되는 시간은 약 몇 분(min)인가? (단, 전열기 열량의 50%가 물을 가열하는데 유효하게 사용되고, 물은 증발하지 않는 것으로 가정한다. 물의 비열은 4.18kJ/(kg·K)이다.)

① 22.3 ② 27.6
③ 35.4 ④ 44.6

답 012. ② 013. ③ 014. ①

해설
- 물 2L는 2kg이고 초기온도 $T_1 = 20℃ = 293K$, 최종온도 $T_2 = 100℃ = 373K$이다.
- 전력량 $P = Wt\eta = GC\Delta T$에서

  가열시간 $t = \dfrac{GC\Delta T}{W\eta} = \dfrac{2\text{kg} \times \left(4.18 \times 10^3 \dfrac{J}{\text{kg} \cdot K}\right) \times (373-293)K}{1000 \dfrac{J}{s} \times \dfrac{60s}{1\text{min}} \times 0.5} = 22.29 \text{min}$

Q 015
다음 중 이론적인 카르노 사이클 과정(순서)을 옳게 나타낸 것은? (단, 모든 사이클은 가역 사이클이다.)

① 단열압축 → 정적가열 → 단열팽창 → 정적방열
② 단열압축 → 단열팽창 → 정적가열 → 정적방열
③ 단열팽창 → 등온압축 → 단열팽창 → 단열압축
④ 등온팽창 → 단열팽창 → 등온압축 → 단열압축

해설 카르노 사이클이란 2개의 등온과정과 2개의 단열과정으로 구성되어 있으며 등온팽창(1→2), 단열팽창(2→3), 등온압축(3→4), 단열압축(4→1) 과정의 순으로 진행된다.

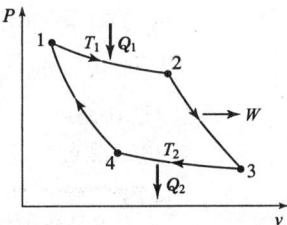

Q 016
그림과 같이 A, B 두 종류의 기체가 한 용기 안에서 박막으로 분리되어 있다. A의 체적은 0.1m³, 질량은 2kg이고, B의 체적은 0.4m³, 밀도는 1kg/m³이다. 박막이 파열되고 난 후에 평형에 도달하였을 때 기체 혼합물의 밀도는 약 몇 kg/m³인가?

① 4.8
② 6.0
③ 7.2
④ 8.4

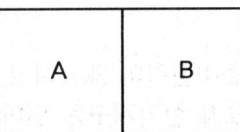

해설
- 밀도 $\rho = \dfrac{m}{V}$에서 A 유체의 밀도 $\rho_A = \dfrac{2\text{kg}}{0.1\text{m}^3} = 20\text{kg/m}^3$이다.
- 혼합 기체의 체적 $V = V_A + V_B$에서 혼합 기체의 밀도 $\rho = \rho_A \dfrac{V_A}{V} + \rho_B \dfrac{V_B}{V}$이다.

∴ $\rho = 20\dfrac{\text{kg}}{\text{m}^3} \times \dfrac{0.1\text{m}^3}{(0.1+0.4)\text{m}^3} + 1\dfrac{\text{kg}}{\text{m}^3} \times \dfrac{0.4\text{m}^3}{(0.1+0.4)\text{m}^3} = 4.8\text{kg/m}^3$

답 015. ④ 016. ①

Q017

랭킨 사이클로 작동되는 증기동력 발전소에서 20MPa, 45℃의 물이 보일러에 공급되고, 응축기 출구에서의 온도는 20℃, 압력은 2.339kPa이다. 이 때 급수펌프에서 수행하는 단위질량당 일은 약 몇 kJ/kg인가? (단, 20℃에서 포화액 비체적은 0.001002m³/kg, 포화증기 비체적은 57.79m³/kg이며, 급수펌프에서는 등엔트로피 과정으로 변화한다고 가정한다.)

① 0.4681　　　　　② 20.04
③ 27.14　　　　　④ 1020.6

해설 펌프 일 $w_p = vdP$ 에서

$$w_p = 0.001002 \frac{m^3}{kg} \times (20 \times 10^6 - 2.339 \times 10^3) \frac{N}{m^2} = 20038J = 20.04kJ$$

Q018

오토사이클(Otto cycle) 기관에서 헬륨(비열비=1.66)을 사용하는 경우의 효율(η_{He})과 공기(비열비=1.4)를 사용하는 경우의 효율(η_{air})을 비교하고자 한다. 이 때 η_{He}/η_{air} 값은? (단, 오토 사이클의 압축비는 10이다.)

① 0.681　　　　　② 0.770
③ 1.298　　　　　④ 1.468

해설 오토사이클의 열효율 $\eta = 1 - \left(\frac{1}{\epsilon}\right)^{k-1}$

- 헬륨사용 시 열효율 $\eta_{He} = 1 - \left(\frac{1}{10}\right)^{1.66-1} = 0.7812$
- 공기사용 시 열효율 $\eta_{air} = 1 - \left(\frac{1}{10}\right)^{1.4-1} = 0.6019$

$\therefore \frac{\eta_{He}}{\eta_{air}} = \frac{0.7812}{0.6019} = 1.298$

Q019

어떤 냉장고의 소비전력이 2kW이고, 이 냉장고의 응축기에서 발열되는 열량이 5kW라면, 냉장고의 성적계수는 얼마인가? (단, 이론적인 증기압축 냉동사이클로 운전된다고 가정한다.)

① 0.4　　　　　② 1.0
③ 1.5　　　　　④ 2.5

해설 냉장고의 성적계수 $COP = \frac{Q_e}{L} = \frac{Q_c - L}{L}$ 에서

$COP = \frac{5kW - 2kW}{2kW} = 1.5$

Q 020 1kg의 이상기체가 압력 100kPa, 온도 20℃의 상태에서 압력 200kPa, 온도 100℃의 상태로 변화하였다면 체적은 어떻게 되는가? (단, 변화전 체적을 V라고 한다.)

① 0.64V   ② 1.57V
③ 3.64V   ④ 4.57V

해설 $\dfrac{PV}{T} = \dfrac{P_1 V_1}{T_1}$ 에서

변화 후의 체적 $V_1 = \dfrac{T_1}{T} \times \dfrac{P}{P_1} \times V = \dfrac{(273+100℃)K}{(273+20℃)K} \times \dfrac{100kPa}{200kPa} \times V = 0.637V$

제 2 과목   냉동공학

Q 021 흡수식 냉동기에 대한 설명으로 틀린 것은?

① 흡수식 냉동기는 열의 공급과 냉각으로 냉매와 흡수제가 함께 분리되고 섞이는 형태로 사이클을 이룬다.
② 냉매가 암모니아일 경우에는 흡수제로 리튬브로마이드(LiBr)를 사용한다.
③ 리튬브로마이드 수용액 사용 시 재료에 대한 부식성 문제로 용액에 미량의 부식억제제를 첨가한다.
④ 압축식에 비해 열효율이 나쁘며 설치면적을 많이 차지한다.

해설 흡수식 냉동기의 냉매와 흡수제

냉 매	흡 수 제
물(H_2O)	리튬브로마이드(LiBr), 황산, 가성소다
암모니아(NH_3)	물(H_2O), 로단 암모니아

Q 022 냉동장치에서 응축기에 관한 설명으로 옳은 것은?

① 응축기 내의 액회수가 원활하지 못하면 액면이 높아져 열교환의 면적이 적어지므로 응축압력이 낮아진다.
② 응축기에서 방출하는 냉매가스의 열량은 증발기에서 흡수하는 열량보다 크다.
③ 냉매가스의 응축온도는 압축기의 토출가스 온도보다 높다.
④ 응축기 냉각수 출구온도는 응축온도보다 높다.

답 020. ① 021. ② 022. ②

해설 응축기에 관한 사항
- 응축기 내의 액회수가 원활하지 못하면 액면이 높아져 열교환의 면적이 적어지므로 불응축가스가 발생하고 응축압력이 높아진다.
- 응축기의 방출열량은 증발기에서 흡수하는 열량과 압축기의 압축일량을 합한 것이다. 따라서, 응축기의 방출열량은 증발기에서 흡수하는 열량보다 크다.
- 암모니아 표준냉동사이클에서 냉매가스의 응축온도는 30℃, 압축기의 토출가스 온도는 98℃이므로 응축온도는 압축기의 토출가스 온도보다 낮다.
- 응축기에서 냉각수 출구온도는 응축온도보다 낮다.

Q 023. 2원 냉동장치에 관한 설명으로 틀린 것은?

① 증발온도 −70℃ 이하의 초저온 냉동기에 적합하다.
② 저단압축기 토출냉매의 과냉각을 위해 압축기 출구에 중각냉각기를 설치한다.
③ 저온측 냉매는 고온측 냉매보다 비등점이 낮은 냉매를 사용한다.
④ 두 대의 압축기 소요동력을 고려하여 성능계수(COP)를 구한다.

해설
- 2원 냉동장치 : 캐스케이드 콘덴서(저온측 응축기와 고온측 증발기로 조합한 열교환기)를 설치한다.
- 2단 냉동장치 : 중간냉각기(inter cooler)를 설치한다.

Q 024. 냉동장치의 운전 준비 작업으로 가장 거리가 먼 것은?

① 윤활상태 및 전류계 확인
② 벨트의 장력상태 확인
③ 압축기 유면 및 냉매량 확인
④ 각종 밸브의 개폐 유·무 확인

해설 냉동장치 운전 중에는 크랭크 실의 유면과 유압, 유온을 확인하고, 운전이 안정된 후에는 전류계와 전압계를 확인한다.

Q 025. 증발온도 −30℃, 응축온도 45℃에서 작동하는 이상적인 냉동기의 성적계수는?

① 2.2
② 3.2
③ 4.2
④ 5.2

해설 이상적 성적계수 $COP = \dfrac{T_L}{T_H - T_L}$ 에서

$COP = \dfrac{\{273+(-30℃)\}K}{(273+45℃)K - \{273+(-30℃)K\}} = 3.24$

답 023. ② 024. ① 025. ②

Q.026 증발하기 쉬운 유체를 이용한 냉동방법이 아닌 것은?
① 증기분사식 냉동법 ② 열전냉동법
③ 흡수식 냉동법 ④ 증기압축식 냉동법

> 해설 열전냉동법은 반도체 소자를 이용한 전자냉동기로서 두 종류의 금속을 압착하여 전류를 흐르게 하면 한쪽 금속에는 열이 발생하여 뜨거워지고 다른 쪽 금속은 방열이 일어나 차가워지는 것을 이용한다.

Q.027 압력 2.5kg/cm²에서 포화온도는 −20℃이고, 이 압력에서의 포화액 및 포화증기의 비체적 값이 각각 0.74L/kg, 0.09254m³/kg일 때, 압력 2.5kg/cm²에서 건도(x)가 0.98인 습증기의 비체적(m³/kg)은 얼마인가?
① 0.08050 ② 0.00584
③ 0.06754 ④ 0.09070

> 해설
> • 1L = 1000cm³ 이므로 포화액의 비체적
> $$v_f = 0.74\frac{L}{kg} \times \frac{1000cm^3}{1L} \times \left(\frac{1m}{100cm}\right)^3 = 0.00074 m^3/kg$$
> • 건도 $x = \dfrac{v - v_f}{v_g - v_f}$ 에서 습증기의 비체적
> $$v = v_f + x(v_g - v_f) = 0.00074 m^3/kg + 0.98 \times (0.09254 - 0.00074) m^3/kg$$
> $$= 0.090704 m^3/kg$$

Q.028 다음 냉매 중 2원 냉동장치의 저온측 냉매로 가장 부적합한 것은?
① R-14 ② R-32
③ R-134a ④ 에탄(C_2H_6)

> 해설 2원 냉동기의 고온측 냉매는 비등점이 높고, 응축압력이 낮은 냉매를 사용해야 하므로 R-11, R-12, R-22 등이 사용되며 R-12의 대체 냉매로 R-134a 냉매가 사용된다.

Q.029 여름철 공기열원 열펌프 장치로 냉방 운전할 때, 외기의 건구온도 저하 시 나타나는 현상으로 옳은 것은?
① 응축압력이 상승하고, 장치의 소비전력이 증가한다.
② 응축압력이 상승하고, 장치의 소비전력이 감소한다.
③ 응축압력이 저하하고, 장치의 소비전력이 증가한다.
④ 응축압력이 저하하고, 장치의 소비전력이 감소한다.

> 해설 공기열원 열펌프장치로 냉방 운전을 할 경우 외기의 건구온도가 낮아지면 전열이 양호하여 응축이 잘 되므로 응축압력이 저하하고 압축비가 감소되어 장치의 소비전력이 감소한다.

답 026. ② 027. ④ 028. ③ 029. ④

Q 030. 다음 중 왕복동식 냉동기의 고압측 압력이 높아지는 원인에 해당되는 것은?

① 냉각수량이 많거나 수온이 낮음
② 압축기 토출밸브 누설
③ 불응축가스 혼입
④ 냉매량 부족

해설 응축기 내에 불응축가스가 혼입되면 전열면적이 작게 되어 전열이 불량하게 되고 고압측(응축) 압력이 높아지는 원인이 된다.

Q 031. 다기통 콤파운드 압축기가 다음과 같이 2단압축 1단팽창 냉동사이클로 운전되고 있다. 냉동능력이 12RT일 때 저단측 피스톤 토출량(m^3/h)은? (단, 저·고단측의 체적효율은 모두 0.65이다.)

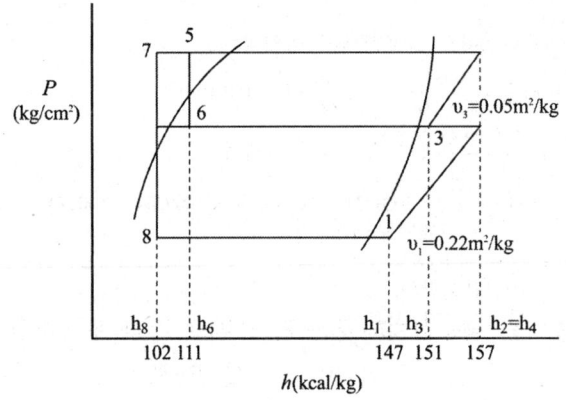

① 219.2
② 249.2
③ 299.7
④ 329.7

해설

- 저단측의 냉매순환량 $G_L = \dfrac{Q_e}{q_e} = \dfrac{Q_e}{h_1 - h_8}$ 에서

$$G_L = \dfrac{12RT \times 3320\dfrac{kcal}{h}}{(147-102)\dfrac{kcal}{kg}} = 885.33 kg/h$$

- 저단측의 냉매순환량 $G_L = \dfrac{V_L}{v_1} \times \eta_v$ 에서

저단측 피스톤 토출량 $V_L = \dfrac{G_L \times v_1}{\eta_v} = \dfrac{885.33\dfrac{kg}{h} \times 0.22\dfrac{m^3}{kg}}{0.65} = 299.65 m^3/h$

030. ③ 031. ③

Q 032 흡수식 냉동장치에서의 흡수제 유동방향으로 틀린 것은?

① 흡수기 → 재생기 → 흡수기
② 흡수기 → 재생기 → 증발기 → 응축기 → 흡수기
③ 흡수기 → 용액열교환기 → 재생기 → 용액열교환기 → 흡수기
④ 흡수기 → 고온재생기 → 저온재생기 → 흡수기

해설 2중 효용 흡수식 냉동장치
- 흡수제의 유동방향 : 흡수기 → 용액펌프 → 저온·고온열교환기 → 고온재생기 → 고온열교환기 → 저온재생기 → 저온열교환기 → 흡수기
- 냉매의 유동방향 : 증발기 → 흡수기 → 용액펌프 → 저온·고온열교환기 → 고온재생기 → 저온재생기 → 응축기 → 증발기

Q 033 증발온도는 일정하고 응축온도가 상승할 경우 나타나는 현상으로 틀린 것은?

① 냉동능력 증대
② 체적효율 저하
③ 압축비 증대
④ 토출가스 온도 상승

해설 증발온도는 일정하고 응축온도가 상승할 경우
- 압축비 증대로 인하여 체적효율이 저하한다.
- 토출가스 온도가 상승하고 압축기 소요동력이 증대한다.
- 냉동능력이 감소한다.
- 냉동기 성적계수가 저하한다.

Q 034 냉각수 입구온도가 15℃이며 매분 40L로 순환되는 수냉식 응축기에서 시간당 18000kcal의 열이 제거되고 있을 때 냉각수 출구온도(℃)는?

① 22.5   ② 23.5
③ 25   ④ 30

해설
- 물 1L는 1kg이므로
  냉각수량 $G = 40\text{L/min} = 40\dfrac{\text{kg}}{\text{min}} \times \dfrac{60\text{min}}{1\text{h}} = 2400\text{kg/h}$
- 응축기 방열량 $Q_c = GC(t_{w2} - t_{w1})$에서

  냉각수 출구온도 $t_{w2} = t_{w1} + \dfrac{Q_c}{GC} = 15℃ + \dfrac{18000\dfrac{\text{kcal}}{\text{h}}}{2400\dfrac{\text{kg}}{\text{h}} \times 1\dfrac{\text{kcal}}{\text{kg}\cdot℃}} = 22.5℃$

답 032. ② 033. ① 034. ①

Q 035 냉동실의 냉동부하가 크게 되었다. 이 냉동기의 고압측 및 저압측의 압력의 변화는?
① 압력의 변화가 없음
② 저압측 및 고압측 압력이 모두 상승
③ 저압측은 압력 상승, 고압측은 압력 저하
④ 저압측은 압력 저하, 고압측은 압력 상승

> **해설** 냉동실의 냉동부하가 크면 냉매순환량이 많게 되어 저압측 압력(증발압력) 및 고압측 압력(응축압력)이 모두 상승한다.

Q 036 제빙에 필요한 시간을 구하는 공식이 아래와 같다. 이 공식에서 a와 b가 의미하는 것은?

$$\tau = (0.53 \sim 0.6) \frac{a^2}{-b}$$

① a : 브라인온도, b : 결빙두께
② a : 결빙두께, b : 브라인유량
③ a : 결빙두께, b : 브라인온도
④ a : 브라인유량, b : 결빙두께

> **해설** 제빙시간 $H = \dfrac{0.56 \times t^2}{-tb}$ [h]
> 여기서, t(cm) : 결빙의 두께, tb(℃) : 브라인 온도
> ∴ a는 결빙의 두께이고, b는 브라인온도이다.

Q 037 브라인에 대한 설명으로 틀린 것은?
① 에틸렌글리콜은 무색, 무취이며, 물로 희석하여 농도를 조절할 수 있다.
② 염화칼슘은 무취로서 주로 식품동결에 쓰이며, 직접적 동결방법을 이용한다.
③ 염화마그네슘 브라인은 염화나트륨 브라인보다 동결점이 낮으며 부식성도 적다.
④ 브라인에 대한 부식 방지를 위해서는 밀폐 순환식을 채택하여 공기에 접촉하지 않게 해야 한다.

> **해설** 염화칼슘 브라인의 특징
> • 공정점이 −55℃이므로 주로 제빙용으로 사용된다.
> • 흡수성이 강하기 때문에 누설시 식품에 닿으면 떫고 쓴맛이 난다.
> • 간접적 동결방법을 이용한다.

답 035. ② 036. ③ 037. ②

038

다음 P-i선도와 같은 2단 압축 2단 팽창 사이클로 운전되는 NH₃ 냉동장치에서 고단측 냉매 순환량(kg/h)은 얼마인가? (단, 냉동능력은 55000kcal/h이다.)

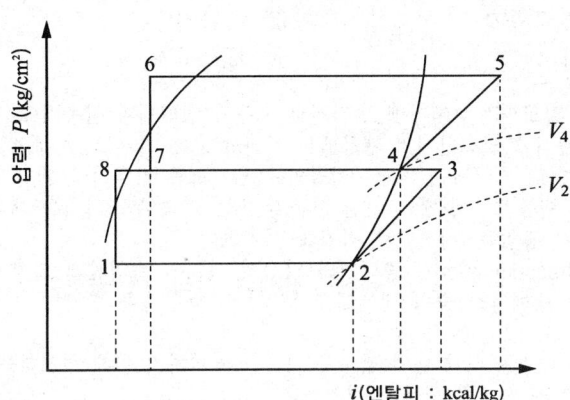

$i_1 = 89.0$, $i_2 = 388$,
$i_3 = 433$, $i_4 = 399$,
$i_5 = 447$, $i_6 = 128$
$V_2 = 1.55(\text{m}^3/\text{kg})$,
$V_4 = 0.42(\text{m}^3/\text{kg})$

① 210.8　　② 220.7
③ 233.5　　④ 242.9

해설

- 저단측 냉매순환량 $G_L = \dfrac{Q_e}{i_2 - i_1}$ 에서

$$G_L = \dfrac{55000\dfrac{\text{kcal}}{\text{h}}}{(388-89)\dfrac{\text{kcal}}{\text{kg}}} = 183.95\text{kg/h}$$

- 고단측 냉매순환량 $G_H = G_L \times \dfrac{i_3 - i_1}{i_4 - i_6}$ 에서

$$G_H = 183.95\dfrac{\text{kg}}{\text{h}} \times \dfrac{(433-89)\text{kcal/kg}}{(399-128)\text{kcal/kg}} = 233.5\text{kg/h}$$

039

열전달에 관한 설명으로 옳은 것은?

① 열관류율의 단위는 kW/m · ℃이다.
② 열교환기에서 성능을 향상시키려면 병류형보다는 향류형으로 하는 것이 좋다.
③ 일반적으로 핀(fin)은 열전달계수가 높은 쪽에 부착한다.
④ 물때 및 유막의 형성은 전열작용을 증가시킨다.

해설
① 열관류율의 단위는 W/m² · h · ℃이다.
③ 일반적으로 핀(fin)은 열전달계수가 낮은 쪽에 부착한다.
④ 물때 및 유막의 형성은 전열작용을 감소시킨다.

답 038. ③　039. ②

Q 040 냉동능력 감소와 압축기 과열 등의 악영향을 미치는 냉동 배관 내의 불응축 가스를 제거하기 위해 설치하는 장치는?

① 액-가스 열교환기 ② 여과기
③ 어큐뮬레이터 ④ 가스퍼저

해설
- 액-가스 열교환기 : 팽창밸브 직전의 고온의 냉매액과 압축기로 흡입되는 저온의 냉매증기를 열교환시켜 팽창밸브 직전의 고온·고압의 냉매액을 과냉각시키고, 압축기로 흡입되는 저온·저압의 흡입가스를 가열시켜 액압축을 방지한다.
- 여과기 : 냉동장치 중에 혼입된 이물질 또는 금속 부스러기를 제거하는 장치로서 압축기 흡입측, 팽창밸브 직전에 설치한다.
- 액분리기(accumulator) : 증발기와 압축기 사이의 흡입관에 설치하여 압축기로 흡입되는 냉매가스 중의 냉매액을 분리시켜 액압축을 방지하는 압축기 보호장치이다.
- 가스퍼저 : 냉동 배관 내의 불응축 가스를 제거하기 위해 설치하는 장치로서 응축기 상부와 수액기 상부에 설치한다.

제 3 과목 공기조화

Q 041 각층 유닛방식에 관한 설명으로 틀린 것은?

① 외기용 공조기가 있는 경우에는 습도제어가 곤란하다.
② 장치가 세분화되므로 설비비가 많이 들며, 기기 관리가 복잡하다.
③ 각층마다 부하 및 운전시간이 다른 경우에 적합하다.
④ 송풍 덕트가 짧게 된다.

해설 외기용 공조기가 있는 경우에는 습도제어가 용이하다.

Q 042 냉각탑(cooling tower)에 대한 설명으로 틀린 것은?

① 일반적으로 쿨링 어프로치는 5℃ 정도로 한다.
② 냉각탑은 응축기에서 냉각수가 얻은 열을 공기 중에 방출하는 장치이다.
③ 쿨링 레인지란 냉각탑에서의 냉각수 입·출구 수온차이다.
④ 일반적으로 냉각탑으로의 보급수량은 순환수량의 15% 정도이다.

해설 냉각탑의 보급수량은 비산수량, 증발수량, 냉각수의 농축을 방지하기 위하여 일반적으로 순환수량의 5% 정도이다.

답 040. ④ 041. ① 042. ④

Q 043 다음 중 직접 난방법이 아닌 것은?

① 온풍 난방
② 고온수 난방
③ 저압증기 난방
④ 복사난방

해설
- **직접난방방식** : 온수 또는 증기를 직접 실내에 설치한 방열장치에 공급하여 난방하는 방식으로서 전도와 대류에 의해 열이 전달되며 온수난방, 증기난방, 복사난방이 있다.
- **간접난방방식** : 온수를 공조기에 공급하여 공기를 가열하고 송풍기로 덕트를 통하여 실내로 공급하여 난방하는 방식으로서 온풍난방, 덕트난방방식이 있다.

Q 044 습공기선도상에서 ①의 공기가 온도가 높은 다량의 물과 접촉하여 가열, 가습되고 ③의 상태로 변화한 경우를 나타내는 것은?

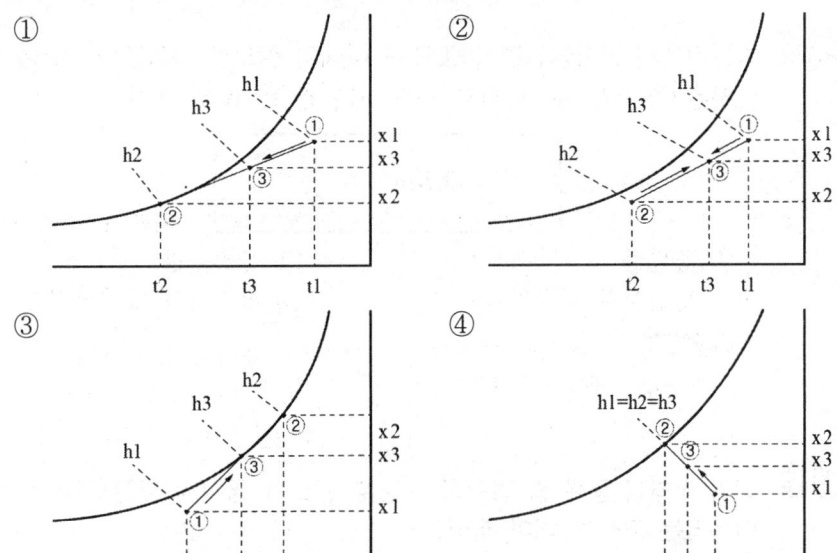

해설 ①의 공기가 온도가 높은 다량의 물과 접촉하면 온도가 상승하고, 절대습도 및 상대습도가 상승하여 ③의 공기가 된다.

Q 045 화력발전설비에서 생산된 전력을 사용함과 동시에, 전력이 생산되는 과정에서 발생되는 열을 난방 등에 이용하는 방식은?

① 히트펌프(heat pump) 방식
② 가스엔진 구동형 히트펌프 방식
③ 열병합발전(co-generation) 방식
④ 지열방식

답 043. ① 044. ③ 045. ③

해설 열병합발전(co-generation) 방식 : 화력발전설비에서 생산된 전력을 이용함과 동시에 전력을 생산하는 과정에서 발생되는 배기열을 냉난방 및 급탕 등에 이용하는 방식이며, 전력과 열을 함께 공급하는 에너지 절약형 발전 방식이다.

Q 046. 각종 공조방식 중 개별방식에 관한 설명으로 틀린 것은?

① 개별제어가 가능하다.
② 외기냉방이 용이하다.
③ 국소적인 운전이 가능하여 에너지 절약적이다.
④ 대량생산이 가능하며, 설비비와 운전비가 저렴해진다.

해설 개별방식은 실내공기를 재순환시켜 냉난방하는 방식으로서 외기냉방이 불가능하다.

Q 047. 방열기에서 상당방열면적(EDR)은 아래의 식으로 나타낸다. 이 중 Q_o는 무엇을 뜻하는가? (단, 사용단위로 Q는 W, Q_o는 W/m²이다.)

$$EDR(\text{m}^2) = \frac{Q}{Q_o}$$

① 증발량
② 응축수량
③ 방열기의 전방열량
④ 방열기의 표준방열량

해설
- Q : 방열기의 전방열량
- Q_o : 방열기의 표준방열량

Q 048. 에어 필터의 종류 중 병원의 수술실, 반도체 공장의 청정구역(clean room) 등에 이용되는 고성능 에어 필터는?

① 백 필터
② 롤 필터
③ HEPA 필터
④ 전기 집진기

해설 HEPA 필터(고성능 필터) : $0.3\mu m$ 정도의 미세한 먼지까지 포집하는 필터로서 병원의 수술실, 클린룸, 방사성 물질을 취급하는 시설에 사용된다.

Q 049. 내부에 송풍기와 냉·온수 코일이 내장되어 있으며, 각 실내에 설치되어 기계실로부터 냉·온수를 공급받아 실내공기의 상태를 직접 조절하는 공조기는?

① 패키지형 공조기
② 인덕션 유닛
③ 팬코일 유닛
④ 에어핸들링 유닛

답 046. ② 047. ④ 048. ③ 049. ③

해설
- 패키지형 공조기 : 냉매방식으로서 압축기, 응축기, 팽창밸브, 공기여과기, 송풍기, 전동기, 제어장치 등을 케이싱에 조립하여 유닛으로 만든 것으로 유닛에 냉동기가 내장되어 있어 각 실에 유닛을 분산시켜 설치한다.
- 인덕션 유닛(유인유닛) : 중앙공조기에서 공급하는 고속의 1차 공기를 유닛의 노즐에서 공기를 불어냄으로써 실내공기를 유인하여 혼합한 후 실내에 취출하는 방식이다. 또한, 2차 공기는 냉온수 코일을 통과하여 냉각과 가열된다.
- 에어핸들링 유닛 : 중앙공조기로서 공기 여과기(에어필터), 공기 가열기 및 공기 냉각기, 공기세정기(공기 가습기), 송풍기로 구성되어 있다.

Q 050 단면적 10m², 두께 2.5cm의 단열벽을 통하여 3kW의 열량이 내부로부터 외부로 전도된다. 내부 표면온도가 415℃이고, 재료의 열전도율이 0.2W/m·K일 때, 외부표면 온도는?

① 185℃
② 218℃
③ 293℃
④ 378℃

해설
열전도열량 $Q = \frac{\lambda}{l} A (t_i - t_o)$ 에서

외부표면 온도 $t_o = t_i - \frac{Ql}{\lambda A} = (415℃ + 273)K - \frac{(3 \times 10^3) W \times 0.025 m}{0.2 \frac{W}{m \cdot K} \times 10 m^2} = 650.5 K = 377.5 ℃$

Q 051 공기조화방식 중에서 전공기방식에 속하는 것은?

① 패키지유닛방식
② 복사냉난방방식
③ 유인유닛방식
④ 저온공조방식

해설
- 냉매 방식(개별 방식) : 패키지유닛방식
- 공기-수방식 : 복사냉난방방식, 유인유닛방식

Q 052 송풍기의 법칙에서 회전속도가 일정하고, 직경이 d, 동력이 L인 송풍기를 직경이 d_1으로 크게 했을 때 동력(L_1)을 나타내는 식은?

① $L_1 = (d/d_1)^5 L$
② $L_1 = (d/d_1)^4 L$
③ $L_1 = (d_1/d)^4 L$
④ $L_1 = (d_1/d)^5 L$

해설 송풍기의 상사법칙
- 풍량 $Q_1 = (d_1/d)^3 Q$
- 정압 $P_1 = (d_1/d)^2 P$
- 동력 $L_1 = (d_1/d)^5 L$

답 050. ④ 051. ④ 052. ④

Q 053 덕트 크기를 결정하는 방법이 아닌 것은?
① 등속법　　　　　　　② 등마찰법
③ 등중량법　　　　　　④ 정압재취득법

해설 덕트 크기를 결정하는 방법 : 등속도법(등속법), 등마찰손실법(등마찰법), 정압재취득법

Q 054 9m×6m×3m의 강의실에 10명의 학생이 있다. 1인당 CO_2 토출량이 15L/h이면, 실내 CO_2량을 0.1%로 유지시키는데 필요한 환기량(m^3/h)은? (단, 외기의 CO_2량은 0.04%로 한다.)
① 80　　　　　　　　　② 120
③ 180　　　　　　　　 ④ 250

해설
- 1인당 CO_2 토출량은 15L/h이므로 단위를 환산하면 0.015m^3/h이다.
- 실내 CO_2 발생량 $X = 0.015 \dfrac{m^3}{인 \cdot h} \times 10인 = 0.15 m^3/h$
- CO_2 발생량에 따른 환기량 $Q = \dfrac{X}{C_a - C_o}$ 에서 $Q = \dfrac{0.15 m^3/h}{0.001 - 0.0004} = 250 m^3/h$

Q 055 냉방부하 중 유리창을 통한 일사취득열량을 계산하기 위한 필요 사항으로 가장 거리가 먼 것은?
① 창의 열관류율　　　　② 창의 면적
③ 차폐계수　　　　　　④ 일사의 세기

해설
- 유리창 전도열량 $q = K \times A \times \triangle t$ [kcal/h]
  여기서, K(kcal/$m^2 \cdot$ h · ℃) : 창의 열관류율, $A(m^2)$: 창의 면적, $\triangle t$(℃) : 실내·외온도차
- 유리창의 일사취득열량 $q = A \times I_g \times K_s \times s$ [kcal/h]
  여기서, $A(m^2)$: 창의 면적, I_g(kcal/$m^2 \cdot$ h) : 유리를 통과하는 최대 일사량, K_s : 차폐계수, s : 축열계수

Q 056 냉수 코일의 설계에 관한 설명으로 틀린 것은?
① 공기와 물의 유동방향은 가능한 대향류가 되도록 한다.
② 코일의 열수는 일반 공기 냉각용에는 4~8열이 주로 사용된다.
③ 수온의 상승은 일반적으로 20℃ 정도로 한다.
④ 수속은 일반적으로 1m/s 정도로 한다.

해설 수온의 상승은 일반적으로 5℃ 전후로 한다.

답 053. ③　054. ④　055. ①　056. ③

Q.057 온풍난방의 특징에 관한 설명으로 틀린 것은?
① 송풍 동력이 크며, 설계가 나쁘면 실내로 소음이 전달되기 쉽다.
② 실온과 함께 실내습도, 실내기류를 제어할 수 있다.
③ 실내 층고가 높을 경우에는 상하의 온도차가 크다.
④ 예열부하가 크므로 예열시간이 길다.

해설 온풍난방은 열매가 공기이므로 열용량이 작아 예열부하가 작고 예열시간이 짧다.

Q.058 냉방부하의 종류 중 현열부하만 취득하는 것은?
① 태양복사열   ② 인체에서의 발생열
③ 침입외기에 의한 취득열   ④ 틈새 바람에 의한 부하

해설 냉방부하 중 현열부하와 잠열부하를 모두 취득하는 부하에는 인체에서의 발생열, 침입외기에 의한 취득열, 틈새 바람에 의한 부하, 실내기구(비등기 등)에서 발생하는 열 등이 있다.

Q.059 건구온도 30℃, 절대습도 0.015kg/kg'인 습공기의 엔탈피(kJ/kg)는? (단, 건공기 정압비열 1.01kJ/kg·K, 수증기 정압비열 1.85kJ/kg·K, 0℃에서 포화수의 증발잠열은 2500kJ/kg이다.)
① 68.63   ② 91.12
③ 103.34   ④ 150.54

해설 습공기의 엔탈피 $h = C_{pa}t + (C_{pw}t + \gamma)x$ 에서
$h = 1.01 \times 30 + (1.85 \times 30 + 2500) \times 0.015 = 68.63 \text{kJ/kg}$

Q.060 연도를 통과하는 배기가스에 분무수를 접촉시켜 공해물질을 흡수, 융해, 응축작용에 의해 불순물을 제거하는 집진장치는 무엇인가?
① 세정식 집진기   ② 사이클론 집진기
③ 공기 주입식 집진기 ④ 전기 집진기

해설
- 세정식 집진기 : 배기가스에 물을 가압분사시켜 배기가스 중 분진 등을 분리 제거하는 장치이다.
- 사이클론 집진기 : 배기가스를 원통구조물 내에 20~30m/s의 유속으로 유입시켜 원심력을 이용하여 배기가스와 분진 등을 분리 제거하는 장치이다.
- 전기 집진기 : 배기가스를 전극 사이에 통과시켜 분진 등을 분리 제거하는 장치이다.

답 057. ④ 058. ① 059. ① 060. ①

제 4 과목   전기제어공학

Q 061 최대눈금이 100V인 직류전압계가 있다. 이 전압계를 사용하여 150V의 전압을 측정하려면 배율기의 저항(Ω)은? (단, 전압계의 내부저항은 5000Ω이다.)

① 1000   ② 2500
③ 5000   ④ 10000

해설
배율기의 측정전압 $V_m = \left(\dfrac{R+R_m}{R}\right)V$에서

배율기의 저항 $R_m = \left(\dfrac{V_m}{V}\right)R - R = \left(\dfrac{150\,V}{100\,V}\right)\times 5000\,\Omega - 5000\,\Omega = 2500\,\Omega$

Q 062 스위치를 닫거나 열기만 하는 제어동작은?

① 비례동작   ② 미분동작
③ 적분동작   ④ 2위치동작

해설 2위치동작이란 제어량이 설정값과 어긋나면 조작부를 전폐 또는 전개하는 것으로 ON-OFF동작이라 한다. 따라서, 스위치를 닫으면 ON 상태, 스위치를 열면 OFF 상태가 되므로 2위치동작이다.

Q 063 정격 10kW의 3상 유도전동기가 기계손 200W, 전부하 슬립 4%로 운전될 때 2차 동손은 몇 W인가?

① 375   ② 392
③ 409   ④ 425

해설
- 회전자의 출력 $P_o = P + P_m$에서 $P_o = (10\times 10^3)\text{W} + 200\text{W} = 10200\text{W}$
- 2차 동손 $P_{c2} = \dfrac{s}{1-s}\times P_o$에서 $P_{c2} = \dfrac{0.04}{1-0.04}\times 10200\text{W} = 425\text{W}$

Q 064 저항체에 전류가 흐르면 줄열이 발생하는데 이때 전류 I와 전력 P의 관계는?

① $I = P$ ② $I = P^{0.5}$
③ $I = P^{1.5}$ ④ $I = P^2$

해설
- 전력 $P = I^2 R$에서 전력(P)은 전류(I)의 제곱에 비례하므로 $P \propto I^2$이다.
- 전류와 전력의 관계 $I = P^{\frac{1}{2}} = P^{0.5}$

답 061. ② 062. ④ 063. ④ 064. ②

Q 065 자동제어에서 미리 정해 놓은 순서에 따라 제어의 각 단계가 순차적으로 진행되는 제어방식은?

① 서보제어 ② 되먹임제어
③ 시퀀스제어 ④ 프로세스제어

해설 시퀀스제어란 미리 정해진 순서에 따라 제어의 각 단계가 순차적으로 진행되는 제어 방식으로서 커피 자동 판매기, 세탁기, 엘리베이터 등에 적용된다.

Q 066 정전용량이 같은 2개의 콘덴서를 병렬로 연결했을 때의 합성 정전용량은 직렬로 했을 때의 합성 정전용량의 몇 배인가?

① 1/2 ② 2
③ 4 ④ 8

해설 정전용량이 같을 경우 $C = C_1 = C_2$
- 콘덴서를 병렬로 연결했을 때 합성 정전용량 $C_{t1} = C_1 + C_2 = C + C = 2C$
- 콘덴서를 직렬로 연결했을 때 합성 정전용량 $C_{t2} = \dfrac{C_1 C_2}{C_1 + C_2} = \dfrac{CC}{C+C} = \dfrac{C^2}{2C} = \dfrac{1}{2}C$

∴ $\dfrac{C_{t1}}{C_{t2}} = \dfrac{2C}{\frac{1}{2}C} = 4$ 이므로 병렬로 연결했을 때의 합성 정전용량은 직렬로 연결했을 때 합성 정전용량의 4배이다.

Q 067 3상 농형 유도전동기 기동방법이 아닌 것은?

① 2차 저항법 ② 전전압 기동법
③ 기동보상기법 ④ 리액터 기동법

해설 2차 저항 제어법은 권선형 유도전동기의 기동방법으로서 비례추이의 원리를 이용하여 기동전류를 제한하고 기동토크를 크게 하여 기동하는 방법이다.

Q 068 어떤 회로에 정현파 전압을 가하니 90° 위상이 뒤진 전류가 흘렀다면 이 회로의 부하는?

① 저항 ② 용량성
③ 무부하 ④ 유도성

해설
- 저항 : 전류와 전압은 동위상이다.
- 유도성(인덕턴스) : 전류는 전압보다 90° 위상이 뒤진다.
- 용량성(캐피시던스) : 전류는 전압보다 90° 위상이 앞선다.

답 065. ③ 066. ③ 067. ① 068. ④

Q 069. 자동제어기기의 조작용 기기가 아닌 것은?

① 클러치 ② 전자밸브
③ 서보전동기 ④ 앰플리다인

해설 조작용 기기의 종류
- 기계식 : 클러치, 다이어프램 밸브, 밸브 포지셔너, 유압식 조작기기(안내밸브, 조작 실린더, 조작 피스톤, 분사관)
- 전기식 : 전자밸브 및 전동밸브, 서보전동기(2상 서보전동기, 직류 서보전동기), 펄스전동기

Q 070. 전동기의 회전방향을 알기 위한 법칙은?

① 렌츠의 법칙 ② 암페어의 법칙
③ 플레밍의 왼손법칙 ④ 플레밍의 오른손법칙

해설
- 플레밍의 왼손법칙 : 전자기력의 방향을 결정하는 법칙으로서 전동기의 회전방향을 알기 위한 법칙이다.
- 플레밍의 오른손법칙 : 유도기전력의 방향을 결정하는 법칙으로서 발전기의 회전방향을 알기 위한 법칙이다.

Q 071. 그림과 같은 논리회로가 나타내는 식은?

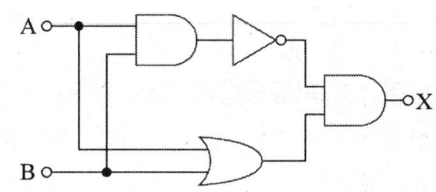

① $X = AB + BA$ ② $X = (\overline{A+B})AB$
③ $X = \overline{AB}(A+B)$ ④ $X = AB + (A+B)$

해설
- AND 회로의 논리식 $X = A \cdot B$

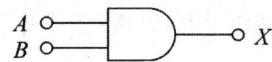

- OR 회로의 논리식 $X = A + B$

- NOT 회로의 논리식 $X = \overline{A}$

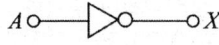

∴ $X = \overline{A \cdot B} \cdot (A+B)$

답 069. ④ 070. ③ 071. ③

072 온도, 유량, 압력 등의 상태량을 제어량으로 하는 제어계는?
① 서보기구 ② 정치제어
③ 샘플값제어 ④ 프로세스제어

해설 제어량에 의한 분류
- 프로세스제어 : 온도, 압력, 유량, 액위, 농도 등의 상태량을 제어
- 자동조정 : 전압, 전류, 주파수, 회전수, 토크 등의 상태량을 제어
- 서보기구 : 물체의 위치, 각도, 방위 등의 기계적 변위를 제어

073 서보 전동기의 특징이 아닌 것은?
① 속응성이 높다.
② 전기자의 지름이 작다.
③ 시동, 정지 및 역전의 동작을 자주 반복한다.
④ 큰 회전력을 얻기 위해 축 방향으로 전기자의 길이가 짧다.

해설 서보 전동기는 관성을 작게 하기 위하여 전기자의 지름을 작게 하고 길이를 길게 한다.

074 발열체의 구비조건으로 틀린 것은?
① 내열성이 클 것 ② 용융온도가 높을 것
③ 산화온도가 낮을 것 ④ 고온에서 기계적 강도가 클 것

해설 발열체의 구비조건
- 내열성이 클 것
- 용융온도가 높을 것
- 고온에서 기계적 강도가 클 것
- 내식성이 클 것
- 선팽창계수가 작을 것
- 적당한 고유저항을 가질 것
- 압연성이 풍부하며 가공이 쉬울 것

075 입력으로 단위 계단함수 $u(t)$를 가했을 때, 출력이 그림과 같은 조절계의 기본동작은?
① 비례 동작
② 2위치 동작
③ 비례 적분 동작
④ 비례 미분 동작

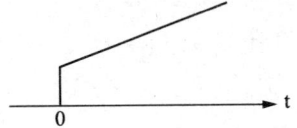

답 072.④ 073.④ 074.③ 075.③

해설 단위 계단함수 $u(t)$를 입력으로 가했을 때 출력은 비례 적분 동작(PI 동작)으로 나타난다.

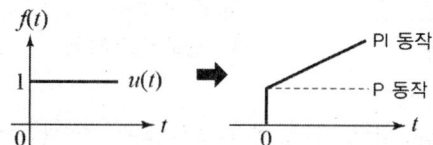

Q 076. 피드백제어계의 특징으로 옳은 것은?

① 정확성이 감소된다.
② 감대폭이 증가한다.
③ 특성 변화에 대한 입력 대 출력비의 감도가 증대한다.
④ 발진을 일으켜도 안정된 상태로 되어가는 경향이 있다.

해설 피드백제어계의 특징
- 정확성이 증가한다.
- 감대폭이 증가한다.
- 계의 특성변화에 대한 입력 대 출력비의 감도가 감소한다.
- 발진을 일으키고 불안정한 상태로 되어가는 경향이 있다.
- 구조가 복잡하고 설치비가 비싸다.

Q 077. $i = I_{m1}\sin\omega t + I_{m2}\sin(2\omega t + \theta)$의 실효값은?

① $\dfrac{I_{m1} + I_{m2}}{2}$
② $\sqrt{\dfrac{I_{m1}^2 + I_{m2}^2}{2}}$
③ $\dfrac{\sqrt{I_{m1}^2 + I_{m2}^2}}{2}$
④ $\sqrt{\dfrac{I_{m1} + I_{m2}}{2}}$

해설
- 전류 i값의 I_{m1}과 I_{m2}가 이루는 각이 θ이므로 피타고라스 정리를 이용하면 최대값 $I_m = \sqrt{I_{m1}^2 + I_{m2}^2}$이 된다.
- 최대값 $I_m = \sqrt{2}I$에서 실효값 $I = \dfrac{I_m}{\sqrt{2}} = \dfrac{\sqrt{I_{m1}^2 + I_{m2}^2}}{\sqrt{2}} = \sqrt{\dfrac{I_{m1}^2 + I_{m2}^2}{2}}$

Q 078. 온도-전압의 변환장치는?

① 열전대
② 전자석
③ 벨로우즈
④ 광전다이오드

답 076. ② 077. ② 078. ①

해설 변환장치
- 온도를 전압으로 변환시키는 장치 : 열전대
- 전압을 변위로 변환시키는 장치 : 전자석, 전자코일
- 압력을 변위로 변환시키는 장치 : 벨로우즈, 스프링, 다이어프램

Q 079 그림과 같은 피드백 회로에서 종합 전달함수는?

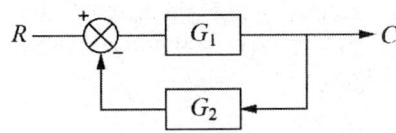

① $\dfrac{1}{G_1}+\dfrac{1}{G_2}$
② $\dfrac{G_1}{1-G_1 \cdot G_2}$
③ $\dfrac{G_1}{1+G_1 \cdot G_2}$
④ $\dfrac{G_1 \cdot G_2}{1+G_1 \cdot G_2}$

해설 출력 $C=G_1 \cdot R - G_1 \cdot G_2 \cdot C$에서 $C+G_1 \cdot G_2 \cdot C = G_1 \cdot R$이고
$(1+G_1 \cdot G_2) \cdot C = G_1 \cdot R$이다.
전달함수 $\dfrac{C}{R}=\dfrac{G_1}{1+G_1 \cdot G_2}$

Q 080 서보기구에서 제어량은?
① 유량
② 전압
③ 위치
④ 주파수

해설 서보기구는 물체의 위치, 각도, 방위 등의 기계적 변위를 제어량으로 하며 목표값의 임의의 변화에 추종하도록 구성된 제어이다.

제 5 과목 배관일반

Q 081 냉매 배관용 팽창밸브 종류로 가장 거리가 먼 것은?
① 수동형 팽창밸브
② 정압 팽창밸브
③ 열동식 팽창밸브
④ 팩리스 팽창밸브

해설 팽창밸브의 종류 : 수동형 팽창밸브, 정압식 자동 팽창밸브, 온도자동(열동)식 팽창밸브, 저압측 플로트밸브, 고압측 플로트밸브, 전자식 팽창밸브

답 079. ③ 080. ③ 081. ④

Q 082 급수관에서 수평관을 상향구배 주어 시공하려고 할 때, 행거로 고정한 지점에서 구배를 자유롭게 조정할 수 있는 지지 금속은?

① 고정 인서트 ② 앵커
③ 롤러   ④ 턴버클

해설 행거로 고정한 지점에서 배관의 기울기를 조정할 때에는 턴버클로 조정한다. (턴버클이란 지지용 로프 등을 잡아당기거나 늦출 때 사용하는 연결 부품으로서 좌·우에 수나사로 된 나사막대가 있고 나사부는 공통 너트로 연결되어 있어서 너트를 회전시키면 수나사는 서로 접근하여 잡아당기고 회전을 반대로 하면 멀어져 로프를 늦출 수 있다.)

Q 083 배관의 종류별 주요 접합 방법이 아닌 것은?

① MR조인트 이음 - 스테인리스 강관
② 플레어 접합 이음 - 동관
③ TS식 이음 - PVC관
④ 콤포이음 - 연관

해설 콤포이음 : 콘크리트관 접합 방법으로서 철근 콘크리트로 만든 칼라와 특수 모르타르의 일종인 콤포로 접합하는 방법이다.

Q 084 보온재 선정 시 고려해야 할 조건으로 틀린 것은?

① 부피 및 비중이 작아야 한다.
② 열전도율이 가능한 적어야 한다.
③ 물리적, 화학적 강도가 커야 한다.
④ 흡수성이 크고, 가공이 용이해야 한다.

해설 보온재는 흡수성 및 흡습성이 작아야 한다.

Q 085 스테인리스 강관의 특징에 대한 설명으로 틀린 것은?

① 내식성이 우수하여 내경의 축소, 저항 증대 현상이 없다.
② 위생적이라서 적수, 백수, 청수의 염려가 없다.
③ 저온 충격성이 적고, 한랭지 배관이 가능하다.
④ 나사식, 용접식, 몰코식, 플랜지식 이음법이 있다.

해설 스테인리스 강관은 저온에서 내충격성이 크고, 한랭지 배관이 가능하며 동결에 대한 저항도 크다.

답 082. ④ 083. ④ 084. ④ 085. ③

Q086 공조설비 구성 장치 중 공기 분배(운반)장치에 해당하는 것은?
① 냉각코일 및 필터   ② 냉동기 및 보일러
③ 제습기 및 가습기   ④ 송풍기 및 덕트

해설 공조설비 구성 장치
- 열원장치 : 냉동기, 보일러, 흡수식 냉온수기, 히트펌프
- 열운반장치 : 송풍기 및 덕트, 펌프 및 배관
- 공기조화장치 : 필터, 냉각코일 및 가열코일, 감습기 및 가습기, 공기세정기
- 자동제어장치 : 온도 및 습도조절기

Q087 냉동설비의 토출가스 배관 시공 시 압축기와 응축기가 동일선상에 있는 경우 수평관의 구배는 어떻게 해야 하는가?
① 1/100의 올림 구배로 한다.   ② 1/100의 내림 구배로 한다.
③ 1/50의 내림 구배로 한다.   ④ 1/50의 올림 구배로 한다.

해설 냉동설비의 수평가스관은 냉매가 흐르는 방향으로 1/200의 내림 구배로 한다. 따라서, 위의 문제에서 내림 구배로 되어 있는 것만 정답으로 처리되었다.

Q088 급수배관 설계 및 시공 상의 주의사항으로 틀린 것은?
① 수평배관에는 공기나 오물이 정체하지 않도록 한다.
② 주 배관에는 적당한 위치에 플랜지(유니언)를 달아 보수점검에 대비한다.
③ 수격작용이 우려되는 곳에는 진공브레이커를 설치한다.
④ 음료용 급수관과 다른 용도의 배관을 접속하지 않아야 한다.

해설
- 수격작용을 방지하기 위하며 워터해머 흡수기 및 수전류 가까이에 공기실(에어챔버)을 설치한다.
- 탱크 내의 진공도가 필요 이상으로 높아지면 펌프에 과부하가 걸리므로 진공브레이커를 설치하여 펌프의 과부하를 방지한다.

Q089 급수관의 유속을 제한(1.5~2m/s 이하)하는 이유로 가장 거리가 먼 것은?
① 유속이 빠르면 흐름방향이 변하는 개소의 원심력에 의한 부압(−)이 생겨 캐비테이션이 발생하기 때문에
② 관 지름을 작게 할 수 있어 재료비 및 시공비가 절약되기 때문에
③ 유속이 빠른 경우 배관의 마찰손실 및 관 내면의 침식이 커지기 때문에
④ 워터해머 발생 시 충격압에 의해 소음, 진동이 발생하기 때문에

해설 급수관 내에 흐르는 물의 유속이 빠르면 관 내에서 캐비테이션, 수격작용(워터해머)이 발생하고 마찰손실이 커져 부식(침식)이 촉진된다.

답 086. ④ 087. ②,③ 088. ③ 089. ②

Q 090 온수배관 시공 시 유의사항으로 틀린 것은?

① 일반적으로 팽창관에는 밸브를 달지 않는다.
② 배관의 최저부에는 배수 밸브를 부착하는 것이 좋다.
③ 공기밸브는 순환펌프의 흡입측에 부착하는 것이 좋다.
④ 수평관은 팽창탱크를 향하여 올림구배가 되도록 한다.

해설 순환펌프 토출측에 공기가 낄 우려가 있을 경우 공기를 대기로 배출할 수 있도록 공기밸브를 설치한다.

Q 091 관경 300mm, 배관길이 500m의 중압 가스송수관에서 A, B점의 게이지 압력이 각각 3kgf/cm², 2kgf/cm²인 경우 가스유량(m³/h)은? (단, 가스비중은 0.64, 유량계수는 52.31로 한다.)

① 10238
② 20583
③ 38317
④ 40153

해설
- 표준대기압이 1.0332kgf/cm²이므로
A점의 절대압력 $P_A = 3 + 1.0332 = 4.0332 \, kgf/cm^2$,
B점의 절대압력 $P_B = 2 + 1.0332 = 3.0332 \, kgf/cm^2$

- 중압 및 고압 가스수송관에서 가스유량 $Q = K\sqrt{\dfrac{D^5(P_A^2 - P_B^2)}{SL}}$ 에서

$Q = 52.31 \times \sqrt{\dfrac{(30cm)^5 \times \{(4.0332 kgf/cm^2)^2 - (3.0332 kgf/cm^2)^2\}}{0.64 \times 500m}} = 38318.8 m^3/h$

Q 092 증기난방 방식에서 응축수 환수 방법에 따른 분류가 아닌 것은?

① 기계 환수식
② 응축 환수식
③ 진공 환수식
④ 중력 환수식

해설 응축수 환수 방법에 따른 분류 : 중력 환수식, 기계 환수식, 진공 환수식

Q 093 증기로 가열하는 간접가열식 급탕설비에서 저탕탱크 주위에 설치하는 장치와 가장 거리가 먼 것은?

① 증기트랩장치
② 자동온도조절장치
③ 개방형 팽창탱크
④ 안전장치와 온도계

해설 온수를 가열하는 급탕설비에서 관내에 분리된 증기나 공기를 배출하고 물의 팽창에 따른 위험을 방지하기 위하여 저온수식에는 개방형 팽창탱크를 설치한다.

답 090. ③ 091. ③ 092. ② 093. ③

Q 094 신축 이음쇠의 종류에 해당되지 않는 것은?

① 벨로즈형　　② 플랜지형
③ 루프형　　　④ 슬리브형

해설 신축 이음쇠의 종류 : 벨로즈형, 루프형, 슬리브형, 스위블형

Q 095 다음 방열기 표시에서 "5"의 의미는?

① 방열기의 섹션수
② 방열기 사용 압력
③ 방열기의 종별과 형
④ 유입관의 관경

해설 방열기의 호칭표시

〈주형 방열기〉　〈벽걸이 방열기〉

- 5 : 방열기의 절수(섹션수)
- W-H : 벽걸이방열기 횡형
- 20 : 유입관의 관경
- 15 : 유출관의 관경

Q 096 도시가스배관 설치기준으로 틀린 것은?

① 배관은 지반의 동결에 의해 손상을 받지 않는 깊이로 한다.
② 배관접합은 용접을 원칙으로 한다.
③ 가스계량기의 설치 높이는 바닥으로부터 1.6m 이상 2m 이내의 높이에 수직, 수평으로 설치한다.
④ 폭 8m 이상의 도로에 관에 매설할 경우에는 매설 깊이를 지면으로부터 0.6m 이상으로 한다.

해설 도시가스 배관을 시가지 외의 도로 노면 밑에 매설하는 경우에는 노면으로부터 배관의 외면까지 1.2m 이상으로 할 것
- 폭 8m 이상의 도로에서는 1.2m 이상으로 할 것
- 폭 4m 이상 8m 미만인 도로에서는 1m 이상으로 할 것

답 094. ② 095. ① 096. ④

Q 097 난방 배관 시공을 위해 벽, 바닥 등에 관통 배관 시공을 할 때, 슬리브(sleeve)를 사용하는 이유로 가장 거리가 먼 것은?

① 열팽창에 따른 배관 신축에 적응하기 위해
② 후일 관 교체 시 편리하게 하기 위해
③ 고장 시 수리를 편리하게 하기 위해
④ 유체의 압력을 증가시키기 위해

해설 슬리브(sleeve)는 배관이 바닥 또는 벽을 관통할 때 신축흡수 및 수리를 용이하게 하기 위하여 설치한다.

Q 098 도시가스 제조사업소의 부지 경계에서 정압기지의 경계까지 이르는 배관을 무엇이라고 하는가?

① 본관
② 내관
③ 공급관
④ 사용관

해설 도시가스 배관명칭
- 내관 : 가스사용자가 소유하거나 점유하고 있는 토지의 경계에서 연소기까지 이르는 배관
- 공급관 : 정압기에서 가스사용자가 소유하거나 점유하고 있는 토지의 경계까지 이르는 배관
- 본관 : 도시가스제조사업소의 부지 경계에서 정압기까지 이르는 배관
- 사용자 공급관 : 가스사용자가 소유하거나 점유하고 있는 토지의 경계에서 가스사용자가 구분하여 소유하거나 점유하는 건축물의 외벽에 설치된 계량기의 전단밸브까지 이르는 배관

Q 099 공조배관설비에서 수격작용의 방지책으로 틀린 것은?

① 관 내의 유속을 낮게 한다.
② 밸브는 펌프 흡입구 가까이 설치하고 제어한다.
③ 펌프에 플라이휠(fly wheel)을 설치한다.
④ 서지탱크를 설치한다.

해설 수격작용의 방지책
- 관 지름을 크게 하여 관 내의 유속을 낮게 한다.
- 밸브를 펌프 송출구 가까이 설치하고 밸브를 천천히 조작한다.
- 펌프에 플라이휠을 설치한다.
- 수격방지기나 워터해머 흡수기를 설치한다.
- 수전류 가까이 공기실(서지탱크)을 설치한다.

답 097. ④ 098. ① 099. ②

Q 100. 증기난방 배관시공에서 환수관에 수직 상향부가 필요할 때 리프트 피팅(lift fitting)을 써서 응축수가 위쪽으로 배출되게 하는 방식은?

① 단관 중력 환수식 ② 복관 중력 환수식
③ 진공 환수식 ④ 압력 환수식

해설 진공 환수식 : 환수주관의 말단이나 보일러 앞에 진공펌프를 설치하여 응축수를 환수시키는 방식으로서 환수주관보다 높은 위치에 진공펌프가 있거나 방열기보다 높은 곳에 환수주관을 배관하는 경우 리프트 피팅(lift fitting)을 사용한다.

답 100. ③

2016

1과목 기계열역학
2과목 냉동공학
3과목 공기조화
4과목 전기제어공학
5과목 배관일반

2016년 3월 6일 시행
2016년 5월 8일 시행
2016년 8월 21일 시행

제1과목 기계열역학

001 계가 비가역 사이클을 이룰 때 클라우지우스(Clausius)의 적분을 옳게 나타낸 것은? (단, T는 온도, Q는 열량이다.)

① $\oint \frac{\delta Q}{T} < 0$ ② $\oint \frac{\delta Q}{T} > 0$

③ $\oint \frac{\delta Q}{T} \geq 0$ ④ $\oint \frac{\delta Q}{T} \leq 0$

해설 클라우지우스의 적분
- 가역 사이클 $\oint \frac{\delta Q}{T} = 0$
- 비가역 사이클 $\oint \frac{\delta Q}{T} < 0$

002 여름철 외기의 온도가 30℃일 때 김치냉장고의 내부를 5℃로 유지하기 위해 3kW의 열을 제거해야 한다. 필요한 최소 동력은 약 몇 kW인가? (단, 이 냉장고는 카르노 냉동기이다.)

① 0.27 ② 0.54
③ 1.54 ④ 2.73

해설 카르노 냉동기의 성적계수
$COP = \frac{Q_e}{L} = \frac{T_L}{T_H - T_L}$

- 성적계수 $COP = \frac{273+5}{(273+30)-(273+5)} = 11.12$
- 동력 $L = \frac{Q_e}{COP}$ 에서 $L = \frac{3}{11.12} = 0.27\,\text{kW}$

003 내부에너지가 40kJ, 절대압력이 200kPa, 체적이 0.1m³, 절대온도가 300K인 계의 엔탈피는 약 몇 kJ인가?

① 42 ② 60
③ 80 ④ 240

답 001. ① 002. ① 003. ②

> 엔탈피 $H = U + PV$에서 $H = 40 + 200 \times 0.1 = 60 \text{kJ}$

Q 004. 2개의 정적과정과 2개의 등온과정으로 구성된 동력 사이클은?

① 브레이턴(brayton) 사이클
② 에릭슨(ericsson) 사이클
③ 스털링(stirling) 사이클
④ 오토(otto) 사이클

> • 브레이턴 사이클 : 2개의 단열과정과 2개의 정압과정으로 구성되어 있다.
> • 에릭슨 사이클 : 2개의 등온과정과 2개의 정압과정으로 구성되어 있다.
> • 스털링 사이클 : 2개의 등온과정과 2개의 정적과정으로 구성되어 있다.
> • 오토 사이클 : 2개의 단열과정과 2개의 정적과정으로 구성되어 있다.

Q 005. 다음 중 폐쇄계의 정의를 올바르게 설명한 것은?

① 동작물질 및 일과 열이 그 경계를 통과하지 아니하는 특정 공간
② 동작물질은 계의 경계를 통과할 수 없으나 열과 일은 경계를 통과할 수 있는 특정 공간
③ 동작물질은 계의 경계를 통과할 수 있으나 열과 일은 경계를 통과할 수 없는 특정 공간
④ 동작물질 및 일과 열이 모두 그 경계를 통과할 수 있는 특정 공간

> 폐쇄계는 밀폐계로서 계의 경계를 통하여 동작물질이 통과할 수 없으나 에너지(열 또는 일)는 경계를 통과할 수 있는 계(시스템)이다.

Q 006. 증기 압축 냉동기에서 냉매가 순환되는 경로를 올바르게 나타낸 것은?

① 증발기 → 팽창밸브 → 응축기 → 압축기
② 증발기 → 압축기 → 응축기 → 팽창밸브
③ 팽창밸브 → 압축기 → 응축기 → 증발기
④ 응축기 → 증발기 → 압축기 → 팽창밸브

> 증기 압축 냉동기에서 냉매는 압축기 → 응축기 → 팽창밸브 → 증발기 → 압축기로 순환한다.

답 004. ③ 005. ② 006. ②

Q 007 한 시간에 3600kg의 석탄을 소비하여 6050kW를 발생하는 증기터빈을 사용하는 화력발전소가 있다면, 이 발전소의 열효율은 약 몇 %인가? (단, 석탄의 발열량은 29900kJ/kg이다.)

① 약 20% ② 약 30%
③ 약 40% ④ 약 50%

해설 열효율 $\eta = \dfrac{Q}{G_f \times H}$ 에서 $\eta = \dfrac{6050\dfrac{kJ}{s}}{3600\dfrac{kg}{h} \times \dfrac{1h}{3600s} \times 29900\dfrac{kJ}{kg}} = 0.202 = 20.2\%$

Q 008 4kg의 공기가 들어 있는 용기 A(체적 0.5m³)와 진공 용기 B(체적 0.3m³) 사이를 밸브로 연결하였다. 이 밸브를 열어서 공기가 자유팽창하여 평형에 도달했을 경우 엔트로피증가량은 약 몇 kJ/K인가? (단, 온도 변화는 없으며 공기의 기체 상수는 0.287kJ/kg·K이다.)

① 0.54 ② 0.49
③ 0.42 ④ 0.37

해설 자유팽창에서 엔트로피 변화량
$dS = mR \ln \dfrac{V_2}{V_1}$ 에서 $dS = 4 \times 0.287 \times \ln \dfrac{0.5 + 0.3}{0.5} = 0.54 kJ/K$
여기서, V_1은 처음의 부피, V_2는 나중의 부피이다.

Q 009 랭킨 사이클을 구성하는 요소는 펌프, 보일러, 터빈, 응축기로 구성된다. 각 구성 요소가 수행하는 열역학적 변화 과정으로 틀린 것은?

① 펌프 : 단열 압축 ② 보일러 : 정압 가열
③ 터빈 : 단열 팽창 ④ 응축기 : 정적 냉각

해설 랭킨사이클에서 응축기(복수기)는 정압 방열(냉각)과정이다.

Q 010 실린더 내부에서 기체가 채워져 있고 실린더에는 피스톤이 끼워져 있다. 초기 압력 50kPa, 초기 체적 0.05m³인 기체를 버너로 $PV^{1.4}$ =constant가 되도록 가열하여 기체 체적이 0.2m³이 되었다면, 이 과정 동안 시스템이 한 일은?

① 1.33kJ ② 2.66kJ
③ 3.99kJ ④ 5.32kJ

답 007. ① 008. ① 009. ④ 010. ②

해설
- $PV^n = constant$ 에서 $n = 1.4$ 이므로 폴리트로픽과정이며

  압력과 체적의 관계 $\left(\dfrac{P_2}{P_1}\right)^{\frac{n-1}{n}} = \left(\dfrac{V_1}{V_2}\right)^{n-1}$ 에서

  최종 압력 $P_2 = \left(\dfrac{V_1}{V_2}\right)^n \times P_1 = \left(\dfrac{0.05}{0.2}\right)^{1.4} \times 50 = 7.18\,\mathrm{kPa}$

- 팽창일 $W_{12} = \dfrac{1}{n-1}(P_1V_1 - P_2V_2)$ 에서

  $W_{12} = \dfrac{1}{1.4-1} \times (50 \times 0.05 - 7.18 \times 0.2) = 2.66\,\mathrm{kJ}$

011. 준평형 정적과정을 거치는 시스템에 대한 열전달량은? (단, 운동에너지와 위치에너지의 변화는 무시한다.)

① 0이다.
② 이루어진 일량과 같다.
③ 엔탈피 변화량과 같다.
④ 내부에너지 변화량과 같다.

해설 정적과정이므로 체적변화 $dV=0$ 이므로 열역학 제1법칙에서
열전달량 $\delta Q = dU + PdV = dU$ 이므로 열전달량은 내부에너지 변화량(dU)과 같다.

012. 체적이 0.01m³인 밀폐용기에 대기압의 포화혼합물이 들어있다. 용기 체적의 반은 포화액체, 나머지 반은 포화증기가 차지하고 있다면, 포화혼합물 전체의 질량과 건도는? (단, 대기압에서 포화액체와 포화증기의 비체적은 각각 0.001044m³/kg, 1.6729m³/kg이다.)

① 전체질량 : 0.0119kg, 건도 : 0.50
② 전체질량 : 0.0119kg, 건도 : 0.00062
③ 전체질량 : 4.792kg, 건도 : 0.50
④ 전체질량 : 4.792kg, 건도 : 0.00062

해설
① 질량 $m = \dfrac{V}{v}$

- 포화액체의 질량 $m_f = \dfrac{0.01 \times \dfrac{1}{2}}{0.001044} = 4.7893\,\mathrm{kg}$

- 포화증기의 질량 $m_g = \dfrac{0.01 \times \dfrac{1}{2}}{1.6729} = 0.0029888\,\mathrm{kg}$

∴ 전체질량 $m = m_f + m_g$ 에서 $m = 4.7893 + 0.0029888 = 4.7923\,\mathrm{kg}$

② 건도 $x = \dfrac{m_g}{m}$ 에서 $x = \dfrac{0.0029888}{4.7923} = 0.000624$

답 011. ④ 012. ④

013

질량이 m이고 비체적이 v인 구(sphere)의 반지름이 R이면, 질량이 $4m$이고, 비체적이 $2v$인 구의 반지름은?

① $2R$
② $\sqrt{2}\,R$
③ $\sqrt[3]{2}\,R$
④ $\sqrt[3]{4}\,R$

해설

- 구의 체적 $V=\dfrac{4}{3}\pi R^3$, 체적 $V=mv$에서 $\dfrac{4}{3}\pi R^3 = mv$이고,

  반지름 $R=\left(\dfrac{3mv}{4\pi}\right)^{\frac{1}{3}}$이다.

- 질량이 $m_1=4m$이고, 비체적이 $v_1=2v$일 때 $\dfrac{4}{3}\pi R_1^3 = m_1 v_1$에서

  $\dfrac{4}{3}\pi R_1^3 = 4m \times 2v = 8mv$, $R_1^3 = \dfrac{8mv \times 3}{4\pi}$ 이다.

  반지름 $R_1=\left(\dfrac{8mv \times 3}{4\pi}\right)^{\frac{1}{3}} = 8^{\frac{1}{3}}\left(\dfrac{3mv}{4\pi}\right)^{\frac{1}{3}} = 8^{\frac{1}{3}}R = 2R$

014

밀폐 시스템이 압력 $P_1=200\text{kPa}$, 체적 $V_1=0.1\text{m}^3$인 상태에서 $P_2=100\text{kPa}$, $V_2=0.3\text{m}^3$인 상태까지 가역팽창되었다. 이 과정이 P-V선도에서 직선으로 표시된다면 이 과정 동안 시스템이 한 일은 약 몇 kJ인가?

① 10
② 20
③ 30
④ 45

해설 P-V선도에서 면적을 구하면 시스템이 한 일이 된다.

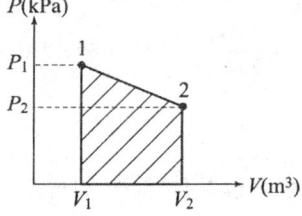

일 $W = P_2(V_2 - V_1) + \dfrac{1}{2}(P_1 - P_2)(V_2 - V_1)$에서

$W = 100 \times (0.3 - 0.1) + \dfrac{1}{2}(200 - 100)(0.3 - 0.1) = 30\,\text{kJ}$

015

온도 600℃의 구리 7kg을 8kg의 물속에 넣어 열적 평형을 이룬 후 구리와 물의 온도가 64.2℃가 되었다면 물의 처음 온도는 약 몇 ℃인가? (단, 이 과정 중 열손실은 없고, 구리의 비열은 0.386kJ/kg·K이며 물의 비열은 4.184kJ/kg·K이다.)

① 6℃
② 15℃
③ 21℃
④ 84℃

답 013. ① 014. ③ 015. ③

해설 열역학 제0법칙에서 온도평형의 법칙을 적용하여 평균온도를 구한다. 구리가 잃은 열량은 물이 얻은 열량과 같다.

$G_{구리} C_{구리}(t_{구리} - t_3) = G_물 C_물(t_3 - t_물)$ 에서

물의 온도 $t_물 = t_3 - \dfrac{G_{구리} C_{구리}(t_{구리} - t_3)}{G_물 C_물} = 64.2 - \dfrac{7 \times 0.386 \times (600 - 64.2)}{8 \times 4.184} = 20.9℃$

Q 016
고온 400℃, 저온 50℃의 온도 범위에서 작동하는 Carnot 사이클 열기관의 열효율을 구하면 몇 %인가?

① 37　　　② 42
③ 47　　　④ 52

해설 카르노 사이클의 열효율

$\eta = \dfrac{T_H - T_L}{T_H}$ 에서 $\eta = \dfrac{(273 + 400) - (273 + 50)}{273 + 400} = 0.52 = 52\%$

Q 017
비열비가 1.29, 분자량이 44인 이상 기체의 정압비열은 약 몇 kJ/kg·K인가? (단, 일반기체상수는 8.314kJ/kmol·K이다.)

① 0.51　　　② 0.69
③ 0.84　　　④ 0.91

해설
- 기체상수 $R = \dfrac{\overline{R}}{M}$ 에서 $R = \dfrac{8.314}{44} = 0.189 \text{kJ/kg·K}$
- 정압비열 $C_p = \dfrac{k}{k-1} R$ 에서 $C_p = \dfrac{1.29}{1.29 - 1} \times 0.189 = 0.84 \text{kJ/kg·K}$

Q 018
랭킨 사이클의 열효율 증대 방법에 해당하지 않는 것은?

① 복수기(응축기) 압력 저하
② 보일러 압력 증가
③ 터빈의 질량유량 증가
④ 보일러에서 증기를 고온으로 과열

해설 랭킨 사이클에서 열효율을 증대시키는 방법
- 복수기의 압력이 낮을수록
- 보일러 압력이 높을수록
- 보일러에서 증기를 고온으로 과열되었을 경우
- 터빈 입구에서 압력과 온도가 높을수록

답 016. ④　017. ③　018. ③

019. 물 2kg을 20℃에서 60℃가 될 때까지 가열할 경우 엔트로피 변화량은 약 몇 kJ/K인가? (단, 물의 비열은 4.184kJ/kg·K이고, 온도 변화과정에서 체적은 거의 변화가 없다고 가정한다.)

① 0.78 ② 1.07
③ 1.45 ④ 1.96

해설 정적과정에서 엔트로피 변화량 $S_2 - S_1 = mC_v \ln \dfrac{T_2}{T_1}$ 에서

$$S_2 - S_1 = 2 \times 4.184 \times \ln \dfrac{273+60}{273+20} = 1.071 \,\text{kJ/K}$$

020. 기체가 열량 80kJ을 흡수하여 외부에 대하여 20kJ의 일을 하였다면 내부에너지 변화는 몇 kJ인가?

① 20 ② 60
③ 80 ④ 100

해설 열역학 제1법칙의 에너지보존법칙에서 열량변화 $\delta Q = dU + \delta W$ 이다.
열량을 흡수하였으므로 $+\delta Q$, 외부에 대해서 일을 하였기 때문에 $+\delta W$ 이다.
내부에너지 변화 $dU = \delta Q - \delta W$ 에서 $dU = 80 - 20 = 60 \,\text{kJ}$

제 2 과목 냉동공학

021. 프레온 냉매(CFC) 화합물은 태양의 무엇에 의해 분해되어 오존층 파괴의 원인이 되는가?

① 자외선 ② 감마선
③ 적외선 ④ 알파선

해설 대기 중으로 방출되는 CFC 냉매는 화학적으로 안정되어 분해되지 않고 성층권에 도달하며 태양의 자외선에 의해 화학구조가 분해된다. CFC 냉매는 염소를 함유하고 있어 염소와 오존이 반응하면 일산화염을 생성시키고 촉매반응에 의해 염소는 다시 분리되어 다른 오존과 반응하며 염소원자가 불활성화되어 오존층을 파괴시킨다.

019. ② 020. ② 021. ①

Q 022 응축압력이 이상고압으로 나타나는 원인으로 가장 거리가 먼 것은?
① 응축기의 냉각관 오염 시
② 불응축가스가 혼입 시
③ 응축부하 증대 시
④ 냉매 부족 시

해설 냉동장치 내에 냉매가 부족할 경우 증발압력이 이상저압으로 나타나는 원인이 된다.

Q 023 물과 리튬브로마이드 용액을 사용하는 흡수식 냉동기의 특징으로 틀린 것은?
① 흡수기의 개수에 따라 단효용 또는 다중효용 흡수식 냉동기로 구분된다.
② 냉매로 물을 사용하고, 흡수제로 리튬브로마이드를 사용한다.
③ 사이클은 압력-엔탈피 선도가 아닌 듀링선도를 사용하여 작동상태를 표현한다.
④ 단효용 흡수식 냉동기에서 냉매는 재생기, 응축기, 냉각기, 흡수기의 순서로 순환한다.

해설 재생기의 개수에 따라 단효용 또는 다중효용 흡수식 냉동기로 구분된다.

종류	단효용 흡수식 냉동기	이중 효용 흡수식 냉동기
재생기	1개	2개
열교환기	1개	2개

Q 024 2단 압축 냉동장치에 관한 설명으로 틀린 것은?
① 동일한 증발온도를 얻을 때 단단압축 냉동장치 대비 압축비를 감소시킬 수 있다.
② 일반적으로 두 개의 냉매를 사용하여 −30℃ 이하의 증발온도를 얻기 위해 사용된다.
③ 중간 냉각기는 증발기에 공급하는 액을 과냉각시키고 냉동 효과를 증대시킨다.
④ 중간 냉각기는 냉매증기와 냉매액을 분리시켜 고단측 압축기 액백 현상을 방지한다.

해설 2단 압축 냉동장치는 한 개의 냉매를 사용하여 −30℃ 이하의 증발온도를 얻기 위해 사용된다.

답 022.④ 023.① 024.②

025 열전달 현상에 관한 설명으로 가장 거리가 먼 것은?
① 대류는 유체의 흐름에 의해서 일어나는 현상이다.
② 전도는 고체 또는 정지유체에서의 열 이동 방법으로 물체는 움직이지 않고 그 물체의 구성 분자 간에 열이 이동하는 현상이다.
③ 태양과 지구사이의 열전달은 복사현상이다.
④ 실제 열전달 현상에서는 전도, 대류, 복사가 각각 단독으로 일어난다.

해설 실제 열전달 현상에서는 전도, 대류, 복사가 복합적으로 일어난다.

026 냉동능력 1RT로 압축되는 냉동기가 있다. 이 냉동기에서 응축기의 방열량은? (단, 응축기 방열량은 냉동능력의 1.2배로 한다.)
① 3.32kW
② 3.98kW
③ 4.22kW
④ 4.63kW

해설
- 응축기 방열량 $Q_c = Q_e \times c$에서 $Q_c = (1 \times 3320) \times 1.2 = 3984 \text{kcal/h}$
- 동력 1kW=860kcal/h이므로 응축기 방열량 $Q_c = \dfrac{3984}{860} = 4.63 \text{kW}$

027 암모니아 입형 저속 압축기에 많이 사용되는 포펫트 밸브(poppet valve)에 관한 설명으로 틀린 것은?
① 중량이 가벼워 밸브 개폐가 불확실하다.
② 구조가 튼튼하고 파손되는 일이 적다.
③ 회전수가 높아지면 밸브의 관성 때문에 개폐가 자유롭지 못하다.
④ 흡입밸브는 피스톤 상부 스프링으로 가볍게 지지되어 있다.

해설 포펫트 밸브는 중량이 무겁기 때문에 밸브의 개폐가 확실하고 가스 누설이 없다.

028 어떤 냉장고의 증발기가 냉매와 공기의 평균 온도차가 7℃로 운전되고 있다. 이 때 증발기의 열통과율이 30kcal/m²·h·℃라고 하면 냉동톤당 증발기의 소요 외표면적은?
① 15.81m²
② 17.53m²
③ 20.70m²
④ 23.14m²

해설 냉동톤 1RT=3320kcal/h이므로 냉동능력 $Q_e = KA \triangle t_m$에서
외표면적 $A = \dfrac{Q_e}{K \triangle t_m} = \dfrac{3320}{30 \times 7} = 15.81 \text{m}^2$

답 025. ④ 026. ④ 027. ① 028. ①

Q 029 다음 이론 냉동 사이클의 P-h선도에 대한 설명으로 옳은 것은? (단, 냉동 장치의 냉매 순환량은 540kg/h이다.)

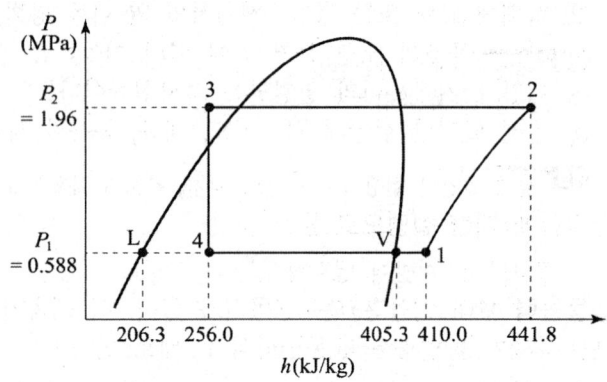

① 냉동 능력은 약 23.1RT이다.
② 응축기의 방열량은 약 9.27kW이다.
③ 냉동 사이클의 성적 계수는 약 4.84이다.
④ 증발기 입구에서 냉매의 건도는 약 0.8이다.

해설
① 냉동톤 1RT=3320kcal/h이므로
   냉동 능력 $Q_e = \dfrac{G \times q_e}{3320}$ 에서 $Q_e = \dfrac{540 \times (410-256)}{3320} = 25.05\text{RT}$

② 동력 1kW=860kcal/h이므로
   응축기 방열량 $Q_c = \dfrac{G \times q_c}{860}$ 에서 $Q_c = \dfrac{540 \times (441.8-256)}{860} = 116.7\text{kW}$

③ 성적계수 $COP = \dfrac{q_e}{AW}$ 에서 $COP = \dfrac{410-256}{441.8-410} = 4.84$

④ 건도 $x = \dfrac{h_4 - h_L}{h_V - h_L}$ 에서 $x = \dfrac{256-206.3}{406.3-206.3} = 0.25$

Q 030 냉각수량 600L/min, 전열면적 80m², 응축온도 32℃, 냉각수 입구 및 출구 온도가 23℃, 31℃인 수냉응축기의 냉각관 열통과율은?

① 720kcal/m²·h·℃ ② 600kcal/m²·h·℃
③ 480kcal/m²·h·℃ ④ 360kcal/m²·h·℃

해설 응축기 방열량
$Q_c = KA\Delta t_m = GC\Delta t$

• 산술평균온도차 $\Delta t_m = t_c - \dfrac{t_{w1}+t_{w2}}{2}$ 에서 $\Delta t_m = 32 - \dfrac{23+31}{2} = 5℃$

• 열통과율 $K = \dfrac{GC\Delta t}{A\Delta t_m}$ 에서 $K = \dfrac{(600 \times 60) \times 1 \times (31-23)}{80 \times 5} = 720\text{kcal/m}^2\cdot\text{h}\cdot℃$

답 029. ③ 030. ①

031 냉동장치의 고압부에 설치하지 않는 부속기기는?
① 투시경
② 유분리기
③ 냉매액펌프
④ 불응축 가스 분리기(gas purger)

> **해설** 냉매액펌프는 액순환식 증발기에서 저압측 수액기와 증발기 사이에 설치하는 부속기기로서 저압측에 설치한다.

032 냉각탑에 대한 설명으로 틀린 것은?
① 밀폐식은 개방식 냉각탑에 비해 냉각수가 외기에 의한 오염될 염려가 적다.
② 냉각탑의 성능은 입구공기의 습구온도에 영향을 받는다.
③ 쿨링 레인지(cooling range)는 냉각탑의 냉각수 입·출구 온도의 차이 값이다.
④ 쿨링 어프로치(cooling approach)는 냉각탑의 냉각수 입구온도에서 냉각탑 입구공기의 습구온도를 제한 값이다.

> **해설** 쿨링 어프로치는 냉각탑의 냉각수 출구온도와 외기 습구온도의 차이 값이다.

033 팽창밸브에 관한 설명으로 틀린 것은?
① 정압식 팽창밸브는 증발압력이 일정하게 유지되도록 냉매의 유량을 조절하기 위한 밸브이다.
② 모세관은 일반적으로 소형 냉장고에 적용되고 있다.
③ 온도식 자동 팽창 밸브는 감온통이 저온을 받으면 냉매의 유량이 증가된다.
④ 자동식 팽창밸브에는 플로트식이 있다.

> **해설** 온도식 자동 팽창 밸브는 증발기 출구의 과열도에 의해 냉매량을 조절한다. 과열도가 크면 밸브가 열려 냉매의 유량을 증가시키고, 과열도가 작으면 밸브가 닫혀 냉매 유량을 감소시킨다.

034 성적계수인 COP에 관한 설명으로 틀린 것은?
① 냉동기의 성능을 표시하는 무차원수로서 압축일량과 냉동효과의 비를 말한다.
② 열펌프의 성적계수는 일반적으로 1보다 작다.
③ 실제 냉동기에서는 압축효율도 COP에 영향을 미친다.
④ 냉동사이클에서는 응축온도가 가능한 한 낮고, 증발온도가 높을수록 성적계수는 크다.

답 031. ③ 032. ④ 033. ③ 034. ②

> **해설**
> 열펌프 성적계수 $COP_{HP} = \dfrac{T_H}{T_H - T_L} = COP_R + 1$이므로 열펌프의 성적계수는 냉동기 성적계수($COP_R$)에 1을 더한 값으로서 항상 1보다 크다.

Q 035 브라인(2차 냉매)중 무기질 브라인이 아닌 것은?

① 염화마그네슘　　　　② 에틸렌글리콜
③ 염화칼슘　　　　　　④ 식염수

> **해설**
> • 무기질 브라인 : 염화마그네슘($MgCl_2$), 염화칼슘($CaCl_2$), 염화나트륨(NaCl)수용액(식염수)
> • 유기질 브라인 : 에틸렌글리콜, 프로필렌글리콜, 에틸알코올

Q 036 냉방능력이 1냉동톤당 10L/min의 냉각수가 응축기에 사용되었다. 냉각수 입구의 온도가 32℃이면 출구온도는? (단, 응축열량은 냉방능력의 1.2배로 한다.)

① 22.5℃　　　　　　② 32.6℃
③ 38.6℃　　　　　　④ 43.5℃

> **해설**
> 응축기 방열량 $Q_c = Q_e \times c = GC(t_{w2} - t_{w1})$에서
> 냉각수 출구온도 $t_{w2} = t_{w1} + \dfrac{Q_e \times c}{GC} = 32 + \dfrac{3320 \times 1.2}{(10 \times 60) \times 1} = 38.64℃$

Q 037 압축 냉동 사이클에서 응축기 내부 압력이 일정할 때, 증발온도가 낮아지면 나타나는 현상으로 가장 거리가 먼 것은?

① 압축기 단위흡입 체적당 냉동효과 감소
② 압축기 토출가스 온도 상승
③ 성적계수 감소
④ 과열도 감소

> **해설**
> 응축기의 내부 압력이 일정하고, 증발온도(압력)가 낮아지면 냉매 순환량이 감소하게 되어 증발기 출구의 과열도가 증가하게 된다.

Q 038 터보 압축기의 특징으로 틀린 것은?

① 회전운동이므로 진동이 적다.
② 냉매의 회수장치가 불필요하다.
③ 부하가 감소하면 서징현상이 일어난다.
④ 응축기에서 가스가 응축되지 않는 경우에도 이상 고압이 되지 않는다.

답 035. ②　036. ③　037. ④　038. ②

해설 터보 압축기는 냉매의 회수장치가 필요하다.

Q 039. 왕복 압축기에 관한 설명으로 옳은 것은?

① 압축기의 압축비가 증가하면 일반적으로 압축효율은 증가하고 체적효율은 낮아진다.
② 고속다기통 압축기의 용량제어에 언로우더를 사용하여 입형 저속에 비해 압축기의 능력을 무 단계로 제어가 가능하다.
③ 고속다기통 압축기의 밸브는 일반적으로 링모양의 플레이트 밸브가 사용되고 있다.
④ 2단 압축 냉동장치에서 저단측과 고단측의 실제 피스톤 토출량은 일반적으로 같다.

해설 ① 압축비가 증가하면 압축효율과 체적효율은 낮아진다.
② 용량제어 시 언로우더법은 압축공정 동안 흡입밸브를 밀어 내려서 실린더 내의 가스가 압축이 이루어지지 않도록 한 방법으로서 부하가 증가하면 흡입가스의 압력이 상승하게 되어 솔레노이드 밸브가 전기적 신호에 의해 닫히게 되므로 언로더 피스톤은 다시 정상 위치로 되돌아가 흡입밸브는 정상 작동하게 된다.
④ 2단 압축 냉동장치에서 실제 피스톤 압출량은 고단측이 작다.

Q 040. 다음 중 이중 효용 흡수식 냉동기는 단효용 흡수식 냉동기와 비교하여 어떤 장치가 복수개로 설치되는가?

① 흡수기
② 증발기
③ 응축기
④ 재생기

해설 흡수식 냉동기의 재생기 수에 따른 분류

종류	단효용 흡수식 냉동기	이중 효용 흡수식 냉동기
재생기	1개	2개
열교환기	1개	2개

답 039. ③ 040. ④

제 3 과목   공기조화

041. 동일 풍량, 정압을 갖는 송풍기에서 형번이 다르면 축마력, 출구 송풍속도 등이 다르다. 송풍기의 형번이 작은 것을 큰 것으로 바꿔 선정할 때 설명이 틀린 것은?

① 모터 용량은 작아진다.   ② 출구 풍속은 작아진다.
③ 회전수는 커진다.   ④ 설비비는 증대한다.

해설 다익송풍기 형번 $No = \dfrac{\text{임펠러 직경(mm)}}{150}$ 에서 형번을 큰 것으로 바꾸면 임펠러 직경이 크게 된다. 따라서, 형번을 큰 것으로 바꿔 선정하더라도 동일한 풍량을 갖는 송풍기이므로 임펠러 직경이 크기 때문에 회전수가 작아진다.

042. 공기조화 설비의 열원장치 및 반송 시스템에 관한 설명으로 틀린 것은?

① 흡수식 냉동기의 흡수기와 재생기는 증기압축식 냉동기의 압축기와 같은 역할을 수행한다.
② 보일러의 효율은 보일러에 공급한 연료의 발열량에 대한 보일러 출력의 비로 계산한다.
③ 흡수식 냉동기의 냉온수 발생기는 냉방 시에는 냉수, 난방 시에는 온수를 각각 공급할 수 있지만, 난방 시에는 온수를 각각 공급할 수 있지만, 냉수 및 온수를 동시에 공급할 수는 없다.
④ 단일덕트 재열방식은 실내의 건구온도뿐 만아니라 부분 부하시에 상대습도도 유지하는 것을 목적으로 한다.

해설 흡수식 냉동기의 냉온수 발생기는 동시에 냉수와 온수를 공급할 수 있다. 즉, 동시에 냉난방이 가능한 냉동기이다.

043. 증기압축식 냉동기의 냉각탑에서 표준냉각능력을 산정하는 일반적 기준으로 틀린 것은?

① 입구수온 37℃   ② 출구수온 32℃
③ 순환수량 23L/min   ④ 입구 공기 습구온도 27℃

해설 1냉각톤 $Q_T = GC(t_{w1} - t_{w2})$ 에서
$Q_T = (13 \times 60) \times 1 \times (37 - 32) = 3900\,\text{kcal/h}$
여기서, 냉각탑의 순환수량 $G = 13\,\text{L/min}$, 냉각탑 입구수온 $t_{w1} = 37℃$, 냉각탑 출구수온 $t_{w2} = 32℃$ 이다.

답 041. ③ 042. ③ 043. ③

Q 044. 대류 및 복사에 의한 열전달률에 의해 기온과 평균복사온도를 가중평균한 값으로 복사난방공간의 열환경을 평가하기 위한 지표로서 가장 적당한 것은?

① 작용온도(operative temperature)
② 건구온도(dry-bulb temperature)
③ 카타냉각력(Kata cooling power)
④ 불쾌지수(discomfort index)

해설

작용온도 $OT = \dfrac{h_r MRT + h_c t_a}{h_r + h_c}(℃)$

여기서, MRT는 평균복사온도, h_r 은 복사 열전달률, h_c는 대류 열전달률, t_a는 기온이다.

∴ 작용온도는 기온, 기류, 평균복사온도의 영향을 조합한 온도로서 복사난방공간의 열환경을 평가하는 지표로 사용된다.

Q 045. 열펌프에 대한 설명으로 틀린 것은?

① 공기-물방식에서 물회로 변환의 경우 외기가 0℃ 이하에서는 브라인을 사용하여 채열한다.
② 공기-공기방식에서 냉매회로 변환의 경우는 장치가 간단하나 축열이 불가능하다.
③ 물-물방식에서 냉매회로 변환의 경우는 축열조를 사용할 수 없으므로 대형에 적합하지 않다.
④ 열펌프의 성적계수(COP)는 냉동기의 성적계수보다는 1만큼 더 크게 얻을 수 있다.

해설

열펌프 중에서 물-물 방식은 흡열측과 방열측에 방열측에 물을 사용하여 열교환시키므로 축열조를 설치하여 동시에 냉온수를 사용한다.

Q 046. 열전달 방법이 자연순환에 의하여 이루어지는 자연형 태양열 난방 방식에 해당되지 않는 것은?

① 직접 획득 방식
② 부착 온실 방식
③ 태양전지 방식
④ 축열벽 방식

해설

태양열 난방 방식의 집열형태에 따라 직접 획득 방식, 부착 온실 방식, 축열벽 방식으로 분류된다.

답 044. ① 045. ③ 046. ③

Q 047. 엔탈피 변화가 없는 경우의 열수분비는?

① 0
② 1
③ -1
④ ∞

해설
열수분비 $U = \dfrac{h_2 - h_1}{x_2 - x_1} \left(\dfrac{\text{kcal/kg}}{\text{kg/kg}'}\right)$

- 엔탈피 변화가 없으므로 $h_2 - h_1 = 0$이다.
- 열수분비 $U = \dfrac{0}{x_2 - x_1} = 0$

Q 048. 송풍량 600m³/min을 공급하여 다음의 공기 선도와 같이 난방하는 실의 실내부하는? (단, 공기의 비중량은 1.2kg/m³, 비열은 0.24kcal/kg·℃이다.)

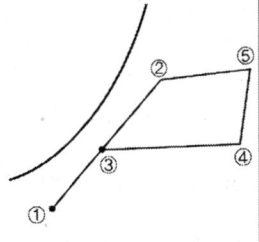

상태점	온도(℃)	엔탈피(kcal/kg)
①	0	0.5
②	20	9.0
③	15	8.0
④	28	10.0
⑤	29	13.0

① 31100kcal/h
② 94510kcal/h
③ 129600kcal/h
④ 172800kcal/h

해설 실내부하 $q_r = G(h_5 - h_2) = \gamma Q(h_5 - h_2)$에서
$q_r = 600 \times 1.2 \times (13 - 9) = 2880 \text{kcal/min}$
$= 2880 \times 60 = 172800 \text{kcal/h}$

Q 049. 1년 동안의 냉난방에 소요되는 열량 및 연료비용의 산출과 관계되는 것은?

① 상당외기 온도차
② 풍향 및 풍속
③ 냉난방 도일
④ 지중온도

해설 냉난방 도일은 매일의 일평균기온과 실내기준 온도(18℃)와의 차이를 일별로 누적하여 일 평균기온보다 높은 경우는 냉방도일로, 낮은 경우는 난방도일로 계산한다. 따라서, 냉난방 도일은 1년 동안의 냉난방에 소요되는 열량 및 연료비용을 산출하는 지표로 사용된다.

답 047. ① 048. ④ 049. ③

Q 050 주철제 보일러의 특징에 관한 설명으로 틀린 것은?

① 섹션을 분할하여 반입하므로 현장설치의 제한이 적다.
② 강제 보일러보다 내식성이 우수하며 수명이 길다.
③ 강제 보일러보다 급격한 온도변화에 강하여 고온·고압의 대용량으로 사용된다.
④ 섹션을 증가시켜 간단하게 출력을 증가시킬 수 있다.

해설 주철제 보일러는 주철제로 만든 섹션을 전·후에 나란히 놓고 니플을 끼워서 결합시키고 외부에서 볼트로 조여 조립된 보일러로서 저압용으로 사용된다.

Q 051 공장이나 창고 등과 같이 높고 넓은 공간에 주로 사용되는 유닛 히터(unit heater)를 설치할 때 주의할 사항으로 틀린 것은?

① 온풍의 도달거리나 확산직경은 천장고나 흡출공기온도에 따라 달라지므로 설치위치를 충분히 고려해야 한다.
② 토출 공기 온도는 너무 높지 않도록 한다.
③ 송풍량을 증가시켜 고온의 공기가 상층부에 모이지 않도록 한다.
④ 열손실이 가장 적은 곳에 설치한다.

해설 유닛 히터는 열손실이 가장 많은 곳에 설치해야 한다.

Q 052 일사량에 대한 설명으로 틀린 것은?

① 대기투과율은 계절, 시각에 따라 다르다.
② 지표면에 도달하는 일사량을 전일사량이라고 한다.
③ 전일사량은 직달일사량에서 천공복사량을 뺀 값이다.
④ 일사는 건물의 유리나 외벽, 지붕을 통하여 공조(냉방)부하가 된다.

해설 전일사량은 직달일사량에 천공복사량을 더한 값이다.
• 직달일사량 : 대기에 의해서 흡수되거나 반사 혹은 산란되지 않고 지표면까지 도달하는 태양의 일사량이다.
• 천공복사량 : 산란 및 반사에 의해서 지표면에 도달되는 태양의 열에너지이다.

답 050. ③ 051. ④ 052. ③

Q 053. 단일덕트 정풍량 방식의 장점으로 틀린 것은?

① 각 실의 실온을 개별적으로 제어할 수가 있다.
② 설비비가 다른 방식에 비해 적게 든다.
③ 기계실에 기기류가 집중 설치되므로 운전, 보수가 용이하고, 진동, 소음의 전달 염려가 적다.
④ 외기의 도입이 용이하며 환기팬 등을 이용하면 외기냉방이 가능하고 전열교환기의 설치도 가능하다.

해설 단일덕트 정풍량 방식은 송풍량을 일정하게 하고 송풍온도를 조절하여 공급하는 방식으로서 각 실의 실온을 개별적으로 제어할 수 없으며 각 실마다 부하변동이 다를 경우 온·습도의 불균형이 발생한다.

Q 054. 다음 중 보온, 보냉, 방로의 목적으로 덕트 전체를 단열해야 하는 것은?

① 급기 덕트   ② 배기 덕트
③ 외기 덕트   ④ 배연 덕트

해설 급기 덕트는 실내로 공급하는 공기를 공조기에서 온도와 습도를 조절하여 공급하는 덕트로서 주위와의 열전달로 인하여 열손실이 발생할 수 있으므로 단열재로 피복마감처리 해야 한다.

Q 055. 덕트 설계시 주의사항으로 틀린 것은?

① 덕트 내 풍속을 허용풍속 이하로 선정하여 소음, 송풍기 동력 등에 문제가 발생하지 않도록 한다.
② 덕트의 단면은 정방향이 좋으나, 그것이 어려울 경우 적정 종횡비로 하여 공기 이동이 원활하게 한다.
③ 덕트의 확대부는 15° 이하로 하고, 축소부는 40° 이상으로 한다.
④ 곡관부는 가능한 크게 구부리며, 내측 곡률 반경이 덕트 폭보다 작을 경우는 가이드 베인을 설치한다.

해설 덕트 확대부의 확대각도는 20° 이하로 하고, 축소부의 축소각도는 45° 이하로 한다.

Q 056. 어느 실의 냉방장치에서 실내취득 현열부하가 40000W, 잠열부하가 15000W인 경우 송풍 공기량은? (단, 실내온도 26℃, 송풍 공기온도 12℃, 외기온도 35℃, 공기밀도 1.2kg/m³, 공기의 정압비열은 1.005kJ/kg·K이다.)

① 1658m³/s   ② 2280m³/s
③ 2369m³/s   ④ 3258m³/s

답 053. ① 054. ① 055. ③ 056. ③

해설
- 송풍 공기온도 $t_1 = 12℃ = 273 + 12 = 285K$, 실내온도 $t_2 = 26℃ = 273 + 26 = 299K$
- 송풍 공기량 $Q = \dfrac{q_s}{\rho C_p \Delta t}$ 에서 $Q = \dfrac{40000}{1.2 \times 1.005 \times (299 - 285)} = 2369.1 \text{m}^3/\text{s}$

057 공기조화기에 걸리는 열부하 요소 중 가장 거리가 먼 것은?
① 외기부하
② 재열부하
③ 배관계통에서의 열부하
④ 덕트계통에서의 열부하

해설 냉동기에 걸리는 열부하는 냉방부하(냉각코일의 용량)에 배관계통에서의 열부하를 더한 값이다. 따라서, 배관계통에서의 열부하는 냉동기에 걸리는 열부하 요소이다.

058 공기조화설비에서 처리하는 열부하로 가장 거리가 먼 것은?
① 실내 열취득 부하
② 실내 열손실 부하
③ 실내 배연 부하
④ 환기용 도입 외기부하

해설 공기조화설비에서 처리하는 열부하
- 실내 열취득 부하, 실내 열손실 부하
- 장치(송풍기, 덕트)내의 부하
- 환기용 도입 외기부하
- 냉방부하, 난방부하

059 심야전력을 이용하여 냉동기를 가동 후 주간냉방에 이용하는 빙축열시스템의 일반적인 구성장치로 옳은 것은?
① 펌프, 보일러, 냉동기, 증기축열조
② 축열조, 판형열교환기, 냉동기, 냉각탑
③ 판형열교환기, 증기트랩, 냉동기, 냉각탑
④ 냉동기, 축열기, 브라인펌프, 에어프리히터

해설 빙축열시스템의 구성 : 축열조, 판형열교환기, 냉동기, 냉각탑

답 057. ③ 058. ③ 059. ②

Q 060 건구온도 32℃, 습구온도 26℃의 신선외기 1800m³/h를 실내로 도입하여 실내공기를 27℃(DB), 50%(RH)의 상태로 유지하기 위해 외기에서 제거해야 할 전열량은? (단, 32℃, 27℃에서의 절대습도는 각각 0.0189kg/kg, 0.0112kg/kg이며, 공기의 비중량은 1.2kg/m³, 비열은 0.24kcal/kg·℃이다.)

① 약 9900kcal/h ② 약 12530kcal/h
③ 약 18300kcal/h ④ 약 23300kcal/h

해설
- 현열량 $q_s = \gamma Q C \Delta t$ 에서 $q_s = 1.2 \times 1800 \times 0.24 \times (32-27) = 2592\,\text{kcal/h}$
- 잠열량 $q_L = 597.5 \gamma Q \Delta x$ 에서
  $q_L = 597.5 \times 1.2 \times 1800 \times (0.0189 - 0.0112) = 9937.62\,\text{kcal/h}$
- ∴ 전열량 $q_t = q_s + q_L$ 에서 $q_t = 2592 + 9937.62 = 12529.62\,\text{kcal/h}$

제 4 과목 전기제어공학

Q 061 어떤 제어계의 입력으로 단위 임펄스가 가해졌을 때 출력이 te^{-3t}이었다. 이 제어계의 전달함수는?

① $\dfrac{1}{(s+3)^2}$ ② $\dfrac{s}{(s+1)(s+2)}$
③ $s(s+2)$ ④ $(s+1)(s+2)$

해설
- 입력신호가 단위 임펄스인 경우 $r(t) = \delta(t)$에서
  라플라스 변환하면 $R(s) = \mathcal{L}[r(t)] = \mathcal{L}[\delta(t)] = 1$
- $\mathcal{L}[e^{-at}] = \dfrac{1}{s+a}$에서 $\mathcal{L}[e^{-3t}] = \dfrac{1}{s+3}$이고 $\mathcal{L}[t] = \dfrac{1}{s^2}$에서 $\mathcal{L}[t]_{s=s+3} = \dfrac{1}{(s+3)^2}$
  이므로 출력 $C(s) = \mathcal{L}[t \cdot e^{-3t}] = \dfrac{1}{(s+3)^2}$
- 전달함수 $G(s) = \dfrac{C(s)}{R(s)} = \dfrac{\frac{1}{(s+3)^2}}{1} = \dfrac{1}{(s+3)^2}$

답 060. ② 061. ①

Q 062 다음과 같이 저항이 연결된 회로의 a점과 b점의 전위가 일치할 때, 저항 R_1과 R_5의 값(Ω)은?

① $R_1 = 4.5\Omega$, $R_5 = 4\Omega$
② $R_1 = 1.4\Omega$, $R_5 = 4\Omega$
③ $R_1 = 4\Omega$, $R_5 = 1.4\Omega$
④ $R_1 = 4\Omega$, $R_5 = 4.5\Omega$

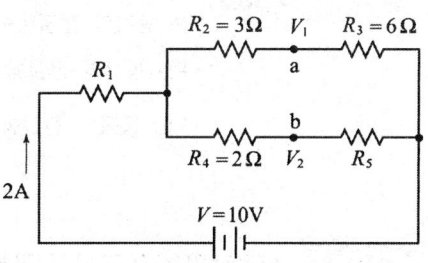

해설
- a점과 b점의 전위가 일치하므로 $R_5 = \dfrac{R_3 R_4}{R_2}$에서 $R_5 = \dfrac{6 \times 2}{3} = 4\Omega$
- 병렬회로의 합성저항 $R = \dfrac{(3+6) \times (2+4)}{(3+6) + (2+4)} = 3.6\Omega$
- 회로에 걸리는 전체 저항 $R_t = \dfrac{V}{I}$에서 $R_t = \dfrac{10}{2} = 5\Omega$
- 전체 저항 $R_t = R_1 + R$에서 저항 $R_1 = R_t - R = 5 - 3.6 = 1.4\Omega$

Q 063 피드백 제어계에서 제어요소에 대한 설명 중 옳은 것은?

① 조작부와 검출부로 구성되어 있다.
② 조절부와 검출부로 구성되어 있다.
③ 목표값에 비례하는 신호를 발생하는 요소이다.
④ 동작신호를 조작량으로 변화시키는 요소이다.

해설 제어요소는 조절부와 조작부로 구성되어 있으며 동작신호를 조작량으로 변화시키는 요소이다.

Q 064 제어 동작에 따른 분류 중 불연속제어에 해당되는 것은?

① ON/OFF 동작
② 비례제어 동작
③ 적분제어 동작
④ 미분제어 동작

해설
- 불연속제어 : 2위치제어 동작, ON/OFF 동작
- 연속제어 : 비례(P)제어 동작, 미분(D)제어 동작, 적분(I)제어 동작, 비례미분(PD)제어 동작, 비례적분(PD)제어 동작, 비례미분적분(PID)제어 동작

Q 065 PI 동작의 전달함수는? (단, K_p는 비례감도이다.)

① K_p
② $K_p s T$
③ $K(1 + sT)$
④ $K_p \left(1 + \dfrac{1}{sT}\right)$

답 062. ② 063. ④ 064. ① 065. ④

해설
- PI 동작의 전달함수 $G(s) = K_p\left(1 + \dfrac{1}{Ts}\right)$
- PD 동작의 전달함수 $G(s) = K_p(1 + Ts)$
- PID 동작의 전달함수 $G(s) = K_p\left(1 + \dfrac{1}{Ts} + Ts\right)$

066. 상용전원을 이용하여 직류전동기를 속도제어 하고자 할 때 필요한 장치가 아닌 것은?

① 초퍼
② 인버터
③ 정류장치
④ 속도센서

해설 인버터란 직류 전력을 교류 전력으로 변환하는 장치이다.

067. 다음 그림과 같은 회로에서 스위치를 2분 동안 닫은 후 개방하였을 때 A지점에서 통과한 모든 전하량을 측정하였더니 240C이었다. 이 때 저항에서 발생한 열량은 약 몇 cal인가?

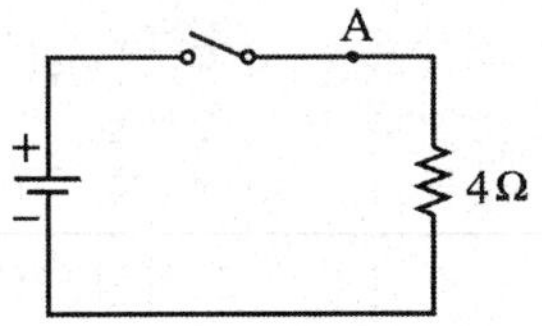

① 80.2
② 160.4
③ 240.5
④ 460.8

해설
- 전류 $I = \dfrac{Q}{t}$ 에서 $I = \dfrac{240}{2 \times 60} = 2A$
- 줄의 법칙에서 열량 $H = 0.24IVT = 0.24I^2RT$ 에서
  $H = 0.24 \times 2^2 \times 4 \times (2 \times 60) = 460.8\,cal$

068. 온도 보상용으로 사용되는 소자는?

① 서미스터
② 바리스터
③ 제너다이오드
④ 버랙터다이오드

해설 서미스터는 온도가 상승하면 저항이 작아지는 특성을 이용하여 온도 보상용으로 사용되는 소자이다.

답 066. ② 067. ④ 068. ①

069 그림과 같은 회로에서 단자 a, b간에 주파수 f(Hz)의 정현파 전압을 가했을 때, 전류값 A1과 A2의 지시가 같았다면 f, L, C간의 관계는?

① $f = \dfrac{1}{\sqrt{LC}}$

② $f = \sqrt{LC}$

③ $f = \dfrac{2\pi}{\sqrt{LC}}$

④ $f = \dfrac{1}{2\pi\sqrt{LC}}$

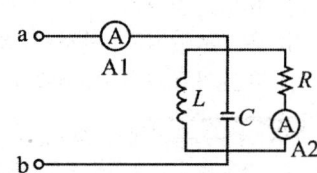

해설 A1과 A2의 전류가 같다면 병렬 공진회로이다.
따라서, $\omega C = \dfrac{1}{\omega L}$에서 $2\pi fC = \dfrac{1}{2\pi fL}$이다.
공진주파수 $f^2 = \dfrac{1}{(2\pi)^2 LC}$에서 $f = \dfrac{1}{2\pi\sqrt{LC}}$[Hz]

070 변압기 Y-Y 결선방법의 특성을 설명한 것으로 틀린 것은?

① 중성점을 접지할 수 있다.
② 상전압이 선간전압의 $1/\sqrt{3}$이 되므로 절연이 용이하다.
③ 선로에 제3조파를 주로 하는 충전전류가 흘러 통신장해가 생긴다.
④ 단상변압기 3대로 운전하던 중 한 대가 고장이 발생해도 V결선 운전이 가능하다.

해설 △-△ 결선방법은 단상변압기 3대로 운전하던 중 한 대가 고장이 발생해도 V결선 운전이 가능하지만, Y-Y 결선방법은 불가능하다.

071 그림과 같이 트랜지스터를 사용하여 논리소자를 구성한 논리회로의 명칭은?

① OR회로
② AND회로
③ NOR회로
④ NAND회로

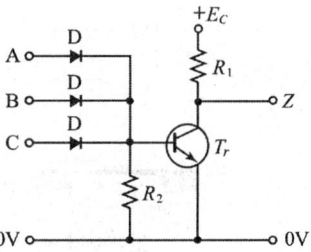

해설 그림의 논리회로는 다이오드(D) 방향이 출력방향으로 설치되어 있으므로 OR회로이고, 트랜지스터가 설치되어 있으므로 NOT회로이다. 따라서, OR회로와 NOT회로의 조합회로인 NOR회로이다.

답 069. ④ 070. ④ 071. ③

Q 072. 유도전동기에서 슬립이 "0"이란 의미와 같은 것은?

① 유도제동기의 역할을 한다.
② 유도전동기가 정지상태이다.
③ 유도전동기가 전부하 운전상태이다.
④ 유도전동기가 동기속도로 회전한다.

해설 유도전동기에서 슬립($0 < s < 1$)
- $s = 0$: 동기속도로 회전한다.
- $s = 1$: 정지한다.

Q 073. 자장 안에 놓여 있는 도선에 전류가 흐를 때 도선이 받는 힘 $F = BIl\sin\theta$ (N)이다. 이것을 설명하는 법칙과 응용기기가 맞게 짝지어진 것은?

① 플레밍의 오른손법칙 – 발전기
② 플레밍의 왼손법칙 – 전동기
③ 플레밍의 왼손법칙 – 발전기
④ 플레밍의 오른손법칙 – 전동기

해설 도선에 작용하는 힘 $F = BIl\sin\theta$은 전자기력의 방향을 결정하는 것으로 전동기의 회전방향을 나타내는 플레밍의 왼손법칙이다.
여기서, $B(\text{Wb}/\text{m}^2)$: 자속밀도, $I(A)$: 전류, $l(m)$: 도선의 길이이다.

Q 074. 그림과 같은 회로에서 E를 교류전압 V의 실효값이라 할 때, 저항 양단에 걸리는 전압 e_d의 평균값은 E의 약 몇 배 정도인가?

① 0.6
② 0.9
③ 1.4
④ 1.7

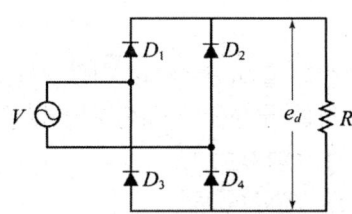

해설 그림은 단상 브리지 정류회로이다.

평균전압 $e_d = \dfrac{1}{\pi}\int_0^\pi E_m \sin\theta d\theta = \dfrac{E_m}{\pi}\int_0^\pi \sin\theta d\theta = \dfrac{E_m}{\pi}[-\cos\theta]_0^\pi = \dfrac{E_m}{\pi}(1+1) = \dfrac{2E_m}{\pi}$

최대값 $E_m = \sqrt{2}E$이므로 평균전압 $e_d = \dfrac{2E_m}{\pi} = \dfrac{2\sqrt{2}E}{\pi} = 0.9E$

답 072. ④ 073. ② 074. ②

075 그림과 같은 R-L 직렬회로에서 공급전압이 10V일 때 $V_R = 8V$이면 V_L은 몇 V 인가?

① 2
② 4
③ 6
④ 8

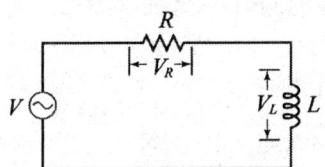

해설 R-L 직렬회로의 공급전압 $V = \sqrt{V_R^2 + V_L^2}$ 에서
코일에 걸리는 전압 $V_L = \sqrt{V^2 - V_R^2} = \sqrt{10^2 - 8^2} = 6\Omega$

076 R-L-C 병렬회로에서 회로가 병렬 공진되었을 때 합성 전류는 어떻게 되는가?

① 최소가 된다.
② 최대가 된다.
③ 전류는 흐르지 않는다.
④ 전류는 무한대가 된다.

해설 R-L-C 병렬회로에서 병렬 공진되었을 때 $\omega C = \dfrac{1}{\omega L}$ 이고,
어드미턴스 $Y = \dfrac{1}{R} + j\left(\omega C - \dfrac{1}{\omega L}\right) = \dfrac{1}{R}$ 이다.
따라서, 어드미턴스(Y)가 최소가 되기 때문에 전류($I = YV$)는 최소가 된다.

077 단위계단 함수 $u(t)$의 그래프는?

①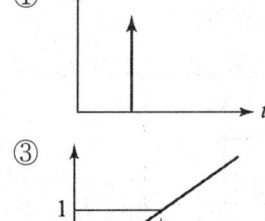
②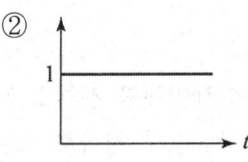
③
④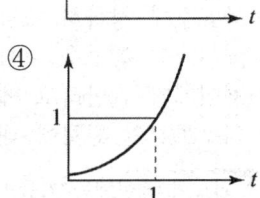

해설 ②번의 그래프는 단위계단 함수로서 전달함수는 다음과 같다.
- $f(t) = u(t) = 1$
- $F(s) = \displaystyle\int_0^\infty u(t) \cdot e^{-st} dt = \int_0^\infty 1 \cdot e^{-st} dt = \left[-\dfrac{1}{s} e^{-st}\right]_0^\infty = \dfrac{1}{s}$

답 075. ③ 076. ① 077. ②

Q.078
PLC프로그래밍에서 여러 개의 입력 신호 중 하나 또는 그 이상의 신호가 ON 되었을 때 출력이 나오는 회로는?

① OR회로　　　　　　② AND회로
③ NOT회로　　　　　　④ 자기유지회로

해설
- OR회로 : 여러 개의 입력신호 중에서 하나라도 그 신호가 ON 되었을 때 출력이 나오는 회로이다.
- AND회로 : 여러 개의 입력신호가 동시에 신호가 ON 되었을 때 출력이 나오는 회로이다.
- NOT회로 : 입력신호에 대하여 반대로 출력되는 회로이다.
- 자기유지회로 : 릴레이나 전자접촉기가 여자된 후에도 동작기능이 계속해서 유지되는 회로이다.

Q.079
논리식 $X = \overline{A} \cdot \overline{B} \cdot \overline{C} + \overline{A} \cdot \overline{B} \cdot C + \overline{A} \cdot B \cdot C + \overline{A} \cdot B \cdot \overline{C}$ 를 가장 간단히 정리한 것은?

① $\overline{A}$　　　　　　② $\overline{B} + \overline{C}$
③ $\overline{B} \cdot \overline{C}$　　　　　　④ $\overline{A} \cdot \overline{B} \cdot \overline{C}$

해설 논리식
$X = \overline{A} \cdot \overline{B} \cdot \overline{C} + \overline{A} \cdot \overline{B} \cdot C + \overline{A} \cdot B \cdot C + \overline{A} \cdot B \cdot \overline{C}$
$= \overline{A} \cdot \overline{B}(\overline{C} + C) + \overline{A} \cdot B(C + \overline{C})$
$= \overline{A} \cdot \overline{B} \cdot 1 + \overline{A} \cdot B \cdot 1 = \overline{A} \cdot \overline{B} + \overline{A} \cdot B$
$= \overline{A} \cdot (\overline{B} + B) = \overline{A} \cdot 1 = \overline{A}$

Q.080
피드백 제어계를 시퀀스 제어계와 비교하였을 경우 그 이점으로 틀린 것은?

① 목표값에 정확히 도달할 수 있다.
② 제어계의 특성을 향상시킬 수 있다.
③ 제어계가 간단하고 제어기가 저렴하다.
④ 외부조건의 변화에 대한 영향을 줄일 수 있다.

해설 피드백 제어계는 검출기가 있어 출력값과 입력값을 비교하여 그 값이 일치하지 않을 경우 다시 출력값을 입력으로 피드백시켜 오차를 수정하도록 귀환경로를 갖는 제어계로서 시퀀스 제어계에 비해 제어계가 복잡하고 제어기가 비싸다.

답 078. ①　079. ①　080. ③

제 5 과목 배관일반

081. 평면상의 변위 및 입체적인 변위까지 안전하게 흡수할 수 있는 이음은?
① 스위블형 이음
② 벨로즈형 이음
③ 슬리브형 이음
④ 볼 조인트 신축 이음

해설 볼 조인트 신축 이음은 볼 조인트 신축 이음재와 오프셋 배관을 이용하여 관의 신축을 흡수하는 이음으로서 평면상의 변위뿐만 아니라 입체적인 변위까지도 안전하게 흡수할 수 있다.

082. 폴리에틸렌 배관의 접합방법이 아닌 것은?
① 기볼트 접합
② 용착 슬리브 접합
③ 인서트 접합
④ 테이퍼 접합

해설 기볼트 접합은 석면 시멘트관의 접합방법으로서 2개의 플랜지와 고무링, 1개의 슬리브로 구성되어 있다.

083. 증기 트랩장치에서 필요하지 않은 것은?
① 스트레이너
② 게이트밸브
③ 바이패스관
④ 안전밸브

해설 증기 트랩 설치 시 스트레이너, 게이트밸브, 바이패스관, 열동식 트랩, 유니온, 글로브밸브 등이 필요하다.

084. 배수 트랩의 구비조건으로 틀린 것은?
① 내식성이 클 것
② 구조가 간단할 것
③ 봉수가 유실되지 않는 구조일 것
④ 오물이 트랩에 부착될 수 있는 구조일 것

해설 배수 트랩은 오물이 트랩에 부착되지 않는 구조이어야 한다.

085. 급수배관 내 권장 유속은 어느 정도가 적당한가?
① 2m/s 이하
② 7m/s 이하
③ 10m/s 이하
④ 13m/s 이하

답 081.④ 082.① 083.④ 084.④ 085.①

해설 급수배관의 관경을 결정할 때 수격작용을 방지하기 위하여 관내 유속을 2m/s 이하가 되도록 한다.

086 무기질 단열재에 관한 설명으로 틀린 것은?
① 암면은 단열성이 우수하고 아스팔트 가공된 보냉용의 경우 흡수성이 양호하다.
② 유리섬유는 가볍고 유연하여 작업성이 매우 좋으며 칼이나 가위 등으로 쉽게 절단된다.
③ 탄산마그네슘 보온재는 열전도율이 낮으며 300~320℃에서 열분해한다.
④ 규조토 보온재는 비교적 단열효과가 낮으므로 어느 정도 두껍게 시공하는 것이 좋다.

해설 암면은 안산암, 현무암에 석회석을 섞어 용용하여 섬유모양으로 만든 것으로 아스팔트로 가공된 보냉용의 경우 흡수성이 적다.

087 열을 잘 반사하고 확산하여 방열기 표면 등의 도장용으로 적합한 도료는?
① 광명단 ② 산화철
③ 합성수지 ④ 알루미늄

해설 알루미늄 도료는 은분으로서 열을 잘 반사시키고 400~500℃의 내열성을 가지고 있어 난방용 방열기 표면에 도장한다.

088 냉동기 용량제어의 목적으로 가장 거리가 먼 것은?
① 고내온도를 일정하게 할 수 있다.
② 중부하기동으로 기동이 용이하다.
③ 압축기를 보호하여 수명을 연장한다.
④ 부하변동에 대응한 용량제어로 경제적인 운전을 한다.

해설 냉동기 용량제어는 무부하 또는 경부하기동으로 기동이 용이하다.

089 온수난방 배관에서 리버스 리턴(reverse return)방식을 채택하는 주된 이유는?
① 온수의 유량 분배를 균일하게 하기 위하여
② 배관의 길이를 짧게 하기 위하여
③ 배관의 신축을 흡수하기 위하여
④ 온수가 식지 않도록 하기 위하여

답 086.① 087.④ 088.② 089.①

해설 리버스 리턴방식은 공급관과 환수관의 왕복배관 길이가 같기 때문에 온수의 유량 분배를 균일하게 한다.

Q 090 펌프 주위의 배관 시 주의해야 할 사항으로 틀린 것은?
① 흡입관의 수평배관은 펌프를 향해 위로 올라가도록 설계한다.
② 토출부에 설치한 체크 밸브는 서징현상 방지를 위해 펌프에서 먼 곳에 설치한다.
③ 흡입구는 수위면에서부터 관경의 2배 이상 물속으로 들어가게 한다.
④ 흡입관의 길이는 되도록 짧게 하는 것이 좋다.

해설 펌프 토출구와 토출밸브(게이트밸브) 사이에 체크밸브를 설치하여 펌프정지 시 물의 역류를 방지한다. 따라서, 체크밸브는 펌프 가까운 곳에 설치한다.

Q 091 냉매 배관을 시공할 때 주의해야 할 사항으로 가장 거리가 먼 것은?
① 배관은 가능한 한 꺾이는 곳을 적게 하고 꺾이는 곳의 구부림 지름을 작게 한다.
② 관통 부분 이외에는 매설하지 않으며, 부득이한 경우 강관으로 보호한다.
③ 구조물을 관통할 때에는 견고하게 관을 보호해야 하며, 외부로의 누설이 없어야 한다.
④ 응력발생 부분에는 냉매 흐름 방향에 수평이 되게 루프 배관을 한다.

해설 냉매 배관 시공할 때 꺾이는 곳의 구부림 지름(곡률반경)을 크게 하여 마찰저항을 작게 한다.

Q 092 배수관은 피복두께를 보통 10mm 정도 표준으로 하여 피복한다. 피복의 주된 목적은?
① 충격방지   ② 진동방지
③ 방로 및 방음   ④ 부식방지

해설 배수관에 피복을 하는 것은 결로 방지(방로)와 소음을 차단(방음)을 하기 위하여 실시한다.

답 090. ② 091. ① 092. ③

Q 093 5세주형 700mm의 주철제 방열기를 설치하여 증기온도가 110℃, 실내 공기온도가 20℃이며 난방부하가 25000kcal/h일 때 방열기의 소요 쪽수는? (단, 방열계수 6.9kcal/m²·h·℃, 1 쪽당 방열면적 0.28m²이다.)

① 144쪽　　② 154쪽
③ 164쪽　　④ 174쪽

해설 방열기 방열량 $q_r = KA\Delta t n$에서

방열기 쪽수 $n = \dfrac{q_r}{KA\Delta t} = \dfrac{25000}{6.9 \times 0.28 \times (110-20)} = 143.8 ≒ 144$쪽

Q 094 증기난방의 특징에 관한 설명으로 틀린 것은?

① 이용열량이 증기의 증발잠열로서 매우 크다.
② 실내온도의 상승이 느리고 예열 손실이 많다.
③ 운전을 정지시키면 관에 공기가 유입되므로 관의 부식이 빠르게 진행된다.
④ 취급안전상 주의가 필요하므로 자격을 갖춘 기술자를 필요로 한다.

해설 증기난방은 열매가 증기이므로 열용량이 작아 예열시간이 짧으므로 실내온도의 상승이 빠르다.

Q 095 간접 가열 급탕법과 가장 거리가 먼 장치는?

① 증기 사일렌서　　② 저탕조
③ 보일러　　　　　④ 고가수조

해설 증기 사일렌서는 기수혼합식 급탕법에 설치하는 부속장치로서 소음을 줄이기 위하여 설치한다.

Q 096 하트 포드(Hart ford) 배관법에 관한 설명으로 가장 거리가 먼 것은?

① 보일러 내의 안전 저수면 보다 높은 위치에 환수관을 접속한다.
② 저압증기 난방에서 보일러 주변의 배관에 사용한다.
③ 하트포드 배관법은 보일러 내의 수면이 안전수위 이하로 유지하기 위해 사용된다.
④ 하트포드 배관 접속 시 환수주관에 침적된 찌꺼기의 보일러 유입을 방지할 수 있다.

해설 하트 포드 배관법은 저압증기 난방에서 환수주관을 보일러를 직접 연결하지 않고 증기관과 환수관 사이에 균형관을 접속하여 환수관에서 누설될 경우 보일러 수위가 안전수위 이하가 되는 것을 방지한다.

답 093. ①　094. ②　095. ①　096. ③

Q 097 가스배관에 관한 설명으로 틀린 것은?
① 특별한 경우를 제외한 옥내배관은 매설배관을 원칙으로 한다.
② 부득이 하게 콘크리트 주요 구조부를 통과할 경우에는 슬리브를 사용한다.
③ 가스배관에는 적당한 구배를 두어야 한다.
④ 열에 의한 신축, 진동 등의 영향을 고려하여 적절한 간격으로 지지하여야 한다.

해설 가스배관의 옥내배관은 노출배관을 원칙으로 한다.

Q 098 팽창탱크 주위 배관에 관한 설명으로 틀린 것은?
① 개방식 팽창탱크는 시스템의 최상부보다 1m 이상 높게 설치한다.
② 팽창탱크의 급수에는 전동밸브 또는 볼밸브를 이용한다.
③ 오버플로우관 및 배수관은 간접배수로 한다.
④ 팽창관에는 팽창량을 조절할 수 있도록 밸브를 설치한다.

해설 팽창관에는 절대로 밸브를 설치해서는 안 된다.

Q 099 다음 중 밸브의 역할이 아닌 것은?
① 유체의 밀도 조절 ② 유체의 방향 전환
③ 유체의 유량 조절 ④ 유체의 흐름 단속

해설 밸브의 일반적인 역할
• 유체의 방향 전환 : 앵글 밸브
• 유체의 유량 조절 : 글로브 밸브
• 유체의 흐름 단속 : 슬루스 밸브

Q 100 배수트랩의 형상에 따른 종류가 아닌 것은?
① S 트랩 ② P 트랩
③ U 트랩 ④ H 트랩

해설 배수트랩의 관 트랩에는 S 트랩, P 트랩, U 트랩(하우스트랩)이 있다.

답 097.① 098.④ 099.① 100.④

제 1 과목 기계열역학

001 그림과 같은 Rankine 사이클의 열효율은 약 몇 %인가? (단, $h_1 = 191.8 kJ/kg$, $h_2 = 193.8 kJ/kg$, $h_3 = 2799.5 kJ/kg$, $h_4 = 2007.5 kJ/kg$이다.)

① 30.3%
② 39.7%
③ 46.9%
④ 54.1%

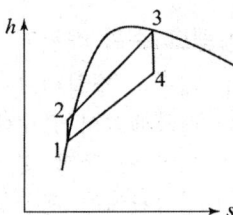

해설 랭킨사이클의 열효율

$$\eta_R = \frac{W}{Q_1} = \frac{(h_3 - h_4) - (h_2 - h_1)}{h_3 - h_2}$$ 에서

$$\eta_R = \frac{(2799.5 - 2007.5) - (193.8 - 191.8)}{2799.5 - 193.8} = 0.303 = 30.3\%$$

002 대기압 100kPa에서 용기에 가득 채운 프로판을 일정한 온도에서 진공펌프를 사용하여 2kPa까지 배기하였다. 용기 내에 남은 프로판의 중량은 처음 중량의 몇 % 정도 되는가?

① 20% ② 2%
③ 50% ④ 5%

해설 온도가 일정하므로 보일의 법칙을 적용하면 $P_1 v_1 = P_2 v_2$ 이고, 비체적(v)과 비중량(γ)은 반비례하므로 $\frac{P_1}{\gamma_1} = \frac{P_2}{\gamma_2}$ 이다.

최종 비중량 $\gamma_2 = \frac{P_2}{P_1}\gamma_1$ 에서 $\gamma_2 = \frac{2}{100}\gamma_1 = 0.02\gamma_1$ 이므로 최종 중량은 처음 중량의 2% 정도이다.

003 이상기체에서 엔탈피 h와 내부에너지 u, 엔트로피 s 사이에 성립하는 식으로 옳은 것은? (단, T는 온도, v는 체적, P는 압력이다.)

① $Tds = dh + vdP$
② $Tds = dh - vdP$
③ $Tds = du - Pdv$
④ $Tds = dh + d(Pv)$

답 001. ① 002. ② 003. ②

해설
- 열역학 제1법칙의 에너지보존법칙에서 열량 변화 $\delta q = du + Pdv = dh - vdP$이다.
- 엔트로피 변화 $ds = \dfrac{\delta q}{T}$이므로 $Tds = du + Pdv = dh - vdP$이다.

Q 004
온도가 150℃ 공기 3kg이 정압 냉각되어 엔트로피가 1.063kJ/K 만큼 감소되었다. 이때 방출된 열량은 약 몇 kJ인가? (단, 공기의 정압비열은 1.01kJ/kg·K이다.)

① 27
② 379
③ 538
④ 715

해설
- 정압과정에서 엔트로피 변화가 감소하였기 때문에 $-$값을 갖는다.
  엔트로피 변화 $dS = GC_p \ln \dfrac{t_2}{t_1}$에서 냉각 후 온도
  $$t_2 = t_1 \times e^{\frac{dS}{GC_p}} = (273+150) \times e^{\frac{-1.063}{3 \times 1.01}} = 297.8\,K$$
- 방출열량 $Q = GC_p(t_2 - t_1)$에서 $Q = 3 \times 1.01 \times (297.8 - 423) = -379.4\,kJ$
  ($-$부호는 방출열량을 표시한 것이다.)

Q 005
20℃의 공기 5kg이 정압 과정을 거쳐 체적이 2배가 되었다. 공급한 열량은 약 몇 kJ인가? (단, 정압비열은 1kJ/kg·K이다.)

① 1465
② 2198
③ 2931
④ 4397

해설
- 정압과정이므로 샤를의 법칙을 적용하면 $\dfrac{V_1}{T_1} = \dfrac{V_2}{T_2}$에서 체적이 2배로 되었다면
  최종 온도 $T_2 = \dfrac{V_2}{V_1} \times T_1 = \dfrac{2V_1}{V_1} \times (273+20) = 586\,K$
- 열량 $Q = GC_p(T_2 - T_1)$에서 $Q = 5 \times 1 \times (586 - 293) = 1465\,kJ$

Q 006
공기 1kg을 정적과정으로 40℃에서 120℃까지 가열하고, 다음에 정압과정으로 120℃에서 220℃까지 가열한다면 전체 가열에 필요한 열량은 약 얼마인가? (단, 정압비열은 1.00kJ/kg·K, 정적비열은 0.71kJ/kg·K이다.)

① 127.8kJ/kg
② 141.5kJ/kg
③ 156.8kJ/kg
④ 185.2kJ/kg

해설
- 정적과정에서 열량 $q_v = C_v \Delta t$에서 $q_v = 0.71 \times \{(273+120) - (273+40)\} = 56.8\,kJ/kg$
- 정압과정에서 열량 $q_p = C_p \Delta t$에서 $q_p = 1 \times \{(273+220) - (273+120)\} = 100\,kJ/kg$
- ∴ 가열에 필요한 열량 $q_t = q_v + q_p = 56.8 + 100 = 156.8\,kJ/kg$

답 004. ② 005. ① 006. ③

Q 007

온도 T_2인 저온체에서 열량 Q_A를 흡수해서 온도가 T_1인 고온체로 열량 Q_R를 방출할 때 냉동기의 성능계수(coefficient of performance)는?

① $\dfrac{Q_R - Q_A}{Q_A}$
② $\dfrac{Q_R}{Q_A}$
③ $\dfrac{Q_A}{Q_R - Q_A}$
④ $\dfrac{Q_A}{Q_R}$

해설
성능계수 $COP = \dfrac{T_2}{T_1 - T_2} = \dfrac{Q_A}{Q_R - Q_A}$

Q 008

수소(H_2)를 이상기체로 생각하였을 때, 절대압력 1MPa, 온도 100℃에서의 비체적은 약 몇 m³/kg인가? (단, 일반기체상수는 8.3145kJ/kmol·K이다.)

① 0.781
② 1.26
③ 1.55
④ 3.46

해설
- 기체상수 $R = \dfrac{\overline{R}}{M}$에서 수소의 기체상수 $R = \dfrac{8.314}{2} = 4.157 \text{kJ/kg·K}$
- 이상기체상태방정식 $Pv = RT$에서
  비체적 $v = \dfrac{RT}{P} = \dfrac{(4.157 \times 10^3) \times (273 + 100)}{1 \times 10^6} = 1.551 \text{ m}^3/\text{kg}$

Q 009

비열비가 k인 이상기체로 이루어진 시스템이 정압과정으로 부피가 2배로 팽창할 때 시스템이 한 일이 W, 시스템에 전달된 열이 Q일 때, $\dfrac{W}{Q}$는 얼마인가? (단, 비열은 일정하다.)

① k
② $\dfrac{1}{k}$
③ $\dfrac{k}{k-1}$
④ $\dfrac{k-1}{k}$

해설
- 정압과정에서 팽창일 $W = P(V_2 - V_1)$ [kJ]
- 정압과정에서 시스템에 전달된 열량 $Q = \dfrac{k}{k-1}P(V_2 - V_1)$ [kJ]

$\therefore \dfrac{W}{Q} = \dfrac{P(V_2 - V_1)}{\dfrac{k}{k-1}P(V_2 - V_1)} = \dfrac{k-1}{k}$

답 007. ③ 008. ③ 009. ④

Q 010
밀폐계의 가역 정적변화에서 다음 중 옳은 것은? (단, U : 내부에너지, Q : 전달된 열, H : 엔탈피, V : 체적, W : 일이다.)

① $dU=dQ$ ② $dH=dQ$
③ $dV=dQ$ ④ $dW=dQ$

해설 열역학 제1법칙의 열량변화 $dQ=dU+PdV$에서 정적과정이므로 $dV=0$이다. 따라서, 전달된 열량변화 $dQ=dU$이다.

Q 011
카르노 열기관 사이클 A는 0℃와 100℃ 사이에서 작동되며 카르노 열기관 사이클 B는 100℃와 200℃ 사이에서 작동된다. 사이클 A의 효율(η_A)과 사이클 B의 효율(η_B)을 각각 구하면?

① $\eta_A=26.80\%$, $\eta_B=50.00\%$ ② $\eta_A=26.80\%$, $\eta_B=21.14\%$
③ $\eta_A=38.75\%$, $\eta_B=50.00\%$ ④ $\eta_A=38.75\%$, $\eta_B=21.14\%$

해설 카르노 열기관의 효율 $\eta=\dfrac{T_H-T_L}{T_H}$
- 사이클 A의 효율 $\eta_A=\dfrac{(273+100)-(273+0)}{273+100}=0.268=26.8\%$
- 사이클 B의 효율 $\eta_B=\dfrac{(273+200)-(273+100)}{273+200}=0.2114=21.14\%$

Q 012
밀도 1000kg/m³인 물이 단면적 0.01m²인 관속을 2m/s의 속도로 흐를 때, 질량유량은?

① 20kg/s ② 2.0kg/s
③ 50kg/s ④ 5.0kg/s

해설 질량유량 $m=\rho AV$에서 $m=1000\times0.01\times2=20\,\text{kg/s}$

Q 013
열역학적 상태량은 일반적으로 강도성 상태량과 용량성 상태량으로 분류할 수 있다. 강도성 상태량에 속하지 않는 것은?

① 압력 ② 온도
③ 밀도 ④ 체적

해설
- 강도성 상태량 : 압력, 온도, 밀도, 비체적
- 용량성 상태량 : 체적, 질량, 내부에너지, 엔탈피, 엔트로피

답 010. ① 011. ② 012. ① 013. ④

Q 014

질량 1kg의 공기가 밀폐계에서 압력과 체적이 100kPa, 1m³이었는데 폴리트로픽 과정(PV^n = 일정)을 거쳐 체적이 0.5m³이 되었다. 최종 온도(T_2)와 내부에너지의 변화량(ΔU)은 각각 얼마인가? (단, 공기의 기체상수는 287J/kg·K, 정적비열은 718J/kg·K, 정압비열은 1005J/kg·K, 폴리트로프 지수는 1.3이다.)

① T_2=459.7K, ΔU=111.3kJ
② T_2=459.7K, ΔU=79.9kJ
③ T_2=428.9K, ΔU=80.5kJ
④ T_2=428.9K, ΔU=57.8kJ

해설
- 이상기체상태방정식 $PV=mRT$에서

  초기온도 $T_1 = \dfrac{P_1 V_1}{mR} = \dfrac{(100 \times 10^3) \times 1}{1 \times 287} = 348.43K$

- 폴리트로픽과정에서 폴리트로프 지수 $n=1.3$이므로 $\dfrac{T_2}{T_1} = \left(\dfrac{V_1}{V_2}\right)^{n-1}$에서

  최종 온도 $T_2 = \left(\dfrac{V_1}{V_2}\right)^{n-1} T_1 = \left(\dfrac{1}{0.5}\right)^{1.3-1} \times 348.43 = 428.97K$

- 내부에너지 변화량 $\Delta U = mC_v(T_2 - T_1)$에서

  $\Delta U = 1 \times 718 \times (428.97 - 348.43) = 57827.7J = 57.83kJ$

Q 015

냉동실에서의 흡수 열량이 5냉동톤(RT)인 냉동기의 성능계수(COP)가 2, 냉동기를 구동하는 가솔린 엔진의 열효율이 20%, 가솔린의 발열량이 43000kJ/kg일 경우, 냉동기 구동에 소요되는 가솔린의 소비율은 약 몇 kg/h인가? (단, 1냉동톤(RT)은 약 3.86kW이다.)

① 1.28kg/h
② 2.54kg/h
③ 4.04kg/h
④ 4.85kg/h

해설
- 냉동기 성적계수 $COP = \dfrac{Q_e}{L}$에서

  동력 $L = \dfrac{Q_e}{COP} = \dfrac{5 \times 3.86 \dfrac{kJ}{s} \times \dfrac{3600s}{1h}}{2} = 34740 kJ/h$

- 열효율 $\eta = \dfrac{L}{G_f \times H}$에서

  가솔린의 소비율 $G_f = \dfrac{L}{\eta \times H} = \dfrac{34740 \dfrac{kJ}{h}}{0.2 \times 43000 \dfrac{kJ}{kg}} = 4.04 kg/h$

답 014. ④ 015. ③

Q 016
그림과 같이 중간에 격벽이 설치된 계에서 A에는 이상기체가 충만되어 있고, B는 진공이며 A와 B의 체적은 같다. A와 B사이의 격벽을 제거하면 A의 기체는 단열비가역 자유팽창을 하여 어느 시간 후에 평형에 도달하였다. 이 경우의 엔트로피 변화 $\triangle s$는? (단, C_v는 정적비열, C_p는 정압비열, R은 기체상수이다.)

① $\triangle s = C_v \times \ln 2$
② $\triangle s = C_p \times \ln 2$
③ $\triangle s = 0$
④ $\triangle s = R \times \ln 2$

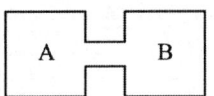

해설 자유팽창에서의 A와 B의 체적이 같으므로 $V_A = V_B$이고, 처음의 체적은 V_1, 나중의 체적 V_2는 $2V_1$이다.

엔트로피 변화량 $ds = R \ln \dfrac{V_2}{V_1}$에서 $ds = R \times \ln \dfrac{2V_1}{V_1} = R \times \ln 2$

Q 017
과열증기를 냉각시켰더니 포화영역 안으로 들어와서 비체적이 0.2327m³/kg이 되었다. 이때의 포화액과 포화증기의 비체적이 각각 1.079×10^{-3} m³/kg, 0.5243m³/kg이라면 건도는?

① 0.964 ② 0.772
③ 0.653 ④ 0.443

해설 건도 $x = \dfrac{v - v_f}{v_g - v_f}$에서 $x = \dfrac{0.2327 - 1.079 \times 10^{-3}}{0.5243 - 1.079 \times 10^{-3}} = 0.4427$

Q 018
냉동기 냉매의 일반적인 구비조건으로서 적합하지 않은 사항은?

① 임계온도가 높고, 응고 온도가 낮을 것
② 증발열이 적고, 증기의 비체적이 클 것
③ 증기 및 액체의 점성이 작을 것
④ 부식성이 없고, 안정성이 있을 것

해설 냉매는 증발열이 크고, 비체적이 작아야 한다.

Q 019
30℃, 100kPa의 물을 800kPa까지 압축한다. 물의 비체적이 0.001m³/kg로 일정하다고 할 때, 단위 질량당 소요된 일(공업일)은?

① 167J/kg ② 602J/kg
③ 700J/kg ④ 1400J/kg

답 016. ④ 017. ④ 018. ② 019. ③

> **해설** 공업일 $w_t = vdP$에서 $w_t = 0.001 \times (800 \times 10^3 - 100 \times 10^3) = 700 \, J/kg$

Q 020 오토 사이클의 압축비가 6인 경우 이론 열효율은 약 몇 %인가? (단, 비열비= 1.4이다.)

① 51 ② 54
③ 59 ④ 62

> **해설** 오토 사이클의 열효율 $\eta_o = 1 - \left(\dfrac{1}{\varepsilon}\right)^{k-1}$ 에서 $\eta_o = 1 - \left(\dfrac{1}{6}\right)^{1.4-1} = 0.512 = 51.2\%$

제 2 과목 냉동공학

Q 021 온도식 자동팽창밸브의 감온통 설치방법으로 틀린 것은?

① 증발기 출구 측 압축기로 흡입되는 곳에 설치할 것
② 흡입 관경이 20A 이하인 경우에는 관 상부에 설치할 것
③ 외기의 영향을 받을 경우는 보온해 주거나 감온통 포켓을 설치할 것
④ 압축기 흡입관에 트랩이 있는 경우에는 트랩부분에 부착할 것

> **해설** 감온통은 증발기 출구 흡입관상에 밀착시켜 설치하며 트랩부분에는 설치를 피한다.

Q 022 흡수식 냉동기에서의 냉각원리로 옳은 것은?

① 물이 증발할 때 주위에서 기화열을 빼앗고 열을 빼앗기는 쪽은 냉각되는 현상을 이용한다.
② 물이 응축할 때 주위에서 액화열을 빼앗고 열을 빼앗기는 쪽은 냉각되는 현상을 이용한다.
③ 물이 팽창할 때 주위에서 팽창열을 빼앗고 열을 빼앗기는 쪽은 냉각되는 현상을 이용한다.
④ 물이 압축할 때 주위에서 압축열을 빼앗고 열을 빼앗기는 쪽은 냉각되는 현상을 이용한다.

> **해설** 흡수식 냉동기의 흡수기에서 물(냉매)이 흡수용액에 유입되어 증발할 때 주위에서 기화열을 빼앗고, 냉수는 열을 빼앗겨 냉각된다.

답 020.① 021.④ 022.①

Q 023 15℃의 순수한 물로 0℃의 얼음을 매시간 50kg 만드는데 냉동기의 냉동능력은 약 몇 냉동톤인가? (단, 1냉동톤은 3320kcal/h이며, 물의 응축잠열은 80kcal/kg이고, 비열은 1kcal/kg·℃이다.)

① 0.67
② 1.43
③ 2.80
④ 3.21

해설
- 15℃ 물을 0℃ 물로 만드는데 필요한 열량
  $q_s = GC\triangle t$에서 $q_s = 50 \times 1 \times (15-0) = 750\,kcal/h$
- 0℃ 물을 0℃ 얼음으로 만드는데 필요한 열량
  $q_L = G\gamma$에서 $q_L = 50 \times 80 = 4000\,kcal/h$
- ∴ 냉동톤 1RT=3320kcal/h이므로
  냉동능력 $Q_e = \dfrac{q_s + q_L}{3320}$에서 $Q_e = \dfrac{750+4000}{3320} = 1.43\,RT$

Q 024 고속다기통 압축기의 장점으로 틀린 것은?

① 용량제어 장치인 시동부하 경감기(starting unloader)를 이용하여 기동 시 무부하 기동이 가능하고, 대용량에서도 시동에 필요한 동력이 적다.
② 크기에 비하여 큰 냉동능력을 얻을 수 있고, 설치 면적은 입형압축기에 비하여 1/2~1/3 정도이다.
③ 언로더 기구에 의해 자동 제어 및 자동 운전이 용이하다.
④ 압축비의 증가에 따라 체적 효율의 저하가 작다.

해설
체적효율 $\eta_v = 1-\varepsilon(a^{\frac{1}{k}}-1)$에서 압축비가 증가하면 체적효율은 감소한다.
여기서, ε : 간극비, a : 압축비, k : 비열비이다.

Q 025 압축기 실린더의 체적효율이 감소되는 경우가 아닌 것은?

① 클리어런스(clearance)가 작을 경우
② 흡입·토출밸브에서 누설될 경우
③ 실린더 피스톤이 과열될 경우
④ 회전속도가 빨라질 경우

해설 체적효율은 클리어런스와 압축비가 클수록 감소하고, 비열비가 작을수록 증가한다.

답 023. ② 024. ④ 025. ①

Q 026
두께 30cm의 벽돌로 된 벽이 있다. 내면의 온도가 21℃, 외면의 온도가 35℃일 때 이 벽을 통해 흐르는 열량은? (단, 벽돌의 열전도율 K는 0.793W/m·K이다.)

① 32W/m² ② 37W/m²
③ 40W/m² ④ 43W/m²

해설
- 내면의 온도 $t_1 = 21℃ = 273 + 21 = 294K$, 외면의 온도 $t_2 = 35℃ = 273 + 35 = 308K$
- 단위 면적당 열전도열량 $\dfrac{q}{A} = \dfrac{K}{l} \Delta t$ 에서 $\dfrac{q}{A} = \dfrac{0.793}{0.3} \times (308-294) = 37 W/m^2$

Q 027
동일한 냉동실 온도조건으로 냉동설비를 할 경우 브라인식과 비교한 직접팽창식에 관한 설명으로 틀린 것은?

① 냉매의 증발온도가 낮다. ② 냉매 소비량(충전량)이 많다.
③ 소요동력이 적다. ④ 설비가 간단하다.

해설 직접팽창식과 브라인식의 비교

방식 조건	직접팽창식	브라인식 (간접팽창식)
열운반	잠열	현열
증발온도	높다.	낮다.
냉매 충전량	많다.	적다.
소요동력	작다.	크다.
설비구성	간단하다.	복잡하다.

Q 028
흡수식 냉동기에서 냉매의 과냉 원인이 아닌 것은?

① 냉수 및 냉매량 부족 ② 냉각수 부족
③ 증발기 전열면적 오염 ④ 냉매에 용액이 혼입

해설 흡수식 냉동기의 재생기에서 분리된 고온의 냉매증기가 응축기에 들어가 냉각수와 열전달이 되어 응축이 된다. 이때 냉각수가 부족하게 되면 냉매증기는 응축이 잘 안 되므로 과열의 원인이 된다.

Q 029
다음 그림은 이상적인 냉동 사이클을 나타낸 것이다. 각 과정에 대한 설명으로 틀린 것은?

① Ⓐ 과정은 단열팽창이다.
② Ⓑ 과정은 등온압축이다.
③ Ⓒ 과정은 단열압축이다.
④ Ⓓ 과정은 등온압축이다.

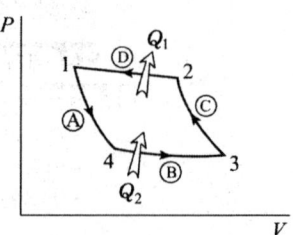

답 026. ② 027. ① 028. ② 029. ②

해설 이상적인 냉동사이클(역카르노 사이클)
- Ⓐ 과정은 단열팽창과정으로서 팽창밸브에 해당한다.
- Ⓑ 과정은 등온팽창과정으로서 증발기에 해당한다.
- Ⓒ 과정은 단열압축과정으로서 압축기에 해당한다.
- Ⓓ 과정은 등온압축과정으로서 응축기에 해당한다.

Q 030 압축기에 사용되는 냉매의 이상적인 구비조건으로 옳은 것은?
① 임계온도가 낮을 것
② 비열비가 작을 것
③ 증발잠열이 작을 것
④ 비체적이 클 것

해설 냉매의 구비조건
- 임계온도가 높고 응고온도가 낮을 것
- 비열비(정압비열/성적비열)가 작을 것
- 증발잠열이 크고 비체적이 작을 것
- 점도(표면장력)가 작고 전열이 양호할 것

Q 031 냉동장치의 제상에 대한 설명으로 옳은 것은?
① 제상은 증발기의 성능 저하를 막기 위해 행해진다.
② 증발기에 착상이 심해지면 냉매 증발압력은 높아진다.
③ 살수식 제상 장치에 사용되는 일반적인 수온은 약 50~80℃로 한다.
④ 핫가스 제상이라 함은 뜨거운 수증기를 이용하는 것이다.

해설
② 증발기에 착상이 심해지면 냉매의 증발압력은 낮아진다.
③ 살수식 제상 장치에 사용되는 일반적인 수온은 약 10~25℃로 한다.
④ 핫가스 제상이라 함은 압축기와 응축기 사이의 고온의 냉매가스를 이용하는 것이다.

Q 032 냉매배관 중 액분리기에서 분리된 냉매의 처리방법으로 틀린 것은?
① 응축기로 순환시키는 방법
② 증발기로 재순환시키는 방법
③ 고압측 수액기로 회수하는 방법
④ 가열시켜 액을 증발시키고 압축기로 회수하는 방법

해설 액분리기에서 분리된 냉매의 처리방법
- 증발기로 재순환시키는 방법
- 액회수장치를 이용하여 고압측 수액기로 회수하는 방법
- 열교환기에서 냉매액을 가열하여 증발시키고 압축기로 회수하는 방법

답 030. ② 031. ① 032. ①

Q033 실내 벽면의 온도가 −40℃인 냉장고의 벽을 노점 온도를 기준으로 방열하고자 한다. 열전도율이 0.035kcal/m·h·℃인 방열재를 사용한다면 두께는 얼마로 하면 좋은가? (단, 외기온도는 30℃, 상대습도는 85%, 노점온도는 27.2℃, 방열재와 외기와의 열전달률은 7kcal/m²·h·℃로 한다.)

① 50mm ② 75mm
③ 100mm ④ 125mm

해설 열전도열량과 열전달열량이 같으므로 $\frac{\lambda}{l}(t_r - t_o) = \alpha_i(t_o - t_d)$ 에서

방열재의 두께 $l = \frac{\lambda(t_r - t_o)}{\alpha_i(t_o - t_d)} = \frac{0.035 \times \{30-(-40)\}}{7 \times (30-27.2)} = 0.125\text{m} = 125\text{mm}$

Q034 냉각수 입구온도 25℃, 냉각수량 1000L/min인 응축기의 냉각 면적이 80m², 그 열통과율이 600kcal/m²·h·℃이고, 응축온도와 냉각수온의 평균 온도차가 6.5℃이면 냉각수 출구온도는?

① 28.4℃ ② 32.6℃
③ 29.6℃ ④ 30.2℃

해설 응축기 방열량 $Q_c = KA\Delta t_m = GC(t_{w2} - t_{w1})$ 에서

냉각수 출구온도 $t_{w2} = t_{w1} + \frac{KA\Delta t_m}{GC} = 25 + \frac{600 \times 80 \times 6.5}{(1000 \times 60) \times 1} = 30.2℃$

Q035 역카르노 사이클에서 T−S 선도상 성적계수 ε를 구하는 식은? (단, AW: 외부로부터 받은 일, Q_1: 고온으로 배출하는 열량, Q_2: 저온으로부터 받은 열량, T_1: 고온, T_2: 저온)

① $\varepsilon = \frac{AW}{Q_1}$ ② $\varepsilon = \frac{Q_1 - Q_2}{Q_2}$

③ $\varepsilon = \frac{T_1 - T_2}{T_1}$ ④ $\varepsilon = \frac{T_2}{T_1 - T_2}$

해설 성적계수 $\varepsilon = \frac{T_2}{T_1 - T_2} = \frac{Q_2}{Q_1 - Q_2} = \frac{Q_2}{AW}$

답 033. ④ 034. ④ 035. ④

Q 036 드라이어(dryer)에 관한 설명으로 옳은 것은?

① 주로 프레온 냉동기보다 암모니아 냉동기에 사용된다.
② 냉동장치내에 수분이 존재하는 것은 좋지 않으므로 냉매 종류에 관계없이 소형 냉동장치에 설치한다.
③ 프레온은 수분과 잘 용해하지 않으므로 팽창밸브에서의 동결을 방지하기 위하여 설치한다.
④ 건조제로는 황산, 염화칼슘 등의 물질을 사용한다.

해설 드라이어
- 응축기(수액기)와 팽창밸브 사이의 고압액관에 설치한다.
- 암모니아는 수분에 잘 용해되므로 암모니아 냉동기에는 설치하지 않는다.
- 프레온은 수분과 잘 용해하지 않으므로 팽창밸브에서의 동결을 방지하기 위하여 설치한다.
- 건조제로는 실리카겔, 활성알미미나, 소바비드, 몰레큘러시브 등의 물질을 사용한다.

Q 037 다음 중 아이스크림 등을 제조할 때 혼합원료에 공기를 포함시켜서 얼리는 동결장치는?

① 프리져(freezer)   ② 스크류 콘베어
③ 하드닝 터널   ④ 동결 건조기(freeze drying)

해설 프리져는 아이스크림의 원료를 냉각하거나 동결시키기 위한 장치이다.

Q 038 압력 – 온도선도(듀링선도)를 이용하여 나타내는 냉동사이클은?

① 증기 압축식 냉동기   ② 원심식 냉동기
③ 스크롤식 냉동기   ④ 흡수식 냉동기

해설 증기 압축식 냉동기, 원심식 냉동기, 스크롤식 냉동기는 압력 – 엔탈피선도(몰리에르선도)를 이용하여 냉동사이클을 나타낸다.

Q 039 증발식 응축기에 대한 설명으로 옳은 것은?

① 냉각수의 감열(현열)로 냉매가스를 응축
② 외기의 습구 온도가 높아야 응축능력 증가
③ 응축온도가 낮아야 응축능력 증가
④ 냉각탑과 응축기의 기능을 하나로 합한 것

답 036. ③   037. ①   038. ④   039. ④

해설 증발식 응축기의 특징
- 냉각탑과 응축기의 기능을 하나로 조합한 응축기이다.
- 냉각수의 증발잠열을 이용하여 냉매가스를 응축한다.
- 외기 습구온도의 영향을 받으며 외기 습구온도가 낮을수록 응축능력이 증가한다.

040 어떤 암모니아 냉동기의 이론 성적 계수는 4.75이고, 기계효율은 90%, 압축효율은 75%일 때 1냉동톤(1RT)의 능력을 내기 위한 실제 소요마력은 약 몇 마력(PS)인가?

① 1.64
② 2.73
③ 3.63
④ 4.74

해설
- 냉동톤 1RT=3320kcal/h이므로 이론 성적계수 $COP = \dfrac{Q_e}{L_{th}}$ 에서

  이론 소요 마력 $L_{th} = \dfrac{Q_e}{COP \times 632} = \dfrac{1 \times 3320}{4.75 \times 632} = 1.11\,PS$

- 실제 소요 마력 $L = \dfrac{L_{th}}{\eta_c \eta_m}$ 에서 $L = \dfrac{1.11}{0.75 \times 0.9} = 1.64\,PS$

제 3 과목 공기조화

041 다음 공기조화 장치 중 실내로부터 환기의 일부를 외기와 혼합한 후 냉각코일을 통과시키고, 이 냉각코일 출구의 공기와 환기의 나머지를 혼합하여 송풍기로 실내에 재순환시키는 장치의 흐름도는?

①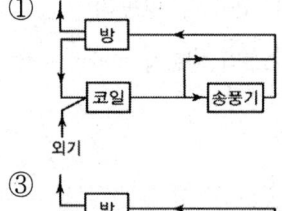
②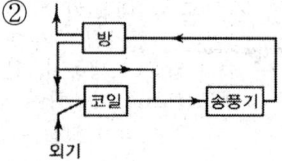
③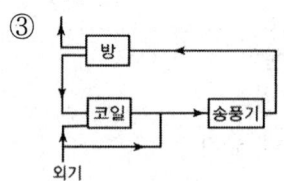
④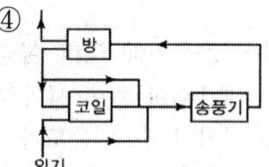

답 040. ① 041. ②

Q 042
공기 중에 떠 다니는 먼지는 물론 가스와 미생물 등의 오염 물질까지도 극소로 만든 설비로서 청정 대상이 주로 먼지인 경우로 정밀측정실이나 반도체 산업, 필름 공업 등에 이용되는 시설을 무엇이라 하는가?

① 클린아웃(CO) ② 칼로리미터
③ HEPA필터   ④ 산업용 클린룸(ICR)

해설 산업용 클린룸은 제품의 품질과 신뢰성을 높이고 가동시 원료에 대한 제품의 수율을 향상시키는데 목적이 있으며 청정대상이 주로 먼지(미립자)이다. 따라서, 정밀측정실, 반도체 산업, 필름 공업 등에 이용된다.

Q 043
덕트 시공도 작성 시 유의사항으로 틀린 것은?

① 소음과 진동을 고려한다.
② 설치 시 작업공간을 확보한다.
③ 덕트의 경로는 될 수 있는 한 최장거리로 한다.
④ 댐퍼의 조작 및 점검이 가능한 위치에 있도록 한다.

해설 덕트 시공도 작성 시 덕트의 경로는 될 수 있는 한 최단거리로 한다.

Q 044
아래의 그림은 공조기에 ① 상태의 외기와 ② 상태의 실내에서 되돌아온 공기가 공조기로 들어와 ⑥ 상태로 실내로 공급되는 과정을 습공기 선도에 표현한 것이다. 공조기 내 과정을 알맞게 나열한 것은?

① 예열 - 혼합 - 증기가습 - 가열
② 예열 - 혼합 - 가열 - 증기가습
③ 예열 - 증기가습 - 가열 - 증기가습
④ 혼합 - 제습 - 증기가습 - 가열

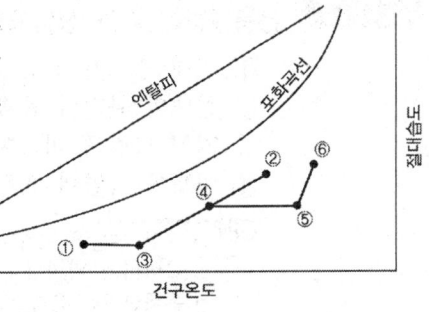

해설 공조기 내의 과정을 습공기 선도로 표현했을 때
- ① : 외기공기의 상태점이다.
- ① → ③ : 건구온도가 상승하고 절대습도가 변하지 않으므로 외기공기를 예열하는 과정이다.
- ② : 실내 환기공기의 상태점이다.
- ③ : 실내 환기공기와 외기공기를 혼합하는 혼합과정이다.
- ④ → ⑤ : 건구온도가 상승하고 절대습도가 변하지 않으므로 가열과정이다.
- ⑤ → ⑥ : 건구온도가 상승하고 절대습도가 상승하므로 가열가습(증기가습)과정이다.

답 042. ④ 043. ③ 044. ②

Q 045 공장의 저속 덕트방식에서 주덕트 내의 권장풍속으로 가장 적당한 것은?

① 36~39m/s
② 26~29m/s
③ 16~19m/s
④ 6~9m/s

해설 덕트방식에서 풍속에 따른 분류
- 저속 덕트방식 : 풍속이 15m/s 이하
- 고속 덕트방식 : 풍속이 15m/s 이상

Q 046 송풍량 2500m³/h 공기(건구온도 12℃, 상대습도 60%)를 20℃까지 가열하는 데 필요로 하는 열량은? (단, 처음 공기의 비체적 $v = 0.815$m³/kg, 가열 전후의 엔탈피는 각각 $h_1 = 6$kcal/kg, $h_2 = 8$kcal/kg이다.)

① 4075kcal/h
② 5000kcal/h
③ 6135kcal/h
④ 7362kcal/h

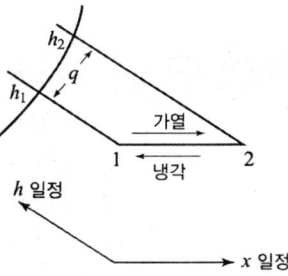

해설 가열량 $q = \dfrac{Q}{v} \Delta h$에서 $q = \dfrac{2500}{0.815} \times (8-6) = 6134.97\,\text{kcal/h}$

Q 047 온풍난방에 관한 설명으로 틀린 것은?

① 실내 층고가 높을 경우 상하 온도차가 커진다.
② 실내의 환기나 온습도 조절이 비교적 용이하다.
③ 직접 난방에 비하여 설비비가 높다.
④ 연도의 과열에 의한 화재에 주의해야 한다.

해설
- 직접 난방은 온수난방과 증기난방이며 보일러와 방열기 등을 설치해야 하므로 설비비가 비싸다.
- 온풍난방은 온풍로 장치 내에 송풍기, 버너, 열교환기, 가습장치 등으로 구성되어 있으며 시스템이 간단하여 설치가 간단하고 직접 난방에 비해 설비비가 싸다.

Q 048 전압기준 국부저항계수 ζ_T와 정압기준 국부저항계수 ζ_S와의 관계를 바르게 나타낸 것은? (단, 덕트 상류 풍속을 v_1, 하류 풍속을 v_2라 한다.)

① $\zeta_T = \zeta_S - 1 + (\dfrac{v_2}{v_1})^2$
② $\zeta_T = \zeta_S + 1 - (\dfrac{v_2}{v_1})^2$
③ $\zeta_T = \zeta_S - 1 - (\dfrac{v_2}{v_1})^2$
④ $\zeta_T = \zeta_S + 1 + (\dfrac{v_2}{v_1})^2$

답 045. ④ 046. ③ 047. ③ 048. ②

해설
- 전압기준의 국부저항(ζ_T)에 의한 압력손실

$$\Delta P_t = \zeta_T \frac{v_1^2}{2g}\gamma = \zeta_T \frac{v_2^2}{2g}\gamma \text{ (mmAq)}$$

- 정압기준의 국부저항(ζ_S)에 의한 압력손실

$$\Delta P_s = \zeta_S \frac{v_1^2}{2g}\gamma = \zeta_S \frac{v_2^2}{2g}\gamma \text{ (mmAq)}$$

∴ 전압기준의 국부저항에 의한 압력손실과 정압기준의 국부저항에 의한 압력손실에서 $\zeta_T = \zeta_S + 1 - (\frac{v_2}{v_1})^2$ 이다.

Q.049 가변풍량 방식에 대한 설명으로 틀린 것은?

① 부분 부하 시 송풍기 동력을 절감할 수 없다.
② 시운전 시 토출구의 풍량조정이 간단하다.
③ 부하변동에 따라 송풍량을 조절하므로 에너지 낭비가 적다.
④ 동시 부하율을 고려하여 설비용량을 적게 할 수 있다.

해설 가변풍량 방식은 송풍온도를 일정하게 하고 송풍량을 조절하여 공급하는 방식으로서 부분 부하 시 송풍량을 줄여 송풍기 동력을 절감할 수 있다.

Q.050 증기 보일러의 발생열량이 60000kcal/h, 환산증발량이 111.3kg/h이다. 이 증기 보일러의 상당방열면적(EDR)은? (단, 표준방열량을 이용한다.)

① 32.1m²
② 92.3m²
③ 133.3m²
④ 539.8m²

해설 증기난방의 표준방열량은 650kcal/m²·h이므로

상당방열면적 $EDR = \frac{증기보일러 발생열량}{표준방열량}$ 에서 $EDR = \frac{60000}{650} = 92.31 \text{m}^2$

Q.051 펌프의 공동현상에 관한 설명으로 틀린 것은?

① 흡입 배관경이 클 경우 발생한다.
② 소음 및 진동이 발생한다.
③ 임펠러 침식이 생길 수 있다.
④ 펌프의 회전수를 낮추어 운전하면 이 현상을 줄일 수 있다.

해설 펌프의 공동현상은 흡입 배관경이 작을 경우 발생한다.

답 049. ① 050. ② 051. ①

Q 052. 보일러에서 발생한 증기량이 소비량에 비해 과잉일 경우 액화저장하고 증기량이 부족할 경우 저장 증기를 방출하는 장치는?

① 절탄기 ② 과열기
③ 재열기 ④ 축열기

해설 폐열회수장치
- 절탄기 : 배기가스의 여열을 이용하여 보일러 급수를 예열하는 장치이다.
- 과열기 : 연소가스를 이용하여 포화증기를 고온의 과열증기로 만드는 장치이다.
- 재열기 : 터빈의 고압 또는 중압 배기를 배기가스로 재가열하는 장치이다.

Q 053. 대규모 건물에서 외벽으로부터 떨어진 중앙부는 외기 조건의 영향을 적게 받으며, 인체와 조명등 및 실내기구의 발열로 인해 경우에 따라 동절기 및 중간기에 냉방이 필요한 때가 있다. 이와 같은 건물의 회의실, 식당과 같이 일반 사무실에 비해 현열비가 크게 다른 경우 계통별로 구분하여 조닝하는 방법은?

① 방위별 조닝 ② 부하특성별 조닝
③ 사용시간별 조닝 ④ 건물층별 조닝

Q 054. 공기조화방식에서 팬코일 유닛방식에 대한 설명으로 틀린 것은?

① 사무실, 호텔, 병원 및 점포 등에 사용한다.
② 배관방식에 따라 2관식 4관식으로 분류된다.
③ 중앙기계실에서 냉수 또는 온수를 공급하여 각 실에 설치한 팬코일 유닛에 의해 공조하는 방식이다.
④ 팬코일 유닛방식에서의 열부하 분담은 내부존 팬코일 유닛방식과 외부존 터미널방식이 있다.

해설 팬코일 유닛방식에서 열부하 분담은 외부(패리미터)존 팬코일 유닛방식과 내부존 터미널방식이 있다.

Q 055. 아네모스탯(anemostat)형 취출구에서 유인비의 정의로 옳은 것은? (단, 취출구로부터 공급된 조화공기를 1차 공기(PA), 실내공기가 유인되어 1차 공기와 혼합한 공기를 2차 공기(SA), 1차와 2차 공기를 모두 합한 것을 전공기(TA)라 한다.)

① $\dfrac{TA}{SA}$ ② $\dfrac{PA}{TA}$
③ $\dfrac{TA}{PA}$ ④ $\dfrac{SA}{TA}$

답 052.④ 053.② 054.④ 055.③

해설
$$유인비 = \frac{1차\ 공기량 + 2차\ 공기량}{1차\ 공기량} = \frac{TA}{PA}$$

056 복사 패널의 시공법에 관한 설명으로 틀린 것은?

① 코일의 전 길이는 50m 정도 이내로 한다.
② 온도에 따른 열팽창을 고려하여 천장의 짧은 변과 코일의 직선부가 평행하도록 배관한다.
③ 콘크리트의 양생은 30℃ 이상의 온도에서 12시간 이상 건조시킨다.
④ 파이프 코일의 매설 깊이는 코일 외경의 1.5배 정도로 한다.

해설 콘크리트의 습윤양생 시간

일평균기온	보통시멘트
15℃ 이상	5일
10℃ 이상	7일
5℃ 이상	9일

※ 방바닥 마감 모르타르는 시공 후 최소 7일간 표면이 습윤한 상태가 유지되도록 양생조치를 한다.

057 온도 20℃, 포화도 60% 공기의 절대습도는? (단, 온도는 20℃의 포화 습공기의 절대습도 $x_s = 0.01469$kg/kg이다.)

① 0.001623 kg/kg
② 0.004321 kg/kg
③ 0.006712 kg/kg
④ 0.008814 kg/kg

해설 포화도 $\psi = \frac{x}{x_s} \times 100\%$에서 절대습도 $x = \psi x_s = 0.6 \times 0.01469 = 0.008814$ kg/kg

058 외기 및 반송(return)공기의 분진량이 각각 C_O, C_R이고, 공급되는 외기량 및 필터로 반송되는 공기량은 각각 Q_O, Q_R이며, 실내 발생량이 M이라 할 때 필터의 효율(η)은?

① $\eta = \dfrac{Q_O(C_O - C_R) + M}{C_O Q_O + C_R Q_R}$
② $\eta = \dfrac{Q_O(C_O - C_R) + M}{C_O Q_O - C_R Q_R}$
③ $\eta = \dfrac{Q_O(C_O + C_R) + M}{C_O Q_O + C_R Q_R}$
④ $\eta = \dfrac{Q_O(C_O - C_R) - M}{C_O Q_O - C_R Q_R}$

답 056. ③ 057. ④ 058. ①

Q 059. 각층 유닛방식의 특징이 아닌 것은?

① 공조기 수가 줄어들어 설비가 저렴하다.
② 사무실과 병원 등의 각 층에 대하여 시간차 운전에 적합하다.
③ 송풍덕트가 짧게 되고, 주덕트의 수평덕트는 각 층의 복도 부분에 한정되므로 수용이 용이하다.
④ 설계에 따라서는 각 층 슬래브의 관통덕트가 없게 되므로 방재 상 유리하다.

해설 각층 유닛방식은 각층마다 소형 공조실을 만들어 공조기를 설치하는 방식으로서 각층마다 공조기를 설치하므로 공조기 수가 많아 설비비가 비싸다.

Q 060. 공기조절기의 공기냉각 코일에서 공기와 냉수의 온도변화가 그림과 같았다. 이 코일의 대수평균 온도차(LMTD)는?

① 9.7℃
② 12.4℃
③ 14.4℃
④ 15.6℃

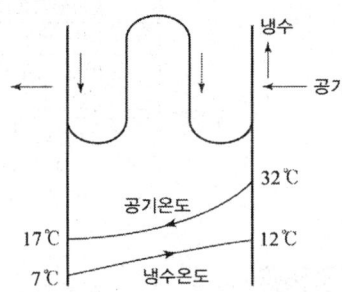

해설
- $\triangle 1 = t_{a1} - t_{w2} = 32 - 12 = 20℃$, $\triangle 2 = t_{a2} - t_{w1} = 17 - 7 = 10℃$
- 대수평균 온도차 $LMTD = \dfrac{\triangle 1 - \triangle 2}{\ln \dfrac{\triangle 1}{\triangle 2}}$ 에서 $LMTD = \dfrac{20 - 10}{\ln \dfrac{20}{10}} = 14.43℃$

제 4 과목 전기제어공학

Q 061. 100V, 6A의 전열기로 2L의 물을 15℃에서 95℃까지 상승키는 데 약 몇 분이 소요되는가? (단, 전열기는 발생 열량의 80%가 유효하게 사용되는 것으로 한다.)

① 15.64
② 18.36
③ 21.26
④ 23.15

해설
- 물 1L = 1000cm³ = 1000g이므로 물 2L = 2000g이다.
- 줄의 법칙에서 열량 $H = 0.24IVT\eta = GC\triangle t$ 에서

  시간 $T = \dfrac{GC\triangle t}{0.24IV\eta} = \dfrac{2000 \times 1 \times (95-15)}{0.24 \times 6 \times 100 \times 0.8} ≒ 1388.9\text{sec} = 23.15\text{min}$

 059. ① 060. ③ 061. ④

Q 062 제어동작에 대한 설명 중 틀린 것은?

① 비례동작 : 편차의 제곱에 비례한 조작신호를 낸다.
② 적분동작 : 편차의 적분값에 비례한 조작신호를 낸다.
③ 미분동작 : 조작신호가 편차의 증가속도에 비례하는 동작을 한다.
④ 2위치동작 : ON-OFF 동작이라고도 하며, 편차의 정부(+, −)에 따라 조작부를 전폐 또는 전개하는 것이다.

해설 비례동작은 설정값과 제어량의 편차 크기에 비례하여 조작신호를 낸다.

Q 063 비행기 등과 같은 움직이는 목표값의 위치를 알아보기 위한 즉, 원뿔주사를 이용한 서보용 제어기는?

① 추적레이더   ② 자동조타장치
③ 공작기계의 제어   ④ 자동평형기록계

해설 추적레이더는 각도 또는 거리의 정보를 사용하여 비행기와 같은 움직이는 물체를 알아보기 위한 서보용 제어기이다. 오차신호를 발생하는 방법으로 로드전환, 원뿔주사, 동시 로빙, 모노펄스 등이 있다.

Q 064 신호흐름선도의 기본 성질로 틀린 것은?

① 마디는 변수를 나타낸다.
② 대수방정식으로 도시한다.
③ 선형 시스템에만 적용된다.
④ 루프이득이란 루프의 마디이득이다.

해설 루프이득이란 궤환 루프(어떤 마디에서 출발하여 그 마디로 되돌아오는 것)를 형성하는 가지에 관계된 전송비의 곱이다.

Q 065 플레밍의 왼손법칙에서 엄지손가락이 가리키는 것은?

① 전류 방향   ② 힘의 방향
③ 기전력 방향   ④ 자력선 방향

해설 플레밍의 왼손법칙
• 엄지손가락 : 힘의 방향
• 검지(둘째)손가락 : 자기장의 방향
• 중지(셋째)손가락 : 전류의 방향

답 062. ① 063. ① 064. ④ 065. ②

Q 066 회전하는 각도를 디지털량으로 출력하는 검출기는?
① 로드셀 ② 보간치
③ 엔코더 ④ 퍼텐쇼미터

해설 엔코더는 운동 또는 위치를 측정하는 전자장치로서 대부분 광학센서를 사용하며 출력으로 펄스 트레인의 형태로 디지털 신호를 제공한다.

Q 067 시간에 대해서 설정값이 변화하지 않는 것은?
① 비율제어 ② 추종제어
③ 프로세스제어 ④ 프로그램제어

해설
- 정치제어 : 목표(설정)값이 시간에 따라 변화하지 않는 제어로서 자동조정, 프로세스제어 등이 있다.
- 추치제어 : 목표(설정)값이 시간에 따라 변화는 제어로서 비율제어, 추종제어, 프로그램제어가 있다.

Q 068 $i = I_m \sin \omega t$ 인 정현파 교류가 있다. 이 전류보다 90° 앞선 전류를 표시하는 식은?
① $I_m \cos \omega t$ ② $I_m \sin \omega t$
③ $I_m \cos (\omega t + 90°)$ ④ $I_m \sin (\omega t - 90°)$

해설 초위상의 순시전류 $i = I_m \sin \omega t$
① $I_m \cos \omega t = I_m \sin (\omega t + 90°)$: 초위상의 순시전류보다 위상이 90° 앞선 전류이다.
② $I_m \sin \omega t$: 초위상의 순시전류와 동상이다.
③ $I_m \cos (\omega t + 90°) = I_m \sin (\omega t + 90° + 90°) = I_m \sin (\omega t + 180°)$: 초위상의 순시전류보다 위상이 180° 앞선 전류이다.
④ $I_m \sin (\omega t - 90°)$: 초위상의 순시전류보다 위상이 90° 뒤진 전류이다.

Q 069 논리식 $X + \overline{X} + Y$를 불대수의 정리를 이용하여 간단히 하면?
① Y ② 1
③ 0 ④ $X + Y$

해설 $X + \overline{X} + Y = (X + \overline{X}) + Y = 1 + Y = 1$

답 066. ③ 067. ③ 068. ① 069. ②

070 다음의 전동력 응용기계에서 GD^2의 값이 작은 것에 이용될 수 있는 것으로서 가장 바람직한 것은?

① 압연기　　　　　　　② 냉동기
③ 송풍기　　　　　　　④ 승강기

해설
- $GD^2 = 4J$ (J : 관성모멘트)는 플라이휠효과로서 플라이휠은 회전체의 속도변동을 줄이기 위한 회전에너지를 축적하는 원판이다. 따라서, 플라이휠효과(GD^2)는 관성모멘트와 비례한다.
- 승강기는 기동과 정지가 빈번하기 때문에 회전부분의 관성모멘트가 작아야 한다. 따라서, 관성모멘트가 작으면 GD^2의 값이 작아진다.

071 잔류편차와 사이클링이 없어 널리 사용되는 동작은?

① I동작　　　　　　　② D동작
③ P동작　　　　　　　④ PI동작

해설
PI(비례적분)동작은 P(비례)제어에서 발생한 잔류편차를 제거하고, 사이클링이 없어 정상특성을 개선시킨 동작이다.

072 AC 서보 전동기에 대한 설명 중 옳은 것은?

① AC 서보 전동기의 전달함수는 미분요소이다.
② 고정자의 기준권선에 제어용 전압을 인가한다.
③ AC 서보 전동기는 큰 회전력이 요구되는 시스템에 사용된다.
④ AC 서보 전동기는 두 고정자 권선에 90도 위상차의 2상 전압을 인가하여 회전자계를 만든다.

해설 AC 서보 전동기의 특징
- 기준권선과 제어권선의 두 고정자권선이 있으며 90° 위상차가 있는 2상 전압을 인가하여 회전자계를 만들어 회전자를 회전시키는 전동기이다.
- 전달함수는 적분요소와 1차 요소의 직렬결합이다.
- 큰 회전력이 요구되는 않는 시스템에 사용된다.

073 3상 농형유도전동기의 속도제어방법이 아닌 것은?

① 극수변환　　　　　　② 주파수제어
③ 2차 저항제어　　　　④ 1차 전압제어

해설
- 3상 농형 유도전동기의 속도제어방법 : 주파수제어법, 극수변환법, 종속법
- 3상 권선형 유도전동기의 속도제어방법 : 2차 저항제어법, 2차 여자법(슬립제어), 종속법

답 070.④　071.④　072.④　073.③

Q 074. 그림과 같은 유접점 논리회로를 간단히 하면?

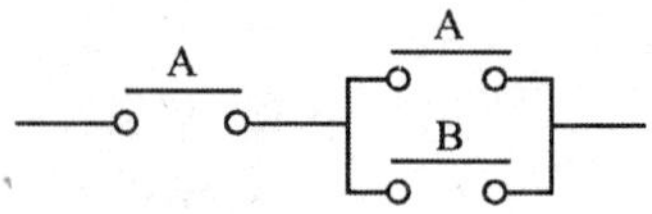

① 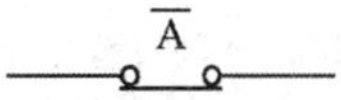 $\overline{A}$
② A
③ B
④ $\overline{B}$

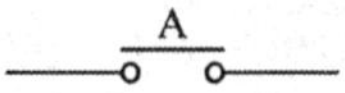

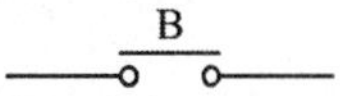

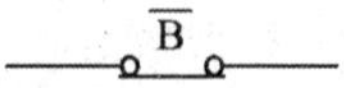

해설 논리회로 $A \cdot (A+B) = (A \cdot A) + (A \cdot B) = A + A \cdot B = A \cdot (1+B) = A \cdot 1 = A$

Q 075. 3상 교류에서 a, b, c상에 대한 전압을 기호법으로 표시하면 $E_a = E \angle 0°$, $E_b = E \angle -\frac{2}{3}\pi$, $E_c = E \angle -\frac{4}{3}\pi$로 표시된다. 여기서 $a = e^{j\frac{2}{3}\pi}$라는 페이저 연산자를 이용하면 E_c는 어떻게 표시되는가?

① $E_c = E$
② $E_c = a^2 E$
③ $E_c = aE$
④ $E_c = (\frac{1}{a})E$

해설
- 페이저 연산자 $a = e^{j\frac{2}{3}\pi} = \cos\frac{2}{3}\pi + j\sin\frac{2}{3}\pi = -\frac{1}{2} + j\frac{\sqrt{3}}{2}$
- $E_c = E \angle -\frac{4}{3}\pi = E(\cos\frac{4}{3}\pi - j\sin\frac{4}{3}\pi) = E(-\frac{1}{2} + j\frac{\sqrt{3}}{2}) = aE$

Q 076. 지시계기의 구성 3대 요소가 아닌 것은?

① 유도장치
② 제어장치
③ 제동장치
④ 구동장치

해설 지시계기의 3대 구성 요소에는 구동장치, 제어장치, 제동장치가 있다.

Q 077. 워드레오나드 속도 제어는?

① 저항제어
② 계자제어
③ 전압제어
④ 직병렬제어

해설 전압제어법은 직류 가변 전압 전원장치를 설치하여 단자전압을 가감하여 속도를 제어하는 방법으로서 워드레오나드 방식과 일그너 방식이 있다.

답 074. ② 075. ③ 076. ① 077. ③

Q078 전달함수 $G(s) = \dfrac{1}{s+1}$ 인 제어계의 인디셜 응답은?

① e^{-t}
② $1 - e^{-t}$
③ $1 + e^{-t}$
④ $e^{-t} - 1$

해설
전달함수 $G(s) = \dfrac{C(s)}{R(s)} = \dfrac{1}{s+1}$ 에서

출력 $C(s) = \dfrac{1}{s+1} \cdot R(s) = \dfrac{1}{s+1} \cdot \dfrac{1}{s} = \dfrac{1}{s(s+1)} = \dfrac{1}{s} - \dfrac{1}{s+1}$

- $f(t) = 1$을 라플라스변환하면
$$\mathcal{L}[1] = \int_0^\infty e^{-st} dt = \left[-\dfrac{e^{-st}}{s} \right]_0^\infty = \dfrac{1}{s}$$

- $f(t) = e^{-t}$를 라플라스변환하면
$$\mathcal{L}[e^{-t}] = \int_0^\infty e^{-t} \cdot e^{-st} dt = \int_0^\infty e^{-(s+1)t} dt = \left[-\dfrac{1}{s+1} e^{-(s+1)t} \right]_0^\infty = \dfrac{1}{s+1}$$

∴ 출력 $C(s) = \dfrac{1}{s} - \dfrac{1}{s+1}$ 에서 인디셜 응답 $c(t) = 1 - e^{-t}$

Q079 승강기 등 무인장치의 운전은 어떤 제어인가?

① 정치제어
② 비율제어
③ 추종제어
④ 프로그램제어

해설 프로그램제어란 목표값이 시간적으로 미리 정해진 대로 변화하고 제어량을 추종시키는 제어로서 열처리 노의 온도제어나 무인장치의 운전에 사용된다.

Q080 100mH의 인덕턴스를 갖는 코일에 10A의 전류를 흘릴 때 축적되는 에너지는 몇 J인가?

① 0.5
② 1
③ 5
④ 10

해설 자기에너지 $W = \dfrac{1}{2} L I^2$ 에서 $W = \dfrac{1}{2} \times (100 \times 10^{-3}) \times 10^2 = 5\text{J}$

답 078. ② 079. ④ 080. ③

제 5 과목   배관일반

081 다음 중 열팽창에 의한 관의 신축으로 배관의 이동을 구속 또는 제한하는 장치가 아닌 것은?

① 앵커(anchor)
② 스토퍼(stopper)
③ 가이드(guide)
④ 인서트(insert)

해설 리스트레인트는 열팽창에 의한 관의 좌우, 상하이동을 구속하고 제한하는 장치로서 앵커, 스토퍼, 가이드가 있다.

082 공기조화 설비에서 에어워셔(air washer)의 플러딩 노즐이 하는 역할은?

① 공기 중에 포함된 수분을 제거한다.
② 입구공기의 난류를 정류로 만든다.
③ 일리미네이터에 부착된 먼지를 제거한다.
④ 출구에 섞여 나가는 비산수를 제거한다.

해설 에어워셔의 구조
- 루버 : 입구공기의 난류를 층류로 정류한다.
- 분무노즐 : 물을 직접 분무하여 가습한다.
- 플러딩 노즐 : 일리미네이터에 부착된 먼지를 제거한다.
- 일리미네이터 : 출구에 섞여 나가는 비산수를 제거한다.

083 급탕배관의 구배에 관한 설명으로 옳은 것은?

① 상향공급식의 경우 급탕관은 올림구배, 반탕관은 내림구배로 한다.
② 상향공급식의 경우 급탕관과 반탕관 모두 내림구배로 한다.
③ 하향공급식의 경우 급탕관은 내림구배, 반탕관은 올림구배로 한다.
④ 하향공급식의 경우 급탕관과 반탕관 모두 올림구배로 한다.

해설 급탕배관의 구배
- 상향공급식의 경우 급탕관은 올림구배, 반탕관은 내림구배로 한다.
- 하향공급식의 경우 급탕관과 반탕관 모두 내림구배로 한다.

답 081. ④ 082. ③ 083. ①

Q 084 아래의 저압가스 배관의 직경을 구하는 식에서 S가 의미하는 것은? (단, L은 관의 길이를 의미한다.)

$$D^5 = \frac{Q^2 \cdot S \cdot L}{K^2 \cdot H}$$

① 관의 내경
② 공급 압력차
③ 가스 유량
④ 가스 비중

해설 배관의 직경 $D^5 = \frac{Q^2 \cdot S \cdot L}{K^2 \cdot H}$

여기서, D(cm) : 배관의 직경, H(mmAq) : 허용압력손실, S : 가스 비중, L(m) : 관의 길이, K : 유량계수이다.

Q 085 공기조화설비에서 수 배관 시공 시 주요 기기류의 접속배관에는 수리 시 전 계통의 물을 배수하지 않도록 서비스용 밸브를 설치한다. 이때 밸브를 완전히 열었을 때 저항이 적은 밸브가 요구되는데 가장 적당한 밸브는?

① 나비밸브
② 게이트밸브
③ 니들밸브
④ 글로브밸브

해설 게이트밸브는 관의 횡단면과 평행하게 개폐하는 밸브로서 유체의 흐름을 단속하는 용도로 사용되며 밸브를 완전히 열었을 때 유체의 흐름저항이 적다.

Q 086 가스수요의 시간적 변화에 따라 일정한 가스량을 안정하게 공급하고 저장을 할 수 있는 가스홀더의 종류가 아닌 것은?

① 무수(無水)식
② 유수(有水)식
③ 주수(柱水)식
④ 구(球)형

해설 가스홀더의 종류에는 유수식, 무수식, 구형의 고압홀더가 있다.

Q 087 배관재료 선정 시 고려해야 할 사항으로 가장 거리가 먼 것은?

① 수송유체에 의한 관의 내식성
② 유체의 온도변화에 따른 물리적 성질의 변화
③ 사용기간(수명) 및 시공방법
④ 사용시기 및 가격

답 084. ④ 085. ② 086. ③ 087. ④

해설 배관재료 선정 시 고려해야 할 사항
- 수송유체에 의한 관의 내식성, 유체의 변질 여부, 농도변화에 따른 관과의 화학 반응을 고려
- 유체의 온도변화에 따른 물리적 성질 변화를 고려
- 사용수명, 시공방법 등을 고려

Q.088 다음 중 방열기나 팬코일 유니트에 가장 적합한 관 이음은?

① 스위블 이음(swivel joint)
② 루프 이음(loop joint)
③ 슬리브 이음(sleeve joint)
④ 벨로즈 이음(bellow joint)

해설 스위블 이음은 2개 이상의 엘보를 사용하여 이음부의 나사 회전을 이용해서 관의 신축을 흡수하는 것으로서 증기 및 온수 난방용 방열기 배관에 사용된다.

Q.089 냉매의 토출관의 관경을 결정하려고 할 때 일반적인 사항으로 틀린 것은?

① 냉매 가스 속에 용해하고 있는 기름이 확실히 운반될 수 있게 횡형관에서는 약 6m/s 이상 되도록 할 것
② 냉매 가스 속에 용해하고 있는 기름이 확실히 운반될 수 있게 입상관에서는 약 6m/s 이상 되도록 할 것
③ 속도의 압력 손실 및 소음이 일어나지 않을 정도로 속도를 약 25m/s로 제한한다.
④ 토출관에 의해 발생된 전 마찰 손실압력은 약 19.6kPa를 넘지 않도록 한다.

해설 냉매 가스 속에 용해하고 있는 기름이 확실히 운반될 수 있도록 횡형관에서는 약 3.5m/s 이상, 입상관에서는 6m/s 이상이 되도록 한다.

Q.090 유리섬유 단열재의 특징에 관한 설명으로 틀린 것은?

① 사용 온도범위는 보통 약 $-25 \sim 300$℃이다.
② 다량의 공기를 포함하고 있으므로 보온·단열 효과가 양호하다.
③ 유리를 녹여 섬유화한 것이므로 칼이나 가위 등으로 쉽게 절단되지 않는다.
④ 순수한 무기질의 섬유제품으로서 불에 잘 타지 않는다.

해설 유리섬유는 용융상태의 유리에 압축공기나 증기를 분사시켜 짧은 섬유모양으로 만든 것으로 칼이나 가위 등으로 쉽게 절단된다.

답 088. ① 089. ① 090. ③

091 증기난방 시 방열 면적 1m²당 증기가 응축되는 양은 약 몇 kg/m²·h인가? (단, 증발잠열은 539kcal/kg이다.)

① 3.4
② 2.1
③ 2.0
④ 1.2

해설 증기난방의 표준방열량은 650kcal/m²·h이므로
응축되는 양 $G = \dfrac{650}{539} = 1.21 \, \text{kg/m}^2 \cdot \text{h}$

092 냉온수 배관 시 유의사항으로 틀린 것은?

① 공기가 체류하는 장소에는 공기빼기 밸브를 설치한다.
② 기계실 내에서는 일정장소에 수동 공기빼기 밸브를 모아서 설치하고 간접 배수하도록 한다.
③ 자동 공기빼기 밸브는 배관이 (−)압이 걸리는 부분에 설치한다.
④ 주관에서의 분기배관은 신축을 흡수할 수 있도록 스위블 이음으로 하며, 공기가 모이지 않도록 구배를 준다.

해설 자동 공기빼기 밸브는 배관 내의 압력이 (+)압이 걸리는 부분에 설치한다.

093 암모니아 냉동장치 배관재료로 사용할 수 없는 것은?

① 이음매 없는 동관
② 배관용 탄소강관
③ 저온배관용 강관
④ 배관용 스테인리스강관

해설 암모니아 냉매는 동 및 동합금을 부식시키므로 암모니아 냉동장치의 배관재료로 이음매 없는 동관을 사용할 수 없다.

094 수격현상(water hammer) 방지법이 아닌 것은?

① 관내의 유속을 낮게 한다.
② 펌프의 플라이 휠을 설치하여 펌프의 속도가 급격히 변하는 것을 막는다.
③ 밸브는 펌프 송출구에서 멀리 설치하고 밸브는 적당히 제어한다.
④ 조압수조(surge tank)를 관선에 설치한다.

해설 수격현상을 방지하기 위하여 밸브는 펌프 송출구 가까이에 설치하고 밸브는 적당히 제어한다.

답 091. ④ 092. ③ 093. ① 094. ③

Q.095 통기관을 접속하여도 장시간 위생기기를 사용하지 않을 때 봉수파괴가 될 수 있는 원인으로 가장 적당한 것은?

① 자기사이펀 작용   ② 흡인작용
③ 분출작용   ④ 증발작용

해설
- 자기사이펀 작용 : 기구에 만수된 물이 일시적으로 트랩을 통과할 때 강한 사이펀작용이 발생하여 물이 흡인되어 봉수가 파괴된다.
- 흡인작용 : 수직관 가까이에 기구가 설치되어 있을 경우 일시에 다량의 물이 순간적으로 흐르게 되면 순간적으로 부압이 형성되어 봉수가 파괴된다.
- 분출작용 : 배수의 수평관이나 수직관에서 일시에 다량의 물이 배수될 때 피스톤작용을 일으켜 봉수가 실내로 분출되는 현상이다.
- 증발작용 : 위생기기를 장시간 사용하지 않을 때 물이 증발되어 봉수가 파괴된다.

Q.096 다음 중 증기와 응축수 사이의 밀도차 즉, 부력차이에 의해 작동되는 기계식 트랩은?

① 버킷 트랩   ② 벨로즈 트랩
③ 바이메탈 트랩   ④ 디스크 트랩

해설 트랩의 종류
- 기계식 트랩 : 버킷 트랩, 플로트 트랩
- 온도조절식 트랩 : 벨로즈 트랩, 바이메탈 트랩
- 열역학적 트랩 : 오리피스 트랩, 디스크 트랩

Q.097 수직배관에서의 역류방지를 위해 사용하기 가장 적당한 밸브는?

① 리프트식 체크밸브   ② 스윙식 체크밸브
③ 안전밸브   ④ 코크밸브

해설 체크밸브는 역류를 방지하기 위하여 사용하는 밸브이다.
- 스윙식 체크밸브 : 수직배관과 수평배관 모두 사용한다.
- 리프트형 체크밸브 : 수평배관에만 사용한다.

Q.098 기계배기와 기계급기의 조합에 의한 환기방법으로 일반적으로 외기를 정화하기 위한 에어필터를 필요로 하는 환기법은?

① 1종 환기   ② 2종 환기
③ 3종 환기   ④ 4종 환기

답 095. ④ 096. ① 097. ② 098. ①

해설
- 1종 환기 : 기계급기와 기계배기의 조합에 의한 환기방법
- 2종 환기 : 기계급기에 의한 환기방법
- 1종 환기 : 기계배기에 의한 환기방법
- 1종 환기 : 자연 환기방법

Q 099 온수난방 배관에서 리버스 리턴(Reverse return) 방식을 채택하는 주된 이유는?
① 온수의 유량분배를 균일하게 하기 위하여
② 온수배관의 부식을 방지하기 위하여
③ 배관의 신축을 흡수하기 위하여
④ 배관길이를 짧게 하기 위하여

해설 리버스 리턴방식은 공급관과 환수관의 왕복배관 길이가 같기 때문에 온수의 유량분배를 균일하게 한다.

Q 100 병원, 연구소 등에서 발생하는 배수로 하수도에 직접 방류할 수 없는 유독한 물질을 함유한 배수를 무엇이라 하는가?
① 오수
② 우수
③ 잡배수
④ 특수배수

해설 특수배수란 병원, 연구소 등에서 발생하는 배수로 병원균과 화학약품 등의 유독한 물질을 함유한 배수이다.

답 099. ① 100. ④

2016년 8월 21일 시행

제 1 과목 기계열역학

001 2MPa 압력에서 작동하는 가역 보일러에 포화수가 들어가 포화증기가 되어서 나온다. 보일러의 물 1kg당 가한 열량은 약 몇 kJ인가? (단, 2MPa 압력에서 포화온도는 212.4℃이고 이 온도는 일정하다. 그리고 포화수 비엔트로피는 2.4473kJ/kg·K, 포화증기 비엔트로피는 6.3408kJ/kg·K이다.)

① 295
② 827
③ 1890
④ 2423

해설 엔트로피 변화량 $ds = \dfrac{\delta q}{T}$ 에서

보일러에서 가한 열량 $\delta q = Tds = (273 + 212.4)(6.3408 - 2.4473) = 1889.9 \, kJ/kg$

002 체적이 150m³인 방 안에 질량이 200kg이고 온도가 20℃인 공기(이상기체상수 = 0.287kJ/kg·K)가 들어 있을 때 이 공기의 압력은 약 몇 kPa인가?

① 112
② 124
③ 162
④ 184

해설 이상기체상태방정식 $PV = mRT$ 에서

압력 $P = \dfrac{mRT}{V} = \dfrac{200 \times 0.287 \times (273 + 20)}{150} = 112.1 \, kPa$

003 카르노 사이클로 작동되는 열기관이 600K에서 800kJ의 열을 받아 300K에서 방출한다면 일은 약 몇 kJ인가?

① 200
② 400
③ 500
④ 900

해설 카르노 사이클의 열효율

$\eta = \dfrac{W}{Q_H} = \dfrac{T_H - T_L}{T_H}$ 에서 일 $W = \dfrac{T_H - T_L}{T_H} \times Q_H = \dfrac{600 - 300}{600} \times 800 = 400 \, kJ$

답 001. ③ 002. ① 003. ②

004 카르노 열펌프와 카르노 냉동기가 있는데, 카르노 열펌프의 고열원 온도는 카르노 냉동기의 고열원 온도와 같고, 카르노 열펌프의 저열원 온도는 카르노 냉동기의 저열원 온도와 같다. 이때 카르노 열펌프의 성적계수(COP_{HP})와 카르노 냉동기의 성적계수(COP_R)의 관계로 옳은 것은?

① $COP_{HP} = COP_R + 1$
② $COP_{HP} = COP_R - 1$
③ $COP_{HP} = \dfrac{1}{COP_R + 1}$
④ $COP_{HP} = \dfrac{1}{COP_R - 1}$

해설 고열원의 온도 T_H, 저열원의 온도 T_L일 때
- 카르노 냉동기의 성적계수 $COP_R = \dfrac{T_L}{T_H - T_L}$
- 카르노 열펌프의 성적계수 $COP_{HP} = \dfrac{T_H}{T_H - T_L} = COP_R + 1$

005 온도 200℃, 압력 500kPa, 비체적 0.6m³/kg의 산소가 정압 하에서 비체적이 0.4m³/kg으로 되었다면, 변화 후의 온도는 약 얼마인가?

① 42℃
② 55℃
③ 315℃
④ 437℃

해설 정압과정이므로 온도와 비체적의 관계 $\dfrac{v_1}{T_1} = \dfrac{v_2}{T_2}$ 에서

변화 후의 온도 $T_2 = \dfrac{v_2}{v_1} \times T_1 = \dfrac{0.4}{0.6} \times (273 + 200) = 315.3\text{K}$

절대온도를 섭씨온도로 환산하면 $T_2 = 315.3 - 273 = 42.3℃$

006 온도 150℃, 압력 0.5MPa의 이상기체 0.287kg이 정압과정에서 원래 체적의 2배로 늘어난다. 이 과정에서 가해진 열량은 약 얼마인가? (단, 공기의 기체 상수는 0.287kJ/kg·K이고, 정압 비열은 1.004kJ/kg·K이다.)

① 98.8kJ
② 111.8kJ
③ 121.9kJ
④ 134.9kJ

해설
- 정압과정이므로 온도와 체적과의 관계 $\dfrac{V_1}{T_1} = \dfrac{V_2}{T_2}$ 이고, 최종 체적 $V_2 = 2V_1$ 이므로

  최종 온도 $T_2 = \dfrac{V_2}{V_1} \times T_1 = \dfrac{2V_1}{V_1} \times (273 + 150) = 846\text{K}$

- 열량 $Q = mC_p(T_2 - T_1)$에서 $Q = 0.287 \times 1.004 \times (846 - 423) = 121.9\text{kJ}$

답 004. ① 005. ① 006. ③

007
압력 200kPa, 체적 0.4m³인 공기가 정압하에서 체적이 0.6m³로 팽창하였다. 이 팽창 중에 내부에너지가 100kJ만큼 증가하였으면 팽창에 필요한 열량은?

① 40kJ ② 60kJ
③ 140kJ ④ 160kJ

해설 정압과정

- 내부에너지 변화량 $dU = \dfrac{1}{k-1}P(V_2 - V_1)$ 에서

  비열비 $k = 1 + \dfrac{P(V_2 - V_1)}{dU} = 1 + \dfrac{200 \times (0.6 - 0.4)}{100} = 1.4$

- 열량 $Q_{12} = \dfrac{k}{k-1}P(V_2 - V_1)$ 에서 $Q_{12} = \dfrac{1.4}{1.4-1} \times 200 \times (0.6 - 0.4) = 140\,\text{kJ}$

008
다음 온도 엔트로피 선도(T-S 선도)에서 과정 1-2가 가역일 때 빗금 친 부분은 무엇을 나타내는가?

① 공업일
② 절대일
③ 열량
④ 내부에너지

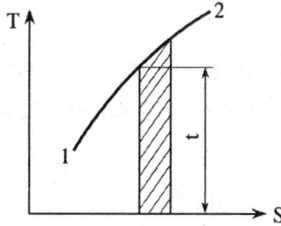

해설 엔트로피 $dS = \dfrac{dQ}{T}$ 에서 열량 $dQ = TdS$ 이다.
따라서, T-S 선도의 면적은 열량을 표시한다.

009
다음 중 강도성 상태량(intensive property)이 아닌 것은?

① 온도 ② 압력
③ 체적 ④ 비체적

해설
- 강도성 상태량 : 압력, 온도, 비체적, 밀도
- 용량성 상태량 : 체적, 질량, 내부에너지, 엔탈피, 엔트로피

010
시스템 내의 임의의 이상기체 1kg이 채워져 있다. 이 기체의 정압비열은 1.0kJ/kg·K이고, 초기 온도가 50℃인 상태에서 323kJ의 열량을 가하여 팽창시킬 때 변경 후 체적은 변경 전 체적의 약 몇 배가 되는가? (단, 정압과정으로 팽창한다.)

① 1.5배 ② 2배
③ 2.5배 ④ 3배

답 007. ③ 008. ③ 009. ③ 010. ②

해설

- 열량 $Q = GC(T_2 - T_1)$에서 변경 후의 온도

$$T_2 = T_1 + \frac{Q}{GC_p} = (273+50) + \frac{323}{1 \times 1} = 646K$$

- 정압과정에서 온도와 체적과의 관계 $\frac{V_1}{T_1} = \frac{V_2}{T_2}$에서

  변경 후의 체적 $V_2 = \frac{T_2}{T_1} \times V_1 = \frac{646}{273+50} \times V_1 = 2V_1$

따라서, 변경 후 체적은 변경 전 체적의 2배이다.

 011

그림에서 $T_1 = 561K$, $T_2 = 1010K$, $T_3 = 690K$, $T_4 = 383K$인 공기를 작동 유체로 하는 브레이턴 사이클의 이론 열효율은?

① 0.388
② 0.465
③ 0.316
④ 0.412

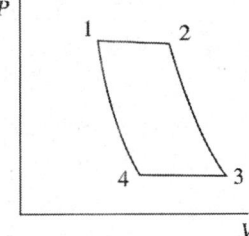

해설 브레이턴 사이클의 이론 열효율

$\eta_b = 1 - \frac{T_3 - T_4}{T_2 - T_1}$ 에서 $\eta_b = 1 - \frac{690 - 383}{1010 - 561} = 0.3163$

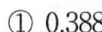 012

복사열을 방사하는 방사율과 면적이 같은 2개의 방열판이 있다. 각각의 온도가 A 방열판은 120℃, B 방열판은 80℃일 때 단위면적당 복사 열전달량(Q_A/Q_B)의 비는?

① 1.08 ② 1.22
③ 1.54 ④ 2.42

해설 복사 열전달량 $Q = \sigma A T^4$에서 복사 열전달량은 절대온도 4승에 비례한다.

여기서, $\sigma(5.67 \times 10^{-8} W/m^2 \cdot K^4)$: 스테판-볼쯔만 상수, $A(m^2)$: 표면적,
$T(K)$: 절대온도이다.

복사 열전달량의 비 $\frac{Q_A}{Q_B} = \frac{(273+120)^4}{(273+80)^4} = 1.536$

답 011. ③ 012. ③

Q 013

그림과 같이 선형 스프링으로 지지되는 피스톤-실린더 장치 내부에 있는 기체를 가열하여 기체의 체적이 V_1에서 V_2로 증가하였고, 압력은 P_1에서 P_2로 변화하였다. 이때 기체가 피스톤에 행한 일은? (단, 실린더 내부의 압력(P)은 실린더 내부 부피(V)와 선형관계($P=aV$, a는 상수)에 있다고 본다.)

① $P_2V_2 - P_1V_1$
② $P_2V_2 + P_1V_1$
③ $\dfrac{1}{2}(P_2+P_1)(V_2-V_1)$
④ $\dfrac{1}{2}(P_2+P_1)(V_2+V_1)$

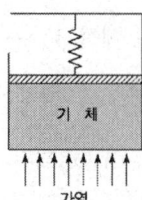

해설

일 $W = P_1(V_2-V_1) + \dfrac{1}{2}(P_2-P_1)(V_2-V_1)$

$= P_1V_2 - P_1V_1 + \dfrac{1}{2}(P_2V_2 - P_2V_1 - P_1V_2 + P_1V_1)$

$= P_1V_2 - P_1V_1 + \dfrac{1}{2}P_2V_2 - \dfrac{1}{2}P_2V_1 - \dfrac{1}{2}P_1V_2 + \dfrac{1}{2}P_1V_1$

$= \dfrac{1}{2}P_1V_2 - \dfrac{1}{2}P_1V_1 + \dfrac{1}{2}P_2V_2 - \dfrac{1}{2}P_2V_1$

$= \dfrac{1}{2}P_1(V_2-V_1) + \dfrac{1}{2}P_2(V_2-V_1)$

$= \dfrac{1}{2}(P_1+P_2)(V_2-V_1)$

Q 014

일정한 정적비열 C_v와 정압비열 C_p를 가진 이상기체 1kg의 절대온도와 체적이 각각 2배로 되었을 때 엔트로피의 변화량으로 옳은 것은?

① $C_v \ln 2$
② $C_p \ln 2$
③ $(C_p - C_v)\ln 2$
④ $(C_p + C_v)\ln 2$

해설 압력은 변화가 없으므로 열역학 제1법칙의 열량 변화량

$\delta Q = dH - VdP = dH - 0 = dH$이다.

엔트로피 변화량 $dS = \dfrac{\delta Q}{T}$ 에 엔탈피 변화량($dH = mC_pdT$)을 대입하여 적분한다.

$\displaystyle\int_1^2 dS = \int_1^2 \dfrac{\delta Q}{T}$ 에서 $\displaystyle\int_1^2 dS = \int_1^2 mC_p\dfrac{dT}{T}$

$\displaystyle\int_1^2 dS = mC_p \int_1^2 \dfrac{dT}{T}$ 에서

엔트로피 변화량 $S_2 - S_1 = mC_p \ln\dfrac{T_2}{T_1} = 1 \times C_p \ln\dfrac{2T_1}{T_1} = C_p \ln 2$

답 013. ③ 014. ②

Q 015 질량 유량이 10kg/s인 터빈에서 수증기의 엔탈피가 800kJ/kg 감소한다면 출력은 몇 kW인가? (단, 역학적 손실, 열손실은 모두 무시한다.)

① 80   ② 160
③ 1600   ④ 8000

해설 출력 $W = m \triangle h$ 에서 $W = 10 \times 800 = 8000 \text{kJ/s} = 8000 \text{kW}$

Q 016 이상기체의 압력(P), 체적(V)의 관계식 "$PV^n =$ 일정"에서 가역단열과정을 나타내는 n의 값은? (단, C_p는 정압비열, C_v는 정적비열이다.)

① 0
② 1
③ 정적비열에 대한 정압비열의 비(C_p/C_v)
④ 무한대

해설 $PV^n =$ 일정
- $n = 0$이면 정압과정
- $n = 1$이면 등온과정
- $n = k$이면 가역단열과정(비열비 $k = C_p/C_v$)
- $n = \infty$이면 정적과정

Q 017 다음 중 단열과정과 정적과정만으로 이루어진 사이클(cycle)은?

① Otto cycle   ② Diesel cycle
③ Sabathe cycle   ④ Rankine cycle

해설
- Otto cycle : 2개의 단열과정과 2개의 정적과정으로 이루어진 사이클
- Diesel cycle : 2개의 단열과정과 1개의 정압과정, 1개의 정적과정으로 이루어진 사이클
- Sabathe cycle : 2개의 단열과정과 1개의 정압과정, 1개의 정적과정으로 이루어진 사이클
- Rankine cycle : 2개의 등압과정과 2개의 단열과정으로 이루어진 사이클

Q 018 순수한 물질로 되어 있는 밀폐계가 단열과정 중에 수행한 일의 절대값에 관련된 설명으로 옳은 것은? (단, 운동에너지와 위치에너지의 변화는 무시한다.)

① 엔탈피의 변화량과 같다.   ② 내부 에너지의 변화량과 같다.
③ 단열과정 중의 일은 0이 된다.   ④ 외부로부터 받은 열량과 같다.

답 015. ④ 016. ③ 017. ① 018. ②

해설 단열과정

- 팽창일 $W_{12} = \dfrac{1}{k-1}mR(T_1 - T_2)$
- 엔탈피 변화량 $H_2 - H_1 = \dfrac{k}{k-1}mR(T_2 - T_1)$
- 내부에너지 변화량 $U_2 - U_1 = \dfrac{1}{k-1}mR(T_2 - T_1) = |-W_{12}|$
- 외부로부터 받은 열량 $Q_{12} = 0$

Q 019
Carnot 냉동사이클에서 응축기 온도가 50℃, 증발기 온도가 -20℃이면, 냉동기의 성능계수는 얼마인가?

① 5.26　　② 3.61
③ 2.65　　④ 1.26

해설 냉동기의 성능계수 $COP = \dfrac{T_L}{T_H - T_L}$ 에서 $COP = \dfrac{273 + (-20)}{(273 + 50) - \{273 + (-20)\}} = 3.614$

Q 020
질량이 m이고 한 변의 길이가 a인 정육면체의 밀도가 ρ이면, 질량이 $2m$이고 한 변의 길이가 $2a$인 정육면체의 밀도는?

① ρ　　② $\dfrac{1}{2}\rho$
③ $\dfrac{1}{4}\rho$　　④ $\dfrac{1}{8}\rho$

해설
- 질량이 m이고, 정육면체의 체적 $V=$ 가로×세로×높이에서 $V = a \times a \times a = a^3$ 일 때 밀도 $\rho = \dfrac{m}{V} = \dfrac{m}{a^3}$
- 질량이 $2m$이고, 정육면체의 체적 $V_1 = 2a \times 2a \times 2a = 8a^3$ 일 때 정육면체의 밀도 $\rho_1 = \dfrac{2m}{8a^3} = \dfrac{1}{4}\dfrac{m}{a^3} = \dfrac{1}{4}\rho$

제 2 과목　냉동공학

Q 021
다음 중 신재생에너지와 가장 거리가 먼 것은?

① 지열에너지　　② 태양에너지
③ 풍력에너지　　④ 원자력에너지

해설 신재생에너지 : 지열에너지, 태양광 또는 태양열에너지, 풍력에너지, 수소에너지, 바이오에너지, 폐기물에너지, 연료전지 등

답 019. ②　020. ③　021. ④

022 전자밸브(solenoid valve) 설치 시 주의사항으로 틀린 것은?

① 코일 부분이 상부로 오도록 수직으로 설치한다.
② 전자밸브 직전에 스트레이너를 설치한다.
③ 배관 시 전자밸브에 과대한 하중이 걸리지 않아야 한다.
④ 전자밸브 본체의 유체 방향성에 무관하게 설치한다.

> **해설** 전자밸브 본체의 직전에는 필터가 내장되어 있으므로 유체의 흐름방향에 맞도록 설치해야 한다. 따라서, 필터가 있는 부분이 전자밸브 입구가 된다.

023 냉동창고에 있어서 기둥, 바닥, 벽 등의 철근콘크리트 구조체 외벽에 단열시공을 하는 외부단열 방식에 대한 설명으로 틀린 것은?

① 시공이 용이하다.
② 단열의 내구성이 좋다.
③ 창고 내 벽면에서의 온도 차가 거의 없어 온도가 균일한 벽면을 이룬다.
④ 각층 각실이 구조체로 구획되고 구조체의 내측에 맞추어 각각 단열을 시공하는 방식이다.

> **해설**
> • 외부단열 방식 : 건물 전체를 하나의 연속된 단열층으로 시공하는 방식이다.
> • 내부단열 방식 : 각층 각실이 구조체로 구획되고 구조체의 내측에 맞추어 각각 단열을 시공하는 방식이다.

024 냉각관의 열관류율이 500W/m²·℃이고, 대수평균온도차가 10℃일 때, 100kW의 냉동부하를 처리할 수 있는 냉각관의 면적은?

① 5m²   ② 15m²
③ 20m² ④ 40m²

> **해설** 냉동부하 $Q_e = KA\Delta t_m$ 에서 냉각관의 면적 $A = \dfrac{Q_e}{K\Delta t_m} = \dfrac{100 \times 10^3}{500 \times 10} = 20\text{m}^2$

025 열펌프의 특징에 관한 설명으로 틀린 것은?

① 성적계수가 1보다 작다.
② 하나의 장치로 난방 및 냉방으로 사용할 수 있다.
③ 대기오염이 적고 설치공간을 절약할 수 있다.
④ 증발온도가 높고 응축온도가 낮을수록 성적계수가 커진다.

답 022.④ 023.④ 024.③ 025.①

해설

열펌프 성적계수 $COP_{HP} = \dfrac{T_H}{T_H - T_L} = COP_R + 1$

여기서, T_H : 고온, T_L : 저온, COP_R : 냉동기 성적계수이다.

∴ 열펌프 성적계수는 항상 1보다 크고 냉동기 성적계수에 1을 더한 값이다.

Q 026 다음 카르노 사이클의 P-V 선도를 T-S 선도로 바르게 나타낸 것은?

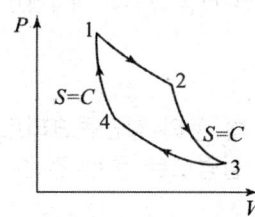

①
②
③
④

해설
- 1→2 : 등온과정으로서 $T_1 = T_2$이다.
- 2→3 : 단열과정으로서 $S_2 = S_3$이다.
- 3→4 : 등온과정으로서 $T_3 = T_4$이다.
- 4→1 : 단열과정으로서 $S_4 = S_1$이다.

Q 027 냉동장치에서 증발온도를 일정하게 하고 응축온도를 높일 때 나타나는 현상으로 옳은 것은?

① 성적계수 증가
② 압축일량 감소
③ 토출가스온도 감소
④ 플래쉬가스 발생량 증가

해설 증발온도를 일정하게 하고 응축온도를 높일 때 냉동기에 나타나는 현상
- 압축비 상승으로 압축일량이 증가한다.
- 압축 후의 토출가스 온도가 상승한다.
- 플래쉬가스 발생량이 증가한다.
- 냉동효과가 감소한다.
- 성적계수(냉동효과/압축일량)가 감소한다.

답 026. ④ 027. ④

Q 028. 식품의 평균 초온이 0℃일 때 이것을 동결하여 온도중심점을 -15℃까지 내리는데 걸리는 시간을 나타내는 것은?

① 유효동결시간
② 유효냉각시간
③ 공칭동결시간
④ 시간상수

해설 공칭동결시간이란 평균 초온이 0℃인 식품을 동결하여 온도중심점을 -15℃까지 내리는데 소요되는 시간이다.

Q 029. 압축기의 구조와 작용에 대한 설명으로 옳은 것은?

① 다기통 압축기의 실린더 상부에 안전두(safety head)가 있으면 액압축이 일어나도 실린더 내 압력의 과도한 상승을 막기 때문에 어떠한 액압축에도 압축기를 보호한다.
② 입형 암모니아 압축기는 실린더를 워터쟈켓에 의해 냉각하고 있는 것이 보통이다.
③ 압축기를 방진고무로 지지할 경우 시동 및 정지 때 진동이 적어 접속 연결배관에는 플렉시블 튜브 등을 설치할 필요가 없다.
④ 압축기를 용적식과 원심식으로 분류하면 왕복동 압축기는 용적식이고 스크류식 압축기는 원심식이다.

해설 암모니아 냉매는 비열비가 커서 압축 후 토출가스 온도가 높다. 토출가스와 실린더의 열전달로 인하여 실린더가 과열되고 윤활유가 열화되거나 탄화되어 압축기의 성능이 저하된다. 따라서, 입형 암모니아 압축기는 실린더를 냉각시키기 위해 워터쟈켓(수냉식)을 설치한다.

Q 030. 시간당 2000kg의 30℃ 물을 -10℃의 얼음으로 만드는 능력을 가진 냉동장치가 있다. 조건이 아래와 같을 때, 이 냉동장치 압축기의 소요동력은? (단, 열손실은 무시한다.)

응축기 냉각수	입구온도	32℃
	출구온도	37℃
	유량	60m³/h
물의 비열		1kcal/kg·℃
얼음	응고잠열	80kcal/kg
	비열	0.5kcal/kg·℃

① 71kW
② 76kW
③ 78kW
④ 81kW

답 028. ③ 029. ② 030. ④

해설 ① 냉동능력
- 30℃ 물을 0℃ 물로 만들 때 필요한 열량
  $q_{s1} = GC\Delta t$에서 $q_{s1} = 2000 \times 1 \times (30-0) = 60000 \text{kcal/h}$
- 0℃ 물을 0℃ 얼음으로 만들 때 필요한 열량
  $q_{L2} = G\gamma$에서 $q_{L2} = 2000 \times 80 = 160000 \text{kcal/h}$
- 0℃ 얼음을 −10℃ 얼음으로 만들 때 필요한 열량
  $q_{s3} = GC\Delta t$에서 $q_{s3} = 2000 \times 0.5 \times \{0-(-10)\} = 10000 \text{kcal/h}$
- ∴ 냉동능력 $Q_e = q_{s1} + q_{L2} + q_{s3}$에서 $Q_e = 60000 + 160000 + 10000 = 230000 \text{kcal/h}$

② 냉각수의 질량 유량 $G = \rho Q$에서 $G = 1000 \times 60 = 60000 \text{kg/h}$
③ 응축기 방열량 $Q_c = GC\Delta t$에서 $Q_c = 60000 \times 1 \times (37-32) = 300000 \text{kcal/h}$
④ 압축기 소요동력 $L = Q_c - Q_e$에서 $L = 300000 - 230000 = 70000 \text{kcal/h}$
  동력 1kW=860kcal/h이므로 $L = \dfrac{70000}{860} = 81.4 \text{kW}$

Q 031 냉매의 구비조건으로 틀린 것은?

① 임계온도가 낮을 것 ② 응고점이 낮을 것
③ 액체비열이 작을 것 ④ 비열비가 작을 것

해설 냉매는 임계온도가 높고 응고점이 낮아야 한다.

Q 032 팽창밸브 중에서 과열도를 검출하여 냉매유량을 제어하는 것은?

① 정압식 자동팽창밸브 ② 수동팽창밸브
③ 온도식 자동팽창밸브 ④ 모세관

해설 온도식 자동팽창밸브는 증발기 출구의 과열도에 의해 작동된다. 과열도가 크게 되면 밸브가 열리고, 과열도가 작으면 밸브가 닫힌다.

Q 033 R-22를 사용하는 냉동장치에 R-134a를 사용하려 할 때, 다음 장치의 운전 시 유의사항으로 틀린 것은?

① 냉매의 능력이 변하므로 전동기 용량이 충분한지 확인한다.
② 응축기, 증발기 용량이 충분한지 확인한다.
③ 가스켓, 시일 등의 패킹 선정에 유의해야 한다.
④ 동일 탄화수소계 냉매이므로 그대로 운전할 수 있다.

해설 냉매마다 물리적·화학적 특성이 다르기 때문에 R-22를 사용하는 냉동장치에 R-134a를 사용할 경우 그대로 운전할 수 없으며 냉동기의 용량이 충분한지 확인해야 한다.

답 031. ① 032. ③ 033. ④

Q 034. 흡수식 냉동장치에 관한 설명으로 틀린 것은?

① 흡수식 냉동장치는 냉매가스가 용매에 용해하는 비율이 온도, 압력에 따라 현저하게 다른 것을 이용한 것이다.
② 흡수식 냉동장치는 기계압축식과 마찬가지로 증발기와 응축기를 가지고 있다.
③ 흡수식 냉동장치는 기계적인 일 대신에 열에너지를 사용하는 것이다.
④ 흡수식 냉동장치는 흡수기, 압축기, 응축기 및 증발기인 4개의 열교환기로 구성되어 있다.

해설 흡수식 냉동장치는 압축기가 없으며 증발기, 흡수식, 발생기, 응축기, 열교환기로 구성되어 있다.

Q 035. 펠티에(Feltier) 효과를 이용하는 냉동방법에 대한 설명으로 틀린 것은?

① 펠티에 효과를 냉동에 이용한 것이 전자냉동 또는 열전기식 냉동법이다.
② 펠티에 효과를 냉동법으로 실용화에 어려운 점이 많았으나 반도체 기술이 발달하면서 실용화되었다.
③ 이 냉동방법을 이용한 것으로는 휴대용 냉장고, 가정용 특수 냉장고, 물냉각기, 핵 잠수함 내의 냉난방장치이다.
④ 증기 압축식 냉동장치와 마찬가지로 압축기, 응축기, 증발기 등을 이용한 것이다.

해설 펠티에 효과를 이용한 냉동기를 전자(열전기식)냉동기라 하며 전자냉동기는 n형 반도체에서 p형 반도체로 전류가 흐르는 접합부에서 흡열하고, p형 반도체에서 n형 반도체로 전류가 흐르는 접합부에서 발열된다. 증기 압축식 냉동장치와 비교하면 증발기에 해당하는 것이 흡열접합부, 응축기에 해당하는 것이 발열접합부, 압축기에 해당하는 것이 직류전원이다.

Q 036. 증발압력이 너무 낮은 원인으로 가장 거리가 먼 것은?

① 냉매가 과다하다.
② 팽창밸브가 너무 조여 있다.
③ 팽창밸브에 스케일이 쌓여 빙결하고 있다.
④ 증발압력 조절밸브의 조정이 불량하다.

해설 냉동장치 내에 냉매가 과다하면 응축압력이 높아진다.

답 034. ④ 035. ④ 036. ①

037 가로 및 세로가 각 2m이고, 두께가 20cm, 열전도율이 0.2W/m·℃인 벽체로부터의 열통과량은 50W이었다. 한쪽 벽면의 온도가 30℃일 때 반대 쪽 벽면의 온도는?

① 87.5℃ ② 62.5℃
③ 50.5℃ ④ 42.5℃

해설 열전도열량 $q = \dfrac{\lambda}{l} A(t_2 - t_1)$에서

반대 쪽 벽면의 온도 $t_2 = t_1 + \dfrac{ql}{\lambda A} = 30 + \dfrac{50 \times 0.2}{0.2 \times (2 \times 2)} = 42.5℃$

038 냉각수 입구온도 30℃, 냉각수량 1000L/min이고, 응축기의 전열면적이 8m², 총괄열전달계수 6000kcal/m²·h·℃일 때 대수평균온도차 6.5℃로 하면 냉각수 출구온도는?

① 26.7℃ ② 30.9℃
③ 32.6℃ ④ 35.2℃

해설 응축기 방열량 $Q_c = KA\Delta t_m = GC(t_{w2} - t_{w1})$에서

냉각수 출구온도 $t_{w2} = t_{w1} + \dfrac{KA\Delta t_m}{GC} = 30 + \dfrac{6000 \times 8 \times 6.5}{(1000 \times 60) \times 1} = 35.2℃$

039 다음 액체냉각용 증발기와 가장 거리가 먼 것은?

① 만액식 쉘엔 튜브식 ② 핀 코일식 증발기
③ 건식 쉘엔 튜브식 ④ 보데로 증발기

해설 공기냉각용 증발기에는 관 코일식 증발기, 핀 튜브(코일)식 증발기, 플레이트식 증발기, 멀티피드 멀티섹션 증발기, 캐스케이드 증발기가 있다.

040 윤활유의 구비조건으로 틀린 것은?

① 저온에서 왁스가 분리될 것
② 전기 절연내력이 클 것
③ 응고점이 낮을 것
④ 인화점이 높을 것

해설 윤활유는 왁스성분이 적어야 하며 저온에서 왁스가 분리되지 않을 것

답 037. ④ 038. ④ 039. ② 040. ①

제 3 과목 공기조화

041 유인 유닛방식에 관한 설명으로 틀린 것은?
① 각 실 제어를 쉽게 할 수 있다.
② 유닛에는 가동부분이 없이 수명이 길다.
③ 덕트 스페이스를 작게 할 수 있다.
④ 송풍량이 비교적 커 외기냉방 효과가 크다.

해설 유인 유닛 방식은 공기-수방식으로서 전공기방식에 비해 송풍량이 작아 외기냉방 효과가 작다.

042 덕트 내의 풍속이 8m/s이고 정압이 200Pa일 때, 전압은? (단, 공기밀도는 1.2kg/m³이다.)
① 219.3Pa   ② 218.4Pa
③ 239.3Pa   ④ 238.4Pa

해설 전압 $P_t = P_s + P_v = P_s + \frac{V^2}{2}\rho$ 에서 $P_t = 200 + \frac{8^2}{2} \times 1.2 = 238.4 Pa$

043 다음 중 전공기방식이 아닌 것은?
① 이중 덕트 방식   ② 단일 덕트 방식
③ 멀티존 유닛 방식   ④ 유인 유닛 방식

해설
• 전공기방식 : 단일 덕트 방식, 이중 덕트 방식, 멀티 존 유닛 방식, 각층 유닛 방식
• 공기-수방식 : 유인 유닛 방식, 덕트병용 팬코일 유닛 방식, 복사 냉난방 방식

044 습공기의 상태 변화에 관한 설명으로 틀린 것은?
① 습공기를 냉각하면 건구온도와 습구온도가 감소한다.
② 습공기를 냉각·가습하면 상대습도와 절대습도가 증가한다.
③ 습공기를 등온감습하면 노점온도와 비체적이 감소한다.
④ 습공기를 가열하면 습구온도와 상대습도가 증가한다.

해설 습공기를 가열하면 건구온도, 습구온도, 비체적, 엔탈피는 증가하고, 상대습도는 감소하며 절대습도는 변화가 없다.

답 041. ④ 042. ④ 043. ④ 044. ④

Q 045. 온수난방에서 온수의 순환방식과 가장 거리가 먼 것은?
① 중력순환 방식 ② 강제순환 방식
③ 역귀환 방식 ④ 진공환수 방식

해설 진공환수 방식은 증기난방에서 응축수 환수방식에 속한다.

Q 046. 공기정화를 위해 설치한 프리필터 효율을 η_p, 메인필터 효율을 η_m이라 할 때 종합효율을 바르게 나타낸 것은?
① $\eta_T = 1-(1-\eta_p)(1-\eta_m)$
② $\eta_T = 1-(1-\eta_p)/(1-\eta_m)$
③ $\eta_T = 1-(1-\eta_p) \cdot \eta_m$
④ $\eta_T = 1-\eta_p \cdot (1-\eta_m)$

Q 047. 정풍량 단일덕트 방식에 관한 설명으로 옳은 것은?
① 실내부하가 감소될 경우에 송풍량을 줄여도 실내공기의 오염이 적다.
② 가변풍량방식에 비하여 송풍기 동력이 커져서 에너지 소비가 증대한다.
③ 각 실이나 존의 부하변동이 서로 다른 건물에서도 온·습도의 불균형이 생기지 않는다.
④ 송풍량과 환기량을 크게 계획할 수 없으며, 외기도입이 어려워 외기냉방을 할 수 없다.

해설 정풍량 단일덕트 방식은 송풍량을 일정하게 하고 송풍온도를 조절하여 공급하는 방식이다.
- 실내부하가 감소될 경우 송풍량을 줄이면 실내공기의 오염이 크다.
- 가변풍량방식에 비하여 송풍기 동력이 커져서 에너지 소비가 증대한다.
- 각 실이나 존의 부하변동이 서로 다른 건물에는 온·습도의 불균형이 발생한다.
- 외기도입이 쉬워 외기냉방이 용이하다.

Q 048. 다음 중 정압의 상승분을 다음 구간 덕트의 압력손실에 이용하도록 한 덕트 설계법은?
① 정압법 ② 등속법
③ 등온법 ④ 정압 재취득법

해설 덕트 설계법
- 등마찰손실법 : 단위길이당 압력손실을 일정한 것으로 간주하여 덕트의 치수를 결정한다.
- 정압 재취득법 : 주덕트에서 말단 또는 분기부로 갈수록 풍속이 감소함에 따라 동압의 차만큼 정압이 상승하며 이것을 덕트의 압력손실에 재이용한다.
- 등속도법 : 덕트의 주관이나 분기관의 풍속을 임의의 값으로 선정하여 각 부분의 풍속을 일정하게 한다.

답 045. ④ 046. ① 047. ② 048. ④

Q 049 아래 습공기 선도에 나타낸 과정과 일치하는 장치도는?

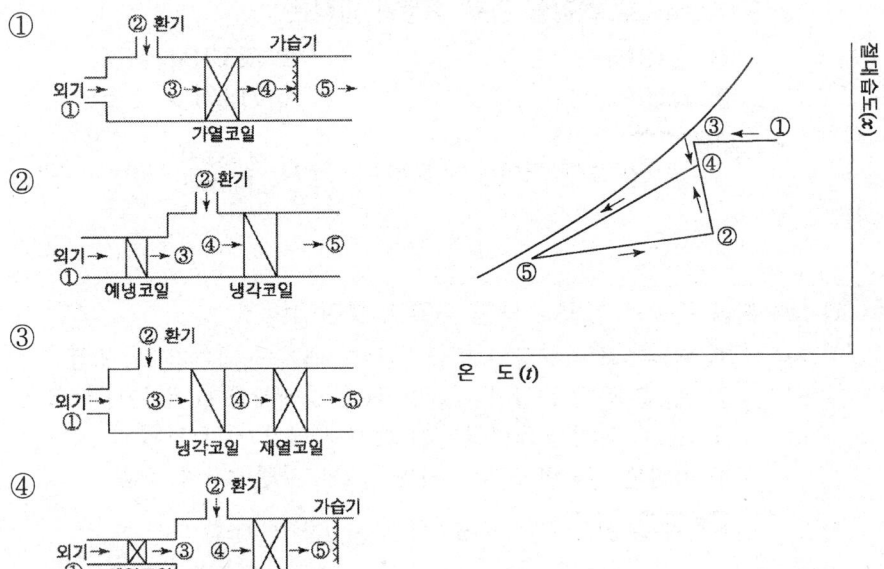

해설 습공기 선도에서 나타난 장치도
- ① – ③ : 냉각감습과정으로서 외기공기가 예냉코일을 통과하면 건구온도가 낮아지고 상대습도가 높아진다.
- ② : 실내 환기공기의 상태점이다.
- ④ : 예냉코일을 통과한 공기와 실내 환기공기를 혼합한 공기의 상태점이다.
- ④ – ⑤ : 냉각감습과정으로서 혼합공기가 냉각코일 통과하면 건구온도가 낮아지고 상대습도가 높아진다.

Q 050 보일러의 집진장치 중 사이클론 집진기에 대한 설명으로 옳은 것은?

① 연료유에 적정량의 물을 첨가하여 연소시킴으로써 완전연소를 촉진시키는 방법
② 배기가스에 분무수를 접촉시켜 공해물질을 흡수, 용해, 응축작용에 의해 제거하는 방법
③ 연소가스에 고압의 직류전기를 방전하여 가스를 이온화시켜 가스 중 미립자를 집진시키는 방법
④ 배기가스를 동심원통의 접선방향으로 선회시켜 입자를 원심력에 의해 분리배출하는 방법

해설 사이클론식 집진기는 원심력 집진장치로서 배기가스를 동심원통의 접선방향으로 선회시켜 입자를 원심력에 의해 분리배출하는 방법이다.

답 049.② 050.④

Q 051
송풍기의 회전수가 1500rpm인 송풍기의 압력이 300Pa이다. 송풍기 회전수를 2000rpm으로 변경할 경우 송풍기 압력은?

① 423.3Pa
② 533.3Pa
③ 623.5Pa
④ 713.3Pa

해설 송풍기 상사법칙에서 압력 $P_2 = \left(\dfrac{N_2}{N_1}\right)^2 P_1 = \left(\dfrac{2000}{1500}\right)^2 \times 300 = 533.3\,\text{Pa}$

Q 052
환기 종류와 방법에 대한 연결로 틀린 것은?

① 제1종 환기 : 급기팬(급기기)과 배기팬(배기기)의 조합
② 제2종 환기 : 급기팬(급기기)과 강제배기팬(배기기)의 조합
③ 제3종 환기 : 자연급기와 배기팬(배기기)의 조합
④ 자연환기(중력환기) : 자연급기와 자연배기의 조합

해설 제2종 환기 : 급기팬(급기기)과 자연배기의 조합

Q 053
다음 공조방식 중 냉매방식이 아닌 것은?

① 패키지방식
② 팬코일 유닛 방식
③ 룸 쿨러 방식
④ 멀티유닛 방식

해설 팬코일 유닛 방식은 중앙방식 중에서 전수방식이다.

Q 054
두께 20mm, 열전도율 40W/m·K인 강판에 전달되는 두 면의 온도차가 각각 200℃, 50℃일 때, 전열면 1m²당 전달되는 열량은?

① 125kW
② 200kW
③ 300kW
④ 420kW

해설
- 강판의 두 면의 온도 $t_1 = 273 + 50 = 323\,\text{K}$, $t_2 = 273 + 200 = 473\,\text{K}$
- 1m²당 열전도열량 $\dfrac{q}{A} = \dfrac{\lambda}{l}\Delta t$에서

$$\dfrac{q}{A} = \dfrac{40}{0.02} \times (473 - 323) = 300000\,\text{W} = 300\,\text{kW}$$

답 051. ② 052. ② 053. ② 054. ③

Q.055 온수의 물을 에어와셔 내에서 분무시킬 때 공기의 상태 변화는?
① 절대습도 강하
② 건구온도 상승
③ 건구온도 강하
④ 습구온도 일정

해설 에어와셔 내에서 온수로 분무 가습할 경우 건구온도가 낮아지고 절대습도와 상대습도는 상승한다.

Q.056 보일러의 수위를 제어하는 주된 목적으로 가장 적절한 것은?
① 보일러의 급수장치가 동결되지 않도록 하기 위하여
② 보일러의 연료공급이 잘 이루어지도록 하기 위하여
③ 보일러가 과열로 인해 손상되지 않도록 하기 위하여
④ 보일러에서의 출력을 부하에 따라 조절하기 위하여

해설 보일러 수위를 제어하는 목적
- 저수위 시 보일러가 과열로 인해 손상되지 않도록 하기 위하여
- 고수위 시 보일러 수의 예열시간이 길어 연료소모량이 많아지고, 보일러의 열효율이 낮아지는 것을 방지하기 위하여

Q.057 온수난방에 대한 설명으로 틀린 것은?
① 온수의 체적팽창을 고려하여 팽창탱크를 설치한다.
② 보일러가 정지하여도 실내온도의 급격한 강하가 적다.
③ 밀폐식일 경우 배관의 부식이 많아 수명이 짧다.
④ 방열기에 공급되는 온수 온도와 유량 조절이 용이하다.

해설 온수난방에서 밀폐식보다 개방식일 경우 부식이 많아 수명이 짧아진다.

Q.058 온도 32℃, 상대습도 60%인 습공기 150kg과 온도 15℃, 상대습도 80%인 습공기 50kg을 혼합했을 때 혼합공기의 상태를 나타낸 것으로 옳은 것은?
① 온도 20.15℃, 절대습도 0.0158인 공기
② 온도 20.15℃, 절대습도 0.0134인 공기
③ 온도 27.75℃, 절대습도 0.0134인 공기
④ 온도 27.75℃, 절대습도 0.0158인 공기

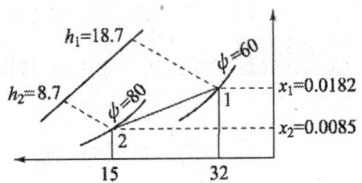

답 055.③ 056.③ 057.③ 058.④

해설
- 혼합 온도 $t_3 = \dfrac{G_1 t_1 + G_2 t_2}{G_1 + G_2}$ 에서 $t_3 = \dfrac{150 \times 32 + 50 \times 15}{150 + 50} = 27.75℃$
- 혼합 절대습도 $x_3 = \dfrac{G_1 x_1 + G_2 x_2}{G_1 + G_2}$ 에서 $x_3 = \dfrac{150 \times 0.0182 + 50 \times 0.0085}{150 + 50} = 0.0158$

059 공기냉각용 냉수코일의 설계 시 주의사항으로 틀린 것은?

① 코일을 통과하는 공기의 풍속은 2~3m/s로 한다.
② 코일 내 물의 속도는 5m/s 이상으로 한다.
③ 물과 공기의 흐름방향은 역류가 되게 한다.
④ 코일의 설치는 관이 수평으로 놓이게 한다.

해설 코일 내 물의 속도는 1m/s 전·후로 한다.

060 습공기의 습도 표시 방법에 대한 설명으로 틀린 것은?

① 절대습도는 건공기 중에 포함된 수증기량을 나타낸다.
② 수증기분압은 절대습도에 반비례 관계가 있다.
③ 상대습도는 습공기의 수증기 분압과 포화공기의 수증기 분압과의 비로 나타낸다.
④ 비교습도는 습공기의 절대습도와 포화공기의 절대습도와의 비로 나타낸다.

해설 절대습도 $x = 0.622 \times \dfrac{P_w}{P - P_w}$ (kg/kg′)

여기서, P_w : 수증기분압, P : 대기압이다.

∴ 수증기분압은 절대습도에 비례하므로 수증기분압이 높게 되면 절대습도는 증가한다.

제 4 과목 전기제어공학

061 다음의 제어기기에서 압력을 변위로 변환하는 변환요소가 아닌 것은?

① 스프링
② 벨로우즈
③ 다이어프램
④ 노즐플래퍼

해설 노즐플래퍼는 변위를 압력으로 변환하는 변환요소이다.

답 059. ② 060. ② 061. ④

Q 062 주파수 응답에 필요한 입력은?

① 계단 입력 ② 램프 입력
③ 임펄스 입력 ④ 정현파 입력

해설 주파수 응답이란 제어계에서 신호의 전달요소에 정현파 입력을 가했을 때, 그 정상 상태에서 응답 출력을 주파수 관계로 나타낸 것이다. 동작 신호와 조작량의 관계가 선형일 때 출력 신호도 정현파가 된다.

Q 063 변압기 절연내력시험이 아닌 것은?

① 가압시험 ② 유도시험
③ 절연저항시험 ④ 충격전압시험

해설 변압기의 절연내력시험에는 변압기유의 절연파괴 전압시험, 가압시험, 유도시험, 충격전압시험이 있다.

Q 064 자기장의 세기에 대한 설명으로 틀린 것은?

① 단위 길이당 기자력과 같다.
② 수직단면의 자력선 밀도와 같다.
③ 단위자극에 작용하는 힘과 같다.
④ 자속밀도에 투자율을 곱한 것과 같다.

해설 자기장의 세기 $H = \dfrac{B}{\mu}(\text{A}\cdot\text{m})$

여기서, $B(\text{Wb/m}^2)$: 자속밀도, $\mu(\text{Wb/A}\cdot\text{m})$: 투자율이다.

Q 065 변압기유로 사용되는 절연유에 요구되는 특성으로 틀린 것은?

① 점도가 클 것 ② 인화점이 높을 것
③ 응고점이 낮을 것 ④ 절연내력이 클 것

해설 변압기유의 구비조건
- 인화점이 높을 것
- 응고점이 낮을 것
- 절연내력이 클 것
- 비열이 크고 냉각효과가 클 것

Q 066 200V, 2kW 전열기에서 전열선의 길이를 $\dfrac{1}{2}$로 할 경우 소비전력은 몇 kW인가?

① 1 ② 2
③ 3 ④ 4

답 062.④ 063.③ 064.④ 065.① 066.④

해설
- 소비전력 $P = IV = \dfrac{V^2}{R}$ 에서 저항 $R = \dfrac{V^2}{P} = \dfrac{200^2}{2000} = 20\,\Omega$
- 저항 $R = \rho \dfrac{l}{A}$ 에서 저항은 전열선의 길이에 비례한다.
  여기서 ρ는 고유저항, l은 전열선의 길이, A는 전열선의 단면적이다.
  저항 $R_1 = \dfrac{1}{2} \times 20 = 10\,\Omega$
- 소비전력 $P = \dfrac{V^2}{R_1} = \dfrac{200^2}{10} = 4000\,\text{W} = 4\,\text{kW}$

067. 배율기(multiplier)의 설명으로 틀린 것은?

① 전압계와 병렬로 접속한다.
② 전압계의 측정범위가 확대된다.
③ 저항에 생기는 전압강하원리를 이용한다.
④ 배율기의 저항은 전압계 내부 저항보다 크다.

해설 배율기는 전압계의 측정 범위를 확대하기 위하여 사용하며 전압계와 직렬로 접속한다.

068. 유도전동기를 유도발전기로 동작시켜 그 발생전력을 전원으로 반환하여 제동하는 유도전동기 제동방식은?

① 발전제동
② 역상제동
③ 단상제동
④ 회생제동

해설 회생제동이란 유도전동기를 전원에 연결시킨 상태로 동기속도 이상의 속도에서 운전하여 유도발전기로 동작시켜 그 발생전력을 전원으로 반환시켜 제동하는 방법이다.

069. 그림과 같은 논리회로의 출력 X_0에 해당하는 것은?

① $(ABC) + (DEF)$
② $(ABC) + (D+E+F)$
③ $(A+B+C)(D+E+F)$
④ $(A+B+C) + (D+E+F)$

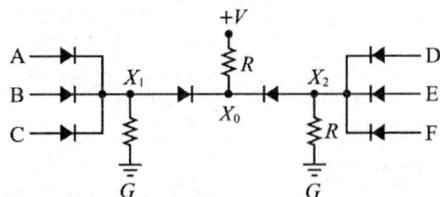

해설 다이오드 방향이 출력방향으로 설치되어 있으므로 OR회로이다.
출력 $X_0 = (A+B+C) + (D+E+F)$

답 067. ① 068. ④ 069. ④

Q 070 전압을 V, 전류를 I, 저항을 R, 그리고 도체의 비저항을 ρ라 할 때 옴의 법칙을 나타낸 식은?

① $V = \dfrac{R}{I}$ ② $V = \dfrac{I}{R}$

③ $V = IR$ ④ $V = IR\rho$

해설 옴의 법칙에서 전압 $V = IR$이다.

Q 071 SCR에 관한 설명 중 틀린 것은?

① PNPN소자이다.
② 스위칭 소자이다.
③ 양방향성 사이리스터이다.
④ 직류나 교류의 전력제어용으로 사용된다.

해설 SCR은 실리콘제어정류소자로서 PNPN의 4층 구조로 되어 있으며 단방향성 사이리스터이다.

Q 072 동작신호에 따라 제어 대상을 제어하기 위하여 조작량으로 변환하는 장치는?

① 제어요소 ② 외란요소
③ 피드백요소 ④ 기준입력요소

해설 제어요소는 조절부와 조작부로 구성되어 있으며 동작신호를 조작량으로 변환시키는 요소이다.

Q 073 역률 0.85, 전류 50A, 유효전력 28kW인 3상 평형부하의 전압은 약 몇 V인가?

① 300 ② 380
③ 476 ④ 660

해설 3상 평형부하의 유효전력 $P = \sqrt{3}\,IV\cos\theta$에서

전압 $V = \dfrac{P}{\sqrt{3}\,I\cos\theta} = \dfrac{28 \times 10^3}{\sqrt{3} \times 50 \times 0.85} = 380.4\text{V}$

Q 074 제어기의 설명 중 틀린 것은?

① P 제어기 : 잔류편차 발생 ② I 제어기 : 잔류편차 소멸
③ D 제어기 : 오차예측제어 ④ PD 제어기 : 응답속도 지연

답 070. ③ 071. ③ 072. ① 073. ② 074. ④

해설 PD(비례미분) 제어기는 정상편차는 존재하나 응답 속응성을 개선한다.

075
$G(j\omega) = e^{-j\omega 0.4}$일 때 $\omega = 2.5$rad/sec에서의 위상각은 약 몇 도인가?

① -28.6
② -42.9
③ -57.3
④ -71.5

해설
- $G(j\omega) = e^{-j\omega L}$에서 $G(j\omega) = e^{-j\omega 0.4}$이므로 $L = 0.4$sec
- 각속도 $\omega = 2.5$rad/sec이므로

$$\angle G(j\omega) = \tan^{-1}\left(\frac{-\sin\omega L}{\cos\omega L}\right) = -\omega L$$에서 $\angle G(j\omega) = -2.5 \times 0.4 = -1$rad

∴ $\text{rad} = \frac{\pi}{180} \times \theta$에서 위상각 $\theta = \frac{180° \times \text{rad}}{\pi} = \frac{180° \times (-1\text{rad})}{\pi} = -57.3°$

076
그림의 블록 선도에서 $C(s)/R(s)$를 구하면?

① $\dfrac{G_1 G_2}{1 + G_1 G_2 G_3 G_4}$

② $\dfrac{G_3 G_4}{1 + G_1 G_2 G_3 G_4}$

③ $\dfrac{G_1 + G_2}{1 + G_1 G_2 + G_3 G_4}$

④ $\dfrac{G_1 G_2}{1 + G_1 G_2 + G_3 G_4}$

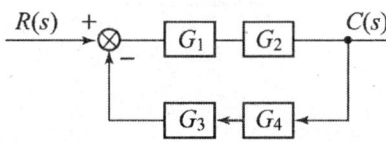

해설 출력 $C(s) = G_1 G_2 R(s) - G_1 G_2 G_3 G_4 C(s)$
$C(s) + G_1 G_2 G_3 G_4 C(s) = G_1 G_2 R(s)$
$(1 + G_1 G_2 G_3 G_4) C(s) = G_1 G_2 R(s)$
전달함수 $G(s) = \dfrac{C(s)}{R(s)} = \dfrac{G_1 G_2}{1 + G_1 G_2 G_3 G_4}$

077
역률에 관한 다음 설명 중 틀린 것은?

① 역률은 $\sqrt{1-(무효율)^2}$로 계산할 수 있다.
② 역률을 이용하여 교류전력의 효율을 알 수 있다.
③ 역률이 클수록 유효전력보다 무효전력이 커진다.
④ 교류회로의 전압과 전류의 위상차에 코사인(cos)을 취한 값이다.

해설
- 유효전력 $P = IV\cos\theta$ (W)
- 무효전력 $P_r = IV\sin\theta$ (Var)
  여기서, I : 전류, V : 전압, $\cos\theta$: 역률, $\sin\theta$: 무효율이다.
∴ 삼각함수 $\cos^2\theta + \sin^2\theta = 1$이므로 역률($\cos\theta$)이 커지면 무효율($\sin\theta$)은 작아진다. 따라서, 역률이 클수록 유효전력이 커진다.

답 075. ③ 076. ① 077. ③

Q 078 PLC(Programmable Logic Controller)의 출력부에 설치하는 것이 아닌 것은?
① 전자개폐기　　　　② 열동계전기
③ 시그널램프　　　　④ 솔레노이드밸브

해설 PLC의 출력부
- 표시 및 경보 출력 : 시그널램프, 파일럿램프, 부저
- 구동출력 : 전자개폐기, 솔레노이드밸브(전자밸브), 전자클러치, 전자브레이크

Q 079 자동제어계의 출력신호를 무엇이라고 하는가?
① 조작량　　　　② 목표값
③ 제어량　　　　④ 동작신호

해설 제어량이란 제어대상에서 제어된 출력신호이다.

Q 080 유도전동기의 속도제어 방법이 아닌 것은?
① 극수변환법　　　　② 역률제어법
③ 2차 여자제어법　　④ 전원전압제어법

해설 유도전동기의 속도제어 방법
- 극수변환법
- 2차 여자제어법
- 주파수제어법(전원전압제어법)
- 종속접속법

제 5 과목　배관일반

Q 081 배관에서 금속의 산화부식 방지법 중 칼로라이징(calorizing)법이란?
① 크롬(Cr)을 분말상태로 배관외부에 침투시키는 방법
② 규소(Si)를 분말상태로 배관외부에 침투시키는 방법
③ 알루미늄(Al)을 분말상태로 배관외부에 침투시키는 방법
④ 구리(Cu)를 분말상태로 배관외부에 침투시키는 방법

해설 금속 침투법
- 칼로라이징 : 배관외부에 알루미늄(Al)을 침투
- 크로마이징 : 배관외부에 크롬(Cr)을 침투
- 실리코나이징 : 배관외부에 규소(Si)를 침투

답 078. ②　079. ③　080. ②　081. ③

Q 082. 고압 배관용 탄소 강관에 대한 설명으로 틀린 것은?

① 9.8MPa 이상에 사용하는 고압용 강관이다.
② KS 규격 기호로 SPPH라고 표시한다.
③ 치수는 호칭지름×호칭두께(Sch No)×바깥지름으로 표시하며, 림드강을 사용하여 만든다.
④ 350℃ 이하에서 내연기관용 연료분사관, 화학공업의 고압배관용으로 사용된다.

해설 고압 배관용 탄소 강관은 킬드강을 사용하여 이음매 없이 제조한다.

Q 083. 강관의 용접 접합법으로 적합하지 않은 것은?

① 맞대기용접　　② 슬리브용접
③ 플랜지용접　　④ 플라스턴용접

해설 플라스턴용접은 비교적 용융점이 낮은 플라스턴 합금에 의한 접합방법으로서 연관을 접합하는 방법이다.

Q 084. 급수방법 중 압력탱크 방식의 특징으로 틀린 것은?

① 높은 곳에 탱크를 설치할 필요가 없으므로 건축물의 구조를 강화할 필요가 없다.
② 탱크의 설치위치에 제한을 받지 않는다.
③ 조작상 최고, 최저의 압력차가 없으므로 급수압이 일정하다.
④ 옥상탱크에 비해 펌프의 양정이 길어야 하므로 시설비가 많이 든다.

해설 압력탱크 방식은 조작상 최고, 최저의 압력차가 크므로 급수압이 일정하지 않다.

Q 085. 급탕배관 시 주의사항으로 틀린 것은?

① 구배는 중력순환식인 경우 $\frac{1}{150}$, 강제순환식에서는 $\frac{1}{200}$로 한다.
② 배관의 굽힘 부분에는 스위블 이음으로 접합한다.
③ 상향배관인 경우 급탕관은 하향구배로 한다.
④ 플랜지에 사용되는 패킹은 내열성재료를 사용한다.

해설 급탕배관의 구배
- 상향공급식의 경우 급탕관은 상향(올림)구배, 반탕관은 하향(내림)구배로 한다.
- 하향공급식의 경우 급탕관과 반탕관 모두 하향(내림)구배로 한다.

답 082. ③　083. ④　084. ③　085. ③

086 가스 사용시설의 배관설비 기준에 대한 설명으로 틀린 것은?

① 배관의 재료와 두께는 사용하는 도시가스의 종류, 온도, 압력에 적절한 것일 것
② 배관을 지하에 매설하는 경우에는 지면으로부터 0.6m 이상의 거리를 유지할 것
③ 배관은 누출된 도시가스가 체류되지 않고 부식의 우려가 없도록 안전하게 설치할 것
④ 배관은 움직이지 않도록 고정하되 호칭지름이 13mm 미만의 것에는 2m마다, 33mm 이상의 것에는 5m마다 고정장치를 할 것

해설 배관의 호칭지름이 13mm 미만의 것은 1m마다, 13mm 이상 33mm 미만의 것은 2m마다, 33mm 이상의 것은 3m마다 고정조치를 할 것

087 통기관의 종류에서 최상부의 배수 수평관이 배수 수직관에 접속된 위치보다도 더욱 위로 배수 수직관을 끌어 올려 대기 중에 개구하여 사용하는 통기관은?

① 각개 통기관　② 루프 통기관
③ 신정 통기관　④ 도피 통기관

해설 신정통기관은 배수 수직관을 끌어 올려 대기 중에 개구하여 사용하는 통기관으로서 지붕이나 옥상을 관통하는 통기관은 지붕면보다 150mm 이상 올려 대기 중에 개구한다.

088 통기관의 설치 목적으로 가장 적절한 것은?

① 배수의 유속을 조절한다.　② 배수 트랩의 봉수를 보호한다.
③ 배수관 내의 진공을 완화한다.　④ 배수관 내의 청결도를 유지한다.

해설 통기관은 배수 트랩의 봉수를 보호하고, 배수관 내의 압력을 일정하게 유지하여 배수의 흐름을 원활하게 한다.

089 염화비닐관의 특징에 관한 설명으로 틀린 것은?

① 내식성이 우수하다.　② 열팽창률이 작다.
③ 가공성이 우수하다.　④ 가볍고 관의 마찰저항이 적다.

해설 염화비닐관은 강에 비하여 열팽창률이 7~8배 정도 크다.

답 086. ④　087. ③　088. ②　089. ②

Q 090 밀폐 배관계에서는 압력계획이 필요하다. 압력계획을 하는 이유로 가장 거리가 먼 것은?

① 운전 중 배관계 내에 대기압보다 낮은 개소가 있으면 접속부에서 공기를 흡입할 우려가 있기 때문에
② 운전 중 수온에 알맞은 최소압력 이상으로 유지하지 않으면 순환수 비등이나 플래시현상 발생우려가 있기 때문에
③ 수온의 변화에 의한 체적의 팽창·수축으로 배관 각부에 악영향을 미치기 때문에
④ 펌프의 운전으로 배관계 각 부의 압력이 감소하므로 수격작용, 공기정체 등의 문제가 생기기 때문에

해설 펌프의 운전으로 배관계 각 부의 압력이 상승하므로 배관계의 내압상 문제가 발생할 수 있으므로 압력계획을 해야 한다.

Q 091 온수난방 설비의 온수배관 시공법에 관한 설명으로 틀린 것은?

① 공기가 고일 염려가 있는 곳에는 공기배출을 고려한다.
② 수평배관에서 관의 지름을 바꿀 때에는 편심레듀서를 사용한다.
③ 배관재료는 내열성을 고려한다.
④ 팽창관에는 슬루스 밸브를 설치한다.

해설 팽창관에는 절대로 밸브를 설치해서는 안 된다.

Q 092 강관작업에서 아래 그림처럼 15A 나사용 90° 엘보 2개를 사용하여 길이가 200mm가 되게 연결 작업을 하려고 한다. 이때 실제 15A 강관의 길이는? (단, a : 나사가 물리는 최소길이는 11mm, A : 이음쇠의 중심에서 단면까지의 길이는 27mm로 한다.)

① 142mm
② 158mm
③ 168mm
④ 176mm

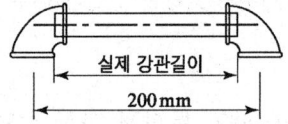

해설 실제 강관의 길이 $l = L - 2(A-a)$에서 $l = 200 - 2 \times (27-11) = 168mm$

답 090. ④ 091. ④ 092. ③

Q 093 60℃의 물 200L와 15℃의 물 100L를 혼합하였을 때 최종온도는?
① 35℃ ② 40℃
③ 45℃ ④ 50℃

해설) 열역학 제0법칙의 온도평형의 법칙에서 고온의 물이 잃은 열량은 저온의 물이 얻은 열량과 같다.
$G_1 C_1 (t_1 - t_3) = G_2 C_2 (t_3 - t_2)$에서 물의 비열 $C_1 = C_2$이므로 $G_1(t_1 - t_3) = G_2(t_3 - t_2)$이다.

혼합하였을 때 최종 온도 $t_3 = \dfrac{G_1 t_1 + G_2 t_2}{G_1 + G_2}$에서 $t_3 = \dfrac{200 \times 60 + 100 \times 15}{200 + 100} = 45℃$

Q 094 동관작업용 사이징 툴(sizing tool)공구에 관한 설명으로 옳은 것은?
① 동관의 확관용 공구
② 동관의 끝부분을 원형으로 정형하는 공구
③ 동관의 끝을 나팔모양으로 만드는 공구
④ 동관 절단 후 생긴 거스러미를 제거하는 공구

해설) ① 익스팬더 ② 사이징 툴 ③ 플레어링 툴 ④ 리머

Q 095 일반적으로 배관계의 지지에 필요한 조건으로 틀린 것은?
① 관과 관내 유체 및 그 부속장치, 단열피복 등의 합계중량을 지지하는데 충분해야 한다.
② 온도변화에 의한 관의 신축에 대하여 적응할 수 있어야 한다.
③ 수격현상 또는 외부에서의 진동, 동요에 대해서 견고하게 대응할 수 있어야 한다.
④ 배관계의 소음이나 진동에 의한 영향을 다른 배관계에 전달하여야 한다.

해설) 배관계의 소음이나 진동에 의한 영향을 다른 배관계에 전달되지 않도록 해야 한다.

Q 096 동관의 외경 산출공식으로 바르게 표시된 것은?
① 외경=호칭경(인치)+1/8(인치)
② 외경=호칭경(인치)×25.4
③ 외경=호칭경(인치)+1/4(인치)
④ 외경=호칭경(인치)×3/4+1/8(인치)

해설) 동관의 외경=호칭지름(inch)+1/8(inch)

답) 093. ③ 094. ② 095. ④ 096. ①

Q 097. 냉매배관 시 주의사항으로 틀린 것은?

① 굽힘부의 굽힘반경을 작게 한다.
② 배관 속에 기름이 고이지 않도록 한다.
③ 배관에 큰 응력 발생의 염려가 있는 곳에는 루프형 배관을 해 준다.
④ 다른 배관과 달라서 벽 관통 시에는 슬리브를 사용하여 보온 피복한다.

해설 냉매배관 시공 시 굽힘부의 굽힘반경을 크게 하여 마찰저항을 작게 한다.

Q 098. 급탕배관 시공에 관한 설명으로 틀린 것은?

① 배관의 굽힘 부분에는 벨로즈 이음을 한다.
② 하향식 급탕주관의 최상부에는 공기빼기장치를 설치한다.
③ 팽창관의 관경은 겨울철 동결을 고려하여 25A 이상으로 한다.
④ 단관식 급탕배관 방식에는 상향배관, 하향배관 방식이 있다.

해설 급탕배관 시공 시 배관의 굽힘 부분에는 스위블 이음으로 접합한다.

Q 099. 지역난방의 특징에 관한 설명으로 틀린 것은?

① 대기 오염물질이 증가한다.
② 도시의 방재수준 향상이 가능하다.
③ 사용자에게는 화재에 대한 우려가 적다.
④ 대규모 열원기기를 이용한 에너지의 효율적 이용이 가능하다.

해설 지역난방은 대규모 열원기기를 이용하므로 에너지이용효율이 높고, 공해발생이 감소하여 대기 오염물질이 감소한다.

Q 100. 배수트랩의 봉수파괴 원인 중 트랩 출구 수직배관부에 머리카락이나 실 등이 걸려서 봉수가 파괴되는 현상과 관련된 작용은?

① 사이펀작용
② 모세관작용
③ 흡인작용
④ 토출작용

해설 모세관작용은 트랩 출구 수직관에 머리카락이나 실이 걸려서 봉수가 모세관 현상에 의해 파괴되는 현상이다.

답 097. ① 098. ① 099. ① 100. ②

2015

1과목 기계열역학
2과목 냉동공학
3과목 공기조화
4과목 전기제어공학
5과목 배관일반

2015년 3월 8일 시행
2015년 5월 31일 시행
2015년 8월 16일 시행

기출문제
공조냉동기계기사 2015년 3월 8일 시행

제 1 과목 기계열역학

001 온도 T_1의 고온열원으로부터 온도 T_2의 저온열원으로 열량 Q가 전달될 때 두 열원의 총 엔트로피 변화량을 옳게 표현한 것은?

① $-\dfrac{Q}{T_1}+\dfrac{Q}{T_2}$ ② $\dfrac{Q}{T_1}-\dfrac{Q}{T_2}$

③ $\dfrac{Q(T_1+T_2)}{T_1 \cdot T_2}$ ④ $\dfrac{T_1-T_2}{Q(T_1 \cdot T_2)}$

해설 엔트로피 변화량 $dS=\int_1^2 \dfrac{\delta Q}{T}$ 에서, $dS=\dfrac{Q}{T_2}-\dfrac{Q}{T_1}=-\dfrac{Q}{T_1}+\dfrac{Q}{T_2}$

002 어떤 이상기체 1kg이 압력 100kPa, 온도 30℃의 상태에서 체적 0.8m³을 점유한다면 기체상수는 몇 kJ/kg·K인가?

① 0.251 ② 0.264
③ 0.275 ④ 0.293

해설 이상기체상태방정식 $PV=mRT$ 에서

기체상수 $R=\dfrac{PV}{mT}=\dfrac{100\times 0.8}{1\times(273+30)}=0.264$ kJ/kg·K

003 카르노사이클에 대한 설명으로 옳은 것은?

① 이상적인 2개의 등온과정과 이상적인 2개의 정압과정으로 이루어진다.
② 이상적인 2개의 정압과정과 이상적인 2개의 단열과정으로 이루어진다.
③ 이상적인 2개의 정압과정과 이상적인 2개의 정적과정으로 이루어진다.
④ 이상적인 2개의 등온과정과 이상적인 2개의 단열과정으로 이루어진다.

해설 카르노사이클은 2개의 등온과정과 2개의 단열과정으로 구성되어 있는 이상적인 열기관사이클이다.

답 001.① 002.② 003.④

Q.004 증기압축 냉동기에는 다양한 냉매가 사용된다. 이러한 냉매의 특징에 대한 설명으로 틀린 것은?

① 냉매는 냉동기의 성능에 영향을 미친다.
② 냉매는 무독성, 안정성, 저가격 등의 조건을 갖추어야 한다.
③ 우수한 냉매로 알려져 널리 사용되던 염화불화 탄화수소(CFC) 냉매는 오존층을 파괴한다는 사실이 밝혀진 이후 사용이 제한되고 있다.
④ 현재 CFC 냉매 대신에 R-12(CCl_2F_2)가 냉매로 사용되고 있다.

해설 현재 R-12(CFC계) 냉매의 대체냉매로 R-134a(HFC계) 냉매를 사용하고 있다.

Q.005 대기압 하에서 물의 어는 점과 끓는 점 사이에서 작동하는 카르노사이클(Carnot cycle) 열기관의 열효율은 약 몇 %인가?

① 2.7　　　　　　　　　② 10.5
③ 13.2　　　　　　　　　④ 26.8

해설 카르노사이클의 열효율 $\eta = \dfrac{T_H - T_L}{T_H} \times 100\%$에서

$\eta = \dfrac{(273+100) - (273+0)}{273+100} \times 100\% = 26.8\%$

Q.006 과열기가 있는 랭킨사이클에 이상적인 재열사이클을 적용할 경우에 대한 설명으로 틀린 것은?

① 이상 재열사이클의 열효율이 더 높다.
② 이상 재열사이클의 경우 터빈 출구 건도가 증가한다.
③ 이상 재열사이클의 기기 비용이 더 많이 요구된다.
④ 이상 재열사이클의 경우 터빈 입구 온도를 더 높일 수 있다.

해설 재열사이클에서 터빈의 입구온도를 높이면 터빈 속에서 증기가 단열팽창하여 습도가 증가하게 되며, 이로 인하여 터빈 날개의 마모 및 부식이 일어나 열효율이 낮아진다.

Q.007 물질의 양을 1/2로 줄이면 강도성(강성적) 상태량의 값은?

① 1/2로 줄어든다.　　　　② 1/4로 줄어든다.
③ 변화가 없다.　　　　　　④ 2배로 늘어난다.

답 004. ④　005. ④　006. ④　007. ③

해설 강도성 상태량은 물질의 양과 관계없는 상태량으로서 물질의 양을 1/2로 줄여도 변화가 없다.

Q 008
단열된 용기 안에 두 개의 구리 블록이 있다. 블록 A는 10kg, 온도 300K이고, 블록 B는 10kg, 900K이다. 구리의 비열은 0.4kJ/kg·K일 때, 두 블록을 접촉시켜 열교환이 가능하게 하고 장시간 놓아두어 최종 상태에서 두 구리 블록의 온도가 같아졌다. 이 과정 동안 시스템의 엔트로피 증가량(kJ/K)은?

① 1.15　　　　　　　　② 2.04
③ 2.77　　　　　　　　④ 4.82

해설
- 두 블록을 접촉시켰을 때 평균온도 $T = \dfrac{10 \times 300 + 10 \times 900}{10 + 10} = 600\,\text{K}$
- 900K의 구리블록이 평균온도 600K로 될 때의 엔트로피 변화량
$dS_1 = 10 \times 0.4 \times \ln\dfrac{900}{600} = 1.62\,\text{kJ/K}$
- 300K의 구리블록이 평균온도 600K로 될 때의 엔트로피 변화량
$dS_2 = 10 \times 0.4 \times \ln\dfrac{600}{300} = 2.77\,\text{kJ/K}$
∴ 엔트로피 변화량 $dS_2 - dS_1 = 2.77 - 1.62 = 1.15\,\text{kJ/K}$

Q 009
전동기에 브레이크를 설치하여 출력시험을 하는 경우, 축 출력 10kW의 상태에서 1시간 운전을 하고, 이때 마찰열을 20℃의 주위에 전할 때 주위의 엔트로피는 어느 정도 증가하는가?

① 123kJ/K　　　　　　② 133kJ/K
③ 143kJ/K　　　　　　④ 153kJ/K

해설
- 마찰열 $Q = W \times t$에서 $Q = 10 \times 3600 = 36000\,\text{kJ}$
- 엔트로피 변화량 $dS = \dfrac{Q}{T}$에서, $dS = \dfrac{36000}{273 + 20} = 122.9\,\text{kJ/K}$

Q 010
한 사이클 동안 열역학계로 전달되는 모든 에너지의 합은?

① 0이다.
② 내부에너지 변화량과 같다.
③ 내부에너지 및 일량의 합과 같다.
④ 내부에너지 및 전달열량의 합과 같다.

답 008. ①　009. ①　010. ①

해설 한 사이클 동안 열역학계로 전달되는 열량의 합과 일량의 합은 같으므로 모든 에너지의 합은 "0"이다.

Q 011
20℃의 공기(기체상수 $R=0.287$kJ/kg·K, 정압비열 $C_p=1.004$kJ/kg·K) 3kg이 압력 0.1MPa에서 등압 팽창하여 부피가 두 배로 되었다. 이 과정에서 공급된 열량은 대략 얼마인가?

① 약 252kJ   ② 약 883kJ
③ 약 441kJ   ④ 약 1765kJ

해설
- 최종온도 $\dfrac{T_2}{T_1}=\dfrac{V_2}{V_1}$에서 $T_2=(273+20)\times\dfrac{2V_1}{V_1}=586\,\mathrm{K}$
- 공급된 열량 $Q=mC_pdT$에서 $Q=3\times1.004\times(586-293)=882.5\,\mathrm{kJ}$

Q 012
대기압 하에서 물질의 질량이 같을 때 엔탈피의 변화가 가장 큰 경우는?

① 100℃ 물이 100℃ 수증기로 변화
② 100℃ 공기가 200℃ 공기로 변화
③ 90℃의 물이 91℃ 물로 변화
④ 80℃ 공기가 82℃ 공기로 변화

해설 엔탈피 차(dh)
① 100℃ 물의 엔탈피 $h_1=100\,\mathrm{kcal/kg}$, 100℃ 수증기의 엔탈피 $h_2=639\,\mathrm{kcal/kg}$
  ∴ $dh=639-100=539\,\mathrm{kcal/kg}$
② 100℃ 공기가 200℃ 공기로 변할 때 엔탈피 차 $dh=C_pdT$에서
  ∴ $dh=0.24\times(200-100)=2.4\,\mathrm{kcal/kg}$
③ 90℃ 물이 91℃ 물로 변할 때 엔탈피 차 $dh=CdT$에서
  ∴ $dh=1\times(91-90)=1\,\mathrm{kcal/kg}$
④ 80℃ 공기가 82℃ 공기로 변할 때 엔탈피 차 $dh=C_pdT$에서
  ∴ $dh=0.24\times(82-80)=0.48\,\mathrm{kcal/kg}$

Q 013
성능계수(COP)가 0.8인 냉동기로서 7200kJ/h로 냉동하려면, 이에 필요한 동력은?

① 약 0.9kW   ② 약 1.6kW
③ 약 2.0kW   ④ 약 2.5kW

해설 성능계수 $\mathrm{COP}=\dfrac{Q_e}{L}$에서

동력 $L=\dfrac{Q_e}{\mathrm{COP}}=\dfrac{\frac{7200}{3600}}{0.8}=2.5\,\mathrm{kW}$

답 011. ② 012. ① 013. ④

Q 014 밀폐계에서 기체의 압력이 500kPa로 일정하게 유지되면서 체적이 0.2m³에서 0.7m³로 팽창하였다. 이 과정 동안에 내부에너지의 증가가 60kJ이라면 계가 한 일은?

① 450kJ   ② 350kJ
③ 250kJ   ④ 150kJ

해설 일 $W = PdV$에서 $W = 500 \times (0.7 - 0.2) = 250 \text{kJ}$

Q 015 난방용 열펌프가 저온 물체에서 1500kJ/h의 열을 흡수하여 고온 물체에 2100kJ/h로 방출한다. 이 열펌프의 성능계수는?

① 2.0   ② 2.5
③ 3.0   ④ 3.5

해설 성능계수 $COP = \dfrac{Q_H}{Q_H - Q_L}$에서 $COP = \dfrac{2100}{2100 - 1500} = 3.5$

Q 016 오토사이클에 관한 설명 중 틀린 것은?

① 압축비가 커지면 열효율이 증가한다.
② 열효율이 디젤사이클보다 좋다.
③ 불꽃점화 기관의 이상사이클이다.
④ 열의 공급(연소)이 일정한 체적하에 일어난다.

해설 가열량과 압축비가 일정한 경우 오토사이클은 디젤사이클보다 열효율이 좋다. 하지만 가열량과 최대압력을 일정하게 할 경우 오토사이클은 디젤사이클보다 열효율이 나쁘다.

Q 017 냉동효과가 70kW인 카르노 냉동기의 방열기 온도가 20℃, 흡열기 온도가 -10℃이다. 이 냉동기를 운전하는 데 필요한 이론 동력(일률)은?

① 약 6.02kW   ② 약 6.98kW
③ 약 7.98kW   ④ 약 8.99kW

해설 성적계수 $COP = \dfrac{Q_e}{L} = \dfrac{T_L}{T_H - T_L}$에서

동력 $L = \dfrac{Q_e}{\dfrac{T_L}{T_H - T_L}} = \dfrac{70}{\dfrac{273 - 10}{(273 + 20) - (273 - 10)}} = 7.985 \text{kW}$

답 014. ③   015. ④   016. ②   017. ③

Q 018 밀폐시스템의 가역 정압변화에 관한 다음 사항 중 옳은 것은? (단, U : 내부에너지, Q : 전달열, H : 엔탈피, V : 체적, W : 일이다.)

① $dU=dQ$ ② $dH=dQ$
③ $dV=dQ$ ④ $dW=dQ$

해설 열역학 제1법칙의 에너지방정식 $dQ=dH-VdP$에서 정압 변화($dP=0$)에서 전열량은 $dQ=dH$이다.

Q 019 저온 열원의 온도가 T_L, 고온 열원의 온도가 T_H인 두 열원 사이에서 작동하는 이상적인 냉동사이클의 성능계수를 향상시키는 방법으로 옳은 것은?

① T_L을 올리고 (T_H-T_L)을 올린다. ② T_L을 올리고 (T_H-T_L)을 줄인다.
③ T_L을 내리고 (T_H-T_L)을 올린다. ④ T_L을 내리고 (T_H-T_L)을 줄인다.

해설 냉동사이클의 성능계수 $COP = \dfrac{T_L}{T_H-T_L}$에서 성능계수를 향상시키려면 저온($T_L$)을 올리고 고온($T_H$)과 저온($T_L$)의 온도차를 작게 한다.

Q 020 최고온도 1300K와 최저온도 300K 사이에서 작동하는 공기표준 Brayton 사이클의 열효율은 약 얼마인가? (단, 압축비는 9, 공기의 비열비는 1.4이다.)

① 30% ② 36%
③ 42% ④ 47%

해설 브레이톤 사이클의 열효율 $\eta_b = 1-\left(\dfrac{1}{\gamma}\right)^{\frac{k-1}{k}}$에서

$\eta_b = 1-\left(\dfrac{1}{9}\right)^{\frac{1.4-1}{1.4}} = 0.466 = 46.6\%$

제 2 과목 냉동공학

Q 021 냉동기의 증발압력이 낮아졌을 때 나타나는 현상으로 옳은 것은?

① 냉동능력이 증가한다.
② 압축기의 체적효율이 증가한다.
③ 압축기의 토출가스 온도가 상승한다.
④ 냉매 순환량이 증가한다.

답 018. ② 019. ② 020. ④ 021. ③

해설 증발압력이 낮아지면 압축비의 상승으로 토출가스 온도가 상승하고 냉동능력, 체적효율, 냉매 순환량, 성능계수가 감소한다.

Q 022 팽창밸브가 냉동용량에 비하여 작을 때 일어나는 현상은?

① 증발기 내의 압력상승 ② 압축기 흡입가스 과열
③ 습압축 ④ 소요 전류증대

해설 팽창밸브가 냉동용량에 비하여 작을 때 냉매순환량이 작게 되어 압축기 흡입가스가 과열되며, 증발기 내의 압력이 낮아지고 압축기 소요동력이 증대한다.

Q 023 25℃, 원수 1ton을 1일 동안에 −9℃의 얼음으로 만드는 데 필요한 냉동능력은? (단, 동결잠열 80kcal/kg, 원수 비열 1kcal/kg·℃, 얼음의 비열 0.5kcal/kg·℃로 한다.)

① 약 1.37냉동톤(RT) ② 약 2.38냉동톤(RT)
③ 약 1.88냉동톤(RT) ④ 약 2.88냉동톤(RT)

해설
- 25℃ 물이 0℃ 물로 만드는 데 필요한 열량
$$Q_1 = GCdt = \frac{1000}{24} \times 1 \times (25-0) = 1041.7 \text{kcal/h}$$
- 0℃ 물이 0℃ 얼음으로 만드는 데 필요한 열량
$$Q_2 = G\gamma = \frac{1000}{24} \times 80 = 3333.3 \text{kcal/h}$$
- 0℃ 얼음을 −9℃ 얼음으로 만드는 데 필요한 열량
$$Q_3 = GCdt = \frac{1000}{24} \times 0.5 \times \{0-(-9)\} = 187.5 \text{kcal/h}$$

∴ 냉동능력 $Q_e = Q_1 + Q_2 + Q_3 = 1041.7 + 3333.3 + 187.5$
$$= 4562.5 \text{kcal/h} = \frac{4562.5}{3320} = 1.374 \text{RT}$$

Q 024 고속 다기통 압축기의 윤활에 대한 설명 중 틀린 것은?

① 고온에서도 분해가 되지 않고 탄화하지 않는 윤활유를 선정하여 사용해야 한다.
② 윤활은 마찰부의 열을 제거하여 기계적 효율을 높이기 위함이다.
③ 압축기가 고도의 진공운전을 계속하면 유압은 상승한다.
④ 유압이 과대하게 상승하면 실린더에 필요 이상의 유량이 공급되어 오일해머링의 우려가 있다.

해설 압축기의 운전압력이 낮아지면 유압은 낮아진다.

답 022. ② 023. ① 024. ③

Q 025

비열이 0.92kcal/kg·℃인 액 920kg을 1시간 동안 25℃에서 5℃로 냉각시키는데 소요되는 냉각열량은 몇 냉동톤인가?

① 약 3.1 　　　　　② 약 5.1
③ 약 15.1 　　　　　④ 약 21.1

해설
냉각열량 $Q_e = GCdt$ 에서,
$Q_e = 920 \times 0.92 \times (25-5) = 16928 \text{kcal/h}$
$= \dfrac{16928}{3320} = 5.1 \text{RT}$

Q 026

국소 대기압이 750mmHg이고 계기 압력이 0.2kgf/cm²일 때, 절대압력은?

① 약 0.46kgf/cm² 　　　　② 약 0.96kgf/cm²
③ 약 1.22kgf/cm² 　　　　④ 약 1.36kgf/cm²

해설
- 표준대기압 $P = 760 \text{mmHg} = 1.0332 \text{kgf/cm}^2$
- 국소대기압 $P = \dfrac{750}{760} \times 1.0332 = 1.02 \text{kgf/cm}^2$
- 절대압력 $P_a = P + P_g = 1.02 + 0.2 = 1.22 \text{kgf/cm}^2$

Q 027

일반적으로 증발온도의 작동범위가 −70℃ 이하일 때 사용되기 적절한 냉동 사이클은?

① 2원 냉동사이클
② 다효 압축사이클
③ 2단 압축 1단 팽창사이클
④ 2단 압축 2단 팽창사이클

해설
2원 냉동사이클은 저온측 냉매와 고온측 냉매를 사용하여 −70℃ 이하의 초저온을 얻기 위하여 채택하는 사이클이다.

Q 028

흡수식 냉동기에 사용하는 냉매 흡수제가 아닌 것은?

① 물 − 리튬 브로마이드　　② 물 − 염화리튬
③ 물 − 에틸렌글리콜　　　　④ 물 − 암모니아

해설
흡수식 냉동기에서 물을 냉매로 사용할 경우 흡수제는 리튬브로마이드, 염화리튬이 사용되고, 냉매로 암모니아를 사용할 경우 흡수제로 물을 사용한다.

답 025. ② 026. ③ 027. ① 028. ③

Q 029 다음 안전장치에 대한 설명으로 틀린 것은?

① 가용전은 응축기, 수액기 등의 압력용기에 안전장치로 설치된다.
② 파열판은 얇은 금속판으로 용기의 구멍을 막고 있는 구조이며, 안전밸브로 사용된다.
③ 안전밸브의 최소구경은 실린더 지름과 피스톤 행정에 관여한다.
④ 고압차단스위치는 조정설정압력보다 벨로즈에 가해진 압력이 낮아졌을 때 압축기를 정지시키는 안전장치이다.

해설 고압차단스위치는 조정설정압력보다 벨로즈에 가해진 압력이 높아졌을 때 압축기를 정지시키는 안전장치이다.

Q 030 증기압축 냉동사이클에 대한 설명 중 옳은 것은?

① 응축압력과 증발압력의 차이가 작을수록 압축기의 소비동력은 작아진다.
② 팽창과정을 통해 유체의 압력은 상승한다.
③ 압축과정에서는 과열도가 작을수록 압축일량은 커진다.
④ 증발압력이 낮을수록 비체적은 작아진다.

해설 ② 팽창과정은 냉매액이 팽창밸브를 통과하면서 압력과 온도가 감소한다.
③ 압축과정에서 흡입가스의 과열도가 클수록 압축일량이 커진다.
④ 압력과 비체적은 반비례하므로 증발압력이 낮을수록 비체적이 커진다.

Q 031 피스톤 이론적 토출량 200m³/h의 압축기가 아래 표와 같은 조건에서 운전되어지고 있다. 흡입증기 엔탈피와 토출한 가스압력의 측정치로부터 압축기가 단열압축 동작을 하는 것으로 가정했을 경우의 토출가스 엔탈피 h_2 =158.6kcal/kg이다. 이 압축기의 소요동력은?

흡입증기의 엔탈피	150.0kcal/kg
흡입증기의 비체적	0.04m³/kg
체적효율	0.72
기계효율	0.9
압축효율	0.8

① 약 25.9kW ② 약 40.0kW
③ 약 50.0kW ④ 약 68.8kW

해설
- 냉매순환량 $G = \dfrac{V}{v_a} \times \eta_v$ 에서, $G = \dfrac{200}{0.04} \times 0.72 = 3600 \, \text{kg/h}$
- 소요동력 $L = \dfrac{G \Delta h}{860 \eta_m \eta_c}$ 에서, $L = \dfrac{3600 \times (158.6 - 150)}{860 \times 0.9 \times 0.8} = 50 \, \text{kW}$

답 029. ④ 030. ① 031. ③

Q 032 다음의 이상적인 1단 증기압축 냉동사이클에 대한 설명으로 틀린 것은?
① 압축과정은 등엔트로피과정이다. ② 팽창과정은 등엔탈피과정이다.
③ 응축과정은 등적 과정이다. ④ 증발과정은 등압과정이다.

해설 응축과정 : 등압과정(압력이 일정), 온도 저하, 엔탈피 저하

Q 033 흡수식 냉동기를 이용함에 따른 장점으로 가장 거리가 먼 것은?
① 여름철 피크전력이 완화된다.
② 대기압 이하로 작동하므로 취급에 위험성이 완화된다.
③ 가스수요의 평준화를 도모할 수 있다.
④ 야간에 열을 저장하였다가 주간의 부하에 대응할 수 있다.

해설 축열시스템(빙축열)은 야간에 심야전력으로 냉동기를 운전하여 열을 축열조에 저장하였다가 주간의 피크시간에 이 열을 이용하는 시스템이다.

Q 034 증발온도 −30℃, 응축온도 45℃에서 작동되는 이상적인 냉동기의 성적계수는?
① 1.2 ② 3.2
③ 5.0 ④ 5.4

해설 성적계수 $COP = \dfrac{T_L}{T_H - T_L}$ 에서, $COP = \dfrac{273 + (-30)}{(273+45) - \{273+(-30)\}} = 3.24$

Q 035 냉수나 브라인의 동결방지용으로 사용하는 것은?
① 고압차단장치 ② 차압제어장치
③ 증발압력제어장치 ④ 유압보호스위치

해설 증발압력(제어장치)조정밸브는 증발기와 압축기 사이의 흡입관에 설치하여 증발압력이 설정압력보다 낮아지면 밸브가 닫히고, 증발압력이 설정압력보다 높아지면 밸브가 열리며 냉수나 브라인의 동결방지용으로 사용된다.

Q 036 냉동능력이 15kW인 냉동기에서 수냉식 응축기의 냉각수 입·출구 온도차가 8℃일 때, 냉각수 유량은? (단, 압축기 소요동력은 5kW, 물의 비열은 1kcal/kg·℃)
① 약 1397kg/h ② 약 2150kg/h
③ 약 1852kg/h ④ 약 2500kg/h

답 032. ③ 033. ④ 034. ② 035. ③ 036. ②

해설 응축기 방열량 $Q_c = Q_e + L = GCdt$에서,
냉각수량 $G = \dfrac{Q_e + L}{Cdt} = \dfrac{15 \times 860 + 5 \times 860}{1 \times 8} = 2150$ kg/h

Q 037. 다음 중 열전도도가 가장 큰 것은?

① 수은 ② 석면
③ 동관 ④ 질소

해설 동관은 열전도도가 가장 우수하여 열교환기, 냉온수코일, 냉매배관으로 사용된다.

Q 038. 물을 냉매로 하고 LiBr을 흡수제로 하는 흡수식 냉동장치에서 장치의 성능을 향상시키기 위하여 열교환기를 설치하였다. 이 열교환기의 기능을 가장 잘 나타낸 것은?

① 응축기 입구 수증기와 증발기 출구 수증기의 열 교환
② 발생기 출구 LiBr 수용액과 응축기 출구 물의 열 교환
③ 발생기 출구 LiBr 수용액과 흡수기 출구 LiBr 수용액의 열 교환
④ 흡수기 출구 LiBr 수용액과 증발기 출구 수증기의 열 교환

해설 흡수식 냉동장치의 열교환기는 발생기 출구 LiBr 수용액과 흡수기 출구 LiBr 수용액을 열교환시킨다.

Q 039. 쇼케이스형 냉동장치의 종류가 아닌 것은?

① 밀폐형 쇼케이스 ② 반밀폐형 쇼케이스
③ 개방형 쇼케이스 ④ 리칭형(REACH) 쇼케이스

해설 쇼케이스의 구분 : 개방형, 밀폐형, 리칭형

Q 040. 암모니아를 사용하는 냉동기의 압축기에서 압축비(P2/P1)가 5, 폴리트로픽 지수 (n)는 1.3, 간극비(ε)가 0.05일 때, 체적효율은?

① 약 0.88 ② 약 0.62
③ 약 0.38 ④ 약 0.22

해설 체적효율 $\eta_v = 1 - \varepsilon(a^{\frac{1}{k}} - 1)$에서, $\eta_v = 1 - 0.05 \times (5^{\frac{1}{1.3}} - 1) = 0.878 = 87.8\%$

답 037. ③ 038. ③ 039. ② 040. ①

제 3 과목 공기조화

Q 041 다음 중 에너지 절약에 가장 효과적인 공기조화 방식은? (단, 설비비는 고려하지 않는다.)

① 각층 유닛 방식 ② 이중 덕트 방식
③ 멀티존 유닛 방식 ④ 가변 풍량 방식

해설 가변풍량방식은 각 실에 온도조절기를 설치하여 실내의 부하변동에 대하여 댐퍼가 자동적으로 개폐되어 송풍량을 조절하는 방식으로서 설비비가 비싸지만 에너지절약형 시스템이다.

Q 042 덕트의 마찰저항을 증가시키는 요인은 여러 가지가 있다. 다음 중 값이 커지면 마찰저항이 감소되는 것은?

① 덕트재료의 마찰 저항계수 ② 덕트 길이
③ 덕트 직경 ④ 풍속

해설 덕트의 마찰저항 $h_L = \lambda \times \dfrac{l}{d} \times \dfrac{V^2}{2g}$ [m]

여기서, λ[m] : 덕트재료의 마찰 저항계수, l[m] : 덕트의 길이,
d[m] : 덕트의 직경, V[m/s] : 풍속, $g(9.8\text{m/s}^2)$: 중력가속도

Q 043 가변풍량 방식(VAV)의 특징에 관한 설명으로 틀린 것은?

① 시운전 시 토출구의 풍량 조정이 간단하다.
② 동시사용률을 고려하여 기기용량을 결정하게 되므로 설비용량을 적게 할 수 있다.
③ 부하변동에 대하여 제어응답이 빠르므로 거주성이 향상된다.
④ 덕트의 설계시공이 복잡해진다.

해설 가변풍량방식은 단일덕트방식으로 덕트를 설계시공하므로 간략화할 수 있다.

Q 044 공기 중의 악취제거를 위한 공기정화 에어필터로 가장 적합한 것은?

① 유닛형 필터 ② 점착식 필터
③ 활성탄 필터 ④ 전기식 필터

해설 활성탄 필터는 공기 중의 냄새나 아황산가스를 제거하는 필터이다.

답 041. ④ 042. ③ 043. ④ 044. ③

045. 에어필터의 설치에 관한 설명으로 틀린 것은?
① 필터는 스페이스가 크므로 공조기 내부에 설치한다.
② 필터는 전풍량을 취급하도록 한다.
③ 로울형의 필터로 사용할 때는 필터 전면에 해체와 반출이 용이하도록 공간을 두어야 한다.
④ 병원용 필터를 설치할 때는 프리필터를 고성능 필터 뒤에 설치한다.

해설 프리필터를 설치할 경우에는 고성능 필터 앞에 설치한다.

046. 다음 선도에서 습공기를 상태 1에서 2로 변화시킬 때 현열비(SHF)의 표현으로 옳은 것은?

① $\dfrac{h_2 - h_3}{h_2 - h_1}$

② $\dfrac{h_3 - h_1}{h_2 - h_1}$

③ $\dfrac{h_3 - h_1}{h_2 - h_3}$

④ $\dfrac{h_2 - h_1}{h_2 - h_3}$

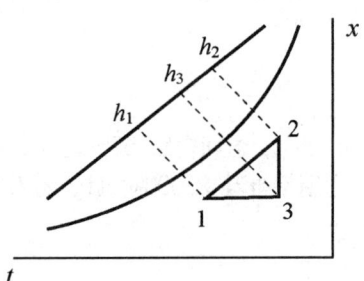

해설 현열비 $\text{SHF} = \dfrac{\text{현열량}}{\text{전열량}} = \dfrac{h_3 - h_1}{h_2 - h_1}$

047. 습공기 온도가 20℃, 절대습도가 0.0072kg/kg'일 때, 이 습공기의 엔탈피는? (단, 건조공기의 정압비열은 0.24kcal/kg·℃, 0℃에서 포화수의 증발잠열은 598.3kcal/kg, 수증기의 정압비열은 0.44kcal/kg·℃이다.)
① 약 2.17kcal/kg   ② 약 9.17kcal/kg
③ 약 15.17kcal/kg ④ 약 20.17kcal/kg

해설 습공기의 엔탈피 $h = 0.24t + (598.3 + 0.44t)x$ 에서
$h = 0.24 \times 20 + (598.3 + 0.44 \times 20) \times 0.0072 = 9.17\text{kcal/kg}$

048. 일반적으로 난방부하를 계산할 때 실내 손실열량으로 고려해야 하는 것은?
① 인체에서 발생하는 잠열   ② 극간풍에 의한 잠열
③ 조명에서 발생하는 현열   ④ 기기에서 발생하는 현열

답 045. ④ 046. ② 047. ② 048. ②

해설 : 난방부하 중 실내 손실열량을 계산할 때 실내에서 발생하는 열(인체, 조명, 실내기기에서 발생하는 열)은 고려하지 않는다.

Q. 049 공기의 성질에 관한 설명으로 틀린 것은?

① 절대습도는 습공기를 구성하고 있는 수증기와 건공기와의 질량비이다.
② 상대습도는 공기 중에 포함되어 있는 수증기의 양과 동일 온도에서 최대로 포함될 수 있는 수증기 양의 비이다.
③ 포화공기는 최대로 수분을 수용하고 있는 상태의 공기를 말한다.
④ 비교습도는 수증기분압과 그 온도에 있어서의 포화공기의 수증기 분압과의 비를 말한다.

해설 : 비교습도란 습공기의 절대습도와 동일 온도에 있어서 포화공기의 절대습도와의 비이다.

Q. 050 실온이 25℃, 상대습도 50%일 때, 냉방부하 중 실내 현열부하가 45000kcal/h, 실내 잠열부하가 22000kcal/h, 외기부하가 5800kcal/h이라면 현열비(SHF)는?

① 0.41
② 0.51
③ 0.67
④ 0.97

해설 : 현열비 $SHF = \dfrac{q_s}{q_t} = \dfrac{q_s}{q_s + q_L}$ 에서, $SHF = \dfrac{45000}{45000 + 22000} = 0.672$

Q. 051 팬 코일 유닛방식을 배관방식으로 분류할 때 각 방식의 특징에 대한 설명으로 틀린 것은?

① 4관식은 혼합손실은 없으나 배관의 양이 증가하므로 공사비 및 배관설치용 공간이 증가한다.
② 3관식은 환수관에서 냉수와 온수가 혼합되므로 열손실이 없다.
③ 3관식은 온수 공급관, 냉수 공급관, 냉온수 겸용 환수관으로 구성되어 있다.
④ 4관식은 냉수배관, 온수배관을 설치하여 각 계통마다 동시에 냉난방을 자유롭게 할 수 있다.

해설 : 3관식은 온수 및 냉수 공급관 2개와 환수관 1개를 갖는 방식으로서 환수관에서 냉수와 온수가 혼합되므로 열손실이 발생한다.

답 049. ④ 050. ③ 051. ②

Q 052 다음 중 축류 취출구의 종류가 아닌 것은?
① 펑커 루버
② 그릴형 취출구
③ 라인형 취출구
④ 팬형 취출구

해설 복류 취출구 : 팬형 취출구

Q 053 간이계산법에 의한 건평 150m²에 소요되는 보일러의 급탕부하는? (단, 건물의 열손실은 90kcal/m²·h, 급탕량은 100kg/h, 급수 및 급탕 온도는 각각 30℃, 70℃이다.)
① 3500kcal/h
② 4000kcal/h
③ 13500kcal/h
④ 17500kcal/h

해설 급탕부하 $q = GCdt$ 에서, $q = 100 \times 1 \times (70-30) = 4000 \text{kcal/h}$

Q 054 에어와셔 내에 온수를 분무할 때 공기는 습공기 선도에서 어떠한 변화과정이 일어나는가?
① 가습·냉각
② 과냉각
③ 건조·냉각
④ 감습·과열

해설 에어와셔에서 온수를 공기 중에 분무할 경우 온도는 내려가고 절대습도는 올라간다. 따라서, 가습과 냉각과정이 일어난다.

Q 055 다음의 냉방부하 중 실내 취득열량에 속하지 않는 것은?
① 인체의 발생 열량
② 조명 기기에 의한 열량
③ 송풍기에 의한 취득열량
④ 벽체로부터의 취득열량

해설 장치 내의 취득열량 : 송풍기에 의한 취득열량, 급기덕트에서 취득열량

Q 056 다음 중 증기난방에 사용되는 기기로 가장 거리가 먼 것은?
① 팽창탱크
② 응축수 저장탱크
③ 공기 배출밸브
④ 증기 트랩

해설 온수난방용 기기 : 팽창탱크

답 052. ④ 053. ② 054. ① 055. ③ 056. ①

Q 057
비엔탈피가 12kcal/kg인 공기를 냉수코일을 이용하여 10kcal/kg까지 냉각제습하고자 한다. 이때 코일 입출구의 온도차를 5℃로 할 때 냉수 순환 펌프의 수량은? (단, 코일 통과 풍량 6000m³/h이며, 공기의 비체적은 0.835m³/kg이다.)

① 약 $0.80 l/min$ ② 약 $47.9 l/min$
③ 약 $63.4 l/min$ ④ 약 $73.8 l/min$

해설
냉각열량 $q = GCdt = \dfrac{Q}{v}dh$ 에서

냉수량 $G = \dfrac{Qdh}{vCdt} = \dfrac{6000 \times (12-10)}{0.835 \times 1 \times 5} = 2874.25 \, kg/h = \dfrac{2874.25}{60} = 47.9 \, kg/min(l/min)$

Q 058
주어진 계통도와 같은 공기조화장치에서 공기의 상태 변화를 습공기선도 상에 나타내었다. 계통도의 '5'점은 습공기선도에서 어느 점인가?

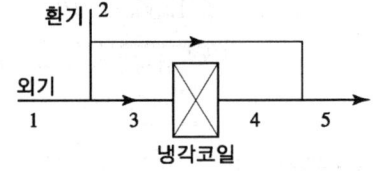

① a
② b
③ c
④ d

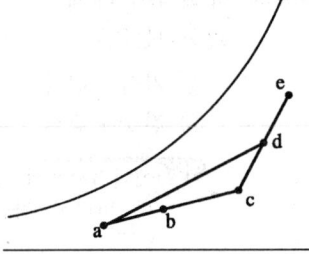

해설 습공기선도에서 공기의 상태
- 외기공기 1 : e
- 환기공기 2 : c
- 외기공기와 환기공기의 혼합공기 3 : d
- 냉각코일 출구공기 4 : a
- 냉각코일 출구공기와 환기공기의 혼합공기 5 : b

Q 059
보일러에서 방열기까지 보내는 증기관과 환수관을 따로 배관하는 방식으로서 증기와 응축수가 유동하는 데 서로 방해가 되지 않도록 증기트랩을 설치하는 증기난방 방식은?

① 트랩식 ② 상향급기관
③ 건식환수법 ④ 복관식

해설 배관방식에 따른 분류
- 단관식 : 증기관과 환수관을 동일한 관으로 배관하는 방식이다.
- 복관식 : 증기관과 환수관을 따로 배관하는 방식이다.

답 057. ② 058. ② 059. ④

Q 060 축열조의 특징으로 틀린 것은?

① 피크 컷에 의해 열원장치의 용량을 최소화할 수 있다
② 부분부하 운전에 쉽게 대응하기 어렵다.
③ 열원기기 운전시간을 연장하여 장래의 부하증가에 대응할 수 있다.
④ 열원기기를 고부하 운전함으로써 효율을 향상시킨다.

해설 축열조는 열을 저장하였다가 피크시간에 열을 사용하는 장치로서 부분부하 운전에 쉽게 대응할 수 있다.

제 4 과목   전기제어공학

Q 061 단자전압 300V, 전기자저항 0.3Ω의 직류분권발전기가 있다. 전부하의 경우 전기자전류가 50A 흐른다고 할 때 이 전동기의 기동전류를 정격시의 1.7배로 하려면 기동저항은 약 몇 Ω인가?

① 2.8   ② 3.2
③ 3.5   ④ 3.8

해설
- 기동전류 $I_s = 1.7 I_a = 1.7 \times 50 = 85$A
- $R_s + R_a = \dfrac{V}{I_s}$ 에서, 기동저항 $R_s = \dfrac{V}{I_s} - R_a = \dfrac{300}{85} - 0.3 = 3.23 \Omega$

Q 062 그림의 선도에서 전달함수 $C(s)/R(s)$는?

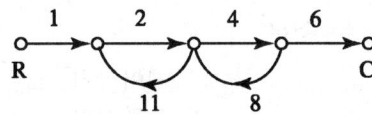

① $-\dfrac{8}{9}$ ② $\dfrac{4}{5}$
③ $-\dfrac{48}{53}$ ④ $-\dfrac{105}{77}$

해설 출력 $C = 1 \times 2 \times 4 \times 6 \times R + 2 \times 11 \times C + 4 \times 8 \times C$
$C - 22C - 32C = 48R$
$-53C = 48R$
전달함수 $\dfrac{C(s)}{R(s)} = \dfrac{C}{R} = -\dfrac{48}{53}$

답 060. ② 061. ② 062. ③

Q 063 제어장치의 구동장치에 따른 분류에서 타력제어와 비교한 자력제어의 특징 중 틀린 것은?

① 저비용
② 구조 간단
③ 확실한 동작
④ 빠른 조작 속도

해설 자력제어는 작동에 필요한 에너지를 제어대상으로부터 직접 받아서 제어하는 방식으로 타력제어에 비해 조작속도가 느리다.

Q 064 기억과 판단기구 및 검출기를 가진 제어방식은?

① 시한제어
② 피드백제어
③ 순서프로그램제어
④ 조건제어

해설 피드백제어는 출력값이 입력값과 비교하여 그 값이 일치하지 않을 경우 다시 출력값을 입력으로 피드백시켜 오차를 수정하도록 귀환경로를 갖는 제어로서 기억과 판단기구 및 검출기를 갖는다.

Q 065 철심을 가진 변압기 모양의 코일에 교류와 직류를 중첩하여 흘리면 교류임피던스는 중첩된 직류의 크기에 따라 변하는데 이 현상을 이용하여 전력을 증폭하는 장치는?

① 회전증폭기
② 자기증폭기
③ 사이리스터
④ 차동변압기

해설 자기증폭기는 코일의 리액턴스가 전류의 크기에 따라 변화하는 점을 이용하여 입력 전류의 변화에 의해 부하전류를 제어하는 증폭기이다.

Q 066 PLC의 구성에 해당되지 않는 것은?

① 입력장치
② 제어장치
③ 주변용장치
④ 출력장치

해설 PLC 구성 : 입력장치, 제어장치(중앙처리장치, 기억장치), 출력장치, 전원공급장치

Q 067 변압기의 부하손(동손)에 대한 특성 중 맞는 것은?

① 동손은 주파수에 의해 변화한다.
② 동손은 온도 변화와 관계없다.
③ 동손은 부하 전류에 의해 변화한다.
④ 동손은 자속 밀도에 의해 변화한다.

답 063. ④ 064. ② 065. ② 066. ③ 067. ③

해설 동손 $P_c = I^2 R$에서 동손은 부하전류(I)의 제곱과 등가환산저항(R)에 의해 변화한다.

Q 068 전기력선의 기본성질에 대한 설명으로 틀린 것은?
① 전기력선의 방향은 그 점의 전계의 방향과 일치한다.
② 전기력선은 전위가 높은 점에서 낮은 점으로 향한다.
③ 두 개의 전기력선은 전하가 없는 곳에서 교차한다.
④ 전기력선의 밀도는 전계의 세기와 같다.

해설 전기력선은 도중에 끊어져 분리되거나, 교차하지 않는다.

Q 069 그림과 같은 접점회로의 논리식으로 옳은 것은?
① $X \cdot Y \cdot Z$
② $(X+Y) \cdot Z$
③ $X \cdot Z + Y$
④ $X + Y + Z$

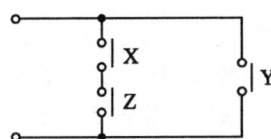

해설 논리식 $X \cdot Z + Y$

Q 070 극수가 4인 유도전동기가 900rpm으로 회전하고 있다. 현재 슬립속도는 20rpm일 때 주파수는 약 몇 Hz인가?
① 7.5　　② 28
③ 31　　④ 37

해설
• 회전수 $N = \dfrac{120 f_r}{P}$에서, 회전자의 주파수 $f_r = \dfrac{N \times P}{120} = \dfrac{900 \times 4}{120} = 30\,\text{Hz}$

• 슬립 $s = \dfrac{N_s - N}{N_s} = \dfrac{f_r}{f}$에서, 슬립속도의 주파수 $f = \dfrac{f_r}{\dfrac{N_s - N}{N_s}} = \dfrac{30}{\dfrac{900-20}{900}} = 30.7\,\text{Hz}$

Q 071 피드백제어에서 제어요소에 대한 설명 중 옳은 것은?
① 조작부와 검출부로 구성되어 있다.
② 동작신호를 조작량으로 변화시키는 요소이다.
③ 제어를 받는 출력량으로 제어대상에 속하는 요소이다.
④ 동작신호를 검출부로 변화시키는 요소이다.

답 068. ③　069. ③　070. ③　071. ②

해설 제어요소는 동작신호를 조작량으로 변화시키는 요소로서 조절부와 조작부로 구성되어 있다.

Q 072. 전류계와 병렬로 연결되어 전류계의 측정범위를 확대해 주는 것은?

① 배율기 ② 분류기
③ 절연저항 ④ 접지저항

해설 분류기는 전류계와 병렬로 연결하여 전류계의 측정범위를 확대하기 위한 측정기기이다.

Q 073. R-L-C 직렬회로에서 전압(E)과 전류(I) 사이의 관계가 잘못 설명된 것은?

① $X_L > X_C$인 경우 I는 E보다 θ만큼 뒤진다.
② $X_L < X_C$인 경우 I는 E보다 θ만큼 앞선다.
③ $X_L = X_C$인 경우 I는 E와 동상이다.
④ $X_L < (X_C - R)$인 경우 I는 E보다 θ만큼 뒤진다.

해설 R-L-C 직렬회로
- $X_L > X_C$인 경우 : 전류(I)는 전압(E)보다 위상이 θ만큼 뒤진다.
- $X_L < X_C$인 경우 : 전류(I)는 전압(E)보다 위상이 θ만큼 앞선다.
- $X_L = X_C$인 경우 : 전류(I)와 전압(E)은 동상이다.

Q 074. 미소한 전류나 전압의 유무를 검출하는 데 사용되는 계기는?

① 검류계 ② 전위차계
③ 회로시험계 ④ 오실로스코프

해설 검류계는 매우 미소한 전류나 전압을 검출하는 계기이다.

Q 075. 다음 논리식 중 틀린 것은?

① $\overline{A \cdot B} = \overline{A} + \overline{B}$ ② $\overline{A+B} = \overline{A} \cdot \overline{B}$
③ $A + A = A$ ④ $A + \overline{A} \cdot B = A + \overline{B}$

해설 $A + \overline{A} \cdot B = (A + \overline{A}) \cdot (A + B) = 1 \cdot (A + B) = A + B$

답 072. ② 073. ④ 074. ① 075. ④

076 정격 600W 전열기에 정격전압의 80%를 인가하면 전력은 몇 W로 되는가?

① 384   ② 486
③ 545   ④ 614

해설 전력 $P_1 = \dfrac{V_1^2}{R}$ 에서, $P_2 = \dfrac{V_2^2}{R} = \dfrac{(0.8V_1)^2}{R} = 0.8^2 P_1 = 0.8^2 \times 600 = 384\,\text{W}$

077 물체의 위치, 방위, 자세 등의 기계적 변위를 제어량으로 해서 목표값의 임의의 변화에 대응하도록 구성된 제어계는?

① 프로그램제어   ② 정치제어
③ 공정제어   ④ 추종제어

해설 추종제어는 목표값이 시간에 따라 변하는 것으로 서보기구가 이에 속한다. 서보기구는 물체의 위치, 방위, 각도 등의 상태량을 제어한다.

078 와류 브레이크(eddy current break)의 특징이나 특성에 대한 설명으로 옳은 것은?

① 전기적 제동으로 마모 부분이 심하다.
② 정지 시에는 제동토크가 걸리지 않는다.
③ 제동토크는 코일의 여자전류에 반비례한다.
④ 제동 시에는 회전에너지가 냉각작용을 일으키므로 별도의 냉각방식이 필요없다.

해설 와류 브레이크
• 전기적 제동으로 마모 부분이 없다.
• 정지 시에는 정지용 브레이크와 병용하므로 제동토크가 걸리지 않는다.

079 3상 동기발전기를 병렬운전하는 경우 고려하지 않아도 되는 것은?

① 기전력 파형의 일치 여부
② 상회전방향의 동일 여부
③ 회전수의 동일 여부
④ 기전력 주파수의 동일 여부

해설 동기발전기의 병렬운전 조건
• 기전력의 파형이 같을 것
• 상회전방향이 같을 것
• 기전력의 크기, 위상, 주파수가 같을 것

답 076. ① 077. ④ 078. ② 079. ③

Q 080 입력전압을 변화시켜서 전동기의 회전수를 900rpm으로 조정하였을 때 회전수는 제어의 구성요소 중 어느 것에 해당하는가?

① 목표값　　　　　　　② 조작량
③ 제어량　　　　　　　④ 제어대상

해설 제어의 구성요소
- 목표값 : 900rpm
- 조작량 : 입력전압
- 제어량 : 회전수
- 제어대상 : 전동기

제 5 과목 배관일반

Q 081 냉매 배관 시 플렉시블 조인트의 설치에 관한 설명으로 틀린 것은?

① 가급적 압축기 가까이에 설치한다.
② 압축기의 진동방향에 대하여 직각으로 설치한다.
③ 압축기가 가동할 때 무리한 힘이 가해지지 않도록 설치한다.
④ 기계·구조물 등에 접촉되도록 견고하게 설치한다.

해설 플렉시블 조인트는 압축기에서 발생한 진동이 배관계에 전달되지 않도록 흡수하기 위한 이음으로서 기계나 구조물에 견고하게 설치하지 않고 배관계에 설치한다.

Q 082 압력탱크 급수방법에서 사용되는 탱크의 부속품이 아닌 것은?

① 안전밸브　　　　　　② 수면계
③ 압력계　　　　　　　④ 트랩

해설 트랩은 배수설비에서 배수트랩, 증기난방설비에서 증기트랩으로 사용한다.

Q 083 배수배관의 관이 막혔을 때 이것을 점검, 수리하기 위해 청소구를 설치하는데, 설치 필요 장소로 적절하지 않은 곳은?

① 배수 수평 주관과 배수 수평 분기관의 분기점에 설치
② 배수관이 45° 이상의 각도로 방향을 전환하는 곳에 설치
③ 길이가 긴 수평 배수관인 경우 관경이 100A 이하일 때 5m마다 설치
④ 배수 수직관의 제일 밑부분에 설치

해설 청소구는 수평 배수관의 관경이 100A 이하일 때 20m 이내마다 청소구를 설치한다.

답 080. ③　081. ④　082. ④　083. ③

Q 084 냉매유속이 낮아지게 되면 흡입관에서의 오일회수가 어려워지므로 오일회수를 용이하게 하기 위하여 설치하는 것은?

① 이중입상관　　　　　② 루프 배관
③ 액 트랩　　　　　　　④ 리프팅 배관

해설 냉매유속이 낮아지게 되면 흡입관에서 윤활유를 회수할 수 없으므로 최소부하 시에도 오일을 회수할 수 있도록 이중입상관을 설치한다.

Q 085 급탕배관에 관한 설명으로 틀린 것은?

① 단관식의 경우 급수관경보다 큰 관을 사용해야 한다.
② 하향식 공급 방식에서는 급탕관 및 복귀관은 모두 선하향 구배로 한다.
③ 보통 급탕관은 수명이 짧으므로 장래에 수리, 교체가 용이하도록 노출 배관하는 것이 좋다.
④ 연관은 열에 강하고 부식도 잘 되지 않으므로 급탕배관에 적합하다.

해설 급탕배관은 열전도도가 우수한 동관을 사용하며 연관은 내식성이 우수하므로 수도관, 배수관, 공업용 배관으로 사용한다.

Q 086 펌프 주위배관 시공에 관한 사항으로 틀린 것은?

① 풋 밸브(foot valve) 등 모든 관의 이음은 수밀, 기밀을 유지할 수 있도록 한다.
② 흡입관의 길이는 가능한 한 짧게 배관하여 저항이 적도록 한다.
③ 흡입관의 수평배관은 펌프를 향하여 하향 구배로 한다.
④ 양정이 높을 경우에는 펌프 토출구와 게이트 밸브와의 사이에 체크 밸브를 설치한다.

해설 펌프 설치 시 흡입관의 수평배관은 펌프를 향하여 상향 구배로 한다.

Q 087 방열기 주위배관에 대한 설명으로 틀린 것은?

① 방열기 주위는 스위블 이음으로 배관한다.
② 공급관은 앞쪽올림의 역구배로 한다.
③ 환수관은 앞쪽내림의 순구배로 한다.
④ 구배를 취할 수 없거나 수평주관이 2.5m 이상일 때는 한 치수 작은 지름으로 한다.

답 084. ①　085. ④　086. ③　087. ④

해설 방열기 주위배관
- 방열기 주위배관은 스위블형 신축이음으로 한다.
- 공급관은 올림구배(역구배)로, 환수관은 내림구배(순구배)로 한다.

Q 088. 급탕설비에 관한 설명으로 틀린 것은?

① 개별식 급탕법은 욕실, 세면장, 주방 등에 소형의 가열기를 설치하여 급탕하는 방법이다.
② 온수보일러에 의한 간접가열방식이 직접가열방식보다 저탕조 내부에 스케일이 잘 생기지 않는다.
③ 급수관에서 공급된 물이 코일 모양으로 배관된 가열관을 통과하는 동안에 가스 불꽃에 의해 가열되어 급탕하는 장치를 순간온수기라 한다.
④ 열효율은 양호하지만 소음이 심하여 S형, Y형의 사이렌서를 부착하며, 사용증기압력은 약 10~40MPa인 급탕법을 기수혼합식이라 한다.

해설 기수혼합식 급탕식은 저탕조 내에 0.1~0.4MPa 정도의 증기를 직접 불어넣어 가열하는 방식으로서 소음을 줄이기 위하여 S형과 F형의 스팀사일렌서를 부착한다.

Q 089. 배관 도면에서 각 장치와 관에 번호를 부여하는 라인 인덱스의 기재 순서 예로 '4-2B-N-15-39-CINS'로 기재하는데 이 중 '39'는 무엇을 나타내는 표시인가?

① 관의 호칭지름
② 배관재료의 종류
③ 유체별 배관번호
④ 장치번호

해설 4-2B-N-15-39-CINS
- 4 : 장치번호
- 2B : 관의 호칭지름
- N : 관 내에 흐르는 유체의 기호
- 15 : 유체별 배관번호
- 39 : 배관재료의 종류
- CINS : 배관의 보냉, 보온, 화상방지를 필요로 할 때 사용하는 기호

Q 090. 주철관 이음에 해당되는 것은?

① 납땜 이음
② 열간 이음
③ 타이튼 이음
④ 플라스탄 이음

해설 주철관 이음 : 타이튼 이음, 소켓 이음, 미캐니컬 이음, 빅토릭 이음

답 088. ④ 089. ② 090. ③

Q 091 대·소변기 및 이와 유사한 용도를 갖는 기구로부터 배수 등 인간의 분뇨를 포함하는 배수의 종류는?

① 우수 ② 오수
③ 잡배수 ④ 특수배수

해설 배수의 종류
- 우수 : 빗물로서 건물의 지붕 등에서 배출되는 배수
- 오수 : 인간의 분뇨로서 수세식 화장실의 대·소변기 등에서 배출되는 배수
- 잡배수 : 세면기나 욕실 등에서 배출되는 배수
- 특수배수 : 병원균과 화학약품이 함유되어 배출되는 배수

Q 092 저온수 난방장치에서 배기관의 설치위치는?

① 팽창관 하단 ② 순환펌프 출구
③ 드레인관 하단 ④ 팽창탱크 상단

해설 배기관은 통기관으로서 개방식 팽창탱크의 상부에 설치한다.

Q 093 다음 공조용 배관 중 배관 샤프트 내에서 단열시공을 하지 않는 배관은?

① 온수관 ② 냉수관
③ 증기관 ④ 냉각수관

해설 냉각수관은 응축기와 냉각탑 사이의 배관으로서 단열시공을 하지 않는다.

Q 094 배관의 하중을 위에서 걸어 당겨 지지하는 행거(hanger) 중 상하 방향의 변위가 없는 개소에 사용하는 것은?

① 콘스탄트 행거(constant hanger)
② 리지드 행거(rigid hanger)
③ 베리어블 행거(variable hanger)
④ 스프링 행거(spring hanger)

해설 행거의 종류
- 콘스탄트 행거 : 배관의 상, 하 이동을 허용하며 변위가 큰 곳에 사용한다.
- 리지드 행거 : 상하 방향의 변위가 없는 곳에 사용한다.
- 스프링 행거 : 변위가 적은 곳에 사용한다.

답 091. ② 092. ④ 093. ④ 094. ②

Q.095 가스배관 외부에 표시하지 않는 것은? (단, 지하에 매설하는 경우는 제외)
① 사용가스명 ② 최고사용압력
③ 유량 ④ 가스흐름 방향

해설 가스배관 외부에는 사용가스명, 최고사용압력, 가스의 흐름 방향 등을 표시해야 한다.

Q.096 증기와 응축수의 온도차를 이용하여 응축수를 배출하는 열동식 트랩이 아닌 것은?
① 벨로즈 트랩 ② 디스크 트랩
③ 바이메탈식 트랩 ④ 다이어프램식 트랩

해설 디스크 트랩은 열역학적 트랩으로서 증기와 응축수의 열역학적 성질을 이용한 것이다.

Q.097 복사난방 배관에서 코일의 구배로 옳은 것은?
① 상향식 : 올림구배, 하향식 : 올림구배
② 상향식 : 내림구배, 하향식 : 올림구배
③ 상향식 : 내림구배, 하향식 : 내림구배
④ 상향식 : 올림구배, 하향식 : 내림구배

해설 복사난방의 코일의 구배는 상향공급식일 경우 올림구배로 하고, 하향공급식일 경우 내림구배로 한다.

Q.098 배수관에 트랩을 설치하는 가장 큰 목적은?
① 유체의 역류방지를 위해
② 통기를 원활하게 하기 위해
③ 배수속도를 일정하게 하기 위해
④ 유해, 유취 가스의 역류 방지를 위해

해설 배수트랩은 배수관 내의 악취 및 해충이 실내로 역류하는 것을 방지하기 위하여 설치한다.

Q.099 개별식 급탕 방법의 특징이 아닌 것은?
① 배관의 길이가 길어 열손실이 크다.
② 사용이 쉽고 시설이 편리하다.

답 095. ③ 096. ② 097. ④ 098. ④ 099. ①

③ 필요한 즉시 따뜻한 온도의 물을 쓸 수 있다.
④ 소형 가열기를 급탕이 필요한 곳에 설치하는 방법이다.

해설 개별식 급탕 방법은 소규모 건물에서 각각의 급탕장소에 소형 탕비기를 설치하는 방식으로서 배관길이가 짧기 때문에 열손실이 적다.

Q 100 급탕설비에서 급탕 온도가 70℃, 복귀탕 온도가 60℃일 때, 온수 순환 펌프의 수량은? (단, 배관계의 총 손실열량은 3000kcal/h로 한다.)

① 50L/min
② 5L/min
③ 45L/min
④ 4.5L/min

해설 손실열량 $q = GCdt$ 에서

온수순환량 $G = \dfrac{q}{Cdt} = \dfrac{3000}{1 \times (70-60)} = 300\,\text{kg/h} = \dfrac{300}{60} = 5\,\text{kg/min}\,(\text{L/min})$

답 100. ②

2015년 5월 31일 시행

공조냉동기계기사

제 1 과목 기계열역학

Q.001 상태와 상태량과의 관계에 대한 설명 중 틀린 것은?

① 순수물질 단순 압축성 시스템의 상태는 2개의 독립적 강도성 상태량에 의해 완전하게 결정된다.
② 상변화를 포함하는 물과 수증기의 상태는 압력과 온도에 의해 완전하게 결정된다.
③ 상변화를 포함하는 물과 수증기의 상태는 온도와 비체적에 의해 완전하게 결정된다.
④ 상변화를 포함하는 물과 수증기의 상태는 압력과 비체적에 의해 완전하게 결정된다.

해설
- 포화수는 표준대기압에서 100℃이고, 건조포화증기는 표준대기압에서 100℃이다.
- 포화수와 건조포화증기가 공존하는 습포화증기의 상태는 온도와 압력에 따라 상태가 달라진다. 따라서, 상변화를 포함하는 물과 수증기의 상태는 압력과 온도에 의해 완전하게 결정될 수 없다.

Q.002 이상기체의 등온과정에 관한 설명 중 옳은 것은?

① 엔트로피 변화가 없다.
② 엔탈피 변화가 없다.
③ 열 이동이 없다.
④ 일이 없다.

해설 이상기체가 등온과정일 때

① 엔트로피 변화 $S_2 - S_1 = mR\ln\dfrac{v_2}{v_1} = mR\ln\dfrac{P_1}{P_2}$ [kJ/K]

② 엔탈피 변화 $H_2 - H_1 = mC_p(t_2 - t_1) = 0$
  온도 변화 $t_2 - t_1 = 0$ 이므로 등온과정에서는 엔탈피 변화는 없다.

③ 외부에서 얻은 열량 $\delta Q = dU + PdV = 0 + \delta W = \delta W$ [kJ]

④ 팽창일 $W_{12} = mP_1v_1\ln\dfrac{v_2}{v_1} = mP_1v_1\ln\dfrac{P_1}{P_2}$ [kJ]

답 001. ② 002. ②

003 두께 1cm, 면적 0.5m²의 석고판의 뒤에 가열 판이 부착되어 1000W의 열을 전달한다. 가열판의 뒤는 완전히 단열되어 열은 앞면으로만 전달된다. 석고판 앞면의 온도는 100℃이다. 석고의 열전도율이 k=0.79W/m·K일 때 가열판에 접하는 석고 면의 온도는 약 몇 ℃인가?

① 110 ② 125
③ 150 ④ 212

[해설]
열전도열량 $q = \dfrac{k}{l} A(t_2 - t_1)$에서

석고 면의 온도 $t_2 = t_1 + \dfrac{ql}{kA} = 100 + \dfrac{1000 \times 0.01}{0.79 \times 0.5} = 125.3℃$

004 기본 Rankine 사이클의 터빈 출구 엔탈피 h_{te}=1200kJ/kg, 응축기 방열량 q_L=1000kJ/kg, 펌프 출구 엔탈피 h_{pe}=210kJ/kg, 보일러 가열량 q_H=1210kJ/kg이다. 이 사이클의 출력일은?

① 210kJ/kg ② 220kJ/kg
③ 230kJ/kg ④ 420kJ/kg

[해설]
- 터빈 입구 엔탈피 $h_{ti} = 210 + 1210 = 1420\,kJ/kg$
- 펌프 입구 엔탈피 $h_{pi} = 1200 - 1000 = 200\,kJ/kg$
- 출력일 $w = (h_{ti} - h_{te}) - (h_{pe} - h_{pi})$에서, $w = (1420 - 1200) - (210 - 200) = 210\,kJ/kg$

005 실린더에 밀폐된 8kg의 공기가 그림과 같이 P_1=800kPa, 체적 V_1=0.27m³에서 P_2=350kPa, 체적 V_2=0.80m³으로 직선 변화하였다. 이 과정에서 공기가 한 일은 약 몇 kJ인가?

① 254
② 305
③ 382
④ 390

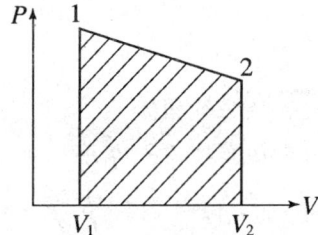

[해설]
공기가 한 일 $W = \dfrac{1}{2}(P_1 - P_2)(V_2 - V_1) + P_2(V_2 - V_1)$에서

$W = \dfrac{1}{2}(800 - 350)(0.8 - 0.27) + 350(0.8 - 0.27) = 304.75\,kJ$
$= 304.75\,kJ$

답 003. ② 004. ① 005. ②

Q 006
역 카르노사이클로 작동하는 증기압축 냉동사이클에서 고열원의 절대온도를 T_H, 저열원의 절대온도를 T_L이라 할 때, $\frac{T_H}{T_L}=1.6$이다. 이 냉동사이클이 저열원으로부터 2.0kW의 열을 흡수한다면 소요 동력은?

① 0.7kW ② 1.2kW
③ 2.3kW ④ 3.9kW

해설
역 카르노사이클의 성능계수 $COP = \frac{Q_e}{L} = \frac{T_L}{T_H - T_L}$ 에서

소요 동력 $L = \frac{Q_e}{\frac{T_L}{T_H - T_L}} = \frac{2}{\frac{T_L}{1.6T_L - T_L}} = 1.2\text{kW}$

Q 007
절대온도가 0에 접근할수록 순수 물질의 엔트로피는 0에 접근한다는 절대 엔트로피 값의 기준을 정하는 법칙은?

① 열역학 제0법칙이다. ② 열역학 제1법칙이다.
③ 열역학 제2법칙이다. ④ 열역학 제3법칙이다.

해설
열역학 제3법칙 : 모든 순수물질의 절대 엔트로피는 절대온도(T) "0"도 부근에서는 T^3에 비례하여 "0"에 접근한다.

Q 008
클라우지우스(Clausius) 부등식을 표현한 것으로 옳은 것은? (단, T는 절대온도, Q는 열량을 표시한다.)

① $\oint \frac{\delta Q}{T} \geq 0$ ② $\oint \frac{\delta Q}{T} \leq 0$
③ $\oint \delta Q \geq 0$ ④ $\oint \delta Q \leq 0$

해설
클라우지우스의 적분
- 가역사이클의 경우 $\oint \frac{\delta Q}{T} = 0$
- 비가역사이클의 경우 $\oint \frac{\delta Q}{T} < 0$

Q 009
배기체적이 1200cc, 간극체적이 200cc의 가솔린 기관의 압축비는 얼마인가?

① 5 ② 6
③ 7 ④ 8

답 006. ② 007. ④ 008. ② 009. ③

해설 압축비 $a = \dfrac{V_c + V_s}{V_c}$ 에서, $a = \dfrac{200 + 1200}{200} = 7$

Q 010
오토 사이클(Otto cycle)의 압축비 $\varepsilon = 8$이라고 하면 이론 열효율은 약 몇 %인가? (단, $k = 1.4$이다.)

① 36.8% ② 46.7%
③ 56.5% ④ 66.6%

해설 오토사이클의 열효율 $\eta_o = 1 - \left(\dfrac{1}{\varepsilon}\right)^{k-1}$ 에서, $\eta_o = 1 - \left(\dfrac{1}{8}\right)^{1.4-1} = 0.565 = 56.5\%$

Q 011
용기에 부착된 압력계에 읽힌 계기압력이 150kPa이고 국소대기압이 100kPa일 때 용기 안의 절대압력은?

① 250kPa ② 150kPa
③ 100kPa ④ 50kPa

해설 절대압력 $P_a = P + P_g$ 에서, $P_a = 100 + 150 = 250\,\text{kPa}$

Q 012
펌프를 사용하여 150kPa, 26℃의 물을 가역 단열과정으로 650kPa로 올리려고 한다. 26℃의 포화액의 비체적이 0.001m³/kg이면 펌프일은?

① 0.4kJ/kg ② 0.5kJ/kg
③ 0.6kJ/kg ④ 0.7kJ/kg

해설 펌프일 $w_P = v(P_2 - P_1)$ 에서, $w_P = 0.001 \times (650 - 150) = 0.5\,\text{kJ/kg}$

Q 013
공기 2kg이 300K, 600kPa 상태에서 500K, 400kPa 상태로 가열된다. 이 과정 동안의 엔트로피 변화량은 약 얼마인가? (단, 공기의 정적비열과 정압비열은 각각 0.717kJ/kg·K과 1.004kJ/kg·K로 일정하다.)

① 0.73kJ/K ② 1.83kJ/K
③ 1.02kJ/K ④ 1.26kJ/K

해설
- 보일과 샤를의 법칙 $\dfrac{P_1 v_1}{T_1} = \dfrac{P_2 v_2}{T_2}$ 에서,

비체적비 $\dfrac{v_2}{v_1} = \dfrac{T_2}{T_1} \times \dfrac{P_1}{P_2} = \dfrac{500}{300} \times \dfrac{600}{400} = 2.5$

답 010. ③ 011. ① 012. ② 013. ④

- 엔트로피 변화량 $S_2 - S_1 = mC_p \ln\dfrac{v_2}{v_1} + mC_v \ln\dfrac{P_2}{P_1}$ 에서

$S_2 - S_1 = 2 \times 1.004 \ln 2.5 + 2 \times 0.707 \ln \dfrac{400}{600} = 1.267 \, kJ/K$

014
어떤 냉장고에서 엔탈피 17kJ/kg의 냉매가 질량유량 80kg/hr로 증발기에 들어가 엔탈피 36kJ/kg가 되어 나온다. 이 냉장고의 냉동능력은?

① 1220kJ/hr ② 1800kJ/hr
③ 1520kJ/hr ④ 2000kJ/hr

해설 냉동능력 $Q_e = m(h_2 - h_1)$ 에서, $Q_e = 80 \times (36 - 17) = 1520 \, kJ/hr$

015
대기압 하에서 물을 20℃에서 90℃로 가열하는 동안의 엔트로피 변화량은 약 얼마인가? (단, 물의 비열은 4.184kJ/kg·K로 일정하다.)

① 0.8kJ/kg·K ② 0.9kJ/kg·K
③ 1.0kJ/kg·K ④ 1.2kJ/kg·K

해설 엔트로피 변화량 $s_2 - s_1 = C_p \ln\dfrac{T_2}{T_1}$ 에서, $s_2 - s_1 = 4.184 \ln \dfrac{273+90}{273+20} = 0.896 \, kJ/kg \cdot K$

016
자연계의 비가역 변화와 관련 있는 법칙은?

① 제0법칙 ② 제1법칙
③ 제2법칙 ④ 제3법칙

해설 열역학 제2법칙
- 자연적인 법칙으로서 열은 고온에서 저온으로 이동한다.
- 손실을 수반하는 비가역적 현상을 명시하는 법칙이다.

017
해수면 아래 20m에 있는 수중다이버에게 작용하는 절대압력은 약 얼마인가? (단, 대기압은 101kPa이고, 해수의 비중은 1.03이다.)

① 101kPa ② 202kPa
③ 303kPa ④ 504kPa

해설
- 비중 $s = \dfrac{\gamma}{\gamma_w}$ 에서, 해수의 비중량 $\gamma = s\gamma_w = 1.03 \times 9800 \, N/m^3 = 10094 \, N/m^3$
- 해수의 게이지 압력 $P = \gamma H$ 에서, $P_g = 10094 \times 20 = 201880 \, Pa = 201.9 \, kPa$
- 절대압력 $P_a = P + P_g$ 에서, $P_a = 101 + 201.9 = 302.9 \, kPa$

답 014. ③ 015. ② 016. ③ 017. ③

Q 018 압축기 입구 온도가 −10℃, 압축기 출구 온도가 100℃, 팽창기 입구 온도가 5℃, 팽창기 출구 온도가 −75℃로 작동되는 공기 냉동기의 성능계수는? (단, 공기의 C_p는 1.0035kJ/kg·℃로서 일정하다.)

① 0.56
② 2.17
③ 2.34
④ 3.17

해설
- 흡열량 $q_1 = C_p dT$에서, $q_1 = 1.0035 \times \{(-10)-(-75)\} = 65.23\,\text{kJ/kg}$
- 방열량 $q_2 = C_p dT$에서, $q_2 = 1.0035 \times (100-5) = 95.33\,\text{kJ/kg}$
- 공기 냉동기(역브레이톤 사이클)의 성능계수

$$\text{COP} = \frac{q_1}{q_2 - q_1} \text{에서, } \text{COP} = \frac{65.23}{95.33 - 65.23} = 2.17$$

Q 019 분자량이 30인 C₂H₆(에탄)의 기체상수는 몇 kJ/kg·K인가?

① 0.277
② 2.013
③ 19.33
④ 265.43

해설
기체상수 $R = \dfrac{\overline{R}}{M}$에서, $R = \dfrac{8.314}{30} = 0.2771\,\text{kJ/kg}\cdot\text{K}$

(일반기체상수 $\overline{R} = 8.314\,\text{kJ/kmol}\cdot\text{K}$)

Q 020 출력이 50kW인 동력 기관이 한 시간에 13kg의 연료를 소모한다. 연료의 발열량이 45000kJ/kg이라면, 이 기관의 열효율은 약 얼마인가?

① 25%
② 28%
③ 31%
④ 36%

해설
열효율 $\eta = \dfrac{W}{m_f \times H} \times 100\%$에서, $\eta = \dfrac{50}{\dfrac{13}{3600} \times 45000} \times 100\% = 30.8\%$

제 2 과목   냉동공학

Q 021 어떤 냉장실 온도를 −20℃로 유지하고자 할 때 필요한 관 길이는? (단, 관의 열통과율 7kcal/cm²·h·℃이고, 냉동부하는 20RT, 냉매 증발온도는 −35℃이며 관의 외경은 5cm이다.)

① 약 10.26cm
② 약 20.26cm
③ 약 40.26cm
④ 약 50.26cm

답 018. ② 019. ① 020. ③ 021. ③

해설
- 열통과열량 $Q = KAdt$에서,
  전열면적 $A = \dfrac{Q}{Kdt} = \dfrac{20 \times 3320}{7 \times \{-20-(-35)\}} = 632.38 \text{cm}^2$
- 관의 전열면적 $A = \pi dL$에서, 관 길이 $L = \dfrac{A}{\pi d} = \dfrac{632.38}{\pi \times 5} = 40.26 \text{cm}$

022 냉매의 필요조건으로 틀린 것은?
① 임계온도가 높고 상온에서 액화할 것
② 증발열이 크고 액체비열이 작을 것
③ 증기의 비열비가 작을 것
④ 점도와 표면장력이 클 것

해설 냉매가 냉동장치 내를 통과할 때 유동저항이 작아야 하므로 점도와 표면장력이 작아야 한다.

023 압축기 토출압력 상승 원인으로 가장 거리가 먼 것은?
① 응축온도가 낮을 때
② 냉각수 온도가 높을 때
③ 냉각수 양이 부족할 때
④ 공기가 장치 내에 혼입했을 때

해설 토출압력의 상승 원인
- 응축온도가 높을 때
- 냉각수 온도가 높을 때
- 냉각수 양이 부족할 때
- 공기가 장치 내에 혼입했을 때

024 다음 중 압축기의 냉동능력(R)을 산출하는 식은? (단, V : 피스톤 압출량[m³/min], ν : 압축기 흡입 냉매 증기의 비체적[m³/kg], q : 냉매의 냉동효과[kcal/kg], η : 체적효율)

① $R = \dfrac{\nu \times q \times \eta \times 60}{3320 \times V}$
② $R = \dfrac{V \times q \times 60}{3320 \times \eta \times \nu}$
③ $R = \dfrac{V \times q \times \eta \times 60}{3320 \times \nu}$
④ $R = \dfrac{V \times q \times \nu \times 60}{3320 \times \eta}$

해설
- 압축기의 냉매순환량 $G = \dfrac{V}{\nu} \times \eta [\text{kg/h}]$
- 냉동능력 $R = \dfrac{G \times q}{3320}$에서, $R = \dfrac{\dfrac{V}{\nu} \times \eta \times 60 \times q}{3320} = \dfrac{V \times q \times \eta \times 60}{3320 \times \nu} [\text{RT}]$

답 022. ④ 023. ① 024. ③

025 냉동장치의 불응축가스를 제거하기 위한 장치는?
① 중간냉각기　　② 가스퍼져
③ 제상장치　　　④ 여과기

해설 가스퍼져 : 응축기와 수액기 상부에 불응축가스가 발생하기 때문에 불응축가스를 제거하기 위하여 응축기 상부, 수액기 상부에 설치한다.

026 물체 간의 온도차에 의한 열의 이동현상을 열전도라 한다. 이 과정에서 전달되는 열량에 대한 설명으로 옳은 것은?
① 단면적에 반비례한다.　　② 열전도 계수에 반비례한다.
③ 온도차에 반비례한다.　　④ 물체의 두께에 반비례한다.

해설 열전도 열량 $Q = \frac{\lambda}{l} A dt$ 에서, 열전도 열량은 열전도 계수(λ)와 단면적(A), 온도차(dt)에 비례하고, 물체의 두께(l)에 반비례한다.

027 온도식 자동팽창밸브(TEV)의 감온통 설치방법으로 옳은 것은?
① 증발기 출구 수평관에 정확히 밀착한다.
② 흡입관 지름이 15mm일 때 관의 하부에 설치한다.
③ 흡입관 지름이 30mm일 때 관 중앙에서 45° 위로 설치한다.
④ 흡입관에 트랩이 있으면 피하며 설치해야 할 경우 트랩 이후에 설치한다.

해설 감온통 설치방법
• 증발기 출구 수평관에 정확히 밀착한다.
• 흡입관 지름이 20mm 이하일 때 흡입관 상부에 설치하고, 흡입관 지름이 20mm 이상일 때 흡입관의 수평보다 45° 하부에 설치한다.
• 흡입관에 트랩이 있으면 피하며 트랩 이전에 설치한다.

028 스크류 압축기의 특징으로 가장 거리가 먼 것은?
① 동일 용량의 왕복동 압축기에 비하여 소형 경량으로 설치면적이 작다.
② 장시간 연속운전이 가능하다.
③ 부품수가 적고 수명이 길다.
④ 오일펌프를 설치하지 않는다.

해설 스크류 압축기의 윤활장치는 외부 윤활유 펌프로 주입, 순환, 회수하는 강제순환식을 채택한다. 따라서, 별도의 오일펌프를 설치해야 한다.

답 025. ② 026. ④ 027. ① 028. ④

Q 029 왕복동식 압축기의 흡입밸브와 배출밸브의 구비조건으로 틀린 것은?

① 작동이 확실하고 냉매증기의 유동에 저항을 적게 주는 구조이어야 한다.
② 밸브의 관성력이 크고 개폐작동이 원활해야 한다.
③ 밸브 개폐에 필요한 냉매증기 압력의 차가 작아야 한다.
④ 밸브가 파손되거나 마모되지 않아야 한다.

해설 밸브는 관성력이 작고 개폐작동이 원활해야 한다.

Q 030 다음의 P-h 선도 상에서 냉동능력이 1냉동톤인 소형 냉장고의 실제 소요동력은? (단, 압축효율(η_c)은 0.75, 기계효율(η_m)은 0.9이다.)

① 약 1.48kW
② 약 1.62kW
③ 약 2.73kW
④ 약 3.27kW

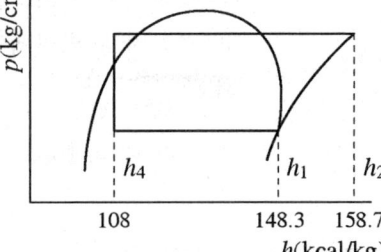

해설
- 냉동능력 1RT = 3320 kcal/h 일 때,
  냉매순환량 $G = \dfrac{Q_e}{q_e} = \dfrac{Q_e}{h_1 - h_4}$ 에서
  $G = \dfrac{1 \times 3320}{148.3 - 108} = 82.38 \, \text{kg/h}$
- 압축일의 열당량 $AW = h_2 - h_1$ 에서
  $AW = 158.7 - 148.3 = 10.4 \, \text{kcal/kg}$
- 실제 소요동력 $L = \dfrac{G \times AW}{860 \times \eta_c \times \eta_m}$ 에서
  $L = \dfrac{82.38 \times 10.4}{860 \times 0.75 \times 0.9} = 1.48 \, \text{kW}$

Q 031 역 카르노사이클로 작동되는 냉동기의 성적계수가 6.84이다. 응축온도가 22.7℃ 일 때 증발온도는?

① -5℃ ② -15℃
③ -25℃ ④ -30℃

해설 냉동기 성적계수 $COP = \dfrac{T_L}{T_H - T_L}$ 에서

증발온도 $T_L = \dfrac{COP \times T_H}{1 + COP} = \dfrac{6.84 \times (273 + 22.7)}{1 + 6.84} = 257.98 \, \text{K} = -15.02℃$

답 029. ② 030. ① 031. ②

Q 032. 몰리에르 선도 상에서 표준 냉동사이클의 냉매 상태변화에 대한 설명으로 옳은 것은?

① 등엔트로피 변화는 압축과정에서 일어난다.
② 등엔트로피 변화는 증발과정에서 일어난다.
③ 등엔트로피 변화는 팽창과정에서 일어난다.
④ 등엔트로피 변화는 응축과정에서 일어난다.

해설 압축과정은 단열압축과정으로서 등엔트로피 변화, 압력이 상승, 비체적이 저하, 온도가 상승, 엔탈피가 상승한다.

Q 033. 흡수식 냉동기의 특징에 대한 설명으로 옳은 것은?

① 자동제어가 어렵고 운전경비가 많이 소요된다.
② 초기 운전 시 정격 성능을 발휘할 때까지의 도달 속도가 느리다.
③ 부분 부하에 대한 대응성이 어렵다.
④ 증기 압축식보다 소음 및 진동이 크다.

해설 흡수식 냉동기는 압축기가 없기 때문에 소음 및 진동이 적다.

Q 034. 원수 25℃인 물 1톤을 하루 동안 0℃ 얼음으로 만들기 위해 제거해야 할 열량은? (단, 얼음의 응고 잠열은 79.6kcal/kg으로 계산한다.)

① 약 0.7RT ② 약 1RT
③ 약 1.3RT ④ 약 1.6RT

해설 열량 $Q = GCdt + G\gamma$에서

열량 $Q = \dfrac{1000}{24} \times 1 \times (25-0) + \dfrac{1000}{24} \times 79.6 = 4358.33\,\text{kcal/h} = \dfrac{4358.33}{3320} = 1.31\text{RT}$

Q 035. 표준 냉동사이클의 냉매 상태변화에 대한 설명으로 틀린 것은?

① 압축 과정 – 온도상승
② 응축 과정 – 압력불변
③ 과냉각 과정 – 엔탈피 감소
④ 팽창 과정 – 온도불변

해설 팽창 과정은 단열팽창 과정으로서 등엔탈피 변화, 압력이 강하, 온도가 저하, 비체적이 상승된다.

답 032. ① 033. ② 034. ③ 035. ④

Q 036 브라인의 구비조건으로 적당하지 않은 것은?
① 응고점이 낮을 것 ② 점도가 클 것
③ 열전달율이 클 것 ④ 불연성이며 독성이 없을 것

해설 브라인은 현열로 피냉각 물체의 열을 흡수하여 냉동하는 작동유체로서 점성이 작아야 한다.

Q 037 다음 그림과 같이 작동되는 냉동장치의 압축기 소요동력이 50kW일 때, 압축기의 피스톤 토출량은? (단, 압축기 체적효율 65%, 기계효율 85%, 압축효율 80%이다.)

① 약 260m³/h
② 약 320m³/h
③ 약 400m³/h
④ 약 500m³/h

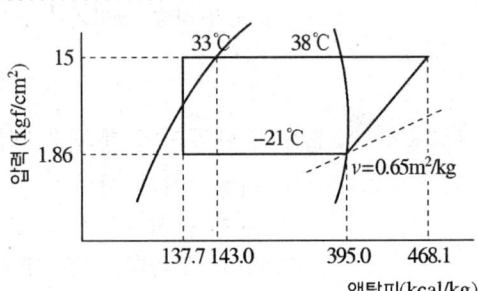

해설
- 압축일의 열당량 $AW = h_2 - h_1$에서, $AW = 468.1 - 395 = 73.1\,\text{kcal/kg}$
- 냉매순환량 $G = \dfrac{L \times 860 \times \eta_c \times \eta_m}{AW}$에서, $G = \dfrac{50 \times 860 \times 0.8 \times 0.85}{73.1} = 400\,\text{kg/h}$
- 냉매순환량 $G = \dfrac{V}{v} \times \eta_v$에서, 피스톤 압출량 $V = \dfrac{G \times v}{\eta_v} = \dfrac{400 \times 0.65}{0.65} = 400\,\text{m}^3/\text{h}$

Q 038 2원 냉동사이클의 주요장치로 가장 거리가 먼 것은?
① 저온압축기 ② 고온압축기
③ 중간냉각기 ④ 팽창밸브

해설 중간냉각기 : 2단 압축 냉동사이클의 장치

Q 039 냉동장치에서 액분리기의 적절한 설치 위치는?
① 수액기 출구 ② 압축기 출구
③ 팽창밸브 입구 ④ 증발기 출구

해설 액분리기는 압축기로 흡입되는 냉매가스 중의 냉매액을 분리시켜 액압축을 방지하는 부속장치로서 증발기 출구와 압축기 사이의 흡입관에 설치한다.

답 036. ② 037. ③ 038. ③ 039. ④

Q 040 저온용 단열재의 조건으로 틀린 것은?

① 내구성이 있을 것
② 흡습성이 클 것
③ 팽창계수가 작을 것
④ 열전도율이 작을 것

해설 단열재는 열을 차단하는 재료로서 열전도율이 작고, 흡습성이 작아야 한다.

제 3 과목　공기조화

Q 041 공기조화에 이용되는 열원방식 중 특수열원방식의 분류로 가장 거리가 먼 것은?

① 지역 냉·난방방식
② 열병합발전(co-generation)방식
③ 흡수식 냉온수기방식
④ 태양열이용방식

해설 특수열원방식
- 지역 냉·난방방식
- 열병합발전방식
- 태양열이용방식
- 축열방식

Q 042 냉·난방부하와 기기용량과의 관계로 옳은 것은?

① 송풍량=실내취득열량+기기로부터의 취득열량
② 냉각코일 용량=실내취득열량+외기부하
③ 순수 보일러 용량=난방부하+배관부하
④ 냉동기 용량=실내취득열량+기기로부터의 취득열량+냉수펌프 및 배관부하

해설
- 송풍기 용량=실내취득열량+기기로부터 취득열량
- 냉각코일 용량=송풍기 용량+외기부하+재열부하
- 냉동기 용량=냉각코일 용량+냉수펌프 및 배관부하

Q 043 습공기를 가열, 감습하는 경우 열수분비 값은?

① 0
② 0.5
③ 1
④ ∞

해설 열수분비 $U=\dfrac{h_2-h_1}{x_2-x_1}$ 에서 습공기를 가열, 감습하는 경우 엔탈피 차 $h_2-h_1=0$이므로 열수분비의 값은 "0"이 된다.

답 040. ②　041. ③　042. ①　043. ①

Q 044 중앙식 난방법의 하나로서, 각 건물마다 보일러 시설 없이 일정 장소에서 여러 건물에 증기 또는 고온수 등을 보내서 난방하는 방식은?

① 복사난방 ② 지역난방
③ 개별난방 ④ 온풍난방

해설 지역난방은 광범위한 지역에 열공급 배관을 설치하여 열병합발전소에서 각 건물마다 보일러 시설 없이 증기 또는 온수 등을 축열조에 보내서 난방용 열원과 열교환시켜 난방 및 급탕을 하는 방식이다.

Q 045 보일러의 부속장치인 과열기가 하는 역할은?

① 과냉각액을 포화액으로 만든다.
② 포화액을 습증기로 만든다.
③ 습증기를 건포화증기로 만든다.
④ 포화증기를 과열증기로 만든다.

해설 과열기는 배기가스를 이용하여 포화증기를 고온의 과열증기로 만드는 장치로서 폐열회수장치이다.

Q 046 공기조화설비를 구성하는 열운반장치로서, 공조기에 직접 연결되어 사용하는 펌프로 거리가 가장 먼 것은?

① 냉각수 펌프 ② 냉수 순환펌프
③ 온수 순환펌프 ④ 응축수(진공) 펌프

해설 냉각수 펌프는 냉동장치의 응축기와 냉각탑 사이에 설치하여 냉각수를 응축기로 공급하는 순환펌프이다.

Q 047 공조부하 중 재열부하에 관한 설명으로 틀린 것은?

① 부하계산 시 현열, 잠열부하를 고려한다.
② 냉방부하에 속한다.
③ 냉각코일의 용량산출 시 포함시킨다.
④ 냉각된 공기를 가열하는 데 소요되는 열량이다.

해설 재열부하는 실내공기의 과냉을 방지하기 위하여 재열코일에서 재가열하여 실내로 취출하는 부하로서 공기를 가열하므로 부하계산 시 현열만 고려한다.

답 044. ② 045. ④ 046. ① 047. ①

Q 048 냉수코일 설계 시 공기의 통과 방향과 물의 통과 방향을 역으로 배치하는 방법에 대한 설명으로 틀린 것은? (단, △1 : 공기입구측에서의 온도차, △2 : 공기출구측에서의 온도차)

① 열교환 형식은 대향류방식이다.
② 가능한 한 대수평균 온도차를 크게 하는 것이 좋다.
③ 공기출구측에서의 온도차는 5℃ 이상으로 하는 것이 좋다.
④ 대수평균 온도차(MTD)인 $\dfrac{\triangle 1 - \triangle 2}{\ln \dfrac{\triangle 2}{\triangle 1}}$ 를 이용한다.

해설 대수평균 온도차 $MTD = \dfrac{\triangle 1 - \triangle 2}{\ln \dfrac{\triangle 1}{\triangle 2}}$ [℃]

Q 049 보일러의 능력을 나타내는 표시방법 중 가장 적은 값을 나타내는 출력은?

① 정격 출력　　② 과부하 출력
③ 정미 출력　　④ 상용 출력

해설
- 정미 출력 = 난방부하 + 급탕부하
- 상용 출력 = 난방부하 + 급탕부하 + 배관부하
- 정격 출력 = 난방부하 + 급탕부하 + 배관부하 + 예열부하

Q 050 복사 냉·난방 공조방식에 관한 설명으로 틀린 것은?

① 복사열을 사용하므로 쾌감도가 높다.
② 건물의 축열을 기대할 수 없다.
③ 구조체의 예열시간이 길고 일시적 난방에는 부적당하다.
④ 바닥에 기기를 배치하지 않아도 되므로 이용공간이 넓다.

해설 복사 냉·난방 공조방식은 벽체의 복사열을 이용하므로 건물의 축열을 이용한다.

Q 051 각 층에 1대 또는 여러 대의 공조기를 설치하는 방법으로 단일덕트의 정풍량 또는 변풍량 방식, 2중 덕트방식 등에 응용될 수 있는 공조방식은?

① 각층 유닛 방식　　② 유인 유닛 방식
③ 복사 냉난방 방식　　④ 팬코일 유닛 방식

답 048. ④　049. ③　050. ②　051. ①

해설 각층 유닛 방식은 건물의 각 층에 소형 공조실을 설치하고 소형 공조실에는 1대 또는 여러 대의 공조기를 설치하여 실내에 급기하는 공조방식이다.

Q 052. 실내공기 상태에 대한 설명 중 옳은 것은?

① 유리면 등의 표면에 결로가 생기는 것은 그 표면온도가 실내의 노점온도보다 높게 될 때이다.
② 실내공기 온도가 높으면 절대습도도 높다.
③ 실내공기의 건구온도와 그 공기의 노점온도와의 차는 상대습도가 높을수록 작아진다.
④ 온도가 낮은 공기일수록 많은 수증기를 함유할 수 있다.

해설
① 유리면 등의 표면에 결로가 생기는 것은 그 표면온도가 실내의 노점온도보다 낮게 될 때이다.
② 실내공기 온도가 높으면 절대습도는 일정하고 상대습도가 낮다.
④ 온도가 낮은 공기일수록 적은 수증기를 함유한다.

Q 053. 덕트의 취출구 및 흡입구 설계 시, 계획상의 유의점으로 가장 거리가 먼 것은?

① 취출기류가 보 등의 장애물에 방해되지 않게 한다.
② 취출기류가 직접 인체에 닿지 않게 한다.
③ 흡연이 많은 회의실 등은 벽 하부에 흡입구를 설치한다.
④ 실내평면을 모듈로 분할하여 계획할 때에는 각 모듈에 취출구, 흡입구를 설치한다.

해설 흡연이 많은 회의실 등은 담배연기가 실의 상부에 모이므로 천장에 전용의 흡입구를 설치한다.

Q 054. 50000kcal/h의 열량으로 물을 가열하는 열교환기를 설계하고자 할 때, 필요 전열면적은? (단, 25A 동관을 사용하며, 동관의 열통과율은 1200kcal/m²·h·℃이고, 대수평균온도차는 13℃로 한다.)

① 약 3.2m²   ② 약 5.3m²
③ 약 8.6m²   ④ 약 10.7m²

해설 열통과열량 $Q = KA\Delta T_m$ 에서

전열면적 $A = \dfrac{Q}{K\Delta T_m} = \dfrac{50000}{1200 \times 13} = 3.21 m^2$

답 052. ③ 053. ③ 054. ①

Q 055 습공기의 상태변화에 관한 설명으로 틀린 것은?
① 습공기를 가열하면 건구온도와 상대습도가 상승한다.
② 습공기를 냉각하면 건구온도와 습구온도가 내려간다.
③ 습공기를 노점온도 이하로 냉각하면 절대습도가 내려간다.
④ 냉방할 때 실내로 송풍되는 공기는 일반적으로 실내공기보다 냉각감습되어 있다.

해설 습공기를 가열하면 건구온도는 상승하고, 상대습도는 내려간다.

Q 056 원심송풍기에 사용되는 풍량제어법 중 동일한 풍량 조건에서 가장 우수한 동력 절감 효과를 나타내는 것은?
① 가변 피치 제어
② 흡입 베인 제어
③ 회전수 제어
④ 댐퍼 제어

해설 풍량제어법 중 소요동력이 작은 순서
회전수 제어(주파수 제어) < 가변피치 제어 < 흡입베인 제어 < 토출댐퍼 제어

Q 057 중앙공조기(AHU)에서 냉각코일의 용량 결정에 영향을 주지 않는 것은?
① 덕트 부하
② 외기 부하
③ 냉수 배관 부하
④ 재열 부하

해설
• 송풍기 부하 = 실내취득 부하 + 덕트 및 송풍기에서의 취득 부하
• 냉각코일 용량 = 송풍기 부하 + 외기 부하 + 재열 부하
• 냉동기 용량 = 냉각코일 용량 + 냉수 배관 및 펌프 부하

Q 058 고속덕트의 주덕트 풍속은 일반적으로 얼마인가?
① 5~7m/s
② 8~10m/s
③ 12~14m/s
④ 20~23m/s

해설
• 저속덕트 : 풍속이 15m/s 이하
• 고속덕트 : 풍속이 15m/s 이상

Q 059 취출기류에 관한 설명으로 틀린 것은?
① 거주영역에서 취출구의 최소 확산반경이 겹치면 편류현상이 발생한다.
② 취출구의 베인 각도를 확대시키면 소음이 감소한다.

답 055. ① 056. ③ 057. ③ 058. ④ 059. ②

③ 천장 취출 시 베인의 각도를 냉방과 난방 시 다르게 조정해야 한다.
④ 취출기류의 강하 및 상승거리는 기류의 풍속 및 실내공기와의 온도차에 따라 변한다.

해설 취출구의 베인 각도를 확대시키면 확산반경과 소음이 커지고, 도달거리는 짧아진다.

Q 060 냉수코일의 설계에 관한 설명으로 옳은 것은?

① 코일의 전면 풍속은 가능한 빠르게 하며, 통상 5m/s 이상이 좋다.
② 코일의 단수에 비해 유량이 많아지면 더블서킷으로 설계한다.
③ 가능한 한 대수평균온도차를 작게 취한다.
④ 코일을 통과하는 공기와 냉수는 열교환이 양호하도록 평행류로 설계한다.

해설
① 코일의 통과 풍속은 2~3m/s로 한다.
③ 대수평균온도차를 크게 취한다.
④ 코일을 통과하는 공기와 냉수는 열교환이 양호하도록 대향류로 설계한다.

제 4 과목 전기제어공학

Q 061 아날로그 제어와 디지털 제어의 비교에 대한 설명으로 틀린 것은?

① 디지털 제어를 채택하면 조정 개수 및 부품수가 아날로그 제어보다 대폭적으로 줄어든다.
② 정밀한 속도 제어가 요구되는 경우 분해능이 떨어지더라도 디지털 제어를 채택하는 것이 바람직하다.
③ 디지털 제어는 아날로그 제어보다 부품편차 및 경년변화의 영향을 덜 받는다.
④ 디지털 제어의 연산속도는 샘플링계에서 결정된다.

해설 디지털 제어는 분해능이 우수하므로 정밀한 속도 제어가 요구되는 경우에 채택하는 것이 바람직하다.

Q 062 제어량을 원하는 상태로 하기 위한 입력신호는?

① 제어명령 ② 작업명령
③ 명령처리 ④ 신호처리

답 060. ② 061. ② 062. ①

063 그림과 같이 철심에 두 개의 코일 C_1, C_2를 감고 코일 C_1에 흐르는 전류 I에 $\triangle I$ 만큼의 변화를 주었다. 이때 일어나는 현상에 대한 설명으로 틀린 것은?

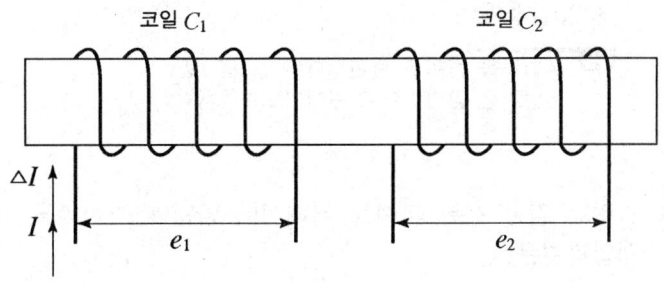

① 전류의 변화는 자속의 변화를 일으키며, 자속의 변화는 코일 C_1에 기전력 e_1을 발생시킨다.
② 코일 C_1에서 발생하는 기전력 e_1은 자속의 시간 미분값과 코일의 감은 횟수의 곱에 비례한다.
③ 코일 C_2에서 발생하는 기전력 e_2는 렌쯔의 법칙에 의하여 설명이 가능하다.
④ 코일 C_2에서 발생하는 기전력 e_2와 전류 I의 시간 미분값의 관계를 설명해 주는 것이 자기인덕턴스이다.

해설 자기인덕턴스$\left(L = N \dfrac{\triangle \phi}{\triangle I}\right)$는 권수($N$)와 자속변화($\triangle \phi$)에 비례하고 전류변화($\triangle I$)에 반비례한다.

064 1차 전압 3300V, 권수비 30인 단상변압기가 전등부하에 20A를 공급하고자 할 때의 입력전력(kW)은?

① 2.2 ② 3.4
③ 4.6 ④ 5.2

해설
• 권수비 $a = \dfrac{E_1}{E_2}$에서, 2차 전압 $E_2 = \dfrac{E_1}{a} = \dfrac{3300}{30} = 110V$
• 전력 $P = IE$에서, $P = 20 \times 110 = 2200W = 2.2kW$

065 자동제어계의 위상여유, 이득여유가 모두 정(+)이라면 이 계는 어떻게 되는가?

① 진동한다. ② 안정하다.
③ 불안정하다. ④ 임계안정하다.

해설 자동제어계의 안정 조건에서 이득여유는 10~20dB, 위상여유는 40~60°이다. 따라서, 위상여유와 이득여유 모두 정(+)값을 가진다면 이 계는 안정하다.

답 063. ④ 064. ① 065. ②

Q.066 기계적 제어의 요소로서 변위를 공기압으로 변환하는 요소는?

① 다이아프램 ② 벨로즈
③ 노즐플래퍼 ④ 피스톤

해설
- 압력을 변위로 변환 : 다이어프램, 벨로즈
- 변위를 공기압으로 변환 : 노즐플래퍼

Q.067 그림과 같은 전류 파형을 커패시터 양단에 가하였을 때 커패시터에 충전되는 전압파형은?

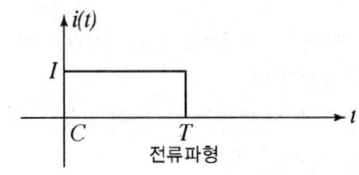
전류파형

① $V(t)$, $\frac{n}{c}$ (램프 후 일정)
② $V(t)$, $\frac{n}{c}$ (감소 직선)
③ $V(t)$, $\frac{n}{c}$ (일정 후 0)
④ $V(t)$, $\frac{n}{c}$ (지수 감소)

Q.068 제어장치가 제어대상에 가하는 제어신호로 제어장치의 출력인 동시에 제어대상의 입력인 신호는?

① 동작신호 ② 조작량
③ 제어량   ④ 목표값

해설
- 동작신호 : 기준 입력과 주 피드백 신호와의 차이다.
- 조작량 : 제어를 하기 위해 조작부로부터 제어대상에 가해지는 양이다.
- 제어량 : 제어대상에서 제어된 출력량이다.
- 목표값 : 외부에서 사용자가 제어량에 대한 희망값으로 제어장치의 출력인 동시에 제어대상의 입력인 신호이다.

Q.069 제어계의 동작 상태를 교란하는 외란의 영향을 제거할 수 있는 제어는?

① 피드백 제어 ② 시퀀스 제어
③ 순서 제어   ④ 개루프 제어

답 066. ③ 067. ① 068. ② 069. ①

해설 피드백 제어 : 제어계에 외란의 영향으로 출력값이 목표값과 일치하지 않을 경우에는 다시 출력값을 입력으로 피드백시켜 오차를 수정하도록 귀환경로를 갖는 폐회로제어계이다.

070 논리식 $X=(A+B)(\overline{A}+B)$를 간단히 하면?
① A
② B
③ AB
④ $A+B$

해설 $X=(A+B)(\overline{A}+B)=A\cdot\overline{A}+A\cdot B+\overline{A}\cdot B+B\cdot B=0+A\cdot B+\overline{A}\cdot B+B$
$=(A+\overline{A})\cdot B+B=1\cdot B+B=B$

071 정격주파수 60Hz의 농형 유도전동기에서 1차 전압을 정격 값으로 하고 50Hz에 사용할 때 감소하는 것은?
① 토크
② 온도
③ 역률
④ 여자전류

해설 유도전동기에 주파수를 낮게 하면 동기속도와 역률이 감소한다.

072 어떤 전지의 외부회로의 저항은 4Ω이고, 전류는 5A가 흐른다. 외부회로에 4Ω 대신 8Ω의 저항을 접속하였더니 전류가 3A로 떨어졌다면, 이 전지의 기전력은 몇 V인가?
① 10
② 20
③ 30
④ 40

해설
- 기전력 $E_1=E_2$에서, $I_1(R_1+r)=I_2(R_2+r)$
  $5\times(4+r)=3\times(8+r)$
  전지의 내부저항 $r=2\Omega$
- 전지의 기전력 $E=I(R+r)$에서, $E=3\times(8+2)=30V$

073 자기인덕턴스 377mH에 200V, 60Hz의 교류전압을 가했을 때 흐르는 전류는 약 몇 A인가?
① 0.4
② 0.7
③ 1.0
④ 1.4

해설 전류 $I_L=\dfrac{V}{X_L}=\dfrac{V}{2\pi fL}$에서, $I_L=\dfrac{200}{2\pi\times 60\times(377\times 10^{-3})}=1.41A$

답 070. ② 071. ③ 072. ③ 073. ④

Q.074 시퀀스회로에서 a접점에 대한 설명으로 옳은 것은?

① 수동으로 리셋 할 수 있는 접점이다.
② 누름버튼스위치의 접점이 붙어있는 상태를 말한다.
③ 두 접점이 상호 인터록이 되는 접점을 말한다.
④ 전원을 투입하지 않았을 때 떨어져 있는 접점이다.

해설 시퀀스회로에서 전기적 접점
- a접점 : 전원이 투입하지 않았을 때 떨어져 있는 접점이다.
- b접점 : 전원이 투입하지 않았을 때 붙어져 있는 접점이다.

Q.075 자동화의 네 번째 단계로서 전 공장의 자동화를 컴퓨터 통합 생산 시스템으로 구성하는 것은?

① FMC(Factory Manufacturing Cell)
② FMS(Flexible Manufacturing System)
③ CIM(Computer Intergrated Manufacturing)
④ MIS(Management Informating System)

해설 CIM은 컴퓨터 통합 생산시스템으로 자재 소요계획, 제품설계, 제조, 유통, 판매 등 모든 분야를 컴퓨터를 이용하여 통합한 생산시스템이다.

Q.076 SCR에 대한 설명으로 틀린 것은?

① PNPN 소자이다.
② 스위칭 소자이다.
③ 쌍방향성 사이리스터이다.
④ 직류, 교류의 전력제어용으로 사용된다.

해설 SCR(실리콘제어정류소자)는 PNPN 4층 구조로 되어 있는 소자로서 애노드, 캐소드, 게이트로 구성되어 있으며 3단자 단방향 사이리스터이다.

Q.077 제너 다이오드 회로에서 $V_1 = 20\sin\omega t V$, $V_2 = 5V$, $R_L \ll R_S$일 때 V_2의 파형으로 옳은 것은?

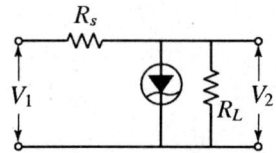

답 074. ④ 075. ③ 076. ③ 077. ④

① 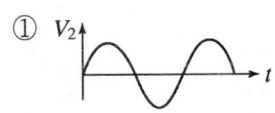   ②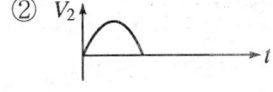

③   ④

> **해설** 다이오드를 사용한 정류회로서 전원전압이 (+)의 반사이클 동안만 전류가 흐르는 단상 반파 정류회로이다.

Q 078 2차계 시스템의 응답상태를 결정하는 것은?

① 히스테리시스 ② 정밀도
③ 분해도   ④ 제동계수

> **해설** 2차계 자동제어계 과도응답의 특성방정식 $s^2 + 2\delta\omega_n s + \omega_n^2 = 0$
> 여기서, 고유주파수 ω_n, 제동비 δ, 제동계수(실제제동) $\delta\omega_n$
> - $\delta = 1$: 임계제동
> - $\delta < 1$: 부족제동(감쇠 진동)
> - $\delta > 1$: 과제동(비진동)
> - $\delta = 0$: 무제동(완전 진동)

Q 079 그림과 같은 블럭선도에서 $\dfrac{C}{R}$의 값은?

① $G_1 \cdot G_2 + G_2 + 1$
② $G_1 \cdot G_2 + 1$
③ $G_1 \cdot G_2 + G_2$
④ $G_1 \cdot G_2 + G_1 + 1$

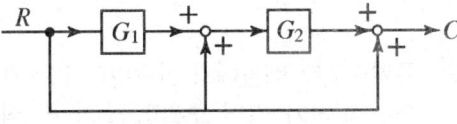

> **해설** 출력 $C = R \cdot G_1 \cdot G_2 + R \cdot G_2 + R = (G_1 \cdot G_2 + G_2 + 1)R$
> 전달함수 $G(s) = \dfrac{C}{R} = G_1 \cdot G_2 + G_2 + 1$

Q 080 $R = 4\Omega$, $X_L = 9\Omega$, $X_C = 6\Omega$인 직렬접속 회로의 어드미턴스는 몇 ℧인가?

① $4 + j8$ ② $0.16 - j0.12$
③ $4 - j5$ ④ $0.16 + j0.12$

답 078. ④ 079. ① 080. ②

해설
- 합성 리액턴스 $X = X_L - X_C = 9 - 6 = 3\Omega$
- 어드미턴스 $Y = \dfrac{1}{Z} = \dfrac{1}{R+jX}$ 에서

$$Y = \dfrac{1}{4+j3} = \dfrac{4-j3}{(4+j3)(4-j3)} = \dfrac{4-j3}{16^2 - j^2 9} = \dfrac{4-j3}{16^2 - (-1) \times 9} = \dfrac{4-j3}{25} = 0.16 - j0.12$$

제 5 과목 배관일반

081 공기조화설비의 전공기 방식에 속하지 않는 것은?
① 단일덕트 방식　　② 이중덕트 방식
③ 팬코일 유닛 방식　④ 멀티 존 유닛 방식

해설 전수방식 : 팬코일 유닛 방식

082 급수관의 수리 시 물을 배제하기 위해 최소 관의 어느 정도 구배를 주어야 하는가?
① 1/120 이상　　② 1/150 이상
③ 1/200 이상　　④ 1/250 이상

해설 급수관은 상향 구배를 원칙으로 하며, 구배는 1/250 이상으로 한다.

083 증기보일러 배관에서 환수관의 일부가 파손된 경우에 보일러 수가 유출해서 안전수위 이하가 되어 보일러 수가 빈 상태로 되는 것을 방지하기 위한 접속법은?
① 하트 포드 접속법　② 리프트 접속법
③ 스위블 접속법　　④ 슬리브 접속법

해설 하트 포드 접속법은 증기관과 환수관 사이에 균형관을 접속하여 환수관의 누설로 인하여 보일러 수위가 파괴되는 것을 방지한다.

084 증기배관의 수평 환수관에서 관경을 축소할 때 사용하는 이음쇠로 가장 적합한 것은?
① 소켓　　　② 부싱
③ 플랜지　　④ 편심 리듀서

답 081. ③　082. ④　083. ①　084. ④

해설 증기배관에서 관경을 축소할 때 편심 리듀서를 사용하여 응축수가 고이는 것을 방지한다.

Q 085 덕트의 단위길이 당 마찰손실이 일정하도록 치수를 결정하는 덕트 설계법은?
① 등마찰손실법 ② 정속법
③ 등온법 ④ 정압재취득법

해설 등마찰손실법은 덕트의 단위길이 당 마찰손실과 동일한 값을 사용하여 덕트 치수를 결정하는 방법이다.

Q 086 다음 중 배수트랩의 종류로 가장 거리가 먼 것은?
① 드럼트랩 ② 피(P)트랩
③ 에스(S)트랩 ④ 버킷트랩

해설 증기트랩 : 버킷트랩

Q 087 급수펌프에서 발생하는 캐비테이션 현상의 방지법으로 가장 거리가 먼 것은?
① 펌프설치 위치를 낮춘다.
② 입형펌프를 사용한다.
③ 흡입손실수두를 줄인다.
④ 회전수를 올려 흡입속도를 증가시킨다.

해설 캐비테이션 방지방법
• 펌프의 설치 높이를 낮추어 흡입손실수두를 줄인다.
• 펌프의 회전수를 작게 하여 흡입속도를 낮춘다.
• 단흡입 펌프를 양흡입 펌프로 바꾼다.
• 흡입관경을 크게 하고 흡입관의 굽힘부를 작게 한다.

Q 088 동관 이음의 종류가 아닌 것은?
① 납땜 이음 ② 용접 이음
③ 나사 이음 ④ 압축 이음

해설 강관이음 : 나사이음

답 085. ① 086. ④ 087. ④ 088. ③

Q 089 슬리브 신축 이음쇠에 대한 설명 중 틀린 것은?
① 신축량이 크고 신축으로 인한 응력이 생기지 않는다.
② 직선으로 이음하므로 설치 공간이 루프형에 비하여 적다.
③ 배관에 곡선부가 있어도 파손이 되지 않는다.
④ 장시간 사용 시 패킹의 마모로 누수의 원인이 된다.

해설 슬리브 신축 이음쇠에 곡선부가 있을 경우 비틀림이 발생하여 파손의 원인이 된다.

Q 090 주철관 이음 중 기계식 이음에 대한 설명으로 틀린 것은?
① 굽힘성이 풍부하므로 이음부가 다소 굴곡이 있어도 누수 되지 않는다.
② 수중작업이 불가능하다.
③ 간단한 공구로 신속하게 이음이 되며 숙련공이 필요하지 않다.
④ 고압에 대한 저항이 크다.

해설 기계식 이음은 이음부에 고무링을 박아 넣고 압윤으로 눌러 체결하는 이음방법으로서 수중작업이 가능하고 기밀성이 우수하다.

Q 091 다음 중 나사용 패킹류가 아닌 것은?
① 페인트
② 네오프렌
③ 일산화연
④ 액상합성수지

해설 플랜지 패킹 : 네오프렌, 고무패킹, 금속패킹

Q 092 다음 중 무기질 보온재가 아닌 것은?
① 유리면
② 암면
③ 규조토
④ 코르크

해설 유기질 보온재 : 코르크, 펠트, 기포성 수지

Q 093 관의 신축이음에 대한 설명으로 틀린 것은?
① 슬리브와 본체 사이에 패킹을 넣어 온수 또는 증기가 누설되는 것을 방지하며, 물, 공기, 가스, 기름 등의 배관에 사용되는 것은 슬리브형이다.
② 응축수가 고이면 부식의 우려가 있으므로 트랩과 함께 사용되며, 패킹을 넣어 누설을 방지하는 것은 벨로즈형이다.

답 089. ③ 090. ② 091. ② 092. ④ 093. ②

③ 배관의 구부림을 이용하여 신축이음하며, 고온고압의 옥외 배관에 많이 사용되는 것은 루프형이다.
④ 2개 이상의 엘보를 사용하여 이음부의 나사회전을 이용해서 배관의 신축을 흡수하는 것은 스위블형이다.

해설 벨로즈형 신축이음은 파형주름관을 이용하여 신축이음하며, 패킹 대신 벨로즈로 관내 유체의 누설을 방지한다.

Q 094. 급수방식 중 급수량의 변화에 따라 펌프의 회전수 제어에 의해 급수압을 일정하게 유지할 수 있는 회전수 제어시스템을 이용한 방식은?

① 고가수조방식 ② 수도직결방식
③ 압력수조방식 ④ 펌프직송방식

해설
- 고가수조방식 : 수도 본관에서 급수를 저수조에 저장하고 급수펌프로 고가수조로 송수하여 급수관을 통해 각 실의 수전에 급수하는 방식이다.
- 수도직결방식 : 수도 본관으로부터 급수관을 직접 분기하여 각 수전에 급수하는 방식이다.
- 압력수조방식 : 수도 본관으로부터 압력탱크에 물을 공급한 후 압축공기로 압력을 가하여 각 실의 수전에 급수하는 방식이다.
- 펌프직송방식 : 수도 본관에서 급수를 저수조에 저장하고 급수펌프로 각 실의 수전에 직송하는 방식이며 펌프의 회전수를 제어하여 급수압력을 일정하게 유지한다.

Q 095. 증기배관 시공 시 환수관의 구배는?

① 1/250 이상의 내림구배 ② 1/350 이상의 내림구배
③ 1/250 이상의 올림구배 ④ 1/350 이상의 올림구배

해설 증기배관의 환수관은 1/250 이상의 내림구배로 한다.

Q 096. 도시가스 배관 매설에 대한 설명으로 틀린 것은?

① 배관을 철도부지에 매설하는 경우에는 배관의 외면으로부터 궤도 중심까지 거리는 4m 이상 유지할 것
② 배관을 철도부지에 매설하는 경우에는 배관의 외면으로부터 철도부지 경계까지 거리는 0.6m 이상 유지할 것
③ 배관을 철도부지에 매설하는 경우에는 지표면으로부터 배관의 외면까지의 깊이는 1.2m 이상 유지할 것
④ 배관의 외면으로부터 도로의 경계까지 수평거리 1m 이상 유지할 것

답 094.④ 095.① 096.②

> **해설** 도시가스배관을 철도부지에 매설하는 경우에는 배관의 외면으로부터 철도부지 경계까지는 1m 이상의 거리를 유지하고, 지표면으로부터 배관의 외면까지의 깊이를 1.2m 이상으로 할 것

Q 097. 동관용 공구로 가장 거리가 먼 것은?

① 링크형 파이프커터　② 익스팬더
③ 플레어링 툴　④ 사이징 툴

> **해설** 링크형 파이프커터 : 주철관 전용 절단 공구

Q 098. 저압 가스배관의 보수 또는 연장을 위하여 가스를 차단할 경우 사용하는 기구는?

① 가스팩　② 가스미터
③ 정압기　④ 부스터

Q 099. 5명 가족이 생활하는 아파트에서 급탕가열기를 설치하려고 할 때 필요 가열기의 용량은? (단, 1일 1인당 급탕량 $90 l/d$, 1일 사용량에 대한 가열능력 비율 1/7, 탕의 온도 70℃, 급수온도 20℃이다.)

① 약 459kcal/h　② 약 643kcal/h
③ 약 2250kcal/h　④ 약 3214kcal/h

> **해설**
> - 1일 급탕량 $Q_d = N \times q_h$ 에서 $Q_d = 5명 \times 90 = 450 l/d$
> - 가열기의 용량 $H = Q_d \times e \times (t_h - t_e)$ 에서 $H = 450 \times \dfrac{1}{7} \times (70-20) = 3214.3 \, \text{kcal/h}$

Q 100. 세정밸브식 대변기에서 급수관의 관경은 얼마 이상이어야 하는가?

① 15A　② 25A
③ 32A　④ 40A

> **해설** 세정밸브식 대변기에서 급수관의 관경은 25A 이상이고, 세정밸브의 최소수압은 0.7kgf/cm^2 이상이 되어야 한다.

답 097. ①　098. ①　099. ④　100. ②

제 1 과목 기계열역학

001 밀폐계 안의 유체가 상태 1에서 상태 2로 가역 압축될 때, 하는 일을 나타내는 식은? (단, P는 압력, V는 체적, T는 온도이다.)

① $W = \int_1^2 P dV$
② $W = \int_1^2 V^2 dP$
③ $W = \int_1^2 V dT$
④ $W = -\int_1^2 T dP$

해설
밀폐계의 일 $W = Fdx = PAdx = P\dfrac{dV}{dx}dx = PdV$에서, $W = \int_1^2 PdV$ [J]
여기서, 힘 F[N], 실린더 면적 A[m^2], 피스톤의 이동거리 x[m], 압력 P[Pa], 체적 V[m^3]

002 마찰이 없는 피스톤에 12℃, 150kPa의 공기 1.2kg이 들어있다. 이 공기가 600kPa로 압축되는 동안 외부로 열이 전달되어 온도는 일정하게 유지되었다. 이 과정에서 공기가 한 일은 약 얼마인가? (단, 공기의 기체 상수는 0.287kJ/kg·K이며, 이상기체로 가정한다.)

① -136kJ
② -100kJ
③ -13.6kJ
④ -10kJ

해설
등온과정에서의 압축일 $W_t = mRT_1 \ln\dfrac{P_1}{P_2}$에서
$W_t = 1.2 \times 0.287 \times (273+12) \times \ln\dfrac{150}{600} = -136.1 \text{ kJ}$

003 1kg의 헬륨이 100kPa 하에서 정압 가열되어 온도가 300K에서 350K로 변하였을 때 엔트로피의 변화량은 몇 kJ/K인가? (단, $h = 5.238T$의 관계를 갖는다. 엔탈피 h의 단위는 kJ/kg, 온도 T의 단위는 K이다.)

① 0.694
② 0.756
③ 0.807
④ 0.968

답 001. ① 002. ① 003. ③

해설

엔트로피 변화량 $S_2 - S_1 = m \int_{T_1}^{T_2} \frac{dh}{T}$ 에서

$S_2 - S_1 = m \int_{T_1}^{T_2} \frac{d(5.238T)}{T} = 5.238 \times 1 \times \ln\frac{350}{300} = 0.807 \, kJ/K$

Q 004 폴리트로프 변화를 표시하는 식 $PV^n = C$ 에서 $n = k$ 일 때의 변화는? (단, k 는 비열비다.)

① 등압변화
② 등온변화
③ 등적변화
④ 가역단열변화

해설
- 등압변화 : $n = 0$
- 등온변화 : $n = 1$
- 등적변화 : $n = \infty$
- 가역단열변화 : $n = k$

Q 005 냉동용량이 35kW인 어느 냉동기의 성능계수가 4.8이라면 이 냉동기를 작동하는 데 필요한 동력은?

① 약 9.2kW
② 약 8.3kW
③ 약 7.3kW
④ 약 6.5kW

해설
냉동기 성능계수 $COP = \frac{Q_e}{L}$ 에서, 동력 $L = \frac{Q_e}{COP} = \frac{35}{4.8} = 7.29 \, kW$

Q 006 어떤 시스템이 변화를 겪는 동안 주위의 엔트로피가 5kJ/K 감소하였다. 시스템의 엔트로피 변화는?

① 2kJ/K 감소
② 5kJ/K 감소
③ 3kJ/K 증가
④ 6kJ/K 증가

해설
시스템의 주위 엔트로피가 감소하였다면 비가역 과정에서 시스템의 엔트로피 변화는 증가한다. 따라서, 엔트로피 변화는 $S_2 - S_1 > 0$ 이다.
$S_2 - 5kJ/K > 0$ 에서, 시스템의 엔트로피 $S_2 > 5kJ/K$

Q 007 500℃와 20℃의 두 열원 사이에 설치되는 열기관이 가질 수 있는 최대의 이론 열효율은 약 몇 %인가?

① 4
② 38
③ 62
④ 96

답 004. ④ 005. ③ 006. ④ 007. ③

해설

열효율 $\eta = \dfrac{T_H - T_L}{T_H} \times 100\%$ 에서

$\eta = \dfrac{(273+500)-(273+20)}{273+500} \times 100\% = 62.1\%$

008
어느 내연기관에서 피스톤의 흡기과정으로 실린더 속에 0.2kg의 기체가 들어왔다. 이것을 압축할 때 15kJ의 일이 필요하였고, 10kJ의 열을 방출하였다고 한다면, 이 기체 1kg당 내부에너지의 증가량은?

① 10kJ   ② 25kJ
③ 35kJ   ④ 50kJ

해설
- 방출열량이므로 $\delta Q = -10$kJ, 압축일량이므로 $\delta W = -15$kJ이다.
- 열량변화 $\delta Q = mdu + \delta W$ 에서, 내부에너지 변화량 $du = \dfrac{\delta Q - \delta W}{m}$ 에서

$du = \dfrac{(-10)-(-15)}{0.2} = 25$ kJ/kg

009
피스톤-실린더로 구성된 용기 안에 300kPa, 100℃ 상태의 CO_2가 0.2m³ 들어있다. 이 기체를 "$PV^{1.2}$=일정"인 관계가 만족되도록 피스톤 위에 추를 더해가며 온도가 200℃가 될 때까지 압축하였다. 이 과정 동안 기체가 한 일을 구하면? (단, CO_2의 기체상수는 0.189kJ/kg·K이다.)

① -20kJ   ② -60kJ
③ -80kJ   ④ -120kJ

해설
- 이상기체상태방정식 $PV = mRT$ 에서

질량 $m = \dfrac{PV}{RT} = \dfrac{300 \times 0.2}{0.189 \times (273+100)} = 0.851$ kg

- 일 $W = \dfrac{1}{n-1} mR(T_1 - T_2)$ 에서

$W = \dfrac{1}{1.2-1} \times 0.851 \times 0.189 \times (373-473) = -80.4$ kJ

010
8℃의 이상기체를 가역단열 압축하여 그 체적을 1/5로 줄였을 때 기체의 온도는 몇 ℃인가? (단, $k=1.4$이다.)

① 313℃   ② 295℃
③ 262℃   ④ 222℃

답 008. ② 009. ③ 010. ③

해설

단열압축 과정이므로 $\dfrac{T_2}{T_1} = \left(\dfrac{V_1}{V_2}\right)^{k-1}$ 에서

최종온도 $T_2 = T_1 \times \left(\dfrac{V_1}{V_2}\right)^{k-1} = (273+8) \times \left(\dfrac{V_1}{\frac{1}{5}V_2}\right)^{1.4-1} = 534.9\text{K} = 261.9℃$

Q 011
압력이 0.2MPa이고, 온도가 20℃의 공기를 압력이 2MPa로 될 때까지 가역단열 압축했을 때 온도는 약 몇 (℃)인가? (단, 비열비 $k=1.4$이다.)

① 225.7℃
② 273.7℃
③ 292.7℃
④ 358.7℃

해설

단열압축과정이므로 $\dfrac{T_2}{T_1} = \left(\dfrac{P_2}{P_1}\right)^{\frac{k-1}{k}}$ 에서

최종온도 $T_2 = T_1 \times \left(\dfrac{P_2}{P_1}\right)^{\frac{k-1}{k}} = (273+20) \times \left(\dfrac{2}{0.2}\right)^{\frac{1.4-1}{1.4}} = 565.7\text{K} = 292.7℃$

Q 012
처음의 압력이 500kPa이고, 체적이 2m³인 기체가 "PV=일정"인 과정으로 압력이 100kPa까지 팽창할 때 밀폐계가 하는 일(kJ)을 나타내는 식은?

① $1000\ln\dfrac{2}{5}$
② $1000\ln\dfrac{5}{2}$
③ $1000\ln 5$
④ $1000\ln\dfrac{1}{5}$

해설

· 팽창일 $W_{12} = P_1 V_1 \ln\dfrac{P_1}{P_2}$ 에서

$W_{12} = 500 \times 2 \times \ln\dfrac{500}{100} = 1000\ln 5 [\text{kJ}]$

Q 013
효율이 40%인 열기관에서 유효하게 발생되는 동력이 110kW라면 주위로 방출되는 총 열량은 약 몇 kW인가?

① 375
② 165
③ 155
④ 110

해설

· 열효율 $\eta = \dfrac{W}{Q_H}$ 에서, 공급열량 $Q_H = \dfrac{W}{\eta} = \dfrac{110}{0.4} = 275\text{kW}$

· 동력 $W = Q_H - Q_L$ 에서, 방출열량 $Q_L = Q_H - W = 275 - 110 = 165\text{kW}$

답 011. ③ 012. ③ 013. ②

Q 014 카르노사이클(Carnot cycle)로 작동되는 기관의 실린더 내에서 1kg의 공기가 온도 120℃에서 열량 40kJ를 얻어 등온팽창 한다고 하면 엔트로피의 변화는 얼마인가?

① 0.102kJ/kg·K
② 0.132kJ/kg·K
③ 0.162kJ/kg·K
④ 0.192kJ/kg·K

해설
엔트로피 변화 $ds = \dfrac{\delta q}{T}$ 에서, $ds = \dfrac{40}{273+120} = 0.1018 \text{kJ/kg} \cdot \text{K}$

Q 015 Otto 사이클에서 열효율이 35%가 되려면 압축비를 얼마로 하여야 하는가? (단, $k = 1.3$이다.)

① 3.0
② 3.5
③ 4.2
④ 6.3

해설
열효율 $\eta = 1 - \left(\dfrac{1}{\varepsilon}\right)^{k-1}$ 에서

압축비 $\varepsilon = \dfrac{1}{(1-\eta)^{\frac{1}{k-1}}} = \dfrac{1}{(1-0.35)^{\frac{1}{1.3-1}}} = 4.2$

Q 016 직경 20cm, 길이 5m인 원통 외부에 두께 5cm의 석면이 씌워져 있다. 석면 내면과 외면의 온도가 각각 100℃, 20℃이면 손실되는 열량은 약 몇 kJ/h인가? (단, 석면의 열전도율은 0.418kJ/m·h℃로 가정한다.)

① 2591
② 3011
③ 3431
④ 3851

해설
• 원통 내경의 반지름 $r_i = 0.1$m, 원통 외경의 반지름 $r_o = 0.15$m
• 원통벽의 열전도열량 $q = \dfrac{2\pi \lambda L}{\ln \dfrac{r_o}{r_i}}(t_i - t_o)$ 에서

$q = \dfrac{2\pi \times 0.418 \times 5}{\ln \dfrac{0.15}{0.1}} \times (100-20) = 2590.97 \text{kJ/h}$

Q 017 물 1kg이 압력 300kPa에서 증발할 때 증가한 체적이 0.8m³이었다면 이때의 외부 일은? (단, 온도는 일정하다고 가정한다.)

① 140kJ
② 240kJ
③ 320kJ
④ 420kJ

답 014. ① 015. ③ 016. ① 017. ②

해설 외부 일 $W = PV$에서, $W = 300 \times 0.8 = 240\text{kJ}$

Q 018 과열, 과냉이 없는 이상적인 증기압축 냉동사이클에서 증발온도가 일정하고 응축온도가 내려 갈수록 성능계수는?
① 증가한다.   ② 감소한다.
③ 일정하다.   ④ 증가하기도 하고 감소하기도 한다.

해설 증발온도가 일정하고 응축온도가 내려가면 압축비 감소로 압축일량(AW)이 작아지고 냉동효과(qe)가 커진다. 따라서, 성적계수$\left(\text{COP} = \dfrac{q_e}{AW}\right)$는 증가한다.

Q 019 공기표준 Brayton 사이클에 대한 설명 중 틀린 것은?
① 단순가스터빈에 대한 이상사이클이다.
② 열교환기에서의 과정은 등온과정으로 가정한다.
③ 터빈에서의 과정은 가역 단열팽창과정으로 가정한다.
④ 터빈에서 생산되는 일의 40% 내지 80%를 압축기에서 소모한다.

해설 브레이톤 사이클의 열교환기에서는 정압방열 과정이다.

Q 020 순수물질의 압력을 일정하게 유지하면서 엔트로피를 증가시킬 때 엔탈피는 어떻게 되는가?
① 증가한다.   ② 감소한다.
③ 변함없다.   ④ 경우에 따라 다르다.

해설 압력이 일정하므로 정압과정이며 엔트로피를 증가시키면 온도가 상승하게 된다. 따라서, 엔탈피 변화($dh = C_p dt$)는 온도만의 함수이므로 엔탈피는 증가한다.

제 2 과목 냉동공학

Q 021 불응축가스가 냉동장치에 미치는 영향이 아닌 것은?
① 체적효율 상승   ② 응축압력 상승
③ 냉동능력 감소   ④ 소요동력 증대

해설 불응축가스가 발생하면 응축압력이 상승하여 압축비가 증가되어 체적효율이 감소한다.

답 018. ① 019. ② 020. ① 021. ①

Q 022. 응축기에 관한 설명으로 옳은 것은?

① 횡형 셸 앤 튜브식 응축기의 관내 수속은 5m/s가 적당하다.
② 공냉식 응축기는 기온의 변동에 따라 응축능력이 변하지 않는다.
③ 입형 셸 앤 튜브식 응축기는 운전 중에 냉각관의 청소를 할 수 있다.
④ 주로 물의 감열로서 냉각하는 것이 증발식 응축기이다.

해설
① 횡형 셸 앤 튜브식 응축기의 관내 수속은 1~1.5m/s 정도이다.
② 공냉식 응축기는 주위의 기온이 낮을수록 응축능력이 증대한다.
④ 증발식 응축기는 냉각수의 증발잠열과 외기공기의 현열에 의해 냉매를 응축시킨다.

Q 023. 냉매 순환량이 100kg/h인 압축기의 압축효율이 75%, 기계효율이 93%, 압축 일량이 50kcal/kg일 때 축동력은?

① 4.7kW ② 6.3kW
③ 7.8kW ④ 8.3kW

해설
축동력 $L = \dfrac{G \times AW}{860 \eta_c \eta_m}$ 에서, $L = \dfrac{100 \times 50}{860 \times 0.75 \times 0.93} = 8.34$ kW

Q 024. 수냉식 냉동장치에서 응축압력이 과다하게 높은 경우로 가장 거리가 먼 것은?

① 냉각 수량 과다 ② 높은 냉각수 온도
③ 응축기 내 불결한 상태 ④ 장치 내 불응축가스가 존재

해설 응축압력이 과도하게 높은 경우
• 냉각수량이 부족한 경우
• 냉각수의 수온이 높은 경우
• 응축기 내가 불결하거나 냉각관 내에 스케일이 존재하는 경우
• 장치 내에 불응축가스가 존재할 경우

Q 025. 저온용 단열재의 성질이 아닌 것은?

① 내구성 및 내약품성이 양호할 것
② 열전도율이 좋을 것
③ 밀도가 작을 것
④ 팽창계수가 작을 것

해설 단열재는 열을 차단하는 재료로서 열전도율이 작아야 한다.

답 022. ③ 023. ④ 024. ① 025. ②

Q 026 열펌프(heat pump)의 성능계수를 높이기 위한 방법으로 가장 거리가 먼 것은?

① 응축온도와 증발온도와의 차를 줄인다.
② 증발온도를 높인다.
③ 응축온도를 높인다.
④ 압축동력을 줄인다.

해설
열펌프 성능계수 $COP_{HP} = \dfrac{T_H}{T_H - T_L}$
열펌프의 성능계수는 응축온도(T_H)와 증발온도(T_L)와의 차를 줄이면 높게 된다. 따라서, 응축온도가 낮을수록, 증발온도를 높일수록 열펌프의 성능계수는 높게 된다.

Q 027 유분리기에 대한 설명으로 가장 거리가 먼 것은?

① 만액식 증발기를 사용하거나 증발온도가 높은 경우에 설치한다.
② 압축기에서 응축기까지의 배관이 긴 경우에 설치한다.
③ 왕복식 압축기인 경우는 고압냉매의 맥동을 완화시키는 역할을 한다.
④ 일종의 소음기 역할도 한다.

해설 프레온 냉동장치의 유분리기는 만액식 증발기를 사용하거나, 증발온도가 낮은 저온장치인 경우에 설치한다.

Q 028 스테판-볼츠만(Stefan-Boltzmann)의 법칙과 관계있는 열 이동 현상은?

① 열 전도　　② 열 대류
③ 열 복사　　④ 열 통과

해설 스테판-볼츠만 법칙은 열 복사에 대한 열 이동을 표현하는 법칙으로서 물체가 열에너지를 복사하는 일률은 복사체의 표면적과 절대온도의 4제곱에 비례한다.

Q 029 다음 그림과 같은 몰리에르 선도 상에서 압축냉동 사이클의 각 상태점에 있는 냉매의 상태 설명 중 틀린 것은?

① a점의 냉매는 팽창 밸브 직전의 과냉각된 냉매액
② b점은 감압되어 응축기에 들어가는 포화액
③ c점은 압축기에 흡입되는 건포화 증기
④ d점은 압축기에서 토출되는 과열 증기

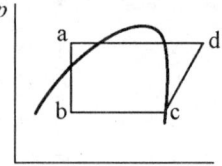

해설 b점은 팽창밸브에서 감압되어 증발기로 들어가는 습포화증기이다.

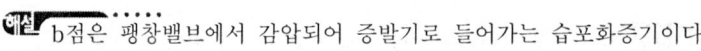
026. ③　027. ①　028. ③　029. ②

Q 030

내부지름이 2cm이고 외부지름이 4cm인 강철관을 3cm 두께의 석면으로 씌웠다면 관의 단위 길이당 열손실은? (단, 관 내부 온도 600℃, 석면 바깥면 온도 100℃, 관 열전도도 16.34kcal/m·h·℃, 석면 열전도도 0.1264kcal/m·h·℃이다.)

① 430.8kcal/m·h
② 472.5kcal/m·h
③ 486.5kcal/m·h
④ 510.5kcal/m·h

해설
- 강철관의 내부지름이 2cm이므로 반지름 $r_1 = 1\text{cm} = 0.01\text{m}$,
  강철관의 외부지름이 4cm이므로 반지름 $r_2 = 2\text{cm} = 0.02\text{m}$,
  석면의 두께가 3cm이므로 반지름 $r_3 = 0.02\text{m} + 0.03\text{m} = 0.05\text{m}$
- 단위 길이당 열손실

$$\frac{q}{L} = \frac{2\pi(T_1 - T_2)}{\dfrac{\ln\dfrac{r_2}{r_1}}{\lambda_1} + \dfrac{\ln\dfrac{r_3}{r_2}}{\lambda_2}} \text{에서}, \quad \frac{q}{L} = \frac{2\pi \times (600 - 100)}{\dfrac{\ln\dfrac{0.02}{0.01}}{16.34} + \dfrac{\ln\dfrac{0.05}{0.02}}{0.1264}} = 430.85\text{kcal/m·h}$$

Q 031

10냉동톤의 능력을 갖는 역 카르노사이클 냉동기의 방열온도가 25℃, 흡열 온도가 −20℃이다. 이 냉동기를 운전하기 위하여 필요한 이론 마력은?

① 9.3PS
② 14.6PS
③ 15.3PS
④ 17.3PS

해설

성적계수 $\text{COP} = \dfrac{T_L}{T_H - T_L} = \dfrac{Q_e}{L}$ 에서

이론 마력 $L = \dfrac{Q_e}{\dfrac{T_L}{T_H - T_L}} = \dfrac{10 \times 3320}{\dfrac{273 - 20}{(273 + 25) - (273 - 20)}} = 5905.14\,\text{kcal/h}$

$= \dfrac{5905.14}{632} = 9.34\,\text{PS}$

Q 032

다음과 같은 카르노사이클에서 옳은 것은?

① 면적 1−2−3′−4′는 급열 Q_1을 나타낸다.
② 면적 4−3−3′−4′는 $Q_1 − Q_2$를 나타낸다.
③ 면적 1−2−3−4는 방열 Q_2를 나타낸다.
④ Q_1, Q_2는 면적과는 무관하다.

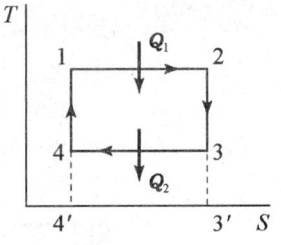

해설
- 급열(Q_1) : 면적 1−2−3′−4′
- 방열(Q_2) : 면적 4−3−3′−4′
- 유효에너지($Q_1 − Q_2$) : 면적 1−2−3−4

답 030. ① 031. ① 032. ①

Q 033. 왕복동식 압축기의 체적효율이 감소하는 이유로 적합한 것은?

① 단열 압축지수의 감소
② 압축비의 감소
③ 극간비의 감소
④ 흡입 및 토출밸브에서의 압력손실의 감소

해설
체적효율 $\eta_v = 1 - \varepsilon(a^{\frac{1}{k}} - 1)$ 에서 체적효율은 극간비(ε)와 압축비(a)가 증가할수록, 단열 압축지수(k)가 감소할수록 감소한다.

Q 034. 몰리에르 선도를 통해 알 수 없는 것은?

① 냉동능력
② 성적계수
③ 압축비
④ 압축효율

해설
몰리에르 선도에서 토출가스온도, 압축일량, 압축비, 플래시가스발생량, 냉동능력, 응축기 방열량, 성적계수를 구할 수 있다.

Q 035. 다음 사이클로 작동되는 압축기의 피스톤 압출량이 180m³/h, 체적효율(η_v)이 0.75, 압축효율(η_c)이 0.78, 기계효율(η_m)이 0.9일 때, 이 압축기의 소요동력은?

① 11.5kW
② 15.8kW
③ 25.2kW
④ 30.2kW

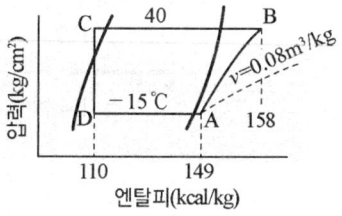

해설
- 냉매순환량 $G = \frac{V}{\nu} \times \eta_v$ 에서, $G = \frac{180}{0.08} \times 0.75 = 1687.5 \text{kg/h}$
- 압축기 소요동력 $L = \frac{G \times AW}{860 \eta_c \eta_m}$ 에서, $L = \frac{1687.5 \times (158 - 149)}{860 \times 0.78 \times 0.9} = 25.16 \text{kW}$

Q 036. 냉동기유의 구비조건으로 틀린 것은?

① 점도가 적당할 것
② 응고점이 높고 인화점이 낮을 것
③ 유성이 좋고 유막을 잘 형성할 수 있을 것
④ 수분 및 산류 등의 불순물이 적을 것

해설
냉동기유는 응고점이 낮고 인화점이 높아야 한다.

답 033. ① 034. ④ 035. ③ 036. ②

Q 037
다음 그림은 단효용 흡수식 냉동기에서 일어나는 과정을 나타낸 것이다. 각 과정에 대한 설명으로 틀린 것은?

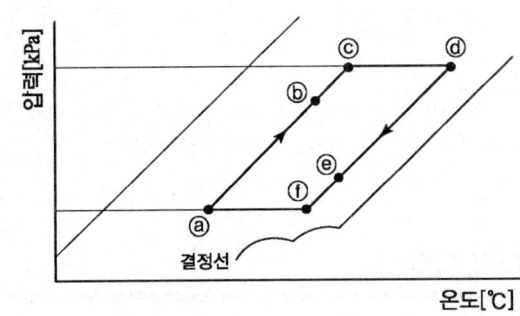

① ⓐ → ⓑ과정 : 재생기에서 돌아오는 고온 농용액과 열교환에 의한 희용액의 온도 상승
② ⓑ → ⓒ과정 : 재생기 내에서 비등점에 이르기까지의 가열
③ ⓒ → ⓓ과정 : 재생기 내에서의 가열에 의한 냉매 응축
④ ⓓ → ⓔ과정 : 흡수기에서의 저온 희용액과 열교환에 의한 농용액의 온도강하

해설 ⓒ → ⓓ과정 : 재생기 내에서 용액 응축

Q 038
증발 및 응축압력이 각각 0.8kg/cm², 20kg/cm²인 2단 압축 냉동기에서 최적 중간압력은?

① 4kg/cm² ② 10kg/cm²
③ 16kg/cm² ④ 20kg/cm²

해설 중간압력 $P_m = \sqrt{P_{Labs} \times P_{Habs}}$ 에서, $P_m = \sqrt{0.8 \times 20} = 4\,kg/cm^2$

Q 039
냉동장치의 운전 중 압축기에 이상음이 발생했다. 그 원인으로 가장 적합한 것은?

① 크랭크케이스 내 유량이 감소하고 유면이 하한까지 낮아지고 있다.
② 실린더에 서리가 끼고 액백 현상이 일어나고 있다.
③ 고압은 그다지 높지 않지만 저압이 높고 전동기의 전류는 전부하로 운전되고 있다.
④ 유압펌프의 토출압력은 압축기의 흡입압력보다 높게 운전되고 있다.

해설 증발기에서 냉매가 완전하게 증발하지 않아 압축기로 냉매액이 흡입되면 실린더에 서리가 발생하고 액백 현상이 일어나 압축기에서 이상음이 발생한다.

답 037. ③ 038. ① 039. ②

Q 040 냉동사이클에서 응축온도 상승에 의한 영향과 가장 거리가 먼 것은? (단, 증발온도는 일정하다.)

① COP 감소
② 압축기 토출가스 온도 상승
③ 압축비 증가
④ 압축기 흡입가스 압력 상승

해설 응축온도가 상승하면 압축비 증가로 압축기 토출가스 온도가 상승, 냉동능력이 감소, 압축일량이 증가, 성적계수가 감소한다.

제 3 과목 공기조화

Q 041 온풍난방의 특징으로 틀린 것은?

① 연소장치, 송풍장치 등이 일체로 되어 있어 설치가 간단하다.
② 예열부하가 거의 없으므로 기동시간이 짧다.
③ 토출 공기온도가 높으므로 쾌적도는 떨어진다.
④ 실내 층고가 높을 경우에는 상하의 온도차가 작다.

해설 온풍난방은 열매가 공기이므로 열용량이 작아 잘 식기 때문에 실내 층고가 높을 경우 실내상하온도차가 크다.

Q 042 주철제 보일러의 장점으로 틀린 것은?

① 강도가 높아 고압용에 사용된다.
② 내식성이 우수하며 수명이 길다.
③ 취급이 간단하다.
④ 전열면적이 크고 효율이 좋다.

해설 주철제 보일러는 주철제로 만든 섹션을 전·후에 나란히 놓고 니플을 끼워 결합시키고 외부에서 볼트로 조여 조립된 보일러로서 저압용 보일러로 사용된다.

Q 043 다음 중 개별식 공조방식의 특징이 아닌 것은?

① 국소적인 운전이 자유롭다.
② 개별제어가 자유롭게 된다.
③ 외기냉방을 할 수 없다.
④ 소음진동이 적다.

해설 개별식 공조방식은 실내에 유닛을 설치하므로 팬에서 소음과 진동이 발생한다.

답 040. ④ 041. ④ 042. ① 043. ④

Q 044 고속 덕트의 설계법에 관한 설명 중 틀린 것은?
① 동력비가 증가된다.
② 송풍기 동력이 과대해진다.
③ 공조용 덕트는 소음의 고려가 필요하지 않다.
④ 리턴 덕트와 공조기에서는 저속방식과 같은 풍속으로 한다.

해설 고속 덕트는 풍속이 일반적으로 20~30m/s로서 풍속이 빨라 덕트 내에서 소음이 발생되므로 챔버를 설치하거나 흡음재를 내장하여 소음을 차단해야 한다.

Q 045 극간풍을 방지하는 방법이 아닌 것은?
① 회전문 설치
② 자동문 설치
③ 에어 커튼 설치
④ 충분한 간격을 두고 이중문 설치

해설 극간풍을 방지하는 방법
• 회전문을 설치한다.
• 에어 커튼을 설치한다.
• 이중문을 설치한다.

Q 046 공조설비의 구성은 열원설비, 열운반장치, 공조기, 자동제어장치로 이루어진다. 이에 해당하는 장치로서 직접적인 관계가 없는 것은?
① 펌프   ② 덕트
③ 스프링 쿨러   ④ 냉동기

해설 스프링 쿨러는 소방설비이다.

Q 047 건구온도 38℃, 절대습도 0.022kg/kg인 습공기 1kg의 엔탈피는? (단, 수증기의 정압비열은 0.44kcal/kg·℃이다.)
① 38.19kJ/kg   ② 55.02kJ/kg
③ 66.56kJ/kg   ④ 94.75kJ/kg

해설 엔탈피 $h = 0.24t + (597.5 + 0.44t)x\,[\text{kcal/kg}]$ 에서
$h = 0.24 \times 38 + (597.5 + 0.44 \times 30) \times 0.022$
$= 22.633\text{kcal/kg} = 22.633 \times 4.186 = 94.74\text{kJ/kg}$
(1kcal = 4.186kJ)

답 044. ③ 045. ② 046. ③ 047. ④

Q 048. 냉수코일 계산 시 관 1개당 통과 권장 냉수량은?

① 6~16L/min
② 25~30L/min
③ 35~40L/min
④ 46~56L/min

해설 냉수코일 설계에 있어서 전열계수와 공기의 풍속을 나타내는 선도를 참조하여 냉수량을 결정해야 하며 관 1개당 권장수량은 6~16L/min이다.

Q 049. 콘크리트 두께 10cm, 내면 회벽 두께 2cm의 벽체를 통하여 실내로 침입하는 열량은? (단, 외기온도 30℃, 실내온도 26℃, 콘크리트 열전도율 1.4kcal/m·h·℃, 회벽 열전도율 0.62kcal/m·h·℃, 벽 외면 열전달율 20kcal/m²·h·℃, 벽 내면 열전달율 7kcal/m²·h·℃, 외벽의 면적 20m²이다.)

① 178.1kcal/h
② 269.8kcal/h
③ 326.9kcal/h
④ 378.2kcal/h

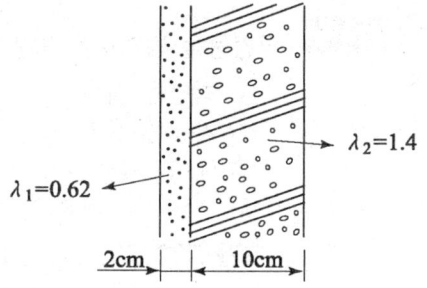

해설
• 열통과율 $K = \dfrac{1}{\dfrac{1}{\alpha_o} + \sum \dfrac{l}{\lambda} + \dfrac{1}{\alpha_i}}$ 에서

$K = \dfrac{1}{\dfrac{1}{20} + \dfrac{0.1}{1.4} + \dfrac{0.02}{0.62} + \dfrac{1}{7}} = 3.372 \text{kcal/m}^2 \cdot \text{h} \cdot ℃$

• 벽체의 전도열량 $q = KA\Delta t$ 에서 $q = 3.372 \times 20 \times 4 = 269.76 \text{kcal/h}$

Q 050. 보일러 능력의 표시법에 대한 설명으로 옳은 것은?

① 과부하 출력 : 운전시간 24시간 이후는 정격출력의 10~20% 더 많이 출력되는데 이것을 과부하 출력이라 한다.
② 정격 출력 : 정미출력의 2배이다.
③ 상용 출력 : 배관 손실을 고려하여 정미 출력의 약 1.05~1.10배 정도이다.
④ 정미 출력 : 연속해서 운전할 수 있는 보일러의 최대능력이다.

해설 보일러 출력
• 정미출력 : 난방부하+급탕부하
• 상용출력 : 난방부하+급탕부하+배관손실부하=정미출력×1.05~1.10
• 정격출력 : 난방부하+급탕부하+배관손실부하+예열부하

답 048. ① 049. ② 050. ③

Q 051 공조기에서 냉·온풍을 혼합댐퍼(mixing damper)에 의해 일정한 비율로 혼합한 후 각 존 또는 각 실로 보내는 공조방식은?

① 단일덕트 재열 방식
② 멀티존 유닛 방식
③ 단일덕트 방식
④ 유인 유닛 방식

해설 멀티존 유닛 방식은 냉풍과 온풍을 공조기의 혼합 댐퍼에서 혼합비율을 제어하여 각 실 또는 각 존에 급기를 공급하는 방식이다.

Q 052 실내 냉방부하가 현열 6000kcal/h, 잠열 1000kcal/h인 실의 송풍량은? (단, 취출 온도차 10℃, 공기 비중량 1.2kg/m³, 비열 0.24kcal/kg·℃이다.)

① 1538CMH
② 2083CMH
③ 3180CMH
④ 4200CMH

해설 송풍량 $Q = \dfrac{q_s}{\gamma C \Delta t}$ 에서, $Q = \dfrac{6000}{1.2 \times 0.24 \times 10} = 2083.3 \text{m}^3/\text{h} = 2083.3\text{CMH}$

Q 053 다음 중 열회수 방식에 속하는 것은?

① 열병합방식
② 빙축열방식
③ 승온이용방식
④ 지역냉난방방식

해설 열회수방식 : 전열교환기 방식, 승온이용 방식(열펌프 이용)

Q 054 한 장의 보통 유리를 통해서 들어오는 취득열량을 $q = I_{GR} \times k_s \times A_g + I_{GC} \times A_g$라 할 때 k_s를 무엇이라 하는가? (단, I_{GR} : 일사투과량, A_g : 유리의 면적, I_{GC} : 창 면적당의 내표면으로부터 대류에 의하여 침입하는 열량)

① 차폐계수
② 유리의 반사율
③ 유리의 열전도계수
④ 단위시간에 단위면적을 통해 투과하는 열량

해설
- 유리를 투과한 일사에 의한 취득열량 : $q_{GR} = I_{GR} \times k_s \times A_g$
  여기서, $I_{GR}[\text{kcal/m}^2 \cdot \text{h}]$: 일사투과량, $A_g[\text{m}^2]$: 유리의 면적, k_s : 차폐계수
- 유리의 내표면으로부터 대류에 의하여 침입하는 열량 : $q_{GC} = I_{GC} \times A_g$
  여기서, $I_{GC}[\text{kcal/m}^2 \cdot \text{h}]$: 창면적당의 내표면으로부터 대류에 의하여 침입하는 열량, $A_g[\text{m}^2]$: 유리의 면적

답 051. ② 052. ② 053. ③ 054. ①

Q 055 방열기의 EDR은 무엇을 의미하는가?

① 상당방열면적　　② 표준방열면적
③ 최소방열면적　　④ 최대방열면적

해설 EDR(Equivalent Direct Radiation)은 상당방열면적으로서 방열기의 전방열량과 표준방열량의 비로 나타낸다.

Q 056 감습장치에 대한 설명으로 틀린 것은?

① 냉각 감습장치는 냉각코일 또는 공기세정기를 사용하는 방법이다.
② 압축성 감습장치는 공기를 압축해서 여분의 수분을 응축시키는 방법이며, 소요동력이 적기 때문에 일반적으로 널리 사용된다.
③ 흡수식 감습장치는 트리에틸렌글리콜, 염화리튬 등의 액체 흡수제를 사용하는 것이다.
④ 흡착식 감습장치는 실리카겔, 활성알루미나 등의 고체 흡착제를 사용한다.

해설 압축성 감습장치는 공기를 압축하여 여분의 수분을 응축시켜 감습하는 방법으로서 공기압축기를 사용하므로 동력소비가 크다.

Q 057 다음 중 공기여과기(air filter) 효율 측정법이 아닌 것은?

① 중량법　　② 비색법(변색도법)
③ 계수법(DOP법)　　④ HEPA 필터법

해설 공기여과기 효율 측정방법 : 중량법, 비색법(변색도법), 계수법(DOP법)

Q 058 다음 열원설비 중 하절기 피크전력 감소에 기여할 수 있는 방식으로 가장 거리가 먼 것은?

① GHP 방식　　② 빙축열 방식
③ 흡수식 냉동기　　④ EHP 방식

해설 EHP(Electric Heat Pump) 방식은 전기로 압축기를 구동하는 전기냉난방기이다. 따라서, 하절기에 냉방을 할 경우 압축기를 구동하기 위하여 전기를 사용해야 하므로 피크전력이 상승하게 된다.

Q 059 건물의 지하실, 대규모 조리장 등에 적합한 기계환기법(강제급기＋강제배기)은?

① 제1종 환기　　② 제2종 환기
③ 제3종 환기　　④ 제4종 환기

답 055. ①　056. ②　057. ④　058. ④　059. ①

해설 환기방법
- 제1종 환기법 : 강제급기와 강제배기
- 제2종 환기법 : 강제급기와 자연배기
- 제3종 환기법 : 자연급기와 강제배기
- 제4종 환기법 : 자연급기와 자연배기

060 덕트에 설치되는 댐퍼에 대한 설명으로 틀린 것은?

① 버터플라이 댐퍼는 주로 소형덕트에서 개폐용으로 사용되며 풍량 조절용으로도 사용된다.
② 평형익형 댐퍼는 닫혔을 때 공기의 누설이 많다.
③ 방화 댐퍼의 종류는 루버형, 피봇형 등이 있다.
④ 풍량 조절 댐퍼의 종류에는 슬라이드형과 스윙형이 있다.

해설 풍량 조절 댐퍼의 종류 : 버터플라이 댐퍼, 루버 댐퍼(다익 댐퍼), 베인 댐퍼, 스플릿 댐퍼

제 4 과목 전기제어공학

061 내부저항 r인 전류계의 측정범위를 n배로 확대하려면 전류계에 접속하는 분류기 저항값은?

① r/n
② $r/(n-1)$
③ $(n-1)r$
④ nr

해설
- 분류기의 전압 $V_s = V$에서 전압 $I_s \dfrac{r \cdot R_s}{r + R_s} = Ir$

  여기서, $I_s[A]$: 측정전류, $I[A]$: 전류계 전류, $R_s[\Omega]$: 분류기 저항, $r[\Omega]$: 전류계 내부저항

- 배율 $n = \dfrac{I_s}{I}$ 이므로 $I_s \dfrac{r \cdot R_s}{r + R_s} = Ir$에서, $\dfrac{I_s}{I} \times \dfrac{r \cdot R_s}{r + R_s} = r$

  $n \times \dfrac{r \cdot R_s}{r + R_s} = r$, $n \times r \times R_s = r \times (r + R_s)$

  $n \times R_s = r + R_s$, $nR_s - R_s = r$, $(n-1)R_s = r$

  분류기 저항 $R_s = \dfrac{r}{n-1}$

062 PLC가 시퀀스동작을 소프트웨어적으로 수행하는 방법으로 틀린 것은?

① 래더도 방식
② 사이클릭 처리방식
③ 인터럽트 우선 처리방식
④ 병행 처리방식

답 060. ④ 061. ② 062. ①

해설 래더도란 PLC에서 사용되는 전개 접속도로서 논리 명령어로 된 프로그램보다 전체적인 내용을 쉽게 이해할 수 있다.

Q. 063 다음 중 정상 편차를 개선하고 응답속도를 빠르게 하는 동작은?

① K
② $K(1+sT)$
③ $K(1+\frac{1}{sT})$
④ $K(1+sT+\frac{1}{sT})$

해설 비례적분미분동작
- 전달함수 $G(s) = K\left(1+sT+\frac{1}{sT}\right)$
  여기서, K : 비례감도, T : 미분시간, 적분시간
- 비례제어에서 발생하는 정상편차를 적분제어로 개선하고 미분제어로 응답속도를 빠르게 한 동작이다.

Q. 064 목표치가 시간에 관계없이 일정한 경우로 정전압 장치, 일정 속도제어 등에 해당하는 제어는?

① 정치 제어
② 비율 제어
③ 추종 제어
④ 프로그램 제어

해설 정치 제어란 목표값이 시간에 따라서 일정한 제어로 정전압장치, 일정 속도 제어에 사용된다.

Q. 065 조작부를 움직이는 에너지원으로 공기, 유압, 전기 등을 사용하는 것은?

① 정치 제어
② 타력 제어
③ 자력 제어
④ 프로그램 제어

해설 타력 제어는 조작부를 움직이는 에너지원을 보조에너지원으로부터 얻어서 제어하는 것으로 유압식, 전기식, 공기식이 있다.

Q. 066 콘덴서에서 극판의 면적을 3배로 증가시키면 정전 용량은 어떻게 되는가?

① $\frac{1}{3}$로 감소한다.
② $\frac{1}{9}$로 감소한다.
③ 3배로 증가한다.
④ 9배로 증가한다.

해설 정전용량 $C=\varepsilon\frac{S}{d}$에서 정전용량(C)은 극판면적(S)에 비례한다. 따라서 극판면적을 3배로 증가시키면 정전용량은 3배로 증가된다.

답 063. ④ 064. ① 065. ② 066. ③

067 4극 60Hz의 3상 유도전동기가 있다. 1725rpm으로 회전하고 있을 때 2차 기전력의 주파수는 약 몇 Hz인가?

① 2.5　　　　　　　　　② 7.5
③ 52.5　　　　　　　　　④ 57.5

해설
- 동기속도 $N_s = \dfrac{120f}{P}$ 에서, $N_s = \dfrac{120 \times 60}{4} = 1800\text{rpm}$
- 슬립 $s = \dfrac{N_s - N}{N_s}$ 에서, $s = \dfrac{1800 - 1725}{1800} = 0.042$
- 2차 기전력의 주파수 $f_{2s} = sf_1 = 0.042 \times 60 = 2.52\text{Hz}$

068 유도전동기의 회전력은 단자전압과 어떤 관계를 갖는가?

① 단자 전압에 반비례한다.　　② 단자 전압에 비례한다.
③ 단자 전압의 $\dfrac{1}{2}$승에 비례한다.　　④ 단자 전압의 2승에 비례한다.

해설 유도전동기의 회전력은 자속과 전기자 전류에 비례하고, 전류는 단자전압에 비례한다. 따라서, 회전력은 단자전압의 2승에 비례한다.

069 제어계에서 적분요소에 해당되는 것은?

① 물탱크에 일정 유량의 물을 공급하여 수위를 올린다.
② 트랜지스터에 저항을 접속하여 전압증폭을 한다.
③ 마찰계수, 질량이 있는 스프링에 힘을 가하여 그 변위를 구한다.
④ 물탱크에 열을 공급하여 물의 온도를 올린다.

해설 제어계의 적분요소에는 수위계(물탱크에 일정 유량의 물을 공급하여 수위를 올리는 것), R-C회로, 실린더 내에 유량을 일정한 압력으로 유입시키면 그 유입량에 따라 피스톤이 이동하는 기계계가 있다.

070 RLC 병렬회로에서 용량성 회로가 되기 위한 조건은?

① $X_L = X_C$　　　　　　　② $X_L > X_C$
③ $X_L < X_C$　　　　　　　④ $X_L + X_C = 0$

해설 RLC 병렬회로
- 유도성 회로 : $\dfrac{1}{\omega L} > \omega C$ 이므로 $X_L < X_C$
- 용량성 회로 : $\dfrac{1}{\omega L} < \omega C$ 이므로 $X_L > X_C$

답 067. ①　068. ④　069. ①　070. ②

Q 071. 온도를 임피던스로 변환시키는 요소는?
① 측온 저항   ② 광전지
③ 광전 다이오드   ④ 전자석

해설
- 온도를 임피던스로 변환 : 측온저항
- 전압을 변위로 변환 : 전자석

Q 072. 3상 유도전동기에서 일정 토크 제어를 위하여 인버터를 사용하여 속도제어를 하고자 할 때 공급전압과 주파수의 관계는?
① 공급전압이 항상 일정하여야 한다.
② 공급전압과 주파수는 반비례되어야 한다.
③ 공급전압과 주파수는 비례되어야 한다.
④ 공급전압과 제곱에 비례하여야 한다.

해설 유도기전력은 주파수와 비례하므로 일정한 토크를 제어할 경우 공급전압과 주파수는 비례되어야 한다.

Q 073. 전류에 의해서 발생되는 작용이라고 볼 수 없는 것은?
① 발열작용   ② 자기차폐작용
③ 화학작용   ④ 자기작용

해설 전류에 의해서 발생되는 현상 : 발열작용(전열기), 화학작용(건전지), 자기작용(전동기, 발전기)

Q 074. 그림과 같은 회로에서 논리식은?
① $X=(A+B) \cdot C$
② $X=A \cdot B+C$
③ $X=A \cdot B+A \cdot C$
④ $X=A \cdot B \cdot C$

해설 논리식 $X=A \cdot B+C$

Q 075. 유입식 변압기의 절연유 구비조건이 아닌 것은?
① 절연내력이 클 것   ② 응고점이 높을 것
③ 점도가 낮고 냉각효과가 클 것   ④ 인화점이 높을 것

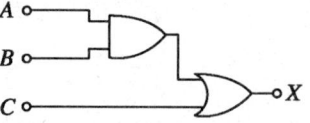
답 071. ①   072. ③   073. ②   074. ②   075. ②

해설 절연유는 작동유체로서 응고점이 낮아야 한다.

Q 076
200V의 정격전압에서 1kW의 전력을 소비하는 저항에 90%의 정격전압을 가한다면 소비전력은 몇 W인가?

① 640　　② 810
③ 900　　④ 990

해설
- 소비전력 $P=\dfrac{V^2}{R}$ 에서, 저항 $R=\dfrac{V^2}{P}=\dfrac{200^2}{1000}=40\Omega$
- 전압 $V=200\times 0.9=180V$ 일 때, 소비전력 $P=\dfrac{180^2}{40}=810W$

Q 077
피드백 제어의 장점으로 틀린 것은?

① 제어기 부품들의 성능이 나쁘면 큰 영향을 받는다.
② 외부조건의 변화에 대한 영향을 줄일 수 있다.
③ 제어계의 특성을 향상시킬 수 있다.
④ 목표값을 정확히 달성할 수 있다.

해설 피드백 제어는 제어계의 출력값이 목표값과 비교하여 일치하지 않을 경우에는 검출부로 보내 다시 출력값을 입력으로 피드백시켜 오차를 수정하도록 귀환경로를 갖는 제어이므로 제어기 부품들의 성능이 나빠도 큰 영향은 받지 않는다.

Q 078
다음 논리식 중에서 그 결과가 다른 값을 나타낸 것은?

① $(A+B)(A+\overline{B})$　　② $A\cdot(A+B)$
③ $A+(\overline{A}\cdot B)$　　④ $(A\cdot B)+(A\cdot\overline{B})$

해설
① $(A+B)(A+\overline{B})=AA+A\overline{B}+AB+B\overline{B}=A+A(\overline{B}+B)+0=A+A\cdot 1=A$
② $A\cdot(A+B)=AA+AB=A+AB=A(1+B)=A\cdot 1=A$
③ $A+(\overline{A}\cdot B)=(A+\overline{A})\cdot(A+B)=1\cdot(A+B)=A+B$
④ $(A\cdot B)+(A\cdot\overline{B})=A(B+\overline{B})=A\cdot 1=A$

Q 079
피상전력 100kVA, 유효전력 80kW인 부하가 있다. 무효전력은 몇 kVar인가?

① 20　　② 60
③ 80　　④ 100

답 076. ② 077. ① 078. ③ 079. ②

해설 피상전력 $P_a = \sqrt{P^2 + P_r^2}$ 에서
무효전력 $P_r = \sqrt{P_a^2 - P^2} = \sqrt{100^2 - 80^2} = 60\,\text{kVar}$

Q.080 어떤 제어계의 임펄스 응답이 $\sin\omega t$일 때 계의 전달함수는?

① $\dfrac{\omega}{s+\omega}$ ② $\dfrac{\omega^2}{s+\omega}$

③ $\dfrac{\omega}{s^2+\omega^2}$ ④ $\dfrac{\omega^2}{s^2+\omega^2}$

해설 $f(t) = \sin\omega t$를 라플라스변환하면
$$F(s) = \int_0^\infty \sin\omega t \cdot e^{-st} dt = \int_0^\infty \frac{1}{2j}(e^{j\omega t} - e^{-j\omega t}) \cdot e^{-st} dt$$
$$= \frac{1}{2j}\left(\frac{1}{s-j\omega} - \frac{1}{s+j\omega}\right) = \frac{\omega}{s^2+\omega^2}$$

제 5 과목 배관일반

Q.081 방열기 트랩에 대한 설명으로 틀린 것은?

① 방열기 내에 머무는 공기만을 제거시켜 배관의 순환을 빠르게 한다.
② 방열기 내에 생긴 응축수를 보일러에 환수시키는 역할을 한다.
③ 방열기 밸브의 반대쪽 하부 태핑에 부착한다.
④ 증기가 환수관에 유출되지 않도록 한다.

해설 방열기 트랩은 방열기 내의 응축수와 공기 또는 증기와 분리하여 응축수만 보일러에 환수시킨다.

Q.082 체크밸브의 종류에 대한 설명으로 옳은 것은?

① 리프트형 - 수평, 수직 배관용 ② 풋형 - 수평 배관용
③ 스윙형 - 수평, 수직 배관용 ④ 리프트형 - 수직 배관용

해설 체크밸브의 종류
- 리프트형 : 수평 배관용
- 스윙형 : 수평, 수직 배관용
- 풋형 : 펌프의 흡입관용

080. ③ 081. ① 082. ③

Q 083 증기난방용 방열기를 열손실이 가장 많은 창문 쪽의 벽면에 설치할 때 가장 적절한 벽면과의 거리는?

① 5~6cm
② 10~11cm
③ 19~20cm
④ 25~26cm

해설 방열기는 자연대류방식으로서 외기와 접하는 창밑에 설치하며 벽면과 5~6cm 이격하여 설치한다.

Q 084 증기배관에 관한 설명으로 틀린 것은?

① 수평주관의 지름을 줄일 때에는 편심리듀서를 사용한다.
② 수평주관의 지름을 줄일 때에는 응축수가 이음부에 체류하지 않도록 내림구배는 관 밑을 직선으로 일치시킨다.
③ 증기주관 위쪽에서의 입하관 분기는 상향으로 올린 후에 올림구배로 입하시킨다.
④ 증기관이나 환수관이 장애물과 교차할 때는 드레인이나 공기가 유통하기 쉽도록 한다.

해설 증기주관에서 입하관 분기 시 T이음 또는 45°로 분기하여 내림구배로 입하시킨다.

Q 085 온수난방 배관 시공 시 기울기에 관한 설명으로 틀린 것은?

① 배관의 기울기는 일반적으로 1/250 이상으로 한다.
② 단관 중력 순환식의 온수 주관은 하향 기울기를 준다.
③ 복관 중력 순환식의 상향 공급식에서는 공급관, 복귀관 모두 하향 기울기를 준다.
④ 강제 순환식은 상향 기울기나 하향 기울기 어느 쪽이든 자유로이 할 수 있다.

해설 복관 중력 순환식의 상향 공급식에서는 공급관은 상향 기울기, 환수관은 하향 기울기를 준다.

Q 086 배관 관련 설비 중 공기조화 설비의 구성요소로 가장 거리가 먼 것은?

① 열원장치
② 공기조화기
③ 환기장치
④ 트랩장치

답 083. ① 084. ③ 085. ③ 086. ④

해설 트랩장치
- 배수트랩 : 배수관에서 발생한 유해가스나 악취가 실내로 역류하는 것을 방지하기 위하여 설치한다.
- 증기트랩 : 증기관에서 발생한 응축수는 공기 또는 증기와 분리하여 응축수만 보일러에 환수시키기 위하여 설치한다.

087. 배관작업용 공구에 관한 설명으로 틀린 것은?

① 파이프 리머(pipe reamer) : 관을 파이프커터 등으로 절단한 후 관 단면의 안쪽에 긴 거스러미(burr)를 제거
② 플레어링 툴(flaring tools) : 동관을 압축이음하기 위하여 관 끝을 나팔모양으로 가공
③ 파이프 바이스(pipe vice) : 관을 절단하거나 나사이음을 할 때 관이 움직이지 않도록 고정
④ 사이징 툴(sizing tools) : 동일지름의 관을 이음쇠 없이 납땜이음을 할 때 한쪽 관 끝을 소켓모양으로 가공

해설 사이징 툴(sizing tool)은 동관의 끝 부분을 원형으로 정형하는 데 사용하는 공구이다.

088. 배관계가 축 방향 힘과 굽힘에 의한 회전력을 동시에 받을 때 사용하는 신축이음쇠는?

① 슬리브형 ② 볼형
③ 벨로즈형 ④ 루프형

해설 볼형 신축이음쇠는 볼 조인트 신축이음쇠와 오프셋 배관을 이용하여 관의 신축을 흡수하는 이음쇠로서 축방향의 힘과 굽힘에 의한 회전력을 동시에 받을 때 사용한다.

089. 통기관의 설치목적과 가장 거리가 먼 것은?

① 배수의 흐름을 원활하게 하여 배수관의 부식을 방지한다.
② 봉수가 사이펀 작용으로 파괴되는 것을 방지한다.
③ 배수계통 내의 신선한 공기를 유입하기 위해 환기시킨다.
④ 배수계통 내의 배수 및 공기의 흐름을 원활하게 한다.

해설 통기관의 설치목적
- 배수트랩의 봉수를 보호한다.
- 신선한 공기를 유입시켜 관 내를 청결하게 한다.
- 배수계통 내의 배수 및 공기의 흐름을 원활하게 한다.

답 087. ④ 088. ② 089. ①

Q 090 배관의 보온재 선택방법에 관한 설명으로 틀린 것은?
① 대상온도에 충분히 견딜 수 있을 것
② 방수·방습성이 우수할 것
③ 가볍고 시공성이 좋을 것
④ 열전도율이 클 것

해설 보온재는 열을 차단하는 재료로서 열전도율이 작아야 한다.

Q 091 팽창수조에 대한 설명으로 틀린 것은?
① 개방식 팽창수조의 설치높이는 장치의 최고 높은 곳에서 1m 이상으로 한다.
② 팽창관에는 밸브를 반드시 설치하여야 한다.
③ 팽창수조는 물의 팽창·수축을 흡수하기 위한 장치이다.
④ 밀폐식 팽창수조는 가압상태를 확인할 수 있도록 압력계를 설치하여야 한다.

해설 팽창관은 보일러와 팽창탱크를 연결하는 관으로서 절대로 밸브를 설치해서는 안 된다.

Q 092 다음 중 배수의 종류가 아닌 것은?
① 청수　　　　　　　　② 오수
③ 잡배수　　　　　　　④ 우수

해설 배수의 종류 : 오수, 잡배수, 우수, 특수배수

Q 093 가스 공급방식 중 저압 공급방식의 특징으로 틀린 것은?
① 가정용·상업용 등 일반에게 공급되는 방식이다.
② 홀더압력을 이용해 저압배관만으로 공급하므로 공급계통이 비교적 간단하다.
③ 공급구역이 좁고 공급량이 적은 경우에 적합하다.
④ 가스의 공급압력은 0.3~0.5MPa 정도이다.

해설 저압 공급방식의 가스 공급압력은 0.1MPa 미만이다.

답 090. ④　091. ②　092. ①　093. ④

Q 094. 배관지지 장치에서 변위가 큰 개소에 사용하는 행거는?

① 리지드 행거 ② 콘스탄트 행거
③ 베리어블 행거 ④ 스프링 행거

해설 콘스탄트 행거는 배관의 상·하 이동을 허용하면서 관을 지지하는 것으로 변위가 큰 개소에 사용한다.

Q 095. 다음 보기에서 설명하는 급수공급 방식은?

〔보 기〕
㉠ 고가탱크를 필요로 하지 않는다.
㉡ 일정수압으로 급수할 수 있다.
㉢ 자동제어 설비에 비용이 든다.

① 층별식 급수 조닝방식 ② 고가수조방식
③ 압력수조방식 ④ 부스터방식

해설 부스터방식은 수도 본관에서 급수를 저수조에 저장한 후 펌프를 이용하여 건물의 각 수전에 공급하는 방식으로서 고가탱크가 필요 없고 일정한 수압으로 급수할 수 있다.

Q 096. LP가스 공급, 소비 설비의 압력손실 요인으로 틀린 것은?

① 배관의 입하에 의한 압력손실
② 엘보우, 티 등에 의한 압력손실
③ 배관의 직관부에서 일어나는 압력손실
④ 가스미터, 콕크, 밸브 등에 의한 압력손실

해설 LP가스 공급 및 소비설비의 압력손실 요인
• 배관의 입상에 의한 압력손실
• 엘보우, 티 등에 의한 압력손실
• 배관의 직관부에서 일어나는 압력손실
• 가스미터, 콕크, 밸브 등에 의한 압력손실

Q 097. 배관계통 중 펌프에서 공동현상(cavitation)을 방지하기 위한 대책으로 해당되지 않는 것은?

① 펌프의 설치 위치를 낮춘다.
② 회전수를 줄인다.
③ 양 흡입을 단 흡입으로 바꾼다.
④ 굴곡부를 적게 하여 흡입관의 마찰손실수두를 작게 한다.

답 094. ② 095. ④ 096. ① 097. ③

해설 공동현상(cavitation) 방지대책
- 펌프의 설치 높이를 낮춘다.
- 펌프의 회전수를 줄인다.
- 단 흡입를 양 흡입으로 바꾼다.
- 흡입관경을 크게 하고 흡입배관의 굴곡부를 적게 한다.

Q 098. 덕트의 구부러진 부분의 기류를 안정시키기 위해 사용하는 것은?
① 방화댐퍼(fire damper)
② 가이드 베인(guide vane)
③ 라인 디퓨져(line diffuser)
④ 스플릿 댐퍼(split damper)

해설 덕트의 굴곡부의 반경비가 1.5 이내가 될 경우에는 기류를 안정시키기 위하여 가이드 베인을 설치한다.

Q 099. 급탕온도가 80℃, 복귀탕 온도가 60℃일 때 온수 순환펌프의 수량은? (단, 배관 중의 총 손실열량은 6000kcal/h로 한다.)
① 5L/min
② 10L/min
③ 20L/min
④ 25L/min

해설 순환펌프의 수량 $G = \dfrac{q}{60 C \Delta t}$ 에서

$G = \dfrac{6000}{60 \times 1 \times (80-60)} = 5\text{L/min}(\text{kg/min})$

Q 100. 스트레이너의 형상에 따른 종류가 아닌 것은?
① Y형
② S형
③ U형
④ V형

해설 스트레이너의 종류 : Y형, U형, V형

답 098. ② 099. ① 100. ②

2014

1과목 기계열역학
2과목 냉동공학
3과목 공기조화
4과목 전기제어공학
5과목 배관일반

2014년 3월 2일 시행
2014년 5월 25일 시행
2014년 8월 17일 시행

제 1 과목　기계열역학

Q 001 저온실로부터 46.4kW의 열을 흡수할 때 10kW의 동력을 필요로 하는 냉동기가 있다면, 이 냉동기의 성능계수는?

① 4.64　　② 5.65
③ 56.5　　④ 46.4

[해설] 냉동기 성능계수 $COP = \dfrac{Q_e}{L}$ 에서 $COP = \dfrac{46.4}{10} = 4.64$

Q 002 교축과정(throttling process)에서 처음 상태와 최종 상태의 엔탈피는 어떻게 되는가?

① 처음 상태가 크다.　　② 최종 상태가 크다.
③ 같다.　　④ 경우에 따라 다르다.

[해설] 교축과정은 오리피스 등과 같이 급격히 좁아진 축소관을 통과할 때 외부의 열이나 일의 교환이 없이 액체가 기체로 변한다. 따라서, 교축과정은 단열과정으로서 엔탈피 변화가 없다.

Q 003 500W의 전열기로 4kg의 물을 20°C에서 90°C까지 가열하는데 몇 분이 소요되는가? (단, 전열기에서 열은 전부 온도 상승에 사용되고 물의 비열은 4,180J/kg·K이다.)

① 16　　② 27
③ 39　　④ 45

[해설] 전열기의 용량(P)과 전열기의 가열량(Q)이 같다.
- 전열기의 용량 $P = W \times T$에서 $P = 500T(\text{W}) = 500T(\text{J/s}) = 30,000T(\text{J/min})$
- 전열기 가열량 $Q = GC\Delta t$에서 $Q = 4 \times 4,180 \times 70 = 1,170,400(\text{J})$

∴ $P = Q$에서 $30,000T = 1,170,400$ 가열 시간 $T = \dfrac{1,170,400}{30,000} = 39\text{min}$

답 001. ① 002. ③ 003. ③

004

두께 10mm, 열전도율 15W/m·°C인 금속판의 두 면의 온도가 각각 70°C와 50°C일 때 전열면 1m²당 1분 동안에 전달되는 열량은 몇 kJ인가?

① 1,800
② 14,000
③ 92,000
④ 162,000

해설

금속판의 단위면적당 전도열량 $q = \dfrac{\lambda}{l} \Delta t$ 에서

$q = \dfrac{900}{0.01} \times (70-50) = 1,800,000 \, J/m^2 \cdot min = 1,800 \, kJ/m^2 \cdot min$

※ $1 \, kW = 3,600 \, kJ/h$

005

냉매 R-134a를 사용하는 증기-압축 냉동사이클에서 냉매의 엔트로피가 감소하는 구간은 어디인가?

① 증발구간
② 압축구간
③ 팽창구간
④ 응축구간

해설

증기-압축 냉동사이클
- 압축구간 : 등엔트로피, 압력상승, 온도상승
- 응축구간 : 압력일정, 온도저하, 엔트로피감소
- 팽창구간 : 등엔탈피, 압력강하, 온도저하
- 증발구간 : 압력일정, 온도일정

006

절대온도 T_1 및 T_2의 두 물체가 있다. T_1에서 T_2로 열량 Q가 이동할 때 이 두 물체가 이루는 계의 엔트로피 변화를 나타내는 식은? (단, $T_1 > T_2$이다.)

① $\dfrac{T_1 - T_2}{Q(T_1 \times T_2)}$
② $\dfrac{Q(T_1 + T_2)}{T_1 \times T_2}$
③ $\dfrac{Q(T_1 - T_2)}{T_1 \times T_2}$
④ $\dfrac{T_1 + T_2}{Q(T_1 \times T_2)}$

해설

엔트로피 변화

$dS = \int_1^2 \dfrac{\delta Q}{T} = Q \int_1^2 \dfrac{1}{T} = \dfrac{QT_1}{T_1 T_2} - \dfrac{QT_2}{T_1 T_2} = \dfrac{Q(T_1 - T_2)}{T_1 \times T_2}$

007

카르노 열기관에서 열공급은 다음 중 어느 가역과정에서 이루어지는가?

① 등온팽창
② 등온압축
③ 단열팽창
④ 단열압축

답 004. ① 005. ④ 006. ③ 007. ①

해설 카르노 사이클
- 등온팽창과정 : 고온으로부터 열을 공급 받는다.
- 단열팽창과정 : 팽창일을 한다.
- 등온압축과정 : 저온으로 열을 방출한다.
- 단열압축과정 : 압축일을 한다.

008
밀폐된 실린더 내의 기체를 피스톤으로 압축하는 동안 300kJ의 열이 방출되었다. 압축일의 양이 400kJ이라면 내부에너지 증가는?

① 100kJ
② 300kJ
③ 400kJ
④ 700kJ

해설 압축일 $\delta W = -400$kJ, 방출열 $\delta Q = -300$kJ일 때
열량변화 $\delta Q = dU + \delta W$에서
내부에너지 변화 $dU = \delta Q - \delta W = -300 - (-400) = 100$kJ

009
어떤 시스템이 100kJ의 열을 받고, 150kJ의 일을 하였다면 이 시스템의 엔트로피는?

① 증가했다.
② 감소했다.
③ 변하지 않았다.
④ 시스템의 온도에 따라 증가할 수도 있고 감소할 수도 있다.

해설 시스템이 100kJ의 열을 받았으므로 이 시스템의 엔트로피는 증가했다.

010
1kg의 공기를 압력 2MPa, 온도 20°C의 상태로부터 4MPa, 온도 100°C의 상태로 변화하였다면 최종체적은 초기체적의 약 몇 배인가?

① 0.125
② 0.637
③ 3.86
④ 5.25

해설 보일과 샤를의 법칙 $\dfrac{P_1 V_1}{T_1} = \dfrac{P_2 V_2}{T_2}$에서

최종체적 $V_2 = \left(\dfrac{P_1}{P_2} \times \dfrac{T_2}{T_1}\right) V_1 = \left(\dfrac{2}{4} \times \dfrac{373}{293}\right) V_1 = 0.637 V_1$

답 008. ① 009. ① 010. ②

011. 서로 같은 단위를 사용할 수 없는 것으로 나타낸 것은?

① 열과 일
② 비내부에너지와 비엔탈피
③ 비엔탈피와 비엔트로피
④ 비열과 비엔트로피

해설
- 열과 일의 단위 : kJ
- 비내부에너지와 비엔탈피의 단위 : kJ/kg
- 비엔트로피와 비열의 단위 : kJ/kg·K

012. 질량(質量) 50kg인 계(系)의 내부에너지(u)가 100kJ/kg이며, 계의 속도는 100m/s이고, 중력장(重力場)의 기준면으로부터 50m의 위치에 있다고 할 때, 계에 저장된 에너지(E)는?

① 3,254.2kJ
② 4,827.7kJ
③ 5,274.5kJ
④ 6,251.4kJ

해설
개방계의 에너지 $E = m\left(u + \dfrac{V^2}{2} + gz\right)$ 에서

$E = 50\left(100 \times 10^3 + \dfrac{100^2}{2} + 9.8 \times 50\right) = 5,274,500\text{J} = 5,274.5\text{kJ}$

013. 온도가 −23°C인 냉동실로부터 기온이 27°C인 대기 중으로 열을 뽑아내는 가역냉동기가 있다. 이 냉동기의 성능계수는?

① 3
② 4
③ 5
④ 6

해설
냉동기 성능계수 $COP = \dfrac{T_L}{T_H - T_L}$ 에서

$COP = \dfrac{273 + (-23)}{(273 + 27) - \{273 + (-23)\}} = 5$

014. 공기 1kg을 1MPa, 250°C의 상태로부터 압력 0.2MPa까지 등온변화한 경우 외부에 대하여 한 일량은 약 몇 kJ인가? (단, 공기의 기체상수는 0.287kJ/kg·K이다.)

① 157
② 242
③ 313
④ 465

답 011. ③ 012. ③ 013. ③ 014. ②

해설

등온변화한 경우 팽창일 $W_{12} = mRT \ln \dfrac{P_1}{P_2}$ 에서

$W_{12} = 1 \times 0.287 \times 523 \ln \dfrac{1}{0.2} = 241.6 \text{kJ}$

015
온도 300K, 압력 100kPa 상태의 공기 0.2kg이 완전히 단열된 강체 용기 안에 있다. 패들(paddle)에 의하여 외부에서 공기에 5kJ의 일이 행해진다. 최종 온도는 얼마인가? (단, 공기의 정압비열과 정적비열은 1.0035kJ/kg·K, 0.7165kJ/kg·K 이다.)

① 약 325K ② 약 275K
③ 약 335K ④ 약 265K

해설

단열과정의 팽창일 $W_{12} = \dfrac{mR}{k-1}(t_1 - t_2)$ 에서

최종온도 $t_2 = t_1 + \dfrac{(k-1)W_{12}}{mR} = 300 + \dfrac{(1.4-1) \times 5}{0.2 \times 0.287} = 334.8\text{K}$

- 비열비 $k = \dfrac{C_p}{C_v}$ 에서 $k = \dfrac{1.0035}{0.7165} = 1.4$
- 기체상수 $R = C_p - C_v$ 에서 $R = 1.0035 - 0.7165 = 0.287 \text{kJ/kg}\cdot\text{K}$

016
다음 중 열전달률을 증가시키는 방법이 아닌 것은?

① 2중 유리창을 설치한다.
② 엔진실린더의 표면 면적을 증가시킨다.
③ 팬의 풍량을 증가시킨다.
④ 냉각수 펌프의 유량을 증가시킨다.

해설
2중 유리창 사이에 정지공기가 있으며 정지공기로 인하여 열전달률을 감소시킨다.

017
공기는 압력이 일정할 때 그 정압비열이 $C_p = 1.0053 + 0.000079\,t$ kJ/kg·°C라고 하면 공기 5kg을 0°C에서 100°C까지 일정한 압력하에서 가열하는 데 필요한 열량은 약 얼마인가? (단, $t = °C$이다.)

① 100.5kJ ② 100.9kJ
③ 502.7kJ ④ 504.6kJ

답 015. ③ 016. ① 017. ④

해설 등압과정의 열량

$Q_{12} = m(h_2 - h_1) = m\int_{t_1}^{t_2} C_p dt$ 에서

$Q_{12} = 5\int_0^{100}(1.0053 + 0.000079t)dt = 5\times\left[1.0053t + \frac{1}{2}\times 0.000079t^2\right]_0^{100}$

$= 5\times(1.0053\times 100 + \frac{1}{2}\times 0.000079\times 100^2) = 504.625\text{kJ}$

Q 018

그림과 같은 공기표준 브레이톤(Brayton) 사이클에서 작동유체 1kg당 터빈 일은 얼마인가? (단, $T_1=300\text{K}$, $T_2=475.1\text{K}$, $T_3=1100\text{K}$, $T_4=694.5\text{K}$이고, 공기의 정압비열과 정적비열은 각각 $1.0035\text{kJ/kg}\cdot\text{K}$, $0.7165\text{kJ/kg}\cdot\text{K}$이다.)

① 406.9kJ/kg
② 290.6kJ/kg
③ 627.2kJ/kg
④ 448.3kJ/kg

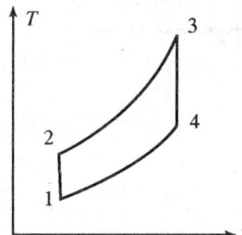

해설 터빈일 $w_T = C_p(T_3 - T_4)$ 에서
$w_T = 1.0035\times(1100 - 694.5)$
$= 406.92\text{kJ/kg}$

Q 019

준평형 과정으로 실린더 안의 공기를 100kPa, 300K 상태에서 400kPa까지 압축하는 과정 동안 압력과 체적의 관계는 "PV^n=일정($n=1.3$)"이며, 공기의 정적비열은 $C_v=0.717\text{kJ/kg}\cdot\text{K}$, 기체상수($R$)=$0.287\text{kJ/kg}\cdot\text{K}$이다. 단위질량당 일과 열의 전달량은?

① 일=-108.2kJ/kg, 열=-27.11kJ/kg
② 일=-108.2kJ/kg, 열=-189.3kJ/kg
③ 일=-125.4kJ/kg, 열=-27.11kJ/kg
④ 일=-125.4kJ/kg, 열=-189.3kJ/kg

해설
- 일 $w = \frac{RT_1}{k-1}\left\{1 - \left(\frac{P_2}{P_1}\right)^{\frac{k-1}{k}}\right\}$ 에서

  $w = \frac{0.287\times 300}{1.3-1}\left\{1 - \left(\frac{400}{100}\right)^{\frac{1.3-1}{1.3}}\right\} = -108.2\text{kJ/kg}$

- 열전달량 $q = u + w$ 에서 $q = 81.09 + (-108.2) = -27.11\text{kJ/kg}$

답 018. ① 019. ①

- $\dfrac{T_2}{T_1} = \left(\dfrac{P_2}{P_1}\right)^{\frac{n-1}{n}}$ 에서 압축 후의 최종온도

$$T_2 = T_1 \times \left(\dfrac{P_2}{P_1}\right)^{\frac{n-1}{n}} = 300 \times \left(\dfrac{400}{100}\right)^{\frac{1.3-1}{1.3}} = 413.1\text{K}$$

- 내부에너지 $u = C_v dt$에서 $u = 0.717 \times (413.1 - 300) = 81.09\text{kJ/kg}$

020
이상기체의 마찰이 없는 정압과정에서 열량 Q는? (단, C_v는 정적비열, C_p는 정압비열, k는 비열비, dT는 임의의 점의 온도변화이다.)

① $Q = C_v dT$
② $Q = k^2 C_v dT$
③ $Q = C_p dT$
④ $Q = k C_p dT$

해설
열량 $Q = H - VdP$에서 정압과정이므로 $dP = 0$이다.
따라서, 열량 $\delta Q = dH = C_p dT$이다.
여기서, H : 엔탈피, V : 체적, dP : 압력변화

제 2 과목 냉동공학

021
냉매로서의 갖추어야 할 중요요건에 대한 설명으로 틀린 것은?
① 동일한 냉동능력에 대하여 냉매가스의 용적이 적을 것
② 저온에 있어서도 대기압 이상의 압력에서 증발하고 비교적 저압에서 액화할 것
③ 점도가 크고 열전도율이 좋을 것
④ 증발열이 크며 액체의 비열이 작을 것

해설 냉매는 점도 및 표면장력이 작고 전열이 양호할 것

022
2단 냉동 사이클에서 응축압력을 P_c, 증발압력을 P_e라 할 때 이론적인 최적의 중간압력으로 가장 적당한 것은?

① $P_c \cdot P_e$
② $(P_c \cdot P_e)^{\frac{1}{2}}$
③ $(P_c \cdot P_e)^{\frac{1}{3}}$
④ $(P_c \cdot P_e)^{\frac{1}{4}}$

020. ③ 021. ③ 022. ②

해설

2단 냉동사이클의 압축비 $\dfrac{P_c}{P_m} = \dfrac{P_m}{P_e}$ 에서 $P_m^2 = P_c \cdot P_e$

중간압력 $P_m = \sqrt{P_c \cdot P_e} = (P_c \cdot P_e)^{\frac{1}{2}}$

Q.023

20°C, 500kg의 물을 -10°C의 얼음으로 만들고자 한다. 이때 필요한 냉동능력은 약 몇 RT인가? (단, 물의 비열을 1kcal/kg°C, 얼음의 비열을 0.5kcal/kg°C, 물의 응고잠열을 80kcal/kg, 1RT를 3,320kcal/h로 한다.)

① 9.79
② 13.55
③ 15.81
④ 16.57

해설

- 물의 냉각열량 $Q_1 = GC\Delta t$에서 $Q_1 = 500 \times 1 \times (20-0) = 10,000$kcal/h
- 물의 응고열량 $Q_2 = G\gamma$에서 $Q_2 = 500 \times 80 = 40,000$kcal/h
- 얼음의 냉각열량 $Q_3 = GC\Delta t$에서 $Q_3 = 500 \times 0.5 \times \{0-(-10)\} = 2,500$kcal/h
- ∴ 냉동능력 $Q_e = \dfrac{Q_1 + Q_2 + Q_3}{3,320}$ 에서 $Q_e = \dfrac{10,000 + 40,000 + 2,500}{3,320} = 15.81$RT

Q.024

두께 100mm의 콘크리트벽의 내면에 두께 200mm의 발포 스티로폼으로 방열을 하고 또 그 내면을 10mm 두께의 내장판을 설치한 냉장고가 있다. 냉장실 온도가 -30°C이고, 평균외기 온도가 35°C이며 냉장고의 벽면적이 100m²인 경우 전열량은 약 얼마인가?

① 1,076kcal/h
② 1,196kcal/h
③ 1,296kcal/h
④ 1,396kcal/h

재 료 명	열전도율(kcal/mh°C)
콘크리트	0.9
발포스티로폼	0.04
내장판	0.15

벽 면	표면열전달률(kcal/m²h°C)
외벽면	20
내벽면	5

해설

- 열통과율 $K = \dfrac{1}{\dfrac{1}{\alpha_o} + \sum \dfrac{l}{\lambda} + \dfrac{1}{\alpha_i}}$ 에서

$K = \dfrac{1}{\dfrac{1}{20} + \dfrac{0.1}{0.9} + \dfrac{0.2}{0.04} + \dfrac{0.01}{0.15} + \dfrac{1}{5}} = 0.184$kcal/m²h°C

- 전열량 $Q = KA\Delta t$에서 $Q = 0.184 \times 100 \times \{35-(-30)\} = 1,196$kcal/h

답 023. ③ 024. ②

Q 025 일반적으로 냉방 시스템에 물을 냉매로 사용하는 냉동방식은?

① 터보식　　　　　　② 흡수식
③ 전자식　　　　　　④ 증기압축식

해설 흡수식 냉동기의 냉매와 흡수제

냉매	흡수제
물(H_2O)	리튬브로마이드(LiBr)
암모니아(NH_3)	물(H_2O)

Q 026 온도식 자동팽창 밸브에 관한 설명이 잘못된 것은?

① 주로 암모니아 냉동장치에 사용한다.
② 감온통의 설치는 액가스 열교환기가 있을 경우에는 증발기 쪽에 밀착하여 설치한다.
③ 부하변동에 따라 냉매유량 제어가 가능하다.
④ 내부균압형과 외부균압형이 있다.

해설 온도식 자동팽창 밸브는 증발기 출구의 과열도에 의하여 냉매량을 조절하므로 프레온 냉동장치에 사용된다.

Q 027 냉동기 부속기기의 설치 위치로 옳지 않은 것은?

① 암모니아 냉동기의 유분리기는 압축기와 응축기 사이
② 액 분리기는 증발기와 압축기 사이
③ 건조기는 수액기와 응축기 사이
④ 수액기는 응축기와 팽창변 사이

해설 건조기는 프레온 냉동장치에서 수액기와 팽창밸브 사이에 설치하여 수분으로 인한 팽창밸브의 동결을 방지한다.

Q 028 스크류 압축기의 구성요소가 아닌 것은?

① 스러스트 베어링　　　② 숫 로우터
③ 암 로우터　　　　　　④ 크랭크축

해설 크랭크축은 왕복동식 압축기의 부속품이다.

답 025. ②　026. ①　027. ③　028. ④

Q.029

냉매 R-22를 사용하는 냉동기에서 증발기입구 엔탈피 106kcal/kg, 증발기출구 엔탈피 451kcal/kg, 응축기입구 엔탈피 471kcal/kg이었다. 이 냉동기의 ① 냉동효과(kcal/kg), ② 성적계수는 얼마인가?

① ① 345, ② 17.2
② ① 365, ② 17.2
③ ① 345, ② 10.2
④ ① 365, ② 10.2

해설
- 증발기출구 엔탈피=압축기흡입 엔탈피 $h_1 = 451$ kcal/kg
- 응축기입구 엔탈피=압축기토출 엔탈피 $h_2 = 471$ kcal/kg
- 증발기입구 엔탈피 $h_4 = 106$ kcal/kg

① 냉동효과 $q_e = h_1 - h_4$에서 $q_e = 451 - 106 = 345$ kcal/kg

② 성적계수 $COP = \dfrac{h_1 - h_4}{h_2 - h_1}$에서 $COP = \dfrac{451 - 106}{471 - 451} = 17.25$

Q.030

펠티에(Feltier) 효과를 이용하는 냉동방법에 대한 설명으로 옳지 않은 것은?

① 펠티에 효과를 냉동에 이용한 것이 전자냉동 또는 열전기식 냉동법이다.
② 펠티에 효과를 냉동법으로 실용화에 어려운 점이 많았으나 반도체 기술이 발달하면서 실용화되었다.
③ 이 냉동방법을 이용한 것으로는 휴대용 냉장고, 가정용 특수냉장고, 물 냉각기, 핵 잠수함 내의 냉난방장치이다.
④ 이 냉동방법도 증기 압축식 냉동장치와 마찬가지로 압축기, 응축기, 증발기 등을 이용한 것이다.

해설
전자냉동기는 펠티에 효과를 냉동에 이용한 것으로 흡열핀, 방열핀, 직류전원으로 구성되어 있다.

Q.031

냉동기의 압축기에 사용되는 냉동유의 구비조건으로 옳지 않은 것은?

① 저온에서 응고점이 충분히 낮고, 고온에서 열화가 되지 않을 것
② 인화점이 높고, 냉매에 잘 용해될 것
③ 수분 함유량이 적고, 전기절연내력이 클 것
④ 장기간 사용하여도 변질되거나 열화되지 않을 것

해설
냉동유는 냉매와 잘 분리되어야 한다. 따라서, 용해성이 적어야 냉동유와 냉매가 잘 분리된다.

답 029. ① 030. ④ 031. ②

Q.032 압축기의 토출압력 상승 원인으로 옳지 않은 것은?
① 냉각수 부족 및 냉각수온이 높을 때
② 냉각관 내 물때 및 스케일이 끼었을 때
③ 불응축가스 혼입시
④ 응축온도가 낮을 때

해설 응축온도가 낮으면 압축기의 토출압력(고압)이 낮아진다.

Q.033 증기 압축식 냉동 사이클에서 증발온도를 일정하게 유지하고 응축온도를 상승시킬 경우에 나타나는 현상 중 잘못된 것은?
① 성적계수 감소
② 토출가스 온도 상승
③ 소요동력 증대
④ 플래쉬가스 발생량 감소

해설 증발온도가 일정하고 응축온도가 상승하면 냉동기에서 나타나는 현상
 • 토출가스 온도가 상승
 • 압축기 소요동력이 증대
 • 플래쉬가스 발생량이 증가
 • 냉동기 성적계수가 감소

Q.034 냉동장치의 냉매량이 부족할 때 일어나는 현상 중에서 맞는 것은?
① 흡입압력이 낮아진다.
② 토출압력이 높아진다.
③ 냉동능력이 증가한다.
④ 흡입압력이 높아진다.

해설 냉매량이 부족하면 흡입압력이 낮아져 과열압축의 원인이 된다.

Q.035 증발식 응축기의 응축능력을 높이기 위한 방법으로 옳은 것은?
① 순환수 온도를 저하시킨다.
② 외기의 습구 온도를 높인다.
③ 순환수 온도를 높인다.
④ 순환수량을 줄인다.

해설 응축능력을 높이기 위하여 냉각수의 순환수량을 많게 하고 순환수 온도와 외기습구온도를 낮춘다.

답 032. ④ 033. ④ 034. ① 035. ①

Q 036
전열면적이 17m²인 브라인 쿨러(Brine cooler)가 있다. 브라인 유량이 180L/min, 쿨러의 브라인 입, 출구 온도는 −12℃ 및 −16℃이다. 브라인 쿨러의 냉동부하는 약 몇 kcal/h인가? (단, 브라인의 비중량은 1.2kg/L이고, 비열은 0.72kcal/kg℃이다.)

① 31,104 ② 33,460
③ 37,324 ④ 51,840

해설
- 브라인의 질량유량 $G = \gamma Q$에서 $G = 1.2 \times 180 \times 60 = 12,960 \text{kg/h}$
- 냉동능력 $Q_e = GC(T_{b1} - T_{b2})$에서
  $Q_e = 12,960 \times 0.72 \times \{-12 - (-16)\} = 37,324.8 \text{kcal/h}$

Q 037
왕복동 냉동기에서 −70~−30℃ 정도의 저온을 얻기 위하여 2단 압축방식을 채용하고 있다. 그 이유를 설명한 것 중 옳은 것은?

① 토출가스 온도를 낮추기 위하여
② 압축기의 효율 향상을 막기 위하여
③ 윤활유의 온도를 상승시키기 위하여
④ 성적계수를 낮추기 위하여

해설 2단 압축방식을 채택하는 이유
- 토출가스 온도를 낮추어 윤활유 열화 및 탄화현상을 방지한다.
- 압축기의 효율을 향상시킨다.
- 냉동능력을 증가시켜 성적계수를 높인다.

Q 038
각종 냉동기의 압축작용에 대한 설명 중 옳지 않은 것은?

① 증기압축식 냉동기 : 증발기에서 증발한 저온저압의 증기를 압축기에서 압축하여 고온고압의 증기로 내보낸다.
② 흡수식 냉동기 : 흡수기 및 발생기가 증기압축식 냉동기의 압축기 역할을 한다고 할 수 있다.
③ 증기분사식 냉동기 : 노즐에서 분사된 증기와 증발기에서 증발한 증기가 혼합되지만 압축작용을 하는 기기는 없다.
④ 열펌프 : 증기압축식 냉동기와 같은 방법으로 증기를 압축한다.

해설 증기분사식 냉동기는 스팀이젝터의 분사력을 이용하여 냉동을 하는 방법으로서 스팀이젝터가 증기압축식의 압축기 역할을 한다.

답 036. ③ 037. ① 038. ③

039. 2원 냉동 사이클에 대한 설명으로 옳은 것은?

① -100℃ 정도의 저온을 얻고자 할 때 사용되며, 보통 저온측에는 임계점이 높은 냉매를, 고온측에는 임계점이 낮은 냉매를 사용한다.
② 저온부 냉동사이클의 응축기 방열량을 고온부 냉동사이클의 증발기가 흡열하도록 되어 있다.
③ 일반적으로 저온측에 사용하는 냉매는 R-12, R-22, 프로판 등이다.
④ 일반적으로 고온측에 사용하는 냉매는 R-13, R-14 등이다.

해설 2원 냉동 사이클
- 저온측에 사용하는 냉매는 비등점이 낮은 냉매로서 R-13, R-14, 메탄, 에틸렌, 프로판 등을 사용한다.
- 고온측에 사용하는 냉매는 비등점이 높고, 응축압력이 낮은 냉매로서 R-11, R-12, R-22 등을 사용한다.
- 캐스케이드 콘덴서를 설치하여 저온부 냉동사이클의 응축기 방열량을 고온부 냉동사이클의 증발기가 흡열하도록 되어 있다.

040. 냉동장치 내 팽창밸브를 통과한 냉매의 상태로 옳은 것은?

① 엔탈피 감소 및 압력강하
② 온도저하 및 엔탈피 감소
③ 압력강하 및 온도저하
④ 엔탈피 감소 및 비체적 감소

해설 팽창밸브는 교축과정으로서 팽창밸브를 통과한 냉매는 엔트로피가 일정하고 압력이 강하, 온도가 저하, 비체적이 상승한다.

제 3 과목 공기조화

041. 복사난방에 있어서 바닥패널의 온도로 가장 알맞은 것은?

① 95℃ 정도
② 80℃ 정도
③ 55℃ 정도
④ 30℃ 정도

해설 복사난방 중 바닥패널은 바닥면을 가열면으로 하며 표면온도는 27~30℃ 정도이다.

답 039. ② 040. ③ 041. ④

042
두께 5cm, 면적 10m²인 어떤 콘크리트 벽면 외측이 40°C, 내측이 20°C라 할 때, 10시간 동안 이 벽을 통하여 전도되는 열량은? (단, 콘크리트의 열전도율은 1.3W/m·K로 한다.)

① 5.2kWh
② 52kWh
③ 7.8kWh
④ 78kWh

해설
전도열량 $Q = \dfrac{\lambda}{l} A(t_2 - t_1)$ 에서

$Q = \left(\dfrac{1.3}{0.05} \times 10\right) \times 10 \times (40 - 20) = 52{,}000\text{Wh} = 52\text{kWh}$

043
절대습도에 관한 설명으로 옳지 않은 것은?

① 절대습도는 비습도라고도 한다.
② 절대습도는 수증기 분압의 함수이다.
③ 건공기 질량에 대한 수증기 질량에 대한 비로 정의한다.
④ 공기 중의 수분 함량이 변해도 절대습도는 일정하게 유지한다.

해설
공기 중에 수분의 함량을 많게 하면 절대습도가 크게 되고, 수분의 함량을 적게 하면 절대습도가 작게 된다.

044
각층 유닛방식에 관한 설명으로 옳지 않은 것은?

① 외기용 공조기가 있는 경우에는 습도제어가 곤란하다.
② 장치가 세분화되므로 설비비가 많이 들고 기기를 관리하기가 불편하다.
③ 각층마다 부하 및 운전시간이 다른 경우 적합하다.
④ 송풍덕트가 짧게 된다.

해설
각층 유닛방식은 외기용 공조기와 각층에 설치된 2차 공조기로 구성되어 있다. 외기용 공조기는 외기공기를 가열과 냉각, 가습과 감습을 통하여 온도와 습도를 제어한 후 2차 공조기로 송풍된다.

045
1,000명을 수용하는 극장에서 1인당 CO_2 토출량이 15L/h이면 실내 CO_2량을 0.1%로 유지하는 데 필요한 환기량은? (단, 외기의 CO_2량은 0.04%이다.)

① 2,500m³/h
② 25,000m³/h
③ 3,000m³/h
④ 30,000m³/h

답 042. ② 043. ④ 044. ① 045. ②

해설
- CO_2 발생에 따른 환기량 $Q = \dfrac{X}{C_a - C_o}$ 에서

$$Q = \dfrac{15}{0.001 - 0.0004} = 25,000 \text{m}^3/\text{h}$$

- 1,000명에 대한 실내 CO_2 발생량 $X = 1,000 \times 15 = 15,000 \text{L/h} = 15 \text{m}^3/\text{h}$

046
크기 1,000×500mm의 직관 덕트에 35℃의 온풍 18,000m³/h이 흐르고 있다. 이 덕트가 −10℃의 실외부분을 지날 때 길이 20m당의 덕트 표면으로부터의 열손실은? (단, 덕트는 암면 25mm로 보온되어 있고 이때 1,000m당 온도차는 1℃에 대한 온도강하는 0.9℃이다. 공기의 밀도는 1.2kg/m³, 정압비열은 1.01kJ/kg·K 이다.)

① 3.0kW ② 3.8kW
③ 4.9kW ④ 6.0kW

해설
- 열손실 $Q_r = GC\Delta t$에서 $Q_r = 6 \times 1.01 \times 0.81 = 4.91 \text{kW}$
- 송풍량 $G = \rho Q$에서 $G = 1.2 \times 18,000 = 21,600 \text{kg/h} = 6 \text{kg/sec}$
- 덕트길이 20m에 대한 온도강하 $\Delta t = \dfrac{20}{1,000} \times \{35 - (-10)\} \times 0.9 = 0.81 ℃$

047
덕트의 부속품에 관한 설명으로 옳지 않은 것은?

① 댐퍼는 통과풍량의 조정 또는 개폐에 사용되는 기구이다.
② 분기덕트 내의 풍량제어용으로는 주로 익형 댐퍼를 사용한다.
③ 덕트의 곡부에 있어서 덕트의 곡률 반지름이 덕트의 긴변의 1.5배 이내일 때는 가이드 베인을 설치하여 저항을 적게 한다.
④ 가이드 베인은 곡부의 기류를 세분해서 와류의 크기를 적게 하는 것이 목적이다.

해설 분기덕트에 스플릿 댐퍼를 설치하여 풍량분배 및 풍량조절을 한다.

048
정풍량 단일덕트방식에 관한 설명으로 옳은 것은?

① 실내부하가 감소될 경우에 송풍량을 줄여도 실내공기의 오염이 적다.
② 가변풍량방식에 비하여 송풍기 동력이 커져서 에너지 소비가 증대한다.
③ 각 실이나 존의 부하변동이 서로 다른 건물에서도 온·습도의 불균형이 생기지 않는다.
④ 송풍량과 환기량을 크게 계획할 수 없으며, 외기도입이 어려워 외기냉방을 할 수 없다.

답 046. ③ 047. ② 048. ②

해설 정풍량 단일덕트방식
- 송풍량을 줄일 경우 실내공기의 오염이 크다.
- 개별제어가 불가능하므로 각 실이나 존의 부하변동에 대해 온·습도의 불균형이 발생한다.
- 중간기에 외기냉방이 용이하다.

Q 049. 다음 중 바이패스 팩터(BF)가 작아지는 경우는?

① 코일 통과풍속을 크게 할 때 ② 전열면적이 작을 때
③ 코일의 열수가 증가할 때 ④ 코일의 간격이 클 때

해설 바이패스 팩터가 작아지는 경우
- 코일의 통과풍속이 작을 때
- 전열면적이 클 때
- 코일의 열수가 증가할 때
- 코일의 간격이 좁을 때
- 냉수량이 많을 때

Q 050. 온열환경 평가지표인 예상불만족감(PPD)의 권장값은 얼마인가?

① 5% 미만 ② 10% 미만
③ 20% 미만 ④ 25% 미만

해설 예상불만족감은 인간이 거주하는 공간에서 쾌적한 열환경을 평가하는 지표로서 ISO에서는 10% 이하로 권고하고 있다.

Q 051. 공기 중의 수증기가 응축하기 시작할 때의 온도, 즉 공기가 포화상태로 될 때의 온도를 의미하는 것은?

① 노점온도 ② 건구온도
③ 습구온도 ④ 절대온도

해설
- 노점온도 : 공기 중의 수증기가 응축되어 이슬이 맺히기 시작하는 온도이다.
- 건구온도 : 온도계의 감열부가 건조한 상태에서 측정한 온도이다.
- 습구온도 : 온도계의 감열부를 헝겊으로 감싼 다음 감열부가 물을 빨아올려 젖은 상태에서 물의 증발잠열을 이용하여 측정한 온도이다.
- 절대습도 : 습공기에 함유되어 있는 수증기의 중량을 건조공기의 중량으로 나눈 값이다.

답 049. ③ 050. ② 051. ①

Q 052 온수난방용 기기가 아닌 것은?

① 방열기　　　　　　② 공기방출기
③ 순환펌프　　　　　④ 증발탱크

해설 증발탱크 – 증기난방용 기기

Q 053 환기방식에 관한 설명으로 옳은 것은?

① 제1종 환기는 자연급기와 자연배기 방식이다.
② 제2종 환기는 기계설비에 의한 급기와 자연배기방식이다.
③ 제3종 환기는 기계설비에 의한 급기와 기계설비에 의한 배기방식이다.
④ 제4종 환기는 자연급기와 기계설비에 의한 배기방식이다.

해설 환기방식
- 제1종 환기 : 기계설비에 의한 급기와 기계설비에 의한 배기방식
- 제2종 환기 : 기계설비에 의한 급기와 자연배기방식
- 제3종 환기 : 자연급기와 기계설비에 의한 강제배기방식
- 제4종 환기 : 자연급기와 자연배기방식

Q 054 공기의 감습장치에 관한 설명으로 옳지 않은 것은?

① 화학적 감습법은 흡착과 흡수 기능을 이용하는 방법이다.
② 압축식 감습법은 감습만을 목적으로 사용하는 경우 비경제적이다.
③ 흡착식 감습법은 실리카겔 등을 사용하며, 흡습재의 재생이 가능하다.
④ 흡수식 감습법은 활성알루미나를 이용하기 때문에 연속적이고 큰 용량의 것에는 적용하기 곤란하다.

해설
- 흡수식 감습법은 염화리튬, 트리에틸렌글리콜의 액체 흡수제를 사용한다.
- 흡착식 감습법은 실리카겔, 활성 알루미나의 고체 흡수제를 사용한다.

Q 055 다음 중 공기조화설비의 계획 시 조닝(zoning)을 하는 이유와 가장 거리가 먼 것은?

① 효과적인 실내 환경의 유지　　② 설비비의 경감
③ 운전 가동면에서의 에너지 절약　④ 부하 특성에 대한 대처

해설 조닝이란 부하의 특성에 대처하기 위하여 건물 내를 몇 개의 구역으로 나누어 각 구역마다 덕트나 냉·온수 배관을 시공해야 하므로 설비비가 증대한다.

답 052. ④　053. ②　054. ④　055. ②

Q 056. 보일러의 성능에 관한 설명으로 옳지 않은 것은?

① 증발계수는 실제증발량을 환산(상당)증발량으로 나눈 값을 말한다.
② 보일러 마력은 매시 100°C의 물 15.65kg을 증기로 변화시킬 수 있는 능력이다.
③ 보일러 효율은 증기에 흡수된 열량과 연료의 발열량과의 비이다.
④ 보일러 마력을 전열면적으로 표시할 때는 수관 보일러의 전열면적 0.929 m^2를 1보일러마력이라 한다.

해설 증발계수는 환산증발량을 실제증발량으로 나눈 값이다.

Q 057. 열펌프에 관한 설명으로 옳은 것은?

① 열펌프는 펌프를 가동하여 열을 내는 기관이다.
② 난방용의 보일러를 냉방에 사용할 때 이를 열펌프라 한다.
③ 열펌프는 증발기에서 내는 열을 이용한다.
④ 열펌프는 응축기에서의 방열을 난방으로 이용하는 것이다.

해설 열펌프는 증발기에서 흡수한 열과 압축기에서 압축시 발생한 열을 응축기에서 방출하며 응축기의 방출열을 난방에 채택하는 냉동장치이다.

Q 058. 공기조화방식 중에서 전공기방식에 속하는 것은?

① 패키지유닛방식　　② 복사냉난방식
③ 유인유닛방식　　　④ 저온공조방식

해설
- 전공기방식 : 저온공조방식
- 공기+수방식 : 유인유닛방식, 복사냉난방방식
- 개별방식(냉매방식) : 패키지유닛방식

Q 059. 다음 중 콜드 드래프트의 발생원인과 가장 거리가 먼 것은?

① 인체 주위의 공기온도가 너무 낮을 때
② 기류의 속도가 낮고 습도가 높을 때
③ 주위 벽면의 온도가 낮을 때
④ 겨울에 창문의 극간풍이 많을 때

해설 콜드 드래프트는 인체 주위의 기류속도가 빠르고 주위 공기의 습도가 낮을 때 발생한다.

답 056. ① 057. ④ 058. ④ 059. ②

Q 060. 흡수식 냉동기에 관한 설명으로 옳지 않은 것은?

① 비교적 소용량보다는 대용량에 적합하다.
② 발생기에는 증기에 의한 가열이 이루어진다.
③ 냉매는 브롬화리튬(LiBr), 흡수제는 물(H_2O)의 조합으로 이루어진다.
④ 흡수기에서는 냉각수를 사용하여 냉각시킨다.

해설
흡수식 냉동기의 냉매가 물(H_2O)일 경우 흡수제는 브롬화리튬(LiBr)의 조합으로 이루어진다.

제 4 과목 전기제어공학

Q 061. 그림의 신호흐름선도에서 $\dfrac{C(s)}{R(s)}$ 는?

① $\dfrac{1}{ab}$
② $\dfrac{1}{a}+\dfrac{1}{b}$
③ ab
④ $a+b$

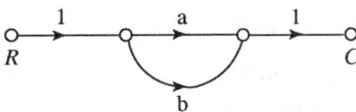

해설
$C = 1 \times a \times 1 \times R + 1 \times b \times 1 \times R$
$C = aR + bR = (a+b)R$
전달함수 $\dfrac{C(s)}{R(s)} = a+b$

Q 062. 5kVA, 3,000/200V의 변압기가 단락시험을 통한 임피던스 전압이 100V, 동손이 100W라 할 때 퍼센트 저항강하는 몇 %인가?

① 2   ② 3
③ 4   ④ 5

해설
퍼센트 저항강하 $\%r = \dfrac{P_c}{P_n} \times 100\%$ 에서

$\%r = \dfrac{100}{5 \times 10^3} \times 100\% = 2\%$

답 060. ③ 061. ④ 062. ①

Q 063
논리식 $L = \bar{x} \cdot \bar{y} \cdot z + \bar{x} \cdot y \cdot z + x \cdot \bar{y} \cdot z$를 간단히 한 식은?

① x
② z
③ $x \cdot \bar{y}$
④ $x \cdot \bar{z}$

Q 064
뒤진 역률 80%, 1,000kW의 3상 부하가 있다. 이것에 콘덴서를 설치하여 역률을 95%로 개선하려고 한다. 필요한 콘덴서의 용량은 약 몇 [kVA]인가?

① 422
② 633
③ 844
④ 1,266

해설
- 콘덴서의 용량 $Q_c = P(\tan\theta_1 - \tan\theta_2)$에서
  $Q_c = 1,000 \times (\tan 36.87° - \tan 18.19°) = 421.4$kVA
- 뒤진 역률 $\cos\theta_1 = 0.8$에서 $\theta_1 = \cos^{-1} 0.8 = 36.87°$
- 개선된 역률 $\cos\theta_2 = 0.95$에서 $\theta_2 = \cos^{-1} 0.95 = 18.19°$

Q 065
불연속제어에 속하는 것은?

① 비율제어
② 비례제어
③ 미분제어
④ ON-OFF제어

해설 불연속제어 : 2위치제어, ON-OFF제어

Q 066
제어기의 설명 중 틀린 것은?

① P 제어기 : 잔류편차 발생
② I 제어기 : 잔류편차 소멸
③ D 제어기 : 오차예측제어
④ PD 제어기 : 응답속도 지연

해설 PD(비례미분) 제어기 : 응답 속응성을 개선

Q 067
$A = 6 + j8$, $B = 20\angle 60°$일 때 $A + B$를 직각좌표형식으로 표현하면?

① $16 + j18$
② $16 + j25.32$
③ $23.32 + j18$
④ $26 + j28$

해설
- 복소수 $B = 20\angle 60°$의 직각좌표 형식으로 표현하면
  $B = 20\cos 60° + 20\sin 60° = 10 + j17.32$
- $A + B = (6 + j8) + (10 + j17.32) = 16 + j25.32$

답 063. ② 064. ① 065. ④ 066. ④ 067. ②

Q 068 절연의 종류에서 최고 허용온도가 낮은 것부터 높은 순서로 옳은 것은?

① A종, Y종, E종, B종
② Y종, A종, E종, B종
③ E종, Y종, B종, A종
④ B종, A종, E종, Y종

해설 절연의 종류와 허용온도
- Y종 : 90°C
- A종 : 105°C
- E종 : 120°C
- B종 : 130°C

Q 069 200V의 전원에 접속하여 1kW의 전력을 소비하는 부하를 100V의 전원에 접속하면 소비전력은 몇 [W]가 되겠는가?

① 100
② 150
③ 200
④ 250

해설
- 소비전력 $P = \dfrac{V^2}{R}$ 에서 저항 $R = \dfrac{V^2}{P} = \dfrac{200^2}{1,000} = 40\,\Omega$
- 전압 100V의 소비전력 $P = \dfrac{V^2}{R} = \dfrac{100^2}{40} = 250\,\text{W}$

Q 070 도체에 전하를 주었을 경우 틀린 것은?

① 전하는 도체 외측의 표면에만 분포한다.
② 전하는 도체 내부에만 존재한다.
③ 도체 표면의 곡률 반경이 작은 곳에 전하가 많이 모인다.
④ 전기력선은 정(+)전하에서 시작하여 부전하(-)에서 끝난다.

해설 전하는 도체의 외측 표면에는 존재하며 도체 내부에는 존재하지 않는다.

Q 071 "도선에서 두 점 사이의 전류의 세기는 그 두 점 사이의 전위차에 비례하고 전기저항에 반비례한다." 이것은 무슨 법칙을 설명한 것인가?

① 렌츠의 법칙
② 옴의 법칙
③ 플레밍의 법칙
④ 전압분배의 법칙

해설 옴의 법칙 $I = \dfrac{V}{R}$ 에서 전류(I)의 세기는 전위차(V)에 비례하고 저항(R)에 반비례한다.

답 068. ② 069. ④ 070. ② 071. ②

072. 그림과 같은 논리회로는?

① OR 회로
② AND 회로
③ NOT 회로
④ NOR 회로

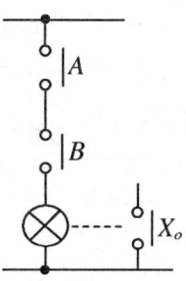

해설 AND회로는 직렬회로로서 2개의 입력신호가 동시에 작동될 때에만 출력신호가 "1"이 되는 논리회로이다.

073. 원뿔주사를 이용한 방식으로서 비행기 등과 같이 움직이는 목표값의 위치를 알아보기 위한 서보용 제어기는?

① 자동조타장치
② 추적레이더
③ 공작기계의 제어
④ 자동평형기록계

해설 서보용 제어기는 위치나 방위의 제어량을 갖는 것으로서 추적레이더는 원뿔주사를 이용하여 비행기와 같이 움직이는 물체의 위치를 알아보기 위한 제어기이다.

074. 측정하고자 하는 양을 표준량과 서로 평형을 이루도록 조절하여 측정량을 구하는 측정방식은?

① 편위법
② 보상법
③ 치환법
④ 영위법

해설 영위법은 측정량과 기준량을 비교하여 서로 평형이 되도록 기준량을 조정한 후 기준량의 크기로부터 측정량을 구하는 방식이다.

075. 온 오프(on-off) 동작의 설명으로 옳은 것은?

① 간단한 단속적 제어동작이고 사이클링이 생긴다.
② 사이클링은 제거할 수 있으나 오프셋이 생긴다.
③ 오프셋은 없앨 수 있으나 응답시간이 늦어질 수 있다.
④ 응답속도는 빠르나 오프셋이 생긴다.

답 072. ② 073. ② 074. ④ 075. ①

해설 온 오프(on-off) 동작은 제어량이 설정값에서 벗어나면 조작부를 닫아 운전을 정지시키고 반대로 조작부를 열어 운전을 기동하는 간단한 제어동작으로서 사이클링과 오프셋(정상편차)가 발생한다.

076 다음 전선 중 도전율이 가장 우수한 재질의 전선은?

① 경동선
② 연동선
③ 경알루미늄선
④ 아연도금철선

해설
- 도전율은 금속이 전기를 잘 통하는 정도를 표시하는 것으로 연동선(98~100%), 경동선(96~98%), 경알루미늄선(61%)이다.
- 도전율이 큰 순서 : 연동선 > 경동선 > 경알루미늄선 > 아연도금철선

077 사이클로 컨버터의 작용은?

① 직류-교류 변환
② 직류-직류 변환
③ 교류-직류 변환
④ 교류-교류 변환

해설 사이클로 컨버터의 교류 주파수를 교류 주파수로 변환시키는 전력변환회로이다.

078 목표값에 따른 분류에 따라 열차를 무인운전 하고자 할 때 사용하는 제어방식은?

① 자력제어
② 추종제어
③ 비율제어
④ 프로그램제어

해설 프로그램제어는 목표값이 시간적으로 미리 정해진 대로 변화하고 제어량을 추종시키는 제어로서 열처리 노의 온도제어, 무인으로 운전되는 열차나 엘리베이터에 사용된다.

079 다음 중 공정제어(프로세스 제어)에 속하지 않는 제어량은?

① 온도
② 압력
③ 유량
④ 방위

해설 서보기구 : 물체의 위치, 방위, 각도 등의 상태량을 제어

답 076. ② 077. ④ 078. ④ 079. ④

Q 080 다음 중 직류 전동기의 속도 제어 방식으로 맞는 것은?
① 주파수 제어　　② 극수 변환 제어
③ 슬립 제어　　　④ 계자 제어

해설 직류 전동기의 속도 제어에는 계자제어, 직렬 저항제어, 전압제어 방식이 있다.

제 5 과목 배관일반

Q 081 복사난방에서 패널(panel)코일의 배관방식이 아닌 것은?
① 그리드코일식　　② 리버스리턴식
③ 벤드코일식　　　④ 벽면그리드코일식

해설 패널 코일의 배관방식에는 그리드 코일식, 벤드 코일식, 벽면 그리드 코일식, 사관식 코일식이 있다.

Q 082 트랩에서 봉수의 파괴원인으로 볼 수 없는 것은?
① 자기사이펀 작용　　② 흡인 작용
③ 분출 작용　　　　　④ 통기 작용

해설 봉수의 파괴원인에는 자기사이펀작용, 흡인작용, 분출작용, 모세관현상, 증발현상 등이 있다.

Q 083 롤러 서포트를 사용하여 배관을 지지하는 주된 이유는?
① 신축허용　　② 부식방지
③ 진동방지　　④ 해체용이

해설 롤러 서포트는 배관의 축방향 이동을 자유롭게 하여 신축을 허용한다.

Q 084 다음은 관의 부식 방지에 관한 것이다. 틀린 것은?
① 전기 절연을 시킨다.　　② 아연도금을 한다.
③ 열처리를 한다.　　　　④ 습기의 접촉을 없게 한다.

답 080. ④　081. ②　082. ④　083. ①　084. ③

해설 관 또는 금속을 열처리를 하면 기계적 성질(강도)이 증가한다.

Q 085 공조배관설비에서 수격작용의 방지책으로 옳지 않은 것은?

① 관 내의 유속을 낮게 한다.
② 밸브는 펌프 흡입구 가까이 설치하고 제어한다.
③ 펌프에 플라이휠(fly whell)을 설치한다.
④ 조압수조(surge tank)를 관선에 설치한다.

해설 수격작용의 방지책
• 관경을 크게 하여 관내의 유속을 낮게 한다.
• 밸브의 개폐를 천천히 한다.
• 펌프에 플라이휠을 설치한다.
• 조압수조를 관선에 설치한다.

Q 086 호칭지름 20A 강관을 곡률반경 150mm로 90° 구부림 할 경우 곡관부 길이는 약 얼마인가?

① 117.8mm
② 235.5mm
③ 471.0mm
④ 942.0mm

해설 곡관부 길이 $L = 2\pi R \times \dfrac{\theta}{360°}$ 에서 $L = 2 \times 3.14 \times 150 \times \dfrac{90°}{360°} = 235.5mm$

Q 087 배관의 착색도료 밑칠용으로 사용되며, 녹방지를 위하여 많이 사용되는 도료는?

① 산화철도료
② 광명단
③ 에나멜
④ 조합페인트

해설 광명단은 녹을 방지하기 위하여 착색도료(페인트) 밑칠용으로 사용된다.

Q 088 관이음 도시기호 중 유니언 이음은?

① ──┼──
② ──╫──
③ ──⟩)──
④ ──┤├──

해설 ① 나사이음 ② 플랜지이음 ④ 유니언이음

답 085. ② 086. ② 087. ② 088. ④

Q. 089 냉동 장치의 배관설치에 관한 내용으로 틀린 것은?

① 토출가스의 합류 부분 배관은 T 이음으로 한다.
② 압축기와 응축기의 수평배관은 하향 구배로 한다.
③ 토출가스 배관에는 역류방지 밸브를 설치한다.
④ 토출관의 입상이 10m 이상일 경우 10m마다 중간 트랩을 설치한다.

해설 2대의 압축기를 설치하여 토출관이 합류되는 배관에는 "T" 이음을 하지 않고 "Y" 이음으로 한다.

Q. 090 도시가스에서 고압이라 함은 얼마 이상의 압력을 뜻하는가?

① 0.1MPa 이상　　　② 1MPa 이상
③ 10MPa 이상　　　④ 100MPa 이상

해설 도시가스 압력
- 저압 : 0.1MPa 미만
- 중압 : 0.1MPa 이상 1MPa 미만
- 고압 : 1MPa 이상

Q. 091 캐비테이션(cavitation) 현상의 발생 조건이 아닌 것은?

① 흡입양정이 지나치게 클 경우
② 흡입관의 저항이 증대될 경우
③ 흡입 유체의 온도가 높은 경우
④ 흡입관의 압력이 양압인 경우

해설 캐비테이션 현상은 흡입관의 압력이 부압일 때 발생한다.

Q. 092 통기관에 관한 설명으로 틀린 것은?

① 통기관경은 접속하는 배수관경의 1/2 이상으로 한다.
② 통기방식에는 신정통기, 각개통기, 회로통기 방식이 있다.
③ 통기관은 트랩 내의 봉수를 보호하고 관 내 청결을 유지한다.
④ 배수입관에서 통기입관의 접속은 90° T 이음으로 한다.

해설 배수입관에서 통기입관의 접속은 45° 이내의 Y 이음으로 한다.

답 089. ①　090. ②　091. ④　092. ④

Q 093. 경질염화비닐관 TS식 조인트 접합법에서 3가지 접착 효과에 해당하지 않는 것은?
① 유동삽입
② 일출접착
③ 소성삽입
④ 변형삽입

해설 TS식 조인트 접합법의 접착효과 : 유동삽입, 변형삽입, 일출접착

Q 094. 도시가스 입상배관의 관지름이 20mm일 때 움직이지 않도록 몇 m마다 고정장치를 부착해야 하는가?
① 1m
② 2m
③ 3m
④ 4m

해설 관지지 시 고정장치 부착 간격
- 관경이 13mm 미만 : 1m
- 관경이 13mm 이상, 33mm 미만 : 2m
- 관경이 33mm 이상 : 3m

Q 095. 관의 종류와 이음방법 연결이 잘못된 것은?
① 강관 - 나사 이음
② 동관 - 압축 이음
③ 주철관 - 칼라 이음
④ 스테인리스강관 - 몰코 이음

해설 석면시멘트관 이음, 철근콘크리트관(흄관) - 칼라 이음

Q 096. 냉매배관 시 주의사항이다. 틀린 것은?
① 굽힘부의 굽힘반경을 작게 한다.
② 배관 속에 기름이 고이지 않도록 한다.
③ 배관에 큰 응력 발생의 염려가 있는 곳에서는 루프형 배관을 해준다.
④ 다른 배관과 달라서 벽 관통 시에는 강관 슬리브를 사용하여 보온 피복한다.

해설 냉매배관 시공 시 굽힘부의 굽힘반경은 크게 하여 마찰저항을 작게 한다.

Q 097. 배관용 플랜지 패킹의 종류가 아닌 것은?
① 오일 시트 패킹
② 합성수지 패킹
③ 고무 패킹
④ 몰드 패킹

답 093. ③ 094. ② 095. ③ 096. ① 097. ④

해설: 플랜지 패킹에는 오일시트 패킹, 합성수지(테프론) 패킹, 고무패킹, 네오프렌, 석면 조인트 패킹 등이 있다.

Q.098 진공환수식 증기난방 배관에 대한 설명으로 옳지 않은 것은?

① 배관 도중에 공기 빼기 밸브를 설치한다.
② 배관에는 적당한 구배를 준다.
③ 진공식에서는 리프트 피팅에 의해 응축수를 상부로 배출할 수 있다.
④ 응축수의 유속이 빠르게 되므로 환수관을 가늘게 할 수가 있다.

해설: 공기 빼기 밸브는 공기가 정체할 우려가 있는 배관이나 배관의 최상부에 설치한다.

Q.099 플라스틱 배관재료에 관한 설명 중 틀린 것은?

① 경질염화비닐관은 대부분의 무기산, 알칼리에도 침식되지 않는다.
② 일반적으로 플라스틱 배관재는 고온이 될수록 인장강도는 저하된다.
③ 폴리에틸렌관은 경질염화비닐관 보다 가볍고 충격에도 강하다.
④ 일반적으로 플라스틱 배관재는 마찰손실이 크고 전기 절연성이 작다.

해설: 일반적으로 플라스틱 배관재료는 관 내면이 매끄러워 마찰손실이 작고 전기 절연성이 크다.

Q.100 암모니아 냉매를 사용하는 흡수식 냉동기의 배관재료로 가장 좋은 것은?

① 주철관   ② 동관
③ 강관   ④ 동합금관

해설: 암모니아 냉매는 동 및 동합금을 부식시키므로 냉동기 배관재료로 강관을 사용해야 한다.

답: 098. ① 099. ④ 100. ③

2014년 5월 25일 시행

제 1 과목 기계열역학

001 경로함수(path function)인 것은?

① 엔탈피 ② 열
③ 압력 ④ 엔트로피

해설 경로함수 : 일, 열

002 이상기체의 내부에너지 및 엔탈피는?

① 압력만의 함수이다. ② 체적만의 함수이다.
③ 온도만의 함수이다. ④ 온도 및 압력의 함수이다.

해설
- 내부에너지 $du = C_v dt$ (kJ/kg)
- 엔탈피 $dh = C_p dt$ (kJ/kg)

여기서, C_v(kJ/kg°C) : 정적비열, C_p(kJ/kg°C) : 정압비열, dt(°C) : 온도차
따라서, 내부에너지와 엔탈피는 온도만의 함수이다.

003 일반적으로 증기압축식 냉동기에서 사용되지 않는 것은?

① 응축기 ② 압축기
③ 터빈 ④ 팽창밸브

해설 증기압축식 냉동기는 압축기, 응축기, 팽창밸브, 증발기로 구성되어 있다.

004 200m의 높이로부터 250kg의 물체가 땅으로 떨어질 경우 일을 열량으로 환산하면 약 몇 kJ인가? (단, 중력가속도는 9.8m/s^2이다.)

① 79 ② 117
③ 203 ④ 490

해설 낙차에너지 $E = mgh$ 에서 $E = 250 \times 9.8 \times 200 = 490{,}000\text{J} = 490\text{kJ}$

답 001. ② 002. ③ 003. ③ 004. ④

Q.005

27°C의 물 1kg과 87°C의 물 1kg이 열의 손실 없이 직접 혼합될 때 생기는 엔트로피의 차는 다음 중 어느 것에 가장 가까운가? (단, 물의 비열은 4.18 kJ/kg·K 로 한다.)

① 0.035kJ/K ② 1.36kJ/K
③ 4.22kJ/K ④ 5.02kJ/K

해설

- 혼합온도 $t_3 = \dfrac{G_1 t_1 + G_2 t_2}{G_1 + G_2}$ 에서 $t_3 = \dfrac{1 \times 27 + 1 \times 87}{1 + 1} = 57°C$

- 엔트로피 $dS = mC \ln \dfrac{t_2}{t_1}$ 에서
  - 87°C에서 혼합온도 57°C로 냉각될 때 엔트로피 차
    $dS_1 = 1 \times 4.18 \times \ln \dfrac{273 + 63}{273 + 57} = 0.3637 \text{kJ/K}$
  - 27°C에서 혼합온도 57°C로 가열될 때 엔트로피 차
    $dS_2 = 1 \times 4.18 \times \ln \dfrac{273 + 57}{273 + 27} = 0.3984 \text{kJ/K}$

- 혼합된 물의 엔트로피 차
  $dS_2 - dS_1 = 0.3984 - 0.3637 = 0.0347 \text{kJ/K}$

Q.006

이상기체의 비열에 대한 설명으로 옳은 것은?

① 정적비열과 정압비열의 절대값의 차이가 엔탈피이다.
② 비열비는 기체의 종류에 관계없이 일정하다.
③ 정압비열은 정적비열보다 크다.
④ 일반적으로 압력은 비열보다 온도의 변화에 민감하다.

해설
- 정적비열과 정압비열의 절대값의 차는 기체상수이다.
- 비열비는 기체의 종류에 따라 다르며 정압비열에 정적비열로 나눈 값이다.
- 정압비열은 정적비열보다 크기 때문에 비열비는 항상 1보다 크다.

Q.007

어떤 가솔린기관의 실린더 내경이 6.8cm, 행정이 8cm일 때 평균유효압력 1,200kPa이다. 이 기관의 1행정당 출력(kJ)은?

① 0.04 ② 0.14
③ 0.35 ④ 0.44

해설

출력 $W = P_m V = P_m \times \left(\dfrac{\pi}{4} \times D^2 \times L \right)$ 에서

$W = 1,200 \times \left(\dfrac{\pi}{4} \times 0.0068^2 \times 0.08 \right) = 0.349 \text{kJ}$

답 005. ① 006. ③ 007. ③

Q 008 피스톤이 끼워진 실린더 내에 들어있는 기체가 계로 있다. 이 계에 열이 전달되는 동안 "$PV^{1.3}=$일정"하게 압력과 체적의 관계가 유지될 경우 기체의 최초압력 및 체적이 200kPa 및 0.04m³이었다면 체적이 0.1m³로 되었을 때 계가 한 일(kJ)은?

① 약 4.35 ② 약 6.41
③ 약 10.56 ④ 약 12.37

해설

- $\left(\dfrac{P_2}{P_1}\right)^{\frac{k-1}{k}} = \left(\dfrac{V_1}{V_2}\right)^{k-1}$ 에서

  최종압력 $P_2 = P_1 \times \left(\dfrac{V_1}{V_2}\right)^k = 200 \times \left(\dfrac{0.04}{0.1}\right)^{1.3} = 60.77\text{kPa}$

- 팽창일 $W_{12} = \dfrac{1}{k-1}(P_1V_1 - P_2V_2)$ 에서

  $W_{12} = \dfrac{1}{1.3-1}(200 \times 0.04 - 60.77 \times 0.1) = 6.41\text{kJ}$

Q 009 압력이 일정할 때 공기 5kg을 0°C에서 100°C까지 가열하는 데 필요한 열량은 약 몇 kJ인가? (단, 공기비열 $C_p[\text{kJ/kg°C}] = 1.01 + 0.000079\,t[°C]$이다.)

① 102 ② 476
③ 490 ④ 507

해설

등압과정에서 열량 $Q_{12} = m(h_2 - h_1) = m\displaystyle\int_{t_1}^{t_2} C_p\,dt$ 에서

$Q_{12} = 5\displaystyle\int_0^{100}(1.01 + 0.000079t)dt = 5 \times \left[1.01t + \dfrac{1}{2} \times 0.000079\,t^2\right]_0^{100}$

$= 5 \times (1.01 \times 100 + \dfrac{1}{2} \times 0.000079 \times 100^2) = 506.98\text{kJ}$

Q 010 10°C에서 160°C까지의 공기의 평균 정적비열은 0.7315kJ/kg°C이다. 이 온도변화에서 공기 1kg의 내부에너지 변화는?

① 107.1kJ ② 109.7kJ
③ 120.6kJ ④ 121.7kJ

해설 내부에너지 $dU = mC_v\,dt$ 에서 $dU = 1 \times 0.7315 \times (160 - 10) = 109.73\text{kJ}$

답 008. ② 009. ④ 010. ②

실린더 내의 유체가 68kJ/kg의 일을 받고 주위에 36kJ/kg의 열을 방출하였다. 내부에너지의 변화는?

① 32kJ/kg 증가 ② 32kJ/kg 감소
③ 104kJ/kg 증가 ④ 104kJ/kg 감소

해설
- 열량 $\delta q = du + \delta w$에서 내부에너지 $du = \delta q - \delta w = (-36) - (-68) = 32\text{kJ/kg}$
- 열을 방출하였으므로 $\delta q = -36\text{kJ/kg}$
- 일을 받았으므로 $\delta w = -68\text{kJ/kg}$

 수은주에 의해 측정된 대기압이 753mmhg일 때 진공도 90%의 절대압력은? (단, 수은의 밀도는 13600kg/m³, 중력가속도는 9.8m/s²이다.)

① 약 200.08kPa ② 약 190.08kPa
③ 약 100.04kPa ④ 약 10.04kPa

해설
- 대기압 $P = \rho g h$에서 $P = 13600 \times 9.8 \times 0.753 = 100359.84\text{Pa} = 100.36\text{kPa}$
- 절대압력 $P_a = (1-x) \times P$에서 $P_a = (1-0.9) \times 100.36 = 10.036\text{kPa}$

 시간당 380,000kg의 물을 공급하여 수증기를 생산하는 보일러가 있다. 이 보일러에 공급하는 물의 엔탈피는 830kJ/kg이고, 생산되는 수증기의 엔탈피는 3,230kJ/kg이라고 할 때, 발열량이 32,000kJ/kg인 석탄을 시간당 34,000kg씩 보일러에 공급한다면 이 보일러의 효율은 얼마인가?

① 22.6% ② 39.5%
③ 72.3% ④ 83.8%

해설
보일러 효율 $\eta = \dfrac{G_a(h_2 - h_1)}{G_f \times H} \times 100\%$에서

$\eta = \dfrac{380,000(3,230 - 830)}{34,000 \times 32,000} \times 100\% = 83.82\%$

Q 014 이상적인 냉동사이클을 따르는 증기압축 냉동장치에서 증발기를 지나는 냉매의 물리적 변화로 옳은 것은?

① 압력이 증가한다. ② 엔트로피가 감소한다.
③ 엔탈피가 증가한다. ④ 비체적이 감소한다.

답 011. ① 012. ④ 013. ④ 014. ③

해설 증발기 내에서 냉매의 물리적 변화
- 압력과 온도는 변하지 않는다.
- 주위 열을 흡수하므로 엔탈피가 상승한다.
- 습증기가 건조포화증기로 증발하므로 비체적이 상승한다.

015
액체 상태 물 2kg을 30°C에서 80°C로 가열하였다. 이 과정 동안 물의 엔트로피 변화량을 구하면? (단, 액체 상태 물의 비열은 4.184kJ/kg·K로 일정하다.)
① 0.6391kJ/K
② 1.278kJ/K
③ 4.100kJ/K
④ 8.208kJ/K

해설 엔트로피 $dS = mC_p \ln \dfrac{T_2}{T_1}$ 에서

$$dS = 2 \times 4.184 \ln \dfrac{273+80}{273+30} = 1.278 \text{kJ/K}$$

016
열병합발전시스템에 대한 설명으로 옳은 것은?
① 증기 동력 시스템에서 전기와 함께 공정용 또는 난방용 스팀을 생산하는 시스템이다.
② 증기 동력 사이클 상부에 고온에서 작동하는 수은 동력 사이클을 결합한 시스템이다.
③ 가스 터빈에서 방출되는 폐열을 증기 동력 사이클의 열원으로 사용하는 시스템이다.
④ 한 단의 재열사이클과 여러 단의 재생사이클의 복합 시스템이다.

해설 열병합발전시스템은 연료의 연소열로 증기를 발생시켜 터빈을 가동하여 전기를 생산하고, 동시에 폐열을 이용하여 난방용 스팀을 생산하여 열에너지를 이용하는 시스템이다.

017
아래 보기 중 가장 큰 에너지는?
① 100kW 출력의 엔진이 10시간동안 한 일
② 발열량 10,000kJ/kg의 연료를 100kg 연소시켜 나오는 열량
③ 대기압 하에서 10°C 물 10m³를 90°C로 가열하는 데 필요한 열량(물의 비열은 4.2kJ/kg°C이다.)
④ 시속 100km로 주행하는 총 질량 2,000kg인 자동차의 운동에너지

답 015. ② 016. ① 017. ①

해설

① 일 $100 \dfrac{kJ}{s} \times (10 \times 3,600)s = 3,600,000 kJ$

② 발열량 $10,000 \dfrac{kJ}{kg} \times 100 kg = 1,000,000 kJ$

③ 열량 $Q = GC\Delta t$에서 $Q = (10 \times 1,000) kg \times 4.2 \dfrac{kJ}{kg°C} \times (90-10)°C = 3,360,000 kJ$

④ 운동에너지 $E = \dfrac{1}{2} mv^2$에서

$E = \dfrac{1}{2} \times 2,000 kg \times \left(\dfrac{100 \times 10^3}{3,600}\right)^2 m^2/s^2 = 771,604.9 J = 771.6 kJ$

Q 018
카르노 열기관의 열효율(η)식으로 옳은 것은? (단, 공급열량은 Q_1, 발열량은 Q_2)

① $\eta = 1 - \dfrac{Q_2}{Q_1}$ ② $\eta = 1 + \dfrac{Q_2}{Q_1}$

③ $\eta = 1 - \dfrac{Q_1}{Q_2}$ ④ $\eta = 1 + \dfrac{Q_1}{Q_2}$

해설

열효율 $\eta = \dfrac{Q_1 - Q_2}{Q_1} = 1 - \dfrac{Q_2}{Q_1}$

Q 019
완전히 단열된 실린더 안의 공기가 피스톤을 밀어 외부로 일을 하였다. 이때 일의 양은? (단, 절대량을 기준으로 한다.)

① 공기의 내부에너지 차 ② 공기의 엔탈피 차
③ 공기의 엔트로피 차 ④ 단열되었으므로 일의 수행은 없다.

해설

단열과정의 팽창일 $|-w_{12}| = u_2 - u_1 = C_v(t_2 - t_1)$에서 팽창일의 절대량은 내부에너지 차이다.(내부에너지 차 $u_2 - u_1$, 정압비열 C_v, 온도차 $t_2 - t_1$)

Q 020
과열과 과냉이 없는 증기 압축 냉동 사이클에서 응축온도가 일정할 때 증발온도가 높을수록 성능계수는?

① 증가한다.
② 감소한다.
③ 증가할 수도 있고, 감소할 수도 있다.
④ 증발온도는 성능계수와 관계없다.

해설

증발온도(증발압력)가 높으면 압축비가 작아져 냉동능력이 증가하고 압축기 소요동력이 작아져 성능계수(냉동능력/압축기 소요동력)가 증가한다.

답 018. ① 019. ① 020. ①

제 2 과목 냉동공학

Q 021 다음 압축기 중 압축방식에 의한 분류에 속하지 않는 것은?

① 왕복동식 압축기　　② 흡수식 압축기
③ 회전식 압축기　　　④ 스크류식 압축기

해설 흡수식 냉동기는 압축기가 없으며 저온·저압에서 냉매와 흡수제를 용해하고 고온·고압에서 냉매와 흡수제를 열에너지로 분리시켜 냉동하는 장치이다.

Q 022 냉동실의 온도를 -5°C로 유지하기 위하여 매시 150,000kcal의 열량을 제거해야 한다. 이 제거열량을 냉동기로 제거한다면 이 냉동기의 소요마력은 약 얼마인가? (단, 냉동기의 방열온도는 10°C, 1HP=632kcal/h로 한다.)

① 16.5HP　　② 15.2HP
③ 14.1HP　　④ 13.3HP

해설
- 성적계수 $COP = \dfrac{T_L}{T_H - T_L}$ 에서

$COP = \dfrac{273 + (-5)}{(273 + 10) - \{273 + (-5)\}} = 17.87$

- 소요마력 $L = \dfrac{Q_e}{COP \times 632}$ 에서 $L = \dfrac{150,000}{17.87 \times 632} = 13.28 \text{HP}$

Q 023 다음 냉동기에 관한 설명 중 옳은 것은?

① 열에너지를 기계적 에너지로 변환시키는 것이다.
② 요구되는 소정의 장소에서 열을 흡수하여 다른 장소에 열을 방출하도록 기계적 에너지를 사용한 것이다.
③ 높은 온도에서 열을 흡수하여 낮은 온도 장소에 열을 발산하도록 기계적 에너지를 사용한 것이다.
④ 증기 원동기와 비슷한 원리이며 외연기관이다.

해설 증기 압축식 냉동기는 압축기, 응축기, 팽창밸브, 증발기로 구성되어 있으며 요구되는 소정의 장소에서 열을 흡수하여 다른 장소에 열을 방출하도록 되어 있다.

답 021. ② 022. ④ 023. ②

Q024. 응축열량에 대한 설명 중 틀린 것은?

① 응축기 입구 냉매증기의 엔탈피와 응축기 출구 냉매액의 엔탈피 차로 나타낸다.
② 증발기에서 저온의 물체로부터 흡수한 열량과 압축기의 압축열량을 합한 값이다.
③ 응축열량은 증발온도와 응축온도에 따라 다르다.
④ 증발온도가 낮아져도 응축온도의 변화는 없다.

해설 증발온도가 낮아질 경우 압축비 상승으로 인하여 압축 후의 토출가스 온도가 상승하게 되어 응축온도도 상승하게 된다.

Q025. 냉동기에 사용되고 있는 냉매로 대기압에서 비등점이 가장 낮은 냉매는?

① SO_2
② NH_3
③ CO_2
④ CH_3Cl

해설 비등점
- SO_2(아황산가스) : $-10°C$
- NH_3(암모니아) : $-33.3°C$
- CO_2(탄산가스) : $-78.5°C$
- CH_3Cl(메틸클로라이드) : $-23.8°C$

Q026. 가역 카르노사이클에서 저온부 $-10°C$, 고온부 $30°C$로 운전되는 열기관의 효율은 약 얼마인가?

① 7.58
② 6.58
③ 0.15
④ 0.13

해설 열효율 $\eta = \dfrac{T_H - T_L}{T_H}$ 에서 $\eta = \dfrac{(273+30) - \{273+(-10)\}}{273+30} = 0.132$

Q027. 다음 조건에서 작동되는 냉동장치의 수냉식 응축기에서 냉매와 냉각수의 산술평균 온도차는? (단, 냉각수 입구온도 : 16°C, 냉각수량 : 200 l/min, 냉각수의 출구온도 : 24°C, 응축기의 냉각면적 : $20m^2$, 응축기의 열통과율 : $800kcal/m^2h°C$)

① 6°C
② 16°C
③ 8°C
④ 18°C

답 024. ④ 025. ③ 026. ④ 027. ①

해설
- 응축기 방열량 $Q_c = GC(t_{w2} - t_{w1})$에서
  $Q_c = (200 \times 60) \times 1 \times (24 - 16) = 96,000 \text{kcal/h}$
- 응축기 방열량 $Q_c = KA \Delta t_m$에서
  산술평균온도차 $\Delta t_m = \dfrac{Q_c}{KA} = \dfrac{96,000}{800 \times 20} = 6°C$

028. 냉매충전량이 부족하거나 냉매가 누설로 인해 발생할 수 있는 현상이 아닌 것은?
① 토출압력이 너무 낮다.
② 흡입압력이 너무 낮다.
③ 압축기의 정지시간이 길다.
④ 압축기가 시동하지 않는다.

해설 냉매충전량이 부족하거나 냉매가 누설될 경우
- 냉매누설로 인하여 토출압력이 낮아진다.
- 냉매충전량의 부족으로 흡입압력이 낮아진다.
- 냉매량이 부족하여 압축기의 가동시간이 길어진다.
- 흡입압력이 낮아져 압축기가 시동되지 않는다.

029. 만액식 증발기에 대한 설명 중 틀린 것은?
① 증발기 내에서는 냉매액이 항상 충만되어 있다.
② 증발된 가스는 액 중에서 기포가 되어 상승 분리된다.
③ 피냉각 물체와 전열면적이 거의 냉매액과 접촉하고 있다.
④ 전열작용이 건식증발기에 비해 미흡하지만 냉매액은 거의 사용되지 않는다.

해설 만액식 증발기(액 75%)는 건식 증발기(액 25%)보다 증발기 내에서의 냉매량이 많아 전열이 양호하다.

030. 불응축 가스를 제거하는 가스퍼저(gas purger)의 설치 위치로 적당한 곳은?
① 고압 수액기 상부
② 저압 수액기 상부
③ 유분리기 상부
④ 액분리기 상부

해설 불응축 가스퍼저 장치는 응축기 상부, 고압 수액기 상부에 설치한다.

031. 냉동장치의 윤활 목적에 해당하지 않는 것은?
① 마모방지
② 부식방지
③ 냉매 누설방지
④ 동력손실 증대

답 028. ③ 029. ④ 030. ① 031. ④

해설 윤활유의 목적
- 피스톤과 실린더 벽에 유막이 형성되어 냉매 누설 및 마모를 방지한다.
- 냉각작용으로 마찰열을 제거하여 기계효율을 증대한다.
- 부식을 방지하고 진동 및 충격을 흡수한다.

Q 032. 냉동장치에서 증발온도를 일정하게 하고 응축온도를 높일 때 일어나는 현상은?

① 성적계수 증가
② 압축일량 감소
③ 토출가스온도 감소
④ 플래쉬가스 발생량 증가

해설 응축온도가 높을 때
- 압축비 상승으로 토출가스온도가 상승
- 압축일량이 증가
- 플래쉬가스 발생량이 증가
- 성적계수(냉동효과/압축일량)가 저하

Q 033. 안정적으로 작동되는 냉동 시스템에서 팽창밸브를 과도하게 닫았을 때 일어나는 현상이 아닌 것은?

① 흡입압력이 낮아지고 증발기 온도가 저하된다.
② 압축기의 흡입가스가 과열된다.
③ 냉동능력이 감소한다.
④ 압축기의 토출가스 온도가 낮아진다.

해설 팽창밸브를 과도하게 닫았을 때 냉매량이 적어 증발기에서 증발한 냉매는 과열증기가 된다. 따라서, 압축기에서 과열압축이 되어 압축 후의 토출가스 온도가 높아진다.

Q 034. 일반 냉동장치의 팽창밸브의 작용에 대한 설명 중 옳은 것은?

① 고압측의 냉매액은 팽창밸브를 통하면서 기화하여 고온 가스로 되어 증발기로 들어간다.
② 냉매액은 팽창밸브를 통하여 액체가 될 때까지 감압되어 증발기로 들어가 열을 얻어 가스로 된다.
③ 냉매액은 팽창밸브에서 교축작용에 의해 저압으로 된다. 그때 일부는 가스로 되어 증발기로 들어간다.
④ 냉매액은 팽창밸브에서 교축작용에 의해 고압으로 된다. 그때 일부가 가스로 되어 증발기로 들어간다.

답 032. ④ 033. ④ 034. ③

해설) 팽창밸브는 고온·고압의 냉매액을 교축작용에 의해 저온·저압의 습증기상태로 단열팽창시켜 증발기의 부하에 따라 적정한 냉매량을 공급한다.

Q 035. 냉매배관의 토출관경 결정 시 주의사항이 아닌 것은?

① 토출관에 의해 발생하는 전 마찰손실은 0.2kgf/cm²를 넘지 않도록 할 것
② 지나친 압력손실 및 소음이 발생하지 않을 정도로 속도를 억제할 것 (25m/s 이하)
③ 압축기와 응축기가 같은 높이에 있을 경우에는 일단 수평관으로 설치하고 상향구배를 할 것
④ 냉매가스 중에 녹아있는 냉동기유가 확실하게 운반될만한 속도(수평관 3.5m/s 이상, 상승관 6m/s 이상)가 확보될 것

해설) 압축기와 응축기가 같은 높이에 있을 경우에는 압축기에서 2.5m 이하 입상관으로 하고 응축기 쪽으로 하향구배를 준다.

Q 036. 격간(Clearance)에 의한 체적효율은?

(단, 압축비 : $\dfrac{P_2}{P_1}=5$, n지수=1.25, 격간체적비 : $\dfrac{V_c}{V}=0.5$이다.)

① 75% ② 80.5%
③ 87% ④ 92%

해설) 체적효율 $\eta_v = 1-\varepsilon(a^{\frac{1}{n}}-1)$에서

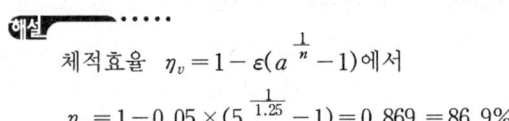

$\eta_v = 1-0.05\times(5^{\frac{1}{1.25}}-1) = 0.869 = 86.9\%$

Q 037. 냉동사이클에서 각 지점에서의 냉매 엔탈피값으로 압축기 입구에서는 150kcal/kg, 압축기 출구에서는 166kcal/kg, 팽창밸브 입구에서는 110kcal/kg인 경우 이 냉동장치의 성적계수는?

① 0.4 ② 1.4
③ 2.5 ④ 3.5

해설) 성적계수 $COP = \dfrac{150-110}{166-150} = 2.5$

답) 035. ③ 036. ③ 037. ③

Q 038 어떤 냉장고 벽의 열통과율이 0.32kcal/m²h°C, 벽면적이 700m², 실온이 −5°C, 그리고 외기온도가 30°C라면 이 벽을 통한 침입 열량은 약 몇 kcal/h인가? (단, 열손실은 무시한다.)

① 6,720kcal/h
② 7,840kcal/h
③ 8,200kcal/h
④ 8,750kcal/h

해설 침입열량 $Q = KA\Delta t$ 에서 $Q = 0.32 \times 700 \times \{30-(-5)\} = 7,840 \text{kcal/h}$

Q 039 암모니아 냉동장치에서 증발온도 −30°C, 응축온도 30°C의 운전조건에서 2단 압축과 1단 압축을 비교한 설명 중 옳은 것은? (단, 냉동 부하는 동일하다고 가정한다.)

① 부하에 대한 피스톤 압출량은 같다.
② 냉동효과는 1단 압축의 경우가 크다.
③ 고압축 토출가스 온도는 2단 압축의 경우가 높다.
④ 필요 동력은 2단 압축의 경우가 적다.

해설
• 냉동효과 : 1단 압축 < 2단 압축
• 토출가스 온도 : 1단 압축 > 2단 압축
• 동력 : 1단 압축 > 2단 압축

Q 040 윤활유가 유동하는 최저온도인 유동점은 응고온도보다 몇 도 정도 높은가?

① 2.5°C
② 5°C
③ 7.5°C
④ 10°C

해설 유동점은 냉동기유가 유동하는 최저온도로서 응고온도보다 2.5°C 높은 온도이다.

제 3 과목　공기조화

Q 041 일반 공기 냉각용 냉수 코일에서 가장 많이 사용되는 코일의 열수는?

① 0.5~1
② 1.5~2
③ 3~3.5
④ 4~8

해설 냉수코일은 일반적으로 4~8열을 가장 많이 사용한다.

답 038. ② 039. ④ 040. ① 041. ④

Q 042 습공기의 상태 변화에 관한 설명 중 틀린 것은?

① 습공기를 냉각하면 건구온도와 습구온도가 감소한다.
② 습공기를 냉각·가습하면 상대습도와 절대습도가 증가한다.
③ 습공기를 등온감습하면 노점온도와 비체적이 감소한다.
④ 습공기를 가열하면 습구온도와 상대습도가 증가한다.

해설 습공기를 가열하면 건구온도와 습구온도가 상승하고 상대습도가 감소한다.

Q 043 다음의 공기조화 부하 중 잠열변화를 포함하는 것은?

① 외벽을 통한 손실열량
② 침입외기에 의한 취득열량
③ 유리창을 통한 관류 취득열량
④ 지하층 바닥을 통한 손실열량

해설 현열과 잠열을 모두 포함하고 있는 열량은 침입외기에 의한 취득열량, 극간풍 열량, 재실자에서 발생하는 열량, 실내기구(비등기)에서 발생하는 열량이 있다.

Q 044 습공기선도(T-x선도)상에서 알 수 없는 것은?

① 엔탈피
② 습구온도
③ 풍속
④ 상대습도

해설 습공기선도는 건구온도, 습구온도, 노점온도, 절대습도, 수증기분압, 상대습도, 비체적, 엔탈피로 구성되어 있다.

Q 045 인체에 해가 되지 않는 탄산가스의 실내 한계 오염농도는?

① 500ppm(0.05%)
② 1,000ppm(0.1%)
③ 1,500ppm(0.15%)
④ 2,000ppm(0.2%)

해설 중앙식 공기조화설비의 실내환경 기준에서 탄산가스는 1,000ppm(0.1%) 이하로 규정되어 있다.

Q 046 덕트 내 풍속을 측정하는 피토관을 이용하여 전압 23.8mmAq, 정압 10mmAq를 측정하였다. 이 경우 풍속은 약 얼마인가?

① 10m/s
② 15m/s
③ 20m/s
④ 25m/s

답 042. ④ 043. ② 044. ③ 045. ② 046. ②

해설
- 전압 $P_t = P_s + P_v$에서 동압 $P_v = P_t - P_s = 23.8 - 10 = 13.8 \text{mmAq}(\text{kgf/m}^2)$
- 동압 $P_v = \dfrac{V^2}{2g}\gamma$에서 풍속 $V = \sqrt{\dfrac{2gP_v}{\gamma}} = \sqrt{\dfrac{2 \times 9.8 \times 13.8}{1.2}} = 15.01 \text{m/s}$

Q 047 다음 습공기의 습도 표시 방법에 대한 설명 중 틀린 것은?

① 절대습도는 건공기 중에 포함된 수증기량을 나타낸다.
② 수증기분압은 절대습도에 반비례 관계가 있다.
③ 상대습도는 습공기의 수증기 분압과 포화공기의 수증기 분압과의 비로 나타낸다.
④ 비교습도는 습공기의 절대습도와 포화공기의 절대습도와의 비로 나타낸다.

해설
습공기 선도에서 수증기분압이 높아지면 절대습도가 높아진다. 따라서, 수증기분압은 절대습도와 비례 관계가 있다.

Q 048 공기조화설비의 구성에서 각종 설비별 기기로써 바르게 짝지은 것은?

① 열원설비 - 냉동기, 보일러, 히트펌프
② 열교환설비 - 열교환기, 가열기
③ 열매 수송설비 - 덕트, 배관, 오일펌프
④ 실내유니트 - 토출구, 유인유니트, 자동제어기기

해설
공기조화설비
- 열원장치 : 냉동기, 냉각탑, 히트펌프, 보일러
- 열운반장치 : 송풍기, 펌프, 덕트, 배관
- 공기조화장치 : 공기여과기, 가열코일, 냉각코일, 가습기, 감습기, 공기세정기
- 자동제어장치 : 온도조절기, 습도조절기

Q 049 복사 냉난방방식(panel air system)에 대한 설명 중 틀린 것은?

① 건물의 축열을 기대할 수 있다.
② 쾌감도가 전공기식에 비해 떨어진다.
③ 많은 환기량을 요하는 장소에 부적당하다.
④ 냉각패널에 결로 우려가 있다.

해설
복사냉난방방식은 복사열을 이용하므로 실내상하온도차가 적어 공조방식 중 쾌감도가 가장 우수하다.

답 047. ② 048. ① 049. ②

Q 050 공조방식에서 가변풍량 덕트방식에 관한 설명 중 틀린 것은?

① 운전비 및 에너지의 절약이 가능하다.
② 공조해야 할 공간의 열부하 증감에 따라 송풍량을 조절할 수 있다.
③ 다른 난방방식과 동시에 이용할 수 없다.
④ 실내 칸막이 변경이나 부하의 증감에 대처하기 쉽다.

해설
가변풍량 덕트방식은 부하변동에 따라 송풍량을 조절하여 실온을 제어하는 시스템으로서 다른 난방방식과 동시에 이용할 수 있다.

Q 051 6인용 입원실이 100실인 병원의 입원실 전체 환기를 위한 최소 신선 공기량은? (단, 외기 중 CO_2 함유량은 $0.0003 m^3/m^3$이고 실내 CO_2의 허용농도는 0.1%, 재실자의 CO_2 발생량은 개인당 $0.015 m^3/h$이다.)

① 약 $6,857 m^3/h$ ② 약 $8,857 m^3/h$
③ 약 $10,857 m^3/h$ ④ 약 $12,857 m^3/h$

해설
- 6인용 입원실이 100실일 경우
  실내 CO_2 발생량 $X = 600 \times 0.015 = 9 m^3/h$
- CO_2 발생에 따른 환기량 $Q = \dfrac{X}{C_a - C_o}$ 에서

$$Q = \dfrac{9}{0.001 - 0.0003} = 12,857.14 m^3/h$$

Q 052 냉각코일의 장치노점온도(ADP)가 7°C이고, 여기를 통과하는 입구공기의 온도가 27°C라고 한다. 코일의 바이패스 팩터를 0.1이라고 할 때 출구공기의 온도는?

① 8.0°C   ② 8.5°C
③ 9.0°C   ④ 9.5°C

해설
바이패스팩터 $BF = \dfrac{t_4 - t_{ADP}}{t_3 - t_{ADP}}$ 에서
출구공기의 온도 $t_4 = t_{ADP} + BF(t_3 - t_{ADP}) = 7 + 0.1 \times (27 - 7) = 9°C$

답 050. ③ 051. ④ 052. ③

Q 053 공기조화에 대한 설명 중 틀린 것은?

① VAV 방식을 가변풍량 방식이라고 하며 실내부하 변동에 대해 송풍온도를 변화시키지 않고 송풍량을 변화시키는 방식으로 제어한다.
② 외벽과 지붕 등의 열통과율은 벽체를 구성하는 재료의 두께가 두꺼울수록 열통과율은 작아진다.
③ 냉방 시 유리창을 통한 열부하는 태양복사열과 실내외 공기의 온도차에 의한 관류열 2종류가 있다.
④ 인체로부터의 발열량은 현열 및 잠열이 있으며 주위온도가 상승하면 둘 다 발열량이 많아진다.

해설 인체로부터의 발열량은 주위공기가 체온에 가까워지거나 상승하게 되면 대류나 복사에 의한 열 발산이 되지 않아 체온이 올라가게 되어 잠열이 많아진다.

Q 054 노통 보일러는 지름이 큰 원통형 보일러동(shell)에 큰 노통을 설치한 것으로써 노통이 2개 있는 것은?

① Lancashire 보일러
② Drum 보일러
③ Shell 보일러
④ Cornish 보일러

해설 노통 보일러의 종류
- 코르니시(Cornish) 보일러 : 노통이 1개를 설치한 보일러
- 랭커셔(Lancashire) 보일러 : 노통이 2개를 설치한 보일러

Q 055 다음 중 내연식 보일러의 특징이 아닌 것은?

① 설치면적을 좁게 차지한다.
② 복사열 흡수가 크다.
③ 노벽에 의한 열손실이 적다.
④ 완전연소가 가능하다.

해설 내연식(내분식) 보일러는 연소실이 동체 내부에 설치되어 있으므로 연소용 공기량이 적어 불완전연소가 발생한다.

Q 056 다음 증기난방의 설명 중 옳은 것은?

① 예열시간이 짧다.
② 실내온도의 조절이 용이하다.
③ 방열기 표면의 온도가 낮아 쾌적한 느낌을 준다.
④ 실내에서 상하온도차가 작으며, 방열량의 제어가 다른 난방에 비해 쉽다.

답 053. ④ 054. ① 055. ④ 056. ①

해설 증기난방의 특징
- 열매가 증기이므로 열용량이 작아 예열시간이 짧다.
- 부하변동에 대한 실내온도 조절이 어렵다.
- 방열기 표면온도가 높고 열매와 실내온도차가 커서 쾌감도가 나쁘다.

Q.057 각종 공기조화방식 중에서 개별방식의 특징은?
① 수명은 대형기기에 비하여 짧다.
② 외기냉방이 어느 정도 가능하다.
③ 실 건축구조 변경이 어렵다.
④ 냉동기를 내장하고 있으므로 일반적으로 소음이 작다.

해설 개별방식의 특징
- 대형기기에 비해 운전횟수가 많아 수명이 짧다.
- 실내공기를 재순환시켜 공조를 실시하므로 외기냉방이 불가능하다.
- 공조기의 이동이 용이하기 때문에 실의 건축구조 변경이 쉽다.
- 냉동기를 내장하고 있으므로 소음과 진동이 크다.

Q.058 그림은 각 난방 방식에 의한 일반적인 실내 상하의 온도분포를 나타낸 것이다. 이 중 바닥 복사난방 방식에 의한 것은 어느 것인가?

① (1)
② (2)
③ (3)
④ (4)

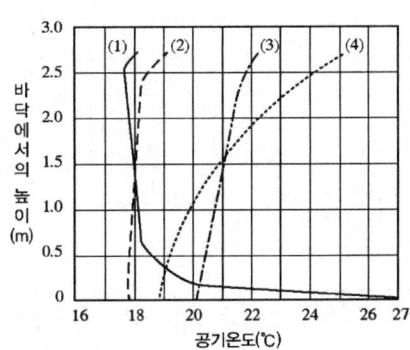

Q.059 다음 중 온수난방 설비용 기기가 아닌 것은?
① 릴리프 밸브   ② 순환펌프
③ 관말트랩   ④ 팽창탱크

해설 관말트랩은 증기난방 설비용 기기로서 증기주관의 말단부에 설치하여 응축수를 배출하는 트랩이다.

답 057. ① 058. ① 059. ③

Q 060 다음 중 보일러 부하로 옳은 것은?

① 난방부하 + 급탕부하 + 배관부하 + 예열부하
② 난방부하 + 배관부하 + 예열부하 − 급탕부하
③ 난방부하 + 급탕부하 + 배관부하 − 예열부하
④ 난방부하 + 급탕부하 + 배관부하

해설 보일러 부하 = 난방부하 + 급탕부하 + 배관부하 + 예열부하

제 4 과목 전기제어공학

Q 061 2개 입력이 "1"일 때 출력이 "0"이 되는 회로는?

① AND 회로 ② OR 회로
③ NOT 회로 ④ NOR 회로

해설 NOR 회로 : 2개의 입력이 "1"일 때 출력이 "0"이 된다.

입력		출력
A	B	$\overline{A+B}$
0	0	1
1	0	0
0	1	0
1	1	0

Q 062 그림에 해당하는 함수를 라플라스 변환하면?

① $\dfrac{1}{s}$

② $\dfrac{1}{s-2}$

③ $\dfrac{1}{s}e^{-2s}$

④ $\dfrac{1}{s}(1-e)$

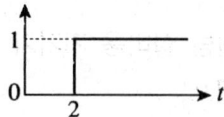

해설 $f(t) = u(t-2)$에서 라플라스 변환하면 $\mathcal{L}[u(t-2)] = \dfrac{1}{s}e^{-2s}$이다.

답 060. ① 061. ④ 062. ③

Q 063 입력으로 단위 계단함수 u(t)를 가했을 때, 출력이 그림과 같은 조절계의 기본 동작은?

① 2위치 동작
② 비례 동작
③ 비례 적분 동작
④ 비례 미분 동작

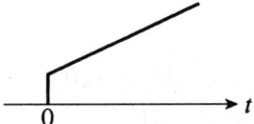

Q 064 계단상 입력에 대한 정상오차에서 입력 크기가 R인 계단상 입력 $r(t)=Ru(t)$를 가한 경우 개루프 전달함수가 $G(s)$일 때 $\lim_{s\to 0}G(s)$는?

① 가속 오차 정수
② 정속 위치 오차
③ 위치 오차 정수
④ 속도 오차 정수

해설 정상 위치 오차
• 단위계단 함수 $f(t)=u(t)=1$에서 라플라스 변환하면
$$F(s)=\int_0^\infty u(t)\cdot e^{-st}dt=\int_0^\infty 1\cdot e^{-st}dt=\left[-\frac{1}{s}e^{-st}\right]_0^\infty=\frac{1}{s}$$
• 정상 위치 오차
$$e_{ss}=\lim_{s\to 0}s\frac{\frac{1}{s}}{1+G(s)}=\lim_{s\to 0}\frac{1}{1+G(s)}=\frac{1}{1+\lim_{s\to 0}G(s)}=\frac{1}{1+K_p}$$
∴ $\lim_{s\to 0}G(s)=K_p$는 위치 오차 정수이다.

Q 065 피드백 제어시스템의 피드백 효과가 아닌 것은?

① 대역폭 증가
② 정확도 개선
③ 시스템 간소화 및 비용 감소
④ 외부 조건의 변화에 대한 영향 감소

해설 피드백 제어시스템은 시스템이 복잡하고 시설비가 비싸다.

Q 066 전기자 철심을 규소 강판으로 성층하는 주된 이유는?

① 정류자면의 손상이 적다.
② 가공하기 쉽다.
③ 철손을 적게 할 수 있다.
④ 기계손을 적게 할 수 있다.

답 063. ③ 064. ③ 065. ③ 066. ③

> **[해설]** 전기자 철심은 철손을 줄이기 위하여 히스테리시스손이 적은 규소강판을 사용하고 와류손을 적게 하기 위하여 성층으로 한다.

Q 067
200V, 300W의 전열선의 길이를 1/3로 하여 200V의 전압을 인가하였다. 이때의 소비전력은 몇 W인가?

① 100 ② 300
③ 600 ④ 900

> **[해설]**
> - 전열기의 저항 $R=\dfrac{V^2}{P}$ 에서 $R=\dfrac{V^2}{P}=\dfrac{200^2}{300}=133.33\,\Omega$
> - 전열선을 1/3로 했을 경우 저항 $R=\rho\dfrac{l}{A}$ 에서 저항은 전열선의 길이에 비례하므로 저항 $R=\dfrac{1}{3}\times 133.33=44.44\,\Omega$
> - 소비전력 $P=IV=\dfrac{V^2}{R}$ 에서 $P=\dfrac{V^2}{R}=\dfrac{200^2}{44.44}=900.1\,\text{W}$

Q 068
직류 전동기의 규약효율을 구하는 식은?

① $\dfrac{손실}{입력}\times 100\%$
② $\dfrac{입력-손실}{입력}\times 100\%$
③ $\dfrac{출력-손실}{출력+손실}\times 100\%$
④ $\dfrac{출력}{출력-손실}\times 100\%$

> **[해설]** 직류전동기의 규약효율 $\eta=\dfrac{입력-손실}{입력}\times 100\%$

Q 069
다음 중 kVA는 무엇의 단위인가?

① 유효전력 ② 피상전력
③ 효율 ④ 무효전력

> **[해설]** 교류전력의 단위
> • 피상전력 : kVA • 유효전력 : kW • 무효전력 : kVar

Q 070
무인 엘리베이터의 자동제어로 가장 적합한 제어는?

① 추종제어 ② 정치제어
③ 프로그램제어 ④ 프로세스제어

답 067. ④ 068. ② 069. ② 070. ③

해설 프로그램제어는 목표값이 시간적으로 미리 정해진 대로 변화하고 제어량을 추종 시키는 제어로서 열처리 노의 온도제어, 무인 엘리베이터, 무인열차 운전에 사용된다.

Q 071. 3상 유도전동기의 출력이 5kW, 전압 200V, 효율 90%, 역률 80%일 때 이 전동기에 유입되는 선전류는 약 몇 A인가?

① 15 ② 20
③ 25 ④ 30

해설 3상 유도전동기의 선전류 $I = \dfrac{P}{\sqrt{3}\,V \times \eta \times \cos\theta}$ 에서

선전류 $I = \dfrac{5 \times 1000}{\sqrt{3} \times 200 \times 0.9 \times 0.8} = 20.05\text{A}$

Q 072. 논리식 $\overline{A} \cdot B + A \cdot B$와 같은 것은?

① B ② $\overline{B}$
③ $\overline{A}$ ④ A

해설 $\overline{A} \cdot B + A \cdot B = (\overline{A} + A) \cdot B = 1 \cdot B = B$

Q 073. 다음 중 프로세스제어에 속하는 제어량은?

① 온도 ② 전류
③ 전압 ④ 장력

해설 프로세스제어 : 온도, 압력, 유량, 액면, 농도, 습도 등의 공업 공정의 상태량을 제어

Q 074. 예비전원으로 사용되는 축전지의 내부 저항을 측정하려고 한다. 가장 적합한 브리지는?

① 캠벨 브리지 ② 맥스웰 브리지
③ 휘트스톤 브리지 ④ 코올라시 브리지

해설 코올라우시 브리지는 교류전원을 이용하여 축전지의 내부저항 또는 전해액의 저항을 측정한다.

답 071. ② 072. ① 073. ① 074. ④

075. 서보 전동기에 필요한 특징을 설명한 것으로 옳지 않은 것은?

① 정·역회전이 가능하여야 한다.
② 직류용은 없고 교류용만 있어야 한다.
③ 속도제어 범위와 신뢰성이 우수하여야 한다.
④ 급가속, 급감속이 용이하여야 한다.

해설 서보전동기는 직류 서보전동기와 교류 서보전동기가 있다.

076. 실리콘 제어정류기(SCR)는 어떤 형태의 반도체인가?

① P형 반도체
② N형 반도체
③ PNPN형 반도체
④ PNP형 반도체

해설 SCR(실리콘제어정류기)는 PNPN형 4층 구조로 되어 있는 반도체이다.

077. 그림과 같이 직류 전력을 측정하였다. 가장 정확하게 측정한 전력은? (단, R_i : 전류계의 내부저항, R_e : 전압계의 내부저항이다.)

① $P = EI - \dfrac{E^2}{R_e}$ [W]
② $P = EI - \dfrac{E^2}{R_i}$ [W]
③ $P = EI - 2R_e I$ [W]
④ $P = EI - 2R_i I$ [W]

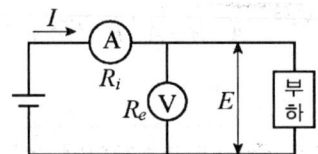

해설 간접측정법
- 전압계의 손실전력 $P_r = \dfrac{E^2}{R_e}$ [W]
- 전력측정 $P = EI - \dfrac{E^2}{R_e}$ [W]

078. 신호흐름도와 등가인 블록선도를 그리려고 한다. 이때 $G(s)$로 알맞은 것은?

① s
② $\dfrac{1}{s+1}$
③ 1
④ $s(s+1)$

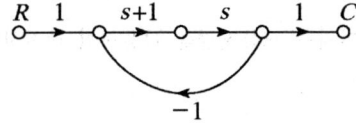 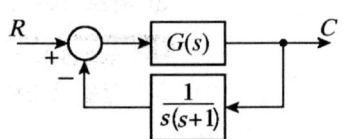

답 075. ② 076. ③ 077. ① 078. ③

해설
- 신호흐름도의 전달함수

  $C = 1 \times s(s+1) \times 1 \times R + (-1) \times s(s+1) \times C = s(s+1)R - s(s+1)C$

  $C + s(s+1)C = s(s+1)R$

  $C\{1 + s(s+1)\} = s(s+1)R$

  $\therefore \dfrac{C}{R} = \dfrac{s(s+1)}{1 + s(s+1)}$

- 블록선도의 전달함수

  $C = G(s)R - \dfrac{G(s)}{s(s+1)}C$

  $C + \dfrac{G(s)}{s(s+1)}C = G(s)R$

  $C\left\{1 + \dfrac{G(s)}{s(s+1)}\right\} = G(s)R$

  $\therefore \dfrac{C}{R} = \dfrac{G(s)}{1 + \dfrac{G(s)}{s(s+1)}} = \dfrac{G(s)}{\dfrac{s(s+1)}{s(s+1)} + \dfrac{G(s)}{s(s+1)}} = \dfrac{s(s+1)G(s)}{s(s+1) + G(s)}$

- 신호흐름도 전달함수와 블록선도의 전달함수가 등가일 때

  $\dfrac{s(s+1)}{1 + s(s+1)} = \dfrac{s(s+1)G(s)}{s(s+1) + G(s)}$

  $G(s) = 1$

079
단자전압 200V, 전기자 전류 100A, 회전속도 1,200rpm으로 운전하고 있는 직류 전동기가 있다. 역기전력은 몇 V인가? (단, 전기자 회로의 저항은 0.2Ω이다.)

① 80
② 120
③ 180
④ 210

해설 역기전력 $E_c = V - I_a R_a$에서 $E_c = 200 - 100 \times 0.2 = 180\text{V}$

080
평행한 두 도체에 같은 방향의 전류를 흘렸을 때 두 도체 사이에 작용하는 힘은 어떻게 되는가?

① 반발력
② 힘이 작용하지 않는다.
③ 흡인력
④ $\dfrac{1}{2\pi r}$의 힘

해설 평행한 두 도체에 같은 방향으로 전류가 흐를 경우 앙페르의 오른나사법칙에 의해 두 도체 사이에 자기장이 형성되어 서로 잡아당기는 흡인력이 작용한다.

답 079. ③ 080. ③

제 5 과목 배관일반

Q 081 펌프의 양수량이 60m³/min이고 전양정 20m일 때 벌류트 펌프(volute pump)로 구동할 경우 필요한 동력은 약 몇 kW인가? (단, 펌프의 효율은 60%로 한다.)

① 196.1kW ② 200kW
③ 326.8kW ④ 405.8kW

해설 펌프동력 $L = \dfrac{\gamma H Q}{102 \times 60 \times \eta}$ 에서 $L = \dfrac{1,000 \times 20 \times 60}{102 \times 60 \times 0.6} = 326.8\text{kW}$

Q 082 저압 가스관에 의한 가스수송에 있어서 압력손실과 관계가 가장 먼 것은?

① 가스관의 길이 ② 가스의 압력
③ 가스의 비중   ④ 가스관의 내경

해설 저압 가스관의 가스유량 $Q = K\sqrt{\dfrac{D^5 H}{SL}}$ 에서

압력손실 $H = \left(\dfrac{Q}{K}\right)^2 \times \dfrac{SL}{D^5} \text{ (kgf/m}^2\text{)}$

$H(\text{kgf/m}^2)$: 압력손실, $Q(\text{m}^3/\text{h})$: 가스유량, S : 가스비중, $L(\text{m})$: 파이프 길이, K : 유량계수, $D(\text{cm})$: 파이프 내경

Q 083 냉동설비배관에서 액분리기와 압축기 사이의 냉매배관을 할 때 구배로 옳은 것은?

① 1/100정도의 압축기 측 상향 구배로 한다.
② 1/100정도의 압축기 측 하향 구배로 한다.
③ 1/200정도의 압축기 측 상향 구배로 한다.
④ 1/200정도의 압축기 측 하향 구배로 한다.

해설 액분리기와 압축기 사이의 흡입배관은 압축기 측으로 1/200 정도의 하향구배로 한다.

Q 084 수배관의 경우 부식을 방지하기 위한 방법으로 틀린 것은?

① 밀폐 사이클의 경우 물을 가득 채우고 공기를 제거한다.
② 개방 사이클로 하여 순환수가 공기와 충분히 접하도록 한다.
③ 캐비테이션을 일으키지 않도록 배관한다.
④ 배관에 방식도장을 한다.

답 081. ③ 082. ② 083. ④ 084. ②

해설 개방사이클로 할 경우 공기와의 접촉을 차단시켜 수배관의 부식을 방지한다.

Q 085. 지역난방의 특징에 대한 설명 중 틀린 것은?

① 대규모 열원기기를 이용한 에너지의 효율적 이용이 가능하다.
② 대기 오염물질이 증가한다.
③ 도시의 방재수준 향상이 가능하다.
④ 사용자에게는 화재에 대한 우려가 적다.

해설 지역난방은 보일러 설비의 대형화 및 공해방지시스템을 설치하고 있으므로 대기 오염 물질을 줄일 수 있다.

Q 086. 가스 사용시설 건축물 내의 매설배관으로 적합하지 않은 배관은?

① 이음매 없는 동관   ② 배관용 탄소강관
③ 스테인레스 강관   ④ 가스용 금속플렉시블호스

해설 배관용 탄소강관은 부식이 잘 되기 때문에 매설배관용으로는 부적합하다.

Q 087. 공기조화 설비 중 복사난방의 패널형식이 아닌 것은?

① 바닥패널   ② 천장패널
③ 벽패널   ④ 유닛패널

해설 복사난방의 패널형식에는 천장패널, 벽패널, 바닥패널이 있다.

Q 088. A와 B의 배관접속에 있어서 용접 시공시의 용접부위 결함을 도시한 것이다. 무슨 결함인가?

① 언더컷
② 오버랩
③ 융합불량
④ 크레이터

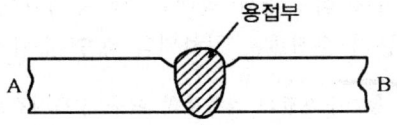

해설 언더컷은 용착금속이 채워지지 않고 용접선을 따라 모재가 파여져 있는 결함으로서 용접전류가 너무 높을 때, 아크의 길이가 너무 길 때 발생한다.

답 085. ② 086. ② 087. ④ 088. ①

Q089 온수난방 설비의 온수배관 시공법에 관한 설명 중 틀린 것은?
① 수평배관에서 관의 지름을 바꿀 때에는 편심리듀서를 사용한다.
② 배관재료는 내열성을 고려한다.
③ 공기가 고일 염려가 있는 곳에는 공기배출을 고려한다.
④ 팽창관에는 슬루스 밸브를 설치한다.

해설 팽창관에는 절대로 밸브를 설치해서는 안 된다.

Q090 증기난방을 응축수환수법에 의해 분류하였을 때 그 종류가 아닌 것은?
① 기계 환수식
② 하트포드 환수식
③ 중력 환수식
④ 진공 환수식

해설 응축수 환수법에는 기계환수식, 중력환수식, 진공환수식이 있다.

Q091 지름 20mm 이하의 동관을 이음할 때 또는 기계의 점검, 보수 기타 관을 떼어내기 쉽게 하기 위한 동관 이음 방법은?
① 플레어 접합
② 슬리브 접합
③ 플랜지 접합
④ 사이징 접합

해설 플레어 이음은 동관 끝부분을 나팔모양으로 넓혀서 플레어 볼트, 너트로 이음하는 방법으로서 20mm 이하의 동관을 이음하거나 기계의 점검 및 보수할 때 관을 떼어내기 쉽게 할 때 사용한다.

Q092 배수 및 통기설비에서 배관시공법에 관한 주의사항으로 틀린 것은?
① 우수 수직관에 배수관을 연결하여서는 안 된다.
② 오버플로우관은 트랩의 유입구측에 연결하여야 한다.
③ 바닥 아래에서 빼내는 각 통기관에는 횡주부를 형성시키지 않는다.
④ 통기 수직관은 최하위의 배수 수평지관보다 높은 위치에서 연결해야 한다.

해설 통기수직관은 최하부의 배수 수평지관보다 낮은 위치에서 연결해야 한다.

Q093 다음 위생기구 중 배수 부하단위가 가장 큰 것은?
① 세정밸브식 대변기
② 벽걸이식 소변기
③ 치과용 세면기
④ 주택용 샤워기

답 089. ④ 090. ② 091. ① 092. ④ 093. ①

해설 배수부하 단위

기구명	배수부하 단위
대변기	8
소변기	4
세면기	1
샤워기	2

Q 094 냉동장치의 액순환 펌프의 토출측 배관에 설치되는 밸브는?
① 게이트 밸브 ② 콕
③ 글로브 밸브 ④ 체크 밸브

해설 액순환펌프의 토출측 배관에는 역류를 방지하기 위하여 체크밸브를 설치한다.

Q 095 급탕배관 시공에 대한 설명 중 틀린 것은?
① 배관의 굽힘 부분에는 벨로우즈이음을 한다.
② 하향식 급탕주관의 최상부에는 공기빼기 장치를 설치한다.
③ 팽창관의 관경은 겨울철 동결을 고려하여 25A 이상으로 한다.
④ 단관식 급탕배관 방식에는 상향배관, 하향배관 방식이 있다.

해설 급탕배관 시공시 굽힘 부분에는 신축을 흡수하기 위하여 스위블이음을 한다.

Q 096 배수 횡지관에서 통기관을 이어낼 때 경사도는 얼마 이내로 해야 하는가? (단, 수직 이음인 경우 제외한다.)
① 45° ② 60°
③ 70° ④ 80°

해설 배수 횡지관에서 통기관으로 연결할 때 45° 이내의 Y 이음으로 접속한다.

Q 097 공기의 흐름방향을 조절할 수 있으나 풍량은 조절할 수 없고 환기용 흡입구나 배기구로 사용되는 것은?
① 그릴(grilles) ② 디퓨저(diffusers)
③ 레지스터(registers) ④ 아네모스탯(anemostat)

답 094. ④ 095. ① 096. ① 097. ①

> **해설** 베인격자형 취출구 중에서 그릴형은 여러 개의 날개를 수직 또는 수평으로 설치하여 공기의 흐름을 조절할 수 있으나 셔터가 없으므로 풍량을 조절할 수 없다.

Q 098 증기와 응축수의 온도 차이를 이용하여 응축수를 배출하는 트랩은?
① 버킷 트랩(bucket trap) ② 디스크 트랩(disk trap)
③ 벨로즈 트랩(bellows trap) ④ 플로트 트랩(float trap)

> **해설** 증기와 응축수의 온도 차이를 이용한 트랩 : 벨로즈 트랩, 바이메탈 트랩

Q 099 저압가스 배관의 통과 유량을 구하는 아래의 공식에서 S가 나타내는 것은? (단, L : 관의 길이(m)이다.)

$$Q = K\sqrt{\frac{H \cdot D^5}{S \cdot L}}$$

① 관의 내경 ② 가스 비중
③ 유량 계수 ④ 압력차

> **해설** 저압 가스배관의 통과유량 $Q = K\sqrt{\dfrac{D^5 H}{SL}}$ 에서 $D(\text{cm})$: 관 내경, S : 가스비중, K : 유량계수, $H(\text{kgf/m}^2)$: 압력손실, $Q(\text{m}^3/\text{h})$: 통과유량, $L(\text{m})$: 관 길이

Q 100 연건평 30,000m²인 사무소 건물에서 필요한 급수량은? (단, 건물의 유효면적 비율은 연면적의 60%, 유효면적당 거주인원은 0.2인/m², 1인 1일당 사용 급수량은 100l이다.)

① 36m³/d ② 360m³/d
③ 3,600m³/d ④ 360,000m³/d

> **해설** 건물면적에 의한 급수량
> $Q_d = k \times A \times n \times q$ 에서 $Q_d = 0.6 \times 30,000 \times 0.2 \times 100$
> $= 360,000\ l/\text{day} = 360\text{m}^3/\text{day}$

답 098. ③ 099. ② 100. ②

2014년 8월 17일 시행

제 1 과목 기계열역학

001. 이상기체 프로판(C_3H_8, 분자량 $M=44$)의 상태는 온도 20°C, 압력 300kPa이다. 이것을 52L(liter)의 내압용기에 넣을 경우 적당한 프로판의 질량은? (단, 일반기체상수는 8.314kJ/kmol·K이다.)

① 0.282kg ② 0.182kg
③ 0.414kg ④ 0.318kg

해설
이상기체 상태방정식 $PV = \dfrac{W}{M}RT$ 에서

질량 $W = \dfrac{PVM}{RT} = \dfrac{300 \times 0.052 \times 44}{8.314 \times (273+20)} = 0.2818$ kg

002. 다음 그림과 같은 오토사이클의 열효율은? (단, $T_1=300$K, $T_2=689$K, $T_3=2,364$K, $T_4=1,029$K이고, 정적비열은 일정하다.)

① 37.5%
② 43.5%
③ 56.5%
④ 62.5%

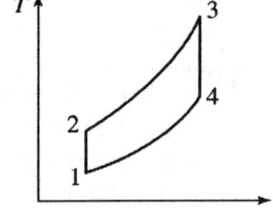

해설
열효율 $\eta_o = 1 - \dfrac{T_4 - T_1}{T_3 - T_2}$ 에서

$\eta_o = 1 - \dfrac{1,029 - 300}{2,364 - 689} = 0.5648 = 56.5\%$

003. 카르노 사이클이 500K의 고온체에서 360kJ의 열을 받아서 300K의 저온체에 열을 방출한다면 이 카르노 사이클의 출력일은 얼마인가?

① 120kJ ② 144kJ
③ 216kJ ④ 599kJ

답 001. ① 002. ③ 003. ②

해설

카르노 사이클의 열효율 $\eta = \dfrac{T_H - T_L}{T_H} = \dfrac{W}{Q_H}$ 에서

출력일 $W = \left(\dfrac{T_H - T_L}{T_H}\right) Q_H = \left(\dfrac{500-300}{500}\right) \times 360 = 144 \text{kJ}$

Q.004 5kg의 산소가 정압 하에서 체적이 0.2m³에서 0.6m³로 증가했다. 산소를 이상기체로 보고 정압비열 $C_p = 0.92$kJ/kg°C로 하여 엔트로피의 변화를 구하였을 때 그 값은 얼마인가?

① 1.857kJ/K ② 2.746kJ/K
③ 5.054kJ/K ④ 6.507kJ/K

해설

엔트로피변화 $dS = mC_p \ln \dfrac{V_2}{V_1}$ 에서

$dS = 5 \times 0.92 \ln \dfrac{0.6}{0.2} = 5.054 \text{kJ/K}$

Q.005 공기압축기로 매초 2kg의 공기가 연속적으로 유입된다. 공기에 50kW의 일을 투입하여 공기의 비엔탈피가 20kJ/kg 증가하면, 이 과정동안 공기로부터 방출된 열량은 얼마인가?

① 105kW ② 90kW
③ 15kW   ④ 10kW

해설
- 유량 $G = 2$kg/s, 비엔탈피 $h = 20$kJ/kg에서
  엔탈피 $H = G \times h = 2 \times 20 = 40$kW
- 방출열량 $Q = H - W$에서 $Q = 40 - 50 = -10$kW
  (방출열량이므로 − 값을 갖는다.)

Q.006 압축비가 7.5이고, 비열비 $k = 1.4$인 오토 사이클의 열효율은?

① 48.7% ② 51.2%
③ 55.3% ④ 57.6%

해설

열효율 $\eta_o = 1 - \left(\dfrac{1}{\varepsilon}\right)^{k-1}$ 에서

$\eta_o = 1 - \left(\dfrac{1}{7.5}\right)^{1.4-1} = 0.553 = 55.3\%$

답 004. ③ 005. ④ 006. ③

Q 007
피스톤-실린더 시스템에 100kPa의 압력을 갖는 1kg의 공기가 들어 있다. 초기 체적은 0.5m³이고 이 시스템에 온도가 일정한 상태에서 열을 가하여 부피가 1.0m³이 되었다. 이 과정 중 전달된 열량(kJ)은 얼마인가?

① 32.7 ② 34.7
③ 44.8 ④ 50.0

해설

팽창일 $W_{12} = P_1 V_1 \ln \dfrac{V_2}{V_1}$ 에서

$W_{12} = 100 \times 0.5 \ln \dfrac{1.0}{0.5} = 34.66 \text{kJ}$

Q 008
열역학 제1법칙은 다음의 어떤 과정에서 성립하는가?

① 가역 과정에서만 성립한다.
② 비가역 과정에서만 성립한다.
③ 가역 등온 과정에서만 성립한다.
④ 가역이나 비가역 과정을 막론하고 성립한다.

해설

열역학 제1법칙은 에너지보존법칙으로서 가역이나 비가역 과정 모두 성립한다.

Q 009
$PV^n =$ 일정($n \neq 1$)인 가역과정에서 밀폐계(비유동계)가 하는 일은?

① $\dfrac{P_1 V_1 (V_2 - V_1)}{n}$
② $\dfrac{P_2 V_2^{n-1} - P_1 V_1^{n-1}}{n-1}$
③ $\dfrac{P_2 V_2^n - P_1 V_1^n}{n-1}$
④ $\dfrac{P_1 V_1 - P_2 V_2}{n-1}$

해설

폴리트로픽과정 $PV^n = P_1 V_1^n = P_2 V_2^n = C$, $P = \dfrac{C}{V^n}$ 에서

팽창일 $W_{12} = \int_1^2 PdV = \int_1^2 \dfrac{C}{V^n} dV = C \int_1^2 V^{-n} dV$

$= \dfrac{C}{1-n} [V^{1-n}]_{V_1}^{V_2} = \dfrac{C}{1-n} (V_2^{1-n} - V_1^{1-n})$

$= \dfrac{C}{1-n} (V_2^{1-n} - V_1^{1-n}) = \dfrac{C}{n-1} (V_1^{1-n} - V_2^{1-n})$

$= \dfrac{1}{n-1} (CV_1^{1-n} - CV_2^{1-n})$

$= \dfrac{1}{n-1} (P_1 V_1^n V_1^{1-n} - P_2 V_2^n V_2^{1-n})$

$= \dfrac{1}{n-1} (P_1 V_1 - P_2 V_2)$

답 007. ② 008. ④ 009. ④

Q 010. 다음 중 이상 랭킨 사이클과 카르노 사이클의 유사성이 가장 큰 두 과정은?

① 등온가열, 등압방열
② 단열팽창, 등온방열
③ 단열압축, 등온가열
④ 단열팽창, 등적가열

해설
- 카르노 사이클 : 단열팽창, 등온팽창(흡열), 단열압축, 등온압축(방열)
- 랭킨 사이클 : 단열압축, 등압가열, 단열팽창, 등온·등압방열

Q 011. 체적이 0.1m³인 피스톤-실린더 장치 안에 질량 0.5kg의 공기가 430.5kPa하에 있다. 정압과정으로 가열하여 온도가 400K가 되었다. 이 과정동안의 일과 열전달량은? (단, 공기는 이상기체이며, 기체상수는 0.287kJ/kg·K, 정압비열은 1.004kJ/kg·K이다.)

① 14.35kJ, 35.85kJ
② 14.35kJ, 50.20kJ
③ 43.05kJ, 78.90kJ
④ 43.05kJ, 64.55kJ

해설
- 이상기체상태방정식 $PV=mRT$에서

  초기온도 $T_1 = \dfrac{P_1 V_1}{mR} = \dfrac{430.5 \times 0.1}{0.5 \times 0.287} = 300\text{K}$

- 일 $W_{12} = mR(T_2 - T_1)$에서 $W_{12} = 0.5 \times 0.287 \times (400-300) = 14.35\text{kJ}$
- 열전달량 $Q_{12} = mC_p(T_2 - T_1)$에서 $Q_{12} = 0.5 \times 1.004 \times (400-300) = 50.2\text{kJ}$

Q 012. 효율이 85%인 터빈에 들어갈 때의 증기의 엔탈피가 3,390kJ/kg이고, 가역 단열과정에 의해 팽창할 경우에 출구에서의 엔탈피가 2,135kJ/kg이 된다고 한다. 운동에너지의 변화를 무시할 경우 이 터빈의 실제 일은 약 몇 kJ/kg인가?

① 1,476
② 1,255
③ 1,067
④ 906

해설
터빈의 실제 일 $w = (h_1 - h_2) \times \eta$에서 $w = (3,390 - 2,135) \times 0.85 = 1,066.75\text{kJ/kg}$

Q 013. 두께가 10cm이고, 내·외측 표면 온도가 각각 20℃와 5℃인 벽이 있다. 정상상태일 때 벽의 중심온도는 몇 ℃인가?

① 4.5
② 5.5
③ 7.5
④ 12.5

해설
벽의 중심온도 $t_m = \dfrac{t_i + t_o}{2}$에서 $t_m = \dfrac{20+5}{2} = 12.5℃$

답 010. ② 011. ② 012. ③ 013. ④

Q 014 작동유체가 상태 1부터 상태 2까지 가역 변화할 때의 엔트로피 변화로 옳은 것은?

① $S_2 - S_1 \geq -\int_1^2 \frac{\delta Q}{T}$
② $S_2 - S_1 > \int_1^2 \frac{\delta Q}{T}$
③ $S_2 - S_1 = \int_1^2 \frac{\delta Q}{T}$
④ $S_2 - S_1 < \int_1^2 \frac{\delta Q}{T}$

해설 엔트로피 변화
- 가역변화 $S_2 - S_1 = \int_1^2 \frac{\delta Q}{T}$
- 비가역변화 $S_2 - S_1 > \int_1^2 \frac{\delta Q}{T}$

Q 015 단열된 노즐에 유체가 10m/s의 속도로 들어와서 200m/s의 속도로 가속되어 나간다. 출구에서의 엔탈피가 h_e=2,770kcal/kg일 때 입구에서의 엔탈피는 얼마인가?

① 4,370kJ/kg
② 4,210kJ/kg
③ 2,850kJ/kg
④ 2,790kJ/kg

해설 에너지방정식 $h_i + \frac{V_i^2}{2} = h_e + \frac{V_e^2}{2}$ 에서

입구엔탈피 $h_i = h_e + \frac{V_e^2}{2} - \frac{V_i^2}{2} = 2,770 \times 10^3 + \frac{200^2}{2} - \frac{10^2}{2}$
$= 2,789,950 \text{J/kg} = 2,789.95 \text{kJ/kg}$

Q 016 표준 증기압축식 냉동사이클에서 압축기 입구와 출구의 엔탈피가 각각 105kJ/kg 및 125kJ/kg이다. 응축기 출구의 엔탈피가 43kJ/kg이라면 이 냉동사이클의 성능계수(COP)는 얼마인가?

① 2.3
② 2.6
③ 3.1
④ 4.3

해설 성능계수 $COP = \frac{q_e}{AW}$ 에서

$COP = \frac{105 - 43}{125 - 105} = 3.1$

답 014. ③ 015. ④ 016. ③

Q 017

100kg의 물체가 해발 60m에 떠있다. 이 물체의 위치에너지는 해수면 기준으로 약 몇 kJ인가? (단, 중력가속도는 9.8m/s²이다.)

① 58.8
② 73.4
③ 98.0
④ 122.1

해설 위치에너지 $W = mgh$에서 $W = 100 \times 9.8 \times 60 = 58,800 \text{J} = 58.8 \text{kJ}$

Q 018

체적이 500cm³인 풍선이 있다. 이 풍선에 압력 0.1MPa, 온도 288K의 공기가 가득 채워져 있다. 압력이 일정한 상태에서 풍선 속 공기 온도가 300K로 상승했을 때 공기에 가해진 열량은? (단, 공기의 정압비열은 1.005kJ/kg·K, 기체상수 0.287kJ/kg·K이다.)

① 7.3J
② 7.3kJ
③ 73J
④ 73kJ

해설
- 등압과정이므로 샤를의 법칙을 적용하면
  최종체적 $V_2 = \dfrac{T_2}{T_1} \times V_1 = \dfrac{300}{288} \times 0.5 \times 10^{-3} = 0.521 \times 10^{-3} \text{m}^3$
- 기체상수 $R = C_p - C_v$에서
  정적비열 $C_v = C_p - R = 1.005 - 0.287 = 0.718 \text{kJ/kg} \cdot \text{K}$
- 비열비 $k = \dfrac{C_p}{C_v} = \dfrac{1.005}{0.718} = 1.4$
- 열량 $Q_{12} = \dfrac{k}{k-1} P(V_2 - V_1)$에서
  $Q_{12} = \dfrac{1.4}{1.4-1} \times (0.1 \times 10^6) \times (0.521 - 0.5) \times 10^{-3} = 7.35 \text{J}$

Q 019

열효율이 30%인 증기사이클에서 1kWh의 출력을 얻기 위하여 공급되어야 할 열량은 약 몇 kWh인가?

① 1.25
② 2.51
③ 3.33
④ 4.90

해설 열효율 $\eta = \dfrac{W}{Q}$에서 공급열량 $Q = \dfrac{W}{\eta} = \dfrac{1}{0.3} = 3.33 \text{kWh}$

답 017. ① 018. ① 019. ③

020 T-S 선도에서 어느 가역 상태변화를 표시하는 곡선과 S축 사이의 면적은 무엇을 표시하는가?

① 힘
② 열량
③ 압력
④ 비체적

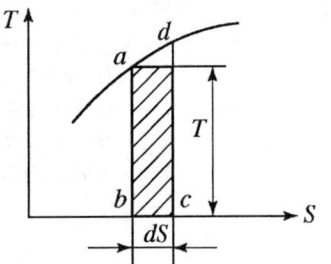

해설 엔트로피 $dS = \dfrac{dQ}{T}$ 에서 열량 $dQ = TdS$ 이다.
따라서, 열량은 T-S 선도의 면적으로 표시한다.

제 2 과목 냉동공학

021 냉동능력 50RT 브라인 냉각장치에서 브라인 입구온도 −5°C, 출구온도 −10°C, 냉매의 증발온도 0°C로 운전되고 있을 때, 냉각관 전열면적이 30m²이라면 열통과율은? (단, 열손실은 무시하며 평균온도차는 산술평균으로 계산하며, 1RT=3,320kcal/h로 계산한다.)

① 약 572kcal/m²·h·°C ② 약 673kcal/m²·h·°C
③ 약 737kcal/m²·h·°C ④ 약 842kcal/m²·h·°C

해설
• 산술평균온도차 $\Delta t_m = t_e - \dfrac{t_{b1}+t_{b2}}{2}$ 에서 $\Delta t_m = 0 - \dfrac{(-5)+(-10)}{2} = 7.5°C$
• 냉동능력 $Q_e = KA\Delta t_m$ 에서 열통과율

$$K = \dfrac{Q_e}{A\Delta t_m} = \dfrac{50 \times 3,320}{30 \times 7.5} = 737.8 \text{kcal/m}^2 \cdot \text{h°C}$$

022 실제 냉동사이클에서 냉매가 증발기에서 나온 후, 압축기에서 압축될 때까지 흡입가스 변화는?

① 압력은 떨어지고 엔탈피는 증가한다.
② 압력과 엔탈피는 떨어진다.
③ 압력은 증가하고 엔탈피는 떨어진다.
④ 압력과 엔탈피는 증가한다.

답 020. ② 021. ③ 022. ①

해설
냉매가 증발기에서 나온 후, 압축기에서 압축될 때까지 냉매의 상태
- 증발기 출구에서 압축기 흡입까지 냉매는 주위의 열과 열전달하여 냉매의 온도가 상승되며 엔탈피가 증가한다. 또한, 배관길이에 따라 압력손실이 발생하여 압력이 떨어진다.
- 압축기 흡입밸브에서 냉매를 흡입할 때 실린더 벽면과 열전달이 되어 냉매의 온도는 상승되고 엔탈피가 증가한다.

Q 023 냉매와 흡수제로 $NH_3 - H_2O$를 이용한 흡수식 냉동기의 냉매의 순환과정으로 옳은 것은?

① 증발기(냉각기) → 흡수기 → 재생기 → 응축기
② 증발기(냉각기) → 재생기 → 흡수기 → 응축기
③ 흡수기 → 증발기(냉각기) → 재생기 → 응축기
④ 흡수기 → 재생기 → 증발기(냉각기) → 응축기

해설
냉매의 순환과정 : 증발기 → 흡수기 → 열교환기 → 재생기 → 응축기

Q 024 냉동장치의 제어기기 중 전기식 액면제어기에 대한 설명으로 틀린 것은?

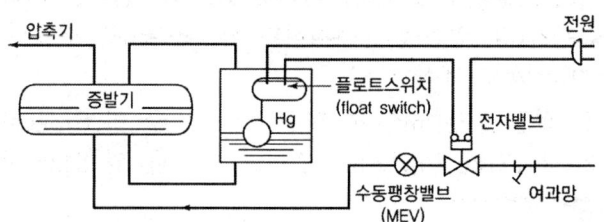

① 플로트 스위치(float switch)와 전자밸브를 사용한다.
② 만액식 증발기의 액면 제어에 사용한다.
③ 부하 변동에 의한 유면 제어가 불가능하다.
④ 증발기 내 액면 유동을 방지하기 위해 수동팽창밸브(MEV)를 설치한다.

해설
그림에서 전기식 액면제어기는 만액식 증발기의 부하변동에 따라 플로트 스위치가 작동되어 전자밸브를 열고 닫는다. 즉 만액식 증발기의 액면이 낮아지면 플로트 스위치에서 검지하여 전자밸브를 열어 냉매를 증발기에 공급한다.

답 023. ① 024. ③

Q 025 직경이 다른 2개 이상의 수액기를 병렬 연결하기 위한 설치방법으로 옳은 것은?
① 하단을 일치시켜 연결시킨다. ② 상단을 일치시켜 연결시킨다.
③ 옆으로 일치시켜 연결시킨다. ④ 아무 곳에나 연결시킨다.

해설 직경이 다른 2대의 수액기를 병렬로 설치할 경우에는 수액기 상단을 일치시킨다.

Q 026 제빙장치에서 브라인온도가 −10℃, 결빙시간이 48시간일 때, 얼음의 두께는? (단, 결빙계수는 0.56이다.)
① 약 29.3cm ② 약 39.3cm
③ 약 2.93cm ④ 약 3.93cm

해설 결빙시간 $H = \dfrac{0.56 \times t^2}{-tb}$ 에서

얼음의 두께 $t = \sqrt{\dfrac{H \times (-tb)}{0.56}} = \sqrt{\dfrac{48 \times \{-(-10)\}}{0.56}} = 29.28\text{cm}$

Q 027 냉동장치 내에 불응축 가스가 혼입되는 원인으로 가장 거리가 먼 것은?
① 냉동장치의 압력이 대기압 이상으로 운전될 경우 저압측에서 공기가 침입한다.
② 장치를 분해, 조립하였을 경우에 공기가 잔류한다.
③ 압축기의 축봉장치 패킹 연결부분에 누설부분이 있으면 공기가 장치 내에 침입한다.
④ 냉매, 윤활유 등에 열분해로 인해 가스가 발생한다.

해설 냉동장치를 대기압 이상으로 운전될 경우 저압측에서 냉매가 누설되면 대기의 공기는 침입할 수 없으며 냉동장치 내의 냉매가 부족하게 되어 저압이 낮아지는 원인이 된다.

Q 028 고온 35℃, 저온 −10℃에서 작동되는 역카르노 사이클이 적용된 이론 냉동 사이클의 성적계수는?
① 2.89 ② 3.24
③ 4.24 ④ 5.84

해설 성적계수 $COP = \dfrac{T_L}{T_H - T_L}$ 에서 $COP = \dfrac{263}{308 - 263} = 5.84$

답 025. ② 026. ① 027. ① 028. ④

Q 029 냉각 방식에 관한 설명 중 가장 거리가 먼 것은?

① 어떤 물질을 얼리는 것만이 냉동이라고 할 수 있다.
② 일반적으로 실내의 온도를 외기온도보다 낮추어 시원하게 하는 것을 냉방이라 한다.
③ 우유 등의 제품을 영상의 온도에서 차게 보관하는 것을 냉장이라 한다.
④ 상온 이상의 뜨거운 물질을 식히는 것을 냉각이라 한다.

해설 냉동이란 일정한 공간이나 물질로부터 열을 인공적으로 낮추어 주위온도보다 낮은 온도로 유지하는 조작이며 냉각, 동결, 냉장, 냉방, 제빙 등을 모두 포함한다.

Q 030 고온부의 절대온도를 T_1, 저온부의 절대 온도를 T_2, 고온부로 방출하는 열량을 Q_2라고 할 때, 이 냉동기의 이론 성적계수(COP)를 구하는 식은?

① $\dfrac{Q_1}{Q_1 - Q_2}$ ② $\dfrac{Q_2}{Q_1 - Q_2}$

③ $\dfrac{T_1}{T_1 - T_2}$ ④ $\dfrac{T_1 - T_2}{T_1}$

해설 성적계수 $COP = \dfrac{Q_2}{Q_1 - Q_2} = \dfrac{T_2}{T_1 - T_2}$

Q 031 흡수식 냉동기에 대한 설명으로 틀린 것은?

① 흡수식 냉동기는 열의 공급과 냉각으로 냉매와 흡수제가 함께 분리되고 섞이는 형태로 사이클을 이룬다.
② 냉매가 암모니아일 경우에는 흡수제로서 리튬브로마이드(LiBr)를 사용한다.
③ 리튬브로마이드 수용액 사용시 재료에 대한 부식성 문제로 용액 중에 미량의 부식억제제를 첨가한다.
④ 압축식에 비해 열효율이 나쁘며 설치면적을 많이 차지한다.

해설 흡수식 냉동기에서 냉매가 암모니아일 경우 흡수제는 물을 사용한다.

Q 032 압축기 구조 형태 중 개방형 압축기에 대한 특징으로 틀린 것은?

① 압축기를 구동하는 전동기가 따로 설치되어 있다.
② 크랭크축이 크랭크실 밖으로 관통되어 있어 냉매가 누설될 염려가 있다.
③ 축봉장치가 필요 없다.
④ 소음이 심하고 좁은 장소에서의 설치가 곤란하다.

답 029. ① 030. ② 031. ② 032. ③

> **해설** 개방형 압축기는 크랭크 케이스와 크랭크축 사이에 기밀을 유지하기 위하여 축봉장치를 반드시 설치하여야 한다.

Q 033. 냉매의 구비 조건에 대한 설명으로 틀린 것은?

① 증기의 비체적이 적을 것
② 임계온도가 충분히 높을 것
③ 점도와 표면장력이 크고 전열성능이 좋을 것
④ 부식성이 적을 것

> **해설** 냉매는 점도와 표면장력이 작고 전열이 양호해야 한다.

Q 034. 고속으로 회전하는 임펠러에 의해 대량 증기의 흡입, 압축이 가능하며 토출밸브를 잠그고 작동시켜도 일정한 압력 이상으로는 더 이상 상승하지 않는 특징을 가진 압축기는?

① 왕복동식 압축기
② 회전식 압축기
③ 스크류식 압축기
④ 원심식 압축기

> **해설**
> - 왕복동식 압축기 : 피스톤의 왕복운동에 의해 가스를 압축
> - 회전식 압축기 : 로터의 원심력에 의해 가스를 압축
> - 스크류식 압축기 : 암로터와 숫로터의 고속의 회전력에 의해 가스를 압축
> - 원심식 압축기 : 임펠러의 원심력에 의해 가스를 압축

Q 035. 2단 압축 냉동기의 저압측 흡입압력과 고압측 토출압력이 게이지압으로 각각 5kgf/cm², 15kgf/cm²일 때, 성적계수가 최대로 되는 중간압력(절대압)은? (단, 대기압은 1.033kgf/cm²으로 한다.)

① 약 9.83kgf/cm²
② 약 11.15kgf/cm²
③ 약 12.65kgf/cm²
④ 약 13.11kgf/cm²

> **해설**
> - 고압측 토출압력의 절대압력
> $P_H = 15 + 1.033 = 16.033 \text{kgf/m}^2 \cdot \text{abs}$
> - 저압측 흡입압력의 절대압력
> $P_L = 5 + 1.033 = 6.033 \text{kgf/m}^2 \cdot \text{abs}$
> - 중간압력 $P_m = \sqrt{P_H \times P_L}$에서
> $P_m = \sqrt{16.033 \times 6.033} = 9.835 \text{kgf/m}^2 \cdot \text{abs}$

답 033. ③ 034. ④ 035. ①

Q 036 냉동장치의 응축기에 관한 설명 중 옳은 것은?

① 횡형 셸튜브의 응축기는 전열이 양호하고 냉각관 청소가 용이하다.
② 7통로 응축기는 전열이 양호하고 입형에 비해 냉각수량이 많다.
③ 대기식 응축기는 냉각수량이 적어도 되며 설치장소가 작다.
④ 입형 셸튜브 응축기는 냉각관 청소가 용이하고 과부하에 잘 견딘다.

해설
① 횡형 셸튜브 응축기는 전열이 양호하고 냉각관 청소가 어렵다.
② 7통로 응축기는 전열이 양호하고 입형에 비해 냉각수 소비량이 적다.
③ 대기식 응축기 : 냉각수량이 적어도 되며 설치장소가 크다.

Q 037 다음과 같이 운전되고 있는 열펌프의 성적계수는?

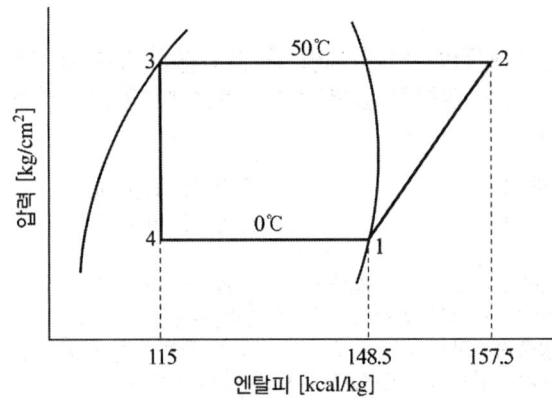

① 1.7
② 2.7
③ 3.7
④ 4.7

해설
열펌프의 성적계수 $COP_H = \dfrac{q_c}{AW}$ 에서

$COP_H = \dfrac{157.5 - 115}{157.5 - 148.5} = 4.72$

Q 038 냉동능력 감소와 압축기 과열 등의 악영향을 미치는 냉동배관 내의 불응축 가스를 제거하는 장치는?

① 액-가스 열교환기
② 여과기
③ 어큐뮬레이터
④ 가스퍼저

해설 응축기 상부, 수액기 상부에 불응축가스가 발생하며 불응축가스가 발생하면 고압이 상승하여 냉동능력이 감소하므로 가스퍼저 밸브를 설치하여 불응축가스를 퍼지시킨다.

답 036. ④ 037. ④ 038. ④

Q 039 2.5kgf/cm² 압력에서 작동되는 냉동기의 포화액 및 건포화증기의 엔탈피는 각각 94.58kcal/kg, 147.03kcal/kg이다. 이 경우 건도가 0.75인 지점의 습증기 엔탈피는?

① 약 98kcal/kg
② 약 110kcal/kg
③ 약 121kcal/kg
④ 약 134kcal/kg

해설 습증기 엔탈피 $h_{fg} = h_f + x(h_g - h_f)$ 에서
$h_{fg} = 94.58 + 0.75 \times (147.03 - 94.58) = 133.9 \text{kcal/kg}$

Q 040 흡수식 냉동기의 구성요소가 아닌 것은?

① 증발기
② 응축기
③ 재생기
④ 압축기

해설 흡수식 냉동기는 압축기가 없으며 흡수기, 열교환기, 발생기, 응축기, 증발기로 구성되어 있다.

제 3 과목 공기조화

Q 041 보일러의 발생증기를 한 곳으로만 취출하면 그 부근에 압력이 저하하여 수면동요 현상과 동시에 비수가 발생된다. 이를 방지하기 위한 장치는?

① 급수내관
② 비수방지관
③ 기수분리기
④ 인젝터

해설 증기보일러에서 증기발생시 수면에서 거품이 일어나는 수면 동요현상과 수면에서 물방울이 튀어 오르는 비수현상이 발생하여 워터해머가 발생하고 주증기관의 부식을 촉진시키므로 비수방지관을 설치하여 방지한다.

Q 042 직접팽창코일의 습면코일 열수를 산출하기 위하여 필요한 인자는?

① 대수 평균 온도차(MTD)
② 상당 외기 온도차(ETD)
③ 대수 평균 엔탈피차(MED)
④ 산술 평균 엔탈피차(AED)

답 039. ④ 040. ④ 041. ② 042. ③

Q 043 공기의 온도나 습도를 변화시킬 수 없는 것은?
① 공기필터   ② 공기재열기
③ 공기예열기   ④ 공기가습기

해설 공기필터는 공기 중의 먼지나 오염물질을 제거하는 공기여과기이다.

Q 044 외기온도 −5°C, 실내온도 20°C일 때 온수방열기의 방열면적이 5m²이면 방열기의 방열량은?
① 약 1.3kW   ② 약 2.6kW
③ 약 3.4kW   ④ 약 3.8kW

해설 온수방열기의 방열량
$$q = 450 \times 5 = 2,250 \text{kcal/h} = \frac{2,250}{860} = 2.62 \text{kW}$$
(온수의 표준방열량 $q = 450 \text{kcal/m}^2\text{h}$, $1\text{kW} = 860 \text{kcal/h}$)

Q 045 공기조화 설비에서 공기의 경로로 옳은 것은?
① 환기덕트 → 공조기 → 급기덕트 → 취출구
② 공조기 → 환기덕트 → 급기덕트 → 취출구
③ 냉각탑 → 공조기 → 냉동기 → 취출구
④ 공조기 → 냉동기 → 환기덕트 → 취출구

해설 공기의 이동 경로 : 환기덕트 → 공조기 → 급기덕트 → 취출구

Q 046 습공기에 대한 설명으로 틀린 것은?
① 노점온도는 수증기 분압 및 절대습도가 높을수록 높은 값을 가진다.
② 상대습도는 공기 중 수분량이 같으면 온도에 관계없이 동일하다.
③ 습공기의 습구온도는 항상 건구온도보다 낮은 온도를 나타낸다.
④ 건습구 온도계는 기류에 따라 습구온도가 변하므로 일정풍속을 가해야 한다.

해설 공기 중 수분량이 같으면 온도가 높을수록 상대습도는 작아진다.

답 043. ① 044. ② 045. ① 046. ②

Q 047 20명의 인원이 각각 1개비의 담배를 동시에 피울 경우 필요한 실내 환기량은? (단, 담배 1개비당 발생하는 배연량은 0.54g/h, 1m³/h의 환기 가능한 허용 담배 연소량은 0.017g/h이다.)

① 약 235m³/h ② 약 347m³/h
③ 약 527m³/h ④ 약 635m³/h

해설
- 20명의 인원, 1개비의 담배가 발생하는 배연량 0.54g/h에서 실내에서 발생하는 총 배연량 $X = 20 \times 0.54 = 10.8$g/h
- 실내 환기량 $Q = \dfrac{10.8}{0.017} = 635.29$m³/h

Q 048 다음 중 냉각탑에 관한 용어 및 특성의 설명으로 틀린 것은?

① 어프로치(approach)는 냉각탑 출구수온과 입구공기 건구온도 차
② 레인지(range)는 냉각수의 입구와 출구의 온도차
③ 어프로치(approach)를 적게 할수록 설비비 증가
④ 레인지(range)는 공기조화에서 5~8℃ 정도로 설정

해설 어프로치 = 냉각탑 출구수온 - 외기습구온도

Q 049 환기(ventilation)란 A에 있는 공기의 오염을 막기 위하여 B로부터 C를 공급하여, 실내의 D를 실외로 배출하고 실내의 오염 공기를 교환 또는 희석시키는 것을 말한다. 여기서 A, B, C, D로 적당한 것은?

① A-일정 공간, B-실외, C-청정한 공기, D-오염된 공기
② A-실외, B-일정 공간, C-청정한 공기, D-오염된 공기
③ A-일정 공간, B-실외, C-오염된 공기, D-청정한 공기
④ A-실외, B-일정 공간, C-오염된 공기, D-청정한 공기

해설 환기 : 일정 공간(A, 실내)에 있는 공기의 오염을 막기 위하여 실외(B)로부터 청정한 공기(C, 외기)를 공급하고 실내의 오염된 공기(D)를 실외로 배출해서, 실내의 오염 공기를 교환 또는 희석시키는 것을 말한다.

Q 050 과열증기에 대한 설명 중 옳은 것은?

① 습포화 증기에 압력을 높인 것이다.
② 습포화 증기에 열을 가한 것이다.
③ 건조포화 증기에 압력을 낮춘 것이다.
④ 일정한 압력조건에서 포화증기의 온도를 높인 것이다.

답 047. ④ 048. ① 049. ① 050. ④

> **해설** 과열증기는 일정한 압력조건에서 건조포화증기를 가열하여 온도가 상승된 증기이다.

Q 051 송풍 덕트 내의 정압제어가 필요 없고, 소음발생이 적은 변풍량 유닛은?

① 유인형 ② 슬롯형
③ 바이패스형 ④ 노즐형

> **해설** 바이패스형 : 실내의 부하변동에 따라 필요한 풍량만 실내로 급기하고 나머지 풍량은 천장내로 바이패스시키는 방식으로서 유닛 내의 풍량은 변하지 않으므로 덕트 내의 정압변동이 없고 소음 발생이 적다.

Q 052 공조설비를 구성하는 공기조화기에는 공기여과기, 냉·온수코일, 가습기, 송풍기로 구성되어 있는데, 이들 장치와 직접 연결되어 사용되는 설비가 아닌 것은?

① 공급덕트 ② 주증기관
③ 냉각수관 ④ 냉수관

> **해설** 냉수코일은 냉수관, 온수코일은 온수관, 가습기는 주증기관, 송풍기는 공급덕트와 연결되어 있다.

Q 053 냉·난방시의 실내 현열부하를 q_s(W), 실내와 말단장치의 온도를 각각 t_r, t_d라 할 때 송풍량 Q(L/s)를 구하는 식은?

① $Q = \dfrac{q_s}{0.24(t_r - t_d)}$ ② $Q = \dfrac{q_s}{1.2(t_r - t_d)}$

③ $Q = \dfrac{q_s}{1.85(t_r - t_d)}$ ④ $Q = \dfrac{q_s}{2501(t_r - t_d)}$

> **해설** 실내 현열부하 $q_s = GC\Delta t = \rho QC\Delta t$에서
> 송풍량 $Q = \dfrac{q_s}{\rho C\Delta t} = \dfrac{q_s}{1.2 \times 1.01 \times (t_r - t_d)} = \dfrac{q_s}{1.212 \times (t_r - t_d)}$ (L/s)
> - 공기의 비열 $C = 1.01$(kJ/kg·°C)
> - 공기의 밀도 $\rho = 1.2$kg/m³

Q 054 다음 중 서로 상관이 없는 것끼리 짝지어진 것은?

① 순환수두-밀도차 ② VAV-변풍량방식
③ 저압증기난방-팽창탱크 ④ MRT-패널 표면온도

답 051. ③ 052. ③ 053. ② 054. ③

해설 팽창탱크는 온수난방의 부속설비이다.

055. 공기조화방식에 관한 설명 중 옳은 것은?

① 각층 유닛 방식은 층별 부하변동에 대응하기 쉬우나 부분운전은 어렵다.
② 유인유닛 방식은 외기냉방의 효과가 크다.
③ 가변풍량 방식으로 할 경우 최소 풍량 시에 필요한 외기량을 확보하는 것이 중요하다.
④ 가변풍량 방식은 부하변동에 대하여 제어응답이 느리다.

해설
① 각층 유닛 방식은 층별 부하변동이 쉬우며 부분운전이 용이하다.
② 유인유닛 방식은 전공기방식에 비해 중간기에 외기냉방의 효과가 불량하다.
④ 가변풍량 방식은 각 실의 부하변동에 대하여 제어응답이 빠르다.

056. 덕트 조리공법 중 원형덕트의 이음 방법이 아닌 것은?

① 드로우 밴드 이음(draw band joint)
② 비드 클림프 이음(beaded crimp joint)
③ 더블 심(double seam)
④ 스파이럴 심(spiral seam)

057. 다음 그림과 같은 외벽의 열관류율 값은? (단, 표면 열전달률 $\alpha_o=20\text{W/m}^2 \cdot \text{K}$, 표면 열전달률 $\alpha_i=7.5\text{W/m}^2 \cdot \text{K}$이다.)

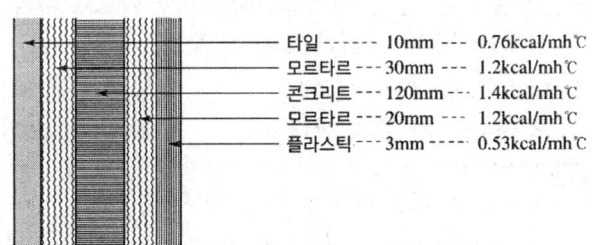
- 타일 ----- 10mm --- 0.76kcal/mh℃
- 모르타르 --- 30mm --- 1.2kcal/mh℃
- 콘크리트 --- 120mm --- 1.4kcal/mh℃
- 모르타르 --- 20mm --- 1.2kcal/mh℃
- 플라스틱 --- 3mm ----- 0.53kcal/mh℃

① 약 $3.23\text{W/m}^2 \cdot \text{K}$ ② 약 $10.1\text{W/m}^2 \cdot \text{K}$
③ 약 $12.5\text{W/m}^2 \cdot \text{K}$ ④ 약 $17.7\text{W/m}^2 \cdot \text{K}$

해설
- 열관류율 $K=\dfrac{1}{\dfrac{1}{\alpha_o}+\sum\dfrac{l}{\lambda}+\dfrac{1}{\alpha_i}}$ 에서

$$K=\dfrac{1}{\dfrac{1}{20}+\dfrac{0.01}{0.8816}+\dfrac{0.03}{1.392}+\dfrac{0.12}{1.624}+\dfrac{0.02}{1.392}+\dfrac{0.003}{0.6148}+\dfrac{1}{7.5}}=3.23\text{W/m}^2 \cdot \text{K}$$

답 055. ③ 056. ③ 057. ①

- 열전도율(λ)을 단위환산한다.
  - 타일 $\lambda = 0.76 \times 1.16 = 0.8816 \text{W/m} \cdot \text{K}$
  - 모르타르 $\lambda = 1.2 \times 1.16 = 1.392 \text{W/m} \cdot \text{K}$
  - 콘크리트 $\lambda = 1.4 \times 1.16 = 1.624 \text{W/m} \cdot \text{K}$
  - 모르타르 $\lambda = 1.2 \times 1.16 = 1.392 \text{W/m} \cdot \text{K}$
  - 플라스틱 $\lambda = 0.53 \times 1.16 = 0.6148 \text{W/m} \cdot \text{K}$

  (1kcal=4186J이므로 $1 \dfrac{\text{kcal}}{\text{mh}°\text{C}} = \dfrac{4186\text{J}}{3600\text{s}} \times \dfrac{1}{\text{m}°\text{C}} = 1.16 \text{ W/m} \cdot \text{K}$)

058. 다음 중 열원설비가 아닌 것은?

① 보일러 ② 냉동기
③ 송풍기 ④ 냉각탑

해설
- 열원장치 : 보일러, 냉동기, 냉각탑, 히트펌프
- 열운반장치 : 송풍기, 펌프, 덕트, 배관

059. 연간 에너지 소비량을 평가할 수 있는 기간 열부하 계산법이 아닌 것은?

① 동적 열부하 계산법 ② 디그리 데이법
③ 확장 디그리 데이법 ④ 최대 열부하 계산법

해설
기간 열부하 계산법에는 동적 열부하 계산법과 정적 열부하 계산법이 있으며, 정적 열부하 계산법에는 디그리 데이법, 표준 빈법, 확장 디그리 데이법이 있다.

060. 온수난방설계 시 달시-바이스바하(Darcy-Weibach)의 수식을 적용한다. 이 식에서 마찰저항계수와 관련이 있는 인자는?

① 너셀수(Nu)와 상대조도 ② 프란틀수(Pr)와 절재조도
③ 레일놀즈수(Re)와 상대조도 ④ 그라쇼프수(Gr)와 절대조도

해설
Darcy-Weibach의 방정식 $h_L = f \dfrac{L}{d} \dfrac{V^2}{2g}$ 에서
$h_L(\text{m})$: 손실수두, f : 마찰저항계수, $L(\text{m})$: 관 길이, $d(\text{m})$: 관경,
$V(\text{m/s})$: 유속, $g = 9.8 \text{m/s}^2$: 중력가속도
따라서, Darcy-Weibach의 방정식에서 마찰저항계수(f)는 레일놀즈수(Re)와 상대조도의 함수로 표현한다.

답 058. ③ 059. ④ 060. ③

제 4 과목 전기제어공학

061. 자기회로에서 퍼미언스(permeance)에 대응하는 전기회로의 요소는 무엇인가?
  ① 도전율　　　　　　② 컨덕턴스
  ③ 정전 용량　　　　　④ 엘라스턴스

해설
- 퍼미언스 : 자속이 통과하기 쉬움을 나타낸다.
- 컨덕턴스 : 전류가 잘 흐르는 정도를 나타낸다.

062. 3상 유도전동기의 출력이 5kW, 전압 200V, 역률 80%, 효율이 90%일 때 유입되는 선전류(A)는?
  ① 14　　　　　　　　② 17
  ③ 20　　　　　　　　④ 25

해설
3상 유도전동기의 선전류 $I = \dfrac{P}{\sqrt{3}\,V \times \eta \times \cos\theta}$ 에서

선전류 $I = \dfrac{5000}{\sqrt{3} \times 200 \times 0.9 \times 0.8} = 20.05\text{A}$

063. 전달함수 $G(s) = \dfrac{a+b}{s+a}$ 를 갖는 회로가 지상 보상회로의 특성을 갖기 위한 조건으로 맞는 것은?
  ① $a > b$　　　　　　② $a < b$
  ③ $a > 1$　　　　　　④ $b > 1$

해설
- 지상 보상회로 : $a < b$
- 진상 보상회로 : $a > b$

064. 직류기의 전기자반작용에 대한 설명으로 옳지 않은 것은?
  ① 중성축이 이동한다.　　　　② 전동기는 속도가 저하된다.
  ③ 국부적 섬락이 발생한다.　　④ 발전기는 기전력이 감소한다.

해설
직류기의 전기자 반작용이 발생하면 주자속이 감소하여 전동기는 토크가 감소한다.

답 061. ②　062. ③　063. ②　064. ②

Q 065. 변압기의 1차 및 2차의 전압, 권선수, 전류를 E_1, N_1, I_1 및 E_2, N_2, I_2라 할 때 성립하는 식으로 알맞은 것은?

① $\dfrac{E_2}{E_1} = \dfrac{N_1}{N_2} = \dfrac{I_2}{I_1}$ ② $\dfrac{E_1}{E_2} = \dfrac{N_2}{N_1} = \dfrac{I_1}{I_2}$

③ $\dfrac{E_2}{E_1} = \dfrac{N_2}{N_1} = \dfrac{I_1}{I_2}$ ④ $\dfrac{E_1}{E_2} = \dfrac{N_1}{N_2} = \dfrac{I_1}{I_2}$

해설 권선비 $a = \dfrac{N_2}{N_1} = \dfrac{E_2}{E_1} = \dfrac{I_1}{I_2}$

Q 066. 그림과 같은 유접점 회로를 논리 게이트로 바꾸었을 때 올바른 것은?

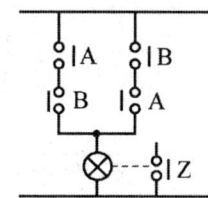

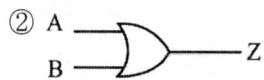

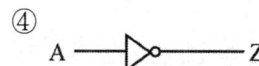

해설 그림의 논리식 $Z = A \cdot \overline{B} + \overline{A} \cdot B = A \oplus B$ 이므로 배타적 OR회로이다.
① 배타적 OR회로 ② OR회로
③ AND회로 ④ NOT회로

Q 067. 농형 3상 유도전동기의 속도를 제어하는 방법으로 가장 옳은 것은?

① 부하를 조정하여 제어한다.
② 극수를 변환하여 제어한다.
③ 회전자 자속을 변환하여 제어한다.
④ 2차 저항을 삽입하여 제어한다.

해설 농형 3상 유도전동기의 속도를 제어하는 방법 : 주파수를 변환하는 방법, 극수를 변환하는 방법, 2개의 유도전동기를 직결하여 속도를 제어하는 종속법

답 065. ③ 066. ① 067. ②

Q 068 축전지 용량의 단위는?
① A　　　　　　　　② Ah
③ V　　　　　　　　④ kW

해설　축전지 용량 : 전류×시간(Ah)

Q 069 조정하는 사람이 없는 엘리베이터의 자동제어는?
① 프로그램제어　　　② 추종제어
③ 비율제어　　　　　④ 정치제어

해설　프로그램제어 : 목표값이 시간적으로 미리 정해진 대로 변화하고 제어량을 추종시키는 제어로서 무인으로 운전되는 열차나 엘리베이터에 사용된다.

Q 070 목표값을 직접 사용하기 곤란할 때 어떤 것을 이용하여 주 되먹임 요소와 비교하여 사용하는가?
① 기준입력요소　　　② 제어요소
③ 되먹임요소　　　　④ 비교장치

해설　기준입력요소는 직접 폐루프에 주어지는 입력요소로서 주 되먹임 요소와 비교하여 사용한다.

Q 071 다음 중 프로세스제어에 속하지 않는 것은?
① 온도　　　　　　　② 유량
③ 위치　　　　　　　④ 압력

해설　서보기구 : 물체의 위치, 방위, 각도 등의 상태량을 제어

Q 072 직류기에서 전압정류의 역할을 하는 것은?
① 탄소브러시　　　　② 보상권선
③ 리액턴스 코일　　　④ 보극

해설　직류기에서 전압을 정류를 하기 위하여 보극을 설치한다.

답　068. ②　069. ①　070. ①　071. ③　072. ④

073 제어결과로 사이클링(cycling)과 옵셋(offset)을 발생시키는 동작은?
① on-off 동작 ② P 동작
③ I 동작 ④ PI 동작

해설 on-off 동작은 사이클링(cycling)과 잔류편차(off-set)가 발생한다.

074 PLC(Programmable Logic Controller) CPU부의 구성과 거리가 먼 것은?
① 데이터 메모리부 ② 프로그램 메모리부
③ 연산부 ④ 전원부

해설 CPU(중앙처리장치)는 데이터 메모리부, 프로그램 메모리부, 연산부로 구성되어 있다.

075 저항체에 전류가 흐르면 줄열이 발생하는데 이때 전류 I와 전력 P의 관계는?
① $I = P$ ② $I = P^{0.5}$
③ $I = P^{1.5}$ ④ $I = P^2$

해설
- 전력 $P = IV$
- 줄열 $H = 0.24 IVt = 0.24 I^2 Rt$ 에서 $H = 0.24 Pt = 0.24 I^2 Rt$

전류 $I = \sqrt{\dfrac{P}{R}} = \left(\dfrac{P}{R}\right)^{\frac{1}{2}}$, 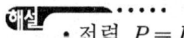 $I \propto P^{0.5}$

따라서, 전류 I는 전력 $P^{0.5}$에 비례한다.

076 전류의 측정 범위를 확대하기 위하여 사용되는 것은?
① 배율기 ② 분류기
③ 저항기 ④ 계기용변압기

해설 분류기는 전류의 측정 범위를 확대하기 위해 사용하는 것으로 병렬로 접속한다.

077 $G(j\omega) = j0.01\omega$에서 $\omega = 0.01\text{rad/s}$일 때 계의 이득은 몇 dB인가?
① -100 ② -80
③ -60 ④ -40

답 073.① 074.④ 075.② 076.② 077.②

해설
- 계의 이득 $g = 20\log|G(j\omega)|$에서 $g = 20\log 10^{-4} = -80\text{dB}$
- $G(j\omega) = j0.01\omega_{\omega 0.01} = j(0.01 \times 0.01) = j10^{-4}$

078
역률이 80%이고, 유효전력이 80kW라면 피상전력은 몇 kVA인가?

① 100
② 120
③ 160
④ 200

해설
역률 $\cos\theta = \dfrac{P}{P_a}$에서 피상전력 $P_a = \dfrac{P}{\cos\theta} = \dfrac{80}{0.8} = 100\text{kVA}$

079
그림과 같은 블록선도에서 $C(s)$는? (단, $G_1=5$, $G_2=2$, $H=0.1$, $R(s)=1$이다.)

① 0
② 1
③ 5
④ ∞

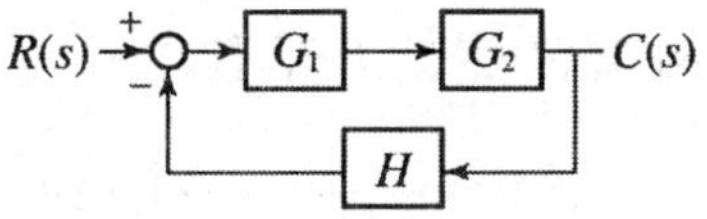

해설
$C(s) = G_1 G_2 R(s) - G_1 G_2 H C(s)$
$C(s) + G_1 G_2 H C(s) = G_1 G_2 R(s)$
$(1 + G_1 G_2 H) C(s) = G_1 G_2 R(s)$
$C(s) = \dfrac{G_1 G_2 R(s)}{1 + G_1 G_2 H} = \dfrac{5 \times 2 \times 1}{1 + 5 \times 2 \times 0.1} = 5$

080
100V용 전구 30W와 60W 두 개를 직렬로 연결하고 직류 100V 전원에 접속 하였을 때 두 전구의 상태로 옳은 것은?

① 30W가 더 밝다.
② 60W가 더 밝다.
③ 두 전구가 모두 켜지지 않는다.
④ 두 전구의 밝기가 모두 같다.

해설
소비전력 $P = \dfrac{V^2}{R} = I^2 R$

- 전구의 저항 $R = \dfrac{V^2}{P}$
  - 30W : $R_1 = \dfrac{100^2}{30} = 333.3\,\Omega$
  - 60W : $R_2 = \dfrac{100^2}{60} = 166.7\,\Omega$

답 078. ① 079. ③ 080. ①

- 합성저항 $R = R_1 + R_2$에서 $R = 333.3 + 166.7 = 500\,\Omega$
- 전류 $I = \dfrac{V}{R}$에서 $I = \dfrac{100}{333.3 + 166.7} = 0.2\text{A}$
- 소비전력 $P = I^2 R$에서
  - 30W : $P_1 = 0.2^2 \times 333.3 = 13.33\text{W}$
  - 60W : $P_2 = 0.2^2 \times 166.7 = 6.67\text{W}$
  ∴ 소비전력이 클수록 전구의 밝기는 더 밝으므로 30W의 전구가 더 밝다.

제 5 과목 배관일반

Q 081
다음과 같이 두 개의 90° 엘보와 직관길이 $l = 262$mm인 관이 연결되어 있다. $L = 300$mm이고, 관 규격이 20A이며, 엘보의 중심에서 단면까지의 길이 $A = 32$mm일 때 물린 부분 B의 길이는?

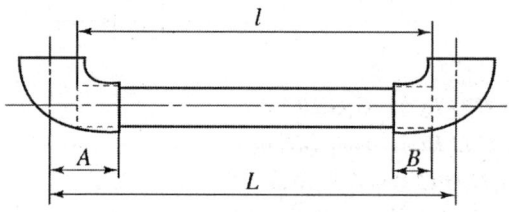

① 12mm
② 13mm
③ 14mm
④ 15mm

해설 강관 실제길이 $l = L - 2(A - B)$에서

나사물림길이 $B = A - \dfrac{L - l}{2} = 32 - \dfrac{300 - 262}{2} = 13\text{mm}$

Q 082
신축곡관이라고 통용되는 신축이음은?

① 스위블형
② 벨로즈형
③ 슬리브형
④ 루프형

해설 루프형 신축이음은 신축곡관이라 하며 관을 구부려 관 자체의 가요성을 이용하여 신축을 흡수한다.

답 081. ② 082. ④

Q 083. 압축기 과열(토출가스 온도 상승)원인이 아닌 것은?

① 고압이 저하하였을 때
② 흡입가스 과열 시(냉매부족, 팽창밸브 개도 과소)
③ 워터재킷 기능 불량(암모니아 냉동기)
④ 윤활 불량

해설 고압이 저하하였을 때 압축비 감소로 인하여 토출가스 온도는 낮아진다.

Q 084. 공기조화설비 중 냉수코일에 관한 설명으로 틀린 것은?

① 공기와 물의 흐름은 대향류로 한다.
② 냉수 입·출구 온도차는 5℃ 정도로 한다.
③ 가능한 한 대수평균온도차를 크게 한다.
④ 코일의 모양은 가능한 한 장방형으로 한다.

해설 코일의 모양은 바이패스팩터를 작게 하기 위하여 정방형으로 한다.

Q 085. 5층 건물에 압력 수조식으로 급수하고자 한다. 5층 말단에 일반 대변기(세정밸브)를 설치할 경우 압력수조 출구의 압력을 어느 정도로 하여야 하는가? (단, 압력수조에서 대변기까지의 수직높이에 상당하는 압력 1.5kgf/cm²이고, 압력수조에서 대변기까지의 마찰손실수두는 4mAq, 세정밸브의 필요 최소압력은 70kPa이다.)

① 약 1.5kg/cm² ② 약 2.0kg/cm²
③ 약 2.3kg/cm² ④ 약 2.6kg/cm²

해설
- 압력수조의 최저압력 $P = P_1 + P_2 + P_3$ 에서
  $P = 1.5 + 0.714 + 0.4 = 2.614 \text{kgf/cm}^2$
- $P_1 = 1.5 \text{kgf/cm}^2$
- $P_2 = \dfrac{70}{101.3} \times 1.0332 = 0.714 \text{kgf/cm}^2$
- $P_3 = \dfrac{4}{10.33} \times 1.0332 = 0.4 \text{kgf/cm}^2$

(표준대기압 1atm=1.0332kgf/cm²=10.33mAq=101.3kPa)

답 083. ① 084. ④ 085. ④

Q 086. 트랩의 봉수 파괴원인에 해당하지 않는 것은?
① 자기 사이펀 작용 ② 모세관 현상
③ 증발 ④ 공동 현상

해설 봉수가 파괴되는 원인에는 자기사이펀작용, 모세관현상, 증발현상, 흡출작용, 분출작용이 있다.

Q 087. 배관용 보온재에 관한 설명으로 틀린 것은?
① 내열성이 높을수록 좋다. ② 열전도율이 적을수록 좋다.
③ 비중이 작을수록 좋다. ④ 흡수성이 클수록 좋다.

해설 보온재는 흡수성이 작을수록 좋다.

Q 088. 배관 내로 물을 수송할 때, 다음 설명 중 틀린 것은?
① 관이 길수록 관 내에서의 압력강하는 끝 부분에서 커진다.
② 같은 시간에 같은 양의 물을 흐르게 하면 관이 가늘수록 유속이 빠르다.
③ 유량은 관의 단면적에 물의 평균유속을 곱하면 구해진다.
④ 관경과 물의 유속은 일정한 관계가 없다.

해설 유량 $Q = AV = \frac{\pi}{4} \times d^2 \times V$ 에서 유량이 일정할 때 관경(d)이 작으면 유속(V)이 빨라지고, 관경(d)이 크면 유속(V)이 느려진다.

Q 089. 열팽창에 의한 배관의 이동을 구속 또는 제한하기 위해 사용되는 관 지지장치는?
① 행거(hanger) ② 서포트(support)
③ 브레이스(brace) ④ 레스트레인트(restraint)

해설 레스트레인트는 열팽창에 의한 배관의 좌우, 상하이동을 구속하고 제한하는 배관 지지 장치이다.

Q 090. 공조배관 설계 시 유속을 빠르게 설계하였을 때 나타나는 결과로 옳은 것은?
① 소음이 작아진다. ② 펌프양정이 높아진다.
③ 설비비가 커진다. ④ 운전비가 감소한다.

답 086. ④ 087. ④ 088. ④ 089. ④ 090. ②

해설 유속을 빠르게 하면 소음이 커지고 관경이 작아도 되므로 설비비가 감소한다. 또한, 펌프의 소요동력이 크게 되어 운전비가 많아지고 펌프양정이 높아진다.

Q 091 방열기 전체의 수저항이 배관의 마찰손실에 비하여 큰 경우 채용하는 환수방식은?
① 개방류 방식
② 재순환 방식
③ 리버스 리턴 방식
④ 다이렉트 리턴 방식

해설 다이렉트 리턴 방식은 방열기의 용량이 다를 때 사용하는 방식으로서 공급관과 환수관의 마찰손실보다 방열기 전체의 수저항이 더 크다.

Q 092 다음 주철 방열기의 도면 표시에 관한 설명으로 틀린 것은?
① 방열기 20쪽 수
② 유출 관경 32A
③ 방열기 높이 650mm
④ 방열기종류 5세주형

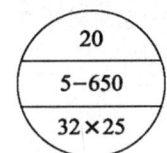

해설 32×25 : 유입관경 32A×유출관경 25A

Q 093 급수설비에서 발생하는 수격작용의 방지법으로 틀린 것은?
① 관 내의 유속을 낮게 한다.
② 직선배관을 피하고 굴곡배관을 한다.
③ 수전류 등의 폐쇄를 서서히 한다.
④ 기구류 가까이에 공기실을 설치한다.

해설 수격작용을 방지하기 위하여 굴곡배관을 피하고 직선배관으로 한다.

Q 094 전기가 정전되어도 계속하여 급수를 할 수 있으며 급수오염 가능성이 적은 급수방식은?
① 압력탱크 방식
② 수도직결 방식
③ 부스터 방식
④ 고가탱크 방식

해설 수도직결 방식은 수도본관에서 직접 급수하기 때문에 급수오염이 적고 정전시에도 급수가 가능하다.

답 091. ④ 092. ② 093. ② 094. ②

095 관지지 장치 중 서포트(support)의 종류로 틀린 것은?
① 파이프 슈
② 리지드 서포트
③ 롤러 서포트
④ 콘스턴트 행거

해설 서포트의 종류에는 파이프 슈, 리지드 서포트, 롤러 서포트, 스프링 서포트가 있다.

096 복사 난방설비의 장점으로 틀린 것은?
① 실내 상하의 온도차가 적고, 온도 분포가 균등하다.
② 매설배관이므로 준공 후의 보수·점검이 쉽다.
③ 인체에 대한 쾌감도가 높은 난방방식이다.
④ 실내에 방열기가 없기 때문에 바닥면의 이용도가 높다.

해설 복사난방은 바닥 또는 천장에 매설배관으로 시공하기 때문에 준공 후 보수·점검이 어렵다.

097 배수관의 최소 관경은? (단, 지중 및 지하층 바닥 매설 관 제외)
① 20mm
② 30mm
③ 50mm
④ 100mm

해설 배수관의 최소관경은 30mm 이상으로 하여야 한다. 하지만 관의 호칭관경이 30A가 없으므로 최소 관경은 32A 이상으로 한다.

098 가스 도매사업에 관하여 도시가스 배관을 시가지의 도로 노면 밑에 매설하는 경우에는 노면으로부터 배관의 외면까지 얼마 이상을 유지해야 하는가? (단, 방호구조물 안에 설치하는 경우에는 제외한다.)
① 0.8m
② 1m
③ 1.5m
④ 2m

해설 도시가스 배관을 시가지의 도로 노면 밑에 매설하는 경우에는 노면으로부터 배관의 외면까지 1.5m 이상을 유지한다.

답 095. ④ 096. ② 097. ② 098. ③

Q 099 도시가스 계량기(30m³/h 미만)의 설치 시 바닥으로부터 설치 높이로 가장 적합한 것은? (단, 설치 높이의 제한을 두지 않는 특정장소는 제외한다.)
① 0.5m 이하
② 0.7m 이상 1m 이내
③ 1.6m 이상 2m 이내
④ 2m 이상 2.5m 이내

해설 도시가스 계량기(30m³/h 미만)의 설치높이는 바닥으로부터 1.6m 이상 2m 이내의 높이에 수직, 수평으로 설치한다.

Q 100 동관의 이음에서 기계의 분해, 점검, 보수를 고려하여 사용하는 이음법은?
① 납땜 이음
② 플라스턴 이음
③ 플레어 이음
④ 소켓 이음

해설 플레어 이음은 동관 끝부분을 나팔모양으로 넓혀서 플레어 볼트, 너트로 이음하는 방법으로서 20mm 이하의 동관을 이음하거나 기계의 점검 및 보수할 때 관을 떼어내기 쉽게 할 때 사용한다.

답 099. ③ 100. ③

7개년 과년도 시리즈
공조냉동기계기사 7개년 과년도   정가 25,000원

- 편 저 자   자 격 검 정 연 구 회
- 발 행 인   차   승   녀

- 2017년   1월   2일   제1판   제1인쇄발행
- 2018년   1월   30일   제2판   제1인쇄발행
- 2019년   1월   10일   제3판   제1인쇄발행
- 2019년 12월   10일   제4판   제1인쇄발행
- 2020년 12월   15일   제5판   제1인쇄발행

도서출판 건기원

(등록 : 제11-162호, 1998. 11. 24)

경기도 파주시 연다산길 244(연다산동 186-16)
TEL : (02)2662-1874~5   FAX : (02)2665-8281

★ 건기원은 여러분을 책의 주인공으로 만들어 드리며 출판 윤리 강령을 준수합니다.
★ 본 수험서를 복제·변형하여 판매·배포·전송하는 일체의 행위를 금하며, 이를 위반할 경우 저작권법 등에 따라 처벌받을 수 있습니다.

ISBN 979-11-5767-553-1   13550